微 积 分

(上册)

曲智林 刘 铭 谭 畅 编著

科 学 出 版 社
北 京

内 容 简 介

本书是根据高等学校大学数学课程教学需求编写的，分上、下两册. 上册共 6 章，包括：函数、极限与连续、导数与微分、微分中值定理及导数的应用、不定积分、定积分及其应用. 下册共 6 章，包括：微分方程、无穷级数、空间解析几何、多元函数微分学、多元函数积分学、第二型曲线积分与第二型曲面积分. 每节后都配有大量习题，可供读者练习.

本书可作为工科类专业一年级本科生的高等数学课程教材，也可作为准备报考工科类硕士研究生人员和工程技术人员的参考书.

图书在版编目(CIP)数据

微积分：上下册/曲智林，刘铭，谭畅编著. —北京：科学出版社，2019.8
ISBN 978-7-03-061998-3

Ⅰ. ①微…　Ⅱ. ①曲…　②刘…　③谭…　Ⅲ. ①微积分-高等学校-教材
Ⅳ. ①O172

中国版本图书馆 CIP 数据核字(2019) 第 159718 号

责任编辑：王　静　李香叶／责任校对：杨聪敏
责任印制：张　伟／封面设计：陈　敬

科学出版社 出版
北京东黄城根北街 16 号
邮政编码：100717
http://www.sciencep.com

北京虎彩文化传播有限公司 印刷
科学出版社发行　各地新华书店经销
*
2019 年 8 月第　一　版　开本：720 × 1000　B5
2019 年 8 月第一次印刷　印张：40　1/2
字数：816 000

定价：98.00 元(上、下册)
(如有印装质量问题，我社负责调换)

前　言

随着智能社会的到来, 社会各个领域对数学的要求越来越高, 也要求大学各专业, 尤其工科类各专业学生掌握更多的数学知识. 目前国内许多大学的工科类专业都增加了数学类课程的比例, 而高等数学是工科类各专业学生的必修课之一, 也是工科类专业课必备的工具, 理解和掌握微积分理论对于工科类各专业学生学好后面的概率论与数理统计、复变函数与积分变换、计算方法和数理方程等数学类课程以及专业课程至关重要.

本书是根据高等学校大学数学课程教学需求编写的, 分上、下两册. 上册主要介绍一元微积分, 下册主要介绍多元微积分. 书中的例题选取力求简单易懂, 便于学生理解书上的定义和定理, 每章最后一节为例题选讲, 配有一定难度的例题, 可供读者学习提高. 本书编写力求严谨, 书中的大多数定理给出了证明, 使学生能理解微积分思想; 每节之后都配有大量习题供学生训练. 为了知识的完整性, 书中加入了带 "*" 章节, 学生可自学, 建议本书的授课学时在 160—180 学时. 带 "Δ" 的例题可当作定理使用. 本书的内容和难易程度适合作为工科类学生的高等数学课程教材和参考书, 也适合作为工科类学生的考研辅导书.

参与本书编写的人员：曲智林 (负责第 11 章和第 12 章), 刘铭 (负责第 7 章和第 8 章), 谭畅 (负责第 5 章和第 6 章), 潘宁 (负责第 9 章和第 10 章), 王莹 (负责第 1 章和第 2 章), 刘立芹 (负责第 3 章和第 4 章). 曲智林负责全书的统稿.

由于作者水平有限, 书中难免出现不妥之处, 敬请广大读者批评指正.

编　者

2019 年 7 月

目　　录

第 1 章 函　　数

微积分学研究的基本对象是定义在实数集上的函数，为此，本章对与实函数有关的知识进行简要的复习和进一步的讨论.

1.1 函数的概念

1.1.1 实数与数轴

实数是由有理数和无理数两部分组成的. **有理数**可用分数形式 $\frac{p}{q}$ (p, q 为整数，且互质，$q \neq 0$) 表示，也可用有限十进制小数或无限十进制循环小数来表示；而无限十进制不循环小数则称为**无理数**. 有理数和无理数统称为**实数**.

取定了原点、长度单位和方向的直线叫做**数轴**. 实数与数轴上的点是一一对应的，有理数对应的点叫**有理点**，无理数对应的点叫**无理点**.

通常将全体实数构成的集合称为实数集，记为 $\mathbf{R}$，即 $\mathbf{R} = \{x | x \text{ 为实数}\}$.

实数集具有如下性质：

1° **有序性** 任意两个互异的实数 a, b 都可比较大小，或者 $a > b$，或者 $a < b$. 实数按照由小到大的顺序排列在数轴上.

2° **完备性** 任何两个互异的实数之间必有另一个实数，且既可为有理数，也可为无理数. 实数充满整个数轴，没有空隙，这就是实数的完备性 (或连续性).

1.1.2 数集与界

以数为元素的集合叫做数集. 例如，自然数集 $\mathbf{N}$、整数集 $\mathbf{Z}$、有理数集 $\mathbf{Q}$ 和实数集 $\mathbf{R}$.

区间是一类数集，它是 $\mathbf{R}$ 的一类子集.

设 $a, b \in \mathbf{R}$，且 $a < b$，以 a, b 为端点的有限区间包括：

开区间 $(a, b) = \{x | a < x < b, x \in \mathbf{R}\}$；

闭区间 $[a, b] = \{x | a \leqslant x \leqslant b, x \in \mathbf{R}\}$；

半开区间 $(a, b] = \{x | a < x \leqslant b, x \in \mathbf{R}\}$；

$[a, b) = \{x | a \leqslant x < b, x \in \mathbf{R}\}$.

在数轴上它们是介于点 a 与点 b 之间的线段，但开区间 (a, b) 不包含 a, b 两点，闭区间 $[a, b]$ 包含 a, b 两点，半开区间 $(a, b]$ 不包含 a 点，$[a, b)$ 不包含 b 点. 称

$b-a$ 为上述有限区间的**长度**.

此外, 还有五种**无穷区间**:

$$\begin{aligned}
&(a,+\infty)=\{x|\,x>a,x\in\mathbf{R}\};\\
&[a,+\infty)=\{x|\,x\geqslant a,x\in\mathbf{R}\};\\
&(-\infty,b)=\{x|\,x<b,x\in\mathbf{R}\};\\
&(-\infty,b]=\{x|\,x\leqslant b,x\in\mathbf{R}\};\\
&(-\infty,+\infty)=\mathbf{R}.
\end{aligned}$$

上述各种区间统称为**区间**, 有时也用相应的不等式表示区间, 在没有必要指明哪种区间时, 常常用一个大写的字母 I 表示, 如区间 I.

设 $\delta>0$, 称开区间 $(x_0-\delta,x_0+\delta)=\{x|\,|x-x_0|<\delta,x\in\mathbf{R}\}$ 为点 x_0 的 δ **邻域**, 记为 $U_\delta(x_0)$. 它是以 x_0 为中心, 长度为 2δ 的开区间 (图 1.1). 有时我们不关心 δ 的大小, 常用 "邻域" 或 "x_0 附近" 代替 x_0 的 δ 邻域.

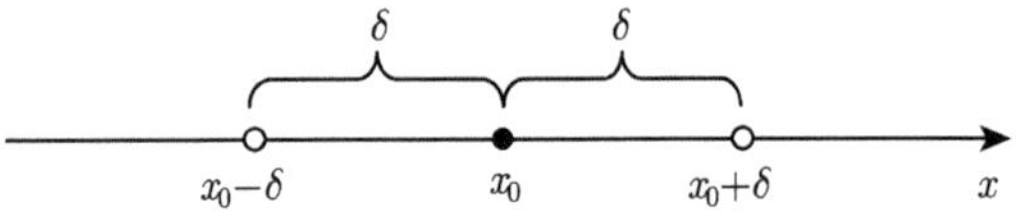

图 1.1

称集合 $\mathring{U}_\delta(x_0)=\{x|\,0<|x-x_0|<\delta,x\in\mathbf{R}\}$ 为 x_0 的**去心 δ 邻域**, 即 x_0 的 δ 邻域去掉中心 x_0.

定义 1.1　对数集 X, 若有常数 $M(m)$, 使得

$$x\leqslant M(x\geqslant m),\quad \forall x\in X,$$

则称数集 X 有**上(下)界**, 并称 $M(m)$ 为数集 X 的一个**上(下)界**.

既有上界又有下界的数集叫做**有界数集**, 否则称为**无界数集**.

对有界数集 X, 必存在常数 $M>0$, 使得

$$|x|\leqslant M,\quad \forall x\in X.$$

显然, 如果某数集有上 (下) 界, 就有无穷多个上 (下) 界. 比如, 数集 $\{x|\,x<1,x\in\mathbf{R}\}$, 1 是它的上界, 任何大于 1 的数都是它的上界. 有最大 (小) 值的数集 (指数集中的数有最大 (小) 的), 必有上 (下) 界, 但有上 (下) 界的数集, 未必有最大 (小) 值.

公理 1　凡非空有上界的数集 X 一定有最小上界 μ, 称为数集 X 的**上确界**, 记为 $\mu=\sup X$.

显然, μ 是集合 X 的上确界等价于如下两条:

1° $\forall x \in X$, 必满足 $x \leqslant \mu$;

2° $\forall \varepsilon > 0$, $\exists x \in X$, 使得 $x > \mu - \varepsilon$.

公理 2 非空有下界的数集 X 一定有最大下界 γ, 称为数集 X 的**下确界**, 记为 $\gamma = \inf X$.

显然, γ 是集合 X 的下确界等价于如下两条:

1° $\forall x \in X$, 必满足 $x \geqslant \gamma$;

2° $\forall \varepsilon > 0, \exists x \in X$, 使得 $x < \gamma + \varepsilon$.

数集 X 的上 (下) 确界可能属于 X, 也可能不属于 X. 比如, 数值 1 是集合 $\{x|x<1\}$ 和 $\{x|x \leqslant 1\}$ 的上确界, 但

$$1 \notin \{x|x<1\}, \quad 1 \in \{x|x \leqslant 1\}.$$

1.1.3 函数的概念

在一个过程中, 保持数值不变的量叫做**常量**, 习惯用英文字母表的前几个字母 $a, b, c, \cdots$ 表示. 在一个过程中, 数值有变化的量叫做**变量**, 习惯用英文字母表的后几个字母 $x, y, z, \cdots$ 表示.

要想掌握客观事物的运动、变化规律, 从量的角度来说就必须研究变量. 变量的变化不是孤立的, 它与同一过程中的其他变量之间有确定的依赖关系, 研究变量就是要掌握这个依赖关系. 我们先讨论两个变量之间的依赖关系.

例 1 圆的面积 S 和半径 r 是两个变量, 它们有如下依赖关系

$$S = \pi r^2, \quad 0 < r < +\infty.$$

例 2 某地某日的气温 T 和时间 t 为两个变量, 由气温自动记录仪描成一条曲线 (图 1.2). 这个图形表示出它们的对应关系. 时间范围是区间 $[0, 24)$ (时间从清晨 0 时开始计算).

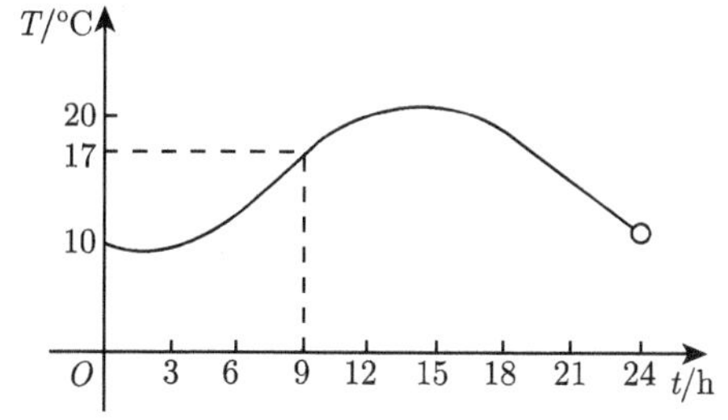

图 1.2

例 3 某公司第一季度各月产品销售量 (件) 如表 1.1 所示. 月份 t 和销售量 P 两个变量有表 1.1 中所示的依赖关系.

表 1.1

月份 t	1	2	3
销售量 P	100	120	110

这些例子所表达客观事物的实际意义及变量间的依赖关系虽然不同, 但有一个共性: 一个过程中它们之间有确定的依赖关系, 即数值上有确定的对应规律, 使得其中一个变量在取值范围内每取得一个值时, 另一个变量的值就按着这个规律确定了其对应值, 我们把变量间的这种依赖关系叫做**函数关系**.

定义 1.2 如果两个变量 x 和 y 间有一个数值对应规律, 使变量 x 在其可取值的数集 X 内每取得一个值时, 变量 y 就依照这个规律确定对应值, 则称 y 是 x 的**函数**. 记作

$$y=f(x), \quad x\in X,$$

其中 x 叫做**自变量**, y 叫做**因变量**.

自变量 x 可取值的数集 X 称为函数的**定义域**. 所有函数值构成的集合 Y 称为函数的**值域**.

$$Y=\{y|\, y=f(x), x\in X\}.$$

函数 $y=f(x)$ 就是从定义域 X 到值域 Y 的**映射**, 所以有时把函数记为

$$f: X\to Y.$$

函数概念中有两个要素: 其一是对应规律, 即函数关系; 其二是定义域. 函数关系和定义域都相同的函数是同一函数, 函数 $y=\ln x^2$ 与 $y=2\ln x$ 是两个不同的函数.

1. *函数关系的表示方法*

函数关系的表示方法是多种多样的, 主要有: 解析法 (也叫公式法), 如例 1 中的函数; 图形法, 如例 2; 表格法, 如例 3.

各种表示函数的方法, 都有它的优点和不足. 解析法给出的函数便于进行理论分析和计算; 图形法给出的函数形象直观, 富有启发性, 便于记忆; 表格法给出的函数便于查找函数值, 但它常常是不完全的. 今后我们以解析法为主, 配合使用图形法和表格法.

解析法给出的函数, 有时在定义域内由一个公式表达出函数关系, 有时无法或很难用一个公式表达出函数关系, 而在定义域的不同部分上用不同的公式来表达一个函数关系, 这样的函数称为**分段函数**.

例 4 某客运站规定: 乘客随车携带行李不超过 40 千克不收费, 超过 40 千克部分每千克收费 0.5 元. 所以乘客携带行李重量 x(千克) 与费用 y(元) 的函数关

系是 (图 1.3)

$$y=\begin{cases}0, & 0\leqslant x\leqslant 40,\\ 0.5(x-40), & x>40.\end{cases}$$

例 5 符号函数 (克罗内克函数)(图 1.4)

$$y=\operatorname{sgn} x=\begin{cases}-1, & x<0,\\ 0, & x=0,\\ 1, & x>0.\end{cases}$$

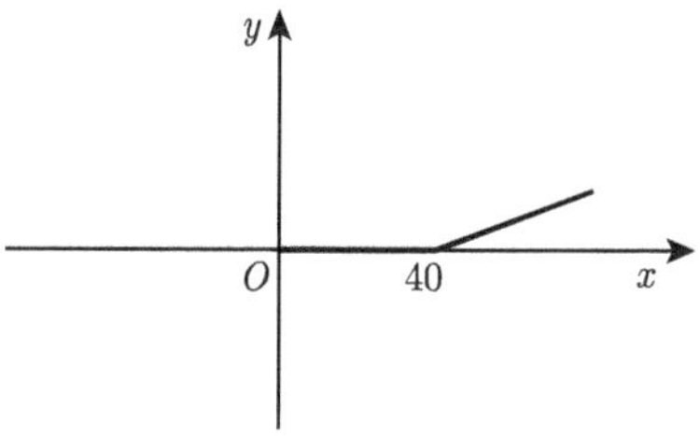

图 1.3

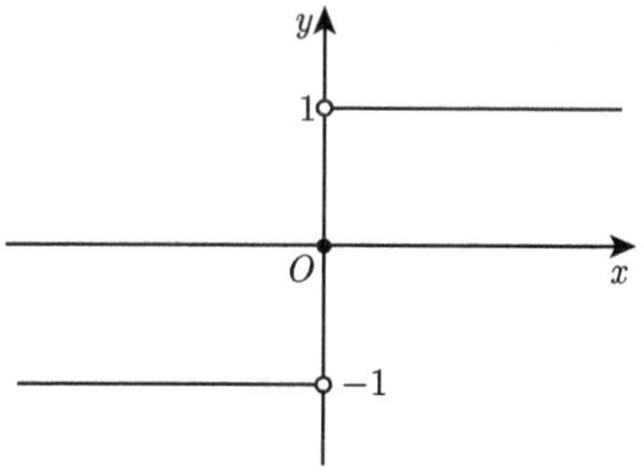

图 1.4

例 6 绝对值函数 (图 1.5)

$$y=|x|=\begin{cases}x, & x\geqslant 0,\\ -x, & x<0.\end{cases}$$

例 7 取整函数 $y=[x]$, $[x]$ 表示不超过 x 的最大整数 (图 1.6).

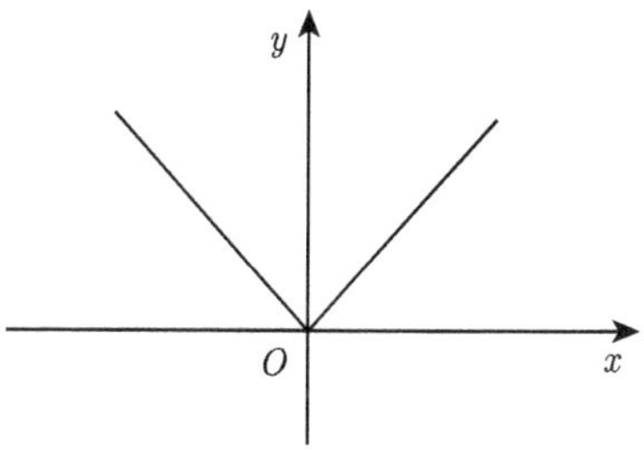

图 1.5

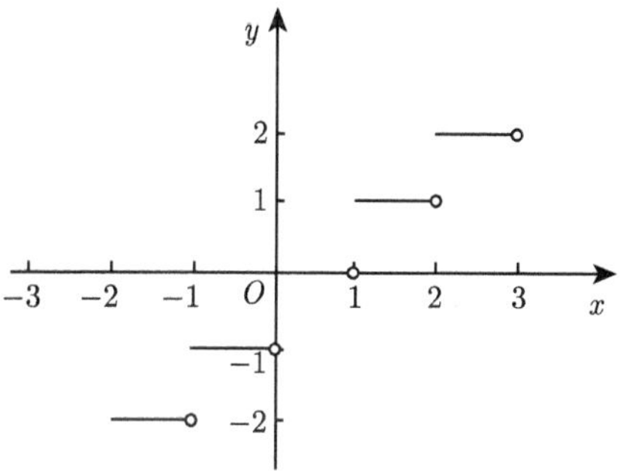

图 1.6

例 4—例 7 皆为分段函数.

2. 定义域

函数的定义域是自变量的取值范围, 也是函数关系的存在范围. 在研究每个函数时, 都应知道它的定义域. 那么如何确定定义域呢? 对于具有实际意义的具体函数, 需由它的实际意义来确定; 在纯数学的研究中, 定义域是在实数范围内能合理地确定出函数值的自变量的所有值构成的集合. 若函数表达式中含有若干项, 则定义域应是各项中的自变量取值范围的交集.

例 8　确定 $y=\sqrt{\frac{1}{2}-x}+\arcsin x$ 的定义域.

解　$y=\sqrt{\frac{1}{2}-x}$ 的定义域 $\frac{1}{2}-x\geqslant 0$, 即 $x\leqslant\frac{1}{2}$, 又因 $\arcsin x$ 的定义域是 $|x|\leqslant 1$, 故所求的定义域是集合

$$\left[-1,\frac{1}{2}\right].$$

3. 函数值的记号

如果 a 是函数 $f(x)$ 的定义域内的一点, 则说函数 $f(x)$ 在点 a 处有定义. 当 $x=a$ 时, 对应的 y 值记为 $f(a)$ 或 $y|_{x=a}$.

例 9　函数 $y=f(x)=\sin x$, 则

$$y|_{x=0}=f(0)=\sin 0=0,$$

$$y|_{x=\frac{\pi}{2}}=f\left(\frac{\pi}{2}\right)=\sin\frac{\pi}{2}=1.$$

4. 函数的图形

给定函数 $y=f(x),x\in X$, 将每一个 $x\in X$ 和它对应的 $y(=f(x))$ 作一个有序数组 (x,y), 在坐标平面 xOy 上找对应点 $M(x,y)$, 则点集

$$G=\{M(x,y)|\,x\in X,y=f(x)\}$$

称为函数的图像或图形, 通常为一条曲线. 由平面解析几何知, 作函数图形的基本方法就是描点法. 另外, 还有一些作图的技巧需要知道.

1° 平移作图.

已知 $y=f(x)$ 的图形, 要作 $y=f(x)+b$ (b 为常数) 的图形. 当 $b>0$ 时, 将 $y=f(x)$ 的图形向上平移 b 个单位即可. 当 $b<0$ 时, 图形向下平移 $|b|$ 个单位即可.

要作 $y=f(x+a)$ (a 为常数) 的图形. 当 $a>0$ 时, 将 $y=f(x)$ 的图形向左平移 a 个单位. 当 $a<0$ 时, 移动方向相反, 图形向右平移 $|a|$ 个单位.

2° 放大、压缩作图.

已知 $y=f(x)$ 的图形, 求作 $y=af(x)$ 的图形. 当 $a>1$ 时, 把 $y=f(x)$ 的图形的纵坐标放大 a 倍, 即得 $y=af(x)$ 的图形. 求作 $y=f(ax)$ 的图形, 当 $a>1$ 时, 把 $y=f(x)$ 的图形的横坐标压缩 a 倍即可. 对 $0<a<1$ 和 $a<0$ 情形, 请读者自己考虑.

3° 叠加作图.

已知 $y=f(x)$ 和 $y=g(x)$ 的图形, 求作 $y=f(x)+g(x)$ 的图形. 将 $y=f(x)$ 和 $y=g(x)$ 的纵坐标相加即可.

例 10 作函数 $y=\sin x+2\cos x$ 的图形.

此题可以利用 $y=\sin x$ 和 $y=2\cos x$ 的图形叠加作图, 但这比较麻烦. 我们先将函数作恒等变形.

$$\begin{aligned}y&=\sin x+2\cos x\\&=\sqrt{5}\left(\frac{1}{\sqrt{5}}\sin x+\frac{2}{\sqrt{5}}\cos x\right)=\sqrt{5}\sin(x+x_0),\end{aligned}$$

其中 $x_0=\arctan 2$.

因此, 先将 $y=\sin x$ 的图形的纵坐标放大 $\sqrt{5}$ 倍, 得到 $y=\sqrt{5}\sin x$ 然后将 $y=\sqrt{5}\sin x$ 的图形向左平移 $\arctan 2$ 个弧度, 就得到 $y=\sin x+2\cos x$ 的图形 (图 1.7).

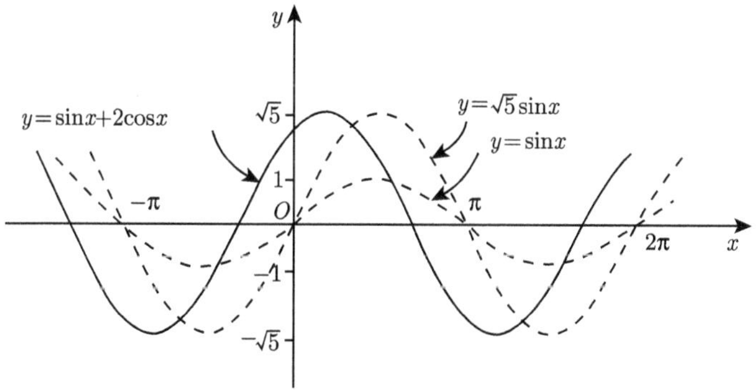

图 1.7

习 题 1.1

1. 用区间表示下列不等式中的 x 的取值范围.

(1) $|x-2|<0.01$;　　(2) $0<|x-1|<0.001$;

(3) $|x|\geqslant 10$;　　(4) $|x|>5$.

2. 求下列函数的定义域.

(1) $y=\sqrt{\cos\sqrt{x}}$;　　(2) $y=\sqrt{\cos x}+\ln\sin x$;

(3) $y=\ln\dfrac{1+x}{1-x}$;　　(4) $y=\arccos(2^x-1)+\ln\ln x$.

3. 求函数值.

(1) 设 $f(x)=\dfrac{|x-1|}{x+1}$, 求 $f(2), f(-2), f(0)$;

(2) 设 $f(x)=\begin{cases}|\sin x|, & |x|<1,\\ 0, & |x|\geqslant 1,\end{cases}$ 求 $f(1), f\left(\dfrac{\pi}{4}\right), f(-2), f\left(-\dfrac{\pi}{4}\right)$;

(3) 设 $f(x)=2x-1$, 求 $f(a^2), [f(a)]^2$.

4. 判断下述函数 $f(x), g(x)$ 是否相等? 为什么?

(1) $f(x)=x$, $g(x)=(\sqrt{x})^2$;

(2) $f(x)=\sin(\arcsin x)$, $g(x)=\arcsin(\sin x)$.

5. 作下列函数的图形.

(1) $y=x\sin\dfrac{1}{x}$;　　(2) $y=\begin{cases}2-x^2, & |x|\leqslant 1,\\ \dfrac{1}{x}, & |x|>1;\end{cases}$

(3) $|\ln x|+|\ln y|=1$;　　(4) $(x^2+y^2)^2=x^2-y^2$.

6. 建立函数关系.

(1) 在一个半径为 r 的球内, 嵌入一内接圆柱, 试求圆柱体的体积 V 与圆柱高 h 的函数关系, 并求出此函数的定义域;

(2) 容器中装有 A, B, C 三个阀门, 在每分钟内, A, B 分别流入 20 升、25 升水, C 流出 80 升水, 若 A 开放 5 分钟后开放 B, B 开放 10 分钟后开放 C, 求容器内水量与时间的函数关系, 并绘出它的图形;

(3) 底 $AC=b$, 高 $BD=h$ 的三角形 ABC 中 (图 1.8) 内接矩形 $KLMN$, 其高记为 x, 将矩形周长 P 和面积 S 表示为 x 的函数;

(4) 有三个矩形, 其高分别等于 3m, 2m, 1m, 而底皆为 1m, 彼此相距 1m 放着 (图 1.9) , 假定 $x\in(-\infty,+\infty)$ 连续变动 (即直线 AB 连续地平行移动), 试将阴影部分的面积 S 表示为 x 的函数;

(5) 长为 l 的弦、两端固定, 在 C 点处将弦提高 h 后呈图 1.10 中形状, 设提高时弦上各点仅沿着垂直于两端点连接线方向移动, 以 x 表示弦上点的位置, y 表示 x 点处升高的高度, 试建立 x 与 y 间的函数关系;

(6) 图 1.11 是机械中常用的一种既可改变运动方向又可调整运动速度的滑块机构, 现设滑块 A, B 与 O 点的距离分别为 x 与 y, OA 与 OB 的夹角为 α (定值), 连接滑块 A 与 B 之间的杆长为 l (定值), 试建立 x 与 y 间的函数关系;

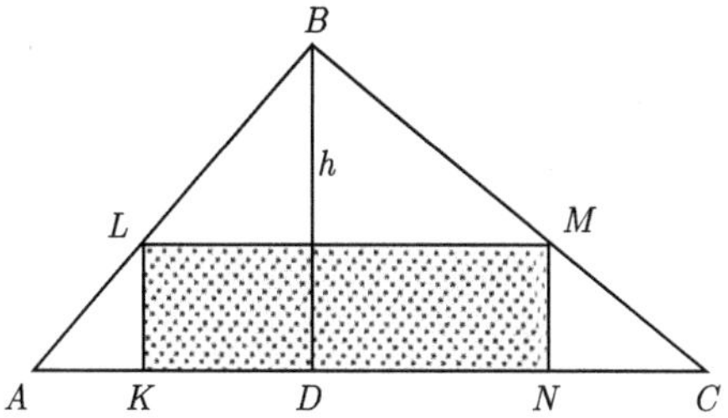

图 1.8

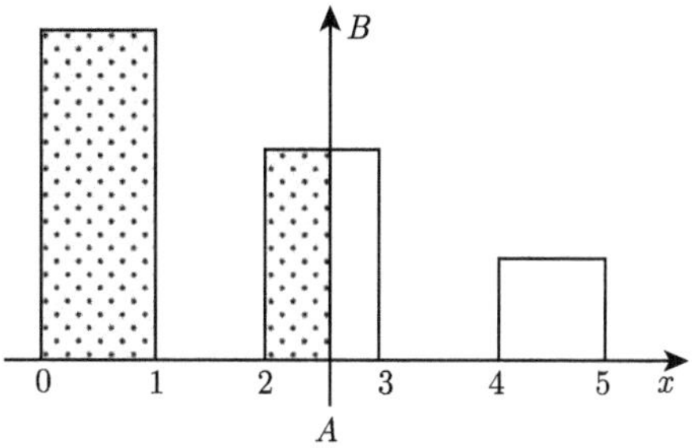

图 1.9

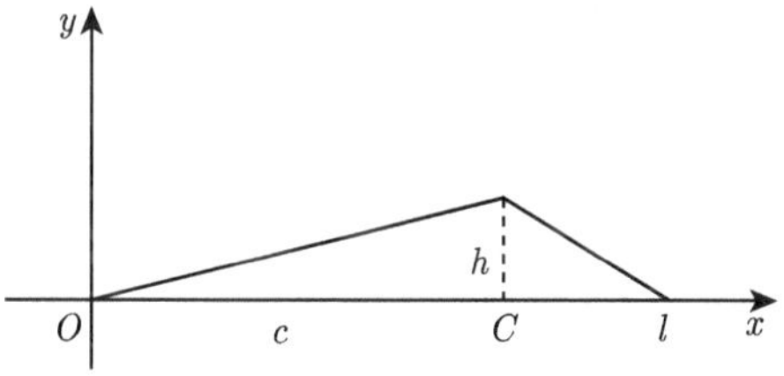

图 1.10

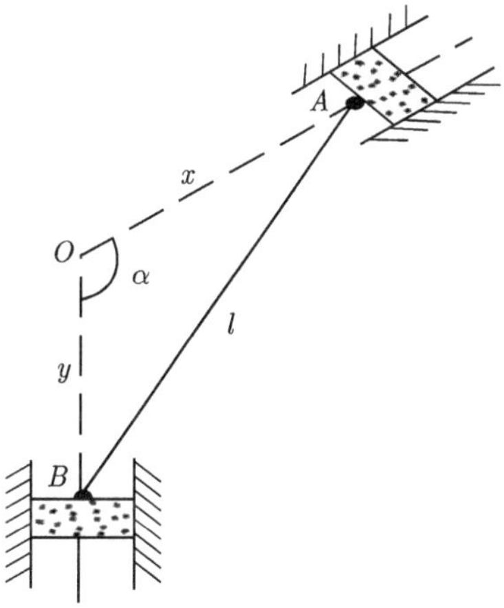

图 1.11

(7) 某运输公司规定货物的吨公里运价为: 在 a 公里以内每公里 k 元; 超过 a 公里时, 超过部分每公里为 $0.8k$ 元, 求运价 m 和里程 x 的函数关系.

7. 若已知函数 $y=\dfrac{2x-1}{x-3}$ 的值域是 $y\leqslant 0$ 或 $y\geqslant 2$, 试求函数 y 的定义域, 并描绘此函数的图形.

8. 设函数 $f(x)$ 在 $(-\infty,+\infty)$ 内有定义, $f(x)\neq 0$, $f(x\cdot y)=f(x)\cdot f(y)$, 试求 $f(10)$.

9. 已知 $f\left(\sin\dfrac{x}{2}\right)=\cos x+1$, 试求 $f\left(\cos\dfrac{x}{2}\right)$.

10. 已知 $f\left(x+\dfrac{1}{x}\right)=x^2+\dfrac{1}{x^2}$, 试求 $f(x)$.

1.2 几个常用的概念

1.2.1 函数的几种特性

1. 函数的奇偶性

设函数 $y=f(x)$ 的定义域 X 关于原点对称, 即当 $x\in X$ 时, 必有 $-x\in X$, 若对任何 $x\in X$, 都有

$$f(-x)=-f(x),$$

则称 $y=f(x)$ 为**奇函数**; 若对任何 $x\in X$, 都有

$$f(-x)=f(x),$$

则称 $y=f(x)$ 为**偶函数**.

奇函数的图形关于原点对称, 偶函数的图形关于 y 轴对称.

由定义不难证明: $y=x^3, y=\sin x$ 都是奇函数; $y=x^2, y=\cos x$ 都是偶函数. 还可以证明：奇函数的和仍为奇函数, 偶函数的和仍为偶函数; 两个奇函数的积或两个偶函数的积都是偶函数, 一个奇函数与一个偶函数的积是奇函数. 定义域 X 关于原点对称的任何函数 $y=f(x)$ 均可表示为一个奇函数和一个偶函数之和, 因为

$$f(x)=\frac{f(x)+f(-x)}{2}+\frac{f(x)-f(-x)}{2}$$

右边的第一项是偶函数, 第二项是奇函数.

2. 函数的周期性

设函数 $f(x)$ 的定义域为 X, 若有常数 $T\neq 0$, 使得当 $x\in X$ 时, 必有 $x\pm T\in X$ 时, 且

$$f(x+T)=f(x),$$

则称 $y=f(x)$ 是**周期函数**, 并称常数 T 为它的一个**周期**.

一个周期函数的周期有无穷多个, 比如, 常数 $2k\pi$ $(k\in\mathbf{Z}, k\neq 0)$ 都是 $y=\sin x$ 的周期, 2π 是它的最小正周期. 若一个周期函数有最小正周期 T_0, 则称 T_0 为周期函数的**基本周期**, 或简称为**周期**. $y=\sin x$ 和 $y=\cos x$ 的周期为 2π, $y=\tan x$ 和 $y=\cot x$ 的周期为 π. 常函数 $y=C$ 是以任何正数为周期的周期函数, 但不存在基本周期.

例 1 狄利克雷函数:

$$D(x)=\begin{cases}1, & x\text{ 为有理数},\\ 0, & x\text{ 为无理数}.\end{cases}$$

它是一个周期函数. 因为任何非零有理数都是它的周期, 所以它无基本周期. 它是偶函数, 它的图形是容易想象的, 但实际上画不出来.

具有基本周期的周期函数的图形, 可以由其一个基本周期上的图形沿 x 轴平移基本周期的整数倍距离得到, 所以图形具有重复性.

3. 函数的单调性

设 $f(x)$ 是定义在区间 I 上的函数, 对于任意两点 $x_1, x_2 \in I$, 且 $x_1 < x_2$, 若恒有

$$f(x_1) < f(x_2) \quad (f(x_1) > f(x_2)),$$

则称 $f(x)$ 在区间 I 上**单调增加**(**单调减少**), 简称**单增**(**单减**), 或者称 $f(x)$ 在 I 上**单调上升**(**单调下降**), 简记为 $\uparrow$ $(\downarrow)$. 若上述不等式中出现等号, 则称 $f(x)$ 在区间 I 上**单调不减**(**单调不增**).

在定义域上, 单调增加或单调减少的函数统称为**单调函数**.

单调增加函数的图形, 随着 x 增大图形的纵坐标也增大, 单调下降函数的图形, 随着 x 增大图形的纵坐标减小.

例如, 在 $[0, +\infty)$ 上 $y = x^2 \uparrow$, 在 $(-\infty, 0]$ 上, $y = x^2 \downarrow$, 所以 $y = x^2$ 不是单调函数, 但它有单调区间. 而函数 $y = x^3$ 是单调增加的函数.

4. 函数的有界性

设函数 $f(x)$ 在数集 X 上有定义, 若存在常数 $A(B)$, 使得对所有 $x \in X$, 都有

$$f(x) \leqslant A \quad (f(x) \geqslant B),$$

则称函数 $f(x)$ 在数集 X 上有**上**(**下**)**界**. 若存在常数 $M > 0$, 使得对所有 $x \in X$, 都有

$$|f(x)| \leqslant M,$$

则称 $f(x)$ 在 X 上**有界**. 否则称 $f(x)$ 在 X 上**无界**.

显然, 有界等同于既有上界又有下界. 在定义域上有界的函数叫做**有界函数**.

例如, $y = \sin x$ 是有界函数; $y = \dfrac{1}{x}$ 是无界函数, 但它在区间 $(0, +\infty)$ 上有下界, 在区间 $(1, +\infty)$ 上有界.

1.2.2 隐函数和参数方程表示的函数

若变量 x, y 之间的函数关系是由一个含 x, y 的方程

$$F(x, y) = 0$$

给定, 则称 y 是 x 的**隐函数**. 相应地, 把由自变量的算式表示出因变量的函数叫做**显函数**.

例如, 由方程 $x+2y+5=0$, $x^2+y^2=1$, $\mathrm{e}^{xy}=x+y$ 表示的函数都是隐函数; 而 $y=x+x^2$, $y=\ln(1+x^2)$ 都是显函数.

如果能从隐函数中将 y 解出来, 就得到它的显函数形式. 例如, $x+2y+5=0$ 的显函数形式为 $y=-0.5x-2.5$; $x^2+y^2=1$ 的显函数形式为 $y=\pm\sqrt{1-x^2}$. 但不要以为隐函数都能表示成显函数, 如方程 $\mathrm{e}^{xy}=x+y$ 就不能将 y 表成 x 的显函数. 更不要以为随便写一个含有 x,y 的式子就是一个隐函数, 如 $x^2+y^2+2=0$ 就不是隐函数. 什么条件下 $F(x,y)=0$ 确定一个隐函数, 将在本书以后给出.

两个变量 x,y 之间的函数关系, 有时是通过参数方程

$$\begin{cases} x=\varphi(t), \\ y=\psi(t), \end{cases} \quad t\in T$$

给出的, 这样的函数叫做**参数式的函数**, t 叫做**参数**, 也叫做**参变量**.

例如, 隐函数 $x^2+y^2=a^2$ (圆), 既可表示为显函数 $y=\pm\sqrt{a^2-x^2}$, 又可以用参数方程

$$\begin{cases} x=a\cos t, \\ y=a\sin t, \end{cases} \quad 0\leqslant t\leqslant 2\pi$$

来表示.

又如 $\dfrac{x^2}{a^2}+\dfrac{y^2}{b^2}=1$ (椭圆) 可用参数方程

$$\begin{cases} x=a\cos t, \\ y=b\sin t, \end{cases} \quad 0\leqslant t\leqslant 2\pi$$

表示.

摆线 (图 1.12) 的参数方程是

$$\begin{cases} x=a(t-\sin t), \\ y=a(1-\cos t), \end{cases} \quad t\in \mathbf{R}.$$

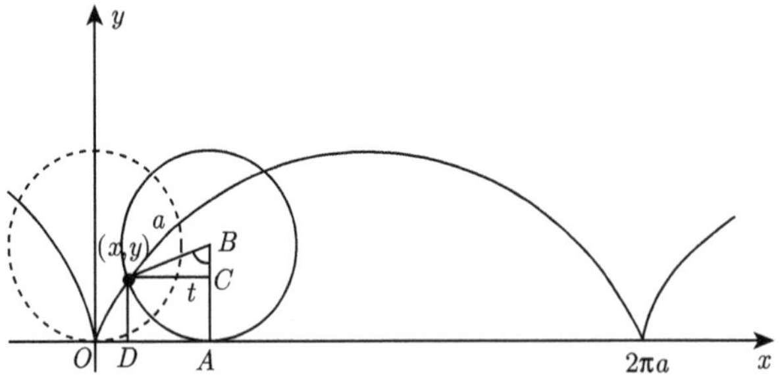

图 1.12

如果能消去参数 t, 就得到 x,y 间的函数关系, 这对有些函数是容易的, 对有些函数是麻烦的, 甚至是不可能的.

1.2.3 单值函数与多值函数、反函数

如果在定义域 X 内每取一个 x 值, 函数 $y=f(x)$ 都仅有一个对应值, 这样的函数称为单值函数, 否则, 称为多值函数.

例如, 函数 $x^2+y^2=1$ 是定义在区间 $[-1,1]$ 上的多值函数, $y=\pm\sqrt{1-x^2}$.

多值函数可以拆成若干个单值函数, 如上面的函数可拆成 $y=\sqrt{1-x^2}$ 和 $y=-\sqrt{1-x^2}$, 所以我们通常只讨论单值函数. 以后不特殊说明 $y=f(x)$ 都指单值函数.

对函数 $y=f(x)$, 如果将 y 当作自变量, x 作为因变量, 则由 $y=f(x)$ 确定的函数 $x=\varphi(y)$ 称为 $y=f(x)$ 的**反函数**. 显然它们的图形是同一条曲线.

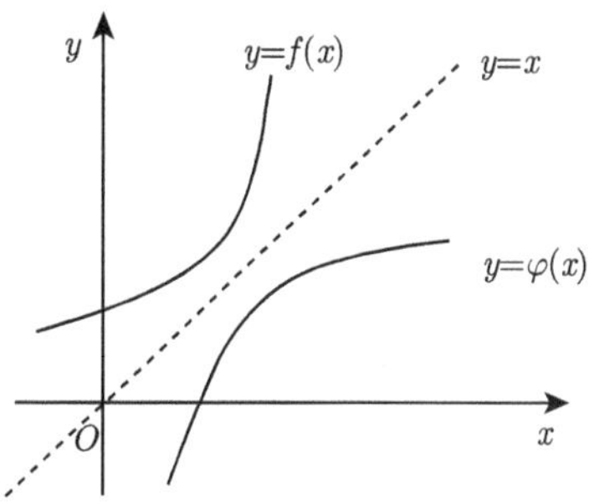

图 1.13

在纯数学研究中, 大家关心的是变量间的相依关系, 而不考虑变量的具体实际意义, 因此习惯用 x 表示自变量, 用 y 表示因变量, 所以把 $y=f(x)$ 反函数改记为 $y=\varphi(x)$. 这样, 与 $y=f(x)$ 互为反函数, 中学已证明过, 它们的图形关于直线 $y=x$ 对称 (图 1.13).

对于单调函数, 因为不同的 x 值对应不同的 y 值, 所以有如下结论: 单值单调的函数有反函数, 其反函数也是单值单调的函数.

例如, $y=x^2$ 的反函数 $y=\sqrt{x}$ 在定义域 $(0,+\infty)$ 上也是单增函数.

习 题 1.2

1. 指出下列函数中的奇、偶函数和周期函数.

(1) $y=|\cos x|$; (2) $y=1+\tan\pi x$;

(3) $y=\ln(\sqrt{x^2+1}-x)$; (4) $y=2^{-x}(1+2^x)^2$.

2. 指出下列函数的单调区间及有界性.

(1) $y=\dfrac{1}{x}$; (2) $y=\arctan x$;

(3) $y=|x|-x$; (4) $y=\sqrt{1-x^2}$.

3. 求下列函数的反函数及其定义域.

(1) $y=\dfrac{2^x}{1+2^x}$; (2) $y=\log_x 3(x>0,x\neq 1)$;

(3) $y=\arcsin\dfrac{1-x^2}{1+x^2}$;　　(4) $y=\begin{cases} x, & -1\leqslant x\leqslant 0, \\ 1+x, & 0<x\leqslant 1. \end{cases}$

4. 设 $y=f(x)$ 是以 2π 为周期的函数, 当 $-\pi\leqslant x<\pi$ 时, $f(x)=x$, 试求函数 $f(x)$.

5. 若 $f(x)$ 对一切 x 都满足 $f(a-x)=f(x)$ 及 $f(b-x)=f(x)$, $a\neq b$, 试证 $f(x)$ 是周期函数.

6. 若 $f(x)$ 对一切 x 都满足 $f(x)=f(x+1)+f(x-1)$, 试证 $f(x)$ 是周期为 6 的周期函数.

7. 设 $f(x)$ 是奇函数, 当 $x>0$ 时, $f(x)=x-x^2$, 求当 $x<0$ 时, $f(x)$ 的表达式.

8. 求下列函数的最小正周期.

(1) $f(x)=\cos^4 x+\sin^4 x$;　　(2)$f(x)=\tan\dfrac{x}{5}+\cos\dfrac{x}{3}$.

9. 若 $f(x+\pi)=f(x)+\sin x$, 试证 $f(x)$ 在 $(-\infty,+\infty)$ 内是周期为 2π 的周期函数.

10. 证明多项式不是周期函数.

1.3　初等函数

1.3.1　基本初等函数及其图形

常数 (常函数)、幂函数、指数函数、对数函数、三角函数、反三角函数等六类函数统称为**基本初等函数**. 由它们 “组成” 的函数是常见的, 在大学数学课程中占有重要的地位, 所以需要熟悉这些函数的基本性质, 并牢记它们的图形.

1. 常函数

形如

$$y=C\quad (C \text{ 为某常数})$$

的函数叫做**常函数**, 其定义域为 $(-\infty,+\infty)$, 图形是与 x 轴平行且纵截距为 C 的直线, 如图 1.14 所示.

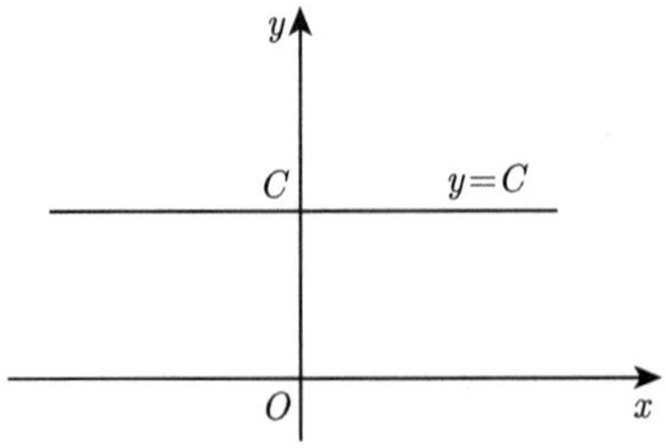

图 1.14

2. 幂函数

形如

$$y = x^{\mu},$$

底数为自变量 x, 指数 μ 为常数的函数叫做**幂函数**. 其定义域与 μ 的取值有关. 比如, 当 μ 为正整数时, 定义域为 $(-\infty,+\infty)$, 当 μ 为负整数时, 定义域为 $(-\infty,0)\cup(0,+\infty)$; 当 $\mu=\dfrac{1}{3}$ 时, 定义域为 $(-\infty,+\infty)$; 当 $\mu=\dfrac{1}{2}$ 时, 定义域为 $[0,+\infty)$; 当 μ 为无理数时, 规定定义域为 $(0,+\infty)$.

所有的幂函数都在 $(0,+\infty)$ 上有定义. 它们的图形都通过点 $(1,1)$. 在 $(0,+\infty)$ 上, $\mu>0$ 的幂函数都是单增的; $\mu<0$ 的幂函数都是单减的.

图 1.15 给出一些幂函数的图形, 应熟悉它们.

3. 指数函数

形如

$$y = a^{x} \quad (a>0, a\neq 1),$$

底数为常数 a, 指数为自变量 x 的函数叫做**指数函数**. 其定义域为 $(-\infty,+\infty)$, 值域为 $(0,+\infty)$. 当 $a>1$ 时, 它是单增函数; 当 $0<a<1$ 时, 它是单减函数. 它们的图形都通过点 $(0,1)$, 且以 x 轴为渐近线, 见图 1.16. 函数 $y=a^{x}$ 与 $y=\dfrac{1}{a^{x}}$ 的图形关于 y 轴对称.

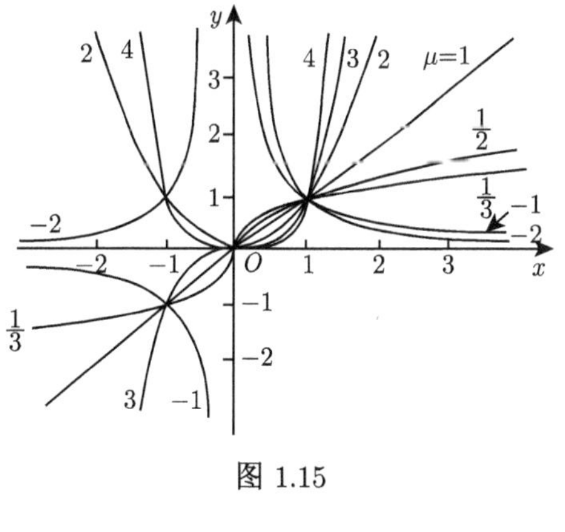

图 1.15

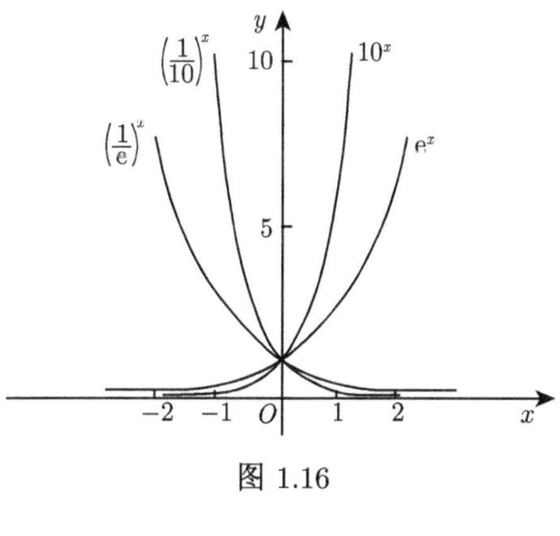

图 1.16

以无理数 $\mathrm{e}=2.718\ 281\ 828\ 459\ 045\cdots$ 为底的指数函数 $y=\mathrm{e}^{x}$ 是最常见的指数函数.

4. **对数函数**

形如

$$y = \log_a x \quad (a > 0, a \neq 1)$$

的函数称为**对数函数**, 其定义域为 $(0, +\infty)$, 值域为 $(-\infty, +\infty)$. 它是指数函数的反函数. 当 $a > 1$ 时它是单增函数, 当 $0 < a < 1$ 时它是单减函数. 图形都经过点 $(1, 0)$ (图 1.17).

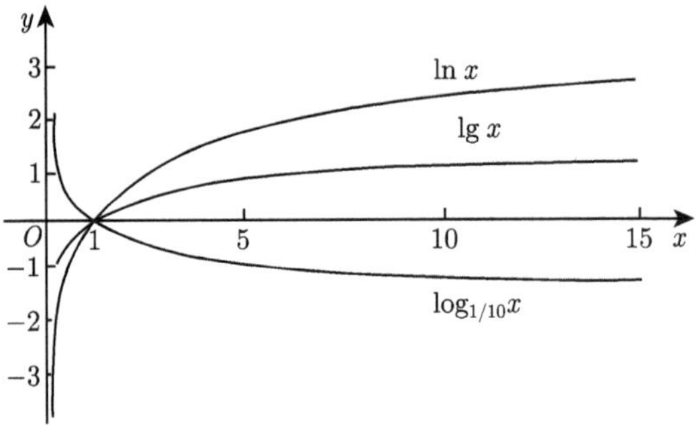

图 1.17

以 10 为底的对数叫**常用对数**, 简记为 $\lg x$. 以 e 为底的对数叫**自然对数**, 简记为 $\ln x$.

5. **三角函数**

三角函数包括:

正弦函数 $y = \sin x$,

余弦函数 $y = \cos x$,

正切函数 $y = \tan x$,

余切函数 $y = \cot x$,

正割函数 $y = \sec x = \dfrac{1}{\cos x}$ 和余割函数 $y = \csc x = \dfrac{1}{\sin x}$.

它们都是周期函数, 正弦函数和余弦函数的周期是 2π, 正切函数和余切函数的周期是 π, 正割函数和余割函数的周期也是 2π. 正弦函数和余弦函数是有界函数, 其他三角函数是无界函数. 三角函数间的关系是十分重要的, 它们涉及的公式也较多, 不在这里罗列. 三角函数的图形如图 1.18—图 1.20 所示.

必须指出, 在数学分析中, 三角函数的自变量 x 作为角必须采用**弧度制**.

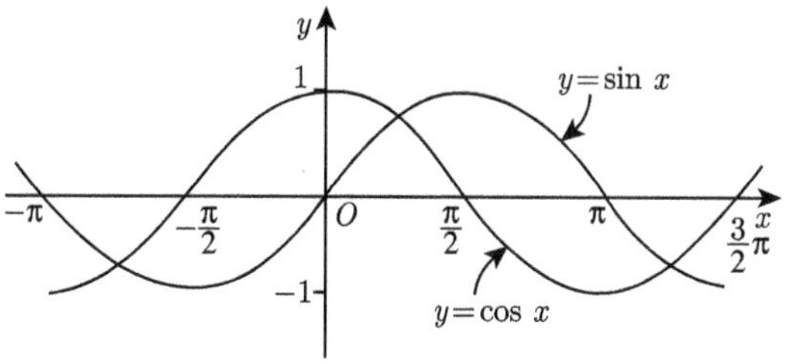

图 1.18

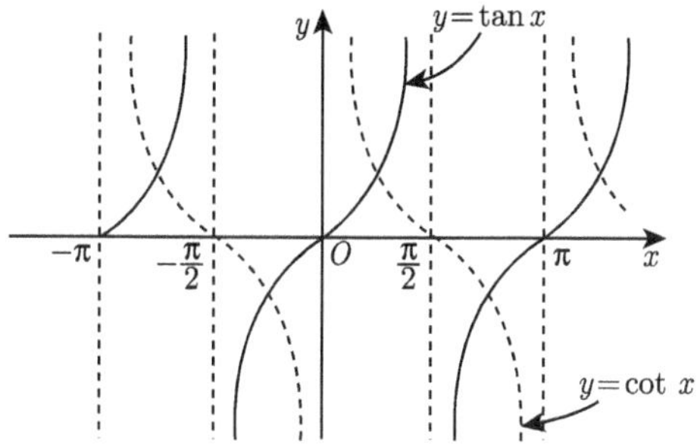

图 1.19

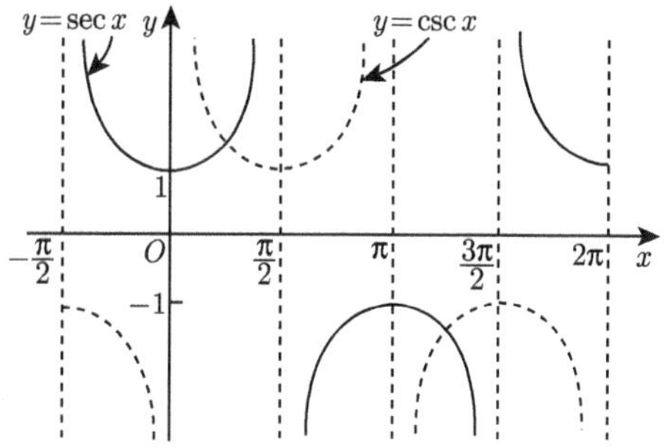

图 1.20

6. 反三角函数

三角函数的反函数叫做**反三角函数**. 由于三角函数都是周期函数, 所以其反函数都是多值函数, 显然只需讨论它的一个单值分支, 即主值范围内的反三角函数:

$$
\begin{aligned}
&y=\arcsin x, \quad -1 \leqslant x \leqslant 1, -\frac{\pi}{2} \leqslant y \leqslant \frac{\pi}{2}, \\
&y=\arccos x, \quad -1 \leqslant x \leqslant 1, 0 \leqslant y \leqslant \pi, \\
&y=\arctan x, \quad -\infty \leqslant x \leqslant +\infty, -\frac{\pi}{2}<y<\frac{\pi}{2}, \\
&y=\operatorname{arccot} x, \quad -\infty \leqslant x \leqslant +\infty, 0<y<\pi.
\end{aligned}
$$

它们的图形是图 1.21 和图 1.22 中的实线. 另外两个反三角函数使用的较少, 这里就不讨论它们了.

$y=\arcsin x$ 和 $y=\arctan x$ 是单增的; $y=\arccos x$ 和 $y=\operatorname{arccot} x$ 是单减的. 它们都是有界函数.

例 1 求函数 $y=\sin x\left(\dfrac{\pi}{2} \leqslant x \leqslant \dfrac{3\pi}{2}\right)$ 的反函数.

解 为了使函数的自变量在 $\left[-\dfrac{\pi}{2}, \dfrac{\pi}{2}\right]$ 上取值, 作变换, 令 $x=\pi-t$, 则

$$
y=\sin x=\sin(\pi-t)=\sin t, \quad -\frac{\pi}{2} \leqslant t \leqslant \frac{\pi}{2},
$$

故 $t=\arcsin y$.

由于 $x=\pi-t$, 所以 $x=\pi-\arcsin y$, 从而所求的反函数是

$$y=\pi-\arcsin x.$$

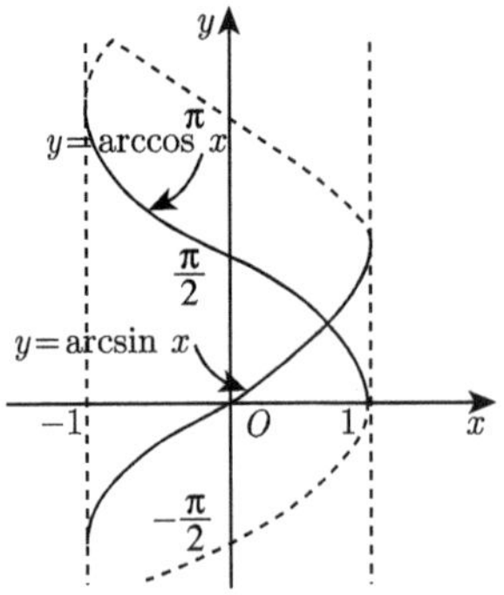

图 1.21

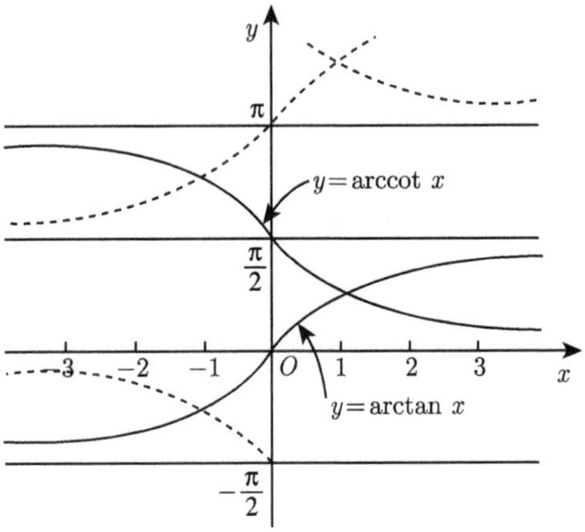

图 1.22

1.3.2　复合函数与初等函数

如果 y 是 u 的函数 $y=f(u), u\in U$, 而 u 又是 x 的函数 $u=\varphi(x), x\in X$, 且 $D=\{x|\,x\in X, 且\ \varphi(x)\in U\}\neq\varnothing$, 则函数

$$y=f[\varphi(x)],\quad x\in D$$

称为由函数 $y=f(u)$ 和 $u=\varphi(x)$ 复合成的**复合函数**, 把 u 叫做中间变量.

函数 $y=\sin u$ 及 $u=\sqrt{x}$ 复合成 $y=\sin\sqrt{x}, x\in[0,+\infty)$.

“复合” 是构成函数的重要形式, 但不是任何两个函数都可以复合, 比如, $y=\arcsin u$ 和 $u=x^2+2$ 就不能复合, 因为后者的值域与前者的定义域的交集是空集, 即 $D=\varnothing$.

能够熟练地分析复杂函数的构造是非常重要的, 需要知道一个复杂函数是由哪些简单函数构成的.

例 2　分解复合函数 $y=2^{\sin x}$ 及 $y=\sin^2(x+1)$ 为简单函数.

解　$y=2^{\sin x}$ 是由 $y=2^u, u=\sin x$ 复合成的.

$y=\sin^2(x+1)$ 是由 $y=u^2, u=\sin v, v=x+1$ 复合而成的.

复合函数的分解, 形象地说是剥皮法 —— 由函数的最外层运算一层层剥到最里层.

求复合函数的定义域时, 要注意保证套在里边的函数的值要落在外边函数的定义域内.

例 3 已知函数 $y=f(x)$ 的定义域为 $(0,+\infty)$, 求复合函数 $y=f(\sin x)$ 的定义域.

解 由于 $y=f(x)$ 的定义域为 $(0,+\infty)$, 所以要使 $f(\sin x)$ 有意义必须且只需

$$0<\sin x<+\infty,$$

因此

$$2k\pi<x<(2k+1)\pi,\quad k\in\mathbf{Z},$$

故函数 $y=f(\sin x)$ 的定义域为 $\{x|\,2k\pi<x<(2k+1)\pi,k\in\mathbf{Z}\}$.

由基本初等函数经有限次四则运算和有限次复合所得到的, 并能用一个式子表示的函数叫做**初等函数**. 例如,

$$y=\sin(x^2+\cos x)$$

就是一个初等函数. 初等函数是常见的函数, 但它只是一类函数, 像狄利克雷函数和某些分段函数就不是初等函数. 待学过积分、级数和微分方程后便可知道, 还有大量的非初等函数存在.

* 下面介绍工程技术上常遇到的**双曲函数**, 它也是初等函数, 它是由 e^x 和 e^{-x} 构成的.

双曲正弦 $\mathrm{sh}\ x=\dfrac{1}{2}(\mathrm{e}^x-\mathrm{e}^{-x}),x\in(-\infty,+\infty)$, 是单增的奇函数 (图 1.23).

双曲余弦 $\mathrm{ch}\ x=\dfrac{1}{2}(\mathrm{e}^x+\mathrm{e}^{-x}),x\in(-\infty,+\infty)$, 是偶函数 (图 1.23).

双曲正切 $\mathrm{th}\ x=\dfrac{\mathrm{sh}\ x}{\mathrm{ch}\ x}=\dfrac{\mathrm{e}^x-\mathrm{e}^{-x}}{\mathrm{e}^x+\mathrm{e}^{-x}},x\in(-\infty,+\infty)$, 是单增有界的奇函数 (图 1.24).

双曲余切 $\mathrm{coth}\ x=\dfrac{\mathrm{ch}\ x}{\mathrm{sh}\ x}=\dfrac{\mathrm{e}^x+\mathrm{e}^{-x}}{\mathrm{e}^x-\mathrm{e}^{-x}},x\neq0$, 是分别在 $(-\infty,0)$ 和 $(0,+\infty)$ 上单调下降的奇函数 (图 1.24).

双曲函数有类似于三角函数的下列公式:

$$\begin{aligned}
&\mathrm{ch}^2x-\mathrm{sh}^2x=1,\\
&\mathrm{ch}2x=\mathrm{ch}^2x+\mathrm{sh}^2x,\\
&\mathrm{sh}2x=2\mathrm{sh}\ x\mathrm{ch}\ x,\\
&\mathrm{ch}(x\pm y)=\mathrm{ch}\ x\mathrm{ch}\ y\pm\mathrm{sh}\ x\mathrm{sh}\ y,\\
&\mathrm{sh}(x\pm y)=\mathrm{sh}\ x\mathrm{ch}\ y\pm\mathrm{ch}\ x\mathrm{sh}\ y.
\end{aligned}$$

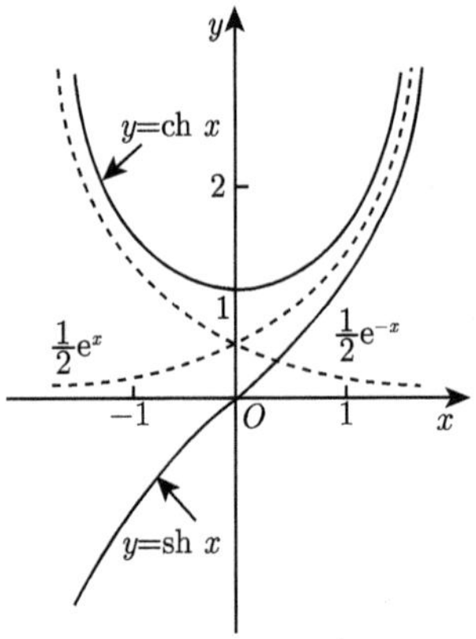

图 1.23

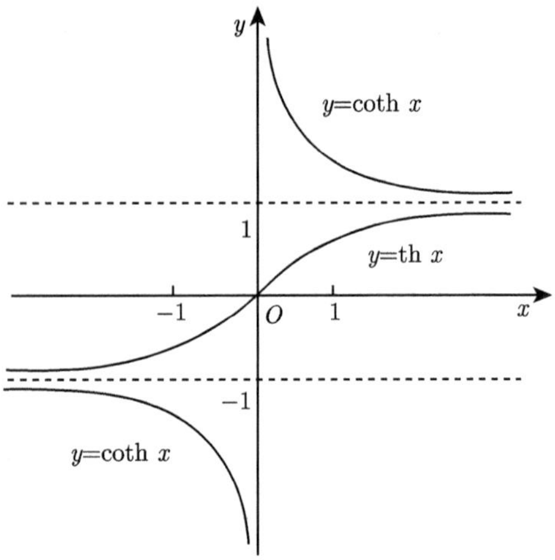

图 1.24

由 $y=\operatorname{sh} x=\dfrac{e^x-e^{-x}}{2}$, 得到 $2y=e^x-\dfrac{1}{e^x}$, 从而 $(e^x)^2-2ye^x-1=0$, 解出 $e^x=y+\sqrt{y^2+1}$, 故 $x=\ln(y+\sqrt{y^2+1})$, 即

$$y=\ln(x+\sqrt{x^2+1}),\quad -\infty<x<+\infty$$

是双曲正弦函数 $y=\operatorname{sh} x$ 的反函数, 记为 $\operatorname{arsh} x$.

同样地, 双曲余弦 $y=\operatorname{ch} x$ 在 $[0,+\infty)$ 上的反函数是

$$y=\operatorname{arch} x=\ln(x+\sqrt{x^2-1}),\quad 1\leqslant x<+\infty.$$

双曲正切 $y=\operatorname{th} x$ 的反函数是

$$y=\operatorname{arth} x=\frac{1}{2}\ln\frac{1+x}{1-x},\quad -1<x<1.$$

习　题　1.3

1. 下列函数是由哪些基本初等函数复合的?

(1) $y=\sin^2\dfrac{1}{x}$;　　(2) $y=3^{\arcsin x^2}$;

(3) $y=\ln\ln\ln x$;　　(4) $y=\arctan e^{\tan x}$.

2. 设 $f(x)=x^3-x$, $\varphi(x)=\sin 3x$, 求 $f(\varphi(x))$ 和 $\varphi(f(1))$.

3. 设 $f(x)=\sin x$, $f(\varphi(x))=1-x^2$, 且 $|\varphi(x)|\leqslant\dfrac{\pi}{2}$, 求 $\varphi(x)$ 及其定义域.

4. 下列函数能否复合成函数 $f(g(x))$? 若能, 写出该复合函数的表达式、定义域及值域.

(1) $f(u)=\ln u, g(x)=\sin x-1$;

(2) $f(u)=\sqrt{u}, g(x)=x-x^2$;

(3) $f(u)=u^2+u^3, g(x)=\begin{cases}1, & x\text{ 是有理数},\\ -1, & x\text{ 是无理数}.\end{cases}$

5. 设 $f(x)$ 的定义域是 $[0,1]$, 求下列函数的定义域.

(1) $f(x^2)$; (2) $f(\mathrm{e}^x)$; (3) $f(\ln x)$;

(4) $f(\sin x)$; (5) $f(\cos x)$; (6) $f(\arctan x)$.

6. 若函数 $f(x)$ 的定义域为 $[0,1]$, 分别求 $f(\ln x)$ 和 $f(x+a)+f(x-a)(a>0)$ 的定义域.

7. 求下列函数的定义域.

(1) $y=\arcsin\sqrt{\ln(x^2-1)}$; (2) $y=\sqrt{1-\sin x}$.

8. 设 $f(x), \varphi(x)$ 互为反函数, 求下列函数的反函数.

(1) $f\left(1+\dfrac{1}{x}\right)$; (2) $f(2^x)$.

9. 设 $f_n(x)=\underbrace{f\{f[\cdots f(x)]\}}_{n\text{次}}$, 若 $f(x)=\dfrac{x}{\sqrt{1+x^2}}$, 求 $f_n(x)$.

10. 求函数 $y=\begin{cases}x, & x<1,\\ x^2, & 1\leqslant x\leqslant 4,\\ 2^x, & x>4\end{cases}$ 的反函数.

1.4 极 坐 标

1.4.1 极坐标的概念

用两个数确定平面上一点位置的方法, 除了直角坐标以外, 常用的还有极坐标法. 在某些场合, 使用极坐标能使问题便于研究.

在平面上取定一点 O, 称为**极点**, 并自 O 引一射线 OA, 称为**极轴** (图 1.25). 于是平面上任意一点 M (不在极点) 的位置, 可以由两个数 $r=|OM|$ 及 $\theta=\angle AOM$ 来决定, 其中 θ 就是射线 OP 绕 O 点由 OA 位置按逆时针方向旋转, 第一次转到 OM 位置时所转过的角度; r 是射线 OP 上由 O 到 M 的距离. 这样两个数 r,θ 称为点 M 的极坐标, 且以记号 $M(r,\theta)$ 来表示点 M, r 称为**极径**, θ 称为**极角**.

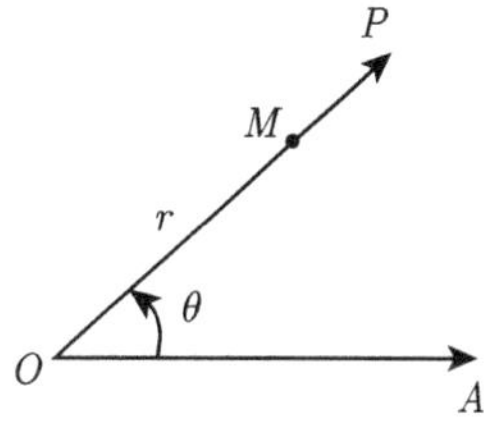

图 1.25

根据上述定义, 点 M 的极坐标 r,θ 的数值满足

$$r > 0, \quad 0 \leqslant \theta < 2\pi.$$

在这样的限制下, 任意给定一对数 r,θ, 平面上就对应着唯一的一点 M; 反之, 平面上除极点 O 以外任意一点 M, 必有一对数 r,θ 与它对应. 当点 M 为极点时, $r=0$, 而 θ 的值可以任意.

在极坐标实际应用中, 为了方便起见, 我们往往取消上述对 r 和 θ 的限制, 而规定它们可以取任何实数值, 现设有任意实数 r,θ. 首先, 作射线 OP, 使以 OA 为始线, OP 为终线的角 $\angle AOP=\theta$. 其次, 如果 r 是正的, 在 OP 上作一点 M, 使 $|OM|=r$; 如果 r 是负的, 在 P 向 O 的延长线上作一点 M, 使 $|OM|=r$. 这样, 对任意的一对实数 r 和 θ, 总可以在平面上确定唯一的一点 M. 但是反过来, 对平面上的同一点却对应着无限多对的数值, 因为如果 $r=r_1, \theta=\theta_1$ 是平面上某一点 M 的极坐标, 则 $r=r_1$, $\theta=\theta_1+2k\pi$ 也是点 M 的极坐标; 此外, $r=-r_1$, $\theta=\theta_1+\pi+2k\pi$ 也是点 M 的极坐标 (k 是任何整数).

1.4.2 极坐标与直角坐标的关系

有时为了研究问题方便, 需要将两种坐标相互转化, 因此需要研究两种坐标之间的关系.

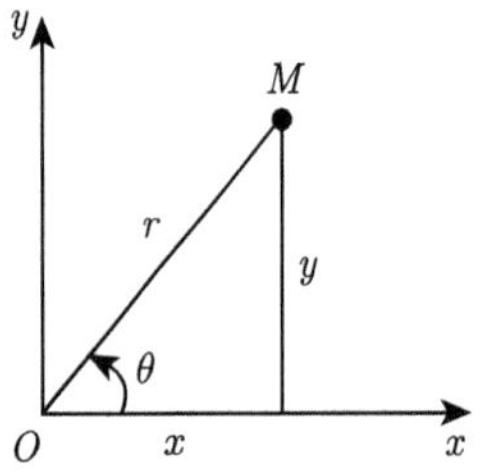

图 1.26

设平面上有一直角坐标系和极坐标系, 它们是这样取定的: 极点与坐标原点重合, 极轴与 x 轴的正半轴重合. 设平面上任意一点 M 在直角坐标系下的坐标为 x,y, 在极坐标系中的坐标为 r,θ (图 1.26), 若 r,θ 已知, 则

$$x = r\cos\theta, \quad y = r\sin\theta. \tag{1}$$

关于公式 (1) 的成立, 我们讨论如下:

1° 若 $r=0$, 则公式 (1) 显然成立;

2° 若 $r>0$, 由三角学中正弦函数和余弦函数的定义知公式 (1) 是成立的;

3° 若 $r<0$, 因 (r,θ) 和 $(-r,\theta+\pi)$ 表示同一点. 故可用 $(-r,\theta+\pi)$ 代替 (r,θ) 来求 (x,y). 由于 $-r>0$, 因此对 $(-r,\theta+\pi)$, 可引用公式 (1). 用 $-r$ 和 $\theta+\pi$ 分别代替公式 (1) 中的 r 和 θ 得

$$x = -r\cos(\theta+\pi) = -r\cdot(-\cos\theta) = r\cos\theta,$$
$$y = -r\sin(\theta+\pi) = -r\cdot(-\sin\theta) = r\sin\theta,$$

由此看到该点的直角坐标仍可用公式 (1) 得到.

若点 M 的直角坐标 x,y 已知, 求点 M 的极坐标 r,θ. 由于点 M 对应着无限多对的数值, 其中任意一对数值都可作为点 M 的极坐标, 且知道了其中某一对数值后, 其他无限多对的数值也很容易写出来. 因此我们求出其中一对数值就够了. 为此, 我们仅求 $r \geqslant 0, 0 \leqslant \theta < 2\pi$ 的一对数值.

把公式 (1) 中两个式子分别平方再相加得

$$x^2+y^2=r^2\cos^2\theta+r^2\sin^2\theta=r^2,$$

因此

$$r=\sqrt{x^2+y^2}.$$

把公式 (1) 中两个式子 (设 $x \neq 0$) 相除得

$$\tan\theta=\frac{y}{x}.$$

由 $\tan\theta$ 来决定 θ 时, 应根据 $M(x,y)$ 在第几象限. 当 $x=0$ 时, $\theta=\frac{\pi}{2}$ 或 $\theta=\frac{3\pi}{2}$, 因此点 M 在 y 轴上.

圆 $x^2+y^2=a^2$ 的极坐标的表达式为 $r=a$; 圆 $(x-a)^2+y^2=a^2$ 的极坐标的表达式为 $r=2a\cos\theta$; 圆 $x^2+(y-a)^2=a^2$ 的极坐标的表达式为 $r=2a\sin\theta$.

习 题 1.4

1. 说明下列极坐标方程表示什么曲线, 并画图.

(1) $r=1$; (2) $\theta=\frac{\pi}{4}$;

(3) $r=2\sin\theta$; (4) $r=2\cos\theta$.

2. 把下列直角坐标方程化为极坐标方程.

(1) $x=1$; (2) $y=2$;

(3) $3x+2y+1=0$; (4) $x^2-y^2=0$.

3. 把下列极坐标方程化为直角坐标方程.

(1) $r\sin\theta=4$; (2) $r(2\sin\theta+3\cos\theta)+2=0$;

(3) $r=-4\cos\theta$; (4) $r=2\cos\theta+\sin\theta$.

1.5 例题选讲

例 1 设

$$\varphi(x)=\begin{cases} x^2, & x<0, \\ 1, & x \geqslant 0, \end{cases} \qquad \psi(x)=\begin{cases} \sin x, & x \geqslant 1, \\ 0, & x<1, \end{cases}$$

求复合函数 $\psi(\varphi(x))$.

解 由于

$$\psi(x)=\begin{cases}\sin x, & x\geqslant 1,\\ 0, & x<1,\end{cases}$$

所以

$$\psi(\varphi(x))=\begin{cases}\sin\varphi(x), & \varphi(x)\geqslant 1,\\ 0, & \varphi(x)<1.\end{cases}$$

根据 $\varphi(x)$ 的表达式知: 当 $x\leqslant -1$ 时, $\varphi(x)=x^2\geqslant 1$; 当 $x\geqslant 0$ 时, $\varphi(x)=1$; 而当 $-1<x<0$ 时, $\varphi(x)=x^2<1$. 从而

$$\psi(\varphi(x))=\begin{cases}\sin x^2, & x\leqslant -1,\\ 0, & -1<x<0,\\ \sin 1, & x\geqslant 0.\end{cases}$$

例 2 求函数 $y=\sqrt[3]{x+\sqrt{1+x^2}}+\sqrt[3]{x-\sqrt{1+x^2}}$ 的反函数.

解 函数 $y=\sqrt[3]{x+\sqrt{1+x^2}}+\sqrt[3]{x-\sqrt{1+x^2}}$ 的反函数由

$$x=\sqrt[3]{y+\sqrt{1+y^2}}+\sqrt[3]{y-\sqrt{1+y^2}}$$

确定, 在上式中令

$$u=\sqrt[3]{y+\sqrt{1+y^2}},\quad v=\sqrt[3]{y-\sqrt{1+y^2}},$$

则有

$$\begin{aligned}x^3&=(u+v)^3\\&=u^3+v^3+3uv(u+v)=u^3+v^3+3uvx\\&=(y+\sqrt{1+y^2})+(y-\sqrt{1+y^2})+3x\sqrt[3]{(y+\sqrt{1+y^2})(y-\sqrt{1+y^2})}\\&=2y+3x\sqrt[3]{-1}=2y-3x,\end{aligned}$$

故可得其反函数为 $y=\dfrac{1}{2}(x^3+3x)$.

例 3 $y=\arctan(\tan x)$ 是否为周期函数, 画出它的图形.

解 因为 $\tan x$ 以 π 为周期, $y=\arctan u$ 是单调函数, 所以 $y=\arctan(\tan x)$ 也以 π 为周期, 且当 $x=k\pi+\dfrac{\pi}{2}(k=0,\pm1,\pm2,\cdots)$ 时, 函数无定义. 当 $x\in\left(k\pi-\dfrac{\pi}{2},k\pi+\dfrac{\pi}{2}\right)$ 时, 令 $t=x-k\pi$, 则 $t\in\left(-\dfrac{\pi}{2},\dfrac{\pi}{2}\right)$, 所以

$$y=\arctan(\tan x)=\arctan(\tan(t+k\pi))$$

$$= \arctan(\tan t) = t = x - k\pi,$$

故

$$y = x - k\pi, \quad x \in \left(k\pi - \frac{\pi}{2}, k\pi + \frac{\pi}{2}\right), \quad k = 0, \pm 1, \pm 2, \cdots,$$

其图形见图 1.27.

例 4 证明 $f(x) = \sin x^2$ 不是周期函数.

证明 若存在正数 $T > 0$, 使得 $\sin x^2 = \sin(x+T)^2$, 则当 $x = 0$ 时, 有 $0 = \sin T^2$, 故 $T^2 = n\pi$, $T = \sqrt{n\pi}$ (n 为正整数), 从而

$$\sin x^2 = \sin(x + \sqrt{n\pi})^2 = \sin(x^2 + 2x\sqrt{n\pi} + n\pi),$$

取 $x \neq \dfrac{2k\pi - n\pi}{2\sqrt{n\pi}}$ (k 为正整数), 则 $2x\sqrt{n\pi} + n\pi \neq 2k\pi$, 因此 $\sin x^2 \neq \sin(x^2 + 2k\pi)$, 矛盾. 所以 $f(x) = \sin x^2$ 不是周期函数.

例 5 在极坐标系下, 作 $r = a(1 + \cos\theta)$ 的图形.

解 因为 r 是 θ 的偶函数, 图形关于极轴对称, r 又是以 2π 为周期的函数. 当 $0 \leqslant \theta \leqslant \pi$ 时, 由于 $\cos\theta$ 单调下降, 所以极半径 r 单调下降. 图形通过点 $(0, 2a)$, $\left(\dfrac{\pi}{3}, \dfrac{3a}{2}\right)$, $\left(\dfrac{\pi}{2}, a\right)$, $\left(\dfrac{2\pi}{3}, \dfrac{a}{2}\right)$ 及点 $(\pi, 0)$, 在极坐标系下用描点法画出图 1.28.

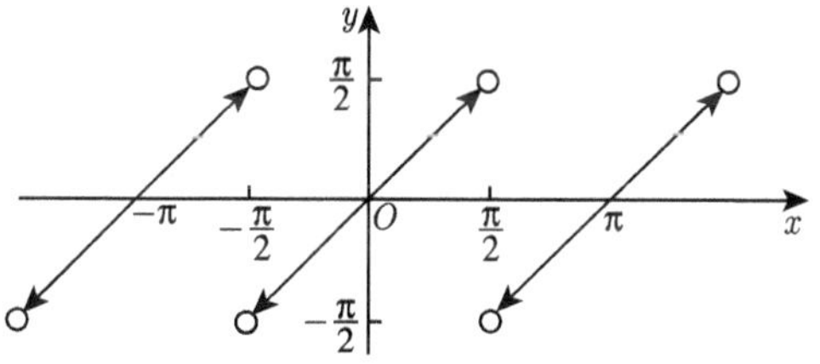

图 1.27

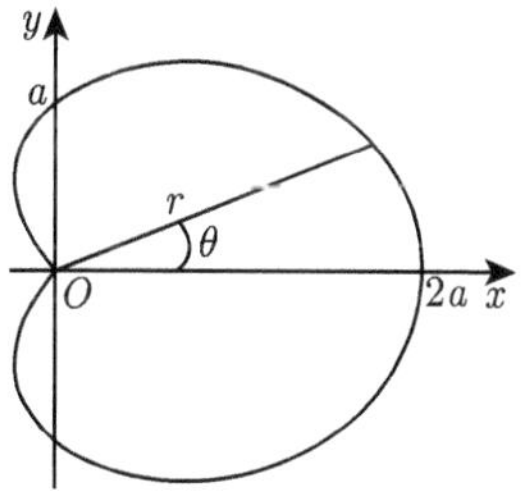

图 1.28

习 题 1.5

1. 在极坐标系下, 作 $r = \cos 3\theta$ 的图形.

2. 已知 $f(x) = \dfrac{1}{1+x}$, 求 $f(f(x)x)$ 的定义域.

3. 已知 $f(x)$ 是以 1 为周期的函数, 当 $0 \leqslant x < 1$ 时, $f(x) = x^2$, 试写出 $f(x)$ 在 $(-\infty, +\infty)$ 上的表达式.

4. 延拓函数 $f(x) = x + 1 (x > 0)$ 到整个数轴上去, 使它分别为偶函数与奇函数.

5. 若 $f(x)$ 满足关系 $f(x+y)=f(x)+f(y)$, 试证:

(1) $f(0)=0$;

(2) $f(nx)=nf(x)$, 其中 n 为自然数.

6. 设 $f(x)=\sqrt{x^2-1}$, $g(x)=\dfrac{1}{x-1}$, $h(x)=\ln x$, 求 $f(g(h(x)))$ 的定义域.

7. 设定义在区间 $(-\infty,+\infty)$ 内的函数 $f(x)$ 单调递增, 且有 $f\{f[f(x)]\}=f(x)$, 求 $f(x)$.

8. 设 $|a|\neq 1$, $\varphi(x)$ 是在 $x\neq 1$ 时有意义的已知函数, 试求函数 $f(x)$, 使它在 $x\neq 1$ 时有意义, 而且满足等式 $f\left(\dfrac{x}{x-1}\right)=af(x)+\varphi(x)$.

9. 已知 $f(x)=\begin{cases}\mathrm{e}^x, & x\in[0,1],\\ x+1, & x\in[-1,0],\end{cases}$ $g(x)=\begin{cases}x^2, & x\in\left[-\dfrac{1}{2},0\right],\\ \sin x, & x\in[0,2],\end{cases}$ 求 $f(x)+g(x)$.

10. 设 $f(\sin x)=\sin x+\sin 5x$, 求证 $[f(\sin x)]^2+[f(\cos x)]^2=4\cos^2 2x$.

11. 已知 $f(x)=\begin{cases}0, & -\infty<x\leqslant 0,\\ \mathrm{e}^x, & 0<x<+\infty\end{cases}$ 及 $\varphi(x)=f(x-1)$, 求函数 $\varphi(x)$ 的表达式, 并在同一坐标系内画出 $y=f(x)$ 及 $y=\varphi(x)$ 的图形.

12. 设 $\varphi(x)=\dfrac{1}{2}(x+|x|)$, $\psi(x)=\begin{cases}x, & x<0,\\ x^2, & x\geqslant 0,\end{cases}$ 求 $\varphi[\psi(x)]$.

13. 设 $f(x)=\begin{cases}1, & |x|\leqslant 1,\\ 0, & |x|>1,\end{cases}$ 求 $f\{f[f(x)]\}$.

14. 设函数 $f(x)=\begin{cases}x^2, & x<0,\\ -x, & x\geqslant 0,\end{cases}$ $g(x)=\begin{cases}2-x, & x\leqslant 0,\\ x+2, & x>0,\end{cases}$ 求 $g[f(x)]$.

15. 求下列函数的反函数.

(1) $y=\dfrac{2^x}{2^x+1}$;　　(2) $y=1+2\sin\dfrac{x-1}{x+1}$.

16. 证明函数 $f(x)=\dfrac{1}{x}\cos\dfrac{1}{x}$ 在 $x=0$ 的任意去心邻域内都是无界的.

17. 已知函数 $f(x)$ 是以 2 为周期的函数, 且在区间 $[0,2)$ 内 $f(x)=x^2$, 求该函数在 $[4,6)$ 内的表达式, 并在区间 $[0,6)$ 内画出函数 $y=f(x)$ 的图形.

18. 设函数 $y=f(g(x))$ 由 $y=f(u)$, $u=g(x)$ 复合而成, 试证:

(1) 若 $g(x)$ 为偶函数, 则 $f(g(x))$ 也是偶函数;

(2) 若 $g(x)$ 为奇函数, 则当 $f(u)$ 是奇函数时, $f(g(x))$ 为奇函数, 当 $f(u)$ 为偶函数时, $f(g(x))$ 为偶函数;

(3) 若 $g(x)$ 为周期函数, 则 $f(g(x))$ 也是周期函数;

(4) 若 $f(u), g(x)$ 同是单调增加或减少的, 则 $f(g(x))$ 是单调增加的;

(5) 若 $f(u), g(x)$ 一个单调增加, 另一个单调减少, 则 $f(g(x))$ 是单调减少的;

(6) 若 $f(u)$ 是有界函数, 则 $f(g(x))$ 也是有界函数.

第 2 章　极限与连续

微积分学中几乎所有的概念都离不开极限, 因此极限概念是大学数学的重要概念, 极限理论是微积分学的基础理论, 深入地理解和掌握极限理论, 对今后的学习和工作都是必要的.

2.1　数列的极限

定义在正整数集上的函数 $x_n = f(n)$ 称为**数列**或**整标函数**. 习惯按自变量由小到大的顺序列出函数值来表示它:

$$x_1, x_2, \cdots, x_n, \cdots.$$

数列中的每个数叫做数列的项, 具有代表性的第 n 项 x_n 叫做数列的**通项**或**一般项**. 通项也就是整标函数的函数关系式, 所以, 给定数列的通项, 数列就完全确定了, 因此, 通常也把数列简记为 $\{x_n\}$.

例如, (1) $0, \frac{1}{8}, \frac{5}{27}, \cdots, \frac{1}{3} - \left(\frac{1}{2n} - \frac{1}{6n^2}\right), \cdots$;

(2) $\frac{1}{2}, \frac{1}{4}, \frac{1}{8}, \cdots, \frac{1}{2^n}, \cdots$;

(3) $1, -\frac{1}{2}, \frac{1}{3}, -\frac{1}{4}, \cdots, (-1)^{n+1}\frac{1}{n}, \cdots$;

(4) $1, -1, 1, -1, \cdots, (-1)^{n+1}, \cdots$.

几何上, 把数列 $\{x_n\}$ 视为跳动的点在数轴 x 上的足迹.

对于数列我们常常关心它的变化趋势问题, 即数列的极限.

我国古代数学家刘徽 (公元 3 世纪) 利用圆内接正多边形来推算圆面积的方法, 即割圆法, 就是极限思想在几何学上的应用.

设有一圆, 先作内接正六边形, 把它的面积记为 A_1; 再作内接正十二边形, 其面积记为 A_2; 再作内接正二十四边形, 其面积记为 A_3; 循环下去, 每次边数加倍, 一般地把内接正 $6 \times 2^{n-1}$ 边形的面积记为 $A_n (n \in \mathbf{N}^+)$. 这样, 就得到一系列内接正多边形的面积:

$$A_1, A_2, A_3, \cdots, A_n, \cdots.$$

它们构成一列有次序的数. 当 n 越大, 内接正多边形与圆的面积差别就越小, 从而以 A_n 作为圆面积的近似值也越精确. 但是无论 n 取得如何大, 只要 n 取定了,

A_n 终究只是内接正多边形的面积, 而还不是圆的面积. 因此, 设想 n 无限增大 (记为 $n \to \infty$, 读作 n 趋于无穷大), 即内接正多边形的边数无限增加, 内接正多边形无限接近于圆, 同时 A_n 也无限接近于某一确定的数值, 这个确定的数值就理解为圆的面积. 这个确定的数值在数学上称为上面这列有次序的数 $A_1, A_2, A_3, \cdots, A_n, \cdots$, 当 $n \to \infty$ 时的极限. 在圆面积问题中我们看到, 正是这个数列的极限才精确地表达了圆的面积.

在解决实际问题的过程中常常采用这种极限方法, 这种极限方法已成为高等数学中的一种基本方法, 因此有必要作进一步的阐述.

对于数列 $\{x_n\}$, 若随着 n 的无限变大, 无限地接近某一常数 a, 则说数列 $\{x_n\}$ 有极限或收敛, 并称 a 为数列的极限. 这个定义说明了极限的本质: 看数列变化的总趋势. 但它仅仅是一个动态的定性的描述. 对于用 "无限地接近" 这种只能靠感觉, 而没有定量的刻画的词句来下定义, 在理论上不严密, 在应用上不方便. 所以必须有一个便于进行定量分析的严密的定义.

所谓 "随着 n 的无限变大, x_n 无限地接近某一常数 a", 其含义是 "随着 n 的无限变大, $|x_n - a|$ 无限地变小". 也就是说 "无论给一个多么小的正数 ε, 只要 n 变大到一定大的数 N 之后, $|x_n - a|$ 就变得永远比给的数 ε 还小, 即 $|x_n - a| < \varepsilon$".

例如, 对于数列 (1), 因为

$$\left|x_n - \frac{1}{3}\right| = \left|\frac{1}{3} - \left(\frac{1}{2n} - \frac{1}{6n^2}\right) - \frac{1}{3}\right| = \left|\frac{1}{2n} - \frac{1}{6n^2}\right| < \frac{1}{2n},$$

所以, 若给 $\varepsilon = 0.1$, 则当 $n > 5$ 时, 就恒有 $\left|x_n - \frac{1}{3}\right| < 0.1$. 若给 $\varepsilon = 0.0001$, 则当 $n > 5000$ 时, 就恒有 $\left|x_n - \frac{1}{3}\right| < 0.0001$. 一般地说, 无论给怎样小的正数 ε, 只要 n 大于 $\frac{1}{2\varepsilon}$ 时, 就恒有 $\left|x_n - \frac{1}{3}\right| < \varepsilon$.

定义 2.1 设 a 为常数, 若对任意给定的正数 ε, 都存在相应的正整数 N, 使得当 $n > N$ 时, 恒有

$$|x_n - a| < \varepsilon,$$

则说数列 $\{x_n\}$ 有极限 (或收敛), 极限值为 a, 记为

$$\lim_{n \to \infty} x_n = a,$$

或简记为 $x_n \to a (n \to \infty)$.

几何上, $x_n \to a$ 的意思是: 数轴上跳动的点 $\{x_n\}$ 与定点 a 之间的距离, 随着 n 的无限变大而无限变小. 无论 ε 是多么小的正数, 作点 a 的 ε 邻域 $(a - \varepsilon, a + \varepsilon)$,

跳动的点迟早有一次将跳进去, 再也跳不出来, 这个次数便可作为 N. 跳动的点 x_n 的足迹凝聚在定点 a 的近旁 (图 2.1) .

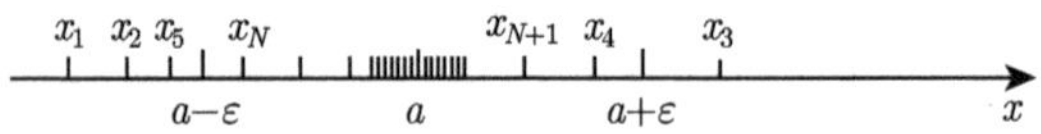

图 2.1

几点说明: ① 数列极限是数列 $\{x_n\}$ 变化的最终趋势, 所以, 任意改变数列中的有限项不影响它的极限值. ② 定义中 ε 的任意 (小) 性是十分必要的, $|x_n - a| < \varepsilon$ 刻画了 x_n 与 a 的接近程度. ③ N 是由给定的 ε 确定的, 但不唯一.

为了书写方便, 人们将 $\lim\limits_{n\to\infty} x_n = a$ 的定义缩写为 "$\forall\varepsilon > 0$, $\exists N > 0$, 使得当 $n > N$ 时, 恒有 $|x_n - a| < \varepsilon$".

例 1　试证 $\lim\limits_{n\to\infty} \sqrt[n]{a} = 1\ (a > 0, a \neq 1)$.

证明　当 $a > 1$ 时, 对 $\forall\varepsilon > 0$, 要使

$$\left|\sqrt[n]{a} - 1\right| = \sqrt[n]{a} - 1 < \varepsilon,$$

只需 $a^{\frac{1}{n}} < 1 + \varepsilon$, 两边取对数得 $\dfrac{1}{n} < \log_a(1+\varepsilon)$, 即只需

$$n > \frac{1}{\log_a(1+\varepsilon)}.$$

故取 $N = \left[\dfrac{1}{\log_a(1+\varepsilon)}\right]$, 则当 $n > N$ 时, 恒有

$$\left|\sqrt[n]{a} - 1\right| < \varepsilon.$$

因此

$$\lim_{n\to\infty} \sqrt[n]{a} = 1 \quad (a > 1).$$

当 $0 < a < 1$ 时, 可类似推证.

例 2　试证 $\lim\limits_{n\to\infty} \dfrac{2n^2 - 5}{n^2 + n + 1} = 2$.

证明　**方法一**　由于

$$\left|\frac{2n^2 - 5}{n^2 + n + 1} - 2\right| = \frac{2n + 7}{n^2 + n + 1} < \frac{9n}{n^2} = \frac{9}{n},$$

所以, $\forall\varepsilon > 0$, 只要 $\dfrac{9}{n} < \varepsilon$, 即 $n > \dfrac{9}{\varepsilon}$, 就恒有

$$\left|\frac{2n^2 - 5}{n^2 + n + 1} - 2\right| < \varepsilon,$$

故可取 $N=\left[\dfrac{9}{\varepsilon}\right]$. 因此, 所证极限式成立.

方法二 如果限定 $n>7$, 则 $\left|\dfrac{2n^2-5}{n^2+n+1}-2\right|=\dfrac{2n+7}{n^2+n+1}<\dfrac{3n}{n^2}=\dfrac{3}{n}$. 因此, 对 $\forall\varepsilon>0$, 取 $N=\max\left\{7,\left[\dfrac{3}{\varepsilon}\right]\right\}$, 则当 $n>N$ 时, 有 $\left|\dfrac{2n^2-5}{n^2+n+1}-2\right|<\varepsilon$.

例 3 试证 $\lim\limits_{n\to\infty}\sqrt[n]{n}=1$.

证明 设 $\sqrt[n]{n}=1+h_n, h_n>0$, 则当 $n\geqslant 2$ 时, 有

$$\begin{aligned}n&=(1+h_n)^n=1+nh_n+\frac{n(n-1)}{2!}h_n^2+\cdots+h_n^n\\&>1+\frac{n(n-1)}{2!}h_n^2,\end{aligned}$$

因此

$$h_n<\sqrt{\frac{2}{n}},$$

$$|\sqrt[n]{n}-1|=h_n<\sqrt{\frac{2}{n}},$$

由此, $\forall\varepsilon>0$, 取 $N=\max\left\{2,\left[\dfrac{2}{\varepsilon^2}\right]\right\}$, 则当 $n>N$ 时, 恒有

$$\left|\sqrt[n]{n}-1\right|<\varepsilon.$$

故

$$\lim_{n\to\infty}\sqrt[n]{n}=1.$$

用定义证明极限, 就是对 $\forall\varepsilon>0$, 找满足定义要求的 N. 找的方法是从不等式 $|x_n-a|<\varepsilon$ 出发, 通过解不等式, 推出 n 应大于怎样的整数, 这个整数就是所求的 N. 由于我们不需要找最小的 N, 为简化解不等式的运算, 常常把 $|x_n-a|$ 作适当放大, 但要保证放大后还能趋于零, 并便于解出 n, 如例 2、例 3 所示. 只要能找到这样的 N, 所要证的极限就成立.

定理 2.1 (唯一性) 如果极限 $\lim\limits_{n\to\infty}x_n$ 存在, 必唯一.

证明 反证法. 设 $\lim\limits_{n\to\infty}x_n=a$, $\lim\limits_{n\to\infty}x_n=b$, $a<b$.

对 $\varepsilon=\dfrac{b-a}{2}>0$, 由 $\lim\limits_{n\to\infty}x_n=a$ 的定义, $\exists N_1>0$, 使得当 $n>N_1$ 时, 恒有

$$|x_n-a|<\frac{b-a}{2},$$

即有

$$\frac{3a-b}{2}<x_n<\frac{b+a}{2}, \tag{1}$$

而由 $\lim\limits_{n\to\infty} x_n = b$ 的定义, $\exists N_2 > 0$, 使得当 $n > N_2$ 时, 恒有

$$|x_n - b| < \frac{b-a}{2},$$

即有

$$\frac{a+b}{2} < x_n < \frac{3b-a}{2}. \tag{2}$$

令 $N = \max\{N_1, N_2\}$, 则当 $n > N$ 时, 不等式 (1), (2) 同时成立. 但这是不可能的, 因为 (1), (2) 两式是矛盾的. 故有极限必唯一. □

定理 2.2 有极限的数列必有界.

证明 设 $\lim\limits_{n\to\infty} x_n = a$, 对 $\varepsilon = 1, \exists N > 0$, 使得当 $n > N$ 时, 恒有 $|x_n - a| < 1$, 即

$$a - 1 < x_n < a + 1.$$

此外, 最多有 N 个数 $x_1, x_2, \cdots, x_N$ 不在这个范围内, 因此, 令

$$M = \max\{|x_1|, |x_2|, \cdots, |x_N|, |a-1|, |a+1|\},$$

则对所有的自然数 n, 都有

$$|x_n| \leqslant M,$$

故数列 $\{x_n\}$ 有界. □

注意: 由这个结论知, 无界数列必发散. 但有界数列不见得收敛, 比如, 数列 $\{(-1)^n\}$ 就是发散的有界数列.

在数列 $\{x_n\}$ 中依次任意抽出无穷多项:

$$x_{n_1}, x_{n_2}, \cdots, x_{n_k}, \cdots \quad (\text{其下标 } n_1 < n_2 < \cdots < n_k < \cdots)$$

所构成的新数列 $\{x_{n_k}\}$ 叫做数列 $\{x_n\}$ 的**子数列**. 这里 x_{n_k} 是原数列中的第 n_k 项, 在子数列中是第 k 项, 显然 $k \leqslant n_k$.

定理 2.3 数列 $\{x_n\}$ 收敛于 a 的充要条件是它的所有子数列 $\{x_{n_k}\}$ 均收敛于 a.

证明 必要性. 设 $\lim\limits_{n\to\infty} x_n = a$, 即 $\forall\varepsilon > 0$, $\exists N > 0$, 使得当 $n > N$ 时, 恒有

$$|x_n - a| < \varepsilon.$$

当 $k > N$ 时, 因 $n_k \geqslant k > N$, 故恒有

$$|x_{n_k} - a| < \varepsilon.$$

因此

$$\lim_{k\to\infty} x_{n_k} = a.$$

充分性是显然的, 因为 $\{x_n\}$ 也是自己的子数列. □

由此定理可知: 仅从某一个子数列的收敛, 一般不能断定原数列的收敛性; 但若已知一个子数列发散, 或有两个子数列收敛于不同的极限值, 都可断定原数列是发散的. 还可以证明: 数列 $\{x_n\}$ 的奇子数列 $\{x_{2k-1}\}$ 和偶子数列 $\{x_{2k}\}$ 均收敛于 a, 则 $\{x_n\}$ 也收敛于 a (证明留给读者).

例 4 试证数列 $\{\cos n\pi\}$ 不收敛.

证明 因为 $\{\cos n\pi\}$ 的奇子数列

$$-1, -1, \cdots, -1, \cdots$$

收敛于 -1, 而偶子数列

$$1, 1, \cdots, 1, \cdots$$

收敛于 1 , 所以数列 $\{\cos n\pi\}$ 不收敛.

习 题 2.1

1. 观察下列数列, 指出变化趋势 —— 极限.

(1) $x_n = 1 + \dfrac{1}{n^2}$; (2) $x_n = (-1)^n n$;

(3) $x_n = \dfrac{n}{n+1}$; (4) $x_n = \dfrac{1}{n}\sin\dfrac{\pi n}{2}$.

2. 预测下列数列的极限 a, 指出从哪一项开始能使 $|x_n - a|$ 永远小于 0.01, 0.001.

(1) $x_n = \dfrac{n}{n+1}$; (2) $x_n = \dfrac{1}{n}\cos\dfrac{n\pi}{2}$.

3. 用数列极限定义证明下面结论.

(1) $\lim\limits_{n\to\infty}\left(\sqrt{n+1}-\sqrt{n}\right) = 0$; (2) $\lim\limits_{n\to\infty}\dfrac{\sin n}{n} = 0$;

(3) $\lim\limits_{n\to\infty}\dfrac{3n-1}{n+1} = 3$; (4) $\lim\limits_{n\to\infty}\dfrac{n!}{n^n} = 0$.

4. 设数列 $\{x_n\}$ 有界, 又 $\lim\limits_{n\to\infty} y_n = 0$, 试证 $\lim\limits_{n\to\infty} x_n y_n = 0$.

5. 若数列 $\{x_n\}$ 的奇子数列 $\{x_{2n-1}\}$ 与偶子数列 $\{x_{2n}\}$ 均收敛于 a, 试证数列 $\{x_n\}$ 也收敛于 a.

2.2 函数的极限

对于一些实际问题, 解决问题的方法是看函数的变化趋势. 就是函数的极限问题, 本节将给出函数的极限. 对函数 $y=f(x)$, 根据自变量的变化过程分两种情况讨论它的极限.

2.2.1　$x\to\infty$ 时函数的极限

$x\to\infty$ 既有 $x\to+\infty$, 也有 $x\to-\infty$, 因此我们设对充分大的 $|x|$, 函数 $f(x)$ 处处有定义. 如果随着 $|x|$ 的无限变大, 函数 $f(x)$ 无限地接近某一常数 A, 则说 x 趋于无穷大时 $y=f(x)$ 以 A 为极限. 严格的定义如下.

定义 2.2　设 $f(x)$ 在 $|x|>a$ 上有定义, A 为常数, 若 $\forall\varepsilon>0,\exists X>0$, 使得当 $|x|>X$ 时, 恒有

$$|f(x)-A|<\varepsilon,$$

则说当 $x\to\infty$ 时, 函数 $f(x)$ 有极限, 极限值为 A.

它的几何意义是: 当 $x\to\infty$ 时, 曲线 $y=f(x)$ 以直线 $y=A$ 为水平渐近线, 即随着横坐标 $x\to\infty$, 曲线上点的纵坐标 $f(x)$ 无限接近于 A. 按定义来说, 就是不管给定一个怎样小的正数 ε, 作一个以 $y=A$ 为中心线, 宽为 2ε 的条形域. 我们顺着 x 轴的正负向看下去, 必有一个正数 X, 使曲线上的动点 $(x,f(x))$ 的横坐标 $|x|>X$ 之后, 动点就钻入这个条形域不出来了. 由于 ε 可任意小, 所以随着 $|x|$ 的增大, 动点还将钻入更窄的条形域, 不断地向 $y=A$ 靠拢 (参看图 2.2).

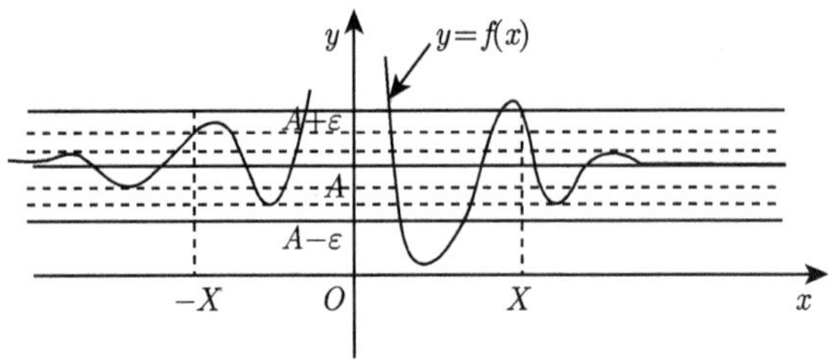

图 2.2

例 1　试证 $\lim\limits_{x\to\infty}\dfrac{x}{2x+1}=\dfrac{1}{2}$.

证明　因为这里考虑的是 $x\to\infty$ 时函数的极限, 所以可以限定在 $|x|>1$ 上考虑问题, 由于

$$\left|\frac{x}{2x+1}-\frac{1}{2}\right|=\frac{1}{2|2x+1|}\leqslant\frac{1}{2(2|x|-1)}=\frac{1}{2(|x|+|x|-1)}<\frac{1}{2|x|},$$

所以 $\forall\varepsilon>0$, 只要 $\dfrac{1}{2|x|}<\varepsilon$, 即 $|x|>\dfrac{1}{2\varepsilon}$, 就恒有 $\left|\dfrac{x}{2x+1}-\dfrac{1}{2}\right|<\varepsilon$, 故可选取 $X=\max\left\{1,\dfrac{1}{2\varepsilon}\right\}$.

有时我们只考虑一侧的情况, 即 $x\to+\infty$ 或 $x\to-\infty$ 的情况, 则有下列定义.

定义 2.3 设 $f(x)$ 在 $x>a$ 上有定义, A 为常数. 若 $\forall\varepsilon>0,\exists X>0$, 使得当 $x>X$ 时, 恒有

$$|f(x)-A|<\varepsilon,$$

则说当 $x\to+\infty$ 时函数 $f(x)$ 有极限, 极限值为 A, 记为 $\lim\limits_{x\to+\infty}f(x)=A$, 或

$$f(x)\to A,\quad 当\ x\to+\infty\ 时.$$

定义 2.4 设 $f(x)$ 在 $x<a$ 上有定义, A 为常数, 若 $\forall\varepsilon>0,\exists X>0$, 使得当 $x<-X$ 时, 恒有

$$|f(x)-A|<\varepsilon,$$

则说当 $x\to-\infty$ 时函数 $f(x)$ 有极限, 极限值为 A, 记为 $\lim\limits_{x\to-\infty}f(x)=A$, 或

$$f(x)\to A,\quad 当\ x\to-\infty\ 时.$$

由上述定义可知: $\lim\limits_{x\to\infty}f(x)=A\Leftrightarrow\lim\limits_{x\to-\infty}f(x)=\lim\limits_{x\to+\infty}f(x)=A$.

例 2 试证 $\lim\limits_{x\to+\infty}\dfrac{\sin x}{\sqrt{x}}=0$.

证明 由于 $\left|\dfrac{\sin x}{\sqrt{x}}-0\right|\leqslant\dfrac{1}{\sqrt{x}}$, 所以只要 $\dfrac{1}{\sqrt{x}}<\varepsilon$, 即 $x>\dfrac{1}{\varepsilon^2}$, 就恒有

$$\left|\frac{\sin x}{\sqrt{x}}-0\right|<\varepsilon.$$

故 $\forall\varepsilon>0$, 取 $X=\dfrac{1}{\varepsilon^2}$, 就满足定义 2.3 的要求, 因此有 $\lim\limits_{x\to+\infty}\dfrac{\sin x}{\sqrt{x}}=0$.

例 3 试证函数 $f(x)=\arctan x$, 当 $x\to\infty$ 时, $f(x)$ 无极限.

证明 当 $x\to-\infty$ 时, 函数 $f(x)$ 的极限

$$\lim_{x\to-\infty}\arctan x=-\frac{\pi}{2},$$

当 $x\to+\infty$ 时, 函数 $f(x)$ 的极限

$$\lim_{x\to+\infty}\arctan x=\frac{\pi}{2},$$

两个极限不相等, 故当 $x\to\infty$ 时, $f(x)$ 无极限.

2.2.2 $x\to x_0$ 时函数的极限

设函数 $y=f(x)$ 在点 x_0 的某一去心邻域上有定义 (在 x_0 处和邻域外是否有定义不作要求). 如果当 x 无限接近于 x_0 时, 函数 $f(x)$ 就无限接近于常数 A, 则说当 x 趋于 x_0 时 (记为 $x\to x_0$), $f(x)$ 以 A 为极限. 严格定义如下.

定义 2.5　设 $f(x)$ 在点 x_0 的某一去心邻域上有定义, A 为常数. 若 $\forall\varepsilon>0,\exists\delta>0$, 使得当 $0<|x-x_0|<\delta$ 时, 恒有 $|f(x)-A|<\varepsilon$, 则说当 $x\to x_0$ 时, 函数 $f(x)$ 有极限, 极限值为 A, 记为 $\lim\limits_{x\to x_0} f(x)=A$, 或

$$f(x)\to A,\quad 当\ x\to x_0\ 时.$$

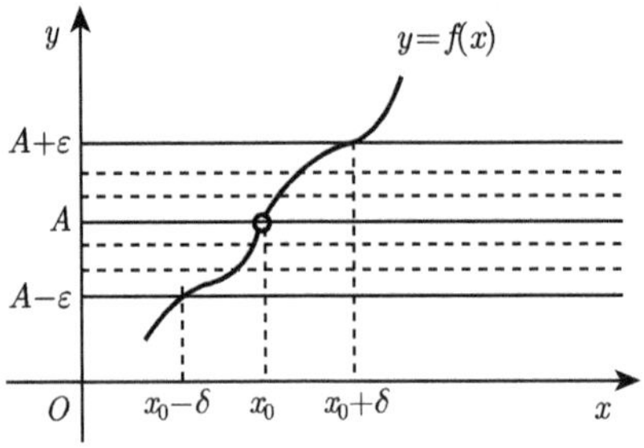

图 2.3

几何解释　曲线 $y=f(x)$ 上的动点 $M(x,f(x))$ 随着其横坐标趋于 x_0, 其纵坐标 $f(x)$ 趋于 A. 定义 2.5 是说, 不管 $\varepsilon>0$ 如何小, 画一个以 $y=A$ 为中心线, 宽为 2ε 的条形域, 则在 x 轴上一定可以找到 x_0 的一个去心邻域 $(x_0-\delta,x_0)\cup(x_0,x_0+\delta)$, 使函数在这个邻域上的图形全部位于上述条形域内. 也就是说, 只要曲线上动点 $M(x,f(x))$ 的横坐标与 x_0 的距离小于 δ, 它的纵坐标 $f(x)$ 就与 A 的距离小于 ε (图 2.3).

要强调指出: ①定义中 δ 表示 x 接近 x_0 的程度, 它与 ε 有关, 一般地说, ε 越小, δ 也将越小, δ 是 ε 的函数, 但不唯一. ② "当 $0<|x-x_0|<\delta$ 时, 恒有 $|f(x)-A|<\varepsilon$", 即在 x_0 的去心 δ 邻域上, 恒有 $|f(x)-A|<\varepsilon$, 对 x_0 处没有这个要求. 所以函数在 x_0 处可以无定义, 也可以有定义. 总之, 当 $x\to x_0$ 时, 函数的极限与函数在 x_0 处的状况无关.

一般来说, 用定义论证极限应从不等式 $|f(x)-A|<\varepsilon$ 出发, 推导出 $|x-x_0|$ 应小于怎样的正数, 这个正数就是我们要找的与 ε 相应的 δ, 找到就证明完毕. 这个推导常常是困难的, 但是, 注意到我们不需要找最大的 δ, 所以可以把 $|f(x)-A|$ 适当放大些, 变成易于解出 $|x-x_0|$ 的式子, 找到一个需要的 δ.

例 4　试证 $\lim\limits_{x\to x_0}\sin x=\sin x_0$.

证明　由于

$$|\sin x-\sin x_0|=\left|2\sin\frac{x-x_0}{2}\cos\frac{x+x_0}{2}\right|\leqslant\left|2\sin\frac{x-x_0}{2}\right|\leqslant|x-x_0|.$$

故 $\forall\varepsilon>0$, 只要 $|x-x_0|<\varepsilon$, 就有

$$|\sin x-\sin x_0|<\varepsilon,$$

因此, 取 $\delta=\varepsilon$ 即可.

同样有

$$\lim_{x\to x_0}\cos x=\cos x_0,\quad \lim_{x\to x_0}a^x=a^{x_0},\quad \lim_{x\to x_0}\log_a x=\log_a x_0\quad (x_0>0).$$

例 5 试证 $\lim\limits_{x\to 1}\dfrac{x^3-1}{x-1}=3$.

证明 因为考虑的是 $x\to 1$ 的过程, 所以仅需在 $x=1$ 附近讨论问题, 则可限定在 $0<|x-1|<1$ 范围内讨论问题. 这时

$$\left|\frac{x^3-1}{x-1}-3\right|=\left|x^2+x-2\right|=|x+2|\,|x-1|<4\,|x-1|,$$

故 $\forall\varepsilon>0$, 只要取 $\delta=\min\left\{1,\dfrac{\varepsilon}{4}\right\}$, 则当 $0<|x-1|<\delta$ 时, 就有

$$\left|\frac{x^3-1}{x-1}-3\right|<\varepsilon,$$

因此 $\lim\limits_{x\to 1}\dfrac{x^3-1}{x-1}=3$.

在极限的定义中, $x\to x_0$ 的方式不受任何限制. 就是说, 不管 x 是连续地趋于 x_0, 还是跳跃地按任一数列趋于 x_0, 无论从左边或右边趋于 x_0, $f(x)$ 的极限都应是同一个常数 A.

当限定 x 小于 x_0 且趋于 x_0 时, 如果函数 $f(x)$ 的极限存在, 则称之为 $f(x)$ 当 $x\to x_0$ 时的左极限, 记为 $\lim\limits_{x\to x_0^-}f(x)$ 或 $f(x_0^-)$.

当限定 x 大于 x_0 且趋于 x_0 时, 如果函数 $f(x)$ 的极限存在, 则称之为 $f(x)$ 当 $x\to x_0$ 时的右极限, 记为 $\lim\limits_{x\to x_0^+}f(x)$ 或 $f(x_0^+)$.

左、右极限统称为单侧极限. 从极限及单侧极限的定义, 显然有如下定理.

定理 2.4 极限 $\lim\limits_{x\to x_0}f(x)=A$ 存在的充要条件是左极限 $f(x_0^-)$ 和右极限 $f(x_0^+)$ 均存在, 且 $f(x_0^-)=f(x_0^+)=A$.

例 6 试证函数 $f(x)=\begin{cases}x+1, & x<1,\\ \sin x, & x\geqslant 1,\end{cases}$ 当 $x\to 1$ 时, $f(x)$ 无极限.

证明 当 $x\to 1$ 时, 函数 $f(x)$ 的左极限

$$f(1^-)=\lim_{x\to 1^-}(x+1)=2,$$

当 $x\to 1$ 时, 函数 $f(x)$ 的右极限

$$f(1^+)=\lim_{x\to 1^+}\sin x=\sin 1,$$

左、右极限不相等, 故当 $x\to 1$ 时, $f(x)$ 无极限.

习　题　2.2

1. 用极限定义证明下面各题.

(1) $\lim\limits_{x\to+\infty}\dfrac{\sin x}{\sqrt{x}}=0$;　　(2) $\lim\limits_{x\to\infty}\dfrac{2x-1}{x}=2$;

(3) $\lim\limits_{x\to1}\dfrac{x^2-1}{x-1}=2$;　　(4) $\lim\limits_{x\to x_0}\cos x=\cos x_0$;

(5) $\lim\limits_{x\to\infty}\dfrac{1+x^3}{2x^3}=\dfrac{1}{2}$;　　(6) $\lim\limits_{x\to1}\dfrac{x}{x+1}=\dfrac{1}{2}$.

2. 已知 $\lim\limits_{x\to3}x^2=9$, 那么 $\delta=$______, 当 $|x-3|<\delta$ 时, $\left|x^2-9\right|<0.07$.

3. 已知 $\lim\limits_{x\to2}x^2=4$, 那么 $\delta=$______, 当 $|x-2|<\delta$ 时, $\left|x^2-4\right|<0.001$.

4. 用左、右极限证明 $\lim\limits_{x\to x_0}\ln x=\ln x_0\ (x_0>0)$.

5. 证明 $\lim\limits_{x\to0}\dfrac{x}{|x|}$ 不存在.

2.3　极限的性质、无穷小与无穷大

2.3.1　极限的性质

定理 2.5 (唯一性)　如果极限 $\lim\limits_{x\to x_0}f(x)$ 存在, 必唯一.

证明　反证法. 令 $\lim\limits_{x\to x_0}f(x)=A$, $\lim\limits_{x\to x_0}f(x)=B$, 且假设 $A<B$.

对 $\varepsilon=\dfrac{B-A}{2}>0$, 由 $\lim\limits_{x\to x_0}f(x)=A$ 的定义, $\exists\delta_1>0$, 使得当 $0<|x-x_0|<\delta_1$ 时, 恒有 $|f(x)-A|<\dfrac{B-A}{2}$, 即有

$$\frac{3A-B}{2}<f(x)<\frac{B+A}{2},\tag{1}$$

而由 $\lim\limits_{x\to x_0}f(x)=B$ 的定义, $\exists\delta_2>0$, 使得当 $0<|x-x_0|<\delta_2$ 时, 恒有 $|f(x)-B|<\dfrac{B-A}{2}$, 即有

$$\frac{A+B}{2}<f(x)<\frac{3B-A}{2},\tag{2}$$

令 $\delta=\min\{\delta_1,\delta_2\}$, 则当 $0<|x-x_0|<\delta$ 时, 不等式 (1), (2) 同时成立. 但这是不可能的, 因为 (1), (2) 两式是不相容的. 故有极限必唯一. □

定理 2.6 (极限点附近的保序性)　设 $\lim\limits_{x\to x_0}f(x)=A$, $\lim\limits_{x\to x_0}g(x)=B$.

(i) 如果 $A<B$, 则有 $\delta>0$, 使得当 $0<|x-x_0|<\delta$ 时, 恒有 $f(x)<g(x)$;

(ii) 如果有 $\delta>0$, 使得当 $0<|x-x_0|<\delta$ 时, 恒有 $f(x)\leqslant g(x)$, 则必有 $A\leqslant B$.

证明 (i) 对 $\varepsilon=\dfrac{B-A}{2}>0$, 由于 $\lim\limits_{x\to x_0}f(x)=A$, $\exists\delta_1>0$, 使得当 $0<|x-x_0|<\delta_1$ 时, 恒有 $|f(x)-A|<\dfrac{B-A}{2}$, 即有

$$\frac{3A-B}{2}<f(x)<\frac{A+B}{2}, \tag{3}$$

而由 $\lim\limits_{x\to x_0}g(x)=B$, $\exists\delta_2>0$, 使得当 $0<|x-x_0|<\delta_2$ 时, 恒有 $|g(x)-B|<\dfrac{B-A}{2}$, 即有

$$\frac{A+B}{2}<g(x)<\frac{3B-A}{2}, \tag{4}$$

取 $\delta=\min\{\delta_1,\delta_2\}$, 则当 $0<|x-x_0|<\delta$ 时, 不等式 (3),(4) 同时成立. 从而在 x_0 的去心邻域 $0<|x-x_0|<\delta$ 内有 $f(x)<g(x)$.

(ii) 若不然, 设 $A>B$, 则由 (i) 知在 x_0 的某一去心邻域内恒有 $f(x)>g(x)$, 与假设矛盾. □

推论 1 (保号性) 设 $\lim\limits_{x\to x_0}f(x)=A$.

(i) 若 $A>0$, 则有 $\delta>0$, 使得当 $0<|x-x_0|<\delta$ 时, $f(x)>0$;

(ii) 若有 $\delta>0$, 使得当 $0<|x-x_0|<\delta$ 时, $f(x)\geqslant 0$, 则 $A\geqslant 0$.

定理 2.7 (极限点附近的有界性) 如果 $\lim\limits_{x\to x_0}f(x)=A$, 则存在 $\delta>0$, 使函数 $f(x)$ 在 x_0 的去心 δ 邻域 $\mathring{U}_\delta(x_0)$ 内有界.

证明 由极限的定义, 对 $\varepsilon=1$, $\exists\delta>0$, 使得当 $0<|x-x_0|<\delta$ 时, 恒有

$$|f(x)-A|<1,$$

即有

$$A-1<f(x)<A+1,$$

由此可见, $f(x)$ 在 $0<|x-x_0|<\delta$ 内有界. □

极限的唯一性, 极限点附近的保序性和有界性, 对各种极限过程都成立, 证明方法也是类似的. 要说明的是: 当 $x\to+\infty$ 时, 我们把 $+\infty$ 视为一 “正无穷远点”, 它的附近是指 $x>X$ 部分, X 可充分大. 其他情况是类似的. 请读者针对数列极限和函数的其他极限情形, 正确地叙述这三条性质.

2.3.2 无穷小与无穷大

在一个极限过程中, 以零为极限的变量叫做这个极限过程中的无穷小. 在理论上和应用上它都是很重要的. 下面我们仅就两种极限过程 ($x\to x_0$ 与 $x\to\infty$) 中的无穷小给出严格的定义, 其他情况是不言而喻的.

定义 2.6　若对 $\forall\varepsilon>0,\exists\delta>0\,(X>0)$, 使得当 $0<|x-x_0|<\delta(|x|>X)$ 时, 恒有 $|f(x)|<\varepsilon$, 则说函数 $f(x)$ 是当 $x\to x_0(x\to\infty)$ 时的无穷小, 或者说当 $x\to x_0(x\to\infty)$ 时, $f(x)$ 是无穷小.

例如, 由 $\lim\limits_{n\to\infty}\dfrac{1}{n}=0$, 知 $n\to\infty$ 时, $\dfrac{1}{n}$ 为无穷小.

由 $\lim\limits_{x\to+\infty}\dfrac{\sin x}{\sqrt{x}}=0$, 知 $x\to+\infty$ 时, $\dfrac{\sin x}{\sqrt{x}}$ 为无穷小.

由 $\lim\limits_{x\to0}x^2=0$, 知 $x\to0$ 时, x^2 是无穷小. 但当 $x\to1$ 时, x^2 不是无穷小.

例 1　试证: $x\to-\infty$ 时, $a^x(a>1)$ 为无穷小.

证明　只需证 $\lim\limits_{x\to-\infty}a^x=0$, $\forall\varepsilon:0<\varepsilon<1$, 若要

$$|a^x|=a^x<\varepsilon,$$

只需 $x<\log_a\varepsilon(<0)$, 故取 $X=-\log_a\varepsilon$ 即可.

无穷小是变化过程中趋于零的变量, 千万不要把无穷小和很小的常数混为一谈. 任何非零的常数都不是无穷小 (0 是唯一为无穷小的常数). 下面关于无穷小的定理, 我们仅就 $x\to x_0$ 的过程来证明.

定理 2.8　有限个无穷小之和仍为无穷小.

证明　考虑 $x\to x_0$ 时, 两个无穷小 α,β 之和的情况.

令 $\gamma=\alpha+\beta$. $\forall\varepsilon>0$, 因 α,β 均为无穷小, $\exists\delta>0$, 使得当 $0<|x-x_0|<\delta$ 时, 恒有

$$|\alpha|<\varepsilon,\quad |\beta|<\varepsilon$$

同时成立. 于是, 当 $0<|x-x_0|<\delta$ 时, 恒有

$$|\gamma|=|\alpha+\beta|\leqslant|\alpha|+|\beta|<2\varepsilon.$$ □

注意: 无穷个无穷小之和不一定为无穷小.

定理 2.9　无穷小与极限点附近有界的函数的乘积是无穷小.

证明　设函数 $u=u(x)$ 在 x_0 的某一去心邻域 $0<|x-x_0|<\delta_0$ 内有界, 即有常数 M, 使 $|u|\leqslant M$, 且当 $x\to x_0$ 时, α 是无穷小. 于是 $\forall\varepsilon>0$, $\exists\delta:0<\delta<\delta_0$ 使得当 $0<|x-x_0|<\delta$ 时, 恒有

$$|\alpha|<\varepsilon,$$

从而

$$|u\alpha|=|u|\,|\alpha|<M\varepsilon.$$ □

推论 2　无穷小与常数之积是无穷小.

推论 3　有限个无穷小之积是无穷小.

那么, 无穷个无穷小之积一定为无穷小吗?

定理 2.10 一个有极限、但极限不为零的函数去除无穷小所得的商是无穷小.

证明 设 $\lim\limits_{x \to x_0} u = a \neq 0$, 由定理 2.9, 只需证明 $\dfrac{1}{u}$ 在 x_0 的某一去心邻域内有界.

对 $\varepsilon = \dfrac{|a|}{2}$, $\exists \delta > 0$, 使得当 $0 < |x - x_0| < \delta$ 时, 恒有

$$|u - a| < \frac{|a|}{2},$$

则有

$$|u| = |a + u - a| \geqslant |a| - |u - a| > |a| - \frac{|a|}{2} = \frac{|a|}{2}.$$

所以, 当 $0 < |x - x_0| < \delta$ 时, 恒有

$$\left|\frac{1}{u}\right| < \frac{2}{|a|},$$

即 $\dfrac{1}{u}$ 有界. □

定理 2.11 (极限与无穷小的关系) 在一个极限过程中, 函数 $f(x)$ 以 A 为极限的充分必要条件是 $f(x)$ 可表示为常数 A 与一个无穷小之和, 即

$$\lim f(x) = A \Leftrightarrow f(x) = A + \alpha(x),$$

其中 $\alpha(x)$ 是同一个极限过程中的无穷小.

证明 以 $x \to x_0$ 时的情况为例, 由 $\lim\limits_{x \to x_0} f(x) = A$ 的定义: $\forall \varepsilon > 0, \exists \delta > 0$, 使得当 $0 < |x - x_0| < \delta$ 时, 恒有 $|f(x) - A| < \varepsilon$. 恰好是函数 $\alpha(x) = f(x) - A$ 在 $x \to x_0$ 时为无穷小的定义. □

函数还有一种变化状态值得注意, 就是在一个极限过程中, 函数的绝对值无限变大的情形.

定义 2.7 若 $\forall M > 0, \exists \delta > 0\ (X > 0)$, 使得当 $0 < |x - x_0| < \delta\ (|x| > X)$ 时, 恒有

$$|f(x)| > M,$$

则称函数 $f(x)$ 在 $x \to x_0 (x \to \infty)$ 时为无穷大.

注意: 1° 定义中 M 可任意大;

2° 当 $x \to x_0 (x \to \infty)$ 时, 若 $f(x)$ 为无穷大, 这时 $f(x)$ 是没有极限的! 为了表示函数的这种变化性态, 我们仍借用极限符号, 记为

$$\lim_{\substack{x \to x_0 \\ (x \to \infty)}} f(x) = \infty,$$

并且口是心非地说“函数 $f(x)$ 的极限是无穷大”;

3° 无穷大不是一个很大的数, 不要与很大的数混为一谈;

4° 无穷大是一个无界函数, 但无界函数不见得是某个过程的无穷大, 例如, $y = x\sin x$ 是无界函数, 但 $x \to +\infty$ 时它不是无穷大.

如果定义中的 $|f(x)| > M$, 改为 $f(x) > M$ (或 $f(x) < -M$) , 则 $f(x)$ 就是 $x \to x_0$ (或 $x \to \infty$) 时的正 (负) 无穷大, 记为

$$\lim_{\substack{x \to x_0 \\ (x\to\infty)}} f(x) = +\infty \quad (\text{或} \lim_{\substack{x \to x_0 \\ (x\to\infty)}} f(x) = -\infty).$$

同样可定义 $x \to \infty, x \to +\infty, x \to -\infty, x \to x_0^-, x \to x_0^+$ 极限过程的无穷大.

例 2　试证 $\lim\limits_{x \to 1} \dfrac{1}{x-1} = \infty$.

证明　$\forall M > 0$, 若要 $\left|\dfrac{1}{x-1}\right| > M$, 只需 $0 < |x-1| < \dfrac{1}{M}$, 故取 $\delta = \dfrac{1}{M}$ 即可.

直线 $x = 1$ 是双曲线 $y = \dfrac{1}{x-1}$ 的铅直渐近线.

一般地说, 如果 $\lim\limits_{x \to x_0} f(x) = \infty$, 则说直线 $x = x_0$ 是曲线 $y = f(x)$ 的**铅直渐近线**.

定理 2.12 (无穷大与无穷小的关系)　若 $\lim f(x) = \infty$, 则 $\lim \dfrac{1}{f(x)} = 0$; 反之, 若 $\lim f(x) = 0$, 且 $f(x) \neq 0$, 则 $\lim \dfrac{1}{f(x)} = \infty$.

即无穷大的倒数是无穷小; 非零的无穷小的倒数是无穷大.

***证明**　仅对 $x \to x_0$ 情形证明.

$\forall \varepsilon > 0$, 由于 $\lim\limits_{x \to x_0} f(x) = \infty$, 所以, 对 $M = \dfrac{1}{\varepsilon} > 0$, $\exists \delta > 0$, 使得当 $0 < |x - x_0| < \delta$ 时, 恒有 $|f(x)| > M$, 从而 $\left|\dfrac{1}{f(x)}\right| < \varepsilon$, 故 $\lim\limits_{x \to x_0} \dfrac{1}{f(x)} = 0$. □

容易证明: 两个正 (负) 无穷大之和仍为正 (负) 无穷大; 无穷大与有界变量的和、差仍为无穷大; 有非零极限的变量与无穷大之积或无穷大与无穷大之积仍为无穷大; 用无零值有界变量去除无穷大仍为无穷大.

习　题　2.3

1. 指出下列各题中的无穷小与无穷大.

(1) 3^{-x}, 当 $x \to +\infty$ 时;　　(2) $\ln x$, 当 $x \to 0^+$ 时;

(3) $\dfrac{x}{x^2-9}$, 当 $x \to 3$ 时;　　(4) $\dfrac{\sin x}{1+\sec x}$, 当 $x \to 0$ 时;

(5) e^x, 当 $x\to+\infty$ 时; (6) e^x, 当 $x\to-\infty$ 时.

2. 设 $\lim\limits_{x\to x_0} f(x)=A$, 用极限定义证明以下各题.

(1) 若 $A>0$, 则有 $\delta>0$, 使得当 $0<|x-x_0|<\delta$ 时, $f(x)>0$;

(2) 若有 $\delta>0$, 使得当 $0<|x-x_0|<\delta$ 时, $f(x)\geqslant 0$, 则 $A\geqslant 0$.

3. 根据无穷小、无穷大的定义证明以下各题.

(1) $y=x\sin\dfrac{1}{x}$, 当 $x\to 0$ 时为无穷小;

(2) $x_n=\dfrac{n^2}{3n+1}$, 当 $n\to\infty$ 时为无穷大.

4. 函数 $f(x)=x\cos x$ 在 $(-\infty,+\infty)$ 内是否有界? 当 $x\to\infty$ 时, $f(x)$ 是否为无穷大? 为什么?

5. 下列函数当 $x\to+\infty$ 时均有极限, 把它分别表示为一个常数与一个当 $x\to\infty$ 时的无穷小之和的形式.

(1) $y=\dfrac{x^3}{x^3+1}$; (2) $y=\dfrac{x^2}{2x^2+1}$; (3) $y=\dfrac{2-x^2}{1+x^2}$.

6. 怎样证明一个数列不是无穷大? 论证你的方法.

7. 选择题. 下列结论中正确的是 (　　).

(A) 若 $\lim\limits_{n\to\infty} f(n)=A$, 则有 $\lim\limits_{x\to+\infty} f(x)=A$;

(B) 有界变量乘无穷大未必为无穷大;

(C) 若 $\alpha=0$, 则 $\dfrac{1}{\alpha}=\infty$;

(D) 任意两个无穷大的和一定为无穷大.

2.4 极限的运算法则

本节讨论极限的运算.

定理 2.13 如果 $\lim u=A$, $\lim v=B$, 则

(i) $\lim(u\pm v)=\lim u\pm\lim v=A\pm B$;

(ii) $\lim(uv)=\lim u\lim v=AB$;

(iii) $\lim\left(\dfrac{u}{v}\right)=\dfrac{\lim u}{\lim v}=\dfrac{A}{B}$, 当 $B\neq 0$ 时.

极限号下可以是任何极限过程, 但等式两边是同一极限过程.

证明 根据极限与无穷小的关系, 有

$$u=A+\alpha,\quad v=B+\beta,$$

其中 α,β 是两个无穷小.

(i) 的证明

$$u \pm v = (A+\alpha) \pm (B+\beta) = (A \pm B) + (\alpha \pm \beta),$$

由于 $\alpha \pm \beta$ 是无穷小, 根据极限与无穷小的关系知

$$\lim(u \pm v) = A \pm B = \lim u \pm \lim v.$$

(ii) 的证明

$$uv = (A+\alpha)(B+\beta) = AB + (A\beta + B\alpha + \alpha\beta),$$

而 $A\beta + B\alpha + \alpha\beta$ 是无穷小, 故

$$\lim(uv) = AB = \lim u \lim v.$$

(iii) 的证明

$$\frac{u}{v} - \frac{A}{B} = \frac{A+\alpha}{B+\beta} - \frac{A}{B} = \frac{B\alpha - A\beta}{B(B+\beta)},$$

因为 $B \neq 0$, 所以最后面的式子的分母 $B(B+\beta)$ 极限为 $B^2 \neq 0$, 而分子 $B\alpha - A\beta$ 为无穷小, 因此最后的分式为无穷小. 故

$$\lim\left(\frac{u}{v}\right) = \frac{A}{B} = \frac{\lim u}{\lim v} \quad (B \neq 0).$$ □

推论 1　若 $\lim u = A$, 则

$$\lim Cu = C\lim u = CA \quad (C \text{ 为常数}).$$

推论 2　若 $\lim u = A$, m 为正整数, 则

$$\lim u^m = (\lim u)^m = A^m.$$

推论 3　对多项式

$$P(x) = a_0x^n + a_1x^{n-1} + \cdots + a_n$$

及有理函数

$$R(x) = \frac{P(x)}{Q(x)} = \frac{a_0x^n + a_1x^{n-1} + \cdots + a_n}{b_0x^m + b_1x^{m-1} + \cdots + b_m},$$

当 $x \to x_0$ 时, 有

$$\lim_{x \to x_0} P(x) = P(x_0), \quad \lim_{x \to x_0} R(x) = R(x_0) = \frac{P(x_0)}{Q(x_0)} \quad (Q(x_0) \neq 0).$$

例 1 $\lim\limits_{x\to 1}(3x+2)=3\cdot 1+2=5.$

例 2 $\lim\limits_{x\to 1}\dfrac{3x-1}{x^2+3x+2}=\dfrac{3\cdot 1-1}{1^2+3\cdot 1+2}=\dfrac{1}{3}.$

例 3 $\lim\limits_{x\to 1}\dfrac{x-1}{x^2-1}=\lim\limits_{x\to 1}\dfrac{1}{x+1}=\dfrac{1}{2}.$

像例 3 中的分子、分母都趋于零的极限叫做 $\dfrac{0}{0}$ 型未定式. 由于它不满足定理 2.13 的条件 $B\neq 0$, 所以不能直接使用定理 2.13. 这里首先将函数作恒等变形, 消去趋于零的因式 (简称消去零因式), 然后使用定理 2.13 求极限.

例 4 $\lim\limits_{x\to\infty}\dfrac{x^2-2x-1}{3x^2+1}=\lim\limits_{x\to\infty}\dfrac{1-\dfrac{2}{x}-\dfrac{1}{x^2}}{3+\dfrac{1}{x^2}}=\dfrac{1}{3}.$

像这样分子、分母都趋于无穷大的极限叫做 $\dfrac{\infty}{\infty}$ 型未定式. 不能直接用定理 2.13. 我们先作恒等变形, 消去无穷大因式, 然后使用定理 2.13 及无穷大的倒数是无穷小即可.

例 5 $\lim\limits_{x\to\infty}\dfrac{3x^2+2x+1}{2x^3+1}=\lim\limits_{x\to\infty}\dfrac{\dfrac{3}{x}+\dfrac{2}{x^2}+\dfrac{1}{x^3}}{2+\dfrac{1}{x^3}}=0.$

例 6 $\lim\limits_{x\to\infty}\dfrac{2x^3+1}{3x^2+2x+1}=\lim\limits_{x\to\infty}\dfrac{2+\dfrac{1}{x^3}}{\dfrac{3}{x}+\dfrac{2}{x^2}+\dfrac{1}{x^3}}=\infty.$

这里例 6 利用无穷大与无穷小的关系.

由例 4—例 6 使用的方法可推得：当 $a_0\neq 0, b_0\neq 0$ 时, 在 $x\to\infty$ 时, 有理函数的极限:

$$\lim_{x\to\infty}\frac{a_0x^n+a_1x^{n-1}+\cdots+a_n}{b_0x^m+b_1x^{m-1}+\cdots+b_m}=\begin{cases}0, & n<m,\\ \dfrac{a_0}{b_0}, & n=m,\\ \infty, & n>m.\end{cases}$$

例 7 (有界函数与无穷小之积)

$$\lim_{x\to\infty}\frac{\sin\ x}{x}=\lim_{x\to\infty}\frac{1}{x}\sin\ x=0.$$

例 8 $\lim\limits_{n\to\infty}\left[\dfrac{1}{1\cdot 3}+\dfrac{1}{3\cdot 5}+\dfrac{1}{5\cdot 7}+\cdots+\dfrac{1}{(2n-1)(2n+1)}\right]$

$$=\lim_{n\to\infty}\left[\frac{1}{2}\left(1-\frac{1}{3}\right)+\frac{1}{2}\left(\frac{1}{3}-\frac{1}{5}\right)+\cdots+\frac{1}{2}\left(\frac{1}{2n-1}-\frac{1}{2n+1}\right)\right]$$

$$=\lim_{n\to\infty}\left[\frac{1}{2}\left(1-\frac{1}{2n+1}\right)\right]=\frac{1}{2}.$$

例 8 中因为有无穷多项, 所以不能用定理 2.13, 这时通常先作恒等变形使函数化为固定项数和的形式, 然后求极限.

定理 2.14 设 $y=f(\varphi(x))$ 是由 $y=f(u)$ 和 $u=\varphi(x)$ 复合成的函数, 如果 $\lim\limits_{x\to x_0}\varphi(x)=u_0$, 且在 x_0 的某去心邻域内 $\varphi(x)\neq u_0$, 又 $\lim\limits_{u\to u_0}f(u)=A$, 则 $\lim\limits_{x\to x_0}f(\varphi(x))=\lim\limits_{u\to u_0}f(u)=A$.

证明 $\forall\varepsilon>0$, 由 $\lim\limits_{u\to u_0}f(u)=A$, $\exists\eta>0$, 使得当 $0<|u-u_0|<\eta$ 时, 恒有

$$|f(u)-A|<\varepsilon.$$

对这个 η, 由 $\lim\limits_{x\to x_0}\varphi(x)=u_0$, $\exists\delta:0<\delta<\delta_0$, 使得当 $0<|x-x_0|<\delta$ 时, 恒有

$$0<|\varphi(x)-u_0|<\eta,$$

由此可见, 当 $0<|x-x_0|<\delta$ 时, 恒有

$$|f(\varphi(x))-A|<\varepsilon.$$

故 $\lim\limits_{x\to x_0}f(\varphi(x))=A$. □

将定理中 $x\to x_0$ 换为 $x\to\infty$, 亦有同样的结果. 此外, 这个定理表明在极限运算中可以作变量代换.

如果 $\lim\limits_{u\to u_0}f(u)=f(u_0)$, 则定理 2.14 中的条件 $\varphi(x)\neq u_0$ 可以去掉, 从而有如下推论.

推论 4 设 $y=f(\varphi(x))$ 是由 $y=f(u)$ 和 $u=\varphi(x)$ 复合成的复合函数, 如果 $\lim\limits_{x\to x_0}\varphi(x)=u_0$, 又 $\lim\limits_{u\to u_0}f(u)=f(u_0)$, 则 $\lim\limits_{x\to x_0}f(\varphi(x))=f(\lim\limits_{x\to x_0}\varphi(x))$.

推论 5 若 $\lim f(x)=A$, $\lim g(x)=B>0$, 则 $\lim g(x)^{f(x)}=B^A$.

证明 由极限的保号性, 在极限点附近有 $g(x)>0$, 所以

$$y=g(x)^{f(x)}=\mathrm{e}^{f(x)\ln\,g(x)}=\exp(f(x)\ln\,g(x))$$

是由 $y=\mathrm{e}^u$, $u=f(x)\ln\,g(x)$ 复合成的复合函数. 因为

$$\lim\,f(x)\,\ln\,g(x)=A\ln B=u_0,$$
$$\lim_{u\to u_0}\mathrm{e}^u=\mathrm{e}^{u_0}=\exp(A\ln\,B)=B^A.$$

所以 $\lim\,g(x)^{f(x)}=B^A$. □

例 9 $\lim\limits_{x\to x_0}a^{\sin\,x}=a^{\sin\,x_0}(a>0)$.

例 10 $\lim\limits_{x\to x_0}x^\mu=x_0^\mu(x_0>0)$.

证明 当 $x_0 < 0$ 时, 若 x^μ 在 x_0 的某去心邻域内有定义, 令 $t = -x$, 则当 $x \to x_0$ 时, $t \to -x_0$, 所以

$$\lim_{x \to x_0} x^\mu = \lim_{t \to -x_0} (-1)^\mu t^\mu = (-1)^\mu (-x_0)^\mu = x_0^\mu.$$

例 11

$$\begin{aligned}&\lim_{x \to +\infty} (\sqrt{x^2+2x} - \sqrt{x^2+2})\\ =&\lim_{x \to +\infty} \frac{2x-2}{\sqrt{x^2+2x}+\sqrt{x^2+2}}\\ =&\lim_{x \to +\infty} \frac{2-\dfrac{2}{x}}{\sqrt{1+\dfrac{2}{x}}+\sqrt{1+\dfrac{2}{x^2}}} = 1,\end{aligned}$$

这是所谓的 $\infty - \infty$ 型未定式, 这里我们是通过“根式转移”方法把它化为 $\dfrac{\infty}{\infty}$ 型计算的.

例 12 求 $\lim\limits_{x \to a} \dfrac{\sqrt{ax}-x}{x-a}$ (a 为常数).

解 当 $a < 0$ 时, 分母趋于零, 分子趋于 $-2a \neq 0$, 利用无穷大与无穷小的关系有

$$\lim_{x \to a} \frac{\sqrt{ax}-x}{x-a} = \infty.$$

当 $a = 0$ 时, $\lim\limits_{x \to a} \dfrac{\sqrt{ax}-x}{x-a} = \lim\limits_{x \to 0} \dfrac{-x}{x} = \lim\limits_{x \to 0} (-1) = -1$.

当 $a > 0$ 时, 这是 $\dfrac{0}{0}$ 型未定式.

$$\lim_{x \to a} \frac{\sqrt{ax}-x}{x-a} = \lim_{x \to a} \frac{ax-x^2}{(x-a)(\sqrt{ax}+x)} = \lim_{x \to a} \frac{-x}{\sqrt{ax}+x} = -\frac{1}{2}.$$

这里用到“根式转移”和消去零因式方法.

例 13 求 $\lim\limits_{x \to 0} \dfrac{\sqrt[3]{1+x}-1}{\sqrt{1+x}-1}$.

解 令 $u = (1+x)^{\frac{1}{6}}$, 则 $x \to 0$ 时, $u \to 1$. 故

$$\lim_{x \to 0} \frac{\sqrt[3]{1+x}-1}{\sqrt{1+x}-1} = \lim_{u \to 1} \frac{u^2-1}{u^3-1} = \lim_{u \to 1} \frac{u+1}{u^2+u+1} = \frac{2}{3}.$$

这样用变量代换方法求极限, 实质就是复合函数求极限法.

习　题　2.4

1. 计算下列极限.

(1) $\lim\limits_{x\to -1}\dfrac{x^2-3x+2}{x^2+1}$;　　(2) $\lim\limits_{x\to 1}\dfrac{x^2-2x+1}{x^2-1}$;

(3) $\lim\limits_{h\to 0}\dfrac{(x+h)^2-x^2}{h}$;　　(4) $\lim\limits_{x\to\infty}\dfrac{x^2-1}{3x^2+x-1}$;

(5) $\lim\limits_{n\to\infty}\left(1+\dfrac{1}{2}+\dfrac{1}{4}+\cdots+\dfrac{1}{2^n}\right)$;　　(6) $\lim\limits_{n\to\infty}\dfrac{1+2+3+\cdots+n}{n^2}$;

(7) $\lim\limits_{x\to\infty}\dfrac{(3x-1)^{25}(2x-1)^{20}}{(5x-1)^{45}}$;　　(8) $\lim\limits_{x\to 1}\left(\dfrac{1}{1-x}-\dfrac{3}{1-x^3}\right)$.

2. 计算下列极限.

(1) $\lim\limits_{x\to 4}\dfrac{\sqrt{2x+1}-3}{\sqrt{x-2}-\sqrt{2}}$;　　(2) $\lim\limits_{x\to 0}\dfrac{\sqrt{x^2+p^2}-p}{\sqrt{x^2+q^2}-q}\ (p>0,\ q>0)$;

(3) $\lim\limits_{x\to\infty}\left(\sqrt{x^2+1}-\sqrt{x^2-1}\right)$;　　(4) $\lim\limits_{x\to -8}\dfrac{\sqrt{1-x}-3}{\sqrt[3]{x}+2}$;

(5) $\lim\limits_{n\to\infty}\left(\dfrac{1}{1\cdot 2}+\dfrac{1}{2\cdot 3}+\cdots+\dfrac{1}{n\cdot(n+1)}\right)$;　(6) $\lim\limits_{n\to\infty}\sqrt{2}\cdot\sqrt[4]{2}\cdot\sqrt[8]{2}\cdots\sqrt[2^n]{2}$;

(7) $\lim\limits_{n\to\infty}\left(\sqrt{n+\sqrt{n}}-\sqrt{n-\sqrt{n}}\right)$;　　(8) $\lim\limits_{n\to\infty}\left(\sqrt{n+2}-\sqrt{n}\right)\sqrt{n}$.

3. 计算下列极限.

(1) $\lim\limits_{x\to a}\dfrac{\sqrt[m]{x}-\sqrt[m]{a}}{x-a}\ (a>0,\ m\geqslant 2$ 且 m 为整数$)$;

(2) $\lim\limits_{x\to a^+}\dfrac{\sqrt{x}-\sqrt{a}+\sqrt{x-a}}{\sqrt{x^2-a^2}}\ (a>0)$;

(3) $\lim\limits_{n\to\infty}\left[\left(1-\dfrac{1}{2^2}\right)\left(1-\dfrac{1}{3^2}\right)\cdots\left(1-\dfrac{1}{n^2}\right)\right]$;

(4) $\lim\limits_{n\to\infty}(1+x)\left(1+x^2\right)\cdots\left(1+x^{2^n}\right)\ (|x|<1)$;

(5) $\lim\limits_{x\to\infty}\left(\sin\sqrt{x+1}-\sin\sqrt{x}\right)$;

(6) $\lim\limits_{x\to 0}\dfrac{\sqrt{\cos x}-\sqrt[3]{\cos x}}{\sin^2 x}$.

4. 已知 $\lim\limits_{x\to\infty}\left[\dfrac{x^2+1}{x+1}-(ax+b)\right]=1$, 求常数 a,b.

5. 已知 $\lim\limits_{x\to\pi}f(x)$ 存在, 且 $f(x)=\cos x+2\sin\dfrac{x}{2}\cdot\lim\limits_{x\to\pi}f(x)$, 求 $f(x)$.

6. 已知 $f_1(x)=\dfrac{x}{\sqrt{1+x^2}}$, 若 $f_{n+1}(x)=f[f_n(x)]$, $n=1,2,3,\cdots$, 求 $\lim\limits_{x\to+\infty}f_n(x)$.

7. 若 $\lim\limits_{x\to 3}\dfrac{x^2+kx-3}{x-3}$ 为有限值, 求常数 k.

2.5 极限存在准则, 两个重要极限

定理 2.15 (两边夹挤准则) 如果数列 $\{x_n\},\{y_n\}$ 和 $\{z_n\}$ 满足下列条件

(i) $y_n \leqslant x_n \leqslant z_n (n=1,2,\cdots)$;

(ii) $\lim\limits_{n\to\infty} y_n = a, \lim\limits_{n\to\infty} z_n = a$,

则 $\lim\limits_{n\to\infty} x_n = a$.

证明 由条件 (ii), $\forall \varepsilon>0$, $\exists N>0$, 使得当 $n>N$ 时, 恒有

$$|y_n-a|<\varepsilon \quad \text{及} \quad |z_n-a|<\varepsilon,$$

由此及条件 (i), 当 $n>N$ 时, 有

$$a-\varepsilon<y_n\leqslant x_n\leqslant z_n<a+\varepsilon,$$

即有

$$|x_n-a|<\varepsilon.$$

因此, $\lim\limits_{n\to\infty} x_n = a$. □

定理中条件 (i) 也可以换成 $y_n \leqslant x_n \leqslant z_n (n=N+1,\cdots)$. 对函数极限也有同样的定理, 证明方法也是一样的.

两边夹挤准则 如果函数 $f(x), g(x)$ 和 $h(x)$ 满足下列条件:

(i) 在极限点附近有 $g(x)\leqslant f(x)\leqslant h(x)$;

(ii) $\lim g(x)=A, \lim h(x)=A$,

则 $\lim f(x)=A$.

两边夹挤准则在判定极限的存在性和求极限时都是重要手段之一. 通常做法是对复杂的函数 $f(x)$ 作适当的放大和缩小化简, 找出有共同极限值又容易求极限的函数 $h(x)$ 和 $g(x)$.

例 1 设 $a>b>c>0$, $x_n=\sqrt[n]{a^n+b^n+c^n}$, 求 $\lim\limits_{n\to\infty} x_n$.

解 由于

$$a<x_n<a\sqrt[n]{3},$$

以及 $\lim\limits_{n\to\infty} a = a$, $\lim\limits_{n\to\infty}(a\sqrt[n]{3})=a$, 由两边夹挤准则知

$$\lim_{n\to\infty} x_n = a.$$

作为这一准则的应用, 下面介绍一个重要的极限:

$$\lim_{x\to 0}\frac{\sin\ x}{x}=1.$$

因为 $\frac{\sin\ x}{x}(x\neq 0)$ 是偶函数, 故只需考虑 $x\to 0^+$ 时的极限 (右极限), 并且限定在 $0<x<\frac{\pi}{2}$ 内讨论问题.

以点 O 为圆心作单位圆, 设 x 表示圆心角 $\angle AOB$ 的弧度数, 参看图 2.4, 因为 $S_{\triangle AOB}<S_{扇形AOB}<S_{\triangle AOD}$, 故

$$\frac{1}{2}\sin\ x<\frac{1}{2}\ x<\frac{1}{2}\tan\ x.$$

由此得到重要的不等式

$$\sin\ x<x<\tan\ x,\quad 当\ 0<\ x<\frac{\pi}{2}\ 时,$$

同时除以 $\sin\ x(x>0)$, 得

$$1<\frac{x}{\sin\ x}<\frac{1}{\cos\ x},$$

取倒数有

$$\cos\ x<\frac{\sin\ x}{x}<1,$$

因为 $\lim\limits_{x\to 0}\cos x=\cos 0=1$, 所以, 由两边夹挤准则有

$$\lim_{x\to 0^+}\frac{\sin\ x}{x}=1.$$

又 $\lim\limits_{x\to 0^-}\frac{\sin\ x}{x}\xlongequal{x=-t}\lim\limits_{t\to 0^+}\frac{\sin t}{t}=1$, 故 $\lim\limits_{x\to 0}\frac{\sin\ x}{x}=1$ (图 2.5) .

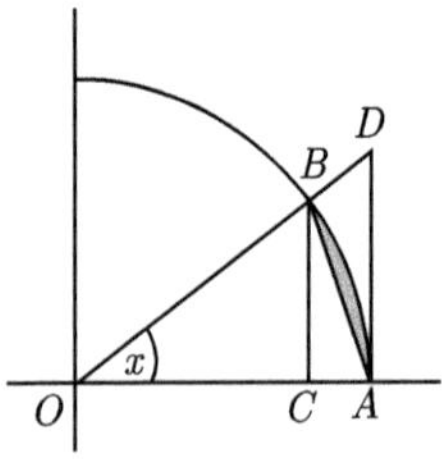

图 2.4

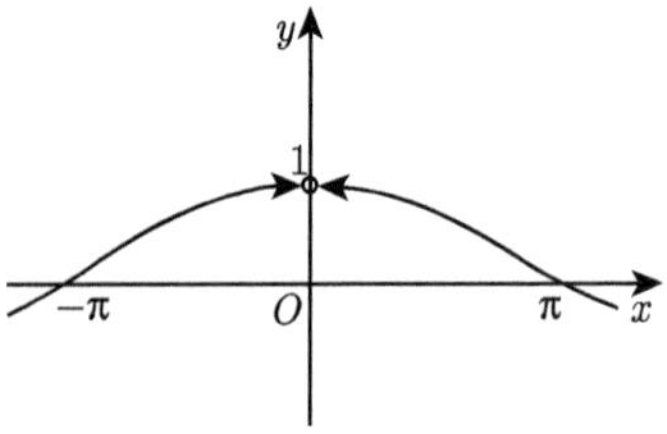

图 2.5

例 2　$\lim\limits_{x\to 0}\frac{x}{\tan\ x}=\lim\limits_{x\to 0}\frac{x}{\sin\ x}\cos\ x=1.$

例 3 $\lim\limits_{n\to\infty} n\sin\dfrac{5}{n}=\lim\limits_{n\to\infty} 5\dfrac{\sin\dfrac{5}{n}}{\dfrac{5}{n}}=5.$

例 4 $\lim\limits_{x\to 0}\dfrac{1-\cos\ x}{x^2}=\lim\limits_{x\to 0}\dfrac{2\sin^2\dfrac{x}{2}}{x^2}=\dfrac{1}{2}\lim\limits_{x\to 0}\left(\dfrac{\sin\dfrac{x}{2}}{\dfrac{x}{2}}\right)^2=\dfrac{1}{2}.$

例 5 求 $\lim\limits_{x\to\pi}\dfrac{1+\cos\ x}{(\pi-x)^2}.$

解 令 $t=\pi-x$, 则当 $x\to\pi$ 时, $t\to 0$, 故

$$\lim_{x\to\pi}\frac{1+\cos\ x}{(\pi-x)^2}=\lim_{t\to 0}\frac{1+\cos\ (\pi-t)}{t^2}=\lim_{t\to 0}\frac{1-\cos\ t}{t^2}=\frac{1}{2}.$$

例 6

$$\lim_{n\to\infty}\frac{\sin\dfrac{\pi}{n}}{\sqrt{3+\dfrac{1}{n}}-\sqrt{3}}=\lim_{n\to\infty}\frac{\left(\sqrt{3+\dfrac{1}{n}}+\sqrt{3}\right)\sin\dfrac{\pi}{n}}{\dfrac{1}{n}}=2\sqrt{3}\pi.$$

定理 2.16 (单调有界准则) 单调有界数列必有极限.

证明 设数列 $\{x_n\}$ 单调上升有上界 $\widetilde{A}=\sup\{x_n\}$. 由上确界的性质知 $\forall\varepsilon>0,\exists N>0$, 使得 $x_N>\widetilde{A}-\varepsilon$. 又因单调上升, 所以当 $n>N$, 恒有

$$\widetilde{A}-\varepsilon<x_n\leqslant\widetilde{A}<\widetilde{A}+\varepsilon,$$

故 $\{x_n\}$ 有极限, 且

$$\lim_{n\to\infty} x_n=\widetilde{A}=\sup\{x_n\},$$

同法可证单调下降有下界数列 $\{x_n\}$ 有极限, 且

$$\lim_{n\to\infty} x_n=\widetilde{B}=\inf\{x_n\}.$$ □

对一般函数 $y=f(x)$, 同样可以证明 "单调有界函数必有单侧极限".

注意: 函数的单调有界性只保证单侧极限 $f(x_0^-),f(x_0^+)$ 及 $\lim\limits_{x\to-\infty} f(x)$, $\lim\limits_{x\to+\infty} f(x)$ 的存在性, 却不足以保证 $\lim\limits_{x\to x_0} f(x)$, $\lim\limits_{x\to\infty} f(x)$ 的存在性.

例 7 试证 $\{x_n\}=\left\{\dfrac{a^n}{n!}\right\}(a>0)$ 有极限, 并求出该极限.

证明 由等式

$$x_{n+1}=\frac{a}{n+1}x_n \tag{1}$$

知, 当 $n+1>a$ 时, 恒有 $x_{n+1}<x_n$, 即数列 $\{x_n\}$ 从第 $[a]$ 项开始是单调下降的. 显然 $x_n>0$, 即 $\{x_n\}$ 有下界. 由单调有界定理知极限 $\lim\limits_{n\to\infty} x_n$ 存在.

设 $\lim\limits_{n\to\infty} x_n=A$, 将 (1) 式两边取极限

$$\lim_{n\to\infty} x_{n+1}=\lim_{n\to\infty}\frac{a}{n+1}\cdot\lim_{n\to\infty} x_n,$$

得到 $A=0\cdot A$, 故 $A=0$, 因此

$$\lim_{n\to\infty}\frac{a^n}{n!}=0\quad (a>0).$$

例 8　设 $a>0,\ x_1>0$, 且

$$x_n=\frac{1}{2}\left(x_{n-1}+\frac{a}{x_{n-1}}\right),\quad n=2,3,4,\cdots, \tag{2}$$

试证数列 $\{x_n\}$ 收敛, 并求其极限值.

证明　由于 $a>0,\ x_1>0$ 及 (2) 式易知 $x_n>0$, 故 $\{x_n\}$ 有下界. 由平均值不等式知

$$x_n=\frac{1}{2}\left(x_{n-1}+\frac{a}{x_{n-1}}\right)\geqslant\sqrt{x_{n-1}\frac{a}{x_{n-1}}}=\sqrt{a},$$

从而 $x_n^2\geqslant a$. 又由 (2) 式知

$$x_{n+1}=\frac{1}{2}\left(x_n+\frac{a}{x_n}\right)=\frac{1}{2}\left(1+\frac{a}{x_n^2}\right)x_n\leqslant x_n,$$

即 $\{x_n\}$ 是单调下降的. 由单调有界准则知 $\{x_n\}$ 收敛.

设 $\lim\limits_{n\to\infty} x_n=A\ (A\geqslant\sqrt{a})$, 在 (2) 式两边取极限得

$$A=\frac{1}{2}\left(A+\frac{a}{A}\right),$$

解得 $A=\pm\sqrt{a}$, 由保号性知 $-\sqrt{a}$ 不满足题意, 应舍去.

故 $\lim\limits_{n\to\infty} x_n=\sqrt{a}$.

值得注意的是, 像例 7、例 8 这样的题, 首先判定数列收敛性是极为重要的, 然后才能由关系式 (1) 或 (2) 两边取极限来确定数列的极限. 否则将导致荒谬的结果. 比如, 满足关系 $x_{n+1}=3x_n+1(n=1,2,\cdots)$, 且 $x_1=1$ 的数列 $\{x_n\}$ 是发散的, 如果未判定收敛性就令 $\lim\limits_{n\to\infty} x_n=A$, 而对 $x_{n+1}=3x_n+1$ 两边取极限, 就将得到错误的结果 $A=-\dfrac{1}{2}$.

下面给出另一个重要的极限

$$\lim_{x\to\infty}\left(1+\frac{1}{x}\right)^x=\mathrm{e}.$$

分三步讨论:

(1) 当 x 为正整数 n 时. 设 $x_n=\left(1+\dfrac{1}{n}\right)^n$, 由牛顿二项公式

$$\begin{aligned}x_n&=\left(1+\frac{1}{n}\right)^n\\&=1+\frac{n}{1!}\frac{1}{n}+\frac{n(n-1)}{2!}\frac{1}{n^2}+\cdots+\frac{n(n-1)\cdots(n-n+1)}{n!}\frac{1}{n^n}\\&=1+1+\frac{1}{2!}\left(1-\frac{1}{n}\right)+\cdots+\frac{1}{n!}\left(1-\frac{1}{n}\right)\cdots\left(1-\frac{n-1}{n}\right),\end{aligned}$$

而

$$\begin{aligned}x_{n+1}&=\left(1+\frac{1}{n+1}\right)^{n+1}\\&=1+1+\frac{1}{2!}\left(1-\frac{1}{n+1}\right)+\cdots+\frac{1}{n!}\left(1-\frac{1}{n+1}\right)\cdots\left(1-\frac{n-1}{n+1}\right)\\&\quad+\frac{1}{(n+1)!}\left(1-\frac{1}{n+1}\right)\cdots\left(1-\frac{n}{n+1}\right),\end{aligned}$$

比较 x_n 和 x_{n+1} 右边各项, 各项均为正值, 除前两项相等外, x_n 的每一项都小于 x_{n+1} 的对应项, 而且 x_{n+1} 比 x_n 还多了最后一项, 因此

$$x_n<x_{n+1},$$

即 $\{x_n\}$ 是单调递增的.

由 x_n 的展开式易得

$$x_n\leqslant 1+1+\frac{1}{2!}+\cdots+\frac{1}{n!}\leqslant 1+1+\frac{1}{2}+\cdots+\frac{1}{2^{n-1}}<3,$$

说明 $\{x_n\}$ 有上界. 由单调有界准则判定极限 $\lim\limits_{n\to\infty}\left(1+\dfrac{1}{n}\right)^n$ 存在, 且极限值为 e (在后面给出推导), 即

$$\lim_{n\to\infty}\left(1+\frac{1}{n}\right)^n=\mathrm{e}.$$

(2) 当 $x\to+\infty$ 时. 不妨设 $x>1$, 记 $[x]=n$, 则 $n\leqslant x<n+1$, 从而有

$$\left(1+\frac{1}{n+1}\right)^n<\left(1+\frac{1}{x}\right)^x<\left(1+\frac{1}{n}\right)^{n+1},$$

即

$$\left(1+\frac{1}{n+1}\right)^{n+1}\frac{1}{1+\dfrac{1}{n+1}}<\left(1+\frac{1}{x}\right)^x<\left(1+\frac{1}{n}\right)^n\left(1+\frac{1}{n}\right).$$

因为 $x \to +\infty$ 等价于 $n \to \infty$, 以及

$$\lim_{n\to\infty}\left(1+\frac{1}{n+1}\right)^{n+1}\frac{1}{1+\dfrac{1}{n+1}}=\mathrm{e}\cdot 1=\mathrm{e}$$

和

$$\lim_{n\to\infty}\left(1+\frac{1}{n}\right)^{n}\left(1+\frac{1}{n}\right)=\mathrm{e}\cdot 1=\mathrm{e}.$$

由两边夹挤准则有

$$\lim_{x\to+\infty}\left(1+\frac{1}{x}\right)^{x}=\mathrm{e}.$$

(3) 当 $x \to -\infty$ 时. 不妨设 $x<0$, 令 $x=-t$, 则 $x \to -\infty$ 等价于 $t \to +\infty$, 因此

$$\begin{aligned}\lim_{x\to-\infty}\left(1+\frac{1}{x}\right)^{x}&=\lim_{t\to+\infty}\left(1-\frac{1}{t}\right)^{-t}=\lim_{t\to+\infty}\left(\frac{t}{t-1}\right)^{t}\\&=\lim_{t\to+\infty}\left(1+\frac{1}{t-1}\right)^{t-1}\left(1+\frac{1}{t-1}\right)=\mathrm{e},\end{aligned}$$

故有 $\lim\limits_{x\to\infty}\left(1+\dfrac{1}{x}\right)^{x}=\mathrm{e}$.

此极限还有另外一种形式

$$\lim_{x\to 0}(1+x)^{\frac{1}{x}}=\mathrm{e}.$$

这个重要极限对于计算底趋于 1, 指数趋于无穷大的 "1^∞" 型未定式是很有用的.

例 9　$\lim\limits_{n\to\infty}\left(1-\dfrac{2}{n}\right)^{3n}=\lim\limits_{n\to\infty}\left[\left(1+\dfrac{-2}{n}\right)^{-\frac{n}{2}}\right]^{-6}=\mathrm{e}^{-6}$.

例 10　$\lim\limits_{x\to\infty}\left(1+\dfrac{1}{2x}\right)^{x}=\lim\limits_{x\to\infty}\left[\left(1+\dfrac{1}{2x}\right)^{2x}\right]^{\frac{1}{2}}=\mathrm{e}^{\frac{1}{2}}$.

例 11

$$\lim_{n\to\infty}\left(\frac{n^2+2}{n^2+3n-1}\right)^{n}=\lim_{n\to\infty}\left[\left(1+\frac{3-3n}{n^2+3n-1}\right)^{\frac{n^2+3n-1}{3-3n}}\right]^{\frac{(3-3n)n}{n^2+3n-1}}=\mathrm{e}^{-3}.$$

例 12　$\lim\limits_{x\to 0}(1+\sin x)^{\frac{2}{x}}=\lim\limits_{x\to 0}\left[(1+\sin x)^{\frac{1}{\sin x}}\right]^{\frac{2\sin x}{x}}=\mathrm{e}^{2}$.

习　题　2.5

1. 求下列极限.

(1) $\lim\limits_{n\to\infty}\left(\dfrac{1}{n^2}+\dfrac{1}{(n+1)^2}+\cdots+\dfrac{1}{(2n)^2}\right)$;

(2) $\lim\limits_{n\to\infty}\left(\dfrac{1}{\sqrt{n^2+1}}+\dfrac{1}{\sqrt{n^2+2}}+\cdots+\dfrac{1}{\sqrt{n^2+n}}\right)$;

(3) $\lim\limits_{n\to\infty} n\left(\dfrac{1}{n^2+1}+\dfrac{1}{n^2+2}+\cdots+\dfrac{1}{n^2+n}\right)$;

(4) $\lim\limits_{n\to\infty}\sqrt[n]{1+2^n+3^n+\cdots+10^n}$;

(5) $\lim\limits_{x\to0^+} x\left[\dfrac{1}{x}\right]$.

2. 计算下列极限.

(1) $\lim\limits_{x\to0}\dfrac{\sin 5x}{x}$; (2) $\lim\limits_{x\to0}\dfrac{3x+x^2}{\tan 2x}$;

(3) $\lim\limits_{x\to0^+}\dfrac{\sin^2\sqrt{x}}{x}$; (4) $\lim\limits_{x\to n\pi}\dfrac{\sin x}{x-n\pi}$($n$ 为正整数);

(5) $\lim\limits_{x\to\infty} x\arcsin\dfrac{1}{x}$; (6) $\lim\limits_{x\to a}\dfrac{\sin x-\sin a}{x-a}$;

(7) $\lim\limits_{x\to0}\dfrac{\tan x-\sin x}{x^2\sin x}$; (8) $\lim\limits_{x\to\frac{\pi}{3}}\dfrac{1-2\cos x}{\sin\left(x-\frac{\pi}{3}\right)}$;

(9) $\lim\limits_{x\to0}\dfrac{\sin 3x}{\sqrt{x+1}-1}$; (10) $\lim\limits_{x\to0}\dfrac{\sqrt{1-\cos x}}{x}$;

(11) $\lim\limits_{x\to0}\dfrac{\tan(a+x)\tan(a-x)-\tan^2 a}{x^2}$; (12) $\lim\limits_{x\to\infty} x\sin\dfrac{3x}{x^2+2}$.

3. 通过圆的内接正多边形的面积求证圆的面积公式 $S=\pi R^2$.

4. 求下列极限.

(1) $\lim\limits_{x\to0}(1-2x)^{\frac{3}{x}}$; (2) $\lim\limits_{x\to0}(1+\tan x)^{\frac{1}{\sin x}}$;

(3) $\lim\limits_{x\to+\infty}\left(\dfrac{2x-1}{2x+1}\right)^{3x}$; (4) $\lim\limits_{x\to\infty}\left(\dfrac{x}{1+x}\right)^{x}$;

(5) $\lim\limits_{n\to\infty}\left(1+\dfrac{x}{n}+\dfrac{x^2}{2n^2}\right)^{-n}$; (6) $\lim\limits_{x\to0}(\cos x)^{\frac{1}{x^2}}$;

(7) $\lim\limits_{x\to0}(3\sin x+\cos x)^{\frac{1}{x}}$; (8) $\lim\limits_{x\to1}(3-2x)^{\frac{1}{x-1}}$;

(9) $\lim\limits_{t\to0}\left(1+\dfrac{\sin t}{x}\right)^{\frac{x^2}{t}}$; (10) $\lim\limits_{x\to0}(1+3x)^{\frac{x}{\arctan^2 x}}$;

(11) $\lim\limits_{x\to0}\left(\dfrac{1+\cos x}{2}\right)^{\frac{1}{x^2}}$; (12) $\lim\limits_{x\to0}(1-2x^2)^{\csc^2 x}$.

5. 已知 $\lim\limits_{x\to+\infty}\left(\dfrac{x+a}{x-a}\right)^{x}=9$, 求常数 a.

6. 若 $x_1=a>0,\ y_1=b>0\,(a<b)$, 且

$$x_{n+1}=\sqrt{x_ny_n},\quad y_{n+1}=\frac{x_n+y_n}{2},$$

证明 $\lim\limits_{n\to\infty}x_n=\lim\limits_{n\to\infty}y_n$.

7. 设 $x_1=\sqrt{2},\ x_2=\sqrt{2+\sqrt{2}},\cdots,x_n=\sqrt{2+x_{n-1}}$, 求 $\lim\limits_{n\to\infty}x_n$.

8. 若 $|x_n|\leqslant q\,|x_{n-1}|,\ q<1$, 试证 $\lim\limits_{n\to\infty}x_n=0$.

2.6　无穷小的比较

同一个极限过程中的两个无穷小 α,β, 虽然都以零为极限, 但它们趋于零的快慢可能大不相同, 那么 $\dfrac{\beta}{\alpha}$ 的极限可以出现多种情况.

定义 2.8　设 $\lim\alpha=0,\lim\beta=0$.

(i) 若 $\lim\dfrac{\beta}{\alpha}=0$, 则称 β 是 α 的**高阶无穷小**, 简记为 $\beta=o(\alpha)$;

(ii) 若 $\lim\dfrac{\beta}{\alpha}=\infty$, 则称 β 是 α 的**低阶无穷小**;

(iii) 若$\lim\dfrac{\beta}{\alpha}=C\neq 0$, 则称 α 与 β 为**同阶无穷小**, 特别地, 当 $C=1$ 时, 称 α 与 β 是**等价无穷小**. 记为 $\alpha\sim\beta$;

(iv) 若 $\lim\dfrac{\beta}{\alpha^k}=C\neq 0,\ k>0$, 则称 β 是 α 的 k 阶无穷小.

显然, 当 $k>1$ 时, β 是 α 的高阶无穷小; 当 $k<1$ 时, β 是 α 的低阶无穷小; 当 $k=1$ 时, α 与 β 为同阶无穷小.

例如, $n\to\infty$ 时, $\dfrac{1}{n^2}$ 是 $\dfrac{1}{n}$ 的高阶无穷小, 即 $\dfrac{1}{n^2}=o\left(\dfrac{1}{n}\right)$;

当 $x\to 0$ 时, 常用的等价无穷小有

$$\sin x\sim x,\quad \tan x\sim x,\quad \sqrt{1+x}-1\sim\frac{1}{2}x,\quad (1-\cos x)\sim\frac{1}{2}x^2,$$

$$\arcsin x\sim x,\quad \mathrm{e}^x-1\sim x,\quad \ln(1+x)\sim x,\quad \sqrt[n]{1+x}-1\sim\frac{1}{n}x.$$

因为 $\lim\limits_{x\to 0}\dfrac{1-\cos x}{x^2}=\dfrac{1}{2}$, 所以当 $x\to 0$ 时, $1-\cos x$ 是 x 的二阶无穷小. 当 $x\to 0$ 时, x^3 是 x 的三阶无穷小, $\sqrt{x}$ 是 x 的 $\dfrac{1}{2}$ 阶无穷小.

下面介绍两个关于等价无穷小的定理.

定理 2.17　$\alpha\sim\beta$ 的充要条件是 $\beta-\alpha=o(\alpha)$ (或 $\beta-\alpha=o(\beta)$).

证明 $\alpha\sim\beta$, 即 $\lim\dfrac{\beta}{\alpha}=1$, 它等价于 $\lim\left(\dfrac{\beta}{\alpha}-1\right)=0$, 即

$$\lim\frac{\beta-\alpha}{\alpha}=0.$$

故 $\beta-\alpha=o(\alpha)$. □

这个定理说明: 两个等价无穷小的差, 比它们中的任何一个都是高阶无穷小; 或者说, 一个无穷小 α 与它的高阶无穷小 $o(\alpha)$ 之和, 仍与原无穷小 α 等价, $\alpha+o(\alpha)\sim\alpha$.

例如, 当 $x\to 0$ 时, 有

$$(x-2x^2+4x^3)\sim x,\quad (\sqrt{x}+x)\sim\sqrt{x},\quad (\sin\ x+x^2)\sim x.$$

定义 2.9 设 α,β 为两个无穷小, 若 $\beta=\alpha+o(\alpha)$, 则称 α 是 β 的主部.

两个等价无穷小可互为主部.

定理 2.18 设 $\alpha\sim\hat{\alpha},\beta\sim\hat{\beta}$, 且 $\lim\dfrac{\hat{\beta}}{\hat{\alpha}}=A\,(\text{或}\ \infty)$, 则

$$\lim\frac{\beta}{\alpha}=\lim\frac{\hat{\beta}}{\hat{\alpha}}=A\,(\text{或}\ \infty).$$

证明 因为 $\lim\dfrac{\hat{\alpha}}{\alpha}=1$, $\lim\dfrac{\hat{\beta}}{\beta}=1$, 所以

$$\lim\frac{\beta}{\alpha}=\lim\left(\frac{\hat{\alpha}}{\alpha}\frac{\hat{\beta}}{\hat{\alpha}}\frac{\beta}{\hat{\beta}}\right)=A\ (\text{或}\ \infty).$$ □

这个定理说明, 两个无穷小之比的极限, 可由它们的等价无穷小之比的极限代替. 这个求极限的方法, 通常称为等价无穷小代换法, 它给 $\dfrac{0}{0}$ 型未定式的极限运算带来方便.

例 1 求 $\lim\limits_{x\to 0}\dfrac{\sqrt{1+3x+x^2}-1}{5x^3+\sin\ 2x}$.

解 因为当 $x\to 0$ 时, $(\sqrt{1+3x+x^2}-1)\sim\dfrac{1}{2}(3x+x^2)\sim\dfrac{3}{2}x$, 以及

$$(5x^3+\sin\ 2x)\sim\sin\ 2x\sim 2x,$$

故 $\lim\limits_{x\to 0}\dfrac{\sqrt{1+3x+x^2}-1}{5x^3+\sin\ 2x}=\lim\limits_{x\to 0}\dfrac{\frac{3}{2}x}{2x}=\dfrac{3}{4}$.

例 2 求 $\lim\limits_{x\to 0}\dfrac{\tan\ x-\sin\ x}{x^3+x^4}$.

解 因为两个无穷小之积与它们的等价无穷小之积等价, 所以当 $x\to 0$ 时,

$$\tan\ x\sim x,\quad (1-\cos\ x)\sim\frac{1}{2}x^2,$$

$$\tan\ x-\sin\ x=\tan\ x(1-\cos\ x)\sim\frac{1}{2}x^3.$$

又当 $x \to 0$ 时, $(x^3+x^4) \sim x^3$, 故

$$\lim_{x\to 0}\frac{\tan\ x-\sin\ x}{x^3+x^4}=\lim_{x\to 0}\frac{\frac{1}{2}x^3}{x^3}=\frac{1}{2}.$$

有一种错误的做法, 认为 $x \to 0$ 时, $\tan x \sim x$, $\sin x \sim x$, 因此 "$\lim\limits_{x\to 0}\frac{\tan\ x-\sin\ x}{x^3+x^4}=\lim\limits_{x\to 0}\frac{x-x}{x^3}=0$", 产生错误的原因是: 误认为 $x \to 0$ 时, $\tan\ x-\sin\ x$ 与 $x-x$ 是等价无穷小. 因为两个无穷小的和、差未必与它们的等价无穷小的和、差等价.

习　题　2.6

1. 当 $x \to 1$ 时, 无穷小 $1-x$ 和: (1) $1-\sqrt[3]{x}$; (2) $2(1-\sqrt{x})$ 是否是同阶的? 是否是等价的?

2. 当 $x \to 0$ 时, 试确定下列各无穷小对于 x 的阶数, 并写出其幂函数形式的主部.

(1) $x-\sqrt[3]{x^2}$;　　(2) $\sqrt{a+x^3}-\sqrt{a}$;

(3) $\ln(1+x)$;　　(4) $\tan x-\sin x$;

(5) $1-\cos x$;　　(6) $\ln\cos x$;

(7) $\sqrt{1+2x}-1$;　　(8) $\sqrt{1+\frac{1}{2}x^2}-1$;

(9) $\mathrm{e}^x-\mathrm{e}^{-x}$;　　(10) $\mathrm{e}^x+\mathrm{e}^{-x}-2$.

3. 用等价无穷小代换法求下列极限.

(1) $\lim\limits_{x\to 0}\frac{1-\cos mx}{x^2}$;　　(2) $\lim\limits_{x\to 0}\frac{\ln(1+x)}{\sqrt{1+3x}-1}$;

(3) $\lim\limits_{x\to 0}\frac{\arctan 3x}{\arctan 2x}$;　　(4) $\lim\limits_{x\to 0}\frac{\sqrt{1+x^2}-1}{1-\cos x}$;

(5) $\lim\limits_{x\to 0}\frac{\ln(2-\cos x)}{x^2}$;　　(6) $\lim\limits_{x\to 0}\frac{\mathrm{e}-\mathrm{e}^{\cos x}}{x^2}$;

(7) $\lim\limits_{x\to 0}\frac{\arcsin(\mathrm{e}^{x^2}-1)}{\ln(\cos^2 x)}$;　　(8) $\lim\limits_{x\to 0^+}\frac{\sin x^2\tan^2 x(1-\cos x)}{\sqrt{x+\sqrt[3]{x}}\left(\sqrt[6]{x^5}\sin^5 x\right)}$.

4. 若 $\alpha \sim \hat{\alpha}$, $\beta \sim \hat{\beta}$, 试证:

(1) $\lim \alpha f(x)=\lim \hat{\alpha} f(x)$;　　(2) $\lim(1+\alpha)^{\frac{1}{\beta}}=\lim(1+\hat{\alpha})^{\frac{1}{\hat{\beta}}}$.

5. 已知 $\lim\limits_{x\to 0}\frac{a+\cos x}{\ln(1+bx^2)}=1$, 求常数 a 和 b.

6. 已知 $\lim\limits_{x\to 0}\frac{\sin x}{\mathrm{e}^x-a}(\cos x-b)=5$, 求常数 a 和 b.

7. 已知 $\lim\limits_{x\to 0} f(x)=a$, 且 $\lim\limits_{x\to 0}\dfrac{\sqrt{1+xf(x)}-1}{3x}=1$, 求常数 a.

2.7 函数的连续性

2.7.1 连续与间断

自然界中许多事物的变化是连续的, 如气温的变化、生物的生长等. 体现在函数上就是函数的连续性问题.

设函数 $y=f(x)$ 在 x_0 的某邻域内有定义, 当自变量从 x_0 变到 x 时, 函数随着从 $f(x_0)$ 变到 $f(x)$. 称差 $\Delta x=x-x_0$ 为**自变量在x_0处的增量**, 称差

$$\Delta y=f(x)-f(x_0)=f(x_0+\Delta x)-f(x_0)$$

为**函数 (对应) 的增量**. 显然当 x_0 固定时, 函数增量是自变量增量的函数. 自变量增量与函数增量的几何意义如图 2.6 所示.

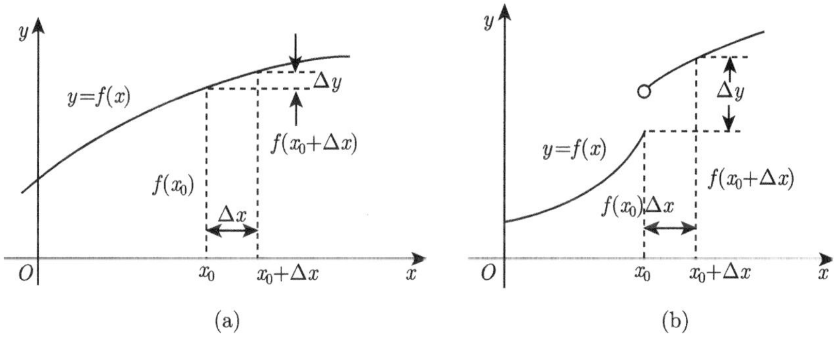

图 2.6

定义 2.10 设 $y=f(x)$ 在 x_0 的某邻域上有定义, 如果

$$\lim_{\Delta x\to 0}\Delta y=0, \tag{1}$$

则说函数 $y=f(x)$ 在点 x_0 处**连续**, 并称 x_0 是 $f(x)$ 的连续点. 否则, 称 x_0 是函数 $f(x)$ 的**间断点**.

图 2.6(a) 中, x_0 点是连续点; (b) 中, x_0 点是间断点. 函数的连续反映一种连绵不断的变化状态: 自变量的微小变动只能引起函数值的微小变动.

(1) 式等价于

$$\lim_{x\to x_0} f(x)=f(x_0), \tag{2}$$

即 $\forall\varepsilon>0$, $\exists\delta>0$, 使得当 $|x-x_0|<\delta$ 时, 恒有

$$|f(x)-f(x_0)|<\varepsilon. \tag{3}$$

(2), (3) 式也是函数 $f(x)$ 在 x_0 处连续的定义式. 由此可见, 若 $f(x)$ 在 x_0 处连续, 则 $x \to x_0$ 时有极限, 且等于 $f(x_0)$. 但有极限却不能保证连续, 即有如下关系:

$$\boxed{\text{连续}} \ \overset{\Longrightarrow}{\not\Longleftarrow}\ \boxed{\text{有极限}}.$$

例如, $y = \dfrac{x^2-1}{x-1}$, 当 $x \to 1$ 时有极限为 2, 但它在 $x=1$ 处不连续, 因为 $x=1$ 时函数无定义.

(2) 式又等价于

$$f(x_0^-) = f(x_0^+) = f(x_0). \tag{4}$$

如果 $f(x_0^-) = f(x_0)$, 则说 $f(x)$ 在 x_0 **处左连续**; 如果 $f(x_0^+) = f(x_0)$, 则说 $f(x)$ 在 x_0 **处右连续**. 图 2.6(b) 中函数 $f(x)$ 在 x_0 处左连续, 但不右连续. 显然 $f(x)$ 在 x_0 处连续的充分必要条件是它在 x_0 处左、右都连续.

如果 $f(x)$ 在区间 (a,b) 内每一点处都连续, 则说 $f(x)$ 在开区间 (a,b) 内连续, 记为 $f(x) \in C(a,b)$. 如果 $f(x) \in C(a,b)$, 且 $f(a^+) = f(a)$, $f(b^-) = f(b)$, 则说 $f(x)$ 在闭区间 $[a,b]$ 上连续, 记为 $f(x) \in C[a,b]$. 在定义域上连续的函数称为**连续函数**.

一个区间上连续函数的图形是一条无缝隙的连绵不断的曲线.

基本初等函数在定义域内都是连续的.

例 1　已知函数 $f(x) = \begin{cases} \dfrac{\sin x}{x}, & x < 0, \\ a, & x = 0, \\ x\sin\dfrac{1}{x} + b, & x > 0, \end{cases}$

讨论: (1) a, b 为何值时, $\lim\limits_{x\to 0} f(x)$ 存在; (2) a, b 为何值时, $f(x)$ 在 $x=0$ 处连续.

解　因为

$$f(0^-) = \lim_{x\to 0^-} \frac{\sin x}{x} = 1, \quad f(0^+) = \lim_{x\to 0^+}\left(x\sin\frac{1}{x} + b\right) = b,$$

所以 (1) 要 $\lim\limits_{x\to 0} f(x)$ 存在, 必须且只需 $f(0^-) = f(0^+)$, 即 $b = 1$ (a 可任取); (2) 要 $f(x)$ 在 $x=0$ 处连续, 必须且只需 $f(0^-) = f(0^+) = f(0)$, 即 $a = b = 1$.

如果 x_0 是间断点, 则 (4) 式受到破坏, 据此间断点又分为两大类.

第一类间断点　左、右极限 $f(x_0^-)$ 和 $f(x_0^+)$ 都存在的间断点 x_0, 称为**第一类间断点**.

1° $f(x_0^-) \neq f(x_0^+)$, 即左、右极限都存在, 但不相等. 不管在 x_0 处函数是否有定义, 这种第一类间断点叫做**跳跃间断点**. $f(x_0^+) - f(x_0^-)$ 称为其跃度. 这种量的突变往往伴随着质的变化.

例 2 函数 $f(x)=\begin{cases}x+1, & x>0,\\ x-1, & x<0,\end{cases}$ 因 $f(0^-)=-1, f(0^+)=1$, 所以 $x=0$ 是函数第一类间断点中的跳跃间断点.

2° $f(x_0^-)=f(x_0^+)$, 但不等于 $f(x_0)$ 或 $f(x_0)$ 不存在, 即有极限而不连续. 这种第一类间断点叫做**可去间断点**. 只要补充或修改函数在 x_0 处的定义, 令 $f(x_0)=\lim\limits_{x\to x_0}f(x)$, 就可以得到在 x_0 处连续的函数. 注意,"可去" 二字只说明间断点的性质, 不要把可去间断点误认为不是间断点.

例 3 函数 $f(x)=\dfrac{\sin x}{x}$ 在 $x=0$ 处无定义. 因为 $\lim\limits_{x\to 0}\dfrac{\sin x}{x}=1$, 所以 $x=0$ 是可去间断点. 只要补充定义 $f(0)=1$, 函数就在 $x=0$ 处连续.

第二类间断点 左、右极限至少有一个不存在的间断点, 叫做**第二类间断点**.

例 4 因为 $\lim\limits_{x\to\frac{\pi}{2}^-}\tan x=+\infty$, 所以 $x=\dfrac{\pi}{2}$ 是函数 $\tan x$ 的第二类间断点. 由于 $x\to\dfrac{\pi}{2}$ 时, 曲线伸向无穷远, 所以 $x=\dfrac{\pi}{2}$ 也叫做**无穷间断点**.

例 5 因为 $\lim\limits_{x\to 0}\sin\dfrac{1}{x}$ 不存在, 所以 $x=0$ 是 $\sin\dfrac{1}{x}$ 的第二类间断点. 在 $x=0$ 附近, 函数 $f(x)=\sin\dfrac{1}{x}$ 的图形在 -1 与 1 之间反复振荡, 所以 $x=0$ 也叫做**振荡间断点** (图 2.7).

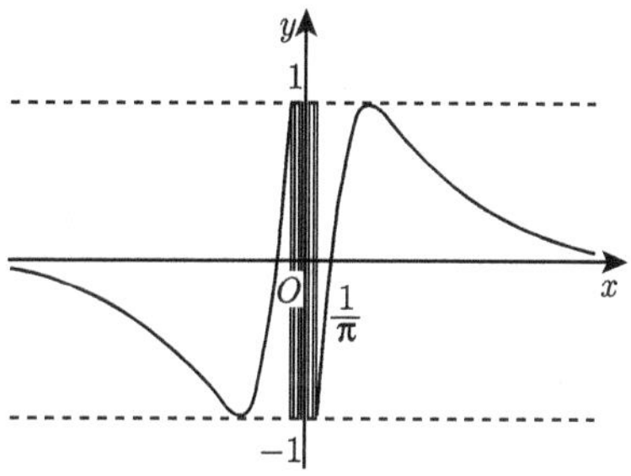

图 2.7

2.7.2 函数连续性的判定定理

判定函数的连续性最基本的方法是用定义判定. 通过下列定理, 可以由已知函数的连续性来推断它们构成的函数的连续性.

定理 2.19 如果 $f(x)$ 和 $g(x)$ 都在点 x_0 处连续, 则

$$f(x)\pm g(x),\quad f(x)g(x),\quad \frac{f(x)}{g(x)}\quad (g(x_0)\neq 0)$$

都在 x_0 处连续.

定理 2.20 如果 $u=\varphi(x)$ 在点 x_0 处连续, $u_0=\varphi(x_0)$, 又 $y=f(u)$ 在点 u_0 处连续, 则复合函数 $y=f(\varphi(x))$ 在点 x_0 处也连续.

根据函数连续的定义式 (2) 及极限的运算法则, 定理 2.19, 定理 2.20 是显然成立的.

定理 2.21 严格单调的连续函数的反函数是严格单调的连续函数.

结论是明显的, 不予证明.

例 6 因为 $\sin x$, $\cos x \in C(-\infty, +\infty)$, 所以

$$\tan x = \frac{\sin x}{\cos x}, \quad \cot x = \frac{\cos x}{\sin x},$$
$$\sec x = \frac{1}{\cos x}, \quad \csc x = \frac{1}{\sin x}$$

在分母不为零的点处都是连续的, 即它们在定义域上连续.

因为函数 $\dfrac{1}{x}$ 在除了 $x=0$ 点处处连续, 所以复合函数 $y=\dfrac{1}{\sin x}$ 在 $x \neq k\pi, k \in \mathbf{Z}$ 点处处连续.

因为 $\sin x$ 在 $\left[-\dfrac{\pi}{2}, \dfrac{\pi}{2}\right]$ 上单调上升连续, 所以反函数 $y = \arcsin\ x \in C[-1,1]$, 且单调上升.

定理 2.22 初等函数在其有定义的 "区间内" 处处连续.

要注意的是: 定理 2.22 不是说初等函数在定义域上处处连续, 而是说 "若初等函数在 x_0 的某邻域上有定义, 则它在 x_0 处就连续". 比如, 函数

$$y = \sqrt{\sin x - 1},$$

定义域是$\left\{x \,\middle|\, x = 2k\pi + \dfrac{\pi}{2},\ k = 0, \pm 1, \pm 2, \cdots\right\}$, $y = \sqrt{\sin x - 1}$ 在 $x = 2k\pi + \dfrac{\pi}{2}$ 这些点上不能考虑函数的连续性, 因为自变量取值此时是离散的.

分段函数的分段点可能是间断点, 也可能是连续点, 需要判定.

例如, 符号函数 $y = \mathrm{sgn} x$ 是分段函数, 它的分段点 $x=0$ 是间断点.

而分段函数

$$f(x) = \begin{cases} \dfrac{\sin x}{x}, & x \neq 0, \\ 1, & x = 0 \end{cases}$$

的分段点 $x=0$ 是连续点.

此外, 狄利克雷函数 $y = D(x)$ 处处有定义, 但处处是第二类间断点.

2.7.3 连续在极限运算中的应用

定理 2.23 设 $f(u)$ 在 u_0 处连续, 又 $\lim \varphi(x) = u_0$, 则

$$\lim f(\varphi(x)) = f(\lim \varphi(x)) = f(u_0).$$

这定理说明极限运算可取到连续函数内. 下面几个极限也是很重要的.

例 7 试证 $\lim\limits_{x \to 0} \dfrac{\log_a(1+x)}{x} = \dfrac{1}{\ln a}$.

证明

$$\lim_{x \to 0} \frac{\log_a(1+x)}{x} = \lim_{x \to 0} \log_a(1+x)^{\frac{1}{x}} = \log_a \left[\lim_{x \to 0}(1+x)^{\frac{1}{x}}\right]$$

$$=\log_a \mathrm{e}=\frac{1}{\ln a}.$$

特别地, 有

$$\lim_{x\to 0}\frac{\ln(1+x)}{x}=1,$$

即当 $x\to 0$ 时, $\ln(1+x)\sim x$.

例 8 试证 $\lim\limits_{x\to 0}\dfrac{a^x-1}{x}=\ln a$.

证明 作变换, 令 $a^x-1=t$, 则 $a^x=1+t$, $x=\log_a(1+t)$, 且 $x\to 0$ 等价于 $t\to 0$, 于是有

$$\lim_{x\to 0}\frac{a^x-1}{x}=\lim_{t\to 0}\frac{t}{\log_a(1+t)}=\ln a.$$

特别地, 有

$$\lim_{x\to 0}\frac{\mathrm{e}^x-1}{x}=1,$$

即当 $x\to 0$ 时, $\mathrm{e}^x-1\sim x$.

例 9 试证 $\lim\limits_{x\to 0}\dfrac{(1+x)^\mu-1}{x}=\mu$ (μ 为实数).

证明 令 $(1+x)^\mu-1=y$, 则 $(1+x)^\mu=1+y$, 有

$$\mu\ln(1+x)=\ln(1+y).$$

所以

$$\frac{(1+x)^\mu-1}{x}=\frac{y}{x}=\frac{y}{\ln(1+y)}\cdot\frac{\mu\ln(1+x)}{x}.$$

因 $x\to 0$ 等价于 $y\to 0$, 于是有

$$\lim_{x\to 0}\frac{(1+x)^\mu-1}{x}=\lim_{y\to 0}\frac{y}{\ln(1+y)}\cdot\lim_{x\to 0}\frac{\mu\ln(1+x)}{x}=\mu.$$

这个结果说明, 当 $x\to 0$ 时, $[(1+x)^\mu-1]\sim\mu x$.

2.7.4 闭区间上连续函数的性质

闭区间上的连续函数有几个重要性质, 是研究许多问题的基础.

定理 2.24 (有界性) 闭区间上的连续函数必有界.

***证明** 反证法. 设 $f(x)$ 在 $[a,b]$ 上连续, 但无界, 则对任何正整数 n, 都有点 $x_n\in[a,b]$, 使得 $|f(x_n)|>n$, 从而 $\lim\limits_{n\to\infty}f(x_n)=\infty$. 于是, 从有界数列 $\{x_n\}$ 中抽出一个收敛的子数列 $x_{n_k}\to x_0(k\to\infty)$, 此处 $x_0\in[a,b]$, 亦有 $\lim\limits_{k\to\infty}f(x_{n_k})=\infty$.

另一方面, 由于 $f(x)\in C[a,b]$, 所以 $\lim\limits_{x\to x_0}f(x)=f(x_0)$.

而 $x_{n_k}\to x_0(k\to\infty)$, 故有 $\lim\limits_{k\to\infty}f(x_{n_k})=f(x_0)$.

这个矛盾的结论, 说明反证的假设是错误的. □

定义 2.11　如果在区间 I 上存在点 ξ, 使得当 $x \in I$ 时, 恒有

$$f(\xi) \leqslant f(x) \quad (f(x) \leqslant f(\xi)),$$

则称 $f(\xi)$ 为 $f(x)$ 在 I 上的**最小 (大) 值**, 记为

$$f(\xi) = \min_{x \in I} f(x) \quad (f(\xi) = \max_{x \in I} f(x)).$$

定理 2.25 (最大最小值存在定理)　闭区间上连续函数必有最小值和最大值.

*__证明__　设 $f(x) \in C[a,b]$, 则 $f(x)$ 在 $[a,b]$ 上有界, 因此有上确界和下确界. 下面仅证明 $f(x)$ 有最大值, 即证 $f(x)$ 可以达到上确界 β. 事实上, 由上确界性质, 对每个 $\varepsilon = \dfrac{1}{n}(n = 1, 2, \cdots)$, 都有 $x_n \in [a,b]$, 使

$$\beta - \frac{1}{n} < f(x_n) \leqslant \beta, \quad n = 1, 2, \cdots,$$

故

$$\lim_{n \to \infty} f(x_n) = \beta.$$

从有界数列 $\{x_n\}$ 中抽取一个收敛的子数列 $\{x_{n_k}\}$, 设 $x_{n_k} \to x_0 \in [a,b]$, 亦有

$$\lim_{k \to \infty} f(x_{n_k}) = \beta,$$

而由 $f(x)$ 在 x_0 处连续, $\lim\limits_{x \to x_0} f(x) = f(x_0)$, 特别有

$$\lim_{k \to \infty} f(x_{n_k}) = f(x_0).$$

根据极限的唯一性知 $f(x_0) = \beta$, 即在 $x_0 \in [a,b]$ 处达到了最大值.

类似地可以证明 $f(x)$ 有最小值. □

开区间上的连续函数或闭区间内有间断点的函数都不一定有界, 不一定有最大值和最小值. 比如, $x^2 \in C(-1,1)$ 在 $(-1,1)$ 内虽然有界, 但无最大值. 函数 $\tan x$ 在闭区间 $[0,\pi]$ 上无界, 也无最大值和最小值, 因为 $x = \dfrac{\pi}{2}$ 是它的第二类间断点.

定理 2.26 (零点存在定理)　设函数 $f(x)$ 在闭区间 $[a,b]$ 上连续, 且 $f(a)f(b) < 0$, 则至少存在一点 $\xi \in (a,b)$, 使得

$$f(\xi) = 0.$$

*__证明__　反证法. 设对于任何 $x \in [a,b]$, $f(x) \neq 0$, 现令 $f(a) < 0, f(b) > 0$. 将 $[a,b]$ 平分为二, 由于 $f\left(\dfrac{a+b}{2}\right) \neq 0$, 故必有一个区间, 设为 $[a_1,b_1]$, 满足 $f(a_1) <$

$0, f(b_1)>0$, 再将 $[a_1,b_1]$ 平分为二, 类似地又得到 $[a_2,b_2]$, 使得 $f(a_2)<0$, $f(b_2)>0$. 如此无限分下去, 得到一个区间套 $\{[a_n,b_n]\}$, 满足 $f(a_n)<0, f(b_n)>0(n=1,2,\cdots)$, 由于 $a\leqslant a_1\leqslant a_2\leqslant\cdots\leqslant a_n<b_n\leqslant\cdots\leqslant b_1\leqslant b$, 即数列 $\{a_n\}$ 单调递增有上界, 数列 $\{b_n\}$ 单调递减有下界, 由判别定理可知数列 $\{a_n\}$, $\{b_n\}$ 均收敛, 又由于 $\lim\limits_{n\to\infty}(b_n-a_n)=0$, 则 $\lim\limits_{n\to\infty}a_n=\lim\limits_{n\to\infty}b_n=\xi, \xi\in(a_n,b_n)$. 因为 $f(x)$ 在 ξ 连续, 故 $\lim\limits_{n\to\infty}f(a_n)=\lim\limits_{n\to\infty}f(b_n)=f(\xi)$, 由保号性, $\lim\limits_{n\to\infty}f(a_n)\leqslant 0, \lim\limits_{n\to\infty}f(b_n)\geqslant 0$, 知 $f(\xi)=0$, 这与假设矛盾, 故证之. □

直观上, 连续曲线上的动点从直线 $y=0$ 的一侧爬到另一侧, 至少要通过直线 $y=0$ 一次, 交点的横坐标就是 ξ, $f(\xi)=0$ (图 2.8).

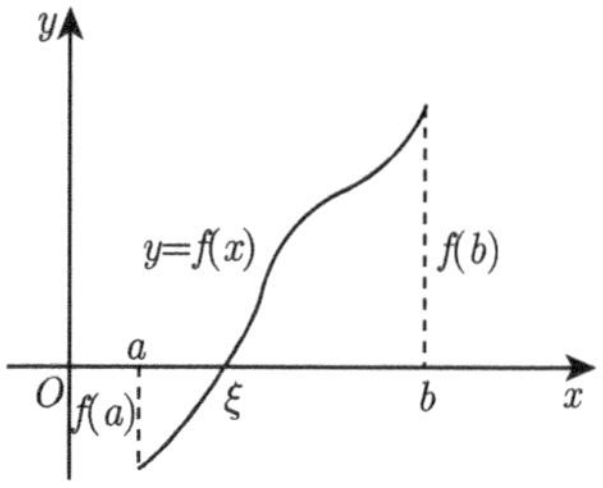

图 2.8

定理 2.27 (介值定理) 闭区间上连续函数一定能取得介于最小值和最大值之间的任何值, 即如果 $f(x)\in C[a,b]$, 数值 μ 满足

$$\min_{x\in[a,b]}f(x)<\mu<\max_{x\in[a,b]}f(x),$$

则至少有一点 $\xi\in(a,b)$, 使 $f(\xi)=\mu$.

证明 存在 $c,d\in[a,b]$, 使得 $f(c)=\min\limits_{x\in[a,b]}f(x), f(d)=\max\limits_{x\in[a,b]}f(x)$, 作函数 $\varphi(x)=f(x)-\mu$, 则有 $\varphi(x)\in C[c,d]$, 且 $\varphi(c)\varphi(d)<0$, 根据定理 2.26 知, 至少存在一点 $\xi\in(c,d)\subset(a,b)$, 使得 $\varphi(\xi)=f(\xi)-\mu=0$, 即 $f(\xi)=\mu$. □

定理 2.27 是定理 2.26 的推广. 介值定理实质上是说连续函数能取尽任何两个函数值之间的一切数值, 这是连续的本性.

习 题 2.7

1. 求下列函数的连续区间、间断点及其类型, 如果是可去间断点, 如何补充或修改这一点处函数的定义使它连续.

(1) $f(x)=(1+x)^{\frac{1}{x}}\ (x>-1)$; (2) $f(x)=\dfrac{x}{\sin x}$;

(3) $f(x)=\dfrac{x^2-x}{|x|(x^2-1)}$; (4) $f(x)=\dfrac{\mathrm{e}^x-1}{|x|}$;

(5) $f(x)=\left(1+\mathrm{e}^{\frac{1}{x}}\right)/\left(2-3\mathrm{e}^{\frac{1}{x}}\right)$; (6) $f(x)=\begin{cases}\dfrac{\sin x}{x}, & x<0,\\ x^2-1, & x\geqslant 0.\end{cases}$

2. 对函数 $f(x)=\arctan\dfrac{1}{x}$, 能否在 $x=0$ 处补充定义函数值, 使函数连续? 为什么?

3. 若 $f(x)=\begin{cases} x+c, & x\leqslant 0, \\ (1+x)^{\frac{1}{x}}, & x>0 \end{cases}$ 在 $x=0$ 连续, 计算常数 c.

4. 设

$$f(x)=\begin{cases} 1+x^2, & x<0, \\ a, & x=0, \\ \dfrac{\sin bx}{x}, & x>0, \end{cases}$$

试问: (1) a,b 为何值时, $\lim\limits_{x\to 0} f(x)$ 存在? (2) a,b 为何值时, $f(x)$ 在 $x=0$ 处连续?

5. 计算下列极限.

(1) $\lim\limits_{x\to 0}\dfrac{\ln(x+a)-\ln a}{x}$; (2) $\lim\limits_{x\to 0}\dfrac{\sqrt{1+x\sin x}-1}{e^{x^2}-1}$;

(3) $\lim\limits_{x\to 0}\dfrac{\sqrt[m]{1+\alpha x}\sqrt[n]{1+\beta x}-1}{x}$($\alpha,\beta$ 为常数);

(4) $\lim\limits_{x\to 0}\left(\dfrac{a^x+b^x+c^x}{3}\right)^{\frac{1}{x}}$ $(a,b,c>0)$.

6. 若函数 $f(x)$, $g(x)$ 都在 $x=x_0$ 处不连续, 问 $f(x)+g(x)$, $f(x)\cdot g(x)$ 是否在 $x=x_0$ 处也不连续.

7. 若 $f(x)$ 连续, $|f(x)|$, $f^2(x)$ 是否也连续? 又若 $|f(x)|$, $f^2(x)$ 连续, $f(x)$ 是否也连续?

8. 证明: 方程 $x^3+e^x=3$ 在 $(0,1)$ 内至少有一个根.

9. 试证任何三次多项式至少有一个零点.

10. 证明方程 $x2^x=1$ 至少有一个小于 1 的正根.

11. 试证方程 $x=a\sin x+b\,(a>0,\ b>0)$ 至少有一个正根并且它不超过 $a+b$.

12. 若 $f(x)$ 在 $[a,b]$ 上连续, $a<x_1<x_2<\cdots<x_n<b$, 则在 $[x_1,x_n]$ 中必有 ξ, 使

$$f(\xi)=\frac{f(x_1)+f(x_2)+\cdots+f(x_n)}{n}.$$

13. 证明: 若 $f(x)$ 在 $(-\infty,+\infty)$ 内连续, 且 $\lim\limits_{x\to 0} f(x)$ 存在, 则 $f(x)$ 必有界.

14. 若 $f(x)\in C[0,2a]$, 且 $f(0)=f(2a)$, 试证在区间 $[0,a]$ 内至少存在一点 ξ, 使 $f(\xi)=f(\xi+a)$.

15. 设 $|f(x)|\leqslant|g(x)|$, $g(x)$ 在 $x=0$ 处连续, 且 $g(0)=0$, 试证 $f(x)$ 在 $x=0$ 处连续.

16. 设 $f(x)\in C[a,b]$, 对 (a,b) 内任意两点 x_1, $x_2\,(x_1\neq x_2)$, 恒有 $f(x_1)\neq f(x_2)$, 证明 $f(x)$ 在 $[a,b]$ 上单调.

17. 证明: 设函数 $f(x)$ 在区间 $[a,b]$ 上单调上升, 且其值域为区间 $[f(a),f(b)]$, 证明 $f(x)$ 在 $[a,b]$ 上连续.

18. 若 $f(x)$ 在 $[0,1]$ 连续, 证明: 存在 $\xi\in(0,1]$, 使得 $\dfrac{1}{\xi}-f(\xi)$ 和 $\dfrac{1}{\xi}+f(\xi)$ 互为倒数.

19. 证明 (1) $f(x)=\begin{cases}1, & x>0,\\ -1, & x<0\end{cases}$ 是初等函数;

(2) 符号函数 $f(x)=\operatorname{sgn}x$ 不是初等函数.

20. 选择题. 设 $f(x)$ 和 $\varphi(x)$ 在 $(-\infty,+\infty)$ 内有定义, $f(x)$ 为连续函数, 且 $f(x)\neq 0$, $\varphi(x)$ 有间断点, 则 (　　).

(A) $\varphi[f(x)]$ 必有间断点;　　(B) $[\varphi(x)]^2$ 必有间断点;

(C) $f[\varphi(x)]$ 必有间断点;　　(D) $\dfrac{\varphi(x)}{f(x)}$ 必有间断点.

2.8 例题选讲

例 1　设 $f(x)=a_1\sin x+a_2\sin 2x+\cdots+a_n\sin nx$, 且对所有 x 满足 $|f(x)|\leqslant|\sin x|$, 试证 $|a_1+2a_2+\cdots+na_n|\leqslant 1$.

证明　设

$$g(x)=\left|\frac{f(x)}{\sin x}\right|=\left|a_1+a_2\frac{\sin 2x}{\sin x}+\cdots+a_n\frac{\sin nx}{\sin x}\right|,$$

则由条件知 $g(x)\leqslant 1$, 而

$$\lim_{x\to 0}g(x)=\lim_{x\to 0}\left|a_1+a_2\frac{\sin 2x}{\sin x}+\cdots+a_n\frac{\sin nx}{\sin x}\right|,$$

由极限的保序性

$$|a_1+2a_2+\cdots+na_n|\leqslant 1.$$

例 2　确定实数 a,b, 使得当 $x\to a$ 时, 函数 $f(x)=\dfrac{x-1}{\ln|x|}$ 是无穷小; 当 $x\to b$ 时, $f(x)$ 为无穷大.

解　当 $x\to a$ 时, $f(x)$ 是无穷小, 有两种可能, 其一, 分子 $x-1$ 为无穷小; 其二, 分母 $\ln|x|$ 为无穷大.

当 $x-1$ 为无穷小时, 即 $x\to 1$ 时, 有

$$\lim_{x\to 1}f(x)=\lim_{x\to 1}\frac{x-1}{\ln|x|}\xlongequal{\text{令}t=x-1}\lim_{t\to 0}\frac{t}{\ln|1+t|}=1,$$

此时不满足题意, 舍去.

当 $\ln|x|$ 为无穷大时, 即 $x\to 0$ 时 (因 a 为实数, $x\to\infty$ 情况应舍去), 有

$$\lim_{x\to 0}\frac{x-1}{\ln|x|}=0.$$

故 $a=0$.

当 $x\to b$ 时, $f(x)$ 为无穷大, 也有两种可能, 其一, 分子 $x-1$ 是无穷大, 此时需 $x\to\infty$, 因为 b 是实数, $b\neq\infty$, 故此种情况舍去; 其二, 分母是无穷小, 即有 $\ln|x|\to 0$, 此时需 $x\to -1$ 或 $x\to 1$. 而

$$\lim_{x\to -1}\frac{x-1}{\ln|x|}=\infty,\quad \lim_{x\to 1}\frac{x-1}{\ln|x|}=1\ (\text{舍去}).$$

故 $b=-1$.

例 3　设 $\lim\limits_{x\to+\infty}\left(\dfrac{x+c}{x-c}\right)^x=\dfrac{c-1}{4}\mathrm{e}^{2c}$, 求常数 c.

解　显然 $c\neq 0$, 由于

$$\lim_{x\to+\infty}\left(\frac{x+c}{x-c}\right)^x=\lim_{x\to+\infty}\left[\left(\frac{1+c/x}{1-c/x}\right)^{\frac{x}{c}}\right]^c=\mathrm{e}^{2c},$$

故 $\dfrac{c-1}{4}=1$, 从而有 $c=5$.

例 4　已知 $\lim\limits_{x\to+\infty}(\sqrt{x^2+x+1}-ax-b)=0$, 求 a,b.

解　由极限与无穷小的关系有

$$\sqrt{x^2+x+1}-ax-b=\alpha,\quad \alpha\to 0\quad (\text{当 } x\to+\infty \text{ 时}),$$

因此, $\sqrt{x^2+x+1}=ax+b+\alpha$, 故有

$$\frac{\sqrt{x^2+x+1}}{x}=a+\frac{b}{x}+\frac{\alpha}{x}.$$

两边取极限

$$\lim_{x\to+\infty}\frac{\sqrt{x^2+x+1}}{x}=\lim_{x\to+\infty}\left(a+\frac{b}{x}+\frac{\alpha}{x}\right),$$

得 $a=1$. 而

$$\begin{aligned}b&=\lim_{x\to+\infty}(\sqrt{x^2+x+1}-ax)=\lim_{x\to+\infty}(\sqrt{x^2+x+1}-x)\\&=\lim_{x\to+\infty}\frac{x+1}{\sqrt{x^2+x+1}+x}=\lim_{x\to+\infty}\frac{1+\dfrac{1}{x}}{\sqrt{1+\dfrac{1}{x}+\dfrac{1}{x^2}}+1}=\frac{1}{2},\end{aligned}$$

即 $b=\dfrac{1}{2}$.

例 5　设 $f(x)\in C(a,b)$, 且 $f(a^+)$ 和 $f(b^-)$ 都存在, 试证 $f(x)$ 在 (a,b) 上有界.

证明 **方法一** 设 $f(a^+)=A$, $f(b^-)=B$, 对取定的 $\varepsilon_0=1$, 存在 $\delta:\ 0<\delta<\dfrac{b-a}{2}$, 使得当 $x\in(a,a+\delta)$ 时, 恒有

$$|f(x)-A|<1,$$

从而有

$$|f(x)|<|A|+1.$$

当 $x\in(b-\delta,b)$ 时, 恒有

$$|f(x)-B|<1,$$

从而有

$$|f(x)|<|B|+1.$$

由于 $f(x)\in C[a-\delta,a+\delta]\subset C(a,b)$, 故 $x\in[a-\delta,a+\delta]$ 时, 有常数 $M_1>0$, 使得

$$|f(x)|<M_1.$$

令 $M=\max\{M_1,|A|+1,|B|+1\}$, 则当 $x\in(a,b)$ 时, 恒有

$$|f(x)|<M,$$

即 $f(x)$ 在 (a,b) 上有界.

方法二 令 $F(a)=f(a^+)$, $F(b)=f(b^-)$, 当 $x\in(a,b)$ 时, $F(x)=f(x)$, 则 $F(x)\in C(a,b)$. 因此存在 $M>0$, 使得当 $x\in[a,b]$ 时, 恒有

$$|F(x)|<M,$$

从而 $x\in(a,b)$ 时, 恒有

$$|f(x)|<M.$$

例 6 设 $f(x)\in C[a,b]$, A,B 为任意两个正数, 试证对任意两点 $x_1,x_2\in[a,b]$, 至少存在一点 $\xi\in[a,b]$, 使得

$$Af(x_1)+Bf(x_2)=(A+B)f(\xi).$$

证明 因为 $f(x)\in C[a,b]$, 所以在 $[a,b]$ 上 $f(x)$ 有最大值 M 和最小值 m, 因此有

$$m\leqslant f(x_1)\leqslant M,\quad m\leqslant f(x_2)\leqslant M.$$

因 $A,B>0$, 故

$$Am\leqslant Af(x_1)\leqslant AM,\quad Bm\leqslant Bf(x_2)\leqslant BM.$$

两式相加得

$$(A+B)m \leqslant Af(x_1)+Bf(x_2) \leqslant (A+B)M,$$

因此

$$m \leqslant \frac{Af(x_1)+Bf(x_2)}{A+B} \leqslant M.$$

再由介值定理知, 至少存在一点 $\xi \in [a,b]$, 使得

$$f(\xi)=\frac{Af(x_1)+Bf(x_2)}{A+B},$$

故

$$Af(x_1)+Bf(x_2)=(A+B)f(\xi).$$

例 7　设函数 $f(x)\in C[0,1]$, 且 $\min\limits_{x\in[0,1]} f(x)=0$, $\max\limits_{x\in[0,1]} f(x)=1$, 试证方程 $f(x)=x$ 在 $[0,1]$ 上必有根.

证明　若 $f(0)=0$, 则 0 就是方程 $f(x)=x$ 的根. 若 $f(1)=1$, 则 1 就是方程 $f(x)=x$ 的根.

若 $f(0)\neq 0$ 且 $f(1)\neq 1$, 则设 $F(x)=f(x)-x$, 有

$$F(0)=f(0)>0,\quad F(1)=f(1)-1<0,$$

从而 $F(x)=0$ 在 (0,1) 上有根, 即 $f(x)=x$ 有根.

例 8　若 $f(x)$ 对一切正实数 x_1, x_2 满足 $f(x_1\cdot x_2)=f(x_1)+f(x_2)$. 试证在区间 $(0,+\infty)$ 内, $f(x)$ 只要在一点连续就处处连续.

证明　令 $x_1=x_2=1$, 则有 $f(1)=f(1)+f(1)$, 故 $f(1)=0$.

设 $x_0\in(0,+\infty)$, $f(x)$ 在 x_0 处连续, 则由于

$$\begin{aligned}\lim_{x\to 1} f(x)=\lim_{h\to 0} f(1+h)&=\lim_{h\to 0}[f(x_0)+f(1+h)-f(x_0)]\\&=\lim_{h\to 0}[f(x_0+x_0h)-f(x_0)]=0.\end{aligned}$$

故 $f(x)$ 在 $x=1$ 处连续. $\forall x\in(0,+\infty)$, 由于

$$\begin{aligned}\lim_{\Delta x\to 0}[f(x+\Delta x)-f(x)]&=\lim_{\Delta x\to 0}\left[f(x)+f\left(1+\frac{\Delta x}{x}\right)-f(x)\right]\\&=\lim_{\Delta x\to 0} f\left(1+\frac{\Delta x}{x}\right)=0.\end{aligned}$$

所以 $f(x)$ 在 $(0,+\infty)$ 内处处连续.

习 题 2.8

1. 求下列极限.

(1) $\lim\limits_{n\to\infty}\sin^2\left(\pi\sqrt{n^2+n}\right)$;　　(2) $\lim\limits_{x\to\frac{\pi}{4}}\tan 2x\tan\left(\dfrac{\pi}{4}-x\right)$;

(3) $\lim\limits_{n\to\infty}\left(\dfrac{3}{2}\cdot\dfrac{5}{4}\cdot\dfrac{17}{16}\cdot\cdots\cdot\dfrac{2^{2^n}+1}{2^{2^n}}\right)$;　(4) $\lim\limits_{n\to\infty}\left(\dfrac{2^3-1}{2^3+1}\cdot\dfrac{3^3-1}{3^3+1}\cdot\cdots\cdot\dfrac{n^3-1}{n^3+1}\right)$;

(5) $\lim\limits_{n\to\infty}\left(1+2x+3x^2+\cdots+nx^{n-1}\right)$ $(|x|<1)$;

(6) $\lim\limits_{n\to\infty}n\left(1-x^{\frac{1}{n}}\right)$ $(x>0)$;

(7) $\lim\limits_{x\to+\infty}\left[(x+2)\ln(x+2)-2(x+1)\ln(x+1)+x\ln x\right]x$;

(8) $\lim\limits_{n\to\infty}(n!)^{\frac{1}{n^2}}$;　　(9) $\lim\limits_{x\to0}\left(\dfrac{3-\mathrm{e}^x}{2+x}\right)^{\frac{1}{\sin x}}$;

(10) $\lim\limits_{n\to\infty}\dfrac{\dfrac{1}{n}-\ln\left(\sin\dfrac{1}{n}+\mathrm{e}^{\frac{1}{n}}\right)}{\arcsin\dfrac{1}{n}}$.

2. (1) 设 $f(x)$ 在 $x=0$ 附近连续, 且 $\lim\limits_{x\to0}\left[1+x+\dfrac{f(x)}{x}\right]^{\frac{1}{x}}=\mathrm{e}^3$, 求 $\lim\limits_{x\to0}\left[1+\dfrac{f(x)}{x}\right]^{\frac{1}{x}}$;

(2) 设 $\lim\limits_{x\to0}\dfrac{\ln[1+f(x)\cot x]}{2^x-1}=2$, 求 $\lim\limits_{x\to0}\dfrac{f(x)}{x^2}$.

3. 已知当 $x\to0$ 时, $\left(1+ax^2\right)^{\frac{1}{3}}-1$ 与 $\cos x-1$ 是等价无穷小, 求常数 a.

4. 已知当 $x\to0$ 时, 且 $(1-\cos x)\ln\left(1+x^2\right)=o\left(x\sin x^n\right)$, $x\sin x^n=o\left(\mathrm{e}^{x^2}-1\right)$, 求正整数 n.

5. 指出函数 $y=\left[1-\exp\left(\dfrac{x}{x-1}\right)\right]^{-1}$ 的间断点, 并说明其类型.

6. 设 $f(x)=\dfrac{\mathrm{e}^x-a}{x(x-1)}$, 问 a 取何值时, $x=1$ 是可去间断点, 此时 $x=0$ 是哪类间断点?

7. 若 $\lim\limits_{n\to\infty}\dfrac{x_{n+1}}{x_n}=a$, $|a|<1$, 证明 $\lim\limits_{n\to\infty}x_n=0$. 并用此结果求极限.

(1) $\lim\limits_{n\to\infty}\dfrac{n^n}{3^n\cdot n!}$;　　(2) $\lim\limits_{n\to\infty}\dfrac{n^n}{2^n\cdot n!}$.

8. 设 $f(x)$ 在区间 $[a,b]$ 内处处有定义, 且除有限个第一类间断点外处处连续, 试证 $f(x)$ 在 $[a,b]$ 上有界.

9. 若 $f(x)\in C(-\infty,+\infty)$, 且 $f[f(x)]=x$, 证明必有点 ξ, 使 $f(\xi)=\xi$.

10. 设 $f(x)$ 对任意实数 x_1, x_2 满足 $f(x_1+x_2)=f(x_1)+f(x_2)$, 而且 $f(x)$ 在 $x=a$ 处连续, 证明 $f(x)$ 是连续函数.

11. 设 $f(x)$ 和 $\varphi(x)$ 在 $(-\infty,+\infty)$ 内有定义, $f(x)$ 为严格单调递增的连续函数, $\varphi(x)$ 有第一类间断点, 试证 $f(\varphi(x))$ 必有间断点.

12. 单调有界函数的间断点是哪一类间断点, 证明你的结论.

13. 设函数 $f(x)\in C[0,1]$, 且 $0\leqslant f(x)\leqslant x$. 任取一点 $x_1\in(0,1)$, 并令 $x_{n+1}=f(x_n)$ $(n=1,2,\cdots)$, 证明: (1) $\lim\limits_{n\to\infty}x_n$ 存在; (2) 设 $\lim\limits_{n\to\infty}x_n=a$, 则 $f(a)=a$.

14. 设点 P 为椭圆内任一点 (不在边界上), 证明椭圆过 P 点的弦中至少有一条以 P 点为中点.

15. (Stolz 定理) 证明: 对于数列 $\left\{\dfrac{x_n}{y_n}\right\}$, 若 $y_{n+1}>y_n(n=1,2,\cdots)$, $\lim\limits_{n\to\infty}y_n=+\infty$, 并且 $\lim\limits_{n\to\infty}\dfrac{x_{n+1}-x_n}{y_{n+1}-y_n}$ 存在 (或 ∞), 则有 $\lim\limits_{n\to\infty}\dfrac{x_n}{y_n}=\lim\limits_{n\to\infty}\dfrac{x_{n+1}-x_n}{y_{n+1}-y_n}$.

16. 求 $\lim\limits_{n\to\infty}\left[\dfrac{1^p+2^p+\cdots+n^p}{n^{p+1}}-\dfrac{1}{p+1}\right]n$, 其中 p 为正整数.

17. 计算 $\lim\limits_{n\to\infty}\dfrac{\sum\limits_{k=1}^{n}k^{\alpha+1}}{n\sum\limits_{k=1}^{n}k^{\alpha}}$, 其中 α 是任意实数.

18. 当某商品调价的通知下达后, 有 10% 的市民听到此通知, 两小时后, 25% 的市民知道这一消息, 假定消息按规律 $Y(t)=\dfrac{1}{1+c\mathrm{e}^{-kt}}$ 传播, 其中 $Y(t)$ 表示 t 小时后知道此消息的人口比例, c 与 k 为正常数.

(1) 求 $\lim\limits_{t\to+\infty}Y(t)$, 并对结果做出解释;

(2) 多少小时后有 75%的市民知道这一消息.

19. 选择题. 若 $\lim\limits_{n\to\infty}x_n$ 存在, 则下列说法正确的是 (　　).

(A) 若 $\lim\limits_{n\to\infty}\sin x_n=0$, 则 $\lim\limits_{n\to\infty}x_n=0$;

(B) 若 $\lim\limits_{n\to\infty}(x_n+|x_n|)=0$, 则 $\lim\limits_{n\to\infty}x_n=0$;

(C) 若 $\lim\limits_{n\to\infty}(x_n+x_n^2)=0$, 则 $\lim\limits_{n\to\infty}x_n=0$;

(D) 若 $\lim\limits_{n\to\infty}(x_n+\sin x_n)=0$, 则 $\lim\limits_{n\to\infty}x_n=0$.

第 3 章　导数与微分

在生产实践和科学研究中，仅仅了解变量之间的函数关系是很不够的，常常需要考虑由自变量的变化所引起的函数变化中的以下两个基本问题：

(1) 函数随自变量变化的变化速度 (比率) 问题，即函数对自变量的变化率问题；

(2) 自变量的微小变化导致函数变化多少的问题.

这就是本章所要讨论的两个中心内容：导数与微分. 它们反映了物质运动变化的瞬时性态和局部特征，是研究运动和变化过程必不可少的工具.

3.1　导 数 概 念

3.1.1　引例

例 1 (直线运动的速度问题)　一质点做直线运动，已知路程 s 与时间 t 的函数关系 $s=s(t)$，试确定 t_0 时的速度 $v(t_0)$.

从时刻 t_0 到 $t_0+\Delta t$，质点走过的路程

$$\Delta s=s(t_0+\Delta t)-s(t_0),$$

这段时间内的平均速度

$$\overline{v}(\Delta t)=\frac{\Delta s}{\Delta t}.$$

若运动是匀速的，平均速度就等于质点在每个时刻的速度；若运动是非匀速的，平均速度 $\overline{v}(\Delta t)$ 是这段时间内运动快慢的平均值，Δt 越小，它越近似地表明 t_0 时运动的快慢. 因此人们把 t_0 时的速度 $v(t_0)$ 定义为

$$v(t_0)=\lim_{\Delta t\to 0}\frac{\Delta s}{\Delta t}=\lim_{\Delta t\to 0}\frac{s(t_0+\Delta t)-s(t_0)}{\Delta t},$$

并称之为 t_0 时的瞬时速度. 上式既是它的定义式，又指明了它的计算方法. 瞬时速度是路程对时间的变化率.

例 2 (曲线的切线)　已知曲线 l 的方程 $y=f(x)$，确定曲线 l 上点 $M_0(x_0,y_0)$ 处的切线，只要知道该点切线的斜率，就可以确定曲线在该点的切线，因此我们只需讨论切线的斜率.

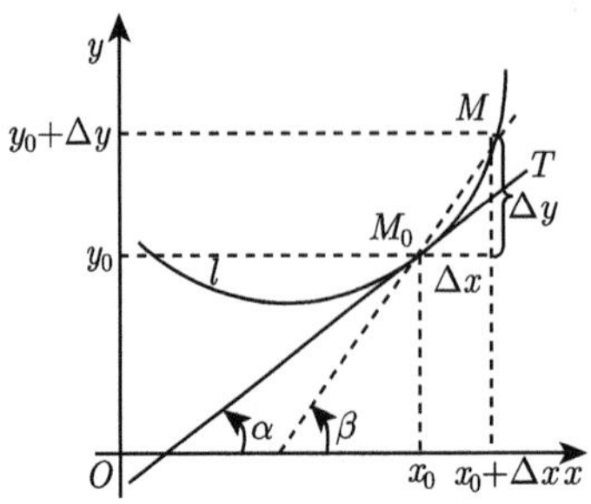

图 3.1

什么是曲线 l 在点 M_0 处的切线呢? 在曲线 l 上任取一个异于 M_0 的点 $M(x_0+\Delta x, y_0+\Delta y)$, 过 M_0, M 的直线称为曲线 l 的**割线**. 当点 M 沿曲线 l 趋于点 M_0 时, 若割线有极限位置 M_0T, 则称直线 M_0T 为曲线 l 在点 M_0 处的**切线**(图 3.1).

割线 M_0M 的斜率, 即倾角 β 的正切

$$\tan\beta = \frac{\Delta y}{\Delta x} = \frac{f(x_0+\Delta x)-f(x_0)}{\Delta x}.$$

由于 $M \xrightarrow{l} M_0$ 时, $\Delta x \to 0$, $\beta \to \alpha$, 故切线的斜率 k 即其倾角 α 的正切

$$k = \tan\alpha = \lim_{M \xrightarrow{l} M_0} \tan\beta = \lim_{\Delta x\to 0}\frac{\Delta y}{\Delta x} = \lim_{\Delta x\to 0}\frac{f(x_0+\Delta x)-f(x_0)}{\Delta x},$$

它是曲线上动点的纵坐标对横坐标的变化率.

上述两个实例, 就其实际意义来说各不相同, 分别属于运动学和几何学中的问题, 虽然研究的问题不同, 但采用的方法相同, 得到的计算形式相同. 在实际中还有许多问题都可归结到这个形式上, 因此我们将对这种形式进行研究.

3.1.2 导数的定义

定义 3.1 设函数 $y=f(x)$ 在 x_0 的某邻域内有定义, 当自变量从 x_0 变到 $x_0+\Delta x$ 时, 函数 $y=f(x)$ 的增量

$$\Delta y = f(x_0+\Delta x)-f(x_0)$$

与自变量的增量 Δx 之比

$$\frac{\Delta y}{\Delta x} = \frac{f(x_0+\Delta x)-f(x_0)}{\Delta x}$$

称为 $f(x)$ 的平均变化率. 如果 $\Delta x \to 0$ 时, 平均变化率的极限

$$\lim_{\Delta x\to 0}\frac{\Delta y}{\Delta x} = \lim_{\Delta x\to 0}\frac{f(x_0+\Delta x)-f(x_0)}{\Delta x} \tag{1}$$

存在, 则称 $f(x)$ 在 x_0 处**可导或有导数**, 并称此极限值为函数 $f(x)$ 在 x_0 处的**导数**, 可用下列记号

$$y'\big|_{x=x_0},\quad f'(x_0),\quad \left.\frac{\mathrm{d}y}{\mathrm{d}x}\right|_{x=x_0},\quad \left.\frac{\mathrm{d}f}{\mathrm{d}x}\right|_{x=x_0}$$

中的任何一个表示, 如

$$f'(x_0) = \lim_{\Delta x\to 0}\frac{f(x_0+\Delta x)-f(x_0)}{\Delta x}.$$

若记 $x_0+\Delta x=x$, 则 $f(x)$ 在 x_0 处的导数也可写为

$$f'(x_0)=\lim_{x\to x_0}\frac{f(x)-f(x_0)}{x-x_0}.$$

当极限 (1) 式不存在时, 就说函数 $f(x)$ 在 x_0 处**不可导**或**导数不存在**. 特别当 (1) 式的极限为正 (负) 无穷大时, 有时也可说在 x_0 处导数是正 (负) 无穷大, 但这时导数不存在.

这样, 前面的实例就可写成

$$v(t_0)=s'(t_0),\quad k(x_0,f(x_0))=f'(x_0),$$

导数概念在许多领域都有它的用处.

导数 $f'(x_0)$ 的几何意义是曲线 $y=f(x)$ 在点 $M_0(x_0,f(x_0))$ 处切线的斜率; 导数 $f'(x_0)$ 的物理意义是变量 $y=f(x)$ 随变量 x 在 x_0 处的瞬时变化 (比) 率.

按定义求给定函数的导数分三步: 求差 —— 求函数的增量; 做商 —— 做函数增量与自变量的比; 取极限.

例 3 求 $y=x^2$ 在 $x=1$ 处的导数.

解 $\Delta y=f(1+\Delta x)-f(1)=(1+\Delta x)^2-1^2=2\Delta x+(\Delta x)^2$,

$$\frac{\Delta y}{\Delta x}=\frac{2\Delta x+(\Delta x)^2}{\Delta x}=2+\Delta x,$$

$$y'|_{x=1}=\lim_{\Delta x\to 0}\frac{\Delta y}{\Delta x}=\lim_{\Delta x\to 0}(2+\Delta x)=2.$$

例 4 求曲线 $y=x^2$ 在点 $(1,1)$ 处的切线方程及法线方程 (过切点且垂直于切线的直线称为**法线**).

解 由例 3 及导数的几何意义知, 曲线 $y=x^2$ 在点 $(1,1)$ 处的切线斜率 $k_{切}=2$. 故切线方程为

$$y-1=2(x-1),$$

即

$$2x-y-1=0.$$

由于 $k_{法}=-\dfrac{1}{k_{切}}=-\dfrac{1}{2}$, 所以法线方程是

$$y-1=-\frac{1}{2}(x-1),$$

即

$$x+2y-3=0.$$

定义 3.2　如果

$$\lim_{\Delta x\to 0^-}\frac{\Delta y}{\Delta x}=\lim_{\Delta x\to 0^-}\frac{f(x_0+\Delta x)-f(x_0)}{\Delta x}$$

存在, 则称此极限值为函数 $f(x)$ 在 x_0 处**左导数**, 记为 $f'_-(x_0)$; 如果

$$\lim_{\Delta x\to 0^+}\frac{\Delta y}{\Delta x}=\lim_{\Delta x\to 0^+}\frac{f(x_0+\Delta x)-f(x_0)}{\Delta x}$$

存在, 则称此极限值为函数 $f(x)$ 在 x_0 处**右导数**, 记为 $f'_+(x_0)$.

显然, 函数 $f(x)$ 在点 x_0 处可导的充要条件是 $f(x)$ 在 x_0 处的左、右导数都存在, 且相等. 这时

$$f'_-(x_0)=f'_+(x_0)=f'(x_0).$$

在研究分段函数分段点处的可导性时, 常常要分左、右导数来讨论.

定理 3.1　如果函数 $f(x)$ 在 x_0 处的导数存在, 则 $f(x)$ 在 x_0 处必连续.

证明　因为函数 $f(x)$ 在 x_0 处的增量 $\Delta y=\dfrac{\Delta y}{\Delta x}\cdot\Delta x(\Delta x\neq 0)$, 故

$$\lim_{\Delta x\to 0}\Delta y=\lim_{\Delta x\to 0}\frac{\Delta y}{\Delta x}\cdot\lim_{\Delta x\to 0}\Delta x=f'(x_0)\cdot 0=0,$$

即 $f(x)$ 在 x_0 处连续.　□

但是函数的连续不能保证可导.

例 5　试证函数 $y=|x|$ 在 $x=0$ 处连续, 但不可导.

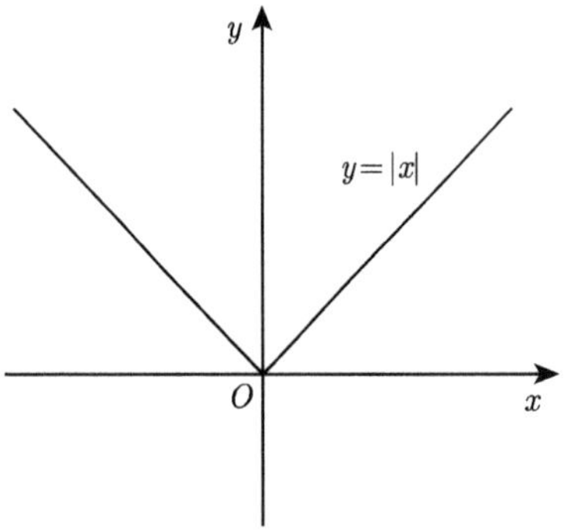

图 3.2

证明　因为

$$\Delta y=f(0+\Delta x)-f(0),$$

显然 $\Delta x\to 0$ 时, $\Delta y\to 0$, 即 $y=|x|$ 在 $x=0$ 处连续. 但由于

$$f'_-(x_0)=\lim_{\Delta x\to 0^-}\frac{\Delta y}{\Delta x}=\lim_{\Delta x\to 0^-}\frac{|\Delta x|}{\Delta x}=-1,$$

$$f'_+(x_0)=\lim_{\Delta x\to 0^+}\frac{\Delta y}{\Delta x}=\lim_{\Delta x\to 0^+}\frac{|\Delta x|}{\Delta x}=1,$$

故 $y=|x|$ 在 $x=0$ 处不可导. 几何上易知曲线 $y=|x|$ 在 $(0,0)$ 处无切线 (图 3.2).

当 $x\neq 0$ 时, 有 $|x|'=\operatorname{sgn}x$.

例 6　试证函数

$$f(x)=\begin{cases}x\sin\dfrac{1}{x}, & x\neq 0,\\ 0, & x=0\end{cases}$$

在 $x=0$ 处连续, 但不可导.

证明 因为

$$\lim_{x\to 0} f(x) = \lim_{x\to 0} x \cdot \sin\frac{1}{x} = 0 = f(0),$$

所以函数在 $x=0$ 处连续.

但因

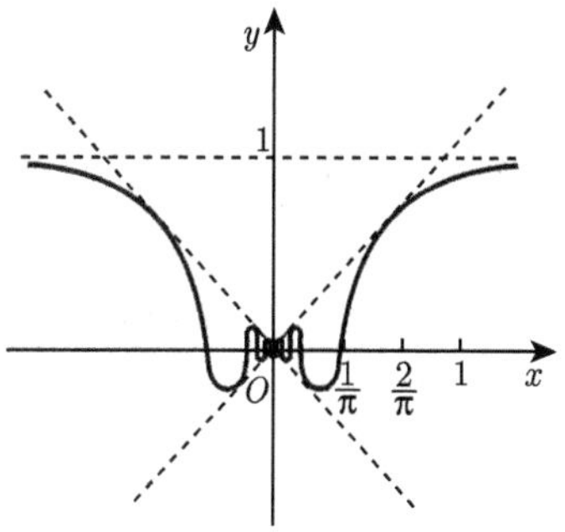

图 3.3

$$\frac{\Delta y}{\Delta x} = \frac{f(0+\Delta x)-f(0)}{\Delta x} = \frac{\Delta x \sin\frac{1}{\Delta x}}{\Delta x} = \sin\frac{1}{\Delta x},$$

当 $\Delta x \to 0$ 时, 无极限, 所以该函数在 $x=0$ 处不可导 (图 3.3).

例 7 试证函数 $f(x)=\sqrt[3]{x}$ 在 $x=0$ 处连续, 但不可导.

证明 因为

$$\lim_{x\to 0} f(x) = \lim_{x\to 0} \sqrt[3]{x} = 0 = f(0),$$

所以函数在 $x=0$ 处连续. 但由于

$$\lim_{x\to 0}\frac{f(x)-f(0)}{x-0} = \lim_{x\to 0}\frac{\sqrt[3]{x}}{x} = \lim_{x\to 0}\frac{1}{\sqrt[3]{x^2}} = \infty,$$

所以函数在 $x=0$ 处不可导.

例 8 设

$$f(x)=\begin{cases} x+a, & x<0, \\ \mathrm{e}^x+\mathrm{e}^{-x}+bx, & x\geqslant 0, \end{cases}$$

问 a, b 取何值时, $f(x)$ 在 $x=0$ 处可导?

解 首先函数必须在 $x=0$ 处连续. 由于

$$f(0^-)=a, \quad f(0)=f(0^+)=2,$$

所以有 $a=2$.

又因

$$f'_-(0) = \lim_{x\to 0^-}\frac{f(x)-f(0)}{x-0} = \lim_{x\to 0^-}\frac{x+2-2}{x} = 1,$$

$$\begin{aligned} f'_+(0) &= \lim_{x\to 0^+}\frac{f(x)-f(0)}{x-0} \\ &= \lim_{x\to 0^+}\frac{\mathrm{e}^x+\mathrm{e}^{-x}+bx-2}{x} = b + \lim_{x\to 0^+}\frac{(\mathrm{e}^x-1)^2}{x\mathrm{e}^x} \\ &= b + \lim_{x\to 0^+}\frac{x^2}{x\mathrm{e}^x} \end{aligned}$$

$$= b + \lim_{x \to 0^+} \frac{x^2}{x} = b,$$

于是有 $b = 1$. 从而, 当 $a = 2$, $b = 1$ 时, $f(x)$ 在 $x = 0$ 处可导.

定义 3.3 如果函数 $f(x)$ 在区间 (a, b) 内每一点处都有导数, 则说 $f(x)$ 在区间 (a, b) 内可导, 简记为 $f(x) \in D(a, b)$. 这是对 (a, b) 内每一个点 x 都有一个确定的导数值

$$f'(x) = \lim_{\Delta x \to 0} \frac{f(x + \Delta x) - f(x)}{\Delta x}$$

与之对应, 故在区间 (a, b) 内确定一个新函数, 称之为函数 $y = f(x)$ 的导函数, 记为 $f'(x)$, y', $\dfrac{\mathrm{d}y}{\mathrm{d}x}$ 或 $\dfrac{\mathrm{d}f}{\mathrm{d}x}$, 即

$$f'(x) = \lim_{\Delta x \to 0} \frac{f(x + \Delta x) - f(x)}{\Delta x}, \quad x \in (a, b).$$

例如, 路程函数 $s(t)$ 的导函数 $s'(t)$ 就是速度函数 $v(t)$.

显然, 导函数 $f'(x)$ 在 x_0 处的值, 就是函数 $f(x)$ 在 x_0 处的导数, 即

$$f'(x)\big|_{x = x_0} = f'(x_0),$$

所以人们习惯地将导函数简称为导数.

习 题 3.1

1. 高温物体在低温介质中冷却, 已知温度 T 和时间 t 的关系为 $T = T(t)$, 给出 t_0 时冷却速度的定义式.

2. 设物体绕定轴旋转, 其转角 θ 与时间 t 的函数关系为 $\theta = \theta(t)$, 如果旋转是匀速的, 则称 $\omega = \Delta\theta/\Delta t$ 为旋转的角速度, 如果旋转是非匀速的, 给出 t_0 时的角速度的定义.

3. 有一细杆, 已知从杆的一端算起长度为 x 的一段的质量为 $m(x)$, 给出细杆上距离此端点为 x_0 的点处线密度的定义.

4. 如果一个轴的轴向热膨胀是均匀的, 则当温度每升高 1℃ 时, 其单位长的轴的增量称为该轴的线膨胀系数; 如果膨胀过程是非均匀的, 设轴长 l 与温度 t 的关系是 $l = l(t)$, 指出 t_0 时轴的线膨胀系数.

5. 湖的水量 (体积) 是水面高度的函数 $V = V(h)$, 则 $V'(h_0)$ 的实际意义是什么?

6. 若 $f'(a)$ 存在, 求:

(1) $\displaystyle\lim_{h \to 0} \frac{f(a - h) - f(a)}{h}$; (2) $\displaystyle\lim_{n \to \infty} n\left[f(a) - f\left(a - \frac{1}{n}\right)\right]$.

7. 按导数定义, 求下列函数在 $x=1$ 处的导数.

(1) $f(x)=x^3$; (2) $f(x)=x\sin(x+1)$.

8. 按导数定义, 求下列函数的导数.

(1) $y=\sqrt[3]{x}$; (2) $y=\cot x$.

9. 如果 $f(x)$ 为偶函数, 且 $f'(0)$ 存在, 试证 $f'(0)=0$.

10. 讨论下列函数在 $x=0$ 处的连续性与可导性.

(1) $f(x)=\begin{cases} x, & x<0, \\ \ln(1+x), & x\geqslant 0; \end{cases}$ (2) $f(x)=\begin{cases} x\sin\dfrac{1}{x}, & x\neq 0, \\ 0, & x=0; \end{cases}$

(3) $f(x)=\arctan\dfrac{1}{x}$; (4) $f(x)=\begin{cases} \sqrt[3]{x^2}\sin\dfrac{1}{x}, & x\neq 0, \\ 0, & x=0. \end{cases}$

11. 设 $F(x)=\begin{cases} f(x), & x\leqslant x_0, \\ ax+b, & x>x_0, \end{cases}$ 其中 $f(x)$ 在 x_0 处左导数 $f'_-(x_0)$ 存在, 要使 $F(x)$ 在 x_0 处可导, 问 a 和 b 应取何值.

12. 设 $f(x)=\begin{cases} \mathrm{e}^x-ax, & x\geqslant 0, \\ x^2+b, & x<0 \end{cases}$ 在 $x=0$ 可导, 求 a 和 b.

13. 曲线 $y=a\sqrt{x}$ 与 $y=\ln x$ 相切, 计算常数 a 的值.

14. 已知 $f(0)=0$, $f'(0)=1$, 计算极限 $\lim\limits_{x\to 0}\dfrac{f(1-\cos x)}{x^2}$.

15. 选择题.

(1) 设 $f(x)$ 在区间 $(-\delta,\ \delta)$ 内有定义, 且恒有 $|f(x)|\leqslant x^2$, 则 $x=0$ 必是 $f(x)$ 的 (　　).

(A) 间断点; (B) 连续, 但不可导的点;

(C) 可导的点, 且 $f'(0)=0$; (D) 可导的点, 但 $f'(0)\neq 0$.

(2) 设 $f(0)=0$, 则 $f(x)$ 在 $x=0$ 处可导的充要条件为 (　　).

(A) $\lim\limits_{h\to 0}\dfrac{1}{h^2}f(1-\cos h)$ 存在; (B) $\lim\limits_{h\to 0}\dfrac{1}{2h}f(1-\mathrm{e}^h)$ 存在;

(C) $\lim\limits_{h\to 0}\dfrac{1}{h^2}f(\tan h-\sin h)$ 存在; (D) $\lim\limits_{h\to 0}\dfrac{1}{h}[f(h)-f(-h)]$ 存在.

3.2 导数的基本公式与四则运算求导法则

3.2.1 导数的基本公式

(1) 常数 $y=C$ 的导数为零.

$$\Delta y = C - C = 0,$$
$$\frac{\Delta y}{\Delta x} = \frac{0}{\Delta x} = 0,$$
$$(C)' = \lim_{\Delta x \to 0} \frac{\Delta y}{\Delta x} = 0.$$

(2) 幂函数 $y = x^\mu$ 的导数为 $\mu x^{\mu-1}$.

$$\Delta y = (x+\Delta x)^\mu - x^\mu = x^\mu \left[\left(1+\frac{\Delta x}{x}\right)^\mu - 1\right],$$
$$\frac{\Delta y}{\Delta x} = \frac{x^\mu \left[\left(1+\frac{\Delta x}{x}\right)^\mu - 1\right]}{\Delta x} = \frac{x^{\mu-1}\left[\left(1+\frac{\Delta x}{x}\right)^\mu - 1\right]}{\frac{\Delta x}{x}},$$
$$(x^\mu)' = \lim_{\Delta x \to 0} \frac{\Delta y}{\Delta x} = \mu x^{\mu-1}.$$

幂函数 $y = x^\mu$ 的导数等于幂指数 μ 乘低一次幂函数 $x^{\mu-1}$. 例如,

$$x' = 1 \cdot x^{1-1} = x^0 = 1.$$
$$\left(\frac{1}{x}\right)' = (x^{-1})' = -1x^{-2} = -\frac{1}{x^2}.$$
$$(\sqrt{x})' = (x^{\frac{1}{2}})' = \frac{1}{2} \cdot x^{-\frac{1}{2}} = \frac{1}{2\sqrt{x}}.$$

(3) 正弦函数 $y = \sin x$ 的导数为 $\cos x$; 余弦函数 $y = \cos x$ 的导数为 $-\sin x$.

$$\Delta y = \sin(x+\Delta x) - \sin x = 2\cos\left(x + \frac{\Delta x}{2}\right)\sin\frac{\Delta x}{2},$$
$$\frac{\Delta y}{\Delta x} = \frac{2\cos\left(x+\frac{\Delta x}{2}\right)\sin\frac{\Delta x}{2}}{\Delta x},$$

利用 $\cos x$ 的连续性及重要极限得到

$$(\sin x)' = \lim_{\Delta x \to 0} \frac{\Delta y}{\Delta x} = \cos x.$$

正弦函数的导数是余弦函数.

类似地可推出, 余弦函数的导数是负的正弦函数:

$$(\cos x)' = -\sin x.$$

(4) 指数函数 $y = a^x (a > 0, a \neq 1)$ 的导数为 $a^x \ln a$.

$$\Delta y = a^{x+\Delta x} - a^x = a^x(a^{\Delta x} - 1),$$
$$\frac{\Delta y}{\Delta x} = \frac{a^x(a^{\Delta x} - 1)}{\Delta x},$$

得到

$$(a^x)' = \lim_{\Delta x \to 0} \frac{\Delta y}{\Delta x} = a^x \ln a.$$

特别地, 有

$$(\mathrm{e}^x)' = \mathrm{e}^x,$$

即以 e 为底的指数函数的导数等于它自己.

(5) 对数函数 $y = \log_a x (a > 0, a \neq 1)$ 的导数为 $\dfrac{1}{x \ln a}$.

$$\Delta y = \log_a(x + \Delta x) - \log_a x = \log_a\left(1 + \frac{\Delta x}{x}\right),$$

$$\frac{\Delta y}{\Delta x} = \frac{1}{x}\frac{x}{\Delta x}\log_a\left(1 + \frac{\Delta x}{x}\right) = \frac{1}{x}\log_a\left(1 + \frac{\Delta x}{x}\right)^{\frac{x}{\Delta x}},$$

得到

$$(\log_a x)' = \lim_{\Delta x \to 0} \frac{\Delta y}{\Delta x} = \frac{1}{x \ln a}.$$

特别地, 有

$$(\ln x)' = \frac{1}{x},$$

即自然对数函数的导数等于自变量的倒数.

我们把基本初等函数的导数公式列成下表, 其中公式 (9)—(16) 将在后面几节给出证明. 请读者务必熟记这些公式.

导数的基本公式

(1) $(C)' = 0$ (C 是常数);

(2) $(x^\mu)' = \mu x^{\mu-1}$ (μ 为任意实数);

(3) $(a^x)' = a^x \ln a$ $(a > 0, a \neq 1)$;

(4) $(\mathrm{e}^x)' = \mathrm{e}^x$;

(5) $(\log_a x)' = \dfrac{1}{x \ln a}$ $(a > 0, a \neq 1)$;

(6) $(\ln x)' = \dfrac{1}{x}$;

(7) $(\sin x)' = \cos x$;

(8) $(\cos x)' = -\sin x$;

(9) $(\tan x)' = \dfrac{1}{\cos^2 x} = \sec^2 x$;

(10) $(\cot x)' = \dfrac{-1}{\sin^2 x} = -\csc^2 x$;

(11) $(\sec x)' = \sec x \tan x$;

(12) $(\csc x)' = -\csc x \cot x$;

(13) $(\arcsin x)' = \dfrac{1}{\sqrt{1 - x^2}}$;

(14) $(\arccos x)' = -\dfrac{1}{\sqrt{1 - x^2}}$;

(15) $(\arctan x)' = \dfrac{1}{1 + x^2}$;

(16) $(\mathrm{arccot} x)' = -\dfrac{1}{1 + x^2}$.

3.2.2 四则运算求导法则

我们已经看到许多问题都将用到导数, 但根据导数的定义计算导数, 一般地说, 是很麻烦、很困难的, 因为它是一个 $\dfrac{0}{0}$ 型未定式的极限运算. 所以有必要研究求导方法. 下面先讨论四则运算的求导法则.

定理 3.2　如果函数 $u=u(x)$, $v=v(x)$ 在点 x 处均有导数, 则函数

$$y=u\pm v,\quad y=uv,\quad y=\frac{u}{v}(v\neq 0)$$

在 x 处均有导数, 且

(i) $(u\pm v)'=u'\pm v'$;

(ii) $(uv)'=u'v+uv'$;

(iii) $\left(\dfrac{u}{v}\right)'=\dfrac{u'v-uv'}{v^2}(v\neq 0)$.

证明　对应于 x 处的增量 Δx, 函数 $u=u(x)$, $v=v(x)$ 的增量

$$\Delta u=u(x+\Delta x)-u(x),\quad \Delta v=v(x+\Delta x)-v(x),$$

从而

$$u(x+\Delta x)=u(x)+\Delta u,\quad v(x+\Delta x)=v(x)+\Delta v.$$

(i) 的证明　函数 $y=u\pm v$ 的增量

$$\Delta y=[u(x+\Delta x)\pm v(x+\Delta x)]-[u(x)\pm v(x)]=\Delta u\pm\Delta v,$$

故

$$\frac{\Delta y}{\Delta x}=\frac{\Delta u}{\Delta x}\pm\frac{\Delta v}{\Delta x},$$

取极限得

$$\lim_{\Delta x\to 0}\frac{\Delta y}{\Delta x}=\lim_{\Delta x\to 0}\frac{\Delta u}{\Delta x}\pm\lim_{\Delta x\to 0}\frac{\Delta v}{\Delta x}=u'\pm v',$$

即

$$(u\pm v)'=u'\pm v'.$$

(ii) 的证明　函数 $y=uv$ 的增量

$$\begin{aligned}\Delta y&=u(x+\Delta x)v(x+\Delta x)-u(x)v(x)\\&=[u(x)+\Delta u][v(x)+\Delta v]-u(x)v(x)\\&=u\Delta v+v\Delta u+\Delta u\Delta v,\end{aligned}$$

因此

$$\frac{\Delta y}{\Delta x}=u\frac{\Delta v}{\Delta x}+v\frac{\Delta u}{\Delta x}+\frac{\Delta u}{\Delta x}\Delta v,$$

由于 $u(x)$, $v(x)$ 均可导, 又 $v(x)$ 连续, 故

$$\lim_{\Delta x\to 0}\frac{\Delta y}{\Delta x}=u\lim_{\Delta x\to 0}\frac{\Delta v}{\Delta x}+v\lim_{\Delta x\to 0}\frac{\Delta u}{\Delta x}+\lim_{\Delta x\to 0}\frac{\Delta u}{\Delta x}\lim_{\Delta x\to 0}\Delta v$$

$$= uv' + vu',$$

即

$$(uv)' = uv' + vu'.$$

(iii) 的证明 函数 $y = \dfrac{u}{v}$ 的增量

$$\Delta y = \frac{u(x+\Delta x)}{v(x+\Delta x)} - \frac{u(x)}{v(x)} = \frac{u(x)+\Delta u}{v(x)+\Delta v} - \frac{u(x)}{v(x)}$$
$$= \frac{v\Delta u - u\Delta v}{v(v+\Delta v)}.$$

这里用到了 $v \neq 0$, 以及由 $v(x)$ 的连续性所得, 当 Δx 充分小时, $v(x+\Delta x) \neq 0$, 因此

$$\frac{\Delta y}{\Delta x} = \frac{v\dfrac{\Delta u}{\Delta x} - u\dfrac{\Delta v}{\Delta x}}{v(v+\Delta v)},$$

利用 $u(x), v(x)$ 的可导性及 $v(x)$ 的连续性知,

$$\lim_{\Delta x \to 0} \frac{\Delta y}{\Delta x} = \frac{v \lim\limits_{\Delta x \to 0} \dfrac{\Delta u}{\Delta x} - u \lim\limits_{\Delta x \to 0} \dfrac{\Delta v}{\Delta x}}{v(v + \lim\limits_{\Delta x \to 0} \Delta v)} = \frac{vu' - uv'}{v^2},$$

即

$$\left(\frac{u}{v}\right)' - \frac{u'v - uv'}{v^2} \quad (v \neq 0).$$

□

推论 1 若 u, v, w 在点 x 处均可导, 则 $u+v+w$, uvw 在 x 处也可导, 且

$$(u+v+w)' = u' + v' + w',$$
$$(uvw)' = u'vw + uv'w + uvw'.$$

注意: 该性质可以推广到有限个可导函数和与积.

推论 2 $(Cu)' = Cu'$.

例 1 $\left(3\mathrm{e}^x + \dfrac{2}{\sqrt{x}} - 2x\right)' = (3\mathrm{e}^x)' + \left(\dfrac{2}{\sqrt{x}}\right)' - (2x)' = 3\mathrm{e}^x - x^{-\frac{3}{2}} - 2.$

例 2 $(\sin x \log_2 x)' = (\sin x)' \log_2 x + \sin x\, (\log_2 x)' = \cos x \log_2 x + \dfrac{\sin x}{x \ln 2}.$

例 3
$$(\tan x)' = \left(\frac{\sin x}{\cos x}\right)'$$
$$= \frac{(\sin x)' \cos x - \sin x\,(\cos x)'}{\cos^2 x} = \frac{\cos^2 x + \sin^2 x}{\cos^2 x} = \frac{1}{\cos^2 x}.$$

所以, 由公式 (9)

$$(\tan x)' = \frac{1}{\cos^2 x} = \sec^2 x.$$

同样可推出公式 (10)—(12)：

$$(\cot x)' = \frac{-1}{\sin^2 x} = -\csc^2 x,$$

$$(\sec x)' = \left(\frac{1}{\cos x}\right)' = \frac{\sin x}{\cos^2 x} = \sec x \tan x,$$

$$(\csc x)' = -\csc x \cot x.$$

例 4　$(x^3\, 3^x \sec x)' = (x^3)'\, 3^x \sec x + x^3\, (3^x)' \sec x + x^3\, 3^x\, (\sec x)'$
$= 3x^2 3^x \sec x + x^3 \ln 3 \cdot 3^x \sec x + x^3 3^x \sec x \tan x.$

习　题　3.2

1. 求下列函数的导数.

(1) $y = \sqrt{x\sqrt{x\sqrt{x}}}$;　　(2) $y = 2\lg x - 5\arctan x$;

(3) $y = x\tan x + \ln x$;　　(4) $y = 3^x x^3$;

(5) $y = x\ln x \sin x$;　　(6) $y = (x-1)(x-2)(x-3)(x-4)$;

(7) $y = \dfrac{3^x}{3^x+1}$;　　(8) $y = \dfrac{\sqrt[3]{x}+1}{\sqrt{x}-1} + 2x^2$;

(9) $y = \dfrac{\sin x \arcsin x}{2^x+1}$;　　(10) $y = \left(\dfrac{x}{\ln x} + \sin x\right) \text{arccot} x$.

2. 求曲线 $y = \sqrt{x}$ 在点 $(4,2)$ 处的切线方程和法线方程.

3. 求函数 $y = \dfrac{x^3}{3} + \dfrac{x^2}{2} - 2x$ 在 $x = 0$ 处的导数和导数为零的点.

4. 当 a 取何值时, 曲线 $y = a^x$ 和直线 $y = x$ 相切, 并求出切点坐标.

5. 求双曲线 $y = \dfrac{1}{x}$ 与抛物线 $y = \sqrt{x}$ 的交角.

6. 证明双曲线 $xy = a^2$ 上任一点处的切线与两坐标轴构成的三角形的面积都等于 $2a^2$, 且切点是斜边的中点.

7. 已知 $f(0) = 1$, $f'(0) = -2$, 计算极限 $\lim\limits_{x\to 0} \dfrac{f(x)\mathrm{e}^x - 1}{x}$.

8. 选择题. 下列结论正确的是 (　　).

(A) 若 $f(x)+g(x)$ 在 $x = x_0$ 处可导, 则 $f(x)$ 和 $g(x)$ 在 $x = x_0$ 处均可导;

(B) 若 $f(x)g(x)$ 在 $x = x_0$ 处可导, 则 $f(x)$ 和 $g(x)$ 在 $x = x_0$ 处均可导;

(C) 若 $|f(x)|$ 在 $x = x_0$ 处可导, 则 $f(x)$ 在 $x = x_0$ 处可导;

(D) 若 $f(x)$ 在 $x = x_0$ 处可导, 且 $f'(x_0) \neq 0$, $g(x)$ 在 $x = x_0$ 处不可导, 则 $f(x)g(x)$ 在 $x = x_0$ 处不可导.

3.3 其他求导法则

3.3.1 反函数与复合函数求导法则

定理 3.3 (反函数求导法则) 设 $x=\varphi(y)$ 在某区间内单调连续, 在该区间内点 y 处可导, 且 $\varphi'(y)\neq 0$, 则其反函数 $y=f(x)$ 在 y 的对应点 x 处亦可导, 且

$$f'(x)=\frac{1}{\varphi'(y)}.$$

证明 由定理 2.21 知 $y=f(x)$ 也是单调、连续的, 给 x 以增量 $\Delta x\neq 0$, 显然

$$\Delta y=f(x+\Delta x)-f(x)\neq 0,$$

于是

$$\frac{\Delta y}{\Delta x}=\frac{1}{\dfrac{\Delta x}{\Delta y}}.$$

由于这里 $\Delta x\to 0$ 等价于 $\Delta y\to 0$, 又 $\varphi'(y)\neq 0$, 故

$$f'(x)=\lim_{\Delta x\to 0}\frac{\Delta y}{\Delta x}=\frac{1}{\lim\limits_{\Delta y\to 0}\dfrac{\Delta x}{\Delta y}}=\frac{1}{x'_y}=\frac{1}{\varphi'(y)}.$$ □

从导数的几何意义上看, 见图 3.4, 所以 $\tan\alpha=\dfrac{1}{\tan\beta}$, 这个结果便是十分明显了. 简单地说: 反函数的导数等于直接函数导数的倒数.

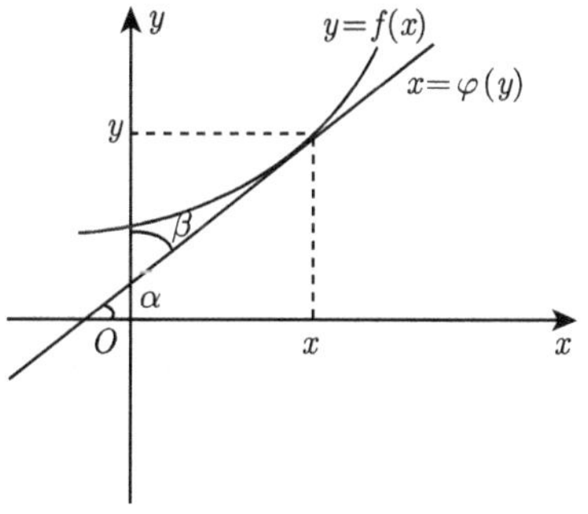

图 3.4

例 1 在区间 $\left(-\dfrac{\pi}{2},\dfrac{\pi}{2}\right)$ 内, 由于 $x=\sin y$ 单调增加、可导, 且 $(\sin y)'=\cos y>0$, 于是由定理 3.3 有导数公式 (13)

$$(\arcsin x)'=\frac{1}{(\sin y)'}=\frac{1}{\cos y}=\frac{1}{\sqrt{1-\sin^2 y}}=\frac{1}{\sqrt{1-x^2}},\quad -1<x<1.$$

同样可得公式 (14)—(16)：

$$(\arccos x)' = \frac{-1}{\sqrt{1-x^2}}, \quad -1 < x < 1.$$

$$(\arctan x)' = \frac{1}{1+x^2}, \quad -\infty < x < +\infty.$$

$$(\text{arccot} x)' = \frac{-1}{1+x^2}, \quad -\infty < x < +\infty.$$

复合是构成函数的重要方式, 所以复合函数求导是十分重要的.

定理 3.4(复合函数求导法则)　如果

(i) 函数 $u=\varphi(x)$ 在点 x 处可导 $u'_x=\varphi'(x)$;

(ii) 函数 $y=f(u)$ 在对应点 u $(u=\varphi(x))$ 处也可导 $y'_u=f'(u)$,

则复合函数 $y=f[\varphi(x)]$ 在该点 x 处可导, 且有公式

$$\frac{\mathrm{d}y}{\mathrm{d}x}=\frac{\mathrm{d}y}{\mathrm{d}u}\frac{\mathrm{d}u}{\mathrm{d}x},$$

即

$$\{f[\varphi(x)]\}'_x = f'_u[\varphi(x)]\varphi'_x(x).$$

证明　给 x 以增量 Δx, 设函数 $u=\varphi(x)$ 对应的增量为 Δu, 此 Δu 又引起函数 $y=f(u)$ 的增量 Δy.

由条件 (ii) 知, 有

$$\lim_{\Delta u\to 0}\frac{\Delta y}{\Delta u}=f'(u),$$

根据极限与无穷小的关系, 有

$$\frac{\Delta y}{\Delta u}=f'(u)+\alpha,$$

当 $\Delta u\to 0$ 时, 其中 $\alpha=\alpha(\Delta u)\to 0$. 上式中的 $\Delta u\neq 0$, 两边同乘 Δu, 得到

$$\Delta y=f'(u)\Delta u+\alpha\Delta u. \tag{1}$$

因为 u 是中间变量, 所以 Δu 有等于零的可能. 而当 $\Delta u=0$ 时, 必有 $\Delta y=0$, 粗看它可以包含在 (1) 式中, 但这时 α 无定义. 为简便计, 当 $\Delta u=0$ 时补充定义 $\alpha(0)=0$. 这样, 无论 Δu 是否为零, 函数 y 的增量 Δy 都可统一由 (1) 式表达.

用 $\Delta x\neq 0$ 去除 (1) 式两边, 得

$$\frac{\Delta y}{\Delta x}=f'(u)\frac{\Delta u}{\Delta x}+\alpha\frac{\Delta u}{\Delta x},$$

令 $\Delta x\to 0$, 由条件 (i) 知 $\Delta u\to 0$, 从而 $\alpha\to 0$, 于是有

$$y'(x)=f'(u)\varphi'(x).$$

即

$$\frac{\mathrm{d}y}{\mathrm{d}x}=\frac{\mathrm{d}y}{\mathrm{d}u}\frac{\mathrm{d}u}{\mathrm{d}x}.$$ □

这个定理说明: 复合函数对自变量的导数等于它对中间变量的导数乘以中间变量对自变量的导数. 这个法则常常被形象地称为**链导法则**.

用数学归纳法, 容易将这一法则推广到有限次复合的函数上去. 例如, 设

$$y=f(u),\quad u=\varphi(v),\quad v=\psi(x)$$

均可导, 则复合函数 $y=f\{\varphi[\psi(x)]\}$ 也可导, 且

$$\frac{\mathrm{d}y}{\mathrm{d}x}=\frac{\mathrm{d}y}{\mathrm{d}u}\frac{\mathrm{d}u}{\mathrm{d}v}\frac{\mathrm{d}v}{\mathrm{d}x}=f'(u)\varphi'(v)\psi'(x).$$

例 2 求 $y=\mathrm{e}^{x^3}$ 的导数.

解 将 $y=\mathrm{e}^{x^3}$ 分解为 $y=\mathrm{e}^u, u=x^3$, 则

$$(\mathrm{e}^{x^3})'=(\mathrm{e}^u)'(x^3)'=\mathrm{e}^{x^3}\cdot 3x^2.$$

例 3 求 $y=\sqrt{1+\sin x}$ 的导数.

解 将 $y=\sqrt{1+\sin x}$ 分解为 $y=u^{\frac{1}{2}}, u=1+\sin x$, 则

$$(\sqrt{1+\sin x})'=(u^{\frac{1}{2}})'(1+\sin x)'=\frac{1}{2}u^{-\frac{1}{2}}(\cos x)=\frac{\cos x}{2\sqrt{1+\sin x}}.$$

例 4 求 $y=\sin nx$ 的导数.

解 $(\sin nx)'=(\sin u)'(nx)'=\cos u\cdot n=n\cos nx.$

复合函数求导时, 首先需要熟练地引入中间变量, 把函数分解成一串已知导数的函数, 再用链导法则求导, 最后把中间变量用自变量的函数替代. 熟练地掌握了复合函数的分解和求导法则之后, 可以不引入中间变量记号, 只要心中有数, 分解一层, 求导一次, "剥皮" 似的, 直到自变量为止.

例 5

$$(\ln|x|)'=\frac{1}{|x|}\mathrm{sgn}x=\frac{1}{x}.$$

$$\left[\left(x^2+100\right)^n\right]'=n\left(x^2+100\right)^{n-1}\cdot 2x.$$

$$(2^{\arctan\frac{1}{x}})'=2^{\arctan\frac{1}{x}}\ln 2\frac{1}{1+x^{-2}}(-x^{-2})=-\frac{1}{1+x^2}2^{\arctan\frac{1}{x}}\ln 2.$$

$$\left[\ln\left(x+\sqrt{x^2+1}\right)\right]'=\frac{1}{x+\sqrt{x^2+1}}\left(1+\frac{1}{2\sqrt{x^2+1}}2x\right)=\frac{1}{\sqrt{x^2+1}}.$$

例 6 设 $y=\arcsin x(\mathrm{e}^{\arcsin x}+\ln\arcsin x+1)$, 求 $\frac{\mathrm{d}y}{\mathrm{d}x}$.

解　由复合函数求导法, 令 $u=\arcsin x$

$$\begin{aligned}\frac{\mathrm{d}y}{\mathrm{d}x}&=[u(\mathrm{e}^u+\ln u+1)]'_u\cdot(\arcsin x)'\\&=[(u+1)\mathrm{e}^u+\ln u+2]\cdot\frac{1}{\sqrt{1-x^2}}\\&=[(\arcsin x+1)\mathrm{e}^{\arcsin x}+\ln\arcsin x+2]\cdot\frac{1}{\sqrt{1-x^2}}.\end{aligned}$$

例 7　已知半径为 r_0 的圆柱形气缸内活塞的运动速度 $v=2\cos 2t$. 当 $t=0$ 时, 活塞到缸顶的距离 $h_0=1.1$. 求活塞开始上升时 $(t=0)$ 气缸内气体压力 p 的增长速度 (图 3.5).

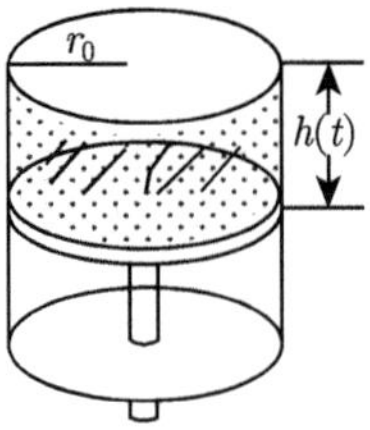

图 3.5

解　由于压力 p 是体积 V 的函数 $p=\dfrac{C}{V}$, 其中 C 为常数, 体积 V 又是 h 的函数 $V=\pi r_0^2h$, h 又是时间 t 的函数, 所以压力 p 是时间 t 的复合函数. 由题设知 $h'_t=-v=-2\cos 2t$, 故由链导法则有

$$\frac{\mathrm{d}p}{\mathrm{d}t}=\frac{\mathrm{d}p}{\mathrm{d}V}\frac{\mathrm{d}V}{\mathrm{d}h}\frac{\mathrm{d}h}{\mathrm{d}t}=-\frac{C}{V^2}\pi r_0^2\,(-2\cos 2t)=\frac{2C}{\pi r_0^2h^2}\cos 2t.$$

因此, 在 $t=0$ 时, 压力的增长速度为

$$\left.\frac{\mathrm{d}p}{\mathrm{d}t}\right|_{t=0}=\frac{2C}{1.21\pi r_0^2}.$$

3.3.2　隐函数与参数方程式函数求导法

怎样求隐函数

$$F\,(x,y)=0$$

的导数呢? 从中解出 y 再求导是很自然的想法, 但对绝大多数隐函数来说, 解出 y 是困难的, 甚至是不可能的. 下面举例说明求隐函数的导数的一般方法.

例 8　已知 $y=y(x)$ 是由 $x+y-\mathrm{e}^x+\mathrm{e}^y=0$ 确定的隐函数, 求 $\dfrac{\mathrm{d}y}{\mathrm{d}x}$.

解　设想把 $x+y-\mathrm{e}^x+\mathrm{e}^y=0$ 所确定的函数 $y=y\,(x)$ 代入方程, 则得恒等式

$$x+y(x)-\mathrm{e}^x+\mathrm{e}^{y(x)}=0.$$

将此恒等式两边同时对 x 求导, 得

$$(x)'_x+(y(x))'_x-(\mathrm{e}^x)'_x+(\mathrm{e}^{y(x)})'_x=(0)'_x,$$

故有

$$1+y'(x)-\mathrm{e}^x+\mathrm{e}^{y(x)}y'(x)=0,$$

由此解得

$$y'(x)=\frac{\mathrm{e}^x-1}{\mathrm{e}^{y(x)}+1},$$

即

$$y'=\frac{\mathrm{e}^x-1}{\mathrm{e}^y+1}.$$

求隐函数的导数时, 不需把 y 换成 $y(x)$, 只要记住 x 是自变量, y 是 x 的函数, 于是 y 的函数便是 x 的复合函数, 将方程两边同时对 x 求导, 就得到一个含有导数 y' 的方程, 从中解出 y' 即可.

在隐函数的导数的表达式中, 可以含有因变量 y. 它是由隐函数方程确定的. 当计算 $y'|_{x=x_0}$ 时, 先要根据方程 $F(x,y)=0$ 确定出与 x_0 对应的 y_0, 再把 x_0, y_0 代入导函数中, 才能得到 $y'|_{x=x_0}$.

例 9 试证曲线 $x^2+2y^2=3$ 与曲线 $y=x^2$ 在点 $(1,1)$ 处垂直相交 (正交).

证明 容易验证点 $(1,1)$ 是两曲线的交点, 下面只需证明两条曲线在该点的切线斜率互为负倒数. 对 $x^2+2y^2=3$ 两边关于 x 求导得

$$2x+4yy'=0,$$

所以

$$y'|_{(1,1)}=-\frac{1}{2}.$$

再对 $y=x^2$ 关于 x 求导得

$$y'=2x,\quad y'|_{x=1}=2.$$

故两曲线在点 $(1,1)$ 处垂直相交.

例 10 求函数 $y=x^x\ (x>0)$ 的导数.

解 这类函数既不是幂函数, 又不是指数函数, 叫做**幂指函数**. 我们熟悉对数运算, 它能把乘除变为加减, 把乘方、开方化为乘除, 这条性质曾给我们带来很多便利, 这里我们可以借助它来解决问题. 将函数 $y=x^x$ 两边取对数, 得方程

$$\ln y=x\ln x.$$

由隐函数求导法, 将上式两边关于 x 求导. 得

$$\frac{1}{y}y'=\ln x+1,$$

从而有

$$y' = x^x(\ln x + 1).$$

这种先取自然对数再求导的方法叫做**对数求导法**. 对于一般的幂指函数

$$y = u(x)^{v(x)} \quad (u(x) > 0)$$

求导, 都可以用这一方法. 此外, 对含有多个因式相乘除或带有乘方、开方的函数, 也可利用这一方法来简化求导过程.

例 11 求函数 $y = \mathrm{e}^x\sqrt[3]{\dfrac{2+x^2}{1-\sin x}}$ 的导数.

解 先取函数的对数得

$$\ln y = x + \frac{1}{3}\ln\left(2+x^2\right) - \frac{1}{3}\ln(1-\sin x),$$

两边关于 x 求导, 整理得

$$y' = \mathrm{e}^x\sqrt[3]{\frac{2+x^2}{1-\sin x}}\left(1 + \frac{1}{3}\cdot\frac{2x}{2+x^2} - \frac{1}{3}\cdot\frac{-\cos x}{1-\sin x}\right).$$

由参数方程

$$\begin{cases} x = \varphi(t), \\ y = \psi(t), \end{cases} \quad t \in T \tag{2}$$

给出的函数, 有如下求导法则.

定理 3.5 若 $x = \varphi(t), y = \psi(t)$ 在点 t 处都可导, 且 $\varphi'(t) \neq 0$, $x = \varphi(t)$ 在 t 的某邻域内是单调的连续函数, 则参数方程 (2) 确定的函数在点 $x\,(x = \varphi(t))$ 处亦可导, 且

$$y'_x = \frac{y'_t}{x'_t} = \frac{\psi'(t)}{\varphi'(t)}.$$

证明 因为 $x = \varphi(t)$ 是单调的连续函数, 所以有反函数 $t = \varphi^{-1}(x)$, 将它代入 $y = \psi(t)$ 得复合函数 $y = \psi\left(\varphi^{-1}(x)\right)$, 利用复合函数求导法和反函数求导法得

$$y'_x = \psi'(t)\left[\varphi^{-1}(x)\right]' = \psi'(t)\frac{1}{\varphi'(t)} = \frac{\psi'(t)}{\varphi'(t)}. \qquad \square$$

这里指出: 在 t 的某邻域内, 若 $\varphi'(t) \neq 0$, 则 $\varphi(t)$ 是单调的连续函数 (将在第 4 章证明).

例 12 求摆线

$$\begin{cases} x = a(t - \sin t), \\ y = a(1 - \cos t) \end{cases}$$

在 $t=\dfrac{\pi}{2}$ 处的切线方程.

解 由于

$$y'_x=\frac{y'_t}{x'_t}=\frac{a\sin t}{a(1-\cos t)}=\frac{\sin t}{1-\cos t}\quad(t\neq 2k\pi),$$

所以摆线在 $t=\dfrac{\pi}{2}$ 处的切线斜率为

$$y'_x|_{t=\frac{\pi}{2}}=\left.\frac{\sin t}{1-\cos t}\right|_{t=\frac{\pi}{2}}=1.$$

摆线上对应于 $t=\dfrac{\pi}{2}$ 的点是 $\left(\left(\dfrac{\pi}{2}-1\right)a,a\right)$, 故所求切线方程为

$$y-a=x-\left(\frac{\pi}{2}-1\right)a,$$

即

$$x-y+\left(2-\frac{\pi}{2}\right)a=0.$$

例 13 已知弹道曲线方程

$$\begin{cases}x=v_1t,\\ y=v_2t-\dfrac{1}{2}gt^2,\end{cases}$$

其中 t 为炮弹运行时间, 求炮弹运动速度的大小和方向.

解 水平分速度为

$$\frac{\mathrm{d}x}{\mathrm{d}t}=v_1,$$

铅直分速度为

$$\frac{\mathrm{d}y}{\mathrm{d}t}=v_2-gt,$$

所以炮弹速度的大小为

$$v=\sqrt{\left(\frac{\mathrm{d}x}{\mathrm{d}t}\right)^2+\left(\frac{\mathrm{d}y}{\mathrm{d}t}\right)^2}=\sqrt{v_1^2+(v_2-gt)^2}.$$

炮弹运动的方向就是轨道的切线方向, 可由切线斜率反映出来:

$$y'_x=\frac{y'_t}{x'_t}=\frac{v_2-gt}{v_1}.$$

习　题　3.3

1. 求下列函数的导数.

(1) $y=2^{\cos 3x}$;　(2) $y=\sin^2 x^3$;

(3) $y=\sin\sin\dfrac{1}{x}$;　(4) $y=\tan\sqrt[3]{1+x^2}$;

(5) $y=\csc^3 \mathrm{e}^{x^2+2}$;　(6) $y=\sec^2 \mathrm{e}^{3x}$;

(7) $y=\mathrm{e}^{\frac{1}{\ln x}}$;　(8) $y=\mathrm{e}^{\sqrt{\ln(x^2+x+1)}}$;

(9) $y=x\arcsin 2x$;　(10) $y=\mathrm{e}^{-x^3}\sin \mathrm{e}^{-x^2}$;

(11) $y=\dfrac{\sin^2 x}{\sin x^2}$;　(12) $y=\arcsin\dfrac{1+\sin x}{1+\cos x}$;

(13) $y=\log_3\log_4\log_5 x$;　(14) $y=\ln(x+\sqrt{a^2+x^2})$;

(15) $y=\sqrt{x+\sqrt{x+\sqrt{x}}}$;　(16) $y=\arctan \mathrm{e}^{3x}+\sqrt{\dfrac{\mathrm{e}^{2x}}{\mathrm{e}^{2x}+1}}$;

(17) $y=\tan x+\dfrac{1}{3}\tan^3 x+\dfrac{1}{5}\tan^5 x$; (18) $y=\dfrac{1-\sqrt{\sin x}}{1+\sqrt{\sin x}}+2\arcsin\sqrt{\sin x}$.

2. 求下列函数的导数.

(1) $y=a^{b^x}+x^{a^b}+a^{x^b}$ $(x,a,b>0, a,b$ 为常数); (2) $y=\lim\limits_{n\to\infty} x\left(\dfrac{n+x}{n-x}\right)^n$;

(3) $y=\begin{cases}1-x, & x\leqslant 0,\\ \mathrm{e}^{-x}\cos 2x, & x>0.\end{cases}$

3. 设 $f(x)$, $g(x)$ 均可导, 且下列函数有意义, 求它们的导数.

(1) $y=\sqrt[n]{f^n(x)+g^n(x)}$;　(2) $y=f(\sin^2 x)+g(\cos^2 x)$.

4. 已知 $y=f\left(\dfrac{3x-1}{3x+1}\right)$, $f'(x)=\arctan x^2$, 求 $y'_x|_{x=0}$.

5. 若 $f(x)=\cos x$, 求 $f'(a)$, $[f(a)]'$, $f'(2x)$, $[f(2x)]'$, $f'(f(x))$, $[f(f(x))]'$.

6. 求下列隐函数的导函数或指定点处的导数.

(1) $\sqrt{x}+\sqrt{y}=1$;　(2) $\arctan\dfrac{y}{x}=\ln\sqrt{x^2+y^2}$;

(3) $2^x+2^y=2^{x+y}$;　(4) $x+y=\arcsin x+\arcsin y$;

(5) $x^2+xy+y^2=x$, 求 $y'|_{x=1}$;　(6) $\sin x+y-x\mathrm{e}^y=2$, 计算 $y'(0)$.

7. 设 $x=\varphi(y)$ 与 $y=f(x)$ 互为反函数, $\varphi(2)=1$, 且 $f'(1)=3$, 求 $\varphi'(2)$.

8. 求下列函数的导函数或指定点处的导数.

(1) $y=(1+\sin x)^{\sin x}$;　(2) $y=(1+2x^2)^{\frac{1}{x}}$, 求 $y'(1)$;

(3) $y=\sqrt[3]{\dfrac{x^2(x^2-1)}{(x^2+1)^2}}$;　(4) $x^y+y^x=4$, 求 $y'(1)$;

(5) $y=(1+\cos x)^x$, 求 $y'(0)$.

9. 求下列参数方程确定的函数的导数 y'_x.

(1) $\begin{cases} x=t^3+1, \\ y=t^2; \end{cases}$ (2) $\begin{cases} x=\theta-\sin\theta, \\ y=1-\cos\theta; \end{cases}$

(3) $\begin{cases} x=\ln(1+t^2), \\ y=t-\arctan t; \end{cases}$ (4) $\begin{cases} x=\mathrm{e}^t\sin t, \\ y=\mathrm{e}^t(\sin t-\cos t); \end{cases}$

(5) $\begin{cases} x=2t+|t|, \\ y=5t^2+4t|t|. \end{cases}$

10. 设 $x=f(t)-\pi$, $y=f(\mathrm{e}^{2t}+1)$, 其中 f 可导, 且 $f'(0)\neq 0$, 求 $y'_x|_{t=2}$.

11. 试证: 可导的偶函数的导数是奇函数, 可导的奇函数的导数是偶函数.

12. 球的半径以 5 cm/s 的速度匀速增长, 问球的半径为 50cm 时, 求表面积和体积的增长速度各是多少?

13. 点 M 沿螺线 $r=a\theta$ $(a=10\text{cm})$ 运动, 其极半径转动的角速度 (6°/s) 不变, 确定点 M 的极径的增长速度.

14. 半径为 $\dfrac{1}{2}$ 的圆在抛物线 $x=\sqrt{y}$ 下凸的一侧上滚动.

(1) 求圆心 (ξ,η) 的轨迹方程;

(2) 当圆心匀速上升 (速率为 a) 时, 求圆心的横坐标 ξ 的增长速度.

15. 求曲线 $x^3+y^3=4xy$ 与曲线 $x=\dfrac{1+t}{t^3}, y=\dfrac{3}{2t^2}+\dfrac{1}{2t}$ 在交点 $(2,2)$ 处的交角.

16. 求对数螺线 $r=\mathrm{e}^{\theta}$ 在点 $(r,\theta)=\left(\mathrm{e}^{\frac{\pi}{2}},\dfrac{\pi}{2}\right)$ 处的切线的直角坐标方程.

3.4 高阶导数

如果函数 $y=f(x)$ 的导函数 $f'(x)$ 仍可导, 则称 $[f'(x)]'$ 为函数 $y=f(x)$ 的二阶导数, 记为

$$y'',\quad f''(x),\quad \frac{\mathrm{d}^2y}{\mathrm{d}x^2} \text{ 或 } \frac{\mathrm{d}^2f}{\mathrm{d}x^2},$$

即

$$f''(x)=\lim_{\Delta x\to 0}\frac{f'(x+\Delta x)-f'(x)}{\Delta x}.$$

一般地, 把 $y=f(x)$ 的 $n-1$ 阶导数的导数称为 $f(x)$ 的 n **阶导数**, 记为

$$y^{(n)},\quad f^{(n)}(x),\quad \frac{\mathrm{d}^ny}{\mathrm{d}x^n} \text{ 或 } \frac{\mathrm{d}^nf}{\mathrm{d}x^n},$$

即

$$f^{(n)}(x)=\lim_{\Delta x\to 0}\frac{f^{(n-1)}(x+\Delta x)-f^{(n-1)}(x)}{\Delta x}.$$

如果函数 $f(x)$ 在点 x 处有 n 阶导数, 则在 x 附近 $f(x)$ 有 $n-1$ 阶导数, 且在 x 处 $n-1$ 阶导数必连续.

相应地, 把函数 $f(x)$ 的导数 $f'(x)$ 称为 $f(x)$ 的**一阶导数**, 注意, 只有一、二、三阶导数可以用 "打撇" 记号 y', y'', y''' 表示.

函数的二阶及二阶以上的各阶导数统称为**高阶导数**.

高阶导数也是由实际需要而引入的. 比如, 已知某一运动的路程函数 $s=s(t)$, 求运动的加速度 a. 由于加速度 a 是速度 v 关于时间 t 的变化率 $a=\dfrac{\mathrm{d}v}{\mathrm{d}t}$, 而速度 v 又是路程 s 关于时间 t 的变化率 $v=\dfrac{\mathrm{d}s}{\mathrm{d}t}$, 所以加速度 a 等于路程 s 关于时间 t 的二阶导数 $a=\dfrac{\mathrm{d}^2s}{\mathrm{d}t^2}$.

又如, 求自感电动势时, 要用到电流对时间的变化率 $\dfrac{\mathrm{d}I}{\mathrm{d}t}$, 而电流又等于通过导体截面的电荷量 $q(t)$ 的导数 $I(t)=\dfrac{\mathrm{d}q}{\mathrm{d}t}$, 所以将用到 $\dfrac{\mathrm{d}^2q}{\mathrm{d}t^2}$. 第 4 章里我们还将看到研究曲线的弯曲程度时, 也将用到高阶导数.

例 1　已知 y 是 x 的函数, 满足关系

$$x^2y''_{xx}+xy'_x=0,$$

而 x 又是 t 的函数 $x=\mathrm{e}^t$, 求 y 关于 t 的二阶导数.

解　由于

$$y'_t=y'_x\cdot x'_t=\mathrm{e}^ty'_x=xy'_x,$$
$$y''_{tt}=(y'_t)'_x\cdot x'_t=(y'_x+xy''_{xx})x=xy'_x+x^2y''_{xx},$$

所以得

$$y''_{tt}=0.$$

根据高阶导数的定义, 欲求函数的高阶导数, 只需按求导法则和基本公式一阶阶地算下去. 有时要利用数学归纳法.

例 2　证明下列 n 阶导数公式:

(1) $\left(\mathrm{e}^{\lambda x}\right)^{(n)}=\lambda^n\mathrm{e}^{\lambda x}$ (λ 为常数), $(a^x)^{(n)}=a^x(\ln a)^n$;

(2) $(\sin x)^{(n)}=\sin\left(x+n\cdot\dfrac{\pi}{2}\right)$;

(3) $(x^\mu)^{(n)}=\mu(\mu-1)\cdots(\mu-n+1)x^{\mu-n}$ (μ 为常数, $x>0$).

证明　仅证 (2) 式, (1), (3) 式留给读者.

由于

$$(\sin x)'=\cos x=\sin\left(x+\frac{\pi}{2}\right),$$

$$(\sin x)''=\cos\left(x+\frac{\pi}{2}\right)=\sin\left(x+2\cdot\frac{\pi}{2}\right),$$

假定 $(\sin x)^{(k)}=\sin\left(x+k\cdot\frac{\pi}{2}\right)$ 成立, 则

$$(\sin x)^{(k+1)}=\left[\sin\left(x+k\cdot\frac{\pi}{2}\right)\right]'=\cos\left(x+k\cdot\frac{\pi}{2}\right)=\sin\left(x+(k+1)\cdot\frac{\pi}{2}\right),$$

由数学归纳法知 (2) 式对任何正整数 n 都成立.

例 3 证明下列 n 阶导数公式:

(1) $(\cos x)^{(n)}=\cos\left(x+n\cdot\frac{\pi}{2}\right)$;

(2) $\left(\frac{1}{x+a}\right)^{(n)}=(-1)^n\frac{n!}{(x+a)^{n+1}}$;

(3) $[\ln(x+a)]^{(n)}=(-1)^{n-1}\frac{(n-1)!}{(x+a)^n}$.

证明 (1) 因为 $\cos x=\sin\left(x+\frac{\pi}{2}\right)$, 所以

$$(\cos x)^{(n)}=\left[\sin\left(x+\frac{\pi}{2}\right)\right]^{(n)}=\sin\left(x+\frac{\pi}{2}+n\cdot\frac{\pi}{2}\right)=\cos\left(x+n\cdot\frac{\pi}{2}\right).$$

(2) 由例 2 公式 (3) 得

$$\left(\frac{1}{x+a}\right)^{(n)}=\left[(x+a)^{-1}\right]^{(n)}=(-1)(-2)\cdots(-n)(x+a)^{-1-n}=(-1)^n\frac{n!}{(x+a)^{n+1}}.$$

(3) 由于 $[\ln(x+a)]'=\frac{1}{x+a}$, 以及公式 (2) 知, (3) 式成立.

例 4 求多项式 $P_n(x)=a_0+a_1(x-x_0)+a_2(x-x_0)^2+\cdots+a_n(x-x_0)^n$ 在 x 和 x_0 处的各阶导数.

解

$$\begin{aligned}
&P_n'(x)=a_1+2a_2(x-x_0)+\cdots+na_n(x-x_0)^{n-1},\\
&P_n''(x)=2!a_2+3\cdot 2a_3(x-x_0)+\cdots+n(n-1)a_n(x-x_0)^{n-2},\\
&\quad\vdots\\
&P_n^{(n)}(x)=n!a_n,\\
&P_n^{(n+1)}(x)=P_n^{(n+2)}(x)=\cdots=0.
\end{aligned}$$

由此可见, 多项式的导数是低一次的多项式; n 次多项式的 n 阶导数为常数, 高于 n 阶的导数均为零. 此外, 在点 x_0 处有

$$P_n(x_0)=a_0, P_n'(x_0)=a_1, P_n''(x_0)=2!a_2,\cdots,P_n^{(n)}(x_0)=n!a_n,$$

即有

$$a_0=P_n(x_0), a_1=P_n'(x_0), a_2=\frac{1}{2!}P_n''(x_0),\cdots,a_n=\frac{1}{n!}P_n^{(n)}(x_0).$$

从而有公式

$$P_n(x)=P_n(x_0)+P_n'(x_0)(x-x_0)+\frac{1}{2!}P_n''(x_0)(x-x_0)^2+\cdots+\frac{1}{n!}P_n^{(n)}(x_0)(x-x_0)^n.$$

这说明了 $(x-x_0)$ 的多项式 $P_n(x)$ (或系数) 完全可由它在 x_0 处的函数值和各阶导数值来确定.

熟悉上述几个函数的高阶导数是有益的.

用数学归纳法不难证明: 若函数 u, v 均有 n 阶导数, 则有下述求导法则:

(i) $(u\pm v)^{(n)}=u^{(n)}\pm v^{(n)}$;

(ii) $(Cu)^{(n)}=Cu^{(n)}$ (C 为常数);

(iii) $(uv)^{(n)}=\sum\limits_{k=0}^{n}\mathrm{C}_n^k u^{(n-k)}v^{(k)}=u^{(n)}v+nu^{(n-1)}v'+\dfrac{n(n-1)}{2!}u^{(n-2)}v''+\cdots+uv^{(n)}$, 其中规定 $u^{(0)}=u$, $v^{(0)}=v$. 最后这一公式叫做**莱布尼茨公式**, 可类比着牛顿二项公式记忆.

例 5　求 $y=\dfrac{1}{x^2-a^2}$ 的 n 阶导数.

解　依据上述法则 (i) 和 (ii) 及例 3, 得

$$\begin{aligned}y^{(n)}&=\left(\frac{1}{x^2-a^2}\right)^{(n)}\\&=\left[\frac{1}{2a}\left(\frac{1}{x-a}-\frac{1}{x+a}\right)\right]^{(n)}\\&=\frac{1}{2a}\left[\frac{(-1)^n n!}{(x-a)^{n+1}}-\frac{(-1)^n n!}{(x+a)^{n+1}}\right]\\&=(-1)^n\frac{n!}{2a}\left[\frac{1}{(x-a)^{n+1}}-\frac{1}{(x+a)^{n+1}}\right].\end{aligned}$$

例 6　求 $y=x^2\mathrm{e}^x$ 的 100 阶导数.

解　由莱布尼茨公式及例 1, 得

$$\begin{aligned}y^{(100)}&=x^2(\mathrm{e}^x)^{(100)}+100(x^2)'(\mathrm{e}^x)^{(99)}+\frac{100\times 99}{2!}(x^2)''(\mathrm{e}^x)^{(98)}\\&=\mathrm{e}^x(x^2+200x+9900).\end{aligned}$$

对参数方程

$$x=\varphi(t),\quad y=\psi(t).$$

如果导数存在, 则它的一阶导数

$$y_x'=\frac{y_t'}{x_t'}=\frac{\psi'(t)}{\varphi'(t)}$$

仍然是参数 t 的函数. 它与 $x=\varphi(t)$ 构成一阶导数的参数形式

$$x=\varphi(t),\quad y'_x=\frac{\psi'(t)}{\varphi'(t)}.$$

若求二阶导数, 需再用参数方程求导法求导

$$y''_{xx}=\frac{(y'_x)'_t}{x'_t}=\frac{\left[\dfrac{\psi'(t)}{\varphi'(t)}\right]'}{\varphi'(t)}.$$

例 7 设 $x=t+\mathrm{e}^t$, $y=t^3$, 求 y''_{xx}.

解

$$y'_x=\frac{y'_t}{x'_t}=\frac{3t^2}{1+\mathrm{e}^t},$$

$$y''_{xx}=\frac{(y'_x)'_t}{x'_t}=\frac{\left(\dfrac{3t^2}{1+\mathrm{e}^t}\right)'}{(t+\mathrm{e}^t)'}=\frac{\dfrac{3\left(2t(1+\mathrm{e}^t)-t^2\mathrm{e}^t\right)}{(1+\mathrm{e}^t)^2}}{1+\mathrm{e}^t}=\frac{3\left(2t+2t\mathrm{e}^t-t^2\mathrm{e}^t\right)}{(1+\mathrm{e}^t)^3}.$$

再举例说明隐函数求高阶导数的方法.

例 8 设 $xy+x^2+\mathrm{e}^y=1$, 求 $\left.\dfrac{\mathrm{d}^2y}{\mathrm{d}x^2}\right|_{x=0}$.

解 将方程两边对 x 求导, 有

$$y+xy'+2x+\mathrm{e}^yy'=0, \tag{1}$$

解得

$$y'=-\frac{2x+y}{x+\mathrm{e}^y}.$$

由原方程知, 当 $x=0$ 时, 有 $y=0$, 则 $y'|_{x=0}=0$, 将 (1) 式两边再对 x 求导, 得

$$y'+y'+xy''+2+\mathrm{e}^y(y')^2+\mathrm{e}^yy''=0,$$

解出

$$y''|_{x=0}=-2.$$

习题 3.4

1. 求下列函数的二阶导数.

(1) $y=\sqrt{x^2+1}$;

(2) $y=x\ln(x+\sqrt{x^2+a^2})-\sqrt{x^2+a^2}$;

(3) $\dfrac{x^2}{a^2}+\dfrac{y^2}{b^2}=1$;

(4) $y=\tan(x+y)$;

(5) $\begin{cases}x=a\cos t,\\ y=b\sin t;\end{cases}$

(6) $\begin{cases}x=\ln(1+t^2),\\ y=t-\arctan t;\end{cases}$

(7) $\begin{cases} x = f'(t), \\ y = tf'(t) - f(t), \end{cases}$ 其中 $f(t)$ 具有二阶导数, 且不等于零.

2. 设 $y = y(x)$ 由 $\begin{cases} x = 2t^2 + t + 1, \\ \mathrm{e}^y \sin t + y - 2 = 0 \end{cases}$ 确定, 求 $\left.\dfrac{\mathrm{d}^2 y}{\mathrm{d}x^2}\right|_{t=0}$.

3. 设 $y = f(x)$ 由方程 $x + y - y\sin x = 1$ 确定, 求 $\left.\dfrac{\mathrm{d}^2 y}{\mathrm{d}x^2}\right|_{x=0}$.

4. 设 $u = f(\varphi(x) + y^2)$, 其中 $y = y(x)$ 由方程 $y + \mathrm{e}^y = x$ 确定, 且 $f(x)$, $\varphi(x)$ 均有二阶导数, 求 $\dfrac{\mathrm{d}u}{\mathrm{d}x}, \dfrac{\mathrm{d}^2 u}{\mathrm{d}x^2}$.

5. 求下列函数的 n 阶导数.

(1) $y = \sin^2 x$;　　(2) $y = x\mathrm{e}^x$;

(3) $y = \dfrac{2x - 1}{(x-1)(x^2 - x - 2)}$;　　(4) $y = \ln\dfrac{1-x}{1+x}$;

(5) $y = \sin x \sin 2x \sin 3x$.

6. 求下列函数指定的导数.

(1) $y = x^3\mathrm{e}^x$, 求 $y^{(100)}$;　　(2) $f(x) = x^2 \sin 2x$, 求 $f^{(100)}(x)$;

(3) $y = x(3x+1)^2(x+2)^3$, 求 $y^{(6)}$;　　(4) $y = \sin\dfrac{x}{2} + \cos 3x$, 求 $\left. y^{(100)}\right|_{x=\pi}$;

(5) $y = \dfrac{x^{10}}{1+x}$, 求 $y^{(10)}$.

7. 设 $f(x)$ 具有各阶导数, 且 $f'(x) = [f(x)]^2$, 求 $f^{(n)}(x)$.

8. 设 $y = P(x)$ 是 x 的多项式, 满足关系 $xy'' + (1-x)y' + 3y = 0$, 且 $P(0) = -6$, 求函数 $P(x)$.

9. 设 $y = y(x)$ 在 $[-1, 1]$ 上有二阶导数, 且满足 $(1 - x^2)y''_x - xy'_x + a^2 y = 0$ 作变换 $x = \sin t$, 证明这时 y 满足: $y''_t + a^2 y = 0$.

10. 选择题.

(1) 函数 $f(x) = (x^2 - x - 2)|x^3 - x|$ 的不可导的点的个数为 (　　).

(A) 0;　(B) 1;　(C) 2;　(D) 3.

(2) 设 $f(x) = 2x^3 + x^2|x|$, 则使 $f^{(n)}(0)$ 存在的最高阶 n 为 (　　).

(A) 0;　(B) 1;　(C) 2;　(D) 3.

3.5 函数的微分

3.5.1 微分的概念

前几节介绍了函数的变化率 —— 导数和它的运算法则. 实际中有时还需要计算自变量的微小变化所引起的函数变化是多少的问题. 也就是求函数增量的问题.

设函数 $y=f(x)$ 在 x 的某邻域内有定义, 给 x 以增量 Δx, 则函数相应的增量

$$\Delta y=f(x+\Delta x)-f(x). \tag{1}$$

用 (1) 式计算增量, 看起来很容易, 但实际上常常会碰到不少困难. 比如, 函数 $f(x)$ 是未知而待求的; 又如函数值 $f(x)$, $f(x+\Delta x)$ 计算麻烦, 甚至算不出准确的值. 这样人们从实际需要出发, 提出"能否既简单又较精确地近似计算出 Δy"的问题. 先来分析一个简单例子.

例 1 圆面积是半径的函数 $S=\pi r^2$, 当半径 r 从 r_0 变到 $r_0+\Delta r$ 时, 圆面积的增量

$$\Delta S=\pi(r_0+\Delta r)^2-\pi r_0^2=2\pi r_0\Delta r+\pi(\Delta r)^2.$$

它由两部分组成, 第一部分 $2\pi r_0\Delta r$ 是与自变量增量 Δr 成比例的部分, 是 Δr 的线性函数, 很好算; 第二部分 $\pi(\Delta r)^2$ 是 Δr 的高阶无穷小. 当 $\Delta r\to 0$ 时, 第二部分 $\pi(\Delta r)^2$ 与第一部分 $2\pi r_0\Delta r$ 比较也是高阶无穷小, 所以 $\pi(\Delta r)^2$ 是面积增量 ΔS 的次要部分, 而 $2\pi r_0\Delta r$ 是 ΔS 的主部

$$\Delta S\approx 2\pi r_0\Delta r\quad(\Delta r\to 0).$$

自然会问, 对一般函数 $y=f(x)$, 当自变量 x 有增量 Δx 时, 函数增量 Δy 是否也能分为这样两部分, 其一与自变量增量成比例, 其二是 Δx 的高阶无穷小? 也就是说能否有一个常数 A, 使 Δy 与 $A\Delta x$ 之差是 Δx 的高阶无穷小 $o(\Delta x)$? 即

$$\Delta y=A\Delta x+o(\Delta x). \tag{2}$$

若有, 且 $A\neq 0$, 则由

$$\lim_{\Delta x\to 0}\frac{\Delta y-A\Delta x}{A\Delta x}=\lim_{\Delta x\to 0}\frac{o(\Delta x)}{A\Delta x}=0$$

知, 当 $\Delta x\to 0$ 时, $\Delta y\approx A\Delta x$, 即 $A\Delta x$ 是 Δy 的 (线性) 主部. 这时, 用 $A\Delta x$ 近似代替 Δy, 绝对误差是高阶无穷小 $o(\Delta x)$, 相对误差也是无穷小.

定义 3.4 设函数 $y=f(x)$ 在 x 附近有定义, 若自变量从 x 变到 $x+\Delta x$ 时, 函数的增量可表为 $\Delta y=A\Delta x+o(\Delta x)$ 的形式, 其中 A 与 Δx 无关, 则说函数 $f(x)$ 在 x 处**可微**, 并把 $A\Delta x$ 称为函数 $y=f(x)$ 在 x 处的**微分**, 记为 $\mathrm{d}y$ 或 $\mathrm{d}f(x)$, 即

$$\mathrm{d}y=A\Delta x.$$

要强调指出两点:

1° 函数的微分是与自变量增量 Δx 成比例的, 它是 Δx 的线性函数, 容易得到;

2° 函数的微分与函数的增量之差是比 Δx 高阶的无穷小. 当 $A\neq 0$ 时, 微分是增量的主部, 可以用微分来近似代替增量.

通俗地说 "**微分是增量的线性主部**"(当 $A\neq 0$ 时).

满足什么条件的函数是可微的呢? 微分的系数 A 如何确定? 微分与导数有何关系? 下面的定理回答了这些问题.

定理 3.6　函数 $y=f(x)$ 在点 x 处可微的充要条件是它在该点处的导数 $y'=f'(x)$ 存在.

证明　必要性. 若函数 $y=f(x)$ 在点 x 处可微, 即 (2) 成立, 则有

$$\frac{\Delta y}{\Delta x}=A+\frac{o(\Delta x)}{\Delta x}.$$

令 $\Delta x\to 0$, 就得到 $y'=f'(x)=A$.

充分性. 若 $y=f(x)$ 在点 x 处函数有导数, 即

$$f'(x)=\lim_{\Delta x\to 0}\frac{\Delta y}{\Delta x},$$

由极限与无穷小的关系有

$$\frac{\Delta y}{\Delta x}=f'(x)+\alpha,\quad \text{其中当 } \Delta x\to 0 \text{ 时}, \alpha\to 0.$$

于是

$$\Delta y=f'(x)\Delta x+\alpha\Delta x=f'(x)\Delta x+o(\Delta x).$$

故 $f(x)$ 可微, 且微分系数 $A=f'(x)$, 与 x 有关, 与 Δx 无关.

从上述定理可知, 如 $f(x)$ 可微, 此时有 $A=f'(x)$, 即有

$$\mathrm{d}y=f'(x)\Delta x.$$

□

例 2　半径为 r 的球, 当半径增加 Δr 时, 球体体积的增量与微分为多少?

解　因球体体积的函数是 $V=\frac{4}{3}\pi r^3$, 所以它的增量和微分分别为

$$\begin{aligned}\Delta V&=\frac{4}{3}\pi(r+\Delta r)^3-\frac{4}{3}\pi r^3\\&=4\pi r^2\Delta r+4\pi r(\Delta r)^2+\frac{4}{3}\pi(\Delta r)^3,\\ \mathrm{d}V&=V'\Delta r=4\pi r^2\Delta r.\end{aligned}$$

可见, $\mathrm{d}V$ 是 ΔV 中与 Δr 成比例关系的那一部分, ΔV 与 $\mathrm{d}V$ 之差是 Δr 的高阶无穷小.

微分的几何意义 设曲线 l 的方程为 $y=f(x)$, 当横坐标由 x 变到 $x+\Delta x$ 时, 曲线上动点的纵坐标的增量 NM' 就是 Δy, 点 $M(x,f(x))$ 处的切线 MT 的纵坐标的增量 NT 就是 $\mathrm{d}y$ (图 3.6). Δy 与 $\mathrm{d}y$ 之差在图中是 TM', 随着 $\Delta x\to 0$, TM' 很快地趋于零. 用微分近似增量, 本质上是在局部上用切线代替曲线, 或者说是函数的局部线性化.

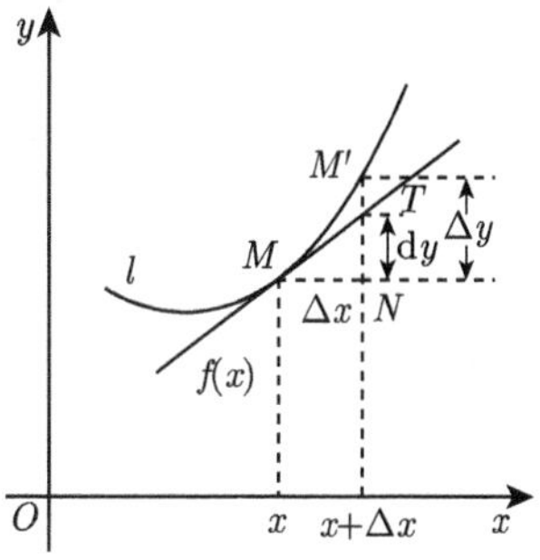

图 3.6

因为自变量 x 可以看作是它自己的函数 $x=x$, 由等式

$$\Delta x=1\cdot\Delta x+0$$

及微分的定义知

$$\mathrm{d}x=\Delta x,$$

即自变量的微分与其增量相等. 因此, 函数 $y=f(x)$ 的微分 $\mathrm{d}y=y'\Delta x$ 通常写为

$$\mathrm{d}y=y'\mathrm{d}x.$$

这样, 导数 y' 就等于函数微分与自变量微分之商

$$y'=\frac{\mathrm{d}y}{\mathrm{d}x},$$

所以导数也叫**微商**.

3.5.2 微分运算

因为微分 $\mathrm{d}y$ 与导数 y' 只差一个因子 $\mathrm{d}x$, 所以微分运算和求导运算是相仿的, 并统称为微分法. 由导数公式和运算法则, 立刻就能写出微分公式和微分法则.

1. 微分基本公式

(1) $\mathrm{d}C=0$ (C 为常数); (2) $\mathrm{d}x^{\mu}=\mu x^{\mu-1}\mathrm{d}x$ (μ 为任意实数);

(3) $\mathrm{d}a^{x}=a^{x}\ln a\mathrm{d}x$ $(a>0,a\neq 1)$; (4) $\mathrm{de}^{x}=\mathrm{e}^{x}\mathrm{d}x$;

(5) $\mathrm{d}(\log_a x)=\dfrac{\mathrm{d}x}{x\ln a}$ $(a>0,a\neq 1)$; (6) $\mathrm{d}(\ln x)=\dfrac{\mathrm{d}x}{x}$;

(7) $\mathrm{d}(\sin x)=\cos x\mathrm{d}x$; (8) $\mathrm{d}(\cos x)=-\sin x\mathrm{d}x$;

(9) $\mathrm{d}(\tan x)=\dfrac{\mathrm{d}x}{\cos^2 x}=\sec^2 x\mathrm{d}x$; (10) $\mathrm{d}(\cot x)=\dfrac{-\mathrm{d}x}{\sin^2 x}=-\csc^2 x\mathrm{d}x$;

(11) $\mathrm{d}(\sec x)=\sec x\tan x\mathrm{d}x$; (12) $\mathrm{d}(\csc x)=-\csc x\cot x\mathrm{d}x$;

(13) $\mathrm{d}(\arcsin x)=\dfrac{\mathrm{d}x}{\sqrt{1-x^2}}$;　　(14) $\mathrm{d}(\arccos x)=-\dfrac{\mathrm{d}x}{\sqrt{1-x^2}}$;

(15) $\mathrm{d}(\arctan x)=\dfrac{\mathrm{d}x}{1+x^2}$;　　(16) $\mathrm{d}(\mathrm{arccot} x)=-\dfrac{\mathrm{d}x}{1+x^2}$.

2. **四则运算法则**

当 u, v 均可微时, 有

(i) $\mathrm{d}(u\pm v)=\mathrm{d}u\pm\mathrm{d}v$;

(ii) $\mathrm{d}(uv)=u\mathrm{d}v+v\mathrm{d}u$, $\mathrm{d}(Cu)=C\mathrm{d}u$ (C 为常数);

(iii) $\mathrm{d}\left(\dfrac{u}{v}\right)=\dfrac{v\mathrm{d}u-u\mathrm{d}v}{v^2}(v\neq 0)$.

这些法则容易从对应的求导法则推出, 例如, 法则 (ii):

$$\mathrm{d}(uv)=(uv)'\mathrm{d}x=(uv'+vu')\mathrm{d}x=u(v'\mathrm{d}x)+v(u'\mathrm{d}x)=u\mathrm{d}v+v\mathrm{d}u.$$

3. **复合函数的微分法**

设 $y=f(u)$ 是可微的, 当 u 为自变量时, 函数 $y=f(u)$ 的微分

$$\mathrm{d}y=f'(u)\,\mathrm{d}u.$$

当 u 不是自变量, 而是另一个变量 x 的可微函数 $u=\varphi(x)$ 时, 则 $y=f[\varphi(x)]$ 的微分

$$\mathrm{d}y=\{f[\varphi(x)]\}'\,\mathrm{d}x=f'(u)\,\varphi'(x)\,\mathrm{d}x=f'(u)\,\mathrm{d}u.$$

由此可见, 无论 u 是自变量还是中间变量, 函数 $y=f(u)$ 的微分形式都是一样的, 这个性质叫做**一阶微分形式不变性**. 由这个性质, 将前面微分公式中的 x 换成任何可微函数 $u=\varphi(x)$, 这些公式仍然成立.

例 3　$\mathrm{d}\left(\sin(1+x^3)\right)=\cos(1+x^3)\mathrm{d}\left(1+x^3\right)=\cos(1+x^3)3x^2\mathrm{d}x.$

$$\mathrm{d}\left(\mathrm{e}^{\sin x}\right)=\mathrm{e}^{\sin x}\mathrm{d}\left(\sin x\right)=\mathrm{e}^{\sin x}\cos x\mathrm{d}x.$$

$$\begin{aligned}\mathrm{d}\left(x\arctan 3x\right)&=\arctan 3x\mathrm{d}x+x\mathrm{d}\left(\arctan 3x\right)=\arctan 3x\mathrm{d}x+\frac{x}{1+(3x)^2}\mathrm{d}\left(3x\right)\\&=\left[\arctan 3x+\frac{3x}{1+(3x)^2}\right]\mathrm{d}x.\end{aligned}$$

例 4　求一个函数, 使其微分等于 $\dfrac{1}{x(1+\ln^2 x)}\mathrm{d}x$.

解　因为

$$\frac{1}{x(1+\ln^2 x)}\mathrm{d}x=\frac{1}{1+\ln^2 x}\mathrm{d}\left(\ln x\right)=\mathrm{d}\left(\arctan\ln x\right),$$

故函数 $f(x) = \arctan \ln x$ 满足要求.

例 5 已知 $\mathrm{e}^x y + x\cos y = 1$, 求 $\mathrm{d}y$.

解 方程两边取微分, 利用微分法得

$$\mathrm{e}^x\mathrm{d}y + y\mathrm{d}\mathrm{e}^x + x\mathrm{d}\cos y + \cos y\mathrm{d}x = 0,$$

即

$$\mathrm{e}^x\mathrm{d}y + y\mathrm{e}^x\mathrm{d}x - x\sin y\mathrm{d}y + \cos y\mathrm{d}x = 0,$$

由此解出

$$\mathrm{d}y = -\frac{y\mathrm{e}^x + \cos y}{\mathrm{e}^x - x\sin y}\mathrm{d}x.$$

一阶微分形式不变性在后面的积分和微分方程中常常用到.

*3.5.3 高阶微分

函数 $y = f(x)$ 的微分 $\mathrm{d}y = f'(x)\mathrm{d}x$ 也称为 $f(x)$ 的一阶微分, 它与 x 及 $\mathrm{d}x$ 有关. 若 x 为自变量, 则它的变化不会影响 $\mathrm{d}x$ 的值, 因此当 x 变化时, $\mathrm{d}x$ 可作为常数来处理, 故有 $(f'(x)\mathrm{d}x)' = f''(x)\mathrm{d}x$. 现对 $\mathrm{d}y$ 求微分, 根据微分的定义

$$\mathrm{d}(\mathrm{d}y) = \mathrm{d}(f'(x)\mathrm{d}x) = (f'(x)\mathrm{d}x)'\mathrm{d}x = f''(x)(\mathrm{d}x)^2,$$

称 $\mathrm{d}(\mathrm{d}y)$ 为 y 的二阶微分, 记作 d^2y. 将 $(\mathrm{d}x)^2$ 简记为 $\mathrm{d}x^2$, 于是有

$$\mathrm{d}^2y = f''(x)\mathrm{d}x^2.$$

类似地, y 的三阶微分定义为

$$\mathrm{d}^3y = \mathrm{d}(\mathrm{d}^2y) = (f''(x)\mathrm{d}x^2)'\mathrm{d}x = f'''(x)\mathrm{d}x^3.$$

一般地, y 的 n 阶微分定义为

$$\mathrm{d}^ny = f^{(n)}(x)\mathrm{d}x^n,$$

故有

$$f^{(n)}(x) = \frac{\mathrm{d}^ny}{\mathrm{d}x^n}.$$

这就是为什么把 n 阶导数记作 $\dfrac{\mathrm{d}^ny}{\mathrm{d}x^n}$ 的原因.

例 6 设 $y = x^2$, 求 d^ny.

解

$$\mathrm{d}y = (x^2)'\mathrm{d}x = 2x\mathrm{d}x,$$

$$\mathrm{d}^2y=(x^2)''\mathrm{d}x^2=2\mathrm{d}x^2,$$

$$\mathrm{d}^ny=0\quad(n>2).$$

注意: 高阶微分公式 $\mathrm{d}^ny=f^{(n)}(x)\mathrm{d}x^n$ 是从规定 $\mathrm{d}x$ 为常数得到的, 因此它只适用于 x 为自变量的情形.

设 $y=f(x)$, $x=\varphi(t)$, 则 $\mathrm{d}y=f'(x)\mathrm{d}x$, $\mathrm{d}x=\varphi'(t)\mathrm{d}t$, 因此由乘法的微分法得

$$\begin{aligned}\mathrm{d}^2y&=\mathrm{d}(f'(x)\mathrm{d}x)=\mathrm{d}f'(x)\cdot\mathrm{d}x+f'(x)\cdot\mathrm{d}(\mathrm{d}x)\\&=f''(x)\mathrm{d}x^2+f'(x)\cdot\mathrm{d}^2x\\&=f''(x)\mathrm{d}x^2+f'(x)\varphi''(t)\mathrm{d}t^2,\end{aligned}$$

当 x 为自变量时, 相当于 $\varphi(t)=t$, 故 $\varphi''(t)=0$, 于是 $\mathrm{d}^2y=f''(x)\mathrm{d}x^2$, 当 x 为中间变量, 且 $x\neq at+b$ 时, $\varphi''(t)\neq0$, 故 $\mathrm{d}^2y=f''(x)\mathrm{d}x^2+f'(x)\cdot\mathrm{d}^2x$, 这说明高阶微分不具有微分形式不变性.

另外注意记号 $\mathrm{d}x^2$, $\mathrm{d}(x^2)$, d^2x 含义不同, $\mathrm{d}x^2$ 是 $(\mathrm{d}x)^2$ 的简写, 即 $\mathrm{d}x^2=(\mathrm{d}x)^2$; $\mathrm{d}(x^2)$ 是 x^2 的微分, 即 $\mathrm{d}(x^2)=2x\mathrm{d}x$; d^2x 是 x 的二阶微分, 即 $\mathrm{d}^2x=\mathrm{d}(\mathrm{d}x)$.

*3.5.4 微分在近似计算中的应用

我们知道, 当 $f'(x_0)\neq0$ 时, 函数 $y=f(x)$ 在 x_0 处的微分 $\mathrm{d}y=f'(x_0)\Delta x$ 是增量 $\Delta y=f(x_0+\Delta x)-f(x_0)$ 的线性主部 (当 $\Delta x\to0$ 时). 故当 $|\Delta x|$ 充分小时, 可以用微分 $\mathrm{d}y$ 来近似计算增量 Δy, 即有

$$\Delta y\approx\mathrm{d}y.\tag{3}$$

将 (3) 式写成

$$f(x_0+\Delta x)-f(x_0)\approx f'(x_0)\Delta x,$$

就可得到计算函数值的近似公式：当 $|\Delta x|$ 充分小时, 有

$$f(x_0+\Delta x)\approx f(x_0)+f'(x_0)\Delta x.\tag{4}$$

这表明: 如果已知 $f(x)$ 在 x_0 处的值 $f(x_0)$ 和导数值 $f'(x_0)$, 则 x_0 附近的函数值 $f(x_0+\Delta x)$ 可近似地由线性运算 (4) 求得. 特别当 $x_0=0$ 时 (这时 $\Delta x=x-0=x$), 由 (4) 式知在 $|x|$ 充分小时, 有

$$f(x)\approx f(0)+f'(0)x.\tag{5}$$

利用近似式 (5) 容易得到工程上常用的近似公式：当 $|x|$ 充分小时, 有

$$\sin x\approx x,\quad\tan x\approx x,\quad\mathrm{e}^x\approx1+x,$$

$$\ln(1+x) \approx x, \quad (1+x)^\mu \approx 1+\mu x.$$

例 7 求 $\sqrt{1.02}$ 的近似值.

解 由近似公式 $(1+x)^\mu \approx 1+\mu x$, 知

$$\sqrt{1.02} = (1+0.02)^{\frac{1}{2}} \approx 1 + \frac{1}{2} \times 0.02 = 1.01.$$

例 8 求 $\tan 46°$ 的近似值.

解 因三角函数的导数公式是在弧度制下得到的, 所以要把 $46°$ 化为弧度 $\frac{\pi}{4}+\frac{\pi}{180}$. 故 $\tan 46° = \tan\left(\frac{\pi}{4}+\frac{\pi}{180}\right)$就是函数 $f(x)=\tan x$ 在 $x=\frac{\pi}{4}+\frac{\pi}{180}$ 处的值. 由于 $f\left(\frac{\pi}{4}\right)=\tan\frac{\pi}{4}=1$, $f'\left(\frac{\pi}{4}\right)=(\tan x)'\big|_{x=\frac{\pi}{4}}=\frac{1}{\cos^2\frac{\pi}{4}}=2$, 令 $x_0=\frac{\pi}{4}$, $\Delta x=\frac{\pi}{180}$, 则由 (4) 式得

$$\tan 46° = \tan\left(\frac{\pi}{4}+\frac{\pi}{180}\right) \approx 1 + 2\cdot\frac{\pi}{180} \approx 1.035.$$

应用 (4) 式时, 首先应明确所求的是哪个函数在哪一点处的函数值, 其次要确定 x_0 及 Δx, 应当使 $f(x_0)$ 和 $f'(x_0)$ 容易得到, 而且 $|\Delta x|$ 尽可能地小.

习 题 3.5

1. 求函数 $y=2x-x^2$ 当 $x=2$, $\Delta x=0.001$ 时的增量 Δy 与微分 $\mathrm{d}y$.

2. 用微分法则, 求下列函数的微分.

(1) $y=\frac{x}{1+x}$;　　(2) $y=x\ln x-x$;

(3) $y=\cot x+\csc x$;　　(4) $y=\mathrm{e}^{-\frac{x}{y}}$;

(5) $y=\sin^2 u, u=\mathrm{e}^{3x-1}$;　　(6) $y=\arctan\frac{u(x)}{v(x)}, u', v'$ 存在.

3. 设 $y=y(x)$ 由方程 $\varphi(\sin y)+\sin\varphi(x)=\varphi(x+y)$ 所确定, 其中 $\varphi(t)$ 处处可导, 求 $\mathrm{d}y$.

4. 将适当的函数填入括号内, 使下列各等式成立.

(1) $x^2\mathrm{d}x=\mathrm{d}(\quad)$;　　(2) $\frac{1}{x}\mathrm{d}x=\mathrm{d}(\quad)$;

(3) $\cos x\mathrm{d}x=\mathrm{d}(\quad)$;　　(4) $\sec^2 x\mathrm{d}x=\mathrm{d}(\quad)$;

(5) $\frac{1}{\sqrt[3]{x}}\mathrm{d}x=\mathrm{d}(\quad)$;　　(6) $\frac{1}{\sqrt{1-x^2}}\mathrm{d}x=\mathrm{d}(\quad)$;

(7) $\mathrm{d}(\arctan\mathrm{e}^{2x})=(\quad)\mathrm{d}(\mathrm{e}^{2x})$;　　(8) $\mathrm{d}(\sin\sqrt{\cos x})=(\quad)\mathrm{d}\cos x$;

(9) $f(\sin x)\cos x\mathrm{d}x=f(\sin x)\mathrm{d}(\quad)$;　　(10) $x^2\mathrm{e}^{x^3}\mathrm{d}x=(\quad)\mathrm{d}(x^3)$.

5. 试由球面面积公式 $S=4\pi r^2$ 导出球体体积公式.

6. 设 $f(u)$ 可导, 函数 $y=f(x^2)$ 当自变量在 $x=-1$ 处取得增量 $\Delta x=-0.1$ 时, 相应的函数增量 Δy 的线性主部为 0.1, 求 $f'(1)$.

7. 求下列函数的高阶微分.

(1) 设 $y=\dfrac{x}{1+x}$, 求 d^2y;　　(2) 设 $y=x\ln x$, 求 d^2y;

(3) 设 $y=x\sin x$, 求 d^3y;　　(4) 设 $y=x\mathrm{e}^{-x}$, 求 d^3y.

8. 利用微分近似计算下列各数.

(1) $\sqrt[3]{999}$;　　(2) $\cos 59°$;

(3) $\ln 0.99$;　　(4) $\mathrm{e}^{0.98}$.

9. 单摆振动周期 $T=2\pi\sqrt{l/g}$, 其中 l 为摆长, $g=980\mathrm{cm/s^2}$ 为重力加速度, 为使周长增大 0.0052s, 需将 $l=20\mathrm{cm}$ 的摆长改变多少?

10. 试证根据欧姆定律 $I=E/R$ 计算电流时, 如果电阻的绝对误差为 ΔR, 则电流的绝对误差可按照公式 $\Delta I=-I\Delta R/R$ 近似计算.

11. 证明: 计算圆面积或球表面积时, 当半径长度有 1% 的相对误差时, 圆面积或球表面积的相对误差均为 2%.

12. 选择题.

若 $f'(x_0)=2$, 则 $\Delta x\to 0$ 时, $f(x)$ 在 x_0 处的微分 $\mathrm{d}y$ 是 Δx 的 (　　).

(A) 高阶无穷小;　　(B) 同阶, 但不等价的无穷小;

(C) 等价无穷小;　　(D) 低阶无穷小.

3.6 例题选讲

例 1　试证函数

$$f(x)=\begin{cases} x, & x\in\mathbf{Q},\\ \sin x, & x\notin\mathbf{Q}\end{cases}$$

仅在 $x=0$ 可导.

证明　显然 $f(x)$ 在 $x=0$ 连续, 又

$$\lim_{x\to 0}\frac{f(x)-f(0)}{x}=\begin{cases} \lim\limits_{x\to 0}\dfrac{x-0}{x}=1, & x\in\mathbf{Q},\\ \lim\limits_{x\to 0}\dfrac{\sin x-0}{x}=1, & x\notin\mathbf{Q},\end{cases}$$

所以 $f(x)$ 在 $x=0$ 处可导, 且 $f'(0)=1$.

当 $x\neq 0$ 时, $f(x)$ 不连续, 所以不可导.

例 2　设 $F(x)=f(x)(1+|\sin x|)$, 且 $F(x)$, $f(x)$ 在 $x=0$ 处均可导, 试求 $f(0)$.

解 表达式中有绝对值的函数在运算时，常常要先去掉绝对值号，通过分段函数表示.

$$F(x)=\begin{cases} f(x)(1-\sin x), & -\dfrac{\pi}{2}<x<0, \\ f(x)(1+\sin x), & 0\leqslant x<\dfrac{\pi}{2}, \end{cases}$$

由左、右导数的定义，得

$$F'_-(0)=f'_-(0)-f(0),\quad F'_+(0)=f'_+(0)+f(0),$$

因为 $F'_-(0)=F'_+(0)$, $f'_-(0)=f'_+(0)$, 所以两式相减得到

$$f(0)=0.$$

例 3 设 $x\neq 0$ 时，函数 $f(x)$ 有定义，且当 $x,y\neq 0$ 时恒有

$$f(xy)=f(x)+f(y), \tag{1}$$

又 $f'(1)$ 存在，试证：当 $x\neq 0$ 时，$f'(x)$ 存在.

证明 令 $x=y=1$, 由 (1) 式得到 $f(1)=0$. 又当 $x\neq 0$ 时，有

$$\begin{aligned}\lim_{\Delta x\to 0}\frac{f(x+\Delta x)-f(x)}{\Delta x}&=\lim_{\Delta x\to 0}\frac{f\left(x\left(1+\dfrac{\Delta x}{x}\right)\right)-f(x)}{\Delta x}\\&=\lim_{\Delta x\to 0}\frac{f\left(1+\dfrac{\Delta x}{x}\right)}{\Delta x}\\&=\lim_{\Delta x\to 0}\frac{f\left(1+\dfrac{\Delta x}{x}\right)-f(1)}{\dfrac{\Delta x}{x}}\cdot\frac{1}{x}\\&=f'(1)\cdot\frac{1}{x},\end{aligned}$$

故 $f'(x)$ 存在，且

$$f'(x)=f'(1)\cdot\frac{1}{x}.$$

例 4 求 $f(x)=|x|+|x-1|$ 的导数.

解 由于 $f(x)=|x|+|x-1|=\begin{cases}-2x+1, & x\leqslant 0, \\ 1, & 0<x<1, \\ 2x-1 & x\geqslant 1.\end{cases}$

当 $x<0$ 时，$f'(x)=-2$; 当 $0<x<1$ 时，$f'(x)=0$; 当 $x>1$ 时，$f'(x)=2$, 而

$$f'_-(0)=\lim_{x\to 0^-}\frac{f(x)-f(0)}{x}=\lim_{x\to 0^-}\frac{-2x+1-1}{x}=-2,$$

$$f'_+(0)=\lim_{x\to0^+}\frac{f(x)-f(0)}{x}=\lim_{x\to0^+}\frac{1-1}{x}=0,$$

所以 $f(x)$ 在 $x=0$ 处不可导.

$$f'_-(1)=\lim_{x\to1^-}\frac{f(x)-f(1)}{x-1}=\lim_{x\to1^-}\frac{1-1}{x-1}=0,$$
$$f'_+(1)=\lim_{x\to1^+}\frac{f(x)-f(1)}{x-1}=\lim_{x\to1^+}\frac{2x-1-1}{x-1}=2,$$

所以 $f(x)$ 在 $x=1$ 处不可导.

所以 $f'(x)=\begin{cases}-2, & x<0,\\ 0, & 0<x<1,\\ 2, & x>1.\end{cases}$

注意: 分段函数的导数要在各开区间内分别求导, 分段点的导数要用导数定义求.

例 5　设 $F(x)=f(f(x))$, 其中 $f(x)=\begin{cases}2-x^2, & |x|\leqslant 2,\\ 2, & |x|>2,\end{cases}$ 求 $F'(x)$.

解　由于

$$F(x)=f(f(x))=\begin{cases}2-f^2(x), & |f(x)|\leqslant 2,\\ 2, & |f(x)|>2\end{cases}$$
$$=\begin{cases}2-(2-x^2)^2, & |x|\leqslant 2,\\ 2-2^2, & |x|>2\end{cases}=\begin{cases}-2+4x^2-x^4, & |x|\leqslant 2,\\ -2, & |x|>2.\end{cases}$$

当 $|x|<2$ 时, $F'(x)=8x-4x^3$; 当 $|x|>2$ 时, $F'(x)=0$, 而

$$F'_-(2)=\lim_{x\to2^-}\frac{f(x)-f(2)}{x-2}=\lim_{x\to2^-}\frac{-2+4x^2-x^4-(-2)}{x-2}=-16,$$
$$F'_+(2)=\lim_{x\to2^+}\frac{f(x)-f(2)}{x-2}=\lim_{x\to2^+}\frac{-2-(-2)}{x-2}=0,$$

由于 $F'_+(2)\neq F'_-(2)$, 所以 $F(x)$ 在 $x=2$ 处不可导;

同理, $F(x)$ 在 $x=-2$ 处也不可导.

所以 $F'(x)=\begin{cases}8x-4x^3, & |x|<2,\\ 0, & |x|>2.\end{cases}$

例 6　利用反函数的求导公式 $\dfrac{\mathrm{d}x}{\mathrm{d}y}=\dfrac{1}{y'}$, 证明 $\dfrac{\mathrm{d}^3x}{\mathrm{d}y^3}=\dfrac{3(y'')^2-y'y'''}{(y')^5}$.

证明　由于 $\dfrac{\mathrm{d}x}{\mathrm{d}y}=\dfrac{1}{y'}$, 则

$$\frac{\mathrm{d}^2x}{\mathrm{d}y^2}=\left(\frac{1}{y'}\right)'_x x'_y=\frac{-y''}{(y')^2}\cdot\frac{1}{y'}=\frac{-y''}{(y')^3},$$

$$\frac{\mathrm{d}^3x}{\mathrm{d}y^3}=\left(\frac{-y''}{(y')^3}\right)'_x x'_y=-\frac{y'''(y')^3-y''3(y')^2y''}{(y')^6}\cdot\frac{1}{y'}=\frac{3(y'')^2-y'y'''}{(y')^5}.$$

习 题 3.6

1. 设 $f(x)=(x^2-a^2)g(x)$ 在 $x=a$ 附近有定义, 求 $f'(a)$ 存在的充分必要条件.

2. n 在什么条件下, 函数 $f(x)=\begin{cases}x^n\sin\dfrac{1}{x}, & x\neq 0,\\ 0, & x=0\end{cases}$ 在 $x=0$ 处: (1) 连续; (2) 可导; (3) 导数连续; (4) 有二阶导数.

3. 设 $f(x)$ 满足关系 $af(x)+bf\left(\dfrac{1}{x}\right)=\dfrac{c}{x}$, $|a|\neq|b|$, 求 $f'(x)$.

4. 设 $f(x+y)=\dfrac{f(x)+f(y)}{1-f(x)f(y)}$, 且 $f'(0)=1$, 求 $f'(x)$.

5. 设 $f(a)>0$, $f'(a)$ 存在, 求 $\lim\limits_{n\to\infty}\left[\dfrac{f\left(a+\dfrac{1}{n}\right)}{f(a)}\right]^n$.

6. 设 $f'(0)$ 存在, $f(0)=0$, 试求 $\lim\limits_{x\to 0}\dfrac{f(1-\cos x)}{\tan x^2}$.

7. 设曲线 $y=f(x)$ 在原点与 $y=\sin x$ 相切, 求 $\lim\limits_{n\to\infty}\sqrt{nf\left(\dfrac{2}{n}\right)}$.

8. 若 $f(x)<g(x)$, 能否推出 $f'(x)<g'(x)$, 证明你的结论.

9. 设 $y=|x|^3$, $x\in(-\infty,+\infty)$, 试证 $y''(x)=6|x|$.

10. 设 $y=f(x)$ 有二阶导数, 且 $f'(x)\neq 0$, $x=\varphi(y)$ 是 $y=f(x)$ 的反函数, 证明 $\varphi''(y)=-\dfrac{f''(x)}{[f'(x)]^3}$.

11. 设 $f(x)=\max\{x,x^2\}, x\in(0,2)$, 求 $f'(x)$.

12. 设 $y=\arctan(u-1), u=\begin{cases}x^2-2x+2, & x\leqslant 0,\\ 2\mathrm{e}^{-x}, & x>0,\end{cases}$ 求 $\left.\dfrac{\mathrm{d}y}{\mathrm{d}x}\right|_{x=0}$.

13. 已知函数 $f(x)$ 满足 $f(x_1+x_2)=f(x_1)f(x_2)$, 其中 x_1,x_2 为任意实数, 且 $f'(0)=2$, 求 $f'(x)$.

14. 已知 $f(x)$ 是周期为 5 的连续函数, 在 $x=1$ 处可导, 在 $\overset{\circ}{U}_\delta(0)$ 内满足关系 $f(1+\sin x)-3f(1-\sin x)=8x+o(x)$, 求曲线 $y=f(x)$ 在 $(6,f(6))$ 处的切线方程.

15. 设飞机降落过程的轨道方程为三次多项式, 开始降落点 $A(x_0,y_0)$, 着陆点为 $O(0,0)$, A,O 两点处飞机飞行方向是水平的, 速度 v_0, 降落过程中的飞机水平分速度不变.

(1) 求此轨道方程;

(2) 如果垂直方向加速度的绝对值不超过 g/10, 问 x_0 不得小于多少?

16. 水流入半径为 10m 的半球形蓄水池, 求水深 $h = 5\text{m}$ 时, 水的体积 V 对深度的变化率. 如果注水速率是 $5\sqrt{3}\text{m}^3/\text{min}$. 问 $h = 5\text{m}$ 时水面半径的变化速率是多少?

17. 一个半径为 a 的球渐渐沉入半径为 b、盛有部分水的圆柱形容器中 $(a < b)$. 如果球以匀速 c 下沉, 证明当球浸没一半时, 容器中水面上升速率是 $\dfrac{a^2c}{b^2 - a^2}$.

18. 靶子沿直线以速度 $v = 10\text{m/s}$ 移动, 射击运动员到直线的距离为 50m, 求靶子从垂足处开始移动 5m 时, 射击运动员的枪转动的角速度.

第 4 章　微分中值定理及导数的应用

本章中, 我们将利用导数来研究函数以及曲线的某些性态, 并利用这些知识解决一些实际问题, 而微分中值定理 (罗尔定理、拉格朗日定理、柯西定理、泰勒定理) 是导数应用的理论基础.

4.1　微分中值定理

我们先从简单而特殊的情况讲起.

定理 4.1 (罗尔 (Rolle) 定理)　若函数 $f(x)$ 在闭区间 $[a,b]$ 上连续, 在开区间 (a,b) 内可导, 并且 $f(a)=f(b)$, 则在开区间 (a,b) 内至少存在一点 ξ, 使得 $f'(\xi)=0$.

分析　从几何上看 (图 4.1), 设连续曲线弧 $\overset{\frown}{AB}$ 是函数 $y=f(x)\,(x\in[a,b])$ 的图形, 除端点外处处有不垂直于 x 轴的切线, 且两个端点的纵坐标相等, 即 $f(a)=f(b)$. 可以发现曲线弧的最高点处或最低点处, 曲线有水平的切线. 如果该点的横坐标为 ξ, 那么就有 $f'(\xi)=0$.

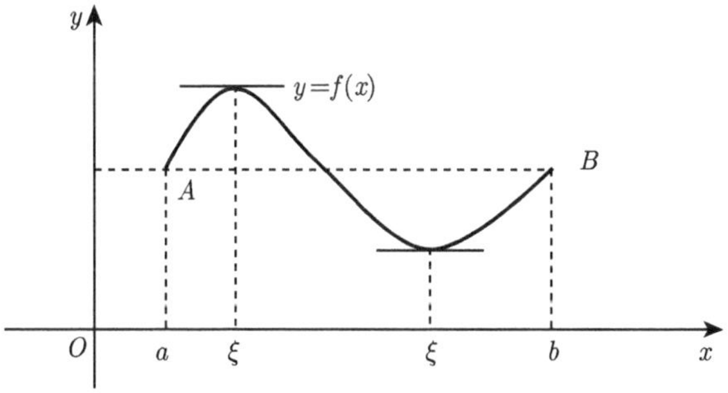

图 4.1

证明　由于函数 $f(x)$ 在闭区间 $[a,b]$ 上连续, 则 $f(x)$ 在 $[a,b]$ 上有最大值 M 和最小值 m.

若 $m=M$, 则 $f(x)$ 在闭区间 $[a,b]$ 上为常数, 这时任何一点 $\xi\in(a,b)$, 都有 $f'(\xi)=0$.

若 $m<M$, 由于 $f(a)=f(b)$ 知, 两个数 m, M 中至少有一个不等于端点的函数值 $f(a)=f(b)$, 不妨设 $M\neq f(a)$, 则在开区间 (a,b) 内至少存在一点 ξ, 使

$f(\xi)=M$, 由 $f(x)$ 在区间 (a,b) 内可导, 知 $f'(\xi)$ 存在, 下面证明 $f'(\xi)=0$.

由于 $f(x)$ 在 ξ 处最大, 故不论 Δx 是正是负, 总有

$$f(\xi+\Delta x)-f(\xi)\leqslant 0,$$

因此, 当 $\Delta x>0$ 时,

$$\frac{f(\xi+\Delta x)-f(\xi)}{\Delta x}\leqslant 0,$$

故由极限的保号性有

$$f'_{+}(\xi)=\lim_{\Delta x\to 0^{+}}\frac{f(\xi+\Delta x)-f(\xi)}{\Delta x}\leqslant 0, \tag{1}$$

而当 $\Delta x<0$ 时,

$$\frac{f(\xi+\Delta x)-f(\xi)}{\Delta x}\geqslant 0,$$

故

$$f'_{-}(\xi)=\lim_{\Delta x\to 0^{-}}\frac{f(\xi+\Delta x)-f(\xi)}{\Delta x}\geqslant 0. \tag{2}$$

由 (1), (2) 两式及 $f'(\xi)$ 存在知, 必有 $f'(\xi)=0$. □

这个定理的物理意义也很明显, 一个经过一段时间又返回原位置的直线运动, 必在某一时刻速度为零, 离原位置最远的那一点处, 就是如此.

推论 1 如果 $f(x)$ 是可导的, 则在方程 $f(x)=0$ 的两个根 (如果有) 之间至少有方程 $f'(x)=0$ 的一个根.

定理 4.2 (拉格朗日 (Lagrange) 中值定理) 如果函数 $f(x)$ 在闭区间 $[a,b]$ 上连续, 在开区间 (a,b) 内可导, 则在开区间 (a,b) 内至少存在一点 ξ, 使得

$$f(b)-f(a)=f'(\xi)(b-a). \tag{3}$$

分析 将 (3) 式变为

$$f'(\xi)-\frac{f(b)-f(a)}{b-a}=0,$$

定理的结论就转化为函数

$$\varphi(x)=f(x)-\frac{f(b)-f(a)}{b-a}x$$

在区间 (a,b) 内有点 ξ, 使 $\varphi'(\xi)=0$ 的问题, 化为罗尔定理问题 (图 4.2).

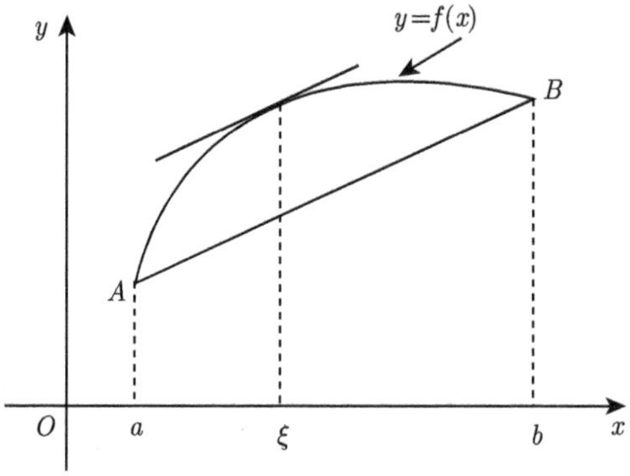

图 4.2

证明 引进辅助函数

$$\varphi(x)=f(x)-\frac{f(b)-f(a)}{b-a}x,$$

易知 $\varphi(x)$ 满足罗尔定理的条件: $\varphi(x)$ 在闭区间 $[a,b]$ 上连续, 在开区间 (a,b) 内可导, 且

$$\varphi(b)=\varphi(a)=\frac{1}{b-a}[bf(a)-af(b)].$$

故在开区间 (a,b) 内至少存在一点 ξ, 使得

$$\varphi'(\xi)=f'(\xi)-\frac{f(b)-f(a)}{b-a}=0.$$

从而得到

$$f(b)-f(a)=f'(\xi)(b-a).$$ □

公式 (3) 叫做**拉格朗日中值公式**, 在微分学中占有极其重要的地位, 它表明了函数在两点处的函数值与导数间的关系, 可利用它来研究函数的单调性及某些等式与不等式证明等问题.

显然, 当 $f(x)$ 在区间 (a,b) 内可导时, 若 $x,x+\Delta x\in(a,b)$, 则有介于 x, $x+\Delta x$ 之间的 ξ, 使得

$$f(x+\Delta x)-f(x)=f'(\xi)\Delta x, \tag{4}$$

由于 ξ 可表示为

$$\xi=x+\theta\Delta x \quad (0<\theta<1),$$

(4) 式又可写成

$$f(x+\Delta x)-f(x)=f'(x+\theta\Delta x)\Delta x, \tag{5}$$

即

$$\Delta y = f'(x + \theta \Delta x) \Delta x,$$

与用微分近似代替增量的式子

$$\Delta y \approx f'(x) \Delta x$$

比较, 后者需要 $|\Delta x|$ 充分小, 而且是近似式, 但它简单好算, 是 Δx 的线性函数; 而前者是一个准确的增量公式, 且 $|\Delta x|$ 不必很小, 只要是个有限量即可, 这就是它的重要性所在, 公式 (4), (5) 也叫**有限增量公式**, 虽然这里只肯定了 ξ 或 θ 的存在性, 未能说明其确切的值, 但这不妨碍它在理论上的作用.

推论 2　若在区间 I 上 $f'(x) \equiv 0$, 则在区间 I 上 $f(x) = C$(C 为常数).

证明　对区间 I 内任意两点 x_1, x_2, 由拉格朗日中值定理, 有

$$f(x_2) - f(x_1) = f'(\xi)(x_2 - x_1), \quad \xi\text{介于}x_1,\ x_2\text{之间}.$$

因为 $f'(x) \equiv 0$, 所以 $f(x_1) = f(x_2)$, 即区间 I 内任意两点的函数值都相等, 故

$$f(x) = C. \qquad \square$$

这个推论是"常数的导数为零"的逆命题, 在后面的积分学中起着重要的作用.

显然, 如果在区间 I 上, $f'(x) = g'(x)$, 则 $f(x)$ 与 $g(x)$ 最多相差一个常数, 即

$$f(x) = g(x) + C, \quad x \in I.$$

推论 3　若在区间 I 上 $f'(x) > 0 (< 0)$, 则 $f(x)$ 在区间 I 上单调递增 (单调递减).

证明　任取两点 $x_1, x_2 \in I$, 设 $x_1 < x_2$, 由拉格朗日中值定理, 有

$$f(x_2) - f(x_1) = f'(\xi)(x_2 - x_1) \quad (x_1 < \xi < x_2),$$

因为 $f'(x) > 0, x \in I$, 所以 $f'(\xi) > 0$, 从而

$$f(x_2) - f(x_1) > 0, \quad \text{即} \quad f(x_2) > f(x_1). \qquad \square$$

同法可证推论的另一部分.

定理 4.3 (柯西 (Cauchy) 中值定理)　如果函数 $f(x)$ 和 $g(x)$ 在闭区间 $[a, b]$ 上连续, 在开区间 (a, b) 内可导, 且 $g'(x) \neq 0$, 则在开区间 (a, b) 内至少存在一点 ξ, 使得

$$\frac{f(b) - f(a)}{g(b) - g(a)} = \frac{f'(\xi)}{g'(\xi)}. \tag{6}$$

分析 将 (6) 式写成

$$f(b)-f(a)=\frac{f'(\xi)}{g'(\xi)}[g(b)-g(a)]$$

的形式, 显然当 $g(x)=x$ 时, 它就是拉格朗日中值公式, 所以柯西中值定理是拉格朗日中值定理的推广, 用类比法不难得到它的证明, 请读者自己给出柯西中值定理的几何意义.

* **证明** 首先指出 $g(b)-g(a)\neq 0$, 这是因为

$$g(b)-g(a)=(b-a)g'(\eta),$$

其中 η 介于 a, b 之间, 且 $g'(\eta)\neq 0$.

类比拉格朗日中值定理的证明, 引进辅助函数

$$\varphi(x)=f(x)-\frac{f(b)-f(a)}{g(b)-g(a)}g(x).$$

$\varphi(x)$ 满足罗尔定理的条件: $\varphi(x)$ 在 $[a,b]$ 上连续, 在 (a,b) 内可导, 且

$$\varphi(a)=\varphi(b)=\frac{f(a)g(b)-f(b)g(a)}{g(b)-g(a)},$$

$$\varphi'(x)=f'(x)-\frac{f(b)-f(a)}{g(b)-g(a)}g'(x),$$

于是由罗尔定理知, 在 (a,b) 内至少存在一点 ξ, 使得

$$\varphi'(\xi)=f'(\xi)-\frac{f(b)-f(a)}{g(b)-g(a)}g'(\xi)=0,$$

由此得到

$$\frac{f(b)-f(a)}{g(b)-g(a)}=\frac{f'(\xi)}{g'(\xi)}.$$ □

注意: 这三个定理的条件都是充分条件, 如果某些函数不满足定理中的条件, 也可能有类似的结果; 但对另外一些函数, 定理的结论不成立, 请读者举出各种例子来说明.

下面我们举例说明这三个定理及推论在讨论函数的单调性、方程的根、不等式与等式的证明, 以及在其他理论命题证明中的应用.

例 1 讨论函数 $f(x)=x^3-3x^2+1$ 的单调区间.

解 由

$$f'(x)=3x^2-6x=3x(x-2)$$

知:

当 $x<0$ 时, $f'(x)>0$, 所以 $f(x)$ 在 $(-\infty,0]$ 上单调递增;

当 $0<x<2$ 时, $f'(x)<0$, 所以 $f(x)$ 在 $[0,2]$ 上单调递减;

当 $x>2$ 时, $f'(x)>0$, 所以 $f(x)$ 在 $[2,+\infty)$ 上单调递增.

讨论函数的单调性时, 将导函数分解为因式连乘 (除) 的形式是必要的, 以 $f'(x)$ 的零点及不可导的点为分点, 将定义域分为几个区间, 在各区间上考察 $f'(x)$ 的正负号, 确定 $f(x)$ 的单调性. 在一个区间上的连续函数, 个别点导数为零或不可导不影响函数的单调性.

例 2 设 $f(x)=x^3-12x+2$, 求方程 $f(x)=0$ 有几个实根.

解 因为

$$f'(x)=3x^2-12=3(x-2)(x+2),$$

所以, 当 $x<-2$ 时, $f'(x)>0$, $f(x)$ 单调递增; 当 $-2<x<2$ 时, $f'(x)<0$, $f(x)$ 单调递减; 当 $x>2$ 时, $f'(x)>0$, $f(x)$ 单调递增, 又

$$f(-2)=18>0, \quad f(2)=-14<0,$$

$$\lim_{x\to-\infty} f(x)=-\infty, \quad \lim_{x\to+\infty} f(x)=+\infty.$$

根据连续函数零点存在定理及函数在各区间上的单调性知, 方程 $f(x)=0$ 有三个实根, 分别在区间 $(-\infty,-2)$, $(-2,2)$ 和 $(2,+\infty)$ 内.

例 3 试证: 当 $n>1$, $0<x<y$ 时, 有不等式

$$nx^{n-1}(y-x)<y^n-x^n<ny^{n-1}(y-x).$$

证明 设 $f(t)=t^n$, 显然, $f(t)$ 在区间 $[x,y]$ 上满足拉格朗日中值定理的条件, 故有

$$y^n-x^n=n\xi^{n-1}(y-x), \quad \xi\in(x,y),$$

因为 $y-x>0$, $x<\xi<y$, 所以 $n>1$ 时, 有

$$nx^{n-1}(y-x)<y^n-x^n<ny^{n-1}(y-x).$$

例 4 试证 $\arcsin x+\arccos x=\dfrac{\pi}{2}$, $x\in[-1,\ 1]$.

证明 设 $f(x)=\arcsin x+\arccos x-\dfrac{\pi}{2}$, 则 $f(x)$ 在闭区间 $[-1,\ 1]$ 上连续, 在 $(-1,\ 1)$ 内

$$f'(x)=\frac{1}{\sqrt{1-x^2}}+\left(-\frac{1}{\sqrt{1-x^2}}\right)+0=0.$$

由推论 2 知, 在 $(-1,\ 1)$ 内 $f(x)=C$, 当 $x=0$ 时, 可知 $C=0$.

又 $f(-1)=0$, $f(1)=0$, 故等式 $\arcsin x+\arccos x=\dfrac{\pi}{2}, x\in[-1,1]$ 成立.

例 5 若 $f(x)$ 在 $[0,a]$ 上连续, 在 $(0,a)$ 内可导, 且 $f(a)=0$, 试证: 存在一点 $\xi\in(0,a)$, 使 $f(\xi)+\xi f'(\xi)=0$.

证明 设 $g(x)=xf(x)$, 则 $g(x)$ 在 $[0,a]$ 上连续, 在 $(0,a)$ 内可导, 且 $g(0)=0$, $g(a)=af(a)=0$, 根据罗尔定理, 至少存在一点 $\xi\in(0,a)$, 使得 $g'(\xi)=0$, 即 $f(\xi)+\xi f'(\xi)=0$.

例 6 设 $f(x)$ 在闭区间 $[x_1,x_2]$ 上可微, 且 $x_1x_2>0$, 试证: 至少存在一点 $\xi\in(x_1,x_2)$, 使

$$\frac{x_1f(x_2)-x_2f(x_1)}{x_1-x_2}=f(\xi)-\xi f'(\xi).$$

证明 因 $x_1x_2>0$, 所以 $x_1,x_2\neq0$, 且 x_1,x_2 同号, 由于

$$\frac{x_1f(x_2)-x_2f(x_1)}{x_1-x_2}=\frac{\dfrac{f(x_2)}{x_2}-\dfrac{f(x_1)}{x_1}}{\dfrac{1}{x_2}-\dfrac{1}{x_1}},$$

故令

$$F(x)=\frac{f(x)}{x},\quad G(x)=\frac{1}{x}.$$

显然 $F(x),G(x)$ 在区间 $[x_1,x_2]$ 上可导, 且 $G'(x)=-\dfrac{1}{x^2}\neq0$, 由柯西中值定理知至少存在一点 $\xi\in(x_1,x_2)$, 使

$$\frac{\dfrac{f(x_2)}{x_2}-\dfrac{f(x_1)}{x_1}}{\dfrac{1}{x_2}-\dfrac{1}{x_1}}=\frac{\dfrac{\xi f'(\xi)-f(\xi)}{\xi^2}}{-\dfrac{1}{\xi^2}}=f(\xi)-\xi f'(\xi),$$

即

$$\frac{x_1f(x_2)-x_2f(x_1)}{x_1-x_2}=f(\xi)-\xi f'(\xi).$$

习 题 4.1

1. 下列函数在指定的区间上是否满足罗尔定理的条件, 在区间内是否有点 ξ, 使 $f'(\xi)=0$?

(1) $y=x^3+2x^2-3x-1, [0,1]$;　　(2) $y=\ln\sin x, \left[\dfrac{\pi}{6},\dfrac{5\pi}{6}\right]$;

(3) $y=2-\sqrt[3]{x^2}, [-1,1]$;　　(4) $y=|\cos x|, \left[-\dfrac{\pi}{4},\dfrac{3\pi}{4}\right]$.

2. 证明多项式 $P(x)=x(x-1)(x-2)(x-3)$ 的导函数的根 (零点) 都是实根, 并指出这些根的所在范围.

3. 试证: 对二次函数 $y=px^2+qx+r$ 应用拉格朗日中值定理时, 点 ξ 总位于区间的正中间.

4. 设 $f(x)=\begin{cases}3-x^2, & 0\leqslant x\leqslant 1,\\ \dfrac{2}{x}, & 1<x\leqslant 2,\end{cases}$ 试问在区间 [0,2] 上 $f(x)$ 是否满足拉格朗日中值定理的条件, 满足等式 $f(2)-f(0)=f'(\xi)(2-0)$ 的 ξ 共有几个?

5. 证明: $x\geqslant 1$ 时, $\arctan x-\dfrac{1}{2}\arccos\dfrac{2x}{1+x^2}=\dfrac{\pi}{4}$.

6. 证明下列不等式.

(1) $\dfrac{\beta-\alpha}{\cos^2\alpha}\leqslant\tan\beta-\tan\alpha\leqslant\dfrac{\beta-\alpha}{\cos^2\beta}$, 当 $0<\alpha<\beta<\dfrac{\pi}{2}$ 时;

(2) $\dfrac{x}{1+x}<\ln(1+x)<x$, 当 $x>0$ 时;

(3) $(x^\alpha+y^\alpha)^{\frac{1}{\alpha}}>(x^\beta+y^\beta)^{\frac{1}{\beta}}$, 当 $x,y>0,\ \beta>\alpha>0$ 时.

7. 设 $f(x)$ 在闭区间 $[0,1]$ 上连续, 在开区间 $(0,1)$ 内可导, 且 $f(0)=f(1)=0$, 试证在开区间 $(0,1)$ 内至少存在一点 ξ, 使得 $f'(\xi)+(2\xi+1)f(\xi)=0$.

8. 设 $f(x)$ 在闭区间 $[0,1]$ 上连续, 在开区间 $(0,1)$ 内可导, 且 $f(0)=f(1)=0$, 试证在开区间 $(0,1)$ 内至少存在一点 ξ, 使得 $f'(\xi)-\dfrac{2}{1+\xi^2}f(\xi)=0$.

9. 设 $f(x)$ 在 $[a,b]$ 上连续, 在开区间 (a,b) 内可导, $a>0$, 试证存在点 $\xi\in(a,b)$ 使得 $f(b)-f(a)=\xi f'(\xi)\ln\dfrac{b}{a}$.

10. 设 $f(x)$ 在 $[a,b]$ 上连续, 在开区间 (a,b) 内有二阶导数, 连两点 $(a,f(a))$ 和点 $(b,f(b))$ 的直线与曲线 $y=f(x)$ 相交于点 $(c,f(c))$, 其中 $a<c<b$, 试证方程 $f''(x)=0$ 在 (a,b) 内至少有一个实根, 如果将直线换为曲线 $y=g(x)$, 且在 (a,b) 上有二阶导数, 将有什么类似的结论?

11. 设 $f'(x)$ 在 $[a,b]$ 上连续, $f''(x)$ 在开区间 (a,b) 内存在, 若 $f(a)=f(b)=0$, 且有 $c\in(a,b)$, 使得 $f(c)<0$, 证明存在点 $\xi\in(a,b)$, 使得 $f''(\xi)>0$.

12. 设 $f(x), g(x)$ 都在区间 I 上可导, 证明在 $f(x)$ 的任意两个零点之间, 必有方程 $f'(x)+g'(x)f(x)=0$ 的实根.

13. 设 $f(x)$ 在区间 $\left[0,\dfrac{\pi}{2}\right]$ 上可导, 且 $f(0)f\left(\dfrac{\pi}{2}\right)<0$, 证明 $\exists\xi\in\left(0,\dfrac{\pi}{2}\right)$, 使得 $f'(\xi)=f(\xi)\tan\xi$.

14. 若有常数 $L>0$, 使得 $|f(x_2)-f(x_1)|\leqslant L|x_2-x_1|, \forall x_1,x_2\in I$, 则说函数 $f(x)$ 在区间 I 上满足利普希茨 (Lipschitz) 条件, 你认为它与 $f(x)$ 在 I 上连续、可

导有什么关系? 证明你的结论.

15. 确定下列函数的单调区间.

(1) $y=\sqrt{2x-x^2}$;　　(2) $y=x-\mathrm{e}^x$.

16. 设 $f''(x)>0$, $f(0)<0$, 证明函数 $g(x)=\dfrac{f(x)}{x}$ 分别在区间 $(-\infty,0)$ 和 $(0,+\infty)$ 内单调递增.

17. 已知 $y=ax^3+bx^2+cx+1$ 单调减少, 求 a,b,c 满足的条件.

18. 讨论下列方程实根的个数.

(1) $|x|+\sqrt{|x|}-\cos x=0$;　　(2) $\ln x=ax\,(a>0)$;

(3) $\mathrm{e}^x=x+a\,(a$ 为实数$)$;　　(4) $\ln x=x-a\,(a>1,x>0)$.

19. 设 $f(x)$ 在 $[a,+\infty)$ 上连续, 且当 $x>a$ 时, $f'(x)>k>0$, 其中 k 为常数. 试证若 $f(a)<0$, 则方程 $f(x)=0$ 有且仅有一个实根, 请指出这个实根存在的有限区间.

20. 设 $f''(x)<0$, $f(0)=0$, 证明对任何 $x_1,x_2>0$, 有

$$f(x_1+x_2)<f(x_1)+f(x_2).$$

21. 设 $f(x)$ 在 [0,1] 上连续, 在 $(0,1)$ 内可导, 且 $f(0)=f(1)=0$, $f\left(\dfrac{1}{2}\right)=1$. 试证在开区间 $(0,1)$ 内存在两个不同的点 ξ,η, 使得 $f'(\xi)=-1, f'(\eta)=1$.

22. (达布定理) 设 $f(x)$ 在区间 (a,b) 内可微, $x_1,x_2\in(a,b)$. 若 $f'(x_1)\cdot f'(x_2)<0$, 证明至少存在一点 $\xi\in(x_1,x_2)$, 使得 $f'(\xi)=0$.

23. 设 $f(x)$ 在闭区间 [0,1] 上可导, 且 $f(0)=0$, $f(1)=1$, 证明在开区间 $(0,1)$ 内存在两个不同的点 ξ,η, 使 $\dfrac{1}{f'(\xi)}+\dfrac{1}{f'(\eta)}=2$.

24. 选择题.

(1) 设 $f(x)$ 在闭区间 $[a,b]$ 上有定义, 在开区间 (a,b) 内可导, 则 (　　).

(A) 若 $f(a)f(b)<0$, 则一定存在 $\xi\in(a,b)$, 使得 $f(\xi)=0$;

(B) 若 $f(a)=f(b)$, 则一定存在 $\xi\in(a,b)$, 使得 $f'(\xi)=0$;

(C) 一定存在 $\xi\in(a,b)$, 使得 $f(b)-f(a)=f'(\xi)(b-a)$;

(D) 以上说法都不对.

(2) 设 $f'(x)$ 在 $[a,b]$ 上连续, 且 $f'(a)>0$, $f'(b)<0$, 则下列结论中错误的是 (　　).

(A) 至少存在一点 $x_0\in(a,b)$, 使得 $f(x_0)>f(a)$;

(B) 至少存在一点 $x_0\in(a,b)$, 使得 $f(x_0)>f(b)$;

(C) 至少存在一点 $x_0\in(a,b)$, 使得 $f'(x_0)=0$;

(D) 至少存在一点 $x_0 \in (a,b)$, 使得 $f(x_0)=0$.

4.2 洛必达法则

4.2.1 $\dfrac{0}{0}$ 和 $\dfrac{\infty}{\infty}$ 型未定式

如果当 $x \to x_0$(或 $x \to \infty$) 时, 两个函数 $f(x)$ 和 $g(x)$ 都趋于零或都趋于无穷大, 那么极限 $\lim\limits_{\substack{x\to x_0\\(x\to\infty)}} \dfrac{f(x)}{g(x)}$ 可能存在, 也可能不存在, 通常把这种 $\dfrac{f(x)}{g(x)}$ 叫做未定式, 并分别记为 $\dfrac{0}{0}$ 或 $\dfrac{\infty}{\infty}$. 确定未定式 $\dfrac{0}{0}$ 和 $\dfrac{\infty}{\infty}$ 的极限是较困难的, 我们曾采取消去"零因子" 和 "∞ 因子", 利用重要极限, 以及等价无穷小代换等手段部分地解决问题, 由于柯西中值定理能把函数比变为导数比, 从而促使人们想到, 上述未定式的极限能否通过导数比的极限来确定? 洛必达 (G. F. L'Hospital, 1661—1704), 给出了简便而重要的洛必达法则.

定理 4.4 (洛必达法则) 若函数 $f(x), g(x)$ 满足下列条件:

(1) 当 $x \to x_0$ 时, $f(x) \to 0, g(x) \to 0$;

(2) 在 x_0 的某一去心邻域内, $f'(x), g'(x)$ 均存在且 $g'(x) \neq 0$;

(3) $\lim\limits_{x\to x_0} \dfrac{f'(x)}{g'(x)}$ 存在 (或为无穷大),

则

$$\lim_{x\to x_0} \frac{f(x)}{g(x)} = \lim_{x\to x_0} \frac{f'(x)}{g'(x)}.$$

证明 补充定义 $f(x_0) = g(x_0) = 0$, 则 $f(x), g(x)$ 在点 x_0 处连续, 这样对充分靠近 x_0 的点 x, $f(x)$ 和 $g(x)$ 在以 x_0 和 x 为端点的区间上满足柯西中值定理的条件, 故有

$$\frac{f(x)}{g(x)} = \frac{f(x) - f(x_0)}{g(x) - g(x_0)} = \frac{f'(\xi)}{g'(\xi)}, \quad \xi介于 x_0, x 之间,$$

令 $x \to x_0$, 取极限, 注意此时 $\xi \to x_0$, 若 $\lim\limits_{x\to x_0} \dfrac{f'(x)}{g'(x)}$ 存在, 故

$$\lim_{x\to x_0} \frac{f(x)}{g(x)} = \lim_{\xi\to x_0} \frac{f'(\xi)}{g'(\xi)} = \lim_{x\to x_0} \frac{f'(x)}{g'(x)}.$$

若 $\lim\limits_{x\to x_0} \dfrac{f'(x)}{g'(x)} = \infty$, 则 $\forall M > 0$, $\exists \delta > 0$, 使得当 $0 < |x - x_0| < \delta$ 时, 有

$\left|\dfrac{f'(x)}{g'(x)}\right| > M$ 成立, 而 $0 < |\xi - x_0| < \delta$, 于是 $\left|\dfrac{f'(\xi)}{g'(\xi)}\right| > M$, 所以 $\left|\dfrac{f(x)}{g(x)}\right| > M$, 即

$$\lim_{x\to x_0}\frac{f(x)}{g(x)} = \infty. \qquad \square$$

以上结论对$x \to x_0^-, x \to x_0^+, x \to -\infty, x \to +\infty, x \to \infty$ 等过程也是成立的. 另外对于 $\dfrac{\infty}{\infty}$ 型未定式也成立. 洛必达法则给我们提供了求 $\dfrac{0}{0}$ 或 $\dfrac{\infty}{\infty}$ 型极限的一条途径.

例 1 $\displaystyle\lim_{x\to 0}\frac{e^x - e^{-x}}{x} \overset{\frac{0}{0}}{=} \lim_{x\to 0}\frac{e^x + e^{-x}}{1} = 2.$

例 2 $\displaystyle\lim_{x\to 0}\frac{\ln(1+x^2) - x^2}{x^4} \overset{\frac{0}{0}}{=} \lim_{x\to 0}\frac{\dfrac{2x}{1+x^2} - 2x}{4x^3} = \lim_{x\to 0}\frac{1}{-2(1+x^2)} = -\frac{1}{2}.$

使用洛必达法则计算极限的时候, 首先要验证是否满足条件, 是否为 $\dfrac{0}{0}$ 或 $\dfrac{\infty}{\infty}$ 型未定式, 然后应尽力化简, 将极限为非零常数的因式的极限先求出, 可以连续几次使用洛必达法则, 也可以结合等价无穷小代换等方法, 使计算简化.

例 3
$$\begin{aligned}\lim_{x\to 0}\frac{e^x - e^{-x} - 2x}{x - \sin x} &\overset{\frac{0}{0}}{=} \lim_{x\to 0}\frac{e^x + e^{-x} - 2}{1 - \cos x} \overset{\frac{0}{0}}{=} \lim_{x\to 0}\frac{e^x - e^{-x}}{\sin x} \\ &\overset{\frac{0}{0}}{=} \lim_{x\to 0}\frac{e^x + e^{-x}}{\cos x} = 2.\end{aligned}$$

例 4 $\displaystyle\lim_{x\to 0^+}\frac{\ln x}{\cot x} \overset{\frac{\infty}{\infty}}{=} \lim_{x\to 0^+}\frac{\dfrac{1}{x}}{-\csc^2 x} = \lim_{x\to 0^+}\frac{-\sin^2 x}{x} = 0.$

例 5
$$\begin{aligned}\lim_{x\to 0}\frac{x - \arctan x}{x^3 \arccos x} &\overset{\frac{0}{0}}{=} \frac{2}{\pi}\cdot\lim_{x\to 0}\frac{x - \arctan x}{x^3} \\ &= \frac{2}{\pi}\cdot\lim_{x\to 0}\frac{1 - \dfrac{1}{1+x^2}}{3x^2} = \frac{2}{\pi}\cdot\lim_{x\to 0}\frac{1}{3(1+x^2)} = \frac{2}{3\pi}.\end{aligned}$$

例 6 $\displaystyle\lim_{x\to 0}\frac{(x - \sin x)e^x}{x\cos x\tan^2 x} \overset{\frac{0}{0}}{=} \lim_{x\to 0}\frac{x - \sin x}{x\tan^2 x} = \lim_{x\to 0}\frac{x - \sin x}{x^3} = \lim_{x\to 0}\frac{1 - \cos x}{3x^2} = \frac{1}{6}.$

例 7 $\displaystyle\lim_{x\to +\infty}\frac{x^\mu}{\ln x} \overset{\frac{\infty}{\infty}}{=} \lim_{x\to +\infty}\frac{\mu x^{\mu-1}}{\dfrac{1}{x}} = \lim_{x\to +\infty}\mu x^\mu = +\infty \quad (\mu > 0).$

由例 7 知, 当 $x \to +\infty$ 时, 任何正幂的幂函数都比对数函数更快地趋向于无穷.

例 8 求极限 $\displaystyle\lim_{x\to +\infty}\frac{x^\mu}{\alpha^{\lambda x}}\ (\lambda, \mu > 0, \alpha > 1).$

解　因 $\mu > 0$, 必有正整数 n_0, 使 $n_0 - 1 < \mu \leqslant n_0$, 连续使用洛必达法则 n_0 次, 得

$$\lim_{x\to+\infty}\frac{x^{\mu}}{\alpha^{\lambda x}} \overset{\frac{\infty}{\infty}}{=} \lim_{x\to+\infty}\frac{\mu x^{\mu-1}}{\lambda\alpha^{\lambda x}\ln\alpha} = \cdots = \lim_{x\to+\infty}\frac{\mu(\mu-1)\cdots(\mu-n_0+1)}{\lambda^{n_0}\alpha^{\lambda x}x^{n_0-\mu}\ln^{n_0}\alpha} = 0.$$

由例 8 知, 当 $x\to+\infty$ 时, 底数大于 1、指数为正的指数函数比任何幂函数都更快地趋向于无穷.

最后指出, 当导数比的极限不存在时, 不能断定函数比的极限不存在, 这时不能使用洛必达法则, 例如,

$$\lim_{x\to\infty}\frac{x+\sin x}{x} = \lim_{x\to\infty}\left(1+\frac{\sin x}{x}\right) = 1.$$

然而

$$\frac{(x+\sin x)'}{x'} = 1+\cos x,$$

当 $x\to\infty$ 时无极限.

4.2.2　其他型未定式

下面涉及的极限, 在同一问题中的极限过程是相同的, 我们不再标明了.

若 $f(x)\to 0$, $g(x)\to\infty$, 则说 $f(x)g(x)$ 是 “$0\cdot\infty$” 型未定式, 只要把它变形为

$$f(x)g(x) = \frac{f(x)}{\dfrac{1}{g(x)}} \quad 或 \quad f(x)g(x) = \frac{g(x)}{\dfrac{1}{f(x)}},$$

使之呈 $\dfrac{0}{0}$ 型或 $\dfrac{\infty}{\infty}$ 型, 就可以考虑使用洛必达法则求极限.

若 $f(x)\to+\infty$, $g(x)\to+\infty$ (或 $f(x)\to-\infty$, $g(x)\to-\infty$), 则说 $f(x)-g(x)$ 是 “$\infty-\infty$” 型未定式也要想法先把它化为 $\dfrac{0}{0}$ 或 $\dfrac{\infty}{\infty}$ 型, 如

$$f(x)-g(x) = \frac{\dfrac{1}{g(x)}-\dfrac{1}{f(x)}}{\dfrac{1}{f(x)g(x)}}.$$

对具体问题, 可能有较简单的化法.

若幂指函数 $f(x)^{g(x)}$ 为 “0^0”, “1^∞” 或 “∞^0” 型未定式时, 由于

$$f(x)^{g(x)} = \mathrm{e}^{g(x)\ln f(x)} \quad (f(x)>0),$$

它的极限取决于 $g(x)\ln f(x)$ 的极限, 这是 “$0\cdot\infty$” 型未定式, 可以用上述方法确定极限, 从而求出 $f(x)^{g(x)}$ 的极限.

注意: "$0\cdot\infty$", "$\infty-\infty$", "0^0", "1^∞" 和 "∞^0" 五种未定式没有直接的洛必达法则, 只有把它们化为 $\dfrac{0}{0}$ 型或 $\dfrac{\infty}{\infty}$ 型, 才可能使用洛必达法则.

例 9 $\lim\limits_{x\to0^+} x^\mu \ln x \overset{0\cdot\infty}{=\!=} \lim\limits_{x\to0^+}\dfrac{\ln x}{x^{-\mu}} \overset{\frac{\infty}{\infty}}{=} \lim\limits_{x\to0^+}\dfrac{x^\mu}{-\mu}=0\,(\mu>0)$.

例 10

$$\lim_{x\to0}\left(\frac{1}{x}-\frac{1}{\mathrm{e}^x-1}\right) \overset{\infty-\infty}{=\!=\!=} \lim_{x\to0}\frac{\mathrm{e}^x-1-x}{x\mathrm{e}^x-x}=\lim_{x\to0}\frac{\mathrm{e}^x-1}{\mathrm{e}^x(x+1)-1}=\lim_{x\to0}\frac{\mathrm{e}^x}{\mathrm{e}^x(x+2)}=\frac{1}{2}.$$

例 11 $\lim\limits_{x\to0^+} x^x \overset{0^0}{=} \lim\limits_{x\to0^+}\mathrm{e}^{x\ln x} \overset{\frac{\infty}{\infty}}{=} \mathrm{e}^{\lim\limits_{x\to0^+}\frac{\ln x}{\frac{1}{x}}} = \mathrm{e}^{\lim\limits_{x\to0^+}\frac{\frac{1}{x}}{-\frac{1}{x^2}}}=\mathrm{e}^0=1$.

例 12

$$\begin{aligned}\lim_{x\to\infty}\left(\sin\frac{2}{x}+\cos\frac{1}{x}\right)^x &\overset{1^\infty}{=} \lim_{x\to\infty}\mathrm{e}^{x\ln\left(\sin\frac{2}{x}+\cos\frac{1}{x}\right)}\\ &=\mathrm{e}^{\lim\limits_{x\to\infty}x\ln\left(\sin\frac{2}{x}+\cos\frac{1}{x}\right)}\\ &\overset{\frac{1}{x}=t}{=\!=\!=}\mathrm{e}^{\lim\limits_{t\to0}\frac{\ln(\sin2t+\cos t)}{t}}\\ &=\mathrm{e}^{\lim\limits_{t\to0}\frac{2\cos2t-\sin t}{\sin2t+\cos t}}=\mathrm{e}^2.\end{aligned}$$

求数列的极限不能直接用洛必达法则, 除非能把它转化为函数的未定式的极限.

例 13 求 $\lim\limits_{n\to\infty} n^{\tan\frac{1}{n}}$.

解 由于

$$\begin{aligned}\lim_{x\to+\infty} x^{\tan\frac{1}{x}} &\overset{\infty^0}{=} \mathrm{e}^{\lim\limits_{x\to+\infty}\tan\frac{1}{x}\cdot\ln x}\\ &\overset{t=\frac{1}{x}}{=\!=\!=}\mathrm{e}^{\lim\limits_{t\to0^+}\tan t\cdot\ln\frac{1}{t}}\\ &\overset{0\cdot\infty}{=\!=}\mathrm{e}^{\lim\limits_{t\to0^+}\frac{-\ln t}{\cot t}}\\ &\overset{\frac{\infty}{\infty}}{=}\mathrm{e}^{\lim\limits_{t\to0^+}\frac{-\frac{1}{t}}{-\frac{1}{\sin^2 t}}}=\mathrm{e}^0=1.\end{aligned}$$

又 $n\to\infty$ 是 $x\to+\infty$ 中的一种特殊情况, 所以有

$$\lim_{n\to\infty} n^{\tan\frac{1}{n}}=1.$$

习 题 4.2

1. 求下列极限.

(1) $\lim\limits_{x\to0}\dfrac{x-\arcsin x}{x^3}$;　　(2) $\lim\limits_{x\to-1^+}\dfrac{\sqrt{\pi}-\sqrt{\arccos x}}{\sqrt{x+1}}$;

(3) $\lim\limits_{x\to+\infty}\dfrac{\ln\left(1+\dfrac{1}{x}\right)}{\dfrac{\pi}{2}-\arctan x}$;

(4) $\lim\limits_{x\to0}\dfrac{e^x-e^{\sin x}}{x^3}$;

(5) $\lim\limits_{x\to0}\dfrac{(1+x)^{\frac{1}{x}}-e}{x}$;

(6) $\lim\limits_{x\to0^+}\dfrac{\ln(\arcsin x)}{\cot x}$;

(7) $\lim\limits_{x\to0^+}\dfrac{\ln\tan5x}{\ln\tan3x}$;

(8) $\lim\limits_{x\to0}\dfrac{e^x+e^{-x}-2}{1-\cos x}$;

(9) $\lim\limits_{x\to1}(1-x)\tan\dfrac{\pi x}{2}$;

(10) $\lim\limits_{x\to0}\dfrac{\ln|\cot x|}{\csc x}$;

(11) $\lim\limits_{x\to0}\dfrac{xe^x-\sin x}{x^2}$;

(12) $\lim\limits_{x\to+\infty}\ln(1+e^{ax})\ln\left(1+\dfrac{b}{x}\right)(a>0,b\neq0)$;

(13) $\lim\limits_{x\to1}\left(\dfrac{x}{x-1}-\dfrac{1}{\ln x}\right)$;

(14) $\lim\limits_{x\to0^+}\left(\dfrac{1}{x}\right)^{\tan x}$;

(15) $\lim\limits_{x\to\frac{\pi}{2}^-}(\cos x)^{\frac{\pi}{2}-x}$;

(16) $\lim\limits_{x\to0^+}x^{\frac{1}{\ln(e^x-1)}}$;

(17) $\lim\limits_{n\to\infty}\left(\cos\dfrac{t}{n}\right)^n$;

(18) $\lim\limits_{x\to0}\left[\dfrac{(1+x)^{\frac{1}{x}}}{e}\right]^{\frac{1}{x}}$;

(19) $\lim\limits_{x\to+\infty}(x+e^x)^{\frac{1}{x}}$;

(20) $\lim\limits_{x\to0^+}\left(\ln(1+x^2)\right)^{\frac{1}{\ln x}}$;

(21) $\lim\limits_{x\to+\infty}\left(1+x^2\right)^{\frac{1}{\ln x}}$;

(22) $\lim\limits_{x\to+\infty}\left(\dfrac{2}{\pi}\arctan x\right)^x$;

(23) $\lim\limits_{x\to0}(1+x^3)^{\frac{1}{x-\arctan x}}$.

2. 当 $x\to0$ 时, $\dfrac{2}{3}(\cos x-\cos2x)$ 是 x 的几阶无穷小?

3. 若 $\lim\limits_{x\to0}\dfrac{\tan x-\sin x}{x^p}=\dfrac{1}{2}$, 求常数 p.

4. 设函数 $f(x)=\begin{cases}\dfrac{g(x)-\cos x}{x}, & x\neq0,\\ a, & x=0,\end{cases}$ 其中 $g(x)$ 具有二阶连续导数, 且 $g(0)=1$.

(1) 求 a, 使 $f(x)$ 在 $x=0$ 处连续; (2) 求 $f'(x)$;

(3) 讨论 $f'(x)$ 在 $x=0$ 处的连续性.

5. 设 $f(x)$ 具有二阶导数, 当 $x\neq0$ 时, $f(x)\neq0$, 且 $\lim\limits_{x\to0}\dfrac{f(x)}{x}=0$, $f''(0)=4$, 求 $\lim\limits_{x\to0}\left(1+\dfrac{f(x)}{x}\right)^{\frac{1}{x}}$.

6. **证明函数** $f(x)=\begin{cases} e^{-\frac{1}{x^2}}, & x\neq 0, \\ 0, & x=0 \end{cases}$ **在** $x=0$ **处各阶导数存在, 且** $f^{(n)}(0)=0, n=1,2,\cdots$.

4.3 泰勒公式

无论在理论研究上, 还是在实际工作中, 以简单的、熟悉的函数来近似表达复杂的函数都是常用的手段, 我们最熟悉、最简单的函数就是多项式函数, 它不仅容易计算函数值, 而且它的导数仍为多项式, 那么用怎样的多项式去逼近给定的函数呢? 误差如何呢?

在学习微分时, 我们知道, 若 $f'(x_0)$ 存在, 在 x_0 附近有

$$f(x)\approx f(x_0)+f'(x_0)(x-x_0), \tag{1}$$

当 $x\to x_0$ 时, 其误差是比 $x-x_0$ 高阶的无穷小, 但是用一次多项式来近似表达函数 $f(x)$ 常常不能满足精度要求, 比如, 造三角函数表, 若用 (1) 式近似计算函数值偏差太大, 而且对 (1) 式的误差没有定量的估计, 因此人们希望在 x_0 附近用适当的高次多项式

$$P_n(x)=a_0+a_1(x-x_0)+a_2(x-x_0)^2+\cdots+a_n(x-x_0)^n \tag{2}$$

来近似表达函数 $f(x)$.

那么 $a_0,a_1,\cdots,a_n$ 取什么值时多项式 $P_n(x)$ 能较好地表示 $f(x)$ 呢? 假设函数 $f(x)$ 在点 x_0 处有 n 阶导数, 自然希望多项式 $P_n(x)$ 在 x_0 处的值以及它的各阶导数在 x_0 处的值分别与 $f(x_0), f'(x_0),\cdots,f^{(n)}(x_0)$ 相等 (用几何的话来说, 就是在 x_0 处有相同的纵坐标、相同的切线、相同的弯曲方向和弯曲程度 $\cdots\cdots$. 从运动学的角度讲, 就是要有相同的起点、相同的初始速度、相同的加速度 $\cdots\cdots$).

于是有

$$a_0=f(x_0), a_1=f'(x_0), a_2=\frac{f''(x_0)}{2!},\cdots,a_n=\frac{f^{(n)}(x_0)}{n!}.$$

所以, 多项式 (2) 应为

$$P_n(x)=f(x_0)+f'(x_0)(x-x_0)+\frac{f''(x_0)}{2!}(x-x_0)^2+\cdots+\frac{f^{(n)}(x_0)}{n!}(x-x_0)^n, \tag{3}$$

称 (3) 式为 $f(x)$ 的泰勒多项式.

下面将证明确实可以用泰勒多项式逼近函数 $f(x)$, 并估计它的误差.

定理 4.5 (泰勒定理)　设函数 $f(x)$ 在点 x_0 处有 n 阶导数, 则在 x_0 附近 $f(x)$ 可表为

$$f(x)=f(x_0)+f'(x_0)(x-x_0)+\frac{f''(x_0)}{2!}(x-x_0)^2+\cdots+\frac{f^{(n)}(x_0)}{n!}(x-x_0)^n+R_n(x), \tag{4}$$

其中

$$R_n(x)=o\left(|x-x_0|^n\right). \tag{5}$$

分析　要证明的是 $R_n(x)$ 是 $(x-x_0)^n$ 的高阶无穷小. 自然想到高阶无穷小的定义和洛必达法则.

证明　显然

$$R_n(x)=f(x)-P_n(x)$$

在 x_0 处有 n 阶导数, 且

$$R_n(x_0)=R_n'(x_0)=R_n''(x_0)=\cdots=R_n^{(n)}(x_0)=0, \tag{6}$$

据此, 连续使用洛必达法则 $n-1$ 次, 再用 n 阶导数的定义, 可推得

$$\begin{aligned}\lim_{x\to x_0}\frac{R_n(x)}{(x-x_0)^n}&=\lim_{x\to x_0}\frac{R_n^{(n-1)}(x)}{n!(x-x_0)}\\&=\frac{1}{n!}\lim_{x\to x_0}\frac{R_n^{(n-1)}(x)-R_n^{(n-1)}(x_0)}{x-x_0}=\frac{1}{n!}R_n^{(n)}(x_0)=0.\end{aligned}$$

这说明, 当 $x\to x_0$ 时, $R_n(x)$ 是 $(x-x_0)^n$ 的高阶无穷小, 即

$$R_n(x)=o\left(|x-x_0|^n\right),$$

称 (4) 式为函数 $f(x)$ 按 $(x-x_0)$ 的幂 (或在 x_0 处) 展开到 n 阶的泰勒公式, 称 (5) 式为**佩亚诺型余项,** 定理 4.5 说明当 $|x-x_0|$ 充分小时, 可以用泰勒多项式 (3) 逼近函数 $f(x)$. □

定理 4.6 (泰勒中值定理)　设函数 $f(x)$ 在区间 I 上有 $n+1$ 阶导数, $x_0\in I$, 则在区间 I 上 $f(x)$ 的 n 阶泰勒公式 (4) 成立, 且其余项 $R_n(x)$ 可表为

$$R_n(x)=\frac{f^{(n+1)}(\xi)}{(n+1)!}(x-x_0)^{n+1},\quad x\in I, \tag{7}$$

其中 ξ 是介于 x_0 和 x 之间的某个 (与 x 有关的) 数.

分析　将要证的 (7) 式变形为

$$\frac{R_n(x)}{(x-x_0)^{n+1}}=\frac{f^{(n+1)}(\xi)}{(n+1)!}, \tag{8}$$

等式一边为两个函数比, 另一边为它们的 $n+1$ 阶导数比. 自然联想到柯西中值定理.

证明 注意 (8) 式, 对函数 $R_n(x)$ 及 $(x-x_0)^{n+1}$ 在以 x_0 及 $x\in I$ 为端点的区间上应用柯西中值定理, 得

$$\frac{R_n(x)}{(x-x_0)^{n+1}}=\frac{R_n(x)-R_n(x_0)}{(x-x_0)^{n+1}-0}=\frac{R_n'(\xi_1)}{(n+1)(\xi_1-x_0)^n}\quad(\xi_1\text{ 介于}x_0\text{ 与 }x\text{ 之间}),$$

再对函数 $R_n'(x)$ 及 $(n+1)(x-x_0)^n$ 在以 x_0 及 ξ_1 为端点的区间上应用柯西中值定理, 有

$$\begin{aligned}\frac{R_n'(\xi_1)}{(n+1)(\xi_1-x_0)^n}&=\frac{R_n'(\xi_1)-R_n'(x_0)}{(n+1)(\xi_1-x_0)^n-0}\\&=\frac{R_n''(\xi_2)}{n(n+1)(\xi_2-x_0)^{n-1}}\quad(\xi_2\text{ 介于 }x_0,\ \xi_1\text{ 之间}).\end{aligned}$$

如此, 连续应用柯西中值定理 $n+1$ 次, 得到

$$\frac{R_n(x)}{(x-x_0)^{n+1}}=\frac{R_n^{(n+1)}(\xi)}{(n+1)!}\quad(\xi\text{ 介于 }x_0,\ x\text{ 之间}),$$

又因 $R_n^{(n+1)}(x)=f^{(n+1)}(x)$(因 $P_n^{(n+1)}(x)=0$), 所以

$$R_n(x)=\frac{f^{(n+1)}(\xi)}{(n+1)!}(x-x_0)^{n+1}\quad(\xi\text{ 介于 }x_0,\ x\text{ 之间}),$$

称 (7) 式为拉格朗日型余项.

容易看出:

(1) 当 $n=0$ 时, 泰勒公式就是拉格朗日中值公式;

(2) 若用 $f(x)$ 的 n 阶泰勒多项式近似表达 $f(x)$ 时, 其误差

$$|R_n(x)|=\frac{\left|f^{(n+1)}(\xi)\right|}{(n+1)!}|x-x_0|^{n+1},$$

特别地, 若 $x\in I$ 时, $\left|f^{(n+1)}(x)\right|<M$, 则

$$|R_n(x)|\leqslant\frac{M}{(n+1)!}|x-x_0|^{n+1},\tag{9}$$

所以, 只要 $|x-x_0|$ 适当小, 误差 $|R_n(x)|$ 就能小于预先指定的数;

(3) 若在区间 I 内, $f(x)$ 有各阶导数, 且有共同的界, 则对固定的 $x\in I$, 因为

$$\lim_{n\to\infty}\frac{|x-x_0|^{n+1}}{(n+1)!}=0,$$

所以只要 (4) 式中的多项式的次数 n 适当大, 误差 $|R_n(x)|$ 也能小于预先指定的数.

在泰勒公式 (4) 中, 若 $x_0=0$, 则 ξ 介于 $0, x$ 之间, 故 ξ 可表为 $\xi=\theta x$ $(0<\theta<1)$, 这时的 (4) 式, 即按 x 的幂 (在零点) 展开的泰勒公式叫做**麦克劳林公式**

$$f(x)=f(0)+f'(0)x+\frac{f''(0)}{2!}x^2+\cdots+\frac{f^{(n)}(0)}{n!}x^n+\frac{f^{(n+1)}(\theta x)}{(n+1)!}x^{n+1}\quad(0<\theta<1),\tag{10}$$

由此得到近似公式

$$f(x)\approx f(0)+f'(0)x+\frac{f''(0)}{2!}x^2+\cdots+\frac{f^{(n)}(0)}{n!}x^n,$$

此时误差估计式 (9) 变为

$$|R_n(x)|\leqslant\frac{M}{(n+1)!}|x|^{n+1}.$$

由高阶导数公式, 不难得到下列几个初等函数的麦克劳林公式:

(1) $\mathrm{e}^x=1+x+\dfrac{x^2}{2!}+\cdots+\dfrac{x^n}{n!}+\dfrac{\mathrm{e}^{\theta x}}{(n+1)!}x^{n+1}$;

(2) $\sin x=x-\dfrac{x^3}{3!}+\dfrac{x^5}{5!}-\cdots+(-1)^m\dfrac{x^{2m+1}}{(2m+1)!}+(-1)^{m+1}\dfrac{\cos\theta x}{(2m+3)!}x^{2m+3}$;

(3) $\cos x=1-\dfrac{x^2}{2!}+\dfrac{x^4}{4!}-\cdots+(-1)^m\dfrac{x^{2m}}{(2m)!}+(-1)^{m+1}\dfrac{\cos\theta x}{(2m+2)!}x^{2m+2}$;

(4) $\ln(1+x)=x-\dfrac{x^2}{2}+\dfrac{x^3}{3}-\cdots+(-1)^{n-1}\dfrac{x^n}{n}+(-1)^n\dfrac{x^{n+1}}{(n+1)(1+\theta x)^{n+1}}$;

(5) $(1+x)^\mu=1+\mu x+\dfrac{\mu(\mu-1)}{2!}x^2+\cdots+\dfrac{\mu(\mu-1)\cdots(\mu-n+1)}{n!}x^n$

$$+\frac{\mu(\mu-1)\cdots(\mu-n)}{(n+1)!}(1+\theta x)^{\mu-n-1}x^{n+1}.$$

公式中 $\theta\in(0,1)$, 在包含原点且函数及各阶导数都存在的区间上, 上述五个公式都成立.

下面仅证明 (2), (5).

(2) 的证明　因为 $f^{(n)}(x)=\sin\left(x+n\cdot\dfrac{\pi}{2}\right)$ $(n=0,1,2,\cdots)$, 所以 $f(0)=0$, $f'(0)=1$, $f''(0)=0$, $f'''(0)=-1,\cdots$, 从而 $\sin x$ 的 $2m+2$ 阶麦克劳林公式为

$$\sin x=x-\frac{x^3}{3!}+\frac{x^5}{5!}-\cdots+(-1)^m\frac{x^{2m+1}}{(2m+1)!}+R_{2m+2}(x),$$

其中

$$R_{2m+2}(x) = \frac{\sin\left[\theta x + (2m+3)\dfrac{\pi}{2}\right]}{(2m+3)!} x^{2m+3} = (-1)^{m+1}\frac{\cos\theta x}{(2m+3)!} x^{2m+3}.$$

由公式 (2) 知, $\sin x$ 可以用多项式近似表示为

$$\sin x \approx x - \frac{x^3}{3!} + \frac{x^5}{5!} - \cdots + (-1)^m \frac{x^{2m+1}}{(2m+1)!},$$

其误差为

$$|R_{2m+2}(x)| = \left|(-1)^{m+1}\frac{\cos\theta x}{(2m+3)!} x^{2m+3}\right| \leqslant \frac{|x|^{2m+3}}{(2m+3)!}, \quad -\infty < x < +\infty.$$

图 4.3 表示不同次数的泰勒多项式逼近函数 $\sin x$ 的情形. 当 $m=0$ 时, 有 $\sin x \approx x$, 误差 $|R_2(x)| \leqslant \dfrac{|x|^3}{6}$, 要使误差小于 0.001, 必须 $|x| < 0.1817$(约 10°). 当 $m=1$ 时, 有 $\sin x \approx x - \dfrac{x^3}{3!}$, 误差 $|R_4(x)| \leqslant \dfrac{|x|^5}{120}$, 要使误差小于 0.001, 只需 $|x| < 0.6544$(约 37.5°).

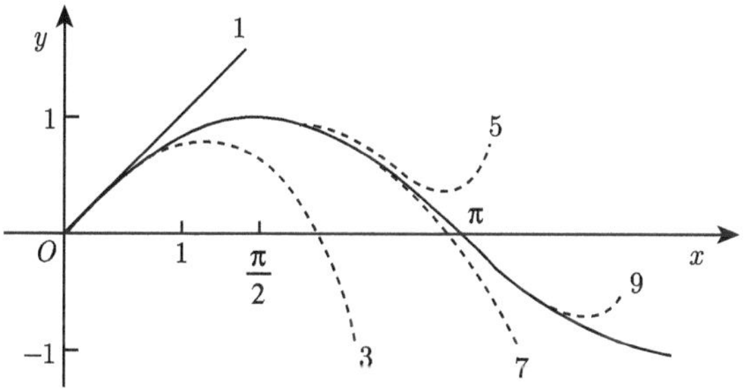

图 4.3

(5) 的证明 因为

$$f^{(n)}(x) = \mu(\mu-1)\cdots(\mu-n+1)(1+x)^{\mu-n} \quad (n=1,2,\cdots),$$

所以

$$f(0)=1, \quad f^{(n)}(0) = \mu(\mu-1)\cdots(\mu-n+1),$$

$$f^{(n+1)}(\theta x) = \mu(\mu-1)\cdots(\mu-n)(1+\theta x)^{\mu-n-1},$$

于是

$$(1+x)^\mu = 1 + \mu x + \frac{\mu(\mu-1)}{2!}x^2 + \cdots + \frac{\mu(\mu-1)\cdots(\mu-n+1)}{n!}x^n$$
$$+ \frac{\mu(\mu-1)\cdots(\mu-n)}{(n+1)!}(1+\theta x)^{\mu-n-1} x^{n+1}, \quad \theta \in (0,1). \qquad \square$$

当 μ 为正整数 n 时, 因为 $(1+x)^n$ 的 n 阶以上的导数恒为零, 所以 $(1+x)^n$ 的 n 阶麦克劳林公式就是它的牛顿二项公式

$$(1+x)^n = 1 + nx + \frac{n(n-1)}{2!}x^2 + \cdots + x^n.$$

泰勒公式给出具有高阶导数的函数的另一种表示, 为计算函数值和用简单函数逼近给定的函数提供了有效的方法, 在其他方面也是很有用的.

例 1　当 $x \to 0$ 时, $\cos x - \mathrm{e}^{-\frac{x^2}{2}}$ 是 x 的几阶无穷小? 并求其幂函数形主部.

解　因

$$\cos x = 1 - \frac{x^2}{2!} + \frac{x^4}{4!} + o\left(x^5\right),$$

$$\mathrm{e}^{-\frac{x^2}{2}} = 1 - \frac{x^2}{2} + \frac{1}{2!}\left(-\frac{x^2}{2}\right)^2 + o\left(x^4\right),$$

故由于 $o\left(x^5\right) \pm o\left(x^4\right) = o\left(x^4\right)$, 有

$$\cos x - \mathrm{e}^{-\frac{x^2}{2}} = -\frac{x^4}{12} + o\left(x^4\right),$$

显然, 它是 x 的 4 阶无穷小, 幂函数形主部是 $-\dfrac{x^4}{12}$.

例 2　已知 $\lim\limits_{x \to 0} \dfrac{f(x)}{x} = 1$, 且 $f''(x) > 0$, 证明: 当 $x \neq 0$ 时, $f(x) > x$.

证明　因为 $\lim\limits_{x \to 0} \dfrac{f(x)}{x} = 1$, 所以 $f(0) = 0$, $f'(0) = 1$, 故 $f(x)$ 的一阶麦克劳林公式为

$$f(x) = x + \frac{f''(\xi)}{2!}x^2, \quad \xi \text{ 介于0, } x \text{ 之间.}$$

由于 $f''(x) > 0$, 所以当 $x \neq 0$ 时, 有

$$f(x) > x.$$

例 3　试证

$$\frac{1}{3}\tan x + \frac{2}{3}\sin x > x, \quad \forall x \in \left(0, \frac{\pi}{2}\right).$$

证明　设

$$f(x) = \frac{1}{3}\tan x + \frac{2}{3}\sin x - x, \quad x \in \left(0, \frac{\pi}{2}\right),$$

由于

$$f'(x) = \frac{1}{3\cos^2 x} + \frac{2}{3}\cos x - 1,$$

$$f''(x) = \frac{2\cos x \sin x}{3\cos^4 x} - \frac{2}{3}\sin x = \frac{2}{3}\sin x \frac{1 - \cos^3 x}{\cos^3 x} > 0, \quad x \in \left(0, \frac{\pi}{2}\right).$$

方法一　由 $f''(x) > 0$, 可知 $f'(x)$在 $\left[0, \dfrac{\pi}{2}\right]$ 上单调递增, 又 $f'(0) = 0$, 所以当 $x \in \left(0, \dfrac{\pi}{2}\right)$ 时, $f'(x) > 0$. 由 $f'(x) > 0$, 可知 $f(x)$ 在 $\left[0, \dfrac{\pi}{2}\right]$ 上单调递增, 又

$f(0)=0$, 所以当 $x\in\left(0,\dfrac{\pi}{2}\right)$ 时, $f(x)>0$.

方法二 因 $f(0)=0$, $f'(0)=0$, 所以有 $f(x)$ 的一阶麦克劳林公式

$$f(x)=\frac{f''(\xi)}{2}x^2>0,\quad \forall x\in\left(0,\frac{\pi}{2}\right).$$

例 4 设在区间 (a,b) 内 $f''(x)>0$, 试证: $\forall x_1,x_2\in(a,b)$, 都有

$$f\left(\frac{x_1+x_2}{2}\right)\leqslant\frac{1}{2}[f(x_1)+f(x_2)].$$

证明 当 $x_1=x_2$ 时, 上式显然成立, 下面假设 $x_1<x_2$, 设 $x_0=\dfrac{x_1+x_2}{2}$, $f(x)$ 在 x_0 处展开的一阶泰勒公式为

$$f(x)=f(x_0)+f'(x_0)(x-x_0)+\frac{f''(\xi)}{2!}(x-x_0)^2,\quad \xi\text{ 在}x_0,\ x\text{ 之间}.$$

故

$$f(x_1)=f(x_0)+f'(x_0)(x_1-x_0)+\frac{f''(\xi_1)}{2!}(x_1-x_0)^2,\quad x_1<\xi_1<x_0,$$

$$f(x_2)=f(x_0)+f'(x_0)(x_2-x_0)+\frac{f''(\xi_2)}{2!}(x_2-x_0)^2,\quad x_0<\xi_2<x_2,$$

两式相加, 由于 $f''(x)>0$, 它们的余项均为正; 又 $x_1+x_2=2x_0$, 得

$$f(x_1)+f(x_2)\geqslant 2f(x_0),$$

由此

$$f\left(\frac{x_1+x_2}{2}\right)\leqslant\frac{1}{2}[f(x_1)+f(x_2)].$$

例 5 已知 $f(x)=3x\left(x-\mathrm{e}^x\cos x\tan^2 x\right)$, 求 $f'(0)$, $f''(0)$.

解 因为当 $x\to 0$ 时 $3x\mathrm{e}^x\cos x\tan^2 x$ 是 x 的三阶无穷小, 所以 $f(x)$ 的二阶麦克劳林公式为

$$f(x)=3x^2+o\left(x^2\right),$$

故 $f'(0)=0$, $f''(0)=3\cdot 2!=6$.

习题 4.3

1. 求下列函数在指定点处的 n 阶泰勒公式.

(1) $f(x)=\dfrac{x}{x-1}$, $x_0=2$; (2) $f(x)=x^2\ln x$, $x_0=1$;

(3) $f(x)=x\mathrm{e}^x$, $x_0=0$.

2. 求下列函数的二阶麦克劳林公式.

(1) $f(x)=x^2\mathrm{e}^x$;　　(2) $f(x)=\tan x$;

(3) $f(x)=\ln(1+x)$;　　(4) $f(x)=\mathrm{e}^{x^2}$.

3. 设 $f(x)$ 有三阶导数, 当 $x\to x_0$ 时, $f(x)$ 是 $x-x_0$ 的二阶无穷小, 问 $f(x)$ 在 x_0 处的二阶泰勒公式有何特点? 并求 $\lim\limits_{x\to x_0}\dfrac{f(x)}{(x-x_0)^2}$.

4. 应用三阶泰勒公式求下列各数的近似值, 并估计误差.

(1) $\sqrt[3]{29}$;　　(2) $\sin 18^\circ$.

5. 利用泰勒公式求下列极限.

(1) $\lim\limits_{x\to 0}\dfrac{\mathrm{e}^x\sin x-x(1+x)}{x^3}$;　　(2) $\lim\limits_{x\to\infty}\left[x-x^2\ln\left(1+\dfrac{1}{x}\right)\right]$.

6. 当 $x\to 0$ 时, 下列无穷小是 x 的几阶无穷小, 其幂函数形的主部如何?

(1) $\tan x-\sin x$;　　(2) $(\mathrm{e}^x-1-x)^2$.

7. 确定 a,b, 使 $x-(a+b\cos x)\sin x$ 当 $x\to 0$ 时为 x 的五阶无穷小.

8. 设 $f(x)=\dfrac{x}{\sqrt{1+x^2}}$, 求 $f^{(4)}(0)$ 和 $f^{(5)}(0)$.

9. 设 $f(x)$ 在区间 $[a,b]$ 上有二阶导数, $f'(a)=-f'(b)$, 证明在区间 (a,b) 内至少存在一点 ξ, 使 $|f''(\xi)|\geqslant 4\dfrac{|f(b)-f(a)|}{(b-a)^2}$.

10. 已知函数 $f(x)$ 具有三阶导数, 且 $\lim\limits_{x\to 0}\dfrac{f(x)}{x^2}=0$, $f(1)=0$. 试证在区间 $(0,1)$ 内至少存在一点 ξ, 使 $f'''(\xi)=0$.

11. 设 $f(x)\in C^2(-1,1)$, 且 $f''(x)\neq 0$, 试证:

(1) 对 $(-1,1)$ 内任意一点 $x\neq 0$, 存在唯一的 $\theta(x)\in(0,1)$, 使 $f(x)=f(0)+xf'(\theta(x)x)$ 成立;

(2) $\lim\limits_{x\to 0}\theta(x)=\dfrac{1}{2}$.

4.4　函数的极值与最值

4.4.1　函数的极值及其求法

定义 4.1　若 $f(x)$ 在 x_0 的某邻域内恒有

$$f(x)\leqslant f(x_0)\quad (f(x)\geqslant f(x_0)),$$

则称 $f(x_0)$ 为函数 $f(x)$ 的一个极大 (小) 值.

极大值、极小值统称为极值. 使函数 $f(x)$ 取极值的点 x_0 称为极值点.

显然函数的极大值、极小值在局部是最大值、最小值, 因此, 一个函数在指定的区间上可以有多个极值, 且其中的极大值并不一定都大于每个极小值, 那么函数在一点取得极值应满足什么条件? 下面给出一个函数在一点取得极值的必要条件.

定理 4.7 如果函数 $f(x)$ 在点 x_0 处取极值, 且在 x_0 处可导, 则必有

$$f'(x_0)=0.$$

证明过程类似于罗尔定理的证明 (不予证明).

使导数 $f'(x)$ 为零的点叫做函数的**驻点**. 定理是说 "可导函数的极值点必是驻点". 但驻点不一定是极值点. 例如, $f(x)=x^3$, 有 $f'(0)=0$, 但 $x=0$ 不是 $f(x)=x^3$ 的极值点. 所以, 驻点是极值点的嫌疑点. 此外, 导数不存在的点也是极值嫌疑点, 再无其他嫌疑点. 下面来判定嫌疑点是否为极值点.

几何上, 若 x_0 是连续函数 $f(x)$ 单增、单降的分界点, 则 x_0 必为极值点, 所以有

定理 4.8 (第一充分判别法) 设 $f(x)$ 在点 x_0 的某一去心邻域 $\mathring{U}(x_0)$ 内可微, 在 x_0 处连续, 那么在 $\mathring{U}(x_0)$ 内.

(i) 如果 $x<x_0$ 时, $f'(x)>0(<0)$; $x>x_0$ 时, $f'(x)<0(>0)$, 则 $f(x_0)$ 为极大值 (极小值);

(ii) 如果 $f'(x)$ 是定号的, 则 $f(x_0)$ 不是极值.

证明 (i) 当 $x<x_0$ 时, $f'(x)>0$, 故 $f(x)$ 单调递增, $f(x)<f(x_0)$; 当 $x>x_0$, $f'(x)<0$, 故 $f(x)$ 单调递减, $f(x)<f(x_0)$. 总之, $f(x_0)$ 为极大值 (括号内的情况同法可证).

(ii) $f'(x)$ 定号时, $f(x)$ 是单调的, 所以 $f(x_0)$ 不是极值. □

根据定理 4.7 和定理 4.8, 求函数 $f(x)$ 的极值可按下面步骤进行:

1° 求导数 $f'(x)$;

2° 找嫌疑点 —— 驻点及导数不存在的点;

3° 考察嫌疑点附近导数的符号, 确定极值点并算出极值.

例 1 求函数 $f(x)=2x+3\sqrt[3]{x^2}$ 的极值及单调区间.

解

$$f'(x)=2+\frac{2}{\sqrt[3]{x}}=\frac{2}{\sqrt[3]{x}}(\sqrt[3]{x}+1),$$

令 $f'(x)=0$, 得驻点: $x_1=-1$, 导数不存在的点: $x_2=0$, 当 $x<-1$ 时, $f'(x)>0$; 当 $-1<x<0$ 时, $f'(x)<0$; 当 $x>0$ 时, $f'(x)>0$, 所以 $f(-1)=1$ 为极大值, $f(0)=0$ 为极小值. 单调递增区间为 $(-\infty,-1]$ 和 $[0,+\infty)$, 单调递减区间为 $[-1,0]$.

定理 4.9 (第二充分判别法) 设 $f(x)$ 在点 x_0 处有二阶导数, 如果 $f'(x_0) = 0, f''(x_0) < 0(> 0)$, 则 $f(x_0)$ 为极大值 (极小值).

证明 由定理 4.5, $f(x)$ 的二阶泰勒公式

$$f(x) = f(x_0) + f'(x_0)(x - x_0) + \frac{f''(x_0)}{2!}(x - x_0)^2 + o(|x - x_0|^2).$$

因 $f'(x_0) = 0$, 所以

$$f(x) - f(x_0) = \frac{f''(x_0)}{2!}(x - x_0)^2 + o(|x - x_0|^2),$$

当 $|x - x_0|$ 充分小时, 这个差的符号与 $f''(x_0)$ 的符号一致 ($f''(x_0) \neq 0$). 故当 $f''(x_0) < 0$ 时, $f(x_0)$ 为极大值, 当 $f''(x_0) > 0$ 时, $f(x_0)$ 为极小值. □

例 2 求函数 $f(x) = x^3\mathrm{e}^{-x}$ 的极值.

解

$$f'(x) = 3x^2\mathrm{e}^{-x} - x^3\mathrm{e}^{-x} = x^2\mathrm{e}^{-x}(3 - x). \tag{1}$$

驻点: $x_1 = 0, x_2 = 3$,

$$f''(x) = \mathrm{e}^{-x}(6x - 6x^2 + x^3).$$

因为 $f''(3) < 0$, 所以 $f(x)$ 在 $x = 3$ 处取极大值 $f(3) = 27\mathrm{e}^{-3}$; 因为 $f''(0) = 0$, 所以在 $x = 0$ 处不能用定理 4.9 判定. 但由 (1) 知, 在 $x = 0$ 附近 $f'(x) > 0$, 故 $f(x)$ 在 $x = 0$ 处不取极值.

如果对 $x = 0$ 处, 您不想利用定理 4.8 判定, 函数 $f(x)$ 又有更高阶的导数, 您是否能从定理 4.9 的证明思路引申出新的判定方法?

4.4.2 函数的最大 (小) 值的求法

在实际中, 有时我们也要讨论函数在定义域或某个区间上的最大值或最小值这样的问题, 下面来讨论函数的最大值 (最小值) 求法.

若 $f(x) \in C[a, b]$, 则 $f(x)$ 在 $[a, b]$ 上有最大 (小) 值, 最大 (小) 值可能在开区间 (a, b) 内取得, 也可能在区间端点取得; 若在开区间 (a, b) 内取得, 它必是 $f(x)$ 的极大 (小) 值. 因此, 将区间 (a, b) 内所有极值嫌疑点处的函数值和区间端点的函数值 $f(a), f(b)$ 比较, 其中最大 (小) 者就是 $f(x)$ 在区间 $[a, b]$ 上的最大 (小) 值.

例 3 求函数 $f(x) = x^{\frac{2}{3}} - (x^2 - 1)^{\frac{1}{3}}$ 在区间 $[-2, 2]$ 上的最大值与最小值.

解 因

$$f'(x) = \frac{2}{3}x^{-\frac{1}{3}} - \frac{1}{3}(x^2 - 1)^{-\frac{2}{3}} \cdot 2x$$

$$= \frac{2[(x^2-1)^{\frac{2}{3}} - x^{\frac{4}{3}}]}{3x^{\frac{1}{3}}(x^2-1)^{\frac{2}{3}}}.$$

驻点是: $x = \pm\frac{1}{\sqrt{2}}$. 导数不存在的点: $x=0$, $x=\pm 1$. 因 $f(x)$ 是偶函数, 仅需计算: $f(0)=1$, $f\left(\frac{1}{\sqrt{2}}\right) = \sqrt[3]{4}, f(1)=1, f(2)=\sqrt[3]{4}-\sqrt[3]{3}$. 比较之, 可知 $f(x)$ 在区间 $[-2,2]$ 上的最大值为 $\sqrt[3]{4}$, 最小值为 $\sqrt[3]{4}-\sqrt[3]{3}$.

在某些特殊情况下, 求最大 (小) 值的方法可以简化:

(1) 当 $f(x)$ 在区间 $[a,b]$ 上单调时, 其最大 (小) 值必在区间的端点上取得;

(2) 设 $f(x)\in C(I)$, 若在区间内有唯一的极值嫌疑点 x_0, 且为极大 (小) 值点, 则 $f(x_0)$ 就是 $f(x)$ 在 I 上的最大 (小) 值;

(3) 对实际问题, 常常知道 $f(x)$ 的最大 (小) 值必在区间 I 内部取得, 若 $f(x)\in C(I)$, 且在区间 I 内仅有一个极值嫌疑点 x_0, 则 $f(x_0)$ 就是所求的最大 (小) 值.

例 4 作一个上端开口的圆柱形容器. 它的净容积为 V, 壁厚为 a(V 和 a 为常数), 问容器内壁半径为多少, 才能使所用的材料最省 (图 4.4)?

解 设容器内壁半径为 x, $x\in(0,+\infty)$, 高为 h, 则 $h=\frac{V}{\pi x^2}$, 所用材料为

$$f(x) = \pi(x+a)^2 a + \pi(x+a)^2 h - V$$

$$= \pi a(x+a)^2 + V\left(1+\frac{a}{x}\right)^2 - V,$$

问题变为求 $f(x)$ 在 $(0,+\infty)$ 内的最小值. 由于

$$f'(x) = 2a\pi(x+a) - 2V\left(1+\frac{a}{x}\right)\frac{a}{x^2} = 2a(x+a)\left(\pi - \frac{V}{x^3}\right),$$

所以在 $(0,+\infty)$ 内只有一个嫌疑点 $x=\sqrt[3]{\frac{V}{\pi}}$. 因为

$$f''(x) = 2a\left(\pi - \frac{V}{x^3}\right) + 2a(x+a)\frac{3V}{x^4},$$

$$f''\left(\sqrt[3]{\frac{V}{\pi}}\right) > 0,$$

故 $x=\sqrt[3]{\frac{V}{\pi}}$ 时, 所用的材料最省.

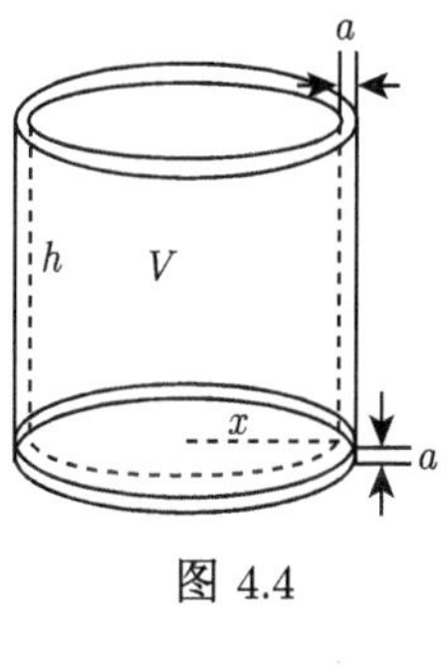

图 4.4

求实际的最大值与最小值问题时, 应首先建立函数关系 (称为目标函数), 然后求函数的最大值与最小值. 除了上面介绍的方法外, 应注意对函数的分析以便使问题简化. 比如, 求距离最近的点就是求距离的平方最小的点.

例 5　证明不等式

$$4x\ln x \geqslant x^2+2x-3, \quad \forall x\in(0,2).$$

证明　设 $f(x)=4x\ln x-x^2-2x+3$, 则

$$f'(x)=4\ln x-2x+2,$$

$$f''(x)=\frac{4}{x}-2>0, \quad \forall x\in(0,2),$$

因此, $f'(x)$ 在区间 $(0,2)$ 上是单增的, 从而知 $f(x)$ 有唯一的极值嫌疑点 $x_0=1$. 由定理 4.9 知 $f(1)=0$ 为极小值, 从而 $f(1)=0$ 是最小值. 故当 $x\in(0,2)$ 时, $f(x)\geqslant 0$, 即有

$$4x\ln x \geqslant x^2+2x-3, \quad \forall x\in(0,2).$$

通过这个例题我们看到, 可以利用函数的最大 (小) 值证明一些函数不等式, 证明大体分两步进行: 先是把不等式问题转化为一个函数的最大 (小) 值问题; 再用导数讨论函数的最大 (小) 值, 从而得到值域的界限, 推出不等式.

习　题　4.4

1. 求下列函数的极值.

(1) $f(x)=2x^3-6x^2-18x+3$;　　(2) $f(x)=(x-5)^2\sqrt[3]{(x-1)^2}$;

(3) $f(x)=x(\ln^2 x-8)$;　　(4) $f(x)=\dfrac{x}{\ln x}$.

2. 问 a 为何值时, 函数 $f(x)=a\sin x+\dfrac{1}{3}\sin 3x$ 在 $x=\dfrac{\pi}{3}$ 处取极值, 它是极大值还是极小值, 并求此极值.

3. 求函数 $f(x)=\begin{cases} x, & x\leqslant 0, \\ x\ln x, & x>0 \end{cases}$ 的极值.

4. 求下列函数在指定区间上的最大值和最小值.

(1) $y=x+2\sqrt{x}, [0,4]$;　　(2) $y=x^x, [0.1,1]$;

(3) $y=\dfrac{x}{2}-\arctan x, [0,2]$;　　(4) $y=\mathrm{e}^x-x, [-1,1]$;

(5) $y=x-\sqrt{x+1}, [0,2]$.

5. 求在下列指定区间上的函数的值域.

(1) $y=2\tan x-\tan^2 x,\left[0,\dfrac{\pi}{2}\right)$;　　(2) $y=\arctan\dfrac{1-x}{1+x},(0,1]$.

6. 证明下列不等式.

(1) $1+x\ln(x+\sqrt{1+x^2})>\sqrt{1+x^2}\,(x>0)$;

(2) $\ln(1+x)\geqslant\dfrac{\arctan x}{1+x}\,(x\geqslant 0)$;

(3) $2^{1-p}\leqslant x^p+(1-x)^p\leqslant 1\,(0\leqslant x\leqslant 1,p>1)$;

(4) $\mathrm{e}^x\leqslant\dfrac{1}{1-x}\,(x<1)$;

7. 设 $\alpha>\beta>\mathrm{e}$, 证明不等式 $\beta^\alpha>\alpha^\beta$.

8. 设函数 $y=y(x)$ 由方程 $2y^3-2y^2+2xy-x^2=1$ 所确定. 试求 $y=y(x)$ 的驻点, 并判断它是否为极值点.

9. 把直径为 d 的圆木锯成截面为矩形的梁, 矩形截面的高 h 和宽 b 应如何选取, 才能使梁的抗弯强度最大 (由材料力学知, 这个强度与积 bh^2 成正比)?

10. 已知轮船运输消耗的燃料与速度的立方成正比, 当速度为 10km/h 时, 每小时的燃料费为 100 元, 又每小时需其他费用 480 元. 问轮船的速度多大时, 才能使 20km 航程的总费用最少? 这时每小时的总费用等于多少?

11. 在地平面上, 以倾角 α、初速度 v_0 斜抛一物体, 若忽略空气阻力, 问 α 为多大时, 能把物体抛得最远?

12. 制作一个容积固定的圆柱形有盖大桶, 问高 h 及底半径 r 取多大尺寸时, 用料最省?

13. 半径为 R 的圆上截去中心角为 α 的扇形, 余下的部分可卷成一圆锥形漏斗, 问 α 取何值时, 漏斗的容积最大?

14. 选择题.

(1) 若连续函数 $f(x)$ 在 x_0 处取最大值, 则在 x_0 的某邻域 $U(x_0)$ 内, 必有 (　　).

(A) $(x-x_0)\,[f(x)-f(x_0)]\geqslant 0$;　　(B) $(x-x_0)\,[f(x)-f(x_0)]\leqslant 0$;

(C) $\lim\limits_{t\to x_0}\dfrac{f(t)-f(x)}{(t-x)^2}\geqslant 0(x\neq x_0)$;　　(D) $\lim\limits_{t\to x_0}\dfrac{f(t)-f(x)}{(t-x)^2}\leqslant 0(x\neq x_0)$.

(2) 设函数 $f(x)$ 连续, 且 $\lim\limits_{x\to 0}\dfrac{f(x)}{x^3}=1$, 则 (　　).

(A) $x=0$ 不是 $f(x)$ 的驻点;　　(B) $x=0$ 是 $f(x)$ 的驻点, 但不是极值点;

(C) $f(0)$ 是极小值;　　(D) $f(0)$ 是极大值.

(3) 若 $f(x)=2x^3-9x^2+12x-a$ 恰有两个不同的零点, 则 a 可能的取值为 (　　).

(A) 2;　　(B) 4;　　(C) 6;　　(D) 8.

(4) 设 $f(x)$ 在 $x=0$ 的某个邻域内连续, 且 $\lim\limits_{x\to 0}\dfrac{f(x)}{\mathrm{e}^x-1}=2$, 则在 $x=0$ 处 $f(x)$(　　).

(A) 不可导;　　(B) 可导, 且 $f'(0)\neq 0$;

(C) 取得极小值;　　(D) 取得极大值.

4.5　曲线的凸向与函数的绘图

4.5.1　曲线的凸向与拐点

定义 4.2　若曲线上任意两点之间的曲线段都位于其弦的下 (上) 方, 则称此曲线是下凸 (上凸) 曲线.

图 4.5(a) 中的曲线是下凸的, (b) 中的曲线是上凸的.

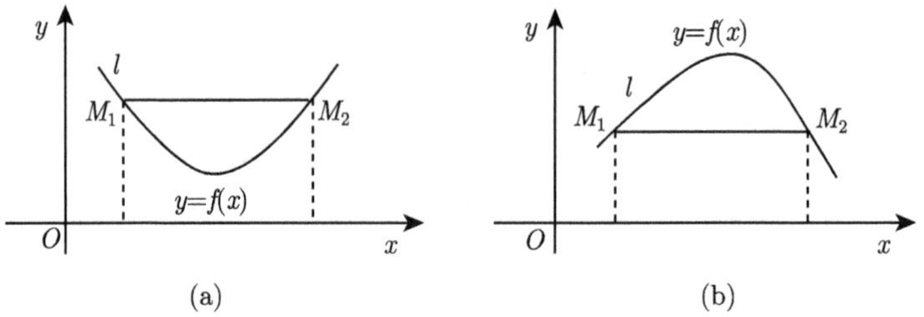

图 4.5

设曲线 l 的方程是 $y=f(x), x\in I$, $M_1(x_1,y_1)$, $M_2(x_2,y_2)$ 为 l 上任意两点. 由解析几何知, 弦 $\overline{M_1M_2}$ 参数方程为

$$X=x_1+t(x_2-x_1),\quad Y=y_1+t\,(y_2-y_1)\,,\quad t\in[0,1].$$

令 $\lambda_1=1-t,\lambda_2=t$, 则弦 $\overline{M_1M_2}$ 的方程为

$$X=\lambda_1x_1+\lambda_2x_2,\quad Y=\lambda_1y_1+\lambda_2y_2,$$

其中 $\lambda_1,\lambda_2\in[0,1],\lambda_1+\lambda_2=1$.

若曲线 l 是下凸的, 即 $Y\geqslant f(x)$, 亦即

$$\lambda_1f(x_1)+\lambda_2f(x_2)\geqslant f(\lambda_1x_1+\lambda_2x_2),\quad \forall x_1,x_2\in I. \tag{1}$$

满足不等式 (1) 的函数称为区间 I 上的**下凸函数**. 下凸函数的图形为下凸曲线. 使 (1) 式中不等号方向相反的函数, 称为 I 上的**上凸函数**(若 (1) 式中不出现等号, 称 $f(x)$ 是严格下凸的), 上凸函数的图形是上凸曲线. 例如, $y=x^2, y=\mathrm{e}^x$ 是下凸函数, $y=\sqrt{x}, y=\ln x$ 是上凸函数.

定理 4.10 设 $f(x)$ 在区间 I 上有二阶导数, 若 $f''(x)\geqslant 0(\leqslant 0)$, 则 $f(x)$ 为 I 上的下凸函数 (上凸函数).

证明 $\forall x_1,x_2\in I, \forall\lambda_1,\lambda_2\in[0,1], \lambda_1+\lambda_2=1$, 记 $x_0=\lambda_1x_1+\lambda_2x_2$, 由泰勒公式

$$f(x)=f(x_0)+f'(x_0)(x-x_0)+\frac{f''(\xi)}{2!}(x-x_0)^2,\quad \xi \text{ 介于} x_0,x \text{ 之间},$$

则

$$f(x_1)=f(x_0)+f'(x_0)(x_1-x_0)+\frac{f''(\xi_1)}{2!}(x_1-x_0)^2,\quad \xi_1 \text{ 介于} x_0,x_1 \text{ 之间},$$

$$f(x_2)=f(x_0)+f'(x_0)(x_2-x_0)+\frac{f''(\xi_2)}{2!}(x_2-x_0)^2,\quad \xi_2 \text{ 介于} x_0,x_2 \text{之间},$$

因为 $f''(x)\geqslant 0$, 所以

$$f(x_1)\geqslant f(x_0)+f'(x_0)(x_1-x_0),$$

$$f(x_2)\geqslant f(x_0)+f'(x_0)(x_2-x_0),$$

故有

$$\lambda_1f(x_1)+\lambda_2f(x_2)\geqslant f(\lambda_1x_1+\lambda_2x_2).$$ □

因为曲线 $y=f(x)$ 上点 $(x_0,f(x_0))$ 处的切线方程为

$$y=f(x_0)+f'(x_0)(x-x_0),$$

所以有下面定理.

定理 4.11 若 $f(x)$ 在区间 I 上是有二阶导数的下凸 (上凸) 函数, 则曲线 $y=f(x)$ 位于其上任一点处的切线的上 (下) 方.

显然, 有二阶导数的下凸 (上凸) 函数, 它的一阶导数是单增 (降) 的. 下凸函数若有极值, 必是最小值, 如果下凸函数有最大值, 则只能在区间的端点处取得; 上凸函数若有极值, 必是最大值, 如果上凸函数有最小值, 则只能在区间的端点处取得.

在连续曲线 $y=f(x)$ 上, 不同凸向曲线段的分界点叫**拐点**.

若 $f(x)$ 具有二阶导数, 则点 $(x_0,f(x_0))$ 是拐点的必要条件为 $f''(x_0)=0$. 当然拐点也可能出现在二阶导数不存在的点处.

注意两个上凸区间构成的区间不一定是上凸区间.

例 1 求曲线 $y=(x-2)^{\frac{5}{3}}-\frac{5}{9}x^2$ 的拐点及凸向区间.

解

$$y'=\frac{5}{3}(x-2)^{\frac{2}{3}}-\frac{10}{9}x,$$

$$y''=\frac{10}{9}(x-2)^{-\frac{1}{3}}-\frac{10}{9}=\frac{10}{9}\frac{1-(x-2)^{\frac{1}{3}}}{(x-2)^{\frac{1}{3}}},$$

y'' 的零点是 $x_1=3$, y'' 不存在的点是 $x_2=2$, 列表讨论如下:

x	$(-\infty,2)$	2	$(2,3)$	3	$(3,+\infty)$
$f''(x)$	$-$	不存在	$+$	0	$-$
曲线 $y=f(x)$	上凸	拐点 $\left(2,-\frac{20}{9}\right)$	下凸	拐点 $(3,-4)$	上凸

例 2 设 $a,b\geqslant 0,\lambda\geqslant 1$, 试证

$$\frac{a^\lambda+b^\lambda}{2}\geqslant\left(\frac{a+b}{2}\right)^\lambda.$$

证明 设 $f(x)=x^\lambda$, 则

$$f'(x)=\lambda x^{\lambda-1},$$

$$f''(x)=\lambda(\lambda-1)x^{\lambda-2},$$

因为 $\lambda\geqslant 1$, 所以当 $x\geqslant 0$ 时, $f''(x)\geqslant 0$. 因此 $f(x)$ 在区间 $(0,+\infty)$ 上是下凸函数, 由下凸函数定义知

$$\frac{a^\lambda+b^\lambda}{2}\geqslant\left(\frac{a+b}{2}\right)^\lambda.$$

4.5.2 曲线的渐近线

若动点 $M(x,f(x))$ 沿着曲线 $y=f(x)$ 无限远离原点时, 它与某一直线 l 的距离趋于零, 则称直线 l 为曲线 $y=f(x)$ 的一条**渐近线**.

在平面解析几何中已指出, 双曲线 $\frac{x^2}{a^2}-\frac{y^2}{b^2}=1$有两条渐近线 $y=\pm\frac{b}{a}x$. 由渐近线的定义, 可以直接得到如下两个结论:

(1) 若当 $x\to+\infty$ 或 $x\to-\infty$ 时, $f(x)\to C$, 则直线 $y=C$ 是曲线 $y=f(x)$ 的**水平渐近线**.

(2) 若当 $x\to x_0^+$ 或 $x\to x_0^-$ 时, $f(x)\to\infty$, 则直线 $x=x_0$ 是曲线 $y=f(x)$ 的**铅直渐近线**.

例如, 曲线 $y=\ln x$ 有铅直渐近线 $x=0$. 曲线 $y=\frac{1}{x-1}$ 有水平渐近线 $y=0$

及铅直渐近线 $x=1$. 除水平渐近线和铅直渐近线之外, 还有一种所谓的**斜渐近线**, 设其方程为

$$y=ax+b,$$

其倾角 $\alpha\neq\frac{\pi}{2}$.

若

$$\lim_{\substack{x\to+\infty\\(x\to-\infty)}}[f(x)-ax-b]=0, \tag{2}$$

则称 $y=ax+b$ 为曲线 $y=f(x)$ 的斜渐近线.

此时由

$$\lim_{\substack{x\to+\infty\\(x\to-\infty)}}\frac{f(x)-ax-b}{x}=\lim_{\substack{x\to+\infty\\(x\to-\infty)}}\left[\frac{f(x)}{x}-a-\frac{b}{x}\right]=0,$$

可知

$$\lim_{\substack{x\to+\infty\\(x\to-\infty)}}\frac{f(x)}{x}=a. \tag{3}$$

由 (2) 式得

$$\lim_{\substack{x\to+\infty\\(x\to-\infty)}}[f(x)-ax]=b. \tag{4}$$

总之, 若极限 (3), (4) 同时存在, 则曲线 $y=f(x)$ 有斜渐近线 $y=ax+b$. 极限 (3), (4) 只要有一个不存在, 曲线 $y=f(x)$ 无斜渐近线. 此外, 水平渐近线已含在斜渐近线内.

例 3 求曲线 $y=\dfrac{x^2}{1+x}$ 的渐近线.

解 1° 因为 $\lim\limits_{x\to-1}\dfrac{x^2}{1+x}=\infty$, 所以 $x=-1$ 为曲线的铅直渐近线;

2° 由于 $\lim\limits_{x\to\infty}\dfrac{f(x)}{x}=\lim\limits_{x\to\infty}\dfrac{x}{1+x}=1$, 即 $a=1$;

又 $\lim\limits_{x\to\infty}[f(x)-x]=\lim\limits_{x\to\infty}\dfrac{-x}{1+x}=-1$, 即 $b=-1$, 故 $y=x-1$ 为曲线的斜渐近线.

4.5.3 函数的分析作图法

为了较准确地描绘函数的图形, 只使用描点法是不够的, 还应该先分析函数的性态, 通常它包括:

1° 确定函数的定义域、值域、间断点;

2° 判定函数的奇偶性、周期性;

3° 讨论函数的单调性和极值, 曲线的凸向区间和拐点、渐近线;

4° 适当计算曲线上的一些点的坐标, 特别注意与坐标轴是否有交点.

例 4　作函数 $y=x+\dfrac{1}{x}$ 的图形.

讨论　1° 定义域为 $x\neq 0$. 奇函数.

2° $y'=1-\dfrac{1}{x^2}=\dfrac{(x-1)(x+1)}{x^2}, y''=\dfrac{2}{x^3}$.

令 $y'=0$, 解得驻点: $x_1=-1$, $x_2=1$; $y''=0$ 的点不存在.

x	$(-\infty,-1)$	-1	$(-1,0)$	$(0,1)$	1	$(1,+\infty)$
$f'(x)$	+	0	−	−	0	+
$f''(x)$	−	−	−	+	+	+
曲线 $y=f(x)$	↗	极大值 −2	↘	↘	极小值 2	↗

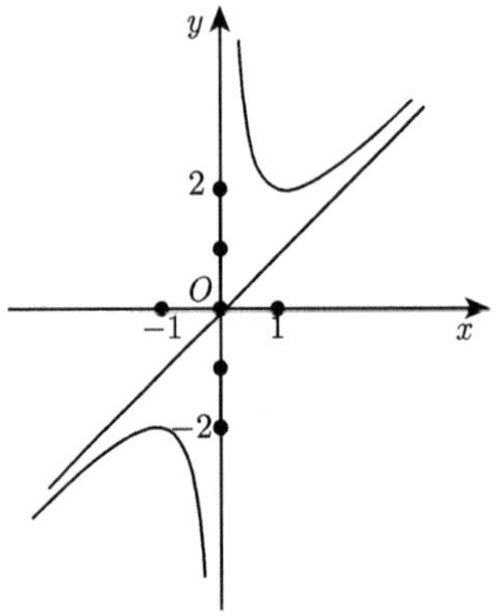

图 4.6

3° 因 $\lim\limits_{x\to 0^-}\left(x+\dfrac{1}{x}\right)=-\infty$, $\lim\limits_{x\to 0^+}\left(x+\dfrac{1}{x}\right)=+\infty$, 所以 $x=0$ 为曲线的铅直渐近线; 又因为

$$\lim_{x\to\infty}\frac{f(x)}{x}=\lim_{x\to\infty}\frac{x+\frac{1}{x}}{x}=\lim_{x\to\infty}\frac{x^2+1}{x^2}=1,$$

$$\lim_{x\to\infty}[f(x)-x]=\lim_{x\to\infty}\frac{1}{x}=0,$$

所以 $y=x$ 为曲线的斜渐近线.

结合上面的分析便可作出函数的图形 (图 4.6).

习　题　4.5

1. 求下列曲线的凸向区间及拐点.

(1) $y=1+x^2-\dfrac{1}{2}x^4$;　　(2) $y=\ln(1+x^2)$;

(3) $y=\begin{cases}\ln x-x, & x\geqslant 1,\\ x^2-2x, & x<1;\end{cases}$　　(4) $y=x\,|x|$.

2. 求下列曲线的拐点.

(1) $y=x^3+3x^2$;　　(2) $x=t^2, y=3t+t^3$;

(3) $f(x)=\begin{cases}x^3+1, & x<0,\\ \mathrm{e}^x, & x\geqslant 0;\end{cases}$　　(4) $f(x)=\begin{cases}x^2, & x<0,\\ \ln(1+x), & x\geqslant 0.\end{cases}$

3. 问 a 及 b 为何值时, 点 $(1,3)$ 为曲线 $y=ax^3+bx^2$ 的拐点.

4. 设 $y=f(x)$ 在点 x_0 的某邻域内具有三阶连续导数, 且 $f'(x_0)=f''(x_0)=0$, 而 $f'''(x_0)\neq 0$, 试问点 x_0 是否为极值点? 为什么? 又 $(x_0, f(x_0))$ 是否为拐点? 为什么? 推广一下, 猜想有什么一般的结论.

5. 设 $f(x), g(x)$ 都是区间 I 上的下凸函数, 证明:

(1) $-f(x)$ 是 I 上的上凸函数;

(2) $af(x)+bg(x)(a,b>0)$ 是 I 上的下凸函数.

6. 利用凸性, 证明下列不等式.

(1) $\mathrm{e}^x+\mathrm{e}^y>2\mathrm{e}^{\frac{x+y}{2}}(x\neq y)$; (2) $x\ln x\geqslant (x+1)\ln\dfrac{x+1}{2}(x>0)$;

(3) $\ln x\leqslant x-1$.

7. 设 $f(x)$ 在 $[a,b]$ 上是有二阶连续导数的下凸函数. 证明: $\forall x_1,\cdots,x_n\in[a,b], \forall\lambda_1,\cdots,\lambda_n\in[0,1]$, 只要 $\lambda_1+\cdots+\lambda_n=1$, 就有不等式

$$f(\lambda_1x_1+\cdots+\lambda_nx_n)\leqslant \lambda_1f(x_1)+\cdots+\lambda_nf(x_n)$$

成立 (称为詹森 (Jensen) 不等式).

8. 证明 $f(x)=-\ln x$ 在$(0,+\infty)$ 上是下凸函数. 进一步证明: 当 $x_i>0, \lambda_i\geqslant 0(i=1,2,\cdots,n)$, 且 $\sum\limits_{i=1}^{n}\lambda_i=1$ 时, 有

(1) $\lambda_1x_1+\lambda_2x_2+\cdots+\lambda_nx_n\geqslant x_1^{\lambda_1}x_2^{\lambda_2}\cdots x_n^{\lambda_n}$;

(2) $\dfrac{x_1+x_2+\cdots+x_n}{n}\geqslant\sqrt[n]{x_1x_2\cdots x_n}$.

9. 求下列曲线的渐近线.

(1) $y=\dfrac{a}{(x-1)^2}+2$; (2) $y=x-\dfrac{\ln x}{x}$;

(3) $y^2(x^2+1)=x^2(x^2-1)$; (4) $y=x\ln\left(\mathrm{e}+\dfrac{1}{x}\right)$.

10. 用分析法作下列函数的图形.

(1) $y=\sqrt[3]{x^2}+2$; (2) $y=\mathrm{e}^{-\frac{1}{x}}$; (3) $y=\dfrac{(x+1)^3}{(x-1)^2}$.

11. 选择题.

(1) 设函数 $f(x)$ 满足方程 $f''(x)+(f'(x))^2=x$, 且 $f'(0)=0$, 则 ( ).

(A) $f(0)$ 为 $f(x)$ 的极大值; (B) $f(0)$ 为 $f(x)$ 的极小值;

(C) $(0,f(0))$ 是曲线 $y=f(x)$ 的拐点;

(D) $f(0)$ 不是 $f(x)$ 的极值, $(0,f(0))$ 也不是曲线 $y=f(x)$ 的拐点.

(2) 曲线 $f(x)=\dfrac{e^x+1}{e^x-1}$ 的渐近线个数为 (　　).

(A) 0;　　(B) 1;　　(C) 2;　　(D) 3.

(3) 曲线 $f(x)=xe^{\frac{1}{x^2}}$ (　　).

(A) 只有铅直渐近线;　　(B) 只有斜渐近线;

(C) 有铅直和斜渐近线;　　(D) 没有铅直和斜渐近线.

(4) 设 $f(x)$ 具有二阶导数, 且 $f'(x)>0, f''(x)>0, \Delta y=f(x+\Delta x)-f(x)$, 则当 $\Delta x>0$ 时, 有 (　　).

(A) $\Delta y>\mathrm{d}y>0$;　　(B) $\Delta y<\mathrm{d}y<0$;

(C) $\mathrm{d}y>\Delta y>0$;　　(D) $\mathrm{d}y<\Delta y<0$.

4.6 弧微分与曲率

4.6.1 弧微分

设 $y=f(x)$ 是定义在 $[a,b]$ 上的连续可微函数, 则在 $[a,x]$ 上的一段曲线其弧长是 x 的函数, 记作 $s(x)(a\leqslant x\leqslant b)$. 设 $P(x,y), Q(x+\Delta x, y+\Delta y)$ 是曲线上的两点 (图 4.7), 于是弧段 $\overset{\frown}{PQ}$ 的长度 Δs 就是弧长的增量.

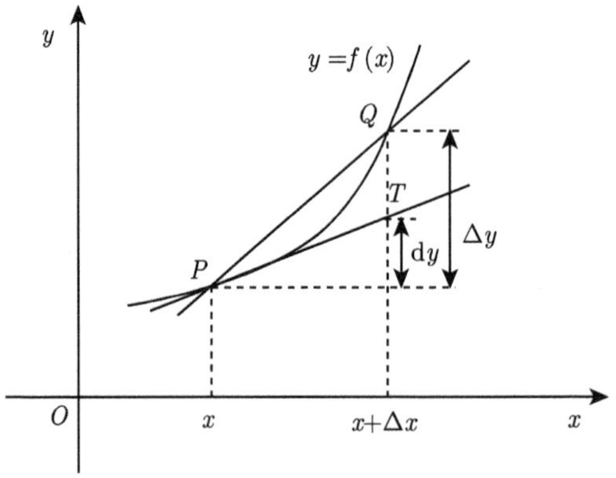

图 4.7

作曲线在 P 点的切线 PT, 由 $\mathrm{d}y$ 的几何意义得

$$|PT|=\sqrt{(\Delta x)^2+(\mathrm{d}y)^2}.$$

因为 $|PQ|\leqslant\Delta s\leqslant|PT|+|TQ|$, 即

$$\sqrt{(\Delta x)^2+(\Delta y)^2}\leqslant\Delta s\leqslant\sqrt{(\Delta x)^2+(\mathrm{d}y)^2}+|\Delta y-\mathrm{d}y|,$$

用 $\sqrt{(\Delta x)^2+(\mathrm{d}y)^2}$ 去除上面的不等式, 得

$$\frac{\sqrt{(\Delta x)^2+(\Delta y)^2}}{\sqrt{(\Delta x)^2+(\mathrm{d}y)^2}} \leqslant \frac{\Delta s}{\sqrt{(\Delta x)^2+(\mathrm{d}y)^2}} \leqslant 1+\frac{|\Delta y-\mathrm{d}y|}{\sqrt{(\Delta x)^2+(\mathrm{d}y)^2}}.$$

因为当 $\Delta x \to 0$ 时, $\Delta y \sim \mathrm{d}y, \Delta y-\mathrm{d}y=o(\Delta x)$, 所以上述不等式左、右两边均以 1 为极限, 从而由两边夹挤定理得

$$\lim_{\Delta x\to 0}\frac{\Delta s}{\sqrt{(\Delta x)^2+(\mathrm{d}y)^2}}=1,$$

即

$$\Delta s=\sqrt{(\Delta x)^2+(\mathrm{d}y)^2}+o(\Delta x)=\sqrt{(\mathrm{d}x)^2+(\mathrm{d}y)^2}+o(\Delta x),$$

故

$$\mathrm{d}s=\sqrt{(\mathrm{d}x)^2+(\mathrm{d}y)^2}=\sqrt{1+f'^2(x)}\mathrm{d}x.$$

上式说明弧长的微分在几何上表示曲线在点 $(x,f(x))$ 的切线长度的增量. 我们把弧长的微分称为弧微分.

4.6.2 曲率

曲线的凸向只是定性地说明曲线段的弯曲方向, 在工程技术中, 有时还需要定量地考虑曲线的弯曲程度, 例如, 设计厂房的梁或机床的主轴时, 必须考虑它们在外力作用下的弯曲程度, 因为弯曲到一定程度就要断裂, 发生事故, 怎样定量描述曲线的弯曲程度呢?

我们知道, 要说明一段弯道 $\overset{\frown}{MM_1}$ 弯曲的厉害程度, 一方面要看车辆在这段弯道两端行驶方向的变化 —— 转过多大角度, 另一方面要看这段弯道的长短才能下结论, 若将 $\overset{\frown}{MM_1}$ 的两端点切线的转角记为 $\Delta\alpha$(它等于切线倾角的增量), 显然转角大时, 曲线弯曲程度大, 转角小时, 弯曲程度小; $\overset{\frown}{MM_1}$ 的弧长 Δs 大时, 弯曲缓慢, 弧长小时, 弯曲急促. 总之, 曲线段弯曲程度与切线倾角的增量 $\Delta\alpha$ 成正比, 与弧长增量 Δs 成反比 (见图 4.8).

定义 4.3 设点 M 是曲线 C 上一点, 取曲线弧段 $\overset{\frown}{MM_1}$, 其长度与切线转角分别记为 Δs 和 $\Delta\alpha$, 称

$$\bar{k}=\left|\frac{\Delta\alpha}{\Delta s}\right|$$

为曲线弧段 $\overset{\frown}{MM_1}$ 的**平均曲率**, 当 M_1 沿曲线趋于 $M(\Delta s\to 0)$ 时, 若上述平均曲率的极限存在, 记此极限为 k, 即

$$k=\lim_{\Delta s\to 0}\left|\frac{\Delta\alpha}{\Delta s}\right|,$$

则称 k 为曲线 C 在 M 点的曲率.

根据导数的记号, 在 $\dfrac{d\alpha}{ds}=\lim\limits_{\Delta s\to 0}\dfrac{\Delta\alpha}{\Delta s}$ 存在的条件下, 我们把曲率 k 记

$$k=\left|\frac{d\alpha}{ds}\right|=\left|\lim_{\Delta s\to 0}\frac{\Delta\alpha}{\Delta s}\right|.$$

就是说, 曲率等于切线倾角随弧长变化的变化率的绝对值, 或者说是切线方向随弧长变化的变化率的模.

例 1　求半径为 R 的圆周上各点处的曲率.

解　由于圆周上任意两点 M, M_1处的两条切线的转角 $\Delta\alpha$ 等于圆心角 $\angle MOM_1$, 而圆心角 $\angle MOM_1=\dfrac{\Delta s}{R}$(见图 4.9).

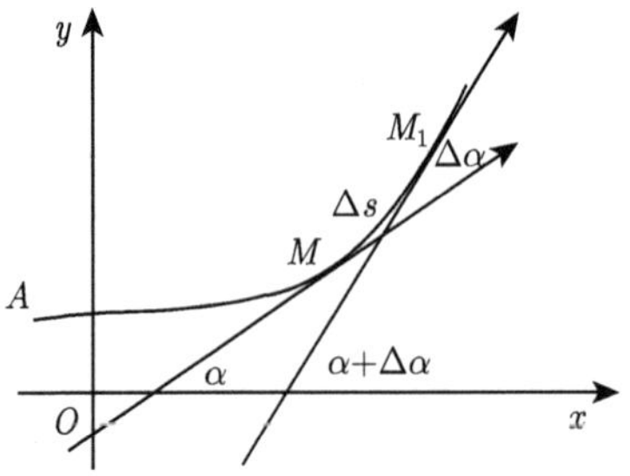

图 4.8

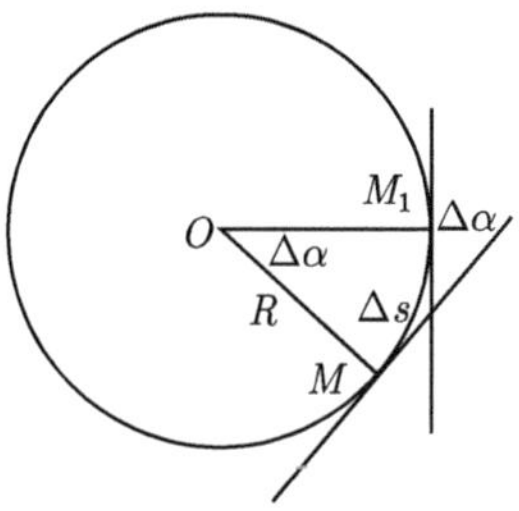

图 4.9

于是

$$\frac{\Delta\alpha}{\Delta s}=\frac{\frac{\Delta s}{R}}{\Delta s}=\frac{1}{R},$$

从而

$$k=\left|\frac{d\alpha}{ds}\right|=\frac{1}{R},$$

即圆周上各点处的曲率都等于半径的倒数, 所以半径越大曲率越小.

例 2　求直线上各点处的曲率.

解　由于直线上任一点处的切线就是直线本身, 故恒有 $\Delta\alpha=0$, 因而 $\dfrac{\Delta\alpha}{\Delta s}=0$, 所以 $k=\left|\lim\limits_{\Delta s\to 0}\dfrac{\Delta\alpha}{\Delta s}\right|=0$, 即直线的曲率为零.

设在直角坐标系下曲线方程是 $y=f(x)$, 且 $f(x)$ 具有二阶导数, 根据导数的几何意义 $y'=\tan\alpha$, 有 $\alpha=\arctan y'$, 其微分

$$d\alpha=\frac{1}{1+y'^2}dy'=\frac{y''}{1+y'^2}dx,$$

由于 $ds=\sqrt{1+y'^2}dx$, 用 ds 去除 $d\alpha$, 再取绝对值, 就得到曲率的计算公式

$$k=\left|\frac{y''}{(1+y'^2)^{3/2}}\right|.$$

例 3 求抛物线 $y=x^2$ 在 $x=2$ 处曲率, 并讨论曲线上哪一点曲率最大?

解 因为 $y'=2x, y''=2$, 故

$$y'|_{x=2}=4,\quad y''|_{x=2}=2,$$

故

$$k|_{x=2}=\frac{2}{(1+4^2)^{\frac{3}{2}}}=\frac{2}{17\sqrt{17}}.$$

曲线上任意点的曲率为

$$k=\frac{2}{[1+(2x)^2]^{\frac{3}{2}}},$$

若要 k 最大, 只需要 $1+4x^2$ 最小, 显然 $x=0$ 时, 即在点 $(0,0)$ 处抛物线 $y=x^2$ 的曲率最大, $k_{\max}=2$.

有了曲率的概念和计算公式, 曲线上任意点处弯曲程度都可以通过一个数表示出来, 但是弯曲到什么程度还没有一个直观形象, 由例 1 知, 半径为 R 的圆周上任意一点处的曲率为半径的倒数 $\frac{1}{R}$, 故若曲线上某点曲率为 k, 则曲线在这点的弯曲程度和以 $\frac{1}{k}$ 为半径的圆周相同. 比如, 抛物线 $y=x^2$ 在原点处的曲率为 2, 那么它在原点处的弯曲程度同半径为 $\frac{1}{2}$ 的圆周一样.

若曲线C 上点 M 处的曲率 $k\neq 0$, 则称 $R=\frac{1}{k}$ 为曲线 C 上点 M 处的**曲率半径**.

在点 M 处的曲线凹向的法线上取一点 O, 使 $|MO|=R=\frac{1}{k}$, 则以 O 为圆心, R 为半径的圆叫做曲线在 M 处的**曲率圆**, 点 O 称为曲线在点 M 处的**曲率中心**(图 4.10).

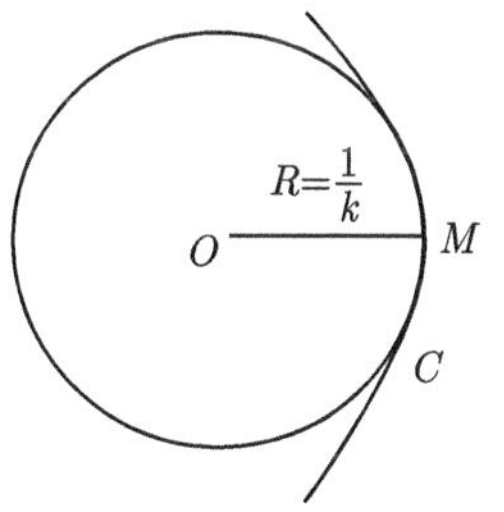

图 4.10

由于曲率圆与曲线 C 在 M 点有公切线, 有相同的曲率、相同的弯曲方向, 所以在工程上常常以曲率圆的弧段来近似代替复杂的小曲线段.

习 题 4.6

1. 求下列曲线在指定点处的曲率.

(1) $y=\ln\left(x+\sqrt{1+x^2}\right), (0,0)$; (2) $xy=1, (1,1)$;

(3) $x=3t^2,\ y=3t-t^3$ 在 $t=1$ 对应的点处.

2. 推导极坐标系下曲线的曲率公式, 求心形线 $r=a(1+\cos\theta)$ 在任一点 (r,θ) 处的曲率半径.

3. 求 $y=\mathrm{e}^x$ 在点 $(0,1)$ 处的曲率中心.

4. 求 $y^2=4x$ 在原点处的曲率圆.

5. 求曲线 $y=\ln x$ 上曲率最大的点, 并在该点附近用抛物线 $y=ax^2+bx+c$ 近似代替 $y=\ln x$, 求 a,b,c.

6. 设 $f(x)$ 具有二阶导数, 证明曲线 $y=f(x)$ 在点 $P(x,y)$ 处的曲率可以用 $k=\left|\dfrac{\mathrm{d}\sin\alpha}{\mathrm{d}x}\right|$ 表示, 其中 α 是曲线在点 P 处的切线的倾角.

7. 曲线 $y=\ln(1+x^2)$ 上哪一点附近线性性最好, 且 y 随 x 变化率的绝对值最大?

4.7 例题选讲

例 1 讨论方程 $f(x)=x\ln x+a=0$ 有几个实根.

解 连续函数在单调区间的端点处, 若函数值异号, 则在区间内有唯一的零点, 否则无零点. 所以先求出 $f(x)$ 的单调区间, 由于

$$f'(x)=\ln x+1,$$

故当 $0<x<\dfrac{1}{\mathrm{e}}$ 时, $f'(x)<0$, $f(x)$ 在 $\left(0,\dfrac{1}{\mathrm{e}}\right]$ 上单调递减; 当 $x>\dfrac{1}{\mathrm{e}}$ 时, $f'(x)>0$, $f(x)$ 在 $\left[\dfrac{1}{\mathrm{e}},+\infty\right)$ 上单调递增, 因此, 在 $x_0=\dfrac{1}{\mathrm{e}}$ 处函数取最小值

$$\min f(x)=f\left(\frac{1}{\mathrm{e}}\right)=a-\frac{1}{\mathrm{e}},$$

又因

$$\lim_{x\to0^+}f(x)=\lim_{x\to0^+}(x\ln x+a)=a,\quad \lim_{x\to+\infty}f(x)=\lim_{x\to+\infty}(x\ln x+a)=+\infty,$$

所以

1° 当 $a>\dfrac{1}{\mathrm{e}}$ 时, 方程无实根;

2° 当 $a=\dfrac{1}{\mathrm{e}}$ 时, 方程只有一个实根, $x_0=\dfrac{1}{\mathrm{e}}$;

3° 当 $0<a<\dfrac{1}{\mathrm{e}}$ 时, 方程有两个实根, 在区间 $\left(0,\dfrac{1}{\mathrm{e}}\right)$ 和 $\left(\dfrac{1}{\mathrm{e}},+\infty\right)$ 内各有一个;

4° 当 $a \leqslant 0$ 时, 方程仅有一个实根, 在区间 $\left(\frac{1}{\mathrm{e}}, +\infty\right)$ 内.

例 2 指出数列 $\{\sqrt[n]{n}\}$ 中最大的数, 并说明理由.

解 设 $f(x) = x^{\frac{1}{x}} (x > 0)$, 先研究它的单调性,

$$f'(x) = \frac{x^{\frac{1}{x}}(1 - \ln x)}{x^2},$$

故 $f'(\mathrm{e}) = 0$, 当 $0 < x < \mathrm{e}$ 时, $f'(x) > 0$, $f(x)$ 在 $(0, \mathrm{e}]$ 上单调递增; 当 $x > \mathrm{e}$ 时 $f'(x) < 0$, $f(x)$ 在 $[\mathrm{e}, +\infty)$ 上单调递减, 又 $2 < \mathrm{e} < 3$, 因此

$$1 < \sqrt{2},$$

$$\sqrt[3]{3} > \sqrt[4]{4} > \cdots > \sqrt[n]{n} > \cdots \quad (n > 3),$$

由此可见, $\sqrt{2}$ 和 $\sqrt[3]{3}$ 中最大的数就是数列 $\{\sqrt[n]{n}\}$ 中最大的数, 因为

$$\sqrt{2} = \sqrt[6]{8}, \quad \sqrt[3]{3} = \sqrt[6]{9},$$

所以数列 $\{\sqrt[n]{n}\}$ 中最大的数是 $\sqrt[3]{3}$.

例 3 若 $f(x)$ 在有限区间 (a, b) 内可微, 但 $f(x)$ 无界, 试证 $f'(x)$ 在 (a, b) 内也无界.

证明 反证法. 设 $|f'(x)| \leqslant M$, 任意取定一点 $x_0 \in (a, b)$, $\forall x \in (a, b)$, 在以 x_0, x 为端点的区间上应用拉格朗日中值定理有

$$|f(x) - f(x_0)| = |f'(\xi)|\ |x - x_0| \leqslant M(b - a),$$

从而

$$|f(x)| \leqslant |f(x_0)| + M(b - a),$$

这与 $f(x)$ 无界矛盾.

例 4 设函数 $f(x)$ 在区间 $[0, 1]$ 上可导, $f'(x) \neq 1$, 且 $0 < f(x) < 1$, 试证在区间 $(0, 1)$ 内有唯一的 x, 使 $f(x) = x$.

证明 存在性. 设 $F(x) = f(x) - x$, 则 $F(0) = f(0) - 0 > 0$, $F(1) = f(1) - 1 < 0$, 又 $F(x) \in C[0, 1]$, 所以由零点存在定理知存在 $\xi \in (0, 1)$, 使 $F(\xi) = 0$, 即 $f(\xi) = \xi$.

唯一性. 反证法. 设有 $\xi_1, \xi_2 \in (0, 1)$, $\xi_1 < \xi_2$, 使得

$$f(\xi_1) = \xi_1, \quad f(\xi_2) = \xi_2.$$

在区间 $[\xi_1,\xi_2]$ 上, 对函数 $f(x)$ 应用拉格朗日中值定理, 有 $\xi\in(\xi_1,\xi_2)\subset(0,1)$, 使

$$f'(\xi)=\frac{f(\xi_2)-f(\xi_1)}{\xi_2-\xi_1}=\frac{\xi_2-\xi_1}{\xi_2-\xi_1}=1,$$

这与假设 $f'(x)\neq 1$ 矛盾.

例 5 设 $f(x)$ 在闭区间 $[a,b]$ 上连续, 在开区间 (a,b) 内可导. 求证: 若 $\lim\limits_{x\to a^+}f'(x)=r$, 则 $f'_+(a)=r$; 若 $\lim\limits_{x\to b^-}f'(x)=l$, 则 $f'_-(b)=l$.

证明 由拉格朗日中值定理知, $\forall x\in(a,b)$, $\exists\xi\in(a,x)$, 使得

$$\frac{f(x)-f(a)}{x-a}=f'(\xi),$$

因为当 $x\to a^+$ 时, $\xi\to a^+$, 且 $\lim\limits_{x\to a^+}f'(x)=r$, 所以

$$f'_+(a)=\lim_{x\to a^+}\frac{f(x)-f(a)}{x-a}=\lim_{\xi\to a^+}f'(\xi)=\lim_{x\to a^+}f'(x)=r,$$

同理可证, $f'_-(b)=\lim\limits_{x\to b^-}f'(x)=l$.

由此可见, 若已知 $f(x)$ 在 x_0 的某去心邻域内可导, 在 x_0 处连续, 且 $\lim\limits_{x\to x_0}f'(x)$ 存在, 则 $f(x)$ 在 x_0 处也可导, 且 $f'(x_0)=\lim\limits_{x\to x_0}f'(x)$.

此例还说明: 如果函数 $f(x)$ 在 x_0 的某邻域内处处可导, 则导函数 $f'(x)$ 在这个邻域内没有第一类间断点, 如果 $f'(x)$ 有间断点, 只能是第二类间断点.

例 6 若函数 $f(x)$ 在区间 $(0,a)$ 内某点处取得最大值, 且函数 $f(x)$ 在区间 $[0,a]$ 上二阶导数有界, $|f''(x)|\leqslant M$, 试证

$$|f'(0)|+|f'(a)|\leqslant Ma.$$

分析 要证所给的不等式, 显然应从 $f'(0)$ 与 $f'(a)$ 的估计入手. 注意到题设, 若 $f(x)$ 在 $x_0\in(0,a)$ 处取得最大值, 则 $f'(x_0)=0$, 从而可转化为考虑 $f'(x_0)-f'(0)$ 和 $f'(a)-f'(x_0)$ 的估计.

证明 设 $f(x)$ 在 $x_0\in(0,a)$ 处取得最大值, 则有

$$f'(x_0)=0.$$

分别在区间 $[0,x_0]$ 和 $[x_0,a]$ 上, 对 $f'(x)$ 应用拉格朗日中值定理, 得

$$f'(x_0)-f'(0)=f''(\xi_1)(x_0-0),\quad 0<\xi_1<x_0,$$

$$f'(a)-f'(x_0)=f''(\xi_2)(a-x_0),\quad x_0<\xi_2<a,$$

于是

$$|f'(0)| \leqslant Mx_0, \quad |f'(a)| \leqslant M(a-x_0),$$

两式相加得

$$|f'(0)|+|f'(a)| \leqslant Ma.$$

例 7 设 $f(x)$ 在 $[a,b]$ 上连续, 在 (a,b) 内可导, 且 $0<a<b$, 试证存在 $\xi,\eta\in(a,b)$, 使得 $f'(\xi)=\dfrac{a+b}{2\eta}f'(\eta)$.

证明 欲证 $f'(\xi)=\dfrac{a+b}{2\eta}f'(\eta)$, 即要证 $\dfrac{f'(\xi)(b-a)}{b^2-a^2}=\dfrac{f'(\eta)}{2\eta}$, 可以利用柯西中值定理.

因为 $f(x)$, $g(x)=x^2$ 在 $[a,b]$ 上满足柯西中值定理的条件, 所以存在 $\eta\in(a,b)$, 使得

$$\frac{f(b)-f(a)}{b^2-a^2}=\frac{f'(\eta)}{2\eta},$$

又因为 $f(x)$ 在 $[a,b]$ 上满足拉格朗日中值定理的条件, 所以存在 $\xi\in(a,b)$, 使得

$$f(b)-f(a)=f'(\xi)(b-a),$$

得证.

习 题 4.7

1. 已知 $\lim\limits_{x\to1}\dfrac{\sqrt{x^4+3}-[A+B(x-1)+C(x-1)^2]}{(x-1)^2}=0$, 求 A,B,C.

2. 设 $\lim\limits_{n\to\infty}a_n=a>0$, 求 $\lim\limits_{n\to\infty}n(\sqrt[n]{a_n}-1)$.

3. 设 $\lim\limits_{x\to0}\dfrac{\sin 6x+xf(x)}{x^3}=0$, 求 $\lim\limits_{x\to0}\dfrac{6+f(x)}{x^2}$.

4. 若用 $\dfrac{2(x-1)}{x+1}$ 来近似 $\ln x$, 证明当 $x\in[1,2]$ 时, 其误差不超过 $\dfrac{1}{12}(x-1)^3$.

5. 证明方程 $\mathrm{e}^x-x^2-3x-1=0$ 有且仅有三个实根.

6. 讨论方程 $2^x=1+x^2$ 的实根个数.

7. 已知 $f(x)$ 在 $[a,b]$ 上可导, 且 $b-a\geqslant4$, 证明 $\exists x_0\in(a,b)$, 使得 $f'(x_0)<1+f^2(x_0)$.

8. 设 $f(x)\in C[a,b]$, 在 (a,b) 内可导, 且 $f(a)f(b)>0$, $f(a)f\left(\dfrac{a+b}{2}\right)<0$, 试证: 在 (a,b) 内存在 ξ, 使 $f'(\xi)=f(\xi)$.

9. 设 $f(x)$ 在 $[-1,1]$ 上有二阶导数, 且 $f(-1)=1$, $f(0)=0$, $f(1)=3$, 证明在区间 $(-1,1)$ 内至少存在一点 ξ, 使得 $f''(\xi)=4$.

10. 设 $f(x)$ 在区间 [0,1] 上有二阶导数, $f(0)=f(1)=0$, 且 $\max\limits_{x\in(0,1)} f(x)=2$, 证明 $\exists\xi\in(0,1)$, 使得 $f''(\xi)\leqslant -16$.

11. 设 $f(x)$ 在 x_0 处具有二阶导数 $f''(x_0)$, 试证:

$$\lim_{h\to 0}\frac{f(x_0+h)-2f(x_0)+f(x_0-h)}{h^2}=f''(x_0).$$

12. 设 $f(x)\in C^2(U(0))$, 且 $f(0)f'(0)f''(0)\neq 0$, 证明存在唯一一组实数 λ_1, λ_2, λ_3, 使得 $\lambda_1 f(h)+\lambda_2 f(2h)+\lambda_3 f(3h)-f(0)=o(h^2)$.

13. 设 ξ_a 为函数 $\arctan x$ 在区间 $[0,a]$上使用拉格朗日中值定理时的中值, 求 $\lim\limits_{a\to 0^+}\dfrac{\xi_a}{a}$.

14. 证明: $\dfrac{1}{2}(\mathrm{e}^x+\mathrm{e}^{-x})\geqslant x^2+\cos x, x\in\mathbf{R}$.

15. 证明不等式: $\sqrt[3]{abc}\leqslant\dfrac{a+b+c}{3}$($a,b,c$ 均为正数).

16. 选择题. 设 $f(x)$ 在 $(0,+\infty)$ 内有界、可导, 则 (　　).

(A) 当 $\lim\limits_{x\to+\infty} f(x)=0$ 时, 必有 $\lim\limits_{x\to+\infty} f'(x)=0$;

(B) 当 $\lim\limits_{x\to+\infty} f'(x)$ 存在时, 必有 $\lim\limits_{x\to+\infty} f'(x)=0$;

(C) 当 $\lim\limits_{x\to 0^+} f(x)=0$ 时, 必有 $\lim\limits_{x\to 0^+} f'(x)=0$;

(D) 当 $\lim\limits_{x\to 0^+} f(x)$ 存在时, 必有 $\lim\limits_{x\to 0^+} f'(x)=0$.

第5章 不定积分

本章的不定积分与第 6 章的定积分构成一元函数积分学. 第 3 章介绍了函数的导数和微分的运算, 在许多问题中常常要讨论它的反问题, 即已知一个函数的导数或微分, 求这个函数的问题. 因此, 不定积分研究的是如何从变化率来求变化规律本身的问题. 微分运算的逆运算问题是微积分学中另一个基本内容. 本章将系统地讨论求不定积分的基本方法.

5.1 原函数与不定积分

5.1.1 原函数与不定积分的概念

定义 5.1 如果在某区间 I 上,

$$F'(x)=f(x) \quad \text{或} \quad \mathrm{d}F(x)=f(x)\,\mathrm{d}x,$$

则称 $F(x)$ 为 $f(x)$ 在 I 上的一个**原函数**.

例如, 由 $(\sin x)'=\cos x$, 知 $\sin x$ 是 $\cos x$ 在 $(-\infty,+\infty)$ 上的一个原函数, $\left(\dfrac{1}{3}x^3\right)'=x^2$, 知 $\dfrac{1}{3}x^3$ 是 x^2 在 $(-\infty,+\infty)$ 上的一个原函数.

一般地, 若 $F(x)$ 为 $f(x)$ 的一个原函数, 则 $F(x)+C$ 亦为 $f(x)$ 的原函数 (C 为任意常数), 这是因为

$$[F(x)+C]'=F'(x)=f(x).$$

由此可见, 一个函数若有原函数, 那么就有无穷多个原函数, 并有如下结论.

定理 5.1 如果 $F(x)$ 为 $f(x)$ 在区间 I 上的一个原函数, 则 $f(x)$ 在 I 上的任一原函数都可表为 $F(x)+C$ 的形式, 其中 C 为某一常数.

证明 设 $\Phi(x)$ 为 $f(x)$ 在区间 I 上的任一原函数, 则

$$\Phi'(x)=f(x),$$

又因 $F'(x)=f(x)$, 所以

$$[\Phi(x)-F(x)]'=\Phi'(x)-F'(x)=f(x)-f(x)\equiv 0, \quad \forall x\in I,$$

故 $\Phi(x) - F(x) = C$, 即

$$\Phi(x) = F(x) + C. \qquad \square$$

这个定理表明: 形如 $F(x)+C$ 的一族函数是 $f(x)$ 的全部原函数, 可见只要找到 $f(x)$ 的一个原函数, 就可得到它的全部原函数.

定义 5.2 设 $F(x)$ 为 $f(x)$ 的任一原函数, 则 $f(x)$ 的全部原函数的一般表达式

$$F(x) + C$$

称为函数 $f(x)$ 的**不定积分**, 记作 $\int f(x)\mathrm{d}x$, 即

$$\int f(x)\mathrm{d}x = F(x) + C,$$

其中, $\int$ 称为**积分号**, $f(x)$ 称为**被积函数**, $f(x)\,\mathrm{d}x$ 称为**被积表达式**, x 称为**积分变量**, 任意常数 C 称为**积分常数**.

要强调指出的是:

(i) 被积函数是原函数的导数, 被积表达式是原函数的微分.

(ii) 不定积分表示导数等于被积函数的所有函数, 或者说其微分等于被积表达式的所有函数, 因此绝对不能漏写积分常数 C.

(iii) 求已知函数的原函数或不定积分的运算称为积分运算, 它是微分运算的逆运算.

例 1 $\int x^2\mathrm{d}x = \frac{1}{3}x^3 + C$.

例 2 $\int \frac{1}{\sqrt{1-x^2}}\mathrm{d}x = \arcsin x + C$.

不定积分的几何意义: 设 $F(x)$ 为 $f(x)$ 的一个原函数, 则 $y = F(x)$ 的图形称为 $f(x)$ 的一条**积分曲线**. 因为 $F'(x) = f(x)$, 所以积分曲线上任一点 $(x, F(x))$ 处的切线斜率恰好等于 $f(x)$. 若把这条积分曲线沿 y 轴方向平移 C 个单位, 就得到另一条积分曲线 $y = F(x) + C$. 所以不定积分就是这样一族积分曲线通用的方程, 曲线族中各条曲线在横坐标相同的点处的切线平行 (图 5.1).

在求原函数的实际问题中, 有时要从全部原函数中确定出所需要的具有某种特性的一个原函数, 这时应根据这个特性确定常数 C, 从而找出需要的原函数.

例 3 求通过点 $(1, 2)$, 且其切线斜率为 $2x$ 的曲线.

解 切线斜率为 $2x$, 即 $y' = 2x$ 的曲线族为

$$y = \int 2x\mathrm{d}x = x^2 + C,$$

又因所求曲线通过点 $(1,2)$, 即当 $x=1$ 时, $y=2$, 所以有

$$2=1^2+C, \quad C=1.$$

故所求的曲线方程为

$$y=x^2+1,$$

显然, 这条积分曲线可由其他积分曲线 (如 $y=x^2$) 沿 y 轴方向平移得到 (图 5.2).

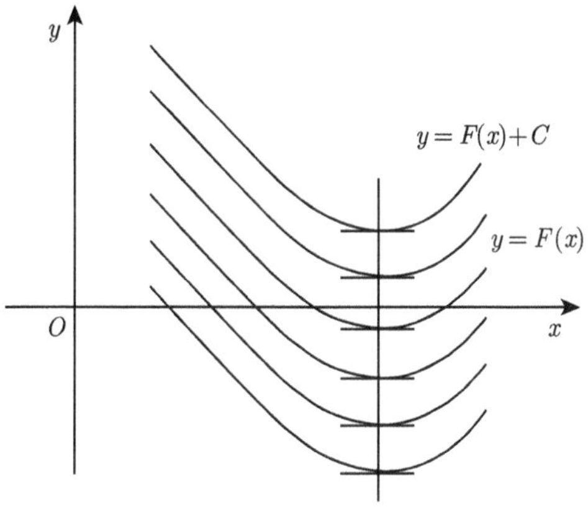

图 5.1

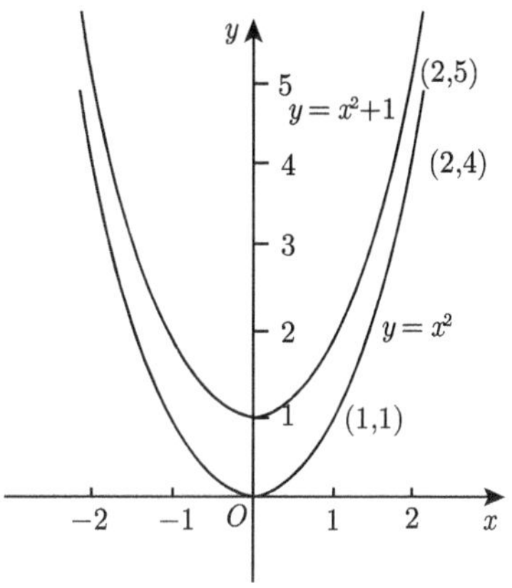

图 5.2

例 4 已知物体运动速度 $v=at+v_0$, 求路程函数.

解 因为 $\dfrac{\mathrm{d}s}{\mathrm{d}t}=v=at+v_0$, 所以

$$s=\int(at+v_0)\,\mathrm{d}t=\frac{1}{2}at^2+v_0t+C,$$

若当 $t=0$ 时, $s=0$, 则 $C=0$, 这时路程函数为

$$s=\frac{1}{2}at^2+v_0t.$$

哪些函数有原函数? 又如何求其原函数呢? 前一个问题可由如下定理解答.

定理 5.2 若 $f(x)$ 在 $[a,b]$ 上连续, 则 $f(x)$ 在 $[a,b]$ 上必有原函数.

这个原函数存在定理的证明将在第 6 章给出, 至于第二个问题正是下面几节所要研究的. 顺便指出, 不定积分与导数的定义方法大不相同, 导数的定义是构造性的, 定义本身就指明了计算方法; 而不定积分的定义仅指出所要求得函数的特性, 没有告诉我们如何寻找它, 所以积分运算原则上比微分运算困难得多. 因此在学习中, 应熟记基本积分公式, 适当做些练习并不断总结、摸索求不定积分的方法和技巧.

5.1.2 不定积分的性质和基本公式

由不定积分的定义和微分法则, 可以直接推出不定积分如下两条性质:

性质 1 $\left(\int f(x)\mathrm{d}x\right)' = f(x);\qquad \mathrm{d}\int f(x)\mathrm{d}x = f(x)\,\mathrm{d}x;$

$$\int f'(x)\mathrm{d}x = f(x) + C;\qquad \int \mathrm{d}f(x) = f(x) + C,$$

即先积分后微分, 则两个运算抵消; 反之, 先微分再积分, 抵消后差一个常数项. 这就是所说的微分与积分互为逆运算的含义.

性质 2 若在同一个区间上 $f(x)$ 和 $g(x)$ 都有原函数, 则

$$\int [\alpha f(x) + \beta g(x)]\,\mathrm{d}x = \alpha\int f(x)\,\mathrm{d}x + \beta\int g(x)\,\mathrm{d}x,$$

其中 α, β 是不同时为零的常数.

证明 由微分法则和性质 1,

$$\begin{aligned}\left[\alpha\int f(x)\,\mathrm{d}x + \beta\int g(x)\mathrm{d}x\right]' &= \alpha\left[\int f(x)\mathrm{d}x\right]' + \beta\left[\int g(x)\mathrm{d}x\right]' \\ &= \alpha f(x) + \beta g(x),\end{aligned}$$

所以, $\alpha\int f(x)\,\mathrm{d}x + \beta\int g(x)\mathrm{d}x$ 是 $\alpha f(x) + \beta g(x)$ 的原函数, 且在不定积分中已包含有任意常数, 由不定积分知性质 2 成立. □

性质 2 称为积分的**线性性质**, 它是和微分运算的线性性质相对应的.

根据微分基本公式, 可直接得到如下的不定积分基本公式.

不定积分基本公式 (I)

(1) $\int 0\,\mathrm{d}x = C;$

(2) $\int 1\,\mathrm{d}x = x + C;$

(3) $\int x^{\mu}\,\mathrm{d}x = \dfrac{1}{\mu+1}x^{\mu+1} + C\ (\mu \neq -1);$

(4) $\int \dfrac{1}{x}\,\mathrm{d}x = \ln|x| + C;$

(5) $\int a^{x}\mathrm{d}x = \dfrac{a^{x}}{\ln a} + C\ (a > 0, a \neq 1);$

(6) $\int \mathrm{e}^{x}\,\mathrm{d}x = \mathrm{e}^{x} + C;$

(7) $\int \sin \mathrm{d}x = -\cos x + C$;

(8) $\int \cos x \, \mathrm{d}x = \sin x + C$;

(9) $\int \sec^2 x \, \mathrm{d}x = \int \frac{1}{\cos^2 x} \mathrm{d}x = \tan x + C$;

(10) $\int \csc^2 x \ \mathrm{d}x = \int \frac{1}{\sin^2 x} \mathrm{d}x = -\cot x + C$;

(11) $\int \sec x \tan x \, \mathrm{d}x = \sec x + C$;

(12) $\int \csc x \cot x \, \mathrm{d}x = -\csc x + C$;

(13) $\int \frac{1}{\sqrt{1-x^2}} \mathrm{d}x = \arcsin x + C$;

(14) $\int \frac{1}{1+x^2} \mathrm{d}x = \arctan x + C$.

熟记基本积分公式, 才可能顺利地进行积分运算. 现在可以利用不定积分的基本公式和线性性质, 计算一些简单的不定积分.

例 5 $\int (\mathrm{e}^x + 3\cos x) \mathrm{d}x = \int \mathrm{e}^x \, \mathrm{d}x + 3 \int \cos x \, \mathrm{d}x = \mathrm{e}^x + 3 \sin x + C.$

例 6 $\int \frac{x+1}{x^2} \mathrm{d}x = \int \left(\frac{1}{x} + \frac{1}{x^2} \right) \mathrm{d}x = \int \frac{1}{x} \mathrm{d}x + \int \frac{1}{x^2} \mathrm{d}x = \ln|x| - \frac{1}{x} + C.$

计算积分时, 常常将被积函数作适当的恒等变形, 使之化为积分表中诸被积函数的线性组合的形式, 然后用线性性质计算积分, 称为**分项积分法**.

例 7 $\int \frac{x^2}{1+x^2} \mathrm{d}x = \int \frac{1+x^2-1}{1+x^2} \mathrm{d}x = \int 1 \mathrm{d}x - \int \frac{\mathrm{d}x}{1+x^2} = x - \arctan x + C.$

例 8 $\int \tan^2 x \mathrm{d}x = \int \left(\sec^2 x - 1\right) \mathrm{d}x = \tan x - x + C.$

例 9 $\int \frac{\mathrm{e}^{2x}-1}{\mathrm{e}^x+1} \mathrm{d}x = \int (\mathrm{e}^x - 1) \mathrm{d}x = \mathrm{e}^x - x + C.$

例 10
$$\int \frac{1}{\sin^2 x \cos^2 x} \mathrm{d}x = \int \frac{\sin^2 x + \cos^2 x}{\sin^2 x \cos^2 x} \mathrm{d}x = \int \left(\frac{1}{\cos^2 x} + \frac{1}{\sin^2 x} \right) \mathrm{d}x.$$
$$= \tan x - \cot x + C.$$

例 11 $\int 2^x \mathrm{e}^x \mathrm{d}x = \int (2\mathrm{e})^x \mathrm{d}x = \frac{(2\mathrm{e})^x}{\ln(2\mathrm{e})} + C = \frac{2^x \mathrm{e}^x}{\ln 2 + 1} + C.$

例 12 $\int \frac{\cos x}{1-\cos 2x} \mathrm{d}x = \int \frac{\cos x}{2\sin^2 x} \mathrm{d}x = \int \frac{1}{2} \cot x \cdot \csc x \mathrm{d}x = -\frac{1}{2} \csc x + C.$

习　题　5.1

1. 写出下列函数的原函数.

(1) $\sin 5x$;　　(2) 5^{2x};

(3) $(3x+2)^{10}$;　　(4) $\dfrac{2}{x+1}$.

2. 一条曲线通过点 (e, 4), 且其上任意一点处的切线斜率等于该点横坐标的倒数, 求该曲线方程.

3. 求一曲线, 使之通过点 $A(1,1)$ 和 $B(2,8)$, 且其上任意一点处切线的斜率与 x^2 成正比.

4. 一物体由静止开始做直线运动, 在时刻 t(单位: s) 的速度是 $4t^3$(单位: m/s), 问:

(1) 到 $t=2$ 时物体离开出发点的距离是多少?

(2) 物体走完 10000m 需要多少时间?

5. 证明: 当 $0<x<\pi$ 时, 有 $\ln\tan\dfrac{x}{2}-\ln(\csc x-\cot x)=a$, 并求常数 a.

6. 一切初等函数在其定义区间上是否都有原函数?

7. 判断下面命题是否正确: 若 $f(x)$ 在某一区间内不连续, 则在该区间内 $f(x)$ 必无原函数.

8. 用分项积分法求下列不定积分.

(1) $\displaystyle\int(x^3-4x^{-0.3}+1)\mathrm{d}x$;　　(2) $\displaystyle\int\sqrt[m]{x^n}\mathrm{d}x$;

(3) $\displaystyle\int\sqrt{x\sqrt{x\sqrt{x}}}\mathrm{d}x$;　　(4) $\displaystyle\int\frac{2x^4+2x^2+1}{x^2+1}\mathrm{d}x$;

(5) $\displaystyle\int 5^{2x}\mathrm{e}^x\mathrm{d}x$;　　(6) $\displaystyle\int\frac{2^x+5^x}{10^x}\mathrm{d}x$;

(7) $\displaystyle\int\sin^2\frac{x}{2}\mathrm{d}x$;　　(8) $\displaystyle\int\frac{\cos 2x}{\sin^2 x\cos^2 x}\mathrm{d}x$;

(9) $\displaystyle\int\frac{\sqrt{1+x^2}}{\sqrt{1-x^4}}\mathrm{d}x$;　　(10) $\displaystyle\int\frac{1+\cos^2 x}{1+\cos 2x}\mathrm{d}x$;

(11) $\displaystyle\int\left(\sin\frac{x}{2}-\cos\frac{x}{2}\right)^2\mathrm{d}x$;　　(12) $\displaystyle\int\frac{1+\sin x}{1-\sin x}\mathrm{d}x$.

9. 设 $F(x)$ 是 e^{-x^2} 的一个原函数, 计算 $\dfrac{\mathrm{d}F(\sqrt{x})}{\mathrm{d}x}$.

10. 试证 $\displaystyle\int\frac{a_1\sin x+b_1\cos x}{a\sin x+b\cos x}\mathrm{d}x=Ax+B\ln|a\sin x+b\cos x|+C$, 其中 $a^2+b^2\neq$

$0, A=\dfrac{aa_1+bb_1}{a^2+b^2}, B=\dfrac{ab_1-a_1b}{a^2+b^2}$.

5.2 换元积分法

微分运算中有两个重要的法则: 复合函数微分法和乘积的微分法, 在积分运算中, 分别与它们对应的是本节和 5.3 节将要介绍的换元积分法和分部积分法.

定理 5.3 设 $f(x)$ 连续, $x=\varphi(t)$ 具有连续的导数, 则

$$\int f(\varphi(t))\varphi'(t)\,\mathrm{d}t=\int f(\varphi(t))\,\mathrm{d}\varphi(t)=\left[\int f(x)\mathrm{d}x\right]_{x=\varphi(t)}. \tag{1}$$

证明 由于 $x=\varphi(t)$ 具有连续的导数, 则

$$f(\varphi(t))\varphi'(t)\,\mathrm{d}t=f(\varphi(t))\,\mathrm{d}\varphi(t)=f(x)\,\mathrm{d}x,$$

所以根据不定积分的定义知 (1) 式成立. □

第一换元积分法 若遇到积分 $\displaystyle\int f(\varphi(t))\varphi'(t)\,\mathrm{d}t$ 不易计算时, 通过变换 $x=\varphi(t)$, 由 (1) 式化为不定积分 $\displaystyle\int f(x)\,\mathrm{d}x$ 来计算, 积分后再将 $x=\varphi(t)$ 代入.

第二换元积分法 若遇到积分 $\displaystyle\int f(x)\,\mathrm{d}x$ 不易计算时, 可选取适当的变换 $x=\varphi(t)$, 由 (1) 式化为不定积分 $\displaystyle\int f(\varphi(t))\varphi'(t)\,\mathrm{d}t$ 来计算. 由于积分之后还要将 t 换为 x 的函数, 所以这时要求变换 $x=\varphi(t)$ 有反函数 $t=\varphi^{-1}(x)$.

换元积分法的基本思想是将被积表达式 (原函数的微分) 变形, 因为原函数的微分等于它对自变量的导数乘自变量的微分, 也等于它对中间变量的导数乘中间变量的微分. 把原函数的微分写成不同的形式, 求原函数的难易程度是不同的.

先看第一换元积分法的例题.

例 1 $\displaystyle\int 2x\mathrm{e}^{x^2}\mathrm{d}x=\int \mathrm{e}^{x^2}\mathrm{d}x^2$

$$\xlongequal{u=x^2}\int \mathrm{e}^u\mathrm{d}u=\mathrm{e}^u+C=\mathrm{e}^{x^2}+C.$$

例 2 $\displaystyle\int\frac{\ln x}{x}\mathrm{d}x=\int\ln x\mathrm{d}\ln x\xlongequal{u=\ln x}\int u\mathrm{d}u=\frac{1}{2}u^2+C=\frac{1}{2}\ln^2 x+C.$

做过一定数量的练习对第一换元积分法熟练后, 可以不再写出中间变量, 但需明白将积分公式中的积分变量换为可微函数时, 公式依然成立.

例 3　$\int \frac{(\arcsin x)^2}{\sqrt{1-x^2}}\mathrm{d}x = \int (\arcsin x)^2 \mathrm{d}\arcsin x = \frac{1}{3}(\arcsin x)^3 + C.$

例 4　$\int \frac{\mathrm{d}x}{\sqrt{a^2-x^2}} = \int \frac{\mathrm{d}x}{a\sqrt{1-\left(\frac{x}{a}\right)^2}} = \int \frac{\mathrm{d}\left(\frac{x}{a}\right)}{\sqrt{1-\left(\frac{x}{a}\right)^2}} = \arcsin\frac{x}{a} + C \ (a>0).$

例 5　$\int \tan x \mathrm{d}x = \int \frac{\sin x}{\cos x}\mathrm{d}x = -\int \frac{1}{\cos x}\mathrm{d}\cos x = -\ln|\cos x| + C.$

例 6　$\int \sin^3 x \cos^2 x \mathrm{d}x = -\int \left(1-\cos^2 x\right)\cos^2 x \mathrm{d}\cos x$

$$= -\frac{1}{3}\cos^3 x + \frac{1}{5}\cos^5 x + C.$$

例 7　$\int \sin^2 x \mathrm{d}x = \frac{1}{2}\int (1-\cos 2x)\,\mathrm{d}x = \frac{1}{2}\int \mathrm{d}x - \frac{1}{4}\int \cos 2x \mathrm{d}(2x)$

$$= \frac{x}{2} - \frac{1}{4}\sin 2x + C.$$

由例 6, 例 7 知, 对于 $\sin^m x\cos^n x$ 的积分, 当 m, n 有一个是奇数时, 容易用第一换元积分法积分, 当 m, n 都是偶数时, 可选用倍角公式降幂, 再积分.

例 8　$\int \cos 3x \cos 5x \mathrm{d}x = \frac{1}{2}\int (\cos 2x + \cos 8x)\,\mathrm{d}x = \frac{1}{4}\sin 2x + \frac{1}{16}\sin 8x + C.$

不同角度的正弦函数、余弦函数之积的积分, 通常用积化和差公式来拆项化简.

例 9　$\int \frac{\mathrm{d}x}{x^2-a^2} = \frac{1}{2a}\int \left(\frac{1}{x-a} - \frac{1}{x+a}\right)\mathrm{d}x = \frac{1}{2a}\ln\left|\frac{x-a}{x+a}\right| + C \quad (a \neq 0).$

例 10　$\int \sec x \mathrm{d}x = \int \frac{\mathrm{d}x}{\cos x} = \int \frac{\cos x}{\cos^2 x}\,\mathrm{d}x = \int \frac{\mathrm{d}\sin x}{1-\sin^2 x}$

$$= \frac{1}{2}\ln\left|\frac{1+\sin x}{1-\sin x}\right| + C = \ln\left|\frac{1+\sin x}{\cos x}\right| + C$$

$$= \ln|\sec x + \tan x| + C.$$

同一个积分可以用不同的方法计算, 可能得到表面上不一致的结果, 但实际上都表示同一族函数. 检验积分结果是否正确的方法是求其导数, 看它是否与被积函数相等. 另外, 由这几个例子看到, 有时被积表达式内不明显含有 $\varphi'(t)$ 的因式, 只要把被积函数作适当的变形, 便可出现 $\varphi'(t)$.

例 11　$\int \tan^3 x \mathrm{d}x = \int \tan x\left(\sec^2 x - 1\right)\mathrm{d}x = \int \tan x \sec^2 x \mathrm{d}x - \int \tan x \mathrm{d}x$

$$= \int \tan x \mathrm{d}\tan x + \ln|\cos x| = \frac{1}{2}\tan^2 x + \ln|\cos x| + C.$$

例 12 $$\int \sec^6 x\mathrm{d}x = \int \left(\tan^2 x+1\right)^2 \sec^2 x\mathrm{d}x = \int \left(\tan^2 x+1\right)^2 \mathrm{d}\tan x$$
$$= \int \left(\tan^4 x + 2\tan^2 x + 1\right)\mathrm{d}\tan x$$
$$= \frac{1}{5}\tan^5 x + \frac{2}{3}\tan^3 x + \tan x + C.$$

例 13 $$\int \tan^5 x\sec^3 x\mathrm{d}x = \int \tan^4 x\sec^2 x\sec x\tan x\mathrm{d}x$$
$$= \int \left(\sec^2 x - 1\right)^2 \sec^2 x\mathrm{d}\sec x$$
$$= \int \left(\sec^6 x - 2\sec^4 x + \sec^2 x\right)\mathrm{d}\sec x$$
$$= \frac{1}{7}\sec^7 x - \frac{2}{5}\sec^5 x + \frac{1}{3}\sec^3 x + C.$$

例 14 $$\int \frac{\sin 2x}{\sqrt{1-\sin^4 x}}\mathrm{d}x = \int \frac{2\sin x\cos x}{\sqrt{1-\sin^4 x}}\mathrm{d}x = \int \frac{\mathrm{d}\sin^2 x}{\sqrt{1-\sin^4 x}}$$
$$= \arcsin\left(\sin^2 x\right) + C.$$

例 15 $$\int \frac{2(x+1)}{x^2+2x+4}\mathrm{d}x = \int \frac{\mathrm{d}\left(x^2+2x+4\right)}{x^2+2x+4} = \ln\left|x^2+2x+4\right| + C.$$

注意: 函数从微分号外移到微分号里要积分, 而由微分号里移到微分号外要求导; 在微分号里可随意加常数, $\mathrm{d}x = \mathrm{d}\,(x+C)$.

再看第二换元积分法的例题.

例 16 求 $\displaystyle\int \frac{1}{1+\sqrt{x}}\mathrm{d}x$.

解 此题的难点在于有根式, 为消除它, 作变换, 令 $t=\sqrt{x}$, 即 $x=t^2\ (t\geqslant 0)$, 则 $\mathrm{d}x = 2t\mathrm{d}t$, 故

$$\int \frac{1}{1+\sqrt{x}}\mathrm{d}x = \int \frac{2t}{1+t}\mathrm{d}t = \int \left(2 - \frac{2}{1+t}\right)\mathrm{d}t$$
$$= 2t - 2\ln(1+t) + C = 2\sqrt{x} - 2\ln\left(1+\sqrt{x}\right) + C.$$

例 17 求 $\displaystyle\int \frac{1}{\sqrt{\mathrm{e}^x+1}}\mathrm{d}x$.

解 设 $\sqrt{\mathrm{e}^x+1} = t$, 即 $x = \ln\left(t^2-1\right)\ (t>1)$, $\mathrm{d}x = \dfrac{2t}{t^2-1}\mathrm{d}t$, 故

$$\int \frac{1}{\sqrt{\mathrm{e}^x+1}}\mathrm{d}x = \int \frac{1}{t}\frac{2t}{t^2-1}\mathrm{d}t = 2\int \frac{\mathrm{d}t}{t^2-1} = \ln\left|\frac{t-1}{t+1}\right| + C$$

$$= \ln\left|\frac{\sqrt{e^x+1}-1}{\sqrt{e^x+1}+1}\right| + C.$$

例 18　求 $\int \sqrt{a^2-x^2}dx\ (a>0)$.

解　设 $x = a\sin t\ \left(-\frac{\pi}{2} \leqslant t \leqslant \frac{\pi}{2}\right)$, 则 $\sqrt{a^2-x^2} = a\sqrt{1-\sin^2 t} = a\cos t$, $dx = a\cos t dt$, 于是

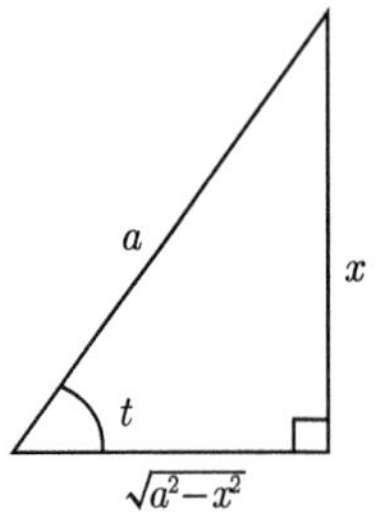

图 5.3

$$\int \sqrt{a^2-x^2}dx = \int a^2\cos^2 t dt = a^2\int \frac{1+\cos 2t}{2}dt$$
$$= \frac{a^2}{2}\left(t+\frac{1}{2}\sin 2t\right)+C$$
$$= \frac{a^2}{2}(t+\sin t\cos t)+C.$$

还需要将结果表成原变量 x 的函数, 由图 5.3 知, 在三角变换 $\sin t = \frac{x}{a}$ 下, 有

$$\cos t = \frac{\sqrt{a^2-x^2}}{a}, \quad t = \arcsin\frac{x}{a},$$

故

$$\int \sqrt{a^2-x^2}dx = \frac{a^2}{2}\left(\arcsin\frac{x}{a}+\frac{x}{a}\frac{\sqrt{a^2-x^2}}{a}\right)+C$$
$$= \frac{a^2}{2}\arcsin\frac{x}{a}+\frac{x}{2}\sqrt{a^2-x^2}+C.$$

例 19　求 $\int \frac{dx}{\sqrt{x^2+a^2}}\ (a>0)$.

解　设 $x = a\tan t\ \left(-\frac{\pi}{2} < t < \frac{\pi}{2}\right)$, 则 $\sqrt{x^2+a^2} = a\sec t$, $dx = a\sec^2 t dt$, 于是

$$\int \frac{dx}{\sqrt{x^2+a^2}} = \int \frac{a\sec^2 t}{a\sec t}dt = \int \sec t dt = \ln|\sec t+\tan t|+C_1$$
$$= \ln\left|\frac{\sqrt{x^2+a^2}}{a}+\frac{x}{a}\right|+C_1 = \ln\left|x+\sqrt{x^2+a^2}\right|+C.$$

例 20　求 $\int \frac{dx}{\sqrt{x^2-a^2}}\ (a>0)$.

解　注意到被积函数的定义域是$(-\infty,-a)\bigcup(a,+\infty)$, 因此设 $x = a\sec t, t \in$

$\left(0,\frac{\pi}{2}\right)\bigcup\left(\frac{\pi}{2},\pi\right)$, 于是 $\mathrm{d}x=a\sec t\tan t\mathrm{d}t$, $\sqrt{x^2-a^2}=\pm a\tan t$, 其中 $t\in\left(0,\frac{\pi}{2}\right)$ 时取正号, $t\in\left(\frac{\pi}{2},\pi\right)$ 时取负号.

当 $x>a$ 时,

$$\begin{aligned}\int\frac{\mathrm{d}x}{\sqrt{x^2-a^2}}&=\int\frac{a\sec t\tan t}{a\tan t}\mathrm{d}t=\int\sec t\mathrm{d}t=\ln|\sec t+\tan t|+C\\&=\ln\left|\frac{x}{a}+\frac{\sqrt{x^2-a^2}}{a}\right|+C=\ln\left|x+\sqrt{x^2-a^2}\right|-\ln a+C,\end{aligned}$$

又当 $x<-a$ 时, 有

$$\begin{aligned}\int\frac{\mathrm{d}x}{\sqrt{x^2-a^2}}&=\int\frac{a\sec t\tan t}{-a\tan t}\mathrm{d}t=-\int\sec t\mathrm{d}t=-\ln|\sec t+\tan t|+C\\&=-\ln\left|\frac{x}{a}-\frac{\sqrt{x^2-a^2}}{a}\right|+C\quad=\ln\left|x+\sqrt{x^2-a^2}\right|-\ln a+C.\end{aligned}$$

总之, 对所有 $|x|>a$, 均有 $\displaystyle\int\frac{\mathrm{d}x}{\sqrt{x^2-a^2}}=\ln\left|x+\sqrt{x^2-a^2}\right|+C.$

对于什么样的积分采用怎样的变换要具体问题具体分析, 选择得好, 可以积分出来, 选取得不恰当, 积不出来, 就要再换其他的变换. 只有熟悉基本微分与积分公式, 注意分析被积表达式的结构, 多做练习, 不断总结经验, 才能提高计算不定积分的能力. 比如, 从前面几个例题知, 当被积函数中:

1° 含有 $\sqrt{a^2-x^2}$ 时, 可作变换 $x=a\sin t$;

2° 含有 $\sqrt{x^2+a^2}$ 时, 可作变换 $x=a\tan t$;

3° 含有 $\sqrt{x^2-a^2}$ 时, 可作变换 $x=a\sec t$;

4° 含有 $\sqrt{ax+b}$ 时, 作变换 $t=\sqrt{ax+b}$, 即 $x=\dfrac{t^2-b}{a}$, 常常是可行的.

最后, 再举一个第二换元积分法的例子.

例 21 求 $\displaystyle\int\frac{\sqrt{a^2-x^2}}{x^4}\mathrm{d}x\ (a>0)$.

解 这里作**倒变换**$x=\dfrac{1}{t}$, 则 $\mathrm{d}x=-\dfrac{\mathrm{d}t}{t^2}$, 故

$$\begin{aligned}\int\frac{\sqrt{a^2-x^2}}{x^4}\mathrm{d}x&=\int\frac{\sqrt{a^2-\dfrac{1}{t^2}}}{\dfrac{1}{t^4}}\frac{-\mathrm{d}t}{t^2}=-\int\left(a^2t^2-1\right)^{\frac{1}{2}}t\mathrm{d}t\\&=-\frac{1}{3a^2}\left(a^2t^2-1\right)^{\frac{3}{2}}+C=-\frac{\left(a^2-x^2\right)^{\frac{3}{2}}}{3a^2x^3}+C.\end{aligned}$$

一些情况下 (如被积函数是分式, 分母为次数较高的幂函数时), 倒变换可以用来消去分母中的变量. 本题也可以作三角变换.

由本节的例题得到几个常用的不定积分基本公式汇集如下.

不定积分基本公式 (II)

(15) $\int \tan x \mathrm{d}x = -\ln|\cos x| + C$;

(16) $\int \cot x \mathrm{d}x = \ln|\sin x| + C$;

(17) $\int \sec x \mathrm{d}x = \ln|\sec x + \tan x| + C$;

(18) $\int \csc x \mathrm{d}x = \ln|\csc x - \cot x| + C$;

(19) $\int \dfrac{\mathrm{d}x}{x^2+a^2} = \dfrac{1}{a}\arctan\dfrac{x}{a} + C$;

(20) $\int \dfrac{\mathrm{d}x}{x^2-a^2} = \dfrac{1}{2a}\ln\left|\dfrac{x-a}{x+a}\right| + C$;

(21) $\int \dfrac{\mathrm{d}x}{\sqrt{a^2-x^2}} = \arcsin\dfrac{x}{a} + C$;

(22) $\int \dfrac{\mathrm{d}x}{\sqrt{x^2\pm a^2}} = \ln\left|x+\sqrt{x^2\pm a^2}\right| + C$;

(23) $\int \sqrt{a^2-x^2}\mathrm{d}x = \dfrac{x}{2}\sqrt{a^2-x^2} + \dfrac{a^2}{2}\arcsin\dfrac{x}{a} + C$;

(24) $\int \sqrt{x^2\pm a^2}\mathrm{d}x = \dfrac{x}{2}\sqrt{x^2\pm a^2} \pm \dfrac{a^2}{2}\ln\left|x+\sqrt{x^2\pm a^2}\right| + C$.

上式中均有 $a > 0$.

习 题 5.2

1. 用第一换元积分方法计算下列积分.

(1) $\int \dfrac{\mathrm{d}x}{1+3x}$;

(2) $\int \dfrac{1}{\sqrt{3-5x^2}}\mathrm{d}x$;

(3) $\int (ax+b)^{50}\mathrm{d}x \ (a \neq 0)$;

(4) $\int \dfrac{\mathrm{e}^{\frac{1}{x}}}{x^2}\mathrm{d}x$;

(5) $\int \dfrac{1}{x}\cos(\lg x)\mathrm{d}x$;

(6) $\int \dfrac{\sqrt{\arcsin x}}{\sqrt{1-x^2}}\mathrm{d}x$;

(7) $\int \frac{\sqrt{x}}{\sqrt{a^3-x^3}}\mathrm{d}x$;

(8) $\int \frac{\arctan\sqrt{x}}{\sqrt{x}(1+x)}\mathrm{d}x$;

(9) $\int \frac{1}{\sqrt{x-b}-\sqrt{x-a}}\mathrm{d}x$;

(10) $\int \frac{3x-2}{5x^2+7}\mathrm{d}x$;

(11) $\int \frac{a^x}{1+a^{2x}}\mathrm{d}x$;

(12) $\int x^2\sqrt[3]{1+x^3}\mathrm{d}x$;

(13) $\int \frac{1+\sin 3x}{\cos^2 3x}\mathrm{d}x$;

(14) $\int \frac{1+\ln x}{(x\ln x)^2}\mathrm{d}x$;

(15) $\int \frac{1}{x(\ln x)(\ln\ln x)}\mathrm{d}x$;

(16) $\int \frac{1}{2^x+1}\mathrm{d}x$;

(17) $\int \frac{x-\sqrt{\arctan 2x}}{1+4x^2}\mathrm{d}x$;

(18) $\int \sin^4 x\cos x\mathrm{d}x$;

(19) $\int \sec^6 x\mathrm{d}x$;

(20) $\int \sin 3x\sin 5x\mathrm{d}x$;

(21) $\int \sec^3 x\tan x\mathrm{d}x$;

(22) $\int \tan^6 x\mathrm{d}x$;

(23) $\int \cos x\cos 3x\mathrm{d}x$;

(24) $\int \cos^4 x\mathrm{d}x$;

(25) $\int \tan^3\frac{x}{2}\sec^2\frac{x}{2}\mathrm{d}x$;

(26) $\int \frac{1-\sin x}{x+\cos x}\mathrm{d}x$;

(27) $\int \frac{\sin x-\cos x}{\sin x+\cos x}\mathrm{d}x$;

(28) $\int \frac{1}{\sin x\cos x}\mathrm{d}x$;

(29) $\int \frac{1}{\sin x+1}\mathrm{d}x$;

(30) $\int \sqrt{1+3\cos^2 x}\sin 2x\mathrm{d}x$;

(31) $\int \frac{\sin x\cos x}{\sqrt{b^2\sin^2 x+a^2\cos^2 x}}\mathrm{d}x\ (a^2\neq b^2)$;

(32) $\int \frac{1+x}{\sqrt{3+4x-4x^2}}\mathrm{d}x$;

(33) $\int \frac{\mathrm{e}^x(1+\mathrm{e}^x)}{\sqrt{1-\mathrm{e}^{2x}}}\mathrm{d}x$;

(34) $\int \frac{x}{1-x\cot x}\mathrm{d}x$;

(35) $\int x^x(1+\ln x)\mathrm{d}x$;

(36) $\int \frac{\sin x+\cos x}{\sin 2x+3}\mathrm{d}x$;

(37) $\int \frac{\cot x}{\ln\sin x}\mathrm{d}x$.

2. 用第二换元积分法计算下列积分.

(1) $\int \frac{x^2}{(x+1)^{100}}\mathrm{d}x$;

(2) $\int x(2x+3)^{100}\mathrm{d}x$;

(3) $\int \frac{1}{1+\sqrt{1-x}}\mathrm{d}x$;　　(4) $\int \frac{\sqrt{x}}{\sqrt{x}+\sqrt[3]{x}}\mathrm{d}x$;

(5) $\int \frac{1}{\sqrt{1+\mathrm{e}^x}}\mathrm{d}x$;　　(6) $\int \frac{\sqrt{x^2+a^2}}{x^2}\mathrm{d}x$;

(7) $\int \frac{\sqrt{x^2-a^2}}{x}\mathrm{d}x$;　　(8) $\int \frac{1}{(x^2-a^2)^{3/2}}\mathrm{d}x$;

(9) $\int \frac{x^2}{\sqrt{a^2-x^2}}\mathrm{d}x$;　　(10) $\int \frac{1}{x\sqrt{1-x^2}}\mathrm{d}x$;

(11) $\int \frac{1}{x^2\sqrt{1+x^2}}\mathrm{d}x$;　　(12) $\int x^5(1+x^3)^{\frac{2}{3}}\mathrm{d}x$;

(13) $\int \frac{\sqrt{1-x^2}}{x^2}\mathrm{d}x$;　　(14) $\int \frac{x}{\sqrt{1+x^4}}\mathrm{d}x$.

3. 已知 $\int f(x)\mathrm{d}x = x^2+C$, 求 $\int xf(1-x^2)\mathrm{d}x$.

4. 若 $F(x)=\int \frac{x^3-a}{x-a}\mathrm{d}x$ 为 x 的多项式, 求 a 及 $F(x)$.

5.3　分部积分法

设函数 $u=u(x)$, $v=v(x)$ 具有连续的导数, $u(x), v(x)$ 乘积的微分为

$$\mathrm{d}(uv) = u\mathrm{d}v + v\mathrm{d}u,$$

从而有

$$u\mathrm{d}v = \mathrm{d}(uv) - v\mathrm{d}u,$$

两边取积分, 根据不定积分性质 1, 性质 2 有

$$\int u\mathrm{d}v = uv - \int v\mathrm{d}u, \tag{1}$$

亦即

$$\int uv'\mathrm{d}x = uv - \int vu'\mathrm{d}x, \tag{2}$$

积分公式 (1) 或 (2) 称为**分部积分公式**. 它把一个积分转换为另一个积分, 即利用积分 $\int v\mathrm{d}u$ 求出 $\int u\mathrm{d}v$. 用它计算不定积分的方法叫**分部积分法**.

例 1　求 $\int x\sin x\mathrm{d}x$.

解 设 $u=x$, $v'=\sin x$, 则

$$\int x\sin x\mathrm{d}x=\int -x\mathrm{d}\cos x=-x\cos x+\int\cos x\mathrm{d}x=-x\cos x+\sin x+C.$$

例 2 求 $\int x^2\mathrm{e}^x\mathrm{d}x$.

解 设 $u=x^2$, $v'=\mathrm{e}^x$, 则

$$\int x^2\mathrm{e}^x\mathrm{d}x=\int x^2\mathrm{d}\mathrm{e}^x=x^2\mathrm{e}^x-\int\mathrm{e}^x\mathrm{d}x^2=x^2\mathrm{e}^x-2\int x\mathrm{d}\mathrm{e}^x.$$

对积分 $\int x\mathrm{e}^x\mathrm{d}x$ 再用分部积分法, 有

$$\int x\mathrm{e}^x\mathrm{d}x=\int x\mathrm{d}\mathrm{e}^x=x\mathrm{e}^x-\int\mathrm{e}^x\mathrm{d}x=x\mathrm{e}^x-\mathrm{e}^x+C,$$

故

$$\int x^2\mathrm{e}^x\mathrm{d}x=x^2\mathrm{e}^x-2x\mathrm{e}^x+2\mathrm{e}^x+C=\left(x^2-2x+2\right)\mathrm{e}^x+C.$$

此例说明, 有时要多次应用分部积分法.

应用分部积分法时, 需要把被积函数看作两个因式 u 及 v' 之积, 如何选取 u 和 v' 是很关键的, 选取不当, 将使积分越化越繁. 因为分部积分第一步要将 $v'\mathrm{d}x$ 变为 $\mathrm{d}v$, 实质就是先积分 v', 所以选取 v' 应使它好积分. u 的选取应使其导数 u' 比 u 简单. 两方面都要兼顾到.

例 3

$$\begin{aligned}\int x\tan^2 x\mathrm{d}x&=\int x\left(\sec^2 x-1\right)\mathrm{d}x=\int x\,\mathrm{d}\tan x-\int x\,\mathrm{d}x\\&=x\tan x-\int\tan x\,\mathrm{d}x-\frac{1}{2}x^2\\&=x\tan x-\frac{x^2}{2}+\ln|\cos x|+C.\end{aligned}$$

例 4

$$\begin{aligned}\int\sin x\,\mathrm{e}^x\mathrm{d}x&=\int\sin x\,\mathrm{d}\mathrm{e}^x=\sin x\,\mathrm{e}^x-\int\mathrm{e}^x\mathrm{d}\sin x\\&=\sin x\,\mathrm{e}^x-\int\cos x\,\mathrm{e}^x\mathrm{d}x\\&=\sin x\mathrm{e}^x-\int\cos x\mathrm{d}\mathrm{e}^x\\&=\sin x\mathrm{e}^x-\left(\cos x\mathrm{e}^x-\int\mathrm{e}^x\mathrm{d}\cos x\right)\\&=\sin x\mathrm{e}^x-\cos x\mathrm{e}^x-\int\mathrm{e}^x\sin x\mathrm{d}x,\end{aligned}$$

将上式看成一个方程, 则有

$$\int e^x \sin x dx = \frac{1}{2}e^x(\sin x - \cos x) + C.$$

有时经过分部积分后又出现了原来的不定积分 (循环积分), 这时可以通过解方程的方法得出所求的积分. 此时, 注意解出的不定积分必须加上任意常数 C.

例 5　求 $\int \sec^3 x dx$.

解　$\int \sec^3 x dx = \int \sec x \sec^2 x dx = \int \sec x d\tan x$

$$\begin{aligned}
&= \sec x \tan x - \int \tan x d\sec x \\
&= \sec x \tan x - \int \tan^2 x \sec x dx \\
&= \sec x \tan x - \int \left(\sec^2 x - 1\right) \sec x dx \\
&= \sec x \tan x + \int \sec x dx - \int \sec^3 x dx \\
&= \sec x \tan x + \ln|\sec x + \tan x| - \int \sec^3 x dx.
\end{aligned}$$

由此解得

$$\int \sec^3 x dx = \frac{1}{2}\sec x \tan x + \frac{1}{2}\ln|\sec x + \tan x| + C.$$

熟悉了分部积分法后, 对较简单的情况常常直接用公式 (2), 不必通过公式 (1) 转化.

例 6　求 $\int \sqrt{x^2+a^2}dx$.

解　因为

$$\begin{aligned}
\int \sqrt{x^2+a^2}dx &= x\sqrt{x^2+a^2} - \int \frac{x^2}{\sqrt{x^2+a^2}}dx \\
&= x\sqrt{x^2+a^2} - \int \sqrt{x^2+a^2}dx + a^2\int \frac{dx}{\sqrt{x^2+a^2}} \\
&= x\sqrt{x^2+a^2} - \int \sqrt{x^2+a^2}dx + a^2\ln\left(x+\sqrt{x^2+a^2}\right),
\end{aligned}$$

所以

$$\int \sqrt{x^2+a^2}dx = \frac{x}{2}\sqrt{x^2+a^2} + \frac{a^2}{2}\ln\left(x+\sqrt{x^2+a^2}\right) + C.$$

一般地, 当被积函数形如

$$e^{ax}\sin bx,\quad e^{ax}\cos bx,\quad P_m(x)e^{ax},\quad P_m(x)\sin bx,$$

$$P_m(x)\cos bx,\quad P_m(x)(\ln x)^n,\quad P_m(x)\arctan x,\cdots$$

之一时, 用分部积分法便可求出不定积分, 其中 $P_m(x)$ 表示 m 次多项式. 这些情况下, 选取 v' 的顺序通常可为: 指数函数、三角函数、幂函数 (因为它们好积, 特别是 e^{ax}), 其余的因式作为 u; 如果被积函数中含有对数函数、反三角函数因式, 常常把它们取作 u.

例 7 $\displaystyle\int x\ln x\mathrm{d}x=\frac{1}{2}\int \ln x\mathrm{d}x^2=\frac{1}{2}x^2\ln x-\frac{1}{2}\int x^2\mathrm{d}\ln x=\frac{1}{2}x^2\ln x-\frac{1}{2}\int x\mathrm{d}x$

$$=\frac{1}{2}x^2\ln x-\frac{1}{4}x^2+C.$$

例 8 $\displaystyle\int \arcsin x\mathrm{d}x=x\arcsin x-\int\frac{x}{\sqrt{1-x^2}}\mathrm{d}x=x\arcsin x+\sqrt{1-x^2}+C.$

例 9 $\displaystyle\int x\arctan x\,\mathrm{d}x=\frac{1}{2}\int\arctan x\,\mathrm{d}x^2=\frac{1}{2}x^2\arctan x-\frac{1}{2}\int x^2\mathrm{d}\arctan x$

$$\begin{aligned}&=\frac{1}{2}x^2\arctan x-\frac{1}{2}\int\frac{x^2}{1+x^2}\mathrm{d}x\\&=\frac{1}{2}x^2\arctan x-\frac{1}{2}(x-\arctan x)+C\\&=\frac{1}{2}x^2\arctan x-\frac{1}{2}x+\frac{1}{2}\arctan x+C.\end{aligned}$$

利用分部积分法可以得到一些递推公式.

△ **例 10** 试证递推公式

$$\int\frac{\mathrm{d}x}{(x^2+a^2)^{n+1}}=\frac{1}{2na^2}\frac{x}{(x^2+a^2)^n}+\frac{2n-1}{2na^2}\int\frac{\mathrm{d}x}{(x^2+a^2)^n}\quad(n=1,2,\cdots).\tag{3}$$

证明 设 $J_n=\displaystyle\int\frac{\mathrm{d}x}{(x^2+a^2)^n}$, 由分部积分法得

$$\begin{aligned}J_n&=\frac{x}{(x^2+a^2)^n}-\int x\frac{-2nx}{(x^2+a^2)^{n+1}}\mathrm{d}x\\&=\frac{x}{(x^2+a^2)^n}+2n\int\frac{1}{(x^2+a^2)^n}\mathrm{d}x-2na^2\int\frac{1}{(x^2+a^2)^{n+1}}\mathrm{d}x\\&=\frac{x}{(x^2+a^2)^n}+2nJ_n-2na^2J_{n+1},\end{aligned}$$

由此推出

$$J_{n+1}=\frac{1}{2na^2}\frac{x}{(x^2+a^2)^n}+\frac{2n-1}{2na^2}J_n \quad (n=1,2,\cdots).$$

利用这个递推公式及公式

$$J_1=\int\frac{1}{x^2+a^2}\mathrm{d}x=\frac{1}{a}\arctan\frac{x}{a}+C,$$

就可以求出每个积分 J_n. 例如,

$$J_2=\frac{1}{2a^2}\frac{x}{x^2+a^2}+\frac{1}{2a^3}\arctan\frac{x}{a}+C.$$

在积分过程中常常兼用各种积分方法.

例 11　求 $\int \mathrm{e}^{\sqrt{x}}\mathrm{d}x$.

解　令 $\sqrt{x}=t$, 则 $x=t^2$, $\mathrm{d}x=2t\mathrm{d}t$.

$$\begin{aligned}\int \mathrm{e}^{\sqrt{x}}\mathrm{d}x&=2\int t\mathrm{e}^t\mathrm{d}t=2\left(t\mathrm{e}^t-\int \mathrm{e}^t\mathrm{d}t\right)\\&=2\mathrm{e}^t(t-1)+C=2\mathrm{e}^{\sqrt{x}}\left(\sqrt{x}-1\right)+C.\end{aligned}$$

求不定积分的基本思路是: 想方设法将被积函数化为积分表中被积函数的线性组合的形式, 然后用积分公式和分项积分法计算不定积分. 因此, 积分公式和不定积分的线性性质是计算不定积分的基础, 而换元积分法、分部积分法以及对被积函数作代数、三角恒等变形等, 都是将被积表达式向已知积分公式转化的手段, 这是非常灵活的, 其技巧性很高.

顺便指出: 虽然初等函数的导数仍为初等函数, 但初等函数的不定积分不一定是初等函数. 例如, 下列初等函数

$$\sqrt{1+x^3},\quad \mathrm{e}^{x^2},\quad \frac{\mathrm{e}^x}{x},\quad \sin\left(x^2\right),\quad \frac{\sin x}{x},\quad \frac{1}{\ln x},\quad \sqrt{1-\varepsilon\sin^2 x}\quad (0<\varepsilon<1)$$

在其连续的区间上原函数是存在的, 但都不是初等函数, 在我们学了定积分和函数项级数之后, 在扩展的函数集之中, 就可研究它们的积分问题.

习　题　5.3

1. 利用分部积分法计算下列积分.

(1) $\int 2^x\cos x\mathrm{d}x$;　　(2) $\int x^2\sin x\mathrm{d}x$;

(3) $\int\left(x^2+2x+3\right)\cos 3x\mathrm{d}x$;　　(4) $\int x\sin x\cos x\mathrm{d}x$;

(5) $\int(x^2-2x+5)\mathrm{e}^{-x}\mathrm{d}x$;　(6) $\int x2^{-x}\mathrm{d}x$;

(7) $\int x^3\mathrm{e}^{x^2}\mathrm{d}x$;　(8) $\int x\tan^2 x\mathrm{d}x$;

(9) $\int \frac{x}{\sin^2 x}\mathrm{d}x$;　(10) $\int x^3\ln x\mathrm{d}x$;

(11) $\int \ln^2 x\mathrm{d}x$;　(12) $\int x\arcsin x\mathrm{d}x$;

(13) $\int \arctan x\mathrm{d}x$;　(14) $\int \ln(x+\sqrt{1+x^2})\mathrm{d}x$;

(15) $\int \sin x\ln(\tan x)\mathrm{d}x$;　(16) $\int \sin(\ln x)\mathrm{d}x$;

(17) $\int \frac{\arcsin x}{\sqrt{1+x}}\mathrm{d}x$;　(18) $\int (\arcsin x)^2\mathrm{d}x$;

(19) $\int \frac{\ln(1+\mathrm{e}^x)}{\mathrm{e}^x}\mathrm{d}x$;　(20) $\int \frac{x\ln(x+\sqrt{1+x^2})}{(1-x^2)^2}\mathrm{d}x$;

(21) $\int \arctan(1+\sqrt{x})\mathrm{d}x$;　(22) $\int \frac{x\mathrm{e}^x}{\sqrt{\mathrm{e}^x+1}}\mathrm{d}x$.

2. 设 $f'(\mathrm{e}^x)=1+x$, 求 $f(x)$.

3. 已知 $(1+\sin x)\ln x$ 是 $f(x)$ 的一个原函数, 求 $\int xf'(x)\mathrm{d}x$.

4. 试证递推公式: $\int \sin^n x\mathrm{d}x=-\frac{1}{n}\sin^{n-1}x\cos x+\frac{n-1}{n}\int \sin^{n-2}x\mathrm{d}x$.

5. 设 $I_n=\int \frac{\mathrm{d}x}{\sin^n x}$, 其中 n 为大于 2 的自然数. 试导出 I_n 的递推公式.

6. 当 $x\geqslant 0$ 时, $F(x)$ 是 $f(x)$ 的一个原函数, 已知 $f(x)F(x)=\sin^2(2x)$, 且 $F(0)=1$, 求函数 $f(x)$.

5.4 几类函数的积分

5.4.1 有理函数的积分

有理函数是两个多项式的商所表示的函数

$$\frac{P(x)}{Q(x)}=\frac{a_0x^n+a_1x^{n-1}+\cdots+a_{n-1}x+a_n}{b_0x^m+b_1x^{m-1}+\cdots+b_{m-1}x+b_m}, \tag{1}$$

其中 m,n 均为正整数或零; $a_0,a_1,\cdots,a_n$ 及 $b_0,b_1,\cdots,b_m$ 都是实常数, 并且 $a_0\neq 0,b_0\neq 0$.

当 $n<m$ 时, 称 (1) 为**真分式**; 当 $n \geqslant m$ 时, 称 (1) 为**假分式**. 因为任何一个假分式都可以表为一个多项式与一个真分式之和, 多项式的积分是容易计算的, 所以, 下面只讨论真分式的积分.

对一般有理真分式的积分, 代数学中下述定理起着关键性的作用.

定理 5.4　任何既约有理真分式 $\dfrac{P(x)}{Q(x)}$ 均可表为有限个最简分式之和. 如果分母多项式 $Q(x)$ 在实数域上的质因式分解式为

$$Q(x)=b_0(x-a)^{\lambda}\cdots\left(x^2+px+q\right)^{\mu}\cdots,$$

λ,μ 为正整数, 且 $p^2-4q<0$, 则 $\dfrac{P(x)}{Q(x)}$ 可唯一分解为

$$\begin{aligned}\frac{P(x)}{Q(x)}=&\frac{A_1}{(x-a)^{\lambda}}+\frac{A_2}{(x-a)^{\lambda-1}}+\cdots+\cdots+\frac{A_{\lambda}}{x-a}+\cdots\\&+\frac{M_1x+N_1}{\left(x^2+px+q\right)^{\mu}}+\frac{M_2x+N_2}{\left(x^2+px+q\right)^{\mu-1}}+\cdots+\frac{M_{\mu}x+N_{\mu}}{x^2+px+q}+\cdots,\end{aligned}$$

其中诸 A_i,M_i,N_i 都是常数, 可由待定系数法确定, 式中每个分式叫做 $\dfrac{P(x)}{Q(x)}$ 的**部分分式**.

证明　(略) 可查阅有关代数教材. □

利用这个定理, 有理函数的积分就容易计算了, 且由下面的例题可以看出: 有理函数的积分是初等函数.

例 1　求 $\displaystyle\int\frac{x^4+2x^2+2}{x^2+1}\mathrm{d}x$.

解　因为

$$\frac{x^4+2x^2+2}{x^2+1}=x^2+1+\frac{1}{x^2+1},$$

所以

$$\begin{aligned}\int\frac{x^4+2x^2+2}{x^2+1}\mathrm{d}x&=\int\left(x^2+1+\frac{1}{x^2+1}\right)\mathrm{d}x\\&=\frac{x^3}{3}+x+\arctan x+C.\end{aligned}$$

这说明当被积函数是假分式时, 应把它分为一个多项式和一个真分式, 分别积分.

例 2　求 $\displaystyle\int\frac{x^2+1}{x(x+1)^2}\mathrm{d}x$.

解 设

$$\frac{x^2+1}{x(x+1)^2}=\frac{A}{x}+\frac{B}{(x+1)^2}+\frac{D}{x+1},$$

通分、去分母, 得

$$x^2+1=A(x+1)^2+Bx+Dx(x+1).$$

赋值, 令 $x=0$, 得 $A=1$, 令 $x=-1$, 得 $B=-2$; 再令 $x=2$, 并将 $A=1$, $B=-2$, 代入上式, 得 $D=0$. 于是

$$\int\frac{x^2+1}{x(x+1)^2}\mathrm{d}x=\int\frac{1}{x}\mathrm{d}x+\int\frac{-2}{(x+1)^2}\mathrm{d}x=\ln|x|+\frac{2}{x+1}+C.$$

由此例可知, 分母为一次质因式, 分子为常数的最简分式的积分, 可由幂函数积分公式直接算出积分.

例 3 求 $\displaystyle\int\frac{2\mathrm{d}x}{x^3+2x^2+2x}$.

解 因 $x^3+2x^2+2x=x\left(x^2+2x+2\right)$, 设

$$\frac{2}{x^3+2x^2+2x}=\frac{A}{x}+\frac{Bx+D}{x^2+2x+2}.$$

通分、去分母, 得

$$2=(A+B)x^2+(2A+D)x+2A.$$

比较 x 同次幂的系数, 得

$$A+B=0,\quad 2A+D=0,\quad 2A=2.$$

由此解得

$$A=1,\quad B=-1,\quad D=-2.$$

所以

$$\begin{aligned}\int\frac{2}{x^3+2x^2+2x}\mathrm{d}x&=\int\frac{1}{x}\mathrm{d}x-\int\frac{x+2}{x^2+2x+2}\mathrm{d}x\\&=\ln|x|-\frac{1}{2}\int\frac{2x+2}{x^2+2x+2}\mathrm{d}x-\int\frac{1}{x^2+2x+2}\mathrm{d}x\\&=\ln|x|-\frac{1}{2}\ln\left(x^2+2x+2\right)-\int\frac{\mathrm{d}x}{(x+1)^2+1}\\&=\ln\frac{|x|}{\sqrt{x^2+2x+2}}-\arctan(x+1)+C.\end{aligned}$$

例 4　求 $\int \frac{4x-1}{\left(x^2-2x+2\right)^2}\mathrm{d}x$.

解　因 $x^2-2x+2=(x-1)^2+1$ 是二次质因式, 被积函数不能再分解. 设 $u=x-1$, 则 $x=u+1$, $\mathrm{d}x=\mathrm{d}u$, 于是

$$\begin{aligned}\int \frac{4x-1}{\left(x^2-2x+2\right)^2}\mathrm{d}x&=\int \frac{4u+3}{\left(u^2+1\right)^2}\mathrm{d}u=2\int \frac{\mathrm{d}\left(u^2+1\right)}{\left(u^2+1\right)^2}+3\int \frac{\mathrm{d}u}{\left(u^2+1\right)^2}\\&=-\frac{2}{u^2+1}+\frac{3}{2}\cdot\frac{u}{u^2+1}+\frac{3}{2}\cdot\arctan u+C\\&=\frac{3x-7}{2\left(x^2-2x+2\right)}+\frac{3}{2}\arctan(x-1)+C.\end{aligned}$$

分母为二次质因式, 分子为一次式的最简分式的积分, 可先将分子表为分母的导数与常数的线性组合, 拆项积分. 对于分母为二次质因式, 分子为常数的积分, 可先将分母配方后, 5.3 节例 10 的递推公式计算.

5.4.2　三角函数有理式的积分

由 $\sin x, \cos x$ 及常数经过四则运算所得到的式子叫做**三角函数有理式**. 它的积分, 在无简单方法的情况下, 可以通过半角变换 (或称**万能变换**)$u=\tan\frac{x}{2}$, 将积分化为 u 的有理函数的积分. 这时

$$\sin x=2\sin\frac{x}{2}\cos\frac{x}{2}=\frac{2\tan\left(\frac{x}{2}\right)}{\sec^2\left(\frac{x}{2}\right)}=\frac{2u}{1+u^2},$$

$$\cos x=\cos^2\frac{x}{2}-\sin^2\frac{x}{2}=\frac{1-\tan^2\left(\frac{x}{2}\right)}{\sec^2\left(\frac{x}{2}\right)}=\frac{1-u^2}{1+u^2},$$

$$\mathrm{d}x=\frac{2}{1+u^2}\mathrm{d}u.$$

例 5　求 $\int \frac{1}{1+\sin x+\cos x}\mathrm{d}x$.

解　设 $u=\tan\frac{x}{2}$, 则 $\sin x=\frac{2u}{1+u^2}$, $\cos x=\frac{1-u^2}{1+u^2}$, $\mathrm{d}x=\frac{2}{1+u^2}\mathrm{d}u$,

$$\begin{aligned}\int \frac{1}{1+\sin x+\cos x}\mathrm{d}x&=\int \frac{1}{1+\frac{2u}{1+u^2}+\frac{1-u^2}{1+u^2}}\cdot\frac{2}{1+u^2}\mathrm{d}u\\&=\int \frac{1}{1+u}\mathrm{d}u\end{aligned}$$

$$= \ln|1+u| + C = \ln\left|1+\tan\frac{x}{2}\right| + C.$$

例 6 求 $\int \frac{1}{3+\cos x}\mathrm{d}x$.

解 设 $u=\tan\frac{x}{2}$, 则

$$\int \frac{1}{3+\cos x}\mathrm{d}x = \int \frac{1}{3+\frac{1-u^2}{1+u^2}}\cdot\frac{2}{1+u^2}\mathrm{d}u$$

$$= \int \frac{1}{2+u^2}\mathrm{d}u = \frac{1}{\sqrt{2}}\arctan\frac{u}{\sqrt{2}} + C$$

$$= \frac{1}{\sqrt{2}}\arctan\left(\frac{1}{\sqrt{2}}\tan\frac{x}{2}\right) + C.$$

5.4.3 简单无理函数的积分

当被积函数是 x 与 $\sqrt[n]{\frac{ax+b}{cx+d}}$ 的有理式时, 采用变换 $u=\sqrt[n]{\frac{ax+b}{cx+d}}$, 就可化为有理函数的积分.

例 7 求 $\int \sqrt{\frac{1-x}{x^3}}\mathrm{d}x$.

解

$$\int \sqrt{\frac{1-x}{x^3}}\mathrm{d}x = \int \frac{1}{x}\sqrt{\frac{1-x}{x}}\mathrm{d}x,$$

设 $u=\sqrt{\frac{1-x}{x}}$, 即 $x=\frac{1}{1+u^2}$, 则 $\mathrm{d}x=\frac{-2u}{(1+u^2)^2}\mathrm{d}u$, 故

$$\int \sqrt{\frac{1-x}{x^3}}\mathrm{d}x = \int \frac{1}{x}\sqrt{\frac{1-x}{x}}\mathrm{d}x = -2\int \frac{u^2}{1+u^2}\mathrm{d}u$$

$$= -2u + 2\arctan u + C$$

$$= -2\sqrt{\frac{1-x}{x}} + 2\arctan\sqrt{\frac{1-x}{x}} + C.$$

当被积函数是 x 与 $\sqrt{ax^2+bx+c}$ 的有理式时, 通常先将 ax^2+bx+c 配方, 再用三角变换化为三角函数有理式的积分或直接利用积分公式计算.

例 8 求 $\int \sqrt{x^2+2x+2}\,\mathrm{d}x$.

解 因 $\sqrt{x^2+2x+2} = \sqrt{(x+1)^2+1}$, 令 $x+1=\tan t\ \left(-\frac{\pi}{2}<t<\frac{\pi}{2}\right)$, 故 $\mathrm{d}x=\sec^2 t\mathrm{d}t$, 于是

$$\int \sqrt{x^2+2x+2}\,\mathrm{d}x = \int \sec^3 t\mathrm{d}t$$

$$= \frac{1}{2}\sec t\tan t + \frac{1}{2}\ln|\sec t + \tan t| + C$$
$$= \frac{x+1}{2}\cdot\sqrt{x^2+2x+2} + \frac{1}{2}\ln\left|x+1+\sqrt{x^2+2x+2}\right| + C.$$

掌握较多的不定积分公式会给不定积分运算带来方便, 为此人们把常用的积分公式汇集起来构成积分表, 大家可以从数学手册上查到, 但求不定积分的基本方法还必须掌握.

习 题 5.4

1. 计算下列有理函数的不定积分.

(1) $\int \frac{x^3}{x+5}dx$; (2) $\int \frac{2x+3}{x^2+3x-10}dx$;

(3) $\int \frac{x+3}{x^2(x-1)}dx$; (4) $\int \frac{x+3}{x(x^2+1)}dx$;

(5) $\int \frac{x^4}{x^4-1}dx$; (6) $\int \frac{5x^2+6x+9}{(x-3)^2(x+1)^2}dx$;

(7) $\int \frac{x+3}{x^2+4x+13}dx$; (8) $\int \frac{4x}{(x^2+1)^2(x+1)}dx$;

(9) $\int \frac{x}{x^3+1}\,dx$.

2. 计算下列三角函数有理式的不定积分.

(1) $\int \frac{1}{5\cos x+3}dx$; (2) $\int \frac{1}{2\sin x+\cos x+3}dx$;

(3) $\int \frac{1}{\sin x+\tan x}dx$; (4) $\int \frac{1}{(\sin x+\cos x)^2}dx$.

3. 计算下列无理函数的不定积分.

(1) $\int x\sqrt{3x+2}dx$; (2) $\int \frac{1}{\sqrt{x}+\sqrt[3]{x}}dx$;

(3) $\int \sqrt{\frac{1-x}{1+x}}\frac{dx}{x}$; (4) $\int \frac{1}{\sqrt[3]{(x-4)^4(x-2)^2}}dx$;

(5) $\int \frac{\sqrt{x^2+2x}}{x^2}dx$; (6) $\int \frac{1-x+x^2}{\sqrt{1+x-x^2}}dx$.

5.5 例题选讲

例 1 求 $\int \frac{x^2}{(1-x)^{100}}dx$.

解 这是有理函数的积分, 但分母是 100 次多项式, 按有理函数积分法运算是很麻烦的. 如果作一个适当的变换, 使分母为单项式, 而分子为多项式, 除一下就化为和差的积分了.

令 $t=1-x$, 即 $x=1-t$, 则 $\mathrm{d}x=-\mathrm{d}t$, 于是

$$\begin{aligned}\int\frac{x^2}{(1-x)^{100}}\mathrm{d}x&=\int\frac{-(1-t)^2}{t^{100}}\mathrm{d}t=\int(-t^{-100}+2t^{-99}-t^{-98})\mathrm{d}t\\&=\frac{1}{99t^{99}}-\frac{1}{49t^{98}}+\frac{1}{97t^{97}}+C\\&=\frac{1}{99(1-x)^{99}}-\frac{1}{49(1-x)^{98}}+\frac{1}{97(1-x)^{97}}+C.\end{aligned}$$

例 2 设 $f(x)=\begin{cases}\ln x, & x\geqslant 1,\\ \dfrac{1}{2}-\dfrac{1}{1+x^2}, & x<1,\end{cases}$ 求 $\int f(x)\mathrm{d}x$.

解 由于这个分段函数在 $(-\infty,+\infty)$ 上连续, 所以原函数在 $(-\infty,+\infty)$ 上存在.

$$\begin{aligned}\int f(x)\mathrm{d}x&=\begin{cases}\displaystyle\int\ln x\mathrm{d}x, & x\geqslant 1,\\ \displaystyle\int\frac{1}{2}-\frac{1}{1+x^2}\mathrm{d}x, & x<1\end{cases}\\&=\begin{cases}x\ln x-x+C, & x\geqslant 1,\\ \dfrac{x}{2}-\arctan x+C_1, & x<1,\end{cases}\end{aligned}$$

由于原函数可导, 所以在 $x=1$ 处必连续, 于是有

$$1\cdot\ln 1-1+C=\frac{1}{2}-\arctan 1+C_1,$$

解得 $C_1=C+\dfrac{\pi}{4}-\dfrac{3}{2}$, 故

$$\int f(x)\mathrm{d}x=\begin{cases}x\ln x-x+C, & x\geqslant 1,\\ \dfrac{x}{2}-\arctan x+\dfrac{\pi}{4}-\dfrac{3}{2}+C, & x<1.\end{cases}$$

例 3 求 $\displaystyle\int\frac{\mathrm{d}x}{(x+1)^3\sqrt{x^2+2x}}$.

解 被积函数的定义域是 $\{x|x<-2 \text{ 或 } x>0\}$, 因为倒变换可以消除分母上

的因式 $(x+1)^3$, 故令 $t=\dfrac{1}{x+1}$, 即 $x=\dfrac{1}{t}-1$, 则 $\mathrm{d}x=-\dfrac{1}{t^2}\mathrm{d}t$, 于是

$$\int\frac{\mathrm{d}x}{(x+1)^3\sqrt{x^2+2x}}=\int\frac{-\dfrac{1}{t^2}\mathrm{d}t}{\dfrac{1}{t^3}\sqrt{\dfrac{1}{t^2}-1}}=\int\frac{-t\mathrm{d}t}{\dfrac{1}{|t|}\sqrt{1-t^2}}$$

$$=\begin{cases}-\displaystyle\int\frac{t^2\mathrm{d}t}{\sqrt{1-t^2}}, & 0<t<1,\\ \displaystyle\int\frac{t^2\mathrm{d}t}{\sqrt{1-t^2}}, & -1<t<0.\end{cases}$$

由于 $\displaystyle\int\frac{-t^2}{\sqrt{1-t^2}}\mathrm{d}t=\int\sqrt{1-t^2}\mathrm{d}t-\int\frac{1}{\sqrt{1-t^2}}\mathrm{d}t=\frac{t\,|t|}{2}\sqrt{\frac{1}{t^2}-1}-\frac{1}{2}\arcsin t+C$, 所以

$$\int\frac{\mathrm{d}x}{(x+1)^3\sqrt{x^2+2x}}=\begin{cases}\dfrac{1}{2(x+1)^2}\sqrt{x^2+2x}-\dfrac{1}{2}\arcsin\dfrac{1}{x+1}+C, & x>0,\\ \dfrac{1}{2(x+1)^2}\sqrt{x^2+2x}+\dfrac{1}{2}\arcsin\dfrac{1}{x+1}+C, & x<-2.\end{cases}$$

例 4　确定系数 A,B, 使下式成立:

$$\int\frac{\mathrm{d}x}{(a+b\cos x)^2}=\frac{A\sin x}{a+b\cos x}+B\int\frac{\mathrm{d}x}{a+b\cos x}.$$

解　所讨论的等式等价于

$$\left(\frac{A\sin x}{a+b\cos x}+B\int\frac{\mathrm{d}x}{a+b\cos x}\right)'=\frac{1}{(a+b\cos x)^2},$$

即

$$\frac{A(a+b\cos x)\cos x+Ab\sin^2 x}{(a+b\cos x)^2}+\frac{B}{a+b\cos x}=\frac{1}{(a+b\cos x)^2},$$

亦即

$$Ab+Ba+(Aa+Bb)\cos x=1.$$

从而有

$$\begin{cases}Ab+Ba=1,\\ Aa+Bb=0.\end{cases}$$

当 $a^2\neq b^2$ 时, 解得

$$A=-\frac{b}{a^2-b^2},\quad B=\frac{a}{a^2-b^2},$$

当 $a^2=b^2$ 时, 无解, 此时, 题设等式不成立.

例 5 设 $J_n=\int \sec^n x\mathrm{d}x$, 试证递推公式

$$J_n=\frac{1}{n-1}\sec^{n-2}x\tan x+\frac{n-2}{n-1}J_{n-2}\quad (n\geqslant 2).$$

证明 由分部积分得

$$\begin{aligned}J_n&=\int \sec^n x\mathrm{d}x=\int \sec^{n-2}x\mathrm{d}\tan x\\&=\sec^{n-2}x\tan x-(n-2)\int \sec^{n-2}x\tan^2 x\mathrm{d}x\\&=\sec^{n-2}x\tan x-(n-2)\int \sec^n x-\sec^{n-2}x\mathrm{d}x\\&=\sec^{n-2}x\tan x-(n-2)(J_n-J_{n-2}),\end{aligned}$$

故有 $J_n=\dfrac{1}{n-1}\sec^{n-2}x\tan x+\dfrac{n-2}{n-1}J_{n-2}$.

例 6 求 $\int \sqrt{x+\sqrt{x}}\mathrm{d}x$.

解 令 $x=t^4(t>0)$, 则 $\mathrm{d}x=4t^3\mathrm{d}t$, 于是

$$\int \sqrt{x+\sqrt{x}}\mathrm{d}x=\int \sqrt{t^4+t^2}\ 4t^3\mathrm{d}t=4\int \sqrt{t^2+1}\ t^4\mathrm{d}t.$$

再令 $t=\tan u(u>0)$, 则 $\mathrm{d}t=\sec^2 u\mathrm{d}u$, 于是

$$\begin{aligned}4\int \sqrt{t^2+1}t^4\mathrm{d}t&=4\int \sec u\tan^4 u\sec^2 u\mathrm{d}u\\&=4\int (\sec^7 u-2\sec^5 u+\sec^3 u)\mathrm{d}u\\&=\frac{2}{3}\sec^5 u\tan u-\frac{7}{6}\sec^3 u\tan u+\frac{1}{4}\sec u\tan u\\&\quad+\frac{1}{4}\ln|\sec u+\tan u|+C\end{aligned}$$

(利用例 5 的结论)

$$\begin{aligned}&=\frac{2}{3}(t^2+1)^{\frac{5}{2}}t-\frac{7}{6}(t^2+1)^{\frac{3}{2}}t\\&\quad+\frac{1}{4}(t^2+1)^{\frac{1}{2}}t+\frac{1}{4}\ln((t^2+1)^{\frac{1}{2}}+t)+C\end{aligned}$$

$$
\begin{aligned}
&=\frac{2}{3}(\sqrt{x}+1)^{\frac{5}{2}}x^{\frac{1}{4}}-\frac{7}{6}(\sqrt{x}+1)^{\frac{3}{2}}x^{\frac{1}{4}}\\
&\quad+\frac{1}{4}(\sqrt{x}+1)^{\frac{1}{2}}x^{\frac{1}{4}}+\frac{1}{4}\ln((\sqrt{x}+1)^{\frac{1}{2}}+x^{\frac{1}{4}})+C\\
&=\frac{1}{12}\sqrt{x+\sqrt{x}}(8x+2\sqrt{x}-3)\\
&\quad+\frac{1}{8}\ln(2\sqrt{x+\sqrt{x}}+2\sqrt{x}+1)+C.
\end{aligned}
$$

例 7　求 $\int (x+|x|)^2\mathrm{d}x$.

解

$$
\begin{aligned}
\int (x+|x|)^2\mathrm{d}x&=\int (x^2+2x\,|x|+x^2)\mathrm{d}x=\int 2x^2\mathrm{d}x+\mathrm{sgn}x\cdot\int 2x^2\mathrm{d}x\\
&=\frac{2}{3}x^3+\mathrm{sgn}x\cdot\frac{2}{3}x^3+C=\frac{2}{3}x^3+\frac{2}{3}x^2\,|x|+C\\
&=\frac{2}{3}x^2(x+|x|)+C.
\end{aligned}
$$

例 8　在什么条件下, 不定积分 $\int \frac{ax^2+bx+c}{x^3(x-1)^2}\mathrm{d}x$ 为有理函数?

解　要使 $\int \frac{ax^2+bx+c}{x^3(x-1)^2}\mathrm{d}x$ 为有理函数, 则要求 $\frac{ax^2+bx+c}{x^3(x-1)^2}=\frac{A}{x^3}+\frac{B}{x^2}+\frac{C}{x}+\frac{D}{(x-1)^2}+\frac{E}{x-1}$中的系数 $C=0,E=0$, 通分后去分母, 得

$$
ax^2+bx+c=A(x^2-2x+1)+B(x^3-2x^2+x)+Dx^3,
$$

比较 x 的同次幂系数, 得

$$
B+D=0,\quad A-2B=a,\quad -2A+B=b,\quad A=c.
$$

从方程组中消去 A,B,D 得到所要求的条件为 $a+2b+3c=0$, 这时, 不定积分

$$
\int \frac{ax^2+bx+c}{x^3(x-1)^2}\mathrm{d}x=-\frac{A}{2x^2}-\frac{B}{x}-\frac{D}{x-1}+C
$$

为有理函数 (不含对数函数项).

习　题　5.5

1. 计算下列积分.

(1) $\int \frac{x^2+1}{x^4+1}dx$;　　(2) $\int \frac{x^2-1}{x^4+1}dx$;

(3) $\int \frac{\cos\sqrt{x}-1}{\sqrt{x}\sin^2\sqrt{x}}dx$;　　(4) $\int \frac{\ln x-1}{\ln^2 x}dx$;

(5) $\int \frac{x+1}{x(1+xe^x)}dx$;　　(6) $\int \frac{x}{1-\cos x}dx$;

(7) $\int \frac{1}{x(2+x^6)}dx$;　　(8) $\int \frac{x^2+\ln^4 x}{(x\ln x)^3}dx$;

(9) $\int \frac{x}{\tan^3 x\cos^2 x}dx$;　　(10) $\int \frac{\arctan e^x}{e^{2x}}dx$;

(11) $\int \frac{x\ln x}{(1+x^2)^2}dx$;　　(12) $\int x^2(e^{3x}-\sqrt{4-3x^3})dx$;

(13) $\int \frac{2-\sin x}{2+\cos x}dx$;　　(14) $\int \sqrt{1+\csc x}dx$;

(15) $\int \frac{\cos\sqrt{x}+\ln x}{\sqrt{x}}dx$;　　(16) $\int \sqrt{\frac{\ln(x+\sqrt{1+x^2})}{1+x^2}}dx$;

(17) $\int \frac{x\cos x+\cot^{\frac{2}{3}}x}{\sin^2 x}dx$;　　(18) $\int \frac{1}{\sqrt[4]{\sin^3 x\cos^5 x}}dx$;

(19) $\int \frac{1+\sin x}{1+\cos x}dx$;

(20) $\int \frac{1}{\sin(x+\alpha)\sin(x+\beta)}dx(\alpha\neq\beta)$;

(21) $\int \tan(x+\alpha)\tan(x+\beta)dx(\alpha\neq\beta)$;　　(22) $\int \arcsin x\arccos x dx$;

(23) $\int \frac{\arcsin x}{x^2}\frac{1+x^2}{\sqrt{1-x^2}}dx$;　　(24) $\int \sqrt{\tan x}dx\left(0<x<\frac{\pi}{2}\right)$;

(25) $\int \frac{\arcsin\sqrt{x}}{\sqrt{1-x}}dx$;　　(26) $\int e^x\frac{1+\sin x}{1+\cos x}dx$.

2. 求下列函数在指定区间上的不定积分.

(1) $f(x)=\sqrt{1+\sin x}, x\in[0,2\pi]$;

(2) $f(x)=\begin{cases} x^2, & -1\leqslant x<0, \\ x+\sin x, & 0\leqslant x<1. \end{cases}$

第 6 章　定积分及其应用

6.1　定积分的概念与性质

6.1.1　定积分的概念

定积分概念也是由大量的实际问题抽象出来的, 现举两例.

1. 曲边梯形的面积

求由连续曲线 $y = f(x) > 0$ 及直线 $x = a$, $x = b$ 和 $y = 0$ 所围成的曲边梯形的面积 S.

当 $f(x) \equiv h$(常数) 时, 由矩形面积公式知, $S = (b-a)h$. 对于 $f(x)$ 不为常函数时, 曲线上各点处高度是变化的, 我们可以采取下列步骤来求面积 S.

1° 分割: 用分点

$$a = x_1 < x_2 < \cdots < x_i < x_{i+1} < \cdots < x_n < x_{n+1} = b$$

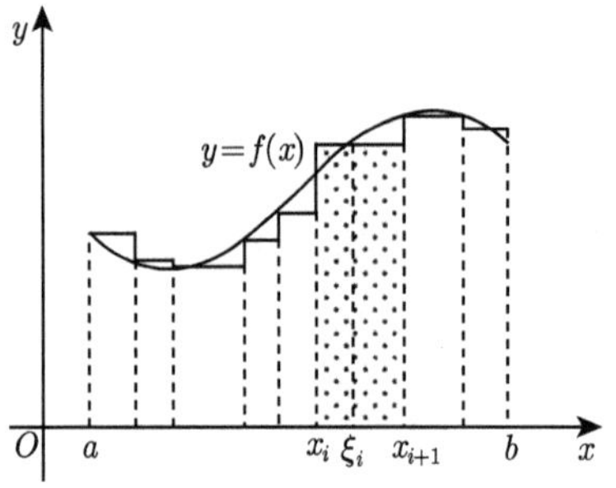

图 6.1

把区间 $[a, b]$ 分为 n 个小区间, 由于 $f(x)$ 为连续函数, 使每个小区间 $[x_i, x_{i+1}]$ 上 $f(x)$ 变化较小, 记 $\Delta x_i = x_{i+1} - x_i$, 用 ΔS_i 表示 $[x_i, x_{i+1}]$ 上对应的窄曲边梯形的面积 (图 6.1).

2° 作积: 在每个区间 $[x_i, x_{i+1}]$ 内任取一点 ξ_i, 以 $f(\xi_i)$ 为高, Δx_i 为底的矩形面积近似代替 ΔS_i, 有

$$\Delta S_i \approx f(\xi_i)\Delta x_i, \quad i = 1, 2, \cdots, n.$$

3° 求和: 这些窄矩形面积之和可以作为曲边梯形面积 S 的近似值.

$$S \approx \sum_{i=1}^{n} f(\xi_i)\Delta x_i.$$

4° 取极限: 为得到 S 的精确值, 让分割无限细密, 设 $\lambda = \max\limits_{1 \leqslant i \leqslant n}\{|\Delta x_i|\}$, 令

$\lambda \to 0$, 取极限, 极限值就是给定的图形的面积

$$S = \lim_{\lambda \to 0} \sum_{i=1}^{n} f(\xi_i) \Delta x_i.$$

可见, 为了求曲边梯形的面积, 需对 $f(x)$ 在 $[a,b]$ 上作如上的乘积和式的极限运算.

2. **变速直线运动的路程**

已知某物体做变速直线运动, 其速度 $v = v(t)$ 为连续函数, 求该物体从 $t = a$ 到 $t = b$ 时间间隔内走过的路程 s.

我们知道, 匀速直线运动的路程等于速度乘时间. 现在遇到的是变速运动, 在较大的时间范围内速度可能有较大的变化, 但在很短的时间间隔内速度变化不会很大, 所以在很短的时间范围内可以把变速运动近似地当作匀速运动处理.

1° 分割: 用分点

$$a = t_1 < t_2 < \cdots < t_i < t_{i+1} < \cdots < t_n < t_{n+1} = b$$

把时间区间 $[a,b]$ 分为 n 个小区间, 记 $\Delta t = t_{i+1} - t_i$, 用 Δs_i 表示在时间区间 $[t_i, t_{i+1}]$ 内走过的路程.

2° 作积: 在每个区间 $[t_i, t_{i+1}]$ 内任取一点 ξ_i, 以 ξ_i 时的瞬时速度 $v(\xi_i)$ 代替 $[t_i, t_{i+1}]$ 上各时刻的速度 $v(t)$, 则有

$$\Delta s_i \approx v(\xi_i) \Delta t_i, \quad i = 1, 2, \cdots, n.$$

3° 求和: 各个小的时间区间内走过的路程的近似值累加起来, 可以作为时间区间 $[a,b]$ 内走过路程的近似值.

$$s \approx \sum_{i=1}^{n} v(\xi_i) \Delta l_i.$$

4° 取极限: 为得到 s 的精确值, 让分割无限细密, 设 $\lambda = \max\limits_{1 \leqslant i \leqslant n} \{|\Delta t_i|\}$, 令 $\lambda \to 0$, 就得到

$$s = \lim_{\lambda \to 0} \sum_{i=1}^{n} v(\xi_i) \Delta t_i.$$

因此, 求变速直线运动的位移, 需对 $v(t)$ 在 $[a,b]$ 上作如上的乘积和式的极限运算.

以上两个问题不同, 一个是几何问题, 另一个是物理问题, 但采用的方法相同, 最终都归结为函数在区间上的乘积和式的极限运算.

类似的例子很多, 比如, 变力做功的计算、水压力的计算等都会得到这种形式的极限, 为此, 我们需要抛开实际问题, 来研究这种乘积和式的极限运算.

定义 6.1　设函数 $f(x)$ 在区间 $[a,b]$ 上有定义, 用分点

$$a = x_1 < x_2 < \cdots < x_i < x_{i+1} < \cdots < x_n < x_{n+1} = b$$

将 $[a,b]$ 分为 n 个小区间 $[x_i, x_{i+1}]$, 记 $\Delta x_i = x_{i+1} - x_i$, $\lambda = \max\limits_{1\leqslant i\leqslant n}\{|\Delta x_i|\}$. 任取 $\xi_i \in [x_i, x_{i+1}]$, $i = 1, 2, \cdots, n$. 如果乘积的和式 $\sum\limits_{i=1}^{n} f(\xi_i)\Delta x_i$(称为**积分和**) 的极限

$$\lim_{\lambda\to 0}\sum_{i=1}^{n} f(\xi_i)\Delta x_i$$

存在, 且这个极限值与 x_i 和 ξ_i 的取法无关, 则称 $f(x)$ 在 $[a,b]$ 上**可积**, 并称此极限值为 $f(x)$ 在区间 $[a,b]$ 上由 a 到 b 的**定积分**, 用记号 $\int_a^b f(x)\mathrm{d}x$ 表示, 即

$$\int_a^b f(x)\mathrm{d}x = \lim_{\lambda\to 0}\sum_{i=1}^{n} f(\xi_i)\Delta x_i.$$

称 $f(x)$ 为被积函数, $f(x)\mathrm{d}x$ 为被积表达式, x 为积分变量, a 为积分下限, b 为积分上限, $[a,b]$ 为积分区间. 称 $\int$ 为积分号, 它是由拉丁文 “和”(summa) 字的字头 S 拉长而来的.

根据定积分定义, 曲边梯形的面积等于曲边 $f(x)(f(x) \geqslant 0)$ 在底边区间 $[a,b]$ 上的定积分, 即

$$S = \int_a^b f(x)\mathrm{d}x.$$

物体从 $t = a$ 到 $t = b$ 走过的路程, 等于速度函数 $v(t)$ 在时间区间 $[a,b]$ 上的定积分, 即

$$s = \int_a^b v(t)\mathrm{d}t.$$

总之, 分布在某区间上的量的总量问题, 当分布均匀时, 只需用乘法 (分布密度×区间的度量) 便可解决, 当分布非均匀时, 就需要用定积分——分布密度函数在区间上的定积分来计算.

定积分的几何意义：当 $f(x)>0$ 时，由前边的讨论可知 $\int_a^b f(x)\mathrm{d}x$ 表示由曲线 $y=f(x)$ 和直线 $x=a, x=b$ 及 $y=0$ 围成的曲边梯形的面积; 当 $f(x)<0$ 时，由于 $f(\xi_i)\Delta x_i<0$, 所以 $\int_a^b f(x)\mathrm{d}x$ 表示曲边梯形面积的负值. 所以对一般函数 $f(x)$, 定积分的几何意义是: 介于 x 轴、曲线 $y=f(x)$ 和直线 $x=a, x=b$ 之间的各个部分图形面积的代数和——在 x 轴上方的图形面积与下方的图形面积数之差 (图 6.2).

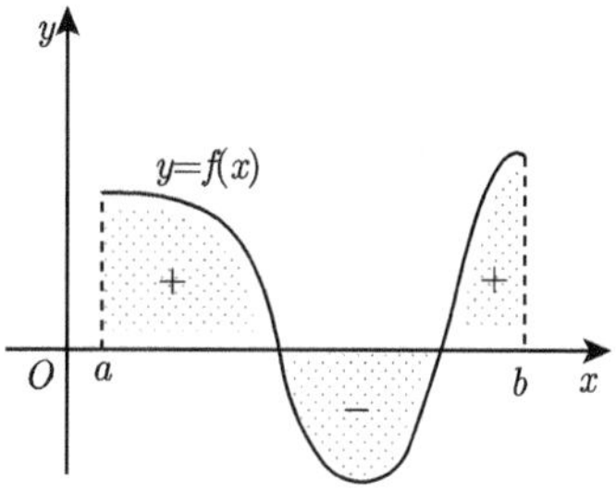

图 6.2

函数 $f(x)$ 在 $[a,b]$ 上**可积**的条件是什么呢?

定理 6.1 如果 $f(x)$ 在 $[a,b]$ 上可积, 则 $f(x)$ 在 $[a,b]$ 上必有界.

事实上, 无界函数在任何一个分割下都至少有一个小区间 $[x_i,x_{i+1}]$, 在其上函数无界, 这样 $|f(\xi_i)\Delta x_i|$ 就可以任意大, 所以积分和没有极限, 即 $f(x)$ 在 $[a,b]$ 上不可积.

这个定理说明无界函数一定不可积. 但有界函数也未见得可积, 例如, 狄利克雷函数 $D(x)$, 虽然是有界的, 但在任何区间 $[a,b]$ 上它都不是可积的. 这是因为无论怎样分割区间 $[a,b]$, 只要选取 ξ_i 均为无理数, 积分和就等于零, 而选取 ξ_i 均为有理数时, 积分和为 $b-a$, 所以当 $\lambda\to 0$ 时, 积分和没有确定的极限.

定理 6.2 如果 $f(x)\in C[a,b]$, 则 $f(x)$ 在 $[a,b]$ 上可积.

定理 6.3 如果 $f(x)$ 在 $[a,b]$ 上有界, 且除有限个间断点外处处连续, 则 $f(x)$ 在 $[a,b]$ 上可积.

证明略. 由定理 6.3 知, 函数在区间 $[a,b]$ 内个别点 (属于第一类间断点) 处无定义, 不影响可积性. 另外即使有无限个间断点的函数仍然可能是可积的, 例如, 黎曼函数

$$R(x)=\begin{cases}\dfrac{1}{p}, & x=\dfrac{q}{p},\\ 1, & x=0, \quad (p\in\mathbf{N}^+, q\in\mathbf{Z}-\{0\}, q,p \text{ 互质}),\\ 0, & x\neq\dfrac{q}{p}\end{cases}$$

在 $[0,1]$ 上可积, 且 $\int_0^1 R(x)\mathrm{d}x=0$.

定理 6.4 如果 $f(x)$ 在 $[a,b]$ 上有界且单调, 则 $f(x)$ 在 $[a,b]$ 上可积.

6.1.2 定积分的简单性质

定积分是由被积函数与积分区间所确定的一个数,

$$\int_a^b f(x)\mathrm{d}x = \lim_{\lambda\to 0}\sum_{i=1}^{n} f(\xi_i)\Delta x_i.$$

由此不难得到下列性质. 在下面性质中, 假定所涉及的定积分都存在.

1° 定积分值与积分变量的记号无关, 即

$$\int_a^b f(x)\mathrm{d}x = \int_a^b f(t)\mathrm{d}t.$$

2° $\displaystyle\int_a^a f(x)\mathrm{d}x = 0.$

3° $\displaystyle\int_a^b 1\mathrm{d}x = b-a.$

4° $\displaystyle\int_b^a f(x)\mathrm{d}x = -\int_a^b f(x)\mathrm{d}x$(有向性).

5° $\displaystyle\int_a^b [kf(x)+lg(x)]\mathrm{d}x = k\int_a^b f(x)\mathrm{d}x + l\int_a^b g(x)\mathrm{d}x$($k, l$ 为常数).

这条性质称为定积分的**线性性质**.

6° $\displaystyle\int_a^b f(x)\mathrm{d}x = \int_a^c f(x)\mathrm{d}x + \int_c^b f(x)\mathrm{d}x$, 其中 c 可以在区间 $[a,b]$ 内也可以在区间 $[a,b]$ 外, 此性质称为**区间可加性**.

若 c 在区间 $[a,b]$ 内, 只要将 c 取作一个分点, 将积分和按 c 点分成两部分, 再取极限就得到这条性质. 若 c 在区间 $[a,b]$ 外, 当 $c>b$ 时, 可将 $[a,c]$ 上的积分用 b 分为两部分; 当 $c<a$ 时, 可将 $[c,b]$ 上的积分用 a 分为两部分.

7° 若在区间 $[a,b]$ 上 $f(x)\leqslant g(x)$, 则有

$$\int_a^b f(x)\mathrm{d}x \leqslant \int_a^b g(x)\mathrm{d}x \quad (\text{保序性}).$$

8° 若在区间 $[a,b]$ 上, $m\leqslant f(x)\leqslant M$, 则有

$$m(b-a)\leqslant \int_a^b f(x)\mathrm{d}x \leqslant M(b-a).$$

利用性质 3° 及 5°, 7° 便可推得这个积分的估值.

9° $\displaystyle\left|\int_a^b f(x)\mathrm{d}x\right| = \int_a^b |f(x)|\mathrm{d}x(a<b).$

由不等式 $-|f(x)| \leqslant f(x) \leqslant |f(x)|$ 和性质 7° 不难推出这个结果.

10° **定积分中值定理** 设 $f(x) \in C[a,b]$, 则至少存在一点 $\xi \in [a,b]$, 使得

$$\int_a^b f(x)\mathrm{d}x = f(\xi)(b-a).$$

证明 由 $f(x) \in C[a,b]$, 知 $f(x)$ 在区间 $[a,b]$ 上有最大值 M 和最小值 m, 由性质 8° 得

$$m \leqslant \frac{1}{b-a}\int_a^b f(x)\mathrm{d}x \leqslant M.$$

根据闭区间上连续函数的介值定理知, 存在一点 $\xi \in [a,b]$, 使得

$$f(\xi) = \frac{1}{b-a}\int_a^b f(x)\mathrm{d}x. \qquad \square$$

这个定理告诉我们如何去掉积分号来表示积分值.

无论从几何上, 还是物理上, 都容易理解 $f(\xi)$ 就是 $f(x)$ 在区间 $[a,b]$ 上的平均值 (图 6.3), 所以上式也叫做**平均值公式**. 求连续变量的平均值就要用到它.

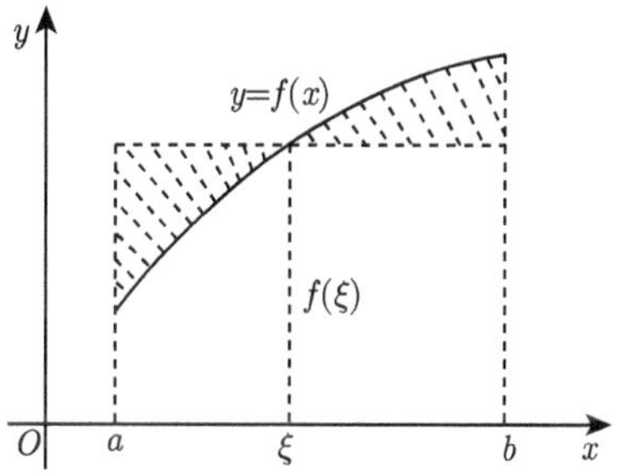

图 6.3

例 1 估计积分值 $\int_0^1 \mathrm{e}^{-x^2}\mathrm{d}x$.

解 函数 e^{-x^2} 在区间 $[0,1]$ 上是单调递减的, 因此有

$$\mathrm{e}^{-1} \leqslant \mathrm{e}^{-x^2} \leqslant 1, \quad x \in [0,1].$$

由性质 8° 有估计式

$$\mathrm{e}^{-1} \leqslant \int_0^1 \mathrm{e}^{-x^2}\mathrm{d}x \leqslant 1.$$

例 2 试证 $\lim\limits_{n\to\infty}\int_n^{n+a}\frac{\sin x}{x}\mathrm{d}x = 0$.

证明 由积分中值定理知

$$\lim_{n\to\infty}\int_n^{n+a}\frac{\sin x}{x}\mathrm{d}x = \lim_{n\to\infty}\frac{\sin\xi_n}{\xi_n}a = 0 \quad (n \leqslant \xi_n \leqslant n+a).$$

例 3 设 $f(x)$ 为 $[a,b]$ 上的非负连续函数, 则 $\int_a^b f(x)\mathrm{d}x = 0$ 的充要条件是 $f(x) \equiv 0$, $x \in [a,b]$.

证明　必要性. 若不然, 则必有 $x_0 \in (a,b)$, 使

$$f(x_0)=\lambda>0.$$

由 $f(x)$ 的连续性知, 存在 $\delta>0$, 使得 $[x_0-\delta,x_0+\delta]\subset[a,b]$, 且当 $x\in[x_0-\delta,x_0+\delta]$ 时, 有

$$f(x)>\frac{\lambda}{2},$$

于是由性质 6°—8° 有

$$\begin{aligned}\int_a^b f(x)\mathrm{d}x&=\int_a^{x_0-\delta} f(x)\mathrm{d}x+\int_{x_0-\delta}^{x_0+\delta} f(x)\mathrm{d}x+\int_{x_0+\delta}^b f(x)\mathrm{d}x\\&\geqslant\int_{x_0-\delta}^{x_0+\delta} f(x)\mathrm{d}x>\frac{\lambda}{2}2\delta>0,\end{aligned}$$

这与假设矛盾.

充分性. 由定积分定义知它是显然的.

△ **例 4**　设 $f(x),g(x)\in C[a,b]$, 证明**柯西不等式**

$$\left[\int_a^b f(x)g(x)\mathrm{d}x\right]^2\leqslant\int_a^b f^2(x)\mathrm{d}x\int_a^b g^2(x)\mathrm{d}x\quad(a<b).$$

证明　分两种情况:

1° 当 $\int_a^b f^2(x)\mathrm{d}x=0$ 时, 类似例 3 可知 $f(x)\equiv0$, 不等式显然成立.

2° 当 $\int_a^b f^2(x)\mathrm{d}x\neq0$ 时, 对任意实数 λ 有

$$[\lambda f(x)-g(x)]^2\geqslant0.$$

从 a 到 b 积分, 由线性性质得

$$\int_a^b[\lambda f(x)-g(x)]^2\mathrm{d}x=\left(\int_a^b f^2(x)\mathrm{d}x\right)\lambda^2-2\left(\int_a^b f(x)g(x)\mathrm{d}x\right)\lambda+\int_a^b g^2(x)\mathrm{d}x\geqslant0,$$

左边是 λ 的二次多项式. 这个不等式成立的充要条件是判别式

$$\left[\int_a^b f(x)g(x)\mathrm{d}x\right]^2-\int_a^b f^2(x)\mathrm{d}x\int_a^b g^2(x)\mathrm{d}x\leqslant0,$$

即

$$\left[\int_a^b f(x)g(x)\mathrm{d}x\right]^2\leqslant\int_a^b f^2(x)\mathrm{d}x\int_a^b g^2(x)\mathrm{d}x.$$

习 题 6.1

1. 将下列各题表示为定积分, 不必计算.

(1) 在原点处, 有一电荷量为 q 的正电荷, 由电学知识, 离原点 x 处的电场力的大小为 $F(x)=k\dfrac{q}{x^2}$, 求单位正电荷在 x 轴上从点 a 移动到 b 时, 电场力做功 W;

(2) 有一个长为 l 的细杆, 如果细杆各点处线密度为到某一端距离 x 的函数 $\rho(x)=l(1+x^2)$, 求细杆质量;

(3) 某产品的生产速度为 $V(t)=100+20t-0.3t^2$(单位: t/h), 求从 $t=2$ 到 $t=4$ 这两个小时内的总产量 P.

2. 用定积分定义计算 $\displaystyle\int_0^1(1+x)\mathrm{d}x$.

3. 比较下列各组积分大小, 指明较大的一个.

(1) $\displaystyle\int_0^1 x^2\mathrm{d}x$ 与 $\displaystyle\int_0^1 x^3\mathrm{d}x$; (2) $\displaystyle\int_1^2 x^2\mathrm{d}x$ 与 $\displaystyle\int_1^2 x^3\mathrm{d}x$;

(3) $\displaystyle\int_1^2 \ln x\mathrm{d}x$ 与 $\displaystyle\int_1^2 x\mathrm{d}x$; (4) $\displaystyle\int_0^{\pi} \sin x\mathrm{d}x$ 与 $\displaystyle\int_0^{2\pi} \sin x\mathrm{d}x$;

(5) $\displaystyle\int_0^1 x\mathrm{d}x$, $\displaystyle\int_0^1 \frac{x}{1+x}\mathrm{d}x$ 与 $\displaystyle\int_0^1 \ln(1+x)\mathrm{d}x$.

4. 估计积分值 $I=\displaystyle\int_{\frac{\pi}{2}}^{\pi}\frac{\sin x}{x}\mathrm{d}x$.

5. 对于 $f(x)=\begin{cases}1, & 0\leqslant x\leqslant \dfrac{1}{2},\\ 0, & \dfrac{1}{2}<x\leqslant 1\end{cases}$ 是否存在 $\xi\in[0,1]$, 使 $f(\xi)=\displaystyle\int_0^1 f(x)\mathrm{d}x$.

6. 试证: 如果 $f(x),g(x)\in C[a,b]$, $f(x)\geqslant g(x)$, 但 $f(x)\not\equiv g(x)$, 则 $\displaystyle\int_a^b f(x)\mathrm{d}x>\int_a^b g(x)\mathrm{d}x$.

7. 设 $f(x)$ 为连续函数, 且 $\lim\limits_{x\to+\infty}f(x)$ 存在, 试证 $\lim\limits_{h\to+\infty}\displaystyle\int_h^{h+a}\frac{f(x)}{x}\mathrm{d}x=0$.

8. (定积分第二中值定理) 设 $f(x),g(x)\in C[a,b]$, $g(x)$ 不变号 (即 $g(x)\geqslant 0$ 或 $g(x)\leqslant 0$), 试证在 $[a,b]$ 上至少存在一点 ξ, 使 $\displaystyle\int_a^b f(x)g(x)\mathrm{d}x=f(\xi)\int_a^b g(x)\mathrm{d}x$.

9. 设 $f(x),g(x)\in C[a,b]$, 证明

$$\int_a^b[f(x)+g(x)]^2\mathrm{d}x\leqslant\left[\left(\int_a^b f^2(x)\mathrm{d}x\right)^{\frac{1}{2}}+\left(\int_a^b g^2(x)\mathrm{d}x\right)^{\frac{1}{2}}\right]^2.$$

10. 设 $f(x)\in C[a,b]$, 证明 $\left(\int_a^b f(x)\mathrm{d}x\right)^2 \leqslant (b-a)\int_a^b f^2(x)\mathrm{d}x$.

11. 设 $f(x)$ 在点 $x=0$ 的某邻域内有连续的导数, 证明

$$\lim_{a\to 0^+}\frac{1}{4a^2}\int_{-a}^{a}[f(t+a)-f(t-a)]\mathrm{d}t=f'(0).$$

12. 设 $f(x)\in C[0,1]$, 且在开区间 $(0,1)$ 内可导, 又 $\int_0^1 f(x)\mathrm{d}x=2\int_0^{\frac{1}{2}} f(x)\mathrm{d}x$, 证明: $\exists\xi\in(0,1)$, 使得 $f'(\xi)=0$.

6.2　微积分学基本定理

由定积分的定义有

$$\int_a^b f(x)\mathrm{d}x=\lim_{\lambda\to 0}\sum_{i=1}^{n} f(\xi_i)\Delta x_i.$$

用定义计算定积分是非常困难的, 甚至常常是不可能的. 在 17 世纪最后 30 年, 牛顿和莱布尼茨把两个貌似无关的微分问题和积分问题联系起来, 建立了微积分学基本定理, 为定积分的计算提供了统一的简洁的方法.

以路程问题为例. 如果已知某物体做直线运动, 其速度为 $v(t)$, 则在时间间隔 $[a,b]$ 内走过的路程 $s_{[a,b]}=\int_a^b v(t)\mathrm{d}t$. 如果知道该物体运动的路程函数 $s(t)$, 则 $s_{[a,b]}=s(b)-s(a)$, 可见如果能从 $v(t)$ 求出 $s(t)$, 定积分 $\int_a^b v(t)\mathrm{d}t$ 运算就可化为减法 $s(b)-s(a)$ 运算. 这正是第 5 章已经解决了的微分运算的逆运算——不定积分问题, 这启示我们: 定积分的计算有捷径可循. 下面进行一般性的讨论.

设 $f(x)$ 在区间 $[a,b]$ 上可积, 则对任一点 $x\in[a,b]$, 定积分

$$\int_a^x f(t)\mathrm{d}t$$

都有确定的值, 所以这个定积分是上限 x 的函数, 记为 $\varPhi(x)$, 称为**变上限积分函数**, 即

$$\varPhi(x)=\int_a^x f(t)\mathrm{d}t\quad (a\leqslant x\leqslant b).$$

注意: 这样定义的函数 $\varPhi(x)$ 一定是 $[a,b]$ 上的连续函数.

定理 6.5　设 $f(x)\in C[a,b]$, 则变上限积分函数

$$\varPhi(x)=\int_a^x f(t)\mathrm{d}t$$

在 $[a,b]$ 上连续可微, 且对上限的导数等于被积函数在上限处的值, 即

$$\varPhi'(x)=\frac{\mathrm{d}}{\mathrm{d}x}\int_a^x f(t)\mathrm{d}t=f(x)\quad(a\leqslant x\leqslant b).$$

证明 因为

$$\varPhi(x+\Delta x)=\int_a^{x+\Delta x} f(t)\mathrm{d}t,$$

所以由定积分性质 6° 和积分中值定理有

$$\begin{aligned}\Delta\varPhi=&\varPhi(x+\Delta x)-\varPhi(x)\\=&\int_a^{x+\Delta x} f(t)\mathrm{d}t-\int_a^x f(t)\mathrm{d}t=\int_x^{x+\Delta x} f(t)\mathrm{d}t=f(\xi)\Delta x,\end{aligned}$$

其中 ξ 介于 x 与 $x+\Delta x$ 之间. 因 $f(x)$ 连续, 故

$$\varPhi'(x)=\lim_{\Delta x\to 0}\frac{\Delta\varPhi}{\Delta x}=\lim_{\xi\to x} f(\xi)=f(x).$$ □

这个定理指出积分运算和微分运算为逆运算的关系, 它把微分和积分联结为一个有机的整体——微积分.

它还说明, 连续函数 $f(x)$ 一定有原函数, 函数 $\varPhi(x)=\displaystyle\int_a^x f(t)\mathrm{d}t$ 就是$f(x)$ 的一个原函数 (这就证明了定理 5.2). 因此, 连续函数 $f(x)$ 的不定积分和定积分有如下关系:

$$\int f(x)\mathrm{d}x=\int_a^x f(t)\mathrm{d}t+C.$$

另外, 连续函数的定积分 $\displaystyle\int_a^b f(x)\mathrm{d}x$ 的被积表达式 $f(x)\mathrm{d}x$ 等于变上限积分函数 $\varPhi(x)$ 的微分, 即 $f(x)\mathrm{d}x$ 是 $\varPhi(x)$ 的增量 $\Delta\varPhi$ 的线性主部. 将有关的实际问题化为定积分时, 称 $f(x)\mathrm{d}x$ 为微元.

例 1 $\left(\displaystyle\int_0^x \mathrm{e}^{t^2}\mathrm{d}t\right)'=\mathrm{e}^{x^2}.$

$$\left(\int_0^{x^2}\sqrt{1+t^3}\mathrm{d}t\right)'=2x\sqrt{1+x^6}.$$

$$\left(\int_{\mathrm{e}^x}^1\sin(t^2)\mathrm{d}t\right)'=\left(-\int_1^{\mathrm{e}^x}\sin(t^2)\mathrm{d}t\right)'=-\mathrm{e}^x\sin\mathrm{e}^{2x}.$$

$$\left(\int_x^{x^2}\frac{\sin t}{t}\mathrm{d}t\right)'=\frac{\sin(x^2)}{x^2}\cdot 2x-\frac{\sin x}{x}\cdot 1=\frac{2\sin(x^2)-\sin x}{x}.$$

例 2　设 $f(x) \in C[a,b]$, 且单调递增, 证明

$$(a+b)\int_a^b f(x)\mathrm{d}x < 2\int_a^b xf(x)\mathrm{d}x.$$

证明　设 $F(x) = (a+x)\int_a^x f(t)\,\mathrm{d}t - 2\int_a^x tf(t)\,\mathrm{d}t$, 则

$$\begin{aligned}F'(x) &= \int_a^x f(t)\,\mathrm{d}t + (a+x)f(x) - 2xf(x)\\ &= \int_a^x f(t)\,\mathrm{d}t + (a-x)f(x)\\ &= \int_a^x f(t)\,\mathrm{d}t - \int_a^x f(x)\,\mathrm{d}t\\ &= \int_a^x (f(t) - f(x))\mathrm{d}t < 0 \quad (a < x).\end{aligned}$$

所以 $F(x)$ 单调递减, 又 $F(a) = 0$, 因此有 $F(b) < 0$, 即有

$$(a+b)\int_a^b f(x)\mathrm{d}x < 2\int_a^b xf(x)\mathrm{d}x.$$

定理 6.6(微积分学基本定理)　如果 $F(x)$ 是区间 $[a,b]$ 上连续函数 $f(x)$ 的一个原函数, 则

$$\int_a^b f(x)\mathrm{d}x = F(b) - F(a). \tag{1}$$

证明　因为 $F(x)$ 和 $\varPhi(x) = \int_a^x f(t)\mathrm{d}t$ 都是 $f(x)$ 在 $[a,b]$ 上的原函数, 故有

$$\varPhi(x) = F(x) + C, \quad \forall x \in [a,b],$$

C 是待定常数, 即有

$$\int_a^x f(t)\,\mathrm{d}t = F(x) + C, \quad \forall x \in [a,b].$$

令 $x = a$, 由上式得 $0 = F(a) + C$, 于是 $C = -F(a)$, 可见

$$\int_a^x f(t)\,\mathrm{d}t = F(x) - F(a), \quad \forall x \in [a,b].$$

令 $x = b$, 上式就变为公式 (1). □

公式 (1) 称为**牛顿–莱布尼茨公式**. 公式 (1) 给出了连续函数的定积分与不定积分之间的关系. 它把复杂的乘积和式的极限运算转化为被积函数的原函数在积

分上下限 b, a 两点处函数值之差. 习惯用 $F(x)\big|_a^b$ 表示 $F(b)-F(a)$, 于是 (1) 式可写为

$$\int_a^b f(x)\,\mathrm{d}x = F(x)\big|_a^b = F(b)-F(a).$$

例 3 $\displaystyle\int_{-1}^{1}\frac{1}{1+x^2}\mathrm{d}x=\arctan x\big|_{-1}^{1}=\frac{\pi}{4}-\left(-\frac{\pi}{4}\right)=\frac{\pi}{2}.$

$$\int_0^{\pi}\sin x\mathrm{d}x=-\cos x\big|_0^{\pi}=1-(-1)=2.$$

例 4 求极限 $\displaystyle\lim_{n\to\infty}\left(\frac{1}{n+1}+\frac{1}{n+2}+\cdots+\frac{1}{n+n}\right).$

解 此极限实为一积分和的极限, 有

$$\begin{aligned}\lim_{n\to\infty}\sum_{i=1}^{n}\frac{1}{n+i}&=\lim_{n\to\infty}\sum_{i=1}^{n}\frac{1}{1+\dfrac{i}{n}}\frac{1}{n}\\&=\int_0^1\frac{1}{1+x}\mathrm{d}x=\ln(1+x)\big|_0^1=\ln 2.\end{aligned}$$

注意: 公式 (1) 要求被积函数连续, 如果遇到分段连续函数 $f(x)$ 的积分, 应将积分区间 $[a,b]$ 分为几个子区间 $[a,x_1],[x_1,x_2],\cdots,[x_n,b]$, 使 $f(x)$ 在每个子区间上连续, 根据定积分性质 6°, 有

$$\int_a^b f(x)\,\mathrm{d}x=\int_a^{x_1}f(x)\,\mathrm{d}x+\int_{x_1}^{x_2}f(x)\,\mathrm{d}x+\cdots+\int_{x_n}^{b}f(x)\,\mathrm{d}x,$$

右端的每个积分都可用牛顿–莱布尼茨公式计算了.

例 5 设 $f(x)=\begin{cases}\mathrm{e}^x, & 0\leqslant x\leqslant 1,\\ 2x, & 1<x\leqslant 2,\end{cases}$ 求 $\displaystyle\int_0^2 f(x)\,\mathrm{d}x.$

解

$$\int_0^2 f(x)\,\mathrm{d}x=\int_0^1\mathrm{e}^x\mathrm{d}x+\int_1^2 2x\mathrm{d}x=\mathrm{e}^x\big|_0^1+x^2\big|_1^2=\mathrm{e}+2.$$

例 6 $\displaystyle\int_0^{\frac{\pi}{2}}\sqrt{1-\sin 2x}\mathrm{d}x=\int_0^{\frac{\pi}{2}}\sqrt{(\cos x-\sin x)^2}\mathrm{d}x=\int_0^{\frac{\pi}{2}}|\cos x-\sin x|\,\mathrm{d}x$

$$\begin{aligned}&=\int_0^{\frac{\pi}{4}}(\cos x-\sin x)\,\mathrm{d}x+\int_{\frac{\pi}{4}}^{\frac{\pi}{2}}(\sin x-\cos x)\,\mathrm{d}x\\&=2\sqrt{2}-2.\end{aligned}$$

被积函数带有绝对值号时, 应将积分区间分开, 去掉绝对值号, 再积分.

例 7 已知 $f(x)=x+\int_0^1 xf(x)\mathrm{d}x$, 求 $f(x)$.

解 因为定积分是个常数, 设 $\int_0^1 xf(x)\mathrm{d}x=A$, 则

$$f(x)=x+A.$$

因此

$$A=\int_0^1 xf(x)\mathrm{d}x=\int_0^1\left(x^2+Ax\right)\mathrm{d}x=\frac{1}{3}+\frac{A}{2}.$$

解得 $A=\frac{2}{3}$, 故 $f(x)=x+\frac{2}{3}$.

习 题 6.2

1. 求函数的导数.

(1) $\frac{\mathrm{d}}{\mathrm{d}x}\int_1^x \frac{\sin t}{t}\mathrm{d}t(x>0)$;　　(2) $\frac{\mathrm{d}}{\mathrm{d}x}\int_x^0 \sqrt{1+t^3}\mathrm{d}t$;

(3) $\frac{\mathrm{d}}{\mathrm{d}x}\int_0^{x^2} \frac{t\cos t}{1+\sin^2 t}\mathrm{d}t$;　　(4) $\frac{\mathrm{d}}{\mathrm{d}x}\int_x^{\sin x} \mathrm{e}^{-t^2}\mathrm{d}t$;

(5) $\frac{\mathrm{d}}{\mathrm{d}x}\cos\left(\int_0^x \frac{\mathrm{d}t}{1+t^3}\right)$;　　(6) $\frac{\mathrm{d}}{\mathrm{d}x}\int_0^x xf(t)\mathrm{d}t$.

2. 求由 $\int_0^y \mathrm{e}^{t^3}\mathrm{d}t+\int_0^x \sin t^2\mathrm{d}t=0$ 所确定的隐函数 y 关于 x 的导数.

3. 求由参数方程 $x=\int_0^{t^2}\ln s\mathrm{d}s, y=\int_{t^2}^1 s^2\ln s\mathrm{d}s$ 所给定的函数 y 关于 x 的导数.

4. 设函数 $f(x)$ 连续, 且 $\int_0^x f(t)\mathrm{d}t=x^2(1+x)$, 求 $f(x)$ 和 $f(2)$.

5. 问常数 a 为何值时, $f(x)=\begin{cases}\frac{1}{x^3}\int_0^x \sin t^2\mathrm{d}t, & x\neq 0,\\ a, & x=0\end{cases}$ 在 $x=0$ 连续.

6. 设函数 $f(x)$ 连续, $\varphi(x)=\int_0^x xf(t)\mathrm{d}t$, 且 $\varphi(1)=1, \varphi'(1)=4$, 求 $f(1)$ 的值.

7. 求下列极限.

(1) $\lim\limits_{x\to 0^+}\frac{\int_0^{\sin x}\sqrt{\tan t}\mathrm{d}t}{\int_0^{\tan x}\sqrt{\sin t}\mathrm{d}t}$;　　(2) $\lim\limits_{x\to a}\frac{x^2}{x-a}\int_a^x f(t)\mathrm{d}t$ ($f(t)$ 连续).

8. 当 $x>0$ 时, $f(x)>0$, 且连续, 试证函数 $\varphi(x)=\dfrac{\int_0^x tf(t)\mathrm{d}t}{\int_0^x f(t)\mathrm{d}t}$ 在 $(0,+\infty)$ 上单调递增.

9. 设 $f(x)\in C[a,b]$, 且 $f(x)$ 单调递减, 试证函数 $g(x)=\dfrac{1}{x-a}\int_a^x f(t)\mathrm{d}t$ 在 $(a,b]$ 上单调递减.

10. 用牛顿–莱布尼茨公式计算定积分.

(1) $\int_0^3 3x^2\mathrm{d}x$;　　(2) $\int_0^1 \dfrac{1}{1+x^2}\mathrm{d}x$;

(3) $\int_0^{\frac{\pi}{2}} \sin x\mathrm{d}x$;　　(4) $\int_0^1 \mathrm{e}^x\mathrm{d}x$;

(5) $\int_{\frac{\pi}{4}}^{\frac{\pi}{2}} \dfrac{1}{\sin^2 x}\mathrm{d}x$;　　(6) $\int_0^{\frac{1}{2}} \dfrac{1}{\sqrt{1-x^2}}\mathrm{d}x$;

(7) $\int_1^2 \dfrac{1}{x+x^3}\mathrm{d}x$;　　(8) $\int_1^{\mathrm{e}} \dfrac{\ln x}{x}\mathrm{d}x$.

11. 计算定积分.

(1) $\int_0^2 |1-x|\sqrt{(x-4)^2}\mathrm{d}x$;　　(2) $\int_0^1 x|x-a|\mathrm{d}x(a>0)$;

(3) $\int_0^{\pi} \sqrt{1+\cos 2x}\mathrm{d}x$;　　(4) $\int_1^3 x|x-2|\mathrm{d}x$.

12. 设 $f(x)=\begin{cases} x^2, & 0\leqslant x<1, \\ 1+x, & 1\leqslant x\leqslant 2, \end{cases}$ 求 $\int_0^2 f(x)\mathrm{d}x$.

13. 求下列极限.

(1) $\lim\limits_{n\to\infty}\dfrac{1}{n\sqrt{n}}\left(\sqrt{1}+\sqrt{2}+\cdots+\sqrt{n}\right)$;

(2) $\lim\limits_{n\to\infty}\dfrac{1}{n}\left(\sin a+\sin\left(a+\dfrac{b}{n}\right)+\sin\left(a+\dfrac{2b}{n}\right)+\cdots+\sin\left(a+\dfrac{(n-1)b}{n}\right)\right)$;

(3) $\lim\limits_{n\to\infty}\ln\sqrt[n]{\left(1+\dfrac{1}{n}\right)^2\left(1+\dfrac{2}{n}\right)^2\cdots\left(1+\dfrac{n}{n}\right)^2}$.

14. 设 $f(x)\in C[-1,1]$, $f(x)=3x-\sqrt{1-x^2}\int_0^1 f^2(x)\mathrm{d}x$, 求 $f(x)$.

15. 设 $f(x),g(x)\in C[a,b]$, 且 $g(x)\neq 0$, 证明存在点 $\xi\in(a,b)$, 使

$$\frac{\int_a^b f(x)\mathrm{d}x}{\int_a^b g(x)\mathrm{d}x}=\frac{f(\xi)}{g(\xi)}.$$

16. 设 $f(x)$ 在区间 $[a,b]$ 上可积, 证明函数 $\varPhi(x)=\int_a^x f(t)\mathrm{d}t$ 在区间 $[a,b]$ 上连续.

17. 设 $f(x)\in C^1[a,b]$, 且 $f(a)=f(b)=0$, 证明:

$$\left|\int_a^b f(x)\mathrm{d}x\right|\leqslant\frac{(b-a)^2}{4}\max_{a<x<b}|f'(x)|.$$

18. 选择题.

(1) 设 $\alpha(x)=\int_0^{\mathrm{e}x}\frac{\sin t}{t}\mathrm{d}t,\quad \beta(x)=\int_0^{\sin x}(1+t)^{\frac{1}{t}}\mathrm{d}t$, 当 $x\to 0$ 时, $\alpha(x)$ 是 $\beta(x)$ 的 (   ).

(A) 高阶无穷小; (B) 低阶无穷小;
(C) 同阶, 但非等价无穷小; (D) 等价无穷小.

(2) 已知 $\alpha(x)$ 在原点的某一去心邻域内连续, 且当 $x\to 0$ 时, $\alpha(x)\sim x^2$, 则 $\beta(x)=\int_0^x\alpha(t)\mathrm{d}t$ 是 x 的 (   ).

(A) 一阶无穷小; (B) 二阶无穷小;
(C) 三阶无穷小; (D) 四阶无穷小.

6.3 定积分的计算

在不定积分的计算中有两个重要的方法——换元积分法和分部积分法, 同样地在定积分计算中换元积分法和分部积分法也是非常重要的, 由于定积分的计算是求积分值, 所以这两种方法又有新的特点.

6.3.1 定积分的换元积分法

定理 6.7 设 $f(x)\in C[a,b]$, 对变换 $x=\varphi(t)$, 若有常数 α,β 满足:

(i) $\varphi(\alpha)=a$, $\varphi(\beta)=b$;

(ii) 在 α,β 界定的区间上, $a\leqslant\varphi(t)\leqslant b$;

(iii) 在 α,β 界定的区间上, $\varphi(t)$ 具有连续的导数,

则

$$\int_a^b f(x)\,\mathrm{d}x = \int_\alpha^\beta f[\varphi(t)]\,\varphi'(t)\,\mathrm{d}t.$$

证明 由于 $f(x) \in C[a,b]$, 所以上式左边的积分存在. 由 $f(x) \in C[a,b]$ 及条件 (ii), (iii) 知右边积分也存在. 设 $F(x)$ 是 $f(x)$ 的一个原函数, 则由复合函数求导法知, $F[\varphi(t)]$ 是 $f[\varphi(t)]\,\varphi'(t)$ 的原函数, 于是由牛顿–莱布尼茨公式有

$$\int_a^b f(x)\,\mathrm{d}x = F(b) - F(a),$$

$$\int_\alpha^\beta f[\varphi(t)]\,\varphi'(t)\,\mathrm{d}t = F[\varphi(\beta)] - F[\varphi(\alpha)] = F(b) - F(a).$$

比较两式知结论成立. □

这个定理说明用换元积分法计算定积分时, 应把积分上下限同时换为新的积分变量的上下限, 通过新的积分算出积分值. 换元积分法避免了求 $f(x)$ 的原函数, 因此对变换 $x = \varphi(t)$ 也不要求它有反函数.

例 1 计算 $\displaystyle\int_0^a \sqrt{a^2 - x^2}\mathrm{d}x\ (a > 0)$.

解 令 $x = a\sin t$, 当 $x = 0$ 时, $t = 0$; 当 $x = a$ 时, $t = \dfrac{\pi}{2}$. 于是 $\sqrt{a^2 - x^2} = a\cos t$, $\mathrm{d}x = a\cos t\mathrm{d}t$, 故

$$\begin{aligned}\int_0^a \sqrt{a^2 - x^2}\mathrm{d}x &= a^2 \int_0^{\frac{\pi}{2}} \cos^2 t\mathrm{d}t = \frac{a^2}{2}\int_0^{\frac{\pi}{2}} (1 + \cos 2t)\,\mathrm{d}t \\ &= \frac{a^2}{2}\left(t + \frac{1}{2}\sin 2t\right)\Bigg|_0^{\frac{\pi}{2}} = \frac{1}{4}\pi a^2.\end{aligned}$$

这是半径为 a 的四分之一圆的面积. 记住它, 以后可直接用.

例 2 计算 $\displaystyle\int_0^3 \frac{x+2}{\sqrt{x+1}}\mathrm{d}x$.

解 令 $\sqrt{x+1} = t$, 即 $x = t^2 - 1$. 当 $x = 0$ 时, $t = 1$; 当 $x = 3$ 时, $t = 2$, $\mathrm{d}x = 2t\mathrm{d}t$, 故

$$\int_0^3 \frac{x+2}{\sqrt{x+1}}\mathrm{d}x = \int_1^2 \frac{t^2 - 1 + 2}{t} 2t\mathrm{d}t = 2\int_1^2 (t^2 + 1)\,\mathrm{d}t = \frac{20}{3}.$$

作变换时, 必须满足定理的条件, 特别是通过 $t = \psi(x)$ 引入新变量 t 时, 要验证它的反函数是否满足定理的条件.

换元积分还可以证明一些定积分等式, 通常由被积函数的变化和积分区间变化来确定变换. 下面几个例子也可作定积分公式使用.

△ **例 3**　设 $f(x)$ 在区间 $[-a,a]$ 上连续, 则

$$\int_{-a}^{a} f(x)\,\mathrm{d}x = \int_{0}^{a} [f(x)+f(-x)]\,\mathrm{d}x.$$

证明　由于

$$\int_{-a}^{a} f(x)\,\mathrm{d}x = \int_{-a}^{0} f(x)\,\mathrm{d}x + \int_{0}^{a} f(x)\,\mathrm{d}x,$$

对积分 $\int_{-a}^{0} f(x)\,\mathrm{d}x$ 作变换, 令 $x=-t$, 则

$$\int_{-a}^{0} f(x)\,\mathrm{d}x = -\int_{a}^{0} f(-t)\,\mathrm{d}t = \int_{0}^{a} f(-t)\,\mathrm{d}t = \int_{0}^{a} f(-x)\,\mathrm{d}x,$$

故有

$$\int_{-a}^{a} f(x)\,\mathrm{d}x = \int_{0}^{a} [f(x)+f(-x)]\,\mathrm{d}x.$$

由定积分定义不难推证, 对一般可积函数, 例 3 中的公式也成立. 更重要的是下面两个结果:

(1) 若 $f(x)$ 为可积的偶函数, 则 $\int_{-a}^{a} f(x)\,\mathrm{d}x = 2\int_{0}^{a} f(x)\,\mathrm{d}x$;

(2) 若 $f(x)$ 为可积的奇函数, 则 $\int_{-a}^{a} f(x)\,\mathrm{d}x = 0$;

利用这一结果计算:

(i) $\displaystyle\int_{-1}^{1} \frac{\arcsin x}{1+\tan^2 x}\mathrm{d}x = 0$;

(ii) $\displaystyle\int_{-\frac{\pi}{2}}^{\frac{\pi}{2}} \frac{\mathrm{e}^x-\mathrm{e}^{-x}}{1+\cos x}\mathrm{d}x = 0$;

(iii) $\displaystyle\int_{-1}^{1} \frac{x^5+x^4-x^3+x^2-1}{1+x^2}\mathrm{d}x = 2\int_{0}^{1} \frac{x^4+x^2-1}{1+x^2}\mathrm{d}x$

$$= 2\int_{0}^{1}\left(x^2-\frac{1}{1+x^2}\right)\mathrm{d}x = 2\left(\frac{x^3}{3}-\arctan x\right)\Big|_{0}^{1} = \frac{2}{3}-\frac{\pi}{2};$$

(iv) $\displaystyle\int_{-\frac{\pi}{4}}^{\frac{\pi}{4}} \frac{\cos x}{1+\mathrm{e}^{-x}}\mathrm{d}x = \int_{0}^{\frac{\pi}{4}}\left(\frac{\cos x}{1+\mathrm{e}^{-x}}+\frac{\cos x}{1+\mathrm{e}^{x}}\right)\mathrm{d}x = \int_{0}^{\frac{\pi}{4}} \cos x\mathrm{d}x = \frac{\sqrt{2}}{2}.$

△ **例 4**　设 $f(x)$ 是 $(-\infty,+\infty)$ 上以 T 为周期的连续函数, 则对任何实数 a, 都有

$$\int_{a}^{a+T} f(x)\,\mathrm{d}x = \int_{0}^{T} f(x)\,\mathrm{d}x.$$

证明 由于

$$\int_a^{a+T} f(x)\,\mathrm{d}x = \int_a^0 f(x)\,\mathrm{d}x + \int_0^T f(x)\,\mathrm{d}x + \int_T^{a+T} f(x)\,\mathrm{d}x,$$

对最后的积分用换元法, 令 $x = t + T$, 有

$$\int_T^{a+T} f(x)\,\mathrm{d}x = \int_0^a f(t+T)\,\mathrm{d}t = \int_0^a f(t)\,\mathrm{d}t,$$

代入前式得

$$\int_a^{a+T} f(x)\,\mathrm{d}x = \int_0^T f(x)\,\mathrm{d}x.$$

对一般可积的周期函数, 例 4 中的公式也成立. 它说明可积的周期函数在任何一个长度为一个周期的区间上的积分值都是相等的.

△ **例 5** 设 $f(x) \in C[0,1]$, 试证:

(1) $\displaystyle\int_0^{\frac{\pi}{2}} f(\sin x)\,\mathrm{d}x = \int_0^{\frac{\pi}{2}} f(\cos x)\,\mathrm{d}x$;

(2) $\displaystyle\int_0^{\pi} x f(\sin x)\,\mathrm{d}x = \frac{\pi}{2}\int_0^{\pi} f(\sin x)\,\mathrm{d}x = \pi\int_0^{\frac{\pi}{2}} f(\sin x)\,\mathrm{d}x$.

证明

(1) $\displaystyle\int_0^{\frac{\pi}{2}} f(\sin x)\,\mathrm{d}x \xlongequal{x=\frac{\pi}{2}-t} \int_{\frac{\pi}{2}}^0 f(\cos t)(-\mathrm{d}t) = \int_0^{\frac{\pi}{2}} f(\cos t)\,\mathrm{d}t$;

(2) $\displaystyle\int_0^{\pi} x f(\sin x)\,\mathrm{d}x \xlongequal{x=\pi-t} \int_{\pi}^0 (\pi - t) f(\sin(\pi - t))(-\mathrm{d}t)$

$$= \pi\int_0^{\pi} f(\sin t)\,\mathrm{d}t - \int_0^{\pi} t f(\sin t)\,\mathrm{d}t = \pi\int_0^{\pi} f(\sin t)\,\mathrm{d}t - \int_0^{\pi} x f(\sin x)\,\mathrm{d}x,$$

所以有

$$\int_0^{\pi} x f(\sin x)\,\mathrm{d}x = \frac{\pi}{2}\int_0^{\pi} f(\sin x)\,\mathrm{d}x.$$

第二个等式证明留给读者.

利用 (2) 计算:

$$\int_0^{\pi} \frac{x\sin x}{1+\cos^2 x}\mathrm{d}x = \pi\int_0^{\frac{\pi}{2}} \frac{\sin x}{1+\cos^2 x}\mathrm{d}x = -\pi\arctan\cos x\Big|_0^{\frac{\pi}{2}} = \frac{\pi^2}{4}.$$

6.3.2 定积分的分部积分法

定理 6.8 设 $u(x), v(x)$ 在区间 $[a,b]$ 上有连续的导数, 则

$$\int_a^b u(x)\,v'(x)\,\mathrm{d}x = u(x)\,v(x)\Big|_a^b - \int_a^b u'(x)\,v(x)\,\mathrm{d}x.$$

由不定积分的分部积分法及牛顿–莱布尼茨公式, 这是显然的.

例 6　$\int_0^1 x\mathrm{e}^x\mathrm{d}x = x\mathrm{e}^x\big|_0^1 - \int_0^1 1\cdot\mathrm{e}^x\mathrm{d}x = \mathrm{e}-\mathrm{e}^x\big|_0^1 = 1.$

例 7

$$\int_0^1 x\arctan x\mathrm{d}x = \frac{1}{2}x^2\arctan x\Big|_0^1 - \frac{1}{2}\int_0^1\frac{x^2}{1+x^2}\mathrm{d}x$$

$$=\frac{\pi}{8}-\frac{1}{2}\left(x-\arctan x\right)\big|_0^1=\frac{\pi}{4}-\frac{1}{2}.$$

△ **例 8**　试证对任何大于 1 的自然数 n, 有

$$I_n=\int_0^{\frac{\pi}{2}}\sin^n x\mathrm{d}x=\int_0^{\frac{\pi}{2}}\cos^n x\mathrm{d}x=\begin{cases}\dfrac{(n-1)(n-3)\cdots 2}{n(n-2)\cdots 3}, & n\text{为奇数},\\[2ex] \dfrac{(n-1)(n-3)\cdots 1}{n(n-2)\cdots 2}\dfrac{\pi}{2}, & n\text{为偶数}.\end{cases}$$

证明　由例 5(1) 知上述两个积分相等.

当 $n\geqslant 2$ 时, 有

$$I_n=-\int_0^{\frac{\pi}{2}}\sin^{n-1}x\mathrm{d}\cos x=-\cos x\sin^{n-1}x\big|_0^{\frac{\pi}{2}}+(n-1)\int_0^{\frac{\pi}{2}}\sin^{n-2}x\cos^2 x\mathrm{d}x$$

$$=(n-1)\int_0^{\frac{\pi}{2}}\sin^{n-2}x\left(1-\sin^2 x\right)\mathrm{d}x=(n-1)I_{n-2}-(n-1)I_n.$$

于是得到一个递推公式

$$I_n=\frac{n-1}{n}I_{n-2}\quad(n\geqslant 2).$$

又因为

$$I_0=\int_0^{\frac{\pi}{2}}\mathrm{d}x=\frac{\pi}{2},\quad I_1=\int_0^{\frac{\pi}{2}}\sin x\mathrm{d}x=1.$$

所以, 当 n 为偶数时,

$$I_n=\frac{n-1}{n}I_{n-2}=\frac{n-1}{n}\frac{n-3}{n-2}I_{n-4}=\cdots=\frac{n-1}{n}\cdots\frac{3}{4}\frac{1}{2}I_0=\frac{(n-1)(n-3)\cdots 1}{n(n-2)\cdots 2}\frac{\pi}{2}.$$

当 n 为大于 1 的奇数时,

$$I_n=\frac{n-1}{n}I_{n-2}=\frac{n-1}{n}\frac{n-3}{n-2}I_{n-4}=\cdots=\frac{n-1}{n}\frac{n-3}{n-2}\cdots\frac{4}{5}\frac{2}{3}I_1=\frac{(n-1)(n-3)\cdots 2}{n(n-2)\cdots 3}.$$

利用这个公式可直接计算出

$$I_8=\int_0^{\frac{\pi}{2}}\cos^8 x\mathrm{d}x=\frac{7\cdot 5\cdot 3\cdot 1}{8\cdot 6\cdot 4\cdot 2}\frac{\pi}{2}=\frac{35}{256}\pi.$$

习　题　6.3

1. 计算下列积分.

(1) $\int_0^1 \frac{e^{\arctan x}}{1+x^2}dx$;　(2) $\int_4^9 \frac{\sqrt{x}}{\sqrt{x}-1}dx$;

(3) $\int_{\frac{1}{\sqrt{2}}}^1 \frac{\sqrt{1-x^2}}{x^2}dx$;　(4) $\int_{-2}^{-\sqrt{2}} \frac{dx}{x\sqrt{x^2-1}}$;

(5) $\int_0^a \sqrt{x^2+a^2}dx(a>0)$;　(6) $\int_0^{\ln 2} \sqrt{e^x-1}dx$;

(7) $\int_0^1 e^{\sqrt{1+x}}dx$;　(8) $\int_0^1 x(1-x^4)^{\frac{3}{2}}dx$;

(9) $\int_0^{\frac{\pi}{2}} \frac{1}{2+\sin x}dx$;　(10) $\int_0^1 \frac{\ln(1+x)}{1+x^2}dx$;

(11) $\int_0^1 x(2-x^2)\sqrt{1-x^2}dx$;　(12) $\int_0^1 \frac{3x+1}{x^2+2x+3}dx$.

2. 计算下面两个定积分时, 能否用题后面指定的变换, 为什么?

(1) $\int_0^2 \sqrt[3]{1-x^2}dx, x=\cos t$;

(2) $\int_0^{\pi} \frac{1}{1+\sin^2 x}dx, \tan x = t$.

3. 证明积分等式.

(1) $\int_x^1 \frac{dx}{1+x^2} = \int_1^{\frac{1}{x}} \frac{dx}{1+x^2}\ (x>0)$;

(2) $\int_0^a x^3 f(x^2)dx = \frac{1}{2}\int_0^{a^2} xf(x)dx\ (a>0, f$ 连续);

(3) $\int_0^a f(x) = \int_0^a f(a-x)dx$ (f 连续), 并求 $\int_0^{\frac{\pi}{2}} \frac{\sin^2 x}{\sin x+\cos x}dx$;

(4) $\int_0^a \frac{f(x)}{f(x)+f(a-x)}dx = \frac{a}{2}$ ($a>0$, f 连续, 积分存在), 并求

$$\int_0^3 \frac{\ln(1+x)}{\ln(1+x)+\ln(2-x)}dx.$$

4. 设 $f(x)\in C(-\infty,+\infty)$, 试证函数 $F(x)=\int_0^1 f(x+t)dt$ 可导, 求 $F'(x)$.

5. 设 $f(x)\in C(-\infty,+\infty)$, 试证

(1) 当 $f(x)$ 为奇函数时, $\int_0^x f(t)\mathrm{d}t$ 是偶函数, 且 $f(x)$ 的所有原函数皆为偶函数;

(2) 当 $f(x)$ 为偶函数时, $\int_0^x f(t)\mathrm{d}t$ 是奇函数, 且 $f(x)$ 仅有一个原函数为奇函数.

6. 计算下列积分.

(1) $\int_0^{\frac{\pi}{2}} x\sin^2 x\mathrm{d}x$;　　(2) $\int_0^{\frac{\pi}{2}} \mathrm{e}^x\cos x\mathrm{d}x$;

(3) $\int_0^{\sqrt{3}} x\arctan x\mathrm{d}x$;　　(4) $\int_0^1 x^3\mathrm{e}^{2x}\mathrm{d}x$;

(5) $\int_{\frac{1}{\mathrm{e}}}^{\mathrm{e}} |\ln x|\mathrm{d}x$;　　(6) $\int_{\frac{1}{2}}^{2} \left(1+x-\frac{1}{x}\right)\mathrm{e}^{x+\frac{1}{x}}\mathrm{d}x$.

7. 已知 $f(\pi)=1$, 且 $\int_0^{\pi}[f(x)+f''(x)]\sin x\mathrm{d}x=3$, 求 $f(0)$.

8. 已知 $f(x)$ 的一个原函数是 $\sin x\ln x$, 求 $\int_1^{\pi} xf'(x)\mathrm{d}x$.

9. 已知 $f(x)$ 的一个原函数是 $\ln(1+x^3)$, 求 $\int_0^{\frac{\pi}{2}} \cos x\, f(\sin x)\mathrm{d}x$.

10. 设 $f(x)=\int_1^{x^2}\mathrm{e}^{-t^2}\mathrm{d}t$, 求 $\int_0^1 xf(x)\mathrm{d}x$.

11. 计算下列积分.

(1) $\int_{-\frac{\pi}{8}}^{\frac{\pi}{8}} x^{100}\sin^{99}x\mathrm{d}x$;　　(2) $\int_{-\frac{1}{2}}^{\frac{1}{2}} \cos x\ln\frac{1+x}{1-x}\mathrm{d}x$;

(3) $\int_{-\frac{\pi}{2}}^{\frac{\pi}{2}} \frac{1}{1+\cos x}\mathrm{d}x$;　　(4) $\int_{-2}^{3} (|x|+x)\mathrm{e}^{|x|}\mathrm{d}x$;

(5) $\int_{-\frac{\pi}{2}}^{\frac{\pi}{2}} (x+\cos^2 x)\sin^2 x\mathrm{d}x$;　　(6) $\int_0^{2\pi} x\sin^8\frac{x}{2}\mathrm{d}x$;

(7) $\int_{-2}^{3} |x^2+2|x|-3|\mathrm{d}x$;　　(8) $\int_{100}^{100+2\pi} \tan^2 x\sin^2 2x\mathrm{d}x$;

(9) $\int_{-2}^{2} \min\left\{\frac{1}{|x|},x^2\right\}\mathrm{d}x$;　　(10) $\int_{-\frac{\pi}{2}}^{\frac{\pi}{2}} (x+|x|)\cos x\mathrm{d}x$;

(11) $\int_{-\frac{\pi}{2}}^{\frac{\pi}{2}} x\min\left\{\frac{1}{2},\cos x\right\}\mathrm{d}x$.

12. 设 $f(x)$ 在区间 $[a,b]$ 上有连续的导数, 且 $f(x)\neq 0, f(a)=f(b)=0$, 试证

$$\int_a^b xf(x)f'(x)\mathrm{d}x<0.$$

13. 证明 $\int_0^1 x^m(1-x)^n\mathrm{d}x=\int_0^1 x^n(1-x)^m\mathrm{d}x=\dfrac{m!n!}{(m+n+1)!}$, 其中 m,n 均为自然数.

14. 选择题.

(1) 设 $f(x)$ 连续, $I=t\int_0^{\frac{s}{t}} f(tx)\mathrm{d}x$, 其中 $t>0, s>0$, 则 I 的值 (　　).

(A) 依赖 s, 不依赖 t;　　(B) 不依赖 s, 依赖 t;

(C) 依赖 s 和 t;　　(D) 不依赖 s 和 t.

(2) $P=\int_{-a}^{a}\dfrac{1}{1+x^2}\cos^6 x\mathrm{d}x, Q=\int_{-a}^{a}(\sin^3 x+\cos^6 x)\mathrm{d}x, R=\int_{-a}^{a}(x^2\sin^3 x-\cos^6 x)\mathrm{d}x, a>0$, 则有 (　　).

(A) $P<Q<R$;　(B) $Q<R<P$;　(C) $R<P<Q$;　(D) $R<Q<P$.

(3) 设 $F(x)=\int_x^{x+2\pi}\mathrm{e}^{\sin t}\sin t\mathrm{d}t$, 则 $F(x)$(　　).

(A) 为正常数;　　(B) 为负常数;

(C) 恒为零;　　(D) 不为常数.

6.4 反常积分

定积分 $\int_a^b f(x)\,\mathrm{d}x$ 受到两个限制, 其一, 积分区间 $[a,b]$ 是有限区间; 其二, 被积函数在积分区间上是有界函数. 许多实际问题不满足这两个要求, 为此引进反常积分的概念.

6.4.1 无穷区间上的反常积分

在实际问题当中, 很多时候需要计算上限无限增大的定积分的极限, 例如, 一些无界域的面积、第二宇宙速度问题等. 下面给出无穷区间上反常积分的概念.

定义 6.2 设对任何大于 a 的实数 b, $f(x)$ 在 $[a,b]$ 上均可积, 则称极限

$$\lim_{b\to+\infty}\int_a^b f(x)\,\mathrm{d}x$$

为 $f(x)$ 在无穷区间 $[a,+\infty)$ 上的反常积分 (或广义积分), 记为 $\int_a^{+\infty} f(x)\,\mathrm{d}x$, 即

$$\int_a^{+\infty} f(x)\,\mathrm{d}x=\lim_{b\to+\infty}\int_a^b f(x)\,\mathrm{d}x.$$

当这个极限存在时, 则称反常积分 $\int_a^{+\infty} f(x)\,\mathrm{d}x$ **收敛**(存在), 否则称它**发散**.

类似地, 定义反常积分

$$\int_{-\infty}^{b} f(x)\,\mathrm{d}x = \lim_{a\to-\infty}\int_a^b f(x)\,\mathrm{d}x,$$

$$\int_{-\infty}^{+\infty} f(x)\,\mathrm{d}x = \int_{-\infty}^{c} f(x)\,\mathrm{d}x + \int_c^{+\infty} f(x)\,\mathrm{d}x,$$

其中 c 为任意实常数. 反常积分 $\int_{-\infty}^{+\infty} f(x)\,\mathrm{d}x$ 收敛的充要条件是两个反常积分 $\int_{-\infty}^{c} f(x)\,\mathrm{d}x$ 和 $\int_c^{+\infty} f(x)\,\mathrm{d}x$ 均收敛.

若 $F(x)$ 是连续函数 $f(x)$ 的原函数, 计算反常积分时, 为书写方便, 记

$$F(+\infty) = \lim_{x\to+\infty} F(x),\quad F(-\infty) = \lim_{x\to-\infty} F(x),$$

$$\int_a^{+\infty} f(x)\,\mathrm{d}x = F(x)\Big|_a^{+\infty} = F(+\infty) - F(a),$$

$$\int_{-\infty}^{b} f(x)\,\mathrm{d}x = F(x)\Big|_{-\infty}^{b} = F(b) - F(-\infty),$$

$$\int_{-\infty}^{+\infty} f(x)\,\mathrm{d}x = F(x)\Big|_{-\infty}^{+\infty} = F(+\infty) - F(-\infty),$$

这时反常积分的收敛与发散取决于 $F(+\infty)$ 和 $F(-\infty)$ 是否存在.

例 1　$$\int_0^{+\infty} \frac{\mathrm{d}x}{1+x^2} = \arctan x\Big|_0^{+\infty} = \frac{\pi}{2} - 0 = \frac{\pi}{2},$$

$$\int_{-\infty}^{0} \frac{\mathrm{d}x}{1+x^2} = \arctan x\Big|_{-\infty}^{0} = 0 - \left(-\frac{\pi}{2}\right) = \frac{\pi}{2},$$

$$\int_{-\infty}^{+\infty} \frac{\mathrm{d}x}{1+x^2} = \arctan x\Big|_{-\infty}^{+\infty} = \frac{\pi}{2} - \left(-\frac{\pi}{2}\right) = \pi.$$

这三个反常积分都收敛. 如果注意到第一个反常积分收敛和它的积分值, 以及被积函数为偶函数, 立刻就会得到后两个反常积分值.

△ **例 2**　试证反常积分

$$\int_1^{+\infty} \frac{1}{x^p}\mathrm{d}x,$$

当 $p>1$ 时收敛, 当 $p\leqslant 1$ 时发散.

证明 当 $p=1$ 时,

$$\int_1^{+\infty}\frac{1}{x^p}\mathrm{d}x=\int_1^{+\infty}\frac{1}{x}\mathrm{d}x=\ln x\Big|_1^{+\infty}=+\infty.$$

当 $p\neq 1$ 时,

$$\int_1^{+\infty}\frac{1}{x^p}\mathrm{d}x=\frac{x^{1-p}}{1-p}\Big|_1^{+\infty}=\begin{cases}+\infty, & p<1,\\ \dfrac{1}{p-1}, & p>1.\end{cases}$$

故当 $p>1$ 时, 反常积分 $\displaystyle\int_1^{+\infty}\frac{1}{x^p}\mathrm{d}x=\frac{1}{p-1}$ 收敛, 当 $p\leqslant 1$ 时, 反常积分发散.

例 3 $\displaystyle\int_0^{+\infty}x\mathrm{e}^{-x^2}\mathrm{d}x=-\frac{1}{2}\mathrm{e}^{-x^2}\Big|_0^{+\infty}=0-\left(-\frac{1}{2}\right)=\frac{1}{2}$,

$$\int_{-\infty}^{+\infty}x\mathrm{e}^{-x^2}\mathrm{d}x=-\frac{1}{2}\mathrm{e}^{-x^2}\Big|_0^{+\infty}-\frac{1}{2}\mathrm{e}^{-x^2}\Big|_{-\infty}^{0}=\frac{1}{2}-\frac{1}{2}=0.$$

例 4 判断 $\displaystyle\int_{-\infty}^{+\infty}\frac{\arctan x}{1+|x|}\mathrm{d}x$ 的敛散性.

解 当 $x\in[1,+\infty)$ 时, $\dfrac{\arctan x}{1+|x|}\geqslant\dfrac{\frac{\pi}{4}}{2x}=\dfrac{\pi}{8x}>0$, 由于 $\displaystyle\int_1^{+\infty}\frac{1}{x}\mathrm{d}x=+\infty$, 发散, 所以 $\displaystyle\int_1^{+\infty}\frac{\arctan x}{1+|x|}\mathrm{d}x$ 也发散, 从而反常积分 $\displaystyle\int_{-\infty}^{+\infty}\frac{\arctan x}{1+|x|}\mathrm{d}x$ 发散.

由于奇函数的原函数为偶函数, 所以奇函数在 $(-\infty,+\infty)$ 上的反常积分只有两种可能, 发散或者收敛到零.

6.4.2 无界函数的反常积分

定义 6.3 若 $\forall\varepsilon>0$, $f(x)$ 在 $[a+\varepsilon,b]$ 上可积, 在 a 点右邻域内 $f(x)$ 无界 (称 a 为**瑕点**), 称极限

$$\lim_{\varepsilon\to 0^+}\int_{a+\varepsilon}^{b}f(x)\,\mathrm{d}x$$

为无界函数 $f(x)$ 在 $(a,b]$ 上的**反常积分**(**或瑕积分**), 记为 $\displaystyle\int_a^b f(x)\,\mathrm{d}x$, 即

$$\int_a^b f(x)\,\mathrm{d}x=\lim_{\varepsilon\to 0^+}\int_{a+\varepsilon}^{b}f(x)\,\mathrm{d}x.$$

当这个极限存在时, 则称反常积分 $\displaystyle\int_a^b f(x)\,\mathrm{d}x$**收敛**, 否则称它**发散**.

同样, 若 $\forall\varepsilon>0$, $f(x)$ 在 $[a,b-\varepsilon]$ 上可积, 在 b 点左邻域内 $f(x)$ 无界 (称 b 为瑕点), 定义反常积分

$$\int_a^b f(x)\,\mathrm{d}x=\lim_{\varepsilon\to0^+}\int_a^{b-\varepsilon} f(x)\,\mathrm{d}x.$$

若 $\forall\varepsilon_1,\varepsilon_2>0$, $f(x)$ 在 $[a,d-\varepsilon_1]$ 和 $[d+\varepsilon_2,b]$ 上都可积, 在 d 点左、右邻域内 $f(x)$ 无界, 定义反常积分

$$\begin{aligned}\int_a^b f(x)\,\mathrm{d}x&=\int_a^d f(x)\,\mathrm{d}x+\int_d^b f(x)\,\mathrm{d}x\\&=\lim_{\varepsilon_1\to0^+}\int_a^{d-\varepsilon_1} f(x)\,\mathrm{d}x+\lim_{\varepsilon_2\to0^+}\int_{d+\varepsilon_2}^b f(x)\,\mathrm{d}x,\end{aligned}$$

这里, 只有两个反常积分 $\int_a^d f(x)\,\mathrm{d}x$ 和 $\int_d^b f(x)\,\mathrm{d}x$ 都收敛时, 反常积分 $\int_a^b f(x)\,\mathrm{d}x$ 才是收敛的.

当 $f(x)\in C[a,b)$, b 为瑕点, $F(x)$ 是 $f(x)$ 的原函数时, 计算时为方便计, 常把瑕积分写为

$$\int_a^b f(x)\,\mathrm{d}x=F(x)\Big|_a^{b^-}=F\left(b^-\right)-F(a).$$

如果 $f(x)\in C(a,b]$, a 为瑕点, 则记

$$\int_a^b f(x)\,\mathrm{d}x=F(x)\Big|_{a^+}^{b}=F(b)-F\left(a^+\right).$$

如果瑕点在积分区间内部, 通常要用瑕点将区间分开, 分别讨论各子区间上的瑕积分, 只要有一个瑕积分发散, 则整个瑕积分发散. 但如果 $f(x)$ 的原函数 $F(x)\in C[a,b]$, 则

$$\int_a^b f(x)\,\mathrm{d}x=F(x)\Big|_a^{b}=F(b)-F(a).$$

例 5　$\displaystyle\int_0^a\frac{\mathrm{d}x}{\sqrt{a^2-x^2}}=\arcsin\frac{x}{a}\Big|_0^{a^-}=\frac{\pi}{2}.$

△ **例 6**　试证积分 $\displaystyle\int_0^1\frac{1}{x^q}\mathrm{d}x$ 当 $q<1$ 时收敛, 当 $q\geqslant1$ 时发散.

证明　当 $q=1$ 时,

$$\int_0^1\frac{1}{x^q}\mathrm{d}x=\int_0^1\frac{1}{x}\mathrm{d}x=\ln x\Big|_{0^+}^1=+\infty.$$

当 $q \neq 1$ 时,

$$\int_0^1 \frac{1}{x^q}\mathrm{d}x = \frac{1}{1-q}x^{1-q}\Big|_{0+}^1 = \begin{cases} \dfrac{1}{1-q}, & q<1, \\ +\infty, & q>1. \end{cases}$$

故当 $q<1$ 时, 反常积分 $\displaystyle\int_0^1 \frac{1}{x^q}\mathrm{d}x$ 收敛, 当 $q \geqslant 1$ 时发散.

例 7 判定 $\displaystyle\int_{-1}^1 \frac{1}{x}\mathrm{d}x$ 的敛散性.

解 由于 $\displaystyle\int_0^1 \frac{1}{x}\mathrm{d}x$ 发散, 所以 $\displaystyle\int_{-1}^1 \frac{1}{x}\mathrm{d}x$ 发散.

如果误认为 $\displaystyle\int_{-1}^1 \frac{1}{x}\mathrm{d}x$ 是定积分, 则 $\displaystyle\int_{-1}^1 \frac{1}{x}\mathrm{d}x = 0$, 或认为

$$\int_{-1}^1 \frac{1}{x}\mathrm{d}x = \lim_{\varepsilon\to 0+}\left(\int_{-1}^{-\varepsilon} \frac{1}{x}\mathrm{d}x + \int_{\varepsilon}^1 \frac{1}{x}\mathrm{d}x\right) = 0,$$

得到的结果都是错误的!

有时, 计算反常积分也可以使用换元积分法和分部积分法.

例 8 $\displaystyle\int_1^{+\infty} \frac{1}{x\sqrt{x^2-1}}\mathrm{d}x \xlongequal{x=\sec t} \int_0^{\frac{\pi}{2}} \frac{1}{\sec t\tan t}\sec t\tan t\mathrm{d}t = \frac{\pi}{2}.$

例 9
$$\begin{aligned}\int_0^{+\infty} x\mathrm{e}^{-x}\mathrm{d}x &= x\left(-\mathrm{e}^{-x}\right)\Big|_0^{+\infty} - \int_0^{+\infty} -\mathrm{e}^{-x}\mathrm{d}x \\ &= 0 - \mathrm{e}^{-x}\Big|_0^{+\infty} = 1.\end{aligned}$$

习 题 6.4

1. 讨论下列反常积分的敛散性, 若收敛, 求其值.

(1) $\displaystyle\int_1^{+\infty} \frac{1}{x^3}\mathrm{d}x$; (2) $\displaystyle\int_{-\infty}^{+\infty} \frac{\mathrm{d}x}{x^2+2x+2}$;

(3) $\displaystyle\int_0^{+\infty} \mathrm{e}^{-2x}\cos x\mathrm{d}x$; (4) $\displaystyle\int_{-2}^{2} \frac{\mathrm{d}x}{x^2-1}$;

(5) $\displaystyle\int_1^{+\infty} \frac{\ln(1+x^2)}{x^2}\mathrm{d}x$; (6) $\displaystyle\int_1^{\mathrm{e}} \frac{\mathrm{d}x}{x\sqrt{1-\ln^2 x}}$;

(7) $\displaystyle\int_2^{6} \frac{\mathrm{d}x}{\sqrt[3]{(4-x)^2}}$; (8) $\displaystyle\int_0^{2} \frac{\mathrm{d}x}{x\ln x}$;

(9) $\int_3^{+\infty} \frac{\mathrm{d}x}{(x-1)^4\sqrt{x^2-2x}}$; (10) $\int_{\mathrm{e}}^{+\infty} \frac{\mathrm{d}x}{x\ln^k x}$.

2. 试证:

(1) $\int_0^1 \ln^n x\mathrm{d}x = (-1)^n n!(n \in \mathbf{N}_+)$;

(2) $\int_0^{+\infty} \mathrm{e}^{-x}x^m\mathrm{d}x = m!(m \in \mathbf{N}_+)$.

3. 设 $f(x) \geqslant g(x) > 0$, 当 $x \in [a, +\infty)$ 时, 猜想两个反常积分 $\int_a^{+\infty} f(x)\mathrm{d}x$ 和 $\int_a^{+\infty} g(x)\mathrm{d}x$ 在敛散性方面是否有某种必然联系, 证明你的猜想, 并讨论下列反常积分的敛散性.

(1) $\int_1^{+\infty} \frac{\sin^2 x + \sqrt{x}}{x^2+x+2}\mathrm{d}x$; (2) $\int_1^{+\infty} \frac{4}{x^{\frac{1}{2}} + x^{\frac{2}{3}} + x^{\frac{3}{4}} + x^{\frac{4}{5}}}\mathrm{d}x$;

(3) $\int_{-\infty}^{+\infty} \frac{\arctan x}{x}\mathrm{d}x$.

4. 已知当 $x \geqslant 0$ 时, 函数 $f(x)$ 满足 $f'(x) = \frac{1}{x^2 + f^2(x)}$, 且 $f(0) = a > 0$, 试证: $\lim\limits_{x\to+\infty} f(x)$ 存在, 且小于 $a + \frac{\pi}{2a}$.

6.5 定积分的应用

定积分有着广泛的用途, 本节仅介绍它在几何和物理方面的简单应用, 培养我们用数学知识分析和解决问题的能力, 为此, 先介绍建立定积分的一种实用的简单方法——微元法.

由定积分的定义知, 求分布在区间 $[a, b]$ 上的某一量的总量 S, 如果这个量具有 "可加性"; 而且当量的分布均匀时, 总量 S 就等于分布密度乘以区间 $[a, b]$ 的度量, 那么当分布非均匀时, 就得用分布密度函数在 $[a, b]$ 上的定积分来计算.

按定义建立定积分有四个步骤: "分割、作积、求和、取极限", 得到

$$S = \int_a^b f(x)\mathrm{d}x = \lim_{\lambda\to\infty} \sum_{i=1}^n f(\xi_i)\Delta x_i.$$

由于有了牛顿–莱布尼茨公式, 定积分的运算问题基本上得到了解决, 对应用问题来说关键就在于如何写出被积表达式, 由于被积表达式 $f(x)\mathrm{d}x$ 就是变上限积分函数 $S(x) = \int_a^x f(x)\mathrm{d}x$ 的微分, 也就是 $S(x)$ 在小区间 $[x, x + \mathrm{d}x]$ 上的增量 ΔS 的线性主部, 就是被积表达式, 习惯上把它称为总量的微元, 微元在区间 $[a, b]$ 上的

积累就是所求的总量 S. 这种建立定积分的方法叫做**微元法**, 微元法的关键是找出所求总量的微元.

6.5.1 定积分在几何上的应用

1. 平面图形的面积

我们知道, 由曲线 $y=f(x)\,(f(x)>0)$, 直线 $x=a, x=b$ 和 $y=0$ 围成的曲边梯形的面积为

$$S=\int_a^b f(x)\mathrm{d}x.$$

由一般曲线围成的区域面积, 也可以用定积分来计算.

设在区间 $[a,b]$ 上, 曲线 $y=y_2(x)$ 位于曲线 $y=y_1(x)$ 的上方, 即有 $y_2(x)>y_1(x)$, 求这两条曲线及直线 $x=a, x=b$ 所围成图形 (称为 x-型区域) 的面积 S (图 6.4).

在 $[a,b]$ 上任取一个小区间 $[x,x+\mathrm{d}x]$, 它所对应的面积微元为

$$\mathrm{d}S=[y_2(x)-y_1(x)]\,\mathrm{d}x,$$

从 a 到 b 积分就得到所求的面积

$$S=\int_a^b [y_2(x)-y_1(x)]\,\mathrm{d}x. \tag{1}$$

同样地, 由曲线 $x=x_1(y), x=x_2(y)(x_2(y)\geqslant x_1(y))$ 和直线 $y=c, y=d$ 围成图形 (称为 y-型区域) 的面积 (图 6.5).

$$S=\int_c^d [x_2(y)-x_1(y)]\,\mathrm{d}y. \tag{2}$$

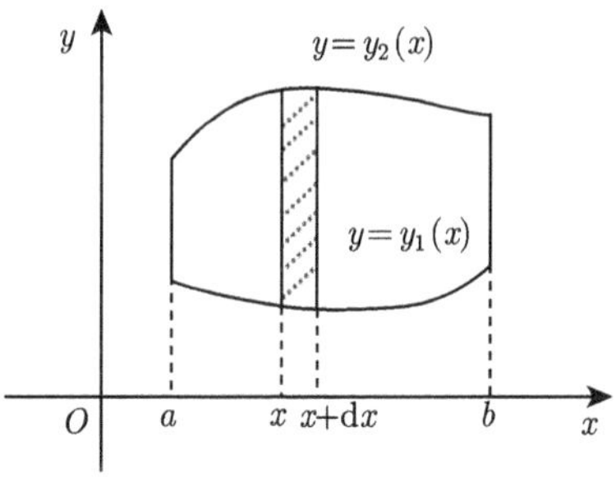

图 6.4

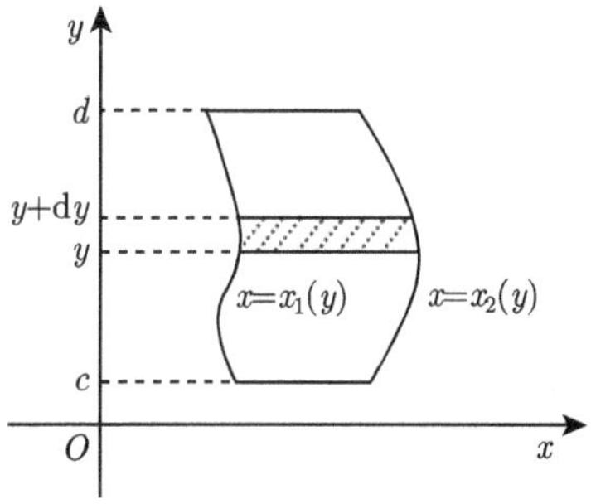

图 6.5

一般情况下, 由曲线围成的图形, 总可以分成若干块 x-型或 y-型区域, 如图 6.6 所示, 只要分别算出每块的面积再相加即可.

例 1　求曲线 $y^2=x$ 与曲线 $y=x^2$ 围成图形的面积.

解　方法一　如图 6.7, 取 x 为积分变量, 即用公式 (1), 为确定积分区间, 先求图形在 x 轴方向上的定点, 解联立方程

$$\begin{cases} y^2=x, \\ y=x^2 \end{cases}$$

得交点 $O(0,0), A(1,1)$, 所以图形夹在直线 $x=0$ 和 $x=1$ 之间, 即积分区间是 $[0,1]$, 面积微元是

$$\mathrm{d}S=(\sqrt{x}-x^2)\mathrm{d}x,$$

故所求面积

$$S=\int_0^1(\sqrt{x}-x^2)\mathrm{d}x=\left(\frac{2}{3}x^{\frac{3}{2}}-\frac{1}{3}x^3\right)\Big|_0^1=\frac{1}{3}.$$

方法二　若选 y 为积分变量, 图形夹在直线 $y=0$ 和 $y=1$ 之间, 即积分区间是 $[0,1]$, 面积微元是

$$\mathrm{d}S=(\sqrt{y}-y^2)\mathrm{d}y,$$

故所求面积

$$S=\int_0^1(\sqrt{y}-y^2)\mathrm{d}y=\left(\frac{2}{3}y^{\frac{3}{2}}-\frac{1}{3}y^3\right)\Big|_0^1=\frac{1}{3}.$$

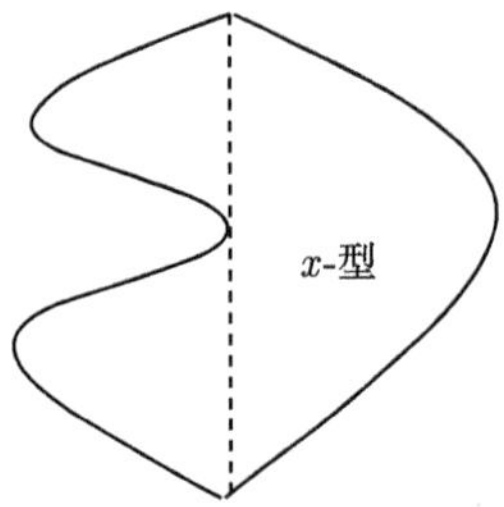

图 6.6

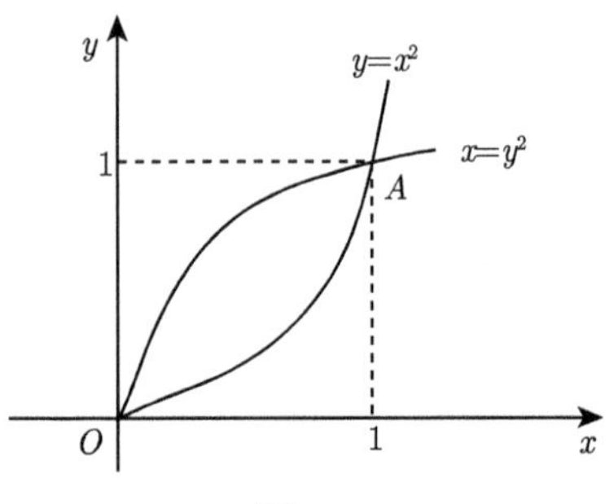

图 6.7

本题选取 x 或 y 为积分变量均可, 难易程度一样.

例 2　求双曲线 $xy=1$, 直线 $y=x$ 与 $y=2$ 围成图形的面积.

解　方法一　图 6.8, 取 x 为积分变量, 区间 $\left[\frac{1}{2},1\right]$ 上的面积微元是

$$\mathrm{d}S=\left(2-\frac{1}{x}\right)\mathrm{d}x,$$

区间 $[1,2]$ 上的面积微元是

$$\mathrm{d}S=(2-x)\mathrm{d}x,$$

故所求面积

$$S=\int_{\frac{1}{2}}^{1}\left(2-\frac{1}{x}\right)\mathrm{d}x+\int_{1}^{2}(2-x)\mathrm{d}x=(2x-\ln|x|)\Big|_{\frac{1}{2}}^{1}+\left(2x-\frac{1}{2}x^2\right)\Big|_{1}^{2}=\frac{3}{2}-\ln 2.$$

方法二 若选 y 为积分变量, 积分区间是 $[1,2]$, 面积微元是

$$\mathrm{d}S=\left(y-\frac{1}{y}\right)\mathrm{d}y,$$

故所求面积

$$S=\int_{1}^{2}\left(y-\frac{1}{y}\right)\mathrm{d}y=\left(\frac{1}{2}y^2-\ln|y|\right)\Big|_{1}^{2}=\frac{3}{2}-\ln 2.$$

本题选取 x 或 y 为积分变量均可, 但难易程度不同; 因此利用定积分解决实际问题时, 如何选取积分变量十分重要.

例 3 求抛物线 $y=x^2-1$ 与 x 轴及直线 $x=2$ 围成的有界域的面积.

解 由图 6.9 所示所围图形有两块,

$$\begin{aligned}S&=\int_{-1}^{1}\left[0-\left(x^2-1\right)\right]\mathrm{d}x+\int_{1}^{2}\left[\left(x^2-1\right)-0\right]\mathrm{d}x\\&=\left(x-\frac{x^3}{3}\right)\Big|_{-1}^{1}+\left(\frac{x^3}{3}-x\right)\Big|_{1}^{2}=\frac{8}{3}.\end{aligned}$$

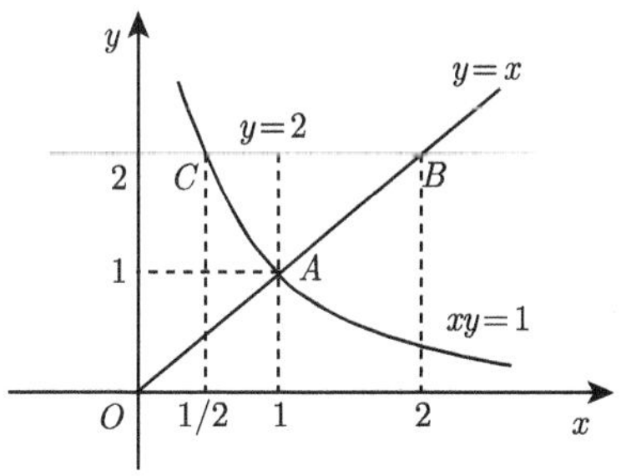

图 6.8

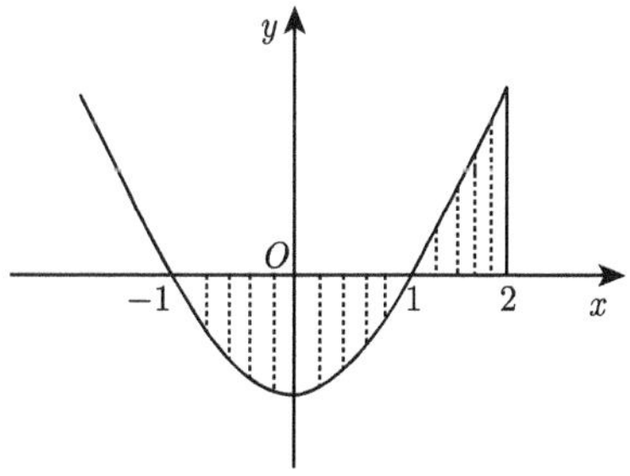

图 6.9

例 4 求长半轴为 a, 短半轴为 b 的椭圆的面积.

解 椭圆的标准方程为

$$\frac{x^2}{a^2}+\frac{y^2}{b^2}=1,$$

其图形关于两个坐标轴对称, 所以只需计算第一象限中图形的面积 S_1(图 6.10), 然后四倍之后就得到总面积

$$S = 4S_1 = 4\int_0^a y\mathrm{d}x.$$

由于上半椭圆的方程是 $y = b\sqrt{1-\left(\dfrac{x}{a}\right)^2}$, 于是

$$S = 4\int_0^a b\sqrt{1-\left(\frac{x}{a}\right)^2}\mathrm{d}x.$$

令 $x = a\cos t$, 则 $y = b\sin t$. 当 $x = 0$ 时, $t = \dfrac{\pi}{2}$, 当 $x = a$ 时, $t = 0$. $\mathrm{d}x = -a\sin t\mathrm{d}t$, 故

$$S = 4\int_{\frac{\pi}{2}}^0 b\sin t\mathrm{d}\left(a\cos t\right) = 4ab\int_0^{\frac{\pi}{2}}\sin^2 t\mathrm{d}t = 4ab\cdot\frac{1}{2}\cdot\frac{\pi}{2} = \pi ab.$$

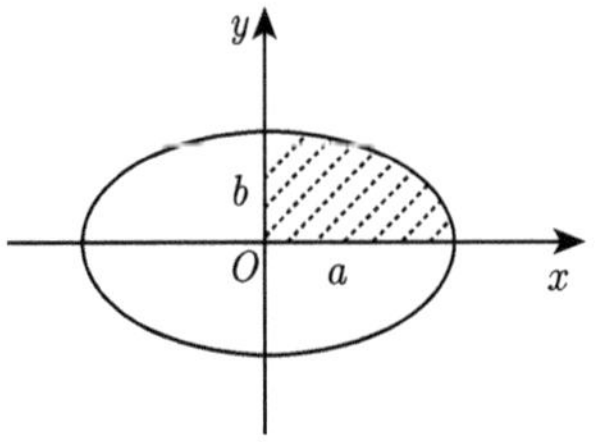

图 6.10

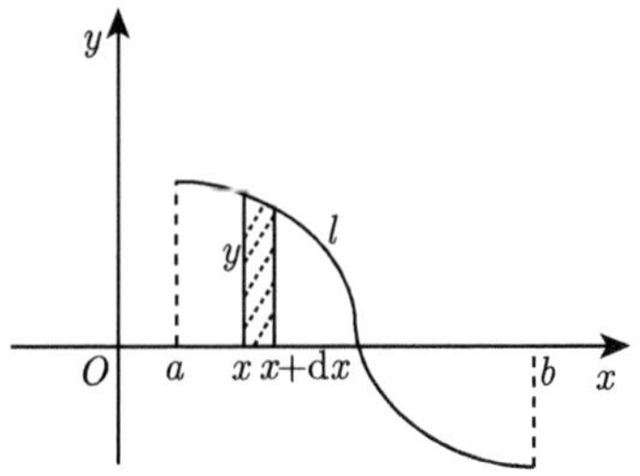

图 6.11

当 $a = b(= r)$ 时, 椭圆变成了圆, 其面积就是 πr^2.

如果在 $[a, b]$ 上, 曲边梯形的曲边由参数方程

$$l: x = x\left(t\right), \quad y = y\left(t\right)$$

给出 (图 6.11), $y\left(t\right) \in C\left[t_1, t_2\right], x\left(t\right) \in C^1\left[t_1, t_2\right]$, 且 $x\left(t_1\right) = a, x\left(t_2\right) = b$, 则曲边梯形的面积

$$S = \int_{t_1}^{t_2}\left|y\left(t\right)\right| x'\left(t\right)\mathrm{d}t, \tag{3}$$

其中 t_1 和 t_2 是曲边的起点和终点对应的参数值.

例 5　求摆线 $x = a(t-\sin t), y = a(1-\cos t)$ 的一拱与 x 轴围成的图形的面积 (图 6.12).

解　由公式 (3), 所求面积为

$$S = \int_0^{2a\pi}|y|\mathrm{d}x = \int_0^{2\pi}|a(1-\cos t)|\mathrm{d}(a(t-\sin t))$$

$$= \int_0^{2\pi} a^2(1-\cos t)^2 \mathrm{d}t = 3a^2\pi.$$

若图形由极坐标方程 $r = r_1(\theta), r = r_2(\theta)\,(r_1 \leqslant r_2)$ 给出的两条平面曲线和射线 $\theta = \alpha, \theta = \beta\,(\alpha < \beta)$ 所围成, 如何求其面积 S(图 6.13).

因为图形在极角区间 $[\alpha, \beta]$ 上, 从中任取一个小的极角区间 $[\theta, \theta + \mathrm{d}\theta]$, 对应的面积微元

$$\mathrm{d}S = \frac{1}{2}\left[r_2^2(\theta) - r_1^2(\theta)\right]\mathrm{d}\theta,$$

从而所求的面积

$$S = \frac{1}{2}\int_\alpha^\beta \left[r_2^2(\theta) - r_1^2(\theta)\right]\mathrm{d}\theta. \tag{4}$$

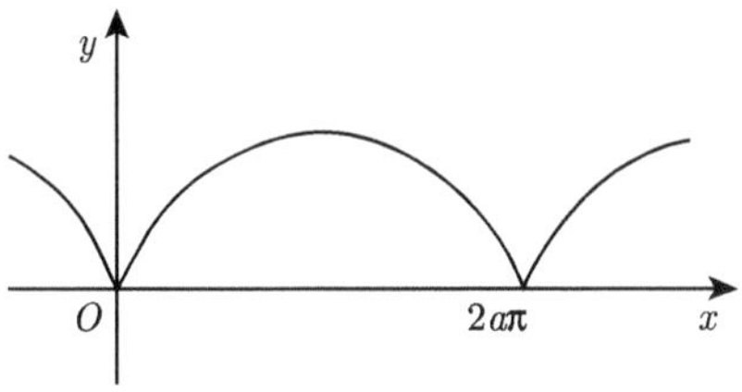

图 6.12

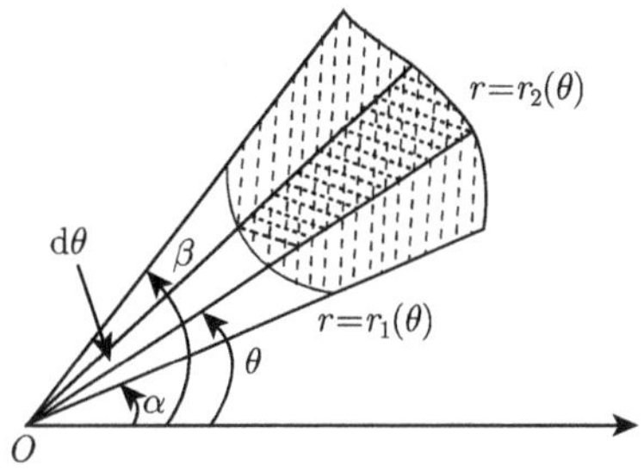

图 6.13

例 6 求对数螺线段

$$r = a\mathrm{e}^{b\theta}, \quad 0 \leqslant \theta \leqslant \pi\ (a, b\text{为正常数})$$

与 x 轴围成的图形的面积 (图 6.14).

解 由公式 (4)

$$S = \frac{1}{2}\int_0^\pi a^2\mathrm{e}^{2b\theta}\mathrm{d}\theta = \frac{a^2}{4b}\mathrm{e}^{2b\theta}\Big|_0^\pi = \frac{a^2}{4b}\left(\mathrm{e}^{2b\pi} - 1\right).$$

用定积分计算图形面积时, 首先应画出图形, 然后选取积分变量, 确定积分区间, 最后写出面积微元, 进行积分.

例 7 设 $a > 1$, 当 $x \in [a, b]$ 时, 有

$$kx + q \geqslant \ln x.$$

问 k 与 q 取何值时值. 积分

$$J = \int_a^b (kx + q - \ln x)\,\mathrm{d}x$$

的值最小.

解　J 表示图 6.15 中阴影区域的面积. 要 J 最小, 首先对固定的 k, 应取 q 使直线 $y=kx+q$ 与曲线 $y=\ln x$ 相切. 由于

$$y'=(\ln x)'=\frac{1}{x}=k\quad\left(\frac{1}{b}\leqslant k\leqslant\frac{1}{a}\right),$$

所以切点是 $\left(\frac{1}{k},-\ln k\right)$, 代入切线方程知 $q=-1-\ln k$. 从而切线方程为

$$y=kx-1-\ln k.$$

此时,

$$\begin{aligned}J(k)&=\int_a^b(kx-1-\ln k-\ln x)\mathrm{d}x\\&=k\frac{b^2-a^2}{2}-(b-a)\ln k-\int_a^b(1+\ln x)\mathrm{d}x,\\J'(k)&=\frac{b^2-a^2}{2}-\frac{b-a}{k}.\end{aligned}$$

令 $J'(k)=0$, 得到唯一极值嫌疑点

$$k=\frac{2}{a+b}.$$

因这个问题最小值是存在的, 故当

$$k=\frac{2}{a+b},\quad q=\ln\frac{a+b}{2}-1$$

时, J 取最小值.

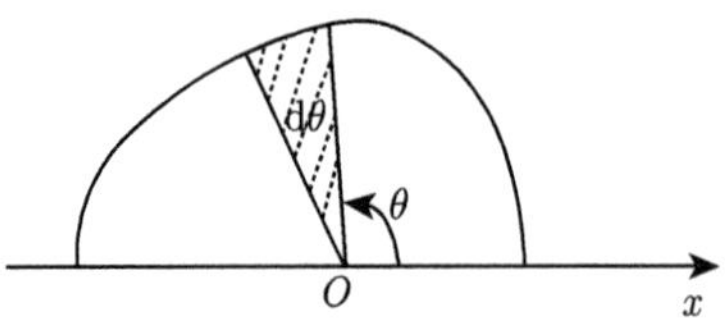

图 6.14

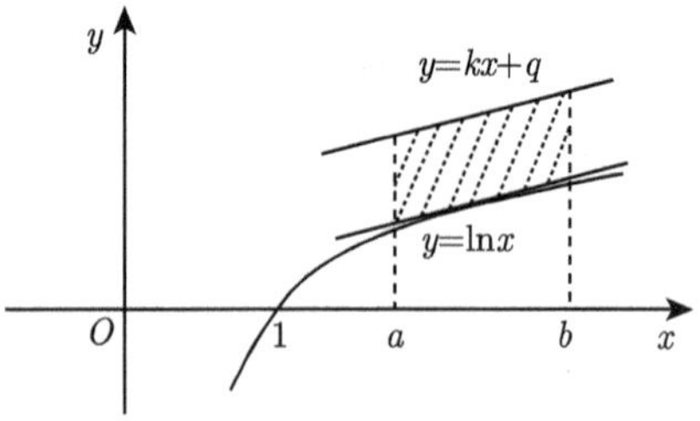

图 6.15

2. 立体体积

(1) 已知平行截面面积的立体的体积.

设有一立体, 我们选取适当的直线作 x 轴 (图 6.16), 若用垂直于 x 轴的平面族截该立体, 截面面积为一已知函数 $S(x)$, 又知立体位于平面 $x=a$ 和 $x=b$ 之间, 求它的体积 V.

任取一小区间 $[x,x+\mathrm{d}x]\subset[a,b]$, 相应的立体是一个厚度为 $\mathrm{d}x$ 的薄片, 其体积近似等于以 $S(x)$ 为底 $\mathrm{d}x$ 为高的柱体体积, 即体积微元是

$$\mathrm{d}V=S(x)\,\mathrm{d}x,$$

从 a 到 b 积分, 便得到体积公式

$$V=\int_a^b S(x)\mathrm{d}x. \tag{5}$$

例 8 设有一正劈锥体 (图 6.17), 其底是以 a 为半径的圆, 高为 h, 顶刃宽等于底圆直径, 求它的体积.

解 设顶刃在底圆上的正投影在 x 轴上, 底圆的圆心为坐标原点. 过点 x 作垂直于坐标轴的平面, 截正劈锥体, 截面为等腰三角形 ΔABC, 高为 h, 底边

$$AB=2\sqrt{a^2-x^2},$$

故 ΔABC 的面积

$$S(x)=\frac{1}{2}h\cdot AB=h\sqrt{a^2-x^2}.$$

于是由公式 (5) 得正劈锥体体积

$$\begin{aligned}V&=\int_{-a}^{a}h\sqrt{a^2-x^2}\mathrm{d}x=2h\int_0^a\sqrt{a^2-x^2}\mathrm{d}x\\&=2h\frac{\pi a^2}{4}=\frac{1}{2}\pi a^2h.\end{aligned}$$

可见, 这个体积正是同底等高圆柱体体积的一半.

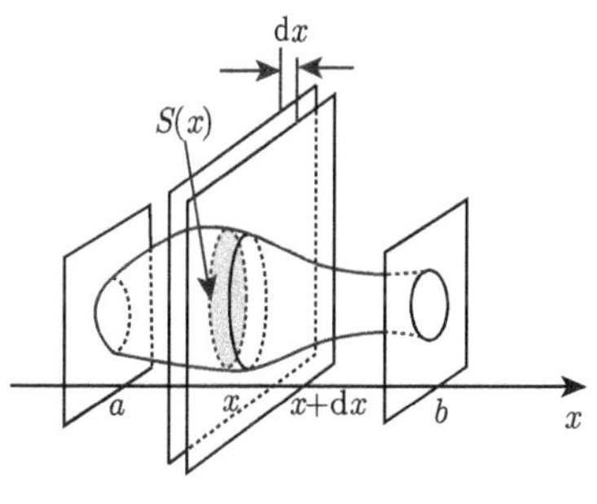

图 6.16

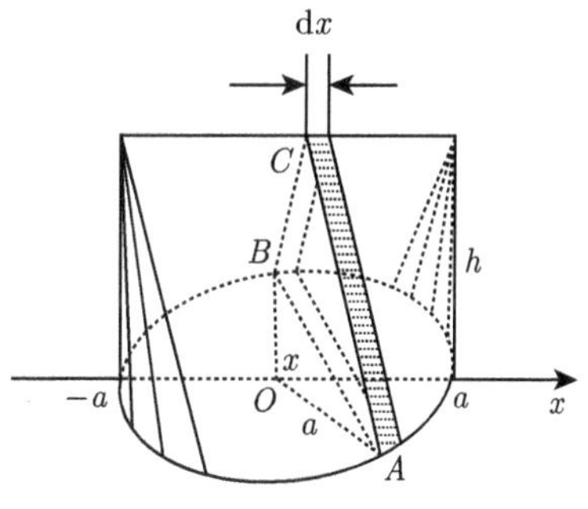

图 6.17

(2) 旋转体体积.

设有一连续曲线 $y=f(x)$ 与直线 $x=a, x=b$ 以及 x 轴围成的平面图形, 绕 x 轴旋转一周形成一旋转体 (图 6.18), 由于垂直 x 轴 (旋转轴) 的截面都是圆, 因此在 x 处截面面积为

$$S(x)=\pi y^2=\pi f^2(x),$$

根据公式 (5) 得旋转体体积公式

$$V=\pi\int_a^b f^2(x)\,\mathrm{d}x. \tag{6}$$

例 9　求由曲线 $y=x^2$ 与 $x=y^2$ 所围区域绕 x 轴旋转一周得到的旋转体的体积 (图 6.19).

解　由公式 (6), 有

$$\begin{aligned}V=&\pi\int_0^1[(\sqrt{x})^2-(x^2)^2]\mathrm{d}x\\=&\pi\int_0^1(x-x^4)\mathrm{d}x=\pi\left(\frac{1}{2}x^2-\frac{1}{5}x^5\right)\Big|_0^1=\frac{3}{10}\pi.\end{aligned}$$

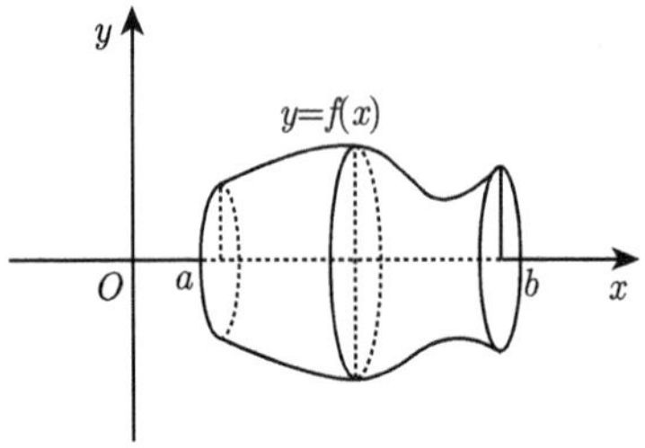

图 6.18

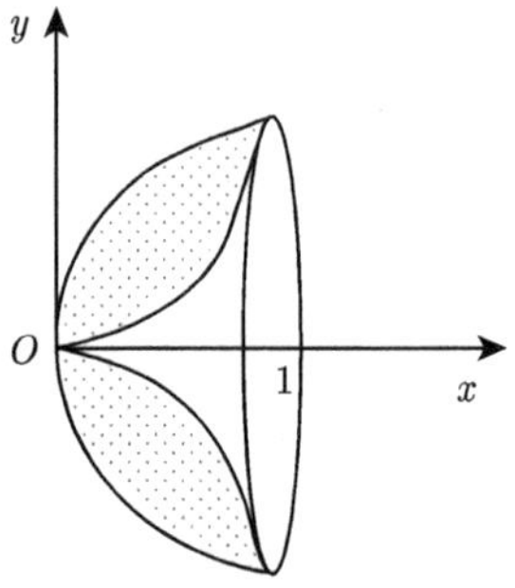

图 6.19

例 10　求圆 $x^2+(y-R)^2=r^2\,(R\geqslant r)$ 绕 x 轴旋转一周所得圆环体的体积.

解　所求的圆环体体积可以看作是上半圆下的曲边梯形和下半圆下的曲边梯形各绕 x 轴旋转一周, 得到的两个旋转体体积之差 (图 6.20), 故

$$\begin{aligned}V&=\pi\int_{-r}^{r}\left(R+\sqrt{r^2-x^2}\right)^2\mathrm{d}x-\pi\int_{-r}^{r}\left(R-\sqrt{r^2-x^2}\right)^2\mathrm{d}x\\&=4\pi R\int_{-r}^{r}\sqrt{r^2-x^2}\mathrm{d}x=8\pi R\frac{\pi r^2}{4}=2\pi^2Rr^2.\end{aligned}$$

圆 $x^2+(y-R)^2=r^2\,(0<R<r)$ 绕 x 轴旋转一周所得旋转体的体积如何求? 请读者自己给出.

连续曲线 $y=f(x)\geqslant 0$ 与直线 $x=a\geqslant 0, x=b$ 以及 x 轴围成的平面图形, 绕 y 轴旋转一周形成一旋转体 (图 6.21), 则有旋转体体积公式为

$$V=2\pi\int_a^b xf(x)\mathrm{d}x, \tag{7}$$

请读者自己推导.

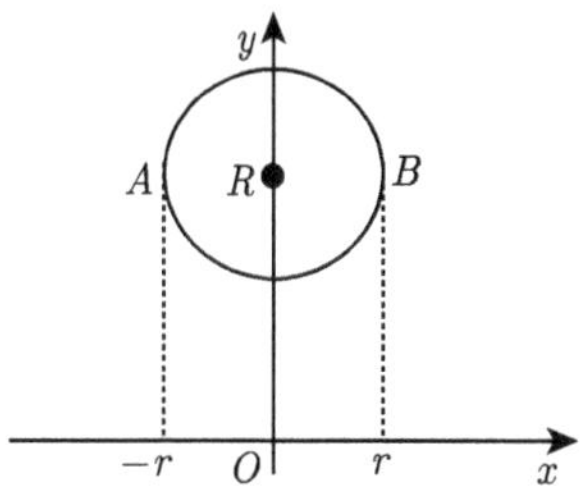

图 6.20

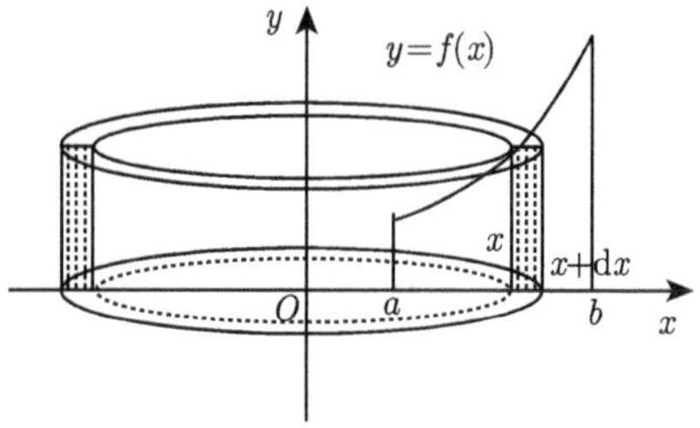

图 6.21

用微元法不难推出这个旋转体的侧面积 (曲线 $y=f(x)$ 的旋转面面积) 公式

$$S=2\pi\int_a^b |f(x)|\sqrt{1+[f'(x)]^2}\mathrm{d}x. \tag{8}$$

例 11 有一自动注水容器, 其内壁是由曲线 $y=\arcsin x\,(0\leqslant x\leqslant 1)$ 绕 y 轴旋转一周形成的, 现向内注水, 注水速度 $\dfrac{\pi}{2}-y$, 其中 y 是容器内液面高度, 求液面升到容器高度的一半时液面上升的速度.

解 当液面高为 y 时, 容器内液体体积 (图 6.22)

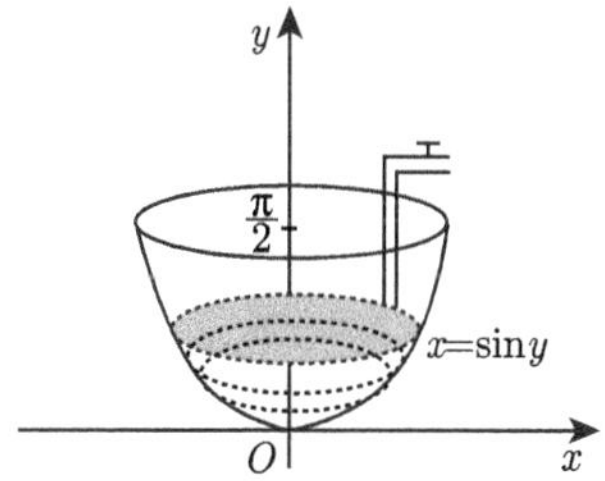

图 6.22

$$V=\pi\int_0^y \sin^2 u\mathrm{d}u,$$

由于

$$\frac{\mathrm{d}V}{\mathrm{d}t}=\frac{\mathrm{d}V}{\mathrm{d}y}\frac{\mathrm{d}y}{\mathrm{d}t}=\pi\sin^2 y\frac{\mathrm{d}y}{\mathrm{d}t},$$

从而

$$\frac{\pi}{2}-y=\pi\sin^2 y\frac{\mathrm{d}y}{\mathrm{d}t},$$

由于容器高度为 $\frac{\pi}{2}$, 故所求的速度为

$$\left.\frac{\mathrm{d}y}{\mathrm{d}t}\right|_{y=\frac{\pi}{4}}=\left.\frac{\frac{\pi}{2}-y}{\pi\sin^2 y}\right|_{y=\frac{\pi}{4}}=\frac{1}{2}.$$

3. **曲线的弧长**

(1) 设曲线 l 的方程为

$$y=f(x),\quad a\leqslant x\leqslant b,$$

$f(x)$ 在区间 $[a,b]$ 上连续可微 (即有连续的导数), 确定 l 的弧长 s.

用分点 (图 6.23): $a=x_1<x_2<\cdots<x_i<x_{i+1}<\cdots<x_{n+1}=b$ 分割区间 $[a,b]$, 记 $\Delta x_i=x_{i+1}-x_i$. 在每个小区间 $[x_i,x_{i+1}]$ 上, 用点 $M_i(x_i,f(x_i))$, $M_{i+1}(x_{i+1},f(x_{i+1}))$ 间的直线段 M_iM_{i+1} 的长度近似代替弧 $\widehat{M_iM}_{i+1}$ 的长度 Δs_i:

$$\Delta s_i\approx\sqrt{\Delta x_i^2+\Delta y_i^2}.$$

由拉格朗日中值公式

$$\Delta y_i=f(x_{i+1})-f(x_i)=f'(\xi_i)\Delta x_i,\quad x_i<\xi_i<x_{i+1},$$

所以

$$\Delta s_i\approx\sqrt{1+f'^2(\xi_i)}\Delta x_i.$$

因此, 由定积分定义知曲线 l 的弧长

$$s=\int_a^b\sqrt{1+f'^2(x)}\mathrm{d}x. \tag{9}$$

若以 $A(a,f(a))$ 为计算弧长的起点, 到曲线 l 上任一点 $M(x,f(x))$ 的弧长 $s(x)=\int_a^x\sqrt{1+f'^2(x)}\mathrm{d}x$ 是 x 的函数, 于是有弧微分公式 (与 4.6 节推导结果一致)

$$\mathrm{d}s=\sqrt{1+f'^2(x)}\mathrm{d}x. \tag{10}$$

值得注意的是, 弦长 $|MM_1|$ 不是 Δx 的线性函数, 所以弦长不是弧长的微分, 切线段 MN 的长度才是弧微分 (图 6.24).

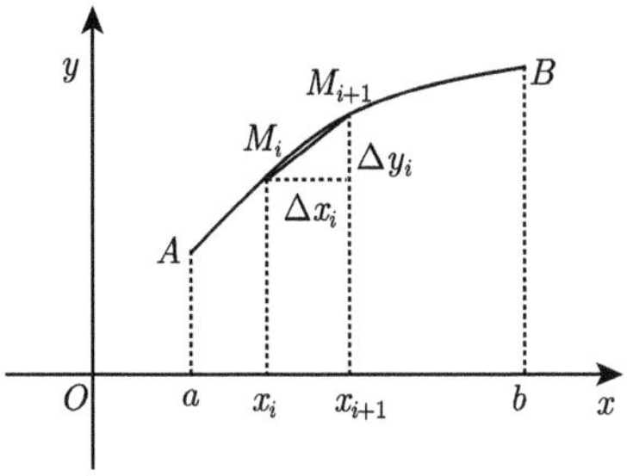

图 6.23

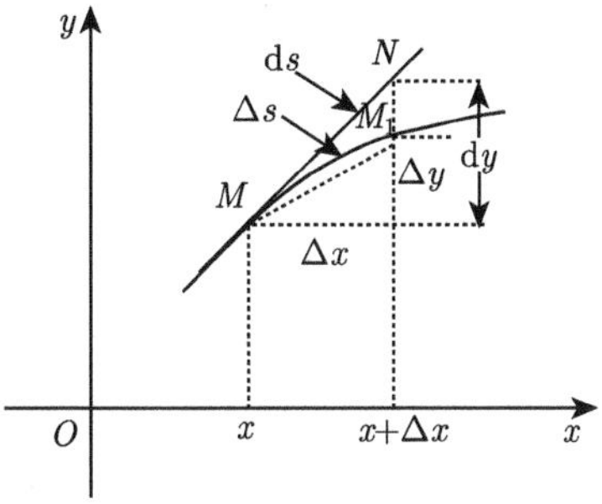

图 6.24

例 12 求悬链线 $y=\dfrac{a}{2}(\mathrm{e}^{\frac{x}{a}}+\mathrm{e}^{-\frac{x}{a}})(a>0)$ 的顶点 $A(0,a)$ 到其上另一点 $M(x,y)$ 的弧长 $\left|\overset{\frown}{AM}\right|$(图 6.25).

解 由于 $y'=\dfrac{1}{2}(\mathrm{e}^{\frac{x}{a}}-\mathrm{e}^{-\frac{x}{a}})$, 故

$$\sqrt{1+y'^2}=\frac{1}{2}(\mathrm{e}^{\frac{x}{a}}+\mathrm{e}^{-\frac{x}{a}}),$$

代入公式 (9) 得

$$\left|\overset{\frown}{AM}\right|=\int_0^x\frac{1}{2}(\mathrm{e}^{\frac{t}{a}}+\mathrm{e}^{-\frac{t}{a}})\mathrm{d}t=\frac{a}{2}(\mathrm{e}^{\frac{x}{a}}-\mathrm{e}^{-\frac{x}{a}}).$$

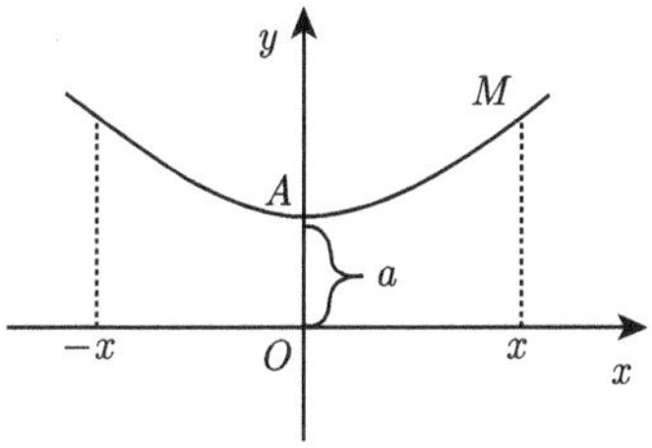

图 6.25

(2) 当曲线 l 由参数方程

$$x=x(t),\quad y=y(t),\quad t_1\leqslant t\leqslant t_2$$

给出时, 设 $x(t), y(t)$ 有连续的导数, 由于 $\mathrm{d}x=x'(t)\mathrm{d}t, \mathrm{d}y=y'(t)\mathrm{d}t$, 代入公式 (10) 得弧微分公式

$$\mathrm{d}s=\sqrt{x'^2(t)+y'^2(t)}\mathrm{d}t$$

及弧长公式

$$s=\int_{t_1}^{t_2}\sqrt{x'^2(t)+y'^2(t)}\mathrm{d}t. \tag{11}$$

例 13 求摆线 $x=a(t-\sin t), y=a(1-\cos t)$ 的一拱之长 (图 6.26).

解 因旋轮滚动一周, 即 t 从 0 变到 2π, 旋轮轮周上定点走过的曲线段就是摆线的一拱, 又 $x'_t=a(1-\cos t), y'_t=a\sin t$, 故

$$\sqrt{x'^2_t+y'^2_t}=\sqrt{a^2(1-\cos t)^2+a^2\sin^2 t}=2a\sin\frac{t}{2},\quad 0\leqslant t\leqslant 2\pi,$$

从而, 摆线一拱长为

$$s=\int_0^{2\pi}2a\sin\frac{t}{2}\mathrm{d}t=-4a\cos\frac{t}{2}\bigg|_0^{2\pi}=8a.$$

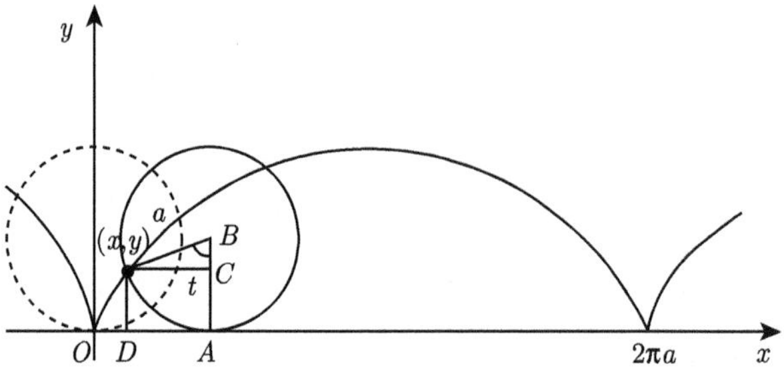

图 6.26

(3) 当曲线 l 是由极坐标方程 $r=r(\theta)$, $\alpha\leqslant\theta\leqslant\beta$ 给出时, 设 $r(\theta)$ 有连续的导数, 则关系式

$$x=r\cos\theta,\quad y=r\sin\theta$$

可以看作是曲线的参数方程, 极角 θ 为参数.

因为

$$x'_\theta=r'\cos\theta-r\sin\theta,\quad y'_\theta=r'\sin\theta+r\cos\theta,$$

所以在极坐标下, 曲线的弧微分公式为

$$\mathrm{d}s=\sqrt{r^2+r'^2}\mathrm{d}\theta,$$

弧长公式为

$$s=\int_\alpha^\beta\sqrt{r^2+r'^2}\mathrm{d}\theta.\tag{12}$$

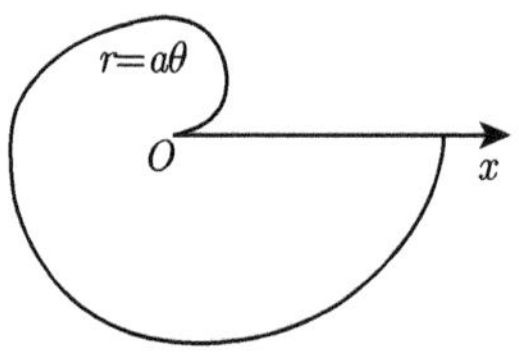

图 6.27

例 14　求阿基米德螺线 $r=a\theta(a>0,0\leqslant\theta\leqslant2\pi)$ 的长度 (图 6.27).

解　$\sqrt{r^2+r'^2}=\sqrt{(a\theta)^2+a^2}=a\sqrt{\theta^2+1}$,

代入公式 (12) 得螺线长为

$$s=\int_0^{2\pi}a\sqrt{\theta^2+1}\mathrm{d}\theta$$

$$=\frac{a}{2}[\theta\sqrt{\theta^2+1}+\ln(\theta+\sqrt{\theta^2+1})]\Big|_0^{2\pi}$$
$$=\frac{a}{2}[2\pi\sqrt{4\pi^2+1}+\ln(2\pi+\sqrt{4\pi^2+1})].$$

4. **平均值**

求某一区间上连续函数量的平均值, 例如, 求曲边梯形的平均高度、变速运动的平均速度等, 在数学上就是求一个连续函数 $y=f(x)$ 在区间 $[a,b]$ 上平均值问题.

积分中值定理已指出这个平均值就是

$$\overline{y}=\frac{1}{b-a}\int_a^b f(x)\,\mathrm{d}x.$$

用定积分定义也容易推出这一结果, 事实上, 将 $[a,b]$ 等分为 n 个小区间, 小区间长 $\Delta x=\frac{b-a}{n}$, 则有

$$\int_a^b f(x)\,\mathrm{d}x=\lim_{n\to\infty}\sum_{i=1}^n f(\xi_i)\Delta x=(b-a)\lim_{n\to\infty}\frac{\sum\limits_{i=1}^n f(\xi_i)}{n},$$

从而

$$\frac{1}{b-a}\int_a^b f(x)\,\mathrm{d}x=\lim_{n\to\infty}\frac{\sum\limits_{i=1}^n f(\xi_i)}{n}.$$

例 15 已知自由落体降落速度 $v=gt$, 求在时间区间 $[0,T]$ 上的平均速度 $\overline{v}$.

解 由公式, 有

$$\overline{v}=\frac{1}{T-0}\int_0^T gt\mathrm{d}t=\frac{1}{T}\frac{1}{2}gt^2\Big|_0^T=\frac{1}{2}gT.$$

6.5.2 定积分在物理上的应用

1. **功的计算**

设某物体在变力作用下沿 Ox 轴由点 a 移动到点 b, 变力在 Ox 方向的分量为连续函数 $F(x)$(图 6.28), 求力所做的功 W.

任取一小区间 $[x,x+\Delta x]\subset[a,b]$, 对应的功微元为

$$\mathrm{d}W=F(x)\mathrm{d}x,$$

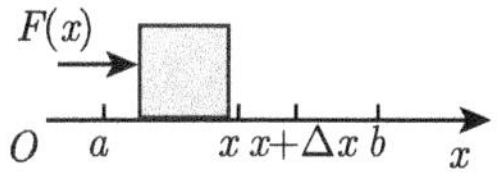

图 6.28

故变力做的功为

$$W=\int_a^b F(x)\mathrm{d}x.$$

例 16　由胡克定律, 弹簧的弹性力与变形量成正比, 力的方向指向平衡位置: $F=-kx$, 其中 k 是弹簧的劲度系数, 设有一弹簧, $k=10^5\mathrm{N/m}$, 被拉长了 0.05m, 求克服弹力做的功.

解　由公式可知

$$W=\int_0^{0.05} kx\mathrm{d}x=\int_0^{0.05} 10^5 x\mathrm{d}x=10^5\frac{x^2}{2}\bigg|_0^{0.05}=125\,(\mathrm{J})\,.$$

例 17　设有盛满水的半球形蓄水池, 其深度为 10m, 求抽完池中水所需做的功?

解　如图 6.29 建立坐标系, 先考虑抽出深为 x 处高度为 $\mathrm{d}x$ 的一层水需克服重力做的功.

由 $F=\rho s\mathrm{d}x$, 得 $\mathrm{d}W=Fx=\rho sx\mathrm{d}x$.

截面积 $s=\pi(\sqrt{100-x^2})^2$, 水的密度 $\rho=1$, 因此

$$dW=\pi x(100-x^2)\mathrm{d}x,$$

故抽完蓄水池中的水需做功

$$W=\int_0^{10}\pi x(100-x^2)\mathrm{d}x=\pi\left(50x^2-\frac{x^4}{4}\right)\bigg|_0^{10}=2500\pi.$$

2. 力的计算

例 18　有一梯形水闸闸门, 上边宽 6m, 下边宽 4m, 高 5m, 试求水面与上边平齐时闸门受到的总压力.

解　取坐标如图 6.30 所示. 闸门右边线 AB 的方程为

$$y=-\frac{x}{5}+3,$$

设水的密度为$10^3\mathrm{kg}\,/\,\mathrm{m}^3$, 重力加速度取为 $10\mathrm{m}\,/\,\mathrm{s}^2$, 任取一小区间 $[x,x+\mathrm{d}x]\subset[0,5]$, 对应闸门面积微元为 $\mathrm{d}S=2\left(3-\dfrac{x}{5}\right)\mathrm{d}x$, 所受的压力微元为 $\mathrm{d}p=10^4x\mathrm{d}S=2\times10^4x\left(3-\dfrac{x}{5}\right)\mathrm{d}x$.

故闸门受到的总压力

$$p=2\times10^4\int_0^5 x\left(3-\frac{x}{5}\right)\mathrm{d}x=\frac{175}{3}\times10^4\,(\mathrm{N})\,.$$

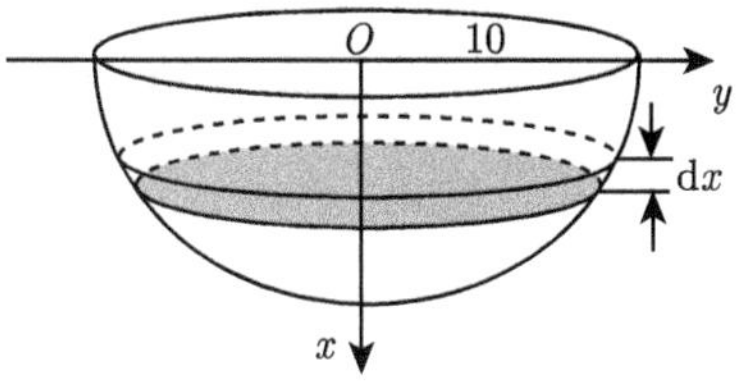

图 6.29

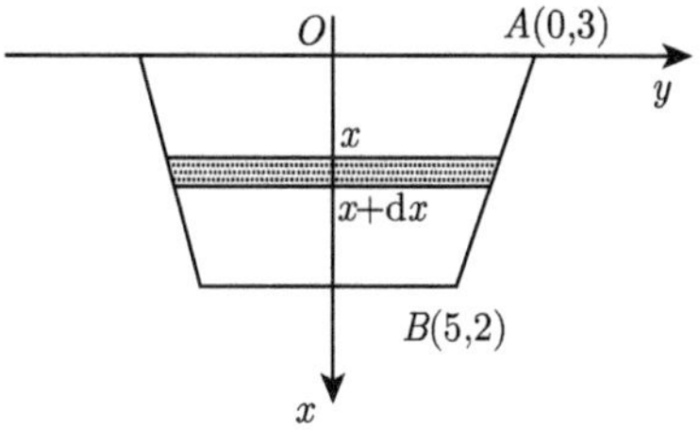

图 6.30

例 19　有一质量为 M, 长为 l 的均质细棒, 在细棒的延长线上有一质量为 m 的质点, 与棒的距离为 a, K 为引力系数, 求细棒与质点间的万有引力 F 的大小.

解　取坐标如图 6.31 所示, 由于细棒的线密度为 $\dfrac{M}{l}$, 故小区间 $[x, x+\mathrm{d}x] \subset [a, a+l]$ 对应的细棒段对 m 的引力微元为

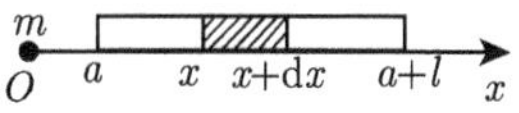

图 6.31

$$\mathrm{d}F = K\frac{m}{x^2}\cdot\frac{M}{l}\mathrm{d}x.$$

所以总引力

$$F = \int_a^{a+l}\frac{K}{l}\frac{mM}{x^2}\mathrm{d}x = \frac{K}{l}mM\left(-\frac{1}{x}\right)\Bigg|_a^{a+l} = K\frac{mM}{a\,(a+l)}.$$

习　题　6.5

1. 求曲线 $y=(x-1)(x-2)$ 和 x 轴围成图形的面积.
2. 求抛物线 $y^2=2x$ 与直线 $y=x-4$ 围成图形的面积.
3. 求闭曲线 $y^2=(1-x^2)^3$ 所围成图形的面积.
4. 求曲线 $\sqrt{x}+\sqrt{y}-\sqrt{a}(a>0)$ 与坐标轴所围成图形的面积.
5. 求曲线 $y=\mathrm{e}^x$, $y=\mathrm{e}^{-x}$ 及 $y=2$ 所围成图形的面积.
6. 求曲线 $y=\mathrm{e}^x$, $y=\cos x$ 及 $x=\dfrac{\pi}{2}$ 所围成图形的面积.
7. 求曲线 $y=\mathrm{e}^x\cos x\ \left(0\leqslant x\leqslant\dfrac{\pi}{2}\right)$, 直线 $x=0$ 和 $y=0$ 所围成图形的面积.
8. 求抛物线 $y=-x^2+4x-3$ 及其在点 $(0,-3)$, $(3,0)$ 处的两条切线所围成图形的面积.
9. 求星形线 $x=a\cos^3 t,\ y=a\sin^3 t$ 所围图形的面积.
10. 求曲线 $r=\mathrm{e}^\theta$ 和射线 $\theta=0, \theta=\dfrac{\pi}{2}$ 围成图形的面积.
11. 求 $r=\sqrt{2}\sin\theta$ 及 $r^2=\cos 2\theta$ 围成图形的公共部分的面积.

12. 求心形线 $r=1+\cos\theta$ 所围成区域的面积.

13. 求曲线 $y=\ln x, y=0, y=2$ 和 y 轴所围成的图形分别绕 x 轴、y 轴和直线 $x=-1$ 旋转得到的旋转体体积.

14. 曲线 $y=\sqrt{\arctan x}$, 直线 $y=0$, $x=\dfrac{\pi}{4}$ 所围成图形绕 x 轴旋转一周所得旋转体的体积.

15. 设 σ 是由曲线 $y=\sqrt{\ln x}$ $(1\leqslant x\leqslant \mathrm{e})$, 直线 $y=0$ 和 $x=\mathrm{e}$ 所围成的平面区域, 求 σ 绕 x 轴旋转所成的旋转体体积.

16. 求圆 $x^2+(y-R)^2=r^2\,(0<R<r)$ 绕 x 轴旋转一周所得旋转体的体积.

17. 计算由 $y=x^2$ 及 $x^3=y^2$ 围成的图形绕 x 轴旋转得到的旋转体的体积, 要求分别用下面两个途径计算它:

(1) 取 x 为积分变量 (体积微元为薄圆片);

(2) 取 y 为积分变量 (体积微元为薄壁圆筒).

18. 求摆线 $x=a(t-\sin t), y=a(1-\cos t)$ 一拱绕 x 轴旋转得到的旋转体的体积.

19. 两个半径为 R 的圆柱中心线垂直相交, 求其公共部分的体积, 并画出图形.

20. 证明底面积为 S, 高为 h 的锥体体积公式是 $V=\dfrac{1}{3}hS$.

21. 将椭圆$x^2+\dfrac{y^2}{4}=1$ 绕长轴旋转得到的椭球体沿长轴方向穿心打一圆孔, 使剩下部分的体积恰好等于椭球体积的一半, 试求圆孔的直径.

22. 求曲线 $y=\ln(1-x^2)$ 在区间 $\left[0,\dfrac{1}{2}\right]$ 上的弧长.

23. 求抛物线 $6y=x^2$ 自原点到点 $\left(4,\dfrac{8}{3}\right)$ 之间的一段的弧长.

24. 求星形线 $x=a\cos^3 t, y=a\sin^3 t(a>0)$ 的全长.

25. 求摆线 $\begin{cases} x=t-\sin t, \\ y=1-\cos t \end{cases}$ 的一拱 (t 从 0 到 2π) 之长.

26. 求曲线 $\begin{cases} x=\mathrm{e}^t+\mathrm{e}^{-t}, \\ y=\displaystyle\int_0^t \sqrt{1-\mathrm{e}^{-2s}}\mathrm{d}s \end{cases}$ $(0\leqslant t\leqslant 1)$ 的弧长.

27. 在摆线 $x=a(t-\sin t), y=a(1-\cos t)$ 上求一点, 将摆线第一拱的弧长分为 1: 3.

28. 求心形线 $r=a(1+\cos\theta)$ 的全长.

29. 求曲线 $r\theta=1$ 自 $\theta=\dfrac{3}{4}$ 至 $\theta=\dfrac{4}{3}$ 一段的弧长.

30. 求曲线 $\begin{cases} x=\displaystyle\int_1^t \frac{\cos s}{s}\mathrm{d}s, \\ y=\displaystyle\int_1^t \frac{\sin s}{s}\mathrm{d}s \end{cases}$ $\left(1\leqslant t\leqslant \dfrac{\pi}{2}\right)$ 的弧长.

31. 求抛物线 $y^2=4ax$ 与过焦点的弦所围成图形的面积的最小值.

32. 修建江桥的桥墩时, 先要下围囹, 并抽尽其中的水以便施工. 已知围囹的直径为 20m, 水深 27m, 围囹高出水面 3m, 问抽尽其中的水需要做功多少? (设水的密度 ρ 为 $10^3\mathrm{kg}/\mathrm{m}^3$, 重力加速度 g 取 $10\mathrm{m}/\mathrm{s}^2$)

33. 我国第一颗人造地球卫星质量为 173kg, 在离地 $6.3\times10^5\mathrm{m}$ 处进入轨道, 问把这颗卫星从地面送入 $6.3\times10^5\mathrm{m}$ 的高空处, 克服地球引力要做多少功? 已知地球的半径为 $6.37\times10^6\mathrm{m}$, 引力常数 $K=6.67\times10^{-11}\mathrm{Nm}^2/\mathrm{kg}^2$, 地球的质量 $M=5.98\times10^{24}\mathrm{kg}$.

6.6 例题选讲

例 1 设

$$f(x)=\begin{cases} \mathrm{e}^{-x}, & x\geqslant 0, \\ 0, & x<0, \end{cases} \qquad \varphi(x)=\begin{cases} \sin x, & 0\leqslant x\leqslant \dfrac{\pi}{2}, \\ 0, & x<0 \text{ 或 } x>\dfrac{\pi}{2}, \end{cases}$$

求 $F(a)=\displaystyle\int_{-\infty}^{+\infty} f(x)\varphi(a-x)\mathrm{d}x$.

解 由于 $x<0$ 时, $f(x)=0$, 所以

$$F(a)=\int_0^{+\infty}\mathrm{e}^{-x}\varphi(a-x)\mathrm{d}x \xlongequal{u=a-x} \int_{-\infty}^{a}\mathrm{e}^{u-a}\varphi(u)\mathrm{d}u.$$

当 $a\leqslant 0$ 时,

$$F(a)=\int_{-\infty}^{a}\mathrm{e}^{u-a}\cdot 0\,\mathrm{d}u=0.$$

当 $0<a\leqslant\dfrac{\pi}{2}$ 时,

$$F(a)=\int_0^a \mathrm{e}^{u-a}\cdot\sin u\,\mathrm{d}u=\frac{1}{2}(\sin a-\cos a+\mathrm{e}^{-a}).$$

当 $a>\dfrac{\pi}{2}$ 时,

$$F(a)=\int_0^{\frac{\pi}{2}} \mathrm{e}^{u-a}\cdot\sin u\,\mathrm{d}u=\frac{1}{2}\mathrm{e}^{-a}\left(1+\mathrm{e}^{\frac{\pi}{2}}\right).$$

例 2　设 $f(x)\in C[0,1]$, 非负, 且满足 $xf'(x)=f(x)+\dfrac{3a}{2}x^2$($a$ 为常数), 又曲线 $y=f(x)$ 与 $x=1,y=0$ 所围成的图形 S 的面积为 2, 求函数 $y=f(x)$. 并问 a 为何值时, 图形 S 绕 x 轴旋转一周所得的旋转体的体积最小.

解　由题设, 当 $x\neq 0$ 时,

$$\left[\frac{f(x)}{x}\right]'=\frac{xf'(x)-f(x)}{x^2}=\frac{3a}{2},$$

由 $f(x)$ 的连续性, 得

$$f(x)=\frac{3a}{2}x^2+Cx,\quad x\in[0,1],$$

又由已知条件

$$2=\int_0^1\left(\frac{3a}{2}x^2+Cx\right)\mathrm{d}x=\left(\frac{a}{2}x^3+\frac{C}{2}x^2\right)\bigg|_0^1=\frac{a}{2}+\frac{C}{2},$$

故 $C=4-a$, 因此,

$$f(x)=\frac{3}{2}ax^2+(4-a)x.$$

由旋转体的体积公式

$$V(a)=\pi\int_0^1[f(x)]^2\,\mathrm{d}x=\frac{\pi}{3}\left(\frac{1}{10}a^2+a+16\right),$$

$$V'(a)=\frac{\pi}{3}\left(\frac{1}{5}a+1\right),$$

$$V''(a)=\frac{\pi}{15}>0,$$

故 $a=-5$ 时, 旋转体体积最小.

例 3(光的反射问题)　根据光学中的费马 (Fermat) 原理, 光线在两点之间的传播必取时间最短的路线. 问光源 S 的光线射到平面镜 Ox 的哪一点, 才能反射到 A 点 (图 6.32)?

解　在同一介质中光速相同, 这时, 时间最短路线就是距离最短路线. 设 M 为 Ox 上任意一点, $OM=x$, 则由 S 到 M, 再到 A 的折线之长为

$$d=\sqrt{a^2+x^2}+\sqrt{b^2+(l-x)^2},$$

令 $d'=0$, 即

$$d'=\frac{x}{\sqrt{a^2+x^2}}-\frac{l-x}{\sqrt{b^2+(l-x)^2}}=0,$$

求得唯一极值嫌疑点$x_0=\dfrac{al}{a+b}$. 当 $x<x_0$ 时, $d'(x)<0$, 当 $x>x_0$ 时, $d'(x)>0$.

因此 x_0 为 d 的最小值点, 此时有

$$\tan\beta=\frac{l-x_0}{b}=\frac{l}{a+b}=\frac{x_0}{a}=\tan\alpha,$$

这就导出了光线的反射定律: 反射角 β 等于入射角 α; 反射光线与入射光线分别位于 Ox 轴在 x_0 处法线的两侧.

例 4 在抛物线 $y=-x^2+1(x>0)$ 上找一点 $P(x_0,y_0)$ 作切线, 使抛物线与切线和两个坐标轴所围成的面积 S 最小 (图 6.33), 并求这个最小值.

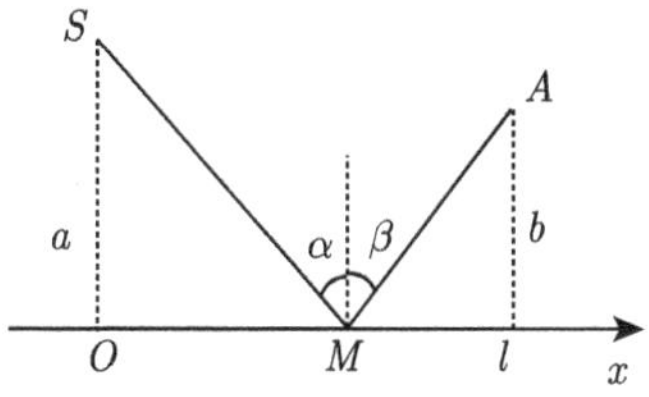

图 6.32

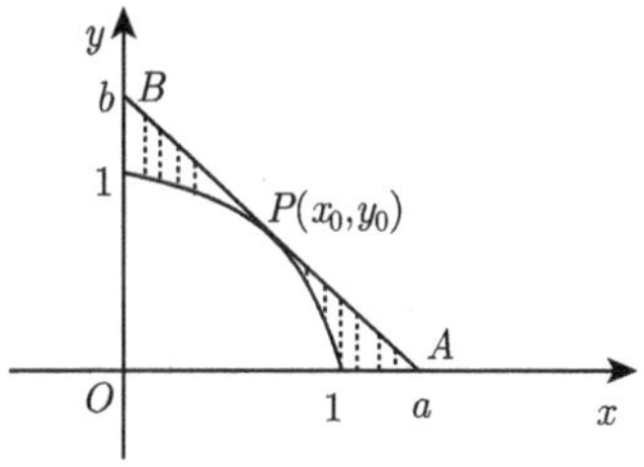

图 6.33

解 因为 $y'|_{x=x_0}=-2x_0, y_0=-x_0^2+1$, 所以切线 AB 的方程为 $y=-2x_0x+x_0^2+1$, 令 $y=0$, 得到切线的横截距 $a=\frac{1}{2}\left(x_0+\frac{1}{x_0}\right)$; 令 $x=0$, 得到切线的纵截距 $b=x_0^2+1$. 图形的面积

$$S=\frac{1}{2}ab-\int_0^1(-x^2+1)\mathrm{d}x=\frac{1}{4}\left(x_0^3+2x_0+\frac{1}{x_0}\right)-\frac{2}{3},$$

它关于 x_0 的导数是

$$\frac{\mathrm{d}S}{\mathrm{d}x_0}=\frac{1}{4}\left(3x_0^2+2-\frac{1}{x_0^2}\right)=\frac{1}{4}\left(3x_0-\frac{1}{x_0}\right)\left(x_0+\frac{1}{x_0}\right).$$

令 $\frac{\mathrm{d}S}{\mathrm{d}x_0}=0$, 求得驻点 $x_0=\frac{1}{\sqrt{3}}$. 又因

$$\frac{\mathrm{d}^2S}{\mathrm{d}x_0^2}=\frac{1}{4}\left(6x_0+\frac{2}{x_0^3}\right)>0\quad(x_0>0),$$

所以当 $x_0=\frac{1}{\sqrt{3}}$ 时, 面积函数 S 取最小值. 由于在区间 $(0,+\infty)$ 上它是唯一的极值, 所以它就是最小值

$$S_{\min}=\frac{4\sqrt{3}-6}{9}.$$

例 5 用铁锤将一铁钉钉入木板. 设木板对铁钉的阻力与铁钉进入木板内部的长度成正比. 设第一锤将铁钉击入 1cm, 如果每锤所做的功相等, 问第二锤能将铁钉击入多长?

解　由于木板的阻力 F 与进入木板内部铁钉的长度 x 成正比, 所以

$$F = kx,$$

第一锤所做的功

$$W_1 = \int_0^1 kx\mathrm{d}x = \frac{k}{2},$$

设两锤后, 铁钉共进入木板 Hcm, 则第二锤所做的功为

$$W_2 = \int_1^H kx\mathrm{d}x = \frac{k}{2}(H^2-1),$$

因为每锤做功相同

$$\frac{k}{2} = \frac{k}{2}(H^2-1),$$

所以

$$H = \sqrt{2}.$$

即第二锤能将铁钉击入 $(\sqrt{2}-1)$cm.

例 6　某水库有一闸门, 其水下部分为半径等于 1 的半圆形 (图 6.34). 今以匀速 a 垂直提起, 求 $t=0$ 时, 闸门受到的水压力的变化速度. (设水的密度 ρ 为 $10^3\mathrm{kg/m^3}$, 重力加速度 $g=10\mathrm{m/s^2}$.)

解　将坐标系取在闸门上. 到 t 时刻, 闸门上升了 at, 这时闸门受到的压力

$$F(t) = 2\rho g\int_{at}^1 \sqrt{1-y^2}(y-at)\mathrm{d}y,$$

所以

$$F'(t) = -2a\rho g\int_{at}^1 \sqrt{1-y^2}\mathrm{d}y,$$

故所求的速度变化是

$$F'(0) = -2a\rho g\int_0^1 \sqrt{1-y^2}\mathrm{d}y = -\frac{\pi a}{2}\times 10^4.$$

例 7　有一细杆 AB, 距离 A 点为 x 处的线密度 $\rho_1 = 2-x$, 另一细杆 CD, 距离 C 点为 y 处的线密度 $\rho_2 = 3+y$. 杆 AB 长为 2, CD 长为 1, 按 AB, CD 顺序把它们放在一条直线上, 点 B 到点 C 的距离为 1, K 为万有引力常数, 求两细杆间的万有引力 F(图 6.35).

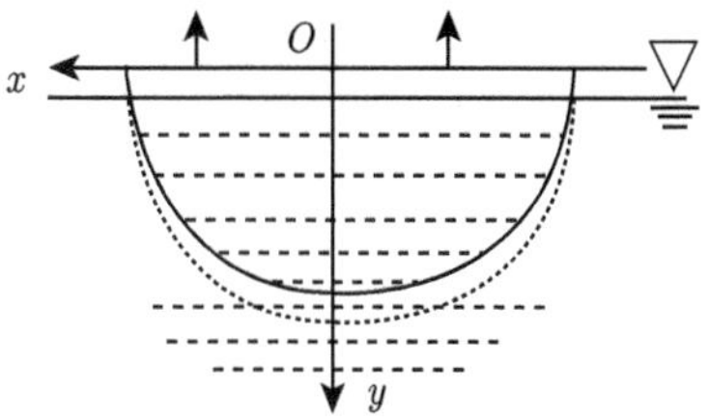

图 6.34

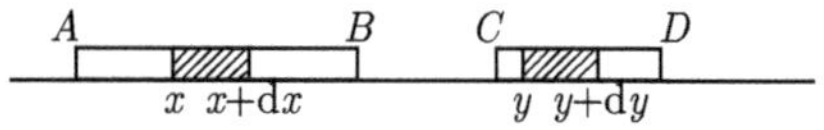

图 6.35

解 在 CD 上取一微元区间 $[y, y+\mathrm{d}y]$, 对应的质量微元是

$$\mathrm{d}m_2 = (3+y)\mathrm{d}y.$$

为求杆 AB 对质量微元 $\mathrm{d}m_2$ 的引力, 在 AB 上取微元区间 $[x, x+\mathrm{d}x]$, 对应的质量微元

$$\mathrm{d}m_1 = (2-x)\mathrm{d}x,$$

两个质量微元 $\mathrm{d}m_1, \mathrm{d}m_2$ 之间的引力微元是

$$K\frac{\mathrm{d}m_1\mathrm{d}m_2}{(3+y-x)^2} = K\frac{(2-x)\mathrm{d}x(3+y)\mathrm{d}y}{(3+y-x)^2},$$

所以细杆 AB 对 $\mathrm{d}m_2$ 的引力微元是

$$\int_0^2 K\frac{(2-x)\mathrm{d}x}{(3+y-x)^2}(3+y)\mathrm{d}y,$$

故细杆 AB 对 CD 的引力是

$$\begin{aligned}F =& K\int_0^1 (3+y)\left(\int_0^2 \frac{(2-x)\mathrm{d}x}{(3+y-x)^2}\right)\mathrm{d}y\\ =& K\int_0^1 [-2+(y+3)\ln(y+3)-(y+3)\ln(y+1)]\mathrm{d}y\\ =& K\left(-1+10\ln 2-\frac{9}{2}\ln 3\right).\end{aligned}$$

例 8 为清理井底的污泥, 用缆绳将抓斗放入井底, 抓起污泥后提出井口 (图 6.36). 已知井深 30 m, 抓斗自重 400 N, 缆绳每米重 50 N, 抓斗抓起的污泥重 2000 N, 提升速度为 3 m/s, 在提升过程中, 污泥以 20 N/s 的速度从抓斗缝隙中漏掉. 现将抓起污泥的抓斗提升至井口, 问克服重力需做多少功? (1 N × 1 m=1 J, 抓斗的高度及位于井口上方的缆绳长度忽略不计.)

解 作 x 轴如图 6.36 所示, 将抓起污泥的抓斗提升至井口需做功为

$$W = W_1 + W_2 + W_3,$$

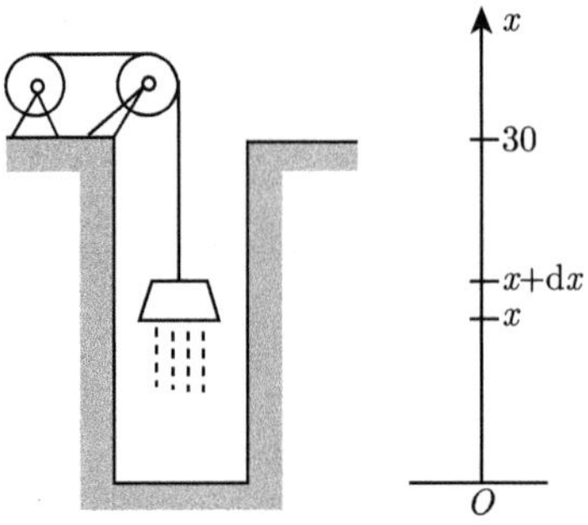

图 6.36

其中 W_1 为克服抓斗自重所做的功; W_2 为克服缆绳重力所做的功; W_3 为提出污泥所做的功.

由题意知

$$W_1 = 400 \times 30 = 12000(\mathrm{J}),$$

将抓斗由 x 处提升到 $x + \mathrm{d}x$ 处, 克服缆绳重力所做的功为

$$\mathrm{d}W_2 = 50(30 - x)\mathrm{d}x,$$

从而

$$W_2 = \int_0^{30} 50(30 - x)\mathrm{d}x = 22500(\mathrm{J}).$$

在时间间隔 $[t, t + \mathrm{d}t]$ 内提升污泥需做的功为

$$\mathrm{d}W_3 = 3(2000 - 20t)\mathrm{d}t,$$

将污泥从井底提升至井口共需时间 $\dfrac{30}{3} = 10\,(\mathrm{s})$, 所以

$$W_3 = \int_0^{10} 3(2000 - 20t)\mathrm{d}t = 57000(\mathrm{J}),$$

因此, 共需做功 $W = 12000 + 22500 + 57000 = 91500(\mathrm{J})$.

习　题　6.6

1. 求极限.

(1) $\lim\limits_{n\to\infty} \left[\dfrac{(2n)!}{n!n^n}\right]^{\frac{1}{n}}$;

(2) $\lim\limits_{n\to\infty} \left[\dfrac{\sin\dfrac{\pi}{n}}{n+1} + \dfrac{\sin\dfrac{2\pi}{n}}{n+\dfrac{1}{2}} + \cdots + \dfrac{\sin\pi}{n+\dfrac{1}{n}}\right]$.

2. 计算下列积分.

(1) $\displaystyle\int_{-2}^{2} \max\{1, x^2\}\mathrm{d}x$;　　(2) $\displaystyle\int_{-\pi/2}^{\pi/2} \frac{\mathrm{e}^x}{1+\mathrm{e}^x}\sin^4 x\mathrm{d}x$;

(3) $\displaystyle\int_0^{\pi/2} \frac{\sin x}{\sin x + \cos x}\mathrm{d}x$;　　(4) $\displaystyle\int_0^{\pi/4} \ln(1 + \tan x)\mathrm{d}x$;

(5) $\int_0^{+\infty}\frac{\mathrm{d}x}{(1+x^2)(1+x^a)}$;　　(6) $\int_1^2\arctan\sqrt{x-1}\mathrm{d}x$.

3. 设当 $x>0$ 时, 可微函数 $f(x)$ 的反函数为 $f^{-1}(x), f(x_0)=1$, 且有 $\int_1^{f(x)}f^{-1}(t)\mathrm{d}t=\frac{1}{3}(x^{\frac{3}{2}}-8)$, 求函数 $f(x)$.

4. 讨论函数 $f(x)=\int_0^x\mathrm{e}^{\frac{-t^2}{2}}\mathrm{d}t$ 在 $(-\infty,+\infty)$ 上的单调性、奇偶性和有界性.

5. 设 $f(x)$ 连续, 且 $\lim\limits_{x\to0}\frac{f(x)}{x}=A$ (A 为常数), $\varphi(x)=\int_0^1f(xt)\mathrm{d}t$, 求 $\varphi'(x)$, 并讨论 $\varphi'(x)$ 在 $x=0$ 处的连续性.

6. 设 O 为坐标原点, $A(1,0)$, $B(1,1)$, $C(0,1)$, 求边长为 1 的正方形 $OABC$ 内, 位于曲线 $y=x^2+t$(t 为实数) 下方的图形的面积 $S(t)$. 讨论函数 $S(t)$ 在区间 $-1\leqslant t\leqslant1$ 上是否满足拉格朗日中值定理的条件.

7. 证明不等式: $\frac{1}{2}\mathrm{e}\leqslant\frac{1}{3}\int_{1/2}^2\frac{\mathrm{e}^x}{x}\mathrm{d}x\leqslant\frac{1}{4}\mathrm{e}^2$.

8. 设 $f(x)$ 连续, 试证

$$\int_0^x\left[\int_0^uf(t)\mathrm{d}t\right]\mathrm{d}u=\int_0^x(x-u)f(u)\mathrm{d}u.$$

9. 若 $f(x)$ 在 $[0,1]$ 上连续可微, 且 $f(1)-f(0)=1$, 试证 $\int_0^1[f'(x)]^2\mathrm{d}x\geqslant1$.

10. 设 $f(x)\in C[a,b]$, 且 $f(x)>0$, 试证

$$\int_a^bf(x)\mathrm{d}x\cdot\int_a^b\frac{1}{f(x)}\mathrm{d}x\geqslant(b-a)^2.$$

11. 设 n 为自然数, 试证

(1) $\int_0^{\pi/2}\sin^nx\cos^nx\mathrm{d}x=2^{-n}\int_0^{\pi/2}\cos^nx\mathrm{d}x$;

(2) $\int_0^{\pi/2}\sin nx\cos^nx\mathrm{d}x=\frac{1}{2^{n+1}}\left(\frac{2}{1}+\frac{2^2}{2}+\cdots+\frac{2^n}{n}\right)$.

12. 设 $f(x)\in C[a,b]$, 且 $f(x)>0$, 证明方程 $\int_a^xf(t)\mathrm{d}t+\int_b^x\frac{1}{f(t)}\mathrm{d}t=0$ 在开区间 (a,b) 内有且仅有一个根.

13. 设 $f(x)\in C[0,1]$, 且 $f(x)\geqslant0$, (1) 试证 $\exists x_0\in(0,1)$, 使得在区间 $[0,x_0]$ 上以 $f(x_0)$ 为高的矩形面积, 等于在区间 $[x_0,1]$ 上以 $y=f(x)$ 为曲边的曲边梯形面积; (2) 又设 $f(x)$ 在区间 $(0,1)$ 内可导, 且 $f'(x)>-\frac{2f(x)}{x}$, 证明 (1) 中的 x_0 是唯

一的.

14. 设 $f(x),g(x)\in C[a,b]$, 证明 $\exists\xi\in(a,b)$, 使得

$$f(\xi)\int_{\xi}^{b}g(x)\mathrm{d}x=g(\xi)\int_{a}^{\xi}f(x)\mathrm{d}x.$$

15. 设 $f(x)\in C[0,1]$, 且 $\int_0^1 f(x)\mathrm{d}x=\int_0^1 xf(x)\mathrm{d}x=0$, 证明在开区间 $(0,1)$ 内至少存在两个不相等的点 ξ_1,ξ_2, 使得 $f(\xi_1)=f(\xi_2)=0$, 如果还有 $\int_0^1 x^2f(x)\mathrm{d}x=0$, 你猜想 $f(x)$ 在开区间 $(0,1)$ 内至少有几个零点, 请证明, 是否有进一步猜想.

16. 设 $f(x)$, $g(x)$ 在$(-\infty,+\infty)$ 上连续, $f(x)$ 满足对任意的 $x>0$, $f(x)-f(-x)=1$, $g(x)$ 为奇函数, 试证: 对任意的 $a>0$, 有 $\int_{-a}^{a}f(x)g(x)\mathrm{d}x=\int_0^a g(x)\mathrm{d}x$.

17. 设 $x\in[0,1]$ 时, $0<f'(x)\leqslant 1$, 且 $f(0)=0$, 证明

$$\left(\int_0^1 f(x)\mathrm{d}x\right)^2\geqslant\int_0^1 f^3(x)\mathrm{d}x.$$

18. 设有一正椭圆柱体, 其底面的长、短半轴分别为 a,b, 用过此柱体底面的短轴且与底面成 α 角 $\left(0<\alpha<\dfrac{\pi}{2}\right)$ 的平面截此柱体, 求底面与平面之间的楔形体的体积.

19. 以 xOy 平面上的曲线 $y=x^2$ 和 $y=8-x^2$ 所围成的区域为底, 垂直于 x 轴的截面为正方形的立体, 求其体积.

20. 一个均质的物体, 高 4m, 水平截面面积是高度 h(从底部算起) 的函数 $S=20+3h^2$. 已知物体的密度与水的密度同为 $10^3\mathrm{kg}/\mathrm{m}^3$, 此物体沉在水中, 上表面与水面平齐, 问将此物体水平打捞出水, 需做功多少 (设重力加速度 g 取 $10\mathrm{m}/\mathrm{s}^2$)?

21. 一块 1000kg 的冰块要被吊起 30m 高, 而这块冰以 0.02kg/min 的速度溶化, 假设冰块以 1m/min 的速度被吊起, 吊索的线密度为 8kg/m, 求把这块冰吊到指定高度需做的功.

22. 选择题.

(1) 设在闭区间 $[a,b]$ 上 $f(x)>0,f'(x)<0,f''(x)>0$. 令 $S_1=\int_a^b f(x)\mathrm{d}x$, $S_2=f(b)(b-a),S_3=\dfrac{1}{2}[f(a)+f(b)](b-a)$, 则 (　　).

(A)$S_1<S_2<S_3$; (B)$S_3<S_1<S_2$;

(C)$S_2<S_1<S_3$; (D)$S_2<S_3<S_1$.

(2) 若 $f''(x)>0$, 且满足 $f(-1)=f(1)=1$ 和 $f(0)=-1$, 则必有 (　　).

(A) $\int_{-1}^{1} f(x)\mathrm{d}x > 0$;　　(B) $\int_{-1}^{1} f(x)\mathrm{d}x < 0$;

(C) $\int_{-1}^{0} f(x)\mathrm{d}x > \int_{0}^{1} f(x)\mathrm{d}x$;　　(D) $\int_{-1}^{0} f(x)\mathrm{d}x < \int_{0}^{1} f(x)\mathrm{d}x$.

(3) 设 $f(x)$ 和 $g(x)$ 在 $(-\infty,+\infty)$ 上可导, 且 $f(x) < g(x)$, 则必有 (　　).

(A) $f(-x) > g(-x)$;　　(B) $f'(x) < g'(x)$;

(C) $\lim\limits_{x\to x_0} f(x) \leqslant \lim\limits_{x\to x_0} g(x)$;　　(D) $\int_{0}^{x} f(t)\mathrm{d}t < \int_{0}^{x} g(t)\mathrm{d}t$.

(4) 设 $f(x)$ 在 $[-a,a]$ 上是连续的偶函数, $a>0$, $g(x)=\int_{-a}^{a}|x-t|\,f(t)\mathrm{d}t$, 则在 $[-a,a]$ 上 (　　).

(A) $g(x)$ 是单调递增函数;　　(B) $g(x)$ 是单调递减函数;

(C) $g(x)$ 是偶函数;　　(D) $g(x)$ 是奇函数.

部分习题参考答案

第 1 章

习题 1.1

1. (1) $(1.99,2.01)$; (2) $(0.999,1)\cup(1,1.001)$;
(3) $(-\infty,-10]\cup[10,+\infty)$; (4) $(-\infty,-5)\cup(5,+\infty)$.

2. (1) $\left[0,\dfrac{\pi^2}{4}\right]$; (2) $\left(0,\dfrac{\pi}{2}\right]$; (3) $(-1,1)$; (4) $\varnothing$.

3. (1) $\dfrac{1}{3},-3,1$; (2) $0,\dfrac{\sqrt{2}}{2},0,\dfrac{\sqrt{2}}{2}$; (3) $2a^2-1,(2a-1)^2$.

4. (1) 否, 定义域不同; (2) 否, 定义域不同.

6. (1) $V=h\pi\left(r^2-\dfrac{h^2}{4}\right),\quad 0<h<2r$;

(2) $$L=\begin{cases}20t, & 0\leqslant t<5,\\ 45t-125, & 5\leqslant t<15,\\ 1075-35t, & 15\leqslant t<30\dfrac{5}{7},\\ 0, & t\geqslant 30\dfrac{5}{7}.\end{cases}$$

(3) $P=2\left(x+b\left(1-\dfrac{x}{h}\right)\right),S=b\left(1-\dfrac{x}{h}\right)$;

(4) $$S=\begin{cases}0, & x\leqslant 0,\\ 3x, & 0<x\leqslant 1,\\ 3, & 1<x\leqslant 2,\\ 2x-1, & 2<x\leqslant 3,\\ 5, & 3<x\leqslant 4,\\ x+1, & 4<x\leqslant 5,\\ 6, & x>5.\end{cases}$$

(5) $$y=\begin{cases}\dfrac{h}{c}x, & 0\leqslant x\leqslant c,\\ \dfrac{h}{c-l}(x-l), & c<x\leqslant l;\end{cases}.$$

(6) $2xy\cos\alpha = x^2 + y^2 - l^2$;

(7) $m = \begin{cases} kx, & 0 \leqslant x \leqslant a, \\ ka + 0.8k(x-a), & x > a. \end{cases}$

7. $\dfrac{1}{2} \leqslant x < 3$ 或 $x > 3$. 8. $f(10) = 1$. 9. $1 - \cos x$. 10. $x^2 - 2$.

习题 1.2

1. (1) $T = \pi$; (2) $T = 1$; (3) 奇函数; (4) 偶函数.

2. (1) $(-\infty, 0) \downarrow, (0, +\infty) \downarrow$, 无界; (2) $(-\infty, +\infty) \uparrow$, 有界;

(3) $(-\infty, 0) \downarrow$, $[0, +\infty)$ 为常数, 无界; (4) $[-1, 0] \uparrow$, $[0, 1] \downarrow$, 有界.

3. (1) $y = \log_2 \dfrac{x}{1-x}$, $(0, 1)$; (2) $y = 3^{\frac{1}{x}}$, $x \neq 0$;

(3) $y = \pm\cot\dfrac{x}{2}$, $[0, \pi)$; (4) $y = \begin{cases} x, & -1 \leqslant x \leqslant 0, \\ x - 1, & 1 < x \leqslant 2. \end{cases}$

4. $f(x) = x - 2k\pi$, 当 $(2k-1)\pi \leqslant x < (2k+1)\pi, k = 0, \pm 1, \pm 2, \cdots$.

7. $f(x) = x + x^2$. 8. (1) $\dfrac{\pi}{2}$; (2) 15π.

习题 1.3

1. (1) $y = u^2, u = \sin v, v = \dfrac{1}{x}$; (2) $y - 3^u, u = \arcsin v, v = x^2$;

(3) $y = \ln u, u = \ln v, v = \ln x$; (4) $y = \arctan u, u = \mathrm{e}^v, v = \tan x$.

2. $-\sin 3x \cos^2 3x, 0$.

3. $\arcsin(1 - x^2)$, $\left[-\sqrt{2}, \sqrt{2}\right]$.

4. (1) 否; (2) $\sqrt{x - x^2}$, $[0, 1]$; (3) 否.

5. (1) $[-1, 1]$; (2) $(-\infty, 0]$; (3) $[1, \mathrm{e}]$;

(4) $[2k\pi, (2k+1)\pi]$, $k \in \mathbf{Z}$; (5) $\left[2k\pi - \dfrac{\pi}{2}, 2k\pi + \dfrac{\pi}{2}\right]$, $k \in \mathbf{Z}$; (6) $[0, \tan 1]$.

6. $[1, \mathrm{e}]$; 当 $0 < a \leqslant \dfrac{1}{2}$ 时, 定义域为 $[a, 1-a]$; 当 $a > \dfrac{1}{2}$ 时, 函数无意义.

7. (1) $\left[-\sqrt{\mathrm{e}+1}, -\sqrt{2}\right] \cup \left[\sqrt{2}, \sqrt{\mathrm{e}+1}\right]$; (2) $(-\infty, +\infty)$.

8. (1) $y = \dfrac{1}{\varphi(x) - 1}$; (2) $y = \log_2 \varphi(x)$.

9. $\dfrac{x}{\sqrt{1 + nx^2}}$.

10. $y=\begin{cases} x, & x<1, \\ \sqrt{x}, & 1 \leqslant x \leqslant 16, \\ \log_2 x, & x>16. \end{cases}$

习题 1.4

1. (1) 圆; (2) 射线; (3) 圆; (4) 圆.

2. (1) $r\cos\theta=1$; (2) $r\sin\theta=2$;

(3) $3r\cos\theta+2r\sin\theta+1=0$; (4) $\theta=\pm\dfrac{\pi}{4}$.

3. (1) $y=4$; (2) $3x+2y+2=0$;

(3) $x^2+y^2+4x=0$; (4) $x^2+y^2-2x-y=0$.

习题 1.5

2. $x\neq-1,-\dfrac{1}{2}$. 3. $(x-[x])^2$.

4. 偶延拓 $f(x)=\begin{cases} 1-x, & x<0, \\ \text{任意实数}, & x=0, \\ 1+x, & x>0, \end{cases}$

奇延拓 $f(x)=\begin{cases} x-1, & x<0, \\ 0, & x=0, \\ 1+x, & x>0. \end{cases}$

6. $[1,\mathrm{e})\cup(\mathrm{e},\mathrm{e}^2]$. 7. $f(x)=x$. 8. $f(x)=\dfrac{a\varphi(x)+\varphi\left(\dfrac{x}{x-1}\right)}{1-a^2}$.

9. $f(x)+g(x)=\begin{cases} x^2+x+1, & x\in\left[-\dfrac{1}{2},0\right], \\ \mathrm{e}^x+\sin x, & x\in[0,1]. \end{cases}$

11. $\varphi(x)=\begin{cases} 0, & -\infty<x\leqslant 1, \\ \mathrm{e}^{x-1}, & 1<x<+\infty. \end{cases}$

12. $\varphi[\psi(x)]=\begin{cases} 0, & x<0, \\ x^2, & x\geqslant 0. \end{cases}$

13. 1.

14. $g(f(x))=\begin{cases} 2+x^2, & x<0, \\ x+2, & x\geqslant 0. \end{cases}$

15. (1) $y=\log_2\dfrac{x}{1-x}$; (2) $y=\dfrac{2}{1-\arcsin\dfrac{x-1}{2}}-1$.

17. $f(x)=(x-4)^2$.

第 2 章

习题 2.1

1. (1)1; (2) ∞; (3)1; (4)0.

2. (1) $N=100$, 从第 101 项开始永远小于 0.01; $N=1000$, 从第 1001 项开始永远小于 0.001.

(2) $N=100$, 从第 101 项开始永远小于 0.01; $N=1000$, 从第 1001 项开始永远小于 0.001.

习题 2.2

2. 0.01.

3. 0.0002.

习题 2.3

1.(1) 无穷小; (2) 无穷大; (3) 无穷大; (4) 无穷小; (5) 无穷大;
(6) 无穷小.

4. 无界, 不是无穷大.

5. (1) $y=1+\dfrac{-1}{1+x^3}$; (2) $y=\dfrac{1}{2}+\dfrac{1}{2}\cdot\dfrac{-1}{2x^2+1}$; (3) $y=-1+\dfrac{3}{1+x^2}$.

7. B.

习题 2.4

1.(1) 3; (2) 0; (3) $2x$; (4) $\dfrac{1}{3}$; (5) 2; (6) $\dfrac{1}{2}$; (7) $\dfrac{3^{25}2^{20}}{5^{45}}$; (8) -1.

2.(1) $\dfrac{2}{3}\sqrt{2}$; (2) $\dfrac{q}{p}$; (3)0; (4) -2; (5) 1; (6) 2; (7) 1; (8) 1.

3. (1) $\dfrac{1}{m}a^{\frac{1}{m}-1}$; (2) $\dfrac{1}{\sqrt{2a}}$; (3) $\dfrac{1}{2}$; (4) $\dfrac{1}{1-x}$; (5) 0; (6) $-\dfrac{1}{12}$.

4. $a=1,b=-2$. 5. $f(x)=\cos x+2\sin\dfrac{x}{2}$.

6. 0. 7. $k=-2$.

习题 2.5

1. (1) 0;　(2) 1;　(3) 1;　(4) 10;　(5) 1.

2. (1) 5;　(2) $\frac{3}{2}$;　(3) 1;　(4) $(-1)^n$;　(5)1;　(6) $\cos a$;　(7) $\frac{1}{2}$;　(8) $\sqrt{3}$;
(9) 6;　(10) 不存在;　(11) $\tan^4 a-1$;　(12) 3.

4. (1) e^{-6};　(2) e;　(3) e^{-3};　(4) e^{-1};　(5) e^{-1};　(6) $\mathrm{e}^{-\frac{1}{2}}$;　(7) e^{3};　(8) e^{-2};
(9) e^{x};　(10) e^{3};　(11) $\mathrm{e}^{-\frac{1}{4}}$;　(12) e^{-2}.

5. $a=\ln 3$.　7. 2.

习题 2.6

1. (1) 同阶不等价;　(2) 等价.

2. (1) $\frac{2}{3}$ 阶, $-x^{\frac{2}{3}}$;　(2) 3 阶, $\frac{x^3}{2\sqrt{a}}(a>0)$;　(3) 1 阶, x;　(4) 3 阶, $\frac{1}{2}x^3$;
(5) 2 阶, $\frac{1}{2}x^2$;　(6) 2 阶, $-\frac{1}{2}x^2$;　(7) 1 阶, x;　(8) 2 阶, $\frac{1}{4}x^2$;
(9) 1 阶, x;　(10) 2 阶, x^2.

3. (1) $\frac{1}{2}m^2$;　(2) $\frac{2}{3}$;　(3) $\frac{3}{2}$; (4) 1;　(5) $\frac{1}{2}$;　(6) $\frac{\mathrm{e}}{2}$;　(7) -1;　(8) $\frac{1}{2}$.

5. $a=-1,b=-\frac{1}{2}$.　6. $a=1,b=-4$.　7. $a=6$.

习题 2.7

1. (1) $x=0$ 为可去间断点, 补充 $f(0)=\mathrm{e}$;

(2) $x=0$ 为可去间断点, 补充 $f(0)=1$; $x=k\pi(k\neq 0)$ 为第二类间断点;

(3) $x=0$ 为跳跃间断点; $x=1$ 为可去间断点, 补充 $f(1)=\frac{1}{2}$; $x=-1$ 为第二类间断点;

(4) $x=0$ 为跳跃间断点;

(5) $x=0$ 为跳跃间断点; $x=\frac{1}{\ln 2-\ln 3}$ 为第二类间断点;

(6) $x=0$ 为跳跃间断点.

2. 不能, $x=0$ 为跳跃间断点.

3. $c=$e.

4.(1) $b=1$, a 任意实数;　(2) $a=1,b=1$.

5.(1) $\frac{1}{a}$;　(2) $\frac{1}{2}$;　(3) $\frac{\beta}{n}+\frac{\alpha}{m}$;　(4) $\sqrt[3]{abc}$.

6. 不一定, 不一定.

7. 连续、连续; 不一定、不一定.　20. D.

习题 2.8

1. (1)1; (2) $\frac{1}{2}$; (3) 2; (4) $\frac{2}{3}$; (5) $\frac{1}{(1-x)^2}$;

(6) $-\ln x$; (7)1; (8)1; (9) $\frac{1}{\mathrm{e}}$; (10) -1.

2. (1) e^2; (2) 2ln2.

3. $a=-\frac{3}{2}$. 4. $n=2$.

5. $x=0$ 为无穷间断点, $x=1$ 为跳跃间断点.

6. $a=\mathrm{e}$, 无穷间断点.

7. (1) 0; (2) ∞. 16. 0. 17. $\frac{\alpha+1}{\alpha+2}$.

18. (1) 1, 随着时间 $t\to+\infty$, 所有市民将听到消息. 但当 t 为固定值时, 总有市民听不到消息; (2) $t=6$.

19. D.

第 3 章

习题 3.1

1. $T'(t_0)$. 2. $\theta'(t_0)$. 3. $m'(x_0)$. 4. $l'(t_0)$.

5. 水面高度为 h_0 时的水面面积.

6. (1) $-f'(a)$; (2) $f'(a)$.

7. (1) 3; (2) $\sin 2+\cos 2$.

8. (1) $\frac{1}{3}x^{-\frac{2}{3}}$; (2) $-\csc^2 x$.

10. (1) 连续, 可导; (2) 连续, 不可导; (3) 不连续, 不可导; (4) 连续, 可导.

11. $a=f'_-(x_0)$, $b=f(x_0)-x_0f'_-(x_0)$.

12. $a=1$,$b=1$. 13. $a=\frac{2}{\mathrm{e}}$. 14. $\frac{1}{2}$.

15. (1) C; (2) B.

习题 3.2

1. (1) $\frac{7}{8}x^{-\frac{1}{8}}$; (2) $\frac{2}{x\ln 10}-\frac{5}{1+x^2}$; (3) $\tan x+x\sec^2 x+\frac{1}{x}$;

(4) $3^x(\ln 3x^3+3x^2)$; (5) $(\sin x+x\cos x)\ln x+\sin x$; (6) $4x^3-30x^2+70x-50$;

(7) $\frac{3^x\ln 3}{(3^x+1)^2}$; (8) $\frac{1}{(\sqrt{x}-1)^2}\left(-\frac{1}{6}x^{-\frac{1}{6}}-\frac{1}{3}x^{-\frac{2}{3}}-\frac{1}{2}x^{-\frac{1}{2}}\right)+4x$;

(9) $\dfrac{1}{(2^x+1)^2}\left(\left(\cos x\cdot\arcsin x+\dfrac{\sin x}{\sqrt{1-x^2}}\right)(2^x+1)-\ln 2\cdot 2^x\sin x\cdot\arcsin x\right)$;

(10) $\left(\dfrac{\ln x-1}{\ln^2 x}+\cos x\right)\operatorname{arccot}x-\left(\dfrac{x}{\ln x}+\sin x\right)\dfrac{1}{1+x^2}$.

2. **切线**: $y=\dfrac{1}{4}x+1$, **法线**: $y=-4x+18$.

3. -2, $x=1$ 和 $x=-2$.　4. $\mathrm{e}^{\frac{1}{\mathrm{e}}}$, (e,e).　5. $\arctan 3$.

7. -1.　8. D.

习题 3.3

1. (1) $-3\ln 2\cdot\sin 3x\cdot 2^{\cos 3x}$;　(2) $3x^2\sin(2x^3)$;　(3) $-\dfrac{1}{x^2}\cos\dfrac{1}{x}\cdot\cos\sin\dfrac{1}{x}$;

(4) $\dfrac{2x}{3}\sec^2\sqrt[3]{1+x^2}\cdot(1+x^2)^{-\frac{2}{3}}$;　(5) $-6x\mathrm{e}^{x^2+2}\cdot\csc^3\mathrm{e}^{x^2+2}\cdot\cot\mathrm{e}^{x^2+2}$;

(6) $6\sec^2\mathrm{e}^{3x}\tan\mathrm{e}^{3x}\cdot\mathrm{e}^{3x}$;　(7) $-\dfrac{\mathrm{e}^{\frac{1}{\ln x}}}{x\ln^2 x}$;　(8) $\dfrac{(2x+1)\mathrm{e}^{\sqrt{\ln(x^2+x+1)}}}{2(x^2+x+1)\sqrt{\ln(x^2+x+1)}}$;

(9) $\arcsin 2x+\dfrac{x}{\sqrt{1-4x^2}}$;

(10) $-\mathrm{e}^{-x^3}(3x^2\sin\mathrm{e}^{-x^2}+2x\mathrm{e}^{-x^2}\cos\mathrm{e}^{-x^2})$;

(11) $\dfrac{\sin 2x\cdot\sin x^2-2x\sin^2 x\cdot\cos x^2}{\sin^2(x^2)}$;

(12) $\dfrac{1}{\sqrt{1-\left(\dfrac{1+\sin x}{1+\cos x}\right)^2}}\cdot\dfrac{\cos x+\sin x+1}{(1+\cos x)^2}$;

(13) $\dfrac{1}{x(\log_5 x)(\log_4\log_5 x)\ln 3\ln 4\ln 5}$;

(14) $\dfrac{1}{\sqrt{a^2+x^2}}$;　(15) $\dfrac{1}{2\sqrt{x+\sqrt{x+\sqrt{x}}}}\left[1+\dfrac{1}{2\sqrt{x+\sqrt{x}}}\left(1+\dfrac{1}{2\sqrt{x}}\right)\right]$;

(16) $\dfrac{3\mathrm{e}^{3x}}{1+\mathrm{e}^{6x}}+\dfrac{1}{2\sqrt{\dfrac{\mathrm{e}^{2x}}{\mathrm{e}^{2x}+1}}}\dfrac{2\mathrm{e}^{2x}}{(\mathrm{e}^{2x}+1)^2}$;

(17) $(1+\tan^2 x+\tan^4 x)\sec^2 x$;

(18) $\dfrac{\cos x}{\sqrt{\sin x}}\left(-\dfrac{1}{(1+\sqrt{\sin x})^2}+\dfrac{1}{\sqrt{1-\sin x}}\right)$.

2. (1) $a^{b^x}(\ln a)b^x\ln b+a^b x^{a^b-1}+a^{x^b}(\ln a)bx^{b-1}$;　(2) $\mathrm{e}^{2x}(1+2x)$;

(3) $y=\begin{cases} -1, & x \leqslant 0, \\ -e^{-x}(2\sin 2x+\cos 2x), & x>0. \end{cases}$

3. (1) $\dfrac{1}{n}\left[f^n(x)+g^n(x)\right]^{1-\frac{1}{n}}\left[nf^{n-1}(x)f'(x)+ng^{n-1}(x)g'(x)\right]$;

(2) $\left[f'(\sin^2 x)-g'(\cos^2 x)\right]\sin 2x$.

4. $\dfrac{3\pi}{2}$.

5. $-\sin a, 0, -\sin 2x,\ -2\sin 2x,\ -\sin\cos x,\ \sin x\cdot\sin\cos x$.

6. (1) $-\dfrac{1-\sqrt{x}}{\sqrt{x}}$; (2) $\dfrac{x+y}{x-y}$; (3) $\dfrac{2^{x+y}-2^x}{2^y-2^{x+y}}$; (4) $-\dfrac{(1-\sqrt{1-x^2})\sqrt{1-y^2}}{(1-\sqrt{1-y^2})\sqrt{1-x^2}}$;

(5) $y'\Big|_{\substack{x=1\\y=0}}=-1,\ y'\Big|_{\substack{x=1\\y=-1}}=0$; (6) e^2-1.

7. $\dfrac{1}{3}$.

8. (1) $(1+\sin x)^{\sin x}\left(\cos x\ln(1+\sin x)+\dfrac{\sin x\cos x}{1+\sin x}\right)$; (2) $4-3\ln 3$;

(3) $\dfrac{1}{3}\sqrt[3]{\dfrac{x(x^2+1)}{(x^2-1)^2}}\left(\dfrac{2}{x}+\dfrac{2x}{x^2-1}-\dfrac{4x}{x^2+1}\right)$; (4) $-3(1+\ln 3)$; (5) $\ln 2$.

9. (1) $\dfrac{2}{3t}$; (2) $\dfrac{\sin\theta}{1-\cos\theta}$; (3) $\dfrac{t}{2}$; (4) $\dfrac{2\sin t}{\sin t+\cos t}$; (5) $\begin{cases} 6t, & t\geqslant 0, \\ 2t, & t<0. \end{cases}$

10. 2.

12. $2000\pi\ \text{cm}^2/\text{s}$, $50000\pi\ \text{cm}^3/\text{s}$. 13. $\dfrac{\pi}{3}$ cm/s.

14. (1) $\begin{cases} \xi=x-\dfrac{x}{\sqrt{4x^2+1}}, \\ \eta=x^2+\dfrac{x}{2\sqrt{4x^2+1}}; \end{cases}$ (2) $\dfrac{a}{2x}$.

15. $\arctan\left(-\dfrac{17}{3}\right)$. 16. $x+y=e^{\frac{\pi}{2}}$.

习题 3.4

1. (1) $(x^2+1)^{-\frac{3}{2}}$; (2) $\dfrac{1}{\sqrt{x^2+a^2}}$; (3) $-\dfrac{b^4}{a^2y^3}$; (4) $-2\left(\dfrac{1}{y^5}+\dfrac{1}{y^3}\right)$;

(5) $-\dfrac{b}{a^2\sin^3 t}$; (6) $\dfrac{1+t^2}{4t}$; (7) $\dfrac{1}{f''(t)}$.

2. $e^2(2e^2+4)$. 3. 0.

4. $\dfrac{\mathrm{d}u}{\mathrm{d}x}=f'(\varphi(x)+y^2)\left(\varphi'(x)+\dfrac{2y}{1+\mathrm{e}^y}\right)$,

$$\begin{aligned}\frac{\mathrm{d}^2u}{\mathrm{d}x^2}&=f''\left(\varphi(x)+y^2\right)\left(\varphi'(x)+\frac{2y}{1+\mathrm{e}^y}\right)^2\\&\quad+f'(\varphi(x)+y^2)\left(\varphi''(x)+\frac{2}{(1+\mathrm{e}^y)^2}-\frac{2y\mathrm{e}^y}{(1+\mathrm{e}^y)^3}\right).\end{aligned}$$

5. (1) $-2^{n-1}\cos\left(2x+\dfrac{n\pi}{2}\right)$; (2) $(x+n)\mathrm{e}^x$;

(3) $(-1)^n n!\left[\left(\dfrac{1}{x-2}\right)^{n+1}-\dfrac{1}{2}\left(\dfrac{1}{x-1}\right)^{n+1}-\dfrac{1}{2}\left(\dfrac{1}{x+1}\right)^{n+1}\right]$;

(4) $-(n-1)!\left(\dfrac{(-1)^n}{(1+x)^n}+\dfrac{1}{(1-x)^n}\right)$;

(5) $\dfrac{1}{4}\left(4^n\sin\left(4x+\dfrac{n\pi}{2}\right)-6^n\sin\left(6x+\dfrac{n\pi}{2}\right)+2^n\sin\left(2x+\dfrac{n\pi}{2}\right)\right)$.

6. (1) $\mathrm{e}^x(x^3+300x^2+29700x+970200)$;

(2) $2^{98}(4x^2\sin 2x-400x\cos 2x-9900\sin 2x)$;

(3) $9\times 6!$; (4) 0; (5) $\dfrac{10!}{(1-x)^{11}}$.

7. $n!f^{n+1}(x)$. 8. $x^3-9x^2+18x-6$.

10. (1) C; (2) C.

习题 3.5

1. -0.002001, -0.002.

2. (1) $\dfrac{1}{(1+x)^2}\mathrm{d}x$; (2) $\ln x\mathrm{d}x$; (3) $(-\csc^2 x+\cot x\csc x)\mathrm{d}x$;

(4) $\dfrac{y}{x-y}\mathrm{d}x$; (5) $3\mathrm{e}^{3x-1}\sin(2\mathrm{e}^{3x-1})\mathrm{d}x$; (6) $\dfrac{u'(x)v(x)-u(x)v'(x)}{u^2(x)+v^2(x)}\mathrm{d}x$.

3. $\dfrac{\varphi'(x+y)-\cos\varphi(x)\cdot\varphi'(x)}{\cos y\cdot\varphi'(\sin y)-\varphi'(x+y)}\mathrm{d}x$.

4. (1) $\dfrac{x^3}{3}+C$; (2) $\ln|x|+C$; (3) $\sin x+C$; (4) $\tan x+C$;

(5) $\dfrac{3}{2}x^{\frac{2}{3}}+C$; (6) $\arcsin x+C$; (7) $\dfrac{1}{1+\mathrm{e}^{4x}}$;

(8) $(\cos\sqrt{\cos x})\cdot\dfrac{1}{2\sqrt{\cos x}}$; (9) $f(\sin x)$; (10) $\dfrac{1}{3}\mathrm{e}^{x^3}$.

6. $\dfrac{1}{2}$.

7. (1) $\dfrac{-2}{(1+x)^3}\mathrm{d}x^2$; (2) $\dfrac{1}{x}\mathrm{d}x^2$; (3) $(-3\sin x - x\cos x)\mathrm{d}x^3$;

(4) $\mathrm{e}^{-x}(3-x)\mathrm{d}x^3$.

8. (1) 9.9933; (2) 0.5151; (3) −0.01; (4) 2.6639.

9. 2.23cm.

12. C.

习题 3.6

1. 若 $a \neq 0$, 则 $\lim\limits_{x\to a} g(x)$ 存在; 若 $a=0$, 则 $\lim\limits_{x\to a} xg(x)$ 存在.

2. (1) $n>0$; (2) $n>1$; (3) $n>2$; (4) $n>3$.

3. $\dfrac{(a+bx^2)c}{(b^2-a^2)x^2}$. 4. $1+f^2(x)$. 5. $\mathrm{e}^{-\frac{f'(a)}{f(a)}}$. 6. $\dfrac{1}{2}f'(0)$.

7. $\sqrt{2}$.

8. 不能, 证明略.

11. $\begin{cases} 1, & 0<x<1, \\ 2x, & 1<x<2. \end{cases}$ 12. −1. 13. $2\mathrm{e}^{2x}$. 14. $y=2(x-6)$.

15. (1) $\dfrac{y}{y_0}=3\left(\dfrac{x}{x_0}\right)^2-2\left(\dfrac{x}{x_0}\right)^3$; (2) $x_0 \geqslant v_0\sqrt{\dfrac{60y_0}{g}}$.

16. $v'_h|_{h=5}=75\pi\mathrm{m}^3/\mathrm{m}, r'_t|_{h=5}=\dfrac{1}{15\pi}\mathrm{m}/\min$. 18. $\dfrac{20}{101}$.

第 4 章

习题 4.1

1. (1) 满足, 有; (2) 满足, 有; (3) 不满足, 没有; (4) 不满足, 有.

2. 实根在区间 (0,1), (1,2), (2,3) 内.

4. 满足, 有 2 个 ξ 满足等式.

7. 提示: 作辅助函数 $g(x)=\mathrm{e}^{x^2+x}f(x)$, 应用罗尔定理.

8. 提示: 作辅助函数 $g(x)=\mathrm{e}^{-2\arctan x}f(x)$, 应用罗尔定理.

9. 提示: 对函数 $f(x), \ln x$ 应用柯西中值定理.

12. 提示: 作辅助函数 $g(x)=\mathrm{e}^{g(x)}f(x)$, 应用罗尔定理.

14. 若 $f(x)$ 在 I 上满足利普希茨条件, 必连续; 若 $f'(x)$ 在 I 上有界时, $f(x)$ 在 I 上必满足利普希茨条件.

15. (1) 单调递增区间 [0,1]; 单调递减区间 [1,2];

(2) 单调递增区间 $(-\infty,0]$; 单调递减区间 $[0,+\infty)$.

17. $a<0, b^2-3ac\leqslant 0$.

18. (1)2 个实根;

(2) 当 $0<a<\dfrac{1}{\mathrm{e}}$ 时, 有 2 个实根; 当 $a=\dfrac{1}{\mathrm{e}}$ 时, 有 1 个实根; 当 $a>\dfrac{1}{\mathrm{e}}$ 时, 无实根;

(3) 当 $a<1$, 无实根; 当 $a=1$, 有 1 个实根; 当 $a>1$, 有 2 个实根;

(4) 当 $a<1$, 无实根; 当 $a=1$, 有 1 个实根; 当 $a>1$, 有 2 个实根.

19. 实根存在的区间 $\left(a, a-\dfrac{f(a)}{k}\right)$.

24.(1)D;　(2)D.

习题 4.2

1. (1) $-\dfrac{1}{6}$;　(2) $\dfrac{1}{\sqrt{2\pi}}$;　(3) 1;　(4) $\dfrac{1}{6}$;　(5) $-\dfrac{\mathrm{e}}{2}$;　(6) 0;　(7) 1;　(8) 2;

(9) $\dfrac{2}{\pi}$;　(10) 0;　(11) 1;　(12) ab;　(13) $\dfrac{1}{2}$;　(14) 1;　(15) 1;　(16) e;

(17) 1;　(18) $\mathrm{e}^{-\frac{1}{2}}$;　(19) e;　(20) e^2;　(21) e^2;　(22) $\mathrm{e}^{-\frac{2}{\pi}}$;　(23) e^3.

2. 二阶.

3. $p=3$.

4. (1) $a=g'(0)$;

(2) $$f'(x)=\begin{cases}\dfrac{[g'(x)+\sin x]x-[g(x)-\cos x]}{x^2}, & x\neq 0,\\ \dfrac{1}{2}[g''(0)+1], & x=0;\end{cases}$$

(3) $f'(x)$ 在 $x=0$ 处连续.

5. e^2.

习题 4.3

1.(1) $$f(x)=2-(x-2)+(x-2)^2-(x-2)^3+\cdots+(-1)^n(x-2)^n$$
$$+(-1)^{n+1}\frac{(x-2)^{n+1}}{[2+\theta(x-2)]^{n+2}};$$

(2) $$f(x)=(x-1)+\frac{3}{2!}(x-1)^2+\frac{2}{3!}(x-1)^3+\frac{-2}{4!}(x-1)^4+\cdots$$
$$+\frac{(-1)^{n-3}2(n-3)!}{n!}(x-1)^n+\frac{(-1)^{n-2}2(n-2)!}{(n+1)![1+\theta(x-1)]^{n-1}}(x-1)^{n+1},$$
$0<\theta<1$;

(3) $f(x)=x+x^2+\frac{1}{2!}x^3+\cdots+\frac{1}{(n-1)!}x^n+\frac{(\theta x+n+1)\mathrm{e}^{\theta x}}{(n+1)!}x^{n+1},\quad 0<\theta<1.$

2. (1) $f(x)=x^2\mathrm{e}^x=x^2+\frac{((\theta x)^2+6\theta x+6)}{3!}\mathrm{e}^{\theta x}x^3,\quad 0<\theta<1;$

(2) $f(x)=\tan x=x+\frac{2(1+2\sin^2(\theta x))}{3\cos^4(\theta x)}x^3,\quad 0<\theta<1;$

(3) $f(x)=\ln(1+x)=x-\frac{1}{2!}x^2+\frac{1}{3(1+\theta x)^3}x^3,\quad 0<\theta<1;$

(4) $f(x)=\mathrm{e}^{x^2}=1+x^2+\frac{4[(3\theta x+2(\theta x)^3]\mathrm{e}^{(\theta x)^2}}{3!}x^3,\quad 0<\theta<1.$

3. 特点: $f(x_0)=0, f'(x_0)=0, f''(x_0)\neq 0$. $\lim\limits_{x\to x_0}\frac{f(x)}{(x-x_0)^2}=\frac{1}{2!}f''(x_0)$.

4. (1) $\sqrt[3]{29}\approx 3.0760, |R_3|\leqslant 3.72\times 10^{-6}$;

(2) $\sin 18^\circ\approx 0.3090, |R_3|\leqslant 1.3\times 10^{-4}$.

5. (1) $\frac{1}{3}$; (2) $\frac{1}{2}$.

6. (1) 3 阶, 幂函数形主部是 $\frac{1}{2}x^3$; (2) 4 阶, 幂函数形主部是 $\frac{1}{4}x^4$.

7. $a=\frac{4}{3}, b=-\frac{1}{3}$.

8. $f^{(4)}(0)=0,\ f^{(5)}(0)=45$.

习题 4.4

1. (1) 极大值 $f(-1)=13$, 极小值 $f(3)=-51$;

(2) 极大值 $f(2)=9$, 极小值 $f(1)=0, f(5)=0$;

(3) 极大值 $f(\mathrm{e}^{-4})=8\mathrm{e}^{-4}$, 极小值 $f(\mathrm{e}^2)=-4\mathrm{e}^2$;

(4) 极小值 $f(\mathrm{e})=\mathrm{e}$.

2. $a=2$, 极大值 $f\left(\frac{\pi}{3}\right)=\sqrt{3}$.

3. 极大值 $f(0)=0$, 极小值 $f(\mathrm{e}^{-1})=-\mathrm{e}^{-1}$.

4. (1) 最小值 $f(0)=0$, 最大值 $f(4)=8$;

(2) 最小值 $f\left(\frac{1}{\mathrm{e}}\right)=\mathrm{e}^{\mathrm{e}-1}$, 最大值 $f(1)=1$;

(3) 最小值 $f(1)=\frac{1}{2}-\frac{\pi}{4}$, 最大值 $f(0)=0$;

(4) 最小值 $f(0)=1$, 最大值 $f(1)=\mathrm{e}-1$;

(5) 最小值 $f(0)=-1$, 最大值 $f(2)=2-\sqrt{3}$.

5. (1) $(-\infty,1]$; (2) $\left[0,\dfrac{\pi}{4}\right)$.

8. 驻点 $x=1$, 极小值点.

9. $b=\dfrac{d}{\sqrt{3}}, h=\sqrt{\dfrac{2}{3}}d$.

10. 轮船的速度为 $\nu=2\sqrt[3]{300}$ 时总费用最小, 此时每小时总费用为 720 元.

11. $\alpha=\dfrac{\pi}{4}$. 12. $r=\sqrt[3]{\dfrac{V}{2\pi}}, h=2\sqrt[3]{\dfrac{V}{2\pi}}$. 13. $\alpha=2\pi\left(1-\sqrt{\dfrac{2}{3}}\right)$.

14. (1) C; (2) B; (3) B; (4) B.

习题 4.5

1. (1) 拐点 $\left(-\dfrac{\sqrt{3}}{3},\dfrac{23}{18}\right),\left(\dfrac{\sqrt{3}}{3},\dfrac{23}{18}\right)$, 上凸区间 $\left(-\infty,-\dfrac{\sqrt{3}}{3}\right],\left[\dfrac{\sqrt{3}}{3},+\infty\right)$, 下凸区间 $\left[-\dfrac{\sqrt{3}}{3},\dfrac{\sqrt{3}}{3}\right]$;

(2) 拐点 $(-1,\ln 2),(1,\ln 2)$, 上凸区间 $(-\infty,-1],[1,+\infty)$, 下凸区间 $[-1,1]$;

(3) 拐点 $(1,-1)$, 上凸区间 $[1,+\infty)$, 下凸区间 $(-\infty,1]$;

(4) 拐点 $(0,0)$, 上凸区间 $[0,+\infty)$, 下凸区间 $(-\infty,0]$.

2. (1) 拐点 $(-1,2)$; (2) 拐点 $(1,4),(1,-4)$; (3) 拐点 $(0,1)$; (4) 拐点 $(0,0)$.

3. $a=-\dfrac{3}{2}, b=\dfrac{9}{2}$.

4. x_0 不是极值点, $(x_0,f(x_0))$ 是拐点.

9. (1) 铅直渐近线 $x=1$, 水平渐近线 $y=2$;

(2) 铅直渐近线 $x=0$, 斜渐近线 $y=x$;

(3) 斜渐近线 $y=x, y=-x$;

(4) 铅直渐近线 $x=-\dfrac{1}{\mathrm{e}}$, 斜渐近线 $y=x+\dfrac{1}{\mathrm{e}}$.

11 .(1) C; (2) D; (3) C; (4) A.

习题 4.6

1. (1) 0; (2) $\dfrac{\sqrt{2}}{2}$; (3) $\dfrac{1}{6}$.

2. $k=\left|\dfrac{r^2+2(r')^2-rr''}{[(r')^2+r^2]^{\frac{3}{2}}}\right|$, 曲率半径 $R=\dfrac{2}{3}\sqrt{2ar}$.

3. $(-2,3)$. 4. $(x-2)^2+y^2=4$.

5. $\left(\dfrac{\sqrt{2}}{2},-\dfrac{1}{2}\ln 2\right)$, $a=-1,b=2\sqrt{2}, C=-\dfrac{1}{2}(\ln 2+3)$.

7. $(\pm 1,\ln 2)$.

习题 4.7

1. $A=2,B=1,C=\dfrac{5}{4}$.

2. $\ln a$. 3. 36. 6. 2. 13. $\dfrac{1}{\sqrt{3}}$.

16. B.

第 5 章

习题 5.1

1. (1) $-\dfrac{1}{5}\cos\ 5x+C$; (2) $\dfrac{1}{2}\dfrac{5^{2x}}{\ln 5}+C$;

(3) $\dfrac{1}{33}(3x+2)^{11}+C$; (4) $2\ln|x+1|+C$.

2. $y=\ln x+3$. 3. $y=x^3$. 4. (1) $s=16$; (2) $t=10$. 6. 否. 7. 错误.

8. (1) $\dfrac{1}{4}x^4-\dfrac{40}{7}x^{0.7}+x+C$;

(2) $m=-n$, $\ln|x|+C$, $m\neq -n$, $\dfrac{m}{m+n}x^{\frac{m+n}{m}}+C$;

(3) $\dfrac{8}{15}x^{\frac{15}{8}}+C$, (4) $\dfrac{2}{3}x^3+\arctan x+C$;

(5) $\dfrac{5^{2x}\mathrm{e}^x}{1+2\ln 5}+C$; (6) $-\dfrac{1}{\ln 5}\left(\dfrac{1}{5}\right)^x-\dfrac{1}{\ln 2}\left(\dfrac{1}{2}\right)^x+C$;

(7) $\dfrac{1}{2}x-\dfrac{1}{2}\sin x+C$; (8) $-\cot x-\tan x+C$;

(9) $\arcsin x+C$; (10) $\dfrac{1}{2}\tan x+\dfrac{x}{2}+C$;

(11) $x+\cos x+C$; (12) $2\tan x+2\sec x-x+C$.

9. $\dfrac{\mathrm{e}^{-x}}{2\sqrt{x}}$.

习题 5.2

1. (1) $\dfrac{1}{3}\ln|1+3x|+C$; (2) $\dfrac{1}{\sqrt{5}}\arcsin\left(\sqrt{\dfrac{5}{3}}x\right)+C$;

(3) $\dfrac{1}{51a}(ax+b)^{51}+C$; (4) $-\mathrm{e}^{\frac{1}{x}}+C$;

(5) $\ln 10 \cdot \sin(\lg x) + C$;

(6) $\dfrac{2}{3}\sqrt{(\arcsin x)^3} + C$;

(7) $\dfrac{2}{3}\arcsin\sqrt{\dfrac{x^3}{a^3}} + C$;

(8) $(\arctan\sqrt{x})^2 + C$;

(9) $\dfrac{2}{3(a-b)}\left[(x-b)^{\frac{3}{2}} + (x-a)^{\frac{3}{2}}\right] + C$;

(10) $\dfrac{3}{10}\ln(5x^2+7) - \dfrac{2}{\sqrt{35}}\arctan\left(\sqrt{\dfrac{5}{7}}x\right) + C$;

(11) $\dfrac{1}{\ln a}\arctan a^x + C$;

(12) $\dfrac{1}{4}\left(1+x^3\right)^{\frac{4}{3}} + C$;

(13) $\dfrac{1}{3}\left(\tan 3x + \dfrac{1}{\cos 3x}\right) + C$;

(14) $-\dfrac{1}{x\ln x} + C$;

(15) $\ln|\ln\ln x| + C$;

(16) $-\dfrac{\ln(1+2^{-x})}{\ln 2} + C$;

(17) $\dfrac{1}{8}\ln\left(1+4x^2\right) - \dfrac{1}{3}\sqrt{(\arctan 2x)^3} + C$;

(18) $\dfrac{1}{5}\sin^5 x + C$;

(19) $\dfrac{1}{5}\tan^5 x + \dfrac{2}{3}\tan^3 x + \tan x + C$;

(20) $\dfrac{1}{4}\sin 2x - \dfrac{1}{16}\sin 8x + C$;

(21) $\dfrac{1}{3}\sec^3 x + C$;

(22) $\dfrac{1}{5}\tan^5 x - \dfrac{1}{3}\tan^3 x + \tan x - x + C$;

(23) $\dfrac{1}{8}\sin 4x + \dfrac{1}{4}\sin 2x + C$;

(24) $\dfrac{3}{8}x + \dfrac{1}{4}\sin 2x + \dfrac{1}{32}\sin 4x + C$;

(25) $\dfrac{1}{2}\tan^4\dfrac{x}{2} + C$;

(26) $\ln|x+\cos x| + C$;

(27) $-\ln|\sin x + \cos x| + C$;

(28) $\ln|\tan x| + C$;

(29) $\tan x - \dfrac{1}{\cos x} + C$;

(30) $-\dfrac{2}{9}\sqrt{(1+3\cos^2 x)^3} + C$;

(31) $\dfrac{\sqrt{b^2\sin^2 x + a^2\cos^2 x}}{b^2 - a^2} + C$;

(32) $-\dfrac{1}{4}\sqrt{3+4x-4x^2} + \dfrac{3}{4}\arcsin\left(x - \dfrac{1}{2}\right) + C$;

(33) $\arcsin \mathrm{e}^x - \sqrt{1-\mathrm{e}^{2x}} + C$;

(34) $\ln|\sin x - x\cos x| + C$;

(35) $x^x + C$; (36) $\frac{1}{4}\ln\left|\frac{2+\sin x-\cos x}{2-\sin x+\cos x}\right|+C$;

(37) $\ln|\ln\sin x| + C$.

2. (1) $-\frac{1}{(x+1)^{99}}\left[\frac{1}{99}-\frac{x+1}{49}+\frac{(x+1)^2}{97}\right]+C$;

(2) $\frac{(2x+3)^{101}}{4}\left[\frac{2x+3}{102}-\frac{3}{101}\right]+C$;

(3) $-2\sqrt{1-x}+2\ln\left(1+\sqrt{1-x}\right)+C$;

(4) $x-\frac{6}{5}x^{\frac{5}{6}}+\frac{3}{2}x^{\frac{2}{3}}-2x^{\frac{1}{2}}+3x^{\frac{1}{3}}-6x^{\frac{1}{6}}+6\ln\left|x^{\frac{1}{6}}+1\right|+C$;

(5) $2\ln\left(\sqrt{1+\mathrm{e}^x}-1\right)-x+C$;

(6) $-\frac{\sqrt{x^2+a^2}}{x}+\ln\left(x+\sqrt{x^2+a^2}\right)+C$;

(7) $\sqrt{x^2-a^2}-|a|\arccos\frac{|a|}{x}+C$; (8) $-\frac{1}{a^2}\frac{x}{\sqrt{x^2-a^2}}+C$;

(9) $\frac{a^2}{2}\arcsin\frac{x}{a}-\frac{x}{2}\sqrt{a^2-x^2}+C$; (10) $\ln\left|\frac{1-\sqrt{1-x^2}}{x}\right|+C$;

(11) $-\frac{\sqrt{1+x^2}}{x}+C$; (12) $\frac{x^3}{5}(1+x^3)^{\frac{5}{3}}-\frac{3}{40}(1+x^3)^{\frac{8}{3}}+C$;

(13) $-\frac{\sqrt{1-x^2}}{x^2}-\arcsin x+C$; (14) $\frac{1}{2}\ln\left(x^2+\sqrt{1+x^4}\right)+C$.

3.$-\frac{1}{2}\left(1-x^2\right)^2+C$.

4. 若 $a=0, F(x)=\frac{x^3}{3}+C, a=1, F(x)=\frac{x^3}{3}+\frac{x^2}{2}+x+C, a=-1, F(x)=\frac{x^3}{3}-\frac{x^2}{2}+x+C$.

习题 5.3

1.(1) $\frac{2^x}{1+\ln^2 2}(\sin x+\ln 2\cdot\cos x)+C$; (2) $-x^3\cos x+2x\sin x+2\cos x+C$;

(3) $\frac{1}{3}\left(x^2+2x+3\right)\sin 3x+\frac{2}{9}(x+1)\cos 3x-\frac{2}{27}\sin 3x+C$;

(4) $\frac{1}{8}\sin 2x-\frac{1}{4}x\cos 2x+C$;

(5) $-(x^2+5)\mathrm{e}^{-x}+C$; (6) $-\frac{x\ln 2+1}{2^x\ln^2 2}+C$;

(7) $\frac{1}{2}\left(x^2-1\right)e^{x^2}+C$; (8) $x\tan x+\ln|\cos x|-\frac{1}{2}x^2+C$;

(9) $-x\cot x+\ln|\sin x|+C$; (10) $\frac{1}{4}x^4\ln x-\frac{1}{16}x^4+C$;

(11) $x\ln^2 x-2x\ln x+2x+C$;

(12) $\frac{1}{4}\left(2x^2-1\right)\arcsin x+\frac{1}{4}x\sqrt{1-x^2}+C$;

(13) $x\arctan x-\frac{1}{2}\ln\left(1+x^2\right)+C$; (14) $x\ln\left(x+\sqrt{1+x^2}\right)-\sqrt{1+x^2}+C$;

(15) $-\cos x\ln(\tan x)+\ln|\csc x-\cot x|+C$;

(16) $\frac{x}{2}(\sin\ \ln x-\cos\ \ln x)+C$; (17) $2\sqrt{1+x}\arcsin x+4\sqrt{1-x}+C$;

(18) $x(\arcsin x)^2+2\sqrt{1-x^2}\arcsin x-2x+C$;

(19) $x-\left(1+e^{-x}\right)\ln\left(1+e^{-x}\right)+C$;

(20) $\frac{1}{2\left(1-x^2\right)}\ln(x+\sqrt{1+x^2})-\frac{\sqrt{2}}{8}\ln\left|\frac{\sqrt{1+x^2}+2x}{\sqrt{1+x^2}-2x}\right|+C$;

(21) $x\arctan\left(1+\sqrt{x}\right)-\sqrt{x}+\ln|x+2\sqrt{x}+2|+C$;

(22) $2\sqrt{e^x+1}(x-2)-2\ln\left|\frac{\sqrt{e^x+1}-1}{\sqrt{e^x+1}+1}\right|+C$.

2. $x\ln x+C$.

3. $-x\cot x+\ln|\sin x|+C$.

5. $I_n=-\frac{1}{n-1}\csc^{n-1}x\cos x+\frac{n-2}{n-1}I_{n-2}\,(n>2)$.

6. $\frac{1-\cos 4x}{\sqrt{4+4x-\sin 4x}}$.

习题 5.4

1. (1) $\frac{1}{3}x^3-\frac{5}{2}x^2+25x-125\ln|x+5|+C$; (2) $\ln|x-2|+\ln|x+5|+C$;

(3) $\frac{3}{x}-4\ln|x|+4\ln|x-1|+C$; (4) $3\ln\frac{|x|}{\sqrt{x^2+1}}+\arctan x+C$;

(5) $x+\frac{1}{4}\ln\left|\frac{x-1}{x+1}\right|-\frac{1}{2}\arctan x+C$; (6) $-\frac{9}{2(x-3)}-\frac{1}{2(x+1)}+C$;

(7) $\frac{1}{2}\ln\left(x^2+4x+13\right)+\frac{1}{3}\arctan\frac{x+2}{3}+C$;

(8) $\frac{x-1}{x^2+1}-\ln|1+x|+\frac{1}{2}\ln\left(1+x^2\right)+C$;

(9) $\ln|1+x|-\frac{1}{2}\ln\left|x^2-x+1\right|+\sqrt{3}\arctan\left(\frac{2x-1}{\sqrt{3}}\right)+C$.

2. (1) $\frac{1}{4}\ln\left|\frac{2+\tan\frac{x}{2}}{2-\tan\frac{x}{2}}\right|+C$;　(2) $\arctan\left(1+\tan\frac{x}{2}\right)+C$;

(3) $\frac{1}{2}\ln\left|\tan\frac{x}{2}\right|-\frac{1}{4}\tan^2\frac{x}{2}+C$;　(4) $-\frac{1}{1+\tan x}+C$.

3. (1) $\frac{2}{135}(3x+2)^{\frac{3}{2}}(9x-4)+C$;

(2) $2x^{\frac{1}{2}}-3x^{\frac{1}{3}}+6x^{\frac{1}{6}}-6\ln\left|x^{\frac{1}{6}}+1\right|+C$;

(3) $\ln\frac{1-\sqrt{1-x^2}}{|x|}+2\arctan\sqrt{\frac{1-x}{1+x}}+C$;

(4) $-\frac{3}{2}\sqrt[3]{\frac{x-2}{x-4}}+C$;

(5) $x>0,\ -2\sqrt{\frac{x+2}{x}}+\ln\left(1+x+\sqrt{x^2+2x}\right)+C$,

$x<-2,\ 2\sqrt{\frac{x+2}{x}}-\ln\left(-1-x+\sqrt{x^2+2x}\right)+C$;

(6) $\frac{1-2x}{4}\sqrt{1+x-x^2}-\frac{11}{8}\arcsin\frac{1-2x}{\sqrt{5}}+C$.

习题 5.5

1. (1) $\frac{1}{\sqrt{2}}\arctan\frac{x^2-1}{\sqrt{2}x}+C$;　(2) $\frac{1}{2\sqrt{2}}\ln\left|\frac{x^2-\sqrt{2}x+1}{x^2+\sqrt{2}x+1}\right|+C$;

(3) $-2\tan\frac{\sqrt{x}}{2}+C$;　(4) $\frac{x}{\ln x}+C$;

(5) $\ln\left|\frac{xe^x}{1+xe^x}\right|+C$;　(6) $-x\cot\frac{x}{2}+2\ln\left|\sin\frac{x}{2}\right|+C$;

(7) $\frac{1}{12}\ln\frac{x^6}{2+x^6}+C$;　(8) $-\frac{1}{2}\left[\frac{1}{\ln^2 x}+\frac{1+2\ln x}{2x^2}\right]+C$;

(9) $-\frac{1}{2}\left(x\cot^2 x+\cot x+x\right)+C$;

(10) $-\frac{1}{2}\left[\left(1+e^{-2x}\right)\arctan e^x+e^{-x}\right]+C$;

(11) $-\frac{1}{2}\frac{\ln x}{(1+x^2)}+\frac{1}{4}\ln\frac{x^2}{1+x^2}+C$;

(12) $\frac{1}{27}\left[\left(9x^2-6x+2\right)e^{3x}+2\left(4-3x^3\right)^{\frac{3}{2}}\right]+C$;

(13) $\ln|2+\cos x|+\frac{4}{\sqrt{3}}\arctan\left(\frac{1}{\sqrt{3}}\tan\frac{x}{2}\right)+C$;

(14) $2\arcsin\sqrt{\sin x}+C$;

(15) $2\left[\sin\sqrt{x}-\sqrt{x}\,(2-\ln x)\right]+C$; (16) $\frac{2}{3}\left[\ln(x+\sqrt{1+x^2})\right]^{\frac{3}{2}}+C$;

(17) $-\frac{3}{5}\cot^{\frac{5}{3}}x-\frac{x}{\sin x}+\ln\left|\tan\frac{x}{2}\right|+C$; (18) $4\sqrt[4]{\tan x}+C$;

(19) $\tan\frac{x}{2}-\ln(1+\cos x)+C$; (20) $\frac{1}{\sin(\beta-\alpha)}\ln\left|\frac{\sin(x+\alpha)}{\sin(x+\beta)}\right|+C$;

(21) $\frac{1}{\tan(\beta-\alpha)}\ln\left|\frac{\cos(x+\beta)}{\cos(x+\alpha)}\right|-x+C$;

(22) $x\arcsin x\arccos x+(\arccos x-\arcsin x)\sqrt{1-x^2}+2x+C$;

(23) $-\frac{\sqrt{1-x^2}}{x}\arcsin x+\ln|x|+\frac{1}{2}(\arcsin x)^2+C$;

(24) $\frac{1}{2\sqrt{2}}\ln\left|\frac{\tan x-\sqrt{2\tan x}+1}{\tan x+\sqrt{2\tan x}+1}\right|+\frac{1}{\sqrt{2}}\arctan\frac{\tan x-1}{\sqrt{2\tan x}}+C$;

(25)$-2\sqrt{1-x}\arcsin\sqrt{x}+2\sqrt{x}+C$; (26) $\mathrm{e}^x\tan\frac{x}{2}+C$.

2\. (1) $\begin{cases}2\left(\sin\frac{x}{2}-\cos\frac{x}{2}\right)+C, & x\in\left[0,\frac{3\pi}{2}\right),\\ -2\left(\sin\frac{x}{2}-\cos\frac{x}{2}\right)+4\sqrt{2}+C, & x\in\left[\frac{3\pi}{2},2\pi\right];\end{cases}$

(2) $f(x)=\begin{cases}\frac{1}{3}x^3+C, & -1\leqslant x\leqslant 0,\\ \frac{1}{2}x^2-\cos x+C+1, & 0<x<1.\end{cases}$

第 6 章

习题 6.1

1\. (1) $W=\int_a^b k\frac{q}{x^2}\mathrm{d}x$; (2) $m=\int_0^l l(1+x^2)\mathrm{d}x$;

(3) $P=\int_2^4(100+20t-0.3t^2)\mathrm{d}t$.

2\. $\frac{3}{2}$.

3\. (1) $\int_0^1 x^2\mathrm{d}x>\int_0^1 x^3\mathrm{d}x$; (2) $\int_1^2 x^2\mathrm{d}x<\int_1^2 x^3\mathrm{d}x$;

(3) $\int_1^2 \ln x\mathrm{d}x < \int_1^2 x\mathrm{d}x$;　　(4) $\int_0^{2\pi} \sin x\mathrm{d}x < \int_0^{\pi} \sin x\mathrm{d}x$;

(5) $\int_0^1 x\mathrm{d}x > \int_0^1 \ln(1+x)\mathrm{d}x > \int_0^1 \frac{x}{1+x}\mathrm{d}x$.

4. $0 < I < 1$.

5. 不存在.

习题 6.2

1. (1) $\frac{\sin x}{x}$;　(2) $-\sqrt{1+x^3}$;　(3) $\frac{2x^3\cos x^2}{1+\sin^2 x^2}$;　(4) $\mathrm{e}^{-\sin^2 x}\cos x - \mathrm{e}^{-x^2}$;

(5) $-\sin\int_0^x \frac{1}{1+t^3}\mathrm{d}t \cdot \frac{1}{1+x^3}$;　(6) $\int_0^x f(t)\mathrm{d}t + xf(x)$.

2. $-\frac{\sin x^2}{\mathrm{e}^{y^3}}$.　3. $-t^4$.　4. $f(x) = 2x+3x^2$, $f(2) = 16$.

5. $a = \frac{1}{3}$.　6.$f(1) = 3$.

7. (1) 1;　(2) $a^2 f(a)$.

10. (1) 27;　(2) $\frac{\pi}{4}$;　(3) 1;　(4) $\mathrm{e}-1$;　(5) 1;　(6) $\frac{\pi}{6}$;　(7) $\frac{1}{2}\ln\frac{8}{5}$;　(8) $\frac{1}{2}$.

11. (1) 3; (2) 当 $a \geqslant 1$ 时, $\frac{a}{2} - \frac{1}{3}$, 当 $0 < a < 1$ 时, $\frac{a^3}{3} - \frac{a}{2} + \frac{1}{3}$, 当 $a \leqslant 0$ 时,$\frac{1}{3} - \frac{a}{2}$; (3) $2\sqrt{2}$; (4) 2.

12. $\frac{17}{6}$.

13. (1) $\frac{2}{3}$;　(2) $\frac{1}{b}[\cos a - \cos(a+b)]$;　(3) $4(\ln 2 + 1)$.

14. $f(x) = 3x - 3\sqrt{1-x^2}$ 或 $f(x) = 3x - \frac{3}{2}\sqrt{1-x^2}$.

18. (1) D;　(2) C.

习题 6.3

1. (1) $\mathrm{e}^{\frac{\pi}{4}} - 1$;　(2) $7 + 2\ln 2$;　(3) $1 - \frac{\pi}{4}$;　(4) $-\frac{\pi}{12}$;　(5) $\frac{a^2}{2}(\sqrt{2} + \ln(\sqrt{2}+1))$;

(6) $2 - \frac{\pi}{2}$;　(7) $2(\sqrt{2}-1)\mathrm{e}^{\sqrt{2}}$;　(8) $\frac{3\pi}{32}$;　(9) $\frac{\pi}{3\sqrt{3}}$;　(10) $\frac{\pi}{8}\ln 2$;　(11) $\frac{8}{15}$;

(12) $\frac{3}{2}\ln 2 - \sqrt{2}\left(\arctan\sqrt{2} - \arctan\frac{1}{\sqrt{2}}\right)$.

2. (1) 不能; (2) 不能.

6. (1) $\frac{\pi^2}{16}+\frac{1}{4}$; (2) $\frac{1}{2}(e^{\frac{\pi}{2}}-1)$; (3) $\frac{2\pi}{3}-\frac{\sqrt{3}}{2}$; (4) $\frac{1}{8}e^2+\frac{3}{8}$; (5) $2-\frac{2}{e}$;
(6) $2e^{\frac{5}{2}}-e^2$.

7. $f(0)=2$; 8. $-\pi\ln\pi-\sin 1$; 9. $\ln 2$.

10. $\frac{1}{4}(e^{-1}-1)$.

11. (1) 0; (2) 0; (3) 2; (4) $4e^3+2$; (5) $\frac{\pi}{8}$; (6) $\frac{35}{64}\pi^2$; (7) $\frac{49}{3}$; (8) 3π;
(9) $\frac{2}{3}+2\ln 2$; (10) $\pi-2$; (11) 0.

14. (1) A; (2) C; (3) A.

习题 6.4

1. (1) $\frac{1}{2}$; (2) π; (3) $\frac{2}{5}$; (4) 发散; (5) $\frac{\pi}{2}+\ln 2$; (6) $\frac{\pi}{2}$;
(7) $6\sqrt{2}$; (8) 发散; (9) $\frac{2}{3}-\frac{3\sqrt{3}}{8}$; (10) 当 $k\leqslant 1$ 时, 发散; 当 $k>1$ 时, 收敛.

3. (1) 收敛; (2) 发散; (3) 发散.

习题 6.5

1. $\frac{1}{6}$. 2. 18. 3. $\frac{3}{4}\pi$. 4. $\frac{a^2}{6}$. 5. $2(2\ln 2-1)$.

6. $e^{\frac{\pi}{2}}-2$. 7. $\frac{1}{2}(e^{\frac{\pi}{2}}-1)$. 8. $\frac{9}{4}$. 9. $\frac{3}{8}a^2\pi$. 10. $\frac{1}{4}(e^{\pi}-1)$.

11. $\frac{\pi}{6}+\frac{1}{2}-\frac{\sqrt{3}}{2}$. 12. $\frac{3\pi}{2}$.

13. $V_x=2\pi(e^2+1)$; $V_y=\frac{\pi}{2}(e^4-1)$; $V_{x=-1}=\pi\left(\frac{1}{2}e^4+2e^2-\frac{5}{2}\right)$.

14. $\pi\left(\frac{\pi}{4}-\frac{1}{2}\ln\left(1+\frac{\pi^2}{16}\right)\right)$. 15. π.

16. $2\pi\left(Rr^2\pi+\frac{1}{3}\sqrt{r^2-R^2}(R^2+2r^2)-r^2R\arcsin\frac{\sqrt{r^2-R^2}}{r}\right)$.

17. (1) $\frac{\pi}{20}$; (2) $\frac{\pi}{20}$.

18. $5\pi^2a^3$. 19. $\frac{16}{3}R^3$. 20. $\frac{1}{3}hS$.

21. $2\sqrt{1-\sqrt[3]{\frac{1}{4}}}$. 22. $\ln 3-\frac{1}{2}$. 23. $\frac{3}{2}\ln 3+\frac{10}{3}$.

24. $6a$. 25. 6. 26. $\sqrt{e^2-1}-\arctan\sqrt{e^2-1}$.

27. $\left(a\left(\frac{2}{3}\pi-\frac{\sqrt{3}}{2}\right),\frac{3}{2}a\right)$. 28. $8a$. 29. $\frac{5}{12}+\ln\frac{3}{2}$.

30. $\ln\frac{\pi}{2}$. 31. $\min S=S(2a)=\frac{8}{3}a^2$.

32. 44550π. 33. $9.7\times10^9(\mathrm{J})$.

习题 6.6

1. (1) $\frac{4}{\mathrm{e}}$; (2) $\frac{2}{\pi}$.

2. (1) $\frac{20}{3}$; (2) $\frac{3\pi}{16}$; (3) $\frac{\pi}{4}$; (4) $\frac{\pi\ln 2}{8}$; (5) $\frac{\pi}{4}$; (6) $\frac{\pi}{2}-1$.

3. $f(x)=x^{\frac{1}{2}}-1$.

4. 单调递增; 奇函数; 有界.

5. $\varphi'(x)=\begin{cases}\dfrac{f(x)x-\int_0^x f(u)\mathrm{d}u}{x^2}, & x\neq 0,\\ \dfrac{A}{2}, & x=0;\end{cases}$ 连续.

6. 满足.

18. $\frac{2}{3}\tan\alpha\cdot a^2b$. 19. $136\frac{8}{15}$. 20. $3.52\times10^6(\mathrm{J})$.

21. $1.176\times10^6(\mathrm{J})$.

22. (1) C; (2) B; (3) C; (4) C.

微 积 分

(下册)

曲智林 刘 铭 谭 畅 编著

科 学 出 版 社
北 京

内 容 简 介

本书是根据高等学校大学数学课程教学需求编写的，分上、下两册. 上册共 6 章，包括：函数、极限与连续、导数与微分、微分中值定理及导数的应用、不定积分、定积分及其应用. 下册共 6 章，包括：微分方程、无穷级数、空间解析几何、多元函数微分学、多元函数积分学、第二型曲线积分与第二型曲面积分. 每节后都配有大量习题，可供读者练习.

本书可作为工科类专业一年级本科生的高等数学课程教材，也可作为准备报考工科类硕士研究生人员和工程技术人员的参考书.

图书在版编目(CIP)数据

微积分：上下册/曲智林，刘铭，谭畅编著. —北京：科学出版社，2019.8
ISBN 978-7-03-061998-3

Ⅰ. ①微… Ⅱ. ①曲… ②刘… ③谭… Ⅲ. ①微积分-高等学校-教材 Ⅳ. ①O172

中国版本图书馆 CIP 数据核字(2019) 第 159718 号

责任编辑：王 静 李香叶／责任校对：杨聪敏
责任印制：张 伟／封面设计：陈 敬

科学出版社 出版
北京东黄城根北街 16 号
邮政编码：100717
http://www.sciencep.com

北京虎彩文化传播有限公司 印刷
科学出版社发行 各地新华书店经销
*

2019 年 8 月第 一 版 开本：720×1000 B5
2019 年 8 月第一次印刷 印张：40 1/2
字数：816 000

定价：98.00 元(上、下册)
(如有印装质量问题，我社负责调换)

目　　录

第7章 微分方程

在用微积分解决实际问题时，需要先建立函数关系. 但实际上，往往不能直接找出所需要的函数关系，而根据具体问题所提供的背景，却比较容易建立含有未知函数及其导数的等式，这样的等式称为微分方程. 然后通过解微分方程，得到所要求的函数. 微分方程是数学的重要分支之一，是数学科学理论联系实际的一个重要途径. 微分方程的应用是十分广泛的. 许多自然现象乃至社会现象的数学模型往往是一个或一组微分方程，从而对这些问题的研究也就归结为对微分方程的研究. 采用微分方程解决问题的一般步骤是：① 建立微分方程；② 求解微分方程；③ 对解进行分析讨论. 由于建立微分方程是数学建模的一个重要方面，培养和训练建模能力对今后从事工程技术的读者来说无疑是十分重要的，因此本章将介绍一些简单的应用问题，但本章重点是讨论各种基本的微分方程解法.

7.1 微分方程的基本概念

先看几个例题.

例 1 已知曲线 $y=f(x)$ 上任一点 $M(x,y)$ 处的切线斜率等于其横坐标的平方，且该曲线通过点 $\left(1,\frac{1}{3}\right)$，求此曲线方程.

解 根据导数的几何意义，所求曲线 $y=f(x)$ 应满足方程

$$\frac{\mathrm{d}y}{\mathrm{d}x}=x^2, \tag{1}$$

积分得

$$y=\frac{1}{3}x^3+C, \tag{2}$$

其中 C 为任意常数，(2) 式就是满足方程 (1) 的所有曲线，可见满足方程 (1) 的曲线有无数多条，它们是一族曲线.

由于所求曲线还通过点 $\left(1,\frac{1}{3}\right)$，即

$$y|_{x=1}=\frac{1}{3}, \tag{3}$$

将条件 (3) 代入 (2) 式，得 $C=0$，从而得到所求的曲线方程为

$$y=\frac{1}{3}x^3. \tag{4}$$

例 2　质量为 m 的物体受重力作用自由落下 (不计空气阻力), 已知初速度为 v_0, 求物体降落的规律.

解　设 s 表示物体下落的距离, t 表示下落的时间. 这里要求的是 s 与 t 的函数关系. 由运动学的牛顿第二定律知

$$F = ma = m\frac{\mathrm{d}^2 s}{\mathrm{d}t^2},$$

因物体仅受重力 mg 的作用, 于是 $s(t)$ 应满足方程

$$\frac{\mathrm{d}^2 s}{\mathrm{d}t^2} = g, \tag{5}$$

此外, 根据初始状态, $s(t)$ 还应满足条件

$$\begin{cases} s(0) = 0, \\ s'(0) = v(0) = v_0, \end{cases} \tag{6}$$

将方程 (5) 两边积分得

$$v = s' = gt + C_1, \tag{7}$$

再积分得

$$s = \frac{1}{2}gt^2 + C_1 t + C_2, \tag{8}$$

其中 C_1, C_2 是两个独立的任意常数, (8) 式就是满足方程 (5) 的全部函数. 由于物体还受到初始状态的限制, 从满足方程 (5) 的所有函数 (8) 中挑选出满足条件 (6) 的函数. 为此, 将 $s'(0) = v_0$ 代入 (7) 式得

$$C_1 = v_0,$$

将 $s(0) = 0$ 代入 (8) 式得

$$C_2 = 0,$$

于是

$$s = \frac{1}{2}gt^2 + v_0 t \tag{9}$$

是所求物体的降落规律. 这个结果与物理实验完全相符.

定义 7.1　含有未知函数的导数或微分, 联系着自变量、未知函数及其导数或微分的方程称为**微分方程**.

(未知函数仅依赖一个自变量的微分方程叫做常微分方程, 未知函数依赖多个自变量的微分方程叫做偏微分方程, 这里仅讨论常微分方程.)

如 (1) 式, (5) 式都是微分方程. 微分方程中可以不明显出现自变量和未知函数, 但必须含有未知函数的导数或微分. 方程 $x^2+2y^2=3$ 就不是微分方程, 而是一个隐函数方程.

在微分方程中出现的未知函数的导数的最高阶数, 称为**微分方程的阶**. 如方程 (1) 是一阶微分方程, (5) 是二阶微分方程, 方程 $xy'''+(y')^5=x^6$ 是三阶微分方程. n 阶微分方程的一般形式为

$$y^{(n)}=f\left(x,y,y',\cdots,y^{(n-1)}\right) \tag{10}$$

或

$$F\left(x,y,y',\cdots,y^{(n)}\right)=0,$$

这是联系着 $x,y,y',\cdots,y^{(n)}$ 的关系式, 式中 $y^{(n)}$ 必须出现.

注意, 在微分方程中, 未知且待求的是函数, 而不是数值.

定义 7.2 凡满足微分方程的函数 (即把它和它的导数代入微分方程后, 能使方程变为恒等式) 都称为该微分方程的**解**.

对 n 阶微分方程, 含有 n 个彼此独立的任意常数的解, 称为该微分方程的**通解**.

不含任意常数的解, 称为该微分方程的**特解**.

例如, 函数 (2) 和 (4) 都是方程 (1) 的解, 函数 (8) 和 (9) 都是方程 (5) 的解, 但函数 (2) 和 (8) 是相应方程的通解, 而函数 (4) 和 (9) 是相应方程的特解. 一般地, 通解和特解是一般与特殊的关系. 微分方程的解的几何图形叫做积分曲线, 通解的几何图形是积分曲线族.

微分方程只反映实际问题中变量的变化所应服从的一般规律, 所以它们的解有无穷多 (通解). 要得到完全确定的函数关系 (特解), 还应由具体问题中特定的条件选出所需的特解, 这种特定的条件叫做**定解条件**.

定义 7.3 当自变量取某值时, 要求未知函数及其导数取给定值的条件称为**初始条件 (初值条件)**.

例如, (3) 式和 (6) 式便是相应问题的初始条件.

因为 n 阶微分方程的通解中含有 n 个任意常数, 要想得到确定的解, 必须且只需有 n 个定解条件, 所以 n 阶微分方程 (10) 的初始条件为

$$y(x_0)=y_0,\quad y'(x_0)=y_0',\cdots,y^{(n-1)}(x_0)=y_0^{(n-1)}, \tag{11}$$

其中 $y_0,y_0',\cdots,y_0^{(n-1)}$ 是 n 个数值.

求微分方程满足初始条件的解的问题, 称为**初值问题或柯西** (Cauchy) **问题**.

最后, 看一个相反的问题.

例 3 求含有两个任意常数 C_1, C_2 的曲线族

$$y = C_1\mathrm{e}^{-x} + C_2\mathrm{e}^{x} \tag{12}$$

满足的微分方程.

解 将 (12) 式求导得

$$y' = -C_1\mathrm{e}^{-x} + C_2\mathrm{e}^{x},$$

$$y'' = C_1\mathrm{e}^{-x} + C_2\mathrm{e}^{x},$$

将 y, y', y'' 的式子联立, 消去 C_1, C_2, 便得到所求的微分方程

$$y'' - y = 0. \tag{13}$$

要想验证 (12) 式是方程 (13) 的解, 只需把 (12) 式和它的导数代入方程 (13), 看是否得到恒等式即可.

建立微分方程是解决实际问题的关键步骤, 一般是根据具体问题所服从的客观规律 (如几何关系、物理定律或者有关的专业知识), 通过代数的或分析的方法来确定微分方程, 像例 1 和例 2 那样, 读者应注意从本章的实际问题里学习.

习 题 7.1

1. 指出下列微分方程的阶数.

(1) $y' + xy = y^2$;　　(2) $y'' + \cos(y') = x^4y^3$;

(3) $yy'' + xy'^2 = 1$;　　(4) $y''' + y' = y^3$.

2. 求下列曲线族满足的微分方程.

(1) $y = 2Cx + C^2$;　　(2) $xy = C_1\mathrm{e}^{x} + C_2\mathrm{e}^{-x}$;

(3) $(x - C_1)^2 + (y - C_2)^2 = 1$;　　(4) $x = \dfrac{1}{t} + C, y = \dfrac{1}{t} - t$.

3. 设一阶微分方程 $\dfrac{\mathrm{d}y}{\mathrm{d}x} = 2x$, 求:

(1) 通解;　　(2) 满足初始条件 $y|_{x=1}=4$ 的特解;

(3) 与直线 $y = 2x + 3$ 相切的积分曲线;　　(4) 使 $\displaystyle\int_0^1 y\mathrm{d}x = 2$ 的解.

4. 求下列初值问题的解.

(1) $\begin{cases} y' = \sin x, \\ y|_{x=0} = 1; \end{cases}$　　(2) $\begin{cases} y'' = 6x, \\ y|_{x=0} = 0, y'|_{x=0} = 0. \end{cases}$

7.2 一阶微分方程

7.2.1 可分离变量的方程

如果一阶微分方程可以写成

$$g(y)\mathrm{d}y=f(x)\mathrm{d}x \tag{1}$$

的形式, 其中等式的每一边仅是一个变量的函数与该变量的微分之积, 则称此一阶微分方程为**可分离变量的方程**.

如

$$\frac{\mathrm{d}y}{\mathrm{d}x}=f(x)h(y)$$

和

$$f_1(x)f_2(y)\mathrm{d}x+g_1(x)g_2(y)\mathrm{d}y=0$$

都是可分离变量的方程.

可分离变量的方程求解的步骤是: 分离变量, 把方程化为 (1) 的形式, 将 (1) 式两边积分

$$\int g(y)\mathrm{d}y=\int f(x)\mathrm{d}x+C, \tag{2}$$

其中 C 为任意常数, 由 (2) 式确定的函数 $y=y(x,C)$ 就是方程的通解.

这种解方程的方法称为**分离变量法**.

例 1 求微分方程 $3xy'=y$ 的通解.

解 将方程分离变量得

$$\frac{3}{y}\mathrm{d}y=\frac{1}{x}\mathrm{d}x,$$

两边积分得通解

$$3\ln|y|=\ln|x|+C_1,$$

即 $y^3=Cx(C=\pm\mathrm{e}^{C_1})$. 显然 $y\equiv 0$ 也是方程的解, 在分离变量时被丢掉, 应补上, 所以上式中 C 也可取零值, 因此通解 $y^3=Cx$ 中的 C 是任意常数.

例 2 解方程 $\mathrm{d}y=\sqrt{1-y^2}\mathrm{d}x$.

解 分离变量得 $\dfrac{\mathrm{d}y}{\sqrt{1-y^2}}=\mathrm{d}x$, 两边积分得通解 $\arcsin y=x+C$, 即

$$y=\sin(x+C),\quad x\in\left(-C-\frac{\pi}{2},-C+\frac{\pi}{2}\right),$$

显然 $y=\pm1$ 也是方程的解, 但它未包含在通解的表达式中, 这说明微分方程的通解和全部解是有区别的, 但许多情况下, 它们又是一致的. 在解初值问题时, 如果从通解中找不到满足初始条件的特解, 应考虑求解过程中是否丢掉了某些解.

例 3　某池塘最多能养 1000 条鱼, 开始池塘内有 100 条鱼, 鱼的繁殖速度与鱼的条数 x 和 $1000-x$ 的乘积成正比, 三个月时池塘内有 250 条鱼, 问六个月时池塘内鱼的数量.

解　由题意知池塘内鱼的条数 $x(t)$ 是初值问题

$$\begin{cases}\dfrac{\mathrm{d}x}{\mathrm{d}t}=kx(1000-x),\\ x(0)=100\end{cases}\tag{3}$$

的解, 由分离变量法得通解

$$\frac{x}{1000-x}=C\mathrm{e}^{1000kt},$$

代入初始条件 $x(0)=100$, 得 $C=\dfrac{1}{9}$, 又因为 $x(3)=250$, 可确定 $k=\dfrac{\ln 3}{3000}$, 所以池塘内鱼的条数 x 满足

$$\frac{x}{1000-x}=\frac{1}{9}\cdot 3^{\frac{t}{3}},$$

即鱼的条数为

$$x=\frac{1000}{1+3^{2-\frac{t}{3}}},$$

所以六个月时池塘内有 $x(6)=500$ 条鱼.

如果计划将来每个月打捞一次鱼, 请您指出: 从何时开始打捞, 一次打捞多少条鱼最好.

生活空间有限的生物种群个体数的变化、新技术的推广、传染病的传播、小道消息的传播等都服从 (3) 的数学模型, 称为逻辑斯谛 (Logistic) 模型.

7.2.2　一阶线性微分方程

把形如

$$\frac{\mathrm{d}y}{\mathrm{d}x}+P(x)y=Q(x)\tag{4}$$

的方程称为**一阶线性微分方程**. 它是未知函数及其导数都是一次的, 且不含这些变量的乘积项的方程, 其中 $P(x),Q(x)$ 为某区间上的已知函数.

当 $Q(x)\equiv 0$ 时, 方程

$$\frac{\mathrm{d}y}{\mathrm{d}x}+P(x)y=0\tag{5}$$

称为**一阶齐次线性微分方程**, 相应地, 把 $Q(x) \neq 0$ 的方程 (4) 称为**一阶非齐次线性微分方程**.

一阶齐次线性微分方程 (5) 是可分离变量的方程, 分离变量得

$$\frac{\mathrm{d}y}{y} = -P(x)\mathrm{d}x,$$

积分并化简得方程 (5) 的通解为

$$y = C\mathrm{e}^{-\int P(x)\mathrm{d}x}, \tag{6}$$

其中 C 为任意常数.

齐次线性微分方程 (5) 是一般线性微分方程 (4) 的特殊情况, (5) 式的通解是任意常数 C 与指数函数 $\mathrm{e}^{-\int P(x)\mathrm{d}x}$ 之积, 显然非齐次线性方程的解不会如此, 但它们之间应存在某种共性, 故设想方程 (4) 的解为

$$y = C(x)\,\mathrm{e}^{-\int P(x)\mathrm{d}x} \tag{7}$$

型, 代入方程 (4), 得

$$C'(x)\mathrm{e}^{-\int P(x)\mathrm{d}x} - P(x)C(x)\,\mathrm{e}^{-\int P(x)\mathrm{d}x} + P(x)\,C(x)\,\mathrm{e}^{-\int P(x)\mathrm{d}x} = Q(x),$$

从而 $C(x)$ 满足方程

$$C'(x) = Q(x)\,\mathrm{e}^{\int P(x)\mathrm{d}x},$$

积分得

$$C(x) = \int Q(x)\mathrm{e}^{\int P(x)\mathrm{d}x}\mathrm{d}x + C,$$

于是一阶非齐次线性微分方程 (4) 的通解公式为

$$y = \mathrm{e}^{-\int P(x)\mathrm{d}x}\left(C + \int Q(x)\mathrm{e}^{\int P(x)\mathrm{d}x}\mathrm{d}x\right). \tag{8}$$

把齐次线性微分方程的通解中的任意常数变易为待定函数 $C(x)$, 视为非齐次线性方程的通解, 代入方程确定 $C(x)$, 从而得到非齐次线性方程的通解的方法叫做**常数变易法**. 这是一个重要的数学思想和方法.

公式 (8) 说明: 非齐次线性方程的通解等于对应的齐次线性方程的通解 $C\mathrm{e}^{-\int P(x)\mathrm{d}x}$ 与它自己的一个特解 $\mathrm{e}^{-\int P(x)\mathrm{d}x}\displaystyle\int Q(x)\,\mathrm{e}^{\int P(x)\mathrm{d}x}\mathrm{d}x$ 之和.

例 4 解方程

$$xy' + (1-x)y = \mathrm{e}^{2x}.$$

解　将方程写为标准形式

$$y' + \frac{1-x}{x} y = \frac{e^{2x}}{x},$$

这是 $P(x) = \frac{1-x}{x}, Q(x) = \frac{e^{2x}}{x}$ 的一阶非齐次线性微分方程. 由公式 (8) 得通解

$$\begin{aligned} y &= e^{-\int \frac{1-x}{x} dx} \left(C + \int \frac{e^{2x}}{x} e^{\int \frac{1-x}{x} dx} dx \right) = e^{-\ln x + x} \left(C + \int \frac{e^{2x}}{x} e^{\ln x - x} dx \right) \\ &= \frac{e^x}{x} \left(C + \int \frac{e^{2x}}{x} x e^{-x} dx \right) = \frac{e^x}{x} \left(C + \int e^x dx \right) \\ &= \frac{e^x}{x} (C + e^x). \end{aligned}$$

例 5　解方程 $x dy - y dx = y^2 e^y dy$.

解　若将方程写成

$$\frac{dy}{dx} = \frac{y}{x - y^2 e^y},$$

则它既不是线性微分方程, 又不能分离变量. 若将方程写为

$$\frac{dx}{dy} - \frac{x}{y} = -y e^y,$$

它就是以 x 为未知函数, y 为自变量的一阶非齐次线性微分方程, 且 $P(y) = -\frac{1}{y}$, $Q(y) = -y e^y$, 由公式 (8) 得通解

$$\begin{aligned} x &= e^{-\int -\frac{1}{y} dy} \left(C + \int -y e^y e^{\int -\frac{1}{y} dy} dy \right) = y \left(C - \int e^y dy \right) \\ &= y (C - e^y). \end{aligned}$$

解微分方程时, 通常不计较哪个是自变量哪个是因变量, 视解题需要而定, 关键在于找到两个变量间的函数关系.

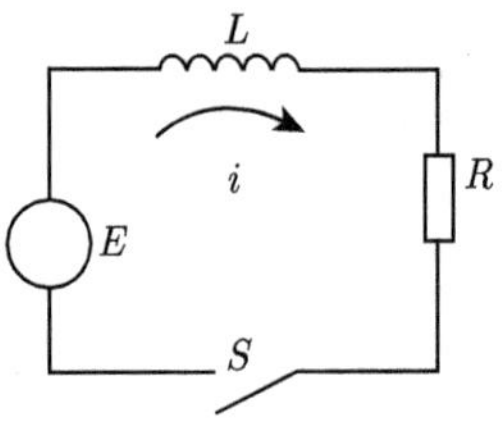

图 7.1

例 6　求图 7.1 所示的由电阻 R、电感 L 和电源 $E = E_m \sin \omega t$ 构成的回路的电流.

解　根据电学的基尔霍夫第二定律 (回路电压定律), 有

$$L \frac{di}{dt} + Ri = E_m \sin \omega t,$$

这是一阶线性方程, 由公式 (8) 得

$$i(t) = e^{-\int \frac{R}{L} dt} \left(C + \int \frac{E_m}{L} \sin \omega t e^{\int \frac{R}{L} dt} dt \right)$$

$$= C\mathrm{e}^{-\frac{R}{L}t} + \frac{E_m}{R^2+\omega^2L^2}(R\sin\omega t - \omega L\cos\omega t).$$

因为 $i(0)=0$, 故

$$C = \frac{\omega L E_m}{R^2+\omega^2L^2},$$

从而开关合上后电路中的电流为

$$i(t) = \frac{\omega L E_m}{R^2+\omega^2L^2}\mathrm{e}^{-\frac{R}{L}t} + \frac{E_m}{\sqrt{R^2+\omega^2L^2}}\sin(\omega t-\varphi),$$

$$\varphi = \arctan\frac{\omega L}{R},$$

其中第一项按指数规律很快衰减趋于零, 称为暂态分量; 第二项按电源频率振荡, 仅差一个相角 φ, 称为稳态分量.

7.2.3 变量代换

变量代换在数学的各个方面都是极其重要的. 有些微分方程不能直接求解, 可以通过变量代换化成可求解的微分方程类型, 求出新方程的解后, 再通过变量逆代换求出原微分方程的解. 下面用变换的方法来简化、求解四类微分方程, 关键要掌握变换的思想.

(1) 如果一阶微分方程可以写成

$$\frac{\mathrm{d}y}{\mathrm{d}x} = f\left(\frac{y}{x}\right) \tag{9}$$

的形式, 则称为**齐次方程**.

作变换, 令 $u=\dfrac{y}{x}$, 即 $y=ux$, 则 $\dfrac{\mathrm{d}y}{\mathrm{d}x}=u+x\dfrac{\mathrm{d}u}{\mathrm{d}x}$, 代入方程 (9), 便得到 u 满足的方程. 即

$$\frac{\mathrm{d}u}{\mathrm{d}x} = \frac{f(u)-u}{x},$$

这是可分离变量的方程, 求出通解后, 用 $\dfrac{y}{x}$ 代替 u 就得到原方程的通解.

例 7 求解方程

$$\frac{\mathrm{d}y}{\mathrm{d}x} = 2\sqrt{\frac{y}{x}} + \frac{y}{x}.$$

解 令 $u=\dfrac{y}{x}$, 方程变为

$$u + x\frac{\mathrm{d}u}{\mathrm{d}x} = 2\sqrt{u} + u,$$

即

$$\frac{\mathrm{d}u}{2\sqrt{u}} = \frac{\mathrm{d}x}{x},$$

积分得

$$\sqrt{u}=\ln|x|+C,$$

即

$$u=(\ln|x|+C)^2,$$

代回原来变量得

$$y=x(\ln|x|+C)^2,$$

其中 C 为任意常数, 此外 $y=0$ 也是方程的解. 因此所求方程的解为 $y=x(\ln|x|+C)^2$ 及 $y=0$.

例 8　解方程

$$xy\mathrm{d}x-\left(x^2+y^2\right)\mathrm{d}y=0.$$

解　将方程写为

$$\frac{\mathrm{d}y}{\mathrm{d}x}=\frac{xy}{x^2+y^2}=\frac{\frac{y}{x}}{1+\left(\frac{y}{x}\right)^2},$$

可见它是齐次方程, 令 $u=\frac{y}{x}$, 方程变为

$$u+x\frac{\mathrm{d}u}{\mathrm{d}x}=\frac{u}{1+u^2},$$

即

$$-\frac{1+u^2}{u^3}\mathrm{d}u=\frac{1}{x}\mathrm{d}x,$$

积分得

$$\frac{1}{2u^2}-\ln|u|=\ln|x|+C,$$

去对数, 化简得

$$ux=C\mathrm{e}^{\frac{1}{2u^2}},$$

其中 C 为任意常数, 故原方程的通解是

$$y=C\mathrm{e}^{\frac{x^2}{2y^2}}.$$

由此例可以看出, 形如

$$M(x,y)\,\mathrm{d}x+N(x,y)\,\mathrm{d}y=0$$

的方程, 当 $M(x,y)$ 和 $N(x,y)$ 为 x,y 的同次齐次多项式时, 方程就是齐次方程.

例 9 求探照灯的镜面方程, 使点光源发出的光线射到镜面后, 其反射光为一束平行光线.

解 设镜面为平面曲线 (叫母线) 绕定直线旋转所成的旋转曲面, 这样求镜面方程的问题可化成为求它的母线方程. 取直角坐标系如图 7.2 所示, 使点光源在坐标原点, 旋转轴为 x 轴, 反射光线与 x 轴平行. 设母线方程为 $y=f(x)$, 在曲线上, 任取一点 $M(x,y)$, 作切线 MT, 与 x 轴的夹角为 β, 设从原点出发的光线与 x 轴的夹角为 α.

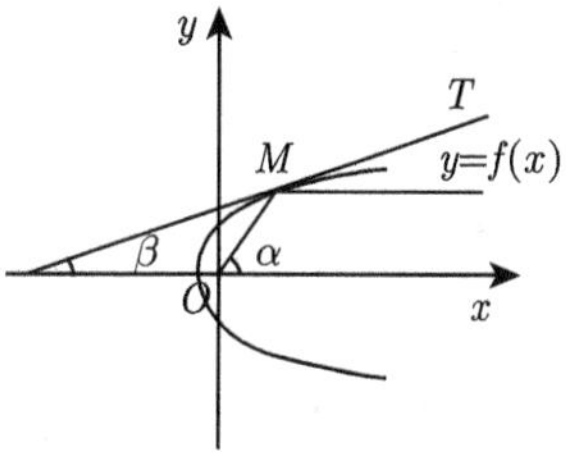

图 7.2

根据题意, 反射光与 x 轴平行, 由于入射角等于反射角, 故有 $\alpha=2\beta$.

而

$$\tan\alpha=\frac{y}{x},\quad \tan\beta=y',$$

因此

$$\frac{y}{x}=\frac{2y'}{1-(y')^2},$$

即

$$(y')^2+2\frac{x}{y}y'-1=0,$$

从方程中解出 y', 得

$$y'=-\frac{x}{y}\pm\sqrt{1+\left(\frac{x}{y}\right)^2}.$$

因为所求曲线为旋转曲面的母线, 故只在第一、二象限考虑即可, 因此 $y'>0$, 于是有

$$y'=-\frac{x}{y}+\sqrt{1+\left(\frac{x}{y}\right)^2},$$

令 $u=\dfrac{x}{y}$, 即 $x=uy$, 视 y 为自变量, 则 $\dfrac{\mathrm{d}x}{\mathrm{d}y}=u+y\dfrac{\mathrm{d}u}{\mathrm{d}y}$, 于是原方程化为

$$u+y\frac{\mathrm{d}u}{\mathrm{d}y}=\frac{1}{\sqrt{1+u^2}-u}=\sqrt{1+u^2}+u,$$

即

$$\frac{\mathrm{d}u}{\sqrt{1+u^2}}=\frac{\mathrm{d}y}{y},$$

两边积分得

$$\ln(\sqrt{1+u^2}+u)=\ln\frac{y}{C},$$

故

$$\sqrt{1+u^2}+u=\frac{y}{C},$$

代回原变量 $u=\frac{x}{y}$, 并化简得 $y^2=2C\left(x+\frac{C}{2}\right)$, 这是焦点在原点, 顶点在 $\left(-\frac{C}{2},0\right)$ 的抛物线方程, 因此镜面为抛物旋转面.

(2) 形如

$$\frac{\mathrm{d}y}{\mathrm{d}x}+P(x)y=Q(x)y^n \quad (n\neq 0,1) \tag{10}$$

的方程叫做**伯努利** (Bernoulli) **方程**. 它不是线性方程, 但可以通过变换化为线性方程.

事实上, 用 y^n 除方程 (10) 的两边, 得

$$y^{-n}\frac{\mathrm{d}y}{\mathrm{d}x}+P(x)y^{1-n}=Q(x),$$

即

$$\frac{1}{1-n}\frac{\mathrm{d}y^{1-n}}{\mathrm{d}x}+P(x)y^{1-n}=Q(x),$$

可见只要作变换, 令 $z=y^{1-n}$, 就可以将伯努利方程 (10) 化成方程 (4).

例 10　解方程

$$\frac{\mathrm{d}y}{\mathrm{d}x}-\frac{6}{x}y=-xy^2.$$

解　这是 $n=2$ 的伯努利方程, 作变换, 令 $z=y^{-1}$, 则方程化为

$$\frac{\mathrm{d}z}{\mathrm{d}x}+\frac{6}{x}z=x,$$

它的通解为

$$z=\mathrm{e}^{-\int\frac{6}{x}\mathrm{d}x}\left(C+\int x\mathrm{e}^{\int\frac{6}{x}\mathrm{d}x}\mathrm{d}x\right)=\frac{1}{x^6}\left(C+\frac{1}{8}x^8\right),$$

故原方程通解为

$$\frac{1}{y}=\frac{1}{8}x^2+\frac{C}{x^6}.$$

例 11　解方程

$$\frac{\mathrm{d}y}{\mathrm{d}x}=\frac{1}{xy+x^2y^3}.$$

解　这不是线性方程, 也不是伯努利方程. 但若把 y 视为自变量, x 视为因变量, 可将方程写为

$$\frac{\mathrm{d}x}{\mathrm{d}y}=xy+x^2y^3,$$

这就是 $n=2$ 的伯努利方程, 两边除以 x^2 得

$$-\frac{\mathrm{d}x^{-1}}{\mathrm{d}y}=yx^{-1}+y^3,$$

故所求方程的通解

$$\begin{aligned}x^{-1}&=\mathrm{e}^{-\int y\mathrm{d}y}\left(C-\int y^3\mathrm{e}^{\int y\mathrm{d}y}\mathrm{d}y\right)\\&=\mathrm{e}^{-\frac{y^2}{2}}\left(C-\int y^3\mathrm{e}^{\frac{y^2}{2}}\mathrm{d}y\right)=\mathrm{e}^{-\frac{y^2}{2}}\left[C-\mathrm{e}^{\frac{y^2}{2}}(y^2-2)\right]=C\mathrm{e}^{-\frac{y^2}{2}}+2-y^2.\end{aligned}$$

(3) 有些微分方程并不是前面讨论的几种可求解的类型, 但通过相应的变量代换可以化成可解的类型, 大家在做题中加以体会.

例 12　解方程 $\dfrac{\mathrm{d}y}{\mathrm{d}x}=\dfrac{1}{(x+y)^2}$.

解　本题不是前面讨论的几种类型之一, 但可以作代换 $u=x+y$, 则 $\dfrac{\mathrm{d}u}{\mathrm{d}x}=1+\dfrac{\mathrm{d}y}{\mathrm{d}x}$, 代入方程有

$$\frac{\mathrm{d}u}{\mathrm{d}x}-1=\frac{1}{u^2},$$

即得可分离变量方程

$$\frac{u^2\mathrm{d}u}{1+u^2}=\mathrm{d}x,$$

两边积分得

$$u-\arctan u=x+C,$$

将原变量代回得

$$y=\arctan(x+y)+C.$$

*(4) 里卡蒂 (Riccati) 方程

形如

$$\frac{\mathrm{d}y}{\mathrm{d}x}+P(x)y+Q(x)y^2=R(x)\tag{11}$$

的方程称为**里卡蒂方程**. 此方程在控制论中有着重要的应用. 法国数学家刘维尔 (Liouville) 于 1841 年已经证明, 在一般情形下, 该方程不存在初等解法. 这里要讨论的是已知方程 (11) 的一个特解时, 如何将方程 (11) 化成伯努利方程来求解. 事实上, 设 u 是方程 (11) 的一个特解, 令 $y=u+v$, 代入 (11), 经整理得

$$\frac{\mathrm{d}v}{\mathrm{d}x}+[P(x)+2Q(x)u]v+Q(x)v^2+\left[\frac{\mathrm{d}u}{\mathrm{d}x}+P(x)u+Q(x)u^2\right]=R(x),$$

因为 u 是方程 (11) 的一个特解, 故 $\frac{\mathrm{d}u}{\mathrm{d}x}+P(x)u+Q(x)u^2=R(x)$, 因此方程 (11) 可化为

$$\frac{\mathrm{d}v}{\mathrm{d}x}+[P(x)+2Q(x)u]v+Q(x)v^2=0$$

这是 $n=2$ 时的伯努利方程.

用初等解法解里卡蒂方程的困难在于特解 $u(x)$ 的寻找, 一般用观察法.

例 13　解方程 $\frac{\mathrm{d}y}{\mathrm{d}x}-\frac{1}{2x}y-\frac{1}{x^2}y^2=-\frac{1}{x}$.

解　根据方程中系数是 x^α 的特点, 用 $y=x^\alpha$ 代入可发现, $y=\sqrt{x}$ 是一个特解, 令 $y=\sqrt{x}+v$, 代入原方程, 则 v 满足方程

$$\frac{\mathrm{d}v}{\mathrm{d}x}-\left(\frac{1}{2x}+\frac{2}{\sqrt{x^3}}\right)v=\frac{1}{x^2}v^2,$$

令 $z=\frac{1}{v}$, 则上面的方程可化为

$$\frac{\mathrm{d}z}{\mathrm{d}x}+\left(\frac{1}{2x}+\frac{2}{\sqrt{x^3}}\right)z=-\frac{1}{x^2},$$

解得

$$\begin{aligned}z&=\mathrm{e}^{-\int\left(\frac{1}{2x}+\frac{2}{\sqrt{x^3}}\right)\mathrm{d}x}\left[\int-\frac{1}{x^2}\mathrm{e}^{\int\left(\frac{1}{2x}+\frac{2}{\sqrt{x^3}}\right)\mathrm{d}x}\mathrm{d}x+C\right]\\&=-\frac{1}{2\sqrt{x}}+\frac{C}{\sqrt{x}}\mathrm{e}^{\frac{4}{\sqrt{x}}},\end{aligned}$$

故

$$v=\frac{1}{z}=\frac{2\sqrt{x}}{2C\mathrm{e}^{\frac{4}{\sqrt{x}}}-1},$$

因此原方程的通解为

$$y=\sqrt{x}\left[1+\frac{2}{2C\mathrm{e}^{\frac{4}{\sqrt{x}}}-1}\right].$$

习　题　7.2

1. 求下列方程的通解.

(1) $y'=\mathrm{e}^{3x-2y}$;　　(2) $y'=\sqrt{\frac{1-y^2}{1-x^2}}$;

(3) $(y+1)\,\mathrm{d}x+\cot x\mathrm{d}y=0$;　　(4) $y-xy'=y^2+y'$;

(5) $(\mathrm{e}^{x+y}-\mathrm{e}^x)\,\mathrm{d}x+(\mathrm{e}^{x+y}+\mathrm{e}^y)\,\mathrm{d}y=0$;　　(6) $(1+x)\,y\mathrm{d}x+(1-y)x\mathrm{d}y=0$;

(7) $x\sqrt{1-y^2}\mathrm{d}x+y\sqrt{1-x^2}\mathrm{d}y=0$;

(8) $\sec^2 x\tan y\mathrm{d}x+\sec^2 y\tan x\mathrm{d}y=0$;

(9) $y'=2x\sqrt{1-y^2}$;

(10) $y'=2x(1+y^2)$.

2. 解下列初值问题.

(1) $\begin{cases} y'\sin x=y\ln y, \\ y|_{x=\frac{\pi}{2}}=\mathrm{e}; \end{cases}$

(2) $\begin{cases} y^2\mathrm{d}x+(x+1)\,\mathrm{d}y=0, \\ y|_{x=0}=1; \end{cases}$

(3) $\begin{cases} y'=\mathrm{e}^{2x-y}, \\ y|_{x=0}=0; \end{cases}$

(4) $\begin{cases} y'=1-x+y^2-xy^2, \\ y|_{x=0}=1; \end{cases}$

(5) $\begin{cases} \dfrac{\mathrm{d}y}{\mathrm{d}x}=1+\dfrac{y}{x}+\left(\dfrac{y}{x}\right)^2 (x>0), \\ y|_{x=1}=1. \end{cases}$

3. 求一条曲线, 通过点 $(-1,1)$ 且其上任一点处的切线的横截距等于切点横坐标的平方.

4. 一条曲线与其上任意两点的向径构成的扇形面积的值等于曲线在这两点间弧长的一半, 求此曲线方程.

5. 设降落伞受到的空气阻力与它的速度成正比, 比例常数为 k, 求降落速度函数.

6. 圆柱形桶内有 $40000\mathrm{cm}^3$ 盐溶液, 其质量浓度为 0.2kg/L. 现以 $4000\mathrm{cm}^3/\mathrm{min}$ 的速度加入质量浓度为 0.3kg/L 的盐溶液, 同时等量地放出混合液, 求桶内盐量与时间的关系.

7. 求下列方程的通解.

(1) $y'=2xy-x^3+x$;

(2) $\cos^2 x\dfrac{\mathrm{d}y}{\mathrm{d}x}+y=\tan x$;

(3) $(1+x^2)y'+2xy=4x^2$;

(4) $y'+\dfrac{x}{1+x^2}y=\dfrac{1}{x\sqrt{1+x^2}}$;

(5) $y'-\dfrac{y}{x}=\dfrac{2x}{1+x^2}$;

(6) $y'+\dfrac{y}{1+x}=\mathrm{e}^x$;

(7) $x\mathrm{d}y=(y+x^2\mathrm{e}^x)\mathrm{d}x$.

8. 解下列方程.

(1) $\dfrac{\mathrm{d}y}{\mathrm{d}x}=\dfrac{y}{x}+\tan\dfrac{y}{x}$;

(2) $(xy-y^2)\mathrm{d}x-(x^2+xy)\mathrm{d}y=0$;

(3) $(x+y)y'+(x-y)=0$;

(4) $\mathrm{d}y=\left(x^2y^6-\dfrac{y}{x}\right)\mathrm{d}x$;

(5) $y'+\dfrac{2}{x}y=3x^2y^{\frac{4}{3}}$;

(6) $xy'+y=xy^2\ln x$;

(7) $x\dfrac{\mathrm{d}y}{\mathrm{d}x}=y\ln\dfrac{y}{x}$;

(8) $\dfrac{\mathrm{d}y}{\mathrm{d}x}-\dfrac{4}{x}y=x\sqrt{y}$;

(9) $y'+y\cos x=2x\mathrm{e}^{\sin x}y^2$;

(10) $\dfrac{\mathrm{d}y}{\mathrm{d}x}=\dfrac{y+\sqrt{x^2-y^2}}{x}$, 其中 $x>0$;

(11) $y'+2xy=\cos x\mathrm{e}^{x^2}y^2$.

9. 解下列方程.

(1) $y'=(x+y)^2$;

(2) $xy'+y=y(\ln x+\ln y)$;

(3) $\dfrac{\mathrm{d}y}{\mathrm{d}x}=\dfrac{y}{2x}+\dfrac{1}{2y}\tan\dfrac{y^2}{x}$;

(4) $(x^2+y)\mathrm{d}x-x\mathrm{d}y=0$.

10. 若 $[1,+\infty)$ 上的连续函数 $f(x)$ 满足条件 $f(x)=\displaystyle\int_1^x\frac{f(t)}{t}\mathrm{d}t+x^2$, 则求 $f(x)$ 的表达式.

11. 设 $F(x)=f(x)g(x)$, 其中函数 $f(x)$ 和 $g(x)$ 满足以下条件: $f'(x)=g(x)$, $f(0)=0$, 且 $f(x)+g(x)=2\mathrm{e}^x$, 求 $F(x)$ 的表达式.

12. 求曲线族 $A:x^2+y^2=2Cx$ 的正交曲线族 B. 所谓两个曲线族 A,B 正交是指通过同一点的分属两族曲线的两条曲线在该点的切线相互垂直.

13. 设曲线 $y=y(x)$ 上点 $M(x,y)$ 处的切线与 y 轴交点为 A, 已知 $\triangle OAM$ 为等腰三角形, 求曲线方程.

14. 一凶案后, 警员在下午 7 点到现场测得尸体温度为 33℃. 1 小时后尸体温度为 32℃, 现场温度一直在 20℃, 计算凶案发生的时间.

7.3 几种可积的高阶微分方程

二阶及二阶以上的微分方程称为**高阶微分方程**, 除了后面几节要介绍的常系数线性方程以外, 一般高阶微分方程求解很困难, 而且没有普遍适用的方法, 本节介绍几种常见的简单的高阶微分方程的解法, 由于主要靠降低方程阶数来求解, 所以称为**降阶法**.

7.3.1 $y^{(n)}=f(x)$ 型方程

这是最简单的高阶微分方程, 只需要积分 n 次便可得到通解, 事实上, 积分一次得

$$y^{(n-1)}=\int f(x)\mathrm{d}x+C_1,$$

再积分得

$$y^{(n-2)}=\iint f(x)(\mathrm{d}x)^2+C_1x+C_2,$$

一直积分到第 n 次, 得到通解

$$y=\overbrace{\int\cdots\int}^{n个}f(x)(\mathrm{d}x)^n+\frac{C_1}{(n-1)!}x^{n-1}+\frac{C_2}{(n-2)!}x^{n-2}+\cdots+C_{n-1}x+C_n,$$

其中 $C_1, C_2, \cdots, C_{n-1}, C_n$ 为 n 个任意常数, 显然这个通解也可以写为

$$y = \int \cdots \int f(x)(\mathrm{d}x)^n + C_1 x^{n-1} + C_2 x^{n-2} + \cdots + C_{n-1} x + C_n.$$

例 1 解方程 $y''' = x$.

解 积分三次

$$y'' = \frac{1}{2}x^2 + C_1,$$

$$y' = \frac{1}{6}x^3 + C_1 x + C_2,$$

$$y = \frac{1}{24}x^4 + \frac{C_1}{2}x^2 + C_2 x + C_3,$$

所以方程的通解为 $y = \frac{1}{24}x^4 + \frac{C_1}{2}x^2 + C_2 x + C_3$.

例 2 质量为 m 的质点受 Ox 轴方向力 $F = F(t)$ 的作用, 沿 Ox 轴做直线运动. 已知 $F(0) = F_0, F(t_1) = 0$, 随时间的增大, $F(t)$ 匀速地减小. 当 $t = 0$ 时, 质点静止于原点, 求质点在时间区间 $[0, t_1]$ 上的运动规律.

解 设 $x = x(t)$ 表示质点在 t 时的位置, 由运动学牛顿第二定律得方程

$$mx'' = F(t),$$

由题意知, 力 $F = F(t)$ 在 t-F 平面上的图形是过点 $(0, F_0)$ 和 $(t_1, 0)$ 的直线, 故

$$F = F_0\left(1 - \frac{t}{t_1}\right), \quad t \in [0, t_1],$$

因此 $x(t)$ 是初值问题

$$\begin{cases} x'' = \dfrac{F_0}{m}\left(1 - \dfrac{t}{t_1}\right), \\ x(0) = x'(0) = 0 \end{cases}$$

的解. 因此

$$x = \int_0^t \int_0^t \frac{F_0}{m}\left(1 - \frac{t}{t_1}\right)(\mathrm{d}t)^2 = \frac{F_0}{m}\int_0^t \left(t - \frac{t^2}{2t_1}\right)\mathrm{d}t = \frac{F_0}{m}\left(\frac{t^2}{2} - \frac{t^3}{6t_1}\right),$$

即

$$x(t) = \frac{F_0}{2m}t^2\left(1 - \frac{t}{3t_1}\right), \quad t \in [0, t_1]$$

为所求质点的运动规律.

7.3.2　$y''=f(x,y')$ 型方程

这是不含未知函数 y 的方程. 只要作变换, 令 $z=y'$, 则 $z'=y''$, 于是方程化为一阶方程

$$z'=f(x,z).$$

如果其通解为 $z=z(x,C_1)$, 则由 $y'=z(x,C_1)$ 再积分一次, 可求出原方程的通解

$$y=\int z(x,C_1)\,\mathrm{d}x+C_2.$$

例 3　解初值问题

$$\begin{cases}\left(1+x^2\right)y''=2xy',\\ y|_{x=0}=1,\quad y'|_{x=0}=3.\end{cases}$$

解　因方程中不含未知函数 y, 令 $z=y'$, 方程化为 z 的可分离变量的一阶方程

$$\left(1+x^2\right)\frac{\mathrm{d}z}{\mathrm{d}x}=2xz.$$

由分离变量法解得

$$z=C_1\left(1+x^2\right),$$

从而有

$$y'=C_1\left(1+x^2\right).$$

由初始条件 $y'|_{x=0}=3$ 知, $C_1=3$, 所以

$$y'=3\left(1+x^2\right).$$

积分得

$$y=x^3+3x+C_2.$$

再由初始条件 $y|_{x=0}=1$ 知, $C_2=1$. 故所求初值问题的解为

$$y=x^3+3x+1.$$

对于不含 $y,y',\cdots,y^{(k-1)}$ 的 n 阶方程

$$F\left(x,y^{(k)},\cdots,y^{(n)}\right)=0,$$

只需作变换, 令 $z=y^{(k)}$, 方程就可化为 $n-k$ 阶方程

$$F\left(x,z,\cdots,z^{(n-k)}\right)=0.$$

求出其通解后, 再积分 k 次, 即可求得原方程的通解.

例 4 解方程 $y^{(5)}-\frac{1}{x}y^{(4)}=0$.

解 令 $z=y^{(4)}$, 则方程变为

$$z'-\frac{1}{x}z=0,$$

由分离变量法解得

$$z=Cx.$$

于是

$$y^{(4)}=Cx,$$

所以原方程的通解为

$$y=C_1x^5+C_2x^3+C_3x^2+C_4x+C_5.$$

例 5 设有一均匀柔软无伸缩性的绳索, 两端固定, 绳索仅受重力作用而自然下垂, 试求该绳索在平衡状态时的曲线方程.

解 取坐标 (图 7.3), A 为绳索最低点, 显然曲线在 A 点处的切线斜率为零, 绳索上点 A 到另一点 M 间的弧 $\widehat{AM}$ 受力分析: 设 $\widehat{AM}$ 长为 s, 并设单位长的绳索重为 ρ, 则 $\widehat{AM}$ 所受重力为 ρs; $\widehat{AM}$ 还受到两个张力作用, 在 A 点处的张力沿水平切线方向, 其大小记为 H; 在 M 点处的张力沿该点的切线方向, 与水平线夹角记为 θ, 其大小记为 T. 根据平衡条件得

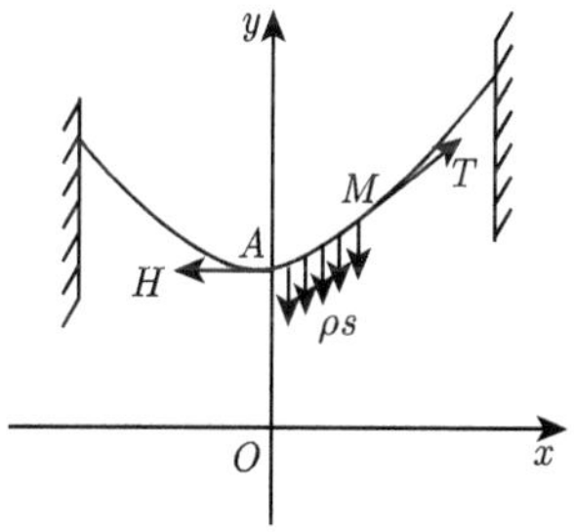

图 7.3

$$T\sin\theta=\rho s,\quad T\cos\theta=H,$$

两式相除, 得

$$\tan\theta=\frac{1}{a}s,$$

其中常数 $a=\frac{H}{\rho}$. 由于 $y'=\tan\theta$, 故有

$$y'=\frac{1}{a}s.$$

两边关于 x 求导得 $y''=\frac{1}{a}s'$. 利用弧微分公式 $\mathrm{d}s=\sqrt{1+y'^2}\mathrm{d}x$, 便得到绳索曲线满足的微分方程

$$y''=\frac{1}{a}\sqrt{1+y'^2}.$$

取 $|OA|=a$, 则曲线满足初值条件

$$y|_{x=0}=a,\quad y'|_{x=0}=0.$$

下面来解决这个初值问题, 由于方程中不含 y, 设 $z=y'$, 则方程化为

$$\frac{\mathrm{d}z}{\mathrm{d}x}=\frac{1}{a}\sqrt{1+z^2}.$$

分离变量并积分得

$$\ln\left(z+\sqrt{1+z^2}\right)=\frac{x}{a}+C_1.$$

由初始条件 $z|_{x=0}=y'|_{x=0}=0$ 代入上式知 $C_1=0$, 故有

$$z+\sqrt{1+z^2}=\mathrm{e}^{\frac{x}{a}}.$$

从而

$$z-\sqrt{1+z^2}=\frac{-1}{z+\sqrt{1+z^2}}=-\mathrm{e}^{-\frac{x}{a}},$$

于是

$$z=\frac{1}{2}\left(\mathrm{e}^{\frac{x}{a}}-\mathrm{e}^{-\frac{x}{a}}\right),$$

故

$$y'=\frac{1}{2}\left(\mathrm{e}^{\frac{x}{a}}-\mathrm{e}^{-\frac{x}{a}}\right),$$

积分得

$$y=\frac{a}{2}\left(\mathrm{e}^{\frac{x}{a}}+\mathrm{e}^{-\frac{x}{a}}\right)+C_2,$$

由条件 $y|_{x=0}=a$ 知, $C_2=0$, 从而绳索曲线的方程为

$$y=\frac{a}{2}\left(\mathrm{e}^{\frac{x}{a}}+\mathrm{e}^{-\frac{x}{a}}\right)=a\,\mathrm{ch}\,\frac{x}{a}.$$

此曲线为**悬链线**.

7.3.3　$y''=f(y,y')$ 型方程

这个方程中未出现自变量. 作变换, 令 $z=y'$ 为新的未知函数, 而把 y 视为自变量, 则方程可化为 z 的一阶方程.

因为

$$\frac{\mathrm{d}^2y}{\mathrm{d}x^2}=\frac{\mathrm{d}z}{\mathrm{d}x}=\frac{\mathrm{d}z}{\mathrm{d}y}\frac{\mathrm{d}y}{\mathrm{d}x}=z\frac{\mathrm{d}z}{\mathrm{d}y},$$

所以方程变为

$$z\frac{\mathrm{d}z}{\mathrm{d}y}=f(y,z).$$

如果其通解为 $z=z\left(y,C_1\right)$, 再解可分离变量的方程

$$y'=z\left(y,C_1\right),$$

就得到原方程的通解.

例 6 解方程 $yy''-\left(y'\right)^2-\left(y'\right)^4=0$.

解 令 $z=y'$, 则 $y''=z\dfrac{\mathrm{d}z}{\mathrm{d}y}$, 方程化为

$$yz\frac{\mathrm{d}z}{\mathrm{d}y}-z^2-z^4=0,$$

由分离变量法得

$$\frac{z^2}{1+z^2}=\left(C_1y\right)^2,$$

即

$$\frac{\mathrm{d}x}{\mathrm{d}y}=\frac{1}{z}=\frac{\sqrt{1-\left(C_1y\right)^2}}{C_1y}.$$

积分, 得到通解

$$x=\frac{1}{C_1}\left[\sqrt{1-\left(C_1y\right)^2}+\ln\frac{1-\sqrt{1-\left(C_1y\right)^2}}{C_1y}\right]+C_2.$$

此外 $z=y'=0$, 即 $y=C$ 也是方程的解.

例 7 (第二宇宙速度问题) 用火箭将一质量为 m 的航天器送入太空, 当航天器与火箭分离时, 问航天器获得的初速度 v_0 至少为多少才能脱离地球引力的束缚并遨游太空.

解 航天器与火箭分离的高度通常远远小于地球半径 $R=6.4\times10^6\mathrm{m}$, 故可认为分离时 $(t=0)$ 航天器到地心的距离为 R, 但这个高度以上空气稀薄, 可不考虑空气阻力. 分离后, 航天器仅受地球引力 $F=G\dfrac{m_1m}{r^2}$ 的作用, 其中 G 为引力常数, m_1 为地球质量, $r=r(t)$ 是 t 时刻航天器到地心的距离. 根据牛顿第二定律 $F=ma=m\dfrac{\mathrm{d}^2r}{\mathrm{d}t^2}$, 所以 $r=r(t)$ 是初值问题

$$\begin{cases}\dfrac{\mathrm{d}^2r}{\mathrm{d}t^2}=-G\dfrac{m_1}{r^2},\\ r(0)=R,\quad r'(0)=v_0\end{cases}$$

的解. 问题变为: 确定 v_0 的值, 使 $r\to+\infty$(当 $t\to+\infty$).

令 $v=\dfrac{\mathrm{d}r}{\mathrm{d}t}$, 视 r 为自变量, 则 $\dfrac{\mathrm{d}^2r}{\mathrm{d}t^2}=\dfrac{\mathrm{d}v}{\mathrm{d}t}=\dfrac{\mathrm{d}v}{\mathrm{d}r}\dfrac{\mathrm{d}r}{\mathrm{d}t}=v\dfrac{\mathrm{d}v}{\mathrm{d}r}$, 方程降阶为可分离变量的一阶微分方程

$$v\frac{\mathrm{d}v}{\mathrm{d}r}=-\frac{Gm_1}{r^2},$$

其通解为

$$v^2=\frac{2Gm_1}{r}+C_1.$$

由初始条件 $t=0$ 时, $r=R, v=r'=v_0$, 确定 $C_1=v_0^2-\dfrac{2Gm_1}{R}$, 因此

$$v^2=\frac{2Gm_1}{r}+v_0^2-\frac{2Gm_1}{R},$$

由此可见, 要保证 $r\to+\infty$, 必有

$$v_0^2\geqslant\frac{2Gm_1}{R},$$

由于在地球表面上, 物体与地球间的万有引力等于重力, 即 $G\dfrac{m_1m}{R^2}=mg$, 所以代入上式得

$$v_0\geqslant\sqrt{2gR}\approx\sqrt{2\times9.8\times6.4\times10^6}=11.2\times10^3=1.12\times10^4(\mathrm{m/s}).$$

习 题 7.3

1. 解下列方程.

(1) $xy''=\ln x$;

(2) $y'''=\sin 2x+1$;

(3) $y'''=\dfrac{1}{x}+1(x>0)$;

(4) $y'''=\mathrm{e}^{2x}+1$;

(5) $(x+1)y''+y'=\ln(x+1)$;

(6) $xy''+(2x-1)y'=-4x^2$;

(7) $(1-x^2)y''=2xy'$;

(8) $yy''+y'^2=0$;

(9) $yy''-y'^2=0$;

(10) $y''+\dfrac{2}{1-y}y'^2=0$;

(11) $yy''+2(y')^2=0$;

(12) $(y''')^2+(y'')^2=1$.

2. 解决初值问题.

(1) $\begin{cases}(1+x^2)y''=1,\\ y|_{x=0}=1,\quad y'|_{x=0}=-1;\end{cases}$

(2) $\begin{cases}y''-\mathrm{e}^{2y}=0,\\ y|_{x=0}=0,\quad y'|_{x=0}=1;\end{cases}$

(3) $\begin{cases}y''=3\sqrt{y},\\ y|_{x=0}=1,\quad y'|_{x=0}=2;\end{cases}$

(4) $\begin{cases}yy''=2(y'^2-y'),\\ y|_{x=0}=1,\quad y'|_{x=0}=2.\end{cases}$

3. 在上半平面求一条下凸曲线, 使其上任一点 $P(x,y)$ 处的曲率等于此曲线在该点的法线段 PQ 长度值的倒数 (Q 是法线和 x 轴的交点), 且曲线在点 $(1, 1)$ 处的切线与 x 轴平行.

4. 已知曲线 $y=f(x)(x>0)$ 上点 $(x,f(x))$ 处的切线在 y 轴上的截距等于函数 $f(x)$ 在区间 $[0,x]$ 上的平均值, 求 $f(x)$ 的一般表达式.

5. 设函数 $y(x)(x\geqslant 0)$ 有二阶导数, 且 $y'(x)>0, y(0)=1$. 过曲线 $y=y(x)$ 上任意一点 $P(x,y)$ 作该曲线的切线及 x 轴的垂线, 上述两直线与 x 轴所围成的三角形的面积记为 S_1, 区间 $[0,x]$ 上以 $y=y(x)$ 为曲边的曲边梯形面积记为 S_2, 并设 $2S_1-S_2=1$, 求此曲线 $y=y(x)$ 的方程.

6. 敌方导弹 A 沿 y 轴正向, 以匀速 v 飞行, 经过点 (0,0) 时, 我方设在点 (16,0) 处的导弹 B 起飞追击, 导弹 B 飞行方向始终指向 A, 速度的大小为 $2v$, 求导弹 B 的追踪曲线和导弹 A 被击中点的坐标.

7. 从船上向海中沉放某种探测仪器, 按探测要求, 需确定仪器的下沉深度 y(从海平面算起) 与下沉速度 v 之间的函数关系. 设仪器在重力作用下, 从海平面由静止开始铅直下沉, 在下沉过程中还受到阻力和浮力的作用. 设仪器的质量为 m, 体积为 B, 海水密度为 ρ, 仪器所受的阻力与下沉速度成正比, 比例系数为 $k(k>0)$. 试建立 y 与 v 所满足的微分方程, 并求出函数关系式 $y=y(v)$.

7.4 线性微分方程及其通解结构

把形如

$$y^{(n)}+a_1(x)y^{(n-1)}+\cdots+a_{n-1}(x)y'+a_n(x)y=f(x)$$

的方程称为 n 阶线性微分方程, 讨论时以二阶线性微分方程为主.

例 1 机械振动问题 设有一个弹簧, 它的上端固定, 下端挂一个质量为 m 的物体. 当物体处于静止状态时, 作用在物体上的重力与弹性力大小相等、方向相反. 这个位置就是物体的平衡位置. 如图 7.4 所示, 取 x 轴铅直向下, 并取物体的平衡位置为坐标原点. 如果使物体具有一个初始速度 $v_0\neq 0$, 那么物体便离开平衡位置, 并在平衡位置附近做上下振动. 在振动过程中, 物体的位置 x 随时间 t 变化, 即 x 是 t 的函数: $x=x(t)$. 要确定物体的振动规律, 就要求出函数 $x=x(t)$.

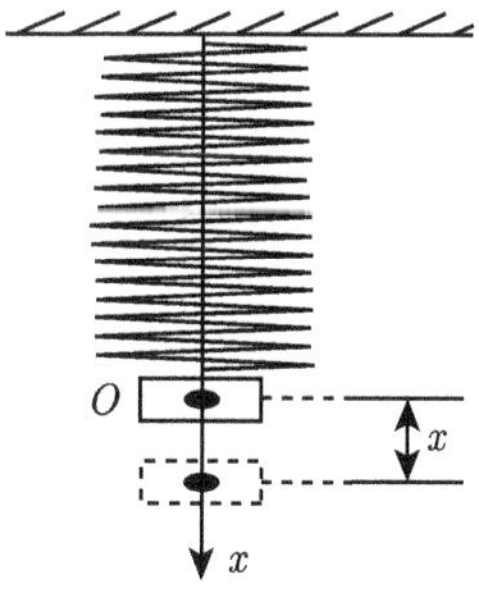

图 7.4

由力学知道, 弹簧使物体回到平衡位置的弹性恢复力 f(它不包括在平衡位置时和重力 mg 相平衡的那一部分弹性力) 和物体离开平衡位置的位移 x 成正比:

$$f=-cx,$$

其中 c 为弹簧的弹性系数, 负号表示弹性恢复力的方向和物体位移的方向相反.

另外, 物体在运动过程中还受到阻尼介质 (如空气、油等) 的阻力作用, 使得振动逐渐趋向停止. 由试验知道, 阻力 R 的方向总与运动方向相反, 当运动速度不大时, 其大小与物体运动的速度成正比, 设比例系数为 μ, 则有

$$R=-\mu\frac{\mathrm{d}x}{\mathrm{d}t}.$$

根据上述关于物体受力情况的分析, 由牛顿第二定律得

$$m\frac{\mathrm{d}^2x}{\mathrm{d}t^2}=-cx-\mu\frac{\mathrm{d}x}{\mathrm{d}t}.$$

移项, 并记

$$2n=\frac{\mu}{m},\quad k^2=\frac{c}{m},$$

则上式化为

$$\frac{\mathrm{d}^2x}{\mathrm{d}t^2}+2n\frac{\mathrm{d}x}{\mathrm{d}t}+k^2x=0. \tag{1}$$

这就是在有阻尼的情况下, 物体**自由振动的微分方程**.

如果物体在振动过程中, 还受到铅直干扰力

$$F=H\sin pt$$

的作用, 则有

$$\frac{\mathrm{d}^2x}{\mathrm{d}t^2}+2n\frac{\mathrm{d}x}{\mathrm{d}t}+k^2x=h\sin pt, \tag{2}$$

其中 $h=\dfrac{H}{m}$. 这就是**强迫振动的微分方程**.

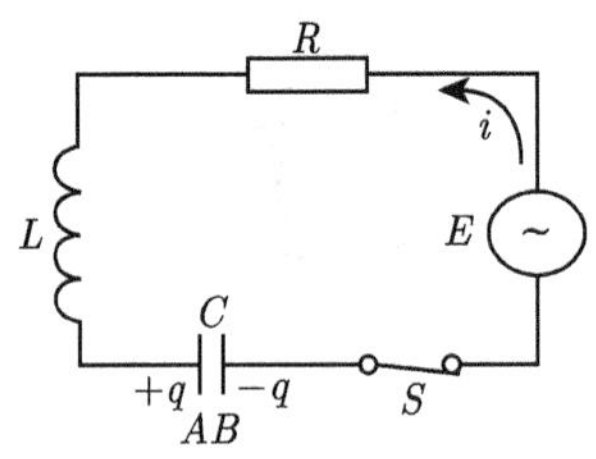

图 7.5

例 2　设有一个由电阻 R、电感 L、电容 C 和电源 E 串联组成的电路, 其中 R, L 及 C 为常数, $E=E_m\sin\omega t$, 这里 E_m 及 ω 也是常数 (图 7.5).

设电路中的电流为 $i(t)$, 电容器极板上的电荷量为 $q(t)$, 两极板间的电压为 u_c, 自感电动势为 E_L. 由电学知道

$$i=\frac{\mathrm{d}q}{\mathrm{d}t},\quad u_c=\frac{q}{C},\quad E_L=-L\frac{\mathrm{d}i}{\mathrm{d}t},$$

根据回路电压定律, 得

$$E-L\frac{\mathrm{d}i}{\mathrm{d}t}-\frac{q}{C}-Ri=0,$$

即

$$LC\frac{\mathrm{d}^2u_c}{\mathrm{d}t^2}+RC\frac{\mathrm{d}u_c}{\mathrm{d}t}+u_c=E_m\sin\omega t,$$

或写成

$$\frac{\mathrm{d}^2u_c}{\mathrm{d}t^2}+2\beta\frac{\mathrm{d}u_c}{\mathrm{d}t}+\omega_0^2u_c=\frac{E_m}{LC}\sin\omega t, \tag{3}$$

式中 $\beta=\dfrac{R}{2L}$, $\omega_0=\dfrac{1}{\sqrt{LC}}$. 这就是**串联电路的振荡方程**.

如果电容器经充电后撤去外电源, 即 $E=0$, 则方程 (3) 成为

$$\frac{\mathrm{d}^2u_c}{\mathrm{d}t^2}+2\beta\frac{\mathrm{d}u_c}{\mathrm{d}t}+\omega_0^2u_c=0. \tag{4}$$

例 1 和例 2 虽然是两个不同的实际问题, 但是仔细观察一下所得出的方程 (2) 和 (3), 就会发现它们可以归结为同一个形式

$$\frac{\mathrm{d}^2y}{\mathrm{d}x^2}+P(x)\frac{\mathrm{d}y}{\mathrm{d}x}+Q(x)y=f(x), \tag{5}$$

而方程 (1) 和方程 (4) 都是方程 (5) 的特殊情形: $f(x)\equiv 0$. 在工程技术的其他许多问题中, 也会遇到上述类型的微分方程.

方程 (5) 叫做**二阶线性微分方程**. 当方程右端 $f(x)\equiv 0$ 时, 方程叫做齐次的; 当 $f(x)\neq 0$ 时, 方程叫做非齐次的.

于是方程 (2), (3) 都是二阶非齐次线性微分方程; 方程 (1), (4) 都是二阶齐次线性微分方程.

下面讨论二阶线性微分方程的解的一些性质, 这些性质可以推广到 n 阶线性微分方程

$$y^{(n)}+a_1(x)y^{(n-1)}+\cdots+a_{n-1}(x)y'+a_n(x)y=f(x).$$

先讨论二阶齐次线性微分方程

$$y''+P(x)y'+Q(x)y=0. \tag{6}$$

定理 7.1 如果函数 $y_1(x)$ 与 $y_2(x)$ 是方程 (6) 的两个解, 那么

$$y=C_1y_1(x)+C_2y_2(x) \tag{7}$$

也是方程 (6) 的解, 其中 C_1, C_2 是任意常数.

证明 将 (7) 式代入 (6) 式左端, 得

$$\begin{aligned}&[C_1y_1''+C_2y_2'']+P(x)[C_1y_1'+C_2y_2']+Q(x)[C_1y_1+C_2y_2]\\&=C_1[y_1''+P(x)y_1'+Q(x)y_1]+C_2[y_2''+P(x)y_2'+Q(x)y_2].\end{aligned}$$

由于 y_1 与 y_2 是方程 (6) 的解, 上式右端方括号中的表达式都恒等于零, 因而整个式子恒等于零, 所以 (7) 式是方程 (6) 的解. □

解 (7) 从形式上来看含有 C_1 与 C_2 两个任意常数, 但它不一定是方程 (6) 的通解. 例如, 设 $y_1(x)$ 是方程 (6) 的一个解, 则 $y_2(x)=2y_1(x)$ 也是方程 (6) 的解. 这时 (7) 式为 $y=C_1y_1(x)+2C_2y_1(x)$, 可以把它改写成 $y=Cy_1(x)$, 其中 $C=C_1+2C_2$. 这显然不是 (6) 的通解. 那么在什么情况下 (7) 式才是方程 (6) 的通解呢? 要解决这个问题, 还得引入一个新的概念, 即所谓函数组的线性相关与线性无关.

设 $y_1(x), y_2(x), \cdots, y_n(x)$ 为定义在区间 I 上的 n 个函数, 如果存在 n 个不全为零的常数 $k_1, k_2, \cdots, k_n$, 使得当 $x\in I$ 时有恒等式

$$k_1y_1(x)+k_2y_2(x)+\cdots+k_ny_n(x)\equiv 0$$

成立, 那么称这 n 个函数在区间 I 上**线性相关**; 否则线性无关.

例如, 函数 $1, \cos^2 x, \sin^2 x$ 在整个数轴上是线性相关的. 因为取 $k_1=1, k_2=k_3=-1$, 就有恒等式

$$1-\cos^2 x-\sin^2 x\equiv 0.$$

又如, 函数 $1, x, x^2$ 在任何区间 (a,b) 内是线性无关的. 因为如果 k_1, k_2, k_3 不全为零, 那么在该区间内至多只有两个 x 值能使二次三项式

$$k_1+k_2x+k_3x^2$$

为零, 要使它恒等于零, 必须 k_1, k_2, k_3 全为零.

应用上述概念可知, 对于两个函数的情形, 它们线性相关与否, 只要看它们的比是否为常数: 如果比为常数, 那么它们就线性相关; 否则就线性无关.

有了一组函数线性相关或线性无关的概念后, 我们有如下关于二阶齐次线性微分方程 (6) 的通解结构的定理.

定理 7.2 如果 $y_1(x)$ 与 $y_2(x)$ 是方程 (6) 的两个线性无关的特解, 那么

$$y=C_1y_1(x)+C_2y_2(x)\quad (C_1, C_2 \text{ 是任意常数})$$

就是方程 (6) 的通解.

例如, 方程 $y''+y=0$ 是二阶齐次线性微分方程 (这里 $P(x)\equiv 0, Q(x)\equiv 1$). 容易验证, $y_1=\cos x$ 与 $y_2=\sin x$ 是所给方程的两个解, 且 $\dfrac{y_2}{y_1}=\tan x\neq$ 常数, 即它们是线性无关的, 因此方程 $y''+y=0$ 的通解为 $y=C_1\cos x+C_2\sin x$.

又如, 方程 $(x-1)y''-xy'+y=0$ 也是二阶齐次线性微分方程 $\left(\text{这里 } P(x)=-\dfrac{x}{x-1}, Q(x)=\dfrac{1}{x-1}\right)$. 容易验证 $y_1=x, y_2=\mathrm{e}^x$ 是所给方程的两个解, 且 $\dfrac{y_2}{y_1}=\dfrac{\mathrm{e}^x}{x}\neq$ 常数, 即它们是线性无关的. 因此方程的通解为

$$y = C_1 x + C_2 \mathrm{e}^x.$$

定理 7.2 不难推广到 n 阶齐次线性微分方程.

推论 如果 $y_1(x), y_2(x), \cdots, y_n(x)$ 是 n 阶齐次线性微分方程

$$y^{(n)} + a_1(x)y^{(n-1)} + \cdots + a_{n-1}(x)y' + a_n(x)y = 0$$

的 n 个线性无关的解, 那么此方程的通解为

$$y = C_1 y_1(x) + C_2 y_2(x) + \cdots + C_n y_n(x),$$

其中 $C_1, C_2, \cdots, C_n$ 为任意常数.

下面讨论二阶非齐次线性微分方程 (5). 我们把方程 (6) 叫做与非齐次线性微分方程 (5) 对应的齐次线性微分方程.

定理 7.3 设 $y^*(x)$ 是二阶非齐次线性微分方程

$$y'' + P(x)y' + Q(x)y = f(x) \tag{5}$$

的一个特解. $Y(x)$ 是与 (5) 对应的齐次线性微分方程 (6) 的通解, 那么

$$y = Y(x) + y^*(x) \tag{8}$$

是二阶非齐次线性微分方程 (5) 的通解.

证明 把 (8) 式代入方程 (5) 的左端, 得

$$\begin{aligned}&(Y'' + y^{*\prime\prime}) + P(x)(Y' + y^{*\prime}) + Q(x)(Y + y^*)\\ =&[Y'' + P(x)Y' + Q(x)Y] + [y^{*\prime\prime} + P(x)y^{*\prime} + Q(x)y^*].\end{aligned}$$

由于 $Y(x)$ 是方程 (6) 的解, $y^*(x)$ 是方程 (5) 的解, 可知第一个括号内的表达式恒等于零, 第二个恒等于 $f(x)$. 这样 $y = Y(x) + y^*(x)$ 使方程 (5) 的两端恒等. 即 (8) 式是方程 (5) 的解.

又由于对应的齐次线性方程 (6) 的通解 $Y = C_1 y_1(x) + C_2 y_2(x)$ 中含有两个任意常数, 所以 $y = Y(x) + y^*(x)$ 中也含有任意两个常数, 从而它就是二阶非齐次线性方程 (5) 的通解. □

例如, 方程 $y''+y = x^2$ 是二阶非齐次线性微分方程. 已知 $y = C_1 \cos x + C_2 \sin x$ 是对应的齐次方程 $y'' + y = 0$ 的通解; 又容易验证 $y^* = x^2 - 2$ 为所给方程的一个特解. 因此

$$y = C_1 \cos x + C_2 \sin x + x^2 - 2$$

是所给方程的通解.

定理 7.4 设 $y_1^*(x)$ 与 $y_2^*(x)$ 分别是方程

$$y''+P(x)y'+Q(x)y=f_1(x) \quad 与 \quad y''+P(x)y'+Q(x)y=f_2(x)$$

的特解, 那么 $y_1^*(x)+y_2^*(x)$ 就是方程

$$y''+P(x)y'+Q(x)y=f_1(x)+f_2(x) \tag{9}$$

的特解.

证明 将 $y=y_1^*+y_2^*$ 代入方程 (9) 的左端, 得

$$\begin{aligned}&(y_1^*+y_2^*)''+P(x)(y_1^*+y_2^*)'+Q(x)(y_1^*+y_2^*)\\=&[y_1^{*\prime\prime}+P(x)y_1^{*\prime}+Q(x)y_1^*]+[y_2^{*\prime\prime}+P(x)y_2^{*\prime}+Q(x)y_2^*]\\=&f_1(x)+f_2(x),\end{aligned}$$

因此 $y_1^*+y_2^*$ 是方程 (9) 的一个特解. □

这一定理通常称为线性微分方程的解的**叠加原理**.

定理 7.3 和定理 7.4 也可推广到 n 阶非齐次线性微分方程.

习 题 7.4

1. 下列函数组在其定义区间内哪些是线性无关的?

(1) x, x^2;　　(2) $x, 2x$;

(3) $e^{2x}, 3e^{2x}$;　　(4) e^{-x}, e^x;

(5) $\cos 2x, \sin 2x$;　　(6) e^{x^2}, xe^{x^2};

(7) $\sin 2x, \cos x\sin x$;　　(8) $e^x\cos 2x, e^x\sin 2x$;

(9) $\ln x, x\ln x$;　　(10) $e^{ax}, e^{bx}(a\neq b)$.

2. 验证 $y_1=\cos\omega x$ 及 $y_2=\sin\omega x$ 都是方程 $y''+\omega^2y=0$ 的解, 并写出该方程的通解.

3. 验证 $y_1=e^{x^2}$ 及 $y_2=xe^{x^2}$ 都是方程 $y''-4xy'+(4x^2-2)y=0$ 的解, 并写出该方程的通解.

4. 验证:

(1) $y=C_1e^x+C_2e^{2x}+\dfrac{1}{12}e^{5x}$ $(C_1, C_2$ 是任意常数) 是方程 $y''-3y'+2y=e^{5x}$ 的通解;

(2) $y=C_1\cos 3x+C_2\sin 3x+\dfrac{1}{32}(4x\cos x+\sin x)(C_1, C_2$ 是任意常数) 是方程 $y''+9y=x\cos x$ 的通解;

(3) $y=C_1x^2+C_2x^2\ln x(C_1,C_2$ 是任意常数) 是方程 $x^2y''-3xy'+4y=0$ 的通解;

(4) $y=C_1x^5+\dfrac{C_2}{x}-\dfrac{x^2}{9}\ln x(C_1,C_2$ 是任意常数) 是方程 $x^2y''-3xy'-5y=x^2\ln x$ 的通解;

(5) $y=\dfrac{1}{x}(C_1\mathrm{e}^x+C_2\mathrm{e}^{-x})+\dfrac{\mathrm{e}^x}{2}(C_1,C_2$ 是任意常数) 是方程 $xy''+2y'-xy=\mathrm{e}^x$ 的通解;

(6) $y=C_1\mathrm{e}^x+C_2\mathrm{e}^{-x}+C_3\cos x+C_4\sin x-x^2(C_1,C_2,C_3,C_4$ 是任意常数) 是方程 $y^{(4)}-y=x^2$ 的通解.

5. 证明齐次线性微分方程 $a(x)y''+b(x)y'+c(x)y=0$.

(i) 当 $b(x)+xc(x)=0$ 时有解 $y=x$;

(ii) 当 $a(x)+b(x)+c(x)=0$ 时有解 $y=\mathrm{e}^x$;

(iii) 当 $a(x)-b(x)+c(x)=0$ 时有解 $y=\mathrm{e}^{-x}$.

利用这三个结果求解下列方程.

(1) $(1+x)y''+xy'-y=0$;

(2) $y''-y=0$;

(3) $y''+\dfrac{x}{1+x}y'-\dfrac{1}{1+x}y=0$.

7.5 常系数齐次线性微分方程

先讨论二阶常系数齐次线性微分方程的解法, 再把二阶方程的解法推广到 n 阶方程.

在二阶齐次线性微分方程

$$y''+P(x)y'+Q(x)y=0 \tag{1}$$

中, 如果 $P(x)$, $Q(x)$ 均为常数, 即 (1) 式为

$$y''+py'+qy=0, \tag{2}$$

其中 p, q 是常数, 则称 (2) 式为**二阶常系数齐次线性微分方程**. 如果 p, q 不全为常数, 则称 (1) 式为二阶变系数齐次线性微分方程.

由 7.4 节讨论可知, 要找微分方程 (2) 的通解, 可以先求出它的两个线性无关的特解 y_1, y_2, 那么 $y=C_1y_1+C_2y_2$ 就是方程 (2) 的通解.

当 r 为常数时, 指数函数 $y=\mathrm{e}^{rx}$ 和它的各阶导数都只相差一个常数因子. 由于指数函数有这个特点, 因此我们用 $y=\mathrm{e}^{rx}$ 来尝试, 看能否选取适当的常数 r, 使 $y=\mathrm{e}^{rx}$ 满足方程 (2).

将 $y=\mathrm{e}^{rx}$ 求导, 得到

$$y'=r\mathrm{e}^{rx},\quad y''=r^2\mathrm{e}^{rx},$$

把 y, y' 和 y'' 代入方程 (2), 得

$$(r^2+pr+q)\mathrm{e}^{rx}=0.$$

由于 $\mathrm{e}^{rx}\neq 0$, 所以

$$r^2+pr+q=0. \tag{3}$$

由此可见, 只要 r 满足代数方程 (3), 函数 $y=\mathrm{e}^{rx}$ 就是微分方程 (2) 的解, 我们把代数方程 (3) 叫做微分方程 (2) 的**特征方程**.

特征方程 (3) 是一个二次代数方程, 其中 r^2, r 的系数及常数项恰好依次是微分方程 (2) 中 y'', y' 及 y 的系数.

特征方程 (3) 的两个根 r_1, r_2 可以用公式

$$r_{1,2}=\frac{-p\pm\sqrt{p^2-4q}}{2}$$

求出. 它们有三种不同的情形.

(i) 当 $p^2-4q>0$ 时, r_1, r_2 是两个不相等的实根:

$$r_1=\frac{-p+\sqrt{p^2-4q}}{2},\quad r_2=\frac{-p-\sqrt{p^2-4q}}{2};$$

(ii) 当 $p^2-4q=0$ 时, r_1, r_2 是两个相等的实根:

$$r_1=r_2=-\frac{p}{2};$$

(iii) 当 $p^2-4q<0$ 时, r_1, r_2 是一对共轭复根:

$$r_1=\alpha+\mathrm{i}\beta,\quad r_2=\alpha-\mathrm{i}\beta,$$

其中

$$\alpha=-\frac{p}{2},\quad \beta=\frac{\sqrt{4q-p^2}}{2}.$$

相应地, 微分方程 (2) 的通解也有三种不同的情形. 分别讨论如下.

(i) 特征方程有两个不相等的实根: $r_1\neq r_2$.

由上面的讨论可知, $y_1=\mathrm{e}^{r_1x}, y_2=\mathrm{e}^{r_2x}$ 是微分方程 (2) 的两个解, 并且 $\dfrac{y_2}{y_1}=\dfrac{\mathrm{e}^{r_2x}}{\mathrm{e}^{r_1x}}=\mathrm{e}^{(r_2-r_1)x}$ 不是常数, 因此微分方程 (2) 的通解为

$$y=C_1\mathrm{e}^{r_1x}+C_2\mathrm{e}^{r_2x}.$$

(ii) 特征方程有两个相等的实根：$r_1 = r_2$.

这时, 只得到微分方程 (2) 的一个解

$$y_1 = \mathrm{e}^{r_1 x}.$$

为了得出微分方程 (2) 的通解, 还需求出另一个解 y_2, 并且要求 $\dfrac{y_2}{y_1}$ 不是常数.

设 $\dfrac{y_2}{y_1} = u(x)$, 即 $y_2 = u(x)\mathrm{e}^{r_1 x}$, 下面来求 $u(x)$.

将 y_2 求导, 得

$$y_2' = \mathrm{e}^{r_1 x}(u' + r_1 u),$$

$$y_2'' = \mathrm{e}^{r_1 x}(u'' + 2r_1 u' + r_1^2 u),$$

将 y_2, y_2' 和 y_2'' 代入微分方程 (2), 得

$$\mathrm{e}^{r_1 x}[(u'' + 2r_1 u' + r_1^2 u) + p(u' + r_1 u) + qu] = 0,$$

约去 $\mathrm{e}^{r_1 x}$, 并以 u, u' 和 u'' 为准合并同类项, 得

$$u'' + (2r_1 + p)u' + (r_1^2 + pr_1 + q)u = 0.$$

由于 r_1 是特征方程 (3) 的二重根, 因此 $r_1^2 + pr_1 + q = 0$, 且 $2r_1 + p = 0$, 于是得

$$u'' = 0.$$

因为这里只要得到一个不为常数的解, 所以不妨选取 $u(x) = x$, 由此得到微分方程 (2) 的另一个解

$$y_2 = x\mathrm{e}^{r_1 x}.$$

从而微分方程 (2) 的通解为

$$y = C_1\mathrm{e}^{r_1 x} + C_2 x\mathrm{e}^{r_1 x},$$

即

$$y = (C_1 + C_2 x)\,\mathrm{e}^{r_1 x}.$$

(iii) 特征方程有一对共轭复根：$r_1 = \alpha + \mathrm{i}\beta$, $r_2 = \alpha - \mathrm{i}\beta\,(\beta > 0)$.

这时 $y_1 = \mathrm{e}^{(\alpha+\mathrm{i}\beta)x}, y_2 = \mathrm{e}^{(\alpha-\mathrm{i}\beta)x}$ 是微分方程 (2) 的两个解, 但它们是复值函数形式. 为了得出实值函数形式的解, 先利用**欧拉公式** $\mathrm{e}^{\mathrm{i}\theta} = \cos\theta + \mathrm{i}\sin\theta$, 把 y_1, y_2 改写为

$$y_1 = \mathrm{e}^{(\alpha+\mathrm{i}\beta)x} = \mathrm{e}^{\alpha x}\cdot\mathrm{e}^{\mathrm{i}\beta x} = \mathrm{e}^{\alpha x}\left(\cos\beta x + \mathrm{i}\sin\beta x\right),$$

$$y_2 = \mathrm{e}^{(\alpha-\mathrm{i}\beta)x} = \mathrm{e}^{\alpha x}\cdot\mathrm{e}^{-\mathrm{i}\beta x} = \mathrm{e}^{\alpha x}\left(\cos\beta x - \mathrm{i}\sin\beta x\right).$$

由于方程 (2) 的解符合叠加原理, 所以实值函数

$$\bar{y}_1 = \frac{1}{2}\left(y_1 + y_2\right) = \mathrm{e}^{\alpha x}\cos\beta x,$$

$$\bar{y}_2 = \frac{1}{2\mathrm{i}}(y_1 - y_2) = \mathrm{e}^{\alpha x}\sin\beta x$$

还是微分方程 (2) 的解, 且 $\dfrac{\bar{y}_1}{\bar{y}_2} = \dfrac{\mathrm{e}^{\alpha x}\cos\beta x}{\mathrm{e}^{\alpha x}\sin\beta x} = \cot\beta x$ 不是常数, 所以微分方程 (2) 的通解为

$$y = \mathrm{e}^{\alpha x}\left(C_1\cos\beta x + C_2\sin\beta x\right).$$

综上所述, 求二阶常系数齐次线性微分方程

$$y'' + py' + qy = 0$$

的通解的步骤如下：

第一步　写出微分方程 (2) 的特征方程

$$r^2 + pr + q = 0;$$

第二步　求出特征方程 (3) 的两个根 r_1, r_2;

第三步　根据特征方程 (3) 的两个根的不同情形, 按照表 7.1 写出微分方程 (2) 的通解.

表 7.1

特征方程 $r^2+pr+q=0$ 的两个根 r_1, r_2	微分方程 $y''+py'+qy=0$ 的通解
两个不相等的实根 r_1, r_2	$y = C_1\mathrm{e}^{r_1x} + C_2\mathrm{e}^{r_2x}$
两个相等的实根 $r_1 = r_2$	$y = (C_1 + C_2x)\,\mathrm{e}^{r_1x}$
一对共轭复根 $r_{1,2} = \alpha\pm\mathrm{i}\beta$	$y = \mathrm{e}^{\alpha x}\left(C_1\cos\beta x + C_2\sin\beta x\right)$

例 1　求微分方程 $y'' - 2y' - 3y = 0$ 的通解.

解　微分方程的特征方程为

$$r^2 - 2r - 3 = 0,$$

其根 $r_1 = -1, r_2 = 3$ 是两个不相等的实根, 因此所求通解为

$$y = C_1\mathrm{e}^{-x} + C_2\mathrm{e}^{3x}.$$

例 2　求方程 $\dfrac{\mathrm{d}^2s}{\mathrm{d}t^2} + 2\dfrac{\mathrm{d}s}{\mathrm{d}t} + s = 0$ 满足初始条件 $s\left.\right|_{t=0} = 4, s'\left.\right|_{t=0} = -2$ 的

特解.

解 方程的特征方程为

$$r^2+2r+1=0,$$

其根 $r_1=r_2=-1$ 是两个相等的实根, 因此所求微分方程的通解为

$$s=(C_1+C_2t)\,\mathrm{e}^{-t},$$

将条件 $s\,|_{t=0}=4$ 代入通解, 得 $C_1=4$, 从而

$$s=(4+C_2t)\,\mathrm{e}^{-t},$$

将上式对 t 求导, 得

$$s'=(C_2-4-C_2t)\,\mathrm{e}^{-t},$$

再把条件 $s'\,|_{t=0}=-2$ 代入上式, 得 $C_2=2$. 于是所求特解为

$$s=(4+2t)\,\mathrm{e}^{-t}.$$

例 3 求微分方程 $y''-2y'+5y=0$ 的通解.

解 方程的特征方程为

$$r^2-2r+5=0,$$

其根 $r_{1,2}=1\pm2\mathrm{i}$ 为一对共轭复根. 因此所求通解为

$$y=\mathrm{e}^x\left(C_1\cos 2x+C_2\sin 2x\right).$$

例 4 在 7.4 节例 1 中, 设物体只受弹性恢复力 f 的作用, 且在 $t=0$ 时的位置为 $x=x_0$, 初始速度为 $\left.\dfrac{\mathrm{d}x}{\mathrm{d}t}\right|_{t=0}=v_0$, 求反映物体运动规律的函数 $x=x(t)$.

解 由于不计阻力 R, 即假设 $-\mu\dfrac{\mathrm{d}x}{\mathrm{d}t}=0$, 所以 7.4 节中的方程 (1) 为

$$\frac{\mathrm{d}^2x}{\mathrm{d}t^2}+k^2x=0 \tag{4}$$

方程 (4) 叫做**无阻尼自由振动的微分方程**.

反映物体运动规律的函数 $x=x\,(t)$ 是满足微分方程 (4) 及初始条件

$$x\,|_{t=0}=x_0\ ,\quad \left.\frac{\mathrm{d}x}{\mathrm{d}t}\right|_{t=0}=v_0$$

的特解.

方程 (4) 的特征方程 $r^2+k^2=0$, 其根 $r_{1,2}=\pm \mathrm{i}k$ 是一对共轭复根, 所以方程 (4) 的通解为

$$x=C_1\cos kt+C_2\sin kt.$$

由初始条件可知, $C_1=x_0$, $C_2=\dfrac{v_0}{k}$. 因此所求的特解为

$$x=x_0\cos kt+\frac{v_0}{k}\sin kt. \tag{5}$$

为了便于说明特解所反映的振动现象, 令

$$x_0=A\sin\varphi,\quad \frac{v_0}{k}=A\cos\varphi\quad (0\leqslant\varphi\leqslant 2\pi),$$

于是 (5) 式成为

$$x=A\sin(kt+\varphi), \tag{6}$$

其中 $A=\sqrt{x_0^2+\dfrac{v_0^2}{k^2}}$, $\tan\varphi=\dfrac{kx_0}{v_0}$.

函数 (6) 所反映的运动就是简谐运动, 这个振动的振幅为 A, 初相为 φ, 周期为 $T=\dfrac{2\pi}{k}$, 角频率为 k. 由于 $k=\sqrt{\dfrac{c}{m}}$, 它与初始条件无关, 而完全由振动系统本身所确定. 因此 k 又叫做系统的固有频率. 固有频率是反映振动系统特性的一个重要参数.

上面讨论二阶常系数齐次线性微分方程所用的方法以及方程的通解的形式, 可推广到 n 阶常系数齐次线性微分方程, 对此我们不再详细讨论, 只简单地叙述如下.

n 阶常系数齐次线性微分方程的一般形式是

$$y^{(n)}+p_1y^{(n-1)}+p_2y^{(n-2)}+\ldots+p_{n-1}y'+p_ny=0, \tag{7}$$

其中 $p_1, p_2, \cdots, p_{n-1}, p_n$ 都是常数.

有时我们用记号 D (叫做微分算子) 表示对 x 求导的运算 $\dfrac{\mathrm{d}}{\mathrm{d}x}$, 把 $\dfrac{\mathrm{d}y}{\mathrm{d}x}$ 记作 Dy, 把 $\dfrac{\mathrm{d}^ny}{\mathrm{d}x^n}$ 记作 D^ny, 并把方程 (7) 记作

$$D^ny+p_1D^{n-1}y+p_2D^{n-2}y+\cdots+p_{n-1}Dy+p_ny=0. \tag{8}$$

记

$$L(D)=D^n+p_1D^{n-1}+p_2D^{n-2}+\cdots+p_{n-1}D+p_n,$$

$L(D)$ 叫做微分算子 D 的 n 次多项式. 于是方程 (8) 可记作 $L(D)y=0$.

如同讨论二阶常系数齐次线性微分方程那样, 令 $y=\mathrm{e}^{rx}$. 由于 $D\mathrm{e}^{rx}=r\mathrm{e}^{rx}$, $\cdots$, $D^n(\mathrm{e}^{rx})=r^n\mathrm{e}^{rx}$, 故 $L(D)\mathrm{e}^{rx}=L(r)\mathrm{e}^{rx}$. 因此把 $y=\mathrm{e}^{rx}$ 代入方程 (8), 得

$$L(r)\mathrm{e}^{rx}=0,$$

由此可见, 如果选取 r 是 n 次代数方程

$$L(r)=0,$$

即

$$r^n+p_1r^{n-1}+p_2r^{n-2}+\cdots+p_{n-1}r+p_n=0 \tag{9}$$

的根, 那么函数 $y=\mathrm{e}^{rx}$ 就是方程 (7) 的一个解.

方程 (9) 叫做方程 (7) 的特征方程.

根据特征方程的根, 可以写出其对应的微分方程的解如表 7.2.

表 7.2

特征方程的根	微分方程通解中的对应项
单实根 r	给出一项: $C\mathrm{e}^{rx}$
一对单复根 $r_{1,2}=\alpha\pm\mathrm{i}\beta$	给出两项: $\mathrm{e}^{\alpha x}(C_1\cos\beta x+C_2\sin\beta x)$
k 重实根 r	给出 k 项: $\mathrm{e}^{rx}(C_1+C_2x+\cdots+C_kx^{k-1})$
一对 k 重复根 $r_{1,2}=\alpha\pm\mathrm{i}\beta$	给出 $2k$ 项: $\mathrm{e}^{\alpha x}[(C_1+C_2x+\cdots+C_kx^{k-1})\cos\beta x$ $+(D_1+D_2x+\cdots+D_kx^{k-1})\sin\beta x]$

从代数学知道, n 次代数方程有 n 个根 (重根按重数计算), 而特征方程的每一个根都对应着通解中的一项, 且每项各含一个任意常数. 这样就得到 n 阶常系数齐次线性微分方程的通解

$$y=C_1y_1+C_2y_2+\cdots+C_ny_n.$$

例 5 求方程 $y^{(4)}-2y'''+5y''=0$ 的通解.

解 这里的特征方程为

$$r^4-2r^3+5r^2=0,$$

即

$$r^2(r^2-2r+5)=0.$$

它的根是 $r_1=r_2=0$ 和 $r_{3,4}=1\pm2\mathrm{i}$, 因此所给微分方程的通解为

$$y=C_1+C_2x+\mathrm{e}^x(C_3\cos2x+C_4\sin2x).$$

例 6　求方程 $\dfrac{\mathrm{d}^4\omega}{\mathrm{d}x^4}+\beta^4\omega=0$ 的通解, 其中 $\beta>0$.

解　这里的特征方程为

$$r^4+\beta^4=0.$$

由于

$$\begin{aligned}r^4+\beta^4&=r^4+2r^2\beta^2+\beta^4-2r^2\beta^2=(r^2+\beta^2)^2-2r^2\beta^2\\&=(r^2-\sqrt{2}r\beta+\beta^2)(r^2+\sqrt{2}r\beta+\beta^2),\end{aligned}$$

所以特征方程可以写为

$$(r^2-\sqrt{2}r\beta+\beta^2)(r^2+\sqrt{2}r\beta+\beta^2)=0.$$

它的根为 $r_{1,2}=\dfrac{\beta}{\sqrt{2}}(1\pm\mathrm{i})$, $r_{3,4}=-\dfrac{\beta}{\sqrt{2}}(1\pm\mathrm{i})$, 因此所给方程的通解为

$$\omega=\mathrm{e}^{\frac{\beta}{\sqrt{2}}x}\left(C_1\cos\frac{\beta}{\sqrt{2}}x+C_2\sin\frac{\beta}{\sqrt{2}}x\right)+\mathrm{e}^{-\frac{\beta}{\sqrt{2}}x}\left(C_3\cos\frac{\beta}{\sqrt{2}}x+C_4\sin\frac{\beta}{\sqrt{2}}x\right).$$

习　题　7.5

1. 解下列常系数齐次线性微分方程或初值问题.

(1) $y''-3y'=0$;　　(2) $y''+2y'+10y=0$;

(3) $y''-2y'-3y=0$;　　(4) $y''-4y'+4y=0$;

(5) $y'''-y''-y'+y=0$;　　(6) $y'''-4y''+y'+6y=0$;

(7) $y'''-y'=0$;　　(8) $y'''-y''=0$;

(9) $\begin{cases}y''+4y'+29y=0,\\ y|_{x=0}=0,\quad y'|_{x=0}=15;\end{cases}$　　(10) $\begin{cases}y''-4y'+3y=0,\\ y|_{x=0}=6,\quad y'|_{x=0}=10;\end{cases}$

(11) $\begin{cases}y''-2y'+y=0,\\ y|_{x=0}=1,\quad y'|_{x=0}=2.\end{cases}$

2. 若函数 $f(x)$ 二阶可导, 且满足条件 $f(x)-\displaystyle\int_0^x(x-u)f(u)\mathrm{d}u=x+3$, 求 $f(x)$ 的表达式.

3. 设 $y=y(x)\in C^2[-1,1]$, 且满足 $(1-x^2)y''-xy'+ay=0(a=1$ 或 $-1)$, 作自变量变换, 令 $x=\sin t$, 求 y 作为 t 的函数应满足的方程, 并求 $y(x)$.

4. 设 $f(x)$ 与 $g(x)$ 在 $(-\infty,+\infty)$ 内可导, $g(x)\neq0$, 且有 $f'(x)=g(x)$, $g'(x)=f(x)$, $f^2(x)\neq g^2(x)$. 试证方程 $\dfrac{f(x)}{g(x)}=0$ 有且仅有一个实根.

5. 一单摆摆长为 l, 质量为 m, 做简谐运动, 假定其摆动的偏角 θ 很小 (从而 $\sin\theta \approx \theta$), 试求其运动方程, 并确定摆动的周期.

6. 一弹簧的上端固定, 下端挂质量为 10g 的物体时弹簧伸长 4.9 cm. 现把质量为 500 g 的物体挂于弹簧下端, 并由平衡位置往下拉 4 cm 后放手. 假设物体在运动过程中所受的阻力与速度成正比, 比例系数是 $\sqrt{3}\,\mathrm{N\cdot s/m}$, 求物体的运动规律.

7.6 常系数非齐次线性微分方程

本节着重讨论二阶常系数非齐次线性微分方程的解法, 并对 n 阶方程的解法作必要的说明.

二阶常系数非齐次线性微分方程为

$$y'' + py' + qy = f(x), \tag{1}$$

其中 p, q 是常数.

由定理 7.3 可知, 求二阶常系数非齐次线性微分方程的通解, 归结为求对应的齐次方程

$$y'' + py' + qy = 0 \tag{2}$$

的通解和非齐次方程 (1) 本身的一个特解. 由于二阶常系数齐次线性微分方程的通解的求法已在 7.5 节得到解决, 所以这里只需讨论求二阶常系数非齐次线性微分方程的一个特解 y^* 的方法.

本节只介绍当方程 (1) 中的 $f(x)$ 取两种常见形式时 y^* 的求法. 这种方法的特点是不用积分就可求出 y^*, 它叫做**待定系数法**. $f(x)$ 的两种形式是:

(1) $f(x) = P_m(x)\mathrm{e}^{\lambda x}$, 其中 λ 是常数, $P_m(x)$ 是 x 的一个 m 次多项式

$$P_m(x) = a_0x^m + a_1x^{m-1} + \cdots + a_{m-1}x + a_m;$$

(2) $f(x) = \mathrm{e}^{\lambda x}[P_l(x)\cos\omega x + P_n(x)\sin\omega x]$, 其中 λ, ω 是常数, $P_l(x)$, $P_n(x)$ 分别是 x 的 l 次、n 次多项式, 且仅有一个可为零.

下面分别介绍 $f(x)$ 为上述两种形式时 y^* 的求法.

7.6.1 $f(x) = P_m(x)\mathrm{e}^{\lambda x}$ 型

我们知道, 方程 (1) 的特解 y^* 是使方程 (1) 成为恒等式的函数, 怎样的函数能使方程 (1) 成为恒等式呢? 因为方程 (1) 右端 $f(x)$ 是多项式 $P_m(x)$ 与指数函数 $\mathrm{e}^{\lambda x}$ 的乘积, 而多项式与指数函数乘积的导数仍然是多项式与指数函数的乘积, 所以, 我们推测 $y^* = Q(x)\mathrm{e}^{\lambda x}$(其中 $Q(x)$ 是某个多项式) 可能是方程 (1) 的特解. 把

$y^*, y^{*\prime}, y^{*\prime\prime}$ 代入方程 (1), 然后考虑能否选取适当的多项式 $Q(x)$, 使 $y^*=Q(x)e^{\lambda x}$ 满足方程 (1). 为此, 将

$$y^*=Q(x)e^{\lambda x},$$

$$y^{*\prime}=e^{\lambda x}\left[\lambda Q(x)+Q'(x)\right],$$

$$y^{*\prime\prime}=e^{\lambda x}\left[\lambda^2 Q(x)+2\lambda Q'(x)+Q''(x)\right]$$

代入方程 (1) 并消去 $e^{\lambda x}$, 得

$$Q''(x)+(2\lambda+p)Q'(x)+(\lambda^2+p\lambda+q)Q(x)=P_m(x). \tag{3}$$

(i) 如果 λ 不是 (2) 式的特征方程 $r^2+pr+q=0$ 的根, 即 $\lambda^2+p\lambda+q\neq 0$, 由于 $P_m(x)$ 是一个 m 次多项式, 要使 (3) 式的两端恒等, 那么可令 $Q(x)$ 为另一个 m 次多项式 $Q_m(x)$:

$$Q_m(x)=b_0x^m+b_1x^{m-1}+\cdots+b_{m-1}x+b_m,$$

代入 (3) 式, 比较等式两端 x 同次幂的系数, 就得到以 $b_0, b_1, \cdots, b_{m-1}, b_m$ 作为未知数的 $m+1$ 个方程的联立方程组. 从而可以求出这些 $b_i\,(i=0,1,\cdots,m-1,m)$, 并得到所求的特解 $y^*=Q(x)e^{\lambda x}$.

(ii) 如果 λ 是特征方程 $r^2+pr+q=0$ 的单根, 即 $\lambda^2+p\lambda+q=0$, 但 $2\lambda+p\neq 0$, 要使 (3) 式的两端恒等, 那么 $Q'(x)$ 必须是 m 次多项式. 此时可令

$$Q(x)=xQ_m(x),$$

并且可用同样的方法来确定 $Q_m(x)$ 中的系数 $b_i(i=0,1,\cdots,m)$.

(iii) 如果 λ 是特征方程 $r^2+pr+q=0$ 的重根, 即 $\lambda^2+p\lambda+q=0$, 且 $2\lambda+p=0$, 要使 (3) 式的两端恒等, 那么 $Q''(x)$ 必须是 m 次多项式. 此时可令

$$Q(x)=x^2Q_m(x),$$

并且可用同样的方法来确定 $Q_m(x)$ 中的系数.

综上所述, 我们有如下结论:

如果 $f(x)=P_m(x)e^{\lambda x}$, 则二阶常系数非齐次微分方程 (1) 具有形如

$$y^*=x^kQ_m(x)e^{\lambda x} \tag{4}$$

的特解, 其中 $Q_m(x)$ 是与 $P_m(x)$ 同次 (m 次) 的多项式, 而 k 按 λ 不是特征方程的根、是特征方程的单根或是特征方程的重根依次取为 0, 1 或 2.

上述结论可推广到 n 阶常系数非齐次微分方程, 但要注意 (4) 式中的 k 是特征方程的根 λ 的重复次数 (即若 λ 不是特征方程的根, 则 k 取为 0; 若 λ 是特征方程的 s 重根, 则 k 取为 s).

例 1 求微分方程 $y''-2y'-3y=3x+1$ 的一个特解.

解 这是二阶常系数非齐次微分方程, 且函数 $f(x)$ 是 $P_m(x)\mathrm{e}^{\lambda x}$ 型 (其中 $P_m(x)=3x+1$, $\lambda=0$).

与所给方程对应的齐次方程为

$$y''-2y'-3y=0,$$

它的特征方程为

$$r^2-2r-3=0.$$

由于这里 $\lambda=0$ 不是特征方程的根, 所以应设特解为

$$y^*=b_0x+b_1,$$

把它代入所给方程, 得

$$-3b_0x-2b_0-3b_1=3x+1,$$

比较两端 x 同次幂的系数, 得

$$\begin{cases} -3b_0=3, \\ -2b_0-3b_1=1, \end{cases}$$

由此求得 $b_0=-1, b_1=\dfrac{1}{3}$. 于是求得一个特解为

$$y^*=-x+\frac{1}{3}.$$

例 2 求微分方程 $y''-5y'+6y=x\mathrm{e}^{2x}$ 的通解.

解 所给方程也是二阶常系数非齐次微分方程, 且 $f(x)$ 是 $P_m(x)\mathrm{e}^{\lambda x}$ 型 (其中 $P_m(x)=x$, $\lambda=2$).

与所给方程对应的齐次方程为

$$y''-5y'+6y=0,$$

它的特征方程为

$$r^2-5r+6=0.$$

有两个实根 $r_1=2, r_2=3$. 于是与所给方程对应的齐次方程的通解为

$$y=C_1\mathrm{e}^{2x}+C_2\mathrm{e}^{3x}.$$

由于这里 $\lambda=2$ 是特征方程的单根, 所以应设 y^* 为

$$y^*=x(b_0x+b_1)\mathrm{e}^{2x}.$$

把它代入所给方程, 得

$$-2b_0x+2b_0-b_1=x,$$

比较等式两端 x 同次幂的系数, 得

$$\begin{cases}-2b_0=1,\\ 2b_0-b_1=0,\end{cases}$$

解得 $b_0=-\dfrac{1}{2}, b_1=-1$. 因此求得一个特解为

$$y^*=x\left(-\frac{1}{2}x-1\right)\mathrm{e}^{2x}.$$

从而所求的通解为

$$y=C_1\mathrm{e}^{2x}+C_2\mathrm{e}^{3x}+x\left(-\frac{1}{2}x-1\right)\mathrm{e}^{2x}.$$

7.6.2　$f(x)=\mathrm{e}^{\lambda x}[P_l(x)\cos\omega x+P_n(x)\sin\omega x]$ 型

应用欧拉公式

$$\cos\theta=\frac{\mathrm{e}^{\mathrm{i}\theta}+\mathrm{e}^{-\mathrm{i}\theta}}{2},\quad \sin\theta=\frac{\mathrm{e}^{\mathrm{i}\theta}-\mathrm{e}^{-\mathrm{i}\theta}}{2\mathrm{i}}$$

把 $f(x)$ 表示成复变指数函数的形式, 有

$$f(x)=\mathrm{e}^{\lambda x}[P_l(x)\cos\omega x+P_n(x)\sin\omega x],$$

$$\begin{aligned}f(x)&=\mathrm{e}^{\lambda x}\left[P_l(x)\frac{\mathrm{e}^{\omega x\mathrm{i}}+\mathrm{e}^{-\omega x\mathrm{i}}}{2}+P_n(x)\frac{\mathrm{e}^{\omega x\mathrm{i}}-\mathrm{e}^{-\omega x\mathrm{i}}}{2\mathrm{i}}\right]\\&=\left(\frac{P_l(x)}{2}+\frac{P_n(x)}{2\mathrm{i}}\right)\mathrm{e}^{(\lambda+\mathrm{i}\omega)x}+\left(\frac{P_l(x)}{2}-\frac{P_n(x)}{2\mathrm{i}}\right)\mathrm{e}^{(\lambda-\mathrm{i}\omega)x}\\&=P(x)\mathrm{e}^{(\lambda+\mathrm{i}\omega)x}+\overline{P}(x)\mathrm{e}^{(\lambda-\mathrm{i}\omega)x},\end{aligned}$$

其中

$$P(x)=\frac{P_l(x)}{2}+\frac{P_n(x)}{2\mathrm{i}}=\frac{P_l(x)}{2}-\frac{P_n(x)}{2}\mathrm{i},$$

$$\overline{P}(x)=\frac{P_l(x)}{2}-\frac{P_n(x)}{2\mathrm{i}}=\frac{P_l(x)}{2}+\frac{P_n(x)}{2}\mathrm{i}$$

是互成共轭的 m 次多项式 (即它们对应项的系数是共轭复数), 而 $m=\max\{l,n\}$.

对于 $f(x)$ 中的第一项 $P(x)\mathrm{e}^{(\lambda+\mathrm{i}\omega)x}$, 可求出一个 m 次多项式 $Q_m(x)$, 使得 $y_1^*=x^kQ_m(x)\mathrm{e}^{(\lambda+\mathrm{i}\omega)x}$ 为方程

$$y''+py'+qy=P(x)\mathrm{e}^{(\lambda+\mathrm{i}\omega)x}$$

的特解, 其中 k 按 $\lambda+\mathrm{i}\omega$ 不是特征方程的根或是特征方程的单根依次取 0 或 1.

由于 $f(x)$ 的第二项 $\bar{P}(x)\mathrm{e}^{(\lambda-\mathrm{i}\omega)x}$ 与第一项 $P(x)\mathrm{e}^{(\lambda+\mathrm{i}\omega)x}$ 成共轭, 所以与 y_1^* 成共轭的函数 $y_2^*=x^k\bar{Q}_m(x)\mathrm{e}^{(\lambda-\mathrm{i}\omega)x}$ 必然是方程

$$y''+py'+qy=\bar{P}(x)\mathrm{e}^{(\lambda-\mathrm{i}\omega)x}$$

的特解, 这里 $\bar{Q}_m(x)$ 表示与 $Q_m(x)$ 成共轭的 m 次多项式. 于是, 根据定理 7.4, 方程 (1) 具有形如

$$y^*=x^kQ_m(x)\mathrm{e}^{(\lambda+\mathrm{i}\omega)x}+x^k\bar{Q}_m(x)\mathrm{e}^{(\lambda-\mathrm{i}\omega)x}$$

的特解. 上式可写为

$$\begin{aligned}y^*&=x^k\mathrm{e}^{\lambda x}(Q_m(x)\mathrm{e}^{\mathrm{i}\omega x}+\bar{Q}_m(x)\mathrm{e}^{-\mathrm{i}\omega x})\\&=x^k\mathrm{e}^{\lambda x}[Q_m(x)(\cos\omega x+\mathrm{i}\sin\omega x)+\bar{Q}_m(x)(\cos\omega x-\mathrm{i}\sin\omega x)].\end{aligned}$$

由于括号内的两项是互成共轭的, 相加后即无虚部, 所以可以写成实函数的形式

$$y^*=x^k\mathrm{e}^{\lambda x}[R_m^{(1)}(x)\cos\omega x+R_m^{(2)}(x)\sin\omega x].$$

综上所述, 有如下结论:

如果 $f(x)=\mathrm{e}^{\lambda x}[P_l(x)\cos\omega x+P_n(x)\sin\omega x]$, 则二阶常系数非齐次微分方程 (1) 的特解可设为

$$y^*=x^k\mathrm{e}^{\lambda x}\left[R_m^{(1)}(x)\cos\omega x+R_m^{(2)}(x)\sin\omega x\right],\tag{5}$$

其中 $R_m^{(1)}(x)$, $R_m^{(2)}(x)$ 是 m 次多项式, $m=\max\{l,n\}$, 而 k 按 $\lambda+\mathrm{i}\omega$(或 $\lambda-\mathrm{i}\omega$) 不是特征方程的根或是特征方程的单根依次取 0 或 1.

上述结论可推广到 n 阶常系数非齐次线性微分方程, 但要注意 (5) 式中的 k 是特征方程中根 $\lambda+\mathrm{i}\omega$(或 $\lambda-\mathrm{i}\omega$) 的重复次数.

例 3 求微分方程 $y''+y=x\cos 2x$ 的一个特解.

解 所给方程是二阶常系数非齐次线性微分方程, 且函数 $f(x)$ 属于

$$\mathrm{e}^{\lambda x}[P_l(x)\cos\omega x+P_n(x)\sin\omega x]\text{ 型}\quad(\text{其中 }\lambda=0,\ \omega=2,\ P_l(x)=x,\ P_n(x)=0).$$

与所给方程对应的齐次方程为

$$y'' + y = 0,$$

它的特征方程为

$$r^2 + 1 = 0.$$

由于这里 $\lambda + \mathrm{i}\omega = 2\mathrm{i}$ 不是特征方程的根, 所以应设特解为

$$y^* = (ax + b)\cos 2x + (cx + d)\sin 2x,$$

把它代入所给方程, 得

$$(-3ax - 3b + 4c)\cos 2x - (3cx + 3d + 4a)\sin 2x = x\cos 2x,$$

比较两端同类项的系数, 得

$$\begin{cases} -3a = 1, \\ -3b + 4c = 0, \\ -3c = 0, \\ -3d - 4a = 0, \end{cases}$$

由此解得

$$a = -\frac{1}{3}, \quad b = 0, \quad c = 0, \quad d = \frac{4}{9},$$

于是求得一个特解为

$$y^* = -\frac{1}{3}x\cos 2x + \frac{4}{9}\sin 2x.$$

例 4　求微分方程 $y'' - y' = \mathrm{e}^x \cos 2x$ 的一个特解.

解　这是二阶常系数非齐次线性微分方程, 且函数 $f(x)$ 属于

$\mathrm{e}^{\lambda x}[P_l(x)\cos\omega x + P_n(x)\sin\omega x]$ 型 (其中 $\lambda = 1, \omega = 2, P_l(x) = 1, P_n(x) = 0$).

特征方程为 $r^2 - r = 0$, 由于 $\lambda + \mathrm{i}\omega = 1 + 2\mathrm{i}$ 不是特征方程的根, 所以应设特解为

$$y^* = \mathrm{e}^x (a\cos 2x + b\sin 2x),$$

求导得

$$y^{*\prime} = \mathrm{e}^x [(a + 2b)\cos 2x + (-2a + b)\sin 2x],$$

$$y^{*\prime\prime} = \mathrm{e}^x [(-3a + 4b)\cos 2x + (-4a - 3b)\sin 2x],$$

代入所给方程, 得

$$\mathrm{e}^x [(-4a + 2b)\cos 2x + (-2a - 4b)\sin 2x] = \mathrm{e}^x \cos 2x,$$

比较两端同类项的系数, 得

$$\begin{cases} -4a+2b=1, \\ -2a-4b=0, \end{cases} \quad \begin{cases} a=-\dfrac{1}{5}, \\ b=\dfrac{1}{10}, \end{cases}$$

因此所给方程的一个特解为

$$y^*=\mathrm{e}^x\left(-\frac{1}{5}\cos 2x+\frac{1}{10}\sin 2x\right).$$

例 5 在 7.4 节例 1 中, 设物体受弹性恢复力 f 和铅直干扰力 F 的作用, 试求物体的运动规律.

解 这里需要求出无阻尼强迫振动方程

$$\frac{\mathrm{d}^2x}{\mathrm{d}t^2}+k^2x=h\sin pt \tag{6}$$

的通解.

对应的齐次微分方程 (即无阻尼自由振动方程) 为

$$\frac{\mathrm{d}^2x}{\mathrm{d}t^2}+k^2x=0, \tag{7}$$

它的特征方程 $r^2+k^2=0$ 的根为 $r_{1,2}=\pm\mathrm{i}k$. 故方程 (7) 的通解为

$$X=C_1\cos kt+C_2\sin kt.$$

令

$$C_1=A\sin\varphi,\quad C_2=A\cos\varphi,$$

则方程 (7) 的通解又可写成

$$X=A\sin(kt+\varphi),$$

其中 A, φ 为任意常数.

方程 (6) 右端的函数

$$f(t)=h\sin pt,$$

与 $f(t)=\mathrm{e}^{\lambda t}[P_l(t)\cos\omega t+P_n(t)\sin\omega t]$ 相比较, 有 $\lambda=0$, $\omega=p$, $P_l(t)=0$, $P_n(t)=h$. 现在分别就 $p\neq k$ 和 $p=k$ 两种情形讨论如下:

(i) 如果 $p\neq k$, 则 $\lambda\pm\mathrm{i}\omega=\pm\mathrm{i}p$ 不是特征方程的根, 故设

$$x^*=a_1\cos pt+b_1\sin pt,$$

代入方程 (6) 求得

$$a_1=0,\quad b_1=\frac{h}{k^2-p^2},$$

于是

$$x^*=\frac{h}{k^2-p^2}\sin pt.$$

从而当 $p\neq k$ 时, 方程 (6) 的通解为

$$x=X+x^*=A\sin(kt+\varphi)+\frac{h}{k^2-p^2}\sin pt.$$

上式表示, 物体的运动由两部分组成, 这两部分都是简谐运动. 上式第一项表示自由振动, 第二项所表示的振动叫做强迫振动. 强迫振动是由干扰力引起的, 它的角频率即干扰力的角频率 p; 当干扰力的角频率 p 与振动系统的固有频率 k 相差很小时, 它的振幅 $\left|\dfrac{h}{k^2-p^2}\right|$ 可以很大.

(ii) 如果 $p=k$, 则 $\lambda\pm \mathrm{i}\omega=\pm \mathrm{i}p$ 是特征方程的根, 故设

$$x^*=t\,(a_1\cos kt+b_1\sin kt),$$

代入方程 (6) 求得

$$a_1=-\frac{h}{2k},\quad b_1=0,$$

于是

$$x^*=-\frac{h}{2k}t\cos kt.$$

从而当 $p=k$ 时, 方程 (6) 的通解为

$$x=X+x^*=A\sin(kt+\varphi)-\frac{h}{2k}t\cos kt.$$

上式右端第二项表明, 强迫振动的振幅 $\dfrac{h}{2k}t$ 随时间 t 的增大而无限增大. 这就是发生的共振现象. 为了避免共振现象, 应使干扰力的角频率 p 不要靠近振动系统的固有频率 k. 反之, 如果要利用共振现象, 则应使 $p=k$ 或使 p 与 k 尽量靠近.

有阻尼的强迫振动问题可作类似的讨论, 这里从略.

习 题 7.6

1. 求下列各微分方程的通解.

(1) $2y''+y'-y=2\mathrm{e}^x$; (2) $y''+a^2y=\mathrm{e}^x$;

(3) $2y''+5y'=5x^2-2x-1$;
(4) $y''+3y'+2y=3x\mathrm{e}^{-x}$;
(5) $y''-2y'+5y=\mathrm{e}^x\sin 2x$;
(6) $y''-6y'+9y=(x+1)\,\mathrm{e}^{3x}$;
(7) $y''+5y'+4y=3-2x$;
(8) $y''+4y=x\cos x$;
(9) $y''+2y'+y=2\mathrm{e}^{-x}$;
(10) $y''-y'=\mathrm{e}^x\cos 2x$;
(11) $y''-y'-2y=x\mathrm{e}^x$;
(12) $y''+y=\mathrm{e}^x+\cos x$;
(13)$y''-y=\sin^2 x$;
(14) $y''-4y'+4y=8x^2+\mathrm{e}^{2x}+\sin 2x$;
(15) $y'''-2y''-4y'+8y=16(\mathrm{e}^{-2x}+\mathrm{e}^{2x})$.

2. 求下列各微分方程满足已给初始条件的特解.

(1) $y''+y+\sin 2x=0, y|_{x=\pi}=1, y'|_{x=\pi}=1$;

(2) $y''-3y'+2y=5, y|_{x=0}=1, y'|_{x=0}=2$;

(3) $y''-10y'+9y=\mathrm{e}^{2x}, y|_{x=0}=\dfrac{6}{7}, y'|_{x=0}=\dfrac{33}{7}$;

(4) $y''-y=4x\mathrm{e}^x, y|_{x=0}=0, y'|_{x=0}=1$;

(5) $y''-4y'=5, y|_{x=0}=1, y'|_{x=0}=0$;

(6) $y^{(4)}+y''=2\cos x, y(0)=-2, y'(0)=1, y''(0)=y'''(0)=0$;

(7) $y'=1+\displaystyle\int_0^x[6\sin^2 t-y(t)]\mathrm{d}t, y(0)=0$.

3. 已知 $y_1=x\mathrm{e}^x+\mathrm{e}^{2x}, y_2=x\mathrm{e}^x+\mathrm{e}^{-x}, y_3=x\mathrm{e}^x+\mathrm{e}^{2x}-\mathrm{e}^{-x}$ 是某二阶非齐次线性微分方程的三个解, 求此微分方程.

4. 写出下列微分方程的特解形式.

(1) $y''-y=\mathrm{e}^x+\sin x$;
(2) $y''+y=x^2+\sin x$.

5. 大炮以仰角 α, 初速度 v_0 发射炮弹, 若不计空气阻力, 求弹道曲线.

6. 已知一质点运动的加速度 $a=5\cos 2t-9x$, 其中 t,x 分别表示运动时间和位移.

(1) 若开始质点静止于原点, 求质点的运动方程, 并求质点离原点的最大距离.

(2) 若开始质点以速度 $v_0=6$ 从原点出发, 求其运动方程.

7.7 欧拉方程

形如

$$x^n y^{(n)}+a_1x^{n-1}y^{(n-1)}+\cdots+a_{n-1}xy'+a_ny=f\,(x) \tag{1}$$

的方程称为**欧拉方程**, 其中 $a_i\,(i=1,\cdots,n-1,n)$ 均为常数, 它是线性微分方程, 但不是常系数的. 它的特点是系数为 x 的幂函数, 幂指数与未知函数 y 的导数的阶数相等.

对于欧拉方程, 可作自变量变换, 令 $x=\mathrm{e}^t$, 即 $t=\ln x$, 则

$$\frac{\mathrm{d}y}{\mathrm{d}x}=\frac{\mathrm{d}y}{\mathrm{d}t}\frac{\mathrm{d}t}{\mathrm{d}x}=\frac{\mathrm{d}y}{\mathrm{d}t}\frac{1}{x},$$

$$\frac{\mathrm{d}^2y}{\mathrm{d}x^2}=\frac{\mathrm{d}}{\mathrm{d}x}\left(\frac{1}{x}\frac{\mathrm{d}y}{\mathrm{d}t}\right)=\frac{1}{x^2}\left(\frac{\mathrm{d}^2y}{\mathrm{d}t^2}-\frac{\mathrm{d}y}{\mathrm{d}t}\right),$$

$$\frac{\mathrm{d}^3y}{\mathrm{d}x^3}=\frac{1}{x^3}\left(\frac{\mathrm{d}^3y}{\mathrm{d}t^3}-3\frac{\mathrm{d}^2y}{\mathrm{d}t^2}+2\frac{\mathrm{d}y}{\mathrm{d}t}\right).$$

如果采用算子 D 表示关于 t 的导数运算 $\frac{\mathrm{d}}{\mathrm{d}t}$, 则由上列结果得到

$$\begin{aligned}&xy'=Dy,\\&x^2y''=D(D-1)y,\\&x^3y'''=D(D-1)(D-2)y,\\&\cdots\cdots\\&x^ny^{(n)}=D(D-1)\cdots(D-n+1)y,\end{aligned}$$

代入欧拉方程 (1), 便得到以 t 为自变量的常系数线性微分方程, 求出通解后, 将 $t=\ln x$ 代入, 就得到欧拉方程 (1) 的通解.

例 1　求解方程 $x^3y'''+x^2y''-4xy'=3x^2$.

解　设 $x=\mathrm{e}^t$, 即 $t=\ln x$, 方程变为

$$D(D-1)(D-2)y+D(D-1)y-4Dy=3\mathrm{e}^{2t},$$

即

$$D(D+1)(D-3)y=3\mathrm{e}^{2t},\tag{2}$$

特征方程 $\lambda(\lambda+1)(\lambda-3)=0$ 的根 $\lambda_1=0$, $\lambda_2=-1$, $\lambda_3=3$, 故相应的齐次线性方程通解为 $y=C_1+C_2\mathrm{e}^{-t}+C_3\mathrm{e}^{3t}$.

设方程 (2) 的特解 $y^*=a\mathrm{e}^{2t}$, 代入方程 (2) 确定 $a=-\frac{1}{2}$, 故 $y^*=-\frac{1}{2}\mathrm{e}^{2t}$, 因此, 方程 (2) 的通解为 $y=C_1+C_2\mathrm{e}^{-t}+C_3\mathrm{e}^{3t}-\frac{1}{2}\mathrm{e}^{2t}$. 由于 $x=\mathrm{e}^t$, 所以原方程通解为 $y=C_1+C_2\frac{1}{x}+C_3x^3-\frac{1}{2}x^2$.

例 2　解初值问题 $\begin{cases}x^2y''-xy'+y=x\ln x,\\ y|_{x=1}=1,\quad y'|_{x=1}=1.\end{cases}$

解　令 $x=\mathrm{e}^t$, 即 $t=\ln x$, 方程化为 $[D(D-1)-D+1]y=t\mathrm{e}^t$. 即

$$(D-1)^2y=t\mathrm{e}^t,\tag{3}$$

故方程的特征值 $\lambda=1$ (二重), 对应齐次方程通解为 $y=(C_1+C_2t)\mathrm{e}^t$.

设方程的特解为 $y^*=t^2(b_0t+b_1)\mathrm{e}^t$, 代入方程 (3), 解得 $b_0=\frac{1}{6}$, $b_1=0$, 故

$y^* = \frac{1}{6}t^3\mathrm{e}^t$, 因此原方程的通解为

$$y = C_1 x + C_2 x \ln x + \frac{1}{6} x \ln^3 x.$$

由初始条件 $y|_{x=1} = 1, y'|_{x=1} = 1$ 知, $C_1 = 1, C_2 = 0$, 故初值问题的解为

$$y = x + \frac{1}{6} x \ln^3 x.$$

在本节讨论中, 所取的变换 $t = \ln x$ 限定是 $x > 0$, 怎样求 $x < 0$ 部分的解呢? 请读者自己分析.

习 题 7.7

1. 求解下列欧拉方程.

(1) $x^2y'' + 3xy' + y = 0(x > 0)$; (2) $x^2y'' + 4xy' + 2y = 0(x > 0)$;

(3) $x^3y''' + 2x^2y'' + xy' = 0(x > 0)$; (4) $x^2y'' - xy' + y = 2x$.

2. 求解下列欧拉方程.

(1) $x^2y'' + xy' - y = 2\ln x$; (2) $x^2y'' + xy' + y = x(x > 0)$;

(3) $x^3y''' + x^2y'' + 2xy' = x(x > 0)$; (4) $x^2y'' - xy' + y = x^2 \ln x$.

7.8 例 题 选 讲

例 1 (放射性元素的衰变与考古问题) 考证 1972 年 8 月出土的长沙马王堆一号墓埋葬的年限.

解 由生物学知, 活着的生物通过新陈代谢体内碳-14(^{14}C) 的含量不变, 死亡后, 新陈代谢停止, 由于 ^{14}C 是放射性物质, 随着时间的增加, 体内 ^{14}C 将逐渐减少, 物理学家卢瑟福 (Rutherford) 指出, 放射性元素的衰变速度与现有量成正比, 设 $x = x(t)$ 表示生物死亡后 t 年体内 ^{14}C 的含量, 因为衰变速度为 $-\frac{\mathrm{d}x}{\mathrm{d}t}$, 所以 $x(t)$ 满足方程

$$-\frac{\mathrm{d}x}{\mathrm{d}t} = kx,$$

其中 $k > 0$ 称为衰变常数 (单位: 1/年). 设生物死亡时 $(t = 0)$ 体内 ^{14}C 含量为 x_0, 所以 $x(t)$ 是初值问题

$$\begin{cases} \frac{\mathrm{d}x}{\mathrm{d}t} = -kx, \\ x(0) = x_0 \end{cases} \tag{1}$$

的解.

由分离变量法求得方程的通解

$$x = Ce^{-kt},$$

代入初始条件得 $C = x_0$, 故初值问题的解为

$$x = x_0 e^{-kt}, \tag{2}$$

由此得到

$$t = \frac{1}{k} \ln \frac{x_0}{x}. \tag{3}$$

因为 ^{14}C 的半衰期 (衰减为原有量的一半所需要的时间) $T = 5568$ 年, 代入 (3) 式确定 $k = \frac{\ln 2}{T}$, 又因为 x_0 与 x 比值的测定比其衰变速度比的测定困难, 测得墓中出土的木炭标本 ^{14}C 平均原子衰变速度为 29.87 次/min, 而新砍伐木材的木炭中 ^{14}C 平均原子衰变速度 38.37 次/min, 由 (1) 式可知

$$\frac{x'(0)}{x'(t)} = \frac{x(0)}{x(t)},$$

所以

$$\begin{aligned} t &= \frac{1}{k} \ln \frac{x_0}{x} = \frac{T}{\ln 2} \ln \frac{x'(0)}{x'(t)} \\ &= \frac{5568}{0.6932} \ln \frac{38.37}{29.78} \approx 2036(\text{年}), \end{aligned}$$

因此马王堆一号墓大约是 2000 多年前的汉墓.

此例中的初值问题 (1) 是服从 "变化率与现有量成比例 (即相对变化率为常数)" 规律的一类实际问题的数学模型, 只是不同的问题, 方程右端的符号有正有负. 例如, 一定时期内, 人口的增长、生物的增长、细菌的繁殖、存款的复利都是依指数规律变化的.

例 2 (质量浓度问题)　设容器内盛有 100L 盐溶液, 质量浓度为 10%(即含净盐 10kg), 今以每分钟 3L 的速度注入清水, 冲淡溶液, 同时以每分钟 2L 的速度放出盐水, 容器内有搅拌器搅拌, 使溶液的质量浓度随时在各处都相同, 问 50min 时容器中还有多少净盐, 溶液的质量浓度是多少?

解　设 t 分钟时容器内溶液含净盐 $x = x(t)$, 这时容器中溶液量为

$$100 + 3t - 2t = 100 + t,$$

其质量浓度为

$$\frac{x}{100 + t},$$

由于质量浓度是连续变化的, 在时间间隔 $[t, t + dt]$ 内放出盐溶液 $2dt$, 所以容器内净盐微元是

$$dx = \frac{-2x}{100 + t} dt,$$

这就是 $x(t)$ 满足的微分方程, $x(t)$ 的初值条件是

$$x\,|_{t=0}=10\,,$$

将方程分离变量, 并根据初值条件作定积分

$$\int_{10}^{x}\frac{\mathrm{d}x}{x}=\int_{0}^{t}-\frac{2}{100+t}\mathrm{d}t,$$

便得到初值问题的解为

$$\ln x-\ln 10=-2\left[\ln(100+t)-\ln 100\right],$$

即

$$x=\frac{10^5}{(100+t)^2},$$

因此, 50 min 时容器中净盐量为

$$x|_{t=50}=\frac{10^5}{150^2}\approx 4.44(\mathrm{kg}),$$

溶液的质量浓度略低于 3%.

湖水和房间内空气的污染问题、污染的治理、输液过程中血液内药物的质量浓度等问题都可以归结为本例题的数学模型.

例 3 设函数 $y=y(x)$ 在 $(-\infty,+\infty)$ 内具有二阶导数, 且 $y'\neq 0$, $x=x(y)$ 是 $y=y(x)$ 的反函数.

(1) 试将 $x=x(y)$ 所满足的微分方程 $\dfrac{\mathrm{d}^2x}{\mathrm{d}y^2}+(y+\sin x)\left(\dfrac{\mathrm{d}x}{\mathrm{d}y}\right)^3=0$ 变换为 $y=y(x)$ 满足的微分方程;

(2) 求变换后的微分方程满足条件 $y(0)=0, y'(0)=\dfrac{3}{2}$ 的解.

解 (1) 由反函数的导数公式知

$$\frac{\mathrm{d}x}{\mathrm{d}y}=\frac{1}{y'},\quad \frac{\mathrm{d}^2x}{\mathrm{d}y^2}=\frac{\mathrm{d}}{\mathrm{d}y}\left(\frac{\mathrm{d}x}{\mathrm{d}y}\right)=\frac{\mathrm{d}}{\mathrm{d}x}\left(\frac{\mathrm{d}x}{\mathrm{d}y}\right)\frac{\mathrm{d}x}{\mathrm{d}y}=\frac{\mathrm{d}}{\mathrm{d}x}\left(\frac{1}{y'}\right)\frac{\mathrm{d}x}{\mathrm{d}y}=\frac{-y''}{y'^2}\frac{1}{y'}=\frac{-y''}{y'^3},$$

代入原方程得 $\dfrac{-y''}{y'^3}+(y+\sin x)\dfrac{1}{y'^3}=0$, 即 $y''-y=\sin x$.

(2) 设方程 $y''-y=\sin x$ 的特解为 $y^*=A\cos x+B\sin x$, 代入方程求得 $A=0, B=-\dfrac{1}{2}$, 故 $y^*=-\dfrac{1}{2}\sin x$, 从而 $y''-y=\sin x$ 的通解为 $y=C_1\mathrm{e}^x+C_2\mathrm{e}^{-x}-\dfrac{1}{2}\sin x$. 再由 $y(0)=0, y'(0)=\dfrac{3}{2}$, 得 $C_1=1, C_2=-1$, 故所求的初值问题的解为 $y=\mathrm{e}^x-\mathrm{e}^{-x}-\dfrac{1}{2}\sin x$.

例 4　已知函数 $y(x)(x>0)$ 具有二阶导数, 且 $y'(x)>0, y(1)=1$. 若曲线 $y=y(x)(x>0)$ 上任意一点 $M(x,y)$ 处的切线与 y 轴及过点 M 的水平直线围成的三角形面积为 S_1; 在 $[0,x]$ 区间上, 以曲线 $y=y(x)$ 为曲边的曲边梯形的面积记为 S_2, 且 $S_1=3S_2$, 求函数 $y(x)$.

解　曲线 $y=y(x)$ 在点 $M(x,y)$ 处的切线方程为 $Y-y=y'(X-x)$, 切线与 y 轴的交点为 $(0, y-xy')$, 所以 $S_1=\frac{1}{2}[y-(y-xy')]x=\frac{1}{2}x^2y'$. 又 $S_2=\int_0^x y(t)\mathrm{d}t$, 故由 $S_1=3S_2$ 得

$$x^2y'=6\int_0^x y(t)\mathrm{d}t, \tag{4}$$

两边求导得欧拉方程

$$x^2y''+2xy'-6y=0. \tag{5}$$

作变换令 $x=\mathrm{e}^t$, 方程化为二阶常系数齐次线性微分方程, 其特征方程为 $\lambda(\lambda-1)+2\lambda-6=\lambda^2+\lambda-6=0$ 有两个实根 $\lambda_1=2, \lambda_2=-3$, 故欧拉方程的通解为

$$y=C_1\mathrm{e}^{2t}+C_2\mathrm{e}^{-3t}=C_1x^2+C_2x^{-3}\quad(x>0). \tag{6}$$

由于 $\int_0^x t^{-3}\mathrm{d}t$ 发散 ($t=0$ 是瑕点), 所以 $C_2\neq 0$ 时, $\int_0^x y(t)\mathrm{d}t$ 发散, 此时 (6) 式不能满足方程 (4). (6) 式是方程 (5) 的通解, 其中 $C_2\neq 0$ 的函数是由于对方程 (4) 求导增加的, 故 $C_2=0$, 即方程 (4) 的通解为 $y=C_1x^2$. 由条件 $y(1)=1$, 确定 $C_1=1$, 因此, 所求的函数为 $y=x^2$.

例 5　解方程 $\frac{\mathrm{d}y}{\mathrm{d}x}=\frac{y-x+1}{y+x+5}$.

解　由 $\begin{cases} y-x+1=0, \\ y+x+5=0, \end{cases}$ 解得 $x=-2, y=-3$.

令 $x=X-2, y=Y-3$, 将原方程化为

$$\frac{\mathrm{d}Y}{\mathrm{d}X}=\frac{Y-X}{Y+X},$$

令 $\frac{Y}{X}=u$, 即 $Y=Xu$, 将方程化为

$$u+X\frac{\mathrm{d}u}{\mathrm{d}X}=\frac{u-1}{u+1},$$

即

$$\frac{(1+u)\mathrm{d}u}{1+u^2}=-\frac{\mathrm{d}X}{X},$$

两边积分得

$$X\sqrt{1+u^2}=C\mathrm{e}^{-\arctan u},$$

再用 $X=x+2, Y=y+3$ 换回原变量, 得

$$\sqrt{(x+2)^2+(y+3)^2}=C\mathrm{e}^{-\arctan\frac{y+3}{x+2}}.$$

例 6 设已知二阶齐次线性微分方程 $y''+P(x)y'+Q(x)y=0$ (其中 $P(x), Q(x)$ 为连续函数) 的一个非零特解为 $y_1(x)$, 试利用变换 $y_2(x)=u(x)y_1(x)$ 求出该方程的通解表达式.

解 设 $y_2(x)=u(x)y_1(x)$ 是给定方程的解, 将 $y_2(x)$ 代入给定方程并整理后得到

$$y_1u''+(2y_1'+Py_1)u'+(y_1''+Py_1'+Qy_1)u=0,$$

因为 $y_1(x)$ 是给定方程的解, 所以 $y_1''+Py_1'+Qy_1=0$, 于是有

$$y_1u''+(2y_1'+Py_1)u'=0, \tag{7}$$

令 $z=u'$, $z'=u''$, 则方程 (7) 化为

$$y_1z'+(2y_1'+Py_1)z=0, \tag{8}$$

用分离变量法解方程 (8) 得

$$z=\frac{C_1}{y_1^2}\mathrm{e}^{-\int P(x)\mathrm{d}x}, \quad 即 \quad u'=\frac{C_1}{y_1^2}\mathrm{e}^{-\int P(x)\mathrm{d}x},$$

则有 $u=\displaystyle\int\frac{C_1}{y_1^2}\mathrm{e}^{-\int P(x)\mathrm{d}x}\mathrm{d}x+C_2$.

取 $u(x)=\displaystyle\int\frac{1}{y_1^2}\mathrm{e}^{-\int P(x)\mathrm{d}x}\mathrm{d}x$, 于是给定的方程与 $y_1(x)$ 线性无关的解为

$$y_2(x)=u(x)y_1(x)=y_1\int\frac{1}{y_1^2}\mathrm{e}^{-\int P(x)\mathrm{d}x}\mathrm{d}x,$$

故原方程的通解为

$$y=C_1y_1(x)+C_2y_2(x)=C_1y_1+C_2y_1\int\frac{1}{y_1^2}\mathrm{e}^{-\int P(x)\mathrm{d}x}\mathrm{d}x.$$

例 7 设二阶非齐次线性微分方程 $y''+P(x)y'+Q(x)y=f(x)$, 其中 $P(x), Q(x)$ 为某区间上的连续函数, 证明: 存在变换 $y=u(x)v(x)$ 可以把给定方程化为方程 $\dfrac{\mathrm{d}^2u}{\mathrm{d}x^2}+R(x)u=f_1(x)$, 并求出 $R(x)$.

证明 用变换 $y=u(x)v(x)$ 将给定方程化为

$$vu''+(2v'+Pv)u'+(v''+Pv'+Qv)u=f(x),$$

令 u' 项的系数为零, 即 $2v'+Pv=0$, 解之得 $v=Ce^{-\int\frac{1}{2}P(x)\mathrm{d}x}$, 其中 C 为任意常数, 取 $C=1$, 即取 $v=e^{-\int\frac{1}{2}P(x)\mathrm{d}x}$, 亦即用变换 $y=ue^{-\int\frac{1}{2}P(x)\mathrm{d}x}$ 可将给定方程化为

$$vu''+(v''+Pv'+Qv)u=f(x) \quad 或 \quad u''+R(x)u=f_1(x),$$

其中 $R(x)=Q+\dfrac{v'}{v}P+\dfrac{v''}{v}=Q-\dfrac{1}{2}P'-\dfrac{1}{4}P^2, f_1(x)=\dfrac{f(x)}{v}$.

例 8　一链条挂在一个无摩擦力的钉上, 设运动开始时, 链条的一边垂下 8m, 另一边垂下 10m, 试问整个链条滑过钉子需要多长时间?

解　设任意时刻 t 链条垂下较长的一边长度为 $s=s(t)$, 这时链条受力为

$$\rho sg-\rho(18-s)g=2\rho g(s-9),$$

其中 ρ 为链条的线密度. 由牛顿第二定律得, $s(t)$ 满足的微分方程为

$$2\rho g(s-9)=18\rho\frac{\mathrm{d}^2s}{\mathrm{d}t^2}, \quad 即 \quad \frac{\mathrm{d}^2s}{\mathrm{d}t^2}-\frac{g}{9}s=-g.$$

初始条件为 $s|_{t=0}=10, \left.\dfrac{\mathrm{d}s}{\mathrm{d}t}\right|_{t=0}=0$, 解这个二阶常系数非齐次线性方程, 得通解为

$$s=C_1e^{-\frac{\sqrt{g}}{3}t}+C_2e^{\frac{\sqrt{g}}{3}t}+9.$$

由初始条件 $s|_{t=0}=10, \left.\dfrac{\mathrm{d}s}{\mathrm{d}t}\right|_{t=0}=0$, 确定 $C_1=C_2=\dfrac{1}{2}$, 于是有

$$s=\frac{1}{2}e^{-\frac{\sqrt{g}}{3}t}+\frac{1}{2}e^{\frac{\sqrt{g}}{3}t}+9,$$

由此解得

$$t=\frac{3}{\sqrt{g}}\ln(s-9+\sqrt{(s-9)^2-1}),$$

令 $s=18$, 得

$$t=\frac{3}{\sqrt{g}}\ln(18-9+\sqrt{(18-9)^2-1})=\frac{3}{\sqrt{g}}\ln(9+\sqrt{80}),$$

即整个链条滑过钉子需要 $\dfrac{3}{\sqrt{g}}\ln(9+\sqrt{80})$ s .

习　题　7.8

1. 求解下列 “积分方程”.

(1) $\int_0^x xy\mathrm{d}x=x^2+y$;　　(2) $y=e^x+e^x\int_0^x f^2(t)\mathrm{d}t$.

2. 解下列方程.

(1) $y'=\dfrac{y+x+1}{y-x+5}$;

(2) $xy'(\ln x)\sin y+\cos y(1-x\cos y)=0$;

(3) $\sqrt{1+x^2}y'\sin 2y=2x\sin^2 y+\mathrm{e}^{2\sqrt{1+x^2}}$;

(4) $y'=2\left(\dfrac{y+2}{x+y-1}\right)^2$.

3. 设 $f(x)$ 为连续函数, (1) 求初值问题 $\begin{cases} y'+\alpha y=f(x), \\ y|_{x=0}=0 \end{cases}$ 的解 $y(x)$, 其中 $\alpha>0$ 为常数; (2) 若 $|f(x)|\leqslant k$(k 为常数), 证明: 当 $x\geqslant 0$, 有 $|y(x)|\leqslant \dfrac{k}{\alpha}(1-\mathrm{e}^{-\alpha x})$.

4. 已知 $y(x)$ 是具有二阶导数的上凸函数, 且曲线 $y=y(x)$ 上任意一点 (x,y) 处的曲率为 $\dfrac{1}{\sqrt{1+y'^2}}$, 曲线上的点 (0, 1) 处的切线方程为 $y=x+1$, 求该曲线方程, 并求函数 $y(x)$ 的极值.

5. 解下列常系数齐次线性微分方程组或初值问题.

(1) $\begin{cases} x'=x-y, \\ y'=x+3y; \end{cases}$ (2) $y'=\begin{pmatrix} 1 & 2 \\ 2 & 1 \end{pmatrix}y,\quad y(0)=\begin{pmatrix} 1 \\ -1 \end{pmatrix}$.

6. 设函数 $\varphi(x)$ 连续, 且满足

$$\varphi(x)=\mathrm{e}^x+\int_0^x t\varphi(t)\,\mathrm{d}t-x\int_0^x \varphi(t)\,\mathrm{d}t.$$

求 $\varphi(x)$.

7. 一链条悬挂在一钉子上, 起动时一端离开钉子 8m, 另一端离开钉子 12m, 且摩擦力的大小等于 1m 长的链条所受重力的大小, 试求链条滑过钉子所需要的时间.

第 8 章　无穷级数

定义 8.1　把无穷序列 $\{u_n\}: u_1, u_2, \cdots, u_n, \cdots$ 的项依次用 "+" 连接起来的式子

$$u_1 + u_2 + \cdots + u_n + \cdots$$

叫做**无穷级数** (简称为级数), 记为 $\sum\limits_{n=1}^{\infty} u_n$, 即

$$\sum_{n=1}^{\infty} u_n = u_1 + u_2 + \cdots + u_n + \cdots, \tag{1}$$

其中 u_n 称为级数的**一般项** (或**通项**).

各项都是常数的级数叫做 (常)**数项级数**, 例如

$$\frac{1}{2} + \frac{1}{2^2} + \cdots + \frac{1}{2^n} + \cdots;$$

$$1 - \frac{1}{2} + \frac{1}{3} - \frac{1}{4} + \cdots + (-1)^{n-1}\frac{1}{n} + \cdots;$$

$$1 - 1 + 1 - 1 + \cdots + (-1)^{n-1} + \cdots.$$

以函数为项的级数叫做**函数项级数**, 例如

$$1 + x + x^2 + \cdots + x^n + \cdots;$$

$$x - \frac{x^3}{3!} + \frac{x^5}{5!} - \cdots + (-1)^{n-1}\frac{x^{2n-1}}{(2n-1)!} + \cdots;$$

$$\sin x + \sin 3x + \cdots + \sin(2n-1)x + \cdots.$$

无穷级数是数和函数的一种无限的表现形式, 它是分析学的重要组成部分. 无穷级数是进行数值计算、积分运算和微分方程求解的有效工具, 它在理论上、计算上和实际应用方面都有重要作用.

8.1　无穷级数的敛散性和性质

8.1.1　收敛与发散概念

无穷级数按通常的加法运算一项一项地加下去, 永远也算不完, 那么如何计算?

称无穷级数 (1) 的前 n 项和

$$S_n = u_1 + u_2 + \cdots + u_n$$

为级数 (1) 的 (前 n 项) **部分和**. 这样, 级数 (1) 对应的一个部分和序列为

$$S_1, S_2, \cdots, S_n, \cdots. \tag{2}$$

定义 8.2 若级数 (1) 的部分和序列 (2) 有极限, 即

$$\lim_{n\to\infty} S_n = S,$$

则称级数 (1) **收敛**, 并称其极限 S 为级数 (1) 的**和**, 记为

$$S = \sum_{n=1}^{\infty} u_n = u_1 + u_2 + \cdots + u_n + \cdots,$$

否则, 称级数 (1) **发散**.

级数的敛散性是个根本性的问题, 它与部分和序列 (2) 是否有极限是等价的.

对于收敛级数 (1), 称差

$$r_n = S - S_n = u_{n+1} + u_{n+2} + \cdots$$

为级数 (1) 的**余和**. 显然有 $\lim\limits_{n\to\infty} r_n = 0$, 所以当 n 充分大时, 可以用 S_n 近似代替 S, 其误差为 $|r_n|$.

例 1 判断级数

$$\sum_{n=1}^{\infty} \frac{1}{n(n+1)} = \frac{1}{1\cdot 2} + \frac{1}{2\cdot 3} + \cdots + \frac{1}{n(n+1)} + \cdots$$

的敛散性.

解 由于 $\dfrac{1}{n(n+1)} = \dfrac{1}{n} - \dfrac{1}{n+1}$, 所以, 部分和

$$\begin{aligned} S_n &= \frac{1}{1\cdot 2} + \frac{1}{2\cdot 3} + \cdots + \frac{1}{n(n+1)} \\ &= \left(1 - \frac{1}{2}\right) + \left(\frac{1}{2} - \frac{1}{3}\right) + \cdots + \left(\frac{1}{n} - \frac{1}{n+1}\right) = 1 - \frac{1}{n+1}, \end{aligned}$$

因此

$$\lim_{n\to\infty} S_n = \lim_{n\to\infty}\left(1 - \frac{1}{n+1}\right) = 1,$$

故该级数收敛, 其和为 1, 其余和

$$r_n = 1 - \left(1 - \frac{1}{n+1}\right) = \frac{1}{n+1}.$$

例 2　判断级数 $\sum\limits_{n=1}^{\infty} \frac{n}{2^n}$ 的敛散性.

解　因为

$$S_n = \frac{1}{2} + \frac{2}{2^2} + \frac{3}{2^3} + \cdots + \frac{n}{2^n},$$

$$2S_n = 1 + \frac{2}{2} + \frac{3}{2^2} + \cdots + \frac{n}{2^{n-1}}.$$

后式减前式, 得

$$\begin{aligned} S_n &= 1 + \left(\frac{2}{2} - \frac{1}{2}\right) + \left(\frac{3}{2^2} - \frac{2}{2^2}\right) + \cdots + \left(\frac{n}{2^{n-1}} - \frac{n-1}{2^{n-1}}\right) - \frac{n}{2^n} \\ &= 1 + \frac{1}{2} + \frac{1}{2^2} + \cdots + \frac{1}{2^{n-1}} - \frac{n}{2^n} \\ &= \frac{1 - \frac{1}{2^n}}{1 - \frac{1}{2}} - \frac{n}{2^n} = 2 - \frac{1}{2^{n-1}} - \frac{n}{2^n}, \end{aligned}$$

故

$$S = \lim_{n\to\infty} S_n = \lim_{n\to\infty}\left(2 - \frac{1}{2^{n-1}} - \frac{n}{2^n}\right) = 2,$$

可知该级数收敛, 且和为 2.

例 3　试证**等比级数** (几何级数)

$$\sum_{n=1}^{\infty} ar^{n-1} = a + ar + ar^2 + \cdots + ar^{n-1} + \cdots \quad (a \neq 0), \tag{3}$$

当 $|r| < 1$ 时收敛, 和为 $\frac{a}{1-r}$; 当 $|r| \geqslant 1$ 时发散.

证明　当公比 $r \neq 1$ 时, 部分和

$$\begin{aligned} S_n &= a + ar + ar^2 + \cdots + ar^{n-1} = \frac{a - ar^n}{1-r} \\ &= \frac{a}{1-r} - \frac{ar^n}{1-r}. \end{aligned}$$

1° 若 $|r| < 1$, $\lim\limits_{n\to\infty} S_n = \lim\limits_{n\to\infty}\left(\frac{a}{1-r} - \frac{ar^n}{1-r}\right) = \frac{a}{1-r}$, 故当 $|r| < 1$ 时, 等比级数 (3) 收敛, 其和为 $\frac{a}{1-r}$.

2° 若 $|r| > 1$, $\lim\limits_{n\to\infty} S_n = \infty$, 此时等比级数 (3) 发散.

3° 当公比 $r = 1$ 时, $S_n = na$; 当公比 $r = -1$ 时,

$$S_n = \begin{cases} a, & n \text{ 为奇数}, \\ 0, & n \text{ 为偶数}. \end{cases}$$

可见当 $n \to \infty$ 时, S_n 无极限. 所以当 $|r| = 1$ 时, 等比级数 (3) 也发散.

例 4 证明调和级数

$$\sum_{n=1}^{\infty} \frac{1}{n} = 1 + \frac{1}{2} + \frac{1}{3} + \cdots + \frac{1}{n} + \cdots \tag{4}$$

发散.

证明 利用不等式 $x > \ln(1+x)(x > 0)$, 有

$$\begin{aligned} S_n &> \ln(1+1) + \ln\left(1+\frac{1}{2}\right) + \cdots + \ln\left(1+\frac{1}{n}\right) \\ &= \ln 2 + \ln 3 - \ln 2 + \cdots + \ln(n+1) - \ln n \\ &= \ln(n+1), \end{aligned}$$

而 $\lim\limits_{n\to\infty} \ln(n+1) = +\infty$, 故 $\lim\limits_{n\to\infty} S_n = +\infty$, 说明调和级数 (4) 发散.

通过部分和序列的极限来判定无穷级数的敛散性是最基本的方法, 但它常常是十分困难的, 因此需要寻找简便易行的判别方法.

8.1.2 无穷级数的几个基本性质

由无穷级数收敛、发散的概念和极限运算的性质, 容易得到无穷级数的下列性质.

性质 1 当常数 $k \neq 0$ 时, 级数 $\sum\limits_{n=1}^{\infty} ku_n$ 和 $\sum\limits_{n=1}^{\infty} u_n$ 敛散性相同. 在收敛的情况下, 有

$$\sum_{n=1}^{\infty} ku_n = k \sum_{n=1}^{\infty} u_n.$$

证明 由级数的部分和

$$\sum_{i=1}^{n} ku_i = k \sum_{i=1}^{n} u_i$$

以及极限的性质

$$\lim_{n\to\infty} \sum_{i=1}^{n} ku_i = k \lim_{n\to\infty} \sum_{i=1}^{n} u_i,$$

可知结论成立. □

性质 2　若级数 $\sum\limits_{n=1}^{\infty} u_n$ 和 $\sum\limits_{n=1}^{\infty} v_n$ 均收敛, 则逐项相加 (减) 的级数 $\sum\limits_{n=1}^{\infty} (u_n \pm v_n)$ 也收敛, 且

$$\sum_{n=1}^{\infty} (u_n \pm v_n) = \sum_{n=1}^{\infty} u_n \pm \sum_{n=1}^{\infty} v_n.$$

证明　由级数的部分和

$$\sum_{i=1}^{n} (u_i \pm v_i) = \sum_{i=1}^{n} u_i \pm \sum_{i=1}^{n} v_i$$

以及极限的性质

$$\lim_{n\to\infty} \sum_{i=1}^{n} (u_i \pm v_i) = \lim_{n\to\infty} \sum_{i=1}^{n} u_i \pm \lim_{n\to\infty} \sum_{i=1}^{n} v_i,$$

知性质 2 成立. □

由这条性质易知, 若在两个级数中, 有一个收敛, 另一个发散, 则它们逐项相加 (减) 的级数必发散; 而两个发散级数逐项相加 (减) 的级数不一定发散. 例如, 级数

$$\sum_{n=1}^{\infty} (-1)^n, \quad \sum_{n=1}^{\infty} (-1)^{n-1}$$

都发散, 但

$$\sum_{n=1}^{\infty} [(-1)^n + (-1)^{n-1}] = \sum_{n=1}^{\infty} 0$$

是收敛的.

性质 3　在一个级数中, 任意去掉、增加或改变有限项后, 级数的敛散性不变, 但对于收敛级数, 其和将受到影响.

证明　假设在级数 $\sum\limits_{n=1}^{\infty} u_n$ 中, 去掉 $u_{i_1}, u_{i_2}, \cdots, u_{i_l}$, 共 l 项, u_{i_l} 是最后一项, 得到新级数为

$$\sum_{n=1}^{\infty} \hat{u}_n.$$

设 $u_{i_1} + u_{i_2} + \cdots + u_{i_l} = a, S_n$ 和 $\hat{S}_n$ 分别为两个级数的前 n 项部分和. 显然, 当 $n + l > i_l$ 时, 有

$$\hat{S}_n = S_{n+l} - a.$$

由此可见级数 $\sum\limits_{n=1}^{\infty} \hat{u}_n$ 与 $\sum\limits_{n=1}^{\infty} u_n$ 的敛散性一致. 但是当 $\sum\limits_{n=1}^{\infty} u_n = S$ 时, $\sum\limits_{n=1}^{\infty} \hat{u}_n = S - a$.

有了上面的论证, 由反证法知, 在级数中任意增加有限项也不改变级数的敛散性, 但收敛级数的和要变.

改变有限项, 等于去掉这些项, 再在原位置上增加适当的项, 所以结论也是正确的. □

性质 4 在收敛级数内可以任意加 (有限个或无限个) 括号后所得新级数也收敛, 且其和与原级数和相等, 即若级数 $\sum_{n=1}^{\infty} u_n$ 收敛, 则任意加括号所得到的级数 (每个括号内的和数为新级数的一项) 也收敛, 且其和与原级数的和相等, 如

$$(u_1 + u_2 + \cdots + u_{k_1}) + (u_{k_1+1} + u_{k_1+2} + \cdots + u_{k_2}) + \cdots \\ + (u_{k_{n-1}+1} + u_{k_{n-1}+2} + \cdots + u_{k_n}) + \cdots . \tag{5}$$

证明 因为新级数 (5) 的部分和数列 $\{\hat{S}_n\} = \{S_{k_n}\}$, 而

$$\lim_{n\to\infty} S_n = S,$$

故

$$\lim_{n\to\infty} \hat{S}_n = \lim_{n\to\infty} S_{k_n} = S.$$ □

由性质 4 知, 发散级数去掉括号 (拆项) 后仍发散.

要强调的是, 收敛级数去掉无穷多个括号 (拆项) 后不一定收敛; 发散级数加无穷多个括号 (合项) 后不一定发散. 例如, 级数

$$(1-1) + (1-1) + \cdots + (1-1) + \cdots$$

是收敛的, 其和为零, 但级数

$$1 - 1 + 1 - 1 + \cdots + (-1)^{n-1} + \cdots$$

发散.

性质 5 (级数收敛的必要条件) 若级数 $\sum_{n=1}^{\infty} u_n$ 收敛, 则必有

$$\lim_{n\to\infty} u_n = 0,$$

即收敛级数的一般项必趋于零.

证明 设 $S = \sum_{n=1}^{\infty} u_n$, 于是

$$\lim_{n\to\infty} u_n = \lim_{n\to\infty} (S_n - S_{n-1}) = S - S = 0.$$ □

根据性质 5, 若某级数的一般项不以零为极限, 可知该级数发散. 例如, 级数

$$\sum_{n=1}^{\infty} \frac{n}{n+1},$$

由于 $\lim\limits_{n\to\infty} \frac{n}{n+1} = 1 \neq 0$, 所以该级数发散.

一般项为无穷小仅仅是级数收敛的必要条件, 不是充分条件. 例如, 调和级数 $\sum\limits_{n=1}^{\infty} \frac{1}{n}$ 的一般项 $\frac{1}{n}$ 是无穷小, 但调和级数发散.

例 5 判定级数

$$\sum_{n=1}^{\infty} n \sin \frac{1}{n}$$

的敛散性.

解 由于

$$\lim_{n\to\infty} u_n = \lim_{n\to\infty} n \sin \frac{1}{n} = \lim_{n\to\infty} \frac{\sin \frac{1}{n}}{\frac{1}{n}} = 1 \neq 0,$$

故该级数发散.

例 6 判定级数

$$\sum_{n=1}^{\infty} \left(\frac{1}{3n} - \frac{\ln^n 5}{5^n} \right)$$

的敛散性.

解 因为调和级数 $\sum\limits_{n=1}^{\infty} \frac{1}{n}$ 发散, 由性质 1 知, 级数 $\sum\limits_{n=1}^{\infty} \frac{1}{3n}$ 发散. 而级数

$$\sum_{n=1}^{\infty} \left(\frac{\ln 5}{5} \right)^n$$

是以 $r = \frac{\ln 5}{5}$ 为公比的等比级数, $|r| = \frac{\ln 5}{5} < 1$, 所以这个等比级数收敛. 由性质 2 知, 级数

$$\sum_{n=1}^{\infty} \left(\frac{1}{3n} - \frac{\ln^n 5}{5^n} \right)$$

发散.

例 7 试证

$$\lim_{n\to\infty} \frac{a_n}{(1+a_1)(1+a_2)\cdots(1+a_n)} = 0,$$

其中 $a_i > 0(i=1,2,\cdots,n)$.

证明 由于级数

$$\sum_{n=1}^{\infty}\frac{a_n}{(1+a_1)(1+a_2)\cdots(1+a_n)} \tag{6}$$

的部分和 S_n 是单增的, 且

$$\begin{aligned}S_n&=\frac{a_1(1+a_2)\cdots(1+a_n)+a_2(1+a_3)\cdots(1+a_n)+\cdots+a_{n-1}(1+a_n)+a_n}{(1+a_1)(1+a_2)\cdots(1+a_n)}\\&=\frac{a_1(1+a_2)\cdots(1+a_n)+a_2(1+a_3)\cdots(1+a_n)+\cdots+a_{n-1}(1+a_n)+(1+a_n)-1}{(1+a_1)(1+a_2)\cdots(1+a_n)}\\&=\frac{(1+a_1)(1+a_2)\cdots(1+a_n)-1}{(1+a_1)(1+a_2)\cdots(1+a_n)}=1-\frac{1}{(1+a_1)(1+a_2)\cdots(1+a_n)}<1,\end{aligned}$$

所以 $\{S_n\}$ 是单增有上界的数列, 故 $\{S_n\}$ 有极限, 即级数 (6) 收敛, 于是由性质 5 知, 级数 (6) 的一般项以零为极限, 即

$$\lim_{n\to\infty}\frac{a_n}{(1+a_1)(1+a_2)\cdots(1+a_n)}=0.$$

习 题 8.1

1. 写出下列级数的一般项 u_n.

(1) $\frac{1}{4}+\frac{2}{5}+\frac{3}{6}+\cdots$;

(2) $\frac{2}{5}+\frac{3}{10}+\frac{4}{17}+\cdots$;

(3) $\frac{\sqrt{5}}{2}+\frac{5}{2\cdot 4}+\frac{5\sqrt{5}}{2\cdot 4\cdot 6}+\frac{5^2}{2\cdot 4\cdot 6\cdot 8}+\cdots$.

2. 已知级数 $\sum\limits_{n=1}^{\infty}u_n$ 的部分和 $S_n=\frac{3n}{n+1}(n=1,2,\cdots)$.

(1) 求此级数的一般项;

(2) 判定此级数的敛散性.

3. 用定义判定下列级数的敛散性, 若是收敛级数, 求出其和.

(1) $\sum\limits_{n=1}^{\infty}\frac{1}{3^n}$;

(2) $\sum\limits_{n=1}^{\infty}\frac{1}{(2n-1)(2n+1)}$;

(3) $\sum\limits_{n=1}^{\infty}\sin\frac{n\pi}{2}$;

(4) $\sum\limits_{n=1}^{\infty}\frac{1}{n(n+1)(n+2)}$;

(5) $\sum\limits_{n=1}^{\infty}\frac{3n-1}{3^n}$;

(6) $\frac{1}{3}+\frac{1}{15}+\frac{1}{35}+\frac{1}{63}+\cdots$;

(7) $\sum\limits_{n=1}^{\infty}\sqrt{n+2}-2\sqrt{n+1}+\sqrt{n}$;

(8) $\sum\limits_{n=1}^{\infty}\arctan\frac{1}{n^2+n+1}$.

4. 设数列 $\{nu_n\}$ 收敛, 且级数 $\sum_{n=1}^{\infty} n(u_n - u_{n-1})$ 收敛, 证明 $\sum_{n=1}^{\infty} u_n$ 收敛.

5. 用性质判定下列级数的敛散性.

(1) $\frac{1}{10}+\frac{2}{11}+\frac{3}{12}+\frac{4}{13}+\cdots$;　(2) $\frac{1}{100}+\frac{1}{101}+\frac{1}{102}+\frac{1}{103}+\cdots$;

(3) $\frac{1}{2}+\frac{1}{10}+\frac{1}{4}+\frac{1}{20}+\cdots+\frac{1}{2^n}+\frac{1}{10n}+\cdots$;　(4) $\sum_{n=1}^{\infty} \ln\frac{n+1}{n}$;

(5) $\left(\frac{1}{6}+\frac{8}{9}\right)+\left(\frac{1}{6^2}+\frac{8^2}{9^2}\right)+\left(\frac{1}{6^3}+\frac{8^3}{9^9}\right)+\cdots$;

(6) $\sum_{n=1}^{\infty} \frac{3^n+2^n}{5^n}$;　(7) $\sum_{n=1}^{\infty} \frac{(-1)^n n^2}{2n^2+1}$.

6. 分别就级数 $\sum_{n=1}^{\infty} u_n$ 收敛和发散两种情况, 讨论下列级数的敛散性.

(1) $\sum_{n=1}^{\infty} (u_n + 0.001)$;　(2) $1000+\sum_{n=1}^{\infty} u_n$;

(3) $\sum_{n=1}^{\infty} \frac{1}{u_n}$.

7. 已知 $\sum_{n=1}^{\infty} \frac{1}{n^2} = \frac{\pi^2}{6}$, 求级数 $\sum_{n=1}^{\infty} \frac{1}{(2n-1)^2}$ 的和.

8.2　正项级数的审敛法

若级数 $\sum_{n=1}^{\infty} u_n$ 的各项都是非负的实数, 则称其为**正项级数**. 由于正项级数的部分和数列 $\{S_n\}$ 是单增的, 即有

$$S_1 \leqslant S_2 \leqslant \cdots \leqslant S_n \leqslant \cdots,$$

所以, 若部分和数列 $\{S_n\}$ 有上界, 它必有极限, 从而级数 $\sum_{n=1}^{\infty} u_n$ 收敛; 若 $\{S_n\}$ 无上界, 则 $\lim_{n\to\infty} S_n = +\infty$, 级数 $\sum_{n=1}^{\infty} u_n$ 必发散, 即有如下定理.

定理 8.1　正项级数收敛的充要条件是其部分和数列有上界.

不难看出, 正项级数可以任意加括号, 其敛散性不变, 对收敛的正项级数, 其和也不变. 若收敛的正项级数和为 S, 则 $S \geqslant S_n$.

例 1　判定级数 $\sum_{n=1}^{\infty} \frac{1}{3^n+1}$ 的收敛性.

解 由于 $\frac{1}{3^n+1}<\frac{1}{3^n}$, 故级数的部分和

$$S_n=\frac{1}{3+1}+\frac{1}{3^2+1}+\cdots+\frac{1}{3^n+1}<\frac{1}{3}+\frac{1}{3^2}+\cdots+\frac{1}{3^n}=\frac{1}{2}\left(1-\frac{1}{3^n}\right)<\frac{1}{2}.$$

由定理 8.1 知, 该正项级数收敛.

这个例子启示我们, 判定一个正项级数的敛散性, 可以与另一个已知敛散性的正项级数比较来确定.

定理 8.2 (比较判别法) 设 $\sum\limits_{n=1}^{\infty}u_n,\sum\limits_{n=1}^{\infty}v_n$ 为两个正项级数, 且满足不等式

$$u_n\leqslant v_n\quad(n=1,2,\cdots),$$

则当级数 $\sum\limits_{n=1}^{\infty}v_n$ 收敛时, 级数 $\sum\limits_{n=1}^{\infty}u_n$ 也收敛; 当级数 $\sum\limits_{n=1}^{\infty}u_n$ 发散时, 级数 $\sum\limits_{n=1}^{\infty}v_n$ 也发散.

证明 设级数 $\sum\limits_{n=1}^{\infty}u_n$ 和 $\sum\limits_{n=1}^{\infty}v_n$ 的部分和依次为 S_n 和 σ_n, 由于 $u_n\leqslant v_n$, 所以 $S_n\leqslant\sigma_n$.

当 $\sum\limits_{n=1}^{\infty}v_n$ 收敛时, σ_n 有上界, 从而 S_n 也有上界, 由定理 8.1 知, $\sum\limits_{n=1}^{\infty}u_n$ 收敛.

当 $\sum\limits_{n=1}^{\infty}u_n$ 发散时, $S_n\to+\infty$, 从而 $\sigma_n\to+\infty(n\to+\infty)$, 由此可见, $\sum\limits_{n=1}^{\infty}v_n$ 发散. □

由于级数的敛散性与级数中的有限项无关, 因此有下列推论.

推论 若对两个正项级数 $\sum\limits_{n=1}^{\infty}u_n$ 和 $\sum\limits_{n=1}^{\infty}v_n$, 存在常数 $C>0$ 和正整数 N, 使得当 $n\geqslant N$ 时,

$$u_n\leqslant Cv_n,$$

则当级数 $\sum\limits_{n=1}^{\infty}v_n$ 收敛时, $\sum\limits_{n=1}^{\infty}u_n$ 也收敛; 当级数 $\sum\limits_{n=1}^{\infty}u_n$ 发散时, $\sum\limits_{n=1}^{\infty}v_n$ 也发散.

例 2 试证 P-级数

$$\sum_{n=1}^{\infty}\frac{1}{n^P}=1+\frac{1}{2^P}+\frac{1}{3^P}+\cdots+\frac{1}{n^P}+\cdots,$$

当 $P\leqslant 1$ 时发散; 当 $P>1$ 时收敛.

证明 当 $P\leqslant 1$ 时, 有

$$\frac{1}{n^P}\geqslant\frac{1}{n}\quad(n=1,2,\cdots),$$

而调和级数 $\sum\limits_{n=1}^{\infty}\frac{1}{n}$ 发散, 故由比较判别法知当 $P \leqslant 1$ 时, P-级数 $\sum\limits_{n=1}^{\infty}\frac{1}{n^P}$ 发散.

当 $P>1$ 时, 将 P-级数加括号如下:

$$1+\left(\frac{1}{2^P}+\frac{1}{3^P}\right)+\left(\frac{1}{4^P}+\frac{1}{5^P}+\frac{1}{6^P}+\frac{1}{7^P}\right)+\left(\frac{1}{8^P}+\cdots+\frac{1}{15^P}\right)+\cdots,$$

它的各项均不大于正项级数

$$1+\left(\frac{1}{2^P}+\frac{1}{2^P}\right)+\left(\frac{1}{4^P}+\frac{1}{4^P}+\frac{1}{4^P}+\frac{1}{4^P}\right)+\left(\frac{1}{8^P}+\cdots+\frac{1}{8^P}\right)+\cdots,$$

即

$$1+\frac{1}{2^{P-1}}+\frac{1}{4^{P-1}}+\frac{1}{8^{P-1}}+\cdots$$

的对应项. 这最后的级数是收敛的等比级数, 公比 $r=\frac{1}{2^{P-1}}<1$. 故由比较判别法知当 $P>1$ 时, P-级数 $\sum\limits_{n=1}^{\infty}\frac{1}{n^P}$ 收敛.

使用正项级数的比较判别法时, 需要知道一些级数的敛散性, 等比级数 $\sum\limits_{n=1}^{\infty}ar^n$ 和 P-级数 $\sum\limits_{n=1}^{\infty}\frac{1}{n^P}$ 常常被当作标准. 当估计某一正项级数可能收敛时, 就把它的项适当放大, 若新级数是已知的收敛级数, 就可断定原级数收敛; 当估计某一正项级数可能发散, 把它的项适当缩小, 若得到一个发散的级数, 就可断定原级数也发散.

例 3　讨论下列正项级数的敛散性:

1° $\sum\limits_{n=1}^{\infty}3^n\sin\frac{\pi}{5^n}$;　　2° $\sum\limits_{n=1}^{\infty}\frac{1}{\sqrt[3]{(n+1)(n+2)}}$;　　3° $\sum\limits_{n=1}^{\infty}\int_0^{1/n}\frac{\sqrt{x}}{1+x^2}\mathrm{d}x$.

解　1° 因为

$$0<u_n=3^n\sin\frac{\pi}{5^n}<3^n\frac{\pi}{5^n}=\pi\left(\frac{3}{5}\right)^n,$$

而等比级数 $\sum\limits_{n=1}^{\infty}\pi\left(\frac{3}{5}\right)^n$ 收敛, 故由比较判别法知级数

$$\sum_{n=1}^{\infty}3^n\sin\frac{\pi}{5^n}$$

收敛.

2° 因为

$$u_n=\frac{1}{\sqrt[3]{(n+1)(n+2)}}>\frac{1}{(n+2)^{\frac{2}{3}}},$$

而 $\sum\limits_{n=1}^{\infty}\frac{1}{(n+2)^{\frac{2}{3}}}=\sum\limits_{n=3}^{\infty}\frac{1}{n^{\frac{2}{3}}}$ 是发散的 P-级数 $\left(P=\frac{2}{3}<1\right)$, 故由比较判别法知, 级数

$$\sum_{n=1}^{\infty}\frac{1}{\sqrt[3]{(n+1)(n+2)}}$$

发散.

3° 因为

$$0<u_n=\int_0^{1/n}\frac{\sqrt{x}}{1+x^2}\mathrm{d}x\leqslant\int_0^{1/n}\sqrt{x}\mathrm{d}x=\frac{2}{3}\frac{1}{n^{\frac{3}{2}}},$$

又 P-级数 $\sum\limits_{n=1}^{\infty}\frac{1}{n^{\frac{3}{2}}}$ 收敛 $\left(P=\frac{3}{2}>1\right)$, 故级数

$$\sum_{n=1}^{\infty}\int_0^{1/n}\frac{\sqrt{x}}{1+x^2}\mathrm{d}x$$

收敛.

定理 8.3 (比较判别法的极限形式) 设 $\sum\limits_{n=1}^{\infty}u_n$ 和 $\sum\limits_{n=1}^{\infty}v_n$ 为两个正项级数, 如果

$$\lim_{n\to\infty}\frac{u_n}{v_n}=C,$$

则

1° 当 $0<C<+\infty$ 时, 两个级数敛散性一致;

2° 当 $C=0$ 时, 若 $\sum\limits_{n=1}^{\infty}v_n$ 收敛, 那么 $\sum\limits_{n=1}^{\infty}u_n$ 也收敛;

3° 当 $C=+\infty$ 时, 若 $\sum\limits_{n=1}^{\infty}v_n$ 发散, 那么 $\sum\limits_{n=1}^{\infty}u_n$ 也发散.

证明 1° 当 $0<C<+\infty$ 时. 取 $\varepsilon=\frac{C}{2}$, $\exists N>0$, 当 $n>N$ 时, 恒有 $\left|\frac{u_n}{v_n}-C\right|<\frac{C}{2}$, 即有

$$\frac{C}{2}v_n<u_n<\frac{3C}{2}v_n,\quad \forall n>N.$$

由比较判别法的推论知, 结论 1° 成立.

2° 当 $C=0$ 时. 取 $\varepsilon=1,\exists N>0$, 当 $n>N$ 时, 恒有 $\left|\frac{u_n}{v_n}\right|<1$, 即有

$$u_n<v_n,\quad \forall n>N.$$

由比较判别法的推论知, 结论 2° 成立.

3° 当 $C=+\infty$ 时. 取 $M=1, \exists N>0$, 当 $n>N$ 时, 恒有 $\left|\frac{u_n}{v_n}\right|>1$, 即有

$$u_n>v_n, \quad \forall n>N.$$

由比较判别法的推论知, 结论 3° 成立. □

当 $u_n \to 0, v_n \to 0$ 时, 比较判别法的实质是通项无穷小比阶. 若 u_n, v_n 是同阶无穷小, 两个级数 $\sum_{n=1}^{\infty} u_n$ 和 $\sum_{n=1}^{\infty} v_n$ 敛散性相同; 若 u_n 是 v_n 的高阶无穷小, 则级数 $\sum_{n=1}^{\infty} v_n$ 收敛时, 级数 $\sum_{n=1}^{\infty} u_n$ 必收敛; 若 u_n 是 v_n 的低阶无穷小, 则级数 $\sum_{n=1}^{\infty} v_n$ 发散时, 级数 $\sum_{n=1}^{\infty} u_n$ 必发散. 因为 $n \to \infty$ 时, $\frac{1}{n}$ 是无穷小, 考察 u_n 是 $\frac{1}{n}$ 的几阶无穷小, 就相当于与 P-级数比较来判定敛散性.

例 4　判定级数 $\sum_{n=1}^{\infty} \sin \frac{1}{n}$ 的敛散性.

解　因为

$$\lim_{n \to \infty} \frac{\sin \frac{1}{n}}{\frac{1}{n}}=1,$$

而调和级数 $\sum_{n=1}^{\infty} \frac{1}{n}$ 发散, 所以级数 $\sum_{n=1}^{\infty} \sin \frac{1}{n}$ 发散.

例 5　判定级数 $\sum_{n=1}^{\infty}\left(1-\cos \frac{1}{n}\right)$ 的敛散性.

解　因为 $1-\cos \frac{1}{n}=\frac{1}{2}\left(\frac{1}{n}\right)^2$ 是 $\frac{1}{n}$ 的二阶无穷小 ($n \to +\infty$ 时), 而级数 $\sum_{n=1}^{\infty} \frac{1}{n^2}$ 收敛, 故级数 $\sum_{n=1}^{\infty}\left(1-\cos \frac{1}{n}\right)$ 收敛.

推论　设 $u_n \geqslant 0$, 且 $\lim_{n \to \infty} n^P u_n=C$, 则

1° 当 $P>1$, 且 $0 \leqslant C<+\infty$ 时, 级数 $\sum_{n=1}^{\infty} u_n$ 收敛;

2° 当 $P \leqslant 1$, 且 $0<C \leqslant +\infty$ 时, 级数 $\sum_{n=1}^{\infty} u_n$ 发散.

使用比较判别法时, 要找一个已知敛散性的级数与给定的级数对比, 一般说来具有一定的难度. 由于等比级数 $\sum_{n=1}^{\infty} r^n$ 的敛散性只依赖于其后项与前项之比, 即公

比 r 是否小于 1, 基于这样的思路, 可得出方便应用的两个充分性的级数敛散性判定法: 比值法与根值法, 它们的优点是由级数本身就能断定其敛散性.

定理 8.4 (比值判别法或达朗贝尔 (d'Alembert) 判别法) 对于正项级数 $\sum_{n=1}^{\infty} u_n$, 若

$$\lim_{n\to\infty} \frac{u_{n+1}}{u_n} = \rho,$$

则当 $\rho < 1$ 时级数收敛; 当 $\rho > 1$(或 $\rho = +\infty$) 时级数发散.

证明 由数列极限定义, $\forall \varepsilon > 0, \exists N > 0$, 当 $n \geqslant N$ 时, 恒有

$$\left| \frac{u_{n+1}}{u_n} - \rho \right| < \varepsilon,$$

即

$$\rho - \varepsilon < \frac{u_{n+1}}{u_n} < \rho + \varepsilon, \quad \forall n \geqslant N. \tag{1}$$

1° 当 $\rho < 1$ 时, 取 ε 适当小, 使 $\rho + \varepsilon = r < 1$. 于是由 (1) 式, 得

$$u_{n+1} < r u_n, \quad \forall n \geqslant N.$$

从而

$$u_{N+k} < r u_{N+k-1} < \cdots < r^k u_N \quad (k = 1, 2, \cdots).$$

由于 $0 < r < 1$, 等比级数 $\sum_{k=1}^{\infty} u_N r^k$ 收敛, 由比较判别法知, $\sum_{k=1}^{\infty} u_{N+k} = \sum_{n=N+1}^{\infty} u_n$ 收敛, 从而级数 $\sum_{n=1}^{\infty} u_n$ 收敛.

2° 当 $\rho > 1$ 时, 取 ε 适当小, 使 $\rho - \varepsilon > 1$, 于是 (1) 式得

$$u_{n+1} > u_n, \quad \forall n \geqslant N.$$

注意, 这时 u_n 单调上升, 故 $\lim_{n\to\infty} u_n \neq 0$, 从而级数 $\sum_{n=1}^{\infty} u_n$ 发散. □

定理 8.5 (根值判别法或柯西判别法) 对正项级数 $\sum_{n=1}^{\infty} u_n$, 若

$$\lim_{n\to\infty} \sqrt[n]{u_n} = \rho,$$

则当 $\rho < 1$ 时级数收敛; 当 $\rho > 1$(或 $\rho = +\infty$) 时级数发散.

证明方法与比值法类似, 请自行证明.

强调指出: ① 若用比值法或根值法判定级数发散 ($\rho > 1$) 时, 级数的通项 u_n 不趋于零. 后面将用到这一点. ② 当 $\rho = 1$ 时, 比值法和根值法失灵. 比如, 对 P-级

数 $\sum\limits_{n=1}^{\infty}\frac{1}{n^P}$, 有

$$\lim_{n\to\infty}\frac{u_{n+1}}{u_n}=\lim_{n\to\infty}\left(\frac{n}{n+1}\right)^P=1,$$

所以比值判别法不能判定 P-级数的敛散性.

例 6　判定 $\sum\limits_{n=1}^{\infty}\frac{n}{3^n}\cos^2\frac{n\pi}{2}$ 的敛散性.

解　因为 $0\leqslant\cos^2\frac{n\pi}{2}\leqslant 1$, 所以

$$0\leqslant\frac{n}{3^n}\cos^2\frac{n\pi}{2}\leqslant\frac{n}{3^n}\quad(n=1,2,\cdots).$$

又因为

$$\lim_{n\to\infty}\left(\frac{n+1}{3^{n+1}}\Big/\frac{n}{3^n}\right)=\lim_{n\to\infty}\frac{n+1}{3n}=\frac{1}{3}<1,$$

级数 $\sum\limits_{n=1}^{\infty}\frac{n}{3^n}$ 收敛, 由比较判别法知, 级数 $\sum\limits_{n=1}^{\infty}\frac{n}{3^n}\cos^2\frac{n\pi}{2}$ 也收敛.

例 7　讨论级数 $\sum\limits_{n=1}^{\infty}\left(\frac{n}{3n+1}\right)^{\alpha n}$ 的敛散性.

解　因为

$$\lim_{n\to\infty}\sqrt[n]{u_n}=\lim_{n\to\infty}\sqrt[n]{\left(\frac{n}{3n+1}\right)^{\alpha n}}=\lim_{n\to\infty}\left(\frac{n}{3n+1}\right)^{\alpha}=\left(\frac{1}{3}\right)^{\alpha},$$

所以当 $\alpha>0$ 时, $\left(\frac{1}{3}\right)^{\alpha}<1$, 级数收敛; 当 $\alpha<0$ 时, $\left(\frac{1}{3}\right)^{\alpha}>1$, 级数发散; 当 $\alpha=0$ 时, 根值法失灵, 但此时级数为 $\sum\limits_{n=1}^{\infty}1$, 是发散的.

补充说明: 1° 比值法 (或根值法) 的一般形式. 当 $n\geqslant N$ 时, 若 $\frac{u_{n+1}}{u_n}\leqslant r<1$(或 $\sqrt[n]{u_n}\leqslant r<1$), 则正项级数 $\sum\limits_{n=1}^{\infty}u_n$ 收敛, 若 $\frac{u_{n+1}}{u_n}\geqslant 1$(或 $\sqrt[n]{u_n}\geqslant 1$), 则正项级数 $\sum\limits_{n=1}^{\infty}u_n$ 发散.

2° 如果用部分和 S_n 代替和 S, 用比值法时, 其误差 r_n 的估计为

$$r_n=u_{n+1}+u_{n+2}+\cdots<ru_n+r^2u_n+\cdots=\frac{ru_n}{1-r},\tag{2}$$

用根值法时, 则

$$r_n=u_{n+1}+u_{n+2}+\cdots<r^{n+1}+r^{n+2}+\cdots=\frac{r^{n+1}}{1-r}.\tag{3}$$

例 8 证明级数 $\sum_{n=1}^{\infty}\frac{1}{3^n}[\sqrt{3}+(-1)^n]^n$ 收敛, 并估计误差.

证明 由于

$$\sqrt[n]{u_n}=\frac{1}{3}[\sqrt{3}+(-1)^n]\leqslant\frac{1}{3}(1+\sqrt{3})<1,$$

所以, 级数收敛.

若用前 n 项和 S_n 代替和 S, 其误差

$$r_n<\frac{\left[\frac{1}{3}(1+\sqrt{3})\right]^{n+1}}{1-\frac{1}{3}(1+\sqrt{3})}=\frac{(1+\sqrt{3})^{n+1}}{3^n(2-\sqrt{3})}.$$

例 9 利用级数收敛性, 证明 $\lim\limits_{n\to\infty}\frac{n^n}{(n!)^2}=0$.

证明 对于级数 $\sum_{n=1}^{\infty}\frac{n^n}{(n!)^2}$, 由于

$$\begin{aligned}\lim_{n\to\infty}\frac{u_{n+1}}{u_n}&=\lim_{n\to\infty}\left\{\frac{(n+1)^{n+1}}{[(n+1)!]^2}\cdot\frac{(n!)^2}{n^n}\right\}\\&=\lim_{n\to\infty}\left[\frac{1}{n+1}\left(1+\frac{1}{n}\right)^n\right]=0<1,\end{aligned}$$

故级数 $\sum_{n=1}^{\infty}\frac{n^n}{(n!)^2}$ 收敛. 由级数收敛的必要条件知

$$\lim_{n\to\infty}\frac{n^n}{(n!)^2}=0.$$

定理 8.6 (积分判别法) 设 $\sum_{n=1}^{\infty}u_n$ 为正项级数, 函数 $f(x)$ 在区间 $[a,+\infty)$ $(a>0)$ 上非负、连续、单调下降, 且

$$f(n)=u_n\quad(n\geqslant N),$$

则级数 $\sum_{n=1}^{\infty}u_n$ 与反常积分 $\int_a^{+\infty}f(x)\mathrm{d}x$ 敛散性相同.

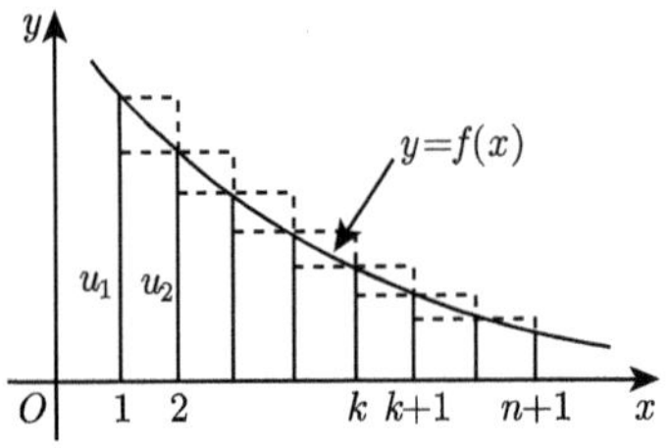

图 8.1

证明　为方便讨论, 令 $a=1,N=1$, 见图 8.1. 由已知条件, 对任何正整数 k, 有

$$u_{k+1}=f(k+1)\leqslant\int_k^{k+1}f(x)\mathrm{d}x\leqslant f(k)=u_k,$$

从而有

$$S_{n+1}-u_1\leqslant\int_1^{n+1}f(x)\mathrm{d}x\leqslant S_n\quad(n=1,2,\cdots).$$

由于 $f(x)>0$, 所以 $\int_1^b f(x)\mathrm{d}x$ 是 b 的单增函数. 又 S_n 也是单增的, 若反常积分 $\int_1^{+\infty}f(x)\mathrm{d}x$ 收敛于 I, 则 $\int_1^{n+1}f(x)\mathrm{d}x<I$, 于是 $S_{n+1}\leqslant I+u_1$, 即 $\{S_n\}$ 有界, 由定理 8.1 知, 级数 $\sum\limits_{n=1}^{\infty}u_n$ 收敛. 若反常积分 $\int_1^{+\infty}f(x)\mathrm{d}x$ 发散, 则 $\lim\limits_{n\to\infty}\int_1^{n+1}f(x)\mathrm{d}x=+\infty$, 从而 $\lim\limits_{n\to\infty}S_n=+\infty$, 故级数 $\sum\limits_{n=1}^{\infty}u_n$ 发散. □

由定理 8.6 可知 P-级数 $\sum\limits_{n=1}^{\infty}\frac{1}{n^P}$ 与反常积分 $\int_1^{+\infty}\frac{1}{x^P}\mathrm{d}x$ 的敛散性相同.

例 10　试证级数 $\sum\limits_{n=2}^{\infty}\frac{1}{n(\ln n)^P}$, 当 $P>1$ 时收敛; 当 $0<P\leqslant1$ 时发散.

证明　设

$$f(x)=\frac{1}{x(\ln x)^P},\quad x\geqslant2,$$

则函数 $f(x)$ 在区间 $[2,+\infty)$ 上, 满足 $f(x)>0$, 连续且单调下降, $f(n)=\frac{1}{n(\ln n)^P}$. 当 $P=1$ 时,

$$\int_2^{+\infty}\frac{\mathrm{d}x}{x\ln x}=\ln\ln x|_2^{\infty}=+\infty,$$

反常积分发散; 当 $P\neq1$ 时,

$$\int_2^{+\infty}\frac{\mathrm{d}x}{x(\ln x)^P}=\frac{1}{1-P}(\ln x)^{1-P}\Big|_2^{+\infty}=\begin{cases}+\infty, & P<1,\\ \frac{1}{P-1}(\ln 2)^{1-P}, & P>1.\end{cases}$$

故由积分判别法知: 当 $P>1$ 时, 级数 $\sum\limits_{n=2}^{\infty}\frac{1}{n(\ln n)^P}$ 收敛; 当 $0<P\leqslant1$ 时, 级数 $\sum\limits_{n=2}^{\infty}\frac{1}{n(\ln n)^P}$ 发散.

习 题 8.2

1. 用比较判别法判别下列级数的敛散性.

(1) $\sum_{n=1}^{\infty} \frac{1}{n^2+1}$;　　(2) $\sum_{n=0}^{\infty} \frac{1+n}{1+n^2}$;

(3) $\sum_{n=1}^{\infty} \sin\frac{\pi}{3^n}$;　　(4) $\sum_{n=1}^{\infty} \left(\frac{1}{n}-\ln\left(1+\frac{1}{n}\right)\right)$.

2. 用比值判别法判别下列级数的敛散性.

(1) $\sum_{n=1}^{\infty} \frac{n!}{n^n}$;　　(2) $\sum_{n=1}^{\infty} \frac{5^n}{n!}$;

(3) $\sum_{n=1}^{\infty} \frac{2^n n!}{n^n}$;　　(4) $\sum_{n=1}^{\infty} \frac{2\cdot 5\cdot \cdots \cdot (3n-1)}{1\cdot 5\cdot \cdots \cdot (4n-3)}$.

3. 用根值判别法判别下列级数的敛散性.

(1) $\sum_{n=1}^{\infty} \left(\frac{n}{2n+1}\right)^n$;　　(2) $\sum_{n=1}^{\infty} \frac{5^n}{n3^n}$;

(3) $\sum_{n=1}^{\infty} \frac{1}{2^n+(-1)^n}$;　　(4) $\sum_{n=1}^{\infty} \frac{n^2}{\left(n+\frac{1}{n}\right)^n}$.

4. 用积分判别法判别下列级数的敛散性.

(1) $\sum_{n=1}^{\infty} \frac{n+1}{n(n+2)}$;　　(2) $\sum_{n=3}^{\infty} \frac{\ln n}{n^p}$;

(3) $\sum_{n=2}^{\infty} \frac{1}{n\ln n}$;　　(4) $\sum_{n=2}^{\infty} \frac{1}{\ln n}\sin\frac{1}{n}$.

5. 判别下列级数的敛散性.

(1) $\sum_{n=0}^{\infty} \frac{[(2n)!!]^2}{(4n)!!}$;　　(2) $\sum_{n=1}^{\infty} \sqrt{\frac{n+1}{n}}$;

(3) $\sum_{n=2}^{\infty} \frac{1}{n\ln^{1+k} n}(k>0)$;　　(4) $\sum_{n=1}^{\infty} \frac{1}{\sqrt{n}}\arcsin\frac{1}{n}$;

(5) $\sum_{n=1}^{\infty} \frac{1}{1+a^n}(a>0)$;　　(6) $\sum_{n=1}^{\infty} \ln\left(1+\frac{1}{n}\right)$;

(7) $\sum_{n=1}^{\infty} n\tan\frac{\pi}{2^{n+1}}$;　　(8) $\sum_{n=3}^{\infty} \frac{1}{n\ln n\ln\ln n}$.

6. 讨论级数 $\sum_{n=1}^{\infty} n^{\alpha}\beta^{n}$ 的敛散性, 其中 α 为任意实数, β 为非负实数.

7. 设数列 $\{u_n\}$ 满足 $u_{n+1}=\frac{1}{2}u_n(u_n^2+1), n=1,2,\cdots$. 针对首项: (1) $u_1=\frac{1}{2}$ 和 (2) $u_1=2$ 两种情况讨论级数 $\sum\limits_{n=1}^{\infty}u_n$ 的敛散性.

8. 讨论级数 $\sum\limits_{n=1}^{\infty}\left(\int_1^n\sqrt[3]{1+x^2}\mathrm{d}x\right)^{-1}$ 的敛散性.

9. 证明:

(1) 若正项级数 $\sum\limits_{n=1}^{\infty}u_n$ 收敛, 则 $\sum\limits_{n=1}^{\infty}u_n^2$ 收敛;

(2) 若正项级数 $\sum\limits_{n=1}^{\infty}u_n, \sum\limits_{n=1}^{\infty}v_n$ 均收敛, 则 $\sum\limits_{n=1}^{\infty}u_nv_n, \sum\limits_{n=1}^{\infty}\sqrt{\frac{v_n}{n^p}}\ (p>1)$ 均收敛;

(3) 若正项级数 $\sum\limits_{n=1}^{\infty}u_n$ 发散, $S_n=u_1+u_2+\cdots+u_n$, 则 $\sum\limits_{n=1}^{\infty}\frac{u_n}{S_n^2}$ 收敛;

(4) 若 $u_n, v_n>0$, 且 $\frac{u_{n+1}}{u_n}\leqslant\frac{v_{n+1}}{v_n}$, 则当 $\sum\limits_{n=1}^{\infty}v_n$ 收敛时, $\sum\limits_{n=1}^{\infty}u_n$ 收敛; 当 $\sum\limits_{n=1}^{\infty}u_n$ 发散时, $\sum\limits_{n=1}^{\infty}v_n$ 发散.

10. 利用收敛级数性质证明:

(1) $\lim\limits_{n\to\infty}\frac{n^n}{(2n)!}=0$; (2) $\lim\limits_{n\to\infty}\frac{a^n}{n!}=0(a>1)$.

11. 设级数 $\sum\limits_{n=1}^{\infty}a_n$ 与 $\sum\limits_{n=1}^{\infty}b_n$ 收敛, 且对一切正整数 n 都有 $a_n<c_n<b_n$, 证明 $\sum\limits_{n=1}^{\infty}c_n$ 收敛.

12. 若 $\lim\limits_{n\to\infty}na_n=a\neq 0$, 则 $\sum\limits_{n=1}^{\infty}a_n$ 发散.

13. 设 $a_n=\int_0^{\pi/4}\tan^n x\mathrm{d}x$, 试证 $\forall\lambda>0$, 级数 $\sum\limits_{n=1}^{\infty}\frac{a_n}{n^\lambda}$ 收敛.

14. 选择题. 设 a 为正数, 若级数 $\sum\limits_{n=1}^{\infty}\frac{a^n n!}{n^n}$ 收敛, 而 $\sum\limits_{n=2}^{\infty}\frac{\sqrt{n+2}-\sqrt{n-2}}{n^\alpha}$ 发散, 则 (　　).

(A) $a>\mathrm{e}$; (B) $a=\mathrm{e}$; (C) $\frac{1}{2}<a<\mathrm{e}$; (D) $a\leqslant\frac{1}{2}$.

8.3 交错级数和任意项级数

称正项与负项相间的级数为**交错级数**. 设 $u_n>0, n=1,2,\cdots$, 则交错级数形

如

$$\sum_{n=1}^{\infty}(-1)^{n-1}u_n = u_1 - u_2 + u_3 - \cdots + (-1)^{n-1}u_n + \cdots \tag{1}$$

或

$$\sum_{n=1}^{\infty}(-1)^{n}u_n = -u_1 + u_2 - u_3 + \cdots + (-1)^{n}u_n + \cdots. \tag{2}$$

定理 8.7 (莱布尼茨判别法) 若交错级数 (1) 满足条件

1° $\lim\limits_{n\to\infty} u_n = 0$;

2° $u_n \geqslant u_{n+1}, n = 1, 2, \cdots$,

则级数 (1) 收敛, 且其和 $S \leqslant u_1$, 余和 $r_n = S - S_n$ 的绝对值 $|r_n| \leqslant u_{n+1}$.

证明 将级数 (1) 的前 $2m$ 项部分和 S_{2m} 写成以下两种形式

$$S_{2m} = (u_1 - u_2) + (u_3 - u_4) + \cdots + (u_{2m-1} - u_{2m}),$$

$$S_{2m} = u_1 - (u_2 - u_3) - \cdots - (u_{2m-2} - u_{2m-1}) - u_{2m},$$

由条件 2° 知, $\{S_{2m}\}$ 单调不减, 且有界 $S_{2m} \leqslant u_1$, 故

$$\lim_{m\to\infty} S_{2m} = S \leqslant u_1.$$

另一方面, 由条件 1°, 有

$$\lim_{m\to\infty} S_{2m+1} = \lim_{m\to\infty}(S_{2m} + u_{2m+1}) = S,$$

可得

$$\lim_{n\to\infty} S_n = S,$$

故级数 (1) 收敛, 且 $S \leqslant u_1$.

其余和的绝对值

$$|r_n| = u_{n+1} - u_{n+2} + \cdots$$

也是一个交错级数. 由上面的证明知

$$|r_n| \leqslant u_{n+1}. \qquad \square$$

例 1 判定级数 $\sum\limits_{n=1}^{\infty}(-1)^{n-1}\dfrac{1}{n}$ 的敛散性.

解 由于

$$\lim_{n\to\infty} u_n = \lim_{n\to\infty}\frac{1}{n} = 0,$$

$$u_n = \frac{1}{n} > \frac{1}{n+1} = u_{n+1} \quad (n = 1, 2, \cdots),$$

所以由莱布尼茨判别法知级数 $\sum\limits_{n=1}^{\infty}(-1)^{n-1}\frac{1}{n}$ 收敛.

称既有正项, 又有负项的级数为**任意项级数**. 如果在级数中出现的正项 (或负项) 的项数有限, 其余各项都取同一符号, 那么它的收敛性问题, 可以通过正项级数敛散性判别法来解决. 如果级数中正项和负项都有无穷多项, 它的收敛问题能否借助于正项级数敛散性判别来解决呢?

设

$$\sum_{n=1}^{\infty} u_n = u_1 + u_2 + \cdots + u_n + \cdots \tag{3}$$

为任意项级数, 将其各项取绝对值, 得到一个正项级数

$$\sum_{n=1}^{\infty} |u_n| = |u_1| + |u_2| + \cdots + |u_n| + \cdots . \tag{4}$$

定义 8.3　如果级数 $\sum\limits_{n=1}^{\infty}|u_n|$ 收敛, 则称级数 $\sum\limits_{n=1}^{\infty}u_n$**绝对收敛**. 如果级数 $\sum\limits_{n=1}^{\infty}|u_n|$ 发散, 而级数 $\sum\limits_{n=1}^{\infty}u_n$ 收敛, 则称级数 $\sum\limits_{n=1}^{\infty}u_n$**条件收敛**.

定理 8.8　若级数 $\sum\limits_{n=1}^{\infty}u_n$ 绝对收敛, 则级数 $\sum\limits_{n=1}^{\infty}u_n$ 必收敛.

证明　由于

$$0 \leqslant \frac{|u_n| + u_n}{2} \leqslant |u_n|, \quad 0 \leqslant \frac{|u_n| - u_n}{2} \leqslant |u_n|.$$

若级数 $\sum\limits_{n=1}^{\infty}u_n$ 绝对收敛, 则由正项级数比较判别法知级数

$$\sum_{n=1}^{\infty} \frac{|u_n| + u_n}{2}, \quad \sum_{n=1}^{\infty} \frac{|u_n| - u_n}{2} \tag{5}$$

均收敛. 又由于

$$u_n = \frac{|u_n| + u_n}{2} - \frac{|u_n| - u_n}{2},$$

利用级数的性质知, 级数 $\sum\limits_{n=1}^{\infty}u_n$ 收敛. □

注意, 级数绝对收敛是级数收敛的充分条件, 不是必要条件. 如交错级数 $\sum\limits_{n=1}^{\infty}(-1)^{n-1}\frac{1}{n}$ 收敛, 但级数 $\sum\limits_{n=1}^{\infty}\left|(-1)^{n-1}\frac{1}{n}\right| = \sum\limits_{n=1}^{\infty}\frac{1}{n}$ 是发散的.

例 2 判定级数 $\sum\limits_{n=1}^{\infty}\sin(\pi\sqrt{n^2+1})$ 的收敛性, 若收敛, 指明是条件收敛, 还是绝对收敛.

解 因为

$$\begin{aligned}\sin(\pi\sqrt{n^2+1})&=\sin[n\pi+\pi(\sqrt{n^2+1}-n)]\\&=\sin\left(n\pi+\frac{\pi}{\sqrt{n^2+1}+n}\right)=(-1)^n\sin\frac{\pi}{\sqrt{n^2+1}+n},\end{aligned}$$

所以

$$\sum_{n=1}^{\infty}\sin(\pi\sqrt{n^2+1})=\sum_{n=1}^{\infty}(-1)^n\sin\frac{\pi}{\sqrt{n^2+1}+n}$$

为交错级数.

由于

$$\lim_{n\to\infty}\frac{u_n}{\frac{1}{n}}=\lim_{n\to\infty}\frac{\sin\frac{\pi}{\sqrt{n^2+1}+n}}{\frac{1}{n}}=\lim_{n\to\infty}\frac{\frac{\pi}{\sqrt{n^2+1}+n}}{\frac{1}{n}}=\frac{\pi}{2},$$

根据比较判别法的极限形式知, 级数

$$\sum_{n=1}^{\infty}\left|\sin(\pi\sqrt{n^2+1})\right|$$

发散, 即原级数不是绝对收敛的. 但由于 $\lim\limits_{n\to\infty}u_n=\lim\limits_{n\to\infty}\sin\dfrac{\pi}{\sqrt{n^2+1}+n}=0$, 又

$$u_n=\sin\frac{\pi}{\sqrt{n^2+1}+n}>\sin\frac{\pi}{\sqrt{(n+1)^2+1}+(n+1)}=u_{n+1}\quad(n=1,2,\cdots),$$

所以级数收敛.

总之, 级数条件收敛.

例 3 判定下列级数的敛散性, 对收敛级数要指明是条件收敛还是绝对收敛.

1° $\sum\limits_{n=1}^{\infty}(-1)^{\frac{n(n+1)}{2}}\dfrac{1}{3^n}$; 2° $\sum\limits_{n=1}^{\infty}\dfrac{(-n)^n}{n!}$.

解 1° 因为

$$\sum_{n=1}^{\infty}\left|(-1)^{\frac{n(n+1)}{2}}\frac{1}{3^n}\right|=\sum_{n=1}^{\infty}\frac{1}{3^n},$$

而等比级数 $\sum\limits_{n=1}^{\infty}\dfrac{1}{3^n}$ 收敛, 所以级数 $\sum\limits_{n=1}^{\infty}(-1)^{\frac{n(n+1)}{2}}\dfrac{1}{3^n}$ 绝对收敛.

$2°$ 因为

$$\sum_{n=1}^{\infty}\left|\frac{(-n)^n}{n!}\right|=\sum_{n=1}^{\infty}\frac{n^n}{n!},$$

又

$$\lim_{n\to\infty}\left[\frac{(n+1)^{n+1}}{(n+1)!}\Big/\frac{n^n}{n!}\right]=\lim_{n\to\infty}\left(\frac{n+1}{n}\right)^n=\mathrm{e}>1,$$

由正项级数的比值判别法知, 级数 $\sum\limits_{n=1}^{\infty}\frac{n^2}{n!}$ 发散, 从而级数 $\sum\limits_{n=1}^{\infty}\frac{(-n)^n}{n!}$ 不是绝对收敛. 由于这里是用比值判别法来判定级数 $\sum\limits_{n=1}^{\infty}\frac{(-n)^n}{n!}$ 不是绝对收敛, 因此级数 $\sum\limits_{n=1}^{\infty}\frac{(-n)^n}{n!}$ 是发散的.

例 4　设级数 $\sum\limits_{n=1}^{\infty}a_n^2$ 收敛, 判定级数 $\sum\limits_{n=1}^{\infty}(-1)^n\frac{|a_n|}{\sqrt{n^2+1}}$ 的敛散性, 若收敛, 指明是条件收敛还是绝对收敛.

解　利用不等式 $a^2+b^2\geqslant 2ab$, 得到

$$|a_n|\frac{1}{\sqrt{n^2+1}}\leqslant\frac{1}{2}\left(|a_n|^2+\frac{1}{n^2+1}\right).$$

由于正项级数

$$\sum_{n=1}^{\infty}|a_n|^2=\sum_{n=1}^{\infty}a_n^2,\quad \sum_{n=1}^{\infty}\frac{1}{n^2+1}$$

都收敛, 所以级数

$$\sum_{n=1}^{\infty}\frac{1}{2}\left(|a_n|^2+\frac{1}{n^2+1}\right)$$

收敛. 于是由正项级数的比较判别法知, 级数

$$\sum_{n=1}^{\infty}\frac{|a_n|}{\sqrt{n^2+1}}$$

收敛, 故级数 $\sum\limits_{n=1}^{\infty}(-1)^n\frac{|a_n|}{\sqrt{n^2+1}}$ 是绝对收敛的.

讨论任意项级数的敛散性时, 通常先用正项级数敛散性判别法考察它是否绝对收敛, 如果不是绝对收敛的, 再看它是否条件收敛. 若使用比值判别法或根值判别法判定级数不绝对收敛 (这时级数的通项不趋于零), 便可断言级数发散. 对交错级数, 可以用莱布尼茨判别法, 还可利用无穷级数收敛的定义或性质 1、性质 2, 将级数拆开为两个级数, 然后讨论其敛散性.

下面给出绝对收敛级数的两条性质, 不予证明.

性质 1 若级数 $\sum_{n=1}^{\infty} u_n$ 绝对收敛, 且其和为 S, 则任意交换其各项的次序后所得到的新级数 $\sum_{n=1}^{\infty} u_n^*$(称为原级数的更序级数) 也绝对收敛, 其和亦为 S.

条件收敛的级数不具有这一性质. 对条件收敛的级数, 可以做适当的更序, 使更序级数收敛于任何预先指定的数 S, 也可以使它以任何方式发散.

性质 2 若级数 $\sum_{n=1}^{\infty} u_n, \sum_{n=1}^{\infty} v_n$ 都绝对收敛, 它们的和分别为 S 和 σ, 则它们的柯西乘积

$$\left(\sum_{n=1}^{\infty} u_n\right)\left(\sum_{n=1}^{\infty} v_n\right)=(u_1v_1)+(u_1v_2+u_2v_1)+\cdots+(u_1v_n+u_2v_{n-1}+\cdots+u_nv_1)+\cdots$$

也是绝对收敛的, 且其和为 $S\sigma$.

习 题 8.3

1. 判定下列级数的敛散性, 如果收敛, 是条件收敛? 还是绝对收敛?

(1) $\sum_{n=1}^{\infty}(-1)^{n-1}\frac{1}{\sqrt{n}}$;　　(2) $\sum_{n=1}^{\infty}(-1)^{n-1}\frac{1}{3\cdot 2^n}$;

(3) $\sum_{n=2}^{\infty}(-1)^{n}\frac{1}{n-\ln n}$;　　(4) $\sum_{n=1}^{\infty}(-1)^{n-1}\frac{1}{n^{p+\frac{1}{n}}}$;

(5) $\sum_{n=1}^{\infty}(-1)^{n}\left(1-\cos\frac{\alpha}{n}\right)(\alpha>0)$;　　(6) $\sum_{n=1}^{\infty}\frac{(-\alpha)^n n!}{n^n}(\alpha>0)$;

(7) $\sum_{n=2}^{\infty}\sin\left(n\pi+\frac{1}{\ln n}\right)$;　　(8) $\sum_{n=1}^{\infty}\left[\frac{\sin n\alpha}{n^2}-\frac{1}{\sqrt{n}}\right](\alpha>0)$.

2. 判定级数 $\sum_{n=2}^{\infty}\frac{(-1)^n}{\sqrt{n}+(-1)^n}$ 的敛散性.

3. 若级数 $\sum_{n=1}^{\infty} u_n, \sum_{n=1}^{\infty} v_n$ 都发散, 讨论级数 $\sum_{n=1}^{\infty}(|u_n|+|v_n|)$ 的敛散性.

4. 设正项数列 $\{a_n\}$ 单调减少, 且 $\sum_{n=1}^{\infty}(-1)^n a_n$ 发散, 试问级数 $\sum_{n=1}^{\infty}\left(\frac{1}{1+a_n}\right)^n$ 是否收敛? 并说明理由.

5. 设级数 $\sum_{n=1}^{\infty} a_n^2, \sum_{n=1}^{\infty} b_n^2$ 均收敛, 证明 $\sum_{n=1}^{\infty} a_nb_n, \sum_{n=1}^{\infty}\frac{a_n}{n}$ 和 $\sum_{n=1}^{\infty}(-1)^{\frac{n(n+1)}{2}}(a_n+b_n)^2$ 均绝对收敛.

6. 选择题.

(1) 设常数 $k>0$, 则级数 $\sum\limits_{n=1}^{\infty}(-1)^n\dfrac{k+n}{n^2}$( ).

(A) 发散; (B) 绝对收敛;

(C) 条件收敛; (D) 收敛或发散与 k 的取值有关.

(2) 设级数 $\sum\limits_{n=1}^{\infty}u_n$ 条件收敛, 又设 $u_n^*=\dfrac{u_n+|u_n|}{2}$, $u_n^{**}=\dfrac{u_n-|u_n|}{2}$, 则级数( ).

(A) $\sum\limits_{n=1}^{\infty}u_n^*$ 和 $\sum\limits_{n=1}^{\infty}u_n^{**}$ 都收敛; (B) $\sum\limits_{n=1}^{\infty}u_n^*$ 和 $\sum\limits_{n=1}^{\infty}u_n^{**}$ 都发散;

(C) $\sum\limits_{n=1}^{\infty}u_n^*$ 收敛, 但 $\sum\limits_{n=1}^{\infty}u_n^{**}$ 发散; (D) $\sum\limits_{n=1}^{\infty}u_n^*$ 发散, 但 $\sum\limits_{n=1}^{\infty}u_n^{**}$ 收敛.

(3) 设部分和 $S_n=\sum\limits_{k=1}^{n}u_k$, 则数列 $\{S_n\}$ 有界是级数 $\sum\limits_{n=1}^{\infty}u_n$ 收敛的( ).

(A) 充分条件, 但非必要条件; (B) 必要条件, 但非充分条件;

(C) 充分必要条件; (D) 非充分条件, 又非必要条件.

8.4 幂 级 数

8.4.1 函数项级数

设函数 $u_n(x)(n=1,2,\cdots)$ 都在集合 X 上有定义, 有函数项级数

$$\sum_{n=1}^{\infty}u_n(x)=u_1(x)+u_2(x)+\cdots+u_n(x)+\cdots, \tag{1}$$

当点 $x_0\in X$ 时, 若数项级数

$$\sum_{n=1}^{\infty}u_n(x_0)=u_1(x_0)+u_2(x_0)+\cdots+u_n(x_0)+\cdots \tag{2}$$

收敛, 则称 x_0 为函数项级数 (1) 的**收敛点**, 否则称为函数项级数 (1) 的**发散点**. 所有收敛点构成的集合, 称为函数项级数 (1) 的**收敛域**, 发散点集称为 (1) 的**发散域**.

设 D 是函数项级数 (1) 的收敛域, $\forall x\in D$, 级数 (1) 都有和. 显然, 这个和是 D 上的函数, 记为 $S(x)$, 称为函数项级数 (1) 的**和函数**.

例如, 等比级数

$$\sum_{n=0}^{\infty}x^n=1+x+x^2+\cdots+x^n+\cdots,$$

它的收敛域为 $|x|<1$, 发散域为 $|x|\geqslant 1$, 在收敛域内和函数是 $\dfrac{1}{1-x}$, 即有

$$\sum_{n=0}^{\infty} x^n=\frac{1}{1-x},\quad \forall x\in(-1,1).$$

设 $S_n(x)$ 是函数项级数 (1) 的前 n 项和 (部分和), 则当 $x\in D$ 时, 有

$$\lim_{n\to\infty} S_n(x)=S(x). \tag{3}$$

称 $r_n(x)=S(x)-S_n(x)$ 为函数项级数 (1) 的**余和**, 显然

$$\lim_{n\to\infty} r_n(x)=0,\quad \forall x\in D. \tag{4}$$

例 1 求函数项级数 $\sum\limits_{n=1}^{\infty}(-1)^{n-1}\dfrac{x^{2n}}{n}$ 的收敛域.

解 由于

$$\lim_{n\to\infty}\left|\frac{u_{n+1}}{u_n}\right|=\lim_{n\to\infty}\frac{\dfrac{|x|^{2n+2}}{n+1}}{\dfrac{|x|^{2n}}{n}}=\lim_{n\to\infty}\frac{n}{n+1}|x|^2=|x|^2,$$

根据正项级数的比值判别法知, 当 $|x|<1$ 时, 所讨论的级数绝对收敛; 当 $|x|>1$ 时, 该级数发散.

当 $x=\pm 1$ 时, 级数为 $\sum\limits_{n=1}^{\infty}(-1)^{n-1}\dfrac{1}{n}$, 是收敛的, 所以级数的收敛域为区间 $[-1,1]$.

把函数项级数中的变量 x 视为参数, 通过数项级数的敛散性判别法, 来判定函数项级数对哪些 x 值收敛, 哪些 x 值发散, 是确定函数项级数收敛域的基本方法.

函数项级数 (1) 在收敛域 D 上, 收敛域和函数 $S(x)$ 是逐点收敛的. 用 "ε-N" 语言精确定义如下:

$\forall\varepsilon>0, \forall x\in D, \exists N=N(\varepsilon,x)$, 使得当 $n>N$ 时, 恒有

$$|r_n(x)|=|S_n(x)-S(x)|<\varepsilon.$$

这个定义中, 对 D 中不同的 x, 可以有不同的 N, 对所有的 x 不一定有通用的正整数 N. 下面介绍一个较强的收敛, 它要求级数在某区间 I 内, 能有与 x 无关, 仅与 ε 有关的 N, 即对区间 I 内每个 x 都有通用的 N.

*__定义 8.4__ 如果 $\forall\varepsilon>0, \exists N=N(\varepsilon)$, 使得当 $n>N$ 时, 恒有

$$|r_n(x)|=|S_n(x)-S(x)|<\varepsilon,\quad \forall x\in I,$$

则称函数项级数 $\sum_{n=1}^{\infty} u_n(x)$ 在区间 I 上**一致收敛**(或**均匀收敛**).

用几何的话说, 级数在区间 I 上一致收敛, 就是在区间 I 上部分和曲线整条向和函数曲线收敛.

一致收敛级数有许多重要的分析性质, 介绍如下 (证明略):

性质 1 (函数项级数和函数的连续性)　如果函数项级数 $\sum_{n=1}^{\infty} u_n(x)$ 在区间 $[a,b]$ 上一致收敛, 且级数的每一项 $u_n(x)$ 都在区间 $[a,b]$ 上连续, 则和函数 $S(x)$ 也在区间 $[a,b]$ 上连续.

性质 2 (函数项级数的逐项积分性)　如果函数项级数 $\sum_{n=1}^{\infty} u_n(x)$ 在区间 $[a,b]$ 上一致收敛, 且级数的每一项 $u_n(x)$ 都在区间 $[a,b]$ 上连续, 则和函数 $S(x)$ 可积, 且可逐项积分, 即

$$\int_{x_0}^{x} S(x)\mathrm{d}x = \int_{x_0}^{x} u_1(x)\mathrm{d}x + \int_{x_0}^{x} u_2(x)\mathrm{d}x + \cdots + \int_{x_0}^{x} u_n(x)\mathrm{d}x + \cdots,$$

其中 x_0, x 是区间 $[a,b]$ 内任意两点. 逐项积分后的级数也在区间 $[a,b]$ 上一致收敛.

性质 3 (函数项级数的逐项微分性)　设级数 $\sum_{n=1}^{\infty} u_n(x)$ 在区间 $[a,b]$ 上收敛. 如果它的各项 $u_n(x)$ 都在区间 $[a,b]$ 上有连续的导数, 即 $u_n'(x) \in C[a,b](n=1,2,\cdots)$, 并且级数

$$\sum_{n=1}^{\infty} u_n'(x) = u_1'(x) + u_2'(x) + \cdots + u_n'(x) + \cdots$$

在区间 $[a,b]$ 上一致收敛, 则级数 $\sum_{n=1}^{\infty} u_n(x)$ 在该区间上也是一致收敛的, 和函数 $S(x)$ 在 $[a,b]$ 上有连续的导数, 并且可逐项求导, 即

$$S'(x) = u_1'(x) + u_2'(x) + \cdots + u_n'(x) + \cdots.$$

下面讨论两类重要的函数项级数: 幂级数和傅里叶级数.

8.4.2　幂级数的定义

称形如

$$\sum_{n=0}^{\infty} a_n x^n = a_0 + a_1 x + a_2 x^2 + \cdots + a_n x^n + \cdots \tag{5}$$

的函数项级数为 x 的**幂级数**, 其中常数 $a_n(n=0,1,2,\cdots)$ 叫做幂级数的**系数**. 更

一般地, 形如

$$\sum_{n=0}^{\infty} a_n(x-x_0)^n = a_0 + a_1(x-x_0) + a_2(x-x_0)^2 + \cdots + a_n(x-x_0)^n + \cdots \qquad (6)$$

的函数项级数, 叫做 $(x-x_0)$ 的**幂级数**, 其中 x_0 为固定值.

显然, 通过变换 $t = x - x_0$, 就可把级数 (6) 化为级数 (5) 的形式, 所以下面将着重讨论幂级数 (5). 幂级数 (5) 的每一项都是方幂为自然数的幂函数与常数之积, 它的部分和为多项式.

由于幂级数在 $(-\infty, +\infty)$ 上有定义, 我们要讨论幂级数的收敛域, 求幂级数的和函数以及函数如何展开成幂级数等问题.

8.4.3 幂级数的收敛半径和收敛域

阿贝尔引理 如果幂级数 $\sum\limits_{n=0}^{\infty} a_n x^n$ 在点 $x = x_0 (x_0 \neq 0)$ 处收敛, 则对开区间 $(-|x_0|, |x_0|)$ 内的任一点 x, 幂级数 $\sum\limits_{n=0}^{\infty} a_n x^n$ 都绝对收敛; 如果幂级数 $\sum\limits_{n=0}^{\infty} a_n x^n$ 在点 $x = x_0$ 处发散, 则当 $x > |x_0|$ 或 $x < -|x_0|$ 时, 幂级数 $\sum\limits_{n=0}^{\infty} a_n x^n$ 均发散.

证明 设幂级数 $\sum\limits_{n=0}^{\infty} a_n x^n$ 在 $x = x_0 (x_0 \neq 0)$ 处收敛, 即数项级数

$$a_0 + a_1 x_0 + a_2 x_0^2 + \cdots + a_n x_0^n + \cdots$$

收敛. 由收敛的必要条件知

$$\lim_{n\to\infty} a_n x_0^n = 0,$$

从而数列 $\{a_n x_0^n\}$ 有界, 即有常数 $M > 0$, 使得

$$|a_n x_0^n| \leqslant M \quad (n = 0, 1, 2, \cdots),$$

因此

$$|a_n x^n| = |a_n x_0^n| \left|\frac{x}{x_0}\right|^n \leqslant M \left|\frac{x}{x_0}\right|^n \quad (n = 0, 1, 2, \cdots).$$

当 $|x| < |x_0|$ 时, $\left|\dfrac{x}{x_0}\right| < 1$, 等比级数 $\sum\limits_{n=0}^{\infty} M \left|\dfrac{x}{x_0}\right|^n$ 收敛. 由比较判别法知, 级数 $\sum\limits_{n=0}^{\infty} |a_n x^n|$ 收敛, 即幂级数 $\sum\limits_{n=0}^{\infty} a_n x^n$ 在开区间 $(-|x_0|, |x_0|)$ 内的任一点处都是绝对收敛的.

设幂级数 $\sum_{n=0}^{\infty} a_n x^n$ 在 $x=x_0$ 处发散, 假设有点 x_1, 满足 $|x_1|>|x_0|$, 且使幂级数 $\sum_{n=0}^{\infty} a_n x^n$ 在 x_1 处收敛. 那么由以上的结论知, 幂级数 $\sum_{n=0}^{\infty} a_n x^n$ 必在 x_0 处收敛, 这与前提条件矛盾. □

因为幂级数的项都在 $(-\infty,+\infty)$ 上有定义, 所以对每个实数 x, 幂级数 $\sum_{n=0}^{\infty} a_n x^n$ 或者收敛, 或者发散. 然而任何一个幂级数 $\sum_{n=0}^{\infty} a_n x^n$ 在原点 $x=0$ 处都收敛, 所以由阿贝尔引理可得到如下结论.

幂级数 $\sum_{n=0}^{\infty} a_n x^n$ 的收敛性有三种类型:

1° 存在常数 $R>0$, 当 $|x|<R$ 时, 幂级数 $\sum_{n=0}^{\infty} a_n x^n$ 绝对收敛; 当 $|x|>R$ 时, 幂级数 $\sum_{n=0}^{\infty} a_n x^n$ 发散;

2° 除 $x=0$ 外, 幂级数 $\sum_{n=0}^{\infty} a_n x^n$ 处处发散, 此时记 $R=0$;

3° 对任何 x, 幂级数 $\sum_{n=0}^{\infty} a_n x^n$ 都绝对收敛, 此时记 $R=\infty$.

称 R 为幂级数 $\sum_{n=0}^{\infty} a_n x^n$ 的**收敛半径**, 称开区间 $(-R,R)$ 为幂级数 $\sum_{n=0}^{\infty} a_n x^n$ 的**收敛区间**. 在收敛区间内幂级数 $\sum_{n=0}^{\infty} a_n x^n$ 绝对收敛.

除 $R=0$ 情况外, 幂级数 $\sum_{n=0}^{\infty} a_n x^n$ 的收敛区间一般是一个以原点为中心, R 为半径的区间. 对情况 1° 还要讨论 $x=\pm R$ 时的两个数项级数

$$\sum_{n=0}^{\infty} a_n(-R)^n, \quad \sum_{n=0}^{\infty} a_n R^n$$

是否收敛, 才能最后确定收敛域.

下面讨论收敛半径 R 的求法.

定理 8.9 对幂级数 $\sum_{n=0}^{\infty} a_n x^n$, 若

$$\lim_{n\to\infty}\left|\frac{a_{n+1}}{a_n}\right|=b \quad (\text{或} \lim_{n\to\infty}\sqrt[n]{|a_n|}=b),$$

则幂级数 $\sum_{n=0}^{\infty} a_n x^n$ 的收敛半径为

$$R = \begin{cases} \dfrac{1}{b}, & 0 < b < +\infty, \\ +\infty, & b = 0, \\ 0, & b = +\infty, \end{cases}$$

证明 因为正项级数

$$\sum_{n=0}^{\infty} |a_n x^n| = |a_0| + |a_1 x| + |a_2 x^2| + \cdots + |a_n x^n| + \cdots \tag{7}$$

的后项与前项比的极限

$$\lim_{n\to\infty} \frac{|a_{n+1}x^{n+1}|}{|a_n x^n|} = \lim_{n\to\infty} \left|\frac{a_{n+1}}{a_n}\right| |x| = b|x|,$$

依据比值判别法知:

(i) 当 $0 < b < +\infty$ 时, 如果 $|x| < \dfrac{1}{b}$, 即有 $b|x| < 1$, 则级数 $\sum_{n=0}^{\infty} |a_n x^n|$ 收敛, 从而级数 $\sum_{n=0}^{\infty} a_n x^n$ 绝对收敛; 如果 $|x| > \dfrac{1}{b}$, 即有 $b|x| > 1$, 则级数 $\sum_{n=0}^{\infty} |a_n x^n|$ 发散, 从而可断言级数 $\sum_{n=0}^{\infty} a_n x^n$ 发散. 此时, 收敛半径 $R = \dfrac{1}{b}$.

(ii) 当 $b = 0$ 时, 恒有 $b|x| = 0$, 故级数 $\sum_{n=0}^{\infty} |a_n x^n|$ 处处收敛, 即级数 $\sum_{n=0}^{\infty} a_n x^n$ 处处绝对收敛, $R = +\infty$.

(iii) 当 $b = +\infty$ 时, 除 $x = 0$ 外, $b|x| = +\infty$, 级数 $\sum_{n=0}^{\infty} |a_n x^n|$ 除 $x = 0$ 一点外处处发散, 所以级数 $\sum_{n=0}^{\infty} a_n x^n$ 在 $x \neq 0$ 时发散, $R = 0$. 同法可证括号内情况. □

在定理 8.9 的条件下, 可按下式直接求幂级数的收敛半径:

$$R = \lim_{n\to\infty} \left|\frac{a_n}{a_{n+1}}\right| \quad \text{或} \quad R = \lim_{n\to\infty} \frac{1}{\sqrt[n]{|a_n|}}.$$

例 2 求下列幂级数的收敛半径与收敛域.

1° $\sum_{n=1}^{\infty} \dfrac{x^n}{3^n \cdot n}$; 2° $\sum_{n=1}^{\infty} \dfrac{(n!)^2}{(2n)!} x^n$;

3° $\sum_{n=0}^{\infty} \dfrac{x^n}{(2n)!!}$ $((2n)!! = 2n \cdot (2n-2) \cdot \cdots \cdot 4 \cdot 2)$; 4° $\sum_{n=1}^{\infty} n^n x^n$.

解 1° 收敛半径

$$R=\lim_{n\to\infty}\left|\frac{a_n}{a_{n+1}}\right|=\lim_{n\to\infty}\left[\frac{1}{3^n\cdot n}\Big/\frac{1}{3^{n+1}(n+1)}\right]=\lim_{n\to\infty}\frac{3(n+1)}{n}=3,$$

所以收敛区间为 $(-3,3)$.

当 $x=-3$ 时, 级数为 $\sum\limits_{n=1}^{\infty}(-1)^n\frac{1}{n}$, 是收敛的交错级数; 当 $x=3$ 时, 级数为 $\sum\limits_{n=1}^{\infty}\frac{1}{n}$, 是调和级数, 发散.

故幂级数的收敛域为 $[-3,3)$.

2° 收敛半径

$$R=\lim_{n\to\infty}\left|\frac{a_n}{a_{n+1}}\right|=\lim_{n\to\infty}\left\{\frac{(n!)^2}{(2n)!}\Big/\frac{[(n+1)!]^2}{[2(n+1)]!}\right\}=\lim_{n\to\infty}\frac{2(2n+1)}{(n+1)}=4,$$

所以收敛区间为 $(-4,4)$.

当 $x=4$ 时, 级数为正项级数

$$\sum_{n=1}^{\infty}\frac{(n!)^2}{(2n)!}4^n,$$

因为

$$\frac{u_{n+1}}{u_n}=\frac{2n+2}{2n+1}>1,$$

所以, $u_n\not\to 0$(当 $n\to\infty$ 时), 故级数 $\sum\limits_{n=1}^{\infty}\frac{(n!)^2}{(2n)!}4^n$ 发散; 因此当 $x=-4$ 时, 级数对应的数项级数也发散. 因此, 幂级数的收敛域为 $(-4,4)$.

3° 因为收敛半径

$$R=\lim_{n\to\infty}\left|\frac{a_n}{a_{n+1}}\right|=\lim_{n\to\infty}\left[\frac{1}{(2n)!!}\Big/\frac{1}{(2n+2)!!}\right]=\lim_{n\to\infty}(2n+2)=\infty,$$

所以, 幂级数的收敛域为 $(-\infty,+\infty)$.

4° 因为收敛半径

$$R=\lim_{n\to\infty}\frac{1}{\sqrt[n]{|a_n|}}=\lim_{n\to\infty}\frac{1}{\sqrt[n]{n^n}}=\lim_{n\to\infty}\frac{1}{n}=0,$$

所以, 幂级数仅在 $x=0$ 一点收敛.

例 3 求幂级数 $\sum\limits_{n=1}^{\infty}(-1)^{n-1}\frac{(x-2)^n}{n}$ 的收敛域.

解 作变换, 令 $t=x-2$, 级数变为 t 的幂级数 $\sum\limits_{n=1}^{\infty}(-1)^{n-1}\dfrac{t^n}{n}$, 因为

$$R_t=\lim_{n\to\infty}\left|\frac{a_n}{a_{n+1}}\right|=\lim_{n\to\infty}\left(\frac{1}{n}\Big/\frac{1}{n+1}\right)=1,$$

当 $t=-1$ 时, 级数为 $\sum\limits_{n=1}^{\infty}\dfrac{-1}{n}$, 发散; 当 $t=1$ 时, 级数为 $\sum\limits_{n=1}^{\infty}\dfrac{(-1)^{n-1}}{n}$, 收敛, 所以, 级数 $\sum\limits_{n=1}^{\infty}(-1)^{n-1}\dfrac{t^n}{n}$ 的收敛域为 $(-1,1]$. 因此, $\sum\limits_{n=1}^{\infty}(-1)^{n-1}\dfrac{(x-2)^n}{n}$ 的收敛域为 $(1,3]$, 收敛半径 $R=1$.

$x-x_0$ 的幂级数的收敛区间是以点 x_0 为中心的, 所以也可以不作变换, 先求出收敛半径 R, 然后讨论在收敛区间 (x_0-R,x_0+R) 的两个端点处, 对应的数项级数的收敛性, 最后确定收敛域.

例 4 讨论幂级数 $\sum\limits_{n=1}^{\infty}(-1)^{n+1}\dfrac{x^{2n}}{2^n-1}$ 的收敛域.

解 这是缺项的幂级数, 不满足定理 8.9 的条件. 作变换, 令 $t=x^2$, 级数变为 $\sum\limits_{n=1}^{\infty}(-1)^{n+1}\dfrac{t^n}{2^n-1}$. 因为

$$R_t=\lim_{n\to\infty}\left(\frac{1}{2^n-1}\Big/\frac{1}{2^{n+1}-1}\right)=2,$$

当 $t=2$ 时, 级数为 $\sum\limits_{n=1}^{\infty}(-1)^{n+1}\dfrac{2^n}{2^n-1}$, 由于 $\lim\limits_{n\to\infty}\dfrac{2^n}{2^n-1}=1\neq0$, 所以这个数项级数发散, 故 t 的幂级数收敛域是 $0\leqslant t<2$. 因此, 原幂级数收敛域是 $0\leqslant x^2<2$, 即 $-\sqrt{2}<x<\sqrt{2}$, 收敛半径 $R=\sqrt{2}$.

例 5 求函数项级数 $\ln x+\sum\limits_{n=0}^{\infty}\dfrac{x^{2n+1}}{(2n+1)!}$ 的收敛域.

解 去掉第一项, 则原级数是缺偶次幂的幂级数. 也可以直接用比值判别法求收敛域, 因为

$$\lim_{n\to\infty}\left|\frac{u_{n+1}}{u_n}\right|=\lim_{n\to\infty}\left[\frac{|x|^{2n+3}}{(2n+3)!}\cdot\frac{(2n+1)!}{|x|^{2n+1}}\right]=\lim_{n\to\infty}\frac{|x|^2}{(2n+3)(2n+2)}=0,$$

所以, 去掉第一项, 级数处处绝对收敛. 由于第一项 $\ln x$ 的定义域为 $x>0$, 所以, 整个级数的收敛域是 $(0,+\infty)$.

例 6 讨论函数项级数 $\sum\limits_{n=0}^{\infty}\dfrac{1}{n+1}\left(\dfrac{e^x-1}{2}\right)^n$ 的收敛域.

解 作变换, 令 $t=\dfrac{e^x-1}{2}$, 级数变为幂级数 $\sum\limits_{n=0}^{\infty}\dfrac{t^n}{n+1}$, 因为

$$R_t=\lim_{n\to\infty}\frac{n+2}{n+1}=1,$$

当 $t=1$ 时, 级数为 $\sum\limits_{n=0}^{\infty}\dfrac{1}{n+1}$, 发散; 当 $t=-1$ 时, 级数为 $\sum\limits_{n=0}^{\infty}\dfrac{(-1)^n}{n+1}$, 收敛; 又因 $-1\leqslant t<1$, 所以原函数项级数的收敛域为 $x<\ln 3$.

8.4.4 幂级数的运算

设有两个幂级数

$$\sum_{n=0}^{\infty}a_nx^n=f(x),\quad x\in(-A,A),$$

$$\sum_{n=0}^{\infty}b_nx^n=g(x),\quad x\in(-B,B).$$

记 $R=\min\{A,B\}$. 显然, 在区间 $(-R,R)$ 内两个幂级数都是绝对收敛的, 由绝对收敛级数的性质有:

(1) 加法与减法

$$\left(\sum_{n=0}^{\infty}a_nx^n\right)\pm\left(\sum_{n=0}^{\infty}b_nx^n\right)=\sum_{n=0}^{\infty}(a_n\pm b_n)x^n=f(x)\pm g(x),\quad x\in(-R,R),$$

且 $\sum\limits_{n=0}^{\infty}(a_n\pm b_n)x^n$ 在区间 $(-R,R)$ 内绝对收敛.

(2) 乘法

$$\begin{aligned}&\left(\sum_{n=0}^{\infty}a_nx^n\right)\left(\sum_{n=0}^{\infty}b_nx^n\right)\\&=a_0b_0+(a_0b_1+a_1b_0)x+\cdots+(a_0b_n+a_1b_{n-1}+\cdots+a_nb_0)x^n+\cdots\\&=\sum_{n=0}^{\infty}\left(\sum_{i=0}^{\infty}a_ib_{n-i}\right)x^n=f(x)g(x),\quad x\in(-R,R),\end{aligned}$$

且 $\sum\limits_{n=0}^{\infty}\left(\sum\limits_{i=0}^{n}a_ib_{n-i}\right)x^n$ 在区间 $(-R,R)$ 内绝对收敛.

(3) 除法 因为除法是乘法的逆运算, 当 $b_0\neq 0$ 时, 定义两个幂级数的商是个幂级数:

$$\frac{\sum\limits_{n=0}^{\infty} a_n x^n}{\sum\limits_{n=0}^{\infty} b_n x^n} = \frac{a_0 + a_1 x + a_2 x^2 + \cdots + a_n x^n + \cdots}{b_0 + b_1 x + b_2 x^2 + \cdots + b_n x^n + \cdots}$$

$$= c_0 + c_1 x + c_2 x^2 + \cdots + c_n x^n + \cdots = \sum_{n=0}^{\infty} c_n x^n,$$

其中 $\sum\limits_{n=0}^{\infty} c_n x^n$ 满足

$$\left(\sum_{n=0}^{\infty} b_n x^n\right)\left(\sum_{n=0}^{\infty} c_n x^n\right) = \sum_{n=0}^{\infty} a_n x^n.$$

根据等式两边级数的对应项系数相等, 确定 $c_n (n = 1, 2, \cdots)$, 如

$$c_0 = a_0/b_0, \quad c_1 = (a_1 b_0 - a_0 b_1)/b_0^2,$$

$$c_2 = (a_2 b_0^2 - a_1 b_0 b_1 - a_0 b_0 b_2 + a_0 b_1^2)/b_0^3, \quad \cdots,$$

级数 $\sum\limits_{n=0}^{\infty} c_n x^n = \dfrac{f(x)}{g(x)}$ 的收敛半径, 有时比上述的 R 小.

例如, 幂级数 1 和幂级数 $1-x$ 的收敛半径均为 $+\infty$, 但它们商的幂级数

$$\frac{1}{1-x} = 1 + x + x^2 + \cdots + x^n + \cdots$$

的收敛半径 $R = 1$.

例 7 求幂级数 $\sum\limits_{n=1}^{\infty} (3^n + \sqrt{n})(x-1)^n$ 的收敛域.

解 将原幂级数分为两个幂级数:

$$\sum_{n=1}^{\infty} 3^n (x-1)^n, \quad \sum_{n=1}^{\infty} \sqrt{n}(x-1)^n.$$

前者的收敛半径为

$$R_1 = \lim_{n\to\infty} \frac{3^n}{3^{n+1}} = \frac{1}{3},$$

后者的收敛半径为

$$R_2 = \lim_{n\to\infty} \frac{\sqrt{n}}{\sqrt{n+1}} = 1,$$

于是, 所求幂级数的收敛半径 $R = \min\left\{\dfrac{1}{3}, 1\right\} = \dfrac{1}{3}$, 即收敛区间为

$$\frac{2}{3} < x < \frac{4}{3}.$$

当 $x = \frac{2}{3}$ 和 $x = \frac{4}{3}$ 时, 对应的级数依次为

$$\sum_{n=1}^{\infty} (-1)^n \frac{3^n + \sqrt{n}}{3^n}, \quad \sum_{n=1}^{\infty} \frac{3^n + \sqrt{n}}{3^n}.$$

因为 $\lim\limits_{n\to\infty} \frac{3^n + \sqrt{n}}{3^n} = 1 \neq 0$, 这两个级数都发散, 所以原幂级数的收敛域为 $\left(\frac{2}{3}, \frac{4}{3}\right)$.

下面讨论幂级数的分析运算性质, 先介绍幂级数一致收敛性的一个定理.

***定理 8.10**　幂级数 $\sum\limits_{n=0}^{\infty} a_n x^n$, 在它的收敛区间 $(-R, R)$ 内的任一闭子区间 $[-R_1, R_1]$ 上是一致收敛的 (其中 $0 < R_1 < R$).

因此幂级数有如下运算性质:

(4) 在收敛域上, 幂级数 $\sum\limits_{n=0}^{\infty} a_n x^n$ 的和函数 $f(x)$ 是连续函数.

(5) 在收敛域内, 幂级数可逐项积分, 且收敛半径不变, 即有

$$\int_0^x f(x)\mathrm{d}x = \sum_{n=0}^{\infty} \left(a_n \int_0^x x^n \mathrm{d}x\right) = \sum_{n=0}^{\infty} \frac{a_n}{n+1} x^{n+1}.$$

(6) 在收敛域内, 幂级数可逐项微分, 且收敛半径不变, 即有

$$f'(x) = \sum_{n=0}^{\infty} (a_n x^n)' = \sum_{n=1}^{\infty} n a_n x^{n-1}.$$

幂级数逐项积分或微分后, 虽然收敛半径不变, 收敛区间不变, 但收敛域有可能变, 例如

$$\frac{1}{1+x} = 1 - x + x^2 - \cdots + (-1)^n x^n + \cdots$$

的收敛域是 $(-1, 1)$, 但逐项积分后的幂级数

$$\ln(1+x) = x - \frac{x^2}{2} + \frac{x^3}{3} - \cdots + (-1)^{n-1}\frac{x^n}{n} + \cdots$$

的收敛域是 $(-1, 1]$. 这是因为, 当 $x = 1$ 时, 左边函数 (和函数) 有定义、连续, 右边级数收敛.

从运算性质 (6) 可知, 幂级数表示的函数是无穷次连续可微的函数; 幂级数的收敛区间有时与和函数的表达式的定义域不一致; 在收敛域内, 幂级数的运算类似于多项式的运算; 幂级数的和函数, 有时不是初等函数, 这使得幂级数在积分运算和微分方程求解时起着一定的作用.

习 题 8.4

1. 讨论函数项级数 $\sum\limits_{n=1}^{\infty} u_n(x)$ 的收敛域及和函数.

(1) 设 $u_1=\dfrac{x}{2}, u_n=\dfrac{x^n}{2^n}-\dfrac{x^{n-1}}{2^{n-1}}, n \geqslant 2$;

(2) 设 $u_1=\dfrac{x}{2}, u_n=\dfrac{nx}{n+1}-\dfrac{(n-1)x}{n}, n \geqslant 2$.

2. 求下列函数项级数的收敛域.

(1) $\sum\limits_{n=1}^{\infty} \dfrac{1}{2n+1}\left(\dfrac{1-x}{1+x}\right)^n$;

(2) $x-\dfrac{x^3}{3\cdot 3!}+\dfrac{x^5}{5\cdot 5!}-\cdots$;

(3) $x+x^4+x^9+x^{16}+x^{25}+\cdots$.

3. 求下列幂级数的收敛半径及收敛区间.

(1) $\sum\limits_{n=1}^{\infty} n!\left(\dfrac{x}{n}\right)^n$;

(2) $\sum\limits_{n=1}^{\infty} \dfrac{1}{3^n+(-2)^n+3\cdot 2^n}x^n$;

(3) $\sum\limits_{n=1}^{\infty} \dfrac{a^n-b^n}{a^n+b^n}(x-x_0)^n (0<a<b)$;

(4) $\sum\limits_{n=0}^{\infty} \dfrac{2+(-1)^n}{2^n}x^n$.

4. 求下列幂级数的收敛域.

(1) $\sum\limits_{n=1}^{\infty} \dfrac{3^n}{n^2+1}x^n$;

(2) $\sum\limits_{n=1}^{\infty} \dfrac{1}{n^n}x^n$;

(3) $\sum\limits_{n=1}^{\infty} \dfrac{x^n}{(n+1)^p}$;

(4) $\sum\limits_{n=1}^{\infty} \dfrac{3^n+5^n}{n}x^n$;

(5) $\sum\limits_{n=0}^{\infty} \dfrac{3^{-\sqrt{n}}x^n}{\sqrt{n^2+1}}$;

(6) $\sum\limits_{n=1}^{\infty} \left(\dfrac{a^n}{n}+\dfrac{b^n}{n^2}\right)x^n (a>0, b>0)$;

(7) $\sum\limits_{n=1}^{\infty} (-1)^n\left(1+\dfrac{1}{2}+\dfrac{1}{3}+\cdots+\dfrac{1}{n}\right)x^n$;

(8) $\sum\limits_{n=2}^{\infty} \dfrac{\ln n}{n}x^n$;

(9) $1+\dfrac{x^2}{2\cdot 3}+\dfrac{x^4}{4\cdot 3^2}+\dfrac{x^6}{6\cdot 3^3}+\cdots$;

(10) $\sum\limits_{n=1}^{\infty} (-1)^n\dfrac{x^{2n+1}}{2n+1}$;

(11) $\sum\limits_{n=0}^{\infty} \dfrac{(x-3)^n}{n-3^n}$;

(12) $\sum\limits_{n=1}^{\infty} \dfrac{(2x-1)^n}{n}$;

(13) $\sum\limits_{n=1}^{\infty} (-1)^{n-1}\dfrac{(x+1)^n}{3n}$;

(14) $\sum\limits_{n=1}^{\infty} \dfrac{(x+1)^n}{\sqrt{n}}$;

(15) $\sum\limits_{n=1}^{\infty} \dfrac{x^{n^2}}{3^n}$.

5. 求下列函数项级数的收敛域.

(1) $\sum\limits_{n=1}^{\infty}(\ln x)^n$;　　(2) $\sum\limits_{n=1}^{\infty}\frac{n^2}{x^n}$;

(3) $\sum\limits_{n=1}^{\infty}\frac{(x^2-x+1)^n}{n^2}$;　　(4) $\sum\limits_{n=1}^{\infty}\frac{1}{x^n}\sin\frac{\pi}{2^n}$.

6. 已知级数 $\sum\limits_{n=1}^{\infty}(-1)^n a_n(a_n>0)$ 条件收敛, 求幂级数 $\sum\limits_{n=0}^{\infty}a_n x^n$ 的收敛域, 并说明理由.

7. 已知幂级数 $\sum\limits_{n=0}^{\infty}a_n x^n$ 的系数 $a_n>0\ (n=1,2,\cdots)$, 且当 $x=-3$ 时, 该级数条件收敛, 试确定此幂级数的收敛域, 并阐明理由.

8. 设幂级数 $\sum\limits_{n=0}^{\infty}a_n(x+1)^n$, $a_n>0\ (n=1,2,\cdots)$ 在 $x=3$ 处条件收敛, 试确定此幂级数的收敛半径, 并说明理由.

9. 求幂级数

$$1+\frac{(x-1)^2}{1\cdot 3^2}+\frac{(x-1)^4}{2\cdot 3^4}+\cdots+\frac{(x-1)^{2n}}{n\cdot 3^{2n}}+\cdots$$

的收敛区间.

10. 已知

$$\frac{1}{1-x}=1+x+x^2+\cdots+x^n+\cdots,\quad x\in(-1,1),$$

求函数 $\ln(1-x)$ 和 $\frac{1}{(1-x)^2}$ 的幂级数表达式.

11. 设 $\sum\limits_{n=1}^{\infty}a_n x^n$ 的收敛半径为 R_1, $\sum\limits_{n=1}^{\infty}b_n x^n$ 的收敛半径为 R_2, 且 $R_1<R_2$, 试证级数 $\sum\limits_{n=1}^{\infty}(a_n+b_n)x^n$ 的收敛半径为 R_1.

8.5　函数的幂级数展开

对函数做数值分析时, 常常需要用多项式逼近给定的函数, 而幂级数的部分和恰是多项式. 所以有了函数的幂级数展开. 在理论上和应用中常常需要将函数表示为幂级数的形式, 就是本节要讨论的函数的幂级数展开问题. 哪些函数在怎样的区间上可以表为幂级数? 这时幂级数的系数如何确定? 这些就是本节讨论的主要问题. 此外, 本节还将介绍某些幂级数求和的方法.

8.5.1 直接展开法、泰勒级数

由泰勒公式: 若函数 $f(x)$ 在点 x_0 的某邻域 $U(x_0)$ 内有 $n+1$ 阶导数, 则 $f(x)$ 可表示为

$$\begin{aligned} f(x)=f(x_0)&+\frac{f'(x_0)}{1!}(x-x_0)+\frac{f''(x_0)}{2!}(x-x_0)^2+\cdots \\ &+\frac{f^{(n)}(x_0)}{n!}(x-x_0)^n+R_n(x), \end{aligned} \tag{1}$$

其中

$$R_n(x)=\frac{f^{(n+1)}(\xi)}{(n+1)!}(x-x_0)^{n+1},\quad \xi \text{ 介于 } x_0, x \text{ 之间}.$$

公式 (1) 就是函数 $f(x)$ 在 x_0 处展开的泰勒公式, $R_n(x)$ 是拉格朗日型余项.

如果 $f(x)$ 在点 x_0 的某邻域 $U(x_0)$ 内是无穷次连续可微的, 记为 $f(x)\in C^\infty(U(x_0))$, 我们就自然会想到, 函数 $f(x)$ 是否可展为如下的幂级数

$$f(x_0)+\frac{f'(x_0)}{1!}(x-x_0)+\frac{f''(x_0)}{2!}(x-x_0)^2+\cdots+\frac{f^{(n)}(x_0)}{n!}(x-x_0)^n+\cdots. \tag{2}$$

称幂级数 (2) 为函数 $f(x)$ 在 x_0 处 (诱导出) 的**泰勒级数**. 特别地, 当 $x_0=0$ 时, 称幂级数

$$f(0)+\frac{f'(0)}{1!}x+\frac{f''(0)}{2!}x^2+\cdots+\frac{f^{(n)}(0)}{n!}x^n+\cdots \tag{3}$$

为 $f(x)$(诱导出) 的**麦克劳林级数**.

显然, 泰勒级数 (2) 在什么范围上收敛于函数 $f(x)$, 取决于在什么范围上有 $R_n(x)\to 0$.

定理 8.11 设函数 $f(x)\in C^\infty(U(x_0))$, 则它的泰勒级数

$$\sum_{n=0}^{\infty}\frac{f^{(n)}(x_0)}{n!}(x-x_0)^n$$

在 $U(x_0)$ 内收敛于 $f(x)$ 的充分必要条件是

$$\lim_{n\to\infty}R_n(x)=0,\quad \forall x\in U(x_0). \tag{4}$$

证明 用 $S_n(x)$ 表示泰勒级数 (2) 的前 $n+1$ 项和, 由泰勒公式 (1) 知

$$R_n(x)=f(x)-S_n(x),\quad S_n(x)=f(x)-R_n(x).$$

必要性 设泰勒级数 (2) 在 $U(x_0)$ 上收敛于 $f(x)$, 则 $\forall x\in U(x_0)$, $\lim\limits_{n\to\infty}S_n(x)=f(x)$, 从而有

$$\lim_{n\to\infty}R_n(x)=\lim_{n\to\infty}[f(x)-S_n(x)]=0,\quad \forall x\in U(x_0).$$

充分性 设 (4) 式成立, 则

$$\lim_{n\to\infty} S_n(x) = \lim_{n\to\infty}[f(x) - R_n(x)] = f(x), \quad \forall x \in U(x_0),$$

即在 $U(x_0)$ 上, 泰勒级数 (2) 收敛于 $f(x)$. □

在条件 (4) 不成立的范围内, 函数 $f(x)$ 的泰勒级数 (2) 即使收敛, 也不能收敛到 $f(x)$. 例如, 函数

$$f(x) = \begin{cases} \mathrm{e}^{-1/x^2}, & x \neq 0, \\ 0, & x = 0, \end{cases}$$

见图 8.2. 由于

$$f(0) = f'(0) = f''(0) = \cdots = 0,$$

所以函数 $f(x)$ 的麦克劳林级数各项系数均为零, 显然它在整个数轴上收敛到零. 除 $x = 0$ 外, 任何点 x 处都未收敛到原来的函数 $f(x)$ 上. 这就是因为除原点外, (4) 式都不成立.

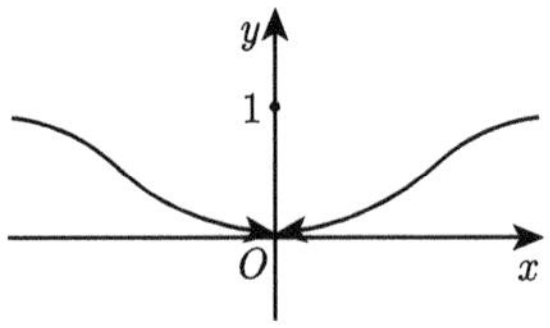

图 8.2

定理 8.12 (函数幂级数展开的唯一性) 若函数 $f(x)$ 在点 x_0 的某邻域内可展开为幂级数

$$f(x) = \sum_{n=0}^{\infty} a_n (x - x_0)^n, \tag{5}$$

则其系数

$$a_n = \frac{f^{(n)}(x_0)}{n!} \quad (n = 0, 1, 2, \cdots),$$

这里规定 $0! = 1, f^{(0)}(x_0) = f(x_0)$.

证明 由于幂级数在收敛区间内可逐项微分, 于是

$$f(x) = a_0 + a_1(x - x_0) + a_2(x - x_0)^2 + \cdots + a_n(x - x_0)^n + \cdots,$$

$$f'(x) = a_1 + 2a_2(x - x_0) + 3a_3(x - x_0)^2 + \cdots + na_n(x - x_0)^{n-1} + \cdots,$$

$$f''(x) = 2!a_2 + 3 \cdot 2a_3(x - x_0) + \cdots + n(n-1)a_n(x - x_0)^{n-2} + \cdots,$$

$$\cdots\cdots$$

$$f^{(n)}(x) = n!a_n + \cdots,$$

$$\cdots\cdots$$

在上述各式中, 令 $x = x_0$, 得

$$a_0 = f(x_0), \quad a_1 = \frac{f'(x_0)}{1!}, \quad a_2 = \frac{f''(x_0)}{2!}, \quad \cdots, \quad a_n = \frac{f^{(n)}(x_0)}{n!}, \cdots. \qquad \square$$

这两个定理说明: 在 x_0 的某邻域内, 若函数 $f(x)$ 具有各阶导数, 且其泰勒公式的余项 $R_n(x)$ 趋于零 (当 $n \to \infty$ 时), 则 $f(x)$ 可展开为幂级数, 且其展开式是唯一的, 就是 $f(x)$ 的泰勒级数. 据此, 要将函数在 x_0 附近展开为幂级数, 有如下的**直接展开法**:

第一步 求 $f(x)$ 的各阶导数 $f'(x), f''(x), \cdots, f^{(n)}(x), \cdots$;

第二步 计算 $f(x_0), f'(x_0), f''(x_0), \cdots, f^{(n)}(x_0), \cdots$;

第三步 写出泰勒级数

$$f(x_0) + \frac{f'(x_0)}{1!}(x - x_0) + \frac{f''(x_0)}{2!}(x - x_0)^2 + \cdots + \frac{f^{(n)}(x_0)}{n!}(x - x_0)^n + \cdots,$$

并确定其收敛半径及收敛域;

第四步 在收敛域内, 求使 $\lim\limits_{n\to\infty} R_n(x) = 0$ 的区间, 就是函数的幂级数**展开区间**.

例 1 将函数 $f(x) = \mathrm{e}^x$ 展为 x 的幂级数.

解 由 $f^{(n)}(x) = \mathrm{e}^x (n = 0, 1, 2, \cdots)$, 有 $f^{(n)}(0) = 1 (n = 0, 1, 2, \cdots)$, 于是 e^x 的泰勒级数为

$$1 + x + \frac{x^2}{2!} + \frac{x^3}{3!} + \cdots + \frac{x^n}{n!} + \cdots,$$

其收敛半径

$$R = \lim_{n\to\infty} \left| \frac{a_n}{a_{n+1}} \right| = \lim_{n\to\infty} \frac{1}{n!}(n+1)! = +\infty,$$

泰勒公式的余项

$$R_n(x) = \frac{\mathrm{e}^{\xi}}{(n+1)!} x^{n+1}, \quad \xi \text{ 介于 } 0, x \text{ 之间},$$

它满足不等式

$$|R_n(x)| = \left| \frac{\mathrm{e}^{\xi}}{(n+1)!} x^{n+1} \right| \leqslant \mathrm{e}^{|x|} \frac{|x|^{n+1}}{(n+1)!}.$$

对任一确定的 $x \in (-\infty, +\infty)$, $\mathrm{e}^{|x|}$ 是确定的数, 而 $\dfrac{|x|^{n+1}}{(n+1)!}$ 是处处收敛的幂级数 $\sum\limits_{n=0}^{\infty} \dfrac{|x|^n}{n!}$ 的一般项, 所以在区间 $(-\infty, +\infty)$ 上恒有

$$\lim_{n\to\infty} R_n(x) = 0,$$

于是, 有展开公式

$$e^x = \sum_{n=0}^{\infty} \frac{x^n}{n!} = 1 + x + \frac{x^2}{2!} + \cdots + \frac{x^n}{n!} + \cdots, \quad x \in (-\infty, +\infty). \tag{6}$$

例 2　将函数 $f(x) = \sin x$ 展开为 x 的幂级数.

解　由 $\sin x$ 的泰勒公式知它的泰勒级数为

$$x - \frac{x^3}{3!} + \frac{x^5}{5!} - \cdots + (-1)^n \frac{x^{2n+1}}{(2n+1)!} + \cdots,$$

其收敛半径 $R = \infty$.

对收敛区间 $(-\infty, +\infty)$ 内任一点 x, 有 ξ 介于 $0, x$ 之间, 使

$$\begin{aligned}|R_{2n+2}(x)| &= \left| \frac{f^{(2n+3)}(\xi)}{(2n+3)!} x^{2n+3} \right| \\ &= \frac{|x|^{2n+3}}{(2n+3)!} \left| \sin\left[\xi + (2n+3)\frac{\pi}{2}\right] \right| \\ &\leqslant \frac{|x|^{2n+3}}{(2n+3)!} \to 0, \quad n \to \infty.\end{aligned}$$

从而得到展开公式

$$\begin{aligned}\sin x &= \sum_{n=0}^{\infty} (-1)^n \frac{x^{2n+1}}{(2n+1)!} \\ &= x - \frac{x^3}{3!} + \frac{x^5}{5!} - \cdots + (-1)^n \frac{x^{2n+1}}{(2n+1)!} + \cdots, \quad x \in (-\infty, +\infty).\end{aligned} \tag{7}$$

例 3　将函数 $f(x) = (1+x)^\alpha$ 展开为 x 的幂级数, 其中 α 为任意实常数.

解　由 $(1+x)^\alpha$ 的泰勒公式知它的泰勒级数为

$$1 + \alpha x + \frac{\alpha(\alpha-1)}{2!}x^2 + \cdots + \frac{\alpha(\alpha-1)\cdots(\alpha-n+1)}{n!}x^n + \cdots,$$

其收敛半径

$$R = \lim_{n\to\infty} \left| \frac{a_n}{a_{n+1}} \right| = \lim_{n\to\infty} \left| \frac{n+1}{\alpha - n} \right| = 1,$$

所以 $(1+x)^\alpha$ 的泰勒级数的收敛区间是 $(-1, 1)$. 在 $x = \pm 1$ 处, 对不同的 α, 敛散性不同.

为了避免讨论余项的极限, 设在区间 $(-1, 1)$ 内 $(1+x)^\alpha$ 的泰勒级数的和函数为 $S(x)$, 即设

$$S(x) = 1 + \alpha x + \frac{\alpha(\alpha-1)}{2!}x^2 + \cdots + \frac{\alpha(\alpha-1)\cdots(\alpha-n+1)}{n!}x^n + \cdots, \quad x \in (-1, 1).$$

下面证明 $S(x)=(1+x)^{\alpha}, x\in(-1,1)$. 由逐项微分得

$$S'(x)=\alpha\left[1+\frac{\alpha-1}{1!}x+\cdots+\frac{(\alpha-1)\cdots(\alpha-n+1)}{(n-1)!}x^{n-1}+\cdots\right],$$

两边同乘以 $(1+x)$ 后, 注意右边括号内 x^n 的系数为

$$\frac{(\alpha-1)\cdots(\alpha-n+1)}{(n-1)!}+\frac{(\alpha-1)\cdots(\alpha-n)}{n!}=\frac{\alpha(\alpha-1)\cdots(\alpha-n+1)}{n!},$$

于是, 有微分方程

$$\begin{aligned}(1+x)S'(x)&=\alpha\left[1+\alpha x+\frac{\alpha(\alpha-1)}{2!}x^2+\cdots+\frac{\alpha(\alpha-1)\cdots(\alpha-n+1)}{n!}x^n+\cdots\right]\\&=\alpha S(x),\quad x\in(-1,1),\end{aligned}$$

满足条件 $S(0)=1$. 由分离变量法解得

$$S(x)=(1+x)^{\alpha},\quad x\in(-1,1),$$

故有展开公式

$$(1+x)^{\alpha}=1+\alpha x+\frac{\alpha(\alpha-1)}{2!}x^2+\cdots+\frac{\alpha(\alpha-1)\cdots(\alpha-n+1)}{n!}x^n+\cdots,\quad x\in(-1,1),\tag{8}$$

称之为**牛顿二项式展开式**. 当 α 为正整数时, (8) 式就是代数中的二项公式.

当 $\alpha=\frac{1}{2},-\frac{1}{2}$ 时, 依次有展开式

$$\begin{aligned}\sqrt{1+x}=&1+\frac{1}{2}x-\frac{1}{2\cdot4}x^2+\frac{1\cdot3}{2\cdot4\cdot6}x^3-\cdots\\&+(-1)^{n-1}\frac{1\cdot3\cdot5\cdot\cdots\cdot(2n-3)}{2\cdot4\cdot6\cdot\cdots\cdot(2n)}x^n+\cdots,\quad x\in[-1,1].\end{aligned}\tag{9}$$

$$\begin{aligned}\frac{1}{\sqrt{1+x}}=&1-\frac{1}{2}x+\frac{1\cdot3}{2\cdot4}x^2-\frac{1\cdot3\cdot5}{2\cdot4\cdot6}x^3+\cdots\\&+(-1)^{n}\frac{1\cdot3\cdot5\cdot\cdots\cdot(2n-1)}{2\cdot4\cdot6\cdot\cdots\cdot(2n)}x^n+\cdots,\quad x\in(-1,1].\end{aligned}\tag{10}$$

8.5.2 间接展开法

将函数用直接法展开为幂级数, 对许多函数来说, 求各阶导数与讨论拉格朗日型余项 $R_n(x)$ 趋于零的范围都是困难的. 下面介绍**间接展开法**, 它是利用已知的幂级数展开式 (如公式 (6)—(8) 及等比级数的和等), 通过变量代换、幂级数的运算等,

得到函数的幂级数展开式的方法. 根据展开的唯一性, 它与直接展开法得到的结果是一致的.

例 4　将函数 $f(x)=\cos x$ 展开为 x 的幂级数.

解　将 $\sin x$ 的展开式 (7) 两边逐项微分, 得到 $\cos x$ 的展开公式

$$\cos x=\sum_{n=0}^{\infty}(-1)^n\frac{x^{2n}}{(2n)!}=1-\frac{x^2}{2!}+\frac{x^4}{4!}-\cdots+(-1)^n\frac{x^{2n}}{(2n)!}+\cdots,\quad x\in(-\infty,+\infty).\tag{11}$$

例 5　将函数 $f(x)=\ln(1+x)$ 展为麦克劳林级数.

解　因为 $[\ln(1+x)]'=\dfrac{1}{1+x}$, 而

$$\frac{1}{1+x}=1-x+x^2-\cdots+(-1)^nx^n+\cdots,\quad x\in(-1,1),\tag{12}$$

从 0 到 x 逐项积分, 得

$$\ln(1+x)=x-\frac{x^2}{2}+\frac{x^3}{3}-\cdots+(-1)^{n-1}\frac{x^n}{n}+\cdots,\quad x\in(-1,1],\tag{13}$$

展开式 (13) 对 $x=1$ 也成立, 这是在 $x=1$ 时, 右边级数收敛, 左边函数在 $x=1$ 处连续的缘故, 所以有

$$\ln 2=1-\frac{1}{2}+\frac{1}{3}-\cdots+(-1)^{n-1}\frac{1}{n}+\cdots.$$

例 6　对展开式 (13) 作变量替换, 以 $-x$ 替换 x, 得到展开式

$$\ln(1-x)=-x-\frac{x^2}{2}-\frac{x^3}{3}-\cdots-\frac{x^n}{n}-\cdots,\quad x\in[-1,1),\tag{14}$$

(13) 式减去 (14) 式, 再除以 2, 可得

$$\frac{1}{2}\ln\frac{1+x}{1-x}=x+\frac{x^3}{3}+\frac{x^5}{5}+\cdots+\frac{x^{2n-1}}{2n-1}+\cdots,\quad x\in(-1,1).\tag{15}$$

例 7　将展开式

$$\frac{1}{1+x^2}=1-x^2+x^4-x^6+\cdots+(-1)^nx^{2n}+\cdots,\quad x\in(-1,1),$$

从 0 到 x 逐项积分, 得

$$\arctan x=x-\frac{x^3}{3}+\frac{x^5}{5}-\cdots+(-1)^n\frac{x^{2n+1}}{2n+1}+\cdots,\quad x\in[-1,1],\tag{16}$$

展开式 (16) 对 $x=\pm1$ 也成立, 从而有

$$\frac{\pi}{4}=\arctan 1=1-\frac{1}{3}+\frac{1}{5}-\frac{1}{7}+\cdots.$$

利用间接展开法时, 要注意区间端点的收敛性.

例 8 将 $\sin x$ 展为 $\left(x-\frac{\pi}{4}\right)$ 的幂级数.

解

$$
\begin{aligned}
\sin x &= \sin\left(x-\frac{\pi}{4}+\frac{\pi}{4}\right) = \sin\left(x-\frac{\pi}{4}\right)\cos\frac{\pi}{4}+\cos\left(x-\frac{\pi}{4}\right)\sin\frac{\pi}{4}\\
&= \frac{\sqrt{2}}{2}\left[\sin\left(x-\frac{\pi}{4}\right)+\cos\left(x-\frac{\pi}{4}\right)\right]\\
&= \frac{\sqrt{2}}{2}\left[\sum_{n=0}^{\infty}(-1)^n\frac{\left(x-\frac{\pi}{4}\right)^{2n}}{(2n)!}+\sum_{n=0}^{\infty}(-1)^n\frac{\left(x-\frac{\pi}{4}\right)^{2n+1}}{(2n+1)!}\right]\\
&= \frac{\sqrt{2}}{2}\left\{\sum_{n=0}^{\infty}(-1)^n\left[\frac{\left(x-\frac{\pi}{4}\right)^{2n}}{(2n)!}+\frac{\left(x-\frac{\pi}{4}\right)^{2n+1}}{(2n+1)!}\right]\right\}\\
&= \frac{\sqrt{2}}{2}\left[1+\left(x-\frac{\pi}{4}\right)-\frac{\left(x-\frac{\pi}{4}\right)^2}{2!}-\frac{\left(x-\frac{\pi}{4}\right)^3}{3!}+\frac{\left(x-\frac{\pi}{4}\right)^4}{4!}+\frac{\left(x-\frac{\pi}{4}\right)^5}{5!}-\cdots\right],\\
&\qquad x\in(-\infty,+\infty)
\end{aligned}
$$

例 9 将函数 $f(x)=\frac{1}{x^2+3x+2}$ 展开为 $(x-1)$ 的幂级数.

解
$$
\begin{aligned}
f(x) &= \frac{1}{x^2+3x+2}=\frac{1}{x+1}-\frac{1}{x+2}\\
&= \frac{1}{2+(x-1)}-\frac{1}{3+(x-1)}=\frac{1}{2}\frac{1}{1+\frac{x-1}{2}}-\frac{1}{3}\frac{1}{1+\frac{x-1}{3}},
\end{aligned}
$$

由于

$$
\frac{1}{1+x}=\sum_{n=0}^{\infty}(-1)^n x^n,\quad x\in(-1,1),
$$

$$
\frac{1}{2}\frac{1}{1+\frac{x-1}{2}}=\frac{1}{2}\sum_{n=0}^{\infty}(-1)^n\left(\frac{x-1}{2}\right)^n=\sum_{n=0}^{\infty}\frac{1}{2^{n+1}}(-1)^n(x-1)^n,\quad x\in(-1,3),
$$

$$
\frac{1}{3}\frac{1}{1+\frac{x-1}{3}}=\frac{1}{3}\sum_{n=0}^{\infty}(-1)^n\left(\frac{x-1}{3}\right)^n=\sum_{n=0}^{\infty}\frac{1}{3^{n+1}}(-1)^n(x-1)^n,\quad x\in(-2,4),
$$

故

$$
f(x)=\frac{1}{x^2+3x+2}=\sum_{n=0}^{\infty}(-1)^n\left(\frac{1}{2^{n+1}}+\frac{1}{3^{n+1}}\right)(x-1)^n,\quad x\in(-1,3).
$$

例 10　将 $f(x)=\dfrac{e^x}{1-x}$ 展开为 x 的幂级数, 并求 $f'''(0)$.

解　由

$$\frac{1}{1-x}=1+x+x^2+\cdots+x^n+\cdots,\quad |x|<1,$$

$$e^x=1+\frac{x}{1!}+\frac{x^2}{2!}+\cdots+\frac{x^n}{n!}+\cdots,\quad |x|<+\infty,$$

相乘得

$$\begin{aligned}\frac{e^x}{1-x}=&1+\left(1+\frac{1}{1!}\right)x+\left(1+\frac{1}{1!}+\frac{1}{2!}\right)x^2+\cdots\\&+\left(1+\frac{1}{1!}+\frac{1}{2!}+\cdots+\frac{1}{n!}\right)x^n+\cdots,\quad |x|<1.\end{aligned}$$

因为 $f^{(n)}(0)=n!a_n$, 所以

$$f'''(0)=3!\left(1+\frac{1}{1!}+\frac{1}{2!}+\frac{1}{3!}\right)=16.$$

例 11　设 $f(x)=\begin{cases}\dfrac{\sin x}{x}, & x\neq 0,\\ 1, & x=0,\end{cases}$ 试将函数 $\ln f(x)$ 的麦克劳林展开式写到 x^4 项.

解　因为

$$f(x)=1-\frac{x^2}{3!}+\frac{x^4}{5!}-\cdots,\quad x\in(-\infty,+\infty),$$

$$\ln(1+x)=x-\frac{x^2}{2}+\frac{x^3}{3}-\cdots,\quad x\in(-1,1],$$

故

$$\begin{aligned}\ln f(x)&=\ln[1+(f(x)-1)]\\&=\left(-\frac{x^2}{3!}+\frac{x^4}{5!}-\cdots\right)-\frac{1}{2}\left(-\frac{x^2}{3!}+\frac{x^4}{5!}-\cdots\right)^2+\cdots\\&=-\frac{x^2}{3!}+\frac{x^4}{5!}-\frac{x^4}{2(3!)^2}+\cdots\\&=-\frac{x^2}{6}-\frac{x^4}{180}+\cdots,\quad x\in(-\pi,\pi).\end{aligned}$$

无穷级数有时也用来推广新概念, 比如, 由 e^x 的展开式定义指数矩阵：设 A 是 $n\times n$ 方阵, 定义

$$e^A=E+A+\frac{A^2}{2!}+\cdots+\frac{A^n}{n!}+\cdots,\tag{17}$$

其中 E 为 n 阶单位矩阵.

又如, 以 $\mathrm{i}x$(其中 $\mathrm{i}=\sqrt{-1}$) 替换 x, 定义

$$\mathrm{e}^{\mathrm{i}x}=1+\mathrm{i}x+\frac{(\mathrm{i}x)^2}{2!}+\cdots+\frac{(\mathrm{i}x)^n}{n!}+\cdots, \tag{18}$$

容易推出

$$\begin{aligned}\mathrm{e}^{\mathrm{i}x}&=\left(1-\frac{x^2}{2!}+\frac{x^4}{4!}-\cdots\right)+\mathrm{i}\left(x-\frac{x^3}{3!}+\frac{x^5}{5!}-\cdots\right)\\&=\cos x+\mathrm{i}\sin x,\end{aligned} \tag{19}$$

以 $-x$ 替换 (19) 式中的 x, 得

$$\mathrm{e}^{-\mathrm{i}x}=\cos x-\mathrm{i}\sin x, \tag{20}$$

(19), (20) 两式相加除以 2, 相减除以 2i, 得

$$\cos x=\frac{\mathrm{e}^{\mathrm{i}x}+\mathrm{e}^{-\mathrm{i}x}}{2},\quad \sin x=\frac{\mathrm{e}^{\mathrm{i}x}-\mathrm{e}^{-\mathrm{i}x}}{2\mathrm{i}}, \tag{21}$$

(19)—(21) 各式称为**欧拉公式**, 它表明了三角函数与指数函数的关系.

8.5.3 幂级数求和

与函数展成幂级数相反的问题 —— 求幂级数的和函数. 因为幂级数的和函数不一定是初等函数, 所以不能任意的一个幂级数就来求和. 但是, 现在可以利用等比级数求和公式, 以及 $\mathrm{e}^x,\sin x$ 等函数的展开式、通过变量变换、幂级数的运算等, 求某些幂级数的和函数.

例 12 求幂级数 $\sum\limits_{n=1}^{\infty}\frac{x^{4n+1}}{4n+1}$ 的和函数.

解 幂级数 $\sum\limits_{n=1}^{\infty}\frac{x^{4n+1}}{4n+1}$ 的收敛域为 $(-1,1)$.

设和函数为 $S(x)$, 即设

$$S(x)=\sum_{n=1}^{\infty}\frac{x^{4n+1}}{4n+1},\quad x\in(-1,1),$$

则 $S(0)=0$. 通过逐项求导, 并利用等比级数求和公式, 得

$$S'(x)=\sum_{n=1}^{\infty}x^{4n}=\frac{x^4}{1-x^4}.$$

从 0 到 x 积分, 得所求的和函数

$$S(x)=S(x)-S(0)=\int_0^x\frac{t^4}{1-t^4}\mathrm{d}t=\int_0^x\left(\frac{1}{2(1-t^2)}+\frac{1}{2(1+t^2)}-1\right)\mathrm{d}t$$
$$=\frac{1}{4}\ln\left|\frac{1+x}{1-x}\right|+\frac{1}{2}\arctan x-x,\quad x\in(-1,1).$$

例 13 求幂级数 $\sum\limits_{n=1}^{\infty}nx^{n-1}$ 的和函数, 并求数项级数 $\sum\limits_{n=1}^{\infty}\frac{n}{2^n}$ 的和.

解 收敛半径为

$$R=\lim_{n\to\infty}\left|\frac{a_n}{a_{n+1}}\right|=\lim_{n\to\infty}\frac{n}{n+1}=1,$$

又当 $x=\pm1$ 时, 级数 $\sum\limits_{n=1}^{\infty}n,\sum\limits_{n=1}^{\infty}(-1)^{n-1}n$ 都发散. 所以幂级数的收敛域为 $(-1,1)$.

设其和函数为 $S(x)$, 即

$$S(x)=\sum_{n=1}^{\infty}nx^{n-1},$$

则

$$S(x)=\sum_{n=1}^{\infty}(x^n)'=\left(\sum_{n=1}^{\infty}x^n\right)'=\left(\frac{x}{1-x}\right)'=\frac{1}{(1-x)^2},\quad |x|<1,$$

令 $x=\frac{1}{2}$, 得

$$\sum_{n=1}^{\infty}\frac{n}{2^n}=\frac{1}{2}\sum_{n=1}^{\infty}n\left(\frac{1}{2}\right)^{n-1}=\frac{1}{2}S\left(\frac{1}{2}\right)=\frac{1}{2}\frac{1}{\left(1-\frac{1}{2}\right)^2}=2.$$

例 14 求幂级数 $\sum\limits_{n=1}^{\infty}\frac{1}{n2^n}x^{n-1}$ 的和函数.

解 收敛半径为

$$R=\lim_{n\to\infty}\left|\frac{a_n}{a_{n+1}}\right|=\lim_{n\to\infty}\left|\frac{\frac{1}{n2^n}}{\frac{1}{(n+1)2^{n+1}}}\right|=2,$$

当 $x=2$ 时, 级数为 $\sum\limits_{n=1}^{\infty}\frac{1}{2n}$, 发散; 当 $x=-2$ 时, 级数为 $\sum\limits_{n=1}^{\infty}(-1)^{n-1}\frac{1}{2n}$, 收敛, 故原级数的收敛域为 $[-2,2)$.

设所求的和函数为 $S(x)$, 即

$$S(x)=\sum_{n=1}^{\infty}\frac{1}{n2^n}x^{n-1},\quad x\in[-2,2),$$

那么有

$$xS(x)=\sum_{n=1}^{\infty}\frac{1}{n}\left(\frac{x}{2}\right)^n,$$

$$[xS(x)]'=\sum_{n=1}^{\infty}\frac{1}{2}\left(\frac{x}{2}\right)^{n-1}=\frac{\frac{1}{2}}{1-\frac{x}{2}}=\frac{1}{2-x},$$

上式两边从 0 到 x 积分, 得

$$\begin{aligned}xS(x)&=\int_0^x\frac{1}{2-x}\mathrm{d}x=-\ln(2-x)\big|_0^x=-\ln(2-x)+\ln 2\\&=-\ln\left(1-\frac{x}{2}\right),\end{aligned}$$

因此

$$S(x)=-\frac{1}{x}\ln\left(1-\frac{x}{2}\right),\quad x\in[-2,0)\cup(0,2),$$

当 $x=0$ 时, 显然有

$$S(0)=\frac{1}{2},$$

总之, 有

$$\sum_{n=1}^{\infty}\frac{1}{n2^n}x^{n-1}=\begin{cases}-\dfrac{1}{x}\ln\left(1-\dfrac{x}{2}\right), & x\in[-2,0)\cup(0,2),\\ \dfrac{1}{2}, & x=0.\end{cases}$$

例 15 求级数 $\sum\limits_{n=0}^{\infty}\dfrac{(n+1)^2}{n!}x^n$ 的和函数.

解 这个幂级数收敛域为 $(-\infty,+\infty)$. 令 $S(x)=\sum\limits_{n=0}^{\infty}\dfrac{(n+1)^2}{n!}x^n$,

$$\begin{aligned}S(x)&=\sum_{n=0}^{\infty}\frac{(n+1)^2}{n!}x^n=\sum_{n=0}^{\infty}\frac{n(n-1)+3n+1}{n!}x^n\\&=\sum_{n=2}^{\infty}\frac{x^n}{(n-2)!}+3\sum_{n=1}^{\infty}\frac{x^n}{(n-1)!}+\sum_{n=0}^{\infty}\frac{x^n}{n!}\\&=x^2\sum_{k=0}^{\infty}\frac{x^k}{k!}+3x\sum_{k=0}^{\infty}\frac{x^k}{k!}+\sum_{n=0}^{\infty}\frac{x^n}{n!}=(x^2+3x+1)\mathrm{e}^x,\end{aligned}$$

这里用到 e^x 的泰勒级数.

当 $x=1$ 时, 有

$$\sum_{n=0}^{\infty}\frac{(n+1)^2}{n!}=S(1)=5\mathrm{e}.$$

习 题 8.5

1. 用直接展开法, 将函数 $f(x)=\ln(1+x)$ 展开为 x 的幂级数.

2. 用间接展开法, 将下列函数展开为 x 的幂级数.

(1) $\sin^2 x$;　　(2) $\sin\left(x-\dfrac{\pi}{4}\right)$;

(3) $\dfrac{x}{\sqrt{1+x}}$;　　(4) $\ln(1-x-2x^2)$;

(5) $\displaystyle\int_0^x \frac{\sin x}{x}\mathrm{d}x$;　　(6) $\dfrac{\mathrm{d}}{\mathrm{d}x}\left(\dfrac{\mathrm{e}^x-1}{x}\right)$;

(7) $\arcsin x$;　　(8) $\dfrac{1}{(1+x^2)(1+x^4)(1+x^8)}$.

3. 设 $f(x)=\displaystyle\sum_{n=0}^{\infty}a_nx^n$, 求函数 $g(x)=\dfrac{f(x)}{1-x}$ 的幂级数展开式 (麦克劳林级数).

4. 将下列函数在指定点 x_0 处, 展开为 $(x-x_0)$ 的幂级数.

(1) $\ln x, x_0=1$;　　(2) $\sin x, x_0=\dfrac{\pi}{3}$;

(3) $\dfrac{x}{x^2-2x-3}, x_0=1$.

5. 设 $f(x)=(\arcsin x)^2$, 求 $f^{(n)}(0)$.

6. 求下列级数在收敛区间内的和函数.

(1) $\displaystyle\sum_{n=1}^{\infty}\frac{x^{3n}}{(3n)!}$, $|x|<+\infty$;　　(2) $\displaystyle\sum_{n=1}^{\infty}(n+1)nx^{n-1}$, $|x|<1$;

(3) $\displaystyle\sum_{n=1}^{\infty}\frac{2n-1}{2^n}x^{2n-2}$, $|x|<\sqrt{2}$, 并求 $\displaystyle\sum_{n=1}^{\infty}\frac{2n-1}{2^n}$;

(4) $\displaystyle\sum_{n=1}^{\infty}(-1)^{n+1}n^2x^n$, $|x|<1$, 并求 $\displaystyle\sum_{n=1}^{\infty}(-1)^n\frac{n^2}{2^n}$;

(5) $x-\dfrac{x^3}{3}+\dfrac{x^5}{5}-\cdots$, $|x|<1$, 并求 $\displaystyle\sum_{n=1}^{\infty}\frac{(-1)^n}{2n-1}\left(\frac{3}{4}\right)^n$;

(6) $\displaystyle\sum_{n=1}^{\infty}\frac{(n+1)x^n}{n!}$, $|x|<+\infty$.

7. 求下列幂级数的收敛域及和函数.

(1) $\sum_{n=1}^{\infty}\frac{x^n}{n2^n}$; (2) $\sum_{n=0}^{\infty}\frac{n^2+1}{2^n n!}x^n$;

(3) $\sum_{n=1}^{\infty}(-1)^{n-1}\frac{x^{2n}}{n(2n-1)}$.

8. 利用 $\frac{\mathrm{d}}{\mathrm{d}x}\left(\frac{\cos x-1}{x}\right)$ 的幂级数展开式, 求 $\sum_{n=1}^{\infty}(-1)^n\frac{2n-1}{(2n)!}\left(\frac{\pi}{2}\right)^{2n}$ 的和.

9. 将 $f(x)=\int_0^x \mathrm{e}^{-x^2}\mathrm{d}x$ 展开为 x 的幂级数.

10. 求数项级数 $\sum_{n=0}^{\infty}(-1)^n\frac{n^2-n+1}{2^n}$ 的和.

11. 求数项级数 $\sum_{n=1}^{\infty}(-1)^{n-1}\frac{2n^2}{(2n)!}\frac{1}{2^n}$ 的和.

12. 设 $\sum_{n=1}^{\infty}a_n x^n$ 的收敛半径为 3, 和函数为 $S(x)$, 求幂级数 $\sum_{n=1}^{\infty}na_n(x-1)^{n+1}$ 的收敛区间及和函数.

13. 求下列极限.

(1) $\lim_{x\to 1^-}(1-x^3)\sum_{n=1}^{\infty}n^2x^n$; (2) $\lim_{n\to\infty}\left(\frac{1}{a}+\frac{2}{a^2}+\cdots+\frac{n}{a^n}\right)$ $(a>1)$;

(3) $\lim_{n\to\infty}\left(\frac{3}{2\cdot 1}+\frac{5}{2^2\cdot 2!}+\cdots+\frac{2n+1}{2^n\cdot n!}\right)$.

14. 若 $f(x)=\sum_{n=0}^{\infty}a_n x^n$, 试证:

(1) 当 $f(x)$ 为奇函数时, 必有 $a_{2k}=0,\ k=0,1,2,\cdots$;

(2) 当 $f(x)$ 为偶函数时, 必有 $a_{2k+1}=0,\ k=0,1,2,\cdots$.

15. 选择题. 设 $f(x)=\int_0^{\sin x}\sin(t^2)\mathrm{d}t$, $g(x)=\sum_{n=1}^{\infty}\frac{x^{2n+1}}{n^n+2}$, 则当 $x\to 0$ 时, $f(x)$ 是 $g(x)$ 的 ( ).

(A) 等价无穷小; (B) 同阶, 但不等价无穷小;

(C) 低阶无穷小; (D) 高阶无穷小.

8.6 幂级数的应用举例

利用函数的幂级数展开式, 可以方便地解决一些函数的多项式逼近和函数值的近似计算问题. 由于幂级数的和函数中有一些不是初等函数, 因此利用幂级数可以使一些积分和微分方程问题得到完满地解决.

8.6.1 函数值的近似计算

例 1 计算 e 的值, 精确到小数点后第四位 (即误差 $r_n < 0.0001$).

解 因为

$$\mathrm{e}^x = 1 + x + \frac{x^2}{2!} + \cdots + \frac{x^n}{n!} + \cdots, \quad x \in (-\infty, +\infty),$$

所以当 $x = 1$ 时, 有

$$\mathrm{e} = 1 + 1 + \frac{1}{2!} + \cdots + \frac{1}{n!} + \cdots,$$

若取前 $n+1$ 项近似计算 e, 其截断误差

$$\begin{aligned} |r_n| &= \left| \frac{1}{(n+1)!} + \frac{1}{(n+2)!} + \cdots \right| \\ &< \frac{1}{(n+1)!} \left[1 + \frac{1}{n+1} + \frac{1}{(n+1)^2} + \cdots \right] \\ &= \frac{1}{(n+1)!} \frac{1}{1 - \dfrac{1}{n+1}} = \frac{1}{n!n}, \end{aligned}$$

要使 $\dfrac{1}{n!n} < 0.0001$, 只需取 $n = 7$, 于是

$$\mathrm{e} \approx 1 + 1 + \frac{1}{2!} + \cdots + \frac{1}{7!} \approx 2.7183.$$

例 2 计算 $\ln 2$ 的近似值, 精确到小数点后第四位.

解 由 $\ln(1+x)$ 的麦克劳林级数知,

$$\ln 2 = 1 - \frac{1}{2} + \frac{1}{3} - \frac{1}{4} + \cdots + (-1)^{n-1}\frac{1}{n} + \cdots,$$

这是个交错级数, 其截断误差

$$|r_n| < \frac{1}{n+1},$$

要使 $|r_n| < 0.0001$, 至少取 $n = 9999$. 说明这个级数收敛太慢, 计算量太大.

由

$$\ln\frac{1+x}{1-x} = 2\left(x + \frac{1}{3}x^3 + \frac{1}{5}x^5 + \cdots + \frac{1}{2n-1}x^{2n-1} + \cdots\right), \quad x \in (-1, 1),$$

令 $\dfrac{1+x}{1-x} = 2$, 解得 $x = \dfrac{1}{3}$, 代入上式得

$$\ln 2 = 2\left(\frac{1}{3} + \frac{1}{3}\cdot\frac{1}{3^3} + \frac{1}{5}\cdot\frac{1}{3^5} + \cdots + \frac{1}{2n-1}\frac{1}{3^{2n-1}} + \cdots\right),$$

若取前 n 项作 $\ln 2$ 的近似值, 则截断误差

$$\begin{aligned}|r_n| &= 2\left(\frac{1}{(2n+1)3^{2n+1}}+\frac{1}{(2n+3)3^{2n+3}}+\frac{1}{(2n+5)3^{2n+5}}+\cdots\right)\\ &< \frac{2}{(2n+1)3^{2n+1}}\left(1+\frac{1}{9}+\frac{1}{9^2}+\cdots\right)\\ &= \frac{2}{(2n+1)3^{2n+1}}\frac{1}{1-\frac{1}{9}}=\frac{1}{4(2n+1)3^{2n-1}},\end{aligned}$$

要使 $|r_n|<0.0001$, 只需取 $n=4$, 故

$$\ln 2\approx 2\left[\frac{1}{3}+\frac{1}{3\cdot 3^3}+\frac{1}{5\cdot 3^5}+\frac{1}{7\cdot 3^7}\right]\approx 0.6931.$$

通过这两个例了可以看出, 用泰勒级数的部分和作近似计算时, 其截断误差通常有如下两种估计法:

(1) 如果展开式是收敛的交错级数, 取前 n 项作近似计算时, 其截断误差不超过第 $n+1$ 项的绝对值, 即 $|r_n|<|u_{n+1}|$.

(2) 对一般的收敛级数, 取前 n 项作近似计算时, 其截断误差是个无穷级数. 把它的每一项适当放大, 成为一个收敛的等比级数. 由等比级数求和公式, 便可得到截断误差的估计.

8.6.2 在积分计算中的应用

一些初等函数, 如 $e^{x^2}, \dfrac{\sin x}{x}, \cos x^2, \sqrt{1+x^3}$ 等, 它们的原函数不是初等函数, 但在它们的连续区间内原函数是存在的, 而且变上限定积分就是它的一个原函数, 如 $\displaystyle\int_0^x \frac{\sin t}{t}\mathrm{d}t$ 是 $\dfrac{\sin x}{x}$ 的一个原函数. 因此, 将这样的被积函数展为幂级数, 然后在收敛区间内逐项积分, 所得到的幂级数就是被积函数的原函数的又一种表示方式, 如

$$\begin{aligned}\int_0^x \frac{\sin x}{x}\mathrm{d}x &= \int_0^x\left(1-\frac{x^2}{3!}+\frac{x^4}{5!}-\cdots+(-1)^n\frac{x^{2n}}{(2n+1)!}+\cdots\right)\mathrm{d}x\\ &= x-\frac{x^3}{3\cdot 3!}+\frac{x^5}{5\cdot 5!}-\cdots+(-1)^n\frac{x^{2n+1}}{(2n+1)(2n+1)!}+\cdots,\quad x\in(-\infty,+\infty),\end{aligned}$$

这个幂级数就是函数 $\dfrac{\sin x}{x}$ 的一个原函数的级数形式.

例 3 计算 $I=\displaystyle\int_0^1 e^{-x^2}\mathrm{d}x$ 的近似值, 精确到 10^{-4}.

解 因为 e^{-x^2} 的幂级数展开式为

$$e^{-x^2}=1-x^2+\frac{x^4}{2!}-\frac{x^6}{3!}+\frac{x^8}{4!}-\cdots,\quad x\in(-\infty,+\infty),$$

所以

$$\int_0^x \mathrm{e}^{-x^2}\mathrm{d}x = \int_0^x \left(1 - x^2 + \frac{x^4}{2!} - \frac{x^6}{3!} + \frac{x^8}{4!} - \cdots\right)\mathrm{d}x$$
$$= x - \frac{x^3}{3} + \frac{x^5}{5\cdot 2!} - \frac{x^7}{7\cdot 3!} + \frac{x^9}{9\cdot 4!}\cdots, \quad x \in (-\infty, +\infty),$$

令上限 $x=1$, 得

$$I = \int_0^1 \mathrm{e}^{-x^2}\mathrm{d}x = 1 - \frac{1}{3} + \frac{1}{10} - \frac{1}{42} + \frac{1}{216} - \frac{1}{1320} + \frac{1}{9360} - \frac{1}{75600} + \cdots,$$

这是个交错级数, 若取前七项作为近似值, 其截断误差

$$|r_7| < \frac{1}{75600} < 1.5 \times 10^{-5},$$

故

$$I = \int_0^1 \mathrm{e}^{-x^2}\mathrm{d}x \approx 0.7486.$$

8.6.3　方程的幂级数解法

例 4　方程

$$xy - \mathrm{e}^x + \mathrm{e}^y = 0, \tag{1}$$

确定 y 是 x 的函数, 试将 y 表示为 x 的幂级数 (只要求写出前几项).

解　设

$$y = a_0 + a_1x + a_2x^2 + a_3x^3 + \cdots,$$

由方程 (1) 知, 当 $x=0$ 时, $y=0$. 从而 $a_0=0$. 于是

$$xy = a_0x + a_1x^2 + a_2x^3 + a_3x^4 + \cdots, \tag{2}$$

由于

$$\mathrm{e}^x = 1 + x + \frac{x^2}{2!} + \frac{x^3}{3!} + \frac{x^4}{4!} + \cdots, \tag{3}$$

所以

$$\mathrm{e}^y = 1 + y + \frac{y^2}{2!} + \frac{y^3}{3!} + \frac{y^4}{4!} + \cdots$$
$$= 1 + (a_1x + a_2x^2 + a_3x^3 + \cdots) + \frac{1}{2!}(a_1x + a_2x^2 + a_3x^3 + \cdots)^2$$
$$+ \frac{1}{3!}(a_1x + a_2x^2 + a_3x^3 + \cdots)^3 + \frac{1}{4!}(a_1x + a_2x^2 + a_3x^3 + \cdots)^4 + \cdots$$
$$= 1 + a_1x + \left(\frac{a_1^2}{2} + a_2\right)x^2 + \left(\frac{a_1^3}{6} + a_1a_2 + a_3\right)x^3 + \cdots$$

$$+\left(\frac{a_1^4}{24}+\frac{1}{2}a_1^2a_2+\frac{1}{2}a_2^2+a_1a_3+a_4\right)x^4+\cdots. \tag{4}$$

将 (2)—(4) 代入 (1) 式, 由 x 的各次幂的系数皆应为零, 得到

$$\begin{aligned}
&-1+a_1=0,\\
&a_1-\frac{1}{2}+\frac{a_1^2}{2}+a_2=0,\\
&a_2-\frac{1}{6}+\frac{a_1^3}{6}+a_1a_2+a_3=0,\\
&a_3-\frac{1}{24}+\frac{a_1^4}{24}+\frac{1}{2}a_1^2a_2+\frac{1}{2}a_2^2+a_1a_3+a_4=0,\\
&\cdots\cdots
\end{aligned}$$

解此方程组, 得

$$a_1=1,\quad a_2=-1,\quad a_3=2,\quad a_4=-4,\cdots,$$

于是由方程 (1) 确定的隐函数 y 的幂级数展开式为

$$y=x-x^2+2x^3-4x^4+\cdots.$$

例 5 求解零阶贝塞尔方程

$$xy''+y'+xy=0.$$

解 这是一个变系数的线性方程, 设方程有幂级数形式解

$$y=\sum_{n=0}^{\infty}a_nx^n,$$

由于

$$y'=\sum_{n=1}^{\infty}na_nx^{n-1},\quad y''=\sum_{n=2}^{\infty}n(n-1)a_nx^{n-2},$$

代入方程, 合并 x 的同次幂项, x^n 的系数为

$$a_{n-1}+(n+1)a_{n+1}+(n+1)na_{n+1}=a_{n-1}+(n+1)^2a_{n+1},\quad n=1,2,\cdots,$$

常数项为 a_1, 比较等式两边 x 同次幂的系数得

$$a_1=0,\quad a_{n+1}=-\frac{a_{n-1}}{(n+1)^2},\quad n=1,2,\cdots,$$

于是

$$a_1=0,\quad a_3=a_5=a_7=\cdots=a_{2k+1}=\cdots=0,$$

$$a_2=-\frac{a_0}{2^2},\quad a_4=-\frac{a_2}{4^2}=\frac{(-1)^2a_0}{2^4(2!)^2},\cdots,a_{2k}=\frac{(-1)^ka_0}{2^{2k}(k!)^2},\cdots,$$

所以零阶贝塞尔方程的幂级数解为

$$y=a_0\left[1-\frac{x^2}{2^2}+\frac{x^4}{2^4(2!)^2}-\cdots+(-1)^k\frac{x^{2k}}{2^{2k}(k!)^2}+\cdots\right].$$

若取 $a_0=1$, 得到方程一个特解, 称之为**零阶贝塞尔函数**, 记为 $J_0(x)$, 即

$$J_0(x)=1+\sum_{k=1}^{\infty}\frac{(-1)^k}{(k!)^2}\left(\frac{x}{2}\right)^{2k}.$$

习 题 8.6

1. 求下列各数的近似值, 精确到小数点后第四位.

(1) $\sqrt{\mathrm{e}}$;　　(2) $\sqrt[5]{245}$;

(3) $\cos 10^\circ$;　　(4) $\displaystyle\int_0^{1/10}\frac{\ln(1+x)}{x}\mathrm{d}x$.

2. 在区间 $[1,2]$ 上, 用函数 $\dfrac{2(x-1)}{x+1}$ 近似函数 $\ln x$, 估计其误差.

3. 试用幂级数解下列微分方程.

(1) $\begin{cases} y'=y^2+x^3, \\ y|_{x=0}=\dfrac{1}{2}; \end{cases}$　　(2) $y''=x^2y$.

4. 已知级数 $2+\displaystyle\sum_{n=1}^{\infty}\frac{x^{2n}}{(2n)!}$ 在 $(-\infty,+\infty)$ 上是微分方程 $y''-y=b$ 的解, 确定常数 b, 并利用这一结果求该级数的和函数.

8.7 傅里叶级数

自然界中周期现象的数学描述就是周期函数. 最简单的周期现象, 如单摆的摆动、音叉的振动等都可以用正弦函数

$$y=A\sin(\omega x+\varphi)$$

来描述, 此函数也叫做**谐函数**. 它的周期 $T=\dfrac{2\pi}{\omega}$, 最大值 A 叫做**振幅**, ω 称为角频

率, φ 称为**初相位**. 但是, 复杂的周期现象, 如热传导、电磁波以及机械振动等就不能仅用一个正弦函数表示, 需要用很多甚至无限个正弦函数的叠加表示.

对复杂的周期运动如何进行定量分析呢? 由于复杂的声波、电磁波均是由不同频率的谐波叠加而成的. 因此可知不同频率的谐振动可以组成复杂的周期运动. 而复杂的周期运动是由哪些不同频率的谐振动合成的, 从数学角度上看, 无非是把一个周期函数分解为不同频率的正弦函数和的形式, 即将周期为 T 的函数 $f(x)$ 表示为

$$A_0+\sum_{n=1}^{\infty}A_n\sin(n\omega x+\varphi_n),\quad \omega=\frac{2\pi}{T} \tag{1}$$

的形式, 其中 $A_0, A_n, \varphi_n(n=1,2,\cdots)$ 都是常数. 利用三角公式

$$\sin(n\omega x+\varphi_n)=\sin\varphi_n\cos n\omega x+\cos\varphi_n\sin n\omega x,$$

并令 $a_0=2A_0, a_n=A_n\sin\varphi_n, b_n=A_n\cos\varphi_n(n=1,2,\cdots)$, 则 (1) 式变为

$$\frac{a_0}{2}+\sum_{n=1}^{\infty}(a_n\cos n\omega x+b_n\sin n\omega x), \tag{2}$$

(2) 式表示的函数项级数叫做**三角级数**.

函数 $f(x)$ 满足什么条件, 才能展为三角级数 (2)? 系数 a_0, a_n, b_n 如何确定? 这些问题就是本节要讨论的. 为便于研究, 先来讨论以 2π 为周期的函数 $f(x)$, 此时, $\omega=1$. 解决上述问题起着关键作用的是下面介绍的三角函数系的正交性.

8.7.1 三角函数系的正交性

三角函数系

$$1,\cos x,\sin x,\cos 2x,\sin 2x,\cdots,\cos nx,\sin nx,\cdots$$

具有如下两条性质:

(1) (正交性) 任何两个不同的函数的乘积在一个周期长的区间 $[-\pi,\pi]$ 上的积分等于零.

(2) 任何一个函数自乘 (平方) 在 $[-\pi,\pi]$ 上的积分不等于零.

即有

$$\int_{-\pi}^{\pi}1\mathrm{d}x=2\pi,$$

$$\int_{-\pi}^{\pi}\sin nx\mathrm{d}x=\int_{-\pi}^{\pi}\cos nx\mathrm{d}x=0,$$

$$\int_{-\pi}^{\pi}\cos nx\cos mx\mathrm{d}x=\begin{cases}0, & m\neq n,\\ \pi, & m=n,\end{cases}$$

$$\int_{-\pi}^{\pi}\sin nx\sin mx\mathrm{d}x=\begin{cases}0, & m\neq n,\\ \pi, & m=n,\end{cases}$$

$$\int_{-\pi}^{\pi}\cos nx\sin mx\mathrm{d}x=0.$$

其中 $m,n=1,2,\cdots$. 利用三角函数的积化和差公式, 不难验证上述各式. 例如, 当 $m\neq n$ 时,

$$\begin{aligned}\int_{-\pi}^{\pi}\cos nx\cos mx\mathrm{d}x&=\frac{1}{2}\int_{-\pi}^{\pi}[\cos(m-n)x+\cos(m+n)x]\mathrm{d}x\\&=\frac{1}{2}\left[\frac{\sin(m-n)x}{m-n}+\frac{\sin(m+n)x}{m+n}\right]\Bigg|_{-\pi}^{\pi}=0;\end{aligned}$$

当 $m=n$ 时,

$$\int_{-\pi}^{\pi}\cos^2 nx\mathrm{d}x=\int_{-\pi}^{\pi}\frac{1+\cos 2nx}{2}\mathrm{d}x=\left(\frac{x}{2}+\frac{\sin 2nx}{4n}\right)\Bigg|_{-\pi}^{\pi}=\pi.$$

8.7.2　以 2π 为周期的函数的傅里叶级数

定理 8.13　如果以 2π 为周期的函数 $f(x)$ 在区间 $[-\pi,\pi]$ 上, 能够展开为可逐项积分的三角级数

$$f(x)=\frac{a_0}{2}+\sum_{n=1}^{\infty}(a_n\cos nx+b_n\sin nx),\tag{3}$$

则其系数公式为

$$\begin{cases}a_0=\dfrac{1}{\pi}\displaystyle\int_{-\pi}^{\pi}f(x)\mathrm{d}x,\\ a_n=\dfrac{1}{\pi}\displaystyle\int_{-\pi}^{\pi}f(x)\cos nx\mathrm{d}x, \qquad n=1,2,\cdots.\\ b_n=\dfrac{1}{\pi}\displaystyle\int_{-\pi}^{\pi}f(x)\sin nx\mathrm{d}x,\end{cases}\tag{4}$$

证明　将 (3) 式两边在区间 $[-\pi,\pi]$ 上积分, 利用三角函数系的正交性, 有

$$\int_{-\pi}^{\pi}f(x)\mathrm{d}x=\int_{-\pi}^{\pi}\frac{a_0}{2}\mathrm{d}x+\sum_{n=1}^{\infty}\left(a_n\int_{-\pi}^{\pi}\cos nx\mathrm{d}x+b_n\int_{-\pi}^{\pi}\sin nx\mathrm{d}x\right)=a_0\pi,$$

故

$$a_0=\frac{1}{\pi}\int_{-\pi}^{\pi}f(x)\mathrm{d}x.$$

将 (3) 式两边同乘 $\cos kx$, 再从 $-\pi$ 到 π 积分, 得

$$\begin{aligned}&\int_{-\pi}^{\pi} f(x)\cos kx\mathrm{d}x\\&=\frac{a_0}{2}\int_{-\pi}^{\pi}\cos kx\mathrm{d}x+\sum_{n=1}^{\infty}\left(a_n\int_{-\pi}^{\pi}\cos nx\cos kx\mathrm{d}x+b_n\int_{-\pi}^{\pi}\sin nx\cos kx\mathrm{d}x\right)\\&=a_k\int_{-\pi}^{\pi}\cos^2 kx\mathrm{d}x=a_k\pi,\end{aligned}$$

故

$$a_k=\frac{1}{\pi}\int_{-\pi}^{\pi} f(x)\cos kx\mathrm{d}x.$$

类似地, 用 $\sin kx$ 乘 (3) 式两边, 然后在区间 $[-\pi,\pi]$ 上积分, 利用三角函数系的正交性可推出

$$b_k=\frac{1}{\pi}\int_{-\pi}^{\pi} f(x)\sin kx\mathrm{d}x.$$ □

从系数公式 (4) 知, 只要函数 $f(x)$ 在区间 $[-\pi,\pi]$ 上可积, 无论 $f(x)$ 是否可以展为可逐项积分的三角级数 (3), 都可以算出公式 (4) 中各系数 $a_0,a_n,b_n(n=1,2,\cdots)$, 称之为函数 $f(x)$ 的**傅里叶系数**. 由这些系数做成的三角级数

$$\frac{a_0}{2}+\sum_{n=1}^{\infty}(a_n\cos nx+b_n\sin nx)$$

称为函数 $f(x)$(诱导出) 的**傅里叶级数**, 记为

$$f(x)\sim\frac{a_0}{2}+\sum_{n=1}^{\infty}(a_n\cos nx+b_n\sin nx).$$

注意, $f(x)$ 的傅里叶级数不一定处处收敛, 即使收敛也未必收敛到 $f(x)$. 所以, 不能无条件的把符号 "∼" 换为 "=". 哪些函数的傅里叶级数收敛到它自己呢? 也就是说, 满足什么条件的函数可以展开为傅里叶级数呢? 下面仅叙述一个收敛定理, 希望能正确理解它的全部含义, 由于它的证明还需要较多的知识, 这里不予证明.

定理 8.14 (收敛的充分条件) 如果以 2π 为周期的函数 $f(x)$ 在区间 $[-\pi,\pi]$ 上满足**狄利克雷 (Dirichlet) 条件**:

1° 除有限个第一类间断点外, 处处连续;

2° 分段单调, 单调区间个数有限,

则 $f(x)$ 的傅里叶级数在区间 $[-\pi,\pi]$ 上处处收敛, 且

$$\frac{a_0}{2}+\sum_{n=1}^{\infty}(a_n\cos nx+b_n\sin nx)$$

$$
= \begin{cases} f(x), & x \text{ 是 } f(x) \text{ 的连续点}, \\ \dfrac{1}{2}[f(x^-)+f(x^+)], & x \text{ 是 } f(x) \text{ 的第一类间断点}, \\ \dfrac{1}{2}[f(-\pi^+)+f(\pi^-)], & x=\pm\pi. \end{cases}
$$

这个定理说明满足狄利克雷条件的函数的傅里叶级数, 在 $f(x)$ 的连续点处, 都收敛到 $f(x)$; 在间断点处, 收敛到左、右极限的算术平均值: 在端点 $x=\pm\pi$ 处, 收敛到左端点的右极限和右端点的左极限的算术平均值. 把函数展开为傅里叶级数的条件远比展开为幂级数的条件低.

顺便指出, 周期函数的三角级数展开是唯一的, 就是其傅里叶级数. 它的常数项 $\dfrac{a_0}{2}$, 就是函数在一个周期内的平均值.

例 1　设 $f(x)$ 是以 2π 为周期的函数, 且

$$
f(x)=\begin{cases} 1, & -\pi<x\leqslant 0. \\ x^3, & 0<x\leqslant\pi, \end{cases}
$$

其傅里叶级数的和函数记为 $S(x)$, 求 $S(0), S(1), S(\pi), S(2\pi)$.

解　由于 $f(x)$ 在区间 $[-\pi,\pi]$ 上满足狄利克雷条件, 可以将 $f(x)$ 展为傅里叶级数, 且

$$
S(0)=\frac{1}{2},\quad S(1)=1,
$$

$$
S(\pi)=\frac{\pi^3+1}{2},\quad S(2\pi)=S(0)=\frac{1}{2}.
$$

例 2　设 $f(x)$ 是以 2π 为周期的函数, 在区间 $[-\pi,\pi)$ 上的表达式为

$$
f(x)=\begin{cases} -1, & -\pi\leqslant x<0, \\ 1, & 0\leqslant x<\pi, \end{cases}
$$

求 $f(x)$ 的傅里叶级数.

解　首先计算傅里叶系数, 注意到 $f(x)$ 是奇函数,

$$
a_0=\frac{1}{\pi}\int_{-\pi}^{\pi} f(x)\mathrm{d}x=0,
$$

$$
a_n=\frac{1}{\pi}\int_{-\pi}^{\pi} f(x)\cos nx\mathrm{d}x=0\quad (n=1,2,\cdots),
$$

$$
b_n=\frac{1}{\pi}\int_{-\pi}^{\pi} f(x)\sin nx\mathrm{d}x
$$

$$= \frac{2}{\pi}\int_0^{\pi} \sin nx\mathrm{d}x = -\frac{2}{\pi}\left.\frac{\cos nx}{n}\right|_0^{\pi} = \frac{2}{n\pi}(1-\cos n\pi)$$
$$= \frac{2}{n\pi}[1-(-1)^n] = \begin{cases} \dfrac{4}{n\pi}, & n=1,3,5,\cdots, \\ 0, & n=2,4,6,\cdots, \end{cases}$$

故 $f(x)$ 的傅里叶级数为

$$f(x) \sim \frac{4}{\pi}\sum_{n=1}^{\infty}\frac{1}{2n-1}\sin(2n-1)x = \frac{4}{\pi}\left(\sin x + \frac{1}{3}\sin 3x + \frac{1}{5}\sin 5x + \cdots\right),$$

由于 $f(x)$ 满足狄利克雷条件, 所以由定理 8.14 得

$$f(x) \sim \frac{4}{\pi}\sum_{n=1}^{\infty}\frac{1}{2n-1}\sin(2n-1)x = \begin{cases} f(x), & x \neq k\pi, \\ 0, & x = k\pi, \end{cases}, k=0,\pm 1,\cdots,$$

图 8.3 中的一组图形, 说明这个级数是如何向 $f(x)$ 收敛的.

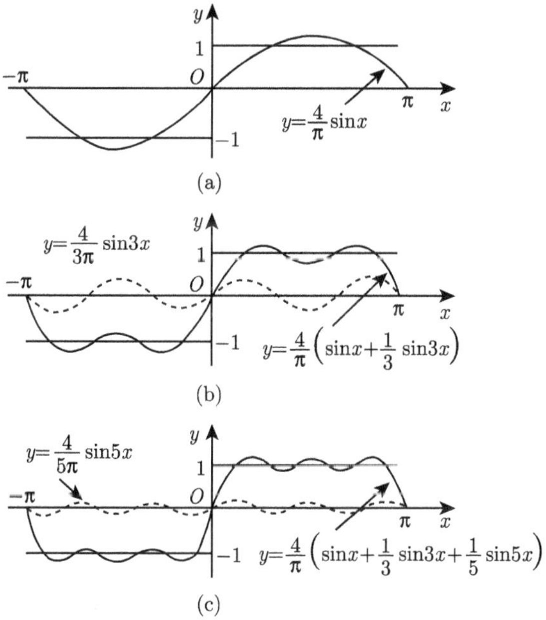

图 8.3

例 3 设 $f(x)$ 是以 2π 为周期的函数, 且

$$f(x) = \begin{cases} x, & -\pi < x \leqslant 0, \\ 0, & 0 < x \leqslant \pi, \end{cases}$$

求 $f(x)$ 的傅里叶级数 (图 8.4).

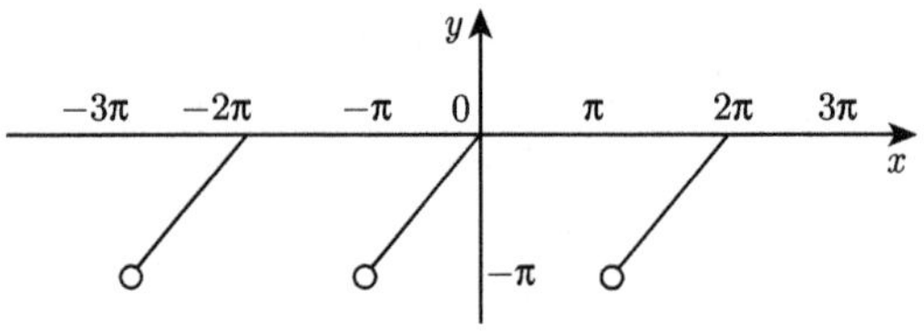

图 8.4

解　首先计算傅里叶系数

$$a_0 = \frac{1}{\pi}\int_{-\pi}^{\pi} f(x)\mathrm{d}x = \frac{1}{\pi}\int_{-\pi}^{0} x\mathrm{d}x = -\frac{\pi}{2},$$

$$\begin{aligned} a_n &= \frac{1}{\pi}\int_{-\pi}^{\pi} f(x)\cos nx\mathrm{d}x = \frac{1}{\pi}\int_{-\pi}^{0} x\cos nx\mathrm{d}x \\ &= \frac{1}{\pi}\left[\frac{x\sin nx}{n} + \frac{\cos nx}{n^2}\right]\Bigg|_{-\pi}^{0} = \frac{1}{n^2\pi}[1-(-1)^n] \\ &= \begin{cases} \dfrac{2}{n^2\pi}, & n = 1,3,5,\cdots, \\ 0, & n = 2,4,6,\cdots, \end{cases} \end{aligned}$$

$$\begin{aligned} b_n &= \frac{1}{\pi}\int_{-\pi}^{\pi} f(x)\sin nx\mathrm{d}x = \frac{1}{\pi}\int_{-\pi}^{0} x\sin nx\mathrm{d}x \\ &= \frac{1}{\pi}\left[-\frac{x\cos nx}{n} + \frac{\sin nx}{n^2}\right]\Bigg|_{-\pi}^{0} = \frac{(-1)^{n+1}}{n}. \end{aligned}$$

故 $f(x)$ 的傅里叶级数

$$\begin{aligned} f(x) &\sim -\frac{\pi}{4} + \sum_{n=1}^{\infty}\left\{\frac{1}{n^2\pi}[1-(-1)^n]\cos nx + \frac{(-1)^{n+1}}{n}\sin nx\right\} \\ &= -\frac{\pi}{4} + \frac{2}{\pi}\left(\cos x + \frac{1}{3^2}\cos 3x + \frac{1}{5^2}\cos 5x + \cdots\right) \\ &\quad + \left(\sin x - \frac{1}{2}\sin 2x + \frac{1}{3}\sin 3x - \cdots\right). \end{aligned}$$

由于 $f(x)$ 满足狄利克雷条件, 由定理 8.14 得

$$\begin{aligned} &-\frac{\pi}{4} + \sum_{n=1}^{\infty}\left\{\frac{1}{n^2\pi}[1-(-1)^n]\cos nx + \frac{(-1)^{n+1}}{n}\sin nx\right\} \\ =& \begin{cases} f(x), & x \neq (2k+1)\pi, \\ -\dfrac{\pi}{2}, & x = (2k+1)\pi, \end{cases} \quad k = 0, \pm 1, \cdots. \end{aligned}$$

8.7.3 正弦级数和余弦级数

由奇函数与偶函数的积分性质, 容易得到下面的结论.

(1) 当 $f(x)$ 是以 2π 为周期的奇函数时, 它的傅里叶系数

$$\begin{cases} a_n = 0, & n = 0, 1, 2, \cdots, \\ b_n = \dfrac{2}{\pi}\displaystyle\int_0^{\pi} f(x)\sin nx\mathrm{d}x, & n = 1, 2, \cdots, \end{cases} \tag{5}$$

此时, $f(x)$ 的傅里叶级数中只含有正弦项, 即

$$f(x) \sim \sum_{n=1}^{\infty} b_n \sin nx, \tag{6}$$

称之为**正弦级数**.

(2) 当 $f(x)$ 是以 2π 为周期的偶函数时, 它的傅里叶系数

$$\begin{cases} a_0 = \dfrac{2}{\pi}\displaystyle\int_0^{\pi} f(x)\mathrm{d}x, \\ a_n = \dfrac{2}{\pi}\displaystyle\int_0^{\pi} f(x)\cos nx\mathrm{d}x, & n = 1, 2, \cdots, \\ b_n = 0, \end{cases} \tag{7}$$

此时, $f(x)$ 的傅里叶级数中仅含余弦项和常数项, 即

$$f(x) \sim \frac{a_0}{2} + \sum_{n=1}^{\infty} a_n \cos nx, \tag{8}$$

称之为**余弦级数**.

将函数展开为傅里叶级数时, 先考察函数是否有奇偶性是有益的.

例 4 试将周期为 2π 的函数

$$f(x) = \begin{cases} -x, & -\pi \leqslant x < 0, \\ x, & 0 \leqslant x < \pi \end{cases}$$

展开为傅里叶级数.

解 函数的图形如图 8.5 所示, 是偶函数.

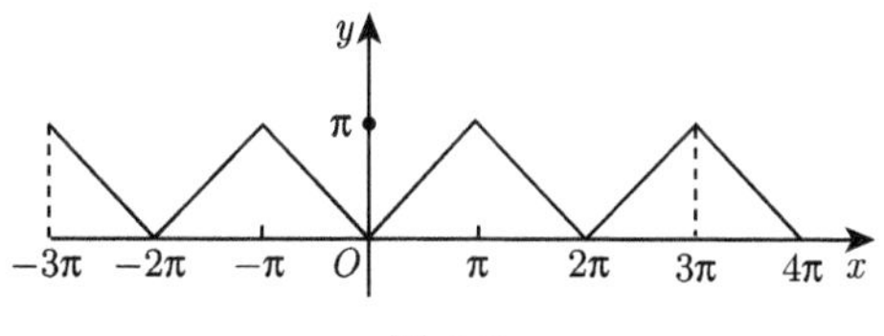

图 8.5

$$
\begin{aligned}
a_0 &= \frac{2}{\pi}\int_0^{\pi} f(x)\mathrm{d}x = \frac{2}{\pi}\int_0^{\pi} x\mathrm{d}x = \pi, \\
a_n &= \frac{2}{\pi}\int_0^{\pi} f(x)\cos nx\mathrm{d}x = \frac{2}{\pi}\int_0^{\pi} x\cos nx\mathrm{d}x \\
&= \frac{2}{\pi}\left[\frac{x\sin nx}{n} + \frac{\cos nx}{n^2}\right]\Bigg|_0^{\pi} = \frac{2}{n^2\pi}[(-1)^n - 1] \\
&= \begin{cases} -\dfrac{4}{n^2\pi}, & n = 1, 3, 5, \cdots, \\ 0, & n = 2, 4, 6, \cdots, \end{cases}
\end{aligned}
$$

由于 $f(x)$ 处处连续, 所以

$$
\begin{aligned}
f(x) &= \frac{\pi}{2} - \frac{4}{\pi}\sum_{n=1}^{\infty}\frac{1}{(2n-1)^2}\cos(2n-1)x \\
&= \frac{\pi}{2} - \frac{4}{\pi}\left(\cos x + \frac{1}{3^2}\cos 3x + \frac{1}{5^2}\cos 5x + \cdots\right), \quad x \in (-\infty, +\infty),
\end{aligned}
$$

利用这个展开式, 容易得到几个数项级数的结果, 令 $x = 0$, 得

$$
\frac{\pi^2}{8} = 1 + \frac{1}{3^2} + \frac{1}{5^2} + \cdots ,
$$

设

$$
\begin{aligned}
\sigma &= 1 + \frac{1}{2^2} + \frac{1}{3^2} + \frac{1}{4^2} + \cdots , \\
\sigma_1 &= 1 + \frac{1}{3^2} + \frac{1}{5^2} + \cdots = \frac{\pi^2}{8}, \\
\sigma_2 &= \frac{1}{2^2} + \frac{1}{4^2} + \frac{1}{6^2} + \cdots , \\
\sigma_3 &= 1 - \frac{1}{2^2} + \frac{1}{3^2} - \frac{1}{4^2} + \cdots ,
\end{aligned}
$$

因为 $\sigma_2 = \dfrac{\sigma}{4} = \dfrac{\sigma_1 + \sigma_2}{4}$, 所以

$$
\sigma_2 = \frac{\sigma_1}{3} = \frac{\pi^2}{24}, \quad \sigma = \sigma_1 + \sigma_2 = \frac{\pi^2}{6}, \quad \sigma_3 = \sigma_1 - \sigma_2 = \frac{\pi^2}{12}.
$$

8.7.4　以 $2l$ 为周期的函数的傅里叶级数

前面讨论以 2π 为周期的函数的傅里叶级数, 现在讨论一般的周期函数的傅里叶级数. 设 $f(x)$ 是以 $2l(l > 0)$ 为周期的周期函数. 作变换, 令

$$
t = \frac{\pi}{l}x,
$$

则当 x 在区间 $[-l,l]$ 上变化时, t 就在区间 $[-\pi,\pi]$ 上变化, 函数 $f(x)$ 变为以 2π 为周期的 t 的函数, 记

$$f(x)=f\left(\frac{l}{\pi}t\right)=g(t).$$

若 $f(x)$ 在区间 $[-l,l]$ 上可积, $g(t)$ 就在区间 $[-\pi,\pi]$ 上可积, 于是, $g(t)$ 有傅里叶级数

$$g(t)\sim\frac{a_0}{2}+\sum_{n=1}^{\infty}(a_n\cos nt+b_n\sin nt),$$

其傅里叶系数为

$$\begin{cases}a_0=\dfrac{1}{\pi}\displaystyle\int_{-\pi}^{\pi}g(t)\mathrm{dt},\\ a_n=\dfrac{1}{\pi}\displaystyle\int_{-\pi}^{\pi}g(t)\cos nt\mathrm{d}t, \qquad n=1,2,\cdots.\\ b_n=\dfrac{1}{\pi}\displaystyle\int_{-\pi}^{\pi}g(t)\sin nt\mathrm{d}t,\end{cases}$$

将 $t=\dfrac{\pi}{l}x$ 代入, 就得到以 $2l$ 为周期的函数 $f(x)$ 的傅里叶级数

$$f(x)\sim\frac{a_0}{2}+\sum_{n=1}^{\infty}\left(a_n\cos\frac{n\pi x}{l}+b_n\sin\frac{n\pi x}{l}\right) \tag{9}$$

和傅里叶系数

$$\begin{cases}a_0=\dfrac{1}{l}\displaystyle\int_{-l}^{l}f(x)\mathrm{d}x,\\ a_n=\dfrac{1}{l}\displaystyle\int_{-l}^{l}f(x)\cos\frac{n\pi x}{l}\mathrm{d}x, \qquad n=1,2,\cdots.\\ b_n=\dfrac{1}{l}\displaystyle\int_{-l}^{l}f(x)\sin\frac{n\pi x}{l}\mathrm{d}x,\end{cases} \tag{10}$$

当 $f(x)$ 在区间 $[-l,l]$ 上满足狄利克雷条件时, $f(x)$ 的傅里叶级数 (9), 在 $f(x)$ 的连续点处收敛于 $f(x)$, 间断点 x_0 处收敛于 $\dfrac{1}{2}[f(x_0^-)+f(x_0^+)]$; 在 $\pm l$ 处收敛于 $\dfrac{1}{2}[f(-l^+)+f(l^-)]$.

如果 $f(x)$ 是以 $2l$ 为周期的奇函数, 其傅里叶级数是正弦级数

$$f(x)\sim\sum_{n=1}^{\infty}b_n\sin\frac{n\pi x}{l}, \tag{11}$$

系数

$$b_n=\frac{2}{l}\int_0^l f(x)\sin\frac{n\pi x}{l}\mathrm{d}x,\quad n=1,2,\cdots. \tag{12}$$

如果 $f(x)$ 是以 $2l$ 为周期的偶函数, 其傅里叶级数是余弦级数

$$f(x) \sim \frac{a_0}{2} + \sum_{n=1}^{\infty} a_n \cos \frac{n\pi x}{l}, \tag{13}$$

系数

$$\begin{cases} a_0 = \dfrac{2}{l}\displaystyle\int_0^l f(x)\mathrm{d}x, \\ a_n = \dfrac{2}{l}\displaystyle\int_0^l f(x)\cos\dfrac{n\pi x}{l}\mathrm{d}x, \quad n = 1, 2, \cdots. \end{cases} \tag{14}$$

例 5 函数 $f(x)$ 的周期为 6, 且当 $-3 \leqslant x < 3$ 时, $f(x) = x$, 求 $f(x)$ 的傅里叶级数.

解 这里 $l = 3$, $f(x)$ 是奇函数, 所以 $a_n = 0, n = 0, 1, 2, \cdots$. 由公式 (12) 得

$$\begin{aligned} b_n &= \frac{2}{l}\int_0^l f(x)\sin\frac{n\pi x}{l}\mathrm{d}x = \frac{2}{3}\int_0^3 x\sin\frac{n\pi x}{3}\mathrm{d}x \\ &= -\frac{2}{n\pi}\left[x\cos\frac{n\pi x}{3} - \frac{3}{n\pi}\sin\frac{n\pi x}{3}\right]\Bigg|_0^3 = (-1)^{n+1}\frac{6}{n\pi}, \quad n = 1, 2, \cdots, \end{aligned}$$

又 $f(x)$ 满足狄利克雷条件, 故有

$$f(x) \sim \frac{6}{\pi}\left(\sin\frac{\pi x}{3} - \frac{1}{2}\sin\frac{2\pi x}{3} + \frac{1}{3}\sin\frac{3\pi x}{3} - \cdots\right) = \begin{cases} f(x), & x \neq 3(2k+1), \\ 0 & x = 3(2k+1), \end{cases}$$

$$k = 0, \pm 1, \cdots.$$

例 6 将周期为 1 的函数

$$f(x) = x^2, \quad 0 \leqslant x < 1$$

展开为傅里叶级数.

解 这里 $2l = 1$, 由周期函数积分的性质, 傅里叶系数公式 (10) 中的积分区间, 只要保持一个周期长的区间即可. 本题函数图形如图 8.6 所示. 故系数

$$\begin{aligned} a_0 &= \frac{1}{l}\int_0^{2l} f(x)\mathrm{d}x = 2\int_0^1 x^2\mathrm{d}x = \frac{2}{3}, \\ a_n &= \frac{1}{l}\int_0^{2l} f(x)\cos\frac{n\pi x}{l}\mathrm{d}x \\ &= 2\int_0^1 x^2\cos 2n\pi x\mathrm{d}x = \frac{1}{(n\pi)^2}, \\ b_n &= \frac{1}{l}\int_0^{2l} f(x)\sin\frac{n\pi x}{l}\mathrm{d}x \\ &= 2\int_0^1 x^2\sin 2n\pi x\mathrm{d}x = \frac{-1}{n\pi}, \quad n = 1, 2, \cdots, \end{aligned}$$

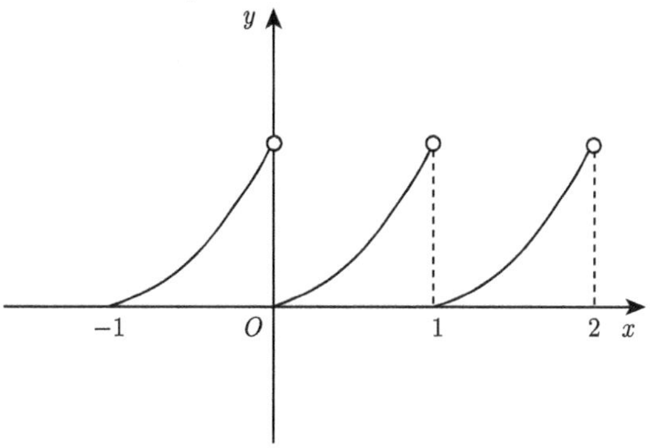

图 8.6

$f(x)$ 在区间 $[0,1]$ 上满足狄利克雷条件, 故有

$$f(x)=\frac{1}{3}+\sum_{n=1}^{\infty}\left(\frac{1}{(n\pi)^2}\cos 2n\pi x-\frac{1}{n\pi}\sin 2n\pi x\right),\quad x\notin \mathbf{Z}.$$

8.7.5 有限区间上的函数的傅里叶级数展开

对于定义在有限区间 $[a,b]$ 上的函数 $f(x)$, 只要在区间 $[a,b]$ 之外适当地补充函数的定义, 把它延拓为周期函数 $F(x)$, 则 $F(x)$ 的傅里叶级数限定 $x\in[a,b]$ 时, 就是 $f(x)$ 的傅里叶级数.

有限区间上定义的函数 (非周期的) 与周期函数的傅里叶展开也有不同之处, 就是怎样向区间外延拓函数, 确定周期都有很大的灵活性, 所以展开的傅里叶级数不唯一. 这使得有选择的余地, 一般视其方便和要求来确定. 如函数 $f(x)$ 定义在区间 $[0,l]$ 上, 并满足狄利克雷条件时, 可以把它展开为正弦级数, 也可展开为余弦级数. 根据不同的要求, 只需在区间 $[-l,0]$ 上补充函数定义时, 使延拓了的函数在 $[-l,l]$ 成为奇函数或偶函数, 再进行周期延拓即可.

例 7 将函数

$$f(x)=x+1,\quad 0\leqslant x\leqslant \pi$$

分别展开为正弦级数和余弦级数.

解 先求正弦级数, 将 $f(x)$ 补充定义使其在 $[-\pi,\pi]$ 为奇函数, 再进行周期延拓, 这时周期为 2π (图 8.7), 系数

$$\begin{aligned}b_n&=\frac{2}{\pi}\int_0^{\pi}(x+1)\sin nx\mathrm{d}x=\frac{2}{\pi}\left[-\frac{(x+1)\cos nx}{n}+\frac{\sin nx}{n^2}\right]\Bigg|_0^{\pi}\\&=\frac{2}{n\pi}[1-(\pi+1)\cos n\pi]=\frac{2}{n\pi}[1+(-1)^{n+1}(\pi+1)],\quad n=1,2,\cdots.\end{aligned}$$

由于 $f(x)$ 满足狄利克雷条件, 故有正弦级数

$$f(x)=\frac{2}{\pi}\left[(\pi+2)\sin x-\frac{\pi}{2}\sin 2x+\frac{1}{3}(\pi+2)\sin 3x-\frac{\pi}{4}\sin 4x+\cdots\right],\quad 0<x<\pi.$$

再求余弦级数, 将 $f(x)$ 补充定义使其在 $[-\pi,\pi]$ 为偶函数, 再进行周期延拓 (图 8.8), 可由例 4 的展开式加 1 得到

$$f(x)=1+\frac{\pi}{2}-\frac{4}{\pi}\left[\cos x+\frac{1}{3^2}\cos 3x+\frac{1}{5^2}\cos 5x+\cdots\right]=x+1,\quad 0\leqslant x\leqslant\pi.$$

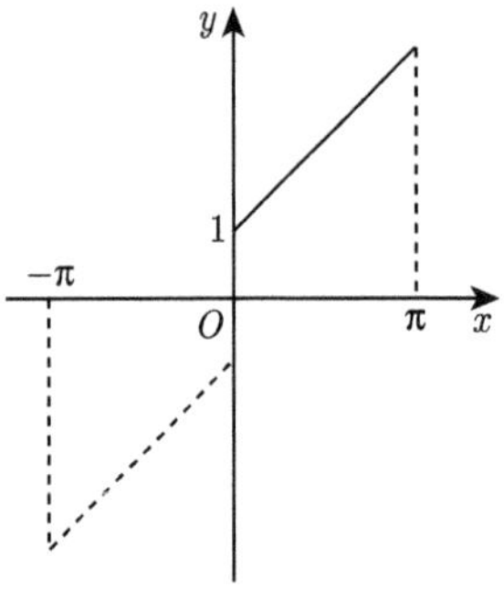

图 8.7

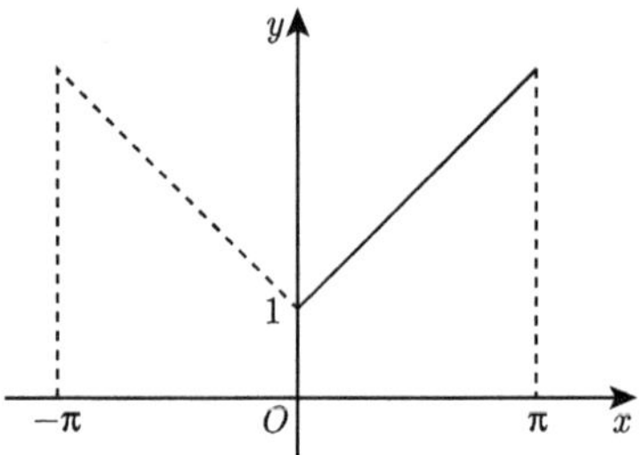

图 8.8

将区间 $[0,l]$ 上连续函数展开为余弦级数时, 级数在端点 $x=0,l$ 处收敛到原来函数, 正弦级数未必如此. 此外, 若将 $f(x)$ 的展开式加上常数 C, 就得到 $f(x)+C$ 的傅里叶展开式. 这种做法, 余弦级数还是余弦级数, 但正弦级数加非零常数后, 不再是正弦级数, 而是一般的傅里叶级数.

习 题 8.7

1. 将下列以 2π 为周期的函数 $f(x)$ 展开为傅里叶级数, 其中 $f(x)$ 在区间 $[-\pi,\pi)$ 上的表达式分别为

(1) $f(x)=1-x$;　　(2) $f(x)=e^x$;

(3) $f(x)=3x^2$;　　(4) $f(x)=2\sin\frac{x}{3}$;

(5) $f(x)=\begin{cases}x+2\pi, & -\pi\leqslant x<0,\\ x, & 0\leqslant x<\pi;\end{cases}$　　(6) $f(x)=\begin{cases}e^x, & -\pi\leqslant x<0,\\ 1, & 0\leqslant x<\pi.\end{cases}$

2. 设函数 $f(x)=\pi x+x^2(-\pi\leqslant x<\pi)$ 的傅里叶级数为

$$\frac{a_0}{2}+\sum_{n=1}^{\infty}(a_n\cos nx+b_n\sin nx),$$

求系数 b_3, 并说明常数 $\dfrac{a_0}{2}$ 的意义.

3. 设 $f(x)=\begin{cases} e^x-1, & -\pi\leqslant x<0, \\ e^x+1, & 0\leqslant x<\pi, \end{cases}$ $a_0, a_n(n=1,2,\cdots)$ 为 $f(x)$ 的傅里叶系数, 求数项级数 $\dfrac{a_0}{2}+\sum\limits_{n=1}^{\infty}a_n$ 的和.

4. 设 $f(x)$ 是以 2 为周期的函数, 它在区间 $(-1,1]$ 上的定义为

$$f(x)=\begin{cases} 2, & -1<x\leqslant 0, \\ x^3, & 0<x\leqslant 1, \end{cases}$$

那么 $f(x)$ 的傅里叶级数在 $x=0,\dfrac{1}{2},1$ 处各自的和分别为多少?

5. 将下列周期函数 $f(x)$ 展开为傅里叶级数, 其中 $f(x)$ 在一个周期的表达式分别为

(1) $f(x)=x^2-x, -2\leqslant x<2$;

(2) $f(x)=\begin{cases} 2x+1, & -3\leqslant x<0, \\ x, & 0\leqslant x<3, \end{cases}$

(3) $f(x)=\begin{cases} x, & 0\leqslant x<1, \\ 0, & 1\leqslant x\leqslant 2. \end{cases}$

6. 将区间 $[0,\pi]$ 上的下列函数 $f(x)$ 展为正弦级数.

(1) $f(x)=\pi-x$;

(2) $f(x)=\begin{cases} x, & 0\leqslant x<\dfrac{\pi}{2}, \\ \pi-x, & \dfrac{\pi}{2}\leqslant x\leqslant\pi. \end{cases}$

7. 将区间 $[0,\pi]$ 上的下列函数 $f(x)$ 展开为余弦级数.

(1) $f(x)=\cos\dfrac{x}{2}$;

(2) $f(x)=\begin{cases} 1, & 0\leqslant x<h, \\ 0, & h\leqslant x\leqslant\pi. \end{cases}$

8. 将函数

$$f(x)=\begin{cases} x, & 0\leqslant x\leqslant\dfrac{l}{2}, \\ l-x, & \dfrac{l}{2}<x\leqslant l \end{cases}$$

展开为正弦级数.

9. 将函数

$$f(x)=\begin{cases} \cos\dfrac{\pi x}{l}, & 0\leqslant x\leqslant\dfrac{l}{2}, \\ 0, & \dfrac{l}{2}<x<l \end{cases}$$

展开为余弦级数.

10. 将函数 $f(x)=x^2(0\leqslant x<2)$ 分别展开成正弦级数和余弦级数, 并指出它们在收敛性上的差别.

11. 如果 $f(x)$ 在 $[-\pi,\pi]$ 上满足狄利克雷条件, 证明

$$\lim_{n\to\infty}a_n=0,\quad \lim_{n\to\infty}b_n=0,$$

其中 a_n,b_n 是 $f(x)$ 的傅里叶系数.

8.8 例题选讲

例 1　已知级数 $\sum\limits_{n=1}^{\infty}(-1)^n a_n 2^n$ 收敛, 证明级数 $\sum\limits_{n=1}^{\infty}a_n$ 绝对收敛.

证明　方法一　由于级数 $\sum\limits_{n=1}^{\infty}(-1)^n a_n 2^n$ 收敛, 所以通项趋于零, 即有

$$\lim_{n\to\infty}(-1)^n a_n 2^n=0,$$

从而有

$$\lim_{n\to\infty}\frac{|a_n|}{\dfrac{1}{2^n}}=\lim_{n\to\infty}|a_n|\,2^n=0.$$

因为 $\sum\limits_{n=1}^{\infty}\dfrac{1}{2^n}$ 是收敛的等比级数, 由比较判别法的极限形式知, 级数 $\sum\limits_{n=1}^{\infty}|a_n|$ 收敛, 故 $\sum\limits_{n=1}^{\infty}a_n$ 绝对收敛.

方法二　由给定的条件知, 幂级数

$$\sum_{n=1}^{\infty}a_n x^n$$

在 $x=-2$ 处收敛. 由阿贝尔引理知, 此幂级数在区间 $(-2,2)$ 内处处绝对收敛. 特别地, 当 $x=1$ 时, 此幂级数化为级数 $\sum\limits_{n=1}^{\infty}a_n$, 也是绝对收敛的.

例 2　求数项级数 $\sum\limits_{n=0}^{\infty}\dfrac{2n+1}{n!}$ 的和.

解　方法一

$$\begin{aligned}\sum_{n=0}^{\infty}\frac{2n+1}{n!}&=2\sum_{n=0}^{\infty}\frac{n}{n!}+\sum_{n=0}^{\infty}\frac{1}{n!}\\&=2\sum_{n=1}^{\infty}\frac{1}{(n-1)!}+\sum_{n=0}^{\infty}\frac{1}{n!}=2\sum_{n=0}^{\infty}\frac{1}{n!}+\sum_{n=0}^{\infty}\frac{1}{n!}=3\sum_{n=0}^{\infty}\frac{1}{n!}=3\mathrm{e}.\end{aligned}$$

方法二 令

$$S(x)=\sum_{n=0}^{\infty}\frac{2n+1}{n!}x^{2n},$$

从 0 到 x 积分得

$$\int_0^x S(x)\mathrm{d}x=\sum_{n=0}^{\infty}\frac{1}{n!}x^{2n+1}=x\sum_{n=0}^{\infty}\frac{(x^2)^n}{n!}=x\mathrm{e}^{x^2},\quad |x|<+\infty,$$

故

$$S(x)=(x\mathrm{e}^{x^2})'=\mathrm{e}^{x^2}+2x^2\mathrm{e}^{x^2}=(1+2x^2)\mathrm{e}^{x^2},$$

令 $x=1$, 得

$$S(1)=\sum_{n=0}^{\infty}\frac{2n+1}{n!}=(1+2x^2)\mathrm{e}^{x^2}\Big|_{x=1}=3\mathrm{e}.$$

方法三 令

$$S(x)=\sum_{n=0}^{\infty}\frac{1}{n!}x^{2n+1}=x\sum_{n=0}^{\infty}\frac{x^{2n}}{n!}=x\mathrm{e}^{x^2},\quad |x|<+\infty,$$

则两边求导得

$$S'(x)=\sum_{n=0}^{\infty}\frac{2n+1}{n!}x^{2n}=(1+2x^2)\mathrm{e}^{x^2},\quad |x|<+\infty,$$

令 $x=1$, 得

$$S'(1)=\sum_{n=0}^{\infty}\frac{2n+1}{n!}=3\mathrm{e}.$$

例 3 设 $f(x)$ 在点 $x=0$ 的某邻域内具有二阶连续导数, 且 $\lim\limits_{x\to 0}\dfrac{f(x)}{x}=0$, 证明级数 $\sum\limits_{n=1}^{\infty}f\left(\dfrac{1}{n}\right)$ 绝对收敛.

证明 方法一 由题设 $\lim\limits_{x\to 0}\dfrac{f(x)}{x}=0$ 及一阶麦克劳林公式知

$$f(x)=\frac{1}{2}f''(\theta x)x^2\quad(0<\theta<1).$$

再由题设, $f''(x)$ 在 $x=0$ 的某邻域内连续, 因而 $f''(x)$ 在此邻域内闭区间上有界, 即存在 $M>0$, 使当 x 在此闭区间内时, 恒有 $|f''(x)|\leqslant M$, 于是, 当 x 很小时, 有 $f(x)\leqslant\dfrac{1}{2}Mx^2$. 取 $x=\dfrac{1}{n}$, 当 n 充分大时, 恒有

$$\left|f\left(\frac{1}{n}\right)\right|\leqslant\frac{M}{2}\frac{1}{n^2}.$$

由于 $\sum\limits_{n=1}^{\infty}\dfrac{1}{n^2}$ 是收敛的 $(P=2)$, 所以 $\sum\limits_{n=1}^{\infty}f\left(\dfrac{1}{n}\right)$ 是绝对收敛的.

方法二　由方法一前部分知 $f(0)=f'(0)=0$, 由洛必达法则得

$$\lim_{x\to 0}\frac{f(x)}{x^2}=\lim_{x\to 0}\frac{f'(x)}{2x}=\lim_{x\to 0}\frac{f''(x)}{2}=\frac{1}{2}f''(0),$$

令 $x=\dfrac{1}{n}$, 得

$$\lim_{n\to\infty}\frac{\left|f\left(\dfrac{1}{n}\right)\right|}{\dfrac{1}{n^2}}=\frac{1}{2}\left|f''(0)\right|,$$

故由比较判别法的极限形式知, $\sum\limits_{n=1}^{\infty}f\left(\dfrac{1}{n}\right)$ 是绝对收敛的.

例 4　求幂级数 $1+\dfrac{x^2}{2!}+\dfrac{x^4}{4!}+\dfrac{x^6}{6!}+\cdots$ 的和函数.

解　由于

$$\begin{aligned}\lim_{n\to\infty}\left|\frac{u_{n+1}(x)}{u_n(x)}\right|&=\lim_{n\to\infty}\left|\frac{x^{2(n+1)}}{[2(n+1)]!}\cdot\frac{(2n)!]}{x^{2n}}\right|\\&=\lim_{n\to\infty}\frac{\left|x^2\right|}{2(n+1)(2n+1)}=0,\quad -\infty<x<+\infty,\end{aligned}$$

由比值判别法知, 此幂级数收敛域为 $(-\infty,+\infty)$.

设和函数

$$S(x)=1+\frac{x^2}{2!}+\frac{x^4}{4!}+\frac{x^6}{6!}+\cdots,\quad -\infty<x<+\infty,$$

则

$$S'(x)=x+\frac{x^3}{3!}+\frac{x^5}{5!}+\cdots,\quad -\infty<x<+\infty,$$

于是有

$$S'(x)+S(x)=1+x+\frac{x^2}{2!}+\frac{x^3}{3!}+\frac{x^4}{4!}+\cdots=\mathrm{e}^x,\quad -\infty<x<+\infty.$$

由此可见, 这个和函数是如下初值问题的解: $\begin{cases}S'(x)+S(x)=\mathrm{e}^x,\\S(0)=1,\end{cases}$ 解得

$$S(x)=\frac{1}{2}(\mathrm{e}^x+\mathrm{e}^{-x}),\quad -\infty<x<+\infty.$$

例 5　确定函数项级数 $\sum\limits_{n=1}^{\infty}\dfrac{(n+x)^n}{n^{n+x}}$ 的收敛域.

解 对任意固定的 x, 当 n 充分大时, 有 $u_n(x)=\dfrac{(n+x)^n}{n^{n+x}}>0$, 且

$$u_n(x)=\frac{(n+x)^n}{n^{n+x}}=\frac{1}{n^x}\left(1+\frac{x}{n}\right)^n,$$

于是

$$\lim_{n\to\infty}\frac{u_n(x)}{\dfrac{1}{n^x}}=\lim_{n\to\infty}\left(1+\frac{x}{n}\right)^n=\mathrm{e}^x.$$

而级数 $\sum\limits_{n=1}^{\infty}\dfrac{1}{n^x}$ 是 $P=x$ 的 P-级数, 所以当 $x>1$ 时级数收敛; 当 $x\leqslant 1$ 时级数发散. 据此, 由比较判别法的极限形式知, 级数 $\sum\limits_{n=1}^{\infty}\dfrac{(n+x)^n}{n^{n+x}}$ 的收敛域为 $x>1$.

例 6 将函数 $f(x)=\dfrac{1}{4}\ln\dfrac{1+x}{1-x}+\dfrac{1}{2}\arctan x-x$ 展开为 x 的幂级数.

解 由于

$$\begin{aligned}f'(x)&=\frac{1}{4}\left(\frac{1}{1+x}+\frac{1}{1-x}\right)+\frac{1}{2}\frac{1}{1+x^2}-1\\&=\frac{1}{1-x^4}-1=\sum_{n=0}^{\infty}x^{4n}-1=\sum_{n=1}^{\infty}x^{4n},\quad -1<x<1,\end{aligned}$$

所以将上式两端从 0 到 x 进行积分, 并注意 $f(0)=0$, 得

$$f(x)=\int_0^x\sum_{n=1}^{\infty}x^{4n}\mathrm{d}x=\sum_{n=1}^{\infty}\frac{1}{4n+1}x^{4n+1},\quad -1<x<1.$$

例 7 证明在区间 $[-\pi,\pi]$ 上有恒等式

$$\sum_{n=1}^{\infty}\frac{(-1)^{n-1}}{n^2}\cos nx=\frac{\pi^2}{12}-\frac{x^2}{4},$$

并求级数 $\sum\limits_{n=1}^{\infty}\dfrac{(-1)^{n-1}}{n^2}$ 的和.

证明 将 x^2 在区间 $[-\pi,\pi]$ 上展开成傅里叶级数, 由于 x^2 为偶函数, 故

$$b_n=0,$$

$$a_0=\frac{2}{\pi}\int_0^{\pi}x^2\mathrm{d}x=\frac{2}{\pi}\frac{x^3}{3}\bigg|_0^{\pi}=\frac{2}{3}\pi^2,$$

$$a_n=\frac{2}{\pi}\int_0^{\pi}x^2\cos nx\mathrm{d}x=(-1)^n\frac{4}{n^2},\quad n=1,2,\cdots,$$

于是得到

$$x^2 = \frac{1}{3}\pi^2 + 4\sum_{n=1}^{\infty}\frac{(-1)^{n-1}}{n^2}\cos nx, \quad -\pi \leqslant x \leqslant \pi,$$

即

$$\sum_{n=1}^{\infty}\frac{(-1)^{n-1}}{n^2}\cos nx = \frac{\pi^2}{12} - \frac{x^2}{4},$$

在上式中, 令 $x=0$, 得

$$\sum_{n=1}^{\infty}\frac{(-1)^{n-1}}{n^2} = \frac{\pi^2}{12}.$$

例 8 将 $f(x)=\operatorname{sgn}(\cos x)$ 展开为傅里叶级数.

解 因为 $\cos x$ 是以 2π 为周期的偶函数, 所以 $f(x)$ 也是以 2π 为周期的偶函数, 可展开为余弦级数. 系数

$$a_0 = \frac{2}{\pi}\int_0^{\pi} f(x)\mathrm{d}x = \frac{2}{\pi}\left(\int_0^{\frac{\pi}{2}} 1\mathrm{d}x + \int_{\frac{\pi}{2}}^{\pi}(-1)\mathrm{d}x\right) = 0,$$

$$\begin{aligned} a_n &= \frac{2}{\pi}\int_0^{\pi} f(x)\cos nx\mathrm{d}x = \frac{2}{\pi}\left(\int_0^{\frac{\pi}{2}}\cos nx\mathrm{d}x + \int_{\frac{\pi}{2}}^{\pi}(-1)\cos nx\mathrm{d}x\right) \\ &= \frac{4}{n\pi}\sin\frac{n\pi}{2} = \begin{cases} 0, & n=2k, \\ (-1)^{k-1}\dfrac{4}{(2k-1)\pi}, & n=2k-1, \end{cases} \end{aligned}$$

于是有

$$\operatorname{sgn}(\cos x) = \frac{4}{\pi}\sum_{n=1}^{\infty}\frac{(-1)^{n-1}}{2n-1}\cos(2n-1)x, \quad -\pi \leqslant x \leqslant \pi.$$

习 题 8.8

1. 已知级数 $\sum_{n=1}^{\infty}(-1)^{n-1}a_n = 2$, $\sum_{n=1}^{\infty}a_{2n-1} = 5$, 求级数 $\sum_{n=1}^{\infty}a_n$ 的和.

2. 已知 $\sum_{n=1}^{\infty}\frac{1}{(2n-1)^2} = \frac{\pi^2}{8}$, 求 $P=2$ 时的 P-级数 $\sum_{n=1}^{\infty}\frac{1}{n^2}$ 的和.

3. 判别级数 $\sum_{n=1}^{\infty}(-1)^{n+1}\left[\mathrm{e} - \left(1+\frac{1}{n}\right)^n\right]$ 是否收敛, 如果收敛, 要指明是条件收敛还是绝对收敛.

4. 设 $a>0$, 讨论级数 $\sum_{n=1}^{\infty}\frac{a^{\frac{n(n+1)}{2}}}{(1+a^0)(1+a^1)(1+a^2)\cdots(1+a^{n-1})}$ 的敛散性.

5. 讨论级数 $\sum_{n=1}^{\infty}\frac{(-1)^{n+1}}{\sqrt{n^{2k}+1}}$ 的敛散性, 其中 k 为实数.

6. 求极限

$$\lim_{n\to\infty}\frac{1+\frac{\pi^4}{5!}+\frac{\pi^8}{9!}+\cdots+\frac{\pi^{4(n-1)}}{(4n-3)!}}{\frac{1}{3!}+\frac{\pi^4}{7!}+\frac{\pi^8}{11!}+\cdots+\frac{\pi^{4(n-1)}}{(4n-1)!}}.$$

7. 求下列幂级数的收敛半径及收敛域.

(1) $\sum_{n=1}^{\infty}\frac{4^{2n-1}}{n\sqrt{n}}(x-2)^{2n-1}$; (2) $\sum_{n=1}^{\infty}8^n(2x-1)^{3n+1}$.

8. 求级数 $\sum_{n=1}^{\infty}\frac{x^n}{(1+x)(1+x^2)\cdots(1+x^n)}$ 的收敛域.

9. 若幂级数 $\sum_{n=0}^{\infty}a_n(x-x_0)^n$ $(x_0\neq 0)$ 在 $x=0$ 处收敛, 在 $x=2x_0$ 处发散, 指出此幂级数的收敛半径 R 和收敛域, 并说明理由.

10. 设 $f(x)=\begin{cases}\frac{1+x^2}{x}\arctan x, & x\neq 0,\\ 1, & x=0,\end{cases}$ 将 $f(x)$ 展开为 x 的幂级数, 并求 $\sum_{n=1}^{\infty}\frac{(-1)^n}{1-4n^2}$ 的和.

11. 设 $f(x)$ 是以 2π 为周期的连续函数, a_n,b_n 是其傅里叶系数, 求函数

$$F(x)=\frac{1}{\pi}\int_{-\pi}^{\pi}f(t)f(x+t)\mathrm{d}t$$

的傅里叶系数 A_n,B_n, 并证明

$$\frac{1}{\pi}\int_{-\pi}^{\pi}f^2(t)\mathrm{d}t=\frac{a_0^2}{2}+\sum_{n=1}^{\infty}(a_n^2+b_n^2).$$

12. 已知函数 $f(x)=\frac{\pi}{2}\cdot\frac{\mathrm{e}^x+\mathrm{e}^{-x}}{\mathrm{e}^{\pi}-\mathrm{e}^{-\pi}}$.

(1) 求 $f(x)$ 在 $[-\pi,\pi]$ 上的傅里叶级数; (2) 求级数 $\sum_{n=1}^{\infty}\frac{(-1)^n}{1+4n^2}$ 的和.

13. 将函数 $f(x)=\arcsin(\sin x)$ 展为傅里叶级数.

14. 已知周期为 2π 的可积函数 $f(x)$ 的傅里叶系数为 a_n,b_n, 试计算“平移”了的函数 $f(x+h)$(h 为常数) 的傅里叶系数 $\overline{a}_n,\overline{b}_n,n=0,1,2,\cdots$.

15. 证明级数

$$\arctan\frac{1}{2}+\arctan\frac{1}{8}+\cdots+\arctan\frac{1}{2n^2}+\cdots$$

是收敛的, 并求其和 S.

第 9 章　空间解析几何

9.1　几何向量的概念及其线性运算

9.1.1　向量的概念

既有大小, 又有方向的量称为**向量**或**矢量**. 向量可以用来描述速度、加速度、力等. 向量有两个特征 —— 大小和方向, 几何中的有向线段恰好具有这两个特征, 因此用几何中的有向线段表示向量 (图 9.1), 并称这样的向量为几何向量 (简称向量). 有向线段的长度表示向量的大小, 有向线段的方向表示向量的方向. 以 A 为起点, B 为终点的有向线段所表示的向量记为 $\overrightarrow{AB}$, 有时也用黑体字母表示, 如 $\boldsymbol{a}$ (也可记成 $\vec{a}$). 向量的大小也称为向量的长度 (或向量的模), 记作 $\left|\overrightarrow{AB}\right|$, $|\vec{a}|$ 或 $|\boldsymbol{a}|$. 模为 1 的向量称为**单位向量**. 起点与终点重合的向量称为**零向量**, 通常记作 $\vec{0}$ 或 $\mathbf{0}$, 其长度为 0, 零向量的方向是任意的.

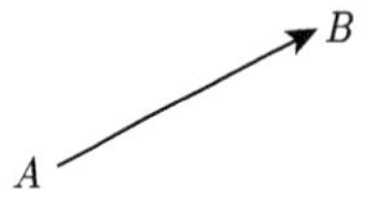

图 9.1

在实际问题中, 有些向量与起点有关, 有些向量与起点无关, 称与起点无关的向量为**自由向量** (简称向量). 本书不特殊说明, 所研究的向量都指自由向量.

如果两个向量 $\boldsymbol{a}$ 与 $\boldsymbol{b}$ 的大小相等, 且方向相同, 则称向量 $\boldsymbol{a}$ 与 $\boldsymbol{b}$ 相等, 记为 $\boldsymbol{a}=\boldsymbol{b}$. 这就是说, 经过平行移动后能完全重合的向量是相等的.

如果两个向量 $\boldsymbol{a}$ 与 $\boldsymbol{b}$ 方向相同或相反, 则称这两个向量平行, 记为 $\boldsymbol{a} \,//\, \boldsymbol{b}$. 零向量与任一向量都平行.

当两个平行向量的起点放在同一点时, 它们的终点和公共起点都在同一直线上, 称这两个向量共线.

当把 $k(k \geqslant 2)$ 个向量的起点放在同一点时, 如果这 k 个向量的终点和它们共同的起点都在同一平面上, 则称这 k 个向量共面. 显然, 任何两个几何向量都共面.

9.1.2　向量的线性运算

1) 向量的加法

设有向量 $\boldsymbol{a}$ 与 $\boldsymbol{b}$, 任取一点 A, 作 $\overrightarrow{AB}=\boldsymbol{a}$, 再以 B 为起点, 作 $\overrightarrow{BC}=\boldsymbol{b}$, 连接 AC, 则 $\overrightarrow{AC}=\boldsymbol{c}$ 称为 $\boldsymbol{a}$ 与 $\boldsymbol{b}$ 的和, 记作 $\boldsymbol{c}=\boldsymbol{a}+\boldsymbol{b}$. 向量的加法遵循平行四边形法则或三角形法则 (图 9.2).

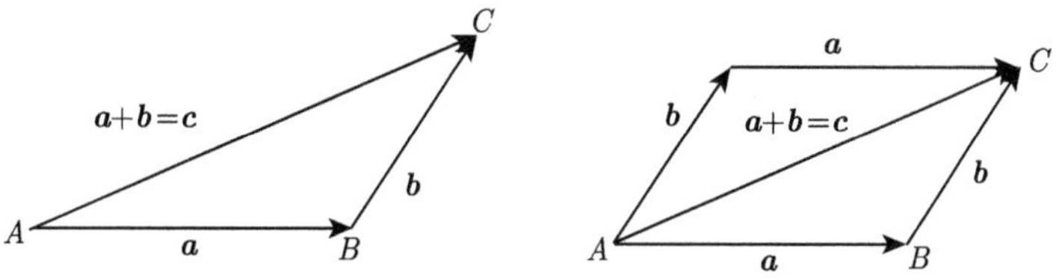

(a) 三角形法则 (b) 平行四边形法则

图 9.2

向量加法的运算规律:

(1) 交换律: $\boldsymbol{a}+\boldsymbol{b}=\boldsymbol{b}+\boldsymbol{a}$;

(2) 结合律: $(\boldsymbol{a}+\boldsymbol{b})+\boldsymbol{c}=\boldsymbol{a}+(\boldsymbol{b}+\boldsymbol{c})$;

(3) $\boldsymbol{a}+\boldsymbol{0}=\boldsymbol{a}$.

推广: 任意有限个向量 $\boldsymbol{a}_1,\boldsymbol{a}_2,\cdots,\boldsymbol{a}_n$ 的和可记为 $\boldsymbol{s}=\boldsymbol{a}_1+\boldsymbol{a}_2+\cdots+\boldsymbol{a}_n$. 如图 9.3, 由向量的三角形法则推广到多边形法则.

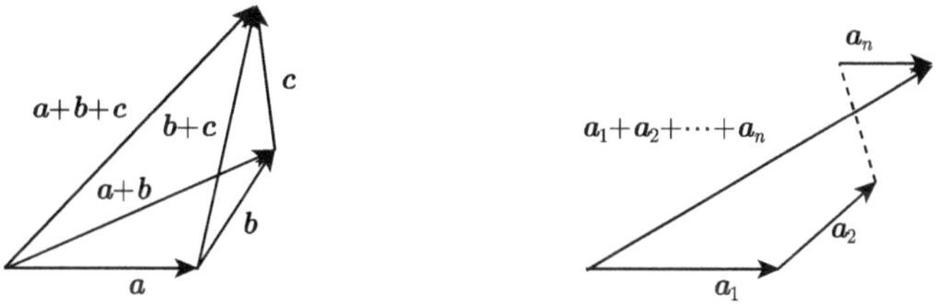

(a) 结合律示意图 (b) $\boldsymbol{s}=\boldsymbol{a}_1+\boldsymbol{a}_2+\cdots+\boldsymbol{a}_n$ 示意图

图 9.3

2) 向量的减法

与 $\boldsymbol{a}$ 的模相同, 方向相反的向量称为向量 $\boldsymbol{a}$ 的负向量, 记作 $-\boldsymbol{a}$.

规定 $\boldsymbol{a}-\boldsymbol{b}=\boldsymbol{a}+(-\boldsymbol{b})$, 称为 $\boldsymbol{a}$ 与 $\boldsymbol{b}$ 的差 (图 9.4).

向量的加法还满足

$$\boldsymbol{a}+(-\boldsymbol{a})=\boldsymbol{0}.$$

对任意的向量 $\boldsymbol{a}$ 与 $\boldsymbol{b}$, 它们满足如下的三角形原理

$$|\boldsymbol{a}+\boldsymbol{b}|\leqslant|\boldsymbol{a}|+|\boldsymbol{b}|;\quad |\boldsymbol{a}-\boldsymbol{b}|\leqslant|\boldsymbol{a}|+|\boldsymbol{b}|.$$

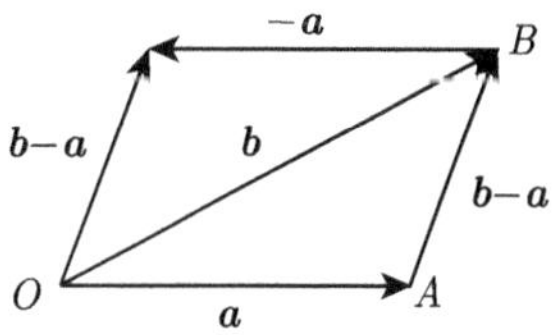

图 9.4

3) 向量与数的乘法

非零向量 $\boldsymbol{a}$ 与实数 λ 的乘积记作 $\lambda\boldsymbol{a}$, 规定 $\lambda\boldsymbol{a}$ 是一个向量, 其模为: $|\lambda\boldsymbol{a}|=|\lambda|\,|\boldsymbol{a}|$, 其方向为: 当 $\lambda>0$ 时, 与 $\boldsymbol{a}$ 方向相同; 当 $\lambda<0$ 时, 与 $\boldsymbol{a}$ 方向相反; 当 $\lambda=0$ 时, $\lambda\boldsymbol{a}=\boldsymbol{0}$, 方向任意.

若 $\boldsymbol{a}=\boldsymbol{0}$, 对任意实数 λ, 规定 $\lambda\boldsymbol{a}=\boldsymbol{0}$.

数乘运算规律:

(1) $1\boldsymbol{a}=\boldsymbol{a}$, $(-1)\boldsymbol{a}=-\boldsymbol{a}$;

(2) $\lambda(\mu\boldsymbol{a})=\mu(\lambda\boldsymbol{a})=(\lambda\mu)\boldsymbol{a}$;

(3) $(\lambda+\mu)\boldsymbol{a}=\lambda\boldsymbol{a}+\mu\boldsymbol{a}$;

(4) $\lambda(\boldsymbol{a}+\boldsymbol{b})=\lambda\boldsymbol{a}+\lambda\boldsymbol{b}$.

显然, 只要 $\boldsymbol{a}$ 不是零向量, $\dfrac{\boldsymbol{a}}{|\boldsymbol{a}|}$ 就是与 $\boldsymbol{a}$ 同方向的单位向量, 记作 $\boldsymbol{a}^0$, 于是有

$$\boldsymbol{a}=|\boldsymbol{a}|\,\boldsymbol{a}^0.$$

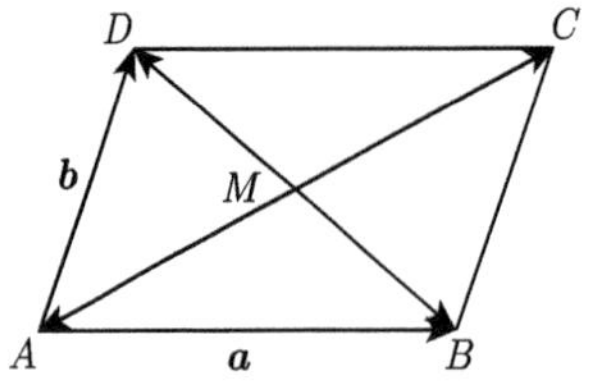

图 9.5

由数乘的定义可知, $\boldsymbol{a}$ 与 $\boldsymbol{b}$ 平行的充要条件是存在非零常数 λ, 使得 $\boldsymbol{b}=\lambda\boldsymbol{a}$ 或 $\boldsymbol{a}=\lambda\boldsymbol{b}$.

例 1　在平行四边形 $ABCD$ 中 (图 9.5), 设 $\overrightarrow{AB}=\boldsymbol{a}$, $\overrightarrow{AD}=\boldsymbol{b}$, 试用 $\boldsymbol{a}$ 和 $\boldsymbol{b}$ 分别表示向量 $\overrightarrow{MA}$, $\overrightarrow{MB}$, $\overrightarrow{MC}$, $\overrightarrow{MD}$, 这里 M 是平行四边形对角线的交点.

解

$$\overrightarrow{MA}=-\frac{1}{2}\overrightarrow{AC}=-\frac{\boldsymbol{a}+\boldsymbol{b}}{2};\quad \overrightarrow{MC}=-\overrightarrow{MA}=\frac{\boldsymbol{a}+\boldsymbol{b}}{2};$$
$$\overrightarrow{MB}=\frac{1}{2}\overrightarrow{DB}=\frac{\boldsymbol{a}-\boldsymbol{b}}{2};\quad \overrightarrow{MD}=-\overrightarrow{MB}=-\frac{\boldsymbol{a}-\boldsymbol{b}}{2}.$$

习　题　9.1

1. 设 $\boldsymbol{u}=\boldsymbol{a}+\boldsymbol{b}-3\boldsymbol{c}$, $\boldsymbol{v}=\boldsymbol{a}-3\boldsymbol{b}-\boldsymbol{c}$, 用向量 $\boldsymbol{a},\boldsymbol{b},\boldsymbol{c}$ 表示向量 $2\boldsymbol{u}-3\boldsymbol{v}$.

2. 如果平面上一个四边形的对角线互相平分, 试用向量证明它是平行四边形.

3. 把 $\triangle ABC$ 的 BC 边五等分, 设分点依次为 D_1, D_2, D_3, D_4, 再把各分点与点 A 连接. 试以 $\overrightarrow{AB}=\boldsymbol{b}$, $\overrightarrow{BC}=\boldsymbol{a}$ 表示向量 $\overrightarrow{D_1A}$, $\overrightarrow{D_2A}$, $\overrightarrow{D_3A}$, $\overrightarrow{D_4A}$.

4. 设 M 为 $\triangle ABC$ 的重心, 试证对于任一点 O, 有 $\overrightarrow{OM}=\dfrac{1}{3}(\overrightarrow{OA}+\overrightarrow{OB}+\overrightarrow{OC})$.

5. 试证空间四边形相邻各边中点的连线构成平行四边形.

6. 已知三角形 ABC 中, 点 D, E, F 分别是边 BC, CA, AB 的中点, 试证 $\overrightarrow{AD}+\overrightarrow{BE}+\overrightarrow{CF}=\boldsymbol{0}$.

9.2　点的坐标与向量的坐标

9.2.1　空间直角坐标系

过空间内 O 点作三条两两垂直的数轴 Ox, Oy, Oz. 点 O 称为坐标原点, Ox, Oy, Oz 称为 x 轴 (横轴)、y 轴 (纵轴) 和 z 轴 (竖轴). 一般地, 取从后向前, 从左向右,

从下向上的方向作为 x 轴、y 轴、z 轴的正方向 (图 9.6). Ox,Oy,Oz 统称为坐标轴. 它们构成一个空间直角坐标系, 称为 $Oxyz$ 坐标系.

图 9.6 表示的空间直角坐标系也可以用右手来确定. 用右手握住 z 轴, 当右手的四个手指从 x 轴正向以 $90°$ 的角度转向 y 轴的正向时, 大拇指的指向就是 z 轴的正向.

由两个坐标轴所确定的平面称为坐标平面, 简称坐标面. x 轴、y 轴、z 轴可以确定 xOy,yOz,zOx 三个坐标面. 这三个坐标面可以把空间分成八个部分, 每个部分称为一个卦限. 其中 xOy 坐标面之上, yOz 坐标面之前, xOz 坐标面之右的卦限称为第一卦限. 按逆时针方向依次标记 xOy 坐标面上的其他三个卦限为第二卦限、第三卦限、第四卦限. 在 xOy 坐标面下面的四个卦限中, 位于第一卦限下面的卦限称为第五卦限, 按逆时针方向依次确定其他三个卦限为第六卦限、第七卦限、第八卦限 (图 9.7).

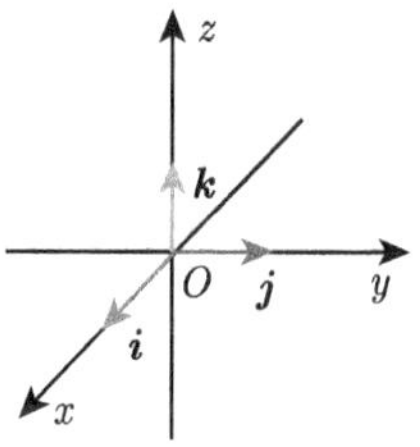

(a)

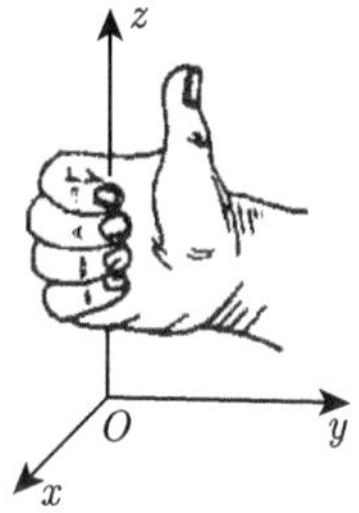

(b)

图 9.6

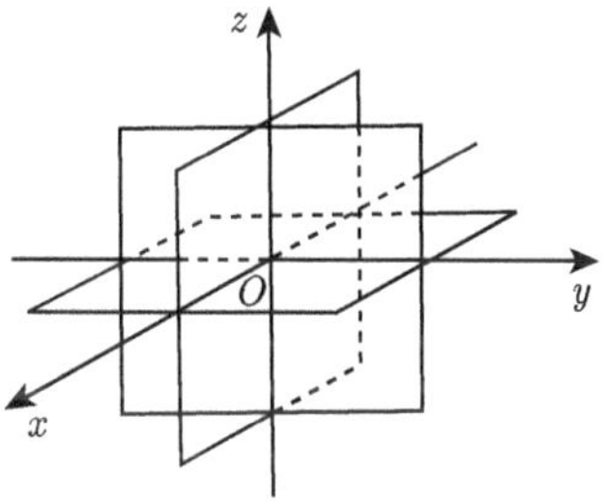

图 9.7

已知 M 为空间一点. 过点 M 作三个平面分别垂直于 x 轴、y 轴和 z 轴, 它们与 x 轴、y 轴、z 轴的交点分别为 P, Q, R (图 9.8), 这三点在 x 轴、y 轴、z 轴上的坐标分别为 x, y, z. 于是空间的一点 M 就唯一确定了一个有序数组 x, y, z. 这组数 x, y, z 就叫做点 M 的坐标, 并依次称 x, y, z 为点 M 的横坐标、纵坐标和竖坐标. 坐标为 x, y, z 的点 M 通常记为 $M(x,y,z)$.

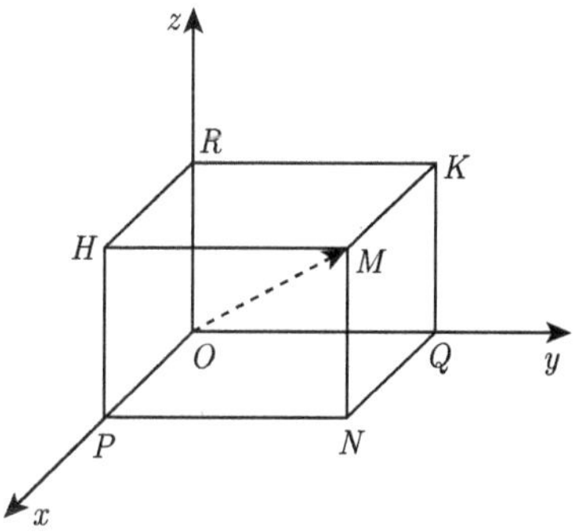

图 9.8

反过来, 有一个序数组 x, y, z, 我们在 x 轴上取坐标为 x 的点 P, 在 y 轴上取坐标为 y 的点 Q, 在 z 轴上取坐标为 z 的点 R, 然后通过 P, Q 与 R 分别作 x 轴、y 轴与 z 轴的垂直平面. 这三个垂直平面的交点 M 即为以有序数组 x, y, z 为坐标的点. 通过这样的方法在空间直角坐标系内建立了空间

的点 M 和有序数组 x, y, z 之间的一一对应关系.

对于坐标系 $Oxyz$ 内任一点 $M(x,y,z)$, 称向量 $\boldsymbol{x}=\overrightarrow{OM}$ 为点 M 关于原点 O 的向径.

如图 9.8 所示, 则

$$\boldsymbol{x}=\overrightarrow{OM}=\overrightarrow{OP}+\overrightarrow{PN}+\overrightarrow{NM}=\overrightarrow{OP}+\overrightarrow{OQ}+\overrightarrow{OR}.$$

设与 x 轴、y 轴、z 轴正向同向的单位向量为 $\boldsymbol{i},\boldsymbol{j},\boldsymbol{k}$, 令 $\overrightarrow{OP}=x\boldsymbol{i}$; $\overrightarrow{OQ}=y\boldsymbol{j}$; $\overrightarrow{OR}=z\boldsymbol{k}$, 则有 $\boldsymbol{x}=\overrightarrow{OM}=x\boldsymbol{i}+y\boldsymbol{j}+z\boldsymbol{k}$.

若

$$\boldsymbol{x}=x\boldsymbol{i}+y\boldsymbol{j}+z\boldsymbol{k}, \tag{1}$$

则向量 $\boldsymbol{x}$ 也可写成

$$\boldsymbol{x}=(x,y,z), \tag{2}$$

即

$$x\boldsymbol{i}+y\boldsymbol{j}+z\boldsymbol{k}=(x,y,z), \tag{3}$$

称 (1) 式为 x 的坐标分解式, (2) 式为 $\boldsymbol{x}$ 的坐标表示式. 坐标 x,y,z 又称向量 $\boldsymbol{x}$ 在三个坐标轴上的分量, 而 $x\boldsymbol{i},y\boldsymbol{j},z\boldsymbol{k}$ 称为向量 $\boldsymbol{x}$ 在三个坐标轴上的分向量.

9.2.2 利用坐标作向量的线性运算

设 $\boldsymbol{a}=(a_x,a_y,a_z)$, $\boldsymbol{b}=(b_x,b_y,b_z)$, 即 $\boldsymbol{a}=a_x\boldsymbol{i}+a_y\boldsymbol{j}+a_z\boldsymbol{k}$, $\boldsymbol{b}=b_x\boldsymbol{i}+b_y\boldsymbol{j}+b_z\boldsymbol{k}$, 利用向量加法的交换律与结合律, 以及向量和数的乘法结合律与分配律, 有

$$\boldsymbol{a}+\boldsymbol{b}=(a_x+b_x)\boldsymbol{i}+(a_y+b_y)\boldsymbol{j}+(a_z+b_z)\boldsymbol{k},$$

$$\boldsymbol{a}-\boldsymbol{b}=(a_x-b_x)\boldsymbol{i}+(a_y-b_y)\boldsymbol{j}+(a_z-b_z)\boldsymbol{k},$$

$$\lambda\boldsymbol{a}=(\lambda a_x)\boldsymbol{i}+(\lambda a_y)\boldsymbol{j}+(\lambda a_z)\boldsymbol{k},\quad \lambda\text{ 为一实数},$$

即

$$\boldsymbol{a}+\boldsymbol{b}=(a_x+b_x,a_y+b_y,a_z+b_z),$$

$$\boldsymbol{a}-\boldsymbol{b}=(a_x-b_x,a_y-b_y,a_z-b_z),$$

$$\lambda\boldsymbol{a}=(\lambda a_x,\lambda a_y,\lambda a_z).$$

由向量平行的充分必要条件, 则有

$$\boldsymbol{b}/\!/\boldsymbol{a}\Leftrightarrow\boldsymbol{b}=\lambda\boldsymbol{a}\Leftrightarrow(b_x,b_y,b_z)=\lambda(a_x,a_y,a_z)\Leftrightarrow\frac{b_x}{a_x}=\frac{b_y}{a_y}=\frac{b_z}{a_z},$$

也就是说, $\boldsymbol{a},\boldsymbol{b}$ 对应的坐标成比例.

例 1 设点 M_1 的坐标为 (x_1,y_1,z_1), 点 M_2 的坐标为 (x_2,y_2,z_2), 求向量 $\overrightarrow{M_1M_2}$ 的坐标表达式.

解 由于 $\overrightarrow{M_1M_2}=\overrightarrow{OM_2}-\overrightarrow{OM_1}$, 而 $\overrightarrow{OM_2}=(x_2,y_2,z_2)$, $\overrightarrow{OM_1}=(x_1,y_1,z_1)$, 故

$$\overrightarrow{M_1M_2}=(x_2,y_2,z_2)-(x_1,y_1,z_1)=(x_2-x_1,y_2-y_1,z_2-z_1).$$

例 2 (定比分点公式) 设 $A(x_1,y_1,z_1)$ 和 $B(x_2,y_2,z_2)$ 为两个已知点, 有向线段 $\overrightarrow{AB}$ 上的点 M 将它分为两条有向线段 $\overrightarrow{AM}$ 和 $\overrightarrow{MB}$, 使它们的值的比等于数 $\lambda(\lambda\neq-1)$, 即 $\dfrac{|\overrightarrow{AM}|}{|\overrightarrow{MB}|}=\lambda$, 求分点 $M(x,y,z)$ 的坐标.

解 因为 $\overrightarrow{AM}$ 和 $\overrightarrow{MB}$ 在同一直线上, 且同方向, 故

$$\overrightarrow{AM}=\lambda\overrightarrow{MB},$$

由 $\overrightarrow{AM}=(x-x_1,y-y_1,z-z_1)$, $\overrightarrow{MB}=(x_2-x,y_2-y,z_2-z)$ 知

$$\lambda\overrightarrow{MB}=(\lambda(x_2-x),\lambda(y_2-y),\lambda(z_2-z)),$$

$$x-x_1=\lambda(x_2-x),\quad y-y_1=\lambda(y_2-y),\quad z-z_1=\lambda(z_2-z),$$

解得

$$\begin{cases} x=\dfrac{x_1+\lambda\cdot x_2}{1+\lambda}, \\ y=\dfrac{y_1+\lambda\cdot y_2}{1+\lambda}, \\ z=\dfrac{z_1+\lambda\cdot z_2}{1+\lambda}. \end{cases}$$

9.2.3 向量的模、两点间的距离

设向量 $\boldsymbol{x}=(x,y,z)$, 作 $\overrightarrow{OM}=\boldsymbol{x}$, 则 $\boldsymbol{x}=\overrightarrow{OM}=\overrightarrow{OP}+\overrightarrow{OQ}+\overrightarrow{OR}$ (图 9.8), 得

$$|\boldsymbol{x}|=\left|\overrightarrow{OM}\right|=\sqrt{\left|\overrightarrow{OP}\right|^2+\left|\overrightarrow{OQ}\right|^2+\left|\overrightarrow{OR}\right|^2},$$

由于

$$\left|\overrightarrow{OP}\right|=|x|,\quad \left|\overrightarrow{OQ}\right|=|y|,\quad \left|\overrightarrow{OR}\right|=|z|,$$

于是

$$|\boldsymbol{x}|=\sqrt{x^2+y^2+z^2}.$$

设两点 $A(x_1,y_1,z_1)$ 和 $B(x_2,y_2,z_2)$, 由于

$$\overrightarrow{AB}=(x_2,y_2,z_2)-(x_1,y_1,z_1)=(x_2-x_1,y_2-y_1,z_2-z_1),$$

则点 A 与点 B 的距离 $|AB|$ 为

$$|AB| = \left|\overrightarrow{AB}\right| = \sqrt{(x_2 - x_1)^2 + (y_2 - y_1)^2 + (z_2 - z_1)^2}.$$

例 3　求证以 $M_1(4,3,1)$, $M_2(7,1,2)$, $M_3(5,2,3)$ 三点为顶点的三角形是一个等腰三角形.

解　因为

$$\left|\overrightarrow{M_1M_2}\right|^2 = (7-4)^2 + (1-3)^2 + (2-1)^2 = 14,$$

$$\left|\overrightarrow{M_1M_3}\right|^2 = (5-4)^2 + (2-3)^2 + (3-1)^2 = 6,$$

$$\left|\overrightarrow{M_2M_3}\right|^2 = (5-7)^2 + (2-1)^2 + (3-2)^2 = 6,$$

可知 $\left|\overrightarrow{M_1M_3}\right| = \left|\overrightarrow{M_2M_3}\right|$, 故以 $M_1(4,3,1)$, $M_2(7,1,2)$, $M_3(5,2,3)$ 三点为顶点的三角形是一个等腰三角形.

例 4　已知两点 $A(4, 0, 5)$ 和 $B(7, 1, 3)$, 求与 $\overrightarrow{AB}$ 同方向的单位向量.

解　$\overrightarrow{AB} = (7-4, 1-0, 3-5) = (3, 1, -2)$, 则

$$\left|\overrightarrow{AB}\right| = \sqrt{3^2 + 1^2 + (-2)^2} = \sqrt{14},$$

$$\boldsymbol{a}^0 = \frac{\overrightarrow{AB}}{\left|\overrightarrow{AB}\right|} = \left(\frac{3}{\sqrt{14}}, \frac{1}{\sqrt{14}}, \frac{-2}{\sqrt{14}}\right).$$

9.2.4　方向角与方向余弦

设空间非零向量 $\boldsymbol{r} = \overrightarrow{OM}$ 与三条坐标轴的正向的夹角分别为 α, β, γ, 规定 $0 \leqslant \alpha \leqslant \pi$, $0 \leqslant \beta \leqslant \pi$, $0 \leqslant \gamma \leqslant \pi$, 称 α, β, γ 为向量 $\boldsymbol{r}$ 的方向角.

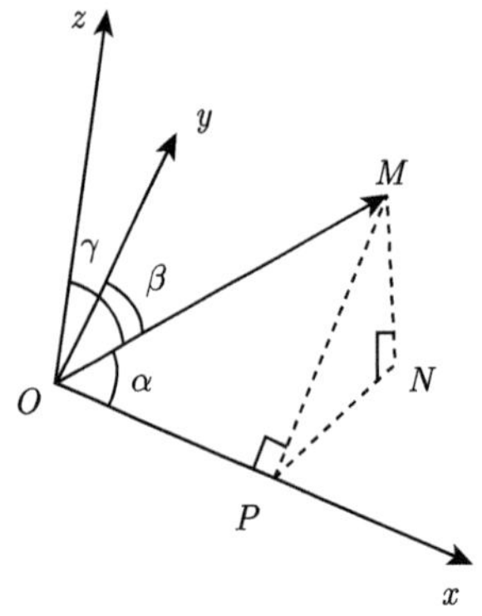

图 9.9

设 $\boldsymbol{r} = (x, y, z)$, 由图 9.9 可知, $\overrightarrow{OP} = x\boldsymbol{i}$, 故

$$\cos\alpha = \frac{x}{\left|\overrightarrow{OM}\right|} = \frac{x}{|\boldsymbol{r}|},$$

同理

$$\cos\beta = \frac{y}{|\boldsymbol{r}|}, \quad \cos\gamma = \frac{z}{|\boldsymbol{r}|},$$

从而

$$(\cos\alpha, \cos\beta, \cos\gamma) = \left(\frac{x}{|\boldsymbol{r}|}, \frac{y}{|\boldsymbol{r}|}, \frac{z}{|\boldsymbol{r}|}\right) = \frac{1}{|\boldsymbol{r}|}(x, y, z) = \frac{\boldsymbol{r}}{|\boldsymbol{r}|},$$

$\cos\alpha, \cos\beta, \cos\gamma$ 叫做 $\boldsymbol{r}$ 的方向余弦.

又因为

$$|\boldsymbol{r}| = \sqrt{x^2+y^2+z^2},$$

所以

$$\cos\alpha = \frac{x}{\sqrt{x^2+y^2+z^2}},\quad \cos\beta = \frac{y}{\sqrt{x^2+y^2+z^2}},\quad \cos\gamma = \frac{z}{\sqrt{x^2+y^2+z^2}},$$

进而有

$$\cos^2\alpha + \cos^2\beta + \cos^2\gamma = 1.$$

例 5 已知两点 $M_1(2,2,\sqrt{2})$ 和 $M_2(1,3,0)$, 求向量 $\overrightarrow{M_1M_2}$ 的模、方向余弦和方向角.

解 $\overrightarrow{M_1M_2} = (1-2, 3-2, 0-\sqrt{2}) = (-1, 1, -\sqrt{2})$;

$\overrightarrow{M_1M_2}$ 的模

$$\left|\overrightarrow{M_1M_2}\right| = \sqrt{(-1)^2+1^2+(-\sqrt{2})^2} = 2;$$

方向余弦

$$\cos\alpha = -\frac{1}{2},\quad \cos\beta = \frac{1}{2},\quad \cos\gamma = -\frac{\sqrt{2}}{2};$$

方向角

$$\alpha = \frac{2\pi}{3},\quad \beta = \frac{\pi}{3},\quad \gamma = \frac{3\pi}{4}.$$

9.2.5 向量在轴上的投影

设有两个非零向量 $\boldsymbol{a}$ 与 $\boldsymbol{b}$. 任取空间中一点 O, 作 $\overrightarrow{OA} = \boldsymbol{a}$, $\overrightarrow{OB} = \boldsymbol{b}$, 称不超过 π 的角 $\varphi = \angle AOB$ 为向量 $\boldsymbol{a}$ 与 $\boldsymbol{b}$ 的夹角, 记为 $\langle \boldsymbol{a}, \boldsymbol{b} \rangle$ (图 9.10). 零向量与另一向量的夹角可以在 0 到 π 之间任意取值. 可以类似地定义向量与一轴的夹角及两轴的夹角.

已知点 A 及轴 u, 过点 A 作轴 u 的垂直平面 π, 则平面 π 与轴 u 的交点 A' 叫做点 A 在轴 u 上的投影 (图 9.11).

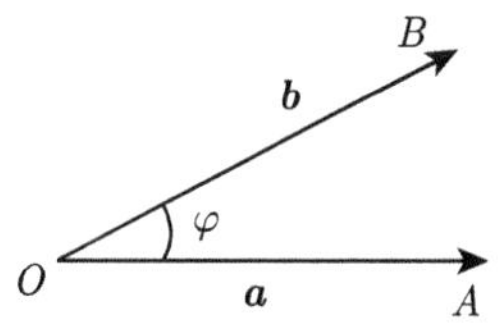

图 9.10

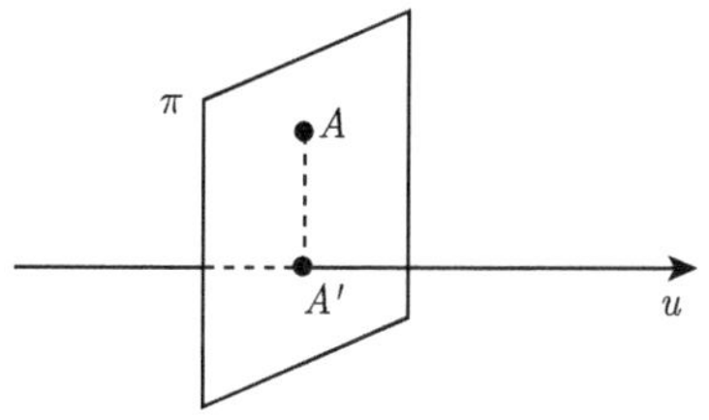

图 9.11

设向量 $\overrightarrow{AB}$ 的始点 A 与终点 B 在轴 u 的投影分别为 A', B', 那么轴 u 上的有向线段 $\overrightarrow{A'B'}$ 的值 $A'B'$(其绝对值等于 $\left|\overrightarrow{A'B'}\right|$, 其符号由 $\overrightarrow{A'B'}$ 的方向决定, 当 $\overrightarrow{A'B'}$

与 u 轴同向时取正号, 当 $\overrightarrow{A'B'}$ 与 u 轴反向时取负号) 叫做向量 $\overrightarrow{AB}$ 在轴 u 上的投影, 记作 $\text{Prj}_u\overrightarrow{AB}$, 轴 u 称为投影轴 (图 9.12).

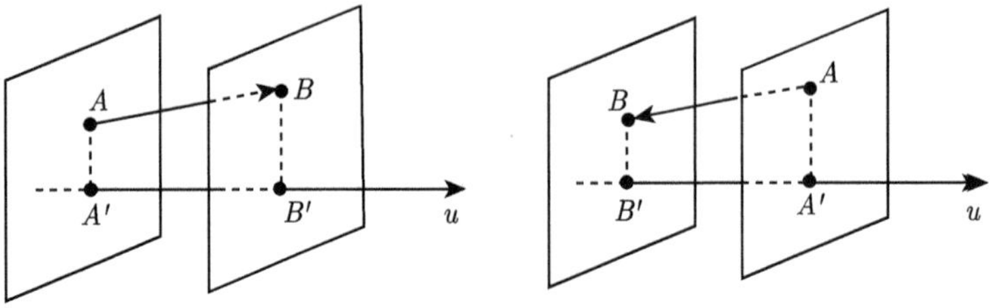

(a) $\text{Prj}_u\overrightarrow{AB} > 0$　　(b) $\text{Prj}_u\overrightarrow{AB} < 0$

图 9.12

定理 9.1 向量 $\overrightarrow{AB}$ 在轴 u 上的投影等于向量 $\overrightarrow{AB}$ 的模乘以轴 u 与向量 $\overrightarrow{AB}$ 的夹角 φ 的余弦, 即

$$\text{Prj}_u\overrightarrow{AB} = \left|\overrightarrow{AB}\right|\cos\varphi.$$

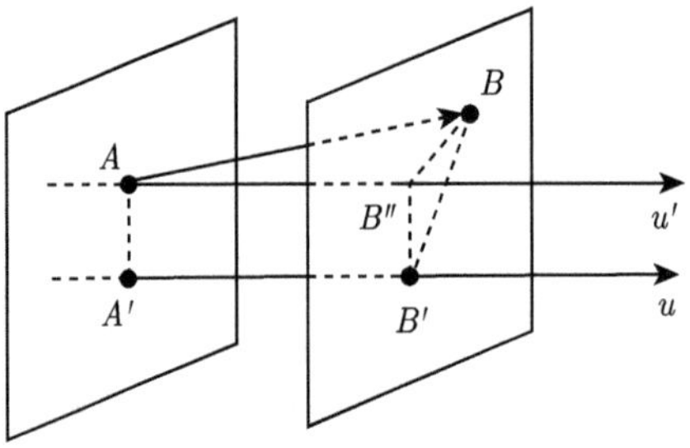

图 9.13

证明 如图 9.13 所示, 过向量 $\overrightarrow{AB}$ 的始点 A 引轴 u', 且轴 u' 与轴 u 平行且具有相同的正方向, 那么轴 u 与向量 $\overrightarrow{AB}$ 的夹角等于轴 u' 与向量 $\overrightarrow{AB}$ 的夹角, 而且有

$$\text{Prj}_u\overrightarrow{AB} = \text{Prj}_{u'}\overrightarrow{AB},$$

$$\text{Prj}_{u'}\overrightarrow{AB} = AB'' = \left|\overrightarrow{AB}\right|\cos\varphi,$$

故 $\text{Prj}_u\overrightarrow{AB} = \left|\overrightarrow{AB}\right|\cos\varphi$. □

由上式可知, 向量 $\overrightarrow{AB}$ 在轴 u 上的投影是一个数值, 而不是向量. 当非零向量 $\overrightarrow{AB}$ 与投影轴 u 成锐角时, 向量的投影为正; 当 $\overrightarrow{AB}$ 与投影轴 u 成钝角时, 向量 $\overrightarrow{AB}$ 的投影为负; 当 $\overrightarrow{AB}$ 与投影轴 u 成直角时, 向量 $\overrightarrow{AB}$ 的投影为零.

定理 9.2 两个向量的和在轴上的投影等于两个向量在该轴上的投影之和, 即

$$\text{Prj}_u(\boldsymbol{a}_1 + \boldsymbol{a}_2) = \text{Prj}_u\boldsymbol{a}_1 + \text{Prj}_u\boldsymbol{a}_2.$$

证明 如图 9.14 所示, 设 u 为投影轴, 作折线 ABC, 使

$$\overrightarrow{AB} = \boldsymbol{a}_1, \quad \overrightarrow{BC} = \boldsymbol{a}_2, \quad \overrightarrow{AC} = \overrightarrow{AB} + \overrightarrow{BC} = \boldsymbol{a}_1 + \boldsymbol{a}_2,$$

$$\text{Prj}_u\overrightarrow{AB} = A'B', \quad \text{Prj}_u\overrightarrow{BC} = B'C', \quad \text{Prj}_u\overrightarrow{AC} = A'C',$$

不论 A', B', C' 在 u 轴上的位置如何, 总有 $A'B' + B'C' = A'C'$, 即 $\text{Prj}_u\overrightarrow{AC} = \text{Prj}_u\overrightarrow{AB} + \text{Prj}_u\overrightarrow{BC}$, 故 $\text{Prj}_u(\boldsymbol{a}_1 + \boldsymbol{a}_2) = \text{Prj}_u\boldsymbol{a}_1 + \text{Prj}_u\boldsymbol{a}_2$. □

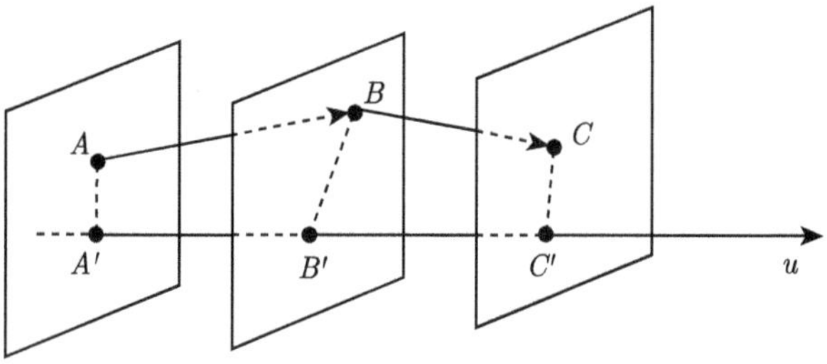

图 9.14

习 题 9.2

1. 已知两点 $M_1(1,2,3)$ 和 $M_2(0,1,5)$, 试用坐标表示向量 $\overrightarrow{M_1M_2}$ 及 $-2\overrightarrow{M_1M_2}$.

2. 求平行于向量 $\boldsymbol{a} = (6,7,-6)$ 的单位向量.

3. 在空间直角坐标系中, 指出下列各点在哪个卦限?

$$A(1,-2,3),\quad B(2,3,-4),\quad C(2,-3,-4),\quad D(-2,-3,1).$$

4. 求点 (a,b,c) 关于: (1) 各坐标面; (2) 各坐标轴; (3) 坐标原点的对称点的坐标.

5. 过点 $P(x,y,z)$ 分别作各坐标面和各坐标轴的垂线, 写出各垂足的坐标.

6. 过点 $P(x,y,z)$ 分别作平行于 z 轴的直线和平行于 xOy 面的平面, 问在它们上面的点的坐标各有什么特点?

7. 一边长为 a 的立方体放置在 xOy 面上, 其底面的中心在坐标原点, 底面的顶点在 x 轴和 y 轴上, 求它各顶点的坐标.

8. 求点 $P(4,-3,5)$ 到各坐标轴的距离.

9. 在 yOz 面上, 求与三点 $A(3,1,2)$, $B(4,-2,-2)$ 和 $C(0,5,1)$ 等距离的点.

10. 设已知两点 $P_1(4,\sqrt{2},1)$ 和 $P_2(3,0,2)$. 计算向量 $\overrightarrow{P_1P_2}$ 的模、方向余弦和方向角.

11. 设向量的方向余弦分别满足: (1) $\cos\alpha = 0$; (2) $\cos\beta = 1$; (3) $\cos\alpha = \cos\beta = 0$, 问这些向量与坐标或坐标面的关系如何?

12. 设向量 $\boldsymbol{r}$ 的模是 4, 它与轴 u 的夹角是 $60°$, 求 $\boldsymbol{r}$ 在轴 u 上的投影.

13. 一向量的终点在点 $B(2,-1,7)$, 它在 x 轴、y 轴和 z 轴上的投影依次为 $4,-4,7$. 求这向量的起点 A 的坐标.

14. 设 $\boldsymbol{m}=3\boldsymbol{i}+5\boldsymbol{j}+7\boldsymbol{k}$, $\boldsymbol{n}=2\boldsymbol{i}-4\boldsymbol{j}+8\boldsymbol{k}$ 和 $\boldsymbol{p}=4\boldsymbol{i}-2\boldsymbol{j}+\boldsymbol{k}$. 求向量 $\boldsymbol{a}=4\boldsymbol{m}-\boldsymbol{n}+2\boldsymbol{p}$ 在 x 轴上的投影及在 y 轴上的分向量.

9.3 数量积 向量积 混合积

9.3.1 向量的数量积

例 1 (做功问题) 有一方向、大小都不变的常力 $\boldsymbol{F}$ 作用于某一物体 (图 9.15), 使之产生了一段位移 $\boldsymbol{s}$, 求力 $\boldsymbol{F}$ 对此物体所做的功.

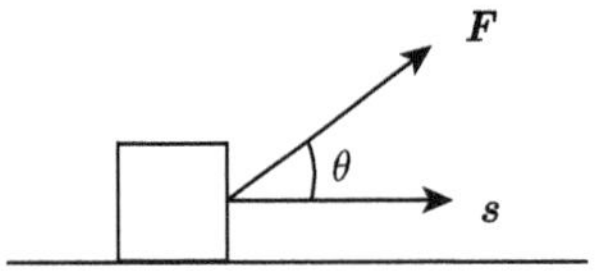

图 9.15

解 由物理学的知识, 可得

$$w=|\boldsymbol{F}|\cos\theta\cdot|\boldsymbol{s}|=|\boldsymbol{F}|\cdot|\boldsymbol{s}|\cos\theta,$$

且当 $0\leqslant\theta<\dfrac{\pi}{2}$ 时, $\boldsymbol{F}$ 做正功; $\dfrac{\pi}{2}<\theta\leqslant\pi$ 时, $\boldsymbol{F}$ 做负功; 若 $\theta=\dfrac{\pi}{2}$, 则 $\boldsymbol{F}$ 不做功.

类似的问题还有很多, 都要对两个向量作类似的运算. 我们给出如下定义.

定义 9.1 设有向量 $\boldsymbol{a},\boldsymbol{b}$, 其夹角为 $\varphi=\langle\boldsymbol{a},\boldsymbol{b}\rangle$, 称数量 $|\boldsymbol{a}|\,|\boldsymbol{b}|\cos\varphi$ 为向量 $\boldsymbol{a}$ 与 $\boldsymbol{b}$ 的数量积, 记作: $\boldsymbol{a}\cdot\boldsymbol{b}=|\boldsymbol{a}|\,|\boldsymbol{b}|\cos\varphi$, 也称为 $\boldsymbol{a}$ 与 $\boldsymbol{b}$ 的点积.

由此定义, 引例中的功可以表示为: $w=\boldsymbol{F}\cdot\boldsymbol{s}$.

由向量映射的定义可知 $\boldsymbol{a}\cdot\boldsymbol{b}=|\boldsymbol{a}|\operatorname{Prj}_{\boldsymbol{a}}\boldsymbol{b}\quad(\boldsymbol{a}\neq\boldsymbol{0})$.

向量的数量积具有下列性质:

(1) $\boldsymbol{a}\cdot\boldsymbol{a}=|\boldsymbol{a}|^2\geqslant 0$, $\boldsymbol{a}\cdot\boldsymbol{a}=0$ 的充要条件是 $\boldsymbol{a}=\boldsymbol{0}$.

(2) 交换律: $\boldsymbol{a}\cdot\boldsymbol{b}=\boldsymbol{b}\cdot\boldsymbol{a}$,

分配律: $(\boldsymbol{a}+\boldsymbol{b})\cdot\boldsymbol{c}=\boldsymbol{a}\cdot\boldsymbol{c}+\boldsymbol{b}\cdot\boldsymbol{c}$,

结合律: $(\lambda\boldsymbol{a})\cdot\boldsymbol{b}=\boldsymbol{a}\cdot(\lambda\boldsymbol{b})=\lambda(\boldsymbol{a}\cdot\boldsymbol{b})$.

(3) 设 $\boldsymbol{a},\boldsymbol{b}$ 为非零向量, 则 $\boldsymbol{a}\cdot\boldsymbol{b}=0\Leftrightarrow\boldsymbol{a}\perp\boldsymbol{b}$.

我们规定零向量垂直于任何向量.

数量积的坐标运算: 设 $\boldsymbol{a}=(a_x,a_y,a_z)$, $\boldsymbol{b}=(b_x,b_y,b_z)$, 由于

$$\boldsymbol{i}\cdot\boldsymbol{i}=\boldsymbol{j}\cdot\boldsymbol{j}=\boldsymbol{k}\cdot\boldsymbol{k}=1,\quad \boldsymbol{i}\cdot\boldsymbol{j}=\boldsymbol{k}\cdot\boldsymbol{i}=\boldsymbol{j}\cdot\boldsymbol{k}=0,$$

则

$$\begin{aligned}\boldsymbol{a}\cdot\boldsymbol{b}&=(a_x\boldsymbol{i}+a_y\boldsymbol{j}+a_z\boldsymbol{k})\cdot(b_x\boldsymbol{i}+b_y\boldsymbol{j}+b_z\boldsymbol{k})\\&=a_xb_x\boldsymbol{i}\cdot\boldsymbol{i}+a_xb_y\boldsymbol{i}\cdot\boldsymbol{j}+a_xb_z\boldsymbol{i}\cdot\boldsymbol{k}+a_yb_x\boldsymbol{j}\cdot\boldsymbol{i}+a_yb_y\boldsymbol{j}\cdot\boldsymbol{j}+a_yb_z\boldsymbol{j}\cdot\boldsymbol{k}\\&\quad+a_zb_x\boldsymbol{k}\cdot\boldsymbol{i}+a_zb_y\boldsymbol{k}\cdot\boldsymbol{j}+a_zb_z\boldsymbol{k}\cdot\boldsymbol{k}\\&=a_xb_x+a_yb_y+a_zb_z,\end{aligned}$$

并且向量 $\boldsymbol{a},\boldsymbol{b}$ 的夹角 φ 的余弦为

$$\cos\varphi=\frac{\boldsymbol{a}\cdot\boldsymbol{b}}{|\boldsymbol{a}|\,|\boldsymbol{b}|}=\frac{a_xb_x+a_yb_y+a_zb_z}{\sqrt{a_x^2+a_y^2+a_z^2}\sqrt{b_x^2+b_y^2+b_z^2}}.$$

例 2 在 xOy 平面上求一向量 $\boldsymbol{b}$, 使得 $\boldsymbol{b}\perp\boldsymbol{a}$, 其中 $\boldsymbol{a}=(5,-3,4)$ 且 $|\boldsymbol{a}|=|\boldsymbol{b}|$.

解 设 $\boldsymbol{b}=(b_x,b_y,b_z)$, 将条件代入, 由于 $\boldsymbol{b}$ 在 xOy 平面上, 则有 $b_z=0$, 又由于 $\boldsymbol{b}\perp\boldsymbol{a}$, 即 $\boldsymbol{a}\cdot\boldsymbol{b}=0$, 得

$$5b_x-3b_y+4b_z=0,$$

由 $|\boldsymbol{a}|=|\boldsymbol{b}|$, 得

$$b_x^2+b_y^2+b_z^2=50,$$

解得

$$b_x=\pm\frac{15}{\sqrt{17}},\quad b_y=\pm\frac{25}{\sqrt{17}},\quad b_z=0,$$

所求向量

$$\boldsymbol{b}=\left(\pm\frac{15}{\sqrt{17}},\pm\frac{25}{\sqrt{17}},0\right).$$

例 3 试用向量证明三角形的余弦定理.

证明 如图 9.16 所示, 设在 $\triangle ABC$ 中, $\angle ACB=\theta$,

$$|BC|=a,\quad |AC|=b,\quad |AB|=c,$$

记 $\overrightarrow{CB}=\boldsymbol{a}$, $\overrightarrow{CA}=\boldsymbol{b}$, $\overrightarrow{AB}=\boldsymbol{c}$, 可得 $\boldsymbol{c}=\boldsymbol{a}-\boldsymbol{b}$, 则

$$c^2=|\boldsymbol{c}|^2=\boldsymbol{c}\cdot\boldsymbol{c}=(\boldsymbol{a}-\boldsymbol{b})\cdot(\boldsymbol{a}-\boldsymbol{b})=\boldsymbol{a}\cdot\boldsymbol{a}+\boldsymbol{b}\cdot\boldsymbol{b}-2\boldsymbol{a}\cdot\boldsymbol{b},$$

即 $c^2=|\boldsymbol{a}|^2+|\boldsymbol{b}|^2-2|\boldsymbol{a}|\,|\boldsymbol{b}|\cos\theta=a^2+b^2-2ab\cos\theta$.

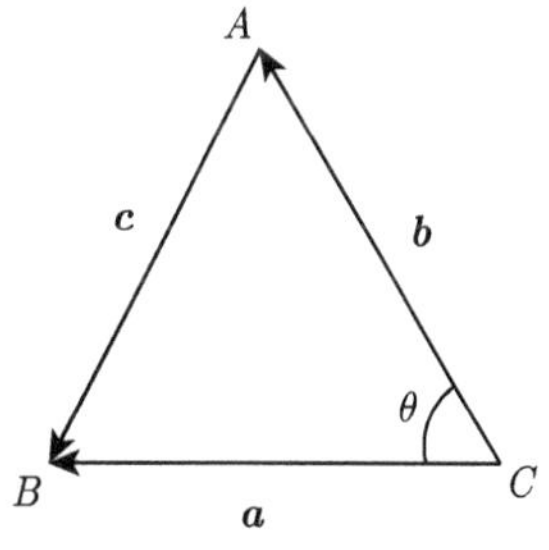

图 9.16

9.3.2 向量的向量积

例 4 (力矩问题) 设 O 为杠杆的支点, 力 $\boldsymbol{F}$ 作用在杠杆上 P 点处 (图 9.17), 根据力学知识, 力 $\boldsymbol{F}$ 对于支点 O 的力矩为向量 $\boldsymbol{M}$, 其方向垂直于力 $\boldsymbol{F}$ 与向量 $\overrightarrow{OP}$ 所确定的平面, 且从 $\overrightarrow{OP}$ 到 $\boldsymbol{F}$ 按照右手规则确定, 其模为 $|\boldsymbol{M}|=\left|\overrightarrow{OP}\right|\cdot|\boldsymbol{F}|\sin\theta$.

类似的问题还有很多, 都要对两个向量作类似的运算. 我们给出如下定义.

定义 9.2 设有非零向量 $\boldsymbol{a},\boldsymbol{b}$, 夹角为 $\varphi(0\leqslant\varphi\leqslant\pi)$, 定义一个新的向量 $\boldsymbol{c}$, 使其满足:

(1) $|\boldsymbol{c}|=|\boldsymbol{a}|\cdot|\boldsymbol{b}|\sin\varphi$;

(2) $\boldsymbol{c}\perp\boldsymbol{a}$, $\boldsymbol{c}\perp\boldsymbol{b}$, $\boldsymbol{c}$ 的方向从 $\boldsymbol{a}$ 到 $\boldsymbol{b}$ 按右手规则确定; 称 $\boldsymbol{c}$ 为 $\boldsymbol{a}$ 与 $\boldsymbol{b}$ 的向量积, 记作 $\boldsymbol{c}=\boldsymbol{a}\times\boldsymbol{b}$.

由向量积的定义可知 $\boldsymbol{a}\times\boldsymbol{b}$ 是一个既垂直于 $\boldsymbol{a}$, 又垂直于 $\boldsymbol{b}$ 的向量, 且 $|\boldsymbol{a}\times\boldsymbol{b}|=|\boldsymbol{a}|\cdot|\boldsymbol{b}|\sin\varphi$ 的几何意义是以 $\boldsymbol{a}$, $\boldsymbol{b}$ 为邻边的平行四边形的面积 (图 9.18).

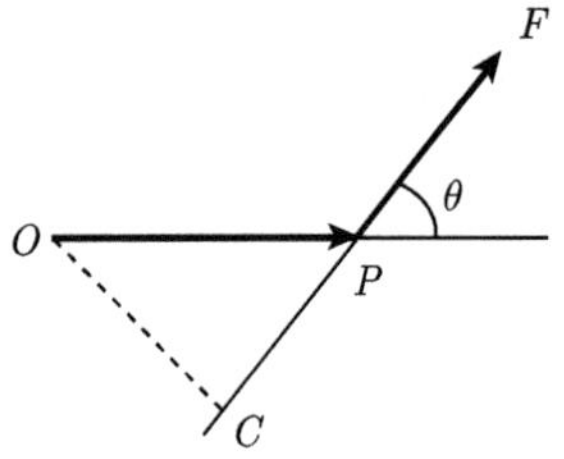

图 9.17

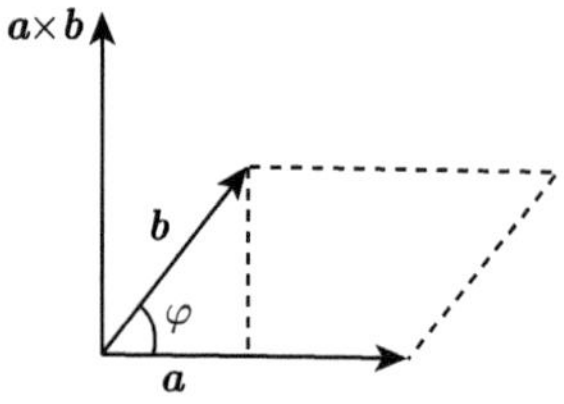

图 9.18

几何向量的向量积具有下列性质:

(1) $\boldsymbol{a}\times\boldsymbol{a}=\boldsymbol{0}$;

(2) $\boldsymbol{a}\times\boldsymbol{b}=-\boldsymbol{b}\times\boldsymbol{a}$, $\boldsymbol{a}\times(\boldsymbol{b}+\boldsymbol{c})=\boldsymbol{a}\times\boldsymbol{b}+\boldsymbol{a}\times\boldsymbol{c}$ (分配律),

$$(\lambda\boldsymbol{a})\times\boldsymbol{b}=\boldsymbol{a}\times(\lambda\boldsymbol{b})=\lambda(\boldsymbol{a}\times\boldsymbol{b});$$

(3) $\boldsymbol{a}\times\boldsymbol{b}=\boldsymbol{0}\Leftrightarrow\boldsymbol{a}\ /\!/\ \boldsymbol{b}$.

向量积的坐标运算: 设 $\boldsymbol{a}=(a_x,a_y,a_z)$, $\boldsymbol{b}=(b_x,b_y,b_z)$, 由于

$$\boldsymbol{i}\times\boldsymbol{j}=\boldsymbol{k},\quad \boldsymbol{j}\times\boldsymbol{k}=\boldsymbol{i},\quad \boldsymbol{k}\times\boldsymbol{i}=\boldsymbol{j},\quad \boldsymbol{j}\times\boldsymbol{i}=-\boldsymbol{k},\quad \boldsymbol{k}\times\boldsymbol{j}=-\boldsymbol{i},$$

$$\boldsymbol{i}\times\boldsymbol{k}=-\boldsymbol{j},\quad \boldsymbol{i}\times\boldsymbol{i}=\boldsymbol{j}\times\boldsymbol{j}=\boldsymbol{k}\times\boldsymbol{k}=\boldsymbol{0},$$

则

$$\begin{aligned}\boldsymbol{a}\times\boldsymbol{b}&=(a_x\boldsymbol{i}+a_y\boldsymbol{j}+a_z\boldsymbol{k})\times(b_x\boldsymbol{i}+b_y\boldsymbol{j}+b_z\boldsymbol{k})\\&=a_xb_x\boldsymbol{i}\times\boldsymbol{i}+a_xb_y\boldsymbol{i}\times\boldsymbol{j}+a_xb_z\boldsymbol{i}\times\boldsymbol{k}+a_yb_x\boldsymbol{j}\times\boldsymbol{i}+a_yb_y\boldsymbol{j}\times\boldsymbol{j}+a_yb_z\boldsymbol{j}\times\boldsymbol{k}\\&\quad+a_zb_x\boldsymbol{k}\times\boldsymbol{i}+a_zb_y\boldsymbol{k}\times\boldsymbol{j}+a_zb_z\boldsymbol{k}\times\boldsymbol{k}\\&=(a_yb_z-a_zb_y)\boldsymbol{i}+(a_zb_x-a_xb_z)\boldsymbol{j}+(a_xb_y-a_yb_x)\boldsymbol{k}.\end{aligned}$$

用行列式表示容易记忆

$$\boldsymbol{a}\times\boldsymbol{b}=\begin{vmatrix}\boldsymbol{i}&\boldsymbol{j}&\boldsymbol{k}\\a_x&a_y&a_z\\b_x&b_y&b_z\end{vmatrix}=\begin{vmatrix}a_y&a_z\\b_y&b_z\end{vmatrix}\boldsymbol{i}+\begin{vmatrix}a_z&a_x\\b_z&b_x\end{vmatrix}\boldsymbol{j}+\begin{vmatrix}a_x&a_y\\b_x&b_y\end{vmatrix}\boldsymbol{k}.$$

如 $\boldsymbol{a}=(1,0,2)$, $\boldsymbol{b}=(-1,1,0)$, 则

$$\boldsymbol{a}\times\boldsymbol{b}=\begin{vmatrix}\boldsymbol{i}&\boldsymbol{j}&\boldsymbol{k}\\1&0&2\\-1&1&0\end{vmatrix}=\begin{vmatrix}0&2\\1&0\end{vmatrix}\boldsymbol{i}+\begin{vmatrix}2&1\\0&-1\end{vmatrix}\boldsymbol{j}+\begin{vmatrix}1&0\\-1&1\end{vmatrix}\boldsymbol{k}$$
$$=-2\boldsymbol{i}-2\boldsymbol{j}+\boldsymbol{k}=(-2,-2,1).$$

另外也可得 $\boldsymbol{a}\times\boldsymbol{b}=\boldsymbol{0}\Leftrightarrow\boldsymbol{a}\ /\!/\ \boldsymbol{b}\Leftrightarrow\dfrac{b_x}{a_x}=\dfrac{b_y}{a_y}=\dfrac{b_z}{a_z}$.

注 ① 向量的向量积不满足交换律; ② 向量的向量积不满足消去律, 即在一般情况下, $\boldsymbol{a}\times\boldsymbol{b}=\boldsymbol{a}\times\boldsymbol{c}$, $\boldsymbol{a}\neq\boldsymbol{0}$, 不一定得到 $\boldsymbol{b}=\boldsymbol{c}$.

例 5 已知三角形的顶点为 $A(1,1,1)$, $B(2,2,1)$, $C(2,1,2)$, 求 $\triangle ABC$ 的面积.

解 $\overrightarrow{AB}=(1,1,0)$, $\overrightarrow{AC}=(1,0,1)$,

$$\overrightarrow{AB}\times\overrightarrow{AC}=\begin{vmatrix}\boldsymbol{i}&\boldsymbol{j}&\boldsymbol{k}\\1&1&0\\1&0&1\end{vmatrix}=\boldsymbol{i}-\boldsymbol{j}-\boldsymbol{k},$$

所以 $S=\dfrac{1}{2}\left|\overrightarrow{AB}\times\overrightarrow{AC}\right|=\dfrac{1}{2}\sqrt{3}$.

9.3.3 向量的混合积

定义 9.3 已知三个向量 $\boldsymbol{a},\boldsymbol{b},\boldsymbol{c}$, 先作 $\boldsymbol{a}$ 和 $\boldsymbol{b}$ 的向量积 $\boldsymbol{a}\times\boldsymbol{b}$, 把所得的向量与 $\boldsymbol{c}$ 再作数量积 $(\boldsymbol{a}\times\boldsymbol{b})\cdot\boldsymbol{c}$, 这样得到的数量叫做三个向量 $\boldsymbol{a},\boldsymbol{b},\boldsymbol{c}$ 的混合积, 记为 $[\boldsymbol{abc}]$.

向量积的混合积的几何意义: $[\boldsymbol{abc}]=(\boldsymbol{a}\times\boldsymbol{b})\cdot\boldsymbol{c}$ 的绝对值等于以不共面的三个向量 $\boldsymbol{a},\boldsymbol{b},\boldsymbol{c}$ 为棱的平行六面体的体积.

由此可知, 三个向量 $\boldsymbol{a},\boldsymbol{b},\boldsymbol{c}$ 共面的充要条件是 $[\boldsymbol{abc}]=0$.

向量的混合积还满足

$$[\boldsymbol{abc}]=[\boldsymbol{bca}]=[\boldsymbol{cab}]=-[\boldsymbol{bac}]=-[\boldsymbol{cba}]=-[\boldsymbol{acb}].$$

混合积的坐标运算: 设 $\boldsymbol{a}=(a_x,a_y,a_z)$, $\boldsymbol{b}=(b_x,b_y,b_z)$, $\boldsymbol{c}=(c_x,c_y,c_z)$,

$$(\boldsymbol{a}\times\boldsymbol{b})\cdot\boldsymbol{c}=((a_yb_z-a_zb_y)\boldsymbol{i}+(a_zb_x-a_xb_z)\boldsymbol{j}+(a_xb_y-a_yb_x)\boldsymbol{k})\cdot(c_x\boldsymbol{i}+c_y\boldsymbol{j}+c_z\boldsymbol{k})$$
$$=\begin{vmatrix}a_x&a_y&a_z\\b_x&b_y&b_z\\c_x&c_y&c_z\end{vmatrix}.$$

例 6　已知空间中四点 $A(1,1,1)$, $B(4,4,4)$, $C(3,5,5)$, $D(2,4,7)$, 求四面体 $ABCD$ 的体积.

解　四面体 $ABCD$ 的体积 V 等于以向量 $\overrightarrow{AB}$, $\overrightarrow{AC}$, $\overrightarrow{AD}$ 为棱作平行六面体体积的 $\frac{1}{6}$, 而该平行六面体的体积等于混合积 $[\overrightarrow{AB}\,\overrightarrow{AC}\,\overrightarrow{AD}]$ 的绝对值.

$$\overrightarrow{AB}=(3,3,3),\quad \overrightarrow{AC}=(2,4,4),\quad \overrightarrow{AD}=(1,3,6),$$

则

$$[\overrightarrow{AB}\,\overrightarrow{AC}\,\overrightarrow{AD}]=\begin{vmatrix}3&3&3\\2&4&4\\1&3&6\end{vmatrix}=18,$$

所以四面体 $ABCD$ 的体积为

$$V=\frac{1}{6}[\overrightarrow{AB}\,\overrightarrow{AC}\,\overrightarrow{AD}]=3.$$

习　题　9.3

1. 设 $\boldsymbol{a}=3\boldsymbol{i}-\boldsymbol{j}+2\boldsymbol{k}$, $\boldsymbol{b}=\boldsymbol{i}+2\boldsymbol{j}+3\boldsymbol{k}$, 求: (1) $\boldsymbol{a}\cdot\boldsymbol{b}$ 及 $\boldsymbol{a}\times\boldsymbol{b}$; (2) $(-2)\boldsymbol{a}\cdot 3\boldsymbol{b}$ 及 $3\boldsymbol{a}\times 2\boldsymbol{b}$; (3) $\boldsymbol{a},\boldsymbol{b}$ 夹角的余弦.

2. 设 $\boldsymbol{a},\boldsymbol{b},\boldsymbol{c}$ 为单位向量, 且满足 $\boldsymbol{a}+\boldsymbol{b}+\boldsymbol{c}=\boldsymbol{0}$, 求 $\boldsymbol{a}\cdot\boldsymbol{b}+\boldsymbol{b}\cdot\boldsymbol{c}+\boldsymbol{c}\cdot\boldsymbol{a}$.

3. 已知 $M_1(1,2,3)$, $M_2(0,1,5)$ 和 $M_3(1,3,1)$. 求与 $\overrightarrow{M_1M_2}$, $\overrightarrow{M_2M_3}$ 同时垂直的单位向量.

4. 设质量为 100kg 的物体从点 $M_1(3,1,8)$ 沿直线移动到点 $M_2(1,4,2)$, 计算重力所做的功 (长度单位为 m, 重力方向为 z 轴负方向).

5. 求向量 $\boldsymbol{a}=(4,-3,4)$ 在向量 $\boldsymbol{b}=(2,1,1)$ 上的投影.

6. 设 $\boldsymbol{a}=(5,3,1)$, $\boldsymbol{b}=(2,1,-1)$, 问 λ 与 μ 有怎样的关系, 能使得 $\lambda\boldsymbol{a}+\mu\boldsymbol{b}$ 与 z 轴垂直?

7. 设已知向量 $\boldsymbol{a}=2\boldsymbol{i}-\boldsymbol{j}+2\boldsymbol{k}$, $\boldsymbol{b}=\boldsymbol{i}+\boldsymbol{j}+7\boldsymbol{k}$ 和 $\boldsymbol{c}=\boldsymbol{i}+2\boldsymbol{j}$, 计算:
(1) $(\boldsymbol{a}\cdot\boldsymbol{b})\boldsymbol{c}-(\boldsymbol{a}\cdot\boldsymbol{c})\boldsymbol{b}$;　(2) $(\boldsymbol{a}+\boldsymbol{b})\times(\boldsymbol{b}+\boldsymbol{c})$;　(3) $(\boldsymbol{a}\times\boldsymbol{b})\cdot\boldsymbol{c}$.

8. 已知 $\overrightarrow{OA}=\boldsymbol{i}+3\boldsymbol{j}$, $\overrightarrow{OB}=\boldsymbol{j}-3\boldsymbol{k}$, 求 $\triangle OAB$ 的面积.

9.4　空间中的平面与直线

本节将以向量为工具, 在空间直角坐标系中建立平面与直线的方程, 讨论空间中直线与直线之间、平面与平面之间以及平面与直线之间的一些关系.

9.4.1 空间中的平面方程

由空间几何可知, 在空间中过一定点, 且垂直于已知直线的平面是唯一确定的. 下面建立该平面的方程.

已知平面 π 过一定点 $M_0(x_0, y_0, z_0)$, 且垂直于已知非零向量 $\boldsymbol{n} = (A, B, C)$, 称垂直于平面 π 的非零向量 $\boldsymbol{n} = (A, B, C)$ 为平面 π 的法向量.

设 $M(x, y, z)$ 是平面 π 上任意一点, $M_0(x_0, y_0, z_0)$ 是 π 上的一个已知点, 在平面 π 上 (图 9.19), 得向量

$$\overrightarrow{M_0M} = (x - x_0, y - y_0, z - z_0),$$

则有 $\overrightarrow{M_0M} \perp \boldsymbol{n}$, 即 $\overrightarrow{M_0M} \cdot \boldsymbol{n} = 0$, 从而得到

$$A(x - x_0) + B(y - y_0) + C(z - z_0) = 0, \tag{1}$$

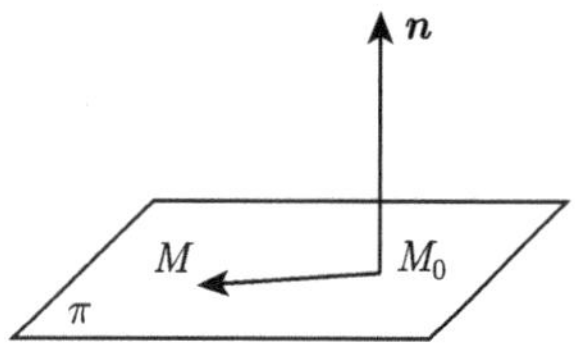

图 9.19

即平面 π 上任意一点 $M(x, y, z)$ 的坐标满足方程 (1). 反之, 若点 $M(x, y, z)$ 的坐标满足方程 (1), 则 $\overrightarrow{M_0M} \perp \boldsymbol{n}$, 故点 $M(x, y, z)$ 必在平面 π 上. 从而 (1) 就是平面 π 的方程, 称其为平面 π 的**点法式方程**.

将 (1) 式整理得

$$Ax + By + Cz + D = 0, \tag{2}$$

其中 $D = -(Ax_0 + By_0 + Cz_0)$, 称方程 (2) 为平面 π 的**一般方程**.

由于任一平面都可用它上的一点及它的法向量来确定, 所以由上面的讨论可知, 任一平面 π 的方程都可以写成形如式 (2) 的三元一次方程的形式. 反过来, 当 A, B, C 至少有一个不为零时, 形如式 (2) 的每一个三元一次方程都确定一个法向量为 $\boldsymbol{n} = (A, B, C)$ 的平面. 事实上, 任取满足式 (2) 的一组数 x_0, y_0, z_0, 则

$$Ax_0 + By_0 + Cz_0 + D = 0. \tag{3}$$

由式 (2) 及式 (3) 得

$$A(x - x_0) + B(y - y_0) + C(z - z_0) = 0, \tag{4}$$

这是通过点 $M_0(x_0, y_0, z_0)$, 垂直于 $\boldsymbol{n} = (A, B, C)$ 的平面方程. 又式 (2) 与式 (4) 同解, 故当 A, B, C 不全为零时, 任意一个形如式 (2) 的三元一次方程都是平面方程.

例 1 已知平面 π 过点 $M_0(2, 1, 0)$, 且平行于向量 $\boldsymbol{a} = (1, 0, 1)$ 和 $\boldsymbol{b} = (0, 1, 0)$, 试写出此平面 π 的方程.

解　由于平面 π 平行于向量 $\boldsymbol{a}=(1,0,1)$ 和 $\boldsymbol{b}=(0,1,0)$, 所以 $\boldsymbol{a}\times\boldsymbol{b}$ 与平面 π 垂直, 可以作为平面 π 的法向量. 由

$$\boldsymbol{a}\times\boldsymbol{b}=\begin{vmatrix}\boldsymbol{i}&\boldsymbol{j}&\boldsymbol{k}\\1&0&1\\0&1&0\end{vmatrix}=(-1,0,1),$$

平面 π 过点 $M_0(2,1,0)$ 知, 平面 π 的方程 $-(x-2)+0(y-1)+(z-0)=0$, 即 $x-z-2=0$.

例 2　设 $M_1(x_1,y_1,z_1)$, $M_2(x_2,y_2,z_2)$, $M_3(x_3,y_3,z_3)$ 是空间中不在同一直线上的三个点, 试写出过这三点的平面 π 的方程.

解　设 $M(x,y,z)$ 是空间直角坐标系的任一点, 显然 $M(x,y,z)$ 在平面 π 上的充要条件是 $\overrightarrow{M_1M}$, $\overrightarrow{M_1M_2}$, $\overrightarrow{M_1M_3}$ 共面, 即 $[\overrightarrow{M_1M}\ \overrightarrow{M_1M_2}\ \overrightarrow{M_1M_3}]=0$, 用坐标表示就是

$$\begin{vmatrix}x-x_1&y-y_1&z-z_1\\x_2-x_1&y_2-y_1&z_2-z_1\\x_3-x_1&y_3-y_1&z_3-z_1\end{vmatrix}=0, \tag{5}$$

称方程 (5) 为平面 π 的**三点式方程**.

例 3　设平面 π 与 x,y,z 轴分别交于 $(a,0,0)$, $(0,b,0)$, $(0,0,c)$ 三点, 求平面 π 的方程 (其中 a,b,c 都不为零)(图 9.20).

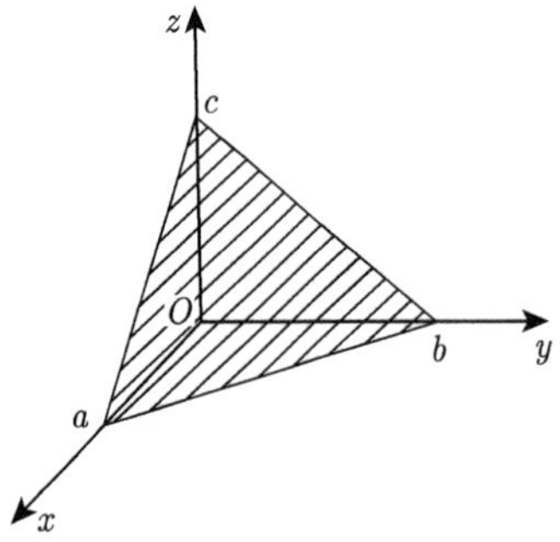

图 9.20

解　由三点不共线可知, 平面 π 的方程为

$$\begin{vmatrix}x-a&y-0&z-0\\0-a&b-0&0-0\\0-a&0-0&c-0\end{vmatrix}=0,$$

即 $bcx+acy+abz=abc$, 由 a,b,c 都不为零得

$$\frac{x}{a}+\frac{y}{b}+\frac{z}{c}=1, \tag{6}$$

称方程 (6) 为平面 π 的**截距式方程**.

几类特殊位置的平面方程:

(1) 过原点的平面: $Ax+By+Cz=0$.

(2) 平行于坐标轴的平面:

平行于 x 轴的平面 $By+Cz+D=0$;

平行于 y 轴的平面 $Ax+Cz+D=0$;

平行于 z 轴的平面 $Ax+By+D=0$.

(3) 经过坐标轴的平面:

过 x 轴的平面 $By+Cz=0$;

过 y 轴的平面 $Ax+Cz=0$;

过 z 轴的平面 $Ax+By=0$.

(4) 平行于坐标面的平面:

平面平行于 yOz 坐标面 $Ax+D=0$ (或者可以写为 $x=a$), $x=0$ 为 yOz 坐标面的方程; 同理, 平行于 xOz 面的平面 $y=b$, xOz 面的方程 $y=0$; 平行于 xOy 面的平面 $z=c$, xOy 面的方程 $z=0$.

例 4 设平面 π 过点 $M_0(2,3,4)$ 与 z 轴, 求平面 π 的方程.

解 方法一 (待定系数法) 设平面 π 的方程是 $Ax+By+Cz+D=0$, 因平面 π 过 z 轴, 故点 $(0,0,0)$ 及点 $(0,0,1)$ 在平面 π 上, 于是 $C=D=0$.

又 $M_0(2,3,4)$ 在平面 π 上, 故

$$2A+3B=0,\quad A=-\frac{3}{2}B,$$

从而平面 π 的方程为

$$-\frac{3}{2}Bx+By=0,$$

即

$$3x-2y=0.$$

方法二 易得平面 π 上三点 $(0,0,0)$, $(0,0,1)$, $(2,3,4)$, 故由平面的三点式方程知平面 π 的方程为

$$\begin{vmatrix} x & y & z \\ 0 & 0 & 1 \\ 2 & 3 & 4 \end{vmatrix}=0,$$

即

$$3x-2y=0.$$

方法三 由于 $\overrightarrow{OM_0}$ 与 z 轴都平行于平面 π, 所以可以取平面 π 的法向量为

$$\boldsymbol{n}=\overrightarrow{OM_0}\times\boldsymbol{k}=\begin{vmatrix} \boldsymbol{i} & \boldsymbol{j} & \boldsymbol{k} \\ 2 & 3 & 4 \\ 0 & 0 & 1 \end{vmatrix}=(3,-2,0),$$

故由平面的点法式方程知平面 π 的方程为 $3x-2y=0$.

9.4.2 空间的直线方程

由空间几何知识可知, 在空间中过一定点, 且平行于已知直线的直线是唯一确定的. 下面建立该直线的方程.

设空间中的直线 L 过一定点 $M_0(x_0, y_0, z_0)$, 且平行于向量 $\boldsymbol{s} = (m, n, p)$, 则此直线是唯一确定的. 如果非零向量 $\boldsymbol{s}$ 与已知直线 L 平行, 则称向量 $\boldsymbol{s}$ 为直线 L 的**方向向量**, 通常记作 $\boldsymbol{s} = (m, n, p)$.

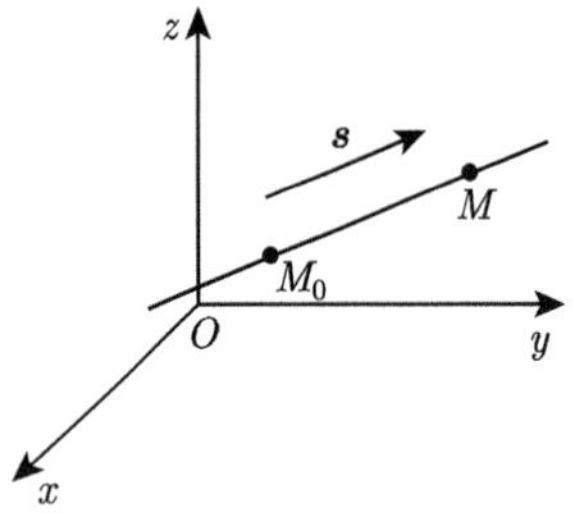

图 9.21

在直线 L 上任取一点 $M(x, y, z)$, 有 $\overrightarrow{M_0M} = (x - x_0, y - y_0, z - z_0)$, 且 $\overrightarrow{M_0M} \parallel \boldsymbol{s}$; 由于平行向量对应坐标成比例 (图 9.21), 有

$$\frac{x - x_0}{m} = \frac{y - y_0}{n} = \frac{z - z_0}{p}, \tag{7}$$

反之, 若点 M 不在直线上, 则 $\overrightarrow{M_0M} \parallel \boldsymbol{s}$ 不成立, 从而其点的坐标不满足方程 (7), 故称 (7) 为直线 L 的方程, 也称为直线 L 的**标准方程** (**或点向式方程**).

令 $\dfrac{x - x_0}{m} = \dfrac{y - y_0}{n} = \dfrac{z - z_0}{p} = t$, 则方程 (7) 可表示为

$$L: \begin{cases} x = x_0 + mt, \\ y = y_0 + nt, \\ z = z_0 + pt, \end{cases} \tag{8}$$

称方程 (8) 为直线 L 的**参数式方程**, t 为参数.

如果平面 π_1: $A_1x + B_1y + C_1z + D_1 = 0$ 和平面 π_2: $A_2x + B_2y + C_2z + D_2 = 0$ 相交, 那么直线 L 可以视为两个不平行的平面的交线, 故直线的方程为

$$L: \begin{cases} A_1x + B_1y + C_1z + D_1 = 0, \\ A_2x + B_2y + C_2z + D_2 = 0 \end{cases} \quad (\boldsymbol{n}_1 \not\parallel \boldsymbol{n}_2), \tag{9}$$

称方程 (9) 为直线 L 的**一般方程**.

直线 L 的标准方程 (7) 可写成

$$L: \begin{cases} \dfrac{x - x_0}{m} = \dfrac{y - y_0}{n}, \\ \dfrac{y - y_0}{n} = \dfrac{z - z_0}{p}, \end{cases}$$

这是直线 L 的一般方程, 可见直线 L 的标准方程是一个一般方程, 它是用两个与坐标面垂直的平面的交线来表示直线 L 的.

例 5 求经过两点 $M_1(x_1,y_1,z_1)$, $M_2(x_2,y_2,z_2)$ 的直线 L 的方程.

解 直线 L 过 M_1, M_2 两点, 则 $\overrightarrow{M_1M_2} \parallel L$, 故可取 $\boldsymbol{s}=\overrightarrow{M_1M_2}$, 即

$$\boldsymbol{s}=\overrightarrow{M_1M_2}=(x_2-x_1,y_2-y_1,z_2-z_1),$$

取直线标准方程中的点 $M_1(x_1,y_1,z_1)$, 则直线的方程为

$$L:\frac{x-x_1}{x_2-x_1}=\frac{y-y_1}{y_2-y_1}=\frac{z-z_1}{z_2-z_1}, \tag{10}$$

称方程 (10) 为直线 L 的**两点式方程**.

例 6 将直线方程 L: $\begin{cases}3x-2y+z+1=0,\\2x+y-z-2=0\end{cases}$ 改写为点向式方程及参数式方程.

解 取 $x=0$, 代入方程得 $\begin{cases}-2y+z+1=0,\\y-z-2=0,\end{cases}$ 解得 $y=-1$, $z=-3$, 即 $M_0(0,-1,-3)$, 取

$$\boldsymbol{s}=\boldsymbol{n}_1\times\boldsymbol{n}_2=\begin{vmatrix}\boldsymbol{i}&\boldsymbol{j}&\boldsymbol{k}\\3&-2&1\\2&1&-1\end{vmatrix}=\boldsymbol{i}+5\boldsymbol{j}+7\boldsymbol{k}=(1,5,7),$$

则

$$L:\frac{x-0}{1}=\frac{y+1}{5}=\frac{z+3}{7}\quad 或\quad L:\begin{cases}x=t,\\y=-1+5t,\\z=-3+7t.\end{cases}$$

9.4.3 位置关系

1) 平面与平面的位置关系

设有两个平面 π_1, π_2 为

$$\pi_1:A_1x+B_1y+C_1z+D_1=0,$$

$$\pi_2:A_2x+B_2y+C_2z+D_2=0,$$

其中 A_i,B_i,C_i 不同时为零, $i=1,2$.

可将 π_1, π_2 的位置关系分成如下三种情况:

(1) π_1, π_2 重合，容易看出 π_1, π_2 重合的充要条件是 $\dfrac{A_1}{A_2}=\dfrac{B_1}{B_2}=\dfrac{C_1}{C_2}=\dfrac{D_1}{D_2}$.

(2) π_1, π_2 平行但不重合. 由于 π_1, π_2 平行的充要条件是它们的法向量 $\boldsymbol{n}_1=$

(A_1, B_1, C_1), $\boldsymbol{n}_2 = (A_2, B_2, C_2)$ 平行. 于是 π_1, π_2 平行但不重合的充要条件是 $\dfrac{A_1}{A_2} = \dfrac{B_1}{B_2} = \dfrac{C_1}{C_2} \neq \dfrac{D_1}{D_2}$.

(3) π_1, π_2 相交但不重合. 显然 π_1, π_2 相交但不重合的充要条件是它们的法向量 $\boldsymbol{n}_1 = (A_1, B_1, C_1)$, $\boldsymbol{n}_2 = (A_2, B_2, C_2)$ 不平行.

当 π_1, π_2 是两相交平面时, 称它们的法向量的夹角 θ 为这两个平面的夹角, 通常规定: $0 \leqslant \theta \leqslant \dfrac{\pi}{2}$. 平面 π_1 与 π_2 夹角 θ 可由公式

$$\cos\theta = \left|\frac{\boldsymbol{n}_1 \cdot \boldsymbol{n}_2}{|\boldsymbol{n}_1||\boldsymbol{n}_2|}\right| = \frac{|A_1A_2 + B_1B_2 + C_1C_2|}{\sqrt{A_1^2 + B_1^2 + C_1^2} \cdot \sqrt{A_2^2 + B_2^2 + C_2^2}}$$

来确定.

显然

$$\pi_1 \perp \pi_2 \Leftrightarrow \boldsymbol{n}_1 \perp \boldsymbol{n}_2 \Leftrightarrow \boldsymbol{n}_1 \cdot \boldsymbol{n}_2 = 0 \Leftrightarrow A_1A_2 + B_1B_2 + C_1C_2 = 0.$$

例 7　求平面 π_1: $x + 2y - z + 8 = 0$ 与 π_2: $2x + y + z - 7 = 0$ 之间的夹角 θ.

解　因为

$$\begin{aligned}\cos\theta &= \frac{|A_1A_2 + B_1B_2 + C_1C_2|}{\sqrt{A_1^2 + B_1^2 + C_1^2} \cdot \sqrt{A_2^2 + B_2^2 + C_2^2}} \\ &= \frac{|1 \times 2 + 2 \times 1 + (-1) \times 1|}{\sqrt{1^2 + 2^2 + (-1)^2} \cdot \sqrt{2^2 + 1^2 + 1^2}} = \frac{1}{2},\end{aligned}$$

所以 $\theta = \dfrac{\pi}{3}$.

2) 两条直线的位置关系

设有两条直线

$$L_1: \frac{x - x_1}{m_1} = \frac{y - y_1}{n_1} = \frac{z - z_1}{p_1},$$
$$L_2: \frac{x - x_2}{m_2} = \frac{y - y_2}{n_2} = \frac{z - z_2}{p_2},$$

其中 m_i, n_i, p_i 不全为零, $i = 1, 2$. $M_1(x_1, y_1, z_1)$, $M_2(x_2, y_2, z_2)$ 分别是 L_1, L_2 上的定点. $\boldsymbol{s}_1 = (m_1, n_1, p_1)$, $\boldsymbol{s}_2 = (m_2, n_2, p_2)$ 分别是 L_1, L_2 上的方向向量.

可将 L_1, L_2 的位置关系分为如下四种情况:

(1) L_1, L_2 重合. 容易证明 L_1, L_2 重合的充要条件是

$$\boldsymbol{s}_1 \,/\!/\, \boldsymbol{s}_2 \Leftrightarrow \frac{m_1}{m_2} = \frac{n_1}{n_2} = \frac{p_1}{p_2}$$

且 L_1, L_2 有公共点.

(2) L_1, L_2 平行但不重合. 容易证明, L_1, L_2 平行但不重合的充要条件是

$$\frac{m_1}{m_2}=\frac{n_1}{n_2}=\frac{p_1}{p_2}$$

且 L_1, L_2 没有公共点.

(3) L_1, L_2 相交但不重合. L_1, L_2 共面的充要条件是方向向量 $\boldsymbol{s}_1=(m_1,n_1,p_1)$, $\boldsymbol{s}_2=(m_2,n_2,p_2)$ 及向量 $\overrightarrow{M_1M_2}=(x_2-x_1,y_2-y_1,z_2-z_1)$ 共面, 所以 L_1, L_2 相交但不重合的充要条件是混合积 $[\boldsymbol{s}_1\ \boldsymbol{s}_2\ \overrightarrow{M_1M_2}]=0$. 且 $\boldsymbol{s}_1,\boldsymbol{s}_2$ 不平行.

(4) L_1, L_2 是异面直线. 易知 L_1, L_2 是异面直线的充要条件是混合积 $[\boldsymbol{s}_1\ \boldsymbol{s}_2\ \overrightarrow{M_1M_2}]\neq 0$.

设直线 L_1 与 L_2 的夹角为 $\theta\left(0\leqslant\theta\leqslant\dfrac{\pi}{2}\right)$, 可由两直线方向向量的夹角确定 (图 9.22),

$$\cos\theta=\left|\frac{\boldsymbol{s}_1\cdot\boldsymbol{s}_2}{|\boldsymbol{s}_1|\,|\boldsymbol{s}_2|}\right|=\frac{|m_1m_2+n_1n_2+p_1p_2|}{\sqrt{m_1^2+n_1^2+p_1^2}\cdot\sqrt{m_2^2+n_2^2+p_2^2}},$$

显然直线 L_1 与 L_2 垂直的充要条件为

$$\boldsymbol{s}_1\perp\boldsymbol{s}_2\Leftrightarrow\boldsymbol{s}_1\cdot\boldsymbol{s}_2=0\Leftrightarrow m_1m_2+n_1n_2+p_1p_2=0.$$

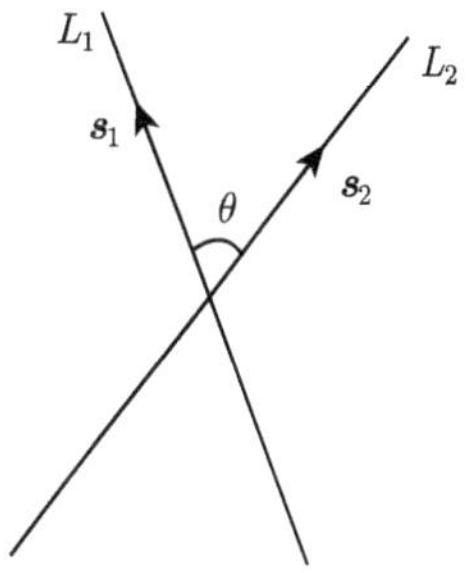

图 9.22

3) 直线与平面的位置关系

设有一条直线 L: $\dfrac{x-x_0}{m}=\dfrac{y-y_0}{n}=\dfrac{z-z_0}{p}$ 及一个平面 π: $Ax+By+Cz+D=0$, 可将 L,π 的位置关系分成如下三种情形:

(1) L 与 π 平行. 显然 L 与 π 平行的充要条件是 $\boldsymbol{s}=(m,n,p)$ 与 $\boldsymbol{n}=(A,B,C)$ 垂直, 即 $\boldsymbol{s}\perp\boldsymbol{n}\Leftrightarrow\boldsymbol{s}\cdot\boldsymbol{n}=0\Leftrightarrow Am+Bn+Cp=0$; L 在 π 上的充要条件是 $Am+Bn+Cp=0$, 且 $M_0(A_0,B_0,C_0)$ 在 π 上;

(2) L 与 π 平行但不在 π 上. L 与 π 平行但不在 π 上的充要条件是 $Am+Bn+Cp=0$, 且 $M_0(A_0,B_0,C_0)$ 不在 π 上;

(3) L 与 π 相交但不在 π 上. L 与 π 相交但不在 π 上的充要条件是 $Am+Bn+Cp\neq 0$.

直线 L 在平面 π 上的投影直线与直线 L 的夹角称为**直线与平面的夹角**, 记作 $\varphi\left(0\leqslant\varphi\leqslant\dfrac{\pi}{2}\right)$. 则 φ 可由公式

$$\sin\varphi=|\cos\langle\boldsymbol{n},\boldsymbol{s}\rangle|=\left|\frac{\boldsymbol{n}\cdot\boldsymbol{s}}{|\boldsymbol{n}|\,|\boldsymbol{s}|}\right|=\frac{|Am+Bn+Cp|}{\sqrt{A^2+B^2+C^2}\cdot\sqrt{m^2+n^2+p^2}}$$

确定 (图 9.23).

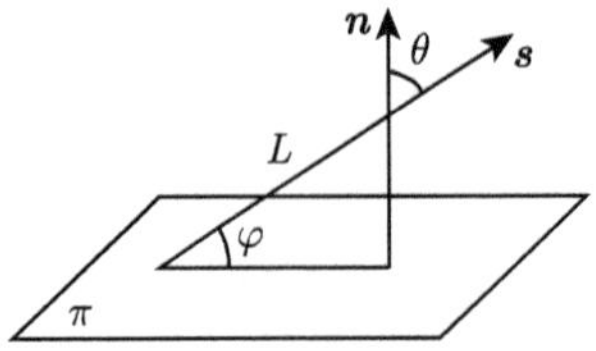

图 9.23

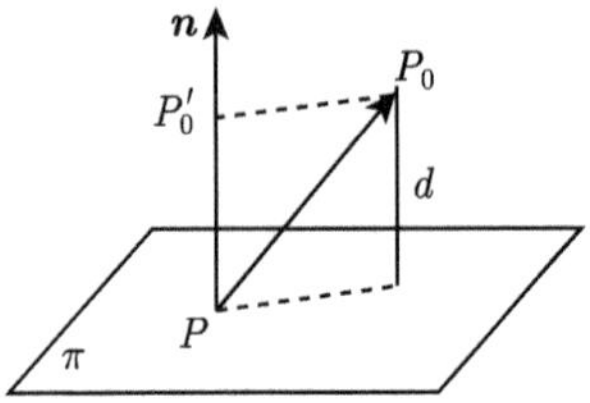

图 9.24

显然, L 与 π 垂直的充要条件是 $\boldsymbol{s}=(m,n,p)$ 与 $\boldsymbol{n}=(A,B,C)$ 平行, 即

$$\frac{A}{m}=\frac{B}{n}=\frac{C}{p}.$$

例 8　已知平面 π: $x+4y-z+2=0$, 直线 L: $\dfrac{x+1}{1}=\dfrac{y+1}{-2}=\dfrac{z}{2}$. 求直线与平面的交点及夹角 φ.

解　把直线 L 的方程写成参数方程:

$$\begin{cases} x=-1+t, \\ y=-1-2t, \\ z=2t, \end{cases}$$

代入平面方程得 $t=-\dfrac{1}{3}$, 于是 L 与 π 的交点坐标为 $\left(-\dfrac{4}{3},-\dfrac{1}{3},-\dfrac{2}{3}\right)$.

由平面 π 的法向量 $\boldsymbol{n}=(1,4,-1)$, 直线 L 的方向向量 $\boldsymbol{s}=(1,-2,2)$ 知, L 与 π 的夹角 φ 满足: $\sin\varphi=\dfrac{|1\times1+4\times(-2)+(-1)\times2|}{\sqrt{1^2+4^2+(-1)^2}\cdot\sqrt{1^2+(-2)^2+2^2}}=\dfrac{\sqrt{2}}{2}$, 故 $\varphi=\dfrac{\pi}{4}$.

9.4.4　距离

1) 点到平面的距离

设平面 π: $Ax+By+Cz+D=0$, $P_0(x_0,y_0,z_0)$ 是平面外的一点, 求 P_0 到平面 π 的距离.

设 $P(x_1,y_1,z_1)$ 是平面 π 上的任意一点 (图 9.24), 则

$$d=|PP_0'|=\left|\mathrm{Prj}_{\boldsymbol{n}}\overrightarrow{PP_0}\right|=\frac{\left|\boldsymbol{n}\cdot\overrightarrow{PP_0}\right|}{|\boldsymbol{n}|}.$$

因为 $\boldsymbol{n}=(A,B,C)$, $\overrightarrow{PP_0}=(x_0-x_1,y_0-y_1,z_0-z_1)$, 所以

$$d=\frac{\left|\boldsymbol{n}\cdot\overrightarrow{PP_0}\right|}{|\boldsymbol{n}|}=\frac{|A(x_0-x_1)+B(y_0-y_1)+C(z_0-z_1)|}{\sqrt{A^2+B^2+C^2}}, \tag{11}$$

又因为 $P(x_1,y_1,z_1)$ 是平面 π 上的点, 故 $Ax_1+By_1+Cz_1+D=0$, 代入 (11) 式中, 有

$$d=\frac{|Ax_0+By_0+Cz_0+D|}{\sqrt{A^2+B^2+C^2}}. \tag{12}$$

例 9 确定 k 的值, 使坐标原点到平面 $x+ky-2z-9=0$ 的距离为 3.

解 由于 $\boldsymbol{n}=(1,k,-2)$, 则

$$3=\frac{|0+k\cdot 0-2\cdot 0-9|}{\sqrt{1^2+k^2+(-2)^2}},$$

解得 $k^2=4$, 即 $k=\pm 2$. 所以原点到平面 $x\pm 2y-2z-9=0$ 的距离为 3.

两平行平面间的距离问题可以转化为点到平面间的距离问题.

例 10 设有两个平行平面 π_1: $3x+4y+5z+10=0$ 与 π_2: $3x+4y+5z+20=0$, 求平面 π_1 与 π_2 之间的距离.

解 由 π_1 的方程, 令 $x=0,\ y=0$, 解得 $z=-2$, 故 $P(0,0,-2)$ 是 π_1 上的点. P 到 π_2 的距离就是平行平面 π_1, π_2 之间的距离

$$d=\frac{|3\times 0+4\times 0+5\times(-2)+20|}{\sqrt{3^2+4^2+5^2}}=\sqrt{2}.$$

2) 点到直线的距离

设直线的标准方程为 L: $\dfrac{x-x_0}{m}=\dfrac{y-y_0}{n}=\dfrac{z-z_0}{p}$, 即 L 过 $P_0(x_0,y_0,z_0)$, 并且方向向量为 $\boldsymbol{s}=(m,n,p)$. 再设 $P_1(x_1,y_1,z_1)$ 是直线 L 外一点, 则点 $P_1(x_1,y_1,z_1)$ 到直线 L 的距离为

$$d=\frac{\left|\boldsymbol{s}\times\overrightarrow{P_0P_1}\right|}{|\boldsymbol{s}|}.$$

事实上, 以 $\boldsymbol{s}$, $\overrightarrow{P_0P_1}$ 为邻边的平行四边形面积 $S=\left|\boldsymbol{s}\times\overrightarrow{P_0P_1}\right|$, 又 $S=d|\boldsymbol{s}|$, 故有上式成立.

例 11 求点 $P_1(1,0,2)$ 到直线 L: $\dfrac{x+1}{2}=\dfrac{y+1}{1}=\dfrac{z}{1}$ 的距离.

解 已知 $\boldsymbol{s}=(2,1,1)$, P_0 的坐标为 $(-1,-1,0)$,

$$\boldsymbol{s}\times\overrightarrow{P_0P_1}=\begin{vmatrix}\boldsymbol{i} & \boldsymbol{j} & \boldsymbol{k}\\ 2 & 1 & 1\\ 2 & 1 & 2\end{vmatrix}=(1,-2,0),$$

$$\left|\boldsymbol{s}\times\overrightarrow{P_0P_1}\right|=\sqrt{1^2+(-2)^2+0^2}=\sqrt{5},\quad |\boldsymbol{s}|=\sqrt{2^2+1^2+1^2}=\sqrt{6},$$

故

$$d=\frac{\left|\boldsymbol{s}\times\overrightarrow{P_0P_1}\right|}{|\boldsymbol{s}|}=\frac{\sqrt{5}}{\sqrt{6}}=\frac{\sqrt{30}}{6}.$$

两平行直线间的距离问题可以转化为点到直线的距离问题.

3) 异面直线间的距离

设有两异面直线 L_1: $\dfrac{x-x_1}{m_1}=\dfrac{y-y_1}{n_1}=\dfrac{z-z_1}{p_1}$ 与 L_2: $\dfrac{x-x_2}{m_2}=\dfrac{y-y_2}{n_2}=\dfrac{z-z_2}{p_2}$, 记 $P_1(x_1,y_1,z_1)$, $P_2(x_2,y_2,z_2)$ 分别是 L_1, L_2 上的点. L_1, L_2 的方向向量 $\boldsymbol{s}_1=(m_1,n_1,p_1)$, $\boldsymbol{s}_2=(m_2,n_2,p_2)$ 分别与 L_1, L_2 的公垂线垂直, 所以 $\boldsymbol{s}_1\times\boldsymbol{s}_2$ 是 L_1, L_2 的公垂线的方向向量. $\overrightarrow{P_1P_2}$ 在 $\boldsymbol{s}_1\times\boldsymbol{s}_2$ 上的投影的绝对值就是 L_1 与 L_2 之间的距离 d, 即

$$d=\left|\mathrm{Prj}_{\boldsymbol{s}_1\times\boldsymbol{s}_2}\overrightarrow{P_1P_2}\right|=\left|\overrightarrow{P_1P_2}\cdot\frac{\boldsymbol{s}_1\times\boldsymbol{s}_2}{|\boldsymbol{s}_1\times\boldsymbol{s}_2|}\right|.$$

例 12　求两异面直线 L_1: $\dfrac{x}{1}=\dfrac{y}{2}=\dfrac{z}{3}$ 与 L_2: $x-2=y=z-3$ 之间的距离.

解　由于 $P_1(0,0,0)$ 在 L_1 上, $P_2(2,0,3)$ 在 L_2 上, $\overrightarrow{P_1P_2}=(2,0,3)$. L_1, L_2 的方向向量分别为 $\boldsymbol{s}_1=(1,2,3)$, $\boldsymbol{s}_2=(1,1,1)$. 于是

$$\boldsymbol{s}_1\times\boldsymbol{s}_2=\begin{vmatrix}\boldsymbol{i}&\boldsymbol{j}&\boldsymbol{k}\\1&2&3\\1&1&1\end{vmatrix}=(-1,2,-1),$$

L_1 与 L_2 之间的距离为

$$d=\left|\overrightarrow{P_1P_2}\cdot\frac{\boldsymbol{s}_1\times\boldsymbol{s}_2}{|\boldsymbol{s}_1\times\boldsymbol{s}_2|}\right|=\frac{|2\times(-1)+0\times2+3\times(-1)|}{\sqrt{(-1)^2+2^2+(-1)^2}}=\frac{5\sqrt{6}}{6}.$$

9.4.5　平面束

称通过给定直线 L 的所有平面的全体为通过直线 L 的**平面束**.

设直线 L 为

$$\begin{cases}A_1x+B_1y+C_1z+D_1=0,\\A_2x+B_2y+C_2z+D_2=0,\end{cases}\tag{13}$$

其中系数 A_1,B_1,C_1 和 A_2,B_2,C_2 不成比例.

对两个不同时为零的参数 λ_1 和 λ_2, 三元一次方程

$$\lambda_1(A_1x+B_1y+C_1z+D_1)+\lambda_2(A_2x+B_2y+C_2z+D_2)=0\tag{14}$$

的系数 $\lambda_1A_1+\lambda_2A_2,\lambda_1B_1+\lambda_2B_2,\lambda_1C_1+\lambda_2C_2$ 不全为零, 从而方程 (14) 是平面方程. 对直线 L 上任一点 $M(x,y,z)$, 由于 x,y,z 满足 (13) 中的两平面方程, 故也满

足 (14), 从而点 $M(x,y,z)$ 在 (14) 所确定的平面上. 因此 (14) 表示的平面通过直线 L. 反之, 通过直线 L 的任何一个平面 π 都可以写成 (14) 的形式.

除平面束 (14) 中平面: $A_2x+B_2y+C_2z+D_2=0$ 外, 平面束 (14) 中任一平面方程都可写成

$$A_1x+B_1y+C_1z+D_1+\lambda(A_2x+B_2y+C_2z+D_2)=0 \tag{15}$$

的形式, 应用中常常将通过给定直线 L 的平面束方程写成 (15) 的形式, 其中 λ 是参数.

例 13 求直线 L: $\begin{cases} x+y-z=1, \\ x-y+z=-1 \end{cases}$ 在平面 π: $x+y+z=0$ 上的投影直线方程 (图 9.25).

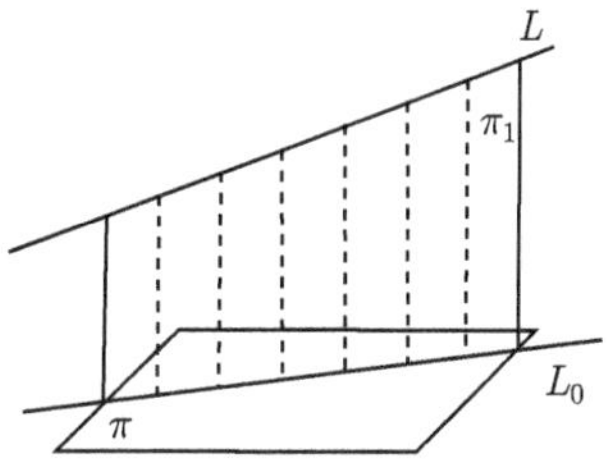

图 9.25

解 过 L 的平面束为

$$x+y-z-1+\lambda(x-y+z+1)=0,$$

即

$$(1+\lambda)x+(1-\lambda)y+(-1+\lambda)z-1+\lambda=0.$$

过交线 L 作平面 π 的垂面 π_1, 则 $\boldsymbol{n}_1=(1+\lambda,1-\lambda,-1+\lambda)$, 并且平面 π 的法向量 $\boldsymbol{n}=(1,1,1)$. 因为 $\pi\perp\pi_1$, 则 $\boldsymbol{n}_1\cdot\boldsymbol{n}=0$, 即 $(1+\lambda)+(1-\lambda)+(-1+\lambda)=0$. 由此得到 $\lambda=-1$, 从而 π_1: $2y-2z-2=0$, 即 π_1: $y-z-1=0$.

投影直线 L_0 应当是平面 π 与投影平面 π_1 的交线, 即

$$L_0:\begin{cases} x+y+z=0, \\ y-z-1=0. \end{cases}$$

例 14 求直线 L_1: $\begin{cases} x+y-z-1=0, \\ 2x+y-z-2=0 \end{cases}$ 与直线 L_2: $\dfrac{x}{-2}=\dfrac{y}{1}=\dfrac{z+2}{0}$ 间的距离.

解 过直线 L_1 作平行于 L_2 的平面 π, 则 L_2 上任一点到平面 π 的距离等于 L_2 与 L_1 间的距离, 且 $\boldsymbol{s}=(-2,1,0)$.

设平面 π 的方程为 $x+y-z-1+\lambda(2x+y-z-2)=0$, $\boldsymbol{n}=(1+2\lambda,1+\lambda,-1-\lambda)$, 由于 L_2 与 π 平行, 故

$$\boldsymbol{s}\cdot\boldsymbol{n}=-2(1+2\lambda)+(1+\lambda)+0(-1-\lambda)=0,$$

$$\lambda=-\frac{1}{3},$$

从而平面 π 的方程为 $x+2y-2z-1=0$. 在 L_2 任取一点 $M_0(0,0,-2)$, M_0 到 π 的距离为

$$d=\frac{|0\times1+0\times2+(-2)\times(-2)-1|}{\sqrt{1^2+2^2+(-2)^2}}=1,$$

故 L_1 与 L_2 的距离为 1.

习　题　9.4

1. 求过点 $(3,0,-1)$ 且与平面 $3x-7y+5z-12=0$ 平行的平面方程.

2. 求过点 $P(2,9,-6)$ 且与连接坐标原点及点 P 的线段 OP 垂直的平面方程.

3. 求过 $(1,1,-1)$, $(-2,-2,2)$, $(1,-1,2)$ 三点的平面方程.

4. 求过原点且垂直于两平面 $x-y+z-7=0$ 及 $3x-2y-12z+5=0$ 的平面方程.

5. 指出下列各平面的特殊位置, 并画出各平面.

(1) $x=0$;　(2) $3y-1=0$;　(3) $2x-3y-6=0$;

(4) $x-\sqrt{3}y=0$;　(5) $y+z=1$;　(6) $6x+5y-z=0$.

6. 求平面 $2x-2y+z+5=0$ 与各坐标面的夹角余弦.

7. 一平面过点 $(1,0,-1)$ 且平行于向量 $\boldsymbol{a}=(2,1,1)$ 和 $\boldsymbol{b}=(1,-1,0)$, 试求这平面方程.

8. 求三平面 $x+3y+z=1$, $2x-y-z=0$, $-x+2y+2z=3$ 的交点.

9. 分别按下列条件求平面方程.

(1) 平行于 zOx 面且经过点 $(2,-5,3)$;

(2) 通过 z 轴和点 $(-3,1,-2)$;

(3) 平行于 x 轴且经过两点 $(4,0,-2)$ 和 $(5,1,7)$.

10. 求点 $(1,2,1)$ 到平面 $x+2y+2z-10=0$ 的距离.

11. 确定参数 k 的值, 使平面 $x+ky-2z-9=0$ 满足下列条件之一:

(1) 经过点 $(5,-4,-6)$;

(2) 与平面 $2x+4y+3z=3$ 垂直;

(3) 与平面 $2x-3y+z=0$ 成 $\dfrac{\pi}{4}$ 的角;

(4) 与原点相距 3 个单位.

12. 求过两点 $(1,2,1)$ 与 $(-1,2,3)$ 的直线方程.

13. 求直线 $\begin{cases}2x-4y+z=0,\\ 3x-y-2z=9\end{cases}$ 在平面 $4x-y+z=1$ 上的投影直线方程.

14. 求直线 $\begin{cases} x-5y+2z=1, \\ 5y-z+2=0 \end{cases}$ 的点向式与参数式方程.

15. 求直线 $\dfrac{x-3}{3}=\dfrac{y+2}{2}=\dfrac{z}{1}$ 与平面 $x-3y+2z=0$ 的交点.

16. 求过点 $(2,2,-1)$ 且与平面 $3x-y+2z=4$ 垂直的直线方程.

17. 求过点 $(-1,2,1)$ 且与两平面 $x+y-2z=1$ 和 $x+2y-z=-1$ 平行的直线方程.

18. 求直线 $\begin{cases} 5x-3y+3z=9, \\ 3x-2y+z=1 \end{cases}$ 与直线 $\begin{cases} 2x+2y-z+23=0, \\ 3x+8y+z-18=0 \end{cases}$ 的夹角的余弦.

19. 求直线 $\begin{cases} x+y+3z=0, \\ x-y-z=0 \end{cases}$ 与平面 $x-y-z+1=0$ 的夹角.

20. 试确定下列各组中的直线和平面间的关系.

(1) $\dfrac{x+3}{-2}=\dfrac{y+4}{-7}=\dfrac{z}{3}$ 和 $4x-2y-2z=3$;

(2) $\dfrac{x}{3}=\dfrac{y}{-2}=\dfrac{z}{7}$ 和 $3x-2y+7z=8$;

(3) $\dfrac{x-2}{3}=\dfrac{y+2}{1}=\dfrac{z-3}{-4}$ 和 $x+y+z=3$.

21. 求过点 $(1,2,1)$ 与两直线

$$\begin{cases} x+2y-z+1=0, \\ x-y+z-1=0 \end{cases} \quad 和 \quad \begin{cases} 2x-y+z=0, \\ x-y+z=0 \end{cases}$$

平行的平面方程.

22. 求点 $(-1,2,0)$ 在平面 $x+2y-z+1=0$ 上的投影.

23. 求点 $(3,-1,2)$ 到直线 $\begin{cases} x+y-z+1=0, \\ 2x-y+z-4=0 \end{cases}$ 的距离.

9.5 空间曲面及其方程

空间中的一个平面上的所有点的坐标 (x,y,z) 都满足一个三元一次方程; 反之, 坐标满足一个三元一次方程的点形成一个平面. 本节进一步讨论空间中的曲面与三元方程 $F(x,y,z)=0$ 之间的关系.

给定空间直角坐标系中的一个曲面 S, 如果在 S 上的点 (x,y,z) 都满足方程 $F(x,y,z)=0$, 不在 S 上的点 (x,y,z) 都不满足方程 $F(x,y,z)=0$, 称这个方程

$F(x,y,z)=0$ 为曲面 S 的方程, 也称 S 为方程 $F(x,y,z)=0$ 的图形. 下面介绍几个简单常用的曲面方程.

9.5.1 球面

已知定点 $M_0(x_0,y_0,z_0)$, 曲面上任意一点 $M(x,y,z)$, M 与 M_0 的距离恒为常数 R, 试给出此曲面的方程.

由条件知, $|M_0M|^2=R^2$, 即所求的曲面方程为

$$(x-x_0)^2+(y-y_0)^2+(z-z_0)^2=R^2,$$

称为**球面方程** (图 9.26), 定点 $M_0(x_0,y_0,z_0)$ 为中心, R 为半径. 以原点为中心, 以 R 为半径的球面方程为 $x^2+y^2+z^2=R^2$.

把球面方程展开, 得球面的一般方程

$$x^2+y^2+z^2+ax+by+cz+d=0,$$

特点是: ① 它是一个三元二次方程; ② 二次项 x^2,y^2,z^2 的系数一定相同; ③ 方程中没有交叉项 xy,yz,xz; ④ 与平行于坐标轴的平面的截面均为圆.

9.5.2 旋转面

空间中一定曲线 c 绕定直线 L 旋转一周所得到的曲面称为**旋转曲面**, 直线 L 称**旋转轴**. 这里只介绍简单的旋转曲面.

在 yOz 平面上有一条平面曲线 c: $f(y,z)=0$, 将此曲线绕 z 轴旋转一周, 设 $M(x,y,z)$ 是旋转面上的任意一点, 并且是曲线 c 上的点 $M_0(0,y_0,z_0)$ 旋转所得的 (图 9.27), 则

$$z=z_0.$$

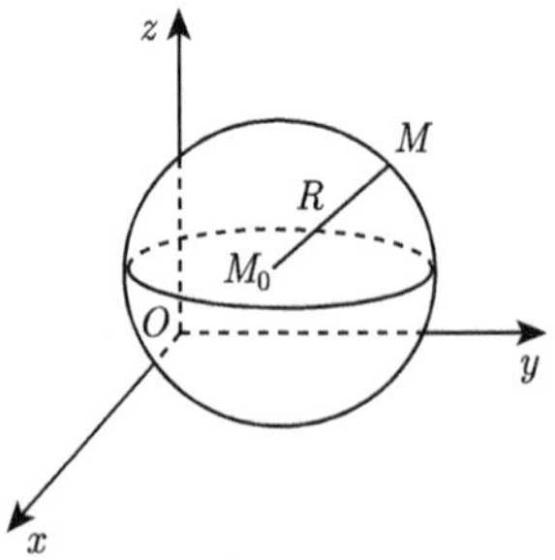

图 9.26

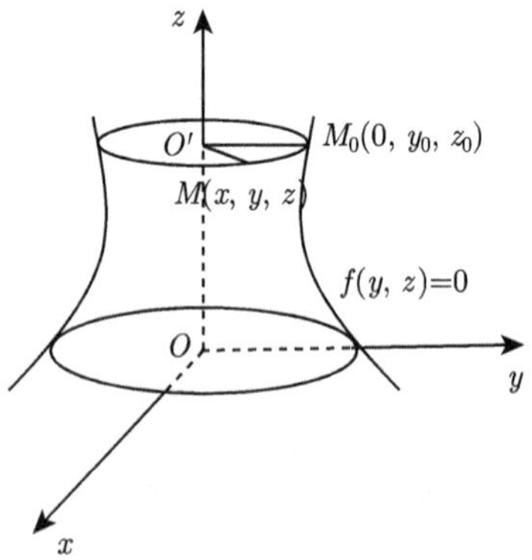

图 9.27

又因为 $M(x,y,z)$, $M_0(0,y_0,z_0)$ 到 z 轴距离相等, 所以 $|O'M|=|O'M_0|$, 其中 $O'(0,0,z_0)$, 有 $|y_0|=\sqrt{x^2+y^2}$, 即 $y_0=\pm\sqrt{x^2+y^2}$. 而 (y_0,z_0) 是 yOz 平面曲线 c 上的点, 则 $f(y_0,z_0)=0$, 即旋转面上的任意一点 $M(x,y,z)$ 满足

$$f(\pm\sqrt{x^2+y^2},z)=0.$$

反之, 不在旋转面上的点一定不满足此方程, 故 yOz 平面上曲线 c: $f(y,z)=0$ 绕 z 轴旋转一周, 所得的曲面方程为

$$f(\pm\sqrt{x^2+y^2},z)=0,$$

注意到, 此时 z 不变, 而 $y\to\pm\sqrt{x^2+y^2}$.

同理, 若将上面的曲线绕 y 轴旋转一周, 则旋转面的方程为

$$f(y,\pm\sqrt{x^2+z^2})=0.$$

此时 y 不变, 而 $z\to\pm\sqrt{x^2+z^2}$.

旋转曲面方程的特点为: ① 总有两个平方项系数相同; ② 垂直于旋转轴的平面与曲面的截面均为圆.

例 1 将 yOz 面上的椭圆 $\dfrac{y^2}{b^2}+\dfrac{z^2}{c^2}=1$ 与直线 $z=ky$ 分别绕 z 轴旋转一周, 写出旋转面的方程.

解 yOz 面上的曲线 c: $\dfrac{y^2}{b^2}+\dfrac{z^2}{c^2}=1$, 旋转轴为 z 轴, 则旋转面方程

$$\frac{x^2+y^2}{b^2}+\frac{z^2}{c^2}=1 \quad 或 \quad \frac{x^2}{b^2}+\frac{y^2}{b^2}+\frac{z^2}{c^2}=1$$

称为**旋转椭球面**.

yOz 面上的曲线 $L: z=ky$, 旋转轴为 z 轴, 则旋转面方程 (图 9.28) 为

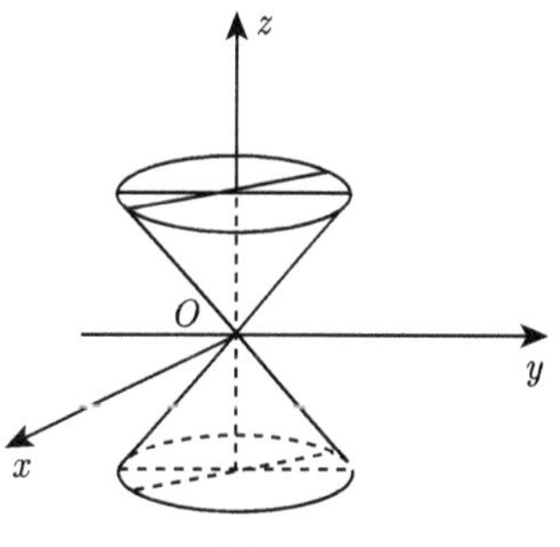

图 9.28

$$z=\pm k\sqrt{x^2+y^2} \quad 或 \quad z^2=k^2(x^2+y^2),$$

称直线 L 绕另一条与 L 相交的直线 L' 旋转一周所得的旋转面为**圆锥面**. L 与 L' 的交点叫圆锥面的顶点, 两直线的夹角叫做圆锥面的半顶角.

例 2 求双曲线 $\dfrac{x^2}{a^2}-\dfrac{z^2}{c^2}=1$ 分别绕 x 轴、z 轴旋转所得的曲面方程.

解 绕 x 轴旋转所成的旋转曲面称为**旋转双叶双曲面**, 方程为

$$\frac{x^2}{a^2}-\frac{y^2+z^2}{c^2}=1;$$

绕 z 轴旋转所成的旋转曲面称为**旋转单叶双曲面**, 方程为

$$\frac{x^2+y^2}{a^2}-\frac{z^2}{c^2}=1.$$

9.5.3　柱面

空间有一确定的曲线 C 和直线 L, 使直线 L 沿定曲线 C 平移, 所形成的曲面称为**柱面**, 其中曲线 C 称为柱面的准线, 而直线 L 称为柱面的母线.

一般给定一柱面后, 其母线是确定的, 但其准线是不唯一的, 即柱面上的任意一条曲线都可能成为柱面的准线.

下面建立准线为 xOy 平面上的曲线 C: $f(x,y)=0$, 母线平行于 z 轴的柱面 Σ 的方程.

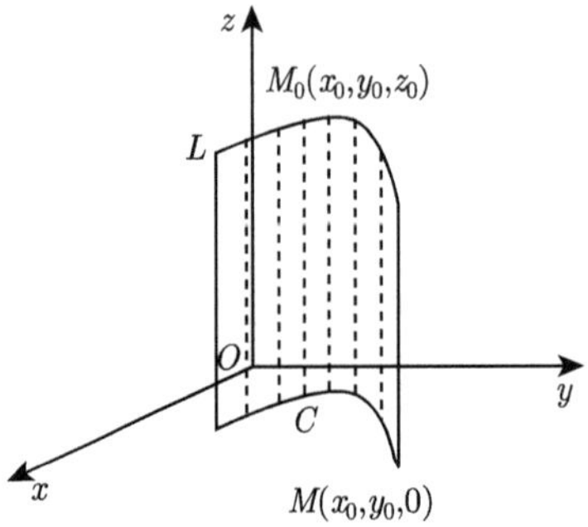

图 9.29

设 $M_0(x_0,y_0,z_0)$ 是柱面 Σ 上的任意一点 (图 9.29), M_0 在 xOy 平面上的投影点为 $M(x_0,y_0,0)$, 则 M 一定在平面曲线 C: $f(x,y)=0$ 上, 故其坐标 (x_0,y_0) 一定满足方程 $f(x,y)=0$, 即 $f(x_0,y_0)=0$; 由 M_0 在柱面上的任意性, 对于柱面上的任意点 $M(x,y,z)$, 其坐标均满足方程 $f(x,y)=0$; 反之, 如果点 $M(x,y,z)$ 不在柱面上, 则其投影点一定不在曲线 C 上, 坐标必然不满足方程 $f(x,y)=0$, 从而以 xOy 平面上的曲线 C: $f(x,y)=0$ 为准线, 母线平行于 z 轴的柱面 Σ 的方程为

$$f(x,y)=0.$$

在空间, 二元函数方程均表示空间的柱面: $f(x,y)=0$ 为母线平行于 z 轴的柱面; $g(y,z)=0$ 为母线平行于 x 轴的柱面. $h(x,z)=0$ 为母线平行于 y 轴的柱面. 例如, 方程 $\dfrac{x^2}{a^2}+\dfrac{y^2}{b^2}=1$, $\dfrac{x^2}{a^2}-\dfrac{y^2}{b^2}=1$, $y=ax^2$ 在空间直角坐标系下, 分别表示母线平行于 z 轴的椭圆柱面、双曲柱面和抛物柱面 (图 9.30).

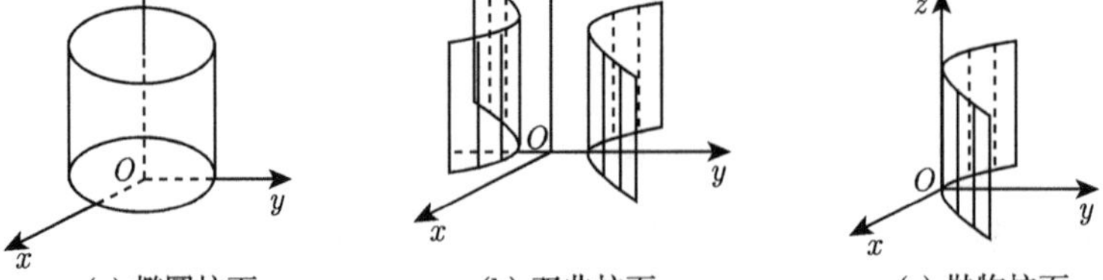

(a) 椭圆柱面　(b) 双曲柱面　(c) 抛物柱面

图 9.30

习 题 9.5

1. 一动点与两定点 $(2,3,1)$ 和 $(4,5,6)$ 等距离, 求这动点的轨迹方程.

2. 建立以点 $(1,3,-2)$ 为球心, 且通过坐标原点的球面方程.

3. 方程 $x^2+y^2+z^2-2x+4y+2z=0$ 表示什么曲面?

4. 求与坐标原点 O 及点 $(2,3,4)$ 的距离之比为 1: 2 的点的全体所组成的曲面的方程, 它表示怎样的曲面?

5. 将 zOx 坐标面上的抛物线 $z^2=5x$ 绕 x 轴旋转一周, 求所生成的旋转曲面的方程.

6. 将 zOx 坐标面上的圆 $x^2+z^2=9$ 绕 z 轴旋转一周, 求所生成的旋转曲面的方程.

7. 将 xOy 坐标面上的双曲线 $4x^2-9y^2=36$ 分别绕 x 轴及 y 轴旋转一周, 求所生成的旋转曲面方程.

9.6 空间曲线及其方程

9.6.1 空间曲线的一般方程

空间中的曲线可以视为通过它的两个曲面的交线, 即

$$C:\begin{cases}F_1(x,y,z)=0,\\F_2(x,y,z)=0,\end{cases}\tag{1}$$

称 (1) 为空间曲线的**一般方程**.

例 1 曲线 $\begin{cases}x^2+y^2=1,\\z=0\end{cases}$ 表示圆柱面 $x^2+y^2=1$ 与坐标平面 $z=0$ 的交线, 是位于平面 $z=0$ 上的圆 $x^2+y^2=1$.

曲线 $\begin{cases}x^2+y^2=1,\\z=3\end{cases}$ 表示圆柱面 $x^2+y^2=1$ 与平面 $z=3$ 的交线, 是位于平面 $z=3$ 上的圆 $x^2+y^2=1$.

例 2 球面 $x^2+y^2+z^2=9$ 与平面 $x+y+z=0$ 的交线

$$C:\begin{cases}x^2+y^2+z^2=9,\\x+y+z=0\end{cases}$$

为平面 $x+y+z=0$ 上的圆.

例 3　画出上半球面 $z=\sqrt{a^2-x^2-y^2}$ 与圆柱面 $\left(x-\dfrac{a}{2}\right)^2+y^2=\dfrac{a^2}{4}$ 的交线.

解　C: $\begin{cases} z=\sqrt{a^2-x^2-y^2}, \\ \left(x-\dfrac{a}{2}\right)^2+y^2=\dfrac{a^2}{4}, \end{cases}$ 如图 9.31 所示.

9.6.2　空间曲线的参数方程

有时空间中的曲线 C 的方程也可以用参数方程表示成如下形式:

$$C:\begin{cases} x=x(t), \\ y=y(t), \qquad t\in[\alpha,\beta]. \\ z=z(t), \end{cases}$$

例 4　一质点位于坐标系的 $(a,0,0)$ 处, 以等角速度 ω 绕 z 轴旋转, 同时以线速度 v 沿 z 轴正方向做匀速直线运动 (图 9.32), 试写出质点的轨迹方程.

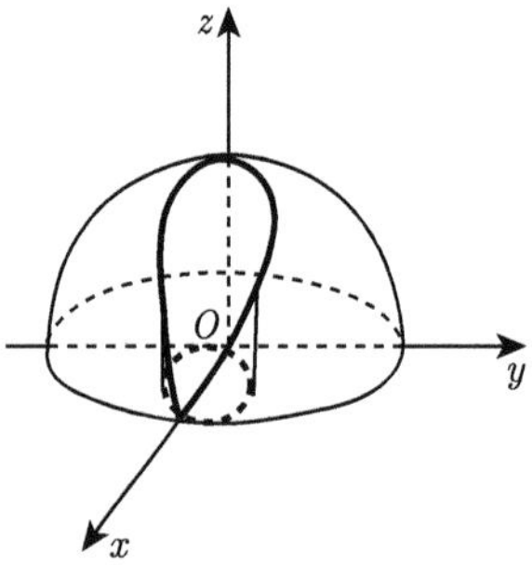

图 9.31

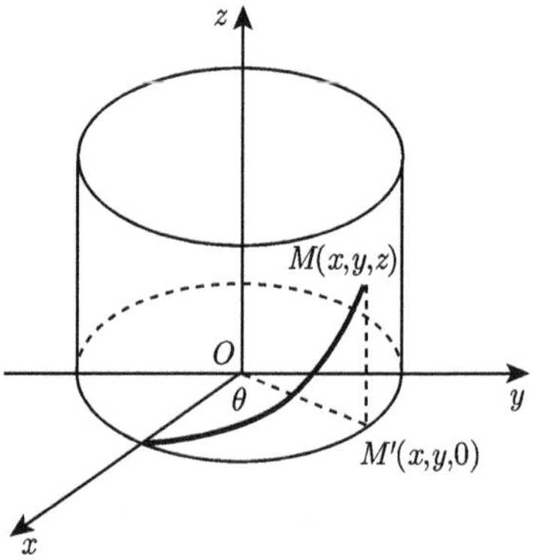

图 9.32

解　取时间变量 t 作为参数, 从时刻 $t=0$ 开始到某时刻 t, 质点位于点 $M(x,y,z)$ 处, 设质点所转过的角度为 θ, 则 $\theta=\omega t$, 并有

$$x=a\cos\theta=a\cos\omega t,\quad y=a\sin\theta=a\sin\omega t,\quad z=vt,$$

质点的轨迹方程称为螺旋线的参数方程:

$$C:\begin{cases} x=a\cos\omega t, \\ y=a\sin\omega t, \qquad 0\leqslant t<+\infty. \\ z=vt, \end{cases}$$

也可以用其他变量作为参数. 例如, 若选择参数为 θ, 且记 $\dfrac{v}{\omega}=b$, 则螺旋线的

参数方程可写为

$$C:\begin{cases} x=a\cos\theta, \\ y=a\sin\theta, \qquad 0\leqslant\theta<+\infty. \\ z=b\theta, \end{cases}$$

9.6.3 空间曲线在坐标平面上的投影曲线

设 C 是一条空间曲线, π 是一个平面, 以 C 为准线, 作母线垂直于 π 的柱面, 该柱面与平面 π 的交线叫做 C 在平面 π 上的**投影曲线**, 简称**投影**.

设空间曲线的方程是曲面的交线形式:

$$C:\begin{cases} F_1(x,y,z)=0, \\ F_2(x,y,z)=0. \end{cases} \tag{2}$$

下面我们研究 C 在 xOy 坐标面上的投影曲线的方程.

从方程组 (2) 中消去 z, 可得方程

$$H(x,y)=0,$$

这是一个包含交线 C 的, 且以 C 为准线, 母线垂直于 xOy 面的柱面方程, 故曲线

$$C_0:\begin{cases} H(x,y)=0, \\ z=0 \end{cases}$$

为曲线 C 在 xOy 面上的投影.

同理, 可以写出空间曲线 C 在其他坐标面上的投影曲线的方程.

例 5 写出空间曲线 C: $\begin{cases} x^2+y^2+z^2=1, \\ x+y+z=0 \end{cases}$ 在 xOy 坐标面上的投影曲线的方程.

解 将 $z=-x-y$ 代入第一个方程中, 得

$$x^2+y^2+(x+y)^2=1,$$

所以在 xOy 面上的投影曲线的方程为

$$\begin{cases} x^2+y^2+(x+y)^2=1, \\ z=0. \end{cases}$$

例 6 求上半球面 $z=\sqrt{2-x^2-y^2}$ 与抛物旋转面 $z=x^2+y^2$ 的交线在 xOy 面上的投影曲线.

解　交线方程

$$\begin{cases} z=\sqrt{2-x^2-y^2}, \\ z=x^2+y^2, \end{cases}$$

由于交线位于平行于 xOy 面的平面上, 消去 x,y 得 $z^2=2-z$, 即 $z^2+z-2=0$, 解得 $z=1, z=-2$. 故交线所在的平面为 $z=1$, 所求的投影柱面为 $x^2+y^2=1$, 投影曲线为

$$\begin{cases} x^2+y^2=1, \\ z=0, \end{cases}$$

即为 xOy 面上的单位圆 $x^2+y^2=1$.

9.6.4　空间区域 Ω 或空间曲面 Σ 在坐标平面上的投影区域 σ

在积分的计算中, 经常需要确定空间的立体或曲面在坐标平面上的投影区域. 下面举例说明求空间区域 Ω 或空间曲面 Σ 在 xOy 面上的投影区域 σ 的方法.

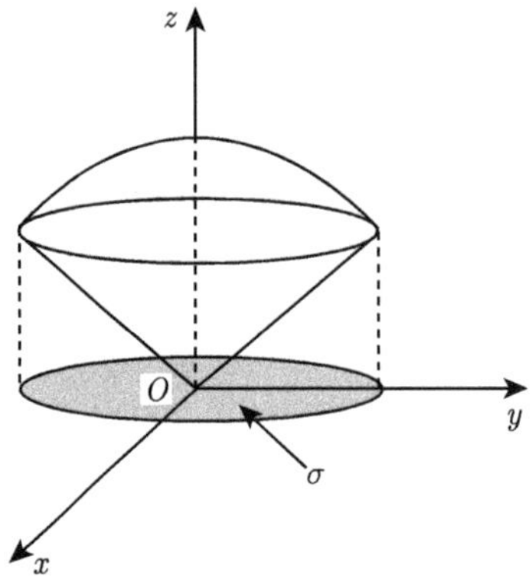

图 9.33

(1) 将 Ω 或 Σ 向 xOy 面作投影, 得到的投影柱面是与 Ω 的表面或 Σ 相切的而且母线平行于 z 轴的柱面 $H(x,y)=0$;

(2) 投影曲线 C_0: $\begin{cases} H(x,y)=0, \\ z=0 \end{cases}$ 是闭曲线, 且 C_0 内的点均为空间区域 Ω 或 Σ 上点的投影点, 则投影区域为 σ: $\begin{cases} H(x,y)\leqslant 0, \\ z=0. \end{cases}$

例 7　求上半球面 $z=\sqrt{4-x^2-y^2}$ 与圆锥面 $z=\sqrt{3(x^2+y^2)}$ 所围成的空间区域在 xOy 面上的投影区域 σ (图 9.33).

解　消去 z, 得 $\sqrt{4-x^2-y^2}=\sqrt{3(x^2+y^2)}$, 即投影柱面为

$$x^2+y^2=1,$$

投影曲线为

$$\begin{cases} x^2+y^2=1, \\ z=0, \end{cases}$$

投影区域

$$\sigma: \begin{cases} x^2+y^2\leqslant 1, \\ z=0. \end{cases}$$

例 8 求空间区域 $x^2+y^2+z^2\leqslant R^2$ 与 $x^2+y^2+(z-R)^2\leqslant R^2$ 的公共部分在 xOy 坐标面上的投影区域.

解 由曲面方程 $x^2+y^2+z^2=R^2$ 与 $x^2+y^2+(z-R)^2=R^2$ 联立, 得到

$$R^2-z^2=2Rz-z^2,\quad 即\quad z=\frac{R}{2},$$

从而投影柱面为

$$x^2+y^2=\frac{3R^2}{4},$$

故投影区域 σ: $\begin{cases} x^2+y^2\leqslant\dfrac{3R^2}{4}, \\ z=0 \end{cases}$ 为 xOy 坐标面上的圆形区域.

例 9 画出旋转抛物面 $z=x^2+y^2(0\leqslant z\leqslant 3)$ 在三个坐标面上的投影区域.

解 如图 9.34,

$$\sigma_{xy}:\begin{cases} x^2+y^2\leqslant 3, \\ z=0; \end{cases}\qquad \sigma_{xz}:\begin{cases} x^2\leqslant z\leqslant 3, \\ y=0; \end{cases}\qquad \sigma_{yz}:\begin{cases} y^2\leqslant z\leqslant 3, \\ x=0. \end{cases}$$

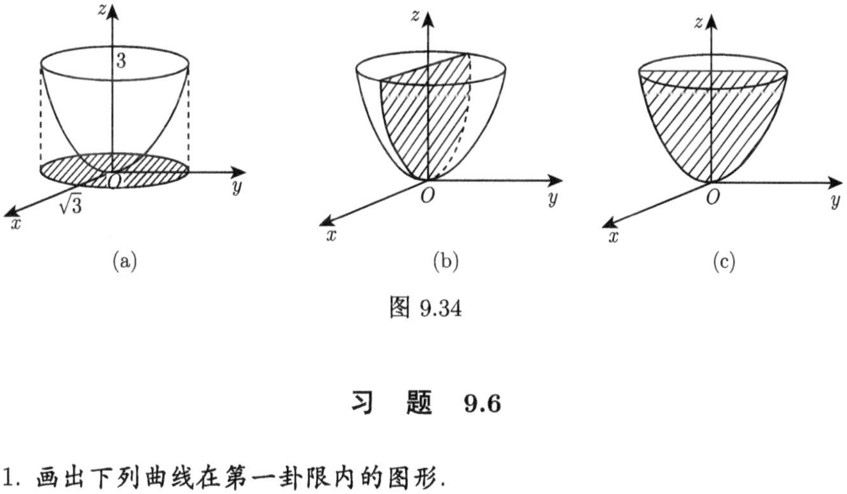

图 9.34

习 题 9.6

1. 画出下列曲线在第一卦限内的图形.

(1) $\begin{cases} x=1, \\ y=2; \end{cases}$ (2) $\begin{cases} z=\sqrt{4-x^2-y^2}, \\ x-y=0; \end{cases}$ (3) $\begin{cases} x^2+y^2=a^2, \\ x^2+z^2=a^2. \end{cases}$

2. 指出下方程组在平面解析几何中与在空间解析几何中分别表示什么图形.

(1) $\begin{cases} y=5x+1, \\ y=2x-3; \end{cases}$ (2) $\begin{cases} \dfrac{x^2}{4}+\dfrac{y^2}{9}=1, \\ y=3. \end{cases}$

3. 分别求母线平行于 x 轴及 y 轴而且通过曲线 $\begin{cases} 2x^2+y^2+z^2=16, \\ x^2+z^2-y^2=0 \end{cases}$ 的柱面方程.

4. 求球面 $x^2+y^2+z^2=9$ 与平面 $x+z=1$ 的交线在 xOy 面上的投影曲线的方程.

5. 求螺旋线 $\begin{cases} x=a\cos\theta, \\ y=a\sin\theta, \quad 0\leqslant\theta<+\infty \\ z=b\theta, \end{cases}$ 在三个坐标面上的投影曲线的直角坐标方程.

6. 求上半球 $0\leqslant z\leqslant\sqrt{a^2-x^2-y^2}$ 与圆柱体 $x^2+y^2\leqslant ax(a>0)$ 的公共部分在 xOy 面和 xOz 上的投影区域.

7. 求抛物面 $z=x^2+2y^2(0\leqslant z\leqslant 1)$ 在三坐标面上的投影区域.

9.7 二次曲面

把三元二次方程所表示的曲面称为二次曲面, 二次曲面的一般方程为

$$ax^2+by^2+cz^2+a_1xy+b_1xz+c_1yz+a_2x+b_2y+c_2z+d=0.$$

常见的二次曲面可分为如下几种:

椭圆锥面 $\dfrac{x^2}{a^2}+\dfrac{y^2}{b^2}=z^2$ (图 9.35).

以平面 $z=t$ 截此曲面, 当 $t=0$ 时得一点 $(0,0,0)$; 当 $t\neq 0$ 时得平面 $z=t$ 上的椭圆 $\dfrac{x^2}{(at)^2}+\dfrac{y^2}{(bt)^2}=1$; 当 t 变化时, 上式表示一族长短比例不变的椭圆; 当 $|t|$ 从大到小变为 0 时, 这族椭圆从大到小并缩为一点. 综合上述讨论, 可得椭圆锥面的图形.

平面 $z=t$ 与曲面的交线称为**截痕**; 综合截痕的变化得出曲面的形状, 这样的方法称为**截痕法**.

椭球面 $\dfrac{x^2}{a^2}+\dfrac{y^2}{b^2}+\dfrac{z^2}{c^2}=1$ $(|x|\leqslant a,\ |y|\leqslant b, |z|\leqslant c)$ (图 9.36).

若令 $|z_0|\leqslant c$, 则椭球面 $\dfrac{x^2}{a^2}+\dfrac{y^2}{b^2}+\dfrac{z^2}{c^2}=1$ 与平面 $z=z_0$ 的截痕为 $z=z_0$ 上的椭圆 $\dfrac{x^2}{a^2}+\dfrac{y^2}{b^2}=1-\dfrac{z_0^2}{c^2}$.

若 $a=b=c$ 时, 则 $x^2+y^2+z^2=a^2$ 为球面.

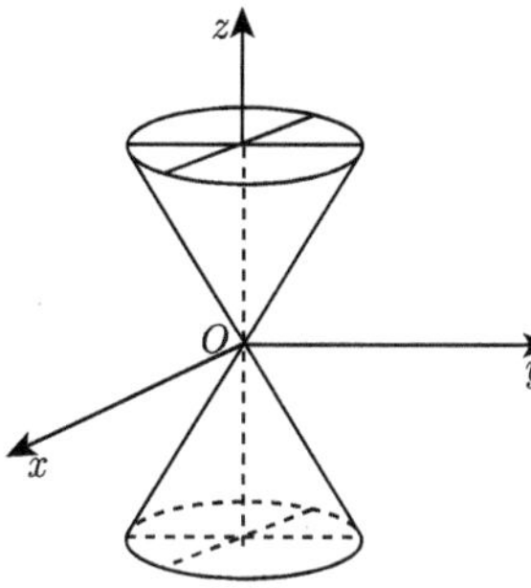

图 9.35

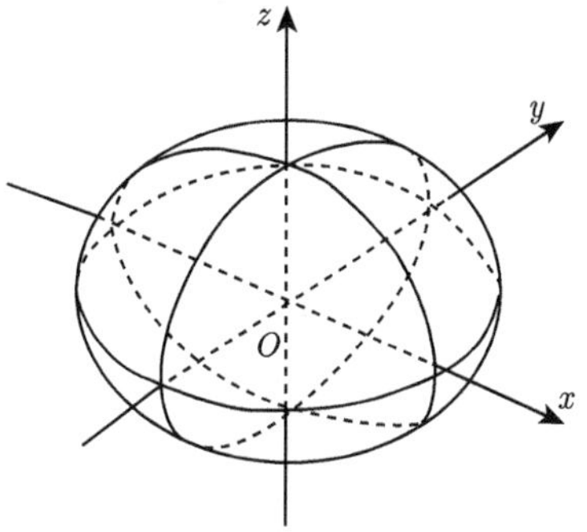

图 9.36

椭圆抛物面 $\dfrac{x^2}{a^2}+\dfrac{y^2}{b^2}=kz$ (图 9.37).

曲面与平面 $z=z_0$ 的交线均为椭圆 $\dfrac{x^2}{a^2}+\dfrac{y^2}{b^2}=kz_0$; 曲面与平面 $x=x_0$ 或 $y=y_0$ 的交线均为抛物线

$$kz=\frac{x_0^2}{a^2}+\frac{y^2}{b^2},\quad kz=\frac{x^2}{a^2}+\frac{y_0^2}{b^2}.$$

双曲抛物面 (马鞍面) $\dfrac{x^2}{a^2}-\dfrac{y^2}{b^2}=z$ (图 9.38).

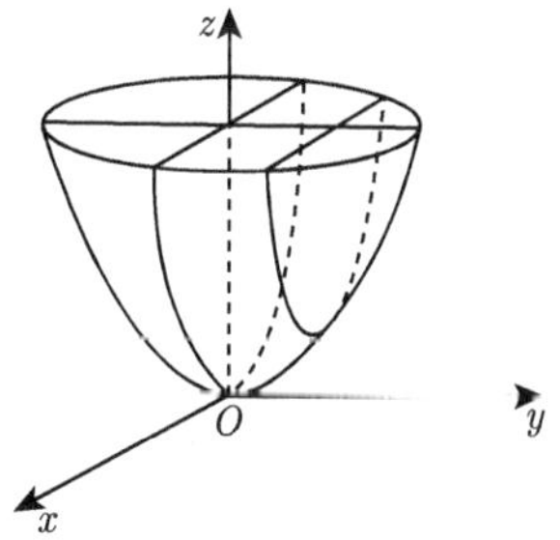

图 9.37

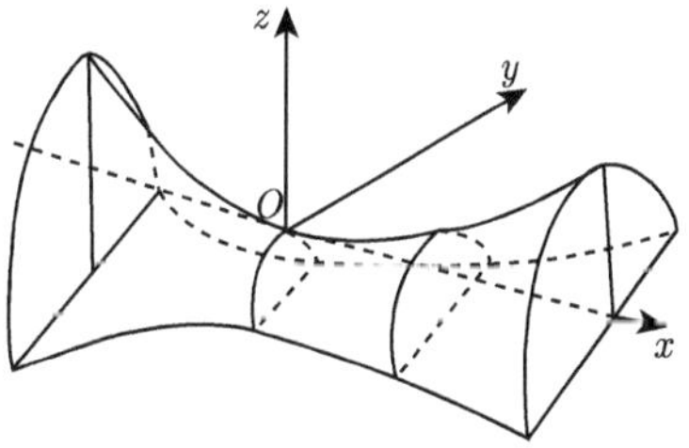

图 9.38

用平面 $x=x_0$ 截此曲面, 所得截痕是开口向下的抛物线, 截痕方程为

$$C:\begin{cases}\dfrac{x_0^2}{a^2}-\dfrac{y^2}{b^2}=z,\\ x=x_0,\end{cases}$$

其顶点坐标为 $x=x_0,\ y=0,\ z=\dfrac{x_0^2}{a^2}$. 当 x_0 变化时, C 的形状不变, 位置只做平移,

且 C 的顶点的轨迹为抛物线

$$L: \begin{cases} z = \dfrac{x_0^2}{a^2}, \\ y = 0, \end{cases}$$

因此, 以 C 为母线, L 为准线, 母线 C 的顶点在准线 L 上滑动, 且母线做平行移动, 这样得到的曲面便是双曲抛物面. 曲面与平面 $y = y_0$ 的交线是开口向下的抛物线; 曲面与平面 $z = z_0$ 的交线是双曲线.

单叶双曲面　$\dfrac{x^2}{a^2} + \dfrac{y^2}{b^2} - \dfrac{z^2}{c^2} = 1$ (图 9.39).

其方程特点为两个平方项的系数为正.

双叶双曲面　$\dfrac{x^2}{a^2} - \dfrac{y^2}{b^2} - \dfrac{z^2}{c^2} = 1$ (图 9.39).

其方程特点为两个平方项的系数为负.

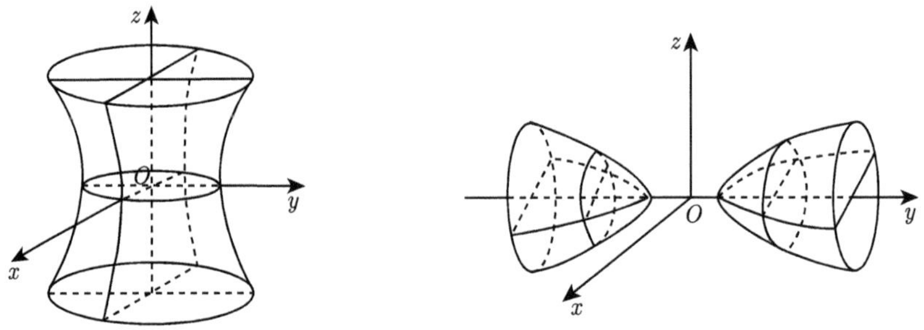

(a) 单叶双曲面　　(b) 双叶双曲面

图 9.39

椭圆柱面　$\dfrac{x^2}{a^2} + \dfrac{y^2}{b^2} = 1$.

椭圆柱面是以 xOy 平面上的双曲线 $\dfrac{x^2}{a^2} + \dfrac{y^2}{b^2} = 1$ 为准线、母线平行于 z 轴的柱面.

双曲柱面　$\dfrac{x^2}{a^2} - \dfrac{y^2}{b^2} = 1$.

双曲柱面是以 xOy 平面上的双曲线 $\dfrac{x^2}{a^2} - \dfrac{y^2}{b^2} = 1$ 为准线、母线平行于 z 轴的柱面.

抛物柱面　$x^2 = ay$.

抛物柱面是以 xOy 平面上的抛物线 $x^2 = ay$ 为准线、母线平行于 z 轴的柱面.

习题 9.7

1. 画出下列各方程所表示的曲面.

(1) $\left(x-\dfrac{a}{2}\right)^2+y^2=\left(\dfrac{a}{2}\right)^2$;　　(2) $-\dfrac{x^2}{4}+\dfrac{y^2}{9}=1$;

(3) $\dfrac{x^2}{9}+\dfrac{z^2}{4}=1$;　　(4) $y^2-z=0$;

(5) $z=2-x^2$.

2. 指出下列方程在平面解析几何中和在空间解析几何中分别表示什么图形.

(1) $x=1$;　　(2) $y=x+2$;

(3) $x^2+y^2=1$;　　(4) $x^2-y^2=1$.

3. 说明下列旋转曲面是怎样形成的?

(1) $\dfrac{x^2}{4}+\dfrac{y^2}{9}+\dfrac{z^2}{9}=1$;　　(2) $x^2-\dfrac{y^2}{4}+z^2=1$;

(3) $x^2-y^2-z^2=1$;　　(4) $(z-1)^2=x^2+y^2$.

4. 画出下列方程所表示的曲面.

(1) $4x^2+y^2-z^2=4$;　　(2) $x^2-y^2-4z^2=4$;

(3) $\dfrac{z}{3}=\dfrac{x^2}{4}+\dfrac{y^2}{9}$.

5. 画出下列各曲面所围成的立体图形.

(1) 抛物柱面 $2y^2=x$, 平面 $z=0$ 及 $\dfrac{x}{4}+\dfrac{y}{2}+\dfrac{z}{2}=1$;

(2) 抛物柱面 $x^2=1-z$, 平面 $y=0$, $z=0$ 及 $x+y=1$;

(3) 圆锥面 $z=\sqrt{x^2+y^2}$ 及旋转抛物面 $z=2-x^2-y^2$;

(4) 旋转抛物面 $z=x^2+y^2$, 柱面 $x=y^2$, 平面 $z=0$ 及 $x=1$.

9.8 例题选讲

例 1　若 $a(1-m)+b(l-1)\neq 0$, 试证两直线 $x=y=z$ 和 $\begin{cases} x=lz+a, \\ y=mz+b \end{cases}$ 为异面直线, 并求它们的公垂线方程与距离.

证明　直线 $x=y=z$ 通过点 $P_1(0,0,0)$, 其方向向量 $\boldsymbol{s}_1=(1,1,1)$; 直线 $\begin{cases} x=lz+a, \\ y=mz+b \end{cases}$ 通过点 $P_2(a,b,0)$, 其方向向量 $\boldsymbol{s}_2=(l,m,1)$, 则有 $\overrightarrow{P_1P_2}=(a,b,0)$.

由于

$$\begin{vmatrix} a & b & 0 \\ 1 & 1 & 1 \\ l & m & 1 \end{vmatrix} = a(1-m)+b(l-1)\neq 0,$$

所以两直线 $x=y=z$ 和 $\begin{cases} x=lz+a, \\ y=mz+b \end{cases}$ 为异面直线.

公垂线的方向向量

$$\boldsymbol{s}=\boldsymbol{s}_1\times\boldsymbol{s}_2=\begin{vmatrix} \boldsymbol{i} & \boldsymbol{j} & \boldsymbol{k} \\ 1 & 1 & 1 \\ l & m & 1 \end{vmatrix}=(1-m,l-1,m-l),$$

则公垂线方程为

$$[\overrightarrow{PP_1}\ \boldsymbol{s}\ \boldsymbol{s}_1]=0,\quad [\overrightarrow{PP_2}\ \boldsymbol{s}\ \boldsymbol{s}_2]=0,$$

即公垂线方程为

$$\begin{vmatrix} x & y & z \\ 1 & 1 & 1 \\ 1-m & l-1 & m-l \end{vmatrix}=0,\quad \begin{vmatrix} x-a & y-b & z \\ l & m & 1 \\ 1-m & l-1 & m-l \end{vmatrix}=0,$$

两直线的距离为

$$d=\left|\overrightarrow{P_1P_2}\cdot\frac{\boldsymbol{s}}{|\boldsymbol{s}|}\right|=\frac{|a(1-m)+b(l-1)|}{\sqrt{(1-m)^2+(l-1)^2+(m-l)^2}}.$$

例 2　过 x 轴作球面 $(x+5)^2+(y-8)^2+(z+1)^2=16$ 的切平面.

解　球心为 $M_0(-5,8,-1)$, 半径为 $R=4$, 由于切平面过 x 轴, 故设所求的切平面方程为 $By+Cz=0$, 则 $\dfrac{|8B-C|}{\sqrt{B^2+C^2}}=4$, 即

$$48B^2-16BC-15C^2=0,$$

由此得

$$B=\frac{3}{4}C\quad 或\quad B=-\frac{5}{12}C,$$

所以切平面方程为

$$\frac{3}{4}Cy+Cz=0\quad 或\quad -\frac{5}{12}Cy+Cz=0,$$

即 $3y+4z=0$ 或 $5y-12z=0$.

例 3 柱面的母线平行于直线 $x=y=z$, 准线为 $\begin{cases} x^2+y^2+z^2=1, \\ x+y+z=0, \end{cases}$ 求柱面的方程.

解 设 (x_0,y_0,z_0) 为准线上任一点, 即满足 $\begin{cases} x_0^2+y_0^2+z_0^2=1, \\ x_0+y_0+z_0=0, \end{cases}$ 则柱面的母线方程为

$$x-x_0=y-y_0=z-z_0,$$

即 $y_0=y-x+x_0$, $z_0=z-x+x_0$, 代入 $x_0+y_0+z_0=0$, 得

$$x_0=\frac{2x-y-z}{3},\quad y_0=\frac{2y-z-x}{3},\quad z_0=\frac{2z-y-x}{3},$$

再代入 $x_0^2+y_0^2+z_0^2=1$, 化简后得

$$x^2+y^2+z^2-xy-yz-zx-\frac{3}{2}=0.$$

例 4 求直线 $L:\dfrac{x-1}{0}=\dfrac{y}{1}=\dfrac{z}{1}$ 绕 z 轴旋转所生成的旋转曲面的方程.

解 在直线 L 上任取一点 (x_0,y_0,z_0), 由于直线绕 z 轴旋转, 则旋转曲面满足

$$\begin{cases} \sqrt{x^2+y^2}=\sqrt{x_0^2+y_0^2}, \\ z=z_0, \end{cases}$$

而 x_0,y_0,z_0 满足 $x_0=1, y_0=z_0$, 代入上式, 得旋转曲面的方程为

$$x^2+y^2-z^2-1=0.$$

例 5 圆柱面的轴线是 L: $\dfrac{x}{1}=\dfrac{y-1}{2}=\dfrac{z-2}{0}$, 点 $P_0(1,-1,0)$ 是圆柱面上一点, 求圆柱面的方程.

解 点 P_0 到 L 的距离 d 就是圆柱面的底面半径, 在 L 上取一点 $P_1(0,1,2)$, L 的方向向量 $\boldsymbol{s}=(1,2,0)$, 则由点到直线的距离公式有

$$d=\frac{\left|\boldsymbol{s}\times\overrightarrow{P_1P_0}\right|}{|\boldsymbol{s}|}=\frac{\left\|\begin{vmatrix} \boldsymbol{i} & \boldsymbol{j} & \boldsymbol{k} \\ 1 & 2 & 0 \\ 1 & -2 & -2 \end{vmatrix}\right\|}{\sqrt{1^2+2^2+0^2}}=\frac{6}{\sqrt{5}}.$$

设 $P(x,y,z)$ 是柱面上任一点, 则 P 到轴线的距离为 d, 即 $\left|\boldsymbol{s}\times\overrightarrow{P_1P}\right|=\left|\boldsymbol{s}\times\overrightarrow{P_1P_0}\right|$, 而

$$\boldsymbol{s}\times\overrightarrow{P_1P}=\begin{vmatrix} \boldsymbol{i} & \boldsymbol{j} & \boldsymbol{k} \\ 1 & 2 & 0 \\ x & y-1 & z-2 \end{vmatrix}=(2(z-2),-(z-2),(y-1)-2x),$$

从而 $5(z-2)^2+(2x-y+1)^2=\dfrac{36}{5}$, 即为所求圆柱面的方程.

例 6　设 a,b,c 为非零常数, 求以曲线 $\Gamma:\begin{cases}F(cx,cy)=0,\\ z=0\end{cases}$ 为准线, 母线平行于 $\boldsymbol{l}=(a,b,c)$ 的柱面方程.

解　取 Γ 上任一点 $P_0(x_0,y_0,0)$, 以 $\boldsymbol{l}=(a,b,c)$ 为方向向量的直线方程是

$$\frac{x-x_0}{a}=\frac{y-y_0}{b}=\frac{z}{c},$$

参数方程为

$$x=x_0+at,\quad y=y_0+bt,\quad z=ct,$$

即有 $cx_0=cx-az,\ cy_0=cy-bz$.

这些直线上的点即为柱面 S 上的点 (x,y,z), 满足

$$F(cx_0,cy_0)=F(cx-az,cy-bz)=0,$$

所以柱面 S 的方程为

$$F(cx-az,cy-bz)=0.$$

习　题　9.8

1. 求直线 $L:\dfrac{x-1}{1}=\dfrac{y}{1}=\dfrac{z-1}{-1}$ 在平面 $\pi:x-y+2z-1=0$ 上的投影直线 L_0 的方程, 并求 L_0 绕 y 轴旋转一周所成的曲面方程.

2. 柱面的母线平行于直线 $\dfrac{x-1}{1}=\dfrac{y}{2}=\dfrac{z-3}{-1}$, 准线为 $\begin{cases}x^2+y^2+z^2=1,\\ x+y+z=0,\end{cases}$ 求柱面的方程.

3. 求直线 $L:\dfrac{x+1}{2}=\dfrac{y-1}{1}=\dfrac{z}{-1}$ 绕 z 轴旋转所生成的旋转曲面的方程.

4. 圆柱面的轴线是 $L:\dfrac{x}{0}=\dfrac{y}{-2}=\dfrac{z+2}{1}$, 点 $P_0(1,2,0)$ 是圆柱面上的一点, 求圆柱面的方程.

5. 求以曲线 $\Gamma:\begin{cases}y^2=2px,\\ z=0\end{cases}$ 为准线, $\boldsymbol{s}=(l,m,n)$ 为母线方向向量的柱面方程.

6. 求曲线 $\begin{cases}(x+2)^2-z^2=4,\\ (x-2)^2+y^2=4\end{cases}$ 在 yOz 平面上的投影方程.

第 10 章　多元函数微分学

前面介绍了一元函数的微分学, 由于现实中许多事情是受多方面因素制约的, 所以在数量关系上必须研究依赖多个自变量的函数, 即多元函数. 多元函数微积分学的内容和方法都与一元函数的内容和方法紧密相关, 但由于变量的增加, 问题更加复杂多样. 本章介绍多元函数的基本概念及其微分学.

10.1　多元函数的基本概念

10.1.1　预备知识

定义 10.1　称 n 元有序实数组 $(x_1, x_2, \cdots, x_n)(x_i \in \mathbf{R})$ 为一个 n **维点** (或 n 维向量), 所有 n 维点构成的集合叫做 n 维空间, 记为 $\mathbf{R}^n$. 点 $(0, 0, \cdots, 0)$ 称为 n 维空间的原点.

所有实数构成一维空间 $\mathbf{R}$, 几何上就是数轴; 所有实数数组 (x, y) 的集合为二维空间 $\mathbf{R}^2$, 几何上是坐标平面; 所有实数数组 (x, y, z) 的集合为三维空间 $\mathbf{R}^3$, 日常说的空间就是三维空间. 当 $n > 3$ 时, 空间 $\mathbf{R}^n$ 没有直观的几何形象, 但它们客观上是存在的. 比如, “时–空” 空间是四维空间. 我们常常可以借助于二维、三维空间来想象三维以上的空间.

定义 10.2　$\mathbf{R}^n$ 中任意两点 $A(x_1, x_2, \cdots, x_n)$ 和 $B(y_1, y_2, \cdots, y_n)$ 间的距离 $\rho(A, B)$ 规定为

$$\rho(A, B) = \sqrt{(x_1 - y_1)^2 + (x_2 - y_2)^2 + \cdots + (x_n - y_n)^2}.$$

这与 n 维向量的模 (范数) 的定义是一致的. 可以证明, 若 P_1, P_2, P_3 是三个 n 维点, 则有 “三角不等式”:

$$\rho(P_1, P_3) \leqslant \rho(P_1, P_2) + \rho(P_2, P_3).$$

定义 10.3　设 $P_0 \in \mathbf{R}^n$, 常数 $\delta > 0$, 则称 $\mathbf{R}^n$ 的子集

$$\{P \,|\, \rho(P, P_0) < \delta, P \in \mathbf{R}^n\}$$

为点 P_0 的 δ **邻域**, 记为 $U_\delta(P_0)$.

$U_\delta(P_0)$ 是以 P_0 为中心, δ 为半径的 "n 维球" 内部所有点的集合. 当我们不关心半径 δ 的大小时, 就把它称为 P_0 的邻域, 记为 $U(P_0)$. 用 $\mathring{U}_\delta(P_0)$ 表示点 P_0 的去心 δ 邻域.

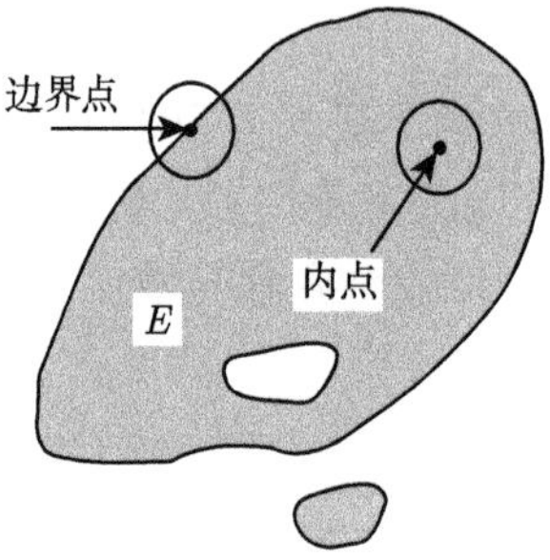

图 10.1

定义 10.4　对集合 $E \subseteq \mathbf{R}^n$, 点 $P_0 \in \mathbf{R}^n$, 若 $\exists \delta > 0$, 使 $U_\delta(P_0) \subseteq E$, 则称 P_0 为 E 的**内点**. 若 P_0 的任何邻域内部有属于 E 的点, 也有不属于 E 的点 (P_0 可以属于 E, 也可以不属于 E), 则称 P_0 为 E 的**边界点**. E 的边界点的全体称为 E 的**边界**, 记为 ∂E (图 10.1).

定义 10.5　若集合 E 的每个点都是它的内点, 则说 E 是**开集**. 若 E 中任何两点都有 E 中的曲线连接, 则说 E 是**连通集**. 连通开集称为**区域**或开区域. 区域和它的边界的并集叫做**闭区域**.

定义 10.6　若 $\exists \delta > 0$, 使集合 $E \subseteq U_\delta(O)$, 其中 $O(0,0,\cdots,0)$ 是 $\mathbf{R}^n$ 中的原点, 则说 E **有界**; 否则, 说 E **无界**.

例如, $\{(x,y)\,|x+y>1\}$ 是 $\mathbf{R}^2$ 中无界区域, 而集合 $\{(x,y,z)\,\big|x^2+y^2+z^2 \leqslant 1\}$ 是 $\mathbf{R}^3$ 中有界闭区域.

10.1.2　多元函数的概念

现实生活中, 经常遇到依赖两个或两个以上变量的函数.

例 1　一定量的某种理想气体的压强 p, 体积 V 和绝对温度 T 之间具有关系

$$p = \frac{RT}{V},$$

其中 R 为普适气体常量, 即压强 p 的变化同时依赖于 V 和 T.

例 2　均匀同质的圆柱体的质量 m 由底圆半径 r, 高 h 和体密度 ρ 确定

$$m = \pi r^2 h\rho \quad (r,h,\rho > 0),$$

即质量 m 的变化同时依赖于 r, h 和 ρ.

这种例子举不胜举, 它们表示的是因变量随多个自变量的变化而相应变化, 这是一元函数的推广, 即多元函数. 下面给出多元函数的概念.

定义 10.7　设 $D \in \mathbf{R}^n$ 是一个点集, 若变量 u 与 D 中的变量 $x_1, x_2, \cdots, x_n$ 之间有一个依赖关系, 使得在 D 内每取定一个点 $P(x_1, x_2, \cdots, x_n)$ 时, 按照这个关系有确定的 u 值与之对应, 则说 u 是 $x_1, x_2, \cdots, x_n$ 的 n 元 (点) 函数, 记为

$$u = f(x_1, x_2, \cdots, x_n) \quad (\text{或 } u = f(P)),$$

称 $x_1, x_2, \cdots, x_n$ 为自变量, 称 u 为因变量.

当 $n=2$ 时, 函数为二元函数, 习惯记为 $z=f(x,y)$. 二元函数 $z=f(x,y)$ 就是 xOy 平面点集 σ 到 z 轴上的映射 $f:\sigma \to R$, x, y 为自变量, z 为因变量, 点集 σ 称为该函数的定义域, 数集

$$\{z\,|z=f(x,y),(x,y)\in\sigma\}$$

称为该函数的值域.

函数 $z=f(x,y)$ 在点 $P_0(x_0,y_0)$ 处的函数值记为 $f(x_0,y_0)$ 或 $f(P_0)$.

二元及二元以上的函数统称多元函数.

关于多元函数的定义域, 对于实际问题中的函数, 定义域由实际意义确定. 而纯数学地研究函数时, 定义域就是在实数范围内考虑问题时, 能够得到确定函数值的所有点所确定的点集.

例 3 函数 $z=\ln(x+y-1)$ 的定义域是 $\{(x,y)\,|x+y>1\}$, 在平面直角坐标系下是直线 $x+y=1$ 右上方的半平面 (不含该直线), 是无界开区域 (图 10.2).

例 4 函数 $z=\dfrac{\sqrt{4-x^2-y^2}}{\sqrt{x^2+y^2-1}}$ 的定义域是 $\{(x,y)|\,1<x^2+y^2\leqslant 4\}$, 图 10.3 中阴影的环形是有界点集.

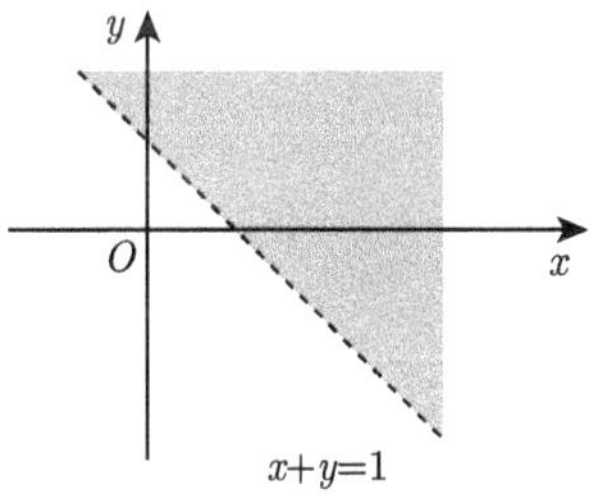

图 10.2

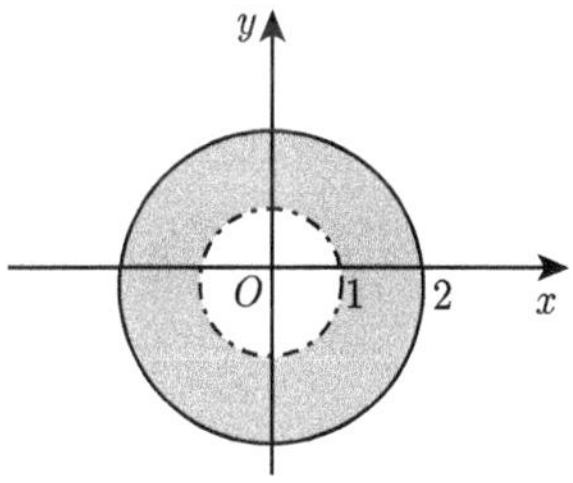

图 10.3

例 5 函数 $u=\arccos(x^2+y^2+z^2)+\sqrt{z-x^2-y^2}$ 的定义域是 $\{(x,y,z)|\,x^2+y^2\leqslant z$ 且 $x^2+y^2+z^2\leqslant 1\}$, 在空间直角坐标系下是以原点 O 为球心, 半径为 1 的球体内, 旋转抛物面 $z=x^2+y^2$ 上方的部分, 是有界闭区域 (图 10.4).

在平面区域 σ 上的二元函数 $z=f(x,y)$, $(x,y)\in\sigma$ 的图形是三维空间中的曲面 (图 10.5).

例如, 由空间解析几何可知, 函数 $z=1-x-y$ 的图形是平面; 函数 $z=x^2+y^2$ 的图形是旋转抛物面; 函数 $z=\sqrt{R^2-x^2-y^2}$ 的图形是以原点为球心, R 为半径的上半球面; 函数 $z=\sqrt{x^2+y^2}$ 的图形是圆锥面; 函数 $z=xy$ 的图形是双曲抛物面.

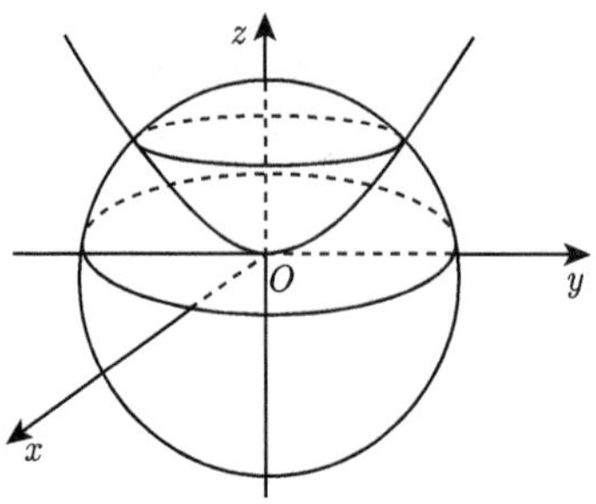

图 10.4

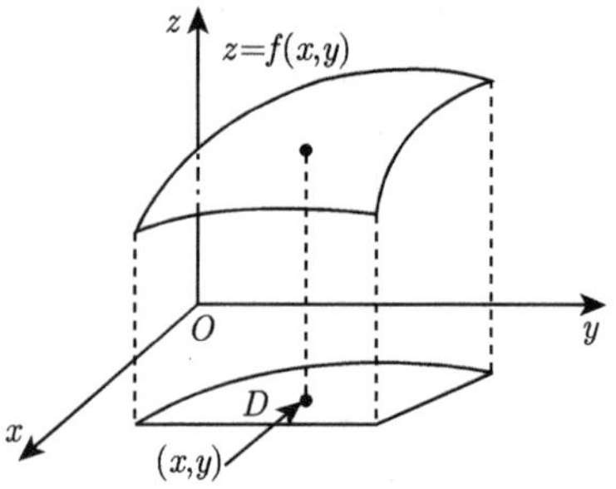

图 10.5

注　从一元函数到二元函数, 在内容和方法上都会出现一些实质性的差别, 而多元函数之间差异不大, 因此讨论多元函数时, 将以二元函数为主.

10.1.3　多元函数的极限与连续

对集合 $E \subseteq \mathbf{R}^n$, 点 $P_0 \in \mathbf{R}^n$, 如果 P_0 的任何邻域中都有无穷多个点属于 E, 则称 P_0 为集合 E 的一个**聚点**. 聚点本身可能属于 E, 也可能不属于 E; 集合的内点必是聚点; 边界点可能是聚点, 也可能不是聚点.

定义 10.8　设 $u = f(P)$, $P \in D$, P_0 是 D 的聚点, A 是常数. 如果 $\forall \varepsilon > 0$, $\exists \delta = \delta(\varepsilon) > 0$, 使得当 $P \in D$, 且 $0 < \rho(P, P_0) < \delta$ 时, 恒有

$$|f(P) - A| < \varepsilon,$$

则称当 $P \to P_0$ 时, 函数 $u = f(P)$ 以 A 为极限, 记作

$$\lim_{P \to P_0} f(P) = A.$$

当 P 是二维点 (x, y) 时, 且 $P_0(x_0, y_0)$, 上述极限记为

$$\lim_{(x,y)\to(x_0,y_0)} f(x,y) = A \quad \text{或} \quad \lim_{\substack{x \to x_0 \\ y \to y_0}} f(x,y) = A.$$

多元函数极限的含义是: 只要点 $P(P \in D)$ 到 P_0 的距离 $\rho(P, P_0) \to 0$, 就有 $f(P) \to A$.

例 6　试证 $\displaystyle\lim_{(x,y)\to(0,0)} (x^2 + y^2) \cos \frac{1}{xy} = 0$.

证明　因为

$$\left|(x^2 + y^2) \cos \frac{1}{xy} - 0\right| = (x^2 + y^2) \left|\cos \frac{1}{xy}\right| \leqslant x^2 + y^2 = \rho^2,$$

所以 $\forall\varepsilon>0$, 取 $\delta=\sqrt{\varepsilon}$, 则当 $0<\rho<\delta(xy\neq 0)$ 时, 恒有

$$\left|(x^2+y^2)\cos\frac{1}{xy}-0\right|<\varepsilon,$$

故 $\lim\limits_{(x,y)\to(0,0)}(x^2+y^2)\cos\dfrac{1}{xy}=0.$

注意, 虽然多元函数的极限与一元函数的极限的定义相似, 但它要复杂得多. 一元函数在某点处极限存在的充要条件是左、右极限存在且相等, 而多元函数必须是点 P 在定义域内以任何可能的方式和途径趋于 P_0 时, $f(P)$ 都有极限且相等.

因此, (1) 如果点 P 以两种不同的方式或途径趋于 P_0 时, $f(P)$ 趋向不同的值, 则可断定 $\lim\limits_{P\to P_0}f(P)$ 不存在.

(2) 已知 P 以几种方式或途径趋于 P_0 时, $f(P)$ 趋于同一个数, 这时还不能断定 $f(P)$ 有极限.

(3) 如果已知 $\lim\limits_{P\to P_0}f(P)$ 存在, 则可取一特殊途径来求极限值.

例 7 讨论极限 $\lim\limits_{(x,y)\to(0,0)}\dfrac{xy}{x^2+y^2}$ 的存在性.

解 沿直线 $x=0$, 有 $\lim\limits_{(0,y)\to(0,0)}f(x,y)=\lim\limits_{y\to 0}\dfrac{0\cdot y}{0+y^2}=0$; 沿直线 $y=0$, 有

$$\lim_{(x,0)\to(0,0)}f(x,y)=\lim_{x\to 0}\frac{x\cdot 0}{x^2+0}=0.$$

这说明沿坐标轴方向趋于原点时, $f(x,y)$ 都趋于零. 尽管如此, 还不能说 $f(x,y)$ 以零为极限, 因为当点 (x,y) 沿直线 $y=kx$ 趋于 $(0,0)$ 时,

$$\lim_{(x,kx)\to(0,0)}f(x,y)=\lim_{x\to 0}\frac{kx^2}{x^2+k^2x^2}=\frac{k}{1+k^2},$$

k 的取值不同, $f(x,y)$ 的极限不同, 故极限不存在.

一元函数求极限的四则运算法则、夹挤准则都可以推广到多元函数极限运算上来; 唯一性、极限点附近的保序性和有界性也都成立.

例 8 $\lim\limits_{\substack{x\to 0\\ y\to 2}}\dfrac{\sin(xy)}{x}=\lim\limits_{\substack{x\to 0\\ y\to 2}}y\cdot\dfrac{\sin(xy)}{xy}=2.$

例 9 求 $\lim\limits_{\substack{x\to 0\\ y\to 0}}\dfrac{xy^2}{x^2+y^2-y^4}$.

解 作变换, 令 $x=\rho\cos\theta$, $y=\rho\sin\theta$, $(x,y)\to(0,0)$ 化为 $\rho\to 0$. 又

$$\left|\frac{\rho\cos\theta\sin^2\theta}{1-\rho^2\sin^4\theta}\right|<\frac{\rho}{1-\rho^2}\quad(0<\rho<1),$$

注意 $\dfrac{\rho}{1-\rho^2}$ 与 θ 无关, 且 $\lim\limits_{\rho\to 0}\dfrac{\rho}{1-\rho^2}=0$, 故由夹挤准则知

$$\lim_{\substack{x\to 0\\ y\to 0}}\frac{xy^2}{x^2+y^2-y^4}=\lim_{\rho\to 0}\frac{\rho\cos\theta\sin^2\theta}{1-\rho^2\sin^4\theta}=0.$$

顺便指出

$$\lim_{\substack{x\to x_0\\ y\to y_0}} f(x,y)\neq\lim_{x\to x_0}\lim_{y\to y_0} f(x,y).$$

定义 10.9　设函数 $f(P)$ 的定义域为 D, P_0 是 D 的聚点. 若 $P_0\in D$, 且

$$\lim_{P\to P_0} f(P)=f(P_0),$$

则称函数 $f(P)$ 在点 P_0 处连续, 并称 P_0 是 $f(P)$ 的连续点. 否则, 称 P_0 是 $f(P)$ 的间断点.

若记 $\Delta u=f(P)-f(P_0)$, $\rho=\rho(P,P_0)$, 函数 $u=f(P)$ 在 P_0 处连续等价于

$$\lim_{\rho\to 0}\Delta u=0.$$

若函数 $f(P)$ 在区域 (闭区域) E 的每一点处都连续, 则称函数 $f(P)$ 在区域 (闭区域) E 上连续, 记为 $f(P)\in C(E)$.

例如, 函数 $f(x,y)=\dfrac{x+y}{1+x^2+y^2}$ 在平面 xOy 上处处连续; 函数 $f(x,y)=\dfrac{xy}{x^2+y^2}$ 仅在原点 $(0,0)$ 处不连续; 函数 $f(x,y)=\cos\dfrac{1}{1-x^2-y^2}$ 在单位圆 $x^2+y^2=1$ 上处处间断.

在空间直角坐标系下, 平面区域 σ 上的二元连续函数 $z=f(x,y)$ 的图形是在 σ 上张开的一张 “无孔无缝” 的连续曲面.

同一元函数一样, 多元连续函数的和、差、积、商 (分母不为零) 及复合仍是连续的.

各个自变量的基本初等函数经有限次四则运算和有限次复合, 由一个式子表达的函数称为**多元初等函数**, 多元初等函数在它们定义域的内点处均连续.

有界闭区域上的多元连续函数有如下重要性质.

定理 10.1 (最大最小值定理)　在有界闭区域上连续的函数必有界, 且有最大值和最小值.

定理 10.2 (介值定理)　在有界闭区域上连续的函数必能取到介于最大值与最小值之间的任何值.

习 题 10.1

1. 给出下列函数的定义域.

(1) $z=\sqrt{x-y^2}$;

(2) $z=\sqrt{1-x^2-y^2}+\dfrac{1}{\sqrt{x^2+y^2}}$;

(3) $z=\ln[x\ln(y-x)]$;

(4) $u=\dfrac{1}{\sqrt{x}}+\dfrac{1}{\sqrt{y}}+\dfrac{1}{\sqrt{z}}$.

2. 将圆弧所对之弦长 L 表示为: (1) 半径 r 与圆心角 θ 的函数; (2) 半径 r 与圆心到弦的距离 d 的函数 (这里 $\theta<\pi$).

3. 质量为 M 的质点位于定点 (a,b,c) 处, 将质量为 m 的质点置于点 (x,y,z) 处, 试将它们之间的万有引力在三个坐标轴上的投影 F_x,F_y,F_z 表示为 x,y,z 的函数.

4. 若 $z=x^2-y+f(x+y)$, 且当 $x=0$ 时, $z=y^2$, 求函数 $f(x)$ 与 z.

5. 若 $f\left(x+y,\dfrac{y}{x}\right)=x^2+y^2$, 求 $f(x,y)$.

6. 求下列极限.

(1) $\lim\limits_{\substack{x\to0\\y\to\pi}}[1+\sin(xy)]^{\frac{y}{x}}$;

(2) $\lim\limits_{(x,y)\to(0,1)}\dfrac{xy}{\sqrt{xy+1}-1}$;

(3) $\lim\limits_{(x,y)\to(0,0)}\dfrac{\sin(x^3+y^3)}{x^2+y^2}$;

(4) $\lim\limits_{\substack{x\to+\infty\\y\to+\infty}}(x^2+y^2)\mathrm{e}^{-(x+y)}$.

7. 指出下列函数的间断点.

(1) $z=\dfrac{1}{x^2+y^2}$;

(2) $z=\ln\left|1-x^2-y^2\right|$;

(3) $u=\dfrac{\mathrm{e}^{\frac{1}{z}}}{x-y}$.

8. 讨论函数

$$f(x,y)=\begin{cases}\dfrac{\sin(x^2y)}{x^2+y^2}, & x^2+y^2\neq0,\\ 0, & x^2+y^2=0\end{cases}$$

的连续性.

9. 设函数 $f(x,y)$ 在闭域: $|x|\leqslant a$, $|y|\leqslant b$ 上连续, 且是正定的 (即当 $(x,y)\neq(0,0)$ 时, $f(x,y)>0$, $f(0,0)=0$), 试证对适当小的正数 C, 方程 $f(x,y)=C$ 的图形中含有一条包围着原点 $(0,0)$ 的闭曲线.

10.2 偏导数与高阶偏导数

实际中, 常常需要了解一个受多个变量影响的量, 在其他变量固定不变的情况下, 随一种变量变化的变化率问题, 即偏导数问题.

10.2.1　偏导数

定义 10.10　设函数 $z=f(x,y)$ 在点 (x_0,y_0) 的某邻域内有定义, 固定 $y=y_0$, 在 x_0 处给 x 一增量 Δx, 称

$$\Delta_x z=f(x_0+\Delta x,y_0)-f(x_0,y_0)$$

为 $f(x,y)$ 在点 (x_0,y_0) 处关于 x 的偏增量, 若极限

$$\lim_{\Delta x\to 0}\frac{\Delta_x z}{\Delta x}=\lim_{\Delta x\to 0}\frac{f(x_0+\Delta x,y_0)-f(x_0,y_0)}{\Delta x}$$

存在, 则称此极限值为函数 $z=f(x,y)$ 在点 (x_0,y_0) 处关于 x 的**偏导数**, 记为

$$\left.\frac{\partial z}{\partial x}\right|_{(x_0,y_0)},\quad \left.\frac{\partial f}{\partial x}\right|_{(x_0,y_0)},\quad z'_x|_{(x_0,y_0)}\quad 或\quad f'_x(x_0,y_0).$$

同样定义 $z=f(x,y)$ 在点 (x_0,y_0) 处关于 y 的偏导数为

$$\left.\frac{\partial z}{\partial y}\right|_{(x_0,y_0)}=f'_y(x_0,y_0)=\lim_{\Delta y\to 0}\frac{\Delta_y z}{\Delta y}=\lim_{\Delta y\to 0}\frac{f(x_0,y_0+\Delta y)-f(x_0,y_0)}{\Delta y}.$$

若在区域 σ 内每一点 (x,y) 处, 函数 $z=f(x,y)$ 关于 x 的偏导数都存在, 那么这个偏导数就是 σ 内点 (x,y) 的函数, 称之为 $z=f(x,y)$ 关于 x 的偏导函数, 简称对 x 的偏导数, 记为

$$z'_x,\quad \frac{\partial z}{\partial x},\quad \frac{\partial f(x,y)}{\partial x}\quad 或\quad f'_x(x,y).$$

同样地, $z=f(x,y)$ 对 y 的偏导 (函) 数, 记为

$$z'_y,\quad \frac{\partial z}{\partial y},\quad \frac{\partial f(x,y)}{\partial y}\quad 或\quad f'_y(x,y).$$

偏导函数 $f'_x(x,y)$ 在点 (x_0,y_0) 处的值, 就是函数 $z=f(x,y)$ 在点 (x_0,y_0) 处关于 x 的偏导数 $f'_x(x_0,y_0)$.

对一般多元函数可以类似地定义偏导数. 如函数 $u=f(x,y,z)$ 在点 (x_0,y_0,z_0) 处关于 x 的偏导数为

$$\left.\frac{\partial u}{\partial x}\right|_{(x_0,y_0,z_0)}=f'_x(x_0,y_0,z_0)=\lim_{\Delta x\to 0}\frac{f(x_0+\Delta x,y_0,z_0)-f(x_0,y_0,z_0)}{\Delta x},$$

函数 $u=f(x,y,z)$ 在点 (x_0,y_0,z_0) 处关于 y 的偏导数为

$$\left.\frac{\partial u}{\partial y}\right|_{(x_0,y_0,z_0)}=f'_y(x_0,y_0,z_0)=\lim_{\Delta y\to 0}\frac{f(x_0,y_0+\Delta y,z_0)-f(x_0,y_0,z_0)}{\Delta y},$$

函数 $u=f(x,y,z)$ 在点 (x_0,y_0,z_0) 处关于 z 的偏导数为

$$\left.\frac{\partial u}{\partial z}\right|_{(x_0,y_0,z_0)}=f_z'(x_0,y_0,z_0)=\lim_{\Delta z\to 0}\frac{f(x_0,y_0,z_0+\Delta z)-f(x_0,y_0,z_0)}{\Delta z}.$$

由偏导数的定义知, 多元函数对某个自变量的偏导数, 就是把其他自变量视为常量, 研究函数关于这个自变量变化的变化率. 所以利用一元函数的导数公式与法则, 就可计算偏导数了.

例 1 设 $z=x^2y+\mathrm{e}^y$, 求 $\left.\frac{\partial z}{\partial x}\right|_{(1,0)}$, $\left.\frac{\partial z}{\partial y}\right|_{(1,0)}$.

解 由于 $\frac{\partial z}{\partial x}=2xy$, $\frac{\partial z}{\partial y}=x^2+\mathrm{e}^y$, 故

$$\left.\frac{\partial z}{\partial x}\right|_{(1,0)}=2xy\Big|_{\substack{x=1\\y=0}}=0,\quad \left.\frac{\partial z}{\partial y}\right|_{(1,0)}=(x^2+\mathrm{e}^y)\Big|_{\substack{x=1\\y=0}}=2.$$

例 2 设 $f(x,y,z)=(2z+2^{xy})\sin\ln x$, 求 $f(x,y,z)$ 在点 $(1,0,2)$ 处的三个偏导数.

解 求在某一点的偏导数时, 可以先将其他变量的值代入, 变为一元函数, 再求导, 常常较简便.

$$f_x'(1,0,2)=(5\sin\ln x)'\big|_{x=1}=\left.\frac{5}{x}\cos\ln x\right|_{x=1}=5,$$
$$f_y'(1,0,2)=(0)'\big|_{y=0}=0,\quad f_z'(1,0,2)=(0)'\big|_{z=2}=0.$$

例 3 设 $u=x^{y^z}(x>0,y>0)$, 求 $\frac{\partial u}{\partial x},\frac{\partial u}{\partial y},\frac{\partial u}{\partial z}$.

解 $u_x'=y^zx^{y^z-1}$, $u_y'=x^{y^z}(\ln x)zy^{z-1}$, $u_z'=x^{y^z}(\ln x)y^z\ln y$.

例 4 已知电阻 R_1,R_2,R_3 并联的等效电阻为 $R=\left(\frac{1}{R_1}+\frac{1}{R_2}+\frac{1}{R_3}\right)^{-1}$, 若 $R_1>R_2>R_3>0$, 问改变三个电阻中的哪一个, 对等效电阻 R 影响最大.

解 因为

$$\frac{\partial R}{\partial R_1}=\frac{R^2}{R_1^2},\quad \frac{\partial R}{\partial R_2}=\frac{R^2}{R_2^2},\quad \frac{\partial R}{\partial R_3}=\frac{R^2}{R_3^2},$$

R_3 最小, 所以 $\frac{R^2}{R_3^2}$ 最大, 故改变 R_3 对 R 影响最大.

例 5 求二元函数

$$f(x,y)=\begin{cases}\dfrac{xy}{x^2+y^2}, & (x,y)\neq(0,0),\\ 0, & (x,y)=(0,0)\end{cases}$$

在点 $(0,0)$ 处的两个偏导数.

解　由偏导数定义计算

$$f'_x(0,0)=\lim_{\Delta x\to 0}\frac{f(0+\Delta x,0)-f(0,0)}{\Delta x}=\lim_{\Delta x\to 0}\frac{0}{\Delta x}=0,$$

$$f'_y(0,0)=\lim_{\Delta y\to 0}\frac{f(0,0+\Delta y)-f(0,0)}{\Delta y}=\lim_{\Delta y\to 0}\frac{0}{\Delta y}=0.$$

两个偏导数都存在.

而

$$\lim_{\substack{x\to 0\\ y\to 0}}f(x,y)=\lim_{\substack{x\to 0\\ y\to 0}}\frac{xy}{x^2+y^2}=\lim_{\substack{x\to 0\\ y=kx}}\frac{kx^2}{x^2+k^2y^2}=\frac{k}{1+k^2},$$

即当 $(x,y)\to(0,0)$ 时, 函数 $f(x,y)$ 无极限, 所以在点 $(0,0)$ 处也不连续.

一元函数可导必连续. 但对多元函数, 偏导数都存在, 函数未必有极限, 更保证不了连续性.

下面介绍偏导数的几何意义.

因为偏导数 $f'_x(x_0,y_0)$ 就是一元函数 $f(x,y_0)$ 在 x_0 处的导数, 所以几何上 $f'_x(x_0,y_0)$ 表示曲面 $z=f(x,y)$ 与平面 $y=y_0$ 的交线 $z=f(x,y_0)$ 在点 $(x_0,y_0,f(x_0,y_0))$ 处的切线对 x 轴的斜率. 同样, $f'_y(x_0,y_0)$ 表示曲面 $z=f(x,y)$ 与平面 $x=x_0$ 的交线 $z=f(x_0,y)$ 在点 $(x_0,y_0,f(x_0,y_0))$ 处的切线对 y 轴的斜率 (图 10.6).

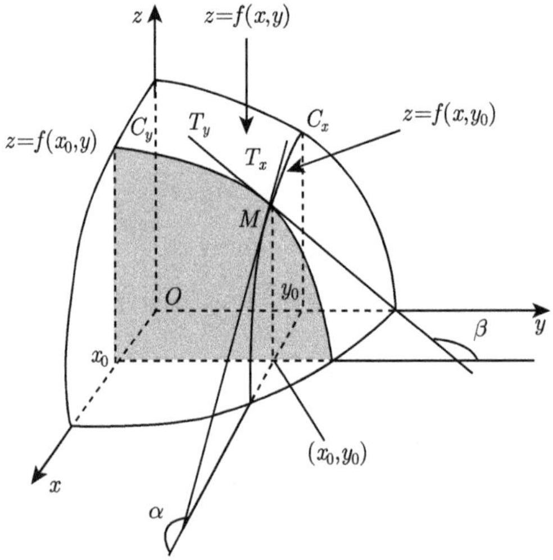

图 10.6

因为偏导数 $f'_x(x_0,y_0)$ 仅与函数 $z=f(x,y)$ 在 $y=y_0$ 上的值有关, $f'_y(x_0,y_0)$ 仅与 $z=f(x,y)$ 在 $x=x_0$ 上的值有关, 与 (x_0,y_0) 邻域内其他点上的函数值无关, 所以偏导数的存在不能保证函数有极限.

例 6 由理想气体的状态方程 $pV=RT$, 推证热力学中的公式

$$\frac{\partial p}{\partial V}\cdot\frac{\partial V}{\partial T}\cdot\frac{\partial T}{\partial p}=-1.$$

证明 因为

$$p=\frac{RT}{V},\quad V=\frac{RT}{p},\quad T=\frac{pV}{R},$$

$$\frac{\partial p}{\partial V}=-\frac{RT}{V^2},\quad \frac{\partial V}{\partial T}=\frac{R}{p},\quad \frac{\partial T}{\partial p}=\frac{V}{R},$$

所以 $\frac{\partial p}{\partial V}\cdot\frac{\partial V}{\partial T}\cdot\frac{\partial T}{\partial p}=-1.$

例 6 说明偏导数符号 $\frac{\partial z}{\partial x}, \frac{\partial z}{\partial y}$ 都是整体记号, 不能把 $\frac{\partial z}{\partial x}$ 看成 ∂z 和 ∂x 的商.

10.2.2 高阶偏导数

设函数 $z=f(x,y)$ 在区域 σ 内有偏导数 $\frac{\partial z}{\partial x}=f'_x(x,y)$, $\frac{\partial z}{\partial y}=f'_y(x,y)$, 它们仍是 σ 内 x, y 的函数. 如果它们仍有偏导数, 则称它们的偏导数是函数 $z=f(x,y)$ 的二阶偏导数, 二元函数 $z=f(x,y)$ 可以有如下四个二阶偏导数:

$$\frac{\partial^2 z}{\partial x^2}=\frac{\partial}{\partial x}\left(\frac{\partial z}{\partial x}\right)=f''_{xx}(x,y)=z''_{xx},\quad \frac{\partial^2 z}{\partial x\partial y}=\frac{\partial}{\partial y}\left(\frac{\partial z}{\partial x}\right)=f''_{xy}(x,y)=z''_{xy},$$

$$\frac{\partial^2 z}{\partial y\partial x}=\frac{\partial}{\partial x}\left(\frac{\partial z}{\partial y}\right)=f''_{yx}(x,y)=z''_{yx},\quad \frac{\partial^2 z}{\partial y^2}=\frac{\partial}{\partial y}\left(\frac{\partial z}{\partial y}\right)=f''_{yy}(x,y)=z''_{yy},$$

其中 $f''_{xy}(x,y)$ 和 $f''_{yx}(x,y)$ 称为混合二阶偏导数.

可类似地定义三阶、四阶以至更高阶的偏导数, 二阶和二阶以上的偏导数统称为**高阶偏导数**.

例 7 已知 $z=\ln(x^2+y^2)$, 求其二阶偏导数.

解 由于 $\frac{\partial z}{\partial x}=\frac{2x}{x^2+y^2}$, $\frac{\partial z}{\partial y}=\frac{2y}{x^2+y^2}$, 故

$$\frac{\partial^2 z}{\partial x^2}=\frac{2(y^2-x^2)}{(x^2+y^2)^2},\quad \frac{\partial^2 z}{\partial x\partial y}=\frac{-4xy}{(x^2+y^2)^2},$$

$$\frac{\partial^2 z}{\partial y\partial x}=\frac{-4xy}{(x^2+y^2)^2},\quad \frac{\partial^2 z}{\partial y^2}=\frac{2(x^2-y^2)}{(x^2+y^2)^2}.$$

例 8 设

$$f(x,y)=\begin{cases} xy\dfrac{x^2-y^2}{x^2+y^2}, & x^2+y^2\neq 0,\\ 0, & x^2+y^2=0,\end{cases}$$

求 $f''_{xy}(0,0)$ 和 $f''_{yx}(0,0)$.

解 $f(x,y)$ 的一阶偏导数为

$$f'_x(x,y)=\begin{cases} y\dfrac{x^4+4x^2y^2-y^4}{(x^2+y^2)^2}, & x^2+y^2\neq 0,\\ 0, & x^2+y^2=0;\end{cases}$$

$$f'_y(x,y)=\begin{cases} x\dfrac{x^4-4x^2y^2-y^4}{(x^2+y^2)^2}, & x^2+y^2\neq 0,\\ 0, & x^2+y^2=0.\end{cases}$$

于是

$$f''_{xy}(0,0)=\lim_{\Delta y\to 0}\frac{f'_x(0,0+\Delta y)-f'_x(0,0)}{\Delta y}=\lim_{\Delta y\to 0}\frac{-\dfrac{(\Delta y)^5}{(\Delta y)^4}-0}{\Delta y}=-1,$$

$$f''_{yx}(0,0)=\lim_{\Delta x\to 0}\frac{f'_y(0+\Delta x,0)-f'_y(0,0)}{\Delta x}=\lim_{\Delta x\to 0}\frac{\dfrac{(\Delta x)^5}{(\Delta x)^4}-0}{\Delta x}=1.$$

例 7 中两个混合二阶偏导数相等, 例 8 中两个混合二阶偏导数不相等, 关于混合偏导数相等的条件有如下定理.

定理 10.3 如果函数 $z=f(x,y)$ 在点 (x,y) 的邻域内的混合偏导数 z''_{xy} 和 z''_{yx} 连续, 那么 $z''_{xy}=z''_{yx}$.

证明略.

一般地, 多元函数的混合偏导数如果连续, 就与求导次序无关.

例 9 设 $u=\mathrm{e}^{xz}\sin y$, 求 u'''_{xxz}, u'''_{xzx}.

解 $u'_x=z\mathrm{e}^{xz}\sin y$, $u''_{xx}=z^2\mathrm{e}^{xz}\sin y$, $u'''_{xxz}=2z\mathrm{e}^{xz}\sin y+xz^2\mathrm{e}^{xz}\sin y$.

因为 u'''_{xzx} 连续, 所以 $u'''_{xzx}=u'''_{xxz}=2z\mathrm{e}^{xz}\sin y+xz^2\mathrm{e}^{xz}\sin y$.

习 题 10.2

1. 设 $f(x,y)=x^2+(y-1)\arcsin\sqrt{\dfrac{x}{y}}$, 求 $f'_x(x,1)$.

2. 设 $f(x,y)=\begin{cases}\dfrac{1}{2xy}\sin(x^2y), & xy\neq 0,\\ 0, & xy=0,\end{cases}$ 求 $f'_x(0,1)$, $f'_y(0,1)$.

3. 求下列函数的偏导数.

(1) $z=\arctan\dfrac{x}{y}$;

(2) $z=\mathrm{e}^x\sin(2x+3y)$;

(3) $z=(x+y)^y$;

(4) $z=\arcsin(x\sqrt{y})$;

(5) $u=xe^{xyz}$; (6) $u=x^{yz}(x>0)$.

4. 求下列函数的二阶偏导数.

(1) $z=\sin(xy)$; (2) $z=x^y(x>0)$;

(3) $z=e^x\sin 2y$; (4) $z=\ln(e^x+e^y)$.

5. 试证函数 $z=\dfrac{xy}{x+y}$ 满足方程 $x\dfrac{\partial z}{\partial x}+y\dfrac{\partial z}{\partial y}=z$.

6. 试证函数 $z=\ln\sqrt{x^2+y^2}$ 满足方程 $\dfrac{\partial^2 z}{\partial x^2}+\dfrac{\partial^2 z}{\partial y^2}=0$.

7. 试证函数 $u=\dfrac{1}{\sqrt{x^2+y^2+z^2}}$ 满足方程 $\dfrac{\partial^2 z}{\partial x^2}+\dfrac{\partial^2 z}{\partial y^2}+\dfrac{\partial^2 z}{\partial z^2}=0$.

8. 设

$$f(x,y)=\begin{cases}\dfrac{x^3y}{x^6+y^6}, & x^2+y^2\neq 0,\\ 0, & x^2+y^2=0,\end{cases}$$

试证 $f(x,y)$ 在点 (0,0) 处不连续, 但在点 (0,0) 处两个偏导数都存在, 且两个偏导数在点 (0,0) 处不连续.

9. 设 $f(x,y)=\begin{cases}\dfrac{2xy}{x^2+y^2}, & x^2+y^2\neq 0,\\ 0, & x^2+y^2=0,\end{cases}$ 讨论 $f''_{xy}(0,0)$ 是否存在.

10. 在区域 σ 上, $f'_x(x,y)>0$, 对函数 $z=f(x,y)$ 可以得到哪些几何信息?

10.3 全 微 分

多元函数也有自变量的微小变化导致函数变化多少的问题. 我们以二元函数为例.

设函数 $z=f(x,y)$ 在点 $P(x,y)$ 的某邻域内有定义, $P_1(x+\Delta x,y+\Delta y)$ 为该邻域内任意一点, 则称

$$\Delta z=f(x+\Delta x,y+\Delta y)-f(x,y) \tag{1}$$

为函数 $f(x,y)$ 在点 $P(x,y)$ 处的**全增量**.

二元函数在一点的全增量是 Δx, Δy 的函数. 一般说来, Δz 是 Δx, Δy 的较复杂的函数, 当自变量的增量 Δx, Δy 很小的情况下, 自然希望能像可微的一元函数那样, 用 Δx, Δy 的线性函数来近似代替 Δz, 即

$$\Delta z=A\Delta x+B\Delta y+o(\rho)=(A,B)\begin{pmatrix}\Delta x\\ \Delta y\end{pmatrix}+o(\rho), \tag{2}$$

其中 A, B 不依赖于 Δx, Δy, $\rho=\sqrt{\Delta x^2+\Delta y^2}$. 这就产生了全微分的概念.

定义 10.11 设函数 $z=f(x,y)$ 在点 $P(x,y)$ 的某邻域内有定义, 若函数 $z=f(x,y)$ 在点 $P(x,y)$ 处的全增量

$$\Delta z=f(x+\Delta x,y+\Delta y)-f(x,y)$$

能表示成 $\Delta z=A\Delta x+B\Delta y+o(\rho)=(A,B)\begin{pmatrix}\Delta x\\ \Delta y\end{pmatrix}+o(\rho)$ 的形式, 则称函数 $z=f(x,y)$ 在点 P 处可微, 并称 $A\Delta x+B\Delta y$ 为函数 $f(x,y)$ 在点 P 处的全微分, 记为 $\mathrm{d}z$ 或 $\mathrm{d}f$, 即

$$\mathrm{d}z=A\Delta x+B\Delta y=(A,B)\begin{pmatrix}\Delta x\\ \Delta y\end{pmatrix}. \tag{3}$$

在区域 E 内每一点都可微的函数, 称为区域 E 内的可微函数, 此时也说函数在 E 内可微.

由 (2) 式知, 多元函数可微必连续.

下面给出多元函数的可微与偏导数存在之间的关系.

定理 10.4 若函数 $z=f(x,y)$ 在点 $P(x,y)$ 处可微, 则在点 P 处偏导数 $\dfrac{\partial z}{\partial x}$ 及 $\dfrac{\partial z}{\partial y}$ 都存在, 且 $\dfrac{\partial z}{\partial x}=A$, $\dfrac{\partial z}{\partial y}=B$.

证明 因 $f(x,y)$ 可微, 有

$$\Delta z=f(x+\Delta x,y+\Delta y)-f(x,y)=A\Delta x+B\Delta y+o(\rho),$$

特别取 $\Delta y=0$ 时, 有

$$\Delta_x z=f(x+\Delta x,y)-f(x,y)=A\Delta x+o(|\Delta x|),$$

因此 $\dfrac{\partial z}{\partial x}=\lim\limits_{\Delta x\to 0}\dfrac{1}{\Delta x}[f(x+\Delta x,y)-f(x,y)]=\lim\limits_{\Delta x\to 0}\left(A+\dfrac{o(|\Delta x|)}{\Delta x}\right)=A.$

同理可证 $\dfrac{\partial z}{\partial y}$ 存在, 且 $\dfrac{\partial z}{\partial y}=B$. □

由此可见, $z=f(x,y)$ 的全微分 (3) 可表示为

$$\mathrm{d}z=\frac{\partial z}{\partial x}\Delta x+\frac{\partial z}{\partial y}\Delta y=\left(\frac{\partial z}{\partial x},\frac{\partial z}{\partial y}\right)\begin{pmatrix}\Delta x\\ \Delta y\end{pmatrix}.$$

因为自变量的微分等于它的增量, $\mathrm{d}x=\Delta x$, $\mathrm{d}y=\Delta y$, 所以函数 $z=f(x,y)$ 的全微分习惯上写为

$$\mathrm{d}z=\frac{\partial z}{\partial x}\mathrm{d}x+\frac{\partial z}{\partial y}\mathrm{d}y=\left(\frac{\partial z}{\partial x},\frac{\partial z}{\partial y}\right)\begin{pmatrix}\mathrm{d}x\\ \mathrm{d}y\end{pmatrix}. \tag{4}$$

把 $\dfrac{\partial z}{\partial x}\mathrm{d}x$, $\dfrac{\partial z}{\partial y}\mathrm{d}y$ 分别称为函数 $z=f(x,y)$ 在点 $P(x,y)$ 处关于 x,y 的偏微分, 它们分别是偏增量 $\Delta_x z$, $\Delta_y z$ 的线性主部. 所以二元函数的全微分等于它的两个偏微分之和称为微分的叠加原理. 这对多元函数也成立. 例如, 对三元可微函数 $u=f(x,y,z)$ 有

$$\mathrm{d}u=\frac{\partial u}{\partial x}\mathrm{d}x+\frac{\partial u}{\partial y}\mathrm{d}y+\frac{\partial u}{\partial z}\mathrm{d}z=\left(\frac{\partial u}{\partial x},\frac{\partial u}{\partial y},\frac{\partial u}{\partial z}\right)\begin{pmatrix}\mathrm{d}x\\ \mathrm{d}y\\ \mathrm{d}z\end{pmatrix}.$$

对一元函数来说可导与可微是等价的. 而对多元函数来说, 偏导数都存在也保证不了可微.

定理 10.5 若在点 $P(x,y)$ 的某邻域内, 函数 $z=f(x,y)$ 的偏导数 $\dfrac{\partial z}{\partial x}$ 及 $\dfrac{\partial z}{\partial y}$ 都存在, 且它们在点 P 处连续, 则 $z=f(x,y)$ 在 P 点处可微.

证明 设 $(x+\Delta x,y+\Delta y)$ 是 P 的邻域内的任一点, 全增量

$$\begin{aligned}\Delta z&=f(x+\Delta x,y+\Delta y)-f(x,y)\\&=[f(x+\Delta x,y+\Delta y)-f(x,y+\Delta y)]+[f(x,y+\Delta y)-f(x,y)],\end{aligned}$$

第一个方括号里, 由于第二个自变量固定在 $y+\Delta y$ 处, 可视为 x 的一元函数 $f(x,y+\Delta y)$ 的增量; 第二个方括号里第一个自变量固定在 x 处, 可视为 y 的一元函数 $f(x,y)$ 的增量, 分别应用拉格朗日中值定理就得到

$$\Delta z=f'_x(x+\theta_1\Delta x,y+\Delta y)\Delta x+f'_y(x,y+\theta_2\Delta y)\Delta y,$$

其中 $0<\theta_1,\theta_2<1$, 上式称为二元函数中值公式.

利用 $f'_x(x,y)$, $f'_y(x,y)$ 在点 $P(x,y)$ 处的连续性得到

$$\Delta z=[f'_x(x,y)+\alpha]\Delta x+[f'_y(x,y)+\beta]\Delta y=f'_x(x,y)\Delta x+f'_y(x,y)\Delta y+\alpha\Delta x+\beta\Delta y,$$

其中 α,β 满足

$$\lim_{\rho\to 0}\alpha=0,\quad \lim_{\rho\to 0}\beta=0.$$

下面只需证明 $\alpha\Delta x+\beta\Delta y$ 是 ρ 的高阶无穷小. 因为

$$\left|\frac{\alpha\Delta x+\beta\Delta y}{\rho}\right|\leqslant|\alpha|\left|\frac{\Delta x}{\rho}\right|+|\beta|\left|\frac{\Delta y}{\rho}\right|\leqslant|\alpha|+|\beta|\to 0,\quad \text{当}\quad \rho\to 0\quad \text{时},$$

故 $\alpha\Delta x+\beta\Delta y=o(\rho)$, $\Delta z=f'_x(x,y)\Delta x+f'_y(x,y)\Delta y+o(\rho)$, 所以 $z=f(x,y)$ 在 P 点处可微. □

注　定理 10.5 的条件是可微的充分条件, 函数在一点可微, 但在这点偏导数不一定连续.

例 1　试证函数

$$z=f(x,y)=\begin{cases}(x^2+y^2)\sin\dfrac{1}{\sqrt{x^2+y^2}}, & x^2+y^2\neq 0,\\ 0, & x^2+y^2=0\end{cases}$$

在原点 $O(0,0)$ 处可微, 但偏导数在 O 点不连续.

证明　因为

$$\Delta z=f(0+\Delta x,0+\Delta y)-f(0,0)=[(\Delta x)^2+(\Delta y)^2]\sin\frac{1}{\sqrt{(\Delta x)^2+(\Delta y)^2}}=o(\rho),$$

其中 $\rho=\sqrt{(\Delta x)^2+(\Delta y)^2}$, 即有

$$\Delta z=0\Delta x+0\Delta y+o(\rho),$$

所以 $f(x,y)$ 在原点 $O(0,0)$ 处可微, 且

$$f'_x(0,0)=0,\quad f'_y(0,0)=0.$$

当 $x>0$ 时, 有

$$f'_x(x,0)=\left(x^2\sin\frac{1}{x}\right)'=2x\sin\frac{1}{x}-\cos\frac{1}{x},$$

由于当 $x\to 0$ 时, $f'_x(x,0)$ 无极限, 说明函数 $f(x,y)$ 在原点 $O(0,0)$ 处关于 x 的偏导数不连续. 类似地, 可证 $\dfrac{\partial z}{\partial y}$ 在点 $O(0,0)$ 处也不连续.

对一元函数, 在一点处

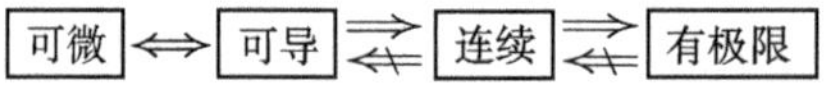

对多元函数, 在一点处

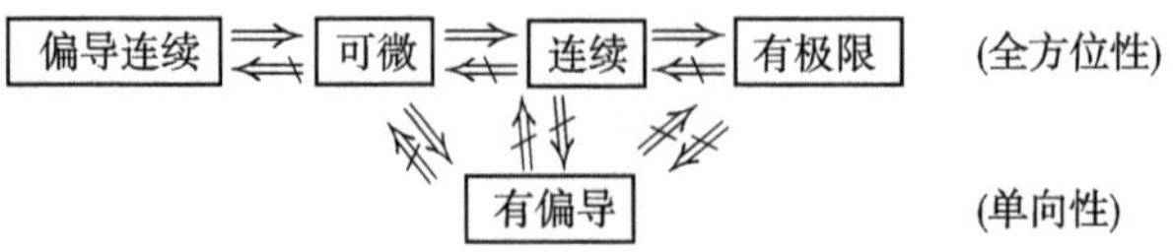

例 2 求函数 $z=x^2y^3+3x$ 在点 $(1,2)$ 处的全微分.

解 由于 $\dfrac{\partial z}{\partial x}=2xy^3+3$, $\dfrac{\partial z}{\partial y}=3x^2y^2$ 连续, $\left.\dfrac{\partial z}{\partial x}\right|_{(1,2)}=19$, $\left.\dfrac{\partial z}{\partial y}\right|_{(1,2)}=12$, 故有 $\left.\mathrm{d}z\right|_{(1,2)}=19\mathrm{d}x+12\mathrm{d}y$.

例 3 求函数 $u=y+\sin\dfrac{x}{2}+\mathrm{e}^{yz}$ 的全微分.

解 因为 $\dfrac{\partial u}{\partial x}=\dfrac{1}{2}\cos\dfrac{x}{2}$, $\dfrac{\partial u}{\partial y}=1+z\mathrm{e}^{yz}$, $\dfrac{\partial u}{\partial z}=y\mathrm{e}^{yz}$ 都连续, 所以有全微分

$$\mathrm{d}u=\frac{1}{2}\cos\frac{x}{2}\mathrm{d}x+(1+z\mathrm{e}^{yz})\mathrm{d}y+y\mathrm{e}^{yz}\mathrm{d}z.$$

下面介绍全微分在近似计算和误差估计中的应用.

由全微分的定义, 当 $z=f(x,y)$ 在点 $P_0(x_0,y_0)$ 处可微, 且 $|\Delta x|$, $|\Delta y|$ 充分小时, 有近似式

$$\Delta z\approx \mathrm{d}z=f'_x(x_0,y_0)\Delta x+f'_y(x_0,y_0)\Delta y \tag{5}$$

及

$$f(x_0+\Delta x,y_0+\Delta y)\approx f(x_0,y_0)+f'_x(x_0,y_0)\Delta x+f'_y(x_0,y_0)\Delta y. \tag{6}$$

这两个式子可以用来计算 Δz 及 $f(x_0+\Delta x,y_0+\Delta y)$ 的近似值, (5) 式还可以用来估计间接误差.

例 4 计算 $1.01^{2.02}$ 的近似值.

解 设 $f(x,y)=x^y$, 则

$$f(1.01,2.02)=1.01^{2.02},$$

取

$$x_0=1,\quad y_0=2,\quad \Delta x=0.01,\quad \Delta y=0.02,$$

由于

$$f(1,2)=1,\quad f'_x(1,2)=\left.yx^{y-1}\right|_{(1,2)}=2,\quad f'_y(1,2)=\left.x^y\ln x\right|_{(1,2)}=0,$$

所以由 (6) 式有

$$1.01^{2.02}\approx 1+2\times 0.01+0\times 0.02=1.02.$$

例 5 有一圆柱体, 受压后发生形变, 它的半径由 10cm 增大到 10.02cm, 高度由 50cm 减少到 49cm, 求此圆柱体体积变化的近似值.

解 设圆柱体的半径、高和体积依次为 r, h 和 V, 则有

$$V=\pi r^2h.$$

由 (5) 式, 有 $\Delta V \approx \mathrm{d}V = 2\pi rh\Delta r + \pi r^2\Delta h$. 将 $r=10$, $h=50$, $\Delta r=0.02$, $\Delta h=-1$ 代入, 就得到体积变化的近似值

$$\Delta V \approx 2\pi \times 10 \times 50 \times 0.02 + \pi \times 10^2 \times (-1) = -80\pi(\mathrm{cm}^3).$$

习 题 10.3

1. 求下列函数的全微分.

(1) $z = x + y^3$;　　(2) $z = 2^{xy}$;

(3) $z = \arctan\dfrac{x}{y}$;　　(4) $u = \cos(xy + xz)$.

2. 用全微分定义, 求函数 $z = 2 + \dfrac{1}{2}(x^2 + y^2)$ 在点 $(1,2)$ 处的全微分.

3. 试证函数

$$f(x,y) = \begin{cases} \dfrac{x^3 - y^3}{x^2 + y^2}, & (x,y) \neq (0,0), \\ 0, & (x,y) = (0,0) \end{cases}$$

在原点 (0,0) 处偏导数存在, 但不可微.

4. 已知二元函数 $z = f(x,y)$ 可微, 两个偏增量

$$\Delta_x z = (2 + 3x^2y^2)\Delta x + 3xy^2\Delta x^2 + y^2\Delta x^3, \quad \Delta_y z = 2x^3y\Delta y + x^3\Delta y^2,$$

且 $f(0,0) = 1$, 求 $f(x,y)$.

5. 计算 $(10.1)^{2.03}$ 的近似值.

6. 有一直角三角形, 测得两直角边分别为 7cm 和 24cm, 测得的精度为 ±0.1cm. 试求利用上述两值计算出斜边长的误差.

7. 函数 $z = f(x,y)$ 在凸区域 σ 上, $\dfrac{\partial z}{\partial x} \equiv 0$ 的充要条件是什么? $\dfrac{\partial^2 z}{\partial x \partial y} \equiv 0$ 的充要条件是什么? $\mathrm{d}z \equiv 0$ 的充要条件是什么? (凸区域 σ 是指 σ 内任意两点间的直线段都位于 σ 内的区域.)

8. 若 $f'_x(x_0,y_0)$ 存在, $f'_y(x,y)$ 在点 (x_0,y_0) 处连续, 试证函数 $f(x,y)$ 在点 (x_0,y_0) 处可微.

10.4 多元复合函数的求导法则

定理 10.6 如果函数 $u = u(x,y)$, $v = v(x,y)$ 在点 (x,y) 处对 x 的偏导数都存在, 而函数 $z = z(u,v)$ 在 (x,y) 的对应点 (u,v) 处可微, 则复合函数 $z =$

$z(u(x,y),v(x,y))$ 在点 (x,y) 处对 x 的偏导数存在, 且

$$\frac{\partial z}{\partial x}=\frac{\partial z}{\partial u}\frac{\partial u}{\partial x}+\frac{\partial z}{\partial v}\frac{\partial v}{\partial x}. \tag{1}$$

证明 固定 y, 给 x 以增量 Δx, 引起 u,v 有偏增量 $\Delta_x u$, $\Delta_x v$, 从而导致 z 有增量 $\Delta_x z$. 由于 $z=z(u,v)$ 可微, 所以有

$$\Delta_x z=\frac{\partial z}{\partial u}\Delta_x u+\frac{\partial z}{\partial v}\Delta_x v+o(\rho),$$

其中 $\rho=\sqrt{(\Delta_x u)^2+(\Delta_x v)^2}$. 上式两边同除以 Δx, 再令 $\Delta x\to 0$, 注意此时 $\Delta_x u\to 0$, $\Delta_x v\to 0$, 进而 $\rho\to 0$, 有

$$\lim_{\Delta x\to 0}\frac{o(\rho)}{\Delta x}=\pm\lim_{\Delta x\to 0}\frac{o(\rho)}{\rho}\sqrt{\left(\frac{\Delta_x u}{\Delta x}\right)^2+\left(\frac{\Delta_x v}{\Delta x}\right)^2}=0,$$

于是有

$$\frac{\partial z}{\partial x}=\frac{\partial z}{\partial u}\frac{\partial u}{\partial x}+\frac{\partial z}{\partial v}\frac{\partial v}{\partial x}.$$ □

类似地, 有 $\dfrac{\partial z}{\partial y}=\dfrac{\partial z}{\partial u}\dfrac{\partial u}{\partial y}+\dfrac{\partial z}{\partial v}\dfrac{\partial v}{\partial y}$.

由 (1) 式可以看出: 当 $u=u(x,y)$, $v=v(x,y)$ 关于 x 的偏导数和 $z=z(u,v)$ 关于 u,v 的偏导数都连续时, z 关于 x 的偏导数也连续.

同样条件下, 公式 (1) 可以推广到一般复合函数上去.

设

$$z=z(u_1,\cdots,u_n),\quad u_i=u_i(x_1,\cdots,x_l),\quad i=1,2,\cdots,n, \tag{2}$$

则 z 关于某个自变量 x_j 的偏导数等于 z 对每个与 x_j 有关的中间变量 u_i 的偏导数与这个中间变量 u_i 对 x_j 的偏导数之积的总和, 即

$$\frac{\partial z}{\partial x_j}=\sum_{i=1}^{n}\frac{\partial z}{\partial u_i}\frac{\partial u_i}{\partial x_j}=\frac{\partial z}{\partial u_1}\frac{\partial u_1}{\partial x_j}+\cdots+\frac{\partial z}{\partial u_n}\frac{\partial u_n}{\partial x_j},\quad j=1,2,\cdots,l, \tag{3}$$

公式 (3) 称为**链导法则**.

求复合函数的偏导数关键在于明确函数间的复合关系, 认定中间变量与自变量.

在 (2) 中, 当中间变量都是同一个自变量的一元函数时, 即 $u_i=u_i(x)$, $i=1,2,\cdots,n$, z 就是 x 的一元函数, 公式 (3) 变为

$$\frac{\mathrm{d}z}{\mathrm{d}x}=\frac{\partial z}{\partial u_1}\frac{\mathrm{d}u_1}{\mathrm{d}x}+\cdots+\frac{\partial z}{\partial u_n}\frac{\mathrm{d}u_n}{\mathrm{d}x}, \tag{4}$$

称为 z 的**全导数公式**.

链导法则公式 (3) 可借助于矩阵简单地表示为

$$\left(\frac{\partial z}{\partial x_1}\cdots\frac{\partial z}{\partial x_l}\right)=\left(\frac{\partial z}{\partial u_1}\cdots\frac{\partial z}{\partial u_n}\right)\begin{pmatrix}\dfrac{\partial u_1}{\partial x_1} & \cdots & \dfrac{\partial u_1}{\partial x_l}\\ \vdots & & \vdots\\ \dfrac{\partial u_n}{\partial x_1} & \cdots & \dfrac{\partial u_n}{\partial x_l}\end{pmatrix}, \tag{5}$$

称矩阵

$$\begin{pmatrix}\dfrac{\partial u_1}{\partial x_1} & \cdots & \dfrac{\partial u_1}{\partial x_l}\\ \vdots & & \vdots\\ \dfrac{\partial u_n}{\partial x_1} & \cdots & \dfrac{\partial u_n}{\partial x_l}\end{pmatrix}$$

为函数组 $u_i=u_i(x_1,\cdots,x_l)\ (i=1,2,\cdots,n)$ 的**雅可比矩阵**, 记为

$$\left(\frac{\partial(u_1,\cdots,u_n)}{\partial(x_1,\cdots,x_l)}\right),$$

则链导法则公式 (3) 又可写为

$$\left(\frac{\partial(z)}{\partial(x_1,\cdots,x_l)}\right)=\left(\frac{\partial z}{\partial(u_1,\cdots,u_n)}\right)\left(\frac{\partial(u_1,\cdots,u_n)}{\partial(x_1,\cdots,x_l)}\right), \tag{6}$$

其结构简洁, 便于记忆和推广.

例 1　已知 $z=\mathrm{e}^u\cos v$, $u=x+y$, $v=xy$, 求 $\dfrac{\partial z}{\partial x}$, $\dfrac{\partial z}{\partial y}$.

解　因 $\dfrac{\partial z}{\partial u}=\mathrm{e}^u\cos v$, $\dfrac{\partial z}{\partial v}=-\mathrm{e}^u\sin v$, $\dfrac{\partial u}{\partial x}=1$, $\dfrac{\partial u}{\partial y}=1$, $\dfrac{\partial v}{\partial x}=y$, $\dfrac{\partial v}{\partial y}=x$ 都连续, 故

$$\begin{aligned}\frac{\partial z}{\partial x}&=\frac{\partial z}{\partial u}\frac{\partial u}{\partial x}+\frac{\partial z}{\partial v}\frac{\partial v}{\partial x}\\&=\mathrm{e}^u\cos v\cdot 1-\mathrm{e}^u\sin v\cdot y=\mathrm{e}^{x+y}[\cos(xy)-y\sin(xy)],\end{aligned}$$

$$\begin{aligned}\frac{\partial z}{\partial y}&=\frac{\partial z}{\partial u}\frac{\partial u}{\partial y}+\frac{\partial z}{\partial v}\frac{\partial v}{\partial y}\\&=\mathrm{e}^u\cos v\cdot 1-\mathrm{e}^u\sin v\cdot x=\mathrm{e}^{x+y}[\cos(xy)-x\sin(xy)].\end{aligned}$$

例 2　设 $y=(\sin x)^{x^2}$, 求 $\dfrac{\mathrm{d}y}{\mathrm{d}x}$.

解　这个幂指函数的导数可以利用取对数求导法计算, 但用全导数公式 (4) 比较简便. 令

$$u=\sin x,\quad v=x^2,$$

则 $y=u^v$.

由公式 (4) 得

$$\begin{aligned}\frac{\mathrm{d}y}{\mathrm{d}x}&=\frac{\partial y}{\partial u}\frac{\mathrm{d}u}{\mathrm{d}x}+\frac{\partial y}{\partial v}\frac{\mathrm{d}v}{\mathrm{d}x}\\&=vu^{v-1}(\cos x)+u^v\ln u\cdot 2x=x^2(\sin x)^{x^2-1}\cos x+(\sin x)^{x^2}\ln\sin x\cdot 2x.\end{aligned}$$

例 3 已知 $f(t)$ 可微, 证明 $z=\dfrac{y}{f(x^2-y^2)}$ 满足方程 $\dfrac{1}{x}\dfrac{\partial z}{\partial x}+\dfrac{1}{y}\dfrac{\partial z}{\partial y}=\dfrac{z}{y^2}$.

证明 引入中间变量, 令 $t=x^2-y^2$, 则 $z=\dfrac{y}{f(t)}$. 注意这里 t 为中间变量, x,y 为自变量.

$$\frac{\partial z}{\partial x}=-\frac{2xyf'(t)}{f^2(t)},\quad \frac{\partial z}{\partial y}=\frac{1}{f(t)}+\frac{2y^2f'(t)}{f^2(t)},$$

于是 $\dfrac{1}{x}\dfrac{\partial z}{\partial x}+\dfrac{1}{y}\dfrac{\partial z}{\partial y}=-\dfrac{2yf'(t)}{f^2(t)}+\dfrac{1}{yf(t)}+\dfrac{2yf'(t)}{f^2(t)}=\dfrac{z}{y^2}$.

例 4 设 $u=f(x,xy,xyz)$, 其中 f 可微, 求 $\dfrac{\partial u}{\partial x},\dfrac{\partial u}{\partial y},\dfrac{\partial u}{\partial z}$.

解 计算复合函数偏导数时, 适当地引入中间变量, 将函数分解, 是很关键的, 也可以给中间变量一个记号, 如 f_1' 表示 f 对第一个中间变量的偏导数. 这样

$$\begin{aligned}\frac{\partial u}{\partial x}&=f_1'+f_2'\cdot y+f_3'\cdot yz,\\\frac{\partial u}{\partial y}&=f_2'\cdot x+f_3'\cdot xz,\\\frac{\partial u}{\partial z}&=f_3'\cdot xy.\end{aligned}$$

例 5 设 $z=F(x,y)$, $y=\varphi(x)$, 其中 F 有二阶连续偏导数, φ 有二阶连续导数, 求 $\dfrac{\mathrm{d}^2z}{\mathrm{d}x^2}$.

解 由全导数公式得

$$\frac{\mathrm{d}z}{\mathrm{d}x}=\frac{\partial F}{\partial x}+\frac{\partial F}{\partial y}\frac{\mathrm{d}y}{\mathrm{d}x}=F_x'(x,y)+F_y'(x,y)\varphi'(x).$$

求二阶导数时, 务必注意 $\dfrac{\partial F}{\partial x},\dfrac{\partial F}{\partial y}$ 仍是 x,y 的二元函数, y 又是 x 的函数, 再用全导数公式得

$$\begin{aligned}\frac{\mathrm{d}^2z}{\mathrm{d}x^2}&=\left(\frac{\partial^2F}{\partial x^2}+\frac{\partial^2F}{\partial x\partial y}\frac{\mathrm{d}y}{\mathrm{d}x}\right)+\left(\frac{\partial^2F}{\partial y\partial x}+\frac{\partial^2F}{\partial y^2}\frac{\mathrm{d}y}{\mathrm{d}x}\right)\frac{\mathrm{d}y}{\mathrm{d}x}+\frac{\partial F}{\partial y}\frac{\mathrm{d}^2y}{\mathrm{d}x^2}\\&=\frac{\partial^2F}{\partial x^2}+2\frac{\partial^2F}{\partial x\partial y}\frac{\mathrm{d}y}{\mathrm{d}x}+\frac{\partial^2F}{\partial y^2}\left(\frac{\mathrm{d}y}{\mathrm{d}x}\right)^2+\frac{\partial F}{\partial y}\frac{\mathrm{d}^2y}{\mathrm{d}x^2}\end{aligned}$$

$$= F''_{xx}(x,y) + 2F''_{xy}(x,y)\varphi'(x) + F''_{yy}(x,y)\varphi'^2(x) + F'_y(x,y)\varphi''(x).$$

例 6　设 $u = f\left(xy, \dfrac{x}{y}\right)$, 其中 f 具有二阶连续偏导数, 求 $\dfrac{\partial^2 u}{\partial x^2}, \dfrac{\partial^2 u}{\partial x \partial y}, \dfrac{\partial^2 u}{\partial y^2}$.

解　因为 $\dfrac{\partial u}{\partial x} = f'_1 \cdot y + f'_2 \cdot \dfrac{1}{y}, \dfrac{\partial u}{\partial y} = f'_1 \cdot x + f'_2 \cdot \dfrac{-x}{y^2}$, 所以

$$\begin{aligned}\frac{\partial^2 u}{\partial x^2} &= \left(f''_{11} \cdot y + f''_{12} \cdot \frac{1}{y}\right)y + \left(f''_{21} \cdot y + f''_{22} \cdot \frac{1}{y}\right) \cdot \frac{1}{y}\\ &= f''_{11} \cdot y^2 + 2f''_{12} + f''_{22} \cdot \frac{1}{y^2},\end{aligned}$$

$$\begin{aligned}\frac{\partial^2 u}{\partial x \partial y} &= \left(f''_{11} \cdot x + f''_{12} \cdot \frac{-x}{y^2}\right)y + f'_1 + \left(f''_{21} \cdot x + f''_{22} \cdot \frac{-x}{y^2}\right) \cdot \frac{1}{y} + f'_2 \cdot \frac{-1}{y^2}\\ &= f''_{11} \cdot xy + f''_{22} \cdot \frac{-x}{y^3} + f'_1 + f'_2 \cdot \frac{-1}{y^2},\end{aligned}$$

$$\begin{aligned}\frac{\partial^2 u}{\partial y^2} &= \left(f''_{11} \cdot x + f''_{12} \cdot \frac{-x}{y^2}\right)x + \left(f''_{21} \cdot x + f''_{22} \cdot \frac{-x}{y^2}\right) \cdot \frac{-x}{y^2} + f'_2 \cdot \frac{2x}{y^3}\\ &= f''_{11} \cdot x^2 - 2f''_{12} \cdot \frac{x^2}{y^2} + f''_{22} \cdot \frac{x^2}{y^4} + f'_2 \cdot \frac{2x}{y^3}.\end{aligned}$$

全微分形式不变性　设 $z = z(u,v)$, $u = u(x,y)$, $v = v(x,y)$ 均可微, 则

$$\begin{aligned}\mathrm{d}z &= \frac{\partial z}{\partial x}\mathrm{d}x + \frac{\partial z}{\partial y}\mathrm{d}y = \begin{pmatrix} \dfrac{\partial z}{\partial x} & \dfrac{\partial z}{\partial y} \end{pmatrix} \begin{pmatrix} \mathrm{d}x \\ \mathrm{d}y \end{pmatrix}\\ &= \begin{pmatrix} \dfrac{\partial z}{\partial u} & \dfrac{\partial z}{\partial v} \end{pmatrix} \begin{pmatrix} \dfrac{\partial u}{\partial x} & \dfrac{\partial u}{\partial y} \\ \dfrac{\partial v}{\partial x} & \dfrac{\partial v}{\partial y} \end{pmatrix} \begin{pmatrix} \mathrm{d}x \\ \mathrm{d}y \end{pmatrix}\\ &= \begin{pmatrix} \dfrac{\partial z}{\partial u} & \dfrac{\partial z}{\partial v} \end{pmatrix} \begin{pmatrix} \mathrm{d}u \\ \mathrm{d}v \end{pmatrix}\\ &= \frac{\partial z}{\partial u}\mathrm{d}u + \frac{\partial z}{\partial v}\mathrm{d}v.\end{aligned}$$

这说明当 z 是 u, v 的函数时, 不论 u, v 是自变量还是中间变量, z 的全微分形式不变:

$$\mathrm{d}z = \frac{\partial z}{\partial u}\mathrm{d}u + \frac{\partial z}{\partial v}\mathrm{d}v.$$

这对计算全微分和求偏导数都是有益的.

下列给出四则运算的全微分法则:

(1) $\mathrm{d}(u \pm v) = \mathrm{d}u \pm \mathrm{d}v$;

(2) $\mathrm{d}(uv) = u\mathrm{d}v + v\mathrm{d}u$, $\mathrm{d}(Cu) = C\mathrm{d}u$ (C 为常数);

(3) $\mathrm{d}\left(\dfrac{u}{v}\right) = \dfrac{v\mathrm{d}u - u\mathrm{d}v}{v^2}$ $(v \neq 0)$.

例 7 求函数 $z = \arctan\dfrac{x}{x+y}$ 的全微分与偏导数.

解 令 $z = \arctan u$, $u = \dfrac{x}{v}$, $v = x + y$, 于是由微分法则得

$$\begin{aligned}\mathrm{d}z &= \frac{\mathrm{d}u}{1+u^2} = \frac{1}{1+u^2}\frac{v\mathrm{d}x - x\mathrm{d}v}{v^2}\\ &= \frac{(x+y)\mathrm{d}x - x(\mathrm{d}x+\mathrm{d}y)}{(x+y)^2+x^2} = \frac{y\mathrm{d}x - x\mathrm{d}y}{(x+y)^2+x^2}.\end{aligned}$$

故

$$\frac{\partial z}{\partial x} = \frac{y}{(x+y)^2+x^2}, \quad \frac{\partial z}{\partial y} = \frac{-x}{(x+y)^2+x^2}.$$

例 8 设 $u = f(x,y,z)$, $y = \varphi(x,t)$, $t = \psi(x,z)$, 其中 f,φ,ψ 均可微, 求 u 的两个偏导数.

解 由全微分形式不变性得

$$\begin{aligned}\mathrm{d}u &= \frac{\partial f}{\partial x}\mathrm{d}x + \frac{\partial f}{\partial y}\mathrm{d}y + \frac{\partial f}{\partial z}\mathrm{d}z = \frac{\partial f}{\partial x}\mathrm{d}x + \frac{\partial f}{\partial y}\left(\frac{\partial \varphi}{\partial x}\mathrm{d}x + \frac{\partial \varphi}{\partial t}\mathrm{d}t\right) + \frac{\partial f}{\partial z}\mathrm{d}z\\ &= \frac{\partial f}{\partial x}\mathrm{d}x + \frac{\partial f}{\partial y}\left(\frac{\partial \varphi}{\partial x}\mathrm{d}x + \frac{\partial \varphi}{\partial t}\left(\frac{\partial \psi}{\partial x}\mathrm{d}x + \frac{\partial \psi}{\partial z}\mathrm{d}z\right)\right) + \frac{\partial f}{\partial z}\mathrm{d}z\\ &= \left(\frac{\partial f}{\partial x} + \frac{\partial f}{\partial y}\frac{\partial \varphi}{\partial x} + \frac{\partial f}{\partial y}\frac{\partial \varphi}{\partial t}\frac{\partial \psi}{\partial x}\right)\mathrm{d}x + \left(\frac{\partial f}{\partial y}\frac{\partial \varphi}{\partial t}\frac{\partial \psi}{\partial z} + \frac{\partial f}{\partial z}\right)\mathrm{d}z.\end{aligned}$$

故

$$\frac{\partial u}{\partial x} = \frac{\partial f}{\partial x} + \frac{\partial f}{\partial y}\frac{\partial \varphi}{\partial x} + \frac{\partial f}{\partial y}\frac{\partial \varphi}{\partial t}\frac{\partial \psi}{\partial x}, \quad \frac{\partial u}{\partial z} = \frac{\partial f}{\partial y}\frac{\partial \varphi}{\partial t}\frac{\partial \psi}{\partial z} + \frac{\partial f}{\partial z}.$$

通过全微分求所有一阶偏导数, 比用链导法则求偏导数有时会显得灵活方便, 不易出错.

习 题 10.4

1. 求下列函数的偏导数.

(1) 已知 $z = u\sin\dfrac{u}{v}, u = x^2 + y^2, v = xy$. 求 $\dfrac{\partial z}{\partial x}, \dfrac{\partial z}{\partial y}$;

(2) 已知 $z = \dfrac{v}{u}\arctan(u+v), u = x + y, v = xy$. 求 $\dfrac{\partial z}{\partial x}, \dfrac{\partial z}{\partial y}$;

(3) 已知 $z=\mathrm{e}^u\sin v$, $u=xy$, $v=x+y$, 求 $\dfrac{\partial z}{\partial x}$, $\dfrac{\partial z}{\partial y}$.

2. 求下列函数的全导数.

(1) $u=\tan(3t+x^2-2y)$, $\quad x=\dfrac{1}{t^2}$, $\quad y=\sqrt{t}$;

(2) $u=\mathrm{e}^{x-3y}+\dfrac{1}{t^2}$, $\quad x=\cos t$, $\quad y=t^3$.

3. 设 f 与 g 是可微函数, 求下列复合函数的一阶偏导数.

(1) $z=f(x+y,xy^2)$;　　(2) $z=f\left(\dfrac{x}{y},\dfrac{y}{x}\right)$;

(3) $u=f(xy)g(yz)$;　　(4) $u=f(xy^2,y-x^2,xz)$.

4. 设 $f(x,y)$ 具有连续偏导数, 且当 $x\neq 0$ 时, $f(x,x^2)=1$, $f'_x(x,x^2)=x$, 求 $f'_y(x,x^2)$.

5. 设 $f(x,y)$ 具有连续偏导数, 且 $f(1,1)=1$, $f'_x(1,1)=2$, $f'_y(1,1)=3$, 令 $\varphi(x)=f(x,f(x,x))$, 求 $\varphi'(1)$.

6. 设 f 具有连续二阶偏导数, 对下列函数求指定的偏导数.

(1) $z=f(u,x,y)$, $u=y\mathrm{e}^x$, 求 $\dfrac{\partial^2 z}{\partial x\partial y}$;

(2) $z=x^2f\left(xy,\dfrac{x}{y}\right)$, 求 $\dfrac{\partial^2 z}{\partial x^2}$, $\dfrac{\partial^2 z}{\partial y^2}$ 及 $\dfrac{\partial^2 z}{\partial x\partial y}$.

7. 证明下列函数满足指定的方程.

(1) 设 $u=\varphi(x+at)+\psi(x-at)$, 其中 φ,ψ 具有二阶导数, 证明 u 满足方程

$$\frac{\partial^2 u}{\partial t^2}=a^2\frac{\partial^2 u}{\partial x^2};$$

(2) 设 $z=f[x+\varphi(y)]$, 其中 φ 可微, f 具有二阶连续的导数, 证明

$$\frac{\partial z}{\partial x}\frac{\partial^2 z}{\partial x\partial y}=\frac{\partial z}{\partial y}\frac{\partial^2 z}{\partial x^2}.$$

8. 已知函数 $z=f(x,y)$ 有连续的二阶偏导数, 且满足方程 $a^2\dfrac{\partial^2 z}{\partial x^2}-\dfrac{\partial^2 z}{\partial y^2}=0$, 作变换 $u=x+ay, v=x-ay$, 试求 z 作为 u,v 的函数所应满足的方程.

9. 设 z 有连续二阶偏导数, 作变换 $u=x-2y, v=x+ay$ 可把方程 $6\dfrac{\partial^2 z}{\partial x^2}+\dfrac{\partial^2 z}{\partial x\partial y}-\dfrac{\partial^2 z}{\partial y^2}=0$ 简化为 $\dfrac{\partial^2 z}{\partial u\partial v}=0$, 求常数 a.

10. 设 $u=f(x,y,z)$ 可微, 且满足关系 $\dfrac{u'_x}{x}=\dfrac{u'_y}{y}=\dfrac{u'_z}{z}$, 试证作变换 $x=\rho\sin\varphi\cos\theta$, $y=\rho\sin\varphi\sin\theta$, $z=\rho\cos\varphi$ 后, u 仅是 ρ 的函数.

11. 已知函数 $u=f\left(\frac{y}{x}\right)$ 满足方程 $\frac{\partial^2 u}{\partial x^2}+\frac{\partial^2 u}{\partial y^2}=0$, 求 $f\left(\frac{y}{x}\right)$.

12. 利用全微分形式不变性和微分运算法则, 求下列函数的全微分和偏导数.

(1) $z=f(xy,x+y)$; (2) $z=f\left(xy,\frac{x}{y}\right)$;

(3) $u=f(\cos x+\cos y,\sin x+\sin z)$.

10.5 隐函数求导法

隐函数在实际问题中经常出现, 下面来讨论由方程确定的隐函数的求导方法.

一个方程的情况 给出隐函数存在的一个充分条件, 并利用复合函数的链导法则给出隐函数的求导公式.

定理 10.7 (隐函数存在定理) 设函数 $F(x,y,z)$ 在点 (x_0,y_0,z_0) 的某邻域内有连续的偏导数, 且

$$F(x_0,y_0,z_0)=0,\quad F'_z(x_0,y_0,z_0)\neq 0,$$

则方程

$$F(x,y,z)=0 \tag{1}$$

在点 (x_0,y_0,z_0) 的某邻域内确定唯一一个函数 $z=f(x,y)$, 满足

$$F(x,y,f(x,y))\equiv 0,\quad z_0=f(x_0,y_0).$$

函数 $z=f(x,y)$ 在 (x_0,y_0) 的某邻域内单值, 有连续的偏导数, 且偏导数公式为

$$\frac{\partial z}{\partial x}=-\frac{F'_x(x,y,z)}{F'_z(x,y,z)},\quad \frac{\partial z}{\partial y}=-\frac{F'_y(x,y,z)}{F'_z(x,y,z)}. \tag{2}$$

(证明从略) 仅推导公式 (2) 的前式.

若 $z=f(x,y)$ 是由方程 $F(x,y,z)=0$ 确定的函数, 则有 $F(x,y,f(x,y))\equiv 0$, 将恒等式 $F(x,y,f(x,y))\equiv 0$ 两边关于 x 求导, 由链导法则得

$$F'_x(x,y,z)+F'_z(x,y,z)\frac{\partial z}{\partial x}=0.$$

因为 $F'_z(x,y,z)$ 连续, $F'_z(x_0,y_0,z_0)\neq 0$, 所以在点 (x_0,y_0,z_0) 的某邻域内, $F'_z(x,y,z)\neq 0$. 于是

$$\frac{\partial z}{\partial x}=-\frac{F'_x(x,y,z)}{F'_z(x,y,z)}.$$

同理可推导公式 (2) 的后式.

对方程 $F(x_1,\cdots,x_n)=0$ 有类似的隐函数存在定理, 要求点 $(x_{1_0},\cdots,x_{n_0})$ 满足方程, 在该点处, 函数 $F(x_1,\cdots,x_n)$ 对哪个变量的偏导数不等于零, 就能把哪个变量作为因变量表示为其余变量的函数, 且有公式 (2) 那样的隐函数求导公式. 例如, 当函数 $F(x,y)$ 在点 (x_0,y_0) 附近偏导数连续时, 且

$$F(x_0,y_0)=0,\quad F'_y(x_0,y_0)\neq 0$$

时, 方程

$$F(x,y)=0 \tag{3}$$

可确定函数 $y=f(x)$, 并有导数公式

$$\frac{\mathrm{d}y}{\mathrm{d}x}=-\frac{F'_x(x,y)}{F'_y(x,y)}. \tag{4}$$

例 1　已知 $z^3-3xyz=1$, 求 $\dfrac{\partial z}{\partial x}, \dfrac{\partial z}{\partial y}$ 及 $\dfrac{\partial^2 z}{\partial x\partial y}$.

解　设 $F(x,y,z)=z^3-3xyz-1$, 则

$$F'_x=-3yz,\quad F'_y=-3xz,\quad F'_z=3z^2-3xy,$$

故

$$\begin{aligned}
\frac{\partial z}{\partial x}&=-\frac{-3yz}{3z^2-3xy}=\frac{yz}{z^2-xy},\\
\frac{\partial z}{\partial y}&=-\frac{-3xz}{3z^2-3xy}=\frac{xz}{z^2-xy},\\
\frac{\partial^2 z}{\partial x\partial y}&=\left(\frac{yz}{z^2-xy}\right)'_y=\frac{(z+yz'_y)(z^2-xy)-yz(2zz'_y-x)}{(z^2-xy)^2}\\
&=\frac{\left(z+y\dfrac{xz}{z^2-xy}\right)(z^2-xy)-yz\left(2z\dfrac{xz}{z^2-xy}-x\right)}{(z^2-xy)^2}\\
&=\frac{z(z^4-2xyz^2-x^2y^2)}{(z^2-xy)^3}.
\end{aligned}$$

例 2　设隐函数 $z=z(x,y)$ 由 $F\left(\dfrac{x}{z},\dfrac{y}{z}\right)=0$ 确定, 其中 F 具有连续偏导数, 求 $\dfrac{\partial z}{\partial x}, \dfrac{\partial z}{\partial y}$.

解　**方法一**　由隐函数、复合函数求导法, 令 $G(x,y,z)=F\left(\dfrac{x}{z},\dfrac{y}{z}\right)$, 得

$$\frac{\partial z}{\partial x}=-\frac{G'_x}{G'_z}=-\frac{F'_1z^{-1}}{F'_1(-xz^{-2})+F'_2(-yz^{-2})}=\frac{zF'_1}{xF'_1+yF'_2},$$

$$\frac{\partial z}{\partial y}=-\frac{G'_y}{G'_z}=-\frac{F'_2 z^{-1}}{F'_1(-xz^{-2})+F'_2(-yz^{-2})}=\frac{zF'_2}{xF'_1+yF'_2}.$$

方法二 利用全微分, 将隐函数方程两边取全微分, 得

$$F'_1\mathrm{d}\left(\frac{x}{z}\right)+F'_2\mathrm{d}\left(\frac{y}{z}\right)=0,$$

即

$$F'_1\frac{z\mathrm{d}x-x\mathrm{d}z}{z^2}+F'_2\frac{z\mathrm{d}y-y\mathrm{d}z}{z^2}=0,$$

$$zF'_1\mathrm{d}x+zF'_2\mathrm{d}y-(xF'_1+yF'_2)\mathrm{d}z=0,$$

故

$$\mathrm{d}z=\frac{F'_1z\mathrm{d}x+F'_2z\mathrm{d}y}{xF'_1+yF'_2}.$$

从而

$$\frac{\partial z}{\partial x}=\frac{zF'_1}{xF'_1+yF'_2},\quad \frac{\partial z}{\partial y}=\frac{zF'_2}{xF'_1+yF'_2}.$$

由此可见, 用全微分来求隐函数的偏导数也是一个途径, 且步骤清楚.

方程组的情况 有时隐函数是由方程组确定的, 下面讨论由方程组确定隐函数的情况.

设 $F(x,y,u,v),G(x,y,u,v)$ 具有连续偏导数, 则由方程组

$$\begin{cases} F(x,y,u,v)=0, \\ G(x,y,u,v)=0 \end{cases} \tag{5}$$

确定两个二元函数

$$u=u(x,y),\quad v=v(x,y).$$

将恒等式

$$\begin{cases} F(x,y,u(x,y),v(x,y))=0, \\ G(x,y,u(x,y),v(x,y))=0 \end{cases}$$

两边关于 x 求偏导, 由链导法则得到

$$\begin{cases} \dfrac{\partial F}{\partial x}+\dfrac{\partial F}{\partial u}\dfrac{\partial u}{\partial x}+\dfrac{\partial F}{\partial v}\dfrac{\partial v}{\partial x}=0, \\ \dfrac{\partial G}{\partial x}+\dfrac{\partial G}{\partial u}\dfrac{\partial u}{\partial x}+\dfrac{\partial G}{\partial v}\dfrac{\partial v}{\partial x}=0. \end{cases}$$

解这个以 $\dfrac{\partial u}{\partial x},\dfrac{\partial v}{\partial x}$ 为未知量的代数方程组, 当系数行列式不为零时, 即

$$\begin{vmatrix} \dfrac{\partial F}{\partial u} & \dfrac{\partial F}{\partial v} \\ \dfrac{\partial G}{\partial u} & \dfrac{\partial G}{\partial v} \end{vmatrix}\neq 0$$

(这就是方程组 (5) 能确定出两个二元函数 $u=u(x,y)$, $v=v(x,y)$ 所需要的条件). 解得

$$\frac{\partial u}{\partial x}=-\frac{\begin{vmatrix}\dfrac{\partial F}{\partial x} & \dfrac{\partial F}{\partial v}\\ \dfrac{\partial G}{\partial x} & \dfrac{\partial G}{\partial v}\end{vmatrix}}{\begin{vmatrix}\dfrac{\partial F}{\partial u} & \dfrac{\partial F}{\partial v}\\ \dfrac{\partial G}{\partial u} & \dfrac{\partial G}{\partial v}\end{vmatrix}},\quad \frac{\partial v}{\partial x}=-\frac{\begin{vmatrix}\dfrac{\partial F}{\partial u} & \dfrac{\partial F}{\partial x}\\ \dfrac{\partial G}{\partial u} & \dfrac{\partial G}{\partial x}\end{vmatrix}}{\begin{vmatrix}\dfrac{\partial F}{\partial u} & \dfrac{\partial F}{\partial v}\\ \dfrac{\partial G}{\partial u} & \dfrac{\partial G}{\partial v}\end{vmatrix}}. \tag{6}$$

为简便起见, 记

$$\frac{\partial(F,G)}{\partial(u,v)}=\begin{vmatrix}\dfrac{\partial F}{\partial u} & \dfrac{\partial F}{\partial v}\\ \dfrac{\partial G}{\partial u} & \dfrac{\partial G}{\partial v}\end{vmatrix},\quad \frac{\partial(F,G)}{\partial(x,v)}=\begin{vmatrix}\dfrac{\partial F}{\partial x} & \dfrac{\partial F}{\partial v}\\ \dfrac{\partial G}{\partial x} & \dfrac{\partial G}{\partial v}\end{vmatrix},\quad \frac{\partial(F,G)}{\partial(u,x)}=\begin{vmatrix}\dfrac{\partial F}{\partial u} & \dfrac{\partial F}{\partial x}\\ \dfrac{\partial G}{\partial u} & \dfrac{\partial G}{\partial x}\end{vmatrix},$$

于是

$$\frac{\partial u}{\partial x}=-\frac{\partial(F,G)}{\partial(x,v)}\Big/\frac{\partial(F,G)}{\partial(u,v)},\quad \frac{\partial v}{\partial x}=-\frac{\partial(F,G)}{\partial(u,x)}\Big/\frac{\partial(F,G)}{\partial(u,v)}.$$

如果方程组 (5) 中不出现 y, 则 u, v 是 x 的一元函数, (6) 式就是其导数公式. 若出现 y, 则类似地有

$$\frac{\partial u}{\partial y}=-\frac{\partial(F,G)}{\partial(y,v)}\Big/\frac{\partial(F,G)}{\partial(u,v)},\quad \frac{\partial v}{\partial y}=-\frac{\partial(F,G)}{\partial(u,y)}\Big/\frac{\partial(F,G)}{\partial(u,v)}. \tag{7}$$

例 3　设 $\begin{cases}x^2+y^2+z^2=1,\\ x+y+z=0,\end{cases}$ 求 $\dfrac{\mathrm{d}y}{\mathrm{d}x}$, $\dfrac{\mathrm{d}z}{\mathrm{d}x}$.

解　令 $F(x,y,z)=x^2+y^2+z^2-1$, $G(x,y,z)=x+y+z$, 这里确定 y,z 是 x 的函数. 由

$$\frac{\partial(F,G)}{\partial(y,z)}=\begin{vmatrix}\dfrac{\partial F}{\partial y} & \dfrac{\partial F}{\partial z}\\ \dfrac{\partial G}{\partial y} & \dfrac{\partial G}{\partial z}\end{vmatrix}=\begin{vmatrix}2y & 2z\\ 1 & 1\end{vmatrix}=2y-2z,$$

$$\frac{\partial(F,G)}{\partial(x,z)}=\begin{vmatrix}\dfrac{\partial F}{\partial x} & \dfrac{\partial F}{\partial z}\\ \dfrac{\partial G}{\partial x} & \dfrac{\partial G}{\partial z}\end{vmatrix}=\begin{vmatrix}2x & 2z\\ 1 & 1\end{vmatrix}=2x-2z,$$

$$\frac{\partial(F,G)}{\partial(y,x)}=\begin{vmatrix}\dfrac{\partial F}{\partial y} & \dfrac{\partial F}{\partial x}\\ \dfrac{\partial G}{\partial y} & \dfrac{\partial G}{\partial x}\end{vmatrix}=\begin{vmatrix}2y & 2x\\ 1 & 1\end{vmatrix}=2y-2x,$$

于是, 有

$$\frac{\mathrm{d}y}{\mathrm{d}x}=-\frac{\partial(F,G)}{\partial(x,z)}\Big/\frac{\partial(F,G)}{\partial(y,z)}=\frac{z-x}{y-z},$$

$$\frac{\mathrm{d}z}{\mathrm{d}x}=-\frac{\partial(F,G)}{\partial(y,x)}\Big/\frac{\partial(F,G)}{\partial(y,z)}=\frac{x-y}{y-z}.$$

例 4 设 $u=u(x)$ 由方程组 $u=f(x,y,z)$, $g(x,y,z)=0$, $h(x,z)=0$ 确定, 其中 f,g,h 均可微, 且 $g'_y\neq 0$, $h'_z\neq 0$, 求 u'.

解 方法一 对隐函数方程组确定的函数求导, 先认准变量间的关系, 分清自变量和因变量. 这里 u 是 x 的一元函数, 所以 y,z 都应是 x 的函数. 从方程组 $g(x,y,z)=0$, $h(x,z)=0$ 确定 y,z 是 x 的函数. 因

$$\begin{vmatrix} g'_y & g'_z \\ h'_y & h'_z \end{vmatrix}=g'_yh'_z,\quad \begin{vmatrix} g'_x & g'_z \\ h'_x & h'_z \end{vmatrix}=g'_xh'_z-g'_zh'_x,\quad \begin{vmatrix} g'_y & g'_x \\ h'_y & h'_x \end{vmatrix}=g'_yh'_x,$$

故

$$\frac{\mathrm{d}y}{\mathrm{d}x}=\frac{g'_zh'_x-g'_xh'_z}{g'_yh'_z},\quad \frac{\mathrm{d}z}{\mathrm{d}x}=-\frac{h'_x}{h'_z}.$$

再由链导法则得

$$\frac{\mathrm{d}u}{\mathrm{d}x}=f'_x+f'_yy'_x+f'_zz'_x=f'_x+f'_y\frac{g'_zh'_x-g'_xh'_z}{g'_yh'_z}-f'_z\frac{h'_x}{h'_z}.$$

方法二 隐函数方程组的偏导数公式 (6) 可推广到 n 个方程上去.

设

$$F(x,y,z,u)=f(x,y,z)-u,$$

则

$$\begin{aligned}\frac{\mathrm{d}u}{\mathrm{d}x}&=-\frac{\partial(F,g,h)}{\partial(x,y,z)}\Big/\frac{\partial(F,g,h)}{\partial(u,y,z)}=-\begin{vmatrix} f'_x & f'_y & f'_z \\ g'_x & g'_y & g'_z \\ h'_x & 0 & h'_z \end{vmatrix}\Big/\begin{vmatrix} -1 & f'_y & f'_z \\ 0 & g'_y & g'_z \\ 0 & 0 & h'_z \end{vmatrix}\\&=f'_x+f'_y\frac{g'_zh'_x-g'_xh'_z}{g'_yh'_z}-f'_z\frac{h'_x}{h'_z}.\end{aligned}$$

方法三 将每个方程两边取全微分得

$$\begin{cases} \mathrm{d}u=f'_x\mathrm{d}x+f'_y\mathrm{d}y+f'_z\mathrm{d}z, \\ g'_x\mathrm{d}x+g'_y\mathrm{d}y+g'_z\mathrm{d}z=0, \\ h'_x\mathrm{d}x+h'_z\mathrm{d}z=0, \end{cases}$$

x 是唯一的自变量. 由后两式解出 $\mathrm{d}y, \mathrm{d}z$ 代入第一式, 得到

$$\frac{\mathrm{d}u}{\mathrm{d}x}=f'_x+f'_y\frac{g'_z h'_x-g'_x h'_z}{g'_y h'_z}-f'_z\frac{h'_x}{h'_z}.$$

习　题　10.5

1. 求下列方程所确定的隐函数 $z=z(x,y)$ 的一阶和二阶偏导数.

(1) $\dfrac{x}{z}=\ln\dfrac{y}{z}$;　　(2) $x^2-4y^2+z^2-3x+z-1=0$.

2. 利用全微分形式不变性, 求下列隐函数 z 的全微分及偏导数.

(1) $xyz+\sqrt{x^2+y^2+z^2}=1$;　　(2) $x+y+z+x\mathrm{e}^{z-y-x}=0$.

3. 设 $z=z(x,y)$ 由方程 $ax+by+cz=\varphi(x^2+y^2+z^2)$ 所确定, 其中 φ 可微, 证明

$$(cy-bz)\frac{\partial z}{\partial x}+(az-cx)\frac{\partial z}{\partial y}=bx-ay.$$

4. 设函数 $z=z(x,y)$ 是由方程 $F\left(x+zy^{-1},y+zx^{-1}\right)=0$ 所确定的. 证明

$$x\frac{\partial z}{\partial x}+y\frac{\partial z}{\partial y}=z-xy.$$

5. 设函数 $z=z(x,y)$ 是由方程 $\dfrac{x}{z}=\varphi\left(\dfrac{y}{z}\right)$ 所确定的, 其中 φ 具有连续的二阶导数, 证明

$$\frac{\partial^2 z}{\partial x^2}\cdot\frac{\partial^2 z}{\partial y^2}=\left(\frac{\partial^2 z}{\partial x\partial y}\right)^2.$$

6. 已知函数 $z=z(x,y)$ 可微, 且 $\dfrac{\partial z}{\partial x}\neq 0$, 满足方程 $(x-z)\dfrac{\partial z}{\partial x}+y\dfrac{\partial z}{\partial y}=0$, 若将 x 作为 y,z 的函数, 它应满足怎样的方程?

7. 设 $F(x+y+z,x^2+y^2+z^2)=0$ 确定函数 $z=z(x,y)$, 其中 F 具有二阶连续的偏导数, 求 $\dfrac{\partial^2 z}{\partial x\partial y}$.

8. 设 F 具有二阶连续的偏导数, 求曲线 $F(x,y)=0$ 的曲率.

9. 求下列方程组所确定的隐函数的导数或偏导数.

(1) $\begin{cases} z=x^2+y^2, \\ x^2+2y^2+3z^2=1, \end{cases}$ 求 $\dfrac{\mathrm{d}y}{\mathrm{d}x},\dfrac{\mathrm{d}z}{\mathrm{d}x}$;

(2) $\begin{cases} u=f(ux,v+y), \\ v=g(u-x,v^2y), \end{cases}$ 其中 f,g 具有一阶连续偏导数, 求 $\dfrac{\partial u}{\partial x},\dfrac{\partial v}{\partial x}$;

(3) $\begin{cases} x = \mathrm{e}^u + u\sin v, \\ y = \mathrm{e}^u - u\cos v, \end{cases}$ 求 $\dfrac{\partial u}{\partial x}, \dfrac{\partial v}{\partial y}$.

10. 设 $y = f(x,t)$, 而 t 是由方程 $F(x,y,t) = 0$ 所确定的 x, y 的函数, 其中 f, F 均有一阶连续的偏导数, 求 $\dfrac{\mathrm{d}y}{\mathrm{d}x}$.

11. 设 $u = f(x,y,z)$, $\varphi(x^2, \mathrm{e}^y, z) = 0$, $y = \tan x$, 其中 f, φ 具有一阶连续的偏导数, 且 $\dfrac{\partial \varphi}{\partial z} \neq 0$, 求 $\dfrac{\mathrm{d}u}{\mathrm{d}x}$.

12. 设函数 $z = f(x,y)$ 具有二阶连续偏导数, 且 $\dfrac{\partial z}{\partial y} \neq 0$, 证明对函数的值域内任意给定的值 C, $f(x,y) = C$ 为直线的充要条件是

$$(z'_y)^2 z''_{xx} - 2z'_x z'_y z''_{xy} + (z'_x)^2 z''_{yy} = 0.$$

10.6 偏导数在几何中的应用

10.6.1 空间曲线的切线与法平面

设曲线 l 以参数方程

$$x = x(t), \quad y = y(t), \quad z = z(t), \quad t \in I \tag{1}$$

给出, $P_0(x_0, y_0, z_0)$ 和 $P_1(x_0 + \Delta x, y_0 + \Delta y, z_0 + \Delta z)$ 是曲线 l 上的两个点, 对应的参量为 t_0 和 $t_0 + \Delta t$. 于是割线 P_0P_1 的方向向量是 $(\Delta x, \Delta y, \Delta z)$ 或 $\left(\dfrac{\Delta x}{\Delta t}, \dfrac{\Delta y}{\Delta t}, \dfrac{\Delta z}{\Delta t}\right)$.

设 $x'(t_0), y'(t_0), z'(t_0)$ 都存在且不同时为零. 因为点 P_1 沿曲线 l 趋于点 P_0 时 $(\Delta t \to 0)$, 割线的极限位置是曲线 l 在点 P_0 处的切线, 所以向量

$$t = (x'(t_0), y'(t_0), z'(t_0)) \tag{2}$$

是切线的方向向量, 称为曲线 l 在点 P_0 处的**切向量**. 故曲线 l 在 P_0 处的切线方程为

$$\frac{x - x_0}{x'(t_0)} = \frac{y - y_0}{y'(t_0)} = \frac{z - z_0}{z'(t_0)}. \tag{3}$$

过点 P_0 与切线垂直的平面, 称为曲线 l 在点 P_0 处的**法平面** (图 10.7), 其方程为

$$x'(t_0)(x - x_0) + y'(t_0)(y - y_0) + z'(t_0)(z - z_0) = 0. \tag{4}$$

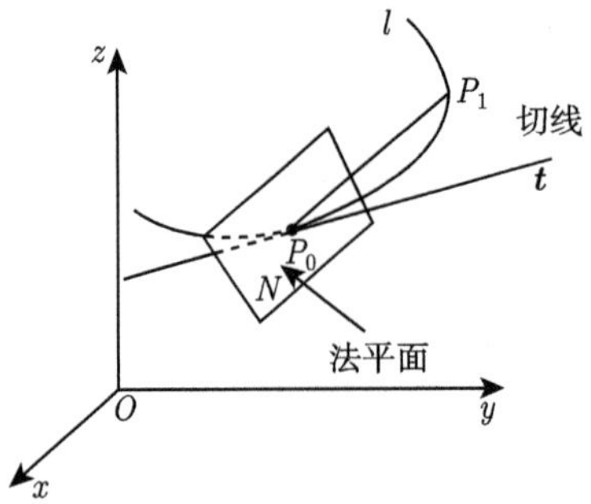

图 10.7

例 1　求曲线 $x=t, y=2t^2, z=3t^3$ 在点 $P_0(1,2,3)$ 处的切线方程和法平面方程.

解　因为 $x'=1, y'=4t, z'=9t^2$ 及点 $P_0(1,2,3)$ 对应参数 $t=1$, 所以曲线在点 P_0 处的切向量 $\boldsymbol{t}=(1,4,9)$. 于是所求的切线方程为

$$\frac{x-1}{1}=\frac{y-2}{4}=\frac{z-3}{9},$$

法平面方程为 $(x-1)+4(y-2)+9(z-3)=0$, 即 $x+4y+9z-36=0$.

例 2　设曲线 $x=x(t), y=y(t), z=z(t)$ 在任一点的法平面都过原点, 证明此曲线必在以原点为球心的某球面上.

证明　任取曲线上一点 $(x(t),y(t),z(t))$, 曲线过该点的法平面方程为

$$x'(t)(X-x(t))+y'(t)(Y-y(t))+z'(t)(Z-z(t))=0.$$

因原点 $(0,0,0)$ 在法平面上, 故有

$$x(t)x'(t)+y(t)y'(t)+z(t)z'(t)=0,$$

即

$$[x^2(t)+y^2(t)+z^2(t)]'=0,$$

于是

$$x^2(t)+y^2(t)+z^2(t)=C.$$

例 3　在抛物柱面 $y=2x^2$ 与 $z=3x^2$ 的交线上, 求对应 $x=1$ 的点处的切线方程.

解　取 x 为参数, 交线的参数方程为

$$x=x,\quad y=2x^2,\quad z=3x^2,$$

于是 $x'=1, y'=4x, z'=6x$. 所以交线上与 $x=1$ 对应的点处的切向量 $\boldsymbol{t}=(1,4,6)$, 且 $x=1$ 对应的点为 $(1,2,3)$, 所求的切线方程为

$$\frac{x-1}{1}=\frac{y-2}{4}=\frac{z-3}{6}.$$

设曲线 l 由方程组

$$\begin{cases} F(x,y,z)=0, \\ G(x,y,z)=0 \end{cases} \tag{5}$$

给出. $P_0(x_0,y_0,z_0)\in l$, 设 F,G 的偏导数在 P_0 处连续, 且 (F'_x,F'_y,F'_z) 与 (G'_x,G'_y,G'_z) 线性无关. 方程组 (5) 确定两个变量是另一个变量的函数, 例如, $y=y(x),z=z(x)$, 则 l 的方程为 $x=x,y=y(x),z=z(x)$, 所以由隐函数求导法, 可得到曲线 l 在点 P_0 处的切向量

$$\boldsymbol{t}=\left(\begin{vmatrix} F'_y & F'_z \\ G'_y & G'_z \end{vmatrix},\begin{vmatrix} F'_z & F'_x \\ G'_z & G'_x \end{vmatrix},\begin{vmatrix} F'_x & F'_y \\ G'_x & G'_y \end{vmatrix}\right)_{P_0}, \tag{6}$$

三个二阶行列式中至少有一个不为零, 则曲线的切线方程为

$$\frac{x-x_0}{\begin{vmatrix} F'_y & F'_z \\ G'_y & G'_z \end{vmatrix}}=\frac{y-y_0}{\begin{vmatrix} F'_z & F'_x \\ G'_z & G'_x \end{vmatrix}}=\frac{z-z_0}{\begin{vmatrix} F'_x & F'_y \\ G'_x & G'_y \end{vmatrix}},$$

法平面方程为

$$\begin{vmatrix} F'_y & F'_z \\ G'_y & G'_z \end{vmatrix}(x-x_0)+\begin{vmatrix} F'_z & F'_x \\ G'_z & G'_x \end{vmatrix}(y-y_0)+\begin{vmatrix} F'_x & F'_y \\ G'_x & G'_y \end{vmatrix}(z-z_0)=0.$$

例 4 求曲线 $\begin{cases} x^2+y^2+z^2=6, \\ z^2=3x^2+y^2 \end{cases}$ 上点 $P_0(1,-1,2)$ 处的切线方程与法平面方程.

解 设 $F(x,y,z)=x^2+y^2+z^2-6,\ G(x,y,z)=3x^2+y^2-z^2$, 则

$$F'_x=2x,\quad F'_y=2y,\quad F'_z=2z,$$

$$G'_x=6x,\quad G'_y=2y,\quad G'_z=-2z,$$

所以在点 $P_0(1,-1,2)$ 处的切向量为

$$\boldsymbol{t}=\left(\begin{vmatrix} 2y & 2z \\ 2y & -2z \end{vmatrix},\begin{vmatrix} 2z & 2x \\ -2z & 6x \end{vmatrix},\begin{vmatrix} 2x & 2y \\ 6x & 2y \end{vmatrix}\right)_{P_0}=(16,32,8).$$

于是所求的切线方程为

$$\frac{x-1}{2}=\frac{y+1}{4}=\frac{z-2}{1},$$

法平面方程为

$$2(x-1)+4(y+1)+(z-2)=0,$$

即

$$2x+4y+z=0.$$

10.6.2 曲面的切平面与法线

设曲面 Σ 由方程

$$F(x,y,z)=0 \tag{7}$$

给出, 点 $P_0(x_0,y_0,z_0)\in\Sigma$, 函数 $F(x,y,z)$ 在 P_0 处可微, F'_x,F'_y,F'_z 在点 P_0 处不同时为零. 在曲面 Σ 上过 P_0 任意作一条 (光滑) 曲线, 设其方程为

$$x=x(t),\quad y=y(t),\quad z=z(t), \tag{8}$$

点 P_0 对应参数 t_0, 于是有

$$F(x(t),y(t),z(t))\equiv 0.$$

两边在 t_0 处求导, 由全导数公式得

$$F'_x(x_0,y_0,z_0)x'(t_0)+F'_y(x_0,y_0,z_0)y'(t_0)+F'_z(x_0,y_0,z_0)z'(t_0)\equiv 0,$$

可知向量

$$\boldsymbol{n}=(F'_x(x_0,y_0,z_0),F'_y(x_0,y_0,z_0),F'_z(x_0,y_0,z_0)) \tag{9}$$

与曲线 (8) 在 P_0 处的切向量 $\boldsymbol{t}=(x'(t_0),y'(t_0),z'(t_0))$ 垂直. 由曲线 (8) 的任意性知, 曲面 Σ 上过点 P_0 的任何光滑曲线在 P_0 处的切线都是与向量 $\boldsymbol{n}$ 垂直, 从而这些切线都在一个平面上, 称此平面为曲面在点 P_0 处的**切平面**, $\boldsymbol{n}$ 为其法向量, 也称 $\boldsymbol{n}$ 为曲面在点 P_0 处的法向量. 故曲面 Σ 在 P_0 处的切平面方程为

$$F'_x(x_0,y_0,z_0)(x-x_0)+F'_y(x_0,y_0,z_0)(y-y_0)+F'_z(x_0,y_0,z_0)(z-z_0)=0. \tag{10}$$

过点 P_0 且以法向量 $\boldsymbol{n}$ 为方向向量的直线称为曲面在 P_0 处的**法线**, 其方程为

$$\frac{x-x_0}{F'_x(x_0,y_0,z_0)}=\frac{y-y_0}{F'_y(x_0,y_0,z_0)}=\frac{z-z_0}{F'_z(x_0,y_0,z_0)}. \tag{11}$$

例 5 求椭球面 $\dfrac{x^2}{3}+\dfrac{y^2}{6}+z^2=2$ 在点 $P_0(1,2,1)$ 处的切平面和法线方程.

解 设 $F(x,y,z)=\dfrac{x^2}{3}+\dfrac{y^2}{6}+z^2-2$, 则曲面在点 P_0 处的法向量为

$$\boldsymbol{n}=\left(\frac{2}{3}x,\frac{1}{3}y,2z\right)_{(1,2,1)}=\frac{2}{3}(1,1,3).$$

故所求的切平面方程为

$$(x-1)+(y-2)+3(z-1)=0,$$

即

$$x+y+3z-6=0.$$

法线方程为

$$\frac{x-1}{1}=\frac{y-2}{1}=\frac{z-1}{3}.$$

当曲面 Σ 由显函数

$$z=f(x,y) \tag{12}$$

给出, 且 $f(x,y)$ 可微时, 将曲面方程变为

$$F(x,y,z)=f(x,y)-z=0,$$

从而有

$$F'_x(x_0,y_0,z_0)=f'_x(x_0,y_0),\quad F'_y(x_0,y_0,z_0)=f'_y(x_0,y_0),\quad F'_z(x_0,y_0,z_0)=-1,$$

即曲面在点 $P_0(x_0,y_0,z_0)$ 处的法向量

$$\boldsymbol{n}=(f'_x(x_0,y_0),f'_y(x_0,y_0),-1). \tag{13}$$

故曲面在点 $P_0(x_0,y_0,z_0)$ 处的切平面方程为

$$z-z_0=f'_x(x_0,y_0)(x-x_0)+f'_y(x_0,y_0)(y-y_0), \tag{14}$$

法线方程为

$$\frac{x-x_0}{f'_x(x_0,y_0)}=\frac{y-y_0}{f'_y(x_0,y_0)}=\frac{z-z_0}{-1}. \tag{15}$$

例 6 求旋转抛物面 $z=x^2+y^2-2$ 在 $P_0(1,1,0)$ 处的切平面方程和法线方程.

解 因为 $f(x,y)=x^2+y^2-2$, 所以

$$f'_x(1,1)=2,\quad f'_y(1,1)=2,$$

故曲面在点 $P_0(1,1,0)$ 处的切平面方程为

$$z=2(x-1)+2(y-1),$$

法线方程为

$$\frac{x-1}{2}=\frac{y-1}{2}=\frac{z}{-1}.$$

10.6.3　二元函数全微分的几何意义

因为切平面方程 (14) 右边的表达式恰好是二元函数 $z = f(x,y)$ 在点 (x_0, y_0) 处的全微分, 说明二元函数 $z = f(x,y)$ 在点 (x_0, y_0) 处的全微分等于其切平面竖坐标的增量 (图 10.8).

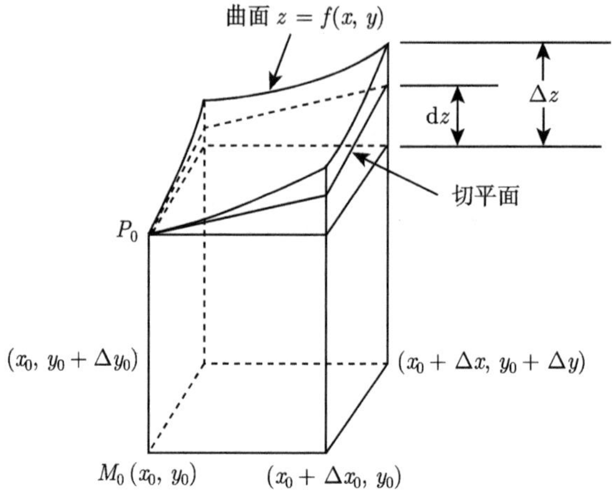

图 10.8

二元函数 $z = f(x,y)$ 在点 (x_0, y_0) 处可微, 几何上表明曲面 $z = f(x,y)$ 在点 (x_0, y_0, z_0) 处有切平面, 且此平面不平行于 z 轴.

习　题　10.6

1. 求下列曲线在指定点处的切线与法平面方程.

(1) $x = t, y = t^2, z = t^3$, 在 $t = 1$ 的对应点;

(2) $x = \sin^2 t, y = 1 - \cos t, z = \sin t$, 在 $t = \dfrac{\pi}{2}$ 的对应点;

(3) $x = y^2, z = x^2$, 点 $(1,1,1)$;

(4) $2x^2 + y^2 + z^2 = 4, x^2 + 2y^2 = 3z$, 点 $(1,1,1)$.

2. 在曲线 $x = t, y = t^2, z = t^3$ 上求出一点, 使曲线在该点的切线平行于平面 $x - y - z = 2$.

3. 求下列曲面上指定点处的切平面方程和法线方程.

(1) $x^3 + y^3 + z^3 + xyz - 4 = 0$, 点 $(1,1,1)$;

(2) $z = \sqrt{x^2 + y^2}$, 点 $(1, 1, \sqrt{2})$.

4. 在曲面 $z = xy$ 上求一点, 使这点的法线垂直于平面 $x + 3y + z + 9 = 0$, 并写出此法线方程.

5. 证明螺旋线 $x = a\cos\theta, y = a\sin\theta, z = k\theta(a, k$ 为常数) 上任一点的切向量与 z 轴正向的夹角为定值.

6. 设 $f(u,v)$ 可微, 证明曲面 $f(ax-bz, ay-cz)=0$ 上任一点的切平面都与某一定直线平行, 其中 a,b,c 是不同时为零的常数.

7. 设 $f(u,v)$ 可微, 证明曲面 $f\left(\dfrac{y-b}{x-a}, \dfrac{z-c}{x-a}\right)=0$ 上任一点的切平面都过定点, 其中 a,b,c 为常数.

8. 证明曲面 $xyz=a^3(a>0)$ 上任一点处的切平面和三个坐标面所围四面体的体积是一常数.

9. 设 $f'(x)\neq 0$, 证明旋转曲面 $z=f(\sqrt{x^2+y^2})$ 上任一点的法线都与旋转轴 z 轴相交.

10. 证明曲面 $\mathrm{e}^{2x-z}=f(\pi y-\sqrt{2}z)$ 是柱面, 其中 f 可微.

10.7 多元函数的一阶泰勒公式与极值

10.7.1 多元函数的一阶泰勒公式

一元函数利用泰勒公式可以解决一元多项式逼近一元函数的问题, 同样也可以利用多元函数的泰勒公式解决多元多项式逼近多元函数的问题. 这里为了解决多元函数的极值问题, 仅介绍多元函数的一阶泰勒公式.

设 $u=f(x_1,x_2,\cdots,x_n)$ 在点 $X_0(x_{10},x_{20},\cdots,x_{n0})$ 的某邻域 $U(X_0)$ 内有二阶连续的偏导数, $X(x_1,x_2,\cdots,x_n)$ 是 $U(X_0)$ 内的点. 记

$$\Delta X=(\Delta x_1,\Delta x_2,\cdots,\Delta x_n)^{\mathrm{T}}=(x_1-x_{10},x_2-x_{20},\cdots,x_n-x_{n0})^{\mathrm{T}}.$$

称方阵

$$H(X)=\begin{pmatrix} f''_{x_1x_1} & f''_{x_1x_2} & \cdots & f''_{x_1x_n} \\ f''_{x_2x_1} & f''_{x_2x_2} & \cdots & f''_{x_2x_n} \\ \vdots & \vdots & & \vdots \\ f''_{x_nx_1} & f''_{x_nx_2} & \cdots & f''_{x_nx_n} \end{pmatrix}_X$$

为 $u=f(x_1,x_2,\cdots,x_n)$ 的黑塞 (Hessian) 矩阵.

定理 10.8 若 n 元点函数 $u=f(x_1,x_2,\cdots,x_n)$ 在 X_0 的某邻域 $U(X_0)$ 内有二阶连续偏导数, 则对 $U(X_0)$ 内任一点 $X(x_1,x_2,\cdots,x_n)$, 存在数 $\theta(0<\theta<1)$ 使

得

$$f(x_1,x_2,\cdots,x_n)=f(x_{10},x_{20},\cdots,x_{n0})+(f'_{x_1},f'_{x_2},\cdots,f'_{x_n})_{X_0}\begin{pmatrix}\Delta x_1\\ \Delta x_2\\ \vdots\\ \Delta x_n\end{pmatrix}+R,\quad(1)$$

其中

$$R=\frac{1}{2!}(\Delta x_1,\Delta x_2,\cdots,\Delta x_n)\begin{pmatrix}f''_{x_1x_1} & f''_{x_1x_2} & \cdots & f''_{x_1x_n}\\ f''_{x_2x_1} & f''_{x_2x_2} & \cdots & f''_{x_2x_n}\\ \vdots & \vdots & & \vdots\\ f''_{x_nx_1} & f''_{x_nx_2} & \cdots & f''_{x_nx_n}\end{pmatrix}_{X^*}\begin{pmatrix}\Delta x_1\\ \Delta x_2\\ \vdots\\ \Delta x_n\end{pmatrix},$$

$$X^*=(x_{10}+\theta\Delta x_1,x_{20}+\theta\Delta x_2,\cdots,x_{n0}+\theta\Delta x_n).\quad(2)$$

称 (1) 式为 $u=f(x_1,x_2,\cdots,x_n)$ 的一阶泰勒公式, (2) 式为拉格朗日型余项 (证明略).

推论　在定理 10.8 的条件下, $u=f(x_1,x_2,\cdots,x_n)$ 还可以表示为

$$f(X)=f(X_0)+(f'_{x_1},f'_{x_2},\cdots,f'_{x_n})_{X_0}\Delta X+\frac{1}{2!}(\Delta X)^{\mathrm{T}}H(X_0)\Delta X+o(|\Delta X|^2).\quad(3)$$

称 (3) 式为 $f(X)$ 带佩亚诺型余项的二阶泰勒公式.

对于二元函数, 设 $z=f(x,y)$ 在点 $X_0(x_0,y_0)$ 的某邻域 $U(X_0)$ 内有二阶连续的偏导数, $X(x,y)$ 是 $U(X_0)$ 内的点. 记 $\Delta X=(\Delta x,\Delta y)=(x-x_0,y-y_0)$. 函数 $f(x,y)$ 的一阶泰勒公式为

$$f(x,y)=f(x_0,y_0)+(f'_x,f'_y)_{X_0}\begin{pmatrix}\Delta x\\ \Delta y\end{pmatrix}+R,\quad(4)$$

其中

$$R=\frac{1}{2!}(\Delta x,\Delta y)\begin{pmatrix}f''_{xx} & f''_{xy}\\ f''_{yx} & f''_{yy}\end{pmatrix}_{X^*}\begin{pmatrix}\Delta x\\ \Delta y\end{pmatrix},\quad(5)$$

$$X^*=(x_0+\theta\Delta x,y_0+\theta\Delta y),\quad 0<\theta<1.$$

10.7.2　多元函数的极值

定义 10.12　设多元函数 $z=f(X)$ 在点 X_0 的某邻域 $U_\delta(X_0)$ 内有定义, 且

$$f(X)\leqslant f(X_0)\quad(f(X)\geqslant f(X_0)),$$

则说函数 $z=f(X)$ 在点 X_0 处取极大 (小) 值 $f(X_0)$, 并称 X_0 为极值点.

极大值与极小值统称为函数的极值.

例如, 二元函数 $f(x,y)=3x^2+2y^2$(图形是椭圆抛物面) 在点 $(0,0)$ 处取极小值 $f(0,0)=0$. 二元函数 $g(x,y)=1-\sqrt{x^2+y^2}$(锥面) 在点 $(0,0)$ 处取极大值 $g(0,0)=1$.

定理 10.9 (极值的必要条件) 设函数 $z=f(X)$ 在点 X_0 处取极值, 且在该点处函数的偏导数都存在, 则必有

$$(f'_{x_1},f'_{x_2},\cdots,f'_{x_n})_{X_0}=0. \tag{6}$$

证明 因为 $f(X)$ 在点 X_0 处取极值, 所以一元函数 $f(x_1,x_{20},\cdots,x_{n0})$ 在 x_{10} 处取极值, 故 $f'_{x_1}(X_0)=0$, 同理可证 $f'_{x_i}(X_0)=0, i=2,\cdots,n$. □

凡使 (6) 式成立的点 X_0, 均称为函数 $z=f(X)$ 的**驻点**. 可微函数的极值点必为驻点, 但驻点不一定是极值点, 例如, $z=xy$, 显然原点 $(0,0)$ 是驻点, 却不是极值点 (是马鞍形的鞍点). 所以驻点是否为极值点还要进一步判定.

定理 10.10 (极值的充分条件) 设 X_0 是函数 $f(X)$ 的驻点, $f(X)\in C^2(U_\delta(X_0))$. 若 $f(X)$ 在点 X_0 的黑塞矩阵 $H(X_0)$ 正定 (负定), 则 $f(X_0)$ 为 $f(X)$ 的极小值 (极大值); 若 $H(X_0)$ 不定, 则 $f(X_0)$ 不是 $f(X)$ 的极值.

证明 由于 X_0 是 $f(X)$ 的驻点, 所以 $(f'_{x_1},f'_{x_2},\cdots,f'_{x_n})_{X_0}=0$. 因此, 由 $f(X)$ 在 X_0 处的二阶泰勒公式 (3) 得

$$f(X)-f(X_0)=\frac{1}{2!}(\Delta X)^{\mathrm{T}}H(X_0)\Delta X+o(|\Delta X|^2). \tag{7}$$

当 $H(X_0)$ 定号时, 在 X_0 充分小的去心邻域内, $f(X)-f(X_0)$ 的符号取决于 (7) 式右端第一项. 若 $H(X_0)$ 正定, 则 $f(X)-f(X_0)>0$, $f(X_0)$ 为极小值; 若 $H(X_0)$ 负定, 则 $f(X)-f(X_0)<0$, $f(X_0)$ 为极大值.

当 $H(X_0)$ 变号时, 在 X_0 充分小的去心邻域内, 总有点 X_1 和 X_2, 使二次型

$$(\Delta X_1)^{\mathrm{T}}H(X_0)\Delta X_1>0, \quad (\Delta X_2)^{\mathrm{T}}H(X_0)\Delta X_2<0,$$

从而 $f(X_1)>f(X_0)$, $f(X_2)<f(X_0)$, 所以 $f(X_0)$ 不是极值. □

推论 设 (x_0,y_0) 为二元函数 $f(x,y)$ 的驻点, 且 $f(x,y)\in C^2(U(x_0,y_0))$, 记

$$f''_{xx}(x_0,y_0)=A, \quad f''_{xy}(x_0,y_0)=B, \quad f''_{yy}(x_0,y_0)=C.$$

(1) 若 $A>0, AC-B^2>0$, 则 $f(x_0,y_0)$ 为极小值;

(2) 若 $A<0, AC-B^2>0$, 则 $f(x_0,y_0)$ 为极大值;

(3) 若 $AC-B^2<0$, 则 $f(x_0,y_0)$ 不是极值.

例 1　确定函数 $f(x,y)=x^3-y^2+x^2+2y-x$ 的极值.

解　由方程组 $\begin{cases} f'_x(x,y)=3x^2+2x-1=0, \\ f'_y(x,y)=-2y+2=0 \end{cases}$ 解得驻点为 $\left(\frac{1}{3},1\right)$ 及 $(-1,1)$, 又

$$f''_{xx}(x,y)=6x+2,\quad f''_{xy}(x,y)=0,\quad f''_{yy}(x,y)=-2.$$

在点 $(-1,1)$ 处, $A=-4<0, AC-B^2=8>0$, 故 $f(-1,1)=4$ 为极大值, 在点 $\left(\frac{1}{3},1\right)$ 处, $AC-B^2=-8<0$, 故 $f\left(\frac{1}{3},1\right)=\frac{22}{27}$ 不是极值.

多元函数的极值问题与一元函数的极值问题有所不同：一个多元可微函数在某一区域内可以存在多个极大值, 但不一定有极小值.

对于求多元可微函数在有界闭区域上的最大 (小) 值, 同一元函数一样, 可先求出函数在该闭域内的一切驻点上的函数值, 以及函数在闭区域的边界上的最大 (小) 值, 这些函数值中最大 (小) 的就是所求的最大 (小) 值. 但要注意, 多元可微函数在区域内若有唯一驻点, 且取极大值, 也未必是最大值!

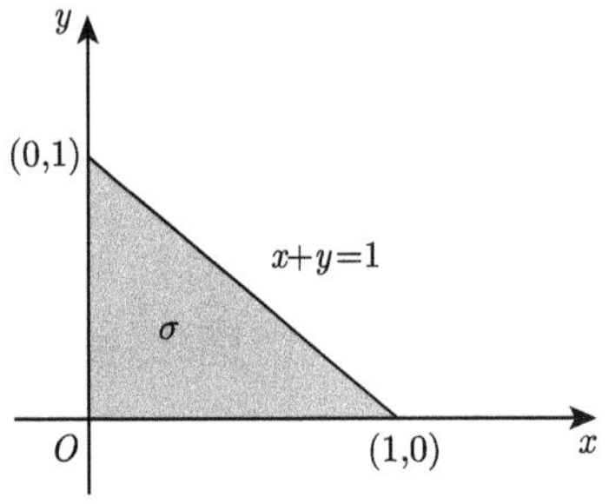

图 10.9

例 2　求函数 $z=x^2+y^2-x-\frac{1}{2}y+1$ 在直线 $x=0, y=0$ 及 $x+y=1$ 围成的三角形闭区域 σ (图 10.9) 上的最大 (小) 值.

解　由于 $z'_x=2x-1, z'_y=2y-\frac{1}{2}$, 所以在 σ 内有驻点 $\left(\frac{1}{2},\frac{1}{4}\right)$, 对应的函数值为 $z\left(\frac{1}{2},\frac{1}{4}\right)=\frac{11}{16}$.

(1) 在边界线 $x=0, 0\leqslant y\leqslant 1$ 上, $z=y^2-\frac{1}{2}y+1$. 由于 $z'_y=2y-\frac{1}{2}$, 驻点 $y=\frac{1}{4}$, 对应的函数值为 $z\left(0,\frac{1}{4}\right)=\frac{15}{16}$, 端点对应的函数值为 $z(0,0)=1, z(0,1)=\frac{3}{2}$.

(2) 在边界线 $y=0,\ 0\leqslant x\leqslant 1$ 上, $z=x^2-x+1$. 由于 $z'_x=2x-1$, 有驻点 $x=\frac{1}{2}$, 对应的函数值为 $z\left(\frac{1}{2},0\right)=\frac{3}{4}$, 在端点处对应的函数值为 $z(0,0)=1$, $z(1,0)=1$.

(3) 在边界线 $x+y=1, 0\leqslant x\leqslant 1$ 上, $z=x^2+(1-x)^2-x-\frac{1}{2}(1-x)+1=$

$2x^2-\frac{5}{2}x+\frac{3}{2}$. 由于 $z'_x=4x-\frac{5}{2}(0\leqslant x\leqslant 1)$, 有驻点 $x=\frac{5}{8}$, 对应的函数值为 $z\left(\frac{5}{8},\frac{3}{8}\right)=\frac{23}{32}$, 在端点处对应函数值为 $z(0,1)=\frac{3}{2}$, $z(1,0)=1$.

比较 $z(0,0)$, $z(1,0)$, $z(0,1)$, $z\left(\frac{1}{2},\frac{1}{4}\right)$, $z\left(\frac{1}{2},0\right)$, $z\left(0,\frac{1}{4}\right)$ 及 $z\left(\frac{5}{8},\frac{3}{8}\right)$ 知

$$z_{\min}=z\left(\frac{1}{2},\frac{1}{4}\right)=\frac{11}{16},\quad z_{\max}=z(0,1)=\frac{3}{2}.$$

计算多元函数在闭区域边界上的最值有时较为复杂. 在实际问题中若判断出多元函数的最值在区域内部, 且多元函数的的偏导数在区域内处处存在, 在区域内只有一个驻点, 就可以断定该点就是多元函数的最值点.

例 3 在椭球 $\frac{x^2}{a^2}+\frac{y^2}{b^2}+\frac{z^2}{c^2}=1$ 的内接长方体中, 求最大的体积.

解 设长方体的棱与坐标轴平行, 在第一卦限内的顶点为 $M(x,y,z)$, 则

$$V=8xyz=8cxy\sqrt{1-\frac{x^2}{a^2}-\frac{y^2}{b^2}},\quad \sigma:\frac{x^2}{a^2}+\frac{y^2}{b^2}<1,x>0,y>0.$$

$$\frac{\partial V}{\partial x}=\frac{8cy}{\sqrt{1-\frac{x^2}{a^2}-\frac{y^2}{b^2}}}\left(1-2\frac{x^2}{a^2}-\frac{y^2}{b^2}\right),$$

$$\frac{\partial V}{\partial y}=\frac{8cx}{\sqrt{1-\frac{x^2}{a^2}-\frac{y^2}{b^2}}}\left(1-\frac{x^2}{a^2}-2\frac{y^2}{b^2}\right),$$

令

$$\frac{\partial V}{\partial x}=0,\quad \frac{\partial V}{\partial y}=0,$$

解得唯一驻点 $x=\frac{a}{\sqrt{3}}$, $y=\frac{b}{\sqrt{3}}$. 又由于 V 的最大值显然存在且在区域 σ 内, 故所求的最大体积为

$$V_{\max}=V\left(\frac{a}{\sqrt{3}},\frac{b}{\sqrt{3}}\right)=\frac{8\sqrt{3}}{9}abc.$$

10.7.3 条件极值、拉格朗日乘数法

对自变量没有限制的函数在给定区域上的极值, 称为**无条件极值**, 而对自变量有一些附加的约束条件限制下函数的极值, 称为**条件极值**. 对于条件极值问题, 有一些可以化成无条件极值问题, 如例 3, 对体积函数 $V=xyz$ 附加条件要 x,y,z 满足 $\frac{x^2}{a^2}+\frac{y^2}{b^2}+\frac{z^2}{c^2}=1$. 对条件极值问题可以像例 3 那样从约束条件中解出 $z=$

$c\sqrt{1-\dfrac{x^2}{a^2}-\dfrac{y^2}{b^2}}$ 代入体积函数中, 将问题化为新的函数 $V=8cxy\sqrt{1-\dfrac{x^2}{a^2}-\dfrac{y^2}{b^2}}$ 的无条件极值问题来处理. 但有时这样做很困难, 甚至是做不到的. 下面将推导出一个直接的方法 —— 拉格朗日乘数法.

设函数

$$z=f(x,y) \tag{8}$$

在约束条件

$$\varphi(x,y)=0 \tag{9}$$

下, 在点 (x_0,y_0) 处取极值. 在 (x_0,y_0) 的某邻域内, 函数 $f(x,y)$, $\varphi(x,y)$ 有连续的偏导数, 且 $\varphi'_y(x_0,y_0)\neq 0$. 于是由隐函数存在定理知, 方程 $\varphi(x,y)=0$ 在 x_0 的某邻域内确定一个单值连续可微函数 $y=y(x)$ $(y_0=y(x_0))$. 从而一元函数

$$z=f(x,y(x))$$

在 x_0 处取极值. 由取极值的必要条件知

$$\left.\frac{\mathrm{d}z}{\mathrm{d}x}\right|_{x=x_0}=f'_x(x_0,y_0)+f'_y(x_0,y_0)\left.\frac{\mathrm{d}y}{\mathrm{d}x}\right|_{x=x_0}=0.$$

又由隐函数求导法得

$$\left.\frac{\mathrm{d}y}{\mathrm{d}x}\right|_{x=x_0}=-\frac{\varphi'_x(x_0,y_0)}{\varphi'_y(x_0,y_0)},$$

从而有

$$f'_x(x_0,y_0)-f'_y(x_0,y_0)\frac{\varphi'_x(x_0,y_0)}{\varphi'_y(x_0,y_0)}=0.$$

设

$$\frac{f'_y(x_0,y_0)}{\varphi'_y(x_0,y_0)}=-\lambda_0,$$

则 x_0, y_0, λ_0 必须满足

$$\begin{cases} f'_x(x_0,y_0)+\lambda_0\varphi'_x(x_0,y_0)=0,\\ f'_y(x_0,y_0)+\lambda_0\varphi'_y(x_0,y_0)=0,\\ \varphi(x_0,y_0)=0, \end{cases}$$

这恰好相当于函数

$$F(x,y,\lambda)=f(x,y)+\lambda\varphi(x,y) \tag{10}$$

在 (x_0,y_0,λ_0) 处取无条件极值的必要条件.

总之, 求函数 (8) 在条件 (9) 下的条件极值, 可以通过函数 (10) 取无条件极值来解决. 如果 (x_0, y_0, λ_0) 是函数 (10) 的驻点, 则 (x_0, y_0) 就是条件极值的嫌疑点, 这种方法叫做**拉格朗日乘数法**. 函数 (10) 称为拉格朗日函数.

例 4 长方体表面积为 a^2, 底面长与宽的比值为 2:1, 求长、宽与高各为多少时体积最大.

解 设长方体的长为 $2x$, 宽为 x, 高为 y, 则体积为

$$V = 2x^2y \quad (x > 0, y > 0).$$

约束条件是表面积为 a^2, 即

$$4x^2 + 6xy = a^2.$$

设 $F(x, y, \lambda) = 2x^2y + \lambda(4x^2 + 6xy - a^2)$, 令

$$\begin{cases} F'_x = 4xy + 8\lambda x + 6\lambda y = 0, \\ F'_y = 2x^2 + 6\lambda x = 0, \\ 4x^2 + 6xy = a^2, \end{cases}$$

解得唯一的极值嫌疑点 $x = \dfrac{\sqrt{3}a}{6}, y = \dfrac{2\sqrt{3}a}{9}$. 而这一实际问题的最大体积存在, 所以长为 $\dfrac{\sqrt{3}a}{3}$, 宽为 $\dfrac{\sqrt{3}a}{6}$, 高为 $\dfrac{2\sqrt{3}a}{9}$ 的长方体体积最大.

拉格朗日乘数法对一般多元函数在多个附加条件下的条件极值问题也适用. 比如, 求函数

$$u = f(x_1, \cdots, x_n)$$

在条件

$$\varphi_i(x_1, \cdots, x_n) = 0 \quad (i = 1, 2, \cdots, m, m < n)$$

下的条件极值. 可以从函数

$$F(x_1, \cdots, x_n, \lambda_1, \cdots, \lambda_m) = f(x_1, \cdots, x_n) + \sum_{i=1}^{m} \lambda_i \varphi_i(x_1, \cdots, x_n)$$

的驻点 $(x_1, \cdots, x_n, \lambda_1, \cdots, \lambda_m)$ 中得到条件极值的嫌疑点 $(x_1, \cdots, x_n)$.

例 5 求旋转抛物面 $z = x^2 + y^2$ 与平面 $x + y + z = 1$ 的交线上到坐标原点最近的点与最远的点.

解 设

$$F(x, y, z, \lambda_1, \lambda_2) = x^2 + y^2 + z^2 + \lambda_1(x^2 + y^2 - z) + \lambda_2(x + y + z - 1).$$

令

$$\begin{cases} F'_x = 2x + 2\lambda_1 x + \lambda_2 = 0, \\ F'_y = 2y + 2\lambda_1 y + \lambda_2 = 0, \\ F'_z = 2z - \lambda_1 + \lambda_2 = 0, \\ x^2 + y^2 = z, \\ x + y + z = 1, \end{cases}$$

解得两个极值嫌疑点

$$M_1\left(-\frac{1+\sqrt{3}}{2}, -\frac{1+\sqrt{3}}{2}, 2+\sqrt{3}\right), \quad M_2\left(\frac{\sqrt{3}-1}{2}, \frac{\sqrt{3}-1}{2}, 2-\sqrt{3}\right).$$

由于存在与原点最近的点和最远的点, 且

$$|OM_1| = \sqrt{9+5\sqrt{3}}, \quad |OM_2| = \sqrt{9-5\sqrt{3}},$$

所以与原点最近的点是 M_2, 最远的点是 M_1.

习 题 10.7

1. 求 $f(x,y) = \mathrm{e}^{x+y}$ 在点 $(0,0)$ 处的一阶和二阶泰勒公式.

2. 求 $f(x,y) = \sin x \sin y$ 在点 $\left(\frac{\pi}{4}, \frac{\pi}{4}\right)$ 处的一阶和二阶泰勒公式.

3. 求下列函数的极值.

(1) $z = 3axy - x^3 - y^3, a > 0$;　　(2) $z = \mathrm{e}^{2x}(x + 2y + y^2)$;

(3) $z = x^4 + y^4 - x^2 - 2xy - y^2$;　　(4) $z = \mathrm{e}^{2x+3y}(8x^2 - 6xy + 3y^2)$.

4. 求函数 $f(x,y) = x^2 + y^2 - xy$ 在区域 $|x| + |y| \leqslant 1$ 上的最大值与最小值.

5. 求函数 $f(x,y) = x^2 y(4 - x - y)$ 在由直线 $x + y = 6, x = 0, y = 0$ 所围成闭区域上的最大值与最小值.

6. 在 xOy 平面上求一点, 使它到 $x = 0, y = 0$ 及 $x + 2y + 1 = 0$ 三条直线的距离的平方和最小.

7. 求 $z = x^2 + y^2 + 1$ 在 $x + y + 3 = 0$ 下的极值点.

8. 求 $u = xyz$ 在 $x^2 + y^2 + z^2 = 1, x + y + z = 0$ 下的极值点.

9. 在曲面 $z = \sqrt{2 + x^2 + 4y^2}$ 上求一点, 使它到平面 $x - 2y - 3z = 1$ 距离最近.

10. 求椭球面 $\frac{x^2}{3} + \frac{y^2}{2} + z^2 = 1$ 被平面 $x + y + z = 0$ 截得的椭圆的长半轴与短半轴.

11. 确定正数 a, 使椭球面 $x^2 + \frac{y^2}{4} + \frac{z^2}{9} = a^2$ 与平面 $3x - 2y + z = 34$ 相切.

12. 已知函数 $z=z(x,y)$ 在区域 σ 内满足方程 $\dfrac{\partial^2 z}{\partial x^2}\dfrac{\partial^2 z}{\partial y^2}+a\dfrac{\partial z}{\partial x}+b\dfrac{\partial z}{\partial y}+c=0$ (常数 $c>0$), 证明在 σ 内函数 $z=z(x,y)$ 无极值.

13. 证明周长为常数 l 的三角形中, 等边三角形面积最大.

14. 三角形的顶点分别在三条不相交的曲线 $f(x,y)=0,\varphi(x,y)=0$ 及 $\psi(x,y)=0$ 上, 其中 f,φ,ψ 均可微, 且 $f',\varphi',\psi'\neq 0$. 如果三角形的面积能取得极值, 试证面积取极值时的三角形顶点处, 曲线的法线必过三角形的垂心.

15. 证明光滑的闭曲面 $G(x,y,z)=0$ 上离原点最近的点处的法线必过原点.

16. 修建一个容积为 V 的长方体的水池 (无盖), 已知底面与侧面单位面积造价比为 3:2, 问如何设计水池的长 x, 宽 y, 高 z, 使造价最低.

17. 将长为 l 的线段分为三段, 一段围成圆, 一段围成正方形, 一段围成正三角形, 问如何分 l 才能使它们的面积之和最小, 并求这个最小值.

18. 某公司通过电台和报纸做某种商品的销售广告, 根据统计资料, 销售收入 P(万元) 与电台广告费用 x(万元) 及报纸广告费用 y(万元) 之间有经验关系

$$P=15+14x+32y-8xy-2x^2-10y^2.$$

(1) 在广告费不限的情况下, 求最优广告策略;

(2) 若提供的广告费为 1.5 万元, 求相应的最优广告策略.

19. 设生产某种产品必须投入两种要素, x_1 和 x_2 分别为两种要素的投入量, Q 为产品的产出量. 若生产函数为 $Q=2x_1^{\alpha}x_2^{\beta}$, 其中 α,β 为正的常数, 且 $\alpha+\beta=1$. 假设两种要素的价格分别为 P_1 和 P_2, 问当产出量为 12 时, 两种要素各投入多少可使得投入的总费用最少?

10.8 方向导数与梯度

在实际应用中, 常常要研究某种物理量 (如温度、密度、电场强度、力、速度等) 在空间的分布和变化规律.

如果在空间 (或部分空间) 区域 D 上, 每个点都对应着某个物理量的一个确定值, 把该物理量在 D 上的这个分布称为该物理量的场. 若分布不随时间变化, 称为**稳定场**, 否则称为**不稳定场**. 物理量为数量的场叫做**数量场**. 物理量为向量的场叫做**向量场**. 例如, 温度场、密度场、电位场都是数量场, 而力场、速度场、电场强度场都是向量场. 如果 D 是平面区域, 相应的场称为平面场.

稳定的数量场中, 物理量 u 的分布是点 P 的数量函数 $u=u(P)$, $P\in D$. 稳定的向量场中, 物理量 A 的分布是点 P 的向量函数 $A=A(P)$, $P\in D$.

本节只介绍稳定的数量场 (就是区域 D 上的点函数) 的两个重要概念: 方向导数和梯度.

10.8.1 方向导数

在数量场 $u=u(P), P\in D$ 中, 使 u 取同一值 C 的点的集合 $\{P|\, u(P)=C, P\in D\}$ 称为数量场的一个等值面. 它通常是空间曲面, 例如, 温度场中的等温面、电位场中的等位面.

所有等值面充满了场, 并把场分 "层", 不同的等值面不相交, 场内每一点都有且仅有一个等值面通过 (图 10.10).

平面数量场 $v=v(P), P\in D$ 中, 取同一数值 C 的点的集合称为等值线.

数量场 $u=u(P)\ (P\in D)$ 在一点处沿指定方向的变化率问题是数量场研究中的核心问题之一.

定义 10.13 设点 $P_0\in D$, l 是从 P_0 引出的射线 (图 10.11), $\boldsymbol{l}$ 为其方向向量. 在 $\boldsymbol{l}$ 上取点 P_0 的一邻近动点 P, 记 $|PP_0|=\rho$, 如果当 $P\xrightarrow{l}P_0$ 时, 极限

$$\lim_{\rho\to 0}\frac{\Delta u}{\rho}=\lim_{P\xrightarrow{l}P_0}\frac{u(P)-u(P_0)}{|PP_0|}$$

存在, 则称之为场 (函数) $u=u(P)$ 在点 P_0 处沿 $\boldsymbol{l}$ 方向的方向导数, 记为 $\left.\dfrac{\partial u}{\partial \boldsymbol{l}}\right|_{P_0}$, 即

$$\left.\frac{\partial u}{\partial \boldsymbol{l}}\right|_{P_0}=\lim_{\rho\to 0}\frac{\Delta u}{\rho}=\lim_{P\xrightarrow{l}P_0}\frac{u(P)-u(P_0)}{|PP_0|}.$$

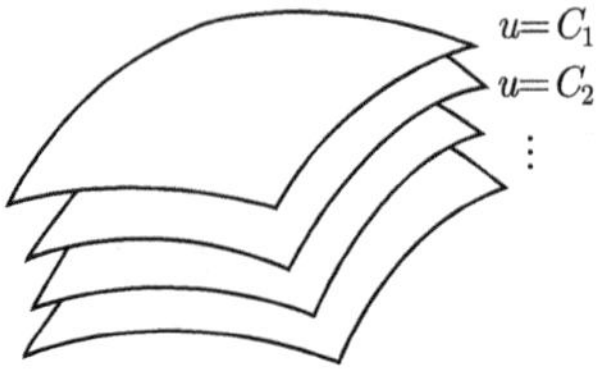

图 10.10

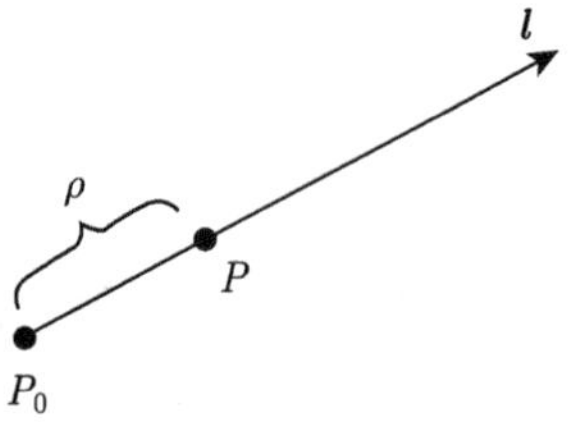

图 10.11

由定义 10.13 知, 方向导数就是函数 $u=u(P)$ 沿指定方向对距离 ρ 的变化率, 当 $\left.\dfrac{\partial u}{\partial \boldsymbol{l}}\right|_{P_0}>0$ 时, 函数 u 在 P_0 处沿 $\boldsymbol{l}$ 方向是增加的, 当 $\left.\dfrac{\partial u}{\partial \boldsymbol{l}}\right|_{P_0}<0$ 时, 函数 u 在 P_0 处沿 $\boldsymbol{l}$ 方向是减小的.

在空间直角坐标系 $Oxyz$ 中, 数量场 $u=u(P), P\in D$ 可以通过 D 上的三元函数 $u=u(x,y,z)$ 来表达. 关于函数的方向导数的存在性及其计算, 有下面的定理.

定理 10.11 设 $u=u(x,y,z)$ 在点 $P_0(x_0,y_0,z_0)$ 处可微, 则函数 $u(x,y,z)$ 在

点 P_0 处沿任意指定方向 $\boldsymbol{l}$ 的方向导数都存在, 且

$$\left.\frac{\partial u}{\partial \boldsymbol{l}}\right|_{P_0}=\left.\frac{\partial u}{\partial x}\right|_{P_0}\cos\alpha+\left.\frac{\partial u}{\partial y}\right|_{P_0}\cos\beta+\left.\frac{\partial u}{\partial z}\right|_{P_0}\cos\gamma, \tag{1}$$

其中 $\cos\alpha,\cos\beta,\cos\gamma$ 是 $\boldsymbol{l}$ 的方向余弦.

证明 在射线 l 上取 P_0 的邻近动点 $P(x_0+\Delta x,y_0+\Delta y,z_0+\Delta z)$, 由直线的参数方程知, $\Delta x=\rho\cos\alpha$, $\Delta y=\rho\cos\beta$, $\Delta z=\rho\cos\gamma$ $(\rho=|PP_0|)$. 因函数 u 在点 P_0 处可微, 故

$$\Delta u=u(P)-u(P_0)=\left.\frac{\partial u}{\partial x}\right|_{P_0}\Delta x+\left.\frac{\partial u}{\partial y}\right|_{P_0}\Delta y+\left.\frac{\partial u}{\partial z}\right|_{P_0}\Delta z+o(\rho).$$

两边同除以 ρ, 令 $\rho\to 0$, 取极限, 即得所证. □

由公式 (1) 知, 计算方向导数只需知道 $\boldsymbol{l}$ 的方向及函数的偏导数.

例 1 求 $u=xy+yz+zx$ 在点 $P_0(1,1,1)$ 处沿向量 $\boldsymbol{l}=\boldsymbol{i}+\boldsymbol{j}-\boldsymbol{k}$ 方向的方向导数.

解 由于 $\dfrac{\partial u}{\partial x}=y+z$, $\dfrac{\partial u}{\partial y}=x+z$, $\dfrac{\partial u}{\partial z}=x+y$ 都连续, 又

$$\left.\frac{\partial u}{\partial x}\right|_{(1,1,1)}=2,\quad \left.\frac{\partial u}{\partial y}\right|_{(1,1,1)}=2,\quad \left.\frac{\partial u}{\partial z}\right|_{(1,1,1)}=2,$$

且 $\boldsymbol{l}$ 的方向余弦 $\cos\alpha=\dfrac{1}{\sqrt{3}}$, $\cos\beta=\dfrac{1}{\sqrt{3}}$, $\cos\gamma=-\dfrac{1}{\sqrt{3}}$, 所以

$$\left.\frac{\partial u}{\partial \boldsymbol{l}}\right|_{(1,1,1)}=\frac{2}{\sqrt{3}}+\frac{2}{\sqrt{3}}+\frac{-2}{\sqrt{3}}=\frac{2}{\sqrt{3}}.$$

例 2 求函数 $z=\mathrm{e}^{2x}y$ 在点 $P(1,1)$ 处沿从点 $P(1,1)$ 到点 $Q(2,2)$ 的方向的方向导数.

解 这里方向 $\boldsymbol{l}$ 即向量 $\overrightarrow{PQ}=(1,1)$ 的方向, 与 $\boldsymbol{l}$ 同向的单位向量为 $\boldsymbol{e}_l=\left(\dfrac{\sqrt{2}}{2},\dfrac{\sqrt{2}}{2}\right)$, $\boldsymbol{l}$ 的方向余弦

$$\cos\alpha=\frac{\sqrt{2}}{2},\quad \cos\beta=\frac{\sqrt{2}}{2},$$

由于 $\dfrac{\partial z}{\partial x}=2\mathrm{e}^{2x}y$, $\dfrac{\partial z}{\partial y}=\mathrm{e}^{2x}$ 都连续, 又

$$\left.\frac{\partial z}{\partial x}\right|_{(1,1)}=2\mathrm{e}^2,\quad \left.\frac{\partial z}{\partial y}\right|_{(1,1)}=\mathrm{e}^2,$$

所以

$$\left.\frac{\partial z}{\partial \boldsymbol{l}}\right|_{(1,1)}=2\mathrm{e}^2\frac{\sqrt{2}}{2}+\mathrm{e}^2\frac{\sqrt{2}}{2}=\frac{3\sqrt{2}}{2}\mathrm{e}^2.$$

例 3 设函数 $f(x,y)=\begin{cases}\dfrac{xy}{(x^2+y^2)^{\frac{3}{2}}}, & x^2+y^2\neq 0,\\ 0, & x^2+y^2=0,\end{cases}$ 讨论 $f(x,y)$ 在点 $O(0,0)$ 处的偏导数及在点 $O(0,0)$ 处沿 $\boldsymbol{l}=(1,1)$ 方向的方向导数.

解

$$f'_x(0,0)=\lim_{\Delta x\to 0}\frac{f(0+\Delta x,0)-f(0,0)}{\Delta x}=0,$$

$$f'_y(0,0)=\lim_{\Delta y\to 0}\frac{f(0,0+\Delta y)-f(0,0)}{\Delta y}=0,$$

即 $f(x,y)$ 在点 $O(0,0)$ 处的偏导数存在.

由于 $f(x,y)$ 在点 $O(0,0)$ 处不可微. 不能利用公式 (1), 设 $P(x,y)$ 为 $\boldsymbol{l}$ 上任一点, 令 $\rho=|OP|=\sqrt{x^2+y^2}$, 由方向导数的定义可知

$$\left.\frac{\partial f}{\partial \boldsymbol{l}}\right|_O=\lim_{\rho\to 0}\frac{f(P)-f(O)}{\rho}=\lim_{\substack{x\to 0+\\ y=x}}\frac{xy}{(x^2+y^2)^2}\text{ 不存在,}$$

即 $f(x,y)$ 在点 $O(0,0)$ 处沿 $\boldsymbol{l}=(1,1)$ 方向的方向导数不存在. 说明函数的偏导数存在不足以保证其各方向导数都存在.

同样, 函数在某点的各方向导数都存在也不能保证其在某点偏导数存在, 如 $z=\sqrt{x^2+y^2}$ 在点 $O(0,0)$ 处沿任意方向的方向导数都存在, 但在点 $O(0,0)$ 处的偏导数不存在.

10.8.2 梯度

方向导数描述了函数 $u=u(P)$ 在一点处沿某一方向的变化率, 但从一点发出的射线有无穷多条, 那么沿哪个方向变化率最大, 这个最大的变化率为多少?

函数 $u=u(P)$ 点 $P(x,y,z)$ 处方向导数的公式

$$\frac{\partial u}{\partial \boldsymbol{l}}=\frac{\partial u}{\partial x}\cos\alpha+\frac{\partial u}{\partial y}\cos\beta+\frac{\partial u}{\partial z}\cos\gamma.$$

它等于下述两个向量的数量积

$$\boldsymbol{l}^0=\cos\alpha\boldsymbol{i}+\cos\beta\boldsymbol{j}+\cos\gamma\boldsymbol{k},$$

$$\boldsymbol{G}=\frac{\partial u}{\partial x}\boldsymbol{i}+\frac{\partial u}{\partial y}\boldsymbol{j}+\frac{\partial u}{\partial z}\boldsymbol{k},$$

其中, $\boldsymbol{l}^0$ 是 $\boldsymbol{l}$ 方向的单位向量, 与点 P 的位置无关, $\boldsymbol{G}$ 依赖于点 P 的位置, 与 $\boldsymbol{l}$ 的方向无关.

$$\frac{\partial u}{\partial \boldsymbol{l}}=\boldsymbol{G}\cdot\boldsymbol{l}^0=|\boldsymbol{G}|\cos(\widehat{\boldsymbol{G},\boldsymbol{l}})=\mathrm{Prj}_{\boldsymbol{l}}\boldsymbol{G}.$$

这说明方向导数等于向量 $\boldsymbol{G}$ 在 $\boldsymbol{l}$ 上的投影. 只要知道向量 $\boldsymbol{G}$, 任何方向的方向导数就都清楚了, 当 $\boldsymbol{l}$ 与 $\boldsymbol{G}$ 方向一致时, 方向导数最大, 等于 $|\boldsymbol{G}|$. 所以, 向量 $\boldsymbol{G}$ 的方向是函数 $u(P)$ 在点 P 处变化率最大的方向, 其模 $|\boldsymbol{G}|$ 是这个最大的变化率.

定义 10.14 数量场 (函数) $u(P)$ 在点 P 处的梯度是个向量, 其方向为 $u(P)$ 在点 P 的变化率最大的方向, 其模恰好等于这个最大的变化率, 记为 $\mathbf{grad}u$.

在空间直角坐标系下, 梯度的表达式为

$$\mathbf{grad}u=\frac{\partial u}{\partial x}\boldsymbol{i}+\frac{\partial u}{\partial y}\boldsymbol{j}+\frac{\partial u}{\partial z}\boldsymbol{k}. \tag{2}$$

梯度 $\left(\frac{\partial u}{\partial x},\frac{\partial u}{\partial y},\frac{\partial u}{\partial z}\right)$ 恰好是过点 P 的等值面 $u(x,y,z)=C$ 在点 P 处的一个法向量 (图 10.12). 梯度有下列性质及运算法则:

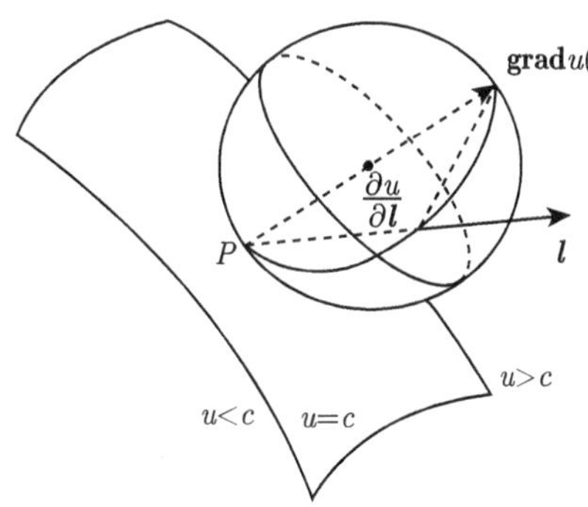

图 10.12

(1) 方向导数等于梯度在该方向投影, 即 $\frac{\partial u}{\partial \boldsymbol{l}}=\mathrm{Prj}_{\boldsymbol{l}}\boldsymbol{G}$.

(2) 梯度 $\mathbf{grad}u(P)$ 垂直于过点 P 的等值面, 并指向 $u(P)$ 增大的方向.

(3) 梯度运算法则:

(a) $\mathbf{grad}C=0$ (C 为常数).

(b) $\mathbf{grad}(C_1u_1+C_2u_2)=C_1\mathbf{grad}u_1+C_2\mathbf{grad}u_2$ (C_1,C_2 为常数).

(c) $\mathbf{grad}(u_1u_2)=u_1\mathbf{grad}u_2+u_2\mathbf{grad}u_1$.

(d) $\mathbf{grad}\left(\frac{u_1}{u_2}\right)=(u_2\mathbf{grad}u_1-u_1\mathbf{grad}u_2)/u_2^2$ ($u_2\neq 0$).

(e) $\mathbf{grad}f(u)=f'(u)\mathbf{grad}u$.

其中 u, u_1, u_2, $f(u)$ 都是可微的函数.

例 4 求数量场 $u=x^2+y^2-z^2$ 在点 $(1,1,1)$ 处的梯度.

解 由于

$$\frac{\partial u}{\partial x}=2x,\quad \frac{\partial u}{\partial y}=2y,\quad \frac{\partial u}{\partial z}=-2z,$$

则

$$\left.\frac{\partial u}{\partial x}\right|_{(1,1,1)}=2,\quad \left.\frac{\partial u}{\partial y}\right|_{(1,1,1)}=2,\quad \left.\frac{\partial u}{\partial z}\right|_{(1,1,1)}=-2,$$

所以

$$\left.\mathbf{grad}u\right|_{(1,1,1)}=2\boldsymbol{i}+2\boldsymbol{j}-2\boldsymbol{k}.$$

例 5　求电位 $u=\dfrac{q}{4\pi\varepsilon r}$ 的梯度.

解　设 $\boldsymbol{r}=x\boldsymbol{i}+y\boldsymbol{j}+z\boldsymbol{k}$, $r=|\boldsymbol{r}|$, 由法则 (e) 有

$$\mathbf{grad}u=-\frac{q}{4\pi\varepsilon r^2}\mathbf{grad}r,$$

$$\mathbf{grad}r=\frac{\partial r}{\partial x}\boldsymbol{i}+\frac{\partial r}{\partial y}\boldsymbol{j}+\frac{\partial r}{\partial z}\boldsymbol{k}=\frac{x}{r}\boldsymbol{i}+\frac{y}{r}\boldsymbol{j}+\frac{z}{r}\boldsymbol{k}=\boldsymbol{r}^0,$$

故

$$\mathbf{grad}u=-\frac{q}{4\pi\varepsilon r^2}\boldsymbol{r}^0=-\boldsymbol{E}.$$

这说明电场强度 $\boldsymbol{E}$ 是与电位 u 的梯度相反的向量.

习　题　10.8

1. 求数量场 $u=x^2+3y^2+2z^2+xyz$ 在点 (1, 2, 1) 处的梯度和在点 (1, 2, 1) 处沿方向 $\boldsymbol{l}=(1,-1,0)$ 的方向导数.

2. 求数量场 $z=x^2+y^2\sin(xy)$ 在点 (1, 1) 处的梯度和在点 (1, 1) 处沿方向 $l=(1,-1)$ 的方向导数.

3. 设数量场 $u=x^2+2y^2+3z^2+xy+3x-2y+6z$, 求

(1) 梯度为零向量的点;

(2) 在点 (2, 0, 1) 处沿哪一个方向, u 的变化率最大, 并求此最大变化率.

4. 指出数量场 $u=u(x,y,z)$ 在一点 (x_0,y_0,z_0) 处的梯度、方向导数、等值面及全微分之间的关系.

5. 求 $u=x^2yz$ 在点 $M(3,4,5)$ 处沿锥面 $z=\sqrt{x^2+y^2}$ 的法线方向的方向导数.

6. 求 $u=1-\dfrac{x^2}{a^2}-\dfrac{y^2}{b^2}$ 在点 $\left(\dfrac{a}{\sqrt{2}},\dfrac{b}{\sqrt{2}}\right)$ 处沿曲线 $\dfrac{x^2}{a^2}+\dfrac{y^2}{b^2}=1$ 的内法线的方向导数.

7. 函数 $z=f(x,y)$ 在点 (0, 0) 处可微, 沿 $\boldsymbol{i}+\sqrt{3}\boldsymbol{j}$ 方向的方向导数为 1; 沿 $\sqrt{3}\boldsymbol{i}+\boldsymbol{j}$ 方向的方向导数为 $\sqrt{3}$, 求 $f(x,y)$ 在点 (0, 0) 处变化最快的方向和这个最大的变化率.

8. 验证函数 $f(x,y)=\sqrt[3]{xy}$ 在原点 (0, 0) 处连续且偏导数存在, 但除方向 i, $-i$, j 和 $-j$ 外, 在原点的沿其他方向的方向导数都不存在.

9. 证明函数

$$f(x,y)=\begin{cases}\dfrac{2xy^2}{x^2+y^4}, & x^2+y^2\neq 0,\\ 0, & x^2+y^2=0\end{cases}$$

在点 $O(0,0)$ 处沿各个方向的方向导数都存在, 但它在该点不连续, 因而不可微.

10.9 例题选讲

例 1 已知 $u=f(t), t=\ln\sqrt{x^2+y^2+z^2}$, 满足

$$\frac{\partial^2 u}{\partial x^2}+\frac{\partial^2 u}{\partial y^2}+\frac{\partial^2 u}{\partial z^2}=(x^2+y^2+z^2)^{-\frac{3}{2}}, \tag{1}$$

求 $f(t)$.

解 $\frac{\partial u}{\partial x}=f'(t)\frac{x}{x^2+y^2+z^2}$,

$$\frac{\partial^2 u}{\partial x^2}=f''(t)\frac{x^2}{(x^2+y^2+z^2)^2}+f'(t)\frac{y^2+z^2-x^2}{(x^2+y^2+z^2)^2},$$

类似可得到

$$\frac{\partial^2 u}{\partial y^2}=f''(t)\frac{y^2}{(x^2+y^2+z^2)^2}+f'(t)\frac{x^2+z^2-y^2}{(x^2+y^2+z^2)^2},$$
$$\frac{\partial^2 u}{\partial z^2}=f''(t)\frac{z^2}{(x^2+y^2+z^2)^2}+f'(t)\frac{x^2+y^2-z^2}{(x^2+y^2+z^2)^2},$$

代入 (1) 得

$$f''(t)\frac{1}{x^2+y^2+z^2}+f'(t)\frac{1}{x^2+y^2+z^2}=\frac{1}{(x^2+y^2+z^2)^{\frac{3}{2}}},$$

即 $f''(t)+f'(t)=\mathrm{e}^{-t}$, 其通解为 $f(t)=C_1+C_2\mathrm{e}^{-t}-t\mathrm{e}^{-t}$.

例 2 设函数

$$f(x,y)=\begin{cases}\dfrac{xy}{\sqrt{x^2+y^2}}, & (x,y)\neq(0,0),\\ 0, & (x,y)=(0,0),\end{cases}$$

试证 $f(x,y)$ 在点 $(0,0)$ 处连续且偏导数存在, 但不可微.

解 当 $\rho=\sqrt{x^2+y^2}\to 0$ 时,

$$|f(x,y)-f(0,0)|=\frac{|xy|}{\sqrt{x^2+y^2}}\leqslant\frac{\sqrt{x^2+y^2}}{2}\to 0,$$

故 $f(x,y)$ 在点 $(0,0)$ 处连续.

由于

$$f'_x(0,0)=\lim_{\Delta x\to 0}\frac{f(0+\Delta x,0)-f(0,0)}{\Delta x}=\lim_{\Delta x\to 0}\frac{0}{\Delta x}=0,$$

$$f'_y(0,0)=\lim_{\Delta y\to 0}\frac{f(0,0+\Delta y)-f(0,0)}{\Delta y}=\lim_{\Delta y\to 0}\frac{0}{\Delta y}=0,$$

所以 $f(x,y)$ 在点 $(0,0)$ 处两个偏导数都存在.

当点 $P(x,y)$ 沿直线 $y=x$ 趋向于 $(0,0)$ 时,

$$\begin{aligned}&\lim_{\substack{(\Delta x,\Delta y)\to(0,0)\\ \Delta y=\Delta x}}\frac{\Delta f-[f'_x(0,0)\Delta x+f'_y(0,0)\Delta y]}{\rho}\\ =&\lim_{\substack{(\Delta x,\Delta y)\to(0,0)\\ \Delta y=\Delta x}}\frac{\Delta x\Delta y}{(\Delta x)^2+(\Delta y)^2}=\lim_{\Delta x\to 0}\frac{(\Delta x)^2}{2(\Delta x)^2}=\frac{1}{2}\neq 0,\end{aligned}$$

故 $f(x,y)$ 在点 $(0,0)$ 处也不可微.

例 3　设 $f(x,y)=|x-y|\,\varphi(x,y)$, 其中 $\varphi(x,y)$ 在点 $(0,0)$ 的邻域内连续, 讨论:

(1) $\varphi(x,y)$ 满足什么条件, 偏导数 $f'_x(0,0),f'_y(0,0)$ 存在;

(2) $\varphi(x,y)$ 满足什么条件, $f(x,y)$ 在点 $(0,0)$ 处可微.

解　(1) $\displaystyle\lim_{x\to 0^+}\frac{f(0+x,0)-f(0,0)}{x}=\lim_{x\to 0^+}\frac{x\varphi(x,0)-0}{x}=\varphi(0,0),$

$$\lim_{x\to 0^-}\frac{f(0+x,0)-f(0,0)}{x}=\lim_{x\to 0^-}\frac{-x\varphi(x,0)-0}{x}=-\varphi(0,0),$$

$$\lim_{y\to 0^+}\frac{f(0,0+y)-f(0,0)}{y}=\lim_{y\to 0^+}\frac{y\varphi(0,y)-0}{y}=\varphi(0,0),$$

$$\lim_{y\to 0^-}\frac{f(0,0+y)-f(0,0)}{y}=\lim_{y\to 0^-}\frac{-y\varphi(0,y)-0}{y}=-\varphi(0,0),$$

可知, 当 $\varphi(0,0)=0$ 时, 偏导数 $f'_x(0,0),f'_y(0,0)$ 存在, 且 $f'_x(0,0)=0,f'_y(0,0)=0$.

(2) $\Delta f=f(0+\Delta x,0+\Delta y)-f(0,0)=|\Delta x-\Delta y|\,\varphi(\Delta x,\Delta y)$, 由于

$$\frac{|\Delta x-\Delta y|}{\sqrt{(\Delta x)^2+(\Delta y)^2}}\leqslant\frac{|\Delta x|+|\Delta y|}{\sqrt{(\Delta x)^2+(\Delta y)^2}}\leqslant 2,$$

若 $\varphi(0,0)=0$, 则当 $\rho=\sqrt{(\Delta x)^2+(\Delta y)^2}\to 0$ 时, 有

$$\frac{\Delta f-[f'_x(0,0)\Delta x+f'_y(0,0)\Delta y]}{\sqrt{(\Delta x)^2+(\Delta y)^2}}=\frac{|\Delta x-\Delta y|\,\varphi(\Delta x,\Delta y)}{\sqrt{(\Delta x)^2+(\Delta y)^2}}\to 0,$$

所以当 $\varphi(0,0)=0$ 时, $f(x,y)$ 在点 $(0,0)$ 处可微.

例 4　若在某一包含点 $P(x,y)$ 的区域上 $f(x,y)$ 的偏导数 $f'_x(x,y)$, $f'_y(x,y)$ 存在而且有界, 则函数 $f(x,y)$ 在该区域上连续.

证明　由于

$$\Delta f=f(x+\Delta x,y+\Delta y)-f(x,y)$$

$$= [f(x+\Delta x, y+\Delta y) - f(x, y+\Delta y)] + [f(x, y+\Delta y) - f(x,y)],$$

应用拉格朗日中值定理, 得

$$[f(x+\Delta x, y+\Delta y) - f(x, y+\Delta y)] = f_x'(x+\theta_1\Delta x, y+\Delta y)\Delta x \quad (0<\theta_1<1),$$

$$[f(x, y+\Delta y) - f(x,y)] = f_y'(x, y+\theta_2\Delta y)\Delta y \quad (0<\theta_2<1),$$

于是

$$f(x+\Delta x, y+\Delta y) - f(x,y) = f_x'(x+\theta_1\Delta x, y+\Delta y)\Delta x + f_y'(x, y+\theta_2\Delta y)\Delta y.$$

由于在上述的区域上 $f(x,y)$ 的偏导数 $f_x'(x,y), f_y'(x,y)$ 有界, 所以存在 $M>0$, 使得 $|f_x'(x+\theta_1\Delta x, y+\Delta y)| \leqslant M, \left|f_y'(x, y+\theta_2\Delta y)\right| \leqslant M$, 故有

$$|f(x+\Delta x, y+\Delta y) - f(x,y)| \leqslant M(|\Delta x| + |\Delta y|),$$

由此可知 $\lim\limits_{(\Delta x,\Delta y)\to(0,0)} f(x+\Delta x, y+\Delta y) = f(x,y)$, 即函数 $f(x,y)$ 在该区域上连续.

例 5 设 $z=f(x,u,v)$, $u=g(x,y)$, $v=h(x,y,u)$, 其中 f,g,h 均可微, 求 $\dfrac{\partial z}{\partial x}$ 和 $\dfrac{\partial z}{\partial y}$.

解 取三个式子的全微分, 得

$$\mathrm{d}z = f_x'\mathrm{d}x + f_u'\mathrm{d}u + f_v'\mathrm{d}v,$$

$$\mathrm{d}u = g_x'\mathrm{d}x + g_y'\mathrm{d}y,$$

$$\mathrm{d}v = h_x'\mathrm{d}x + h_y'\mathrm{d}y + h_u'\mathrm{d}u,$$

将后两式代入第一式, 得

$$\begin{aligned}\mathrm{d}z &= f_x'\mathrm{d}x + f_u'[g_x'\mathrm{d}x + g_y'\mathrm{d}y] + f_v'[h_x'\mathrm{d}x + h_y'\mathrm{d}y + h_u'(g_x'\mathrm{d}x + g_y'\mathrm{d}y)] \\ &= [f_x' + f_u'g_x' + f_v'h_x' + f_v'h_u'g_x']\mathrm{d}x + [f_u'g_y' + f_v'h_y' + f_v'h_u'g_y']\mathrm{d}y,\end{aligned}$$

故

$$\frac{\partial z}{\partial x} = f_x' + f_u'g_x' + f_v'h_x' + f_v'h_u'g_x',$$

$$\frac{\partial z}{\partial y} = f_u'g_y' + f_v'h_y' + f_v'h_u'g_y'.$$

例 6 隐函数 $z=z(x,y)$ 由方程 $x^2+y^2+4z^2-4xz+2z-1=0$ 确定, 求 $z=z(x,y)$ 的极值.

解 令 $\dfrac{\partial z}{\partial x} = -\dfrac{x-2z}{4z-2x+1} = 0$, $\dfrac{\partial z}{\partial y} = -\dfrac{y}{4z-2x+1} = 0$, 解得 $x=2z, y=0$, 代入原方程得 $z=\dfrac{1}{2}$, 故驻点为 $(1,0)$, 又

$$A=\left.\frac{\partial^2 z}{\partial x^2}\right|_{(1,0)}=-1,\quad B=\left.\frac{\partial^2 z}{\partial x\partial y}\right|_{(1,0)}=0,\quad C=\left.\frac{\partial^2 z}{\partial y^2}\right|_{(1,0)}=-1,$$

$$A<0,\quad AC-B^2=1>0,$$

所以当 $x=1,y=0$ 时, $z=\dfrac{1}{2}$ 为极大值.

此题也可视为 $f=z$ 为目标函数, 求其在条件 $x^2+y^2+4z^2-4xz+2z-1=0$ 下的条件极值.

习　题　10.9

1. 如果函数 $f(x,y)$ 在点 (x_0,y_0) 沿任何方向的方向导数都存在且相等, 那么 $f(x,y)$ 在点 (x_0,y_0) 处偏导数是否存在? 是否可微?

2. 设 $x=f(u,v,w),y=g(u,v,w),z=h(u,v,w)$ 确定 u,v,w 是 x,y,z 的函数, 求 $\dfrac{\partial u}{\partial x}$.

3. 设 $x=\varphi(u,v),y=\psi(u,v),z=f(u,v)$ 确定 z 是 x,y 的二元函数, 试导出偏导数 $\dfrac{\partial z}{\partial x}$ 及 $\dfrac{\partial z}{\partial y}$ 的计算公式.

4. 已知 $z=f(x,y)$ 在点 P_0 处可微, $\boldsymbol{l}_1=(2,-2),\boldsymbol{l}_2=(-2,0)$, 且 $\left.\dfrac{\partial z}{\partial \boldsymbol{l}_1}\right|_{P_0}=1$, $\left.\dfrac{\partial z}{\partial \boldsymbol{l}_2}\right|_{P_0}=-3$, 求 z 在 P_0 处的梯度、全微分及沿 $\boldsymbol{l}=\{3,2\}$ 方向的方向导数.

5. 已知四边形的四条边边长为 a,b,c,d, 问何时四边形面积最大?

6. 设函数 $u=F(x,y,z)$ 在条件 $\varphi(x,y,z)=0$ 和 $\psi(x,y,z)=0$ 下, 在点 (x_0,y_0,z_0) 处取极值 m. 试证三个曲面 $F(x,y,z)=m,\varphi(x,y,z)=0$ 和 $\psi(x,y,z)=0$ 在点 (x_0,y_0,z_0) 处的三条法线共面. 这里 F,φ,ψ 都具有连续的一阶偏导数, 且每个函数的三个偏导数不同时为零.

7. 利用求条件极值的方法, 证明对任何正数 a,b,c, 都有不等式

$$abc^3\leqslant 27\left(\frac{a+b+c}{5}\right)^5.$$

8. 选择题. 设 $f(x,y,z)$ 在原点处连续, 其他点处可微, 且

$$x\frac{\partial f}{\partial x}+y\frac{\partial f}{\partial y}+z\frac{\partial f}{\partial z}>a\sqrt{x^2+y^2+z^2}>0,$$

则 $f(0,0,0)$ 是 $f(x,y,z)$ 的 (　　).

(A) 最大值;　　(B) 最小值;

(C) 极大值, 不是最大值;　　(D) 极小值, 不是最小值.

第11章 多元函数积分学

11.1 黎曼积分

11.1.1 黎曼积分的概念

通过定积分可以解决非均匀分布在某区间上的量的总量问题, 定积分的两个要素是被积函数与积分区间. 其处理问题的主导思想是: "整体由局部构成, 局部线性化, 近似中寻精确". 通过 "分割、作积、求和、取极限" 四步解决问题.

实际中, 有许多量非均匀地分布在几何形体 Ω 上, 这里几何形体包括二维或三维空间中的有界闭域和空间曲线段或曲面片. 例如, 已知质量密度求质量问题; 已知电荷密度求电量问题; 曲顶柱体体积问题; 等等. 为了解决这些总量问题, 将定积分的思想与方法推广到几何形体 Ω 上, 就产生了在几何形体 Ω 上点函数 $f(P)$ 的黎曼积分.

定义 11.1 设 $f(P)$ 是几何形体 Ω 上有定义的点函数, 将 Ω 分割为 n 个小的几何形体 $\Delta\Omega_1, \Delta\Omega_2, \cdots, \Delta\Omega_n$, 同时用它们表示其度量 (面积、体积或弧长). 称数 $d_i = \sup\limits_{p_1,p_2\in\Delta\Omega_i}\{d(p_1,p_2)\}$ 为 $\Delta\Omega_i$ 的直径, 记 $\lambda = \max\limits_{1\leqslant i\leqslant n}(d_i)$. 任取点 $P_i \in \Delta\,\Omega_i(i = 1,2,\cdots,n)$, 作乘积的和式 $\sum\limits_{i=1}^{n} f(P_i)\Delta\Omega_i$. 如果不论怎样分割 Ω 以及怎样取点 P_i, 极限 $\lim\limits_{\lambda\to 0}\sum\limits_{i=1}^{n} f(P_i)\Delta\Omega_i$ 都存在, 且为同一个值, 则称此极限值为函数 $f(P)$ 在几何形体 Ω 上的黎曼积分, 记为 $\int_{\Omega} f(P)\mathrm{d}\Omega$, 即

$$\int_{\Omega} f(P)\mathrm{d}\Omega = \lim_{\lambda\to 0}\sum_{i=1}^{n} f(P_i)\Delta\Omega_i. \tag{1}$$

此时也说 $f(P)$ 在 Ω 上可积, 称 $f(P)$ 为被积函数, $f(P)\mathrm{d}\Omega$ 为被积表达式, Ω 为积分域, $\mathrm{d}\Omega$ 为 Ω 的度量微元.

关于黎曼积分的存在性定理, 仅叙述如下, 不予证明.

定理 11.1 若函数 $f(P)$ 在有界闭域 Ω 上连续, 则 $f(P)$ 在 Ω 上可积.

11.1.2 黎曼积分的性质

根据黎曼积分的定义和极限运算的性质, 黎曼积分具有下列性质. 这里假设下

面涉及的积分都是存在的.

(1) 当 $f(P)=1$ 时, 它在 Ω 上的积分等于 Ω 度量, 即 $\int_{\Omega} 1\mathrm{d}\Omega=\Omega$.

(2) 线性性质:

$$\int_{\Omega}[af(P)+bg(P)]\mathrm{d}\Omega=a\int_{\Omega}f(P)\mathrm{d}\Omega+b\int_{\Omega}g(P)\mathrm{d}\Omega,\quad \text{其中}a,b\text{为常数}.$$

(3) 对积分域的可加性质: 若将 Ω 分割为两部分 Ω_1,Ω_2, 则

$$\int_{\Omega}f(P)\mathrm{d}\Omega=\int_{\Omega_1}f(P)\mathrm{d}\Omega+\int_{\Omega_2}f(P)\mathrm{d}\Omega.$$

(4) 比较性质:

(i) 若 $f(P)\leqslant g(P),P\in\Omega$, 则 $\int_{\Omega}f(P)\mathrm{d}\Omega\leqslant\int_{\Omega}g(P)\mathrm{d}\Omega$.

(ii) $\left|\int_{\Omega}f(P)\mathrm{d}\Omega\right|\leqslant\int_{\Omega}|f(P)|\,\mathrm{d}\Omega$.

(5) 估值性质: 若 $m\leqslant f(P)\leqslant M,P\in\Omega$, 则 $m\Omega\leqslant\int_{\Omega}f(P)\mathrm{d}\Omega\leqslant M\Omega$.

(6) 积分中值定理: 若 $f(P)$ 在有界闭域 Ω 上连续, 则在 Ω 上至少存在一点 P^*, 使得 $\int_{\Omega}f(P)\mathrm{d}\Omega=f(P^*)\Omega$.

证明　因为 $f(P)\in C(\Omega)$, 故有最大值 M 和最小值 m, $m\leqslant f(P)\leqslant M,\forall P\in\Omega$, 由估值性质得 $m\Omega\leqslant\int_{\Omega}f(P)\mathrm{d}\Omega\leqslant M\Omega$, 故 $m\leqslant\dfrac{\int_{\Omega}f(P)\mathrm{d}\Omega}{\Omega}\leqslant M$.

再由闭域上连续函数的介值定理知, 存在点 $P^*\in\Omega$, 使 $f(P^*)=\dfrac{1}{\Omega}\int_{\Omega}f(P)\mathrm{d}\Omega$. □

(7) 对称性质: 在空间直角坐标系 $Oxyz$ 下, 设积分域 Ω 关于坐标面 $x=0$(即 yOz 面) 对称. 若被积函数是 x 的奇函数 (即满足 $f(-x,y,z)=-f(x,y,z)$) , 则

$$\int_{\Omega}f(x,y,z)\mathrm{d}\Omega=0.$$

若被积函数是 x 的偶函数 (即满足 $f(-x,y,z)=f(x,y,z)$), 则

$$\int_{\Omega}f(x,y,z)\mathrm{d}\Omega=2\int_{\Omega^+}f(x,y,z)\mathrm{d}\Omega.$$

其中 $\Omega^+=\{(x,y,z)|(x,y,z)\in\Omega \text{ 且 } x\geqslant0\}$.

由对积分域的可加性和黎曼积分的定义不难证明这条性质. 当 Ω 关于其他坐标面对称, 并且被积函数有相应的奇偶性时, 有类似的性质, 当 Ω 是 xOy 面上的平面区域或曲线段, 关于坐标轴对称时, 也有类似的性质.

11.1.3 黎曼积分的分类

按几何形体 Ω 的类型, 多元函数的黎曼积分分为以下四类.

1) 二重积分

当几何形体 Ω 为平面有界闭区域 σ, $f(P)$ 是 σ 上的二元点函数时, 则称黎曼积分 (1) 为函数 $f(P)$ 在区域 σ 上的二重积分, 记为 $\iint\limits_{\sigma} f(P)\mathrm{d}\sigma$, 即 $\iint\limits_{\sigma} f(P)\mathrm{d}\sigma = \lim\limits_{\lambda\to 0}\sum\limits_{i=1}^{n} f(P_i)\Delta\sigma_i$, 这里 $\mathrm{d}\sigma$ 是面积微元.

例 1 设二元函数 $z=f(x,y)$ 在 xOy 平面的有界闭区域 σ 上非负、连续, 则以曲面 $z=f(x,y)$ 为顶, σ 为底, σ 的边界线为准线, 母线平行于 z 轴的柱面为侧面的曲顶柱体 (图 11.1) 的体积

$$V=\iint\limits_{\sigma} f(x,y)\mathrm{d}\sigma.$$

这就是二重积分的几何意义.

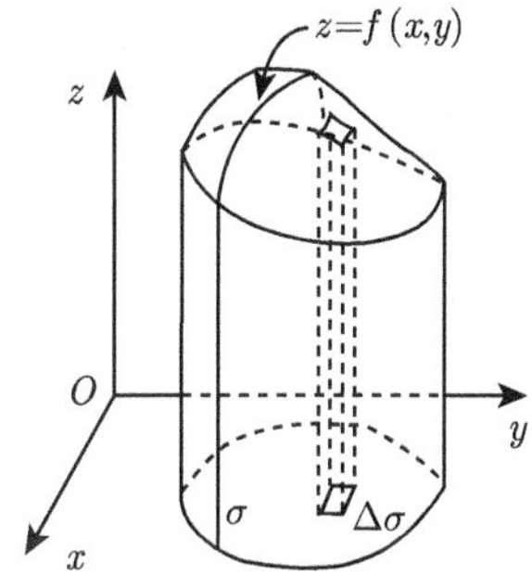

图 11.1

例 2 已知平板 σ 的质量面密度 $\rho=\rho(P)$, 则平板 σ 的质量为

$$m=\iint\limits_{\sigma} \rho(P)\mathrm{d}\sigma.$$

2) 三重积分

当几何形体 Ω 为三维空间的有界闭区域 (立体)V, $f(P)$ 是 V 上的三元点函数时, 则称黎曼积分 (1) 为函数 $f(P)$ 在区域 V 上的三重积分, 记为 $\iiint\limits_{V} f(P)\mathrm{d}V$, 即

$$\iiint\limits_{V} f(P)\mathrm{d}V=\lim_{\lambda\to 0}\sum_{i=1}^{n} f(P_i)\Delta V_i,$$

这里 $\mathrm{d}V$ 是体积微元.

例 3 已知物体 V 的质量体密度 $\mu=\mu(P)$, 则该物体的质量为

$$m=\iiint\limits_{V} \mu(P)\mathrm{d}V.$$

3) 对弧长的曲线积分

当几何形体 Ω 为平面内或空间内的曲线段 l, $f(P)$ 是 l 上的点函数时, 称黎曼积分 (1) 为函数 $f(P)$ 在曲线 l 上对弧长的曲线积分 (或称第一型曲线积分), 记为

$\int_l f(P)\mathrm{d}s$, 即

$$\int_l f(P)\mathrm{d}s = \lim_{\lambda\to 0}\sum_{i=1}^{n} f(P_i)\Delta s_i,$$

这里 $\mathrm{d}s$ 是 l 的弧长微元.

例 4　若已知物质曲线段 l 的质量线密度 $\gamma=\gamma(P)$, 则曲线段的质量为

$$m=\int_l \gamma(P)\mathrm{d}s.$$

4) 对面积的曲面积分

当几何形体 Ω 为空间曲面片 S, $f(P)$ 为 S 上的点函数时, 则称黎曼积分 (1) 为函数 $f(P)$ 在曲面 S 上对面积的曲面积分 (或称第一型曲面积分), 记为 $\iint\limits_S f(P)\mathrm{d}S$, 即

$$\iint\limits_S f(P)\mathrm{d}S = \lim_{\lambda\to 0}\sum_{i=1}^{n} f(P_i)\Delta S_i,$$

这里 $\mathrm{d}S$ 是曲面的面积微元.

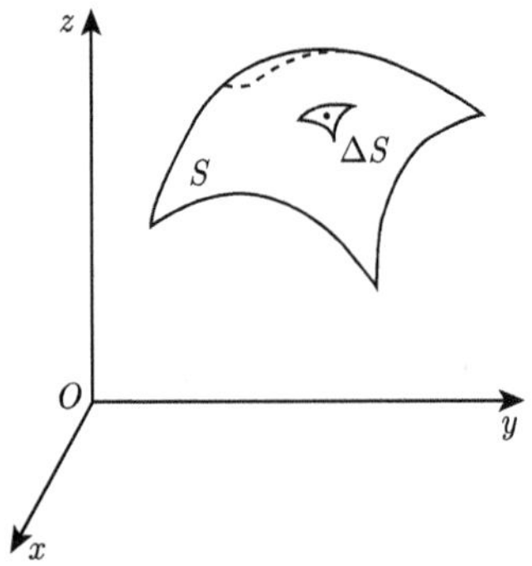

图 11.2

例 5　已知曲面片 S 上带静电, 电荷分布面密度 $\rho=\rho(P)$(图 11.2), 则 S 上静电总量为

$$q=\iint\limits_S \rho(P)\mathrm{d}S.$$

黎曼积分是由被积函数 $f(P)$ 和积分域 Ω 确定的一个数, 它的计算式以一元函数的定积分为基础. 下面将分别介绍二重积分、三重积分、对弧长的曲线积分和对面积的曲面积分是如何通过定积分计算的.

习　题　11.1

1. 在 $x^2+y^2\leqslant 2x$ 与 $x^2+y^2\leqslant 2y$ 的公共部分的平面板 σ 上, 电荷面密度为 $\mu(x,y)=x^2+y^2$, 试将 σ 上的总电荷量 Q 表示为黎曼积分.

2. 设球体 $x^2+y^2+z^2\leqslant a^2$ 的质量体密度 $\rho=1$. 在球外点 $(0,0,h)\,(h>a)$ 处有一单位质点, 试将此球对这个质点的万有引力 F 在 z 轴上的分量 F_z 表示为黎曼积分.

3. 一曲线 L, 其形状由方程组

$$\begin{cases} x^2+y^2+z^2=1, \\ x+y+z=0 \end{cases}$$

确定, 其质量密度线 $\rho(x,y,z)=x^2+y^2+z^2$. 试将此曲线 L 的质量 m 表示为黎曼积分.

4. 设有一太阳灶, 其聚光镜是旋转抛物面 S, 聚光镜将太阳能汇聚在灶上, 已知聚光镜的能流 (即单位面积传播能量) 是 z 的函数 $p=\dfrac{1}{\sqrt{1+z}}$, 试用黎曼积分表示聚光镜的总能量 W.

5. 估计下列积分值.

(1) $\displaystyle\iint\limits_{\sigma} xy(x+y)\,\mathrm{d}\sigma$, 积分域为 $\sigma=\{(x,y)|\,0\leqslant x\leqslant 1, 0\leqslant y\leqslant 1\}$;

(2) $\displaystyle\iiint\limits_{V}(1+x^2+y^2+z^2)\mathrm{d}V$, 积分域为 $V=\{(x,y,z)|\,x^2+y^2+z^2\leqslant 1\}$.

6. 设 σ 是 xOy 平面上以 $(1,1)$, $(-1,1)$ 和 $(-1,-1)$ 为顶点的三角区域, σ_1 是 σ 在第一象限的部分, 证明

$$\iint\limits_{\sigma}(xy+\cos x\sin y)\,\mathrm{d}\sigma=2\iint\limits_{\sigma_1}\cos x\sin y\mathrm{d}\sigma.$$

7. 指出下列积分值.

(1) $\displaystyle\int_l (x^2+y^2)\mathrm{d}s$, 曲线 l 是上半周 $y=\sqrt{1-x^2}$;

(2) $\displaystyle\iint\limits_{S} f\left(x^2+y^2+z^2\right)\mathrm{d}S$, 曲面 S 是球面 $x^2+y^2+z^2=R^2$.

8. 比较下列各组积分的大小.

(1) $\displaystyle\iint\limits_{\sigma}(x+y)^2\,\mathrm{d}\sigma$ 和 $\displaystyle\iint\limits_{\sigma}(x+y)^3\,\mathrm{d}\sigma$, 其中 σ: $(x-2)^2+(y-2)^2\leqslant 4$;

(2) $\displaystyle\iint\limits_{\sigma}\ln(x+y)\,\mathrm{d}\sigma$ 与 $\displaystyle\iint\limits_{\sigma}xy\mathrm{d}\sigma$, 其中 σ 由直线 $x=0$, $y=0$, $x+y=\dfrac{1}{2}$, $x+y=1$ 围成.

9. 设函数 $f(x,y,z)$ 连续, $f(0,0,0)\neq 0$, V_t 是以原点为球心, t 为半径的球形域. 求当 $t\to 0$ 时, 下列积分是 t 的几阶无穷小.

(1) 三重积分 $\displaystyle\iiint\limits_{V_t} f(x,y,z)\,\mathrm{d}V$;

(2) 第一型曲面积分 $\iint\limits_{S_t} f(x+y+z)\,\mathrm{d}S$, S_t 是 V_t 的表面;

(3) 第一型曲线积分 $\int_{\Gamma_t} f(x,y,z)\mathrm{d}s$, Γ_t 是曲面 S_t 与平面 $x+y+z=0$ 的交线.

10. 选择题. 函数 $\dfrac{\sin\left(\pi\sqrt{x^2+y^2}\right)}{x^2+y^2}$ 在圆环 σ: $1 \leqslant x^2+y^2 \leqslant 4$ 上的二重积分 (　).

(A) 不存在;　　(B) 存在, 且为正值;

(C) 存在, 且为负值;　　(D) 存在, 且为零.

11.2　二重积分的计算

二重积分、三重积分统称为**重积分**. 本节仅借助于二重积分的几何意义来给出它的计算方法. 当 $f(P) \geqslant 0$ 时, 二重积分可视为一曲顶柱体的体积, 当 $f(P) < 0$ 时, $\iint\limits_{\sigma} f(P)\mathrm{d}\sigma$ 等于一曲顶柱体体积的负值; 当 $f(P)$ 在 σ 上有正有负时, $\iint\limits_{\sigma} f(P)\mathrm{d}\sigma$ 表示平面片 σ 上、下柱体体积的代数和.

11.2.1　直角坐标系下二重积分的计算

设 σ 为 xOy 平面上一有界闭域, $f(P)$ 的二重积分

$$\iint\limits_{\sigma} f(P)\mathrm{d}\sigma = \lim_{\lambda\to 0}\sum_{i=1}^{n} f(P_i)\Delta\sigma_i \tag{1}$$

存在. 此时, 点函数 $f(P)$ 就是点的坐标 x, y 的二元函数 $f(x,y)$. 既然 (1) 式中的极限与 σ 的分割方法无关, 用与坐标轴平行的直线网分割 σ, 其典型的小片 $\Delta\sigma$ 为矩形, 面积 $\Delta\sigma = \Delta x\Delta y$, 所以在直角坐标系下面积微元 $\mathrm{d}\sigma = \mathrm{d}x\mathrm{d}y$(图 11.3). 这时二重积分可表示为 $\iint\limits_{\sigma} f(x,y)\mathrm{d}x\mathrm{d}y$.

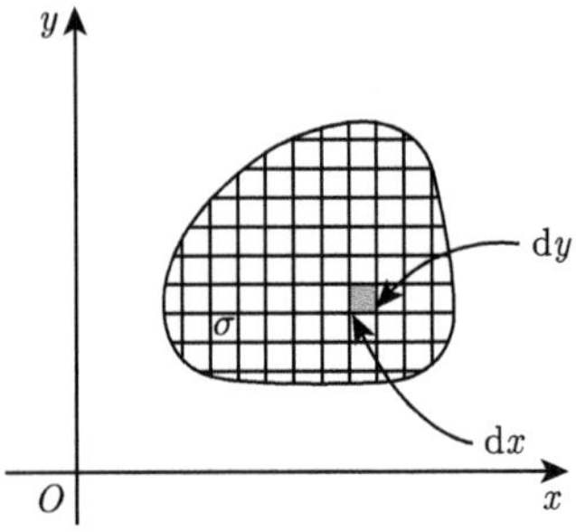

图 11.3

当 σ 为 x-型闭域时, 即 σ 可由不等式组 $a \leqslant x \leqslant b$, $y_1(x) \leqslant y \leqslant y_2(x)$ 表示, 其中 $y_1(x), y_2(x) \in C[a,b]$. 就是说积分域 σ 夹在直线 $x=a$, $x=b$ 之间, 下边界线是 $y=y_1(x)$, 上边界线是 $y=y_2(x)$(图 11.4). 设 $f(x,y)$ 在积分域 σ 上恒为正, 在区间 $[a,b]$ 内用一组垂直于 x 轴的平面截此 "曲顶柱体", 对每个 x, 截面是一个曲边

梯形 (图 11.5), 其面积为

$$S(x)=\int_{y_1(x)}^{y_2(x)} f(x,y)\mathrm{d}y.$$

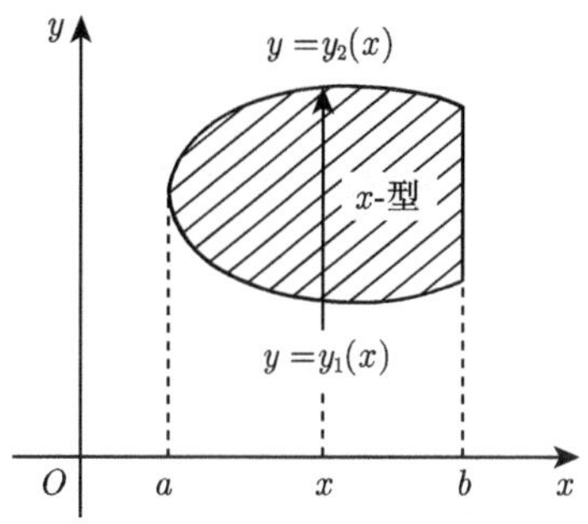

图 11.4

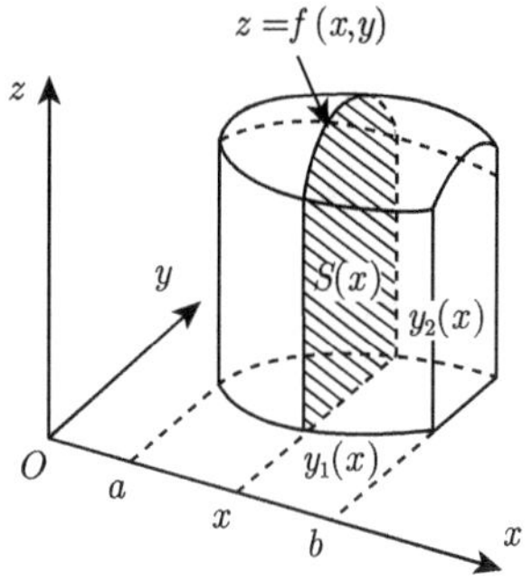

图 11.5

由已知平行截面面积的立体体积公式, 得到这个曲顶柱体的体积为

$$V=\int_a^b S(x)\mathrm{d}x=\int_a^b\left[\int_{y_1(x)}^{y_2(x)} f(x,y)\mathrm{d}y\right]\mathrm{d}x.$$

习惯上, 将上式右端的二次定积分记作

$$\int_a^b \mathrm{d}x\int_{y_1(x)}^{y_2(x)} f(x,y)\mathrm{d}y,$$

并把多元函数的这种二次以上的定积分称为累次积分. 这样就得到在直角坐标系下二重积分的一个计算公式

$$\iint_\sigma f(x,y)\mathrm{d}x\mathrm{d}y=\int_a^b \mathrm{d}x\int_{y_1(x)}^{y_2(x)} f(x,y)\mathrm{d}y. \tag{2}$$

公式 (2) 把二重积分化为累次积分. 计算时, 先视 x 为常量, 把 $f(x,y)$ 只看作是 y 的函数, 对 y 从 $y_1(x)$ 到 $y_2(x)$ 作定积分; 然后将算得的结果 (x 的函数) 作为被积函数, 再对 x 从 a 到 b 作定积分.

当 σ 为 y-型闭域时, 即 σ 可由不等式组

$$c\leqslant y\leqslant d,\quad x_1(y)\leqslant y\leqslant x_2(y)$$

表示, 其中 $x_1(y),x_2(y)\in C[c,d]$(图 11.6). 按照上面的推导方法, 可以得到直角坐标系下二重积分的另一个计算公式

$$\iint_\sigma f(x,y)\mathrm{d}x\mathrm{d}y=\int_c^d \mathrm{d}y\int_{x_1(y)}^{x_2(y)} f(x,y)\mathrm{d}x. \tag{3}$$

公式 (3) 将二重积分化为另一种累次积分, 先视 y 为常量, 把 $f(x,y)$ 只看为 x 的函数, 对 x 从 $x_1(y)$ 到 $x_2(y)$ 作定积分, 然后再对 y 从 c 到 d 积分.

若函数 $f(x,y)$ 在积分域 σ 上不恒为正, 公式 (2), (3) 仍然成立. 如果积分域 σ 不属于 x-型或 y-型时, 可将 σ 分割为几部分, 使每个部分或者是 x-型或者是 y-型, 利用区域可加性计算积分. 公式 (2), (3) 将二重积分化为两个不同次序的累次积分. 计算二重积分时, 要根据积分域和被积函数来确定采用哪个公式.

例 1　计算 $\displaystyle\iint_{\sigma} xy^2\mathrm{d}x\mathrm{d}y$, 其中 σ 是由曲线 $y=x^2, y^2=x$ 所围成的有界域.

解　画出积分域 σ, 如图 11.7, 由方程组

$$\begin{cases} y=x^2, \\ y^2=x, \end{cases}$$

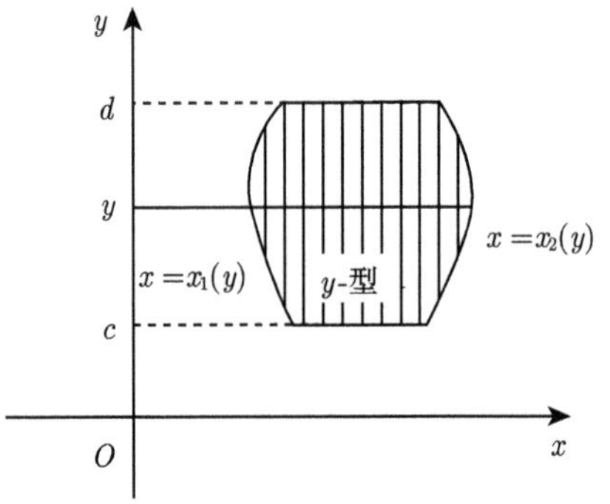

图 11.6

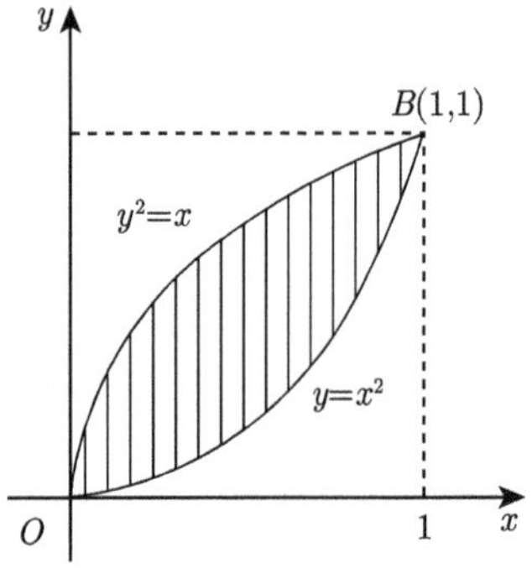

图 11.7

求出图形顶点坐标 $O(0,0)$, $B(1,1)$. 显然 σ 既是 x-型的, 又是 y-型的; 从被积函数看先对哪个变量积分都一样. 这里选用公式 (2), 因

$$\sigma: 0 \leqslant x \leqslant 1, \quad x^2 \leqslant y \leqslant \sqrt{x},$$

故

$$\begin{aligned}\iint_{\sigma} xy^2\mathrm{d}x\mathrm{d}y &= \int_0^1 \mathrm{d}x \int_{x^2}^{\sqrt{x}} xy^2\mathrm{d}y \\ &= \int_0^1 \frac{1}{3}xy^3\Big|_{x^2}^{\sqrt{x}}\mathrm{d}x = \int_0^1 \frac{1}{3}\left(x^{\frac{5}{2}}-x^7\right)\mathrm{d}x = \frac{1}{3}\left[\frac{2}{7}x^{\frac{7}{2}}-\frac{1}{8}x^8\right]_0^1 = \frac{3}{56}.\end{aligned}$$

例 2　计算 $\displaystyle\iint_{\sigma} \frac{x}{y}\mathrm{d}x\mathrm{d}y$, 其中 σ 是由曲线 $xy=1$, $x=y$ 和 $y=2$ 围成的有界域.

解 画出积分域 σ, 如图 11.8, 求出顶点坐标 $A\left(\frac{1}{2},2\right)$, $B(2,2)$, $C(1,1)$. 这里 σ 是 y-型域, $\sigma: 1 \leqslant y \leqslant 2, \frac{1}{y} \leqslant x \leqslant y$, 从积分域和被积函数看, 先对 x 积分有利, 故由 (3) 式得

$$\begin{aligned}\iint_{\sigma} \frac{x}{y}\mathrm{d}x\mathrm{d}y &= \int_1^2 \mathrm{d}y \int_{\frac{1}{y}}^{y} \frac{x}{y}\mathrm{d}x \\ &= \int_1^2 \left[\frac{x^2}{2y}\right]_{1/y}^{y} \mathrm{d}y = \frac{1}{2}\int_1^2 (y-y^{-3})\mathrm{d}y = \frac{9}{16}.\end{aligned}$$

如果用公式 (2), 先对 y 积分. 那么, 要先用直线 $x=1$ 将 σ 分为两块, 而且积分时要用分部积分法, 比较麻烦.

例 3 求椭圆抛物面 $z=1-\frac{x^2}{a^2}-\frac{y^2}{b^2}$ 及平面 $z=0$ 所围立体体积 V.

解 该立体如图 11.9 所示. 它是立在 xOy 平面区域 $\sigma: \frac{x^2}{a^2}+\frac{y^2}{b^2} \leqslant 1$ 上以椭圆抛物面为顶的曲顶柱体. 故

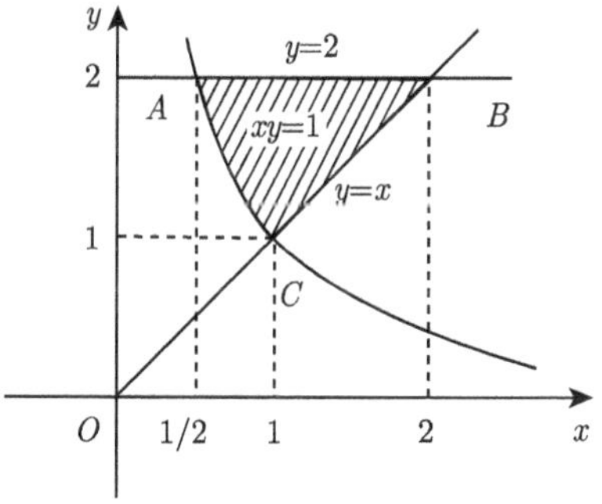

图 11.8

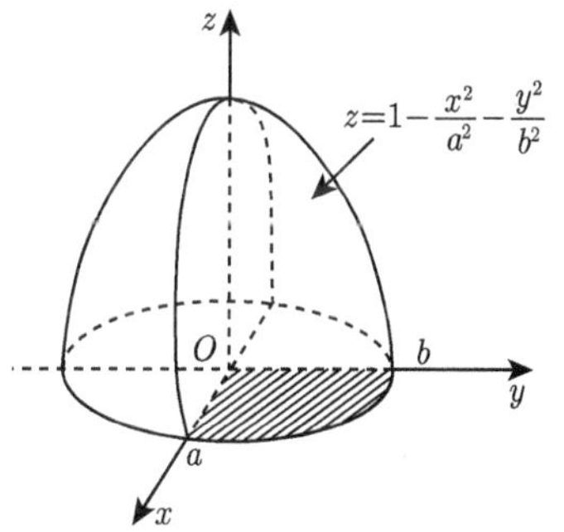

图 11.9

$$V=\iint_{\sigma}\left(1-\frac{x^2}{a^2}-\frac{y^2}{b^2}\right)\mathrm{d}x\mathrm{d}y,$$

由该立体的对称性, 或由积分域 σ 关于 x 轴 (或 y 轴) 的对称性及被积函数 $1-\frac{x^2}{a^2}-\frac{y^2}{b^2}$ 关于变量 y(或 x) 的奇偶性, 设 σ_1 是 σ 在第一象限的部分

$$\sigma_1: 0 \leqslant y \leqslant b, \quad 0 \leqslant x \leqslant \frac{a}{b}\sqrt{b^2-y^2}.$$

则所求的立体体积

$$V=4\iint\limits_{\sigma_1}\left(1-\frac{x^2}{a^2}-\frac{y^2}{b^2}\right)\mathrm{d}\sigma=4\int_0^b\mathrm{d}y\int_0^{\frac{a}{b}\sqrt{b^2-y^2}}\left(1-\frac{x^2}{a^2}-\frac{y^2}{b^2}\right)\mathrm{d}x$$

$$=4\int_0^b\frac{2a}{3b^2}(b^2-y^2)^{3/2}\mathrm{d}y=\frac{8ab}{3}\int_0^{\pi/2}\cos^4\theta\mathrm{d}\theta=\frac{1}{2}\pi ab.$$

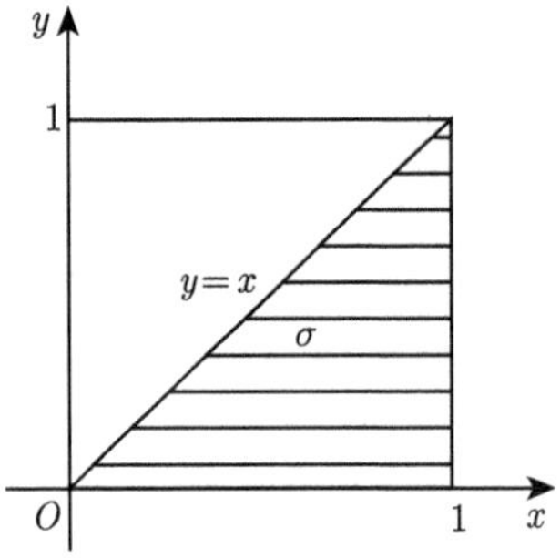

图 11.10

例 4　计算 $\iint\limits_{\sigma}\mathrm{e}^{-x^2}\mathrm{d}x\mathrm{d}y$, 其中 σ 由不等式 $0\leqslant x\leqslant 1, 0\leqslant y\leqslant x$ 确定.

解　画出积分域如图 11.10, 若采用先 x 后 y 的累次积分公式 (3)

$$\iint\limits_{\sigma}\mathrm{e}^{-x^2}\mathrm{d}x\mathrm{d}y=\int_0^1\mathrm{d}y\int_y^1\mathrm{e}^{-x^2}\mathrm{d}x,$$

就会遇到不能用初等函数表示的积分 $\int\mathrm{e}^{-x^2}\mathrm{d}x$. 若采用先 y 后 x 的累次积分公式 (2), 则

$$\iint\limits_{\sigma}\mathrm{e}^{-x^2}\mathrm{d}x\mathrm{d}y=\int_0^1\mathrm{d}x\int_0^x\mathrm{e}^{-x^2}\mathrm{d}y=\int_0^1x\mathrm{e}^{-x^2}\mathrm{d}x=\frac{1}{2}(1-\mathrm{e}^{-1}).$$

计算二重积分时, 所选取累次积分的顺序是十分重要的, 它不仅涉及计算繁简问题, 而且有时出现能否进行计算的问题. 因此计算二重积分, 首先要认定积分域 (包括画图、确定边界及交点、图形的顶点); 其次根据被积函数和积分域确定累次积分顺序和定积分的上、下限, 把重积分化为累次积分; 最后计算累次积分.

当 $f(x,y)\in C(\sigma)$ 时, $f(x,y)$ 在 σ 上的二重积分存在, 且能化为不同次序的两种累次积分. 由于两种次序的累次积分计算上的差异, 常常要考虑将一种次序的累次积分换为另一种次序的累次积分, 称为**累次积分换序**.

例 5　交换累次积分 $\int_a^b\mathrm{d}x\int_a^x f(x,y)\mathrm{d}y$ 的积分次序.

解　首先由给定的累次积分的上、下限, 确定出对应的二重积分的积分域, 如图 11.11 所示.

$\sigma: a\leqslant x\leqslant b, a\leqslant y\leqslant x$ 是 x-型的, 将 σ 表示为 y-型域, $\sigma: a\leqslant y\leqslant b, y\leqslant x\leqslant b$. 于是有

$$\int_a^b\mathrm{d}x\int_a^x f(x,y)\mathrm{d}y=\iint\limits_{\sigma}f(x,y)\mathrm{d}\sigma$$

$$=\int_a^b\mathrm{d}y\int_y^b f(x,y)\mathrm{d}x.$$

例 6 试将累次积分 $\int_0^1 \mathrm{d}x \int_0^x f(x,y)\mathrm{d}y + \int_1^2 \mathrm{d}x \int_0^{2-x} f(x,y)\mathrm{d}y$ 换序.

解 这两个累次积分是同一个被积函数, 先对 y 后对 x 的积分. 对应的二重积分域都是 x-型的.

$$\sigma_1 : 0 \leqslant x \leqslant 1, \quad 0 \leqslant y \leqslant x;$$

$$\sigma_2 : 1 \leqslant x \leqslant 2, \quad 0 \leqslant y \leqslant 2 - x.$$

如图 11.12 所示, 合并在一起恰好是个三角形区域 σ, 表示为 y-型域

$$\sigma : 0 \leqslant y \leqslant 1, \quad y \leqslant x \leqslant 2 - y,$$

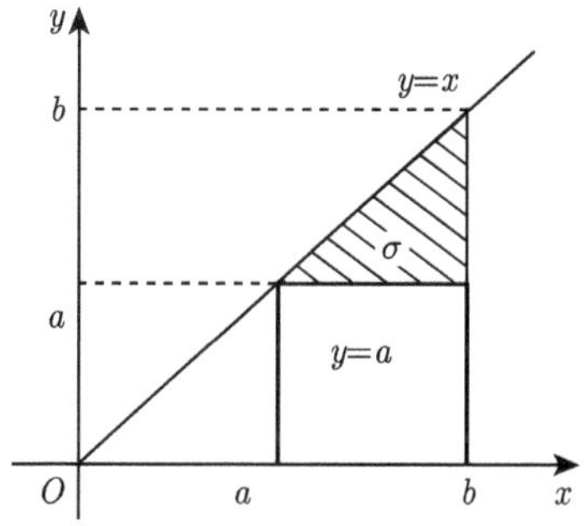

图 11.11

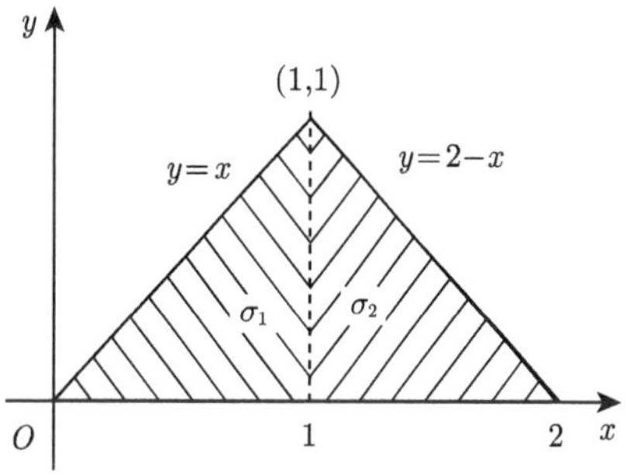

图 11.12

故有

$$\int_0^1 \mathrm{d}x \int_0^x f(x,y)\mathrm{d}y + \int_1^2 \mathrm{d}x \int_0^{2-x} f(x,y)\mathrm{d}y = \int_0^1 \mathrm{d}y \int_y^{2-y} f(x,y)\mathrm{d}x.$$

例 7 将下面的累次积分换序.

$$\int_0^{2a} \mathrm{d}x \int_{\sqrt{2ax-x^2}}^{\sqrt{2ax}} f(x,y)\mathrm{d}y \quad (a > 0).$$

解 对应的二重积分的积分域

$$\sigma : 0 \leqslant x \leqslant 2a, \quad \sqrt{2ax - x^2} \leqslant y \leqslant \sqrt{2ax}$$

为 x-型域, 见图 11.13. 要将 σ 表示为 y-型域, 需把 σ 分为图中的 $\sigma_1, \sigma_2, \sigma_3$ 三块

$$\sigma_1 : 0 \leqslant y \leqslant a, \quad \frac{y^2}{2a} \leqslant x \leqslant a - \sqrt{a^2 - y^2},$$

$$\sigma_2 : 0 \leqslant y \leqslant a, \quad a + \sqrt{a^2 - y^2} \leqslant x \leqslant 2a,$$

$$\sigma_3: a \leqslant y \leqslant 2a, \quad \frac{y^2}{2a} \leqslant x \leqslant 2a,$$

故有

$$\begin{aligned}&\int_0^{2a} \mathrm{d}x \int_{\sqrt{2ax-x^2}}^{\sqrt{2ax}} f(x,y)\mathrm{d}y \\ =&\int_0^a \mathrm{d}y \int_{\frac{y^2}{2a}}^{a-\sqrt{a^2-y^2}} f(x,y)\mathrm{d}x + \int_0^a \mathrm{d}y \int_{a+\sqrt{a^2-y^2}}^{2a} f(x,y)\mathrm{d}x + \int_a^{2a} \mathrm{d}y \int_{\frac{y^2}{2a}}^{2a} f(x,y)\mathrm{d}x.\end{aligned}$$

例 8 证明

$$\int_0^a \mathrm{d}x \int_0^x f(y)\mathrm{d}y = \int_0^a (a-x)f(x)\mathrm{d}x \quad (a>0).$$

证明 因左边的累次积分中, 被积函数是抽象函数, 不能具体计算. 所以先作累次积分换序, 将积分域 (图 11.14)$\sigma: 0 \leqslant x \leqslant a, 0 \leqslant y \leqslant x$ 表示为

$$\sigma: 0 \leqslant y \leqslant a, \quad y \leqslant x \leqslant a,$$

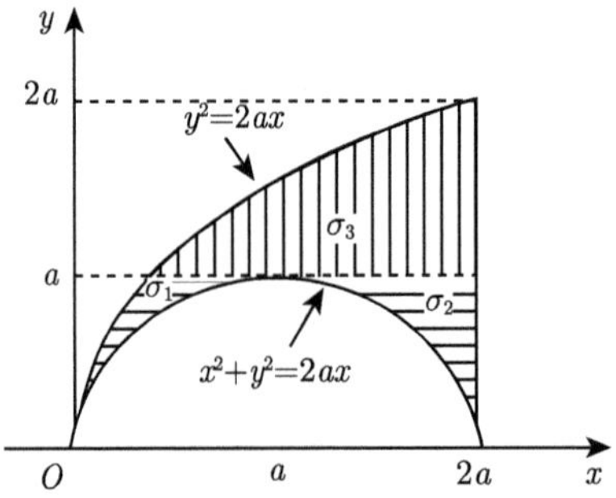

图 11.13

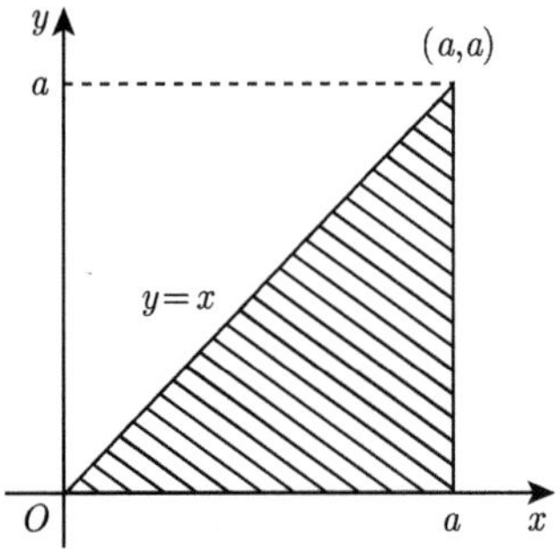

图 11.14

故有

$$\int_0^a \mathrm{d}x \int_0^x f(y)\mathrm{d}y = \int_0^a \mathrm{d}y \int_y^a f(y)\mathrm{d}x = \int_0^a f(y)(a-y)\mathrm{d}y = \int_0^a (a-x)f(x)\mathrm{d}x.$$

11.2.2 极坐标系下二重积分的计算

在极坐标系下, 设函数 $f(r,\theta) \in C(\sigma)$, 其中 $r_1(\theta), r_2(\theta)$ 在区间 $[\alpha, \beta]$ 上单值连续 (图 11.15).

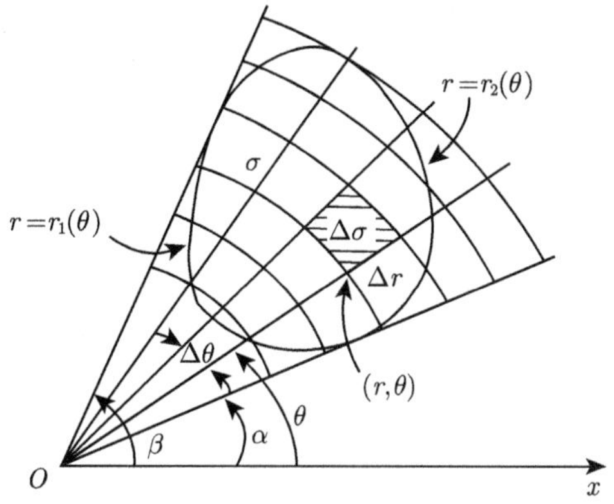

图 11.15

用 $r=$ 常数, $\theta=$ 常数的曲线网来分割 σ, 其典型小片是圆扇形, 其面积 $\Delta\sigma\approx r\Delta r\Delta\theta$, 其差是比 $\Delta r\Delta\theta$ 高阶的无穷小, 从而极坐标系下的面积微元是

$$\mathrm{d}\sigma=r\mathrm{d}r\mathrm{d}\theta.$$

因此极坐标系下二重积分通常表示为

$$\iint_{\sigma} f(P)\mathrm{d}\sigma=\lim_{\lambda\to 0}\sum_{i=1}^{n} f(r_i,\theta_i)r_i\Delta r_i\Delta\theta_i=\iint_{\sigma} f(r,\theta)r\mathrm{d}r\mathrm{d}\theta.$$

若视 $f(r,\theta)r$ 为被积函数, 把 r,θ 看作是 x,y 等同的两个变量, 类比公式 (3), 就可将极坐标系下的二重积分化为累次积分.

$$\iint_{\sigma} f(r,\theta)r\mathrm{d}r\mathrm{d}\theta=\int_{\alpha}^{\beta}\mathrm{d}\theta\int_{r_1(\theta)}^{r_2(\theta)} f(r,\theta)r\mathrm{d}r. \tag{4}$$

要强调指出的是积分域 σ 在极坐标系下的不等式表示. 首先看 σ 所在的极角区间 $[\alpha,\beta]$, 即 σ 夹在 $\theta=\alpha,\theta=\beta$ 两射线之间, 然后再看 σ 的靠近极点和远离极点的两条边界线的极坐标方程 $r=r_1(\theta),r=r_2(\theta)$, 从而

$$\sigma:\alpha\leqslant\theta\leqslant\beta,\quad r_1(\theta)\leqslant r\leqslant r_2(\theta).$$

特别地, 极点在边界上的扇形区域 (图 11.16(a)), 则

$$\sigma:\alpha\leqslant\theta\leqslant\beta,\quad 0\leqslant r\leqslant r(\theta).$$

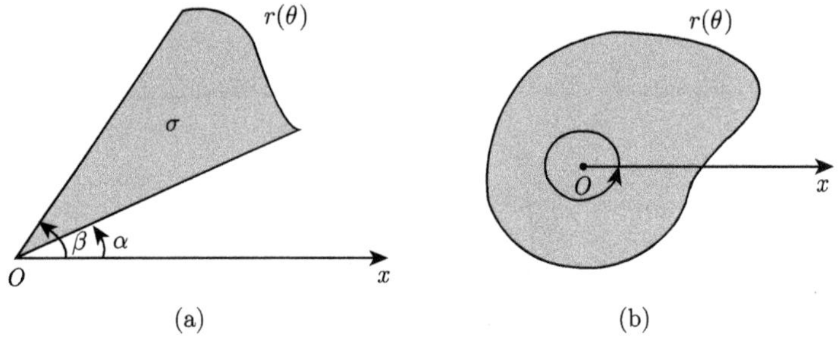

图 11.16

极点在 σ 内部, 边界线是 $r=r(\theta)$ 的区域 (图 11.16(b)), 则

$$\sigma: 0 \leqslant \theta \leqslant 2\pi, \quad 0 \leqslant r \leqslant r(\theta).$$

显然, 直角坐标系下的二重积分化为极坐标系下的二重积分公式为

$$\iint\limits_{\sigma} f(x,y)\mathrm{d}x\mathrm{d}y = \iint\limits_{\sigma} f(r\cos\theta, r\sin\theta) r\mathrm{d}r\mathrm{d}\theta. \tag{5}$$

当积分域 σ 是圆、圆环、圆扇形, 被积函数是 x^2+y^2, x^2-y^2, xy 或 $\dfrac{y}{x}$ 之一的复合函数时, 化为极坐标系下的二重积分计算较方便.

例 9　计算 $\iint\limits_{\sigma}\sqrt{x^2+y^2}\mathrm{d}x\mathrm{d}y$, 其中 σ 由不等式 $0 \leqslant y \leqslant x, x^2+y^2 \leqslant 2x$ 确定 (图 11.17).

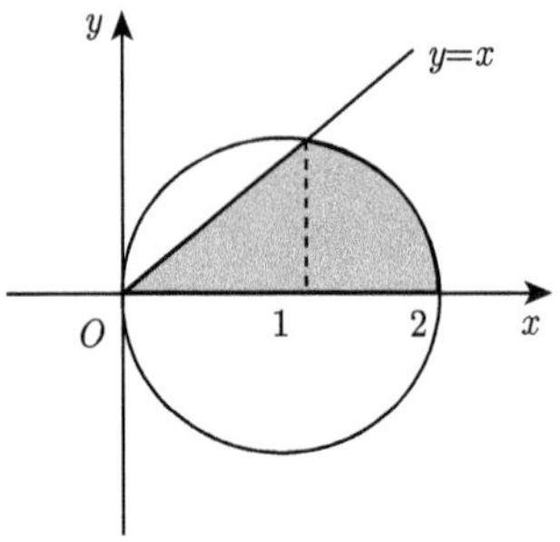

图 11.17

解　利用极坐标, 积分域 σ: $0 \leqslant \theta \leqslant \dfrac{\pi}{4}, 0 \leqslant r \leqslant 2\cos\theta$ (图 11.17).

$$\iint\limits_{\sigma}\sqrt{x^2+y^2}\mathrm{d}x\mathrm{d}y = \int_0^{\frac{\pi}{4}}\mathrm{d}\theta\int_0^{2\cos\theta} r\cdot r\mathrm{d}r$$

$$=\frac{8}{3}\int_0^{\frac{\pi}{4}}\cos^3\theta\mathrm{d}\theta = \frac{8}{3}\int_0^{\frac{\pi}{4}}(1-\sin^2\theta)\mathrm{d}\sin\theta$$

$$=\frac{8}{3}\left[\sin\theta - \frac{1}{3}\sin^3\theta\right]_0^{\frac{\pi}{4}} = \frac{10}{9}\sqrt{2}.$$

例 10　求圆柱面 $x^2+y^2=ay(a>0)$, 锥面 $z=\sqrt{x^2+y^2}$ 与平面 $z=0$ 所围的立体体积 V(图 11.18).

解　这是以圆域 $x^2+y^2=ay$ 为底, 以锥面 $z=\sqrt{x^2+y^2}$ 为曲顶的曲顶柱体, 故

$$V=\iint\limits_{\sigma}\sqrt{x^2+y^2}\mathrm{d}x\mathrm{d}y,$$

显然在极坐标系下计算较方便, 这时积分域 (图 11.19)

$$\sigma: 0 \leqslant \theta \leqslant \pi, \quad 0 \leqslant r \leqslant a\sin\theta.$$

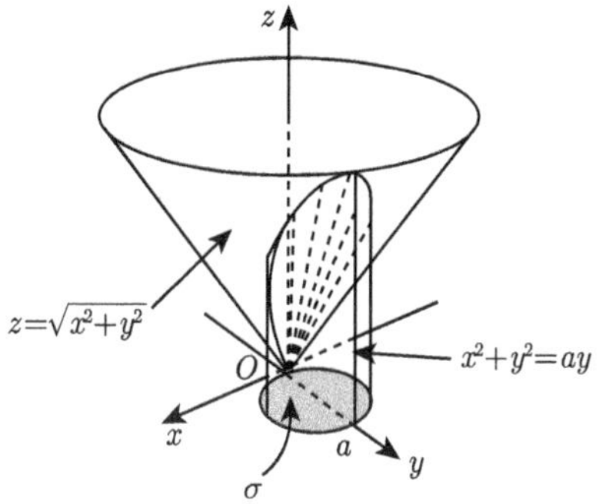

图 11.18

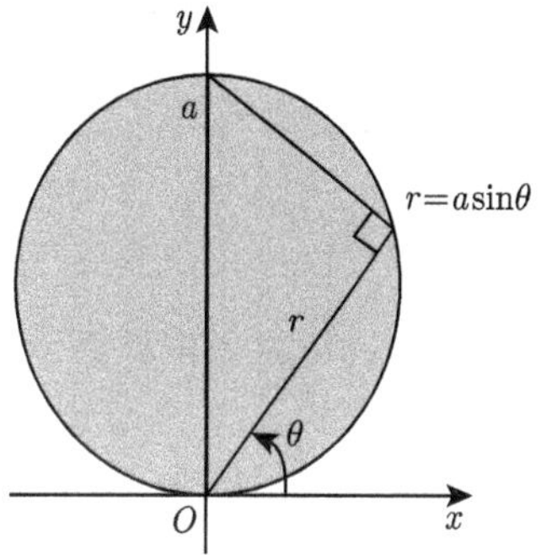

图 11.19

故

$$V = \iint\limits_{\sigma} r^2 \mathrm{d}r\mathrm{d}\theta = 2\int_0^{\frac{\pi}{2}} \mathrm{d}\theta \int_0^{a\sin\theta} r^2 \mathrm{d}r = \frac{2a^3}{3}\int_0^{\frac{\pi}{2}} \sin^3\theta \mathrm{d}\theta = \frac{4}{9}a^3.$$

例 11 证明概率积分 $\displaystyle\int_0^{+\infty} \mathrm{e}^{-x^2}\mathrm{d}x = \frac{\sqrt{\pi}}{2}$.

证明 据反常积分定义

$$\int_0^{+\infty} \mathrm{e}^{-x^2}\mathrm{d}x = \lim_{b\to+\infty}\int_0^b \mathrm{e}^{-x^2}\mathrm{d}x.$$

而

$$\left(\int_0^b \mathrm{e}^{-x^2}\mathrm{d}x\right)^2 = \int_0^b \mathrm{e}^{-x^2}\mathrm{d}x\int_0^b \mathrm{e}^{-y^2}\mathrm{d}y = \iint\limits_D \mathrm{e}^{-(x^2+y^2)}\mathrm{d}x\mathrm{d}y,$$

其中 D 是正方形 $0 \leqslant x \leqslant b, 0 \leqslant y \leqslant b$. 因为

$$\iint\limits_{\sigma_1} \mathrm{e}^{-(x^2+y^2)}\mathrm{d}x\mathrm{d}y \leqslant \iint\limits_D \mathrm{e}^{-(x^2+y^2)}\mathrm{d}x\mathrm{d}y \leqslant \iint\limits_{\sigma_2} \mathrm{e}^{-(x^2+y^2)}\mathrm{d}x\mathrm{d}y,$$

其中 σ_1, σ_2 是以原点为圆心, 依次以 $b, \sqrt{2}b$ 为半径的圆之位于第一象限的部分 (图 11.20), 而且

$$\iint\limits_{\sigma_1} \mathrm{e}^{-(x^2+y^2)}\mathrm{d}x\mathrm{d}y = \int_0^{\frac{\pi}{2}} \mathrm{d}\theta\int_0^b \mathrm{e}^{-r^2} r\mathrm{d}r = \frac{\pi}{4}(1-\mathrm{e}^{-b^2}),$$

$$\iint\limits_{\sigma_2} \mathrm{e}^{-(x^2+y^2)}\mathrm{d}x\mathrm{d}y = \int_0^{\frac{\pi}{2}} \mathrm{d}\theta \int_0^{\sqrt{2}b} \mathrm{e}^{-r^2} r\mathrm{d}r = \frac{\pi}{4}(1-\mathrm{e}^{-2b^2}),$$

所以有

$$\frac{\sqrt{\pi}}{2}\sqrt{1-\mathrm{e}^{-b^2}} \leqslant \int_0^b \mathrm{e}^{-x^2}\mathrm{d}x \leqslant \frac{\sqrt{\pi}}{2}\sqrt{1-\mathrm{e}^{-2b^2}}.$$

令 $b \to +\infty$, 由两边夹挤准则得

$$\int_0^{+\infty} \mathrm{e}^{-x^2}\mathrm{d}x = \frac{\sqrt{\pi}}{2}.$$

例 12　试将直角坐标系下累次积分

$$\int_0^1 \mathrm{d}x \int_{\sqrt{1-x^2}}^{\sqrt{4-x^2}} f(x,y)\mathrm{d}y + \int_1^2 \mathrm{d}x \int_0^{\sqrt{4-x^2}} f(x,y)\mathrm{d}y$$

化为极坐标系下的累次积分.

解　由于对应的二重积分域

$$\sigma_1 : 0 \leqslant x \leqslant 1, \quad \sqrt{1-x^2} \leqslant y \leqslant \sqrt{4-x^2},$$

$$\sigma_2 : 1 \leqslant x \leqslant 2, \quad 0 \leqslant y \leqslant \sqrt{4-x^2},$$

它们并在一起是圆环在第一象限的部分 (图 11.21), 其极坐标表示为

$$\sigma_1 + \sigma_2 :\ 0 \leqslant \theta \leqslant \pi/2, \quad 1 \leqslant r \leqslant 2.$$

从而

$$\int_0^1 \mathrm{d}x \int_{\sqrt{1-x^2}}^{\sqrt{4-x^2}} f(x,y)\mathrm{d}y + \int_1^2 \mathrm{d}x \int_0^{\sqrt{4-x^2}} f(x,y)\mathrm{d}y = \int_0^{\pi/2} \mathrm{d}\theta \int_1^2 f(r\cos\theta, r\sin\theta) r\mathrm{d}r.$$

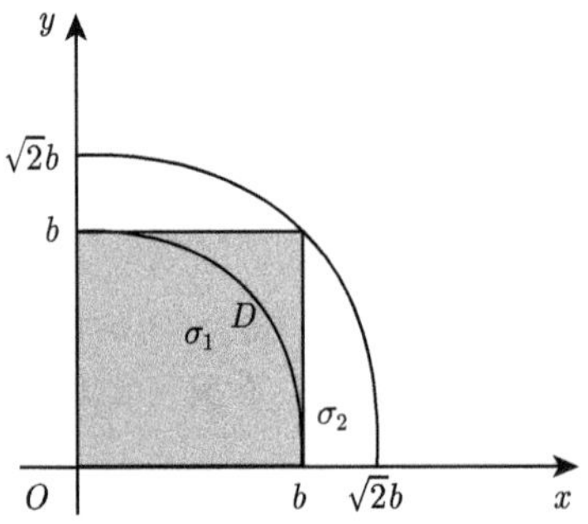

图 11.20

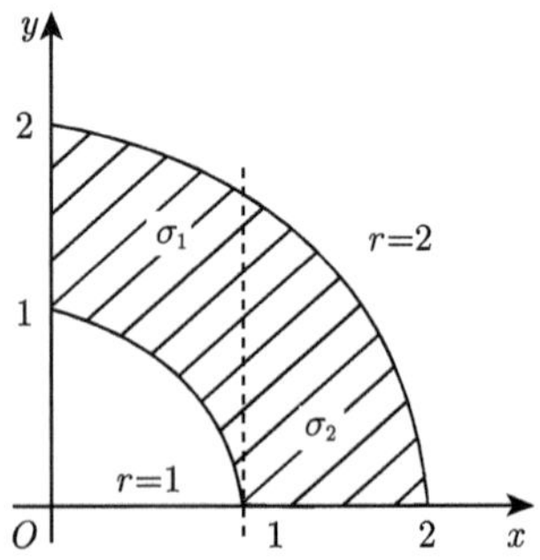

图 11.21

11.2.3 用二重积分计算曲面面积

设曲面 S 由单值连续函数

$$z=f(x,y),\quad (x,y)\in\sigma$$

给出, 且 $f'_x(x,y),f'_y(x,y)$ 在有界闭区域 σ 上连续 (图 11.22). 分割 σ, 设 $\Delta\sigma$ 为一典型小片, 任取一点 $M(x,y)\in\Delta\sigma$, 过曲面上的对应点 $P(x,y,f(x,y))$ 作曲面 S 的切平面 T. 设 $\Delta S,\Delta T$ 分别是以 $\Delta\sigma$ 的边界为准线, 母线平行于 z 轴的柱面, 从曲面 S 和切平面 T 上截下的部分. 如果同时用 $\Delta\sigma,\Delta S,\Delta T$ 表示其面积数, 由图 11.23 显然有

$$\Delta S\approx\Delta T,\quad \Delta T=\frac{\Delta\sigma}{\cos\gamma},$$

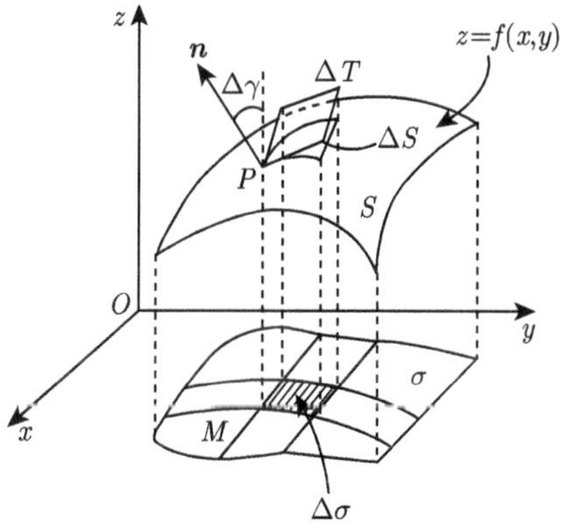

图 11.22

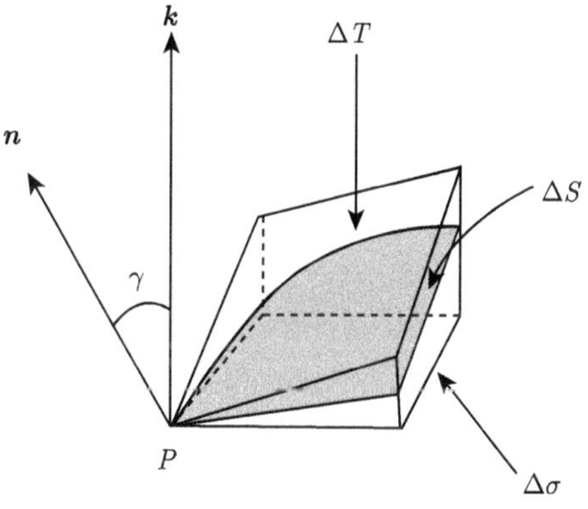

图 11.23

其中 γ 为切平面 T 与 xOy 面之间的二面角, 即在点 P 处曲面 S 的法向量 $\boldsymbol{n}=(-f'_x(x,y),-f'_y(x,y),1)$ 与 Oz 轴正向 $\boldsymbol{k}$ 的夹角, 故

$$\cos\gamma=\frac{1}{\sqrt{1+f'^2_x(x,y)+f'^2_y(x,y)}}.$$

从而

$$\Delta S\approx\Delta T=\sqrt{1+f'^2_x(x,y)+f'^2_y(x,y)}\Delta\sigma.$$

于是由二重积分的定义, 得到曲面面积的计算公式

$$S=\iint\limits_{\sigma}\sqrt{1+f'^2_x(x,y)+f'^2_y(x,y)}\mathrm{d}\sigma=\iint\limits_{\sigma}\sqrt{1+\left(\frac{\partial z}{\partial x}\right)^2+\left(\frac{\partial z}{\partial y}\right)^2}\mathrm{d}\sigma.\qquad(6)$$

习惯上, 称被积表达式为曲面面积微元, 记为 dS, 即

$$\mathrm{d}S=\sqrt{1+\left(\frac{\partial z}{\partial x}\right)^2+\left(\frac{\partial z}{\partial y}\right)^2}\mathrm{d}\sigma.$$

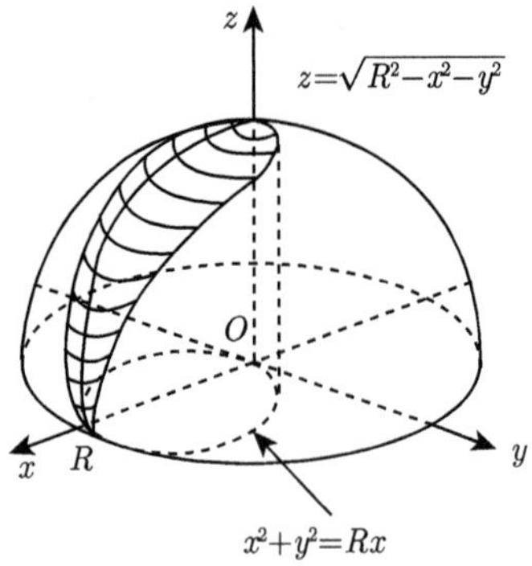

图 11.24

例 13　求被围在柱面 $x^2+y^2=Rx$ 内的上半球面 $z=\sqrt{R^2-x^2-y^2}$ 的面积 S(图 11.24).

解　由于

$$\frac{\partial z}{\partial x}=\frac{-x}{\sqrt{R^2-x^2-y^2}},$$

$$\frac{\partial z}{\partial y}=\frac{-y}{\sqrt{R^2-x^2-y^2}},$$

$$\sqrt{1+\left(\frac{\partial z}{\partial x}\right)^2+\left(\frac{\partial z}{\partial y}\right)^2}=\frac{R}{\sqrt{R^2-x^2-y^2}},$$

以及曲面在 xOy 面上的投影域为圆

$$x^2+y^2\leqslant Rx,$$

所以

$$S=\iint_{\sigma}\frac{R}{\sqrt{R^2-x^2-y^2}}\mathrm{d}\sigma=\int_{-\frac{\pi}{2}}^{\frac{\pi}{2}}\mathrm{d}\theta\int_0^{R\cos\theta}\frac{Rr}{\sqrt{R^2-r^2}}\mathrm{d}r=\pi R^2-2R^2.$$

*11.2.4　二重积分的变量变换

通过变换 $x=r\cos\theta, y=r\sin\theta$, 将直角坐标系下二重积分 $\iint\limits_{\sigma}f(x,y)\mathrm{d}x\mathrm{d}y$ 换元成极坐标系下二重积分 $\iint\limits_{\sigma}f(r\cos\theta,r\sin\theta)r\mathrm{d}r\mathrm{d}\theta$, 即

$$\iint_{\sigma}f(x,y)\mathrm{d}x\mathrm{d}y=\iint_{\sigma}f(r\cos\theta,r\sin\theta)r\mathrm{d}r\mathrm{d}\theta,$$

二重积分换元法还有一般情况.

定理 11.2　设 $f(x,y)$ 在 xOy 平面上的闭区域 σ_{xy} 上连续, 变换

$$\begin{cases}x=x(u,v),\\ y=y(u,v)\end{cases}\tag{7}$$

将 uOv 平面上的闭区域 σ_{uv} 变为 xOy 平面上的 σ_{xy}, 且满足:

(1) $x(u,v), y(u,v)$ 在 σ_{uv} 上具有一阶连续偏导数;

(2) 在 σ_{uv} 上雅可比行列式 $J=\dfrac{\partial(x,y)}{\partial(u,v)}\neq 0$;

(3) σ_{uv} 到 σ_{xy} 的变换是一一映射,

则有

$$\iint\limits_{\sigma_{xy}} f(x,y)\mathrm{d}x\mathrm{d}y=\iint\limits_{\sigma_{uv}} f(x(u,v),y(u,v))\left|\frac{\partial(x,y)}{\partial(u,v)}\right|\mathrm{d}u\mathrm{d}v. \tag{8}$$

公式 (8) 称为二重积分的换元公式.

证明　在定理的假设下, (8) 的两端的二重积分都存在, 在 σ_{uv} 内任取一小矩形 M_1,M_2,M_3,M_4(其面积为 $\Delta\sigma_{uv}$)(图 11.25(a), 其中 $M_1(u,v), M_2(u+\Delta u,v), M_3(u+\Delta u,v+\Delta v), M_4(u,v+\Delta v)$. 小矩形 M_1,M_2,M_3,M_4 经变换 (7) 变成 xOy 平面上的一个曲边四边形 N_1,N_2,N_3,N_4(其面积为 $\Delta\sigma_{xy}$)(图 11.25(b)), 它的四个顶点的坐标为

$$\begin{aligned}
N_1: x_1&=x(u,v), y_1=y(u,v);\\
N_2: x_2&=x(u+\Delta u,v)=x(u,v)+x_u(u,v)\Delta u+o(\Delta u),\\
y_2&=y(u+\Delta u,v)=y(u,v)+y_u(u,v)\Delta u+o(\Delta u);\\
N_3: x_3&=x(u+\Delta u,v+\Delta v)=x(u,v)+x_u(u,v)\Delta u\\
&\qquad+x_v(u,v)\Delta v+o(\sqrt{(\Delta u)^2+(\Delta v)^2}),\\
y_3&=y(u+\Delta u,v+\Delta v)=y(u,v)+y_u(u,v)\Delta u\\
&\qquad+y_v(u,v)\Delta v+o(\sqrt{(\Delta u)^2+(\Delta v)^2});\\
N_4: x_4&=x(u,v+\Delta v)=x(u,v)+x_v(u,v)\Delta v+o(\Delta v),\\
y_4&=y(u,v+\Delta v)=y(u,v)+y_v(u,v)\Delta v+o(\Delta v).
\end{aligned}$$

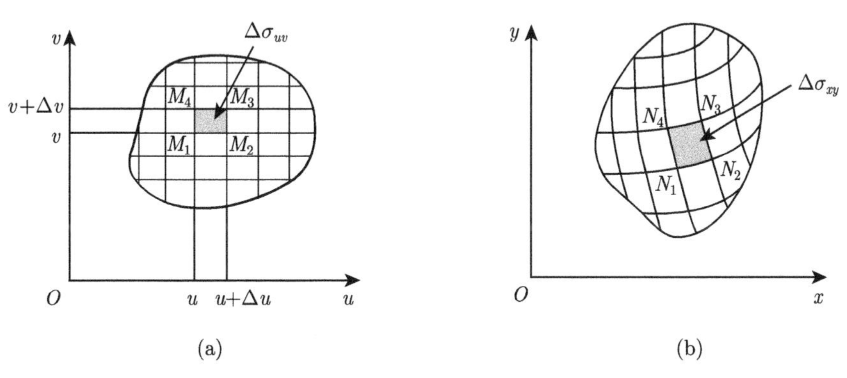

图 11.25

如果略去高阶无穷小 $o(\Delta u), o(\Delta v), o\left(\sqrt{(\Delta u)^2+(\Delta v)^2}\right)$, 则

$$x_2-x_1\approx x_3-x_4\approx x_u(u,v)\Delta u,\quad y_2-y_1\approx y_3-y_4\approx y_u(u,v)\Delta u,$$

$$x_4-x_1\approx x_3-x_2\approx x_v(u,v)\Delta v,\quad y_4-y_1\approx y_3-y_2\approx y_v(u,v)\Delta v.$$

小曲边四边形 N_1,N_2,N_3,N_4 的两对对边的长度近似相等, 可把 N_1,N_2,N_3,N_4 看成平行四边形, 则其面积近似为

$$\left|\overrightarrow{N_1N_2}\times\overrightarrow{N_1N_4}\right|,$$

由于

$$\overrightarrow{N_1N_2}=(x_2-x_1)\boldsymbol{i}+(y_2-y_1)\boldsymbol{j}\approx x_u(u,v)\Delta u\boldsymbol{i}+y_u(u,v)\Delta u\boldsymbol{j},$$
$$\overrightarrow{N_1N_4}=(x_4-x_1)\boldsymbol{i}+(y_4-y_1)\boldsymbol{j}\approx x_v(u,v)\Delta v\boldsymbol{i}+y_v(u,v)\Delta v\boldsymbol{j},$$

从而得到

$$\begin{aligned}\Delta\sigma_{xy}=\left|\overrightarrow{N_1N_2}\times\overrightarrow{N_1N_4}\right|&=\left\|\begin{matrix}\boldsymbol{i}&\boldsymbol{j}&\boldsymbol{k}\\x_u(u,v)\Delta u&y_u(u,v)\Delta u&0\\x_v(u,v)\Delta v&y_v(u,v)\Delta v&0\end{matrix}\right\|\\&=\left|\begin{vmatrix}x_u(u,v)&y_u(u,v)\\x_v(u,v)&y_v(u,v)\end{vmatrix}\Delta u\Delta v\right|,\end{aligned}$$

于是有面积微元

$$\mathrm{d}\sigma_{xy}=\left\|\begin{matrix}x_u(u,v)&y_u(u,v)\\x_v(u,v)&y_v(u,v)\end{matrix}\right\|\mathrm{d}\sigma_{uv}=\left|\frac{\partial(x,y)}{\partial(u,v)}\right|\mathrm{d}\sigma_{uv},$$

由于变换是一一映射, 雅可比行列式不为零, 所以, 在变换 (7) 下, 二重积分的换元公式为

$$\iint\limits_{\sigma_{xy}}f(x,y)\mathrm{d}x\mathrm{d}y=\iint\limits_{\sigma_{uv}}f(x(u,v),y(u,v))\left|\frac{\partial(x,y)}{\partial(u,v)}\right|\mathrm{d}u\mathrm{d}v.$$ □

直角坐标到极坐标变换雅可比行列式

$$x=r\cos\theta,\quad y=r\sin\theta$$

的雅可比行列式为

$$\begin{vmatrix}x_r(r,\theta)&y_r(r,\theta)\\x_\theta(r,\theta)&y_\theta(r,\theta)\end{vmatrix}=\begin{vmatrix}\cos\theta&\sin\theta\\-r\sin\theta&r\cos\theta\end{vmatrix}=r.$$

例 14　计算 $\iint\limits_{\sigma_{xy}} xy\mathrm{d}\sigma$, 其中 σ 为由 $x>0, y>0, 1\leqslant xy\leqslant 3, 1\leqslant \dfrac{y}{x}\leqslant 2$ 所围成的有界闭区域.

解　积分区域 σ 见图 11.26. 取 $u=xy, v=\dfrac{y}{x}$, 从而有 $x=\sqrt{\dfrac{u}{v}}, y=\sqrt{uv}$, 区域 σ 可表示为

$$1\leqslant u\leqslant 3,\quad 1\leqslant v\leqslant 2.$$

由于雅可比行列式

$$\frac{\partial(x,y)}{\partial(u,v)}=\begin{vmatrix}\dfrac{1}{2\sqrt{uv}} & \dfrac{\sqrt{v}}{2\sqrt{u}}\\ \dfrac{-\sqrt{u}}{2v\sqrt{v}} & \dfrac{\sqrt{u}}{2\sqrt{v}}\end{vmatrix}=\frac{1}{2v}\neq 0,$$

所以 $\iint\limits_{\sigma_{xy}} xy\mathrm{d}\sigma=\iint\limits_{\sigma_{uv}} u\left|\dfrac{1}{2v}\right|\mathrm{d}u\mathrm{d}v=\dfrac{1}{2}\displaystyle\int_1^3 u\mathrm{d}u\int_1^2\dfrac{1}{v}\mathrm{d}v=2\ln 2.$

例 15　求由直线 $x+y=1, x+y=2, y=x, y=2x$ 所围成的有界闭区域的面积.

解　本题直接求面积较烦琐, 积分区域 σ 见图 11.27. 可以取 $u=x+y, v=\dfrac{y}{x}$, 从而有 $x=\dfrac{u}{1+v}, y=\dfrac{uv}{1+v}$, 区域 σ 可表示为

$$1\leqslant u\leqslant 2,\quad 1\leqslant v\leqslant 2.$$

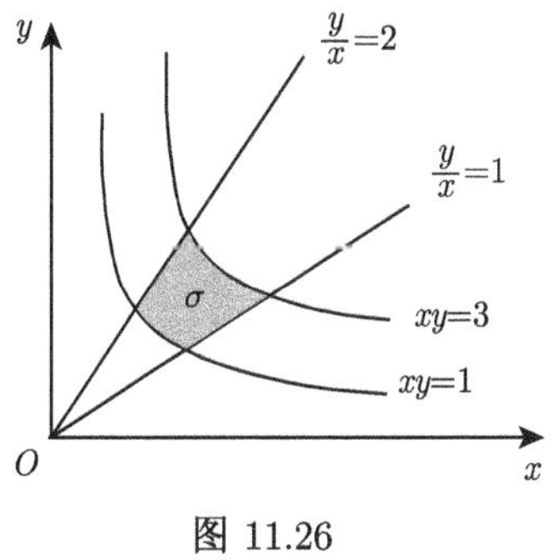

图 11.26

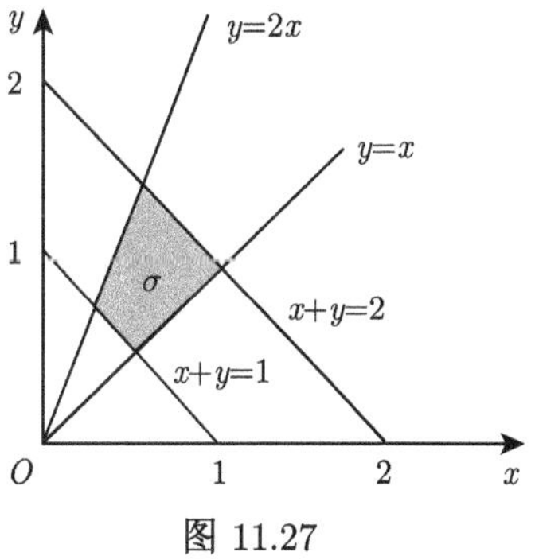

图 11.27

由于雅可比行列式

$$\frac{\partial(x,y)}{\partial(u,v)}=\begin{vmatrix}\dfrac{1}{1+v} & \dfrac{v}{1+v}\\ \dfrac{-u}{(1+v)^2} & \dfrac{u}{(1+v)^2}\end{vmatrix}=\frac{u}{(1+v)^2}\neq 0,$$

所以所围区域的面积

$$S=\iint\limits_{\sigma_{xy}}\mathrm{d}\sigma=\iint\limits_{\sigma_{uv}}\left|\frac{u}{(1+v)^2}\right|\mathrm{d}u\mathrm{d}v=\int_1^2 u\mathrm{d}u\int_1^2\frac{1}{(1+v)^2}\mathrm{d}v=\frac{1}{4}.$$

习　题　11.2

1. 计算下列二重积分.

(1) $\iint\limits_{\sigma}x^2y^2\mathrm{d}\sigma$, 其中 σ: $0\leqslant x\leqslant 1,\ 0\leqslant y\leqslant x^2$;

(2) $\iint\limits_{\sigma}\dfrac{x^2}{1+y^2}\mathrm{d}\sigma$, 其中 σ: $0\leqslant x\leqslant 1,\ 0\leqslant y\leqslant 1$;

(3) $\iint\limits_{\sigma}(x+y)\,\mathrm{d}\sigma$, 其中 σ 是以 $O(0,0)$, $A(1,0)$, $B(1,1)$ 为顶点的三角形区域;

(4) $\iint\limits_{\sigma}\dfrac{x^2}{y^2}\mathrm{d}\sigma$, 其中 σ 是由 $y=2$, $y=x$, $xy=1$ 所围成的有界区域;

(5) $\iint\limits_{\sigma}\cos(x+y)\,\mathrm{d}x\mathrm{d}y$, 其中 σ 是由 $x=0$, $y=x$, $y=\pi$ 所围成的有界区域;

(6) $\iint\limits_{\sigma}\dfrac{x\sin y}{y}\mathrm{d}x\mathrm{d}y$, 其中 σ 是由 $y=x$, $y=x^2$ 所围成的有界区域;

(7) $\iint\limits_{\sigma}y^2\mathrm{d}x\mathrm{d}y$, 其中 σ 是由横轴和摆线 $x=a\,(t-\sin t)$, $y=a\,(1-\cos t)$ 的一拱 $(0\leqslant t\leqslant 2\pi, a>0)$ 围成的有界区域;

(8) $\iint\limits_{\sigma}\sqrt{1-\sin^2(x+y)}\mathrm{d}x\mathrm{d}y$, σ: $0\leqslant x\leqslant\pi,\ 0\leqslant y\leqslant\pi$.

2. 计算下列二重积分.

(1) $\iint\limits_{\sigma}\left[x^2y+\sin\left(xy^2\right)\right]\mathrm{d}\sigma$, 其中 σ 是由 $x^2-y^2=1$, $y=0$, $y=1$ 所围成的有界区域;

(2) $\iint\limits_{\sigma}x\,|y|\,\mathrm{d}x\mathrm{d}y$, σ: $y\leqslant x,\ x\leqslant 1,\ y\geqslant-\sqrt{2-x^2}$;

(3) $\iint\limits_{\sigma}\left(1-3x+\sin^3 y\right)\mathrm{d}x\mathrm{d}y$, σ: $x^2+y^2\leqslant R^2$;

(4) $\iint\limits_{\sigma}(x+y)\mathrm{d}\sigma$, 其中 σ 是由 $y=x^2,y=2x^2,y=1$ 所围成的有界区域.

3. 画出下列累次积分的积分域 σ, 并改变累次积分的次序.

(1) $\int_1^{\mathrm{e}}\mathrm{d}x\int_0^{\ln x}f(x,y)\mathrm{d}y$;

(2) $\int_0^1\mathrm{d}x\int_x^{2x}f(x,y)\mathrm{d}y$;

(3) $\int_0^1\mathrm{d}y\int_{\sqrt{y}}^{\sqrt[3]{y}}f(x,y)\mathrm{d}x$;

(4) $\int_0^1\mathrm{d}y\int_{\sqrt{1-y^2}}^{-\sqrt{1-y^2}}f(x,y)\mathrm{d}x$;

(5) $\int_0^{\pi}\mathrm{d}x\int_0^{\sin x}f(x,y)\mathrm{d}y$;

(6) $\int_{1/2}^{1/\sqrt{2}}\mathrm{d}x\int_{1/2}^{x}f(x,y)\,\mathrm{d}y+\int_{1/\sqrt{2}}^{1}\mathrm{d}x\int_{x^2}^{x}f(x,y)\,\mathrm{d}y$.

4. 计算 $\int_0^1\mathrm{d}x\int_{x^2}^1\frac{xy}{\sqrt{1+y^3}}\,\mathrm{d}y$.

5. 求由曲面 $z=x^2+y^2$, $y=x^2$, $y=1$, $z=0$ 所围成的立体的体积.

6. 求圆柱体 $x^2+y^2\leqslant a^2$ 与 $x^2+z^2\leqslant a^2$ 的公共部分的体积.

7. 计算下列二重积分.

(1) $\iint\limits_{\sigma}\ln\left(1+x^2+y^2\right)\mathrm{d}\sigma$, 其中 σ 为 $x^2+y^2\leqslant 1$ 的圆域;

(2) $\iint\limits_{\sigma}\sqrt{a^2-x^2-y^2}\mathrm{d}\sigma$, σ: $x^2+y^2\leqslant ay$, $|y|\geqslant|x|$ $(a>0)$;

(3) $\iint\limits_{\sigma}\sin\sqrt{x^2+y^2}\mathrm{d}\sigma$, σ: $\pi^2\leqslant x^2+y^2\leqslant 4\pi^2$;

(4) $\iint\limits_{\sigma}(x^2+y^2)\mathrm{d}\sigma$, σ: $x^2+y^2\geqslant 2x$, $x^2+y^2\leqslant 4x$;

(5) $\iint\limits_{\sigma}\left(x^2+y^2\right)^{3/2}\mathrm{d}\sigma$, σ: $x^2+y^2\leqslant 1$, $x^2+y^2\leqslant 2x$;

(6) $\iint\limits_{\sigma}\arctan\frac{y}{x}\mathrm{d}x\mathrm{d}y$, σ: $1\leqslant x^2+y^2\leqslant 4$, $x\geqslant 0$, $y\geqslant 0$;

(7) $\iint\limits_{\sigma}\left|x^2+y^2-4\right|\mathrm{d}x\mathrm{d}y$, σ: $x^2+y^2\leqslant 16$;

(8) $\iint\limits_{\sigma}\sqrt{x^2+y^2}\mathrm{d}x\mathrm{d}y$, σ: $0\leqslant x\leqslant a$, $0\leqslant y\leqslant a$.

8. 用二重积分计算下列平面区域的面积.

(1) 心脏线 $r=a(1-\cos\theta)$ 内, 圆 $r=a$ 外的公共区域;

(2) 曲线 $\left(x^2+y^2\right)^2=8a^2xy\,(a>0)$ 围成的区域.

9. 求下列曲面的面积.

(1) 锥面 $z=\sqrt{x^2+y^2}$ 被抛物柱面 $z^2=2x$ 截下的部分;

(2) 锥面 $y^2+z^2=x^2$ 含有圆柱面 $x^2+y^2=a^2$ 内的部分;

(3) 旋转抛物面 $2z=x^2+y^2$ 被圆柱面 $x^2+y^2=1$ 截下的部分;

(4) 双曲抛物面 $z=xy$ 被圆柱面 $x^2+y^2=a^2$ 截下的部分;

(5) 球面 $x^2+y^2+z^2=3a^2$ 含在旋转抛物面 $x^2+y^2-2az=0\,(a>0)$ 上方的部分.

10. 设半径 R 的球面 Σ 的球心在定球面 $x^2+y^2+z^2=a^2\,(a>0)$ 上, 问 R 取何值时, 球面 Σ 在定球面内部的那部分的面积最大.

11. 设 $f(x)\in C[0,1]$, 且 $\int_0^1 f(x)\,\mathrm{d}x=a$, 求 $\int_0^1 \mathrm{d}x\int_x^1 f(x)f(y)\mathrm{d}y$.

*12. 作适当的变换, 计算下列二重积分.

(1) $\iint\limits_{\sigma}(x-y)^2\sin^2(x+y)\mathrm{d}x\mathrm{d}y$, 其中 σ 为平行四边形闭区域, 四个顶点为 $(\pi,0),(2\pi,\pi),(\pi,2\pi)$ 和 $(0,\pi)$;

(2) $\iint\limits_{\sigma}x^2y^2\mathrm{d}x\mathrm{d}y$, 其中 σ 为由双曲线 $xy=1,xy=2$ 和直线 $y=x,y=4x$ 所围成的在第一象限的有界闭区域;

(3) $\iint\limits_{\sigma}\mathrm{e}^{\frac{y}{x+y}}\mathrm{d}x\mathrm{d}y$, 其中 σ 为由 x 轴、y 轴和直线 $x+y=1$ 所围成的有界闭区域.

11.3　三重积分的计算

三重积分

$$\iiint\limits_{V}f(P)\mathrm{d}V=\lim_{\lambda\to 0}\sum_{i=1}^{n}f(P_i)\Delta V_i$$

同二重积分一样需要化成累次积分来计算, 而这也与坐标的选取有关, 下面分别介绍在直角坐标系、柱坐标系和球坐标系下如何计算三重积分.

11.3.1　直角坐标系下三重积分的计算

在直角坐标系 $Oxyz$ 下, 若用平行于坐标面的三组平面分割积分域 V, 则 ΔV_i

是小长方体, 故直角坐标系下体积微元是

$$\mathrm{d}V = \mathrm{d}x\mathrm{d}y\mathrm{d}z.$$

在直角坐标系下, 三重积分可表示为

$$\iiint\limits_V f(P)\mathrm{d}V = \iiint\limits_V f(x,y,z)\mathrm{d}x\mathrm{d}y\mathrm{d}z.$$

1) 投影法 (先一后二法)

设 $f(x,y,z) \in C(V)$, V 在 xOy 面上的投影区域为 σ_{xy}, V 的下、上边界面依次为

$$z = z_1(x,y), \quad z = z_2(x,y), \quad (x,y) \in \sigma_{xy},$$

其中 $z_1(x,y) \leqslant z_2(x,y)$, 且 $z_1(x,y), z_2(x,y)$ 为在 σ_{xy} 上单值连续函数 (图 11.28). 从而积分域 V 可表示为

$$V : (x,y) \in \sigma_{xy}, \quad z_1(x,y) \leqslant z \leqslant z_2(x,y).$$

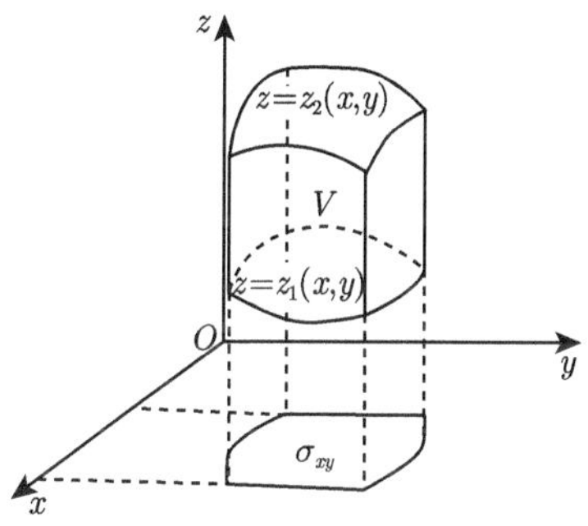

图 11.28

先将 x,y 看作定值, 将 $f(x,y,z)$ 只看作 z 的函数, 在区间 $[z_1(x,y), z_2(x,y)]$ 上对 z 积分, 积分的结果是 x,y 的函数, 记作 $F(x,y)$, 即 $F(x,y) = \int_{z_1(x,y)}^{z_2(x,y)} f(x,y,z)\mathrm{d}z$, 然后计算 $F(x,y)$ 在闭区域 σ_{xy} 上的二重积分

$$\iiint\limits_V f(x,y,z)\mathrm{d}x\mathrm{d}y\mathrm{d}z = \iint\limits_{\sigma_{xy}} \mathrm{d}\sigma \int_{z_1(x,y)}^{z_2(x,y)} f(x,y,z)\mathrm{d}z. \tag{1}$$

这就是计算三重积分的**投影法**(先一后二法). 先视 x,y 为常量, 对 z 从 V 的下边界面到上边界面作定积分, 然后在投影域 σ_{xy} 上作二重积分.

当 σ_{xy} 是 x-型闭域: $a \leqslant x \leqslant b, y_1(x) \leqslant y \leqslant y_2(x)$ 时, 即积分域

$$V : a \leqslant x \leqslant b, \quad y_1(x) \leqslant y \leqslant y_2(x), \quad z_1(x,y) \leqslant z \leqslant z_2(x,y).$$

由公式 (1) 及二重积分计算公式, 得到三重积分化为累次积分的一个公式

$$\iiint\limits_V f(x,y,z)\mathrm{d}x\mathrm{d}y\mathrm{d}z = \int_a^b \mathrm{d}x \int_{y_1(x)}^{y_2(x)} \mathrm{d}y \int_{z_1(x,y)}^{z_2(x,y)} f(x,y,z)\mathrm{d}z. \tag{2}$$

类似地, 当 σ_{xy} 为 y-型闭域时, 三重积分也可化为相应的累次积分. 同样, 也可以把积分域 V 向 yOz 或 zOx 坐标面投影. 所以, 三重积分可以化为六种不同次序的累次积分. 实际中要依据具体的被积函数 $f(x,y,z)$ 和积分域 V 选取适当的累次积分进行计算.

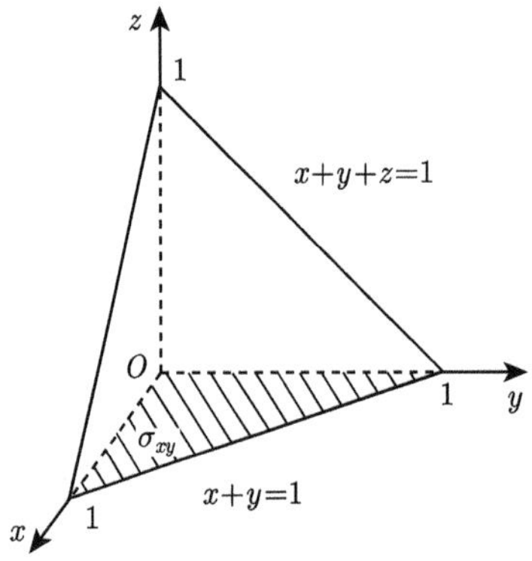

图 11.29

例 1 计算 $\iiint\limits_V (x+y+z)\mathrm{d}V$, 其中 V 为由平面 $x+y+z=1$ 及三个坐标面围成的有界闭区域.

解 画出积分域如图 11.29 所示, V 在 xOy 的投影是图中带阴影的三角形区域, 显然

$$V: 0 \leqslant x \leqslant 1,\quad 0 \leqslant y \leqslant 1-x,\quad 0 \leqslant z \leqslant 1-x-y,$$

故

$$\iiint\limits_V (x+y+z)\mathrm{d}V = \int_0^1 \mathrm{d}x \int_0^{1-x} \mathrm{d}y \int_0^{1-x-y} (x+y+z)\mathrm{d}z$$

$$= \int_0^1 \mathrm{d}x \int_0^{1-x} \left[\frac{1}{2}(x+y+z)^2\right]_0^{1-x-y} \mathrm{d}y = \int_0^1 \mathrm{d}x \int_0^{1-x} \left[\frac{1}{2}(1-(x+y)^2)\right] \mathrm{d}y$$

$$= \int_0^1 \left[\frac{1}{2}\left(y - \frac{1}{3}(x+y)^3\right)\right]_0^{1-x} \mathrm{d}x = \int_0^1 \left[\frac{1}{2}\left(\frac{2}{3} - x + \frac{1}{3}x^3\right)\right] \mathrm{d}x = \frac{1}{8}.$$

例 2 计算 $I = \iiint\limits_V (z+xy^2)\mathrm{d}V$, 其中 V 是由曲面 $z=\sqrt{1-x^2-y^2}$ 及平面 $z=0$ 围成的上半球体.

解 积分域 V 如图 11.30 所示, 在 xOy 面投影域为圆, 故

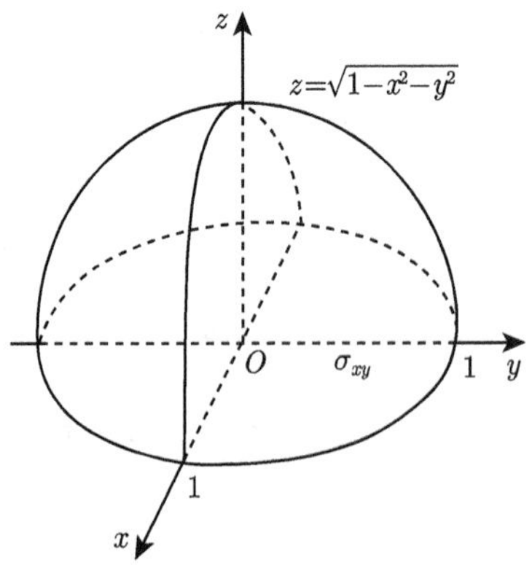

图 11.30

$$V:-1 \leqslant x \leqslant 1, \quad -\sqrt{1-x^2} \leqslant y \leqslant \sqrt{1-x^2}, \quad 0 \leqslant z \leqslant \sqrt{1-x^2-y^2}.$$

由于积分域 V 关于坐标面 $x=0$ 对称, 而 xy^2 关于 x 是奇函数, 则有

$$\iiint\limits_V xy^2 \mathrm{d}V = 0,$$

所以

$$\begin{aligned} I &= \iiint\limits_V (z+xy^2)\mathrm{d}V = \iiint\limits_V z\mathrm{d}V \\ &= \iint\limits_{\sigma_{xy}} \mathrm{d}\sigma \int_0^{\sqrt{1-x^2-y^2}} z\mathrm{d}z = \frac{1}{2}\iint\limits_{\sigma_{xy}} \left(1-x^2-y^2\right)\mathrm{d}\sigma = \frac{\pi}{4}. \end{aligned}$$

在三重积分的计算中, 注意积分域关于坐标面的对称性及被积函数对相关变量的奇偶性将会简化运算.

2) 截面法 (先二后一法)

若积分域夹在 $z=c, z=d$ 两个平面之间, 在区间 $[c,d]$ 内任取 z 作垂直于 z 轴的平面, 截 V 得截面 σ_z, 即积分域 V 可表示为 (图 11.31)

$$V:(x,y)\in\sigma_z, \quad c \leqslant z \leqslant d,$$

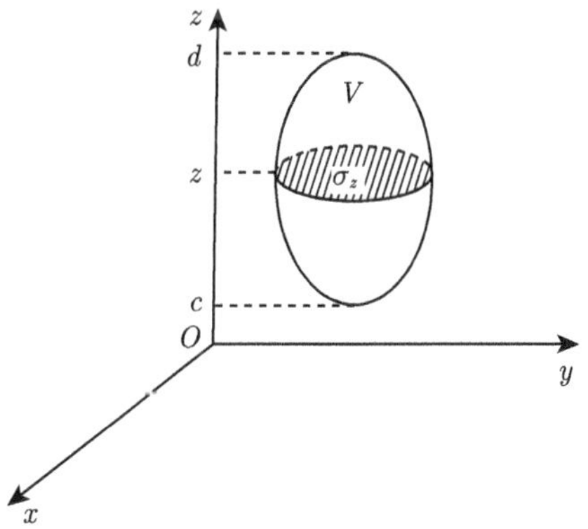

图 11.31

先将 z 看作定值, 将 $f(x,y,z)$ 看作 x,y 的函数, 在闭区域 σ_z 上对 x,y 积分作二重积分, 积分的结果是 z 的函数, 记作 $G(z)$, 即 $G(z)=\iint\limits_{\sigma_z} f(x,y,z)\mathrm{d}x\mathrm{d}y$, 然后计算 $G(z)$ 在区间 $[c,d]$ 上对 z 作定积分, 就有

$$\iiint\limits_V f(x,y,z)\mathrm{d}x\mathrm{d}y\mathrm{d}z = \int_c^d \mathrm{d}z \iint\limits_{\sigma_z} f(x,y,z)\mathrm{d}x\mathrm{d}y. \tag{3}$$

这就是计算三重积分的**截面法**(先二后一法). 当被积函数仅与变量 z 有关, 且截面 σ_z 面积易知时, 用公式 (3) 较简便. 截面法的公式还有两个, 请读者自己给出.

比如, 用截面法计算例 2 中的三重积分, 因 σ_z 是圆 $x^2+y^2=1-z^2, 0\leqslant z\leqslant 1$, 故

$$I=\int_0^1 z\mathrm{d}z\iint\limits_{\sigma_z}\mathrm{d}x\mathrm{d}y=\int_0^1 \pi(1-z^2)z\mathrm{d}z=\frac{\pi}{4}.$$

例 3　计算三重积分 $\iiint\limits_V (x^2+y^2+z^2)\mathrm{d}x\mathrm{d}y\mathrm{d}z$, 其中 $V:\dfrac{x^2}{a^2}+\dfrac{y^2}{b^2}+\dfrac{z^2}{c^2}\leqslant 1$.

解　因为

$$\iiint\limits_V (x^2+y^2+z^2)\mathrm{d}V=\iiint\limits_V x^2\mathrm{d}V+\iiint\limits_V y^2\mathrm{d}V+\iiint\limits_V z^2\mathrm{d}V,$$

由于 $\iint\limits_{\sigma_x}\mathrm{d}y\mathrm{d}z$ 等于椭圆 $\dfrac{y^2}{b^2}+\dfrac{z^2}{c^2}\leqslant 1-\dfrac{x^2}{a^2}$ 的面积

$$\pi b\sqrt{1-\frac{x^2}{a^2}}c\sqrt{1-\frac{x^2}{a^2}}=\pi bc\left(1-\frac{x^2}{a^2}\right),$$

所以

$$\iiint\limits_V x^2\mathrm{d}V=\int_{-a}^a x^2\mathrm{d}x\iint\limits_{\sigma_x}\mathrm{d}\sigma=2\pi bc\int_0^a x^2\left(1-\frac{x^2}{a^2}\right)\mathrm{d}x=\frac{4}{15}\pi a^3bc,$$

类似可知

$$\iiint\limits_V y^2\mathrm{d}V=\frac{4}{15}\pi ab^3c,\quad \iiint\limits_V z^2\mathrm{d}V=\frac{4}{15}\pi abc^3,$$

因此

$$\iiint\limits_V (x^2+y^2+z^2)\mathrm{d}x\mathrm{d}y\mathrm{d}z=\frac{4}{15}\pi abc(a^2+b^2+c^2).$$

11.3.2　柱坐标系下三重积分的计算

设点 $P(x,y,z)$ 在 xOy 坐标面上的投影点 M 的极坐标为 (r,θ), 则称有序数组 (r,θ,z) 为点 P 的柱 (面) 坐标. r 表示点 P 到 z 轴的距离, $0\leqslant r<+\infty$; θ 是 $zOx(x\geqslant 0)$ 半平面绕 z 轴正向反时针转动点 P 的转角, $0\leqslant\theta\leqslant 2\pi$; z 是点 P 的竖坐标, $-\infty<z<+\infty$.

柱坐标的三组坐标面是 (图 11.32)

$r=$ 常数, 是以 z 轴为轴的圆柱面族;

$$\theta = \text{常数, 是过 } z \text{ 轴的半平面族;}$$

$$z = \text{常数, 是与 } xOy \text{ 平面平行的平面族.}$$

显然, 点 P 的直角坐标 (x, y, z) 与柱坐标 (r, θ, z) 的关系是

$$\begin{cases} x = r\cos\theta, \\ y = r\sin\theta, \\ z = z. \end{cases}$$

用三组坐标面分割积分域 V, 典型的小块是直角扇形柱体 (图 11.33), 由 r, θ, z 各取一个增量 $\Delta r, \Delta\theta, \Delta z$ 所构成的直角扇形柱体体积 $\Delta V \approx r\Delta r\Delta\theta\Delta\, z$. 其差是比 $\Delta r\Delta\theta\Delta z$ 高阶的无穷小, 故柱坐标系下体积微元是

$$\mathrm{d}V = r\Delta r\Delta\theta\Delta\, z,$$

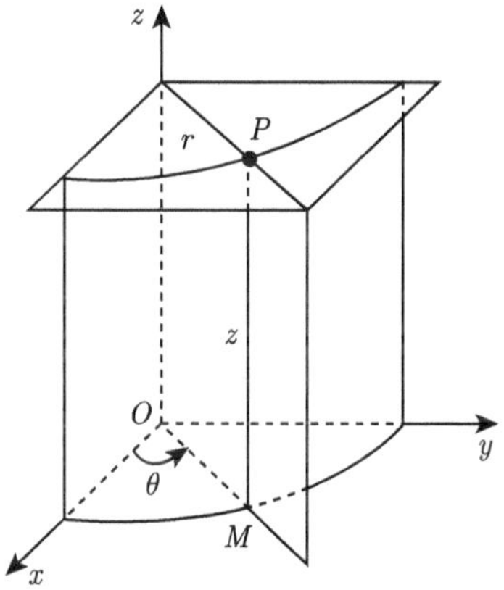

图 11.32

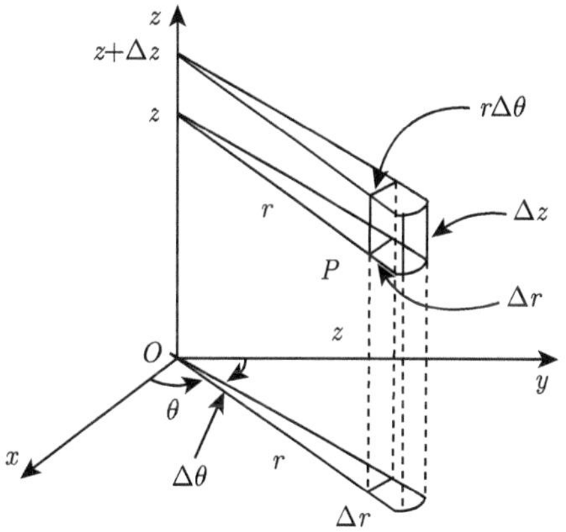

图 11.33

因此柱坐标系下三重积分可写成

$$\iiint\limits_V f(P)\mathrm{d}V = \iiint\limits_V f(r\cos\theta, r\sin\theta, z)r\mathrm{d}r\mathrm{d}\theta\mathrm{d}z.$$

柱坐标系下三重积分的计算, 只要把 $f(r\cos\theta, r\sin\theta, z)r$ 视为被积函数, 把 r, θ, z 与 x, y, z 等同的看为三个变量, 类比着公式 (2) 就可得到柱坐标系下三重积分化为累次积分的计算公式. 例如, 首先将 V 在 xOy 面上的投影域 σ_{xy} 用极坐标不等式表示 $\alpha \leqslant \theta \leqslant \beta, r_1(\theta) \leqslant r \leqslant r_2(\theta)$, 然后确定 V 的下、上边界面 $z = z_1(r, \theta), z = z_2(r, \theta)$. 从而

$$V: \alpha \leqslant \theta \leqslant \beta, \quad r_1(\theta) \leqslant r \leqslant r_2(\theta), \quad z_1(r, \theta) \leqslant z \leqslant z_2(r, \theta).$$

故

$$\iiint\limits_V f(r,\theta,z)r\mathrm{d}r\mathrm{d}\theta\mathrm{d}z=\int_\alpha^\beta\mathrm{d}\theta\int_{r_1(\theta)}^{r_2(\theta)}r\mathrm{d}r\int_{z_1(r,\theta)}^{z_2(r,\theta)}f(r\cos\theta,r\sin\theta,z)\mathrm{d}z.\tag{4}$$

直角坐标系下三重积分与柱坐标系下三重积分的关系是

$$\iiint\limits_V f(x,y,z)\mathrm{d}x\mathrm{d}y\mathrm{d}z=\iiint\limits_V f(r\cos\theta,r\sin\theta,z)r\mathrm{d}r\mathrm{d}\theta\,\mathrm{d}z.\tag{5}$$

当积分域 V 在 xOy 面上的投影是圆、圆环、扇形, 被积函数是 $x^2+y^2,x^2-y^2,xy,x/y$ 之一与 z 的复合函数时, 用柱坐标计算三重积分较方便.

例 4 计算 $\iiint\limits_V z^2\sqrt{x^2+y^2}\mathrm{d}V$, 其中 V 由半圆柱面 $x^2+y^2-2x=0(y\geqslant 0)$ 及平面 $y=0,z=0,z=a>0$ 所围成的有界闭区域.

解 积分域如图 11.34, 用柱坐标表示为

$$V:0\leqslant\theta\leqslant\frac{\pi}{2},\quad 0\leqslant r\leqslant 2\cos\theta,\quad 0\leqslant z\leqslant a.$$

从而有

$$\iiint\limits_V z^2\sqrt{x^2+y^2}\mathrm{d}V=\iiint\limits_V z^2r^2\mathrm{d}r\mathrm{d}\theta\,\mathrm{d}z=\int_0^{\frac{\pi}{2}}\mathrm{d}\theta\int_0^{2\cos\theta}r^2\mathrm{d}r\int_0^a z^2\mathrm{d}z=\frac{16}{27}a^3.$$

例 5 计算 $\iiint\limits_V(x^2+y^2+xz)\mathrm{d}V$, 其中 V 由曲面 $2z=x^2+y^2$ 及平面 $z=2$ 所围成的有界闭区域 (图 11.35).

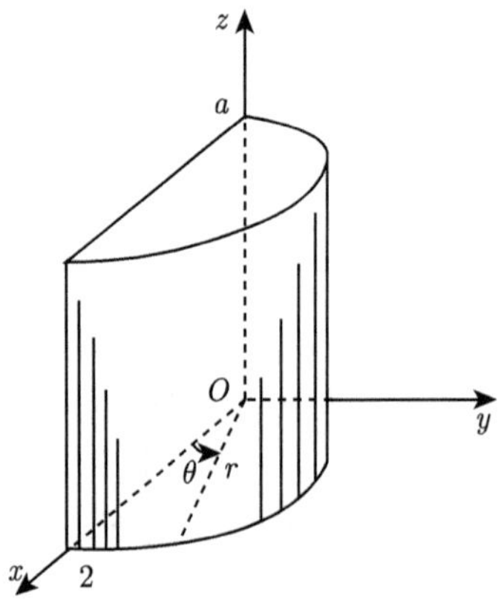

图 11.34

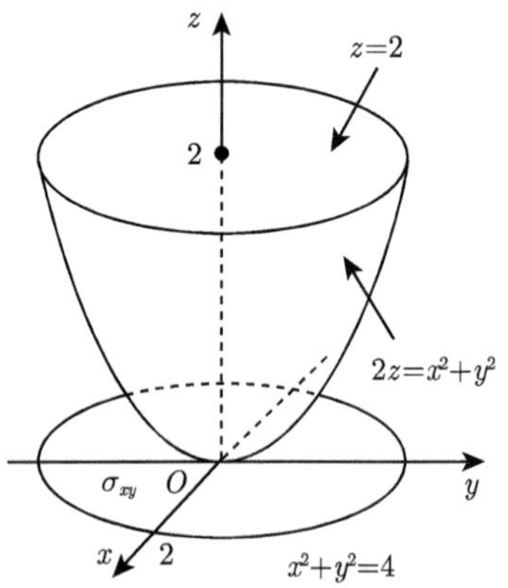

图 11.35

解 由于积分域 V 关于坐标面 $x=0$ 对称, 而 xz 关于 x 是奇函数, 则有

$$\iiint\limits_V xz\mathrm{d}V=0,$$

所以

$$\iiint\limits_V (x^2+y^2+xz)\mathrm{d}V=\iiint\limits_V (x^2+y^2)\mathrm{d}V=\int_0^{2\pi}\mathrm{d}\theta\int_0^2\mathrm{d}r\int_{\frac{r^2}{2}}^2 r^3\mathrm{d}z=\frac{16}{3}\pi.$$

柱坐标系下三重积分化为累次积分, 也应注意选取积分顺序. 下面举一个例子说明.

例 6 计算 $\displaystyle\iiint\limits_V \frac{\mathrm{e}^{-z^2}}{\sqrt{x^2+y^2}}\mathrm{d}x\mathrm{d}y\mathrm{d}z$, 其中 V 是由锥面 $z=\sqrt{x^2+y^2}$ 与平面 $z=1, z=2$ 所围成的锥台体.

解 积分域如图 11.36 所示. 这是一个反常三重积分, 但在柱坐标系下化成常义三重积分

$$\iiint\limits_V \frac{\mathrm{e}^{-z^2}}{\sqrt{x^2+y^2}}\mathrm{d}x\mathrm{d}y\mathrm{d}z=\iiint\limits_V \mathrm{e}^{-z^2}\mathrm{d}r\mathrm{d}\theta\mathrm{d}z.$$

如果利用公式 (4), 先对 z 积分将遭遇积分 $\int \mathrm{e}^{-z^2}\mathrm{d}z$. 故应先对 r,θ 积分, 后对 z 积分

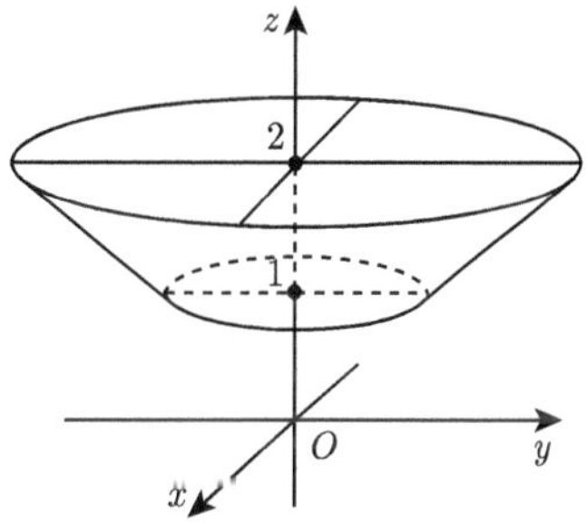

图 11.36

$$\iiint\limits_V \mathrm{e}^{-z^2}\mathrm{d}r\mathrm{d}\theta\mathrm{d}z=\int_1^2\mathrm{e}^{-z^2}\mathrm{d}z\int_0^{2\pi}\mathrm{d}\theta\int_0^z\mathrm{d}r=2\pi\int_1^2\mathrm{e}^{-z^2}z\mathrm{d}z=\pi(\mathrm{e}^{-1}-\mathrm{e}^{-4}).$$

此题也可先对 r, 再对 z, 最后对 θ 积分, 都相当于截面法, 前者是 z 截面, 后者是 θ 截面.

11.3.3 球坐标系下三重积分的计算

设 $P(x,y,z)$ 为空间内任一点, 点 P 到原点 O 的距离记为 $\rho=|OP|, 0\leqslant\rho<+\infty$, 有向线段 $\overrightarrow{OP}$ 与 z 轴正向的夹角记为 $\varphi, 0\leqslant\varphi\leqslant\pi$, $zOx(x\geqslant 0)$ 半平面绕 z 轴正向反时针到点 P 的转角记为 θ, $0\leqslant\theta\leqslant 2\pi$, 称有序数组 (ρ,φ,θ) 为点 P 的**球 (面) 坐标**.

球坐标的三组坐标面是 (图 11.37)

$\rho=$ 常数, 是以原点为球心的球面族;

$\varphi=$ 常数, 是以原点为顶点, z 轴为轴的圆锥面族;

$\theta=$ 常数, 是过 z 轴的半平面族.

点 P 的直角坐标 (x,y,z) 与球坐标 (ρ,φ,θ) 之间的关系是

$$\begin{cases} x=\rho\sin\varphi\cos\theta, \\ y=\rho\sin\varphi\sin\theta, \\ z=\rho\cos\varphi. \end{cases}$$

用球坐标的三组坐标面分割积分域 V. 典型的小块是直角六面体, 是由 ρ, φ,θ 各取一增量 $\Delta\rho,\Delta\varphi,\Delta\theta$ 形成的. 由图 11.38 知, 这个直角六面体体积 $\Delta V\approx\rho^2\sin\varphi\Delta\rho\Delta\varphi\Delta\theta$. 所以, 在球坐标下体积微元是

$$\mathrm{d}V=\rho^2\sin\varphi\mathrm{d}\rho\mathrm{d}\varphi\mathrm{d}\theta.$$

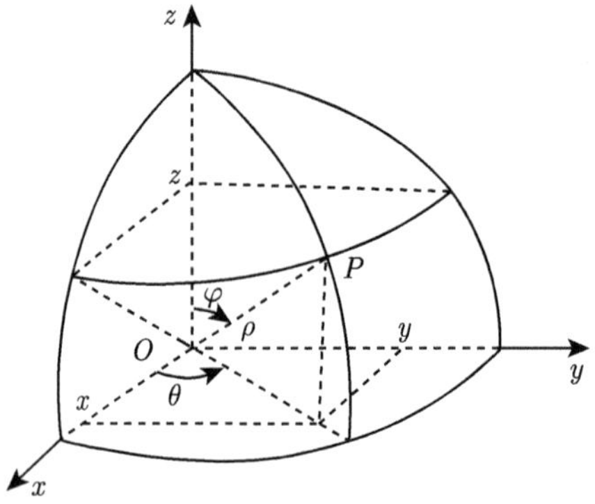

图 11.37

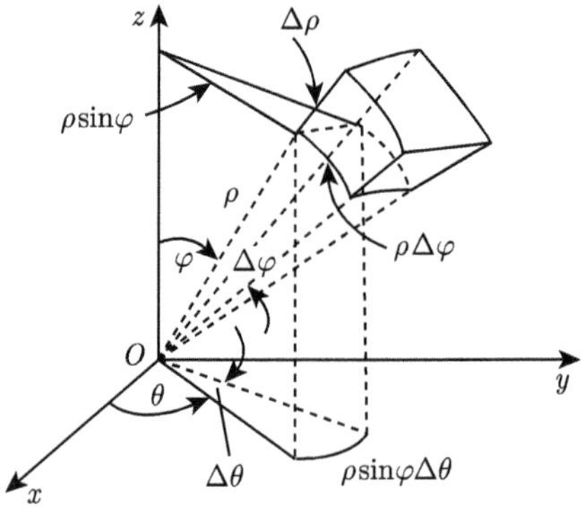

图 11.38

故球坐标系下三重积分可以写成

$$\iiint\limits_V f(P)\mathrm{d}V=\iiint\limits_V F(\rho,\varphi,\theta)\rho^2\sin\varphi\mathrm{d}\rho\mathrm{d}\varphi\mathrm{d}\theta.$$

球坐标系下计算三重积分, 只需把 $F(\rho,\varphi,\theta)\rho^2\sin\varphi$ 视为被积函数, 把 ρ,φ,θ 等同于 x,y,z 作为三个变量, 类比公式 (2) 就可得到球坐标系下三重积分化为累次积分的计算公式. 首先看积分域 V 夹在那两个半平面 $\theta=\alpha,\theta=\beta$ 之间, 即有 $\alpha\leqslant\theta\leqslant\beta$; 在区间 $[\alpha,\beta]$ 内任取一个 θ, 作半平面截 V, 如果截面区域为 σ_θ, 在这个半平面上以 z 轴为极轴的极坐标 (ρ,φ) 的范围是

$$\varphi_1(\theta)\leqslant\varphi\leqslant\varphi_2(\theta),\quad \rho_1(\theta,\varphi)\leqslant\rho\leqslant\rho_2(\theta,\varphi),$$

则

$$\iiint\limits_V F(\rho,\varphi,\theta)\rho^2\sin\varphi\mathrm{d}\rho\mathrm{d}\varphi\mathrm{d}\theta=\int_\alpha^\beta\mathrm{d}\theta\int_{\varphi_1(\theta)}^{\varphi_2(\theta)}\sin\varphi\mathrm{d}\varphi\int_{\rho_1(\theta,\varphi)}^{\rho_2(\theta,\varphi)}F(\rho,\varphi,\theta)\rho^2\mathrm{d}\rho. \quad (6)$$

三重积分在直角坐标系下与球坐标系下的关系式:

$$\iiint\limits_V f(x,y,z)\mathrm{d}V=\iiint\limits_V f(\rho\sin\varphi\cos\theta,\rho\sin\varphi\sin\theta,\rho\cos\varphi)\rho^2\sin\varphi\mathrm{d}\rho\mathrm{d}\varphi\mathrm{d}\theta. \quad (7)$$

当积分域 V 为球心在原点, 或在坐标轴上而球面过原点的球; 或者是球的一部分; 或者是顶点在原点, 以坐标轴为轴的圆锥体, 被积函数是 $x^2+y^2+z^2$ 的函数时, 用球坐标计算三重积分较简便.

例 7 计算 $I=\iiint\limits_V(x^2+y^2+z^2)\mathrm{d}V$, 其中 $V:x^2+y^2+z^2\leqslant R^2$.

解 画积分域如图 11.39, 又因为被积函数是 $x^2+y^2+z^2$ 的函数, 所以选用球坐标系.

$$V:0\leqslant\theta\leqslant2\pi,\quad 0\leqslant\varphi\leqslant\pi,\quad 0\leqslant\rho\leqslant R.$$

$$\begin{aligned}I&=\iiint\limits_V(x^2+y^2+z^2)\mathrm{d}V\\&=\int_0^{2\pi}\mathrm{d}\theta\int_0^\pi\sin\varphi\mathrm{d}\varphi\int_0^R\rho^4\mathrm{d}\rho=\frac{4}{5}\pi R^5.\end{aligned}$$

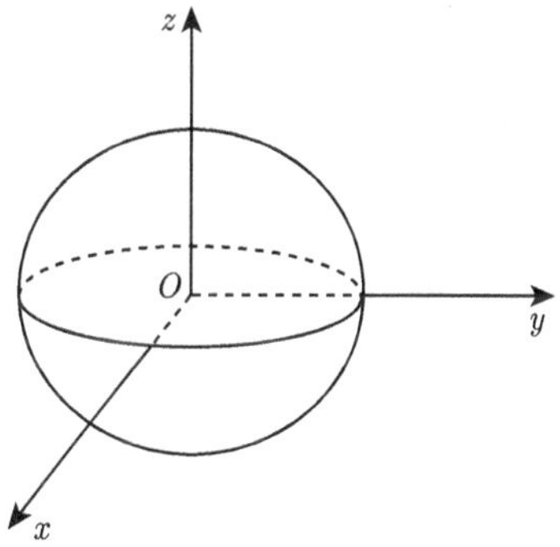

图 11.39

例 8 计算 $I=\iiint\limits_V\sqrt{x^2+y^2+z^2}\mathrm{d}V$, 其中 $V:x^2+y^2+z^2\geqslant2Rz$, 且 $x^2+y^2+z^2\leqslant2R^2,z\geqslant0$.

解 画积分域如图 11.40, 又因为被积函数是 $x^2+y^2+z^2$ 的函数, 所以选用球坐标系.

$$V:0\leqslant\theta\leqslant2\pi,\quad \frac{\pi}{4}\leqslant\varphi\leqslant\frac{\pi}{2},\quad 2R\cos\varphi\leqslant\rho\leqslant\sqrt{2}R.$$

$$I=\iiint\limits_V\sqrt{x^2+y^2+z^2}\mathrm{d}V=\int_0^{2\pi}\mathrm{d}\theta\int_{\frac{\pi}{4}}^{\frac{\pi}{2}}\sin\varphi\mathrm{d}\varphi\int_{2R\cos\varphi}^{\sqrt{2}R}\rho^3\mathrm{d}\rho=\frac{4}{5}\sqrt{2}\pi R^4.$$

例 9 由曲面 $z=\sqrt{4-x^2-y^2}$, $z=\sqrt{1-x^2-y^2}$ 及 $z=\sqrt{x^2+y^2}$ 围成一物体, 其上任一点的密度在数值上与此点到 z 轴的距离的平方成正比 (比例系数为 k), 求该物体的质量 m.

解　画积分域如图 11.41, 由题设, 物体的密度为 $\rho = k(x^2+y^2)$, 选用球坐标, 积分区域为

$$V: 0 \leqslant \theta \leqslant 2\pi, \quad 0 \leqslant \varphi \leqslant \frac{\pi}{4}, \quad 1 \leqslant \rho \leqslant 2.$$

物体的质量为

$$\begin{aligned} m &= k\iiint\limits_V (x^2+y^2)\mathrm{d}V \\ &= k\int_0^{2\pi}\mathrm{d}\theta\int_0^{\frac{\pi}{4}}\mathrm{d}\varphi\int_1^2 \rho^2\sin^2\varphi\rho^2\sin\varphi\mathrm{d}\rho = \frac{31}{30}(8-5\sqrt{2})k\pi. \end{aligned}$$

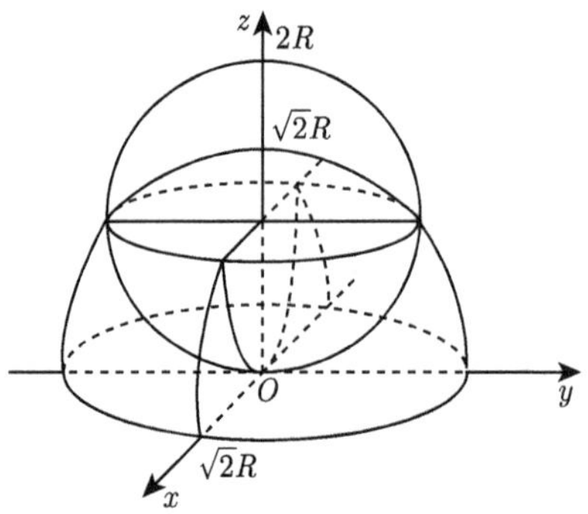

图 11.40

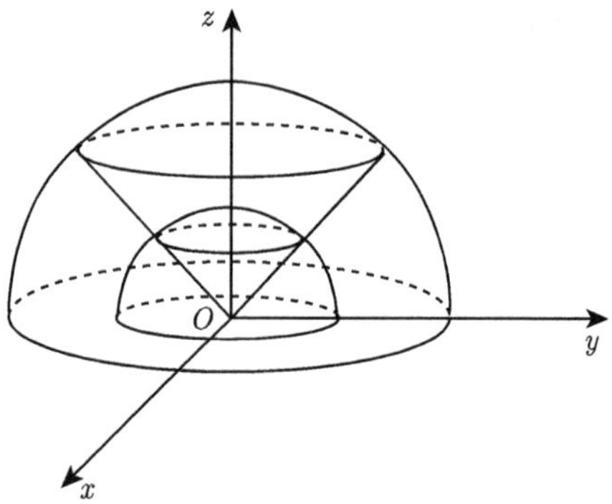

图 11.41

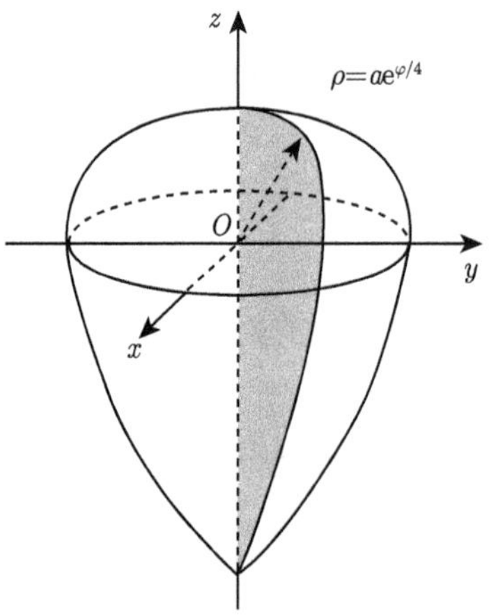

图 11.42

例 10　已知在极坐标系下, 对数螺线 $r = a\mathrm{e}^{\theta/4}, 0 \leqslant \theta \leqslant \pi (a>0)$ 绕极轴旋转一周所围成的旋转体 V(图 11.42), 其内各点质量的体密度等于点到极点的距离, 求 V 的质量 m.

解　取极轴为正 z 轴, 则 r, θ 相当于球坐标中的 ρ, φ. 所以球坐标系下旋转面的方程是

$$\rho = a\mathrm{e}^{\varphi/4}, \quad 0 \leqslant \varphi \leqslant \pi.$$

故

$$V: 0 \leqslant \theta \leqslant 2\pi, \quad 0 \leqslant \varphi \leqslant \pi, \quad 0 \leqslant \rho \leqslant a\mathrm{e}^{\varphi/4}.$$

$$m = \iiint\limits_V \rho\mathrm{d}V = \iiint\limits_V \rho^3\sin\varphi\mathrm{d}\rho\mathrm{d}\varphi\mathrm{d}\theta$$

$$
\begin{aligned}
&= \int_0^{2\pi} \mathrm{d}\theta \int_0^{\pi} \sin\varphi \mathrm{d}\varphi \int_0^{a\mathrm{e}^{\varphi/4}} \rho^3 \mathrm{d}\rho \\
&= \frac{\pi}{2} \int_0^{\pi} a^4 \mathrm{e}^{\varphi} \sin\varphi \mathrm{d}\varphi = \frac{\pi a^4}{2} \frac{1}{2} \mathrm{e}^{\varphi}(\sin\varphi - \cos\varphi)\Big|_0^{\pi} = \frac{\pi a^4}{4}(\mathrm{e}^{\pi}+1).
\end{aligned}
$$

由此例可知, 极坐标系下曲线绕极轴旋转一周得到的旋转面所围的立体上的三重积分, 也可在球坐标下计算.

无论是二重积分还是三重积分的计算, 首先要画出积分域, 根据积分域及被积函数选取坐标系, 务必注意在选定的坐标系下面积微元或体积微元是什么; 其次用不等式表示出积分域的范围, 从而确定累次积分的上、下限; 最后进行累次积分运算.

习 题 11.3

1. 在直角坐标系下, 计算三重积分.

(1) $\iiint\limits_V xyz\mathrm{d}V$, 其中 V 是由曲面 $z=xy$, $y=x$, $x=1$, $z=0$ 所围成的有界闭区域;

(2) $\iiint\limits_V y\cos(x+z)\mathrm{d}V$, 其中 V 是由柱面 $y=\sqrt{x}$ 和平面 $y=0$, $z=0$, $x+z=\dfrac{\pi}{2}$ 所围成的有界闭区域;

(3) $\iiint\limits_V \dfrac{1}{(x+y+z)^3}\mathrm{d}V$, 其中 V 由 $0\leqslant x\leqslant 2, 1\leqslant y\leqslant 2, 1\leqslant z\leqslant 2$ 所确定的空间区域;

(4) $\iiint\limits_V y\sqrt{1-x^2}\mathrm{d}V$, 其中 V 是由半球面 $y=-\sqrt{1-x^2-z^2}$, 柱面 $x^2+z^2=1$ 及平面 $y=1$ 所围成的有界闭区域;

(5) $\iiint\limits_V z^2\mathrm{d}x\mathrm{d}y\mathrm{d}z$, 其中 V 是由平面 $\dfrac{x}{a}+\dfrac{y}{b}+\dfrac{z}{c}=1$, $x=0$, $y=0$, $z=0$ 所围成的有界闭区域;

(6) $\iiint\limits_V y^2\mathrm{d}x\mathrm{d}y\mathrm{d}z$, 其中 V: $\dfrac{x^2}{a^2}+\dfrac{y^2}{b^2}+\dfrac{z^2}{c^2}\leqslant 1$;

(7) $\iiint\limits_V (x+y+z)\,\mathrm{d}V$, 其中 V 由 $0\leqslant x\leqslant a$, $0\leqslant y\leqslant b$, $0\leqslant z\leqslant c$ 所确定的空间区域;

(8) $\iiint\limits_V y[1+xf(z)]\mathrm{d}V$, 其中 V 是由不等式组 $-1 \leqslant x \leqslant 1$, $x^3 \leqslant y \leqslant 1$, $0 \leqslant z \leqslant x^2+y^2$ 所限定的空间区域, 函数 $f(z)$ 为任一连续函数.

2. 利用柱坐标或球坐标计算下列三重积分.

(1) $\iiint\limits_V (z+x^2+y^2)\mathrm{d}V$, 其中 V 由曲线 $\begin{cases} y^2=2z, \\ x=0 \end{cases}$ 绕 z 轴旋转一周而成的曲面与平面 $z=4$ 所围成的立体;

(2) $\iiint\limits_V \dfrac{1}{1+x^2+y^2}\mathrm{d}V$, 其中 V 是由锥面 $x^2+y^2=z^2$ 及平面 $z=1$ 所围的空间有界闭区域;

(3) $\iiint\limits_V \left(x^2+y^2\right)\mathrm{d}V$, 其中 V 的旋转抛物面 $2z=x^2+y^2$ 与平面 $z=2$, $z=8$ 围成的空间有界闭区域;

(4) $\iiint\limits_V (x^2+y^2+z^2)\mathrm{d}V$, 其中 V 是由两个半球面 $z=\sqrt{A^2-x^2-y^2}$, $z=\sqrt{a^2-x^2-y^2}(A>a)$ 及平面 $z=0$ 所围成的有界闭区域;

(5) $\iiint\limits_V (x+z)\mathrm{d}V$, 其中 V 是由锥面 $z=\sqrt{x^2+y^2}$ 与球面 $z=\sqrt{1-x^2-y^2}$ 所围成的有界闭区域;

(6) $\iiint\limits_V \dfrac{x^2+y^2}{z^2}\mathrm{d}V$, 其中 V 由 $x^2+y^2+z^2 \geqslant 1$, $x^2+y^2+(z-1)^2 \leqslant 1$ 所确定的空间区域;

(7) $\iiint\limits_V \sqrt{x^2+y^2+z^2}\mathrm{d}V$, 其中 V 由 $x^2+y^2+z^2 \leqslant x$ 所确定的空间区域;

(8) $\iiint\limits_V (x^3y-3xy^2+3xy)\mathrm{d}V$, 其中 V 是球体 $(x-1)^2+(y-1)^2+(z-2)^2 \leqslant 1$.

3. 将下列累次积分化为柱面或球面坐标系下的累次积分, 并计算之.

(1) $\int_0^1 \mathrm{d}x \int_0^{\sqrt{1-x^2}} \mathrm{d}y \int_0^{\sqrt{1-x^2-y^2}} \left(x^2+y^2\right)\mathrm{d}z$;

(2) $\int_0^2 \mathrm{d}x \int_0^{\sqrt{2x-x^2}} \mathrm{d}y \int_0^a z\sqrt{x^2+y^2}\mathrm{d}z$.

4. 已知曲面 $x=\sqrt{y-z^2}$ 与 $\dfrac{1}{2}\sqrt{y}=x$ 及平面 $y=1$ 所围之立体的体密度为 $|z|$, 求其质量 m.

5. 用三重积分求下列立体的体积 V.

(1) 由曲面 $z=x^2+y^2$, $2z=1-x^2-y^2$ 所围成的立体;

(2) 由不等式组 $x^2+y^2-z^2\leqslant 0$, $x^2+y^2+z^2\leqslant 1$ 所确定的立体;

(3) 由闭曲面 $\left(x^2+y^2+z^2\right)^2=a^3z\,(a>0)$ 所围成的立体.

6. 设 $f(x)$ 连续, $F(t)=\iiint\limits_V\left[z^2+f\left(x^2+y^2\right)\right]\mathrm{d}V$, 其中 V 由不等式组 $0\leqslant z\leqslant h$, $x^2+y^2\leqslant t^2$ 确定, 求 $\dfrac{\mathrm{d}F}{\mathrm{d}t}$.

7. 有一融化过程中的雪堆, 高 $h=h(t)$ (t 为时间), 侧面方程为 $z=h(t)-\dfrac{2\left(x^2+y^2\right)}{h(t)}$(长度单位为厘米, 时间单位为小时). 已知体积减少的速率与侧面积成正比 (比例系数为 0.9). 问原高 $h(0)=130\mathrm{cm}$ 的这个雪堆全部融化需要多少小时?

11.4 第一型曲线积分的计算

设 l 是以 A,B 为端点的平面曲线段 (图 11.43), 由参数方程

$$x=x(t),\quad y=y(t),\quad \alpha\leqslant t\leqslant\beta$$

给出, $x(t),y(t)$ 在区间 $[\alpha,\beta]$ 上连续可微 (即曲线 l 是光滑的). 如果函数 $f(x,y)$ 在 l 上连续, 则对弧长的曲线积分 (第一型曲线积分)

$$\int_l f(x,y)\mathrm{d}s=\int_{\overset{\frown}{AB}}f(x,y)\mathrm{d}s=\lim_{\lambda\to 0}\sum_{i=1}^n f(\xi_i,\eta_i)\Delta s_i$$

存在.

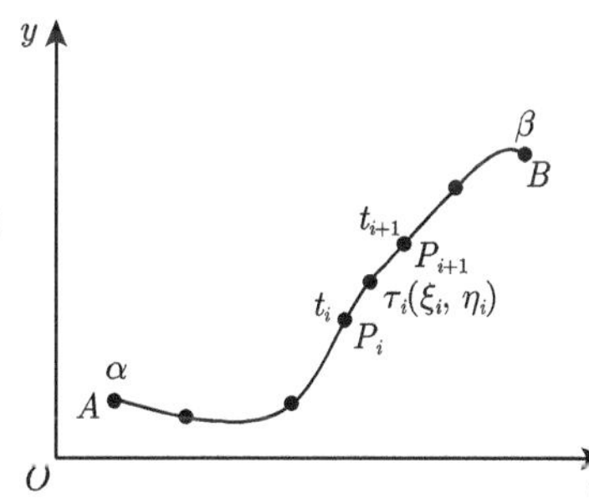

图 11.43

设点 A 对应 $t=\alpha$, 点 B 对应 $t=\beta$. 因为被积函数 $f(x,y)$ 中的点 (x,y) 在曲线 l 上, 所以它是 t 的函数 $f(x(t),y(t))$. 又由曲线弧长公式和积分中值定理知

$$\Delta s_i=\int_{t_i}^{t_{i+1}}\sqrt{x'^2(t)+y'^2(t)}\mathrm{d}t=\sqrt{x'^2(\tau_i)+y'^2(\tau_i)}\Delta t_i.$$

故由定积分定义知

$$\begin{aligned}\lim_{\lambda\to 0}\sum_{i=1}^n f(\xi_i,\eta_i)\Delta s_i&=\lim_{\lambda\to 0}\sum_{i=1}^n f(x(\tau_i),y(\tau_i))\sqrt{x'^2(\tau_i)+y'^2(\tau_i)}\Delta t_i\\&=\int_\alpha^\beta f(x(t),y(t))\sqrt{x'^2(t)+y'^2(t)}\mathrm{d}t.\end{aligned}$$

于是对弧长的曲线积分可化为定积分计算,

$$\int_l f(x,y)\mathrm{d}s=\int_\alpha^\beta f(x(t),y(t))\sqrt{x'^2(t)+y'^2(t)}\mathrm{d}t, \tag{1}$$

注意, 这里弧长微元 $\mathrm{d}s$ 就是弧微分

$$\mathrm{d}s=\sqrt{x'^2(t)+y'^2(t)}\mathrm{d}t.$$

当 $\mathrm{d}s>0$ 时, $\mathrm{d}t>0$. 故公式 (1) 中的定积分上限必须大于下限! 由此可见,

$$\int_{\widehat{AB}} f(P)\mathrm{d}s=\int_{\widehat{BA}} f(P)\mathrm{d}s.$$

这是第一型曲线积分的一个特性, 它与定积分不同.

若曲线 l 由

$$y=\varphi(x),\quad a\leqslant x\leqslant b$$

给出, 其中 $\varphi(x)$ 在区间 $[a,b]$ 上连续可微, 可把 x 看作参量, 则有公式

$$\int_l f(x,y)\mathrm{d}s=\int_a^b f(x,\varphi(x))\sqrt{1+\varphi'^2(x)}\mathrm{d}x. \tag{2}$$

同样, 若曲线 l 由 $x=\psi(y),c\leqslant y\leqslant d$ 给出, 其中 $\psi(y)$ 在区间 $[c,d]$ 上连续可微, 可把 y 看作参量, 也有相应公式.

如果 $\varGamma$ 是空间线段 $\widehat{AB}$:

$$x=x(t),\quad y=y(t),\quad z=z(t),\quad \alpha\leqslant t\leqslant\beta,$$

则有公式

$$\int_\varGamma f(x,y,z)\mathrm{d}s=\int_\alpha^\beta f(x(t),y(t),z(t))\sqrt{x'^2(t)+y'^2(t)+z'^2(t)}\mathrm{d}t. \tag{3}$$

例 1　计算 $\int_l y\mathrm{d}s$, 其中 l 为摆线 $x=a(t-\sin t),y=a(1-\cos t)(a>0)$ 一拱 $(0\leqslant t\leqslant 2\pi)$ 的弧段.

解　因为

$$\mathrm{d}s=\sqrt{x_t'^2+y_t'^2}\mathrm{d}t=\sqrt{(a(1-\cos t))^2+(a\sin t)^2}\mathrm{d}t=\sqrt{2}a\sqrt{1-\cos t}\mathrm{d}t,$$

所以 $\int_l y\mathrm{d}s=\int_0^{2\pi}\sqrt{2}a^2(1-\cos t)^{\frac{3}{2}}\mathrm{d}t=4a^2\int_0^{2\pi}\sin^3\frac{t}{2}\mathrm{d}t=\frac{32}{3}a^2.$

例 2　计算 $\int_l xy\mathrm{d}s$, 其中

1° l 为直线 $y=2x$ 上点 $(0,0)$ 与点 $(1,2)$ 之间的直线段.

2° l 为曲线 $y^2=4x$ 上点 $(0,0)$ 与点 $(1,2)$ 之间的弧段 (图 11.44).

解 1° 因为 $l: y=2x, 0 \leqslant x \leqslant 1$ (视 x 为参量),

$$\mathrm{d}s=\sqrt{1+y_x'^2}\mathrm{d}y=\sqrt{5}\mathrm{d}x,$$

故由公式 (2) 得

$$\int_l xy\mathrm{d}s=\int_0^1 2\sqrt{5}x^2\mathrm{d}x=\frac{2}{3}\sqrt{5}.$$

2° 因为 $l: x=\dfrac{y^2}{4}, 0 \leqslant y \leqslant 2$ (视 y 为参量),

$$\mathrm{d}s=\sqrt{x_y'^2+1}\mathrm{d}y=\sqrt{1+\frac{y^2}{4}}\,\mathrm{d}y,$$

故得

$$\int_l xy\mathrm{d}s=\int_0^2 \frac{y^3}{4}\sqrt{1+\frac{y^2}{4}}\mathrm{d}y=2\int_0^2 \frac{y^2}{4}\sqrt{1+\frac{y^2}{4}}\,\mathrm{d}\frac{y^2}{4}=\frac{8}{15}(6\sqrt{3}-1).$$

例 3 计算 $\displaystyle\int_l y\mathrm{d}s$, 其中 l 为心脏线 $r=a(1+\cos\theta)$ 的下半部分 (图 11.45).

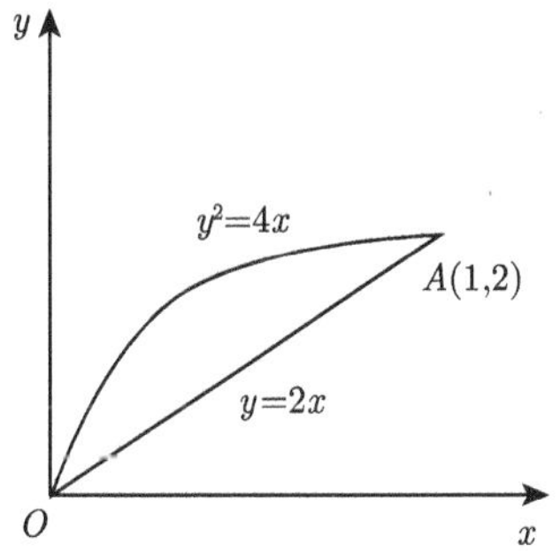

图 11.44

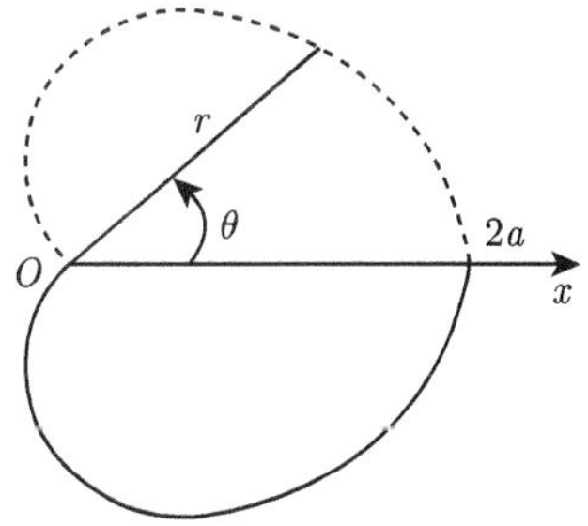

图 11.45

解 因为 $l: r=a(1+\cos\theta), \pi \leqslant \theta \leqslant 2\pi$, 所以

$$\begin{aligned} x&=r\cos\theta=a(1+\cos\theta)\cos\theta,\\ y&=r\sin\theta=a(1+\cos\theta)\sin\theta \end{aligned} \quad (\text{视}\theta\text{为参数}).$$

又极坐标系下弧微分为

$$\mathrm{d}s=\sqrt{r^2(\theta)+r'^2(\theta)}\mathrm{d}\theta$$

$$=\sqrt{a^2(1+\cos\theta)^2+a^2\sin^2\theta}\mathrm{d}\theta=a\sqrt{2(1+\cos\theta)}\mathrm{d}\theta.$$

故得

$$\int_l y\mathrm{d}s=\int_{\pi}^{2\pi}\sqrt{2}a^2(1+\cos\theta)^{3/2}\sin\theta\mathrm{d}\theta=-\frac{16}{5}a^2.$$

例 4　计算 $\int_\Gamma \frac{\mathrm{d}s}{x^2+y^2+z^2}$, 其中 Γ 是圆柱螺线 $x=a\cos t, y=a\sin t$, $z=bt(0\leqslant t\leqslant 2\pi)$ 的一段.

解　弧微分

$$\mathrm{d}s=\sqrt{(-a\sin t)^2+(a\cos t)^2+b^2}\mathrm{d}t=\sqrt{a^2+b^2}\mathrm{d}t.$$

由公式 (3)

$$\int_l \frac{\mathrm{d}s}{x^2+y^2+z^2}=\int_0^{2\pi}\frac{\sqrt{a^2+b^2}}{a^2+b^2t^2}\mathrm{d}t=\frac{\sqrt{a^2+b^2}}{ab}\arctan\frac{2b\pi}{a}.$$

当 $f(x,y)\geqslant 0$ 时, 平面曲线 l 上第一型曲线积分

$$\int_l f(x,y)\mathrm{d}s$$

在几何上表示以 l 为准线, 母线平行于 z 轴的柱面之介于平面 $z=0$ 和曲面 $z=f(x,y)$ 之间那部分的面积 (图 11.46).

例 5　求圆柱面 $\left(x-\frac{R}{2}\right)^2+y^2=\left(\frac{R}{2}\right)^2$ 被截在球 $x^2+y^2+z^2=R^2$ 内部的柱面的面积 (图 11.47).

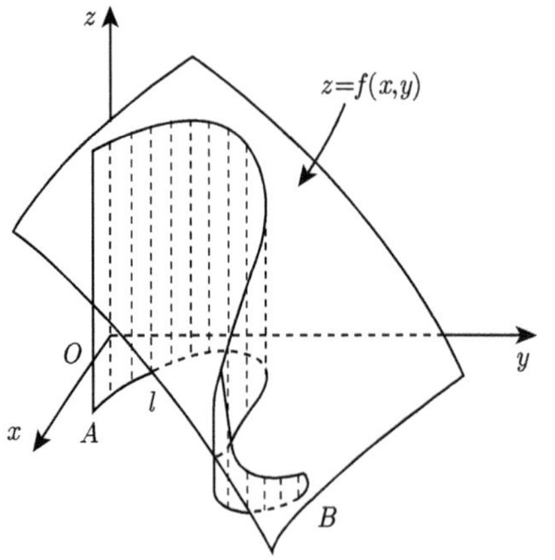

图 11.46

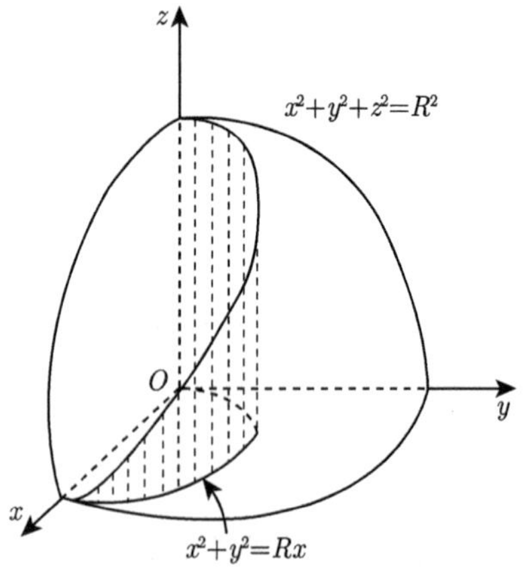

图 11.47

解 由图形的对称性, 只需求第一卦限部分的面积, 再四倍之. 柱面与平面 xOy 的交线

$$l: r = R\cos\theta, \quad 0 \leqslant \theta \leqslant \frac{\pi}{2}.$$

弧微分为

$$\mathrm{d}s = \sqrt{r^2 + r'^2}\mathrm{d}\theta = R\mathrm{d}\theta,$$

故所求的面积

$$S = 4\int_l \sqrt{R^2 - x^2 - y^2}\mathrm{d}s = 4\int_0^{\pi/2} \sqrt{R^2 - R^2\cos^2\theta}R\mathrm{d}\theta = 4R^2.$$

习 题 11.4

1. 计算下列对弧长的 (第一型) 曲线积分.

(1) $\int_l \sqrt{y}\mathrm{d}s$, 其中 l 为摆线 $x = a(t - \sin t)$, $y = a(1 - \cos t)$ 的一拱;

(2) $\int_l \left(x^{\frac{2}{3}} + y^{\frac{2}{3}}\right)\mathrm{d}s$, 其中 l 为星形线 $x = a\cos^3 t$, $y = a\sin^3 t\left(0 \leqslant t \leqslant \frac{\pi}{2}\right)$ 在第一象限内的弧;

(3) $\oint_c \sqrt{x^2 + y^2}\mathrm{d}s$, 其中 c 是圆周 $x^2 + y^2 = ax$ $\left(\oint_c \text{表示闭曲线上的积分}\right)$;

(4) $\int_l x\mathrm{d}s$, 其中 l 为双曲线 $xy = 1$ 上点 $\left(\frac{1}{2}, 2\right)$ 到点 $(1, 1)$ 的弧段;

(5) $\int_l |y|\,\mathrm{d}s$, 其中 l 为半圆 $x = \sqrt{1 - y^2}$;

(6) $\oint_c \mathrm{e}^{\sqrt{x^2+y^2}}\mathrm{d}s$, 其中 c 曲线 $x^2 + y^2 = a^2$, 直线 $y = x$ 及 x 轴正半轴在第一象限内所围平面区域的边界线;

(7) $\oint_c \left(2xy + 3x^2 + 4y^2\right)\mathrm{d}s$, 其中 c 为椭圆 $\frac{x^2}{4} + \frac{y^2}{3} = 1$, 设其周长为 a;

(8) $\int_\Gamma z\mathrm{d}s$, 其中 Γ 为空间曲线 $x = t\cos t$, $y = t\sin t$, $z = t$, 从 $t = 0$ 到 $t = t_0$ 的弧段;

(9) $\int_\Gamma \frac{z^2}{x^2 + y^2}\mathrm{d}s$, 其中 Γ 为螺线 $x = a\cos t$, $y = a\sin t$, $z = at$ 从 $t = 0$ 到 $t = 2\pi$ 的弧段;

(10) $\oint_c (2yz + 2zx + 2xy)\mathrm{d}s$, 其中 c 是空间圆周 $\begin{cases} x^2 + y^2 + z^2 = a^2, \\ x + y + z = 0; \end{cases}$

(11) $\oint_c (x^2+y^2)\,\mathrm{d}s$, 其中 c 是空间圆周 $\begin{cases} x^2+y^2+z^2=1, \\ x+y+z=0; \end{cases}$

(12) $\oint_c (2x^2+3y^2)\,\mathrm{d}s$, 其中 c 是曲线 $x^2+y^2=2(x+y)$.

2. 求下列柱面片的面积.

(1) 圆柱面 $x^2+y^2=R^2$ 介于坐标面 xOy 及柱面 $z=R+\dfrac{x^2}{R}$ 之间的一块;

(2) 圆柱面 $x^2+y^2=1$ 被抛物面 $x=z^2$ 截下的一块 (用定积分表示, 不必计算).

3. 试用曲面积分计算由曲线 l: $y=\dfrac{x^2}{4}-\dfrac{1}{2}\ln x\,(1\leqslant x\leqslant 2)$ 绕直线 $y=\dfrac{3}{4}x-\dfrac{9}{8}$ 旋转所成旋转曲面的面积.

11.5　第一型曲面积分的计算

设空间曲面 S 的方程为

$$z=z(x,y),\quad (x,y)\in\sigma_{xy},$$

其中 σ_{xy} 为曲面 S 在 xOy 平面上的投影域. 函数 $f(x,y,z)$ 在曲面 S 上连续, 则对面积的曲面积分 (第一型曲面积分)

$$\iint_S f(x,y,z)\mathrm{d}S=\lim_{\lambda\to 0}\sum_{i=1}^{n} f(x_i,y_i,z_i)\Delta S_i$$

存在.

如果 $z(x,y)$ 在 σ_{xy} 上有连续的一阶偏导数, 则由积分中值定理得

$$\begin{aligned}\Delta S_i&=\iint_{\Delta\sigma_i}\sqrt{1+\left(\frac{\partial z}{\partial x}\right)^2+\left(\frac{\partial z}{\partial y}\right)^2}\mathrm{d}\sigma\\&=\sqrt{1+\left(\frac{\partial z}{\partial x}\right)_i^2+\left(\frac{\partial z}{\partial y}\right)_i^2}\Delta\sigma_i,\end{aligned}$$

其中 $\Delta\sigma_i$ 是 ΔS_i 在 xOy 上的投影域 (图 11.48), $\left(\dfrac{\partial z}{\partial x}\right)_i$, $\left(\dfrac{\partial z}{\partial y}\right)_i$ 表示在 $\Delta\sigma_i$ 内某点 (x_i,y_i) 处的两个偏导数. 因为被积函数 $f(x,y,z)$ 中的点 (x,y,z) 在曲面 S 上, 所以它是 x,y 的二元函数 $f(x,y,z(x,y))$. 于是由二重积分的定义知

$$\lim_{\lambda\to 0}\sum_{i=1}^{n} f(x_i,y_i,z_i)\Delta S_i=\lim_{\lambda\to 0}\sum_{i=1}^{n} f(x_i,y_i,z(x_i,y_i))\sqrt{1+\left(\frac{\partial z}{\partial x}\right)_i^2+\left(\frac{\partial z}{\partial y}\right)_i^2}\Delta\sigma_i$$

$$= \iint\limits_{\sigma_{xy}} f(x,y,z(x,y))\sqrt{1+\left(\frac{\partial z}{\partial x}\right)^2+\left(\frac{\partial z}{\partial y}\right)^2}\mathrm{d}\sigma,$$

于是对面积的曲面积分可化为二重积分计算

$$\iint\limits_S f(x,y,z)\mathrm{d}S = \iint\limits_{\sigma_{xy}} f(x,y,z(x,y))\sqrt{1+\left(\frac{\partial z}{\partial x}\right)^2+\left(\frac{\partial z}{\partial y}\right)^2}\mathrm{d}\sigma. \qquad (1)$$

根据曲面 S 的不同情况, 可以把对面积的曲面积分转化为在其他坐标面的投影域上的二重积分. 所以, 计算对面积的曲面积分时, 首先应根据曲面 S 选好投影面, 确定投影域并写出曲面 S 的方程; 然后算出曲面面积微元; 最后将曲面方程代入被积函数, 写出 (1) 式右端的二重积分进行计算.

例 1 计算 $\iint\limits_S \sqrt{x^2+y^2+z^2}\mathrm{d}S$, 其中 S 为锥面 $z=\sqrt{x^2+y^2}$ 介于平面 $z=0$ 及 $z=1$ 之间的部分 (图 11.49).

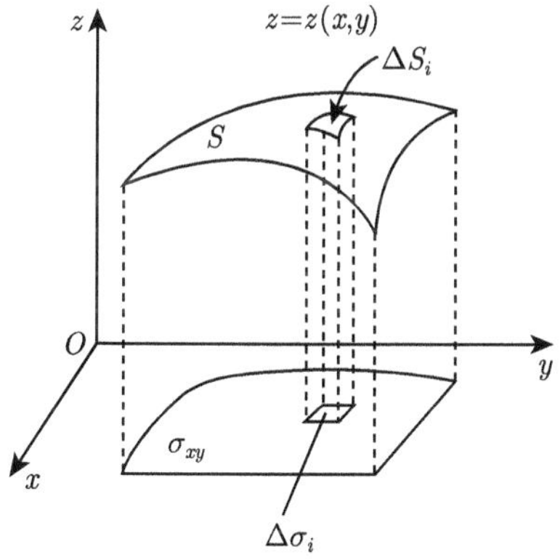

图 11.48

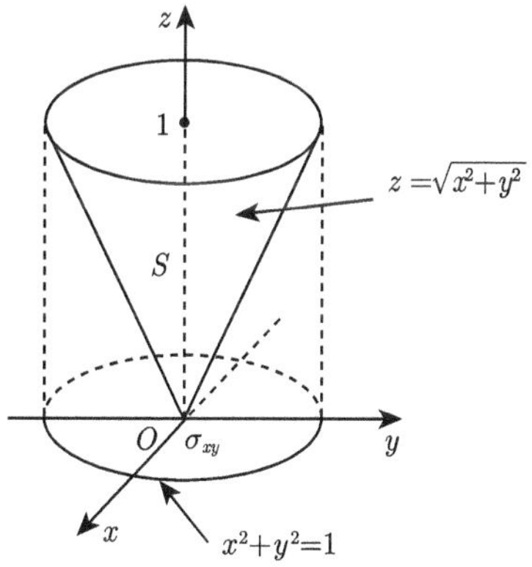

图 11.49

解 曲面 S 的方程为

$$z=\sqrt{x^2+y^2}.$$

$$\frac{\partial z}{\partial x}=\frac{x}{\sqrt{x^2+y^2}},\quad \frac{\partial z}{\partial y}=\frac{y}{\sqrt{x^2+y^2}},$$

$$\sqrt{1+\left(\frac{\partial z}{\partial x}\right)^2+\left(\frac{\partial z}{\partial y}\right)^2}=\sqrt{2}.$$

又 S 在 xOy 面上投影域是圆, 所以

$$\iint\limits_{S} \sqrt{x^2+y^2+z^2}\mathrm{d}S = \iint\limits_{\sigma_{xy}} 2\sqrt{x^2+y^2}\mathrm{d}\sigma = 2\int_0^{2\pi}\mathrm{d}\theta\int_0^1 r^2\mathrm{d}r = \frac{4}{3}\pi.$$

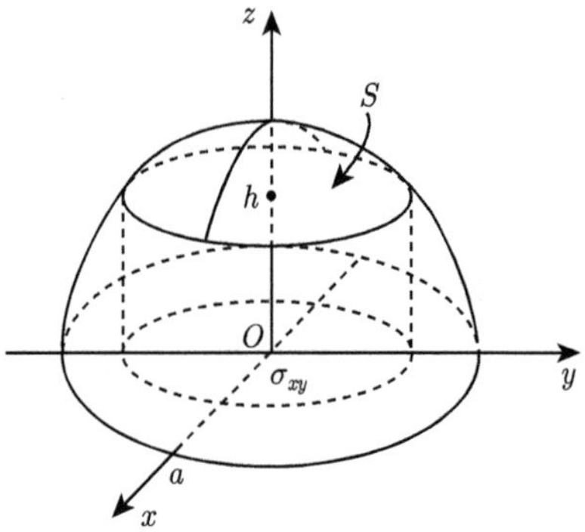

图 11.50

例 2 计算 $\iint\limits_{S}(x^3z^2+x^4y+z)\mathrm{d}S$, 其中 S 为球面 $z=\sqrt{a^2-x^2-y^2}$ 之位于平面 $z=h(0<h<a)$ 上方的部分 (图 11.50).

解 由对称性知

$$\iint\limits_{S}(x^3z^2+x^4y+z)\mathrm{d}S = \iint\limits_{S} z\mathrm{d}S.$$

曲面 S 的方程是

$$z=\sqrt{a^2-x^2-y^2},$$

$$\frac{\partial z}{\partial x}=\frac{-x}{\sqrt{a^2-x^2-y^2}},\quad \frac{\partial z}{\partial y}=\frac{-y}{\sqrt{a^2-x^2-y^2}},$$

$$\sqrt{1+\left(\frac{\partial z}{\partial x}\right)^2+\left(\frac{\partial z}{\partial y}\right)^2}=\frac{a}{\sqrt{a^2-x^2-y^2}}.$$

S 在 xOy 面上的投影域是圆 σ_{xy}:

$$x^2+y^2\leqslant a^2-h^2.$$

故

$$\begin{aligned}\iint\limits_{S}(x^3z^2+x^4y+z)\mathrm{d}S &= \iint\limits_{S} z\mathrm{d}S = \iint\limits_{\sigma_{xy}}\sqrt{a^2-x^2-y^2}\frac{a}{\sqrt{a^2-x^2-y^2}}\mathrm{d}\sigma \\ &= \pi a(a^2-h^2).\end{aligned}$$

值得注意的是, 在球面上的第一型曲面积分用球坐标计算有时是方便的. 如本例, 曲面 S:

$$\rho=a,\quad 0\leqslant\theta\leqslant 2\pi,\quad 0\leqslant\varphi\leqslant\arccos\frac{h}{a}.$$

曲面面积微元

$$\mathrm{d}S=a^2\sin\varphi\mathrm{d}\varphi\mathrm{d}\theta.$$

所以

$$\iint_S (x^3z^2+x^4y+z)\mathrm{d}S=\iint_S z\mathrm{d}S=\int_0^{2\pi}\mathrm{d}\theta\int_0^{\arccos\frac{h}{a}} a^3\cos\varphi\sin\varphi\mathrm{d}\varphi=\pi a(a^2-h^2).$$

例 3　计算 $I=\oiint_S xyz\mathrm{d}S$ $\left(\oiint_S \text{表示闭曲面上的积分}\right)$, 其中 S 是平面 $x+y+z=1$ 与三个坐标面围成的四面体的表面.

解　若以 S_1,S_2,S_3 依次表示该四面体在 xOy,yOz,zOx 坐标面上的三个表面 (图 11.51), 则因为 S_1 的方程为 $z=0$, 所以

$$\iint_{S_1} xyz\mathrm{d}S=0.$$

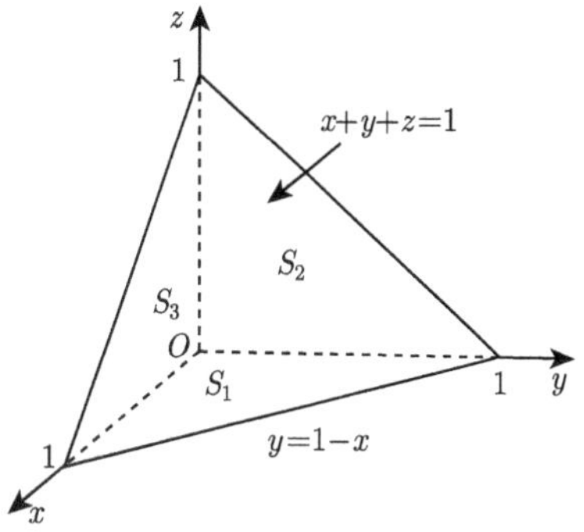

图 11.51

同样有

$$\iint_{S_2} xyz\mathrm{d}S=0,\quad \iint_{S_3} xyz\mathrm{d}S=0.$$

第四个表面 S_4 的方程为

$$z=1-x-y,\quad 0\leqslant x\leqslant 1,\quad 0\leqslant y\leqslant 1-x,$$

故

$$z'_x=-1,\quad z'_y=-1,\quad \sqrt{1+z_x'^2+z_y'^2}=\sqrt{3}.$$

于是

$$I=\oiint_S xyz\mathrm{d}S=\iint_{S_4} xyz\mathrm{d}S=\int_0^1\mathrm{d}x\int_0^{1-x}\sqrt{3}xy(1-x-y)\mathrm{d}y=\frac{\sqrt{3}}{120}.$$

习　题　11.5

1. 计算下列对面积的 (第一型) 曲面积分.

(1) $\iint_S \left(2x+\frac{4}{3}y+z\right)\mathrm{d}S$, 其中 S 为平面 $\frac{x}{2}+\frac{y}{3}+\frac{z}{4}=1$ 在第一卦限中的部分;

(2) $\iint_S x^2y^2\mathrm{d}S$, 其中 S 为上半球面 $z=\sqrt{1-x^2-y^2}$;

(3) $\iint_S |y|\sqrt{z}\mathrm{d}S$, 其中 S 是曲面 $z=x^2+y^2\,(z\leqslant 1)$;

(4) $\iint\limits_S \frac{1}{x^2+y^2+z^2}\mathrm{d}S$, 其中 S 是下半球面 $z=-\sqrt{1-x^2-y^2}$;

(5) $\iint\limits_S (xy+yz+zx)\,\mathrm{d}S$, 其中 S 为锥面 $z=\sqrt{x^2+y^2}$ 被曲面 $x^2+y^2=2ax\,(a>0)$ 所截下的部分;

(6) $\oiint\limits_S \left(3x^2+y^2+2z^2\right)\mathrm{d}S$, 其中 S 为球面 $(x-1)^2+(y-1)^2+(z-1)^2=3$.

2. 已知抛物面薄壳 $z=\frac{1}{2}\left(x^2+y^2\right)(0\leqslant z\leqslant 1)$ 的质量密度 $\mu(x,y,z)=z$, 求此薄壳的质量.

3. 证明不等式 $\oiint\limits_S \left(x+y+z+\sqrt{3}a\right)^3\mathrm{d}S\geqslant 108\pi a^5(a>0)$, 其中 S 是球面 $x^2+y^2+z^2-2ax-2ay-2az+2a^2=0$.

4. 设 S 为椭球面 $\frac{x^2}{2}+\frac{y^2}{2}+z^2=1$ 的上半部分, 点 $P(x,y,z)\in S$, π 为 S 在点 P 处的切平面, $\rho(x,y,z)$ 为原点 $(0,0,0)$ 到平面 π 的距离, 求 $\iint\limits_S \frac{z}{\rho(x,y,z)}\mathrm{d}S$.

11.6 黎曼积分的应用举例

黎曼积分有广泛的应用, 例如, 求平面区域的面积、曲面的面积、立体的体积、曲线的弧长、物体的质量等问题. 本节仅介绍物体的质心及转动惯量的求法.

11.6.1 物体的质心

由静力学知, 当质点系 $P_i(x_i,y_i,z_i)(i=1,2,\cdots,n)$ 的各点质量为 m_i 时, 质心的坐标是

$$\bar{x}=\frac{\sum\limits_{i=1}^{n}m_ix_i}{\sum\limits_{i=1}^{n}m_i},\quad \bar{y}=\frac{\sum\limits_{i=1}^{n}m_iy_i}{\sum\limits_{i=1}^{n}m_i},\quad \bar{z}=\frac{\sum\limits_{i=1}^{n}m_iz_i}{\sum\limits_{i=1}^{n}m_i}.$$

如果在一个几何形体 Ω 上, 质量分布密度为连续函数 $\mu(P), P\in\Omega$. 由 Ω 上黎曼积分的定义, 将 Ω 分割为 n 个直径很小的部分 $\Delta\Omega_i(i=1,2,\cdots,n)$, 任取一点 $P_i\in\Omega_i$, 把 $\Delta\Omega_i$ 看成是质量为 $\mu(P_i)\Delta\Omega_i$(这里 $\Delta\Omega_i$ 也表示其度量), 位于点 P_i 的质点. 这样得到 n 个质点的质点系, 求出其质心, 再让分割无限细密, 取极限, 就得到质心的坐标为

$$\bar{x}=\frac{\int_\Omega \mu(P)x\mathrm{d}\Omega}{\int_\Omega \mu(P)\mathrm{d}\Omega},\quad \bar{y}=\frac{\int_\Omega \mu(P)y\mathrm{d}\Omega}{\int_\Omega \mu(P)\mathrm{d}\Omega},\quad \bar{z}=\frac{\int_\Omega \mu(P)z\mathrm{d}\Omega}{\int_\Omega \mu(P)\mathrm{d}\Omega}. \tag{1}$$

这里 Ω 包括空间立体、曲面、曲线及平面片和平面上的曲线. 当 Ω 在 xOy 平面上时, $\bar{z}=0$, 不必写它. 由 (1) 式知, 物体的质心的横坐标等于物体对平面 $x=0$ 的总静矩 (也称一次矩) $\int_\Omega \mu(P)x\mathrm{d}\Omega$ 与总质量 $\int_\Omega \mu(P)\mathrm{d}\Omega$ 之商, 质心的纵坐标、竖坐标有类似的结论. 当密度 $\mu(P)$ 为常数时, 质心也叫形心. 不难从 (1) 式, 消去 μ, 得到形心的坐标.

例 1 求位于两圆 $r=2\sin\theta$, $r=4\sin\theta$ 之间的均质薄板 σ 的质心 (图 11.52).

解 由于薄板 σ 关于 y 轴对称, 且是均质的 (面密度 μ 为常数), 故 $\bar{x}=0$, 只需求 $\bar{y}$, 因为

$$m=\iint\limits_{\sigma}\mu\mathrm{d}\sigma=\mu(\pi\cdot 2^2-\pi\cdot 1^2)=3\pi\mu,$$

$$M_y=\iint\limits_{\sigma}\mu y\mathrm{d}\sigma=\int_0^{\pi}\mathrm{d}\theta\int_{2\sin\theta}^{4\sin\theta}\mu r^2\sin\theta\mathrm{d}r=\frac{112}{3}\mu\int_0^{\pi/2}\sin^4\theta\mathrm{d}\theta=7\pi\mu,$$

所以, $\bar{y}=\frac{7}{3}$, 即质心为点 $\left(0,\frac{7}{3}\right)$.

例 2 已知由圆锥面 $z=\tan\beta\sqrt{x^2+y^2}$ 与球面 $z=\sqrt{R^2-x^2-y^2}$ 所围成的球底锥 (图 11.53) 的体密度 $\mu=k(x^2+y^2+z^2)$, k 为常数, 求其质心.

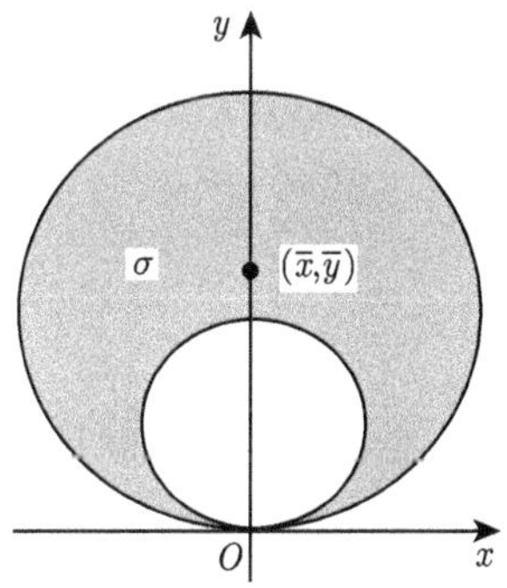

图 11.52

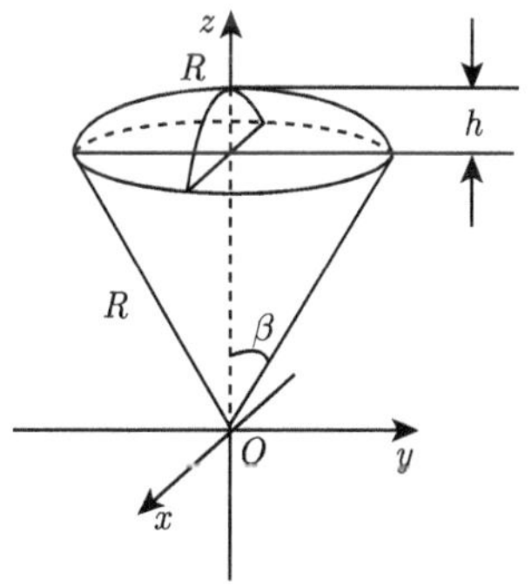

图 11.53

解 由图 11.53 知球底锥 V 关于坐标面 $x=0$ 及 $y=0$ 对称, 又密度函数是 x, y 的偶函数, 故质心必在 z 轴上, 只需求 $\bar{z}$. 因为

$$\begin{aligned}m&=\iiint\limits_{V}k(x^2+y^2+z^2)\mathrm{d}V=\int_0^{2\pi}\mathrm{d}\theta\int_0^{\beta}k\sin\varphi\,\mathrm{d}\varphi\int_0^{R}\rho^4\mathrm{d}\rho\\&=\frac{2\pi}{5}kR^5(1-\cos\beta),\end{aligned}$$

$$M_z = \iiint\limits_V k(x^2+y^2+z^2)z\mathrm{d}V = \int_0^{2\pi}\mathrm{d}\theta\int_0^{\beta}k\sin\varphi\cos\varphi\mathrm{d}\varphi\int_0^R\rho^5\mathrm{d}\rho$$
$$= \frac{\pi}{6}kR^6(1-\cos^2\beta),$$

所以

$$\bar{z} = \frac{5}{12}R(1+\cos\beta),$$

于是球底锥的质心是点 $\left(0,0,\dfrac{5}{12}R(1+\cos\beta)\right)$.

11.6.2 转动惯量

转动惯量是力学中一个重要概念, 研究刚体转动时要用到它. 由力学知, n 个质点对一个定轴的转动惯量为

$$\sum_{i=1}^{n} r_i^2 m_i,$$

其中 m_i 和 r_i 分别表示第 i 个质点的质量和它到定轴的距离.

对一个刚体 Ω, 设质量分布密度是 Ω 上点 P 的连续函数 $\mu(P)$, 这里仍然用 "微元法" 去做. 在 Ω 内任取一微元刚体 $\Delta\Omega$, 任取点 $P\in\Delta\Omega$. 设点 P 到定轴的距离为 r, 则有质量微元 $\mu(P)\Delta\Omega$ 和对应的转动惯量微元

$$r^2\mu(P)\Delta\Omega,$$

从而刚体 Ω 对定轴的转动惯量 (也称二次矩)

$$I = \int_\Omega r^2\mu(P)\mathrm{d}\Omega.$$

若在空间取定直角坐标系 $Oxyz$, 则刚体 Ω 对 x 轴、y 轴、z 轴的转动惯量分别为

$$I_x = \int_\Omega (y^2+z^2)\mu\mathrm{d}\Omega,\quad I_y = \int_\Omega (x^2+z^2)\mu\mathrm{d}\Omega,\quad I_z = \int_\Omega (x^2+y^2)\mu\mathrm{d}\Omega,$$

其中 $\mu=\mu(P)$ 是密度函数, 这里 Ω 可以是空间立体、曲面、曲线及平面片和平面曲线.

例 3 由平面 $x+y+z=1$ 及三个坐标面围成的立体, 密度 $\mu=1$, 求该立体对三个坐标轴的转动惯量.

解 如图 11.54 所示, 因为

$$V: 0\leqslant x\leqslant 1, 0\leqslant y\leqslant 1-x, 0\leqslant z\leqslant 1-x-y,$$

所以

$$I_x = \iiint_V (y^2+z^2)\mathrm{d}V$$
$$= \int_0^1 \mathrm{d}x \int_0^{1-x} \mathrm{d}y \int_0^{1-x-y} (y^2+z^2)\mathrm{d}z = \frac{1}{30},$$

类似地可得

$$I_y = \frac{1}{30}, \quad I_z = \frac{1}{30}.$$

例 4 有一均质圆柱螺线 Γ：$x=a\cos t,\ y=a\sin t,\ z=bt,\ 0\leqslant t\leqslant 2\pi$. 求 Γ 对 z 轴的转动惯量 I_z.

解 空间曲线 Γ 的弧微分

$$\mathrm{d}s = \sqrt{x_t'^2+y_t'^2+z_t'^2}\mathrm{d}t = \sqrt{(-a\sin t)^2+(a\cos t)^2+b^2}\mathrm{d}t = \sqrt{a^2+b^2}\mathrm{d}t.$$

Γ 对 z 轴的转动惯量

$$I_z = \int_l (x^2+y^2)\mu\mathrm{d}s = \int_0^{2\pi} a^2\mu\sqrt{a^2+b^2}\mathrm{d}t = 2\pi\mu a^2\sqrt{a^2+b^2}.$$

例 5 考虑在 xOy 面上的投影域为 σ_{xy}：$-1\leqslant x\leqslant 1,\ x^2\leqslant y\leqslant 1$ 的曲面 $S: z=x^2+y^2$ 的部分 (图 11.55), 其质量的面密度 $\mu=(1+4x^2+4y^2)^{-\frac{1}{2}}$. 求 S 对 z 轴的转动惯量 I_z.

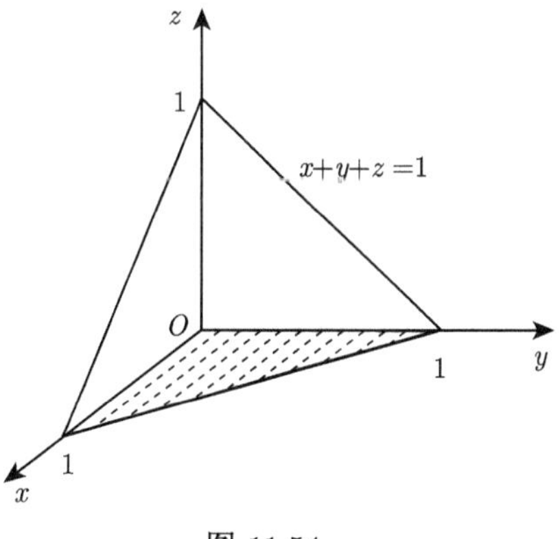

图 11.54

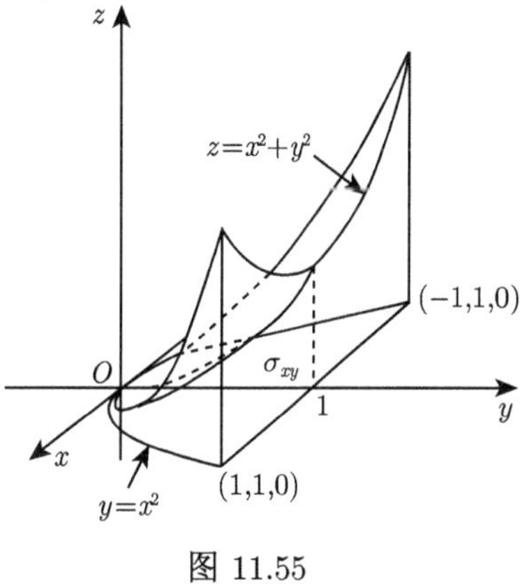

图 11.55

解

$$\frac{\partial z}{\partial x}=2x, \quad \frac{\partial z}{\partial y}=2y,$$

$$\sqrt{1+\left(\frac{\partial z}{\partial x}\right)^2+\left(\frac{\partial z}{\partial y}\right)^2}=\sqrt{1+4x^2+4y^2}.$$

S 对 z 轴的转动惯量

$$I_z=\iint_S \mu(x^2+y^2)\mathrm{d}S=\iint_{\sigma_{xy}}(x^2+y^2)\mathrm{d}\sigma=\frac{88}{105}.$$

习　题　11.6

1. 设平面薄片是由抛物线 $y=x^2$ 及直线 $y=x$ 所围成的, 其面密度 $\mu=xy$, 求该薄片的质心位置.

2. 设均质立体由旋转抛物面 $z=x^2+y^2$ 及平面 $z=1$ 所围成, 试求其质心.

3. 设锥面形薄壳 $z=\sqrt{x^2+y^2}$ 的面密度 $\mu=1$, 求其质心.

4. 设均质立体由抛物柱面 $y=\sqrt{x}$, $y=2\sqrt{x}$, 平面 $z=0$ 及 $x+z=6$ 四个面围成, 求其质心.

5. 求八分之一的球面 $x^2+y^2+z^2=R^2$, $x\geqslant 0$, $y\geqslant 0$, $z\geqslant 0$ 的边界线的质心, 设曲线的线密度 $\rho=1$.

6. 求半径为 r, 高为 h 的均匀圆柱体绕其轴线的转动惯量, 设体密度 $\mu=1$.

7. 已知均质的半球壳 $z=\sqrt{R^2-x^2-y^2}$ 的面密度为 μ, 求其对 z 轴的转动惯量 I_z(试用球坐标计算 I_z).

8. 由上半球面 $x^2+y^2+z^2=1$ 与锥面 $z=\sqrt{x^2+y^2}$ 所围成的均匀物体, 设体密度为 μ, 求其对 z 轴的转动惯量 I_z.

9. 已知物质曲线

$$\begin{cases} x^2+y^2+z^2=R^2, \\ x^2+y^2=Rx \end{cases} \quad (z\geqslant 0)$$

的线密度为 $\sqrt{x}$, 求其对三个坐标轴的转动惯量之和 $I_x+I_y+I_z$.

11.7　例题选讲

例 1　计算积分 $\displaystyle\int_0^1 \frac{x^b-x^a}{\ln x}\mathrm{d}x\ (a,b>0)$.

解　这个积分难以直接计算, 但由于

$$\frac{x^b-x^a}{\ln x}=\int_a^b x^y\mathrm{d}y,$$

所以利用累次积分换序可得

$$\int_0^1 \frac{x^b - x^a}{\ln x}\mathrm{d}x = \int_0^1 \mathrm{d}x \int_a^b x^y \mathrm{d}y = \int_a^b \mathrm{d}y \int_0^1 x^y \mathrm{d}x = \ln\frac{1+b}{1+a}.$$

例 2 证明

$$\left[\int_a^b f(x)g(x)\mathrm{d}x\right]^2 \leqslant \int_a^b f^2(x)\mathrm{d}x \int_a^b g^2(x)\mathrm{d}x.$$

证明 正方形域 $\sigma: a \leqslant x \leqslant b, a \leqslant y \leqslant b$, 因为

$$\iint_\sigma [f(x)g(y) - f(y)g(x)]^2 \mathrm{d}\sigma \geqslant 0,$$

故有

$$\iint_\sigma f^2(x)g^2(y)\mathrm{d}\sigma + \iint_\sigma f^2(y)g^2(x)\mathrm{d}\sigma \geqslant 2\iint_\sigma f(x)g(x)f(y)g(y)\mathrm{d}\sigma.$$

注意到积分域 σ 是正方形, x 与 y 地位对等, 所以上式左边两个积分相等, 将上式两边化为累次积分得

$$2\int_a^b f^2(x)\mathrm{d}x \int_a^b g^2(x)\mathrm{d}x \geqslant 2\int_a^b f(x)g(x)\mathrm{d}x \int_a^b f(y)g(y)\mathrm{d}y,$$

从而有

$$\left[\int_a^b f(x)g(x)\mathrm{d}x\right]^2 \leqslant \int_a^b f^2(x)\mathrm{d}x \int_a^b g^2(x)\mathrm{d}x.$$

例 3 计算 $\iint\limits_\sigma |\cos(x+y)|\,\mathrm{d}\sigma$, 其中 σ 是由直线 $x = \dfrac{\pi}{2}, y = 0, y = x$ 所围成的.

解 先画出区域 σ, 见图 11.56, 用直线 $x + y = \dfrac{\pi}{2}$ 将 σ 分为两部分 D_1 与 D_2, 于是有

$$|\cos(x+y)| = \begin{cases} \cos(x+y), & (x,y) \in D_1, \\ -\cos(x+y), & (x,y) \in D_2, \end{cases}$$

从而

$$\begin{aligned} &\iint_\sigma |\cos(x+y)|\,\mathrm{d}\sigma \\ =& \iint_{D_1} \cos(x+y)\mathrm{d}\sigma + \iint_{D_2} -\cos(x+y)\mathrm{d}\sigma, \end{aligned}$$

由于

$$\iint\limits_{D_1} \cos(x+y)\mathrm{d}\sigma = \int_0^{\frac{\pi}{4}} \mathrm{d}y \int_y^{\frac{\pi}{2}-y} \cos(x+y)\mathrm{d}x = \int_0^{\frac{\pi}{4}} (1-\sin 2y)\mathrm{d}y,$$

$$\iint\limits_{D_2} -\cos(x+y)\mathrm{d}\sigma = -\int_{\frac{\pi}{4}}^{\frac{\pi}{2}} \mathrm{d}x \int_{\frac{\pi}{2}-x}^{x} \cos(x+y)\mathrm{d}y = -\int_{\frac{\pi}{4}}^{\frac{\pi}{2}} (\sin 2x-1)\mathrm{d}x,$$

所以

$$\begin{aligned}\iint\limits_{\sigma} |\cos(x+y)|\,\mathrm{d}\sigma &= \int_0^{\frac{\pi}{4}} (1-\sin 2t)\mathrm{d}t + \int_{\frac{\pi}{4}}^{\frac{\pi}{2}} (1-\sin 2t)\mathrm{d}t \\ &= \int_0^{\frac{\pi}{2}} (1-\sin 2t)\mathrm{d}t = \frac{\pi}{2}-1.\end{aligned}$$

被积函数带有绝对值时, 常常利用对积分域的可加性质, 把积分域分为几部分, 以便去掉绝对值.

例 4　求双纽线 $r^2=2a^2\sin 2\theta$ 所围图形的面积.

解　画出双纽线如图 11.57 所示. 当 θ 由 0 增至 $\dfrac{\pi}{2}$ 时, 画出双纽线的一叶. 当 θ 由 π 增至 $\dfrac{3\pi}{2}$ 时, 画出另一叶. 图形关于极点对称, 故所求面积为

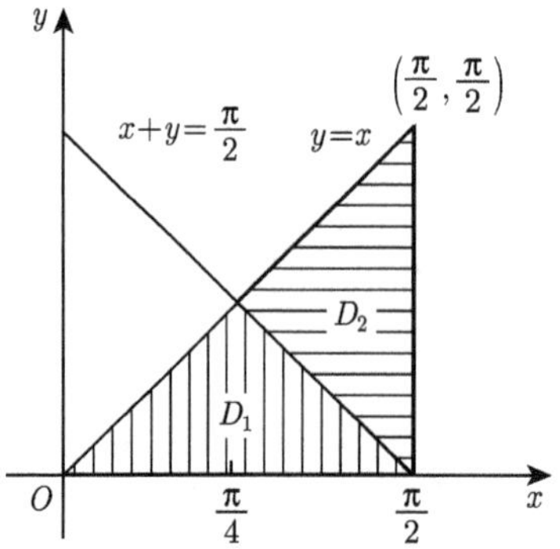

图 11.56

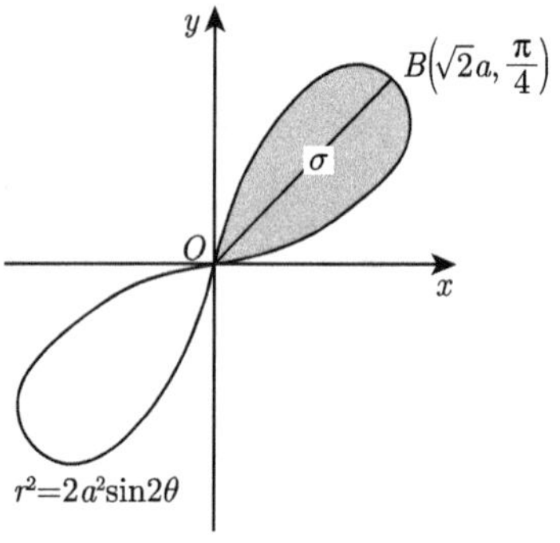

图 11.57

$$S=2\iint\limits_{\sigma} 1\mathrm{d}\sigma = 2\int_0^{\frac{\pi}{2}} \mathrm{d}\theta \int_0^{a\sqrt{2\sin 2\theta}} r\mathrm{d}r = 2\int_0^{\frac{\pi}{2}} a^2\sin 2\theta\mathrm{d}\theta = 2a^2.$$

例 5　求极坐标系中的心脏线 $r=a(1-\cos\theta)(a>0, 0\leqslant\theta\leqslant\pi)$ 与极轴所围成的平面区域绕极轴旋转一周所得的旋转体体积.

解 取极轴为 z 轴正向, 则旋转体表面的球坐标方程为

$$\rho = a(1-\cos\varphi),$$

见图 11.58. 于是所求的体积

$$V = \iiint_V 1\mathrm{d}V = \int_0^{2\pi}\mathrm{d}\theta\int_0^{\pi}\mathrm{d}\varphi\int_0^{a(1-\cos\varphi)}\rho^2\sin\varphi\mathrm{d}\rho$$

$$= 2\pi\int_0^{\pi}\sin\varphi\frac{a^3(1-\cos\varphi)^3}{3}\mathrm{d}\varphi = \frac{8}{3}\pi a^3.$$

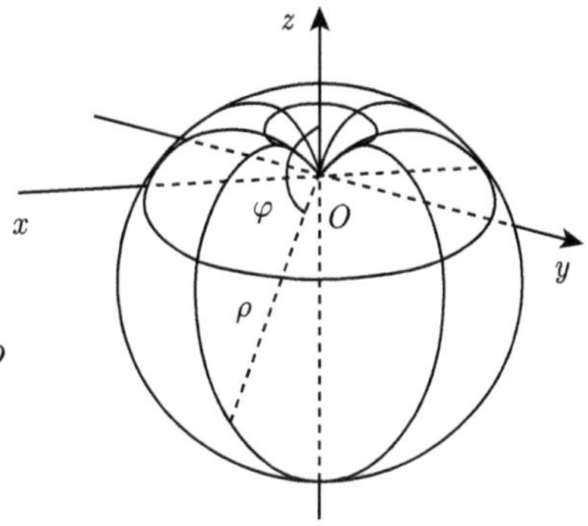

图 11.58

例 6 计算空间曲线积分 $\oint_c (z+y^2)\mathrm{d}s$, 其中 c 为球面 $x^2+y^2+z^2=R^2$ 与平面 $x+y+z=0$ 的交线.

解 若将曲线 c 化为参数方程, 比较麻烦, 因而考虑将所给线积分化为定积分来计算的方法是不可取的. 现在根据曲线 c 是球面 $x^2+y^2+z^2=R^2$ 与平面 $x+y+z=0$ 的交线这一特点: x,y,z 地位相等, 可以轮换, 曲线的方程不变. 又由于

$$\oint_c (z+y^2)\mathrm{d}s = \oint_c z\mathrm{d}s + \oint_c y^2\mathrm{d}s,$$

因此可以利用曲线 c 的方程, 与其变量 x,y,z 具有轮换性来计算. 因为

$$\oint_c x\mathrm{d}s = \oint_c y\mathrm{d}s = \oint_c z\mathrm{d}s,$$

所以

$$\oint_c z\mathrm{d}s = \frac{1}{3}\oint_c (x+y+z)\mathrm{d}s = \frac{1}{3}\oint_c 0\mathrm{d}s = 0.$$

又因为

$$\oint_c x^2\mathrm{d}s = \oint_c y^2\mathrm{d}s = \oint_c z^2\mathrm{d}s,$$

所以

$$\oint_c y^2\mathrm{d}s = \frac{1}{3}\oint_c (x^2+y^2+z^2)\mathrm{d}s = \frac{1}{3}R^2\oint_c \mathrm{d}s = \frac{1}{3}R^2 2\pi R,$$

于是有

$$\oint_c (z+y^2)\mathrm{d}s = \frac{2}{3}\pi R^3.$$

做曲线、曲面积分时, 利用曲线、曲面方程来简化被积函数是很巧妙的方法.

例 7 有一半径为 a 的均质半球体, 在其大圆上拼接一个材料相同的半径为 a 的圆柱体. 问圆柱的高为多少时, 拼接后的立体质心在球心处.

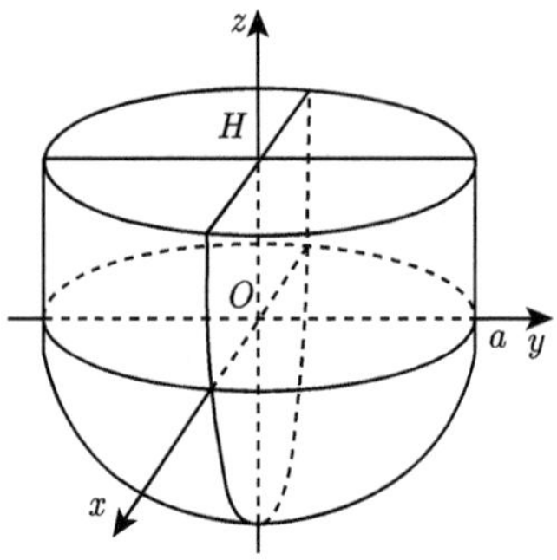

图 11.59

解　设圆柱高为 H, 取坐标如图 11.59. 由对称性知质心在 z 轴上. 要质心在球心 (坐标原点) 处, 只需

$$z=\frac{\iiint\limits_V \mu z\mathrm{d}V}{\iiint\limits_V \mu\mathrm{d}V}=\frac{\iiint\limits_V z\mathrm{d}V}{\iiint\limits_V \mathrm{d}V}=0,$$

其中常数 μ 为质量的体密度. 由于

$$\begin{aligned}\iiint\limits_V z\mathrm{d}V&=\iiint\limits_{\text{半球}} z\mathrm{d}V+\iiint\limits_{\text{柱}} z\mathrm{d}V\\&=\int_0^{2\pi}\mathrm{d}\theta\int_{\frac{\pi}{2}}^{\pi}\cos\varphi\sin\varphi\mathrm{d}\varphi\int_0^a\rho^3\mathrm{d}\rho+\int_0^{2\pi}\mathrm{d}\theta\int_0^a r\mathrm{d}r\int_0^H z\mathrm{d}z\\&=-\frac{1}{4}\pi a^4+\frac{1}{2}\pi a^2H^2.\end{aligned}$$

要 $\bar{z}=0$, 只需

$$-\frac{1}{4}\pi a^4+\frac{1}{2}\pi a^2H^2=0,$$

由此解得 $H=\dfrac{\sqrt{2}}{2}a$, 即圆柱体的高应为 $\dfrac{\sqrt{2}}{2}a$.

习　题　11.7

1. 计算 $\iint\limits_\sigma \mathrm{d}x\mathrm{d}y$, 其中 σ 是由 $x\geqslant 0,\ y\geqslant 0,\ (x^2+y^2)^3\leqslant 4a^2x^2y^2$ 所确定的区域 $(a>0)$.

2. 计算二重积分 $\iint\limits_\sigma \sqrt{|y-x^2|}\mathrm{d}x\mathrm{d}y$, 其中 σ 是由直线 $x=-1,\ x=1,\ y=0$ 及 $y=2$ 所围成的有界闭区域.

3. 已知 $f(x)$ 具有三阶连续的导数, 且 $f(0)=f'(0)=f''(0)=-1,\ f(2)=-\dfrac{1}{2}$, 计算累次积分

$$I=\int_0^2\mathrm{d}x\int_0^x\sqrt{(2-x)(2-y)}f'''(y)\mathrm{d}y.$$

4. 计算 $\displaystyle\int_{-\infty}^{+\infty}\int_{-\infty}^{+\infty}\min\{x,y\}\mathrm{e}^{-(x^2+y^2)}\mathrm{d}x\mathrm{d}y$.

5. 计算 $\iiint\limits_V \left|\sqrt{x^2+y^2+z^2}-1\right|\mathrm{d}V$, 其中 V 是由锥面 $z=\sqrt{x^2+y^2}$ 与平面 $z=1$ 所围成的立体.

6. 求 $\iiint\limits_V (x+2y+3z)\mathrm{d}V$, 其中 V 为圆锥体, 其顶点在原点 $(0,0,0)$ 处, 底为平面 $x+y+z=3$ 上以点 $(1,1,1)$ 为圆心, 1 为半径的圆.

7. 计算对弧长的曲线积分 $\int_l (|x|+|y|)^2(1+\sin xy)\mathrm{d}s$, 其中 l 是以原点为圆心的单位圆圆周.

8. 已知

$$f(x,y,z)=\begin{cases} x^2+y^2, & z\geqslant\sqrt{x^2+y^2}, \\ 0, & z<\sqrt{x^2+y^2}, \end{cases}$$

计算曲面积分 $\iint\limits_{x^2+y^2+z^2=R^2} f(x,y,z)\mathrm{d}S$.

9. 证明抛物面 $z=x^2+y^2+1$ 上任意点处的切平面与抛物面 $z=x^2+y^2$ 所围成的立体的体积为一定值, 并求出此值.

10. 求抛物面 $z=x^2+y^2+1$ 的一个切平面, 使得它与该抛物面及圆柱面 $(x-1)^2+y^2=1$ 围成的立体体积最小, 并求出这个最小的体积.

11. 设 $f(t)$ 连续, 试证 $\iint\limits_\sigma f(x-y)\mathrm{d}x\mathrm{d}y=\int_{-A}^{A} f(t)(A-|t|)\mathrm{d}t$, 其中 A 为正的常数, σ: $|x|\leqslant A/2$, $|y|\leqslant A/2$.

12. 设函数 $f(x)$ 在区间 $[0,1]$ 上连续、正值且单调下降, 试证

$$\frac{\displaystyle\int_0^1 xf^2(x)\mathrm{d}x}{\displaystyle\int_0^1 xf(x)\mathrm{d}x}\leqslant\frac{\displaystyle\int_0^1 f^2(x)\mathrm{d}x}{\displaystyle\int_0^1 f(x)\mathrm{d}x}.$$

13. 试证 $\iiint\limits_{x^2+y^2+z^2\leqslant 1} f(z)\mathrm{d}x\mathrm{d}y\mathrm{d}z=\pi\int_{-1}^{1} f(u)(1-u^2)\mathrm{d}u$. 并利用这个式子计算 $\iiint\limits_{x^2+y^2+z^2\leqslant 1} (z^4+z^2\sin^3 z)\mathrm{d}x\mathrm{d}y\mathrm{d}z$.

14. 求曲面 $\sqrt{x}+\sqrt{y}+\sqrt{z}=\sqrt{a}$ 与三个坐标面所围成的立体的体积.

15. 试用曲线积分求平面曲线段 l: $y=\dfrac{1}{3}x^3+2x$, $0\leqslant x\leqslant 1$ 绕直线 L: $y=\dfrac{4}{3}x$ 旋转一周所产生的旋转面的面积 S.

16. 设有一个由 $y=\ln x$, $y=0$, $x=\mathrm{e}$ 所围成的匀质薄片, 面密度 $\mu=1$, 求此薄片绕直线 $x=t$ 的转动惯量 $I(t)$, 并求 $I(t)$ 的最小值.

17. 设有一半径为 R, 高为 H 的圆柱形容器, 盛有 $\frac{2}{3}H$ 高的水, 放在离心机上高速旋转, 受离心力的作用, 水面呈旋转抛物面形, 问当水刚要溢出容器时, 液面的最低点在何处?

18. 试证由连续曲线 $y=f(x)>0$, 直线 $x=a, x=b$ 及 x 轴所围的曲边梯形绕 x 轴旋转一周所形成的旋转体, 当体密度 $\mu=1$ 时, 对 x 轴的转动惯量

$$I_x=\frac{\pi}{2}\int_a^b f^4(x)\mathrm{d}x.$$

19. 理解曲面积分的定义, 试通过球面坐标计算均质球壳 $x^2+y^2+z^2=R^2$, 对 z 轴的转动惯量 I_z, 设面密度为 μ.

第 12 章　第二型曲线积分与第二型曲面积分

本章将积分的思想推广到向量场内的有向曲线与有向曲面上, 即第二型曲线积分与第二型曲面积分. 同时介绍向量场的基本概念——散度与旋度.

12.1　向量场、向径的导数

12.1.1　向量场

对于数量场, 我们讨论了函数的方向导数与梯度. 还有一类场是向量场, 如电磁场、力场、速度场、梯度场等. 稳定的向量场的数学表示是在场 Ω 内定义的点 M 的向量函数 $\boldsymbol{F}=\boldsymbol{F}(M), M\in\Omega$. 对于平面向量场 ($\sigma$ 是平面区域), 引入平面直角坐标系 xOy 后, $\boldsymbol{F}$ 是点 M 的坐标 (x,y) 的二元向量函数

$$\boldsymbol{F}=P(x,y)\boldsymbol{i}+Q(x,y)\boldsymbol{j},\quad (x,y)\in\sigma.$$

它相当于两个有序的二元数量函数 $P(x,y),Q(x,y)$. 对空间的向量场, 引入空间直角坐标系 $Oxyz$ 后, $\boldsymbol{F}$ 是点 M 的坐标 (x,y,z) 的三元向量函数

$$\boldsymbol{F}=P(x,y,z)\boldsymbol{i}+Q(x,y,z)\boldsymbol{j}+R(x,y,z)\boldsymbol{k},\quad (x,y,z)\in V.$$

它相当于三个有序的三元数量函数 $P(x,y,z),Q(x,y,z),R(x,y,z)$.

在向量场中, 若曲线 l 上每点处的切线与该点的场向量重合, 则称曲线 l 为向量场的向量线, 参看图 12.1. 流速场的流线、静电场的电力线、磁场的磁力线等都是向量线.

设向量线的参数方程为

$$x=x(t),\quad y=y(t),\quad z=z(t),\quad t\in T.$$

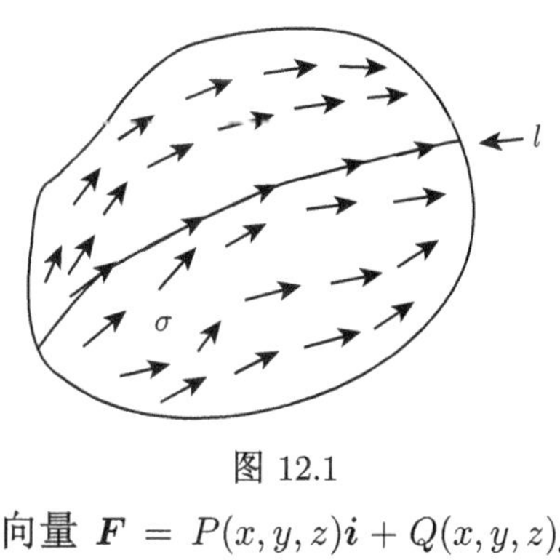

图 12.1

由于 $(\mathrm{d}x,\mathrm{d}y,\mathrm{d}z)$ 是曲线的切向量, 而场向量 $\boldsymbol{F}=P(x,y,z)\boldsymbol{i}+Q(x,y,z)\boldsymbol{j}+R(x,y,z)\boldsymbol{k}$. 由它们共线的条件, 得到向量线应满足的微分方程是

$$\frac{\mathrm{d}x}{P(x,y,z)}=\frac{\mathrm{d}y}{Q(x,y,z)}=\frac{\mathrm{d}z}{R(x,y,z)}.$$

整个向量场 V 被向量线充满, 一般地说, 当 $P(x,y,z),Q(x,y,z),R(x,y,z)$ 在 V 内连续时, 通过场内每点有且仅有一条向量线穿过, 向量线互不相交.

例 1　在坐标原点处点电荷 q 产生的电场中, 点 $M(x,y,z)$ 处的电场强度为

$$\boldsymbol{E}=\frac{q}{4\pi\varepsilon r^2}\boldsymbol{r}^0,$$

其中 $r=|\boldsymbol{r}|,\boldsymbol{r}=x\boldsymbol{i}+y\boldsymbol{j}+z\boldsymbol{k},\boldsymbol{r}^0$ 是 $\boldsymbol{r}$ 方向的单位向量. 求电场强度场 $\boldsymbol{E}$ 的向量线——电力线.

解　因为

$$\boldsymbol{E}=\frac{q}{4\pi\varepsilon r^3}(x\boldsymbol{i}+y\boldsymbol{j}+z\boldsymbol{k}),$$

所以电力线方程为

$$\frac{\mathrm{d}x}{\dfrac{qx}{4\pi\varepsilon r^3}}=\frac{\mathrm{d}y}{\dfrac{qy}{4\pi\varepsilon r^3}}=\frac{\mathrm{d}z}{\dfrac{qz}{4\pi\varepsilon r^3}},$$

从而有

$$\frac{\mathrm{d}x}{x}=\frac{\mathrm{d}y}{y}=\frac{\mathrm{d}z}{z}.$$

通解为

$$y=C_1x,\quad z=C_2x,$$

其中 C_1,C_2 为两个任意常数. 由此可见, 电力线是从原点 (点电荷 q) 发出的射线族.

12.1.2　向径的导数

设平面上曲线 l 的方程为

$$x=x(t),\quad y=y(t),\quad \alpha\leqslant t\leqslant\beta.$$

当动点 M 在 l 上移动时, 动点的向径 $\boldsymbol{r}=\overrightarrow{OM}=x(t)\boldsymbol{i}+y(t)\boldsymbol{j}$ 是 t 的向量函数 $\boldsymbol{r}=\boldsymbol{r}(t)$. 它是曲线 l 的向量式方程 (称 l 为 $\boldsymbol{r}=\boldsymbol{r}(t)$ 的终端曲线). 下面讨论向量函数 $\boldsymbol{r}=\boldsymbol{r}(t)$ 的导数. 参看图 12.2. 由于

$$\Delta\boldsymbol{r}=\boldsymbol{r}(t+\Delta t)-\boldsymbol{r}(t)=\overrightarrow{MM_1}=\Delta x\boldsymbol{i}+\Delta y\boldsymbol{j},$$

$$\frac{\Delta\boldsymbol{r}}{\Delta t}=\frac{\Delta x}{\Delta t}\boldsymbol{i}+\frac{\Delta y}{\Delta t}\boldsymbol{j},$$

故

$$\boldsymbol{r}'(t)=x'(t)\boldsymbol{i}+y'(t)\boldsymbol{j}.$$

说明向量函数的导数等于对它的每个分量求导.

又因为

$$x'(t)=\frac{\mathrm{d}x}{\mathrm{d}s}\cdot\frac{\mathrm{d}s}{\mathrm{d}t}=\cos\alpha\frac{\mathrm{d}s}{\mathrm{d}t},$$

$$y'(t)=\frac{\mathrm{d}y}{\mathrm{d}s}\cdot\frac{\mathrm{d}s}{\mathrm{d}t}=\cos\beta\frac{\mathrm{d}s}{\mathrm{d}t},$$

所以

$$\boldsymbol{r}'(t)=\{\cos\alpha,\cos\beta\}\frac{\mathrm{d}s}{\mathrm{d}t},$$

其中 $\cos\alpha,\cos\beta$ 为曲线 $\boldsymbol{r}=\boldsymbol{r}(t)$ 上在 t 处沿弧长 s 增加方向的方向余弦. $|\boldsymbol{r}'(t)|=\left|\frac{\mathrm{d}s}{\mathrm{d}t}\right|$, 即 $\boldsymbol{r}'(t)$ 的大小等于弧长的导数的绝对值. $\boldsymbol{r}=\boldsymbol{r}(t)$ 的微分

$$\mathrm{d}\boldsymbol{r}=\boldsymbol{r}'(t)\mathrm{d}t=\mathrm{d}x\boldsymbol{i}+\mathrm{d}y\boldsymbol{j}=\{\cos\alpha,\cos\beta\}\mathrm{d}s,$$

因此, 常常将 $\mathrm{d}\boldsymbol{r}$ 记为 $\mathrm{d}\boldsymbol{s}$, 称为弧长微元向量, $\mathrm{d}\boldsymbol{s}=\{\cos\alpha,\cos\beta\}\mathrm{d}s,\mathrm{d}\boldsymbol{r}=\mathrm{d}\boldsymbol{s}$ 是曲线 l 在 t 的对应点 M 处沿弧长 $\boldsymbol{s}$ 增加方向的切向量 (图 12.3). 说明 $\boldsymbol{r}'(t)$ 是曲线 l 在 t 的对应点 M 处沿 t 增加方向的切向量.

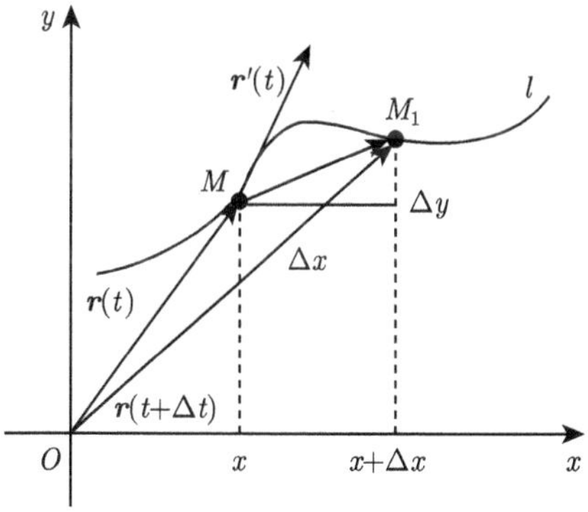

图 12.2

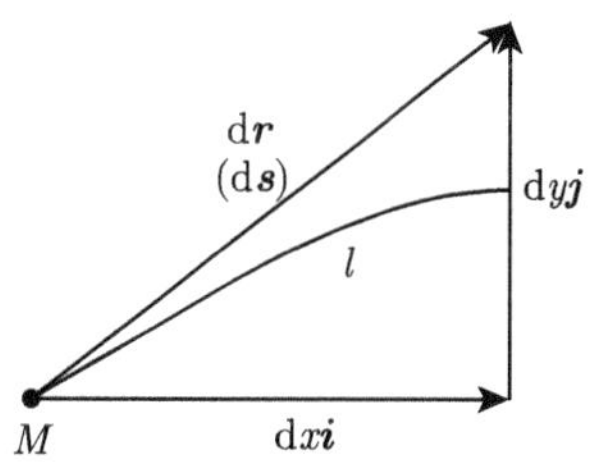

图 12.3

对空间向量函数 $\boldsymbol{r}(t)=x(t)\boldsymbol{i}+y(t)\boldsymbol{j}+z(t)\boldsymbol{k}$ 的导数和微分, 有类似的结果:

$$\boldsymbol{r}'(t)=x'(t)\boldsymbol{i}+y'(t)\boldsymbol{j}+z'(t)\boldsymbol{k}=\{\cos\alpha,\cos\beta,\cos\gamma\}\frac{\mathrm{d}s}{\mathrm{d}t},$$

$$\mathrm{d}\boldsymbol{r}(t)=\mathrm{d}x\boldsymbol{i}+\mathrm{d}y\boldsymbol{j}+\mathrm{d}z\boldsymbol{k}=\{\cos\alpha,\cos\beta,\cos\gamma\}\mathrm{d}s.$$

其中 $\cos\alpha,\cos\beta,\cos\gamma$ 为空间曲线 $\boldsymbol{r}=\boldsymbol{r}(t)$ 上点 t 处沿弧长 $\boldsymbol{s}$ 增加方向的切向方向余弦.

今后提到的有向曲线, 是指确定了弧长增加方向的曲线.

习　题　12.1

1. 求向量场 $\boldsymbol{F}=(z-y)^2\boldsymbol{i}+z\boldsymbol{j}+y\boldsymbol{k}$ 的向量线方程.

2. 电流 I 流过无限长的直导线, 在导线周围产生磁场, 当取导线为 z 轴时, 磁场强度

$$\boldsymbol{H}=\frac{2I}{x^2+y^2}(-y\boldsymbol{i}+x\boldsymbol{j}).$$

求磁力线方程.

3. 设向量函数 $\boldsymbol{r}(t)=\sin^2 t\boldsymbol{i}+\cos^2 t\boldsymbol{j}$, 求 $\boldsymbol{r}'(t)$.

4. 设向量函数 $\boldsymbol{r}(t)=t\boldsymbol{i}+t^2\boldsymbol{j}+t^3\boldsymbol{k}$, 求 $\boldsymbol{r}'(t)$.

12.2　第二型曲线积分

12.2.1　第二型曲线积分的概念

我们先看一个引例.

例 1 (变力做功问题)　设有一平面连续力场

$$\boldsymbol{F}(x,y)=P(x,y)\boldsymbol{i}+Q(x,y)\boldsymbol{j},\quad (x,y)\in\sigma.$$

一质点在场内从点 A 沿光滑曲线弧 l 移动到点 B, 求力 $\boldsymbol{F}$ 对质点做的功 $\boldsymbol{W}$.

解　当 $\boldsymbol{F}$ 为常力, l 为有向直线段 $\overrightarrow{AB}$ 时, 力所做的功为

$$W=\boldsymbol{F}\cdot\overrightarrow{AB}.$$

对于一般情况, 即 $\boldsymbol{F}$ 为变力, l 为有向光滑曲线弧时, 首先用曲线弧 l 上的点

$$A=M_0,M_1,M_2,\cdots,M_{n-1},M_n=B,$$

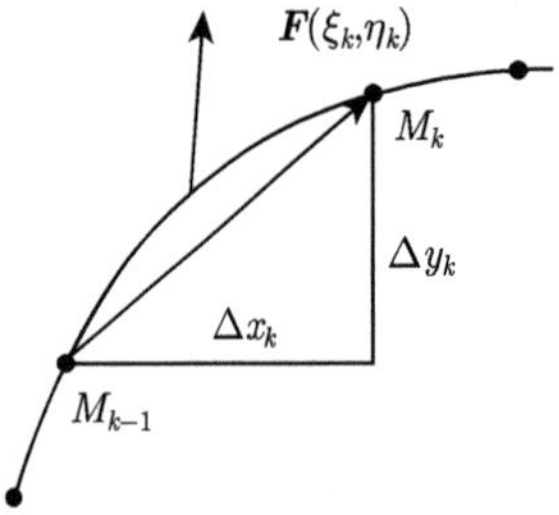

图 12.4

将 $\widehat{AB}$ 分为 n 段, 设 $M_k(x_k,y_k),\Delta x_k=x_k-x_{k-1},\Delta y_k=y_k-y_{k-1}(k=1,2,\cdots,n)$, 记 $\lambda=\max\limits_k\{\widehat{M_{k-1}M_k}$ 的弧长$\}$. 然后, 任取一典型的有向弧段 $\widehat{M_{k-1}M_k}$ 来分析 (图 12.4). 由于它光滑且很短, 可以用位移向量

$$\overrightarrow{M_{k-1}M_k}=\Delta x_k\boldsymbol{i}+\Delta y_k\boldsymbol{j}$$

近似替代 $\widehat{M_{k-1}M_k}$, 又因 $P(x,y),Q(x,y)$ 是连续的, 可以用 $\widehat{M_{k-1}M_k}$ 上任一点 (ξ_k,η_k) 处的力

$$\boldsymbol{F}(\xi_k,\eta_k)=P(\xi_k,\eta_k)\boldsymbol{i}+Q(\xi_k,\eta_k)\boldsymbol{j}$$

近似代替其上的变力. 这样变力 $\boldsymbol{F}(x,y)$ 沿有向弧段 $\overset{\frown}{M_{k-1}M_k}$ 所做的功

$$\Delta \boldsymbol{W}_k \approx \boldsymbol{F}(\xi_k,\eta_k)\cdot\overrightarrow{M_{k-1}M_k},$$

即

$$\Delta W_k \approx P(\xi_k,\eta_k)\Delta x_k + Q(\xi_k,\eta_k)\Delta y_k.$$

于是

$$\begin{aligned} W &= \sum_{k=1}^{n}\Delta W_k \approx \sum_{k=1}^{n}\boldsymbol{F}(\xi_k,\eta_k)\cdot\overrightarrow{M_{k-1}M_k} \\ &\approx \sum_{k=1}^{n}[P(\xi_k,\eta_k)\Delta x_k + Q(\xi_k,\eta_k)\Delta y_k]. \end{aligned}$$

最后, 让分点数无限增加, 使小弧段中最长的弧长 $\lambda\to 0$, 取极限, 就得到所求的功

$$\begin{aligned} W &= \lim_{\lambda\to 0}\sum_{k=1}^{n}\boldsymbol{F}(\xi_k,\eta_k)\cdot\overrightarrow{M_{k-1}M_k} \\ &= \lim_{\lambda\to 0}\sum_{k=1}^{n}[P(\xi_k,\eta_k)\Delta x_k + Q(\xi_k,\eta_k)\Delta y_k]. \end{aligned}$$

从类似的实际问题中抽去它们的实际意义, 就产生了下面的概念.

定义 12.1 设 l 为 xOy 平面上由点 A 到点 B 的一条光滑的有向曲线段, 向量函数

$$\boldsymbol{F}(x,y) = P(x,y)\boldsymbol{i} + Q(x,y)\boldsymbol{j}$$

在 l 上有定义. 用 l 上的点

$$A = M_0, M_1, M_2, \cdots, M_{n-1}, M_n - B,$$

将 $\overset{\frown}{AB}$ 分为 n 段, 设 $M_k(x_k,y_k), \Delta x_k = x_k - x_{k-1}, \Delta y_k = y_k - y_{k-1}(k=1,2,\cdots,n)$, 在每个有向弧段 $\overset{\frown}{M_{k-1}M_k}$ 上任取一点 (ξ_k,η_k), 作为乘积的和式

$$\sum_{k=1}^{n}\boldsymbol{F}(\xi_k,\eta_k)\cdot\overrightarrow{M_{k-1}M_k} = \sum_{k=1}^{n}[P(\xi_k,\eta_k)\Delta x_k + Q(\xi_k,\eta_k)\Delta y_k].$$

记 $\lambda = \max\limits_{k}\{\overset{\frown}{M_{k-1}M_k}$ 的弧长$\}$, 如果极限

$$\lim_{\lambda\to 0}\sum_{k=1}^{n}\boldsymbol{F}(\xi_k,\eta_k)\cdot\overrightarrow{M_{k-1}M_k} = \lim_{\lambda\to 0}\sum_{k=1}^{n}[P(\xi_k,\eta_k)\Delta x_k + Q(\xi_k,\eta_k)\Delta y_k]$$

存在, 且与 $M_k(\xi_k,\eta_k)(k=1,2,\cdots,n)$ 的取法无关, 则称此极限值为向量函数 $\boldsymbol{F}(x,y)$ 在有向弧 l 上的曲线积分, 或称为函数 $P(x,y),Q(x,y)$ 在有向曲线弧 $l(\widehat{AB})$ 上的**第二型曲线积分**(**或对坐标的曲线积分**), 记为

$$\int_l \boldsymbol{F}\cdot \mathrm{d}\boldsymbol{r} \quad 或 \quad \int_l P(x,y)\mathrm{d}x+Q(x,y)\mathrm{d}y.$$

称

$$\int_l P(x,y)\mathrm{d}x=\lim_{\lambda\to 0}\sum_{k=1}^{n}P(\xi_k,\eta_k)\Delta x_k \tag{1}$$

为函数 $P(x,y)$ 沿有向弧 l 对坐标 x 的曲线积分. 称

$$\int_l Q(x,y)\mathrm{d}y=\lim_{\lambda\to 0}\sum_{k=1}^{n}Q(\xi_k,\eta_k)\Delta y_k \tag{2}$$

为函数 $Q(x,y)$ 沿有向弧 l 对坐标 y 的曲线积分.

完全类似地, 可以定义向量函数

$$\boldsymbol{F}(x,y,z)=P(x,y,z)\boldsymbol{i}+Q(x,y,z)\boldsymbol{j}+R(x,y,z)\boldsymbol{k}$$

在空间有向曲线弧 $\varGamma$ 上的曲线积分

$$\int_\varGamma \boldsymbol{F}\cdot \mathrm{d}\boldsymbol{r}=\int_\varGamma P(x,y,z)\mathrm{d}x+Q(x,y,z)\mathrm{d}y+R(x,y,z)\mathrm{d}z,$$

其中 $\mathrm{d}\boldsymbol{r}=\mathrm{d}x\boldsymbol{i}+\mathrm{d}y\boldsymbol{j}+\mathrm{d}z\boldsymbol{k}$, 而

$$\int_\varGamma P(x,y,z)\mathrm{d}x=\lim_{\lambda\to 0}\sum_{k=1}^{n}P(\xi_k,\eta_k,\zeta_k)\Delta x_k,$$

$$\int_\varGamma Q(x,y,z)\mathrm{d}y=\lim_{\lambda\to 0}\sum_{k=1}^{n}Q(\xi_k,\eta_k,\zeta_k)\Delta y_k,$$

$$\int_\varGamma R(x,y,z)\mathrm{d}z=\lim_{\lambda\to 0}\sum_{k=1}^{n}R(\xi_k,\eta_k,\zeta_k)\Delta z_k$$

分别称为函数 $P(x,y,z),Q(x,y,z),R(x,y,z)$ 沿有向曲线段 $\varGamma$ 对坐标 x,y,z 的曲线积分.

例 1 中变力 $\boldsymbol{F}$ 从点 A 沿光滑曲线弧 l 移动到点 B 所做的功为 $W=\displaystyle\int_{\widehat{AB}}\boldsymbol{F}\cdot \mathrm{d}\boldsymbol{r}$.

当被积函数在积分路径上连续时, 第二型曲线积分存在.

第二型曲线积分定义知具有下列性质 (假设所涉及的积分都存在):

(1) 有向性 $\displaystyle\int_{\widehat{AB}}\boldsymbol{F}\cdot \mathrm{d}\boldsymbol{r}=-\int_{\widehat{BA}}\boldsymbol{F}\cdot \mathrm{d}\boldsymbol{r}$;

(2) 线性性 $\int_{\widehat{AB}}(k_1\boldsymbol{F}_1+k_2\boldsymbol{F}_2)\cdot\mathrm{d}\boldsymbol{r}=k_1\int_{\widehat{AB}}\boldsymbol{F}_1\cdot\mathrm{d}\boldsymbol{r}+k_2\int_{\widehat{AB}}\boldsymbol{F}_2\cdot\mathrm{d}\boldsymbol{r}$($k_1,k_2$ 为常数);

(3) 弧段可加性 $\int_{\widehat{AB}}\boldsymbol{F}\cdot\mathrm{d}\boldsymbol{r}=\int_{\widehat{AC}}\boldsymbol{F}\cdot\mathrm{d}\boldsymbol{r}+\int_{\widehat{CB}}\boldsymbol{F}\cdot\mathrm{d}\boldsymbol{r}$(点 C 位于 $\widehat{AB}$ 上).

性质 (1) 说明: 第二型曲线积分与积分路径的方向有关, 若改变它 (把 $\widehat{AB}$ 换为 $\widehat{BA}$), 则积分值差一个符号. 这是与定积分一致的, 但与第一型曲线积分不同.

12.2.2 第二型曲线积分的计算

设以 A 为起点, B 为终点的平面曲线段 $\widehat{AB}$ 的参数方程为

$$x=x(t),\quad y=y(t),\quad t \text{ 在 } \alpha,\beta \text{ 之间},$$

且起点 A 对应 $t=\alpha$, 终点 B 对应 $t=\beta$, 函数 $x(t),y(t)\in C^1$(即曲线段 $\widehat{AB}$ 是光滑的), 且其导数不同时为零. 函数 $P(x,y),Q(x,y)$ 在 $\widehat{AB}$ 上连续. 在这些条件下, 函数 $P(x,y),Q(x,y)$ 在有向曲线段 $\widehat{AB}$ 的第二型曲线积分存在. 下面说明它的计算方法.

设定义 12.1 中的分点 M_k 对应 $t=t_k$, 由拉格朗日中值定理有

$$\Delta x_k=x_k-x_{k-1}=x(t_k)-x(t_{k-1})=x'(\tau_k)\Delta t_k,$$

其中 $\Delta t_k=t_k-t_{k-1}$, τ_k 介于 t_k,t_{k-1} 之间. 于是由定义 12.1 有

$$\int_{\widehat{AB}}P(x,y)\mathrm{d}x=\lim_{\lambda\to 0}\sum_{k=1}^{n}P(x(\tau_k),y(\tau_k))x'(\tau_k)\Delta t_k.$$

由于 $\lambda\to 0$ 时, 必有 $\max\limits_{k}|\Delta t_k|\to 0$, 所以上式右边的和式的极限恰好等于函数 $P(x(t),y(t))x'(t)$ 从 α 到 β 区间上的定积分 $\int_{\alpha}^{\beta}P(x(t),y(t))x'(t)\mathrm{d}t$, 于是有公式

$$\int_{\widehat{AB}}P(x,y)\mathrm{d}x=\int_{\alpha}^{\beta}P(x(t),y(t))x'(t)\mathrm{d}t,$$

同理有

$$\int_{\widehat{AB}}Q(x,y)\mathrm{d}y=\int_{\alpha}^{\beta}Q(x(t),y(t))y'(t)\mathrm{d}t.$$

总之, 第二型曲线积分可以化为定积分来计算. 只要将曲线的参数方程代入被积表达式中, 曲线起点对应的参数为定积分下限, 终点对应的参数为上限 (这是与第一型曲线积分不同的), 就化为定积分了.

空间光滑的曲线上的第二型曲线积分有类似的结果.

若有向曲线 $\overset{\frown}{AB}$ 的方程为

$$y = y(x),$$

当 A 的坐标为 $(a, y(a))$, B 的坐标为 $(b, y(b))$ 时, 视 x 为参量, 就有

$$\int_{\overset{\frown}{AB}} P(x,y)\mathrm{d}x = \int_a^b P(x, y(x))\mathrm{d}x,$$

$$\int_{\overset{\frown}{AB}} Q(x,y)\mathrm{d}y = \int_a^b Q(x, y(x))y'(x)\mathrm{d}x.$$

同样, 若有向曲线 $\overset{\frown}{AB}$ 的方程为 $x = x(y)$, 视 y 为参量, 也有相应的公式.

在实际问题中, 可根据积分曲线的情况选取适当的变量为参量.

例 2　计算 $\int_l (y + x^2)\mathrm{d}x - x\mathrm{d}y$, 其中:

1° l 是上半圆周 $y = \sqrt{a^2 - x^2}$, 逆时针方向;

2° l 是 x 轴上由点 $A(a, 0)$ 到点 $B(-a, 0)$ 的线段.

解　1° 见图 12.5, l 的参数方程为

$$x = a\cos t, \quad y = a\sin t.$$

A 点对应 $t = 0$, B 点对应 $t = \pi$, 于是

$$\begin{aligned}\int_l (y + x^2)\mathrm{d}x - x\mathrm{d}y &= \int_0^{\pi} (a\sin t + a^2\cos^2 t)\mathrm{d}(a\cos t) - a\cos t\mathrm{d}(a\sin t)\\ &= -a^2\pi - \frac{2}{3}a^3.\end{aligned}$$

2° l 的方程为

$$y = 0,$$

x 从 a 到 $-a$, 于是

$$\int_l (y + x^2)\mathrm{d}x - x\mathrm{d}y = \int_a^{-a} x^2\mathrm{d}x = -\frac{2}{3}a^3.$$

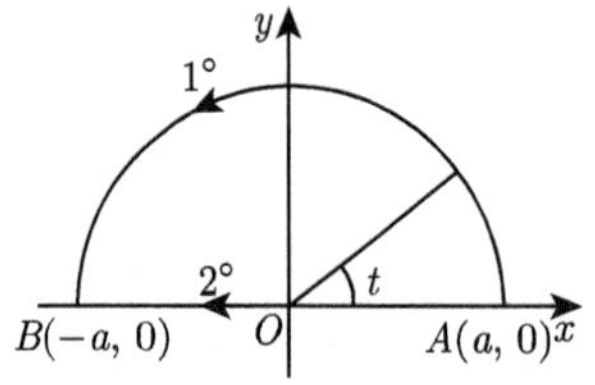

图 12.5

例 3　计算 $\int_l y^2\mathrm{d}x + 2xy\mathrm{d}y$, 其中

1° l 是沿 $y = x^2$ 从 $O(0,0)$ 到 $A(1,1)$ 的曲线段;

2° l 是沿 $x = y^2$ 从 $O(0,0)$ 到 $A(1,1)$ 的曲线段;

3° l 是折线段 OBA, 其中 $A(1,1)$, $B(1,0)$.

解　1° l 的方程为 $y = x^2$, x 从 0 到 1, 于是

$$\int_l y^2\mathrm{d}x+2xy\mathrm{d}y=\int_0^1((x^2)^2+2xx^2(2x))\mathrm{d}x=\int_0^1 5x^4\mathrm{d}x=1.$$

2° l 的方程为 $x=y^2$, y 从 0 到 1, 于是

$$\int_l y^2\mathrm{d}x+2xy\mathrm{d}y=\int_0^1(y^2(2y)+2y^2y)\mathrm{d}y=\int_0^1 4y^3\mathrm{d}y=1.$$

3° OB 的方程为 $y=0$, x 从 0 到 1, BA 的方程为 $x=1$, y 从 0 到 1, 于是 (图 12.6)

$$\begin{aligned}\int_l y^2\mathrm{d}x+2xy\mathrm{d}y&=\int_{OB+BA}y^2\mathrm{d}x+2xy\mathrm{d}y\\&=\int_{OB}y^2\mathrm{d}x+2xy\mathrm{d}y+\int_{BA}y^2\mathrm{d}x+2xy\mathrm{d}y=0+\int_0^1 2y\ \mathrm{d}y=1.\end{aligned}$$

例 4 计算 $\int_{\widehat{AB}}x^2y\mathrm{d}x$, 其中 $\widehat{AB}$ 是抛物线 $y^2=x$ 上从点 $A(1,-1)$ 到点 $B(1,1)$ 的有向弧段.

解 参看图 12.7. 若把 $\widehat{AB}$ 表示为 x 的函数, 需将 $\widehat{AB}$ 分为两段:

$$\widehat{AO}: y=-\sqrt{x},\quad x \text{ 从 1 变到 0};$$

$$\widehat{OB}: y=\sqrt{x},\quad x \text{ 从 0 变到 1},$$

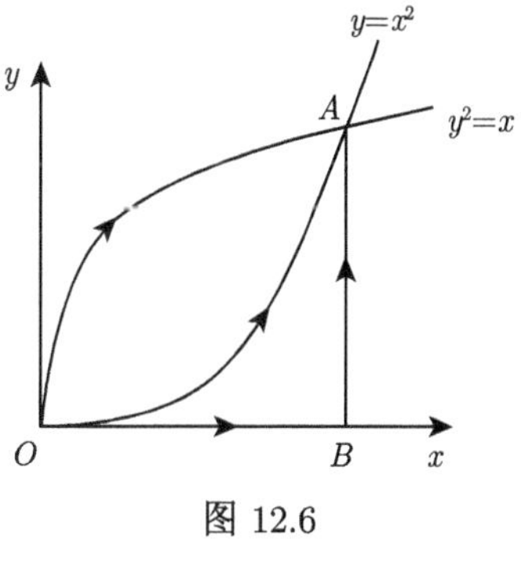

图 12.6

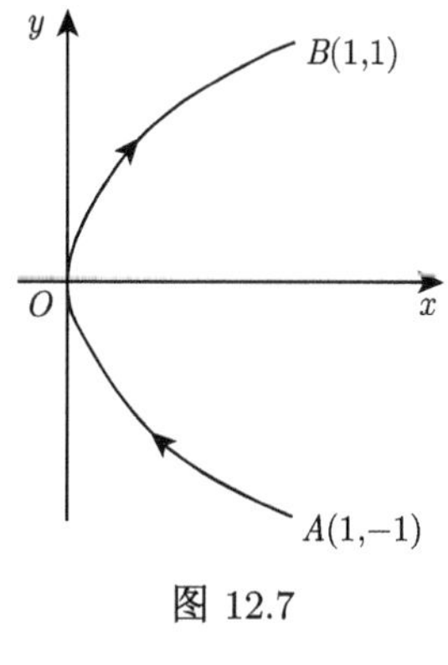

图 12.7

因此

$$\begin{aligned}\int_{\widehat{AB}}x^2y\mathrm{d}x&=\int_{\widehat{AO}}x^2y\mathrm{d}x+\int_{\widehat{BO}}x^2y\mathrm{d}x\\&=\int_1^0-x^2\sqrt{x}\mathrm{d}x+\int_0^1 x^2\sqrt{x}\mathrm{d}x\end{aligned}$$

$$= 2\int_0^1 x^{5/2}\mathrm{d}x = \frac{4}{7}.$$

若把 $\overset{\frown}{AB}$ 的方程写为 y 的函数

$$x = y^2, \quad y \text{ 从 } -1 \text{ 变到 } 1,$$

则

$$\int_{\overset{\frown}{AB}} x^2 y\mathrm{d}x = \int_{-1}^1 y^4 y\mathrm{d}y^2 = 2\int_{-1}^1 y^6\mathrm{d}y = \frac{4}{7}.$$

需要注意的是: 例 4 中 $\overset{\frown}{AB}$ 关于 $y=0$ 对称, 被积函数 x^2y 是 y 的奇函数, 但这个第二型曲线积分不等于零. 这是因为第二型曲线积分是在有向曲线上进行的, 还有方向问题, 所以它与第一型曲线积分不同. 对称性对第二型曲线积分不适用.

例 5 计算 $\int_\Gamma x\mathrm{d}x + y\mathrm{d}y + (x+y+1)\mathrm{d}z$, 其中 Γ 是由点 $A(1,1,1)$ 到点 $B(2,3,4)$ 的直线段.

解 直线 AB 的方程为

$$\frac{x-1}{1} = \frac{y-1}{2} = \frac{z-1}{3},$$

化成参数式方程为

$$x = 1+t, \quad y = 1+2t, \quad z = 1+3t.$$

A 点对应 $t=0$, B 点对应 $t=1$, 于是

$$\begin{aligned}\int_\Gamma x\mathrm{d}x + y\mathrm{d}y + (x+y+1)\mathrm{d}z &= \int_0^1 (1+t)\mathrm{d}t + (1+2t)2\mathrm{d}t + (3+3t)3\mathrm{d}t \\ &= \int_0^1 (12+14t)\mathrm{d}t = 19.\end{aligned}$$

例 6 位于原点 $(0,0,0)$ 处的电荷 q 产生的静电场中, 一单位正电荷沿光滑曲线 Γ:

$$x = x(t), \quad y = y(t), \quad z = z(t),$$

从点 A 移动到点 B, 设 A 对应 $t=\alpha$, B 对应 $t=\beta$, 求电场所做的功 W.

解 设点 $M(x,y,z)$ 的向径 $\overrightarrow{OM} = \boldsymbol{r}$, 即

$$\boldsymbol{r} = x\boldsymbol{i} + y\boldsymbol{j} + z\boldsymbol{k}, \quad r = |\boldsymbol{r}| = \sqrt{x^2+y^2+z^2}.$$

根据库仑定律, 位于点 M 处的单位正电荷受到的电场力

$$\boldsymbol{F} = \frac{q}{r^3}\boldsymbol{r},$$

因此所求的功

$$W=\int_{\Gamma}\boldsymbol{F}\cdot\mathrm{d}\boldsymbol{r}=\int_{\Gamma}\frac{q}{r^3}\boldsymbol{r}\cdot\mathrm{d}\boldsymbol{r}=q\int_{\Gamma}\frac{x\mathrm{d}x+y\mathrm{d}y+z\mathrm{d}z}{(x^2+y^2+z^2)^{3/2}}$$

$$=q\int_{\alpha}^{\beta}\frac{xx'+yy'+zz'}{(x^2+y^2+z^2)^{3/2}}\mathrm{d}t=q\int_{r(\alpha)}^{r(\beta)}\frac{\mathrm{d}r}{r^2}$$

$$=q\left[\frac{1}{r(\alpha)}-\frac{1}{r(\beta)}\right],$$

其中 $r(\alpha),r(\beta)$ 分别是点 A 和点 B 到原点的距离.

这个例子表明, 静电场电场力做功只与单位正电荷运动的起点和终点的位置有关, 而与运动的路径无关. 凡是具有这种特性的力场, 都叫做保守力场, 如重力场也是保守力场.

12.2.3 第二型曲线积分与第一型曲线积分的关系

设有向曲线段 Γ 的方程为

$$x=x(t),\quad y=y(t),\quad z=t(t),$$

起点对应 $t=\alpha$, 终点对应 $t=\beta,x(t),y(t),z(t)$ 有连续的导数, 且不同时为零. 由于

$$(x'(t),y'(t),z'(t))$$

是 Γ 上 t 的对应点处与 t 的增加方向一致的切向量. 故在该点处, 沿 Γ 同向切向量的方向余弦为

$$\cos\alpha=\frac{\pm x'(t)}{\sqrt{x'^2(t)+y'^2(t)+z'^2(t)}},\quad \cos\beta=\frac{\pm y'(t)}{\sqrt{x'^2(t)+y'^2(t)+z'^2(t)}},$$

$$\cos\gamma=\frac{\pm z'(t)}{\sqrt{x'^2(t)+y'^2(t)+z'^2(t)}}.$$

当 Γ 的方向与 t 增加的方向一致时, 取正号; 相反时, 取负号. 由两类曲线积分的计算公式知

$$\int_{\Gamma}P(x,y,z)\mathrm{d}x=\int_{\alpha}^{\beta}P(x(t),y(t),z(t))x'(t)\mathrm{d}t$$

$$=\pm\int_{\alpha}^{\beta}P(x(t),y(t),z(t))\cos\alpha\sqrt{x'^2(t)+y'^2(t)+z'^2(t)}\mathrm{d}t$$

$$=\int_{\Gamma}P(x,y,z)\cos\alpha\mathrm{d}s,$$

同样有

$$\int_{\Gamma} Q(x,y,z)\mathrm{d}y = \int_{\Gamma} Q(x,y,z)\cos\beta\mathrm{d}s,$$

$$\int_{\Gamma} R(x,y,z)\mathrm{d}z = \int_{\Gamma} R(x,y,z)\cos\gamma\mathrm{d}s.$$

说明向量 $\boldsymbol{F}(x,y,z)$ 沿有向曲线 Γ 的曲线积分 (第二型曲线积分) 等于 $\boldsymbol{F}$ 在曲线 Γ 的切线正向上的投影 $\boldsymbol{F}\cdot\boldsymbol{t}^0(\boldsymbol{t}^0=\cos\alpha\boldsymbol{i}+\cos\beta\boldsymbol{j}+\cos\gamma\boldsymbol{k})$ 沿 Γ 的第一型曲线积分, 即

$$\int_{\Gamma}\boldsymbol{F}\cdot\mathrm{d}\boldsymbol{r}=\int_{\Gamma}\boldsymbol{F}\cdot\boldsymbol{t}^0\mathrm{d}s=\int_{\Gamma}\mathrm{Prj}_{\boldsymbol{t}}\boldsymbol{F}\mathrm{d}s,$$

因此, 可以把第二型曲线积分视为一种特殊的第一型曲线积分, 它的被积函数与 Γ 的方向有关.

习　题　12.2

1. 计算 $\int_l (2a-y)\mathrm{d}x-(a-y)\mathrm{d}y$, 其中 l 为摆线 $x=a(t-\sin t), y=a(1-\cos t)$ 一拱, $0\leqslant t\leqslant 2\pi$.

2. 计算 $\int_l (x^2-2xy)\mathrm{d}x+(y^2-2xy)\mathrm{d}y$, 其中 l 为抛物线 $y=x^2$ 上对应于 x 由 -1 增加到 1 的那一段弧.

3. 计算 $\oint_l xy\mathrm{d}y$, 其中 l 是由坐标轴和直线 $\dfrac{x}{2}+\dfrac{y}{3}=1$ 所围成的三角形逆时针方向的回路.

4. 计算 $\oint_l \dfrac{(x+y)\mathrm{d}x-(x-y)\mathrm{d}y}{x^2+y^2}$, 其中 l 为圆周 $x^2+y^2=a^2$, 顺时针方向.

5. 计算 $\int_l (x^2+y^2)\mathrm{d}x+(x^2-y^2)\mathrm{d}y$, 其中 l 为曲线 $y=1-|1-x|$ 上对应于 x 由 0 变到 2 的一段.

6. 计算 $\int_l 2x\mathrm{e}^{xy}\mathrm{d}x+y\mathrm{e}^{xy}\mathrm{d}y$, 其中 l 是从点 $A(1,0)$ 沿椭圆 $x^2+\dfrac{y^2}{2}=1$ 至点 $B(0,\sqrt{2})$ 的逆时针弧段.

7. 计算 $\int_{\widehat{ABC}} |y|\mathrm{d}x+y^3\mathrm{d}y$, 其中 $\widehat{ABC}$ 是由点 $A(0,-1)$ 沿右半圆 $x=\sqrt{1-y^2}$ 经点 $B(1,0)$ 到点 $C(0,1)$ 的弧段.

8. 计算 $\int_{\Gamma} y\mathrm{d}x+z\mathrm{d}y+x\mathrm{d}z$, 其中 Γ 为螺旋线 $x=a\cos t, y=a\sin t, z=bt$ 从 $t=0$ 到 $t=2\pi$ 的一段.

9. 计算 $\int_{\Gamma} x\mathrm{d}x+y\mathrm{d}y+(x+y+z)\mathrm{d}z$, 其中 Γ 是从点 $O(0,0,0)$ 到点 $A(1,2,3)$ 的直线段.

10. 计算 $\oint_{\Gamma}(y^2+z^2)\mathrm{d}x+(z^2+x^2)\mathrm{d}y+(x^2+y^2)\mathrm{d}z$, 其中 Γ 为

$$\begin{cases} x^2+y^2+z^2=4x \quad (z\geqslant 0), \\ x^2+y^2=2x \end{cases}$$

从 z 轴正向看 Γ 取逆时针方向.

11. 设 $\overset{\frown}{AB}$ 在极坐标系下的方程为 $r=f(\theta)$, 其中 $f(\theta)$ 在 $[0,2\pi]$ 上具有连续的导数, 且 $\theta=\alpha$ 对应点 $A,\theta=\beta$ 对应点 $B(0\leqslant\alpha\leqslant\beta\leqslant 2\pi)$, 试证

$$\int_{\overset{\frown}{AB}}-y\mathrm{d}x+x\mathrm{d}y=\int_{\alpha}^{\beta}f^2(\theta)\mathrm{d}\theta.$$

12. 设 Γ 是弧长为 s 的光滑曲线段, 函数 $P(x,y,z),Q(x,y,z),R(x,y,z)$ 在 Γ 上连续, 且 $M=\max\limits_{\Gamma}\left\{\sqrt{P^2(x,y,z)+Q^2(x,y,z)+R^2(x,y,z)}\right\}$, 证明

$$\left|\int_{\Gamma}P(x,y,z)\mathrm{d}x+Q(x,y,z)\mathrm{d}y+R(x,y,z)\mathrm{d}z\right|\leqslant Ms.$$

13. 将 $\int_{l}P(x,y)\mathrm{d}x+Q(x,y)\mathrm{d}y$ 化为对弧长的曲线积分. 其中

(1) l 为从点 $(0,0)$ 到点 $(1,1)$ 的抛物线 $y=\sqrt{x}$;

(2) l 为从点 $(1,1)$ 到点 $(0,0)$ 的抛物线 $y=x^2$.

14. 设 xOy 平面内有一力场 $\boldsymbol{F}(M)$, 它的方向指向原点, 大小等于点 M 到原点的距离.

(1) 求质点从点 $A(a,0)$ 沿椭圆 $\dfrac{x^2}{a^2}+\dfrac{y^2}{b^2}=1$, 逆时针移动到点 $B(0,b)$ 时, 力场做的功;

(2) 求质点按逆时针方向沿椭圆 $\dfrac{x^2}{a^2}+\dfrac{y^2}{b^2}=1$ 运动一周时, 力场做的功.

12.3 格林公式、平面流速场的环量与旋度

本节介绍把平面区域上的二重积分和区域边界上的曲线积分联系起来的格林公式. 格林公式在平面向量场里有重要的实际背景, 它在数学上和物理场论中都是重要的.

12.3.1 格林公式

定理 12.1 设 xOy 平面上闭区域 σ 由分段光滑且不自相交的闭曲线 C 围成, 函数 $P(x,y),Q(x,y)$ 在 σ 上有连续的一阶偏导数, 则有格林公式

$$\oint_{C}P(x,y)\mathrm{d}x+Q(x,y)\mathrm{d}y=\iint_{\sigma}\left(\frac{\partial Q}{\partial x}-\frac{\partial P}{\partial y}\right)\mathrm{d}x\mathrm{d}y, \tag{1}$$

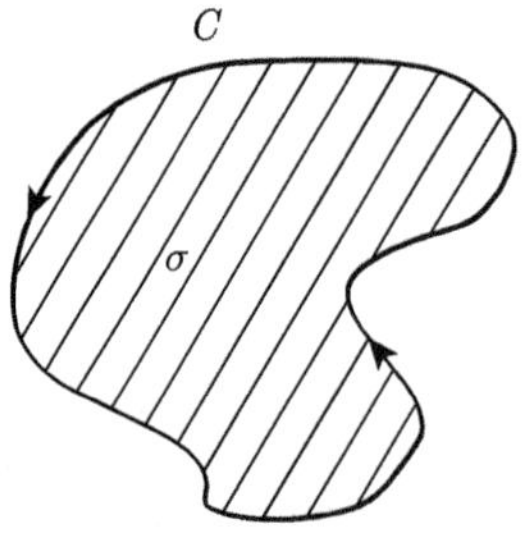

图 12.8

其中闭曲线积分按 C 的正向进行. 所谓闭曲线 C 的正向, 是指你沿此方向前进时, C 所围成的区域 σ 在你的左边 (图 12.8), 亦记作 C^+; 反之, 称为闭曲线 C 的负向, 记作 C^-.

证明　设区域 σ 是 x-型的, 即由不等式组

$$a \leqslant x \leqslant b, \quad y_1(x) \leqslant y \leqslant y_2(x)$$

确定 (图 12.9), 则由二重积分计算法知

$$-\iint\limits_{\sigma} \frac{\partial P}{\partial y}\mathrm{d}x\mathrm{d}y = -\int_a^b \mathrm{d}x \int_{y_1(x)}^{y_2(x)} \frac{\partial P}{\partial y}\mathrm{d}y = \int_a^b [P(x,y_1(x)) - P(x,y_2(x))]\mathrm{d}x,$$

而由曲线积分计算法得

$$\begin{aligned}\oint_C P(x,y)\mathrm{d}x &= \int_{\widehat{AB}+\overline{BE}+\widehat{EF}+\overline{FA}} P(x,y)\mathrm{d}x \\ &= \int_a^b P(x,y_1(x))\mathrm{d}x + \int_b^a P(x,y_2(x))\mathrm{d}x \\ &= \int_a^b [P(x,y_1(x)) - P(x,y_2(x))]\mathrm{d}x,\end{aligned}$$

因此

$$-\iint\limits_{\sigma} \frac{\partial P}{\partial y}\mathrm{d}x\mathrm{d}y = \oint_C P(x,y)\mathrm{d}x.$$

当 σ 不是 x-型区域时, 只要用一些分段光滑的曲线把 σ 分为几块 x-型区域, 便可推出上面的等式. 如图 12.10 所示的区域 σ, 用弧段 $\widehat{EF}$ 将 σ 分为 σ_1, σ_2 两个 x-型区域. 利用上面的结果和重积分的性质及第二型曲线积分的性质, 得到

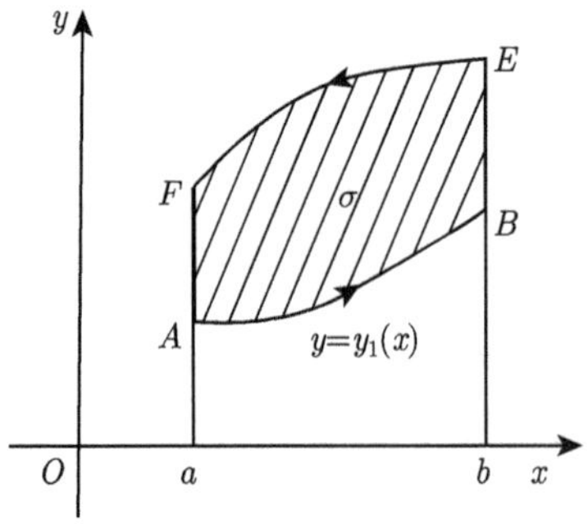

图 12.9

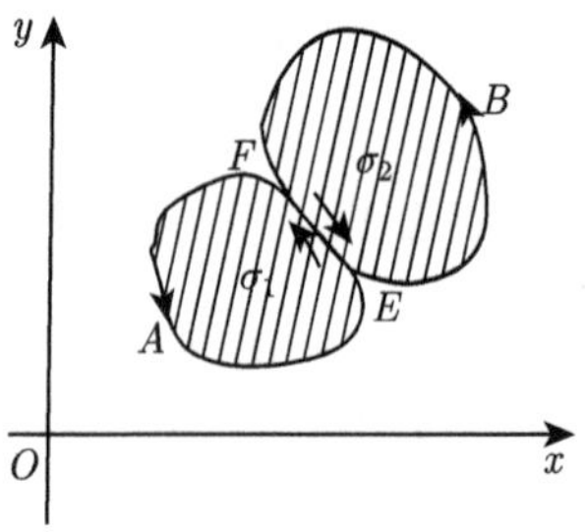

图 12.10

$$
\begin{aligned}
-\iint_{\sigma} \frac{\partial P}{\partial y}\mathrm{d}x\mathrm{d}y &= -\iint_{\sigma_1} \frac{\partial P}{\partial y}\mathrm{d}x\mathrm{d}y - \iint_{\sigma_2} \frac{\partial P}{\partial y}\mathrm{d}x\mathrm{d}y = \oint_{\overparen{AEFA}} P\mathrm{d}x + \oint_{\overparen{BFEB}} P\mathrm{d}x \\
&= \int_{\overparen{FAE}} P\mathrm{d}x + \int_{\overparen{EF}} P\mathrm{d}x + \int_{\overparen{FE}} P\mathrm{d}x + \int_{\overparen{EBF}} P\mathrm{d}x \\
&= \oint_{\overparen{AEBFA}} P\mathrm{d}x = \oint_C P\mathrm{d}x.
\end{aligned}
$$

同理可证

$$
\iint_{\sigma} \frac{\partial Q}{\partial x}\mathrm{d}x\mathrm{d}y = \oint_C Q\mathrm{d}y. \qquad \square
$$

如果在一个平面区域 σ 内, 任一闭曲线所围的区域都完全含于 σ, 则称 σ 是**单连通域**, 否则称它是**复连通域**(或多连通域)(图 12.11). 定理 12.1 对单连通域和复连通域都适用. 对图 12.11 中的复连通域 σ, 其边界线 C 分为外边界线 C_1 和内边界线 C_2, C_3, 注意它们的正向的规定, $C = C_1 + C_2 + C_3$.

格林公式还有另一种形式. 设 $\boldsymbol{t}$ 为曲线 C 同向的切向量, $\boldsymbol{n}$ 为 C 的外法向量. 将 $\boldsymbol{n}$ 向逆时针方向转一直角即得 $\boldsymbol{t}$. 由图 12.12 可知, 它们与两坐标轴正向间的夹角满足关系

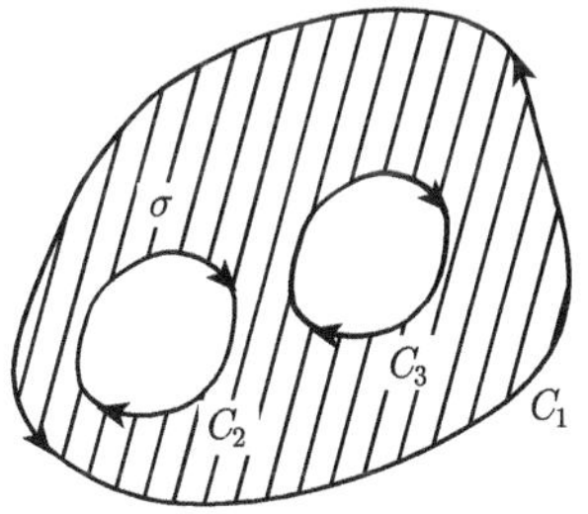

图 12.11

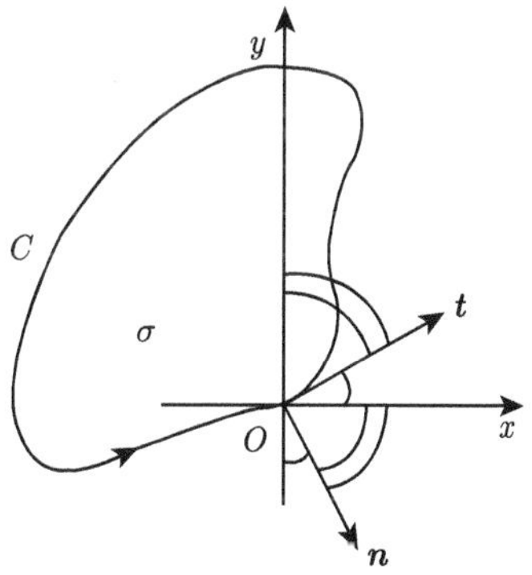

图 12.12

$$
(\widehat{\boldsymbol{t}, x}) = \pi - (\widehat{\boldsymbol{n}, y}), \quad (\widehat{\boldsymbol{t}, y}) = (\widehat{\boldsymbol{n}, x}),
$$

于是由两类曲线积分的关系

$$
\oint_C P\mathrm{d}x + Q\mathrm{d}y = \oint_C [P\cos(\widehat{\boldsymbol{t}, x}) + Q\cos(\widehat{\boldsymbol{t}, y})]\mathrm{d}s,
$$

得

$$
\oint_C [-P\cos(\widehat{\boldsymbol{n}, y}) + Q\cos(\widehat{\boldsymbol{n}, x})]\mathrm{d}s = \iint_{\sigma} \left(\frac{\partial Q}{\partial x} - \frac{\partial P}{\partial y}\right)\mathrm{d}x\mathrm{d}y.
$$

将上式中 Q 换为 P, P 称为 $-Q$, 得到格林公式的另一种形式:

$$\oint_C [P\cos(\widehat{\boldsymbol{n},x})+Q\cos(\widehat{\boldsymbol{n},y})]\mathrm{d}s=\iint_\sigma \left(\frac{\partial P}{\partial x}+\frac{\partial Q}{\partial y}\right)\mathrm{d}x\mathrm{d}y. \tag{2}$$

若记 $\boldsymbol{F}=\{P(x,y),Q(x,y)\}$, 则格林公式 (1), (2) 可分别表示为

$$\oint_C \mathrm{Prj}_{\boldsymbol{t}}\boldsymbol{F}\mathrm{d}s=\iint_\sigma \left(\frac{\partial Q}{\partial x}-\frac{\partial P}{\partial y}\right)\mathrm{d}x\mathrm{d}y,$$

$$\oint_C \mathrm{Prj}_{\boldsymbol{n}}\boldsymbol{F}\mathrm{d}s=\iint_\sigma \left(\frac{\partial P}{\partial x}+\frac{\partial Q}{\partial y}\right)\mathrm{d}x\mathrm{d}y,$$

其中 $\boldsymbol{t}$ 和 $\boldsymbol{n}$ 依次为闭曲线 C 正向的切向量和外法向量.

利用格林公式可以把闭曲线上的平面曲线积分化成闭曲线所围区域的二重积分, 因此, 格林公式为第二型平面曲线积分的计算提供了一个新的方法.

例 1　计算 $I=\oint_C (yx^2+\sin y)\mathrm{d}x+(xy^2+x\cos y+2y^2)\mathrm{d}y$, 其中 C 为圆周 $x^2+y^2=4$ 的正向.

解　这里

$$P=yx^2+\sin y,\quad Q=xy^2+x\cos y+2y^2,$$

$$\frac{\partial P}{\partial y}=x^2+\cos y,\quad \frac{\partial Q}{\partial x}=y^2+\cos y,\quad \frac{\partial Q}{\partial x}-\frac{\partial P}{\partial y}=y^2-x^2,$$

故由格林公式有

$$I=\iint_\sigma (y^2-x^2)\mathrm{d}x\mathrm{d}y=-\int_0^{2\pi}\mathrm{d}\theta\int_0^2 r^3\cos 2\theta\mathrm{d}r=0.$$

对平面闭曲线上的第二型曲线积分, 当 $\dfrac{\partial Q}{\partial x}-\dfrac{\partial P}{\partial y}$ 比较简单时, 常常考虑通过格林公式化为二重积分来计算.

例 2　计算 $I=\int_{\widehat{AO}}(\mathrm{e}^x\sin y-by)\mathrm{d}x+\mathrm{e}^x\cos y\mathrm{d}y$, 其中 $\widehat{AO}$ 是从点 $A(a,0)$ 到点 $O(0,0)$ 的上半圆周 $x^2+y^2=ax$.

解　这里积分路径 $\widehat{AO}$ 不是闭曲线, 但由

$$P=\mathrm{e}^x\sin y-by,\quad Q=\mathrm{e}^x\cos y,$$

$$\frac{\partial Q}{\partial x}=\mathrm{e}^x\cos y,\quad \frac{\partial P}{\partial y}=\mathrm{e}^x\cos y-b$$

知 $\dfrac{\partial Q}{\partial x}-\dfrac{\partial P}{\partial y}=b$, 较简单. 为应用格林公式, 在 $\widehat{AO}$ 的基础上, 再补充一段曲线, 使之构成闭曲线. 因为在补充的曲线上还要算曲线积分, 所以补充的曲线要简单,

通常是取与坐标轴平行的直线段或折线. 这里补加直线段 $\overline{OA}$, 由于 $\overline{OA}$ 的方程为 $y=0, 0\leqslant x\leqslant a$, 故

$$\int_{\overline{OA}}(\mathrm{e}^x\sin y-by)\mathrm{d}x+\mathrm{e}^x\cos y\mathrm{d}y=\int_0^a 0\mathrm{d}x=0.$$

则由格林公式知

$$\begin{aligned}I&=\int_{\widehat{AO}}(\mathrm{e}^x\sin y-by)\mathrm{d}x+\mathrm{e}^x\cos y\mathrm{d}y\\&=\oint_{\widehat{AO}+\overline{OA}}(\mathrm{e}^x\sin y-by)\mathrm{d}x+\mathrm{e}^x\cos y\mathrm{d}y-\int_{\overline{OA}}(\mathrm{e}^x\sin y-by)\mathrm{d}x+\mathrm{e}^x\cos y\mathrm{d}y\\&=\iint_\sigma b\mathrm{d}x\mathrm{d}y+0=\frac{1}{8}ba^2\pi.\end{aligned}$$

例 3 计算 $I=\oint_C\dfrac{-y\mathrm{d}x+x\mathrm{d}y}{x^2+y^2}$, 其中 C 为圆周 $x^2+y^2=a^2$ 的正向.

解 这里不能直接应用格林公式计算, 因为

$$P=\frac{-y}{x^2+y^2},\quad Q=\frac{x}{x^2+y^2},$$

在曲线 C 所围的区域内不满足定理 12.1 中的条件. 但有

$$I=\oint_C\frac{-y\mathrm{d}x+x\mathrm{d}y}{x^2+y^2}=\frac{1}{a^2}\oint_C -y\mathrm{d}x+x\mathrm{d}y,$$

这时再对上述积分应用格林公式, 因此有

$$I=\oint_C\frac{-y\mathrm{d}x+x\mathrm{d}y}{x^2+y^2}=\frac{1}{a^2}\oint_C -y\mathrm{d}x+x\mathrm{d}y=\frac{1}{a^2}\iint_\sigma 2\mathrm{d}x\mathrm{d}y=2\pi.$$

另外, 若令 $P(x,y)=-y, Q(x,y)=x$, 则有

$$\oint_C x\mathrm{d}y-y\mathrm{d}x=2\iint_\sigma \mathrm{d}x\mathrm{d}y=2S,$$

其中 S 为 σ 的面积, 所以闭曲线 C 所围的区域 σ 的面积 S, 可由曲线积分计算:

$$S=\frac{1}{2}\oint_C x\mathrm{d}y-y\mathrm{d}x.\tag{3}$$

例 4 求椭圆 $x=a\cos t, y=b\sin t, 0\leqslant t\leqslant 2\pi$ 所围的面积 S.

解 由 (3) 式

$$S=\frac{1}{2}\oint_C x\mathrm{d}y-y\mathrm{d}x=\frac{1}{2}\int_0^{2\pi}ab(\cos^2 t+\sin^2 t)\mathrm{d}t=\pi ab.$$

12.3.2 平面流速场的环量与旋度

设在 xOy 平面区域 G 内, 有一个不可压缩的流体的流速场

$$\boldsymbol{v} = P(x,y)\boldsymbol{i} + Q(x,y)\boldsymbol{j}, \quad (x,y) \in G,$$

其中 $P(x,y), Q(x,y)$ 具有连续的偏导数. 设 C 是 G 内一条光滑的不自相交的正向闭曲线.

称曲线积分

$$\Gamma = \oint_C \boldsymbol{v} \cdot \mathrm{d}\boldsymbol{r} = \oint_C P(x,y)\mathrm{d}x + Q(x,y)\mathrm{d}y$$

为流速场沿闭曲线 C 的**环量**(环流).

显然在 C 上的每点处, $\boldsymbol{v}$ 的方向与正向切线方向越靠近环量越大. 设想 C 为一片秋叶的边界线, 叶片在水面上. 当水面各点流速都相同时 (水像刚体一样平动), 沿 C 的环量为零, 叶片不转动. 环量越大 (如叶片处在旋涡处), 叶片转动得越快.

由格林公式 (1),

$$\Gamma = \oint_C \boldsymbol{v} \cdot \mathrm{d}\boldsymbol{r} = \iint_\sigma \left(\frac{\partial Q}{\partial x} - \frac{\partial P}{\partial y} \right) \mathrm{d}x\mathrm{d}y.$$

这说明沿闭曲线 C 的环量, 取决于曲线 C 所围的区域 σ 内各点处 $\dfrac{\partial Q}{\partial x} - \dfrac{\partial P}{\partial y}$ 的值. 为了说明这个值的意义, 下面仅就 $\dfrac{\partial Q}{\partial x} > 0, \dfrac{\partial P}{\partial y} < 0$ 的情况进行分析.

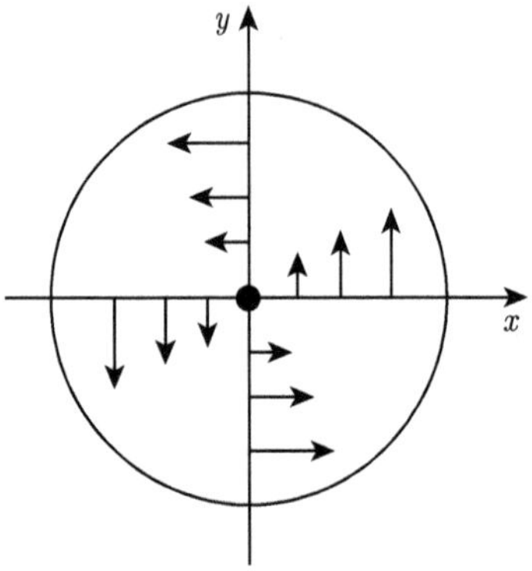

图 12.13

$\dfrac{\partial Q}{\partial x} > 0$, 说明随着 x 的增加, 铅直分速度增大; $\dfrac{\partial P}{\partial y} < 0$, 说明随着 y 的增加, 水平分速度减小 (图 12.13). 这时 $\dfrac{\partial Q}{\partial x} - \dfrac{\partial P}{\partial y} > 0$. 由图 12.13 可看出, 在 (x,y) 处微粒将做逆时针转动, 而且 $\dfrac{\partial Q}{\partial x} - \dfrac{\partial P}{\partial y}$ 越大, 转动越快.

易知, 当 $\dfrac{\partial Q}{\partial x} - \dfrac{\partial P}{\partial y} < 0$ 时, 微粒将做顺时针转动, 当 $\dfrac{\partial Q}{\partial x} - \dfrac{\partial P}{\partial y} = 0$ 时, 物体只做平动, 不转动.

总之, $\dfrac{\partial Q}{\partial x} - \dfrac{\partial P}{\partial y}$ 表示 (x,y) 处流体微粒转动的量. 因转动是有方向的, 所以称

向量

$$\left(\frac{\partial Q}{\partial x}-\frac{\partial P}{\partial y}\right)\boldsymbol{k}$$

为平面流速场的**旋度**, 记为 $\mathbf{rot}\boldsymbol{v}$.

由积分中值公式知

$$\oint_C \boldsymbol{v}\cdot\mathrm{d}\boldsymbol{r}=\left(\frac{\partial Q}{\partial x}-\frac{\partial P}{\partial y}\right)_{M^*}S,$$

其中点 $M^*\in\sigma, S$ 是 σ 的面积, 从而

$$\left(\frac{\partial Q}{\partial x}-\frac{\partial P}{\partial y}\right)_{M}=\lim_{C\to M}\frac{1}{S}\oint_C \boldsymbol{v}\cdot\mathrm{d}\boldsymbol{r},$$

其中 $C\to M$ 表示闭曲线 C 向所围的区域内一点 M 无限收缩, 故

$$\mathbf{rot}\boldsymbol{v}(M)=\left(\lim_{C\to M}\frac{\Gamma}{\Sigma}\right)\boldsymbol{k}=\left(\lim_{C\to M}\frac{1}{S}\oint_C \boldsymbol{v}\cdot\mathrm{d}\boldsymbol{r}\right)\boldsymbol{k}.$$

这是平面流速场旋度的积分形式. 若以此式定义旋度, 可知它是与坐标的选择无关的量.

格林公式 (1) 的物理意义是: 沿平面闭曲线 C 的环量, 等于 C 所包围的平面区域内各点旋度的总积累.

习 题 12.3

1. 计算 $\oint_C x^3\mathrm{d}x+x\mathrm{e}^{-y^2}\mathrm{d}y$, 其中 C 是由直线 $y=x, y=1$ 及 $x=0$ 所围成的三角形区域边界线的正向.

2. 计算 $\oint_C \mathrm{e}^x[(1-\cos y)\mathrm{d}x-(y-\sin y)\mathrm{d}y]$, 其中 C 为区域 $0<x<\pi, 0<y<\sin x$ 的边界的正向闭曲线.

3. 计算 $\oint_C (x^3-x^2y)\mathrm{d}x+(xy^2+y^3)\mathrm{d}y$, 其中 C 是圆周 $x^2+y^2=a^2(a>0)$ 顺时针方向一周.

4. 设 C 是 xOy 平面一顺时针方向的简单闭曲线, 且 $\oint_C (2x-y)\mathrm{d}x+(5x+4y)\mathrm{d}y=-9$, 求曲线 C 所围的区域的面积.

5. 计算 $\oint_C y(3x-1)\mathrm{d}x-x(x+1)\mathrm{d}y$, 其中 C 是正向椭圆周 $b^2x^2+a^2y^2=a^2b^2$.

6. 计算 $\oint_C \dfrac{yx^2\mathrm{d}x-xy^2\mathrm{d}y}{1+\sqrt{x^2+y^2}}$, 其中 C 是由曲线 $l_1: y=-\sqrt{1-x^2}$ 和直线 $l_2: y=0(-1\leqslant x\leqslant 1)$ 构成的顺时针闭曲线.

7. 计算 $\int_l (x+y)^2 \mathrm{d}x + (x+y^2\sin y)\mathrm{d}y$, 其中 l 是从点 $A(1,1)$ 沿曲线 $y=x^2$ 到点 $B(-1,1)$ 的弧段.

8. 计算 $\int_l (3xy+\sin x)\mathrm{d}x + (x^2 - y\mathrm{e}^y)\mathrm{d}y$, 其中 l 是从点 $(0,0)$ 到点 $(4,8)$ 的抛物线段 $y=x^2-2x$.

9. 计算 $\int_l \sqrt{x^2+y^2}\mathrm{d}x + \left[x + y\ln(x+\sqrt{x^2+y^2})\right]\mathrm{d}y$, 其中 l 是从点 $B(2,1)$ 沿上半圆 $y=1+\sqrt{1-(x-1)^2}$ 至点 $A(0,1)$ 的弧段.

10. 利用曲线积分计算星形线 $x=a\cos^3 t, y=a\sin^3 t$ 所围图形的面积.

11. 计算曲线积分

$$I=\int_l [u'_x(x,y)+xy]\mathrm{d}x + u'_y(x,y)\mathrm{d}y,$$

其中 l 是从点 $A(0,1)$ 沿曲线 $y=\dfrac{\sin x}{x}$ 到点 $B(\pi,0)$ 的曲线段. $u(x,y)$ 在 xOy 平面上具有二阶连续偏导数, 且 $u(0,1)=1, u(\pi,0)=\pi$.

12.4　平面曲线积分与路径无关的条件、保守场

12.4.1　平面曲线积分与路径无关的条件

在计算第二型曲线积分时, 我们会发现, 有些曲线积分的积分结果与积分路径无关, 如 12.2 节中例 3, 有些曲线积分的积分结果与积分路径有关, 如 12.2 节中例 2, 那么, 曲线积分在区域 G 内满足什么条件与积分路径无关呢? 下面讨论平面曲线积分与路径无关的情况.

定义 12.2　如果对区域 G 内任意两点 A, B, 以及从 A 到 B 的任意两条曲线 l_1, l_2, 都有

$$\int_{l_1} P\mathrm{d}x + Q\mathrm{d}y = \int_{l_2} P\mathrm{d}x + Q\mathrm{d}y,$$

则称在 G 内曲线积分 $\int_l P\mathrm{d}x + Q\mathrm{d}y$ 与**路径无关**(与起点和终点有关).

定理 12.2　设函数 $P(x,y), Q(x,y)$ 在单连通区域 G 内有连续的一阶偏导数, 则下列四个结论相互等价.

1° 在 G 内, 对任一闭路 C, 积分

$$\oint_C P\mathrm{d}x + Q\mathrm{d}y = 0.$$

2° 在 G 内, 曲线积分

$$\int_{\widehat{AB}} P\mathrm{d}x + Q\mathrm{d}y$$

与路径无关.

3° 在 G 内, 表达式 $P\mathrm{d}x+Q\mathrm{d}y$ 是某函数 $u(x,y)$ 的全微分, 即有

$$\mathrm{d}u=P\mathrm{d}x+Q\mathrm{d}y.$$

4° 在 G 内, 表达式 P,Q 满足条件

$$\frac{\partial P}{\partial y}=\frac{\partial Q}{\partial x}.$$

证明 1°⇒2° 设 A,B 为 G 内任意两点, $\overset{\frown}{AMB}$ 和 $\overset{\frown}{ANB}$ 是 G 内从 A 到 B 的任意两条曲线弧, 则有

$$\int_{\overset{\frown}{AMB}}P\mathrm{d}x+Q\mathrm{d}y-\int_{\overset{\frown}{ANB}}P\mathrm{d}x+Q\mathrm{d}y=\oint_{\overset{\frown}{AMBNA}}P\mathrm{d}x+Q\mathrm{d}y=0,$$

于是

$$\int_{\overset{\frown}{AMB}}P\mathrm{d}x+Q\mathrm{d}y=\int_{\overset{\frown}{ANB}}P\mathrm{d}x+Q\mathrm{d}y.$$

2°⇒3° 因为曲线积分与路径无关, 当起点 $A(x_0,y_0)$ 固定时, 它是终点 $B(x,y)$ 的二元 (点) 函数, 记为

$$u(x,y)=\int_{(x_0,y_0)}^{(x,y)}P\mathrm{d}x+Q\mathrm{d}y. \tag{1}$$

为了证明

$$\mathrm{d}u=P\mathrm{d}x+Q\mathrm{d}y,$$

先证

$$\frac{\partial u}{\partial x}=P(x,y),\quad \frac{\partial u}{\partial y}=Q(x,y).$$

由于

$$u(x+\Delta x,y)=\int_{(x_0,y_0)}^{(x+\Delta x,y)}P\mathrm{d}x+Q\mathrm{d}y$$

与积分路径无关, 对上面这个积分, 先取从点 $A(x_0,y_0)$ 到点 $B(x,y)$, 然后沿平行于 x 轴的直线从点 $B(x,y)$ 到点 $B'(x+\Delta x,y)$ 的路径积分, 如图 12.14 所示. 可知

$$u(x+\Delta x,y)=u(x,y)+\int_{(x,y)}^{(x+\Delta x,y)}P\mathrm{d}x+Q\mathrm{d}y.$$

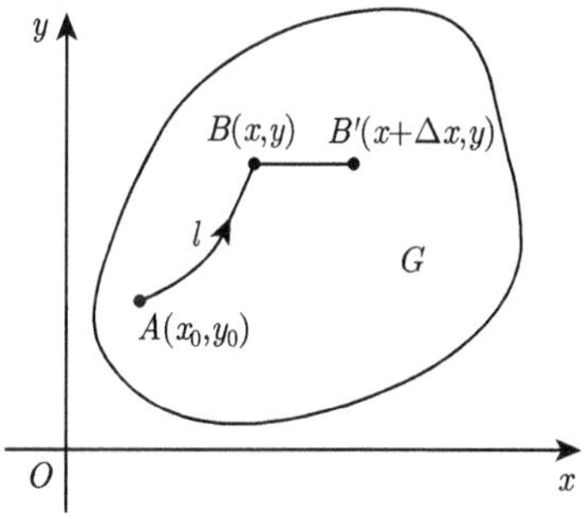

图 12.14

因为在水平直线段 $\overline{BB'}$ 上纵坐标 y 为常数, 所以 $\mathrm{d}y=0$, 从而

$$\Delta_x u = u(x+\Delta x, y) - u(x,y) = \int_x^{x+\Delta x} P(x,y)\mathrm{d}x.$$

利用积分中值定理, 得

$$\Delta_x u = P(x+\theta\Delta x, y)\Delta x, \quad 0 \leqslant \theta \leqslant 1.$$

因为 $P(x,y)$ 连续, 所以有

$$\frac{\partial u}{\partial x} = \lim_{\Delta x\to 0}\frac{\Delta_x u}{\Delta x} = \lim_{\Delta x\to 0} P(x+\theta\Delta x, y) = P(x,y).$$

同理可证

$$\frac{\partial u}{\partial y} = Q(x,y).$$

由于两个偏导数连续, 所以 u 可微, 且

$$\mathrm{d}u = P\mathrm{d}x + Q\mathrm{d}y.$$

$3^\circ \Rightarrow 4^\circ$　因为 $\mathrm{d}u = P\mathrm{d}x + Q\mathrm{d}y$, 所以

$$\frac{\partial u}{\partial x} = P, \quad \frac{\partial u}{\partial y} = Q.$$

又因为 P, Q 有连续的一阶偏导数, 所以有

$$\frac{\partial P}{\partial y} = \frac{\partial^2 u}{\partial x\partial y} = \frac{\partial^2 u}{\partial y\partial x} = \frac{\partial Q}{\partial x}.$$

$4^\circ \Rightarrow 1^\circ$　对 G 内任一闭曲线 C, 由于 G 是单连通的, 所以 C 所围的区域 σ 含于 G. 利用格林公式及 4°, 有

$$\oint_C P\mathrm{d}x + Q\mathrm{d}y = \iint_\sigma \left(\frac{\partial Q}{\partial x} - \frac{\partial P}{\partial y}\right)\mathrm{d}x\mathrm{d}y = 0.$$

这样, 把四个结论循环地推导一圈, 就证明了它们之间都是相互等价的. 这一证明手段称为循环论证. □

这个定理很重要, 它指出了曲线积分与路径无关的充要条件, 也指出了表达式 $P\mathrm{d}x + Q\mathrm{d}y$ 是某一函数的全微分的充要条件, 并给出求原函数的公式 (1). 这些充要条件尤以条件 4° 最便于检查.

定理 12.2 关于区域 G 单连通的要求是必要的. 例如, 函数

$$P(x,y) = -\frac{y}{x^2+y^2}, \quad Q(x,y) = \frac{x}{x^2+y^2}$$

在复连通区域

$$0.5 \leqslant x^2+y^2 \leqslant 2$$

上, 恒有

$$\frac{\partial P}{\partial y}=\frac{y^2-x^2}{(x^2+y^2)^2}=\frac{\partial Q}{\partial x},$$

但沿区域内单位圆 $C: x^2+y^2=1$ 的闭路积分

$$\oint_C P\mathrm{d}x+Q\mathrm{d}y=\oint_C \frac{x\mathrm{d}y-y\mathrm{d}x}{x^2+y^2}=\oint_C x\mathrm{d}y-y\mathrm{d}x=2\pi\neq 0.$$

在复连通区域内的连续可微的向量场, 条件 4° 不能保证 1°—3° 成立, 但此时 1°—3° 还是相互等价的.

当曲线积分与路径无关时, 曲线积分的计算可以换一个简便的路径.

例 1 计算 $\int_l (x^3+2xy^3)\mathrm{d}x+(3x^2y^2+y^3)\mathrm{d}y$, 其中 l 是从点 $O(0,0)$ 到点 $A\left(\frac{\pi}{2},1\right)$ 的正弦曲线 $y=\sin x$.

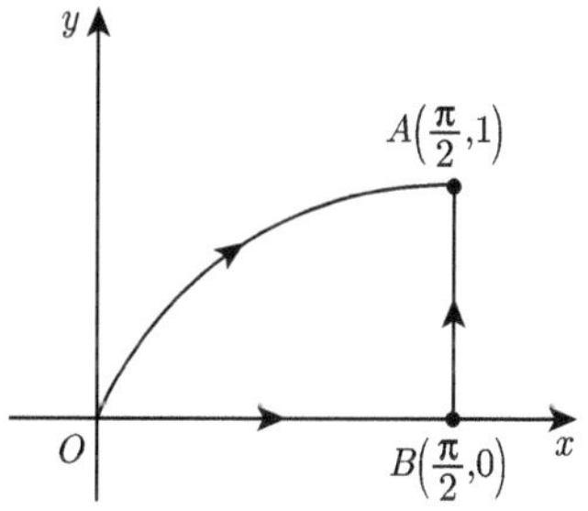

图 12.15

解 因为

$$\frac{\partial Q}{\partial x}=6xy^2,\quad \frac{\partial P}{\partial y}=6xy^2,\quad \frac{\partial Q}{\partial x}=\frac{\partial P}{\partial y},$$

所以曲线积分与路径无关, 为计算方便, 将路径 l 换为从点 $O(0,0)$ 到点 $B\left(\frac{\pi}{2},0\right)$, 再从点 B 到点 A 的折线 (图 12.15). 于是

$$\begin{aligned}&\int_l (x^3+2xy^3)\mathrm{d}x+(3x^2y^2+y^3)\mathrm{d}y\\ =&\left(\int_{\overline{OB}}+\int_{\overline{BA}}\right)(x^3+2xy^3)\mathrm{d}x+(3x^2y^2+y^3)\mathrm{d}y\\ =&\int_0^{\pi/2} x^3\mathrm{d}x+\int_0^1\left[3\left(\frac{\pi}{2}\right)^2y^2+y^3\right]\mathrm{d}y=\frac{\pi^4}{64}+\frac{\pi^2+1}{4}.\end{aligned}$$

例 2 计算 $\oint_C \frac{(x-y)\mathrm{d}x+(x+y)\mathrm{d}y}{x^2+y^2}$, 其中 C 为不过原点的任意正向闭曲线.

解 因为

$$\frac{\partial Q}{\partial x}=\frac{y^2-x^2-2xy}{(x^2+y^2)^2}=\frac{\partial P}{\partial y},\quad (x,y)\neq(0,0),$$

所以在不包含原点 $(0,0)$ 的单连通区域内, 曲线积分与路径无关.

当 C 所包围的区域内不含原点时,

$$\oint_C \frac{(x-y)\mathrm{d}x+(x+y)\mathrm{d}y}{x^2+y^2}=0.$$

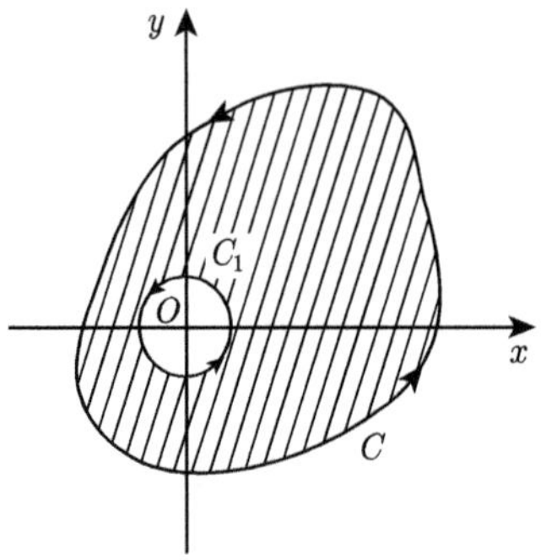

图 12.16

当 C 所包围的区域内含有原点时, 可以用曲线 C 的参数方程化曲线积分为定积分计算. 由于本题中曲线 C 未具体给出, 这里采用抠除原点的方法. 考虑到被积函数分母是 x^2+y^2, 为计算方便, 补充圆周 $C_1: x=\varepsilon\cos t,\ y=\varepsilon\sin t, t$ 从 0 到 $2\pi,\varepsilon>0$ 适当小 (图 12.16), 则在曲线 C 与 C_1^- 为边界的复连通区域上应用格林公式得

$$\oint_{C+C_1^-} \frac{(x-y)\mathrm{d}x+(x+y)\mathrm{d}y}{x^2+y^2}=0,$$

因此

$$\oint_C \frac{(x-y)\mathrm{d}x+(x+y)\mathrm{d}y}{x^2+y^2}=\oint_{C_1} \frac{(x-y)\mathrm{d}x+(x+y)\mathrm{d}y}{x^2+y^2}.$$

这说明, 积分的闭路 C 可以在 $\dfrac{\partial Q}{\partial x}=\dfrac{\partial P}{\partial y}$ 成立的区域内连续变形为 C_1, 两个闭路积分相等. 故

$$\begin{aligned}
&\oint_C \frac{(x-y)\mathrm{d}x+(x+y)\mathrm{d}y}{x^2+y^2}\\
=&\frac{1}{\varepsilon^2}\oint_{C_1}(x-y)\mathrm{d}x+(x+y)\mathrm{d}y\\
=&\int_0^{2\pi}[-(\cos t-\sin t)\sin t+(\cos t+\sin t)\cos t]\mathrm{d}t\\
=&\int_0^{2\pi}\mathrm{d}t=2\pi.
\end{aligned}$$

也可以先利用曲线方程简化被积函数, 然后再用格林公式, 如

$$\begin{aligned}
\oint_C \frac{(x-y)\mathrm{d}x+(x+y)\mathrm{d}y}{x^2+y^2}&=\frac{1}{\varepsilon^2}\oint_{C_1}(x-y)\mathrm{d}x+(x+y)\mathrm{d}y\\
&=\frac{1}{\varepsilon^2}\iint\limits_{\sigma_1}(1+1)\mathrm{d}x\mathrm{d}y=2\pi,
\end{aligned}$$

其中 σ_1 是椭圆 C_1 所围成的区域.

这里 C 上的曲线积分换为 C_1 上的曲线积分, "在 $\dfrac{\partial Q}{\partial x}=\dfrac{\partial P}{\partial y}$ 的区域内, 闭曲线积分的积分路径可以任意连续变形" 这种说法对吗?

例 3 设 $x>0$ 时, $f(x)$ 可导, 且 $f(1)=2$. 在右半平面 $(x>0)$ 内的任一闭曲线 C 上, 恒有

$$\oint_C 4x^3y\mathrm{d}x+xf(x)\mathrm{d}y=0.$$

试求 $\displaystyle\int_{\widehat{AB}} 4x^3y\mathrm{d}x+xf(x)\mathrm{d}y$, 其中 $\widehat{AB}$ 是从点 $A(2,0)$ 到点 $B(1,1)$ 的曲线.

解 由给定的条件知, 在右半平面内, 曲线积分与路径无关. 因此, $\dfrac{\partial Q}{\partial x}=\dfrac{\partial P}{\partial y}$, 即有

$$xf'(x)+f(x)=4x^3.$$

解此一阶线性微分方程, 并由条件 $f(1)=2$, 得到

$$f(x)=\frac{1}{x}+x^3.$$

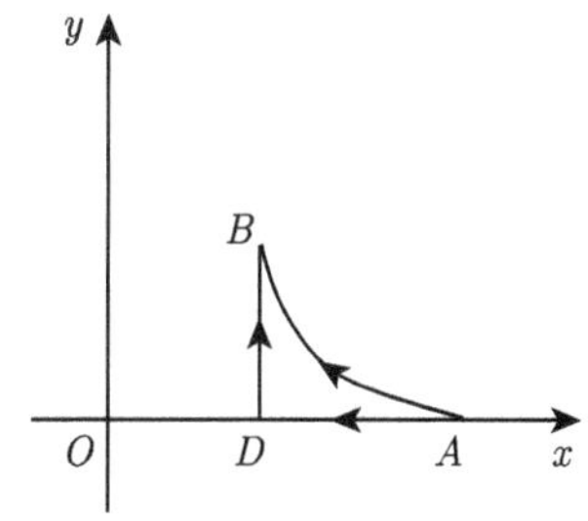

图 12.17

由于曲线积分与路径无关, 取从点 $A(2,0)$ 到点 $D(1,0)$, 再从点 $D(1,0)$ 到点 $B(1,1)$ 的折线 (图 12.17), 则

$$\begin{aligned}\int_{\widehat{AB}} 4x^3y\mathrm{d}x+xf(x)\mathrm{d}y&=\int_{\widehat{AB}} 4x^3y\mathrm{d}x+(1+x^4)\mathrm{d}y\\&=\left(\int_{\overline{AD}}+\int_{\overline{DB}}\right)4x^3y\mathrm{d}x+(1+x^4)\mathrm{d}y\\&=\int_2^1 0\mathrm{d}x+\int_0^1(1+1^4)\mathrm{d}y=2.\end{aligned}$$

当平面曲线积分与路径无关时, 即在平面区域 G 内表达式 $P\mathrm{d}x+Q\mathrm{d}y$ 是某一函数 u 的全微分, 即

$$\mathrm{d}u=P\mathrm{d}x+Q\mathrm{d}y,$$

称 u 是 $P\mathrm{d}x+Q\mathrm{d}y$ 的**原函数**.

同样地, 对平面区域 G 内的向量场 $P(x,y)\boldsymbol{i}+Q(x,y)\boldsymbol{j}$, 从 G 内定点 (x_0,y_0) 沿曲线 l 到点 (x,y) 的曲线积分

$$u(x,y)=\int_l P(x,y)\mathrm{d}x+Q(x,y)\mathrm{d}y,$$

若与 l 路径无关, 即有

$$u(x,y)=\int_{(x_0,y_0)}^{(x,y)}P(x,y)\mathrm{d}x+Q(x,y)\mathrm{d}y,\quad (x,y)\in G$$

就是 $P(x,y)\mathrm{d}x+Q(x,y)\mathrm{d}y$ 的原函数, 从而有公式

$$\int_A^B P\mathrm{d}x+Q\mathrm{d}y=u\,\Big|_A^B\,. \tag{2}$$

如对例 1 用此方法, 由于

$$(x^3+2xy^3)\mathrm{d}x+(3x^2y^2+y^3)\mathrm{d}y=\mathrm{d}\left(\frac{x^4}{4}+\frac{1}{4}y^4+x^2y^3\right),$$

所以

$$\begin{aligned}&\int_{(0,0)}^{\left(\frac{\pi}{2},1\right)}(x^3+2xy^3)\mathrm{d}x+(3x^2y^2+y^4)\mathrm{d}y\\=&\left(\frac{x^4}{4}+\frac{y^4}{4}+x^2y^3\right)\Bigg|_{(0,0)}^{\left(\frac{\pi}{2},1\right)}=\frac{\pi^4}{64}+\frac{\pi^2+1}{4}.\end{aligned}$$

12.4.2　保守场、原函数、全微分方程

在连续的向量场 $\boldsymbol{F}(x,y)=P(x,y)\boldsymbol{i}+Q(x,y)\boldsymbol{j},(x,y)\in\sigma$ 内, 若第二型曲线积分

$$\int_l\boldsymbol{F}\cdot\mathrm{d}\boldsymbol{r}=\int_l P(x,y)\mathrm{d}x+Q(x,y)\mathrm{d}y$$

与路径无关, 则称向量场 $\boldsymbol{F}$ 为**保守场**.

在连续的向量场 $\boldsymbol{F}(x,y)=P(x,y)\boldsymbol{i}+Q(x,y)\boldsymbol{j},(x,y)\in\sigma$ 内, 若存在单值可微的数量函数 $u(x,y)$, 使得

$$\boldsymbol{F}=\mathbf{grad}u,$$

即$\boldsymbol{F}$是数量场u的梯度场, 则称向量场$\boldsymbol{F}$为有势场 (或位场), 并称 $v(x,y)=-u(x,y)$ 为场 $\boldsymbol{F}$ 的势函数.

在连续可微的向量场 $\boldsymbol{F}(x,y)=P(x,y)\boldsymbol{i}+Q(x,y)\boldsymbol{j},(x,y)\in\sigma$ 内, 若各点的旋度均为零, 即

$$\mathrm{rot}\boldsymbol{F}=\mathbf{0},$$

则称向量场 $\boldsymbol{F}$ 为无旋场.

定理 12.2 说明, 连续可微的单连通的向量场, 若是保守场, 一定是有势场, 也必为无旋场, 反之亦然.

保守场 $\Leftrightarrow$ 有势场 $\Leftrightarrow$ 无旋场

以上对平面场的讨论, 对空间向量场完全适用, 后面不再重复.

对有势场 $\boldsymbol{F}=P\boldsymbol{i}+Q\boldsymbol{j}$, 如何求势函数 v, 或者说如何求函数 $u(v=-u)$, 也就是在多元函数中, 求 $P\mathrm{d}x+Q\mathrm{d}y$ 的原函数 u 的问题, 由定理 12.2 的证明中的 (1) 式可知

$$u(x,y)=\int_{(x_0,y_0)}^{(x,y)}P\mathrm{d}x+Q\mathrm{d}y+C.$$

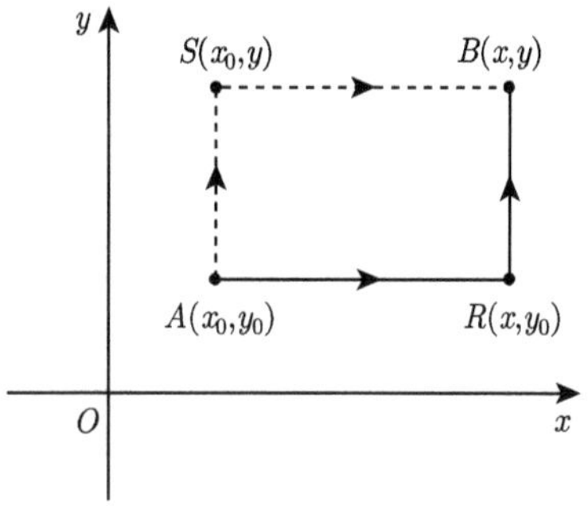

图 12.18

由于这时曲线积分与路径无关, 在可能的情况下, 通常取与坐标轴平行的折线作积分路径, 化为定积分 (图 12.18). 当取图 12.18 中折线 ARB 为路径时,

$$u(x,y)=\int_{x_0}^{x}P(x,y_0)\mathrm{d}x+\int_{y_0}^{y}Q(x,y)\mathrm{d}y+C, \tag{3}$$

当取图 12.18 中折线 ASB 为路径时,

$$u(x,y)=\int_{x_0}^{x}P(x,y)\mathrm{d}x+\int_{y_0}^{y}Q(x_0,y)\mathrm{d}y+C. \tag{4}$$

由于点 $A(x_0,y_0)$ 为 G 内任取的定点, 选取时要考虑 (3) 或 (4) 式中的 $P(x,y_0)$ 或 $Q(x_0,y)$ 便于积分.

例 4 试证 $(5x^3+2xy^2+3y^3)\mathrm{d}x+(2x^2y+9xy^2-5y^3)\mathrm{d}y$ 是全微分, 并求其原函数.

证明 由于

$$\frac{\partial Q}{\partial x}=4xy+9y^2=\frac{\partial P}{\partial y},$$

所以, $(5x^3+2xy^2+3y^3)\mathrm{d}x+(2x^2y+9xy^2-5y^3)\mathrm{d}y$ 在 xOy 面上是全微分. 取点 $A(x_0,y_0)=(0,0)$, 利用公式 (3) 得

$$\begin{aligned}u(x,y)&=\int_0^x 5x^3\mathrm{d}x+\int_0^y(2x^2y+9xy^2-5y^3)\mathrm{d}y+C\\&=\frac{5}{4}x^4+x^2y^2+3xy^3-\frac{5}{4}y^4+C.\end{aligned}$$

例 5 试证 $\boldsymbol{F}=(xy^2+xy^3)\boldsymbol{i}+(x^2y+3xy^2)\boldsymbol{j}$ 在整个 xOy 面上是有势场, 并求其势函数 v.

证明　由于

$$\frac{\partial Q}{\partial x}=2xy+3y^2=\frac{\partial P}{\partial y},$$

所以 $\boldsymbol{F}$ 是整个 xOy 面上的有势场. 取 $(x_0,y_0)=(0,0)$, 则由公式 (3) 得

$$u(x,y)=\int_0^x 0\mathrm{d}x+\int_0^y (x^2y+3xy^2)\mathrm{d}y+C=\frac{1}{2}x^2y^2+xy^3+C.$$

故场 $\boldsymbol{F}$ 的势函数为

$$v(x,y)=-\frac{1}{2}x^2y^2-xy^3+C,$$

其中 C 为任意常数.

如果一阶微分方程

$$P(x,y)\mathrm{d}x+Q(x,y)\mathrm{d}y=0 \tag{5}$$

的左边是函数 $u(x,y)$ 的全微分, 则称方程 (5) 为全微分方程. 这时方程 (5) 可变为

$$\mathrm{d}[u(x,y)]=0,$$

于是

$$u(x,y)=C$$

是方程 (5) 的通解. 这里 $u(x,y)$ 可由 (3) 或 (4) 式确定.

例 6　解方程

$$(2xy^3+y^2+5x)\mathrm{d}x+(3x^2y^2+2xy-4y)\mathrm{d}y=0.$$

解　因为

$$\frac{\partial Q}{\partial x}=6xy^2+2y=\frac{\partial P}{\partial y},$$

所以原方程是全微分方程. 取 $(x_0,y_0)=(0,0)$, 由公式 (3) 得

$$\begin{aligned}u(x,y)&=\int_0^x 5x\mathrm{d}x+\int_0^y (3x^2y^2+2xy-4y)\mathrm{d}y\\&=\frac{5}{2}x^2+x^2y^3+xy^2-2y^2,\end{aligned}$$

于是方程的通解为

$$\frac{5}{2}x^2+x^2y^3+xy^2-2y^2=C.$$

例 7　解方程

$$[\cos(x+y^2)+y]\mathrm{d}x+[2y\cos(x+y^2)+x]\mathrm{d}y=0.$$

解 求全微分的原函数, 或者解全微分方程时, 常常可凭借对全微分运算法则与公式的熟练来实现, 这里将方程左边写为

$$\begin{aligned}&\cos(x+y^2)(\mathrm{d}x+2y\mathrm{d}y)+(y\mathrm{d}x+x\mathrm{d}y)\\=&\cos(x+y^2)\mathrm{d}(x+y^2)+\mathrm{d}(xy)\\=&\mathrm{d}[\sin(x+y^2)+xy],\end{aligned}$$

因此方程的通解为

$$\sin(x+y^2)+xy=C.$$

例 8 求解方程

$$(4xy^2+y)\mathrm{d}x-x\mathrm{d}y=0.$$

解 因为

$$\frac{\partial Q}{\partial x}=-1,\quad \frac{\partial P}{\partial y}=8xy+1,$$

所以这不是全微分方程. 但若将方程写为

$$4xy^2\mathrm{d}x+y\mathrm{d}x-x\mathrm{d}y=0,$$

若用 $\frac{1}{y^2}$ 乘两边, 便得到

$$4x\mathrm{d}x+\frac{y\mathrm{d}x-x\mathrm{d}y}{y^2}=0,$$

即

$$\mathrm{d}\left(2x^2+\frac{x}{y}\right)=0$$

是个全微分方程, 其通解为

$$2x^2+\frac{x}{y}=C.$$

对非全微分方程

$$P(x,y)\mathrm{d}x+Q(x,y)\mathrm{d}y=0,$$

若有非零函数 $\mu=\mu(x,y)$ 能使

$$\mu P(x,y)\mathrm{d}x+\mu Q(x,y)\mathrm{d}y=0$$

为全微分方程, 则称 $\mu=\mu(x,y)$ 为该方程的积分因子. 例如, $\frac{1}{y^2}$ 是例 8 中微分方程的积分因子. 通过乘积分因子, 将方程化为全微分方程, 求通解的方法叫做积分因子法. 它是解一阶微分方程的一个基本方法.

习 题 12.4

1. 证明曲线积分 $\int_l \frac{y\mathrm{d}x - x\mathrm{d}y}{x^2}$ 只与 l 的起点和终点有关, 而与所取的路径无关, 其中 l 为不过 y 轴的任意曲线, 并求

$$\int_{(2,1)}^{(1,2)} \frac{y\mathrm{d}x - x\mathrm{d}y}{x^2}.$$

2. 证明曲线积分 $\int_l \mathrm{e}^x(\cos y\mathrm{d}x - \sin y\mathrm{d}y)$ 只与 l 的起点和终点有关, 而与所取的路径无关, 并求

$$\int_{(0,0)}^{(1,1)} \mathrm{e}^x(\cos y\mathrm{d}x - \sin y\mathrm{d}y).$$

3. 计算 $\int_l \frac{1}{x}\sin\left(xy - \frac{\pi}{4}\right)\mathrm{d}x + \frac{1}{y}\sin\left(xy - \frac{\pi}{4}\right)\mathrm{d}y$, 其中 l 是由点 $A(1,\pi)$ 到点 $B\left(\frac{\pi}{2},2\right)$ 的直线段.

4. 计算 $\int_l (x^2 + 1 - \mathrm{e}^y\sin x)\mathrm{d}y - \mathrm{e}^y\cos x\mathrm{d}x$, 其中 l 是由点 $O(0,0)$ 沿 $y = x^2$ 到点 $A(1,1)$ 的曲线.

5. 设 $f(1) = 1$, 试求可微函数 $f(x)$, 使曲线积分

$$\int_{\widehat{AB}} [\sin x - f(x)]\frac{y}{x}\mathrm{d}x + [f(x) - x^2]\mathrm{d}y$$

与路径无关 ($\widehat{AB}$ 不穿过 y 轴). 并求从点 $A\left(-\frac{3\pi}{2},\pi\right)$ 到点 $B\left(-\frac{\pi}{2},0\right)$ 的这个积分值.

6. 设 $f(x)$ 具有二阶连续导数, $f(0) = 0, f'(0) = 1$, 而且曲线积分

$$\int_l [f'(x) + 6f(x) + 4\mathrm{e}^{-x}]y\mathrm{d}x + f'(x)\mathrm{d}y$$

与路径无关. 计算

$$\int_{(0,0)}^{(1,1)} [f'(x) + 6f(x) + 4\mathrm{e}^{-x}]y\mathrm{d}x + f'(x)\mathrm{d}y.$$

7. 设曲线积分 $\int_l F(x,y)(y\mathrm{d}x + x\mathrm{d}y)$ 与积分路径无关, $F(x,y)$ 有连续的一阶偏导数, 且由方程 $F(x,y) = 0$ 所确定的隐函数的图形过点 $(1,2)$, 试求方程 $F(x,y) = 0$ 所确定的函数 $y = f(x)$.

8. 计算闭曲线积分 $\oint_C \frac{-y\mathrm{d}x + x\mathrm{d}y}{x^2 + y^2}$, 其中 C 是逆时针方向的椭圆 $\frac{x^2}{a^2} + \frac{y^2}{b^2} = 1$.

9. 已知 C 是平面上任意一条不自相交的闭曲线, 问常数 a 为何值时, 曲线积分

$$\oint_C \frac{x\mathrm{d}x - ay\mathrm{d}y}{x^2+y^2} = 0,$$

其中 C 是不穿过原点 $(0,0)$ 的闭曲线.

10. 设 $f(x), g(x) \in C(-\infty,+\infty)$, 且曲线积分

$$\int_l g(x)y\mathrm{d}x + f(x)\mathrm{d}y$$

与路径无关. 试证

$$f(x) = f(0) + \int_0^x g(t)\mathrm{d}t.$$

11. 设有平面力场 $\boldsymbol{F} = (2xy^3 - y^2\cos x)\boldsymbol{i} + (1 - 2y\sin x + 3x^2y^2)\boldsymbol{j}$, 求质点沿曲线 $l: 2x = \pi y^2$, 从点 $O(0,0)$ 运动到点 $A\left(\dfrac{\pi}{2}, 1\right)$ 时, 场力 $\boldsymbol{F}$ 所做的功.

12. 验证表达式

$$\frac{y\mathrm{d}x}{3x^2-2xy+3y^2} - \frac{x\mathrm{d}y}{3x^2-2xy+3y^2}$$

在不含原点的任何单连通区域内是某函数 $u(x,y)$ 的全微分, 并在 $x>0$ 区域上求函数 $u(x,y)$.

13. 验证表达式 $(2x\cos y - y^2\sin x)\mathrm{d}x + (2y\cos x - x^2\sin y)\mathrm{d}y$ 是某二元函数 $u(x,y)$ 的全微分, 并求函数 $u(x,y)$, 计算曲线积分

$$\int_{(0,0)}^{\left(\frac{\pi}{2},\pi\right)} (2x\cos y - y^2\sin x)\mathrm{d}x + (2y\cos x - x^2\sin y)\mathrm{d}y.$$

14. a 为何值时, 表达式

$$\frac{(x+ay)\mathrm{d}x + y\mathrm{d}y}{(x+y)^2}$$

是某函数的全微分.

15. 确定常数 λ, 使在右半平面 $x>0$ 上的向量

$$\boldsymbol{F}(x,y) = 2xy(x^4+y^2)^\lambda\boldsymbol{i} - x^2(x^4+y^2)^\lambda\boldsymbol{j}$$

为某二元函数 $u(x,y)$ 的梯度, 并求 $u(x,y)$.

16. 已知函数 $z=f(x,y)$ 在任一点 (x,y) 处的两个偏增量:

$$\Delta_x z = (2+3x^2y^2)\Delta x + x^2y^2(\Delta x)^2 + xy^2(\Delta x)^3,$$

$$\Delta_y z = 2x^3y\Delta y + 3x^3y^2(\Delta y)^2,$$

且 $f(0,0)=1$, 求 $f(x,y)$.

17. 验证下列方程是全微分方程, 并求其通解.

(1) $(3x^2+6y^2x)\mathrm{d}x+(6x^2y+4y^2)\mathrm{d}y=0$;

(2) $[\cos(x+y^2)+3y]\mathrm{d}x+[2y\cos(x+y^2)+3x]\mathrm{d}y=0$;

(3) $(x\cos y+\cos x)y'-y\sin x+\sin y=0$.

18. 设 $f(x)$ 具有二阶连续导数, $f(0)=0, f'(0)=1$, 且

$$[xy(x+y)-f(x)y]\mathrm{d}x+[f'(x)+x^2y]\mathrm{d}y=0$$

为一全微分方程, 求 $f(x)$ 及此全微分方程的通解.

19. 设有平面向量场 $\boldsymbol{F}=\{2x\cos y-y^2\sin x, 2y\cos x-x^2\sin y\}$.

(1) 证明 $\boldsymbol{F}$ 是保守场;

(2) 求势函数;

(3) 求从点 $A(-\pi,\pi)$ 到点 $B\left(3\pi,\dfrac{\pi}{2}\right)$ 的曲线积分 $\displaystyle\int_{\widehat{AB}}\boldsymbol{F}\cdot\mathrm{d}\boldsymbol{r}$.

12.5 第二型曲面积分

12.5.1 预备知识

1) 有向曲面

通常光滑曲面都有两侧, 如上下侧、前后侧、左右侧、内外侧. 一些问题需要区分曲面的侧, 如流体从曲面的这一侧流向另一侧的净流量问题等. 这时, 曲面上任一点的法向量有两个不同的方向, 可以通过规定法向量的方向来区分曲面的两侧. 如曲面 $z=z(x,y)$, 规定上侧法向量与 z 轴正向夹角小于 $\dfrac{\pi}{2}$, 下侧法向量与 z 轴正向夹角大于 $\dfrac{\pi}{2}$. 闭曲面的外侧法向量向外, 内侧法向量向内. 总之使法向量的指向与曲面的侧一致. 取定了法向量的曲面叫做**有向曲面**.

顺便指出, 有两侧的曲面叫双侧曲面. 也有的曲面只有一侧, 称为单侧曲面. 如默比乌斯 (Möbius) 带, 它是由一长方形纸条 $ABCD$, 扭转一下, 将 A, D 粘在一起, B, C 粘在一起形成的环形带 (图 12.19). 小毛虫在默比乌斯带上, 不通过边界可以爬到任何一点去, 在双侧曲面上这是不能实现的.

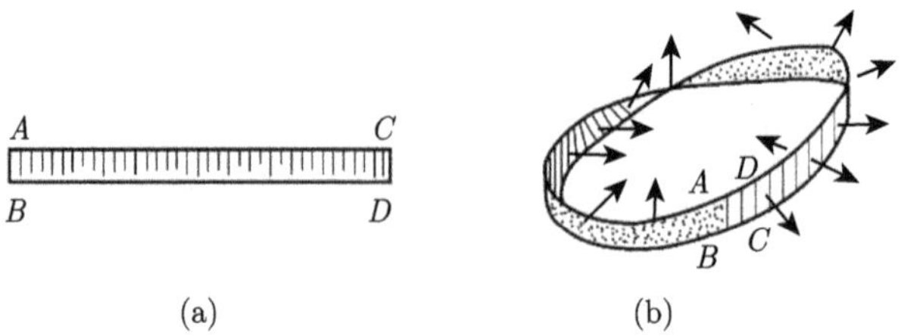

图 12.19

2) 有向平面在坐标面上的投影

设 Σ 是空间有向平面片, 其面积为 S, 法向量方向余弦为 $\cos\alpha, \cos\beta, \cos\gamma$. 此时 α, β, γ 恰好等于 Σ 与坐标面 yOz, zOx, xOy 的二面角 (图 12.20). 分别称数值

$$\Sigma_{yz} = S\cos\alpha, \quad \Sigma_{zx} = S\cos\beta,$$
$$\Sigma_{xy} = S\cos\gamma$$

为有向平面 Σ 在坐标面 yOz, zOx, xOy 上的投影 (值). 它们等于投影的面积数附以一定的正负号. 如当 $\gamma < \dfrac{\pi}{2}$ 时, $\boldsymbol{n}$ 向上, $S\cos\gamma$ 是正的, $\Sigma_{xy} = \sigma_{xy}$; 当 $\gamma > \dfrac{\pi}{2}$ 时, $\boldsymbol{n}$ 向下, $S\cos\gamma$ 是负的, $\Sigma_{xy} = -\sigma_{xy}$, 这里 σ_{xy} 表示 Σ 在 xOy 面的投影域的面积.

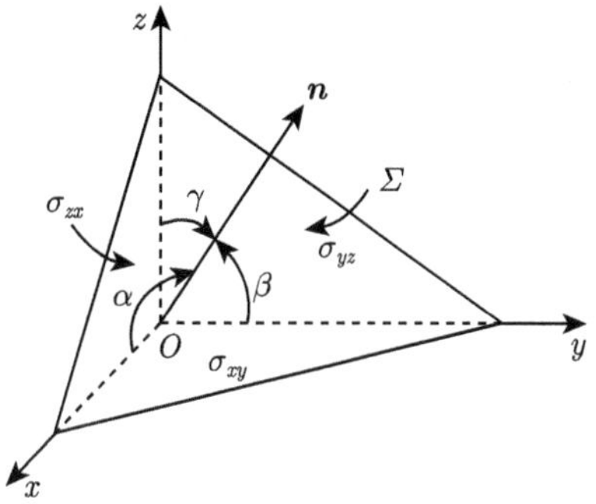

图 12.20

12.5.2 第二型曲面积分概念

例 1 设区域 G 内, 有连续的不可压缩流体流速场

$$\boldsymbol{v} = P(x,y,z)\boldsymbol{i} + Q(x,y,z)\boldsymbol{j} + R(x,y,z)\boldsymbol{k},$$

求单位时间通过 G 内有向曲面片 Σ 流到指定一侧的净流量 Φ.

解 (1) $\boldsymbol{v}$ 为常向量, Σ 为有向平面片情况.

设 Σ 的面积为 S, 单位法向量为 $\boldsymbol{n}^0$, 则

$$\Phi = S|\boldsymbol{v}|\cos(\widehat{\boldsymbol{v}, \boldsymbol{n}^0}) = \boldsymbol{v}\cdot\boldsymbol{n}^0 S = \boldsymbol{v}\cdot\boldsymbol{S},$$

其中 $\boldsymbol{S} = S\boldsymbol{n}^0$(图 12.21).

(2) 一般情况.

将曲面片 Σ 分割为 $\Delta\boldsymbol{S}_1, \Delta\boldsymbol{S}_2, \cdots, \Delta\boldsymbol{S}_n$, 同时表示其面积数, 记

$$\lambda = \max_{1\leqslant i\leqslant n}\{\Delta\boldsymbol{S}_i\text{的直径}\}.$$

任取一点 $M_i(\xi_i, \eta_i, \zeta_i) \in \Delta S_i$, 设 $\boldsymbol{n}_i^0 = \{\cos\alpha_i, \cos\beta_i, \cos\gamma_i\}$ 为有向曲面 Σ 在点 M_i 处指定的单位法向量. 取 $\boldsymbol{v}(M_i)$ 代替 ΔS_i 上各点的流速, 并视 $\Delta\boldsymbol{S}_i$ 为过点 M_i, 以 $\boldsymbol{n}_i^0$ 为法向量的平面片 (图 12.22), 则通过 ΔS_i 的流量

$$\Delta\Phi_i \approx \boldsymbol{v}(M_i)\cdot\boldsymbol{n}_i^0\Delta S_i = \boldsymbol{v}(M_i)\cdot\Delta\boldsymbol{S}_i,$$

其中 $\Delta \boldsymbol{S}_i = \Delta S_i \boldsymbol{n}_i^0$, 于是单位时间通过有向曲面 $\varSigma$ 到指定一侧的净流量

$$\begin{aligned}\varPhi &= \lim_{\lambda\to 0}\sum_{i=1}^{n}\boldsymbol{v}(M_i)\cdot\boldsymbol{n}_i^0\Delta S_i = \lim_{\lambda\to 0}\sum_{i=1}^{n}\boldsymbol{v}(M_i)\cdot\Delta \boldsymbol{S}_i\\ &= \lim_{\lambda\to 0}\sum_{i=1}^{n}[P(\xi_i,\eta_i,\zeta_i)\cos\alpha_i + Q(\xi_i,\eta_i,\zeta_i)\cos\beta_i + R(\xi_i,\eta_i,\zeta_i)\cos\gamma_i]\Delta S_i\\ &= \lim_{\lambda\to 0}\sum_{i=1}^{n}[P(M_i)\Delta\varSigma_{iyz} + Q(M_i)\Delta\varSigma_{izx} + R(M_i)\Delta\varSigma_{ixy}].\end{aligned}$$

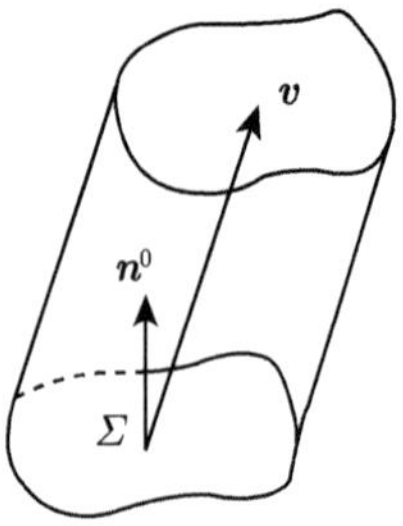

图 12.21

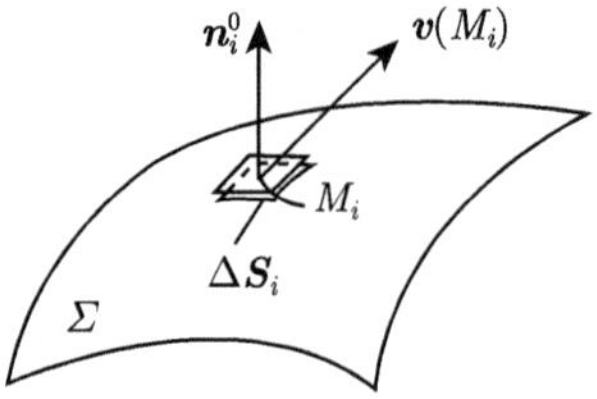

图 12.22

类似的一些问题, 产生了下面重要的概念.

定义 12.3 设 $\varSigma$ 为光滑的有向曲面片,

$$\boldsymbol{F}(x,y,z) = \{P(x,y,z), Q(x,y,z), R(x,y,z)\}$$

在 $\varSigma$ 上有定义. 将 $\varSigma$ 分割为 $\Delta S_1, \Delta S_2, \cdots, \Delta S_n$, 同时用它们表示其面积数, 记 $\lambda = \max\limits_{1\leqslant i\leqslant n}\{\Delta S_i$ 的直径$\}$. 任取一点 $M_i(\xi_i,\eta_i,\zeta_i)\in\Delta S_i$, 记 $\boldsymbol{n}_i^0 = \{\cos\alpha_i, \cos\beta_i, \cos\gamma_i\}$ 为 $\varSigma$ 在 M_i 处指定的单位法向量. 用 $\Delta\varSigma_{iyz}, \Delta\varSigma_{izx}, \Delta\varSigma_{ixy}$ 表示 $\Delta\boldsymbol{S}_i$ 在 yOz, zOx, xOy 面上的投影. 若不论 $\varSigma$ 的分法和 M_i 的取法如何, 极限

$$\begin{aligned}&\lim_{\lambda\to 0}\sum_{i=1}^{n}\boldsymbol{F}(M_i)\cdot\Delta\boldsymbol{S}_i = \lim_{\lambda\to 0}\sum_{i=1}^{n}\boldsymbol{F}(M_i)\cdot\boldsymbol{n}_i^0\Delta S_i\\ =&\lim_{\lambda\to 0}\sum_{i=1}^{n}[P(M_i)\cos\alpha_i + Q(M_i)\cos\beta_i + R(M_i)\cos\gamma_i]\Delta\boldsymbol{S}_i\\ =&\lim_{\lambda\to 0}\sum_{i=1}^{n}[P(M_i)\Delta\varSigma_{iyz} + Q(M_i)\Delta\varSigma_{izx} + R(M_i)\Delta\varSigma_{ixy}] \qquad (1)\end{aligned}$$

存在, 且为同一值, 则称此极限值为向量函数 $\boldsymbol{F}$ 在有向曲面片 $\varSigma$ 上的曲面积分, 或称为函数 P,Q,R 在有向曲面片 $\varSigma$ 上的第二型曲面积分. 记为

$$\iint\limits_{\varSigma}\boldsymbol{F}(M)\cdot\mathrm{d}\boldsymbol{S} \quad 或 \quad \iint\limits_{\varSigma}P\mathrm{d}y\wedge\mathrm{d}z + Q\mathrm{d}z\wedge\mathrm{d}x + R\mathrm{d}x\wedge\mathrm{d}y,$$

并依次称

$$\iint\limits_{\Sigma} P(x,y,z)\mathrm{d}y\wedge\mathrm{d}z,\quad \iint\limits_{\Sigma} Q(x,y,z)\mathrm{d}z\wedge\mathrm{d}x,\quad \iint\limits_{\Sigma} R(x,y,z)\mathrm{d}x\wedge\mathrm{d}y$$

为函数 P,Q,R 在有向曲面 Σ 上对**坐标yz,zx,xy的曲面积分**. 其中 $\mathrm{d}\boldsymbol{S}$ 称为曲面**面积微元向量**, $\mathrm{d}\boldsymbol{S}=\mathrm{d}S\{\cos\alpha,\cos\beta,\cos\gamma\}$, $\mathrm{d}y\wedge\mathrm{d}z=\cos\alpha\mathrm{d}S$, $\mathrm{d}z\wedge\mathrm{d}x=\cos\beta\mathrm{d}S$, $\mathrm{d}x\wedge\mathrm{d}y=\cos\gamma\mathrm{d}S$ 依次为 $\mathrm{d}\boldsymbol{S}$ 在 yOz,zOx,xOy 面上的投影. 习惯上, 省略外积符号 "$\wedge$", 将 $\mathrm{d}y\wedge\mathrm{d}z$ 简记为 $\mathrm{d}y\mathrm{d}z$, 将 $\iint\limits_{\Sigma} P\mathrm{d}y\wedge\mathrm{d}z$ 简记为 $\iint\limits_{\Sigma} P\mathrm{d}y\mathrm{d}z$, 等等. 为书写方便, 我们也省去符号 "$\wedge$".

这样例 1 的净流量 $\Phi=\iint\limits_{\Sigma}\boldsymbol{v}(M)\cdot\mathrm{d}\boldsymbol{S}$.

当 P,Q,R 在 Σ 上连续时, 第二型曲面积分存在, 且由第二型面积分的定义式, 有如下性质:

1° 第二型曲面积分与第一型曲面积分的关系. 设 $\cos\alpha,\cos\beta,\cos\gamma$ 是有向曲面 Σ 指定的法向量方向余弦, 则

$$\iint\limits_{\Sigma} P\mathrm{d}y\mathrm{d}z+Q\mathrm{d}z\mathrm{d}x+R\mathrm{d}x\mathrm{d}y=\iint\limits_{\Sigma}(P\cos\alpha+Q\cos\beta+R\cos\gamma)\mathrm{d}S.$$

2° 有向性　若 $-\Sigma$ 表示有向曲面 Σ 相反的一侧, 则

$$\iint\limits_{-\Sigma} R\mathrm{d}x\mathrm{d}y=-\iint\limits_{\Sigma} R\mathrm{d}x\mathrm{d}y.$$

3° 线性性　若 k_1,k_2 为常数, 则

$$\iint\limits_{\Sigma}(k_1R_1+k_2R_2)\mathrm{d}x\mathrm{d}y=k_1\iint\limits_{\Sigma} R_1\mathrm{d}x\mathrm{d}y+k_2\iint\limits_{\Sigma} R_2\mathrm{d}x\mathrm{d}y.$$

4° 积分曲面可加性　若有向曲面 Σ 被分为 Σ_1,Σ_2 两片, 则

$$\iint\limits_{\Sigma} R\mathrm{d}x\mathrm{d}y=\iint\limits_{\Sigma_1} R\mathrm{d}x\mathrm{d}y+\iint\limits_{\Sigma_2} R\mathrm{d}x\mathrm{d}y.$$

5° 当 Σ 为母线平行 z 轴的柱面时,

$$\iint\limits_{\Sigma} R\mathrm{d}x\mathrm{d}y=0.$$

性质 2°—性质 5° 对关于坐标 yz,zx 的曲面积分, 也有类似的结果.

12.5.3 第二型曲面积分的计算

设曲面 Σ 的方程是

$$z = z(x, y), \quad (x, y) \in \sigma_{xy},$$

其中 σ_{xy} 是曲面 Σ 在 xOy 面上的投影域, $z(x, y)$ 在 σ_{xy} 上具有连续的一阶偏导数 (即曲面 Σ 是光滑的); 函数 $P(x, y, z), Q(x, y, z)$ 和 $R(x, y, z)$ 在 Σ 上连续. 由于

$$\boldsymbol{n} = \pm\{-z'_x, -z'_y, 1\}$$

是曲面 Σ 不同侧的两个法向量, 故单位法向量

$$\boldsymbol{n}^0 = \{\cos\alpha, \cos\beta, \cos\gamma\} = \frac{\pm 1}{\sqrt{1 + z_x'^2 + z_y'^2}}\{-z'_x, -z'_y, 1\},$$

又

$$\mathrm{d}S = \sqrt{1 + z_x'^2 + z_y'^2}\mathrm{d}x\mathrm{d}y,$$

所以利用两类曲面积分的关系及第一型曲面积分计算法, 得第二型曲面积分的计算公式

$$\iint\limits_{\Sigma\binom{上}{下}} P(x, y, z)\mathrm{d}y\mathrm{d}z + Q(x, y, z)\mathrm{d}z\mathrm{d}x + R(x, y, z)\mathrm{d}x\mathrm{d}y$$

$$= \pm\iint\limits_{\sigma_{xy}} [-P(x, y, z(x, y))z'_x - Q(x, y, z(x, y))z'_y + R(x, y, z(x, y))]\mathrm{d}x\mathrm{d}y. \tag{2}$$

它把第二型曲线积分化为曲面 Σ 在 xOy 平面投影域 σ_{xy} 上的二重积分. 当 Σ 取上侧时, 二重积分前取正号; Σ 取下侧时, 二重积分前取负号. 若曲面 Σ 的方程在 σ_{xy} 上不是单值的, 可将 Σ 分为几个单值分片处理. 曲面 Σ 向其他坐标面投影的计算公式, 请读者类比地给出.

公式 (2) 的向量形式为

$$\iint\limits_{\Sigma\binom{上}{下}} \boldsymbol{F}\cdot\mathrm{d}\boldsymbol{S} = \pm\iint\limits_{\sigma_{xy}} \boldsymbol{F}\cdot\boldsymbol{n}\mathrm{d}x\mathrm{d}y,$$

其中 $\boldsymbol{n} = (-z'_x, -z'_y, 1)$.

特别由公式 (2) 有

$$\iint\limits_{\Sigma\binom{上}{下}} R(x, y, z)\mathrm{d}x\mathrm{d}y = \pm\iint\limits_{\sigma_{xy}} R(x, y, z(x, y))\mathrm{d}x\mathrm{d}y. \tag{3}$$

类似地, 将 Σ 的方程表示为 $x=x(y,z),(y,z)\in\sigma_{yz}$, 则有

$$\iint\limits_{\Sigma\binom{\text{前}}{\text{后}}} P(x,y,z)\mathrm{d}y\mathrm{d}z=\pm\iint\limits_{\sigma_{yz}} P(x(y,z),y,z)\mathrm{d}y\mathrm{d}z. \tag{4}$$

将 Σ 方程表示为 $y=y(x,z),(x,z)\in\sigma_{zx}$, 则有

$$\iint\limits_{\Sigma\binom{\text{右}}{\text{左}}} Q(x,y,z)\mathrm{d}z\mathrm{d}x=\pm\iint\limits_{\sigma_{zx}} Q(x,y(x,z),z)\mathrm{d}z\mathrm{d}x. \tag{5}$$

可见对不同坐标的曲面积分, 可以将曲面 Σ 向不同坐标面投影, 化为投影域上不同的二重积分. 用这种方法要注意: ①认定对哪两个坐标的积分, 将曲面 Σ 表示为这两个变量的函数, 并确定 Σ 的投影域; ②将 Σ 的方程代入被积函数, 化为投影域上的二重积分; ③根据 Σ 的侧 (法向量的方向) 确定二重积分前的正负号.

例 2 计算 $\iint\limits_{\Sigma} xy^2z\mathrm{d}x\mathrm{d}y$, 其中 Σ 是在 $x\geqslant 0, y\geqslant 0$ 部分内, 球面 $x^2+y^2+z^2=1$ 的外侧.

解 由图 12.23, 将 Σ 分为 Σ_1,Σ_2 两部分.

$$\Sigma_1: z=\sqrt{1-x^2-y^2}\quad (\text{上侧});$$

$$\Sigma_2: z=-\sqrt{1-x^2-y^2}\quad (\text{下侧}).$$

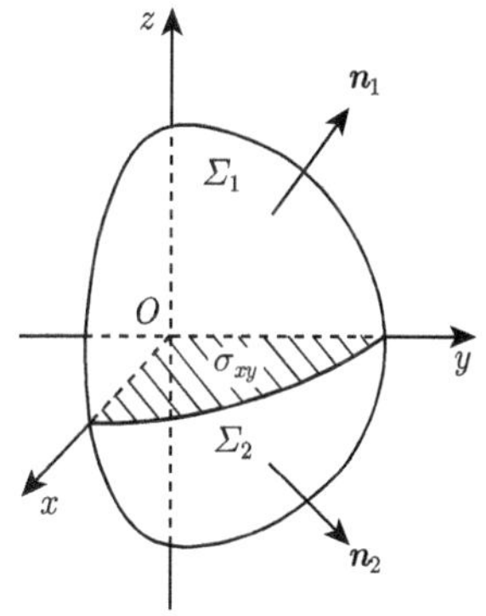

图 12.23

它们在 xOy 面的投影域均为

$$\sigma_{xy}: x\geqslant 0,\quad y\geqslant 0,\quad x^2+y^2\leqslant 1,$$

故

$$\begin{aligned}\iint\limits_{\Sigma} xy^2z\mathrm{d}x\mathrm{d}y&=\left(\iint\limits_{\Sigma_1}+\iint\limits_{\Sigma_2}\right)xy^2z\mathrm{d}x\mathrm{d}y\\&=\iint\limits_{\sigma_{xy}} xy^2\sqrt{1-x^2-y^2}\mathrm{d}x\mathrm{d}y-\iint\limits_{\sigma_{xy}} xy^2(-\sqrt{1-x^2-y^2})\mathrm{d}x\mathrm{d}y\\&=2\int_0^{\pi/2}\mathrm{d}\theta\int_0^1 r^4\sqrt{1-r^2}\sin^2\theta\cos\theta\mathrm{d}r=\frac{\pi}{48}.\end{aligned}$$

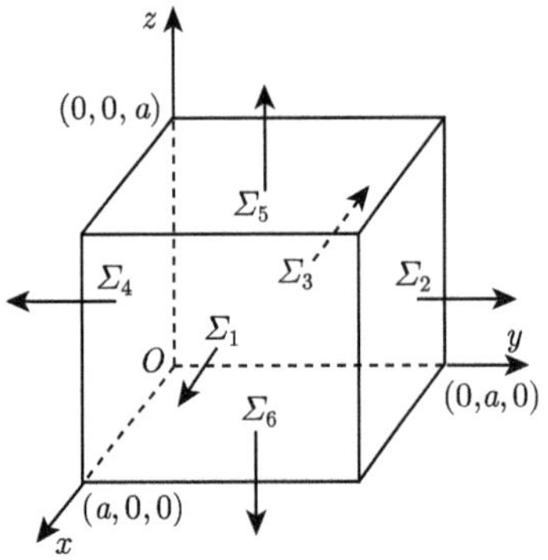

图 12.24

例 2 中积分曲面 Σ 关于 $z=0$ 对称, 被积函数 xy^2z 对变量 z 是奇函数, 该第二型曲面积分不为零, 说明对称性性质对第二型曲面积分不适用.

例 3　计算 $I=\oiint\limits_{\Sigma} x\mathrm{d}y\mathrm{d}z+y\mathrm{d}z\mathrm{d}x+z\mathrm{d}x\mathrm{d}y$, 其中 Σ 是三个坐标平面与平面 $x=a, y=a, z=(a>0)$ 所围成的正方体表面的外侧 (图 12.24).

解　先计算

$$\oiint\limits_{\Sigma} x\mathrm{d}y\mathrm{d}z,$$

由于平面 $z=0, z=a, y=0, y=a$ 都是母线平行于 x 轴的柱面, 在其上对坐标 y, z 的积分为零, $x=a$ 面在 yOz 平面上的投影是正的, 而 $x=0$ 面在 yOz 平面投影是负的, 投影域均为 $\sigma_{yz}: 0 \leqslant y \leqslant a, 0 \leqslant z \leqslant a$, 故

$$\oiint\limits_{\Sigma} x\mathrm{d}y\mathrm{d}z=\iint\limits_{\sigma_{yz}} a\mathrm{d}y\mathrm{d}z-\iint\limits_{\sigma_{yz}} 0\mathrm{d}y\mathrm{d}z=a^3.$$

由本题中 x, y, z 地位的对等性知, 题目中的后两个积分值也等于 a^3, 因此有

$$I=3a^3.$$

例 4　计算 $I=\iint\limits_{\Sigma}(x^2+y^2)\mathrm{d}z\mathrm{d}x+z^2\mathrm{d}x\mathrm{d}y$, 其中 Σ 为锥面 $z=\sqrt{x^2+y^2}(0 \leqslant z \leqslant 1)$ 在第一卦限部分的下侧.

解　方法一　参看图 12.25, Σ 在 zOx 面投影是正的, 投影域

$$\sigma_{zx}: 0 \leqslant z \leqslant 1, \quad 0 \leqslant x \leqslant z,$$

Σ 在 xOy 面投影是负的, 投影域

$$\sigma_{xy}: 0 \leqslant \theta \leqslant \frac{\pi}{2}, \quad 0 \leqslant r \leqslant 1,$$

故

$$\iint_{\Sigma}(x^2+y^2)\mathrm{d}z\mathrm{d}x+z\mathrm{d}x\mathrm{d}y$$

$$=\iint_{\sigma_{zx}}z^2\mathrm{d}z\mathrm{d}x-\iint_{\sigma_{xy}}(x^2+y^2)\mathrm{d}x\mathrm{d}y$$

$$=\int_0^1 z^2\mathrm{d}z\int_0^z\mathrm{d}x-\int_0^{\pi/2}\mathrm{d}\theta\int_0^1 r^3\mathrm{d}r=\frac{1}{4}-\frac{\pi}{8}.$$

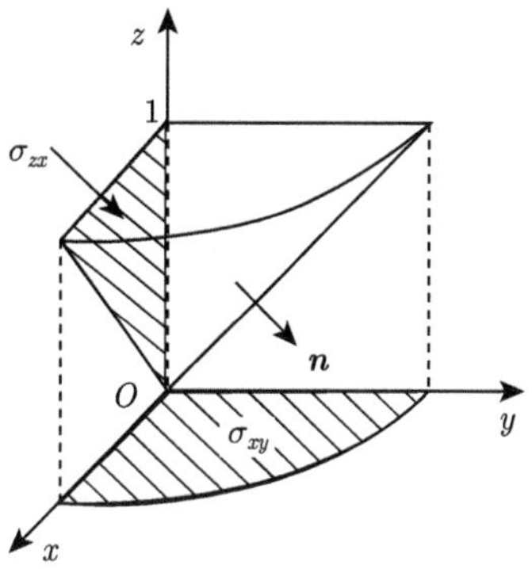

图 12.25

为避免向坐标面投影, 也可按公式 (2) 来计算第二型曲面积分.

方法二 由于曲面方程是 $z=\sqrt{x^2+y^2}$, 故

$$z'_y=\frac{y}{\sqrt{x^2+y^2}},$$

由公式 (2) 知

$$I=\iint_{\sigma_{xy}}[(x^2+y^2)z'_y-(x^2+y^2)]\mathrm{d}x\mathrm{d}y$$

$$=\iint_{\sigma_{xy}}[\sqrt{x^2+y^2}y-(x^2+y^2)]\mathrm{d}x\mathrm{d}y$$

$$=\int_0^{\pi/2}\mathrm{d}\theta\int_0^1(r^2\sin\theta-r^2)r\mathrm{d}r=\frac{1}{4}-\frac{\pi}{8}.$$

习 题 12.5

1. 计算曲面积分 $\iint_{\Sigma}z\mathrm{d}x\mathrm{d}y$, 其中 Σ 是上半球面 $z=\sqrt{a^2-x^2-y^2}$ 的上侧.

2. 计算 $\iint_{\Sigma}xyz^2\mathrm{d}x\mathrm{d}y$, 其中 Σ 是球面 $x^2+y^2+z^2=1$ 在 $x\geqslant 0,y\geqslant 0,z\geqslant 0$ 的部分的外侧.

3. 计算曲面积分 $\iint_{\Sigma}(z-1)\mathrm{d}x\mathrm{d}y$, 其中 Σ 是球面 $x^2+y^2+z^2=1$ 在第一卦限部分的内侧.

4. 计算 $\iint_{\Sigma}x\mathrm{d}y\mathrm{d}z+y\mathrm{d}z\mathrm{d}x+z\mathrm{d}x\mathrm{d}y$, 其中 Σ 是旋转抛物面 $z=x^2+y^2(z\leqslant 1$ 部分) 的上侧.

5. 计算曲面积分 $\iint\limits_{\Sigma} xz^2\mathrm{d}y\mathrm{d}z$, 其中 Σ 是上半球面 $z=\sqrt{a^2-x^2-y^2}$ 的上侧.

6. 计算 $\oiint\limits_{\Sigma}(x+y+z)\mathrm{d}x\mathrm{d}y-(y-z)\mathrm{d}y\mathrm{d}z$, 其中 Σ 是三个坐标面与平面 $x=1, y=1, z=1$ 所围成的正方体表面外侧.

7. 计算 $\oiint\limits_{\Sigma} yz\mathrm{d}x\mathrm{d}y+zx\mathrm{d}y\mathrm{d}z+xy\mathrm{d}z\mathrm{d}x$, 其中 Σ 是圆柱面 $x^2+y^2=1$, $x=0$, $y=0$, $z=0$ 和 $z=1$ 所围在第一卦限中立体的表面外侧.

8. 设有流速场 $\boldsymbol{v}=x\boldsymbol{i}+y\boldsymbol{j}+z\boldsymbol{k}$.

(1) 求穿过锥面 $\Sigma_1: x^2+y^2=z^2(0\leqslant z\leqslant h)$ 向下侧的净流量 I_1;

(2) 求穿过平面 $\Sigma_2: z=h(x^2+y^2\leqslant h^2)$ 向上侧的净流量 I_2.

9. 计算 $\oiint\limits_{\Sigma}\dfrac{x\mathrm{d}y\mathrm{d}z+z^2\mathrm{d}x\mathrm{d}y}{x^2+y^2+z^2}$, 其中 Σ 是由圆柱面 $x^2+y^2=R^2$ 及两平面 $z=R, z=-R(R>0)$ 所围成立体表面的外侧.

10. 计算 $\iint\limits_{\Sigma}\boldsymbol{F}\cdot\mathrm{d}\boldsymbol{S}$, 其中 $\boldsymbol{F}=\dfrac{x\boldsymbol{i}+y\boldsymbol{j}+z\boldsymbol{k}}{\sqrt{x^2+y^2+z^2}}$, Σ 是上半球面 $z=\sqrt{R^2-x^2-y^2}$ 的下侧.

11. 设 σ_{xy} 是曲面 Σ 在 xOy 面上的投影域, 问

$$\iint\limits_{\Sigma} f(x,y)\mathrm{d}x\mathrm{d}y=\iint\limits_{\sigma_{xy}} f(x,y)\mathrm{d}x\mathrm{d}y$$

是否成立, 为什么?

12.6 高斯公式、通量与散度

格林公式把平面上的闭曲线积分与所围区域的二重积分联系起来. 本节的高斯公式表达了空间闭曲面上的曲面积分与曲面所围空间区域上的三重积分的关系.

12.6.1 高斯公式

定理 12.3 设空间闭区域 V 是由分片光滑的闭曲面 Σ 围成的, 函数 $P(x,y,z)$, $Q(x,y,z)$, $R(x,y,z)$ 在 V 上有连续的一阶偏导数, 则有高斯公式

$$\oiint\limits_{\Sigma外} P\mathrm{d}y\mathrm{d}z+Q\mathrm{d}z\mathrm{d}x+R\mathrm{d}x\mathrm{d}y=\iiint\limits_{V}\left(\frac{\partial P}{\partial x}+\frac{\partial Q}{\partial y}+\frac{\partial R}{\partial z}\right)\mathrm{d}x\mathrm{d}y\mathrm{d}z, \tag{1}$$

即

$$\oiint\limits_{\Sigma}(P\cos\alpha+Q\cos\beta+R\cos\gamma)\mathrm{d}S=\iiint\limits_{V}\left(\frac{\partial P}{\partial x}+\frac{\partial Q}{\partial y}+\frac{\partial R}{\partial z}\right)\mathrm{d}x\mathrm{d}y\mathrm{d}z, \tag{2}$$

其中 $\cos\alpha, \cos\beta, \cos\gamma$ 是 Σ 的外法向量的方向余弦.

证明 设空间区域 V 在 xOy 面上的投影域为 σ_{xy}, 且

$$V: z_1(x,y) \leqslant z \leqslant z_2(x,y), \quad (x,y) \in \sigma_{xy},$$

即边界面 Σ 由 $\Sigma_1, \Sigma_2, \Sigma_3$ 三部分构成 (图 12.26):

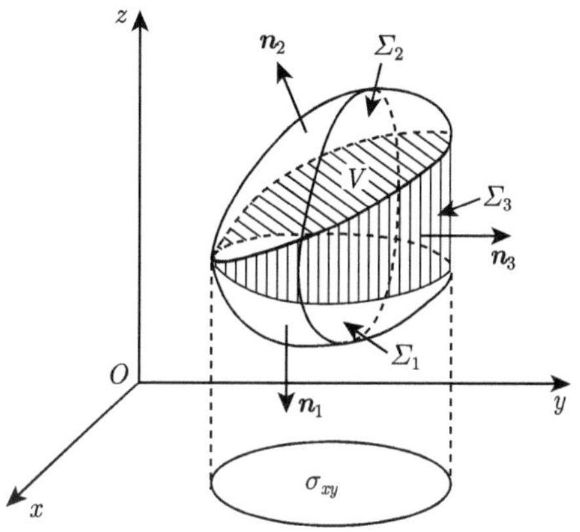

图 12.26

$$\Sigma_1: z = z_1(x,y), \quad (x,y) \in \sigma_{xy};$$

$$\Sigma_2: z = z_2(x,y), \quad (x,y) \in \sigma_{xy};$$

Σ_3 : 以 σ_{xy} 的边界为准线, 母线平行于 z 轴的柱面, 介于 z_1, z_2 之间的部分.

由曲面积分的计算法. 有

$$\begin{aligned}
&\oiint_{\Sigma外} R(x,y,z)\mathrm{d}x\mathrm{d}y \\
&= \left(\iint_{\Sigma_1下} + \iint_{\Sigma_2上} + \iint_{\Sigma_3外}\right) R(x,y,z)\mathrm{d}x\mathrm{d}y \\
&= -\iint_{\sigma_{xy}} R(x,y,z_1(x,y))\mathrm{d}x\mathrm{d}y + \iint_{\sigma_{xy}} R(x,y,z_2(x,y))\mathrm{d}x\mathrm{d}y.
\end{aligned}$$

另一方面, 由三重积分计算法, 有

$$\begin{aligned}
\iiint_V \frac{\partial R}{\partial z}\mathrm{d}x\mathrm{d}y\mathrm{d}z &= \iint_{\sigma_{xy}} \mathrm{d}x\mathrm{d}y \int_{z_1(x,y)}^{z_2(x,y)} \frac{\partial R}{\partial z}\mathrm{d}z \\
&= \iint_{\sigma_{xy}} [R(x,y,z_2(x,y)) - R(x,y,z_1(x,y))]\mathrm{d}x\mathrm{d}y,
\end{aligned}$$

于是, 有

$$\oiint_{\Sigma外} R(x,y,z)\mathrm{d}x\mathrm{d}y = \iiint_V \frac{\partial R}{\partial z}\mathrm{d}x\mathrm{d}y\mathrm{d}z.$$

如果 V 不满足开始的要求, 只需用光滑曲面片将 V 分成几个部分, 使每个部分都满足要求. 注意分界面的两侧上, 对坐标的曲面积分值相互抵消. 所以上面的等式对一般区域也成立.

同理可证

$$\oiint\limits_{\Sigma_{外}} P(x,y,z)\mathrm{d}y\mathrm{d}z = \iiint\limits_{V} \frac{\partial P}{\partial x}\mathrm{d}x\mathrm{d}y\mathrm{d}z,$$

$$\oiint\limits_{\Sigma_{外}} Q(x,y,z)\mathrm{d}z\mathrm{d}x = \iiint\limits_{V} \frac{\partial Q}{\partial y}\mathrm{d}x\mathrm{d}y\mathrm{d}z,$$

故公式 (1) 成立. □

高斯公式为计算 (闭) 曲面积分提供了一个新途径.

例 1　计算 $\oiint\limits_{\Sigma} x^3\mathrm{d}y\mathrm{d}z + y^3\mathrm{d}z\mathrm{d}x + z^3\mathrm{d}x\mathrm{d}y$, 其中 Σ 为球面 $x^2+y^2+z^2=a^2$ 的外侧.

解　用高斯公式有

$$\begin{aligned}\oiint\limits_{\Sigma} x^3\mathrm{d}y\mathrm{d}z + y^3\mathrm{d}z\mathrm{d}x + z^3\mathrm{d}x\mathrm{d}y &= \iiint\limits_{V} 3(x^2+y^2+z^2)\mathrm{d}x\mathrm{d}y\mathrm{d}z \\ &= \int_0^{2\pi}\mathrm{d}\theta\int_0^{\pi}\sin\varphi\mathrm{d}\varphi\int_0^{a}3\rho^2\rho^2\mathrm{d}\rho \\ &= \frac{12}{5}\pi a^5.\end{aligned}$$

例 2　计算 $\oiint\limits_{\Sigma} \dfrac{x\mathrm{d}y\mathrm{d}z + y\mathrm{d}z\mathrm{d}x + z\mathrm{d}x\mathrm{d}y}{\sqrt{x^2+y^2+z^2}}$, 其中 Σ 为球面 $x^2+y^2+z^2=a^2$ 的外侧.

解　因原点处被积函数无定义, 故不能直接利用高斯公式计算, 但因被积函数中的点 (x,y,z) 在曲面上, 可先用曲面方程将被积函数化简, 然后再用高斯公式.

$$\begin{aligned}\oiint\limits_{\Sigma} \frac{x\mathrm{d}y\mathrm{d}z + y\mathrm{d}z\mathrm{d}x + z\mathrm{d}x\mathrm{d}y}{\sqrt{x^2+y^2+z^2}} &= \frac{1}{a}\oiint\limits_{\Sigma} x\mathrm{d}y\mathrm{d}z + y\mathrm{d}z\mathrm{d}x + z\mathrm{d}x\mathrm{d}y \\ &= \frac{3}{a}\iiint\limits_{V}\mathrm{d}x\mathrm{d}y\mathrm{d}z \\ &= 4\pi a^2.\end{aligned}$$

例 3　计算 $I = \iint\limits_{\Sigma} x\mathrm{d}y\mathrm{d}z + y\mathrm{d}z\mathrm{d}x + (z^2-2z)\mathrm{d}x\mathrm{d}y$, 其中 Σ 为锥面 $z = \sqrt{x^2+y^2}$ 夹在 $0 \leqslant z \leqslant 1$ 部分的上侧.

解　这里

$$\frac{\partial P}{\partial x} + \frac{\partial Q}{\partial y} + \frac{\partial R}{\partial z} = 2z$$

较简单, 但曲面 Σ 不是闭曲面, 为了使用高斯公式, 补一曲面

$$\Sigma_1: z=1 \quad (x^2+y^2 \leqslant 1)$$

下侧 (图 12.27), 则

$$\begin{aligned} I &= \left(\oiint\limits_{\Sigma+\Sigma_1} - \iint\limits_{\Sigma_1}\right) x\mathrm{d}y\mathrm{d}z + y\mathrm{d}z\mathrm{d}x + (z^2-2z)\mathrm{d}x\mathrm{d}y \\ &= -\iiint\limits_V 2z\mathrm{d}V + \iint\limits_{\sigma_{xy}} (1-2)\mathrm{d}x\mathrm{d}y \\ &= -\int_0^{2\pi}\mathrm{d}\theta\int_0^1 r\mathrm{d}r\int_r^1 2z\mathrm{d}z - \pi = -\frac{3\pi}{2}. \end{aligned}$$

例 4 设函数 $f(u)$ 具有连续的导数, 计算

$$J = \oiint\limits_{\Sigma} x^3\mathrm{d}y\mathrm{d}z + [y^3 + yf(yz)]\mathrm{d}z\mathrm{d}x + [z^3 - zf(yz)]\mathrm{d}x\mathrm{d}y,$$

其中 Σ 是锥面 $x=\sqrt{y^2+z^2}$ 和球面 $x=\sqrt{1-y^2-z^2}$ 与 $x=\sqrt{4-y^2-z^2}$ 所围立体的表面外侧 (图 12.28).

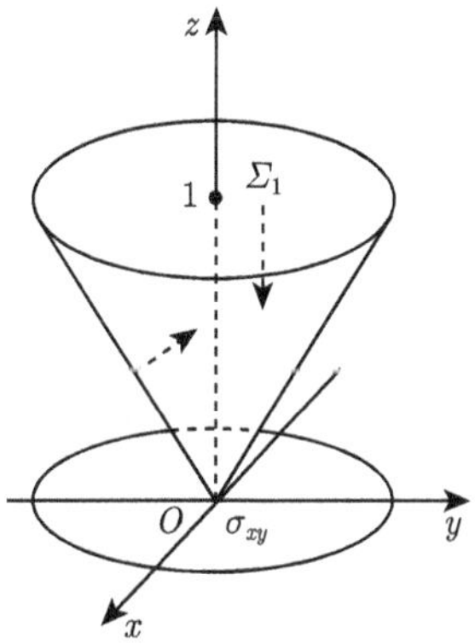

图 12.27

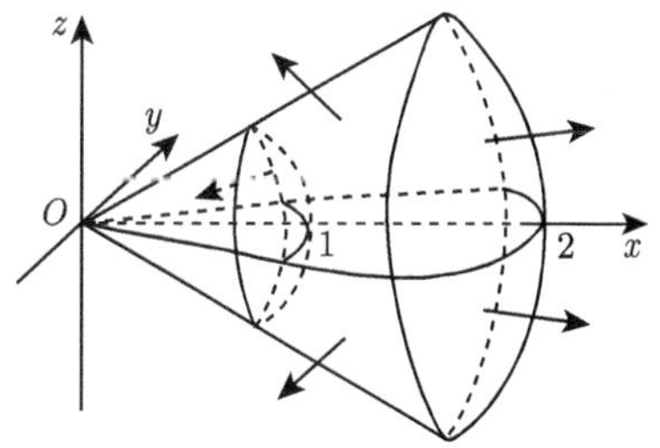

图 12.28

解 被积函数中有一个抽象函数, 无法直接计算. 由于

$$P=x^3, \quad Q=y^3+yf(yz), \quad R=z^3-zf(yz),$$

$$\frac{\partial P}{\partial x}=3x^2, \quad \frac{\partial Q}{\partial y}=3y^2+f(yz)+yzf'(yz),$$

$$\frac{\partial R}{\partial z}=3z^2-f(yz)-yzf'(yz).$$

故由高斯公式

$$\begin{aligned}J&=\iiint\limits_V 3(x^2+y^2+z^2)\mathrm{d}V\\&=3\iiint\limits_V \rho^4\sin\varphi\mathrm{d}\rho\mathrm{d}\varphi\mathrm{d}\theta\\&=3\int_0^{2\pi}\mathrm{d}\theta\int_0^{\pi/4}\sin\varphi\mathrm{d}\varphi\int_1^2\rho^4\mathrm{d}\rho=\frac{93\pi}{5}(2-\sqrt{2}).\end{aligned}$$

12.6.2　向量场的通量与散度

由第二型曲面积分的引入可知, 对不可压缩流体的流速场 $\boldsymbol{v}(M)$, 穿过有向曲面 Σ 到指定一侧的净流量为

$$\Phi=\iint\limits_\Sigma \boldsymbol{v}\cdot\boldsymbol{n}^0\mathrm{d}S=\iint\limits_\Sigma \boldsymbol{v}\cdot\mathrm{d}\boldsymbol{S},$$

其中 $\mathrm{d}\boldsymbol{S}=\mathrm{d}S\boldsymbol{n}^0,\boldsymbol{n}^0$ 是有向曲面 Σ 的单位法向量.

在电场强度场 $\boldsymbol{E}$ 中, 穿过有向曲面 Σ 的电通量为

$$\Phi_E=\iint\limits_\Sigma \boldsymbol{E}\cdot\boldsymbol{n}^0\mathrm{d}S=\iint\limits_\Sigma \boldsymbol{E}\cdot\mathrm{d}\boldsymbol{S},$$

并把它视为穿过 Σ 的电力线数.

在磁感应强度场 $\boldsymbol{B}$ 中, 穿过有向曲面 Σ 的磁感应强度通量为

$$\Phi_{\boldsymbol{B}}=\iint\limits_\Sigma \boldsymbol{B}\cdot\boldsymbol{n}^0\mathrm{d}S=\iint\limits_\Sigma \boldsymbol{B}\cdot\mathrm{d}\boldsymbol{S},$$

并把它视为穿过 Σ 的磁力线数.

在向量场的研究中, 常常需要考虑这种曲面积分, 它是十分重要的.

定义 12.4　在向量场 $\boldsymbol{F}(M)$ 中, 设 Σ 为一有向曲面片, 称曲面积分

$$\Phi=\iint\limits_\Sigma \boldsymbol{F}\cdot\boldsymbol{n}^0\mathrm{d}S=\iint\limits_\Sigma \boldsymbol{F}\cdot\mathrm{d}\boldsymbol{S}\tag{3}$$

为向量场 $\boldsymbol{F}(M)$ 穿过有向曲面 Σ 到指定一侧的通量.

在直角坐标系下, 若

$$\boldsymbol{F}(M)=\{P(x,y,z),Q(x,y,z),R(x,y,z)\},$$

则通量

$$\Phi=\iint_{\Sigma} P(x,y,z)\mathrm{d}y\mathrm{d}z+Q(x,y,z)\mathrm{d}z\mathrm{d}x+R(x,y,z)\mathrm{d}x\mathrm{d}y.$$

下面以流速场为例, 说明通量为正、为负或为零的物理意义. $\Phi>0$, 表明穿过有向曲面 Σ 到指定一侧的净流量 (指由另一侧流入指定一侧的流体量与反向流动的量之差) 为正; $\Phi<0$, 表明净流量为负, 就是流入指定一侧的量小于反向流动的量; $\Phi=0$, 表示两个方向流动的量相等.

对闭曲面 Σ 的外侧 (法向量向外), 通量为

$$\Phi=\oiint_{\Sigma}\boldsymbol{v}\cdot\mathrm{d}\boldsymbol{S}.$$

当 $\Phi>0$ 时, 说明流出量大于流入量, Σ 所围的立体 V 内有发出流体的 "源";
当 $\Phi<0$ 时, 说明流出量小于流入量, Σ 所围的立体 V 内有吸收流体的 "洞";
当 $\Phi=0$ 时, 流入量与流出量相等, Σ 所围的立体 V 内, 源与洞相抵.

如果把 "洞" 视为负 "源", 则 V 内每一点都可看作 "源", 这时, "源" 有正有负, 有时为零, 有强有弱. 在流速场的研究中, 源的强度无疑是十分重要的. 在其他物理向量场中, 可以认为源的强度是发射向量线的能力, 虽然源的含义不同, 也是十分重要的.

例 5 由原点 O 处的点电荷 q 产生的电场中, 点 M 处的电位移

$$\boldsymbol{D}=\varepsilon\boldsymbol{E}=\frac{q}{4\pi r^2}\boldsymbol{r}^0,$$

其中 $r=|OM|$, $\boldsymbol{r}^0$ 是从点 O 指向点 M 的单位向量. 设 Σ 是以 O 为中心, R 为半径的球面, 求穿出球面 Σ 的电位移通量 $\Phi_{\boldsymbol{D}}$.

解 因为球面上 $r=R$, 且 $\boldsymbol{r}^0$ 与外法向量 $\boldsymbol{n}^0$ 相等, 所以

$$\begin{aligned}\Phi_{\boldsymbol{D}}&=\oiint_{\Sigma}\boldsymbol{D}\cdot\mathrm{d}\boldsymbol{S}=\frac{q}{4\pi R^2}\oiint_{\Sigma}\boldsymbol{r}^0\cdot\boldsymbol{n}^0\mathrm{d}S\\&=\frac{q}{4\pi R^2}\cdot\oiint_{\Sigma}\mathrm{d}S=\frac{q}{4\pi R^2}4\pi R^2=q.\end{aligned}$$

可见, 在球面内产生电位移通量 $\Phi_{\boldsymbol{D}}$ 的源, 就是电场中的自由电荷 q. 当 q 为正电荷时, 为正源, 产生电位移线; 当 q 为负电荷时, 为负源, 吸收电位移线. q 的大小决定源的强弱.

在向量场 $\boldsymbol{F}(M)$ 中, 穿过闭曲面 Σ 的通量 Φ, 是由 Σ 所围的区域 V 内诸点发射或吸收向量线能力的累积结果. 通量实际上是依赖于 Σ 包围的区域 V, 或者说是区域 V 的函数.

定义 12.5　设 M 为向量场 $\boldsymbol{F}(M)$ 内一点, 任意作一个包围点 M 的小闭曲面 Σ(法向量向外), 记 ΔV 表示曲面 Σ 包围的立体的体积, $\lambda=\max\limits_{M_1\in\Sigma}\{d(M,M_1)\}$, 若当 $\lambda\to 0$ 时, 极限

$$\lim_{\lambda\to 0}\frac{\displaystyle\oiint_{\Sigma}\boldsymbol{F}\cdot\mathrm{d}\boldsymbol{S}}{\Delta V}$$

存在, 且与 Σ 的收缩方式无关, 则称此极限值为向量场 $\boldsymbol{F}(M)$ 在点 M 处的散度, 记作 $\mathrm{div}\boldsymbol{F}(M)$, 即

$$\mathrm{div}\boldsymbol{F}(M)=\lim_{\lambda\to 0}\frac{1}{\Delta V}\oiint_{\Sigma}\boldsymbol{F}\cdot\mathrm{d}\boldsymbol{S}. \tag{4}$$

散度 $\mathrm{div}\boldsymbol{F}(M)$ 是由向量场确定的数量, 是通量的体密度.

在直角坐标系下, 向量场

$$\boldsymbol{F}=\{P(x,y,z),Q(x,y,z),R(x,y,z)\}$$

在点 $M(x,y,z)$ 处散度 (假设 P,Q,R 关于 x,y,z 的一阶偏导数连续) 的计算公式为

$$\mathrm{div}\boldsymbol{F}(M)=\frac{\partial P}{\partial x}+\frac{\partial Q}{\partial y}+\frac{\partial R}{\partial z}=\nabla\cdot\boldsymbol{F}. \tag{5}$$

事实上, 由高斯公式及中值定理得

$$\begin{aligned}\mathrm{div}\boldsymbol{F}(M)&=\lim_{\lambda\to 0}\frac{1}{\Delta V}\oiint_{\Sigma}\boldsymbol{F}\cdot\mathrm{d}\boldsymbol{S}=\lim_{\lambda\to 0}\frac{1}{\Delta V}\iiint_{\Delta V}\left(\frac{\partial P}{\partial x}+\frac{\partial Q}{\partial y}+\frac{\partial R}{\partial z}\right)\mathrm{d}V\\&=\lim_{\lambda\to 0}\frac{1}{\Delta V}\left(\frac{\partial P}{\partial x}+\frac{\partial Q}{\partial y}+\frac{\partial R}{\partial z}\right)_{M^*}\Delta V=\left(\frac{\partial P}{\partial x}+\frac{\partial Q}{\partial y}+\frac{\partial R}{\partial z}\right)_{M},\end{aligned}$$

其中 M^* 是 Σ 包围的区域 V 内一点.

有了散度概念, 高斯公式可以表示为向量形式

$$\oiint_{\Sigma}\boldsymbol{F}\cdot\mathrm{d}\boldsymbol{S}=\iiint_{V}\mathrm{div}\boldsymbol{F}\mathrm{d}V=\iiint_{V}\nabla\cdot\boldsymbol{F}\mathrm{d}\boldsymbol{V}.$$

物理意义是: 通过有向闭曲面 Σ(向外) 的通量等于 Σ 所包围的区域 V 内各点散度的体积分.

若在某一向量场 $\boldsymbol{F}(M)$ 中, 各点的散度均为零, 即恒有 $\mathrm{div}\boldsymbol{F}(M)=0$, 则称该场为无源场 (或管形场). 在无源场的空间单连通区域内, 对任何闭曲面 Σ, 都有

$$\oiint_{\Sigma}\boldsymbol{F}\cdot\mathrm{d}\boldsymbol{S}=0.$$

这时, 此区域内的任何曲面上的第二型曲面积分仅与曲面的边界线 Γ 有关, 而与曲面的形状无关, 即在此区域内, 以闭曲线 Γ 为边界所张开的任何曲面上, 通量都相等.

显然, 在向量场里, 有向闭曲面在散度为零的区域内, 任意连续变形, 其通量不变 (图 12.29).

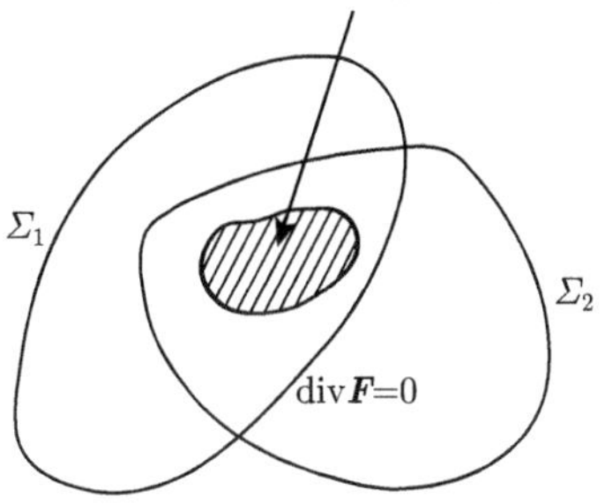

图 12.29

由公式 (5), 容易推出散度的下列运算性质:

1° $\operatorname{div}(C\boldsymbol{F}) = C\operatorname{div}\boldsymbol{F}$ (C 为常数).

2° $\operatorname{div}(\boldsymbol{F}_1 \pm \boldsymbol{F}_2) = \operatorname{div}\boldsymbol{F}_1 \pm \operatorname{div}\boldsymbol{F}_2$.

3° $\operatorname{div}(u\boldsymbol{F}) = u\operatorname{div}\boldsymbol{F} + \boldsymbol{F}\cdot\mathbf{grad}u$ (u 为数量函数).

3° 的证明 由于 $u\boldsymbol{F} = \{uP, uQ, uR\}$, 所以

$$\begin{aligned}\operatorname{div}(u\boldsymbol{F}) &= \frac{\partial(uP)}{\partial x} + \frac{\partial(uQ)}{\partial y} + \frac{\partial(uR)}{\partial z} \\ &= u\left(\frac{\partial P}{\partial x} + \frac{\partial Q}{\partial y} + \frac{\partial R}{\partial z}\right) + P\frac{\partial u}{\partial x} + Q\frac{\partial u}{\partial y} + R\frac{\partial u}{\partial z} \\ &= u\operatorname{div}\boldsymbol{F} + \boldsymbol{F}\cdot\mathbf{grad}u.\end{aligned}$$

□

例 6 在点电荷 q 产生的静电场中, 求电位移向量 $\boldsymbol{D}$ 的散度.

解 设 q 位于坐标原点, 则

$$\boldsymbol{D} = \frac{q}{4\pi r^3}\boldsymbol{r},$$

其中 $\boldsymbol{r} = x\boldsymbol{i} + y\boldsymbol{j} + z\boldsymbol{k}, r = |\boldsymbol{r}|$,

$$\begin{aligned}\operatorname{div}\boldsymbol{D} &= \frac{q}{4\pi}\left[\frac{\partial}{\partial x}\left(\frac{x}{r^3}\right) + \frac{\partial}{\partial y}\left(\frac{y}{r^3}\right) + \frac{\partial}{\partial z}\left(\frac{z}{r^3}\right)\right] \\ &= \frac{q}{4\pi}\left[\frac{r^2-3x^2}{r^5} + \frac{r^2-3y^2}{r^5} + \frac{r^2-3z^2}{r^5}\right] = 0 \quad (r \neq 0).\end{aligned}$$

除电荷所在的点 $(0,0,0)$ 以外, 该电场内电位移的散度处处为零 (都不能产生或吸收电位移线). 电荷所在的点处散度不存在, 是个奇异点, 由例 4 和上面的讨论知, 包围 q 的任何闭曲面的通量 $\oiint\limits_{\Sigma}\boldsymbol{D}\cdot\mathrm{d}\boldsymbol{S} = q$, 所以电位移线始于自由正电荷.

习　题　12.6

1. 试证光滑闭曲面 Σ 所围的立体体积

$$V=\frac{1}{3}\oiint_{\Sigma}[x\cos\alpha+y\cos\beta+z\cos\gamma]\mathrm{d}S,$$

其中 $\cos\alpha,\cos\beta,\cos\gamma$ 为曲面 Σ 的外法向量方向余弦.

2. 计算 $\oiint\limits_{\Sigma}xz^2\mathrm{d}y\mathrm{d}z+yx^2\mathrm{d}z\mathrm{d}x+zy^2\mathrm{d}x\mathrm{d}y$, 其中 Σ 为球面 $x^2+y^2+z^2=a^2$ 的外侧.

3. 计算 $\oiint\limits_{\Sigma}xz\mathrm{d}y\mathrm{d}z+x^2y\mathrm{d}z\mathrm{d}x+y^2z\mathrm{d}x\mathrm{d}y$, 其中 Σ 由旋转抛物面 $z=x^2+y^2$, 圆柱面 $x^2+y^2=1$ 和坐标面在第一卦限所围立体表面的外侧.

4. 设函数 $f(u)$ 有连续的导数, 计算曲面积分

$$\oiint_{\Sigma}\frac{x}{y}f\left(\frac{x}{y}\right)\mathrm{d}y\mathrm{d}z+f\left(\frac{x}{y}\right)\mathrm{d}z\mathrm{d}x+\left[z-\frac{z}{y}f\left(\frac{x}{y}\right)\right]\mathrm{d}x\mathrm{d}y,$$

其中 Σ 是由 $y=x^2+z^2+1$ 和 $y=9-x^2-z^2$ 所围立体表面的外侧.

5. 计算 $\iint\limits_{\Sigma}x^3\mathrm{d}y\mathrm{d}z+y^3\mathrm{d}z\mathrm{d}x+z^3\mathrm{d}x\mathrm{d}y$, 其中 Σ 是曲面 $z=\sqrt{x^2+y^2}(0\leqslant z\leqslant h)$ 的下侧.

6. 计算 $\iint\limits_{\Sigma}(8y+1)x\mathrm{d}y\mathrm{d}z+2(1-y)^2\mathrm{d}z\mathrm{d}x-4yz\mathrm{d}x\mathrm{d}y$, 其中 Σ 是由曲线 $\begin{cases}z=\sqrt{y-1},\\x=0\end{cases}$ $(1\leqslant y\leqslant 3)$ 绕 y 轴旋转一周所生成的曲面, 它的法向量与 y 轴正向的夹角恒大于 $\frac{\pi}{2}$.

7. 计算 $\iint\limits_{\Sigma}x^2\mathrm{d}y\mathrm{d}z+y^2\mathrm{d}z\mathrm{d}x+2cz\mathrm{d}x\mathrm{d}y$, 其中 Σ 是上半球面 $z=\sqrt{R^2-(x-a)^2-(y-b)^2}$ 的下侧.

8. 设 $V=\left\{(x,y,z)\middle|-\sqrt{2ax-x^2-y^2}\leqslant z\leqslant 0\right\}$, Σ 为 V 的表面外侧, 求

$$\oiint_{\Sigma}\frac{ax\mathrm{d}y\mathrm{d}z+2(x+a)y\mathrm{d}z\mathrm{d}x}{\sqrt{(x-a)^2+y^2+z^2}}.$$

9. 设空间区域 Ω 由曲面 $z=a^2-x^2-y^2$ 与平面 $z=0$ 围成, 记 Σ 为 Ω 的表面外侧, V 为 Ω 的体积, 试证

$$\oiint_{\Sigma}x^2yz^2\mathrm{d}y\mathrm{d}z-xy^2z^2\mathrm{d}z\mathrm{d}x+z(1+xyz)\mathrm{d}x\mathrm{d}y=V.$$

10. 设空间有界闭区域 V(V 也表示它的体积) 关于平面 $x=0$ 和平面 $y=x$ 都对称, Σ 为 V 的表面外侧, $f(t)$ 为连续可微函数, 试证

$$\oiint_{\Sigma} f(x)yz^2\mathrm{d}y\mathrm{d}z - xf(y)z^2\mathrm{d}z\mathrm{d}x + z(1+xyf(z))\mathrm{d}x\mathrm{d}y = V.$$

11. 已知 $\boldsymbol{F}=\dfrac{2^y}{\sqrt{x^2+z^2}}\boldsymbol{j}$, 求

$$\oiint_{S} \boldsymbol{F}\cdot\mathrm{d}\boldsymbol{S},$$

其中 Σ 为曲面 $y=\sqrt{x^2+z^2}$ 及 $y=1, y=2$ 所围成的立体的表面的外侧.

12. 设 Σ 是曲面 $z=x^2+y^2$ 与平面 $z=1$ 围成的立体的表面外侧, 求向量场 $\boldsymbol{A}=x^2\boldsymbol{i}+y^2\boldsymbol{j}+z^2\boldsymbol{k}$ 穿过 Σ 向外的通量 Φ.

13. 设有向量场

$$\boldsymbol{F}=\frac{1}{\sqrt{x^2+y^2+4z^2+3}}(xy^2\boldsymbol{i}+yz^2\boldsymbol{j}+zx^2\boldsymbol{k}),$$

求穿过椭球面 $x^2+y^2+4z^2=1$ 向外的通量 Φ.

14. 计算 $\displaystyle\iint_{\Sigma}\frac{\boldsymbol{r}\cdot\mathrm{d}\boldsymbol{S}}{r^3}$, 其中 $\boldsymbol{r}=x\boldsymbol{i}+y\boldsymbol{j}+z\boldsymbol{k}, r=|\boldsymbol{r}|$.

(1) Σ 为不经过, 也不包围原点的任意简单闭曲面的外侧;

(2) Σ 为包围原点的任意简单闭曲面的外侧.

15. 求下列向量场 $\boldsymbol{A}$ 在指定点 M 处的散度.

(1) $\boldsymbol{A}=x^3\boldsymbol{i}+y^3\boldsymbol{j}+z^3\boldsymbol{k}, M(1,0,-1)$;

(2) $\boldsymbol{A}=4x\boldsymbol{i}-2xy\boldsymbol{j}-2\boldsymbol{k}, M(7,3,0)$;

(3) $\boldsymbol{A}=xyz\boldsymbol{r}, \boldsymbol{r}=x\boldsymbol{i}+y\boldsymbol{j}+z\boldsymbol{k}, M(1,2,3)$.

16. 设 $\boldsymbol{r}=x\boldsymbol{i}+y\boldsymbol{j}+z\boldsymbol{k}, r=|\boldsymbol{r}|$.

(1) 求 $f(r)$, 使 $\mathrm{div}[f(r)\boldsymbol{r}]=0$;

(2) 求 $f(r)$, 使 $\mathrm{div}[\mathbf{grad}f(r)]=0$.

12.7 斯托克斯公式、环量与旋度

本节介绍空间曲面积分与曲线积分之间的关系——斯托克斯公式, 它在场论中占有重要地位. 同时介绍向量场的两个重要概念——环量与旋度.

12.7.1 斯托克斯公式

定理 12.4　设 C 为分段光滑的有向闭曲线, Σ 是以 C 为边界的任一分片光滑的有向曲面, C 的方向与 Σ 的方向符合右手螺旋法则. 函数 $P(x,y,z)$, $Q(x,y,z)$, $R(x,y,z)$ 在包含 Σ 的某区域内具有连续的一阶偏导数, 则有斯托克斯公式

$$\begin{aligned}&\oint_C P(x,y,z)\mathrm{d}x+Q(x,y,z)\mathrm{d}y+R(x,y,z)\mathrm{d}z\\=&\iint_\Sigma\left(\frac{\partial R}{\partial y}-\frac{\partial Q}{\partial z}\right)\mathrm{d}y\mathrm{d}z+\left(\frac{\partial P}{\partial z}-\frac{\partial R}{\partial x}\right)\mathrm{d}z\mathrm{d}x+\left(\frac{\partial Q}{\partial x}-\frac{\partial P}{\partial y}\right)\mathrm{d}x\mathrm{d}y,\end{aligned}\tag{1}$$

即有

$$\begin{aligned}&\oint_C P(x,y,z)\mathrm{d}x+Q(x,y,z)\mathrm{d}y+R(x,y,z)\mathrm{d}z\\=&\iint_\Sigma\left[\left(\frac{\partial R}{\partial y}-\frac{\partial Q}{\partial z}\right)\cos\alpha+\left(\frac{\partial P}{\partial z}-\frac{\partial R}{\partial x}\right)\cos\beta+\left(\frac{\partial Q}{\partial x}-\frac{\partial P}{\partial y}\right)\cos\gamma\right]\mathrm{d}S,\end{aligned}\tag{2}$$

其中 $\cos\alpha,\cos\beta,\cos\gamma$ 是 Σ 指定一侧的法向量方向余弦.

证明过程分三步: 第一步把曲面积分化为坐标面上投影域的二重积分; 第二步把空间闭曲线 C 上的曲线积分化为坐标面上的闭曲线积分; 第三步在坐标面上, 应用格林公式把第二步得到的平面闭曲线积分化为二重积分. 请读者自己去证明.

当 Σ 为 xOy 坐标面上的平面区域时, 斯托克斯公式就是格林公式, 因此斯托克斯公式是格林公式在空间上的推广.

为便于记忆, 我们借用三阶行列式, 把公式 (2) 中曲面积分的被积函数表为

$$\begin{vmatrix}\cos\alpha & \cos\beta & \cos\gamma\\ \dfrac{\partial}{\partial x} & \dfrac{\partial}{\partial y} & \dfrac{\partial}{\partial z}\\ P & Q & R\end{vmatrix}.$$

例 1　计算 $I=\oint_C(y^2-z^2)\mathrm{d}x+(z^2-x^2)\mathrm{d}y+(x^2-y^2)\mathrm{d}z$, 其中闭曲线 C 是点 $A(1,0,0),B(0,1,0)$, $C(0,0,1)$ 为顶点的三角形边界线 $ABCA$(图 12.30).

解　取 Σ 为三角形 $ABC: x+y+z=1, \boldsymbol{n}=\{1,1,1\}$ 为指定的法向量, 其方向余弦

$$\cos\alpha=\cos\beta=\cos\gamma=\frac{1}{\sqrt{3}}.$$

由斯托克斯公式 (2), 得

$$I=\iint\limits_{\Sigma}\begin{vmatrix}\dfrac{1}{\sqrt{3}} & \dfrac{1}{\sqrt{3}} & \dfrac{1}{\sqrt{3}}\\ \dfrac{\partial}{\partial x} & \dfrac{\partial}{\partial y} & \dfrac{\partial}{\partial z}\\ y^2-z^2 & z^2-x^2 & x^2-y^2\end{vmatrix}\mathrm{d}S$$

$$=\frac{-4}{\sqrt{3}}\iint\limits_{\Sigma}(x+y+z)\mathrm{d}S$$

$$=\frac{-4}{\sqrt{3}}\iint\limits_{\Sigma}\mathrm{d}S=-2.$$

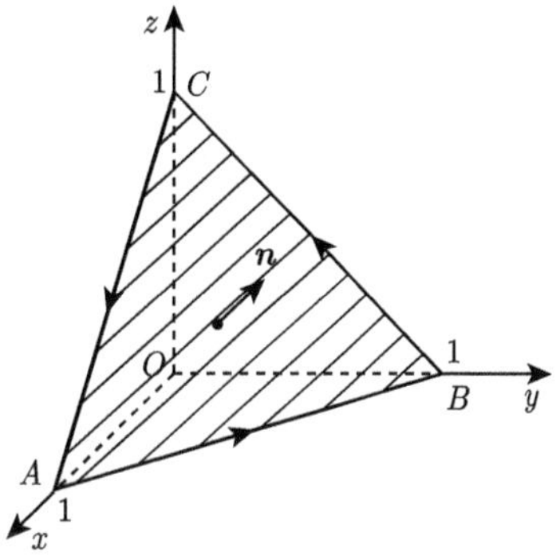

图 12.30

12.7.2 向量场的环量与旋度

设 C 为向量场内的有向闭曲线, $\boldsymbol{t}^0$ 表示与 C 同向的单位切向量 $\mathrm{d}\boldsymbol{r}=\boldsymbol{t}^0\mathrm{d}s$.

在力场 $\boldsymbol{F}(M)$ 中, 闭曲线积分

$$\oint_C \boldsymbol{F}\cdot\mathrm{d}\boldsymbol{r}=\oint_C \boldsymbol{F}\cdot\boldsymbol{t}^0\mathrm{d}s=\oint_C \mathrm{Prj}_{\boldsymbol{t}^0}\boldsymbol{F}\mathrm{d}s$$

表示力 $\boldsymbol{F}$ 沿闭路 C 所做的功.

在流速场 $\boldsymbol{v}(M)$ 中, 闭曲线积分

$$\oint_C \boldsymbol{v}\cdot\mathrm{d}\boldsymbol{r}=\oint_C \boldsymbol{v}\cdot\boldsymbol{t}^0\mathrm{d}s=\oint_C \mathrm{Prj}_{\boldsymbol{t}^0}\boldsymbol{v}\mathrm{d}s$$

表示沿闭路 C 的环流.

在磁场强度为 $\boldsymbol{H}(M)$ 的电磁场中, 根据安培环路定律, 闭曲线积分

$$\oint_C \boldsymbol{H}\cdot\mathrm{d}\boldsymbol{r}=\oint_C \boldsymbol{H}\cdot\boldsymbol{t}^0\mathrm{d}s=\oint_C \mathrm{Prj}_{\boldsymbol{t}^0}\boldsymbol{H}\mathrm{d}s$$

表示 C 所张开的曲面通过的电流的代数和.

由此可见, 在向量场的研究中, 向量在有向闭曲线上的积分是很重要的.

定义 12.6 在向量场 $\boldsymbol{F}(M)$ 中, 设 C 为一条有向闭曲线, 则称曲线积分

$$\Gamma=\oint_C \boldsymbol{F}\cdot\mathrm{d}\boldsymbol{r} \tag{3}$$

为向量场 $\boldsymbol{F}(M)$ 沿有向闭曲线 C 的环量.

在直角坐标系下, 若

$$\boldsymbol{F}(M)=\{P(x,y,z),Q(x,y,z),R(x,y,z)\},$$

则环量为

$$\Gamma = \oint_C P(x,y,z)\mathrm{d}x + Q(x,y,z)\mathrm{d}y + R(x,y,z)\mathrm{d}z.$$

之前曾介绍平面流速场的环量, 并通过格林公式了解环量与闭曲线 C 所围的平面区域内诸点的旋度之间的关系. 这里把它们扩展到空间的一般向量场上去. 由于第二型曲线积分当积分路径的方向相反时, 积分值差一个负号, 所以环量有如下意义的可加性 (图 12.31): 在 C 所张开的曲面 Σ 上, 任意作一网格来分割 Σ, 则向量场沿每个小曲面片的边界 (其方向与曲面片的方向满足右手螺旋法则) 的环量之和, 等于向量场沿曲线 C 的环量, 即沿曲线 C 的环量可以按 C 所张开的曲面进行累积.

定义 12.7　设 M 为向量场 $\boldsymbol{F}(M)$ 中一点, $\boldsymbol{n}$ 为取定的向量. 过点 M 任意作一个非闭的光滑曲面片 Σ, 使之在点 M 处以 $\boldsymbol{n}$ 为法向量 (图 12.32). 设 C 为 Σ 上包围着点 M 的闭曲线, ΔS 是它包围的曲面, C 与 ΔS 的方向满足右手螺旋法则, 若 C 沿曲面 Σ 向点 M 无限收缩 (记 $\Delta S \to M$) 时, 极限存在, 且与 Σ 的取法及 C 的收缩法无关时, 则称此极限值为向量场 $\boldsymbol{F}(M)$ 在点 M 处沿 $\boldsymbol{n}$ 方向的环量面密度 (或方向旋数).

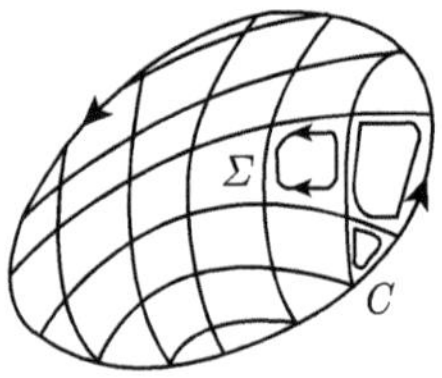

图 12.31

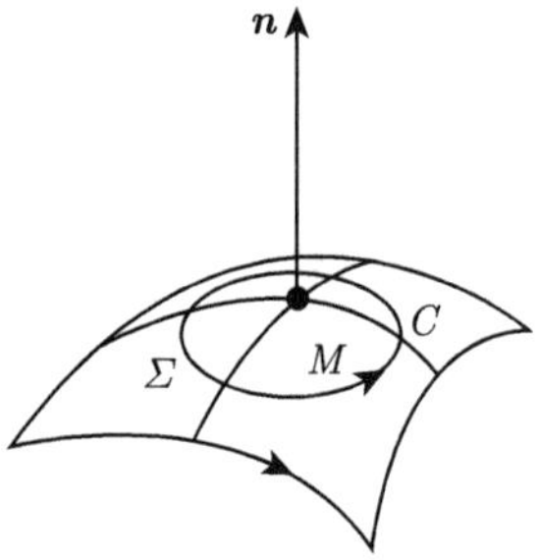

图 12.32

在直角坐标系下, 设

$$\boldsymbol{F} = \{P(x,y,z), Q(x,y,z), R(x,y,z)\},$$

则由斯托克斯公式, 有

$$\begin{aligned}\Gamma &= \oint_C \boldsymbol{F}\cdot\mathrm{d}\boldsymbol{r} = \oint_C P(x,y,z)\mathrm{d}x + Q(x,y,z)\mathrm{d}y + R(x,y,z)\mathrm{d}z \\ &= \iint\limits_{\Delta S} \left(\frac{\partial R}{\partial y} - \frac{\partial Q}{\partial z}\right)\mathrm{d}y\mathrm{d}z + \left(\frac{\partial P}{\partial z} - \frac{\partial R}{\partial x}\right)\mathrm{d}z\mathrm{d}x + \left(\frac{\partial Q}{\partial x} - \frac{\partial P}{\partial y}\right)\mathrm{d}x\mathrm{d}y \\ &= \iint\limits_{\Delta S} \left[\left(\frac{\partial R}{\partial y} - \frac{\partial Q}{\partial z}\right)\cos\alpha + \left(\frac{\partial P}{\partial z} - \frac{\partial R}{\partial x}\right)\cos\beta + \left(\frac{\partial Q}{\partial x} - \frac{\partial P}{\partial y}\right)\cos\gamma\right]\mathrm{d}S.\end{aligned}$$

利用积分中值定理, 得

$$\Gamma=\left[\left(\frac{\partial R}{\partial y}-\frac{\partial Q}{\partial z}\right)\cos\alpha+\left(\frac{\partial P}{\partial z}-\frac{\partial R}{\partial x}\right)\cos\beta+\left(\frac{\partial Q}{\partial x}-\frac{\partial P}{\partial y}\right)\cos\gamma\right]_{M^*}\Delta S,$$

其中 M^* 为 ΔS 上一点, 当 $\Delta S\to M$ 时, $M^*\to M$, 于是

$$\lim_{\Delta S\to M}\frac{\oint_C \boldsymbol{F}\cdot \mathrm{d}\boldsymbol{r}}{\Delta S}=\left(\frac{\partial R}{\partial y}-\frac{\partial Q}{\partial z}\right)\cos\alpha+\left(\frac{\partial P}{\partial z}-\frac{\partial R}{\partial x}\right)\cos\beta+\left(\frac{\partial Q}{\partial x}-\frac{\partial P}{\partial y}\right)\cos\gamma,$$

其中 $\cos\alpha,\cos\beta,\cos\gamma$ 为指定的向量 $\boldsymbol{n}$ 的方向余弦.

环量面密度是既与点 M 的位置有关, 又与 $\boldsymbol{n}$ 的方向有关的数, 它等于向量

$$\left(\frac{\partial R}{\partial y}-\frac{\partial Q}{\partial z}\right)\boldsymbol{i}+\left(\frac{\partial P}{\partial z}-\frac{\partial R}{\partial x}\right)\boldsymbol{j}+\left(\frac{\partial Q}{\partial x}-\frac{\partial P}{\partial y}\right)\boldsymbol{k}$$

与

$$\boldsymbol{n}^0=\cos\alpha\boldsymbol{i}+\cos\beta\boldsymbol{j}+\cos\gamma\boldsymbol{k}$$

的数量积.

定义 12.8 向量场 $\boldsymbol{F}(M)$ 在点 M 处的旋度是个向量, 其方向指向点 M 处环量面密度最大的方向, 其模等于这个最大值, 记为 $\mathbf{rot}\boldsymbol{F}(M)$.

在直角坐标系下, 连续可微的向量场 $\boldsymbol{F}(M)$ 的旋度的计算公式为

$$\mathbf{rot}\boldsymbol{F}(M)=\left(\frac{\partial R}{\partial y}-\frac{\partial Q}{\partial z}\right)\boldsymbol{i}+\left(\frac{\partial P}{\partial z}-\frac{\partial R}{\partial x}\right)\boldsymbol{j}+\left(\frac{\partial Q}{\partial x}-\frac{\partial P}{\partial y}\right)\boldsymbol{k},$$

即

$$\mathbf{rot}\boldsymbol{F}(M)=\begin{vmatrix}\boldsymbol{i} & \boldsymbol{j} & \boldsymbol{k}\\ \dfrac{\partial}{\partial x} & \dfrac{\partial}{\partial y} & \dfrac{\partial}{\partial z}\\ P & Q & R\end{vmatrix}=\nabla\times\boldsymbol{F}. \tag{4}$$

旋度在任一方向上的投影, 就是该方向上的环量面密度.

在大气中, 手中的风车朝哪个方向转动最快, 哪个方向就是风速场的旋度方向.

由旋度的定义, 斯托克斯公式可以表示为向量形式:

$$\oint_C \boldsymbol{F}\cdot\mathrm{d}\boldsymbol{r}=\iint_{\Sigma}\mathbf{rot}\boldsymbol{F}\cdot\mathrm{d}\boldsymbol{S}=\iint_{\Sigma}(\nabla\times\boldsymbol{F})\cdot\mathrm{d}\boldsymbol{S},$$

这说明沿闭曲线 C 的环量等于由 C 所张开的任何有向曲面上诸点旋度向量的通量.

当 P,Q,R 具有二阶连续偏导数时, 容易算出

$$\mathrm{div}(\mathbf{rot}\boldsymbol{F})=0,$$

这说明旋度场是无源场, 也就说明了斯托克斯公式中曲面 Σ 可以是有向闭曲线 C 在场内张开的任何曲面.

各点旋度均为零的场, 叫做无旋场.

旋度有如下的运算性质:

1° $\mathbf{rot}(C_1\boldsymbol{F}+C_2\boldsymbol{G})=C_1\mathbf{rot}\boldsymbol{F}+C_2\mathbf{rot}\boldsymbol{G}$　(C_1,C_2 为常数);

2° $\mathbf{rot}(u\boldsymbol{F})=u\mathbf{rot}\boldsymbol{F}+\mathbf{grad}u\times\boldsymbol{F}$　(u 为数量函数);

3° $\mathrm{div}(\boldsymbol{F}\times\boldsymbol{G})=\boldsymbol{G}\cdot\mathbf{rot}\boldsymbol{F}-\boldsymbol{F}\cdot\mathbf{rot}\boldsymbol{G}$;

4° $\mathbf{rot}(\mathbf{grad}u)=0$　(梯度场是无旋场).

例 2　计算曲面积分

$$\iint\limits_{\Sigma}\mathbf{rot}\boldsymbol{F}\cdot\mathrm{d}\boldsymbol{S},$$

其中 $\boldsymbol{F}=(x-z,x^3+yz,-3xy^2)$, Σ 是锥面 $z=2-\sqrt{x^2+y^2}(x\geqslant 0)$ 的上侧.

解　因旋度场是无源场, 曲面积分只与曲面边界线 C 有关, 与曲面 Σ 无关. 这里边界 C 是 xOy 平面曲线 $x^2+y^2=2^2$, 所以可把 Σ 换为 C 所张开的平面区域 $\sigma: z=0,\ x^2+y^2\leqslant 2^2$ 上侧, 由于

$$\begin{aligned}\mathbf{rot}\boldsymbol{F}&=\begin{vmatrix}\boldsymbol{i}&\boldsymbol{j}&\boldsymbol{k}\\ \dfrac{\partial}{\partial x}&\dfrac{\partial}{\partial y}&\dfrac{\partial}{\partial z}\\ x-z&x^3+yz&-3xy^2\end{vmatrix}\\&=(-6xy-y)\boldsymbol{i}+(-1+3y^2)\boldsymbol{j}+3x^2\boldsymbol{k},\\ \mathrm{d}\boldsymbol{S}&=\mathrm{d}y\mathrm{d}z\boldsymbol{i}+\mathrm{d}z\mathrm{d}x\boldsymbol{j}+\mathrm{d}x\mathrm{d}y\boldsymbol{k}=\mathrm{d}x\mathrm{d}y\boldsymbol{k},\end{aligned}$$

所以

$$\iint\limits_{\Sigma}\mathbf{rot}\boldsymbol{F}\cdot\mathrm{d}\boldsymbol{S}=\iint\limits_{\sigma}\mathbf{rot}\boldsymbol{F}\cdot\mathrm{d}\boldsymbol{S}=\iint\limits_{\sigma}3x^2\mathrm{d}x\mathrm{d}y=12\pi.$$

关于空间曲线积分与路径无关的条件问题, 以及表达式 $P\mathrm{d}x+Q\mathrm{d}y+R\mathrm{d}z$ 为全微分的条件问题, 有与定理 12.2 类似的结果, 仅叙述如下.

定理 12.5　设函数 $P(x,y,z),Q(x,y,z),R(x,y,z)$ 在曲面单连通区域 G 内, 有连续的一阶偏导数, 则下列四个结论相互等价:

1° 在 G 内, 对任一闭曲线 C, 积分 $\oint_C P\mathrm{d}x+Q\mathrm{d}y+R\mathrm{d}z=0$.

2° 在 G 内, 曲线积分 $\int_{\widehat{AB}} P\mathrm{d}x + Q\mathrm{d}y + R\mathrm{d}z$ 与路径无关 (与起点 A, 终点 B 有关).

3° 在 G 内, 表达式 $P\mathrm{d}x + Q\mathrm{d}y + R\mathrm{d}z$ 是某函数 $u(x,y,z)$ 的全微分, 即有

$$\mathrm{d}u = P\mathrm{d}x + Q\mathrm{d}y + R\mathrm{d}z.$$

4° 在 G 内任一点处, 恒有

$$\frac{\partial R}{\partial y} = \frac{\partial Q}{\partial z}, \quad \frac{\partial P}{\partial z} = \frac{\partial R}{\partial x}, \quad \frac{\partial Q}{\partial x} = \frac{\partial P}{\partial y}. \tag{5}$$

这个定理指明: 当 P, Q, R 有连续的一阶偏导数时, (5) 式是曲线积分与路径无关的充要条件, 也是表达式 $P\mathrm{d}x + Q\mathrm{d}y + R\mathrm{d}z$ 是某函数 $u(x,y,z)$ 的全微分的充要条件, 且此时原函数

$$u(x,y,z) = \int_{(x_0,y_0,z_0)}^{(x,y,z)} P\mathrm{d}x + Q\mathrm{d}y + R\mathrm{d}z + C,$$

由于曲线积分与路径无关, 在可能的条件下, 通常取与坐标轴平行的折线作积分路径, 化为定积分, 如

$$u(x,y,z) = \int_{x_0}^{x} P(x,y_0,z_0)\mathrm{d}x + \int_{y_0}^{y} Q(x,y,z_0)\mathrm{d}y + \int_{z_0}^{z} R(x,y,z)\mathrm{d}z + C, \tag{6}$$

其中 (x_0,y_0,z_0) 为 G 内任取的定点.

在向量场 $\boldsymbol{F} = \{P(x,y,z), Q(x,y,z), R(x,y,z)\}$ 里, 满足 1° 和 2° 的叫做保守场; 满足 3° 的叫做有势场, 此时称 $v = -u$ 为势函数; 满足 4° 的叫做无旋场.

既无源又无旋的场称为调和场.

例 3 表达式 $2xyz^2\mathrm{d}x + [x^2z^2 + z\cos(yz)]\mathrm{d}y + [2x^2yz + y\cos(yz)]\mathrm{d}z$ 是否为某函数的全微分? 若是, 求此函数.

解 由于

$$\frac{\partial R}{\partial y} = 2x^2z + \cos(yz) - yz\sin(yz) = \frac{\partial Q}{\partial z},$$

$$\frac{\partial P}{\partial z} = 4xyz = \frac{\partial R}{\partial x}, \quad \frac{\partial Q}{\partial x} = 2xz^2 = \frac{\partial P}{\partial y},$$

所以表达式是某函数的全微分. 取 $(x_0,y_0,z_0) = (0,0,0)$, 则

$$u = \int_0^z [2x^2yz + y\cos(yz)]\mathrm{d}z + C = x^2yz^2 + \sin(yz) + C.$$

函数 $u = x^2yz^2 + \sin(yz) + C$ 即为所述表达式的原函数.

习 题 12.7

1. 计算空间闭曲线 C 上的积分

$$\oint_C (y-z)\mathrm{d}x+(z-x)\mathrm{d}y+(x-y)\mathrm{d}z,$$

其中曲线 C 是圆柱面 $x^2+y^2=a^2$ 与平面 $\dfrac{x}{a}+\dfrac{z}{h}=1(a>0,h>0)$ 的交线, 从 z 轴正向看 C 是逆时针方向的.

2. 设曲线 C 是球面 $x^2+y^2+z^2=2Rx$ 和柱面 $x^2+y^2=2rx(0<r<R,z\geqslant 0)$ 的交线, 从 z 轴正向看是顺时针的. 计算

$$\oint_C (y^2+z^2)\mathrm{d}x+(z^2+x^2)\mathrm{d}y+(x^2+y^2)\mathrm{d}z.$$

3. 证明曲线积分

$$\int_\Gamma yz\mathrm{d}x+zx\mathrm{d}y+xy\mathrm{d}z$$

与路径无关 (与起点和终点有关). 并计算从点 $A(1,1,0)$ 到点 $B(1,1,1)$ 的这个积分.

4. 计算曲线积分

$$\int_{\overset{\frown}{AmB}} (x^2-yz)\mathrm{d}x+(y^2-xz)\mathrm{d}y+(z^2-xy)\mathrm{d}z,$$

其中 $\overset{\frown}{AmB}$ 是从点 $A(a,0,0)$ 开始, 沿螺线 $x=a\cos\theta,y=a\sin\theta,z=\dfrac{h}{2\pi}\theta$ 到点 $B(a,0,h)$ 的曲线段.

5. 设向量 $\boldsymbol{A}(M)$ 的分量具有连续的二阶偏导数. 试证在向量场 $\boldsymbol{A}$ 内, 任何分块光滑的闭曲面 Σ 上, 恒有

$$\oiint_\Sigma \mathbf{rot}\boldsymbol{A}\cdot\mathrm{d}\boldsymbol{S}=0.$$

6. 设 Σ 是球面 $x^2+y^2+z^2=9$ 的上半部的上侧, C 是 Σ 的边界线 $\boldsymbol{A}=\{2y,3x,-z^2\}$. 试用下面指定的方法, 计算 $\displaystyle\iint_\Sigma \mathbf{rot}\boldsymbol{A}\cdot\mathrm{d}\boldsymbol{S}$.

(1) 用第一型曲面积分计算;

(2) 用第二型曲面积分计算;

(3) 用高斯公式计算;

(4) 用斯托克斯公式计算.

7. 求向量场 $\boldsymbol{A}=-y\boldsymbol{i}+x\boldsymbol{j}+a\boldsymbol{k}$($a$ 为常数) 沿闭曲线 C 的环量.

(1) C 为圆周 $x^2+y^2=1, z=0$, 逆时针;

(2) $C:\begin{cases} z=2x, \\ z=(x-1)^2+y^2, \end{cases}$ 从 z 轴正向看顺时针方向.

8. 求下列向量场的旋度:

(1) $\boldsymbol{A}=y\boldsymbol{i}+z\boldsymbol{j}+x\boldsymbol{k}$; (2) $\boldsymbol{A}=x^2\boldsymbol{i}+y^2\boldsymbol{j}+z^2\boldsymbol{k}$;

(3) $\boldsymbol{A}=yz\boldsymbol{i}+zx\boldsymbol{j}+xy\boldsymbol{k}$; (4) $\boldsymbol{A}=(y^2+z^2)\boldsymbol{i}+(z^2+x^2)\boldsymbol{j}+(x^2+y^2)\boldsymbol{k}$.

9. 证明向量场 $\boldsymbol{A}=y\cos(xy)\boldsymbol{i}+x\cos(xy)\boldsymbol{j}+\sin z\boldsymbol{k}$ 是保守场, 并求势函数.

10. 设函数 $Q(x,y,z)$ 具有连续的一阶偏导数, 且 $Q(0,y,0)=0$, 表达式

$$axz\mathrm{d}x+Q(x,y,z)\mathrm{d}y+(x^2+2y^2z-1)\mathrm{d}z$$

是某函数 $u(x,y,z)$ 的全微分, 求常数 a, 函数 Q 及 u.

12.8 例题选讲

例 1 计算 $\displaystyle\int_l \frac{\mathrm{d}x+\mathrm{d}y}{|x|+|y|}$, 其中 l 为折线 ABC, 且 $A(1,0), B(0,1), C(-1,0)$.

解 将 l 分为两段,

$$\overline{AB}: y=1-x \quad (0\leqslant x\leqslant 1, y\geqslant 0),$$

$$\overline{BC}: y=1+x \quad (-1\leqslant x\leqslant 0, y\geqslant 0),$$

故

$$\begin{aligned}\int_l \frac{\mathrm{d}x+\mathrm{d}y}{|x|+|y|} &= \int_{\overline{AB}} \frac{\mathrm{d}x+\mathrm{d}y}{x+y} = \int_{\overline{BC}} \frac{\mathrm{d}x+\mathrm{d}y}{-x+y} \\ &= \int_1^0 \frac{\mathrm{d}x-\mathrm{d}x}{1}+\int_0^{-1}\frac{\mathrm{d}x+\mathrm{d}x}{1}=\int_0^{-1}2\mathrm{d}x=-2.\end{aligned}$$

例 2 计算 $\displaystyle\int_l \sqrt{x^2+y^2}\mathrm{d}x+y[xy+\ln(x+\sqrt{x^2+y^2})]\mathrm{d}y$, 其中 l 是一段正弦曲线 $y=\sin x(\pi\leqslant x\leqslant 2\pi)$ 沿 x 增大方向.

解 本题直接计算太烦琐, 这里通过格林公式来换个积分线路. 换为从点 $A(\pi,0)$ 到点 $B(2\pi,0)$ 的直线段 $y=0$. 因为

$$\frac{\partial Q}{\partial x}=y^2+\frac{y}{\sqrt{x^2+y^2}}, \quad \frac{\partial P}{\partial y}=\frac{y}{\sqrt{x^2+y^2}},$$

所以

$$\int_l \sqrt{x^2+y^2}\mathrm{d}x+y[xy+\ln(x+\sqrt{x^2+y^2})]\mathrm{d}y$$

$$= \left(\int_{\overline{AB}} + \oint_{l+\overline{BA}}\right) \sqrt{x^2+y^2}\mathrm{d}x + y[xy + \ln(x+\sqrt{x^2+y^2})]\mathrm{d}y$$

$$= \int_{\pi}^{2\pi} x\mathrm{d}x + \iint_{\sigma} y^2 \mathrm{d}\sigma = \frac{3\pi^2}{2} + \int_{\pi}^{2\pi}\mathrm{d}x\int_{\sin x}^{0} y^2\mathrm{d}y = \frac{3\pi^2}{2} + \frac{4}{9}.$$

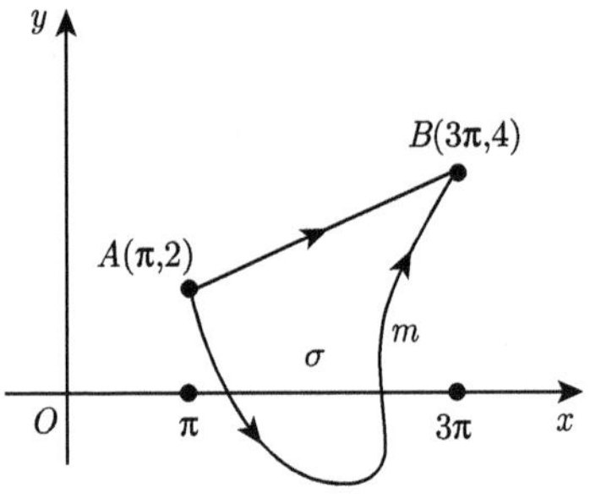

图 12.33

例 3　计算 $I = \int_{\overset{\frown}{AmB}} (\varphi(y)\cos x - \pi y)\mathrm{d}x + (\varphi'(y)\sin x - \pi)\mathrm{d}y$, 其中 $\varphi(y)$ 具有连续的导数; $\overset{\frown}{AmB}$ 是从点 $A(\pi, 2)$ 到点 $B(3\pi, 4)$, 且在直线 $\overline{AB}$ 下方的一条曲线, 它与 $\overline{AB}$ 围成的区域的面积为 2(图 12.33).

解　这里

$$\frac{\partial Q}{\partial x} - \frac{\partial P}{\partial y} = \pi,$$

所以曲线积分与路径有关. 但这里的积分路径又不十分明确, 被积表达式中还有一未知的函数, 无法按第二型曲线积分直接化为定积分的办法计算. 在曲线积分与路径有关的条件下, 也可以通过格林公式来实现变换积分线路. 因为

$$\overset{\frown}{AmB} = \overset{\frown}{AmB} + \overline{BA} - \overline{BA},$$

记 $\overset{\frown}{AmB} + \overline{BA}$ 为闭曲线 C, 则因 $\overline{AB}: x = \pi y - \pi, 2 \leqslant y \leqslant 4$, 故

$$I = \left(\oint_C + \int_{\overline{AB}}\right)(\varphi(y)\cos x - \pi y)\mathrm{d}x + (\varphi'(y)\sin x - \pi)\mathrm{d}y$$

$$= \iint_{\sigma} \pi\mathrm{d}x\mathrm{d}y + \int_2^4 [(\varphi(y)\cos(\pi y - \pi) - \pi y)\pi + (\varphi'(y)\sin(\pi y - \pi) - \pi)]\mathrm{d}y$$

$$= 2\pi - \int_2^4 (\pi^2 y + \pi)\mathrm{d}y + \int_2^4 [\pi\varphi(y)\cos(\pi y - \pi) + \varphi'(y)\sin(\pi y - \pi)]\mathrm{d}y$$

$$= -6\pi^2 + \varphi(y)\sin(\pi y - \pi)\big|_2^4 = -6\pi^2.$$

例 4　设函数 $Q(x, y)$ 在 xOy 平面上具有一阶连续偏导数, 曲线积分 $\int_l 2xy\mathrm{d}x + Q(x, y)\mathrm{d}y$ 与路径无关, 并且对任意 t, 恒有

$$\int_{(0,0)}^{(t,1)} 2xy\mathrm{d}x + Q(x, y)\mathrm{d}y = \int_{(0,0)}^{(1,t)} 2xy\mathrm{d}x + Q(x, y)\mathrm{d}y,$$

求二元函数 $Q(x, y)$.

解 由曲线积分与路径无关的条件知

$$\frac{\partial Q}{\partial x}=\frac{\partial(2xy)}{\partial y}=2x,$$

于是

$$Q(x,y)=x^2+C(y),$$

其中 $C(y)$ 是待定函数. 又因

$$\int_{(0,0)}^{(t,1)}2xy\mathrm{d}x+Q(x,y)\mathrm{d}y=\int_0^1[t^2+C(y)]\mathrm{d}y=t^2+\int_0^1C(y)\mathrm{d}y,$$

$$\int_{(0,0)}^{(1,t)}2xy\mathrm{d}x+Q(x,y)\mathrm{d}y=\int_0^t[1^2+C(y)]\mathrm{d}y=t+\int_0^tC(y)\mathrm{d}y.$$

由假设条件知

$$t^2+\int_0^1C(y)\mathrm{d}y=t+\int_0^tC(y)\mathrm{d}y.$$

两边对 t 求导, 得

$$2t=1+C(t),$$

故 $C(t)=2t-1$, 即 $C(y)=2y-1$, 从而所求的二元函数

$$Q(x,y)=x^2+2y-1.$$

例 5 设在第一卦限内, 对任一有向闭曲面 $\varSigma$ 恒有

$$\oint\!\!\!\!\oint_{\varSigma}2yz\varphi'(x)\mathrm{d}y\mathrm{d}z+y^2z\varphi(x)\mathrm{d}z\mathrm{d}x-yz^2\mathrm{e}^x\mathrm{d}x\mathrm{d}y=0,$$

其中 $\varphi(x)\in C^2,\varphi(0)=\dfrac{1}{2},\varphi'(0)=1$, 求 $\varphi(x)$.

解 由题设的条件和高斯公式知, 对任何有界闭域 V 恒有

$$\iiint_V 2yz(\varphi''(x)+\phi(x)-\mathrm{e}^x)\mathrm{d}V=0,$$

所以

$$\varphi''(x)+\varphi(x)=\mathrm{e}^x.$$

其通解为

$$\varphi(x)=C_1\cos x+C_2\sin x+\frac{1}{2}\mathrm{e}^x.$$

由初始条件 $\varphi(0)=\dfrac{1}{2},\varphi'(0)=1$ 确定 $C_1=0,C_2=\dfrac{1}{2}$, 故所求

$$\varphi(x)=\frac{1}{2}(\sin x+\mathrm{e}^x).$$

例 6　计算 $J=\iint\limits_{\Sigma} yx^3\mathrm{d}y\mathrm{d}z+xy^3\mathrm{d}z\mathrm{d}x+z\mathrm{d}x\mathrm{d}y$, 其中 Σ 是旋转抛物面 $z=x^2+y^2$ 被围在柱面 $|x|+|y|=1$ 内的曲面的下侧.

解　显然这里不便通过使用补面的方法来利用高斯公式, 下面直接计算它. 由于 Σ 在 yOz 面上的投影域关于 z 轴 $(y=0)$ 对称, 所以

$$\begin{aligned}\iint\limits_{\Sigma} yx^3\mathrm{d}y\mathrm{d}z&=\iint\limits_{\Sigma(\text{前})} yx^3\mathrm{d}y\mathrm{d}z+\iint\limits_{\Sigma(\text{后})} yx^3\mathrm{d}y\mathrm{d}z\\&=\iint\limits_{\sigma_{yz}} y(\sqrt{z-y^2})^3\mathrm{d}\sigma-\iint\limits_{\sigma_{yz}} y(-\sqrt{z-y^2})^3\mathrm{d}\sigma\\&=2\iint\limits_{\sigma_{yz}} y(z-y^2)^{3/2}\mathrm{d}\sigma=0,\end{aligned}$$

最后一步用到二重积分的对称性, 再由 x 与 y 的可轮换性 (地位对等性) 知

$$\iint\limits_{\Sigma} xy^3\mathrm{d}z\mathrm{d}x=0,$$

于是 (图 12.34),

$$\begin{aligned}J&=0+0+\iint\limits_{\Sigma} z\mathrm{d}x\mathrm{d}y\\&=-\iint\limits_{\sigma_{xy}}(x^2+y^2)\mathrm{d}x\mathrm{d}y=-2\iint\limits_{\sigma_{xy}} x^2\mathrm{d}x\mathrm{d}y\\&=-8\int_0^1\mathrm{d}x\int_0^{1-x}x^2\mathrm{d}y=-\frac{2}{3}.\end{aligned}$$

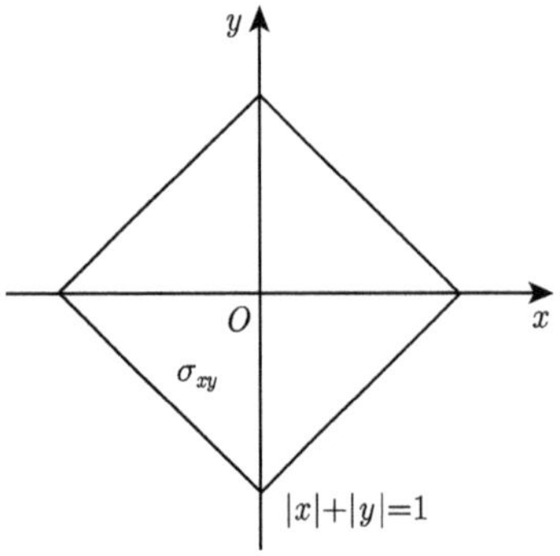

图 12.34

例 7　利用高斯公式计算三重积分

$$I=\iiint\limits_{V}(xy+yz+zx)\mathrm{d}V,$$

其中 V 是由平面 $x=0,y=0,z=0,z=1$ 以及圆柱面 $x^2+y^2=1$ 围在第一卦限内的立体.

解　由于 $\dfrac{\partial P}{\partial x},\dfrac{\partial Q}{\partial y},\dfrac{\partial R}{\partial z}$ 选取相当自由, 考虑到 V 的边界面 (图 12.35), 取

$$P=Q=0,\quad R=xyz+\frac{1}{2}yz^2+\frac{1}{2}xz^2,$$

则

$$\frac{\partial R}{\partial z}=xy+yz+zx.$$

由高斯公式知

$$I=\iiint\limits_V(xy+yz+zx)\mathrm{d}V$$

$$=\oiint\limits_{\Sigma_{外}}\left[xyz+\frac{1}{2}(x+y)z^2\right]\mathrm{d}x\mathrm{d}y.$$

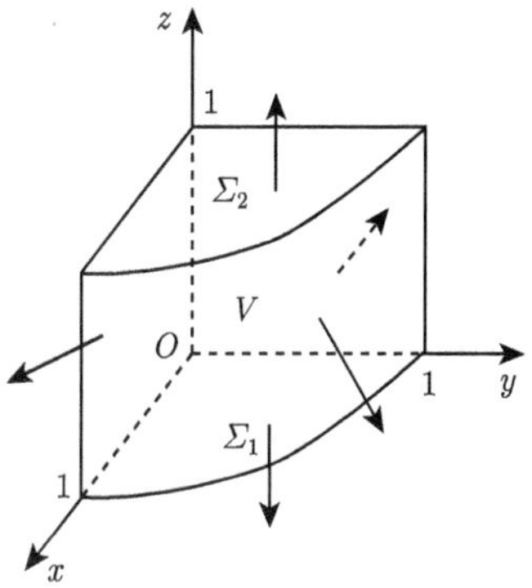

图 12.35

Σ 由 V 的侧面 (母线平行于 z 轴的柱面), 底面 $\Sigma_1: z=0$ 和上面 $\Sigma_2: z=1$ 构成, 故

$$I=\left(\iint\limits_{\Sigma_{1(下)}}+\iint\limits_{\Sigma_{2(上)}}\right)\left[xyz+\frac{1}{2}(x+y)z^2\right]\mathrm{d}x\mathrm{d}y$$

$$=0+\iint\limits_{\sigma_{xy}}\left[xy+\frac{1}{2}(x+y)\right]\mathrm{d}x\mathrm{d}y$$

$$=\int_0^{\pi/2}\mathrm{d}\theta\int_0^1\left[r^2\sin\theta\cos\theta+\frac{1}{2}r(\sin\theta+\cos\theta)\right]r\mathrm{d}r=\frac{11}{24}.$$

仔细分析上述计算过程, 与柱坐标系下三重积分计算无异.

习 题 12.8

1. 在过点 $O(0,0)$ 和 $A(\pi,0)$ 的曲线族 $y=a\sin x(a>0)$ 中, 求一条曲线 l, 使沿该曲线从 O 到 A 的积分 $\int_l(1+y^3)\mathrm{d}x+(2x+y)\mathrm{d}y$ 的值最小.

2. 质点 M 沿着以 AB 为直径的右下半圆周, 从点 $A(1,2)$ 运动到点 $B(3,4)$ 的过程中受变力 $\boldsymbol{F}$ 作用, $\boldsymbol{F}$ 的大小等于点 M 与原点 O 之间的距离, 其方向垂直于线段 OM, 且与 y 轴正向的夹角小于 $\pi/2$, 求变力 $\boldsymbol{F}$ 对质点 M 所做的功.

3. 计算平面曲线积分

$$\int_l\frac{(x-y)\mathrm{d}x+(x+y)\mathrm{d}y}{x^2+y^2},$$

其中 l 为摆线 $x=t-\sin t-\pi, y=1-\cos t$, 从 $t=0$ 到 $t=2\pi$ 的弧段.

4. 确定参数 t 的值, 使得在不包含直线 $y=0$ 的区域上, 曲线积分

$$I=\int_l \frac{x(x^2+y^2)^t}{y}\mathrm{d}x-\frac{x^2(x^2+y^2)^t}{y^2}\mathrm{d}y$$

与路径无关, 并求出从点 $A(1,1)$ 到点 $B(0,2)$ 的积分值 I.

5. 设在上半平面 $\sigma=\{(x,y)|y>0\}$ 内, 函数 $f(x,y)$ 具有连续偏导数, 且对任意的 $t>0$ 都有 $f(tx,ty)=t^{-2}f(x,y)$, 证明对 σ 内的任意分段光滑的有向简单闭曲线 l, 都有

$$\oint_l yf(x,y)\mathrm{d}x-xf(x,y)\mathrm{d}y=0.$$

6. 计算曲面积分

$$\iint_{\Sigma}(z^2x+y\mathrm{e}^z)\mathrm{d}y\mathrm{d}z+x^2y\mathrm{d}z\mathrm{d}x+(\sin^3 x+y^2z)\mathrm{d}x\mathrm{d}y,$$

其中 Σ 为下半球面 $z=-\sqrt{R^2-x^2-y^2}$ 的上侧.

7. 计算曲面积分

$$\oiint_{\Sigma}(2x-2x^3-\mathrm{e}^{-\pi})\mathrm{d}y\mathrm{d}z+(zy^2+6x^2y+z^2x)\mathrm{d}z\mathrm{d}x-z^2y\mathrm{d}x\mathrm{d}y,$$

其中 Σ 是由抛物面 $z=4-x^2-y^2$, 坐标面 xOz,yOz 及平面 $z=\dfrac{1}{2},x=1,y=1$ 所围成的立体的表面外侧.

8. 试将曲面积分

$$\oiint_{\Sigma}\frac{x\cos\alpha+y\cos\beta+z\cos\gamma}{\sqrt{x^2+y^2+z^2}}\mathrm{d}S$$

化为三重积分, 其中 $\cos\alpha,\cos\beta,\cos\gamma$ 是曲面 Σ 的内法向量方向余弦 (原点不在 S 上).

9. 设 $u=u(x,y),v=v(x,y)$ 具有连续的偏导数, C 是平面区域 σ 的边界线正向, 试证二重积分有分部积分公式:

$$\iint_{\sigma}u\frac{\partial v}{\partial x}\mathrm{d}x\mathrm{d}y=\oint_C uv\cos(\boldsymbol{n},x)\mathrm{d}s-\iint_{\sigma}v\frac{\partial u}{\partial x}\mathrm{d}x\mathrm{d}y,$$

其中 $\boldsymbol{n}$ 为曲线 C 的外法向量.

10. 设 $u=u(x,y,z)$ 有连续的二阶偏导数, 试证

$$\oiint_{\Sigma}\frac{\partial u}{\partial \boldsymbol{n}}\mathrm{d}S=\iiint_V(u''_{xx}+u''_{yy}+u''_{zz})\mathrm{d}V,$$

其中 Σ 是 V 的边界面, $\boldsymbol{n}$ 为 Σ 的外法向量.

11. 设 S 是简单光滑的闭曲面, 包围的闭区域为 $V, u=u(x,y,z)$ 在 V 上有连续的一阶偏导数, $v=v(x,y,z)$ 有连续的二阶偏导数, 且满足拉普拉斯方程

$$\frac{\partial^2 v}{\partial x^2}+\frac{\partial^2 v}{\partial y^2}+\frac{\partial^2 v}{\partial z^2}=0,$$

$\boldsymbol{n}$ 是曲面 S 上在点 (x,y,z) 处的外法线向量, 试证

$$\oiint_S u\frac{\partial v}{\partial \boldsymbol{n}}\mathrm{d}S=\iiint_V (\mathbf{grad}u\cdot\mathbf{grad}v)\mathrm{d}x\mathrm{d}y\mathrm{d}z.$$

部分习题参考答案

第 7 章

习题 7.1

1. (1) 一阶;　(2) 二阶;　(3) 二阶;　(4) 三阶.

2. (1) $y=y'x+\frac{1}{4}(y')^2$;　(2) $xy''+2y'-xy=0$;

(3) $(y'')^2=(1+(y')^2)^3$;　(4) $(y'-1)y^2=(y'-2)^2$.

3. (1) $y=x^2+C$;　(2) $y=x^2+3$;　(3) $y=x^2+4$;　(4) $y=x^2+\frac{5}{3}$.

4. (1) $y=-\cos x+2$;　(2) $y=x^3$.

习题 7.2

1. (1) $\frac{1}{2}\mathrm{e}^{2y}=\frac{1}{3}\mathrm{e}^{3x}+C$;　(2) $\arcsin y=\arcsin x+C$;

(3) $y+1=C\cos x$;　(4) $y=C(1+x)(1-y)$;

(5) $(1-\mathrm{e}^y)(1+\mathrm{e}^x)=C$;　(6) $\ln\left|\frac{y}{x}\right|=x+y+C$;

(7) $\sqrt{1-y^2}=-\sqrt{1-x^2}+C$;　(8) $\tan y\tan x=C$;

(9) $y=\sin(x^2+C)$;　(10) $y=\tan(x^2+C)$.

2. (1) $\ln y=\csc x-\cot x$;　(2) $\frac{1}{y}=\ln|x+1|+1$;

(3) $\mathrm{e}^y=\frac{1}{2}\mathrm{e}^{2x}+\frac{1}{2}$;　(4) $\arctan y=x-\frac{1}{2}x^2+\frac{\pi}{4}$;

(5) $\arctan\frac{y}{x}=\ln x+\frac{\pi}{4}$.

3. $y=\frac{2x}{x-1}$.

4. $r=\sec(C\pm\theta)$ 或 $r=1$.

5. $v=\frac{mg}{k}\left(1-\mathrm{e}^{-\frac{k}{m}t}\right)$.

6. $x=4\left(3-\mathrm{e}^{-\frac{t}{10}}\right)$.

7. (1) $y=C\mathrm{e}^{x^2}+\frac{1}{2}x^2$;　(2) $y=\tan x-1+C\mathrm{e}^{-\tan x}$;

(3) $y=\frac{1}{1+x^2}\left(\frac{4}{3}x^3+C\right)$;　(4) $y=\frac{1}{\sqrt{1+x^2}}(\ln|x|+C)$;

(5) $y=x(2\arctan x+C)$;
(6) $y=\dfrac{1}{1+x}(x\mathrm{e}^x+C)$;
(7) $y=x(\mathrm{e}^x+C)$.

8. (1) $\sin\dfrac{y}{x}=Cx$;
(2) $\ln|xy|=\dfrac{x}{y}+C$;
(3) $\sqrt{x^2+y^2}=C\mathrm{e}^{-\arctan\frac{y}{x}}$;
(4) $y^{-5}=x^5\left(C+\dfrac{5}{2x^2}\right)$;
(5) $y^{-\frac{1}{3}}=x^{\frac{2}{3}}\left(C-\dfrac{3}{7}x^{\frac{7}{3}}\right)$;
(6) $y^{-1}=x\left(C-\dfrac{1}{2}\ln^2 x\right)$;
(7) $\ln\dfrac{y}{x}=Cx+1$;
(8) $y^{\frac{1}{2}}=x^2\left(\dfrac{1}{2}\ln|x|+C\right)$;
(9) $y^{-1}=\mathrm{e}^{\sin x}(C-x^2)$;
(10) $\arcsin\dfrac{y}{x}=\ln|x|+C$;
(11) $y^{-1}=\mathrm{e}^{x^2}(C-\sin x)$.

9. (1) $x+y=\tan(x+C)$;
(2) $xy=\mathrm{e}^{cx}$;
(3) $\sin\dfrac{y^2}{x}=Cx$;
(4) $y=x(x+C)$.

10. $f(x)=2x^2-x$.

11. $F(x)=\mathrm{e}^{2x}-\mathrm{e}^{-2x}$.

12. $x^2+y^2=Cy$.

13. $y^2=x(C-x)$.

14. 大约下午 3 点 38 分左右.

习题 7.3

1. (1) $y=\dfrac{x}{2}\ln^2 x-x\ln x+C_1x+C_2$;
(2) $y=\dfrac{1}{8}\cos 2x+\dfrac{1}{6}x^3+C_1x^2+C_2x+C$;
(3) $y=\dfrac{1}{2}x^2\ln x-\dfrac{3}{4}x^2+\dfrac{1}{6}x^3+C_1x^2+C_2x+C_3$;
(4) $y=\dfrac{1}{8}\mathrm{e}^{2x}+\dfrac{1}{6}x^3+C_1x^2+C_2x+C$;
(5) $y=C_1\ln(1+x)+(1+x)\ln(x+1)-(x+1)-x+C_2$;
(6) $y=-x^2-\dfrac{C_1}{2}\left(x+\dfrac{1}{2}\right)\mathrm{e}^{-2x}+C_2$;
(7) $y=\dfrac{C_1}{2}\ln\left|\dfrac{1+x}{1-x}\right|+C_2$;
(8) $\dfrac{1}{2}y^2=Cx+C_1$;
(9) $y=C_2\mathrm{e}^{C_1x}$;
(10) $-\dfrac{1}{y-1}=C_1x+C_2$;
(11) $\dfrac{1}{3}y^3=Cx+C_1$;
(12) $y=-\sin(c\pm x)+C_1x+C_2$.

2. (1) $y=x\arctan x-\dfrac{1}{2}\ln(1+x^2)-x+1$;
(2) $y=-\ln(1-x)$;

(3) $y^{\frac{1}{4}}=\frac{1}{2}x+1$; (4) $\arctan y=x+\frac{\pi}{3}$.

3. $y+\sqrt{y^2-1}=e^{x-1}$.

4. $f(x)=C\ln x+C_1$.

5. $y=e^x$.

6. $y=\frac{1}{12}x^{\frac{3}{2}}-4x^{\frac{1}{2}}+\frac{32}{3}$, $\left(0,\frac{32}{3}\right)$.

7. $y=-\frac{m}{k}v+\frac{m}{k^2}(\rho B-mg)\ln\left(\frac{mg-\rho B-kv}{mg-\rho B}\right)$.

习题 7.4

1. (1) 线性无关; (2) 线性相关; (3) 线性相关; (4) 线性无关; (5) 线性无关; (6) 线性无关; (7) 线性相关; (8) 线性无关; (9) 线性无关; (10) 线性无关.

2. $y=C_1\cos\omega x+C_2\sin\omega x$.

3. $y=(C_1+C_2x)e^{x^2}$.

5. (1) $y=C_1x+C_2e^x$; (2) $y=C_1e^x+C_2e^{-x}$; (3) $y=C_1x+C_2e^{-x}$.

习题 7.5

1. (1) $y=C_1+C_2e^{3x}$; (2) $y=e^{-x}\left(C_1\cos\frac{\sqrt{6}}{2}x+C_2\sin\frac{\sqrt{6}}{2}x\right)$;

(3) $y=C_1e^{-x}+C_2e^{3x}$; (4) $y=C_1e^{2x}+C_2xe^{2x}$;

(5) $y=C_1e^{-x}+(C_2+C_3x)e^x$; (6) $y=C_1e^{-x}+C_2e^{2x}+C_3e^{3x}$;

(7) $y=C_1+C_2e^x+C_3e^{-x}$; (8) $y=C_1+C_2x+C_3e^x$;

(9) $y=3e^{-2x}\sin 5x$; (10) $y=4e^x+2e^{3x}$;

(11) $y=(x-1)e^{x-2}$.

2. $f(x)=2e^x+e^{-x}$.

3. 当 $a=1$ 时, $y=C_1\cos t+C_2\sin t=C_1\sqrt{1+x^2}+C_2x$;

当 $a=-1$ 时, $y=C_1e^{-t}+C_2e^t=C_1e^{-\arcsin x}+C_2e^{\arcsin x}$.

5. $\theta(t)=C_1\cos\sqrt{\frac{g}{l}}t+C_2\sin\sqrt{\frac{g}{l}}t$, $T=2\pi\sqrt{\frac{l}{g}}$.

6. $x=\frac{2}{25}e^{-\sqrt{3}t}\sin\left(t+\frac{\pi}{6}\right)$.

习题 7.6

1. (1) $y=C_1e^{\frac{x}{2}}+C_2e^{-x}+e^x$;

(2) $y=C_1\cos ax+C_2\sin ax+\frac{e^x}{1+a^2}$;

(3) $y=C_1+C_2e^{-\frac{5}{2}x}+\frac{1}{3}x^3-\frac{3}{5}x^2+\frac{7}{25}x$;

(4) $y=C_1\mathrm{e}^{-x}+C_2\mathrm{e}^{-2x}+\left(\frac{3}{2}x^2-3x\right)\mathrm{e}^{-x}$;

(5) $y=\mathrm{e}^x(C_1\cos 2x+C_2\sin 2x)-\frac{1}{4}x\mathrm{e}^x\cos 2x$;

(6) $y=(C_1+C_2x)\mathrm{e}^{3x}+\frac{1}{2}x^2\left(\frac{1}{3}x+1\right)\mathrm{e}^{3x}$;

(7) $y=C_1\mathrm{e}^{-x}+C_2\mathrm{e}^{-4x}+\frac{11}{8}-\frac{1}{2}x$;

(8) $y=C_1\cos 2x+C_2\sin 2x+\frac{1}{3}x\cos x+\frac{2}{9}\sin x$;

(9) $y=(C_1+C_2x)\mathrm{e}^{-x}+x^2\mathrm{e}^{-x}$;

(10) $y=C_1+C_2\mathrm{e}^x+\mathrm{e}^x\left(-\frac{1}{5}\cos 2x+\frac{1}{10}\sin 2x\right)$;

(11) $y=C_1\mathrm{e}^{-x}+C_2\mathrm{e}^{2x}+\left(-\frac{1}{2}x-\frac{1}{4}\right)\mathrm{e}^x$;

(12) $y=C_1\cos x+C_2\sin x+\frac{1}{2}\mathrm{e}^x+\frac{x}{2}\sin x$;

(13) $y=C_1\mathrm{e}^x+C_2\mathrm{e}^{-x}-\frac{1}{2}+\frac{1}{10}\cos 2x$;

(14) $y=(C_1+C_2x)\mathrm{e}^{2x}+2x^2+4x+3+\frac{x^2}{2}\mathrm{e}^{2x}+\frac{1}{8}\cos 2x$;

(15) $y=(C_1+C_2x)\mathrm{e}^{2x}+C_3\mathrm{e}^{-2x}+x\mathrm{e}^{-2x}+2x^2\mathrm{e}^{2x}$.

2. (1) $y=-\cos x-\frac{1}{3}\sin x+\frac{1}{3}\sin 2x$;

(2) $y=-5\mathrm{e}^x+\frac{7}{2}\mathrm{e}^{2x}+\frac{5}{2}$;

(3) $y=\frac{1}{2}(\mathrm{e}^{9x}+\mathrm{e}^x)-\frac{1}{7}\mathrm{e}^{2x}$;

(4) $y=\mathrm{e}^x-\mathrm{e}^{-x}+\mathrm{e}^x(x^2-x)$;

(5) $y=\frac{11}{16}+\frac{5}{16}\mathrm{e}^{4x}-\frac{5}{4}x$;

(6) $y=x-2\cos x-x\sin x$;

(7) $y=\sin x-4\cos x+\cos 2x+3$.

3. $y''-y'-2y=\mathrm{e}^x-2x\mathrm{e}^x$.

4. (1) $y^*=ax\mathrm{e}^x+(b\cos x+c\sin x)$;

(2) $y^*=ax^2+bx+c+x(d\cos x+h\sin x)$.

5. $\begin{cases} x=v_0(\cos\alpha)t, \\ y=v_0(\sin\alpha)t-\frac{1}{2}gt^2. \end{cases}$

6. (1) $x=\cos 2t-\cos 3t$, 最大值是 2;

(2) $x=2\sin 3t+\cos 2t-\cos 3t$.

习题 7.7

1. (1) $y=(C_1+C_2\ln x)\dfrac{1}{x}$;

(2) $y=\left(C_1\dfrac{1}{x}+C_2\dfrac{1}{x^2}\right)$;

(3) $y=C_1+C_2\sqrt{x}\cos\left(\dfrac{\sqrt{3}}{2}\ln x\right)+C_3\sqrt{x}\sin\left(\dfrac{\sqrt{3}}{2}\ln x\right)$;

(4) $y=(C_1+C_2\ln x)x+x\ln^2 x$.

2. (1) $y=C_1x+C_2\dfrac{1}{x}-2\ln x$;

(2) $y=C_1\cos(\ln x)+C_2\sin(\ln x)+\dfrac{1}{2}x$;

(3) $y=C_1+C_2x\cos(\sqrt{2}\ln x)+C_3x\sin(\sqrt{2}\ln x)+\dfrac{1}{2}x$;

(4)$y=(C_1+C_2\ln x)x+(\ln x-2)x^2$.

习题 7.8

1. (1) $y=2-2\mathrm{e}^{\frac{1}{2}x^2}$; (2) $y^{-1}=-\dfrac{1}{2}\mathrm{e}^x+\dfrac{3}{2}\mathrm{e}^{-x}$.

2. (1) $(y+3)^2-2(x-2)(y+3)-(x-2)^2=C$;

(2) $(C+x)\cos y=\ln x$;

(3) $\sin^2 y=\mathrm{e}^{2\sqrt{1+x^2}}\left(C+\ln\left|x+\sqrt{1+x^2}\right|\right)$;

(4)$y+2=C\mathrm{e}^{2\arctan\frac{y+2}{x-3}}$.

3. $y=\mathrm{e}^{-ax}\displaystyle\int_0^x f(t)\mathrm{e}^{at}\mathrm{d}t$.

4. $y=\ln\left|\cos\left(\dfrac{\pi}{4}-x\right)\right|+1+\dfrac{1}{2}\ln 2$, $x=\dfrac{\pi}{4}$ 时, 最大值是 $y=1+\dfrac{1}{2}\ln 2$.

5. (1) $\begin{pmatrix} x \\ y \end{pmatrix}=C_1\mathrm{e}^{2t}\begin{pmatrix} t \\ -1-t \end{pmatrix}+C_2\mathrm{e}^{2t}\begin{pmatrix} 1 \\ -1 \end{pmatrix}$ 或 $x=(C_1t+C_2)\mathrm{e}^{2t}, y=[C_1(-1-t)-C_2]\mathrm{e}^{2t}$;

(2) $\begin{pmatrix} x \\ y \end{pmatrix}=-\mathrm{e}^{-t}\begin{pmatrix} -1 \\ 1 \end{pmatrix}$ 或 $x=\mathrm{e}^{-t}, y=-\mathrm{e}^{-t}$.

6. $\varphi(x)=\dfrac{1}{2}\cos x+\dfrac{1}{2}\sin x+\dfrac{1}{2}\mathrm{e}^x$.

7. $t=2.06$.

第 8 章

习题 8.1

1. (1) $u_n=\dfrac{n}{n+3}$; (2) $u_n=\dfrac{n+1}{n^2+2n+2}$; (3) $u_n=\dfrac{\left(\sqrt{5}\right)^n}{2^n n!}$.

2. (1) $u_n=\dfrac{2}{n(n+1)}$; (2) $\lim\limits_{n\to\infty}S_n=2$, 级数收敛.

3. (1) 收敛, $S=\dfrac{1}{2}$; (2) 收敛, $S=\dfrac{1}{2}$;

(3) 发散; (4) 收敛, $S=\dfrac{1}{4}$;

(5) 收敛, $S=\dfrac{7}{4}$; (6) 收敛, $S=\dfrac{1}{2}$;

(7) 收敛, $S=1-\sqrt{2}$; (8) 收敛, $S=\dfrac{\pi}{4}$.

5. (1) 发散; (2) 发散; (3) 发散; (4) 发散; (5) 收敛; (6) 收敛; (7) 发散.

6. 当 $\sum\limits_{n=1}^{\infty}u_n$ 收敛时, (1) 发散; (2) 收敛; (3) 发散;

当 $\sum\limits_{n=1}^{\infty}u_n$ 发散时, (1) 不一定; (2) 发散; (3) 不一定.

7. $\dfrac{\pi^2}{8}$.

习题 8.2

1. (1) 收敛; (2) 发散; (3) 收敛; (4) 收敛.

2. (1) 收敛; (2) 收敛; (3) 收敛; (4) 收敛.

3. (1) 收敛; (2) 发散; (3) 收敛; (4) 收敛.

4. (1) 发散; (2) 当 $p>1$ 时, 收敛, 当 $p\leqslant 1$ 时, 发散; (3) 发散; (4) 发散.

5. (1) 收敛; (2) 发散; (3) 收敛; (4) 收敛;

(5) 当 $0<a\leqslant 1$ 时发散, 当 $a>1$ 时收敛; (6) 发散; (7) 收敛;

(8) 发散.

6. 当 $\beta<1$ 时收敛, 当 $\beta>1$ 时发散, 当 $\beta=1$ 且 $\alpha<-1$ 时收敛, 当 $\beta=1$ 且 $\alpha\geqslant -1$ 时发散.

7. (1) 收敛; (2) 发散.

8. 收敛.

14. D.

习题 8.3

1. (1) 条件收敛; (2) 绝对收敛; (3) 条件收敛;

(4) 当 $p\leqslant 0$ 时发散, 当 $0<p\leqslant 1$ 时条件收敛, 当 $p>1$ 时绝对收敛;

(5) 绝对收敛; (6) 当 $a<\mathrm{e}$ 时绝对收敛, 当 $a\geqslant \mathrm{e}$ 时发散;

(7) 条件收敛; (8) 发散.

2. 发散. 3. 发散. 4. 收敛.

6. (1) C;　(2) B;　(3) B.

习题 8.4

1. (1) $S(x)=\begin{cases}0, & |x|<2,\\ 1, & x=2;\end{cases}$　(2) $S(x)=x,\quad x\in(-\infty,+\infty)$.

2. (1) $(0,+\infty)$;　(2) $(-\infty,+\infty)$;　(3) $(-1,1)$.

3. (1) $R=\mathrm{e},(-\mathrm{e},\mathrm{e})$;　(2) $R=3,(-3,3)$;

(3) $R=1,(x_0-1,x_0+1)$;　(4) $R=2,(-2,2)$.

4. (1) $\left[-\frac{1}{3},\frac{1}{3}\right]$;　(2) $(-\infty,+\infty)$.

(3) 当 $P>1$ 时为 $[-1,1]$, 当 $0<P\leqslant 1$ 时为 $[-1,1)$, 当 $P\leqslant 0$ 时为 $(-1,1)$;

(4) $\left[-\frac{1}{5},\frac{1}{5}\right)$;　(5) $[-1,1]$;

(6) 当 $0<a<b$ 时为 $\left[-\frac{1}{b},\frac{1}{b}\right]$, 当 $0<b\leqslant a$ 时为 $\left[-\frac{1}{a},\frac{1}{a}\right)$;

(7) $(-1,1)$;　(8) $[-1,1)$;　(9) $\left(-\sqrt{3},\sqrt{3}\right)$;　(10) $[-1,1]$;

(11) $(0,6)$;　(12) $[0,1)$;　(13) $(-2,0]$;　(14) $[-2,0)$;

(15) $[-1,1]$.

5. (1) $\left(\frac{1}{\mathrm{e}},\mathrm{e}\right)$;　(2) $(-\infty,-1)\cup(1,+\infty)$;

(3) $[0,1]$;　(4) $\left(-\infty,-\frac{1}{2}\right)\cup\left(\frac{1}{2},+\infty\right)$.

6. $[-1,1)$.

7. $[-3,3)$.

8. $R=4$.

9. $(-2,4)$.

10.

$$\ln(1-x)=-\left(x+\frac{x^2}{2}+\frac{x^3}{3}+\cdots+\frac{x^n}{n}+\cdots\right),\quad x\in[-1,1);$$

$$\frac{1}{(1-x)^2}=1+2x+3x^2+\cdots+nx^{n-1}+\cdots,\quad x\in(-1,1).$$

习题 8.5

1. $\ln(1+x)=x-\frac{x^2}{2}+\frac{x^3}{3}-\cdots+(-1)^{n-1}\frac{x^n}{n}+\cdots,x\in(-1,1]$.

2. (1) $\sin^2 x=\sum\limits_{n=1}^{\infty}(-1)^{n-1}\frac{2^{2n-1}}{(2n)!}x^{2n},x\in(-\infty,+\infty)$;

(2) $\sin\left(x-\frac{\pi}{4}\right)=\frac{\sqrt{2}}{2}\sum\limits_{n=0}^{\infty}(-1)^n\left[\frac{x^{2n}}{(2n)!}-\frac{x^{2n+1}}{(2n+1)!}\right],x\in(-\infty,+\infty)$;

(3) $\frac{x}{\sqrt{1+x}}=x-\frac{1}{2}x^2+\frac{1\cdot 3}{2\cdot 4}x^3-\frac{1\cdot 3\cdot 5}{2\cdot 4\cdot 6}x^3+\cdots;$

$$+(-1)^n\frac{1\cdot 3\cdot 5\cdot\cdots\cdot(2n-1)^{n+1}}{2\cdot 4\cdot 6\cdot\cdots\cdot(2n)}+\cdots,x\in(-1.1];$$

(4) $\ln(1-x-2x^2)=\sum_{n=0}^{\infty}\frac{\left[(-1)^n-2^{n+1}\right]x^{n+1}}{n+1},-\frac{1}{2}\leqslant x<\frac{1}{2};$

(5) $\int_0^x\frac{\sin x}{x}\mathrm{d}x=\sum_{n=0}^{\infty}(-1)^n\frac{x^{2n+1}}{(2n+1)(2n+1)!},x\in(-\infty,+\infty);$

(6) $\frac{\mathrm{d}}{\mathrm{d}x}\left(\frac{\mathrm{e}^x-1}{x}\right)=\sum_{n=2}^{\infty}\frac{n-1}{n!}x^{n-2},x\neq 0;$

(7) $\arcsin x=x+\sum_{n=1}^{\infty}\frac{2\times(2n)!}{(n!)^2(2n+1)}\left(\frac{x}{x}\right)^{2n+1},|x|\leqslant 1;$

(8) $\frac{1}{(1+x^2)(1+x^4)(1+x^8)}=1-x^2+x^{16}-x^{18}+\cdots+x^{16n}-x^{16n+2}+\cdots,|x|<1.$

3. $g(x)=\sum_{n=0}^{\infty}\left(\sum_{k=0}^{n}a_k\right)x^n.$

4. (1) $\ln x=\sum_{n=1}^{\infty}\frac{(-1)^{n-1}(x-1)^n}{n},x\in(0,2];$

(2) $\sin x=\frac{1}{2}\sum_{n=0}^{\infty}(-1)^n\left[\frac{\sqrt{3}\left(x-\frac{\pi}{3}\right)^{2n}}{(2n)!}+\frac{\left(x-\frac{\pi}{3}\right)^{2n+1}}{(2n+1)!}\right],x\in(-\infty,+\infty);$

(3) $\frac{x}{x^2-2x-3}=\frac{1}{8}\sum_{n=0}^{\infty}\frac{\left[(-1)^n-3\right]}{2^n}(x-1)^n,x\in(-1,3).$

5. $f^{(2n-1)}(0)=0,f^{(2n)}(0)=(-1)^{n-1}2\left(1+\frac{1}{3}+\frac{1}{5}+\cdots+\frac{1}{2n-1}\right)\cdot(2n-1)!,n=1,2,\cdots.$

6. (1) $S(x)=\frac{2}{3}\mathrm{e}^{-\frac{x}{2}}\cos\frac{\sqrt{3}}{2}x+\frac{1}{3}\mathrm{e}^x,|x|<+\infty;$

(2) $S(x)=\frac{2}{(1-x)^3},|x|<1;$

(3) $S(x)=\frac{2+x^2}{(2-x^2)^2},|x|<\sqrt{2},\sum_{n=1}^{\infty}\frac{2n-1}{2^n}=3;$

(4) $S(x)=\frac{x(1-x)}{(1+x)^3},|x|<1,\sum_{n=1}^{\infty}(-1)^n\frac{n^2}{2^n}=-\frac{2}{27};$

(5) $S(x)=\arctan x,|x|<1,\sum_{n=1}^{\infty}\frac{(-1)^n}{2n-1}\left(\frac{3}{4}\right)^n=-\frac{\sqrt{3}}{2}\arctan\frac{\sqrt{3}}{2};$

(6) $S(x)=\mathrm{e}^x+x\mathrm{e}^x,|x|<+\infty.$

7. (1) $S(x)=-\ln\left(1-\dfrac{x}{2}\right),-2\leqslant x<2$;

(2) $S(x)=\left(\dfrac{x^2}{4}+\dfrac{x}{2}+1\right)\mathrm{e}^{\frac{x}{2}},|x|<+\infty$;

(3) $S(x)=2x\arctan x-\ln\left(1+x^2\right),x\in[-1,1]$.

8. $1-\dfrac{\pi}{2}$.

9. $\displaystyle\int_0^x \mathrm{e}^{-x^2}\mathrm{d}x=x-\frac{1}{3}x^3+\frac{1}{5\cdot 2!}x^5+\cdots+\frac{(-1)^n}{(2n+1)\cdot n!}x^{2n+1}+\cdots,|x|<+\infty$.

10. $\dfrac{22}{27}$.

11. $\dfrac{1}{4}\cos\dfrac{1}{\sqrt{2}}+\dfrac{\sqrt{2}}{4}\sin\dfrac{1}{\sqrt{2}}$.

12. $(-2,4),(x-1)^2S'(x-1)$.

13. (1) 2;　(2) $\dfrac{a}{(1-a)^2}$;　(3) $2\sqrt{\mathrm{e}}-1$.

15. A.

习题 8.6

1. (1) $\sqrt{\mathrm{e}}\approx 1.6487$;　(2) $\sqrt[5]{245}\approx 3.0049$;

(3) $\cos 10^\circ\approx 0.9848$;　(4) $\displaystyle\int_0^{1/10}\frac{\ln(1+x)}{x}\mathrm{d}x\approx 0.0974$.

2. $\left|\ln x-\dfrac{2(x-1)}{x+1}\right|<\dfrac{(x-1)^3}{12},1\leqslant x\leqslant 2$.

3. (1) $y=\dfrac{1}{2}+\dfrac{1}{4}x+\dfrac{1}{8}x^2+\dfrac{1}{16}x^3+\dfrac{9}{32}x^4+\dfrac{21}{320}x^5+\cdots$;

(2) $$y=a_0+a_1x+\sum_{k=1}^{\infty}\frac{a_0}{[3\times 4][7\times 8]\cdots[(4k-1)(4k)]}x^{4k}$$
$$+\sum_{k=1}^{\infty}\frac{a_1}{[4\times 5][8\times 9]\cdots[4k(4k+1)]}x^{4k}.$$

4. $b=-1,y=\dfrac{1}{2}\mathrm{e}^{-x}+\dfrac{1}{2}\mathrm{e}^{x}+1$.

习题 8.7

1. (1) $1+2\displaystyle\sum_{n=1}^{\infty}\frac{(-1)^n}{n}\sin nx=\begin{cases}1-x, & x\in(-\pi,\pi),\\ 1, & x=\pm\pi;\end{cases}$

(2) $$\frac{1}{2\pi}\left(\mathrm{e}^{2\pi}-1\right)+\frac{\mathrm{e}^{2\pi}-1}{\pi}\sum_{n=1}^{\infty}\frac{1}{1+n^2}(\cos nx-n\sin nx)x^{n-1}$$
$$=\begin{cases}\dfrac{1}{2}\left(\mathrm{e}^{\pi}+\mathrm{e}^{-\pi}\right), & x=\pm\pi,\\ \mathrm{e}^{x}, & -\pi<x<\pi;\end{cases}$$

(3) $3x^2=\pi^2+12\sum_{n=1}^{\infty}\frac{(-1)^n}{n^2}\cos nx,\quad x\in[-\pi,\pi]$;

(4) $\frac{18\sqrt{3}}{\pi}\sum_{n=1}^{\infty}\frac{(-1)^{n-1}n}{9n^2-1}\sin nx=\begin{cases}0, & x=\pm\pi,\\ 2\sin\frac{x}{3}, & x\in(-\pi,\pi);\end{cases}$

(5) $\pi-2\sum_{n=1}^{\infty}\frac{1}{n}\sin nx=\begin{cases}x+2\pi, & -\pi<x<0,\\ x, & 0<x<\pi,\\ \pi, & x=0,\pm\pi;\end{cases}$

(6) $$\frac{1+\pi-e^{-\pi}}{2\pi}+\frac{1}{\pi}\sum_{n=1}^{\infty}\left\{\frac{1-(-1)^n e^{-\pi}}{1+n^2}\cos nx+\left[\frac{-n+(-1)^n ne^{-\pi}}{1+n^2}+\frac{1}{n}(1-(-1)^n)\right]\sin nx\right\}=\begin{cases}\frac{1}{2}(1+e^{-\pi}), & x=\pm\pi,\\ f(x), & -\pi<x<\pi.\end{cases}$$

2. $b_3=\frac{2\pi}{3}$, $\frac{a_0}{2}$ 等于函数在一个周期内的平均值.

3. 1.

4. $S(0)=1, S\left(\frac{1}{2}\right)=\frac{1}{8}, S(1)=\frac{3}{2}$.

5. (1) $\frac{4}{3}+\sum_{n=1}^{\infty}(-1)^n\left\{\frac{16}{n^2\pi^2}\cos\frac{n\pi x}{2}+\frac{4}{n\pi}\sin\frac{n\pi x}{2}\right\}=\begin{cases}x^2-x, & -2<x<2,\\ 4, & x=\pm 2;\end{cases}$

(2) $$-\frac{1}{4}+\sum_{n=1}^{\infty}\left\{\frac{3}{n^2\pi^2}[1-(-1)^n]\cos\frac{n\pi x}{3}-\frac{1}{n\pi}[1+(-1)^n 8]\sin\frac{n\pi x}{3}\right\}=\begin{cases}2x+1, & -3<x<0,\\ x, & 0<x<3,\\ \frac{1}{2}, & x=0,\\ -1, & x=\pm 3;\end{cases}$$

(3) $$\frac{1}{4}-\frac{2}{\pi^2}\left\{\cos\pi x+\frac{1}{3^2}\cos 3\pi x+\frac{1}{5^2}\cos 5\pi x+\cdots\right\}+\frac{1}{\pi}\left\{\sin\pi x-\frac{1}{2}\sin 2\pi x+\frac{1}{3}\sin 3\pi x+\cdots\right\}=\begin{cases}x, & 0\leqslant x<1,\\ 1/2, & x=1,\\ 0, & 1<x<2.\end{cases}$$

6. (1) $\sum_{n=1}^{\infty}\frac{2}{n}\sin nx=\begin{cases}\pi-x, & 0<x\leqslant\pi,\\ 0, & x=0;\end{cases}$

(2) $\dfrac{4}{\pi}\sum\limits_{k=1}^{\infty}\dfrac{(-1)^{k-1}}{(2k-1)^2}\sin(2k-1)x=\begin{cases}x, & 0\leqslant x<\dfrac{\pi}{2},\\ \pi-x, & \dfrac{\pi}{2}\leqslant x\leqslant\pi.\end{cases}$

7. (1) $\dfrac{2}{\pi}+\dfrac{4}{\pi}\sum\limits_{n=1}^{\infty}\dfrac{(-1)^{n-1}}{4n^2-1}\cos nx=\cos\dfrac{x}{2},\quad 0\leqslant x\leqslant\pi;$

(2) $\dfrac{h}{\pi}+\dfrac{2}{\pi}\sum\limits_{n=1}^{\infty}\dfrac{\sin nh}{n}\cos nx=\begin{cases}1, & 0\leqslant x<h,\\ \dfrac{1}{2}, & x=h,\\ 0, & h<x\leqslant\pi,\end{cases}\qquad f(x)=\begin{cases}1, & 0\leqslant x<h,\\ 0, & h\leqslant x\leqslant\pi.\end{cases}$

8. $\dfrac{4l}{\pi^2}\sum\limits_{n=1}^{\infty}\dfrac{(-1)^{n-1}}{(2n-1)^2}\sin\dfrac{(2n-1)\pi x}{l}=f(x),\ x\in[0,l].$

9. $\dfrac{1}{\pi}+\dfrac{1}{2}\cos\dfrac{\pi x}{l}-\dfrac{2}{\pi}\sum\limits_{n=1}^{\infty}\dfrac{(-1)^n}{4n^2-1}\cos\dfrac{2n\pi x}{l}=f(x),x\in[0,l].$

10. $\dfrac{8}{\pi}\sum\limits_{n=1}^{\infty}\left\{\dfrac{(-1)^{n+1}}{n}+\dfrac{2}{n^3\pi^2}\left[(-1)^n-1\right]\right\}\sin\dfrac{n\pi x}{2}=\begin{cases}x^2, & x\in[0,2),\\ 0, & x=2;\end{cases}$

$\dfrac{4}{3}+\dfrac{16}{\pi^2}\sum\limits_{n=1}^{\infty}\dfrac{(-1)^n}{n^2}\cos\dfrac{n\pi x}{2}=x^2,\quad x\in[0,2].$

习题 8.8

1. 8.
2. $\dfrac{\pi^2}{6}$.
3. 条件收敛.
4. 当 $0<a\leqslant 1$ 时收敛, 当 $a>1$ 时发散.
5. 当 $k\leqslant 0$ 时发散, 当 $0<k\leqslant 1$ 时条件收敛, 当 $k>1$ 时绝对收敛.
6. π^2.
7. (1) $R=\dfrac{1}{4},\left[\dfrac{7}{4},\dfrac{9}{4}\right]$;　　(2) $R=\dfrac{1}{4},\left(\dfrac{1}{4},\dfrac{3}{4}\right)$.
8. $x\neq -1$.
9. $R=|x_0|$, 当 $x_0>0$ 时, 收敛域是 $[0,2x_0)$, 当 $x_0<0$ 时, 收敛域是 $(2x_0,0]$.
10. $f(x)=1+\sum\limits_{n=1}^{\infty}\dfrac{(-1)^n 2}{1-4n^2}x^{2n},|x|\leqslant 1;\quad \dfrac{\pi}{4}-\dfrac{1}{2}$.
11. $A_0=a_0^2,A_n=a_n^2+b_n^2,B_n=0,n=1,2,\cdots$.

$$F(x)=\frac{a_0^2}{2}+\sum_{n=1}^{\infty}\left(a_n^2+b_n^2\right)\cos nx.$$

12. (1) $f(x)=\dfrac{1}{2}+\sum\limits_{n=1}^{\infty}\dfrac{(-1)^n}{1+n^2}\cos nx,(-\pi,\pi);$

(2) $\sum_{n=1}^{\infty}\frac{(-1)^n}{1+(2n)^2}=\frac{\pi}{2\left(e^{\frac{\pi}{2}}-e^{-\frac{\pi}{2}}\right)}-\frac{1}{2}$.

13. $f(x)=\frac{4}{\pi}\sum_{n=0}^{\infty}\frac{(-1)^n}{(2n+1)^2}\sin(2n+1)x,\quad x\in[-\pi,\pi]$.

14. $\overline{a_n}=a_n\cos nh+b_n\sin nh,\quad n=0,1,2,\cdots,$

$\overline{b_n}=b_n\cos nh-a_n\sin nh,\quad n=1,2,\cdots.$

15. $S=\frac{\pi}{4}$.

第 9 章

习题 9.1

1. $-\boldsymbol{a}+11\boldsymbol{b}-3\boldsymbol{c}$.

3. $\overline{D_1A}=-\boldsymbol{b}-\frac{1}{5}\boldsymbol{a}$, $\overline{D_2A}=-\boldsymbol{b}-\frac{2}{5}\boldsymbol{a}$, $\overline{D_3A}=-\boldsymbol{b}-\frac{3}{5}\boldsymbol{a}$, $\overline{D_4A}=-\boldsymbol{b}-\frac{4}{5}\boldsymbol{a}$.

习题 9.2

1. $(-1,-1,2),(2,2,-4)$.

2. $\frac{1}{11}(6,7,-6)$.

3. 4, 5, 8, 3.

4. (1) $(a,b,-c)$, $(-a,b,c)$, $(a,-b,c)$;

(2) $(a,-b,-c)$, $(-a,b,-c)$, $(-a,-b,c)$;

(3) $(-a,-b,-c)$.

5. $(x,0,z)$, $(x,y,0)$, $(0,y,z)$, $(x,0,0)$, $(0,y,0)$, $(0,0,z)$.

6. 过 P 且平行于 z 轴的直线上的点的坐标, 其特点是: 它们的横坐标与纵坐标均相同. 过 P 且平行于 xOy 面的平面上的点的坐标, 其特点是: 它们的竖坐标均相同.

7. $\left(\frac{\sqrt{2}}{2}a,0,0\right)$, $\left(-\frac{\sqrt{2}}{2}a,0,0\right)$, $\left(0,\frac{\sqrt{2}}{2}a,0\right)$, $\left(0,-\frac{\sqrt{2}}{2}a,0\right)$, $\left(\frac{\sqrt{2}}{2}a,0,a\right)$, $\left(-\frac{\sqrt{2}}{2}a,0,a\right)$, $\left(0,\frac{\sqrt{2}}{2}a,a\right)$, $\left(0,-\frac{\sqrt{2}}{2}a,a\right)$.

8. $\sqrt{34}$, $\sqrt{41}$, 5.

9. $(0,1,-2)$.

10. 2; $\cos\alpha=-\frac{1}{2}$, $\cos\beta=-\frac{\sqrt{2}}{2}$, $\cos\gamma=\frac{1}{2}$; $\alpha=\frac{2}{3}\pi$, $\beta=\frac{3}{4}\pi$, $\gamma=\frac{\pi}{3}$.

11. (1) 向量与 x 轴垂直, 平行于 yOz 面;

(2) 向量与 y 轴同向, 垂直于 xOz 面;

(3) 向量垂直于 x 轴和 y 轴, 即与 z 轴平行, 垂直于 xOy 面.

12. 2.

13. $(-2, 3, 0)$.

14. 18; $20\boldsymbol{j}$.

习题 9.3

1. (1) 7, $(-7, -7, 7)$; (2) -42, $6(-7, -7, 7)$; (3) 1/2.

2. $\dfrac{3}{2}$.

3. $\pm\dfrac{1}{\sqrt{5}}(0,2,1)$.

4. 5880(J).

5. $\dfrac{3}{2}\sqrt{6}$.

6. 相等.

7. (1) $15(1, 2, 0)$; (2) $(-27, -3, 9)$; (3) -33.

8. $\dfrac{1}{2}\sqrt{91}$.

习题 9.4

1. $3x-7y+5z-4=0$.

2. $2x+9y-6z-121=0$.

3. $x-3y-2z=0$.

4. $14x+15y+z=0$.

5. (1) yOz 平面; (2) 过点 $\left(0,\dfrac{1}{3},0\right)$ 与 y 轴垂直的平面;
(3) 与 z 轴平行的平面; (4) 过 z 轴平面;
(5) 平行于 x 轴平面; (6) 过原点平面.

6. $\cos\alpha=\dfrac{1}{3}$, $\cos\beta=\dfrac{2}{3}$, $\cos\gamma=-\dfrac{2}{3}$.

7. $x+y-3z-4=0$.

8. $(1, -1, 3)$.

9. (1) $y+5=0$; (2) $x+3y=0$; (3) $9y-z-2=0$.

10. 1.

11. (1) $k=2$; (2) $k=1$; (3)$k=\dfrac{\pm\sqrt{70}}{2}$; (4) $k=\pm2$.

12. $\begin{cases}\dfrac{x-1}{-2}=\dfrac{y-1}{2},\\ y-2=0.\end{cases}$

13. $\begin{cases} 4x - y + z = 1, \\ 17x + 31y - 37z = 117. \end{cases}$

14. $\dfrac{x}{-5} = \dfrac{y + \frac{3}{5}}{1} = \dfrac{z+1}{5}$; $\begin{cases} x = -5t, \\ y = -\dfrac{3}{5} + t, \\ z = -1 + 5t. \end{cases}$

15. (30, 16, 9).

16. $\dfrac{x-2}{3} = \dfrac{y-2}{-1} = \dfrac{z+1}{2}$.

17. $\dfrac{x+1}{3} = \dfrac{y-2}{-1} = \dfrac{z-1}{1}$.

18. $\cos\alpha = 0$.

19. $\sin\varphi = 0$.

20. (1) 直线与平面平行; (2) 直线与平面垂直; (3) 直线在平面上.

21. $x - y + z = 0$.

22. $\dfrac{1}{3}(-5, 2, 2)$.

23. $\dfrac{2}{3}\sqrt{2}$.

习题 9.5

1. $4x + 4y + 10z - 63 = 0$.
2. $(x-1)^2 + (y-3)^2 + (z+2)^2 = 14$.
3. 以 $(1, -2, 1)$ 为球心, $\sqrt{6}$ 为半径的球面.
4. 以 $\dfrac{1}{3}(-2, -3, -4)$ 为球心, $\dfrac{2}{3}\sqrt{29}$ 为半径的球面.
5. $y^2 + z^2 = 5x$.
6. $x^2 + y^2 + z^2 - 9$.
7. $4x^2 - 9(y^2 + z^2) = 36$; $4(x^2 + z^2) - 9y^2 = 36$.

习题 9.6

2. (1) 在平面解析几何中表示两直线的交点, 在空间解析几何中表示两平面的交线, 即直线;

(2) 在平面解析几何中表示椭圆与其切线 $y = 3$ 的交点即切点, 在空间解析几何中表示椭圆柱面与其切平面 $y = 3$ 的交线, 即直线.

3. $3y^2 - z^2 = 16$; $3x^2 + 2z^2 = 16$.

4. $\begin{cases} 2x^2 - 2x + y^2 = 8, \\ z = 0. \end{cases}$

5. $\begin{cases} x^2+y^2=a^2, \\ z=0; \end{cases}$ $\begin{cases} x=a\cos\dfrac{z}{b}, \\ y=0; \end{cases}$ $\begin{cases} y=a\sin\dfrac{z}{b}, \\ x=0. \end{cases}$

6. $\begin{cases} x^2+y^2\leqslant ax, \\ z=0; \end{cases}$ 由 x 轴、z 轴及直线 $\begin{cases} z=\sqrt{a^2-ax}, \\ y=0 \end{cases}$ 所围成区域.

7. $\begin{cases} x^2+2y^2\leqslant 1, \\ z=0, \end{cases}$ $\begin{cases} x^2\leqslant z\leqslant 1, \\ y=0, \end{cases}$ $\begin{cases} 2y^2\leqslant z\leqslant 1, \\ x=0. \end{cases}$

习题 9.7

2. (1) 在平面解析几何中表示平行于 y 轴的一条直线, 在空间解析几何中表示与 yOz 面平行的平面;

(2) 在平面解析几何中表示斜率为 1, y 轴截距为 2 的一条直线, 在空间解析几何中表示平行于 z 轴的平面;

(3) 在平面解析几何中表示圆心在原点, 半径为 1 的圆, 在空间解析几何中表示母线平行于 z 轴, 准线为 $\begin{cases} x^2+y^2=1, \\ z=0 \end{cases}$ 的圆柱面;

(4) 在平面解析几何中表示以 x 轴为实轴, y 轴为虚轴的双曲线, 在空间解析几何中表示母线平行于 z 轴, 准线为 $\begin{cases} x^2-y^2=1, \\ z=0 \end{cases}$ 的双曲柱面.

3. (1) 表示椭圆 $\begin{cases} \dfrac{x^2}{4}+\dfrac{y^2}{9}=1, \\ z=0 \end{cases}$ 绕 x 轴旋转一周生成的旋转曲面, 或表示椭圆 $\begin{cases} \dfrac{x^2}{4}+\dfrac{z^2}{9}=1, \\ y=0 \end{cases}$ 绕 x 轴旋转一周生成的旋转曲面;

(2) 表示双曲线 $\begin{cases} x^2-\dfrac{y^2}{4}=1, \\ z=0 \end{cases}$ 绕 y 轴旋转一周生成的旋转曲面, 或表示双曲线 $\begin{cases} -\dfrac{y^2}{4}+z^2=1, \\ x=0 \end{cases}$ 绕 y 轴旋转一周生成的旋转曲面;

(3) 表示双曲线 $\begin{cases} x^2-y^2=1, \\ z=0 \end{cases}$ 绕 x 轴旋转一周生成的旋转曲面, 或表示双曲线 $\begin{cases} x^2-z^2=1, \\ y=0 \end{cases}$ 绕 x 轴旋转一周生成的旋转曲面;

(4) 表示直线 $\begin{cases} z=x+a, \\ y=0 \end{cases}$ 或 $\begin{cases} z=-x+a, \\ y=0 \end{cases}$ 绕 z 轴旋转一周生成的旋转

曲面, 或表示直线 $\begin{cases} z = y + a, \\ x = 0 \end{cases}$ 或 $\begin{cases} z = -y + a, \\ x = 0 \end{cases}$ 绕 z 轴旋转一周生成的旋转曲面.

习题 9.8

1. $\begin{cases} x - 3y - 2z + 1 = 0, \\ x - y + 2z - 1 = 0; \end{cases}$ $4x^2 - 17y^2 + 4z^2 - 2y - 1 = 0.$

2. $(x - y - z)^2 + 4(x + z)^2 + (x + y + 3z)^2 = 4.$

3. $x^2 + y^2 = (-2z - 1)^2 + (1 - z)^2.$

4. $(y + 2z - 4)^2 + 5x^2 = \dfrac{41}{5}.$

5. $\left(y - \dfrac{m}{n}z\right)^2 - 2p\left(x - \dfrac{l}{n}z\right) = 0.$

6. $\begin{cases} (y^2 + z^2 + 16)^2 = 64(z^2 + 4), \\ x = 0. \end{cases}$

第 10 章

习题 10.1

1. (1) $D = \{(x, y) | x - y^2 \geqslant 0\}$;　(2) $D = \{(x, y) | 0 < x^2 + y^2 \leqslant 1\}$;

(3) $D = \{(x, y) | 0 < x < y - 1$ 或 $x < 0, x < y < x + 1\}$;

(4) $D = \{(x, y, z) | x > 0, y > 0, z > 0\}$.

2. (1) $L = f(r, \theta) = 2r \sin \dfrac{\theta}{2} (R > 0, 0 < \theta < \pi)$;

(2) $L = g(r, d) = 2\sqrt{r^2 - d^2} (0 < d < r)$.

3. $F_x' = \dfrac{GMm(x - a)}{((x - a)^2 + (y - b)^2 + (z - c)^2)^{\frac{3}{2}}}$,

$F_y' = \dfrac{GMm(y - b)}{((x - a)^2 + (y - b)^2 + (z - c)^2)^{\frac{3}{2}}}$,

$F_z' = \dfrac{GMm(z - c)}{((x - a)^2 + (y - b)^2 + (z - c)^2)^{\frac{3}{2}}}$.

4. $f(x) = x^2 + x$, $z = 2x^2 + 2xy + y^2 + x$.

5. $f(x, y) = \dfrac{x^2(1 + y^2)}{(1 + y)^2}$.

6. (1) e^{π^2};　(2) 2;　(3) 0;　(4) 0.

7. (1) $(0, 0)$;　(2) $\{(x, y) | x^2 + y^2 = 1\}$;

(3) $\{(x, y, z) | x = y$ 或 $z = 0\}$.

8. 连续.

习题 10.2

1. $2x$.

2. $f'_x(0,1)=\dfrac{1}{2}$，$f'_y(0,1)=0$.

3. (1) $z'_x=\dfrac{y}{x^2+y^2}$，$z'_y=\dfrac{-x}{x^2+y^2}$；

(2) $z'_x=\mathrm{e}^x(\sin(2x+3y)+2\cos(2x+3y))$，$z'_y=3\mathrm{e}^x\cos(2x+3y)$；

(3) $z'_x=y(x+y)^{y-1}$，$z'_y=(x+y)^y\left(\ln(x+y)+\dfrac{y}{x+y}\right)$；

(4) $z'_x=\dfrac{\sqrt{y}}{\sqrt{1-x^2y}}$，$z'_y=\dfrac{x}{2\sqrt{y}\sqrt{1-x^2y}}$；

(5) $u'_x=\mathrm{e}^{xyz}+xyz\mathrm{e}^{xyz}$，$u'_y=x^2z\mathrm{e}^{xyz}$，$u'_z=x^2y\mathrm{e}^{xyz}$；

(6) $u'_x=yz\cdot x^{yz-1}$，$u'_y=z\cdot x^{yz}\ln x$，$u'_z=y\cdot x^{yz}\ln x$.

4. (1) $z''_{xx}=-y^2\sin(xy)$，$z''_{xy}=\cos(xy)-xy\sin(xy)$，$z''_{yy}=-x^2\sin(xy)$；

(2) $z''_{xx}=y(y-1)x^{y-2}$，$z''_{xy}=yx^{y-1}\ln x+x^{y-1}$，$z''_{yy}=x^y\ln^2 x$；

(3) $z''_{xx}=\mathrm{e}^x\sin 2y$，$z''_{xy}=2\mathrm{e}^x\cos 2y$，$z''_{yy}=-4\mathrm{e}^x\sin 2y$；

(4) $z''_{xx}=\dfrac{\mathrm{e}^{x+y}}{(\mathrm{e}^x+\mathrm{e}^y)^2}$，$z''_{xy}=\dfrac{-\mathrm{e}^{x+y}}{(\mathrm{e}^x+\mathrm{e}^y)^2}$，$z''_{yy}=\dfrac{\mathrm{e}^{x+y}}{(\mathrm{e}^x+\mathrm{e}^y)^2}$.

9. 不存在.

习题 10.3

1. (1) $\mathrm{d}z=\mathrm{d}x+3y^2\mathrm{d}y$；

(2) $\mathrm{d}z=y2^{xy}\ln 2\mathrm{d}x+x2^{xy}\ln 2\mathrm{d}y$；

(3) $\mathrm{d}z=\dfrac{y}{x^2+y^2}\mathrm{d}x-\dfrac{x}{x^2+y^2}\mathrm{d}y$；

(4) $\mathrm{d}u=-\sin(xy+xz)(y+z)\mathrm{d}x-x\sin(xy+xz)\mathrm{d}y-x\sin(xy+xz)\mathrm{d}z$.

2. $\mathrm{d}z|_{(1,2)}=\mathrm{d}x+2\mathrm{d}y$.

4. $f(x,y)=x^3y^2+2x+1$.

5. 108.908.

6. 0.124cm.

习题 10.4

1. (1) $\dfrac{\partial z}{\partial x}=2x\left(\sin\dfrac{x^2+y^2}{xy}+\dfrac{x^2+y^2}{xy}\cos\dfrac{x^2+y^2}{xy}\right)-\dfrac{(x^2+y^2)^2}{x^2y}\cos\dfrac{x^2+y^2}{xy}$,

$$\frac{\partial z}{\partial y}=2y\left(\sin\frac{x^2+y^2}{xy}+\frac{x^2+y^2}{xy}\cos\frac{x^2+y^2}{xy}\right)-\frac{(x^2+y^2)^2}{xy^2}\cos\frac{x^2+y^2}{xy};$$

(2) $\dfrac{\partial z}{\partial x}=\left(-\dfrac{xy}{(x+y)^2}\arctan(x+y+xy)+\dfrac{xy}{x+y}\dfrac{1}{1+(x+y+xy)^2}\right)$

$$+\left(\frac{1}{x+y}\arctan(x+y+xy)+\frac{xy}{x+y}\frac{1}{1+(x+y+xy)^2}\right)y;$$

$$\frac{\partial z}{\partial y}=\left(-\frac{xy}{(x+y)^2}\arctan(x+y+xy)+\frac{xy}{x+y}\frac{1}{1+(x+y+xy)^2}\right)$$
$$+\left(\frac{1}{x+y}\arctan(x+y+xy)+\frac{xy}{x+y}\frac{1}{1+(x+y+xy)^2}\right)x;$$

(3) $\frac{\partial z}{\partial x}=y\mathrm{e}^{xy}\sin(x+y)+\mathrm{e}^{xy}\cos(x+y)$,

$\frac{\partial z}{\partial y}=x\mathrm{e}^{xy}\sin(x+y)+\mathrm{e}^{xy}\cos(x+y)$.

2. (1) $\frac{\mathrm{d}u}{\mathrm{d}t}=\sec^2\left(3t+\frac{1}{t^4}-2\sqrt{t}\right)\left(3-\frac{4}{t^5}-\frac{1}{\sqrt{t}}\right)$;

(2) $\frac{\mathrm{d}u}{\mathrm{d}t}=\mathrm{e}^{\cos t-3t^3}(-\sin t)+\mathrm{e}^{\cos t-3t^3}(-9t^2)-\frac{2}{t^3}$.

3. (1) $\frac{\partial z}{\partial x}=f_1'+y^2f_2'$, $\frac{\partial z}{\partial y}=f_1'+2xyf_2'$;

(2) $\frac{\partial z}{\partial x}=\frac{1}{y}f_1'-\frac{y}{x^2}f_2'$, $\frac{\partial z}{\partial y}=-\frac{x}{y^2}f_1'+\frac{1}{x}f_2'$;

(3) $\frac{\partial u}{\partial x}=yf'(xy)g(yz)$, $\frac{\partial u}{\partial y}=xf'(xy)g(yz)+zf(xy)g'(yz)$,

$\frac{\partial u}{\partial z}=yf(xy)g'(yz)$;

(4) $\frac{\partial u}{\partial x}=y^2f_1'-2xf_2'+zf_3'$, $\frac{\partial u}{\partial y}=2xyf_1'+f_2'$, $\frac{\partial u}{\partial z}=xf_3'$.

4. $f_y'(x,x^2)=-\frac{1}{2}$.

5. $\varphi'(1)=17$.

6. (1) $\frac{\partial^2 z}{\partial x\partial y}=\mathrm{e}^xf_1'+y\mathrm{e}^x(\mathrm{e}^xf_{11}''+f_{13}'')+\mathrm{e}^xf_{21}''+f_{23}''$;

(2) $\frac{\partial^2 z}{\partial x^2}=2f+4x\left(yf_1'+\frac{1}{y}f_2'\right)+x^2\left(y^2f_{11}''+2f_{12}''+\frac{1}{y^2}f_{22}''\right)$,

$\frac{\partial^2 z}{\partial y^2}=x^2\left(x^2f_{11}''-\frac{2x^2}{y^2}f_{12}''+\frac{x^2}{y^4}f_{22}''+\frac{2x}{y^3}f_2'\right)$,

$\frac{\partial^2 z}{\partial x\partial y}=3x^3f_1'+x^3yf_{11}''-\frac{3x^2}{y^2}f_2'-\frac{x^3}{y^3}f_{22}''$.

8. $\frac{\partial^2 z}{\partial u\partial v}=0$.

9. $a=3$.

11. $f\left(\frac{y}{x}\right)=C_1\arctan\frac{y}{x}+C_2$.

12. (1) $\mathrm{d}z=(yf_1'+f_2')\mathrm{d}x+(xf_1'+f_2')\mathrm{d}y$, $\dfrac{\partial z}{\partial x}=yf_1'+f_2'$, $\dfrac{\partial z}{\partial y}=xf_1'+f_2'$;

(2) $\mathrm{d}z=\left(yf_1'+\dfrac{1}{y}f_2'\right)\mathrm{d}x+\left(xf_1'+\dfrac{-x}{y^2}f_2'\right)\mathrm{d}y$, $\dfrac{\partial z}{\partial x}=yf_1'+\dfrac{1}{y}f_2'$,

$\dfrac{\partial z}{\partial y}=xf_1'+\dfrac{-x}{y^2}f_2'$;

(3) $\mathrm{d}u=(-\sin xf_1'+\cos xf_2')\mathrm{d}x-\sin yf_1'\mathrm{d}y+\cos zf_2'\mathrm{d}z$,

$\dfrac{\partial u}{\partial x}=-\sin xf_1'+\cos xf_2'$, $\dfrac{\partial u}{\partial y}=-\sin yf_1'$; $\dfrac{\partial u}{\partial z}=\cos zf_2'$.

习题 10.5

1. (1) $\dfrac{\partial z}{\partial x}=\dfrac{z}{x-z}$, $\dfrac{\partial z}{\partial y}=\dfrac{-yz^2}{x-z}$,

$$\frac{\partial^2 z}{\partial x^2}=\frac{z^2}{(x-z)^3},\quad \frac{\partial^2 z}{\partial y^2}=\frac{-z^3(z-2x)(1+y^2)}{(x-z)^3},\quad \frac{\partial^2 z}{\partial x\partial y}=\frac{xyz^2}{(x-z)^3};$$

(2) $\dfrac{\partial z}{\partial x}=-\dfrac{2x-3}{2z+1}$, $\dfrac{\partial z}{\partial y}=\dfrac{8y}{2z+1}$,

$$\frac{\partial^2 z}{\partial x^2}=-\frac{4(4z^2-4z+5)}{(2z+1)^3},\ \frac{\partial^2 z}{\partial y^2}=\frac{8(-12z^2+4z+1)}{(2z+1)^3},\ \frac{\partial^2 z}{\partial x\partial y}=-\frac{16y(2x-3)}{(2z+1)^3}.$$

2. (1) $\mathrm{d}z=-\dfrac{\left(yz\sqrt{x^2+y^2+z^2}+x\right)\mathrm{d}x+\left(xz\sqrt{x^2+y^2+z^2}+y\right)\mathrm{d}y}{xy\sqrt{x^2+y^2+z^2}+z}$,

$$\frac{\partial z}{\partial x}=-\frac{yz\sqrt{x^2+y^2+z^2}+x}{xy\sqrt{x^2+y^2+z^2}+z},\quad \frac{\partial z}{\partial y}=-\frac{xz\sqrt{x^2+y^2+z^2}+y}{xy\sqrt{x^2+y^2+z^2}+z};$$

(2) $\mathrm{d}z=-\dfrac{(\mathrm{e}^{z-y-x}-x\mathrm{e}^{z-y-x}+1)\mathrm{d}x+(-x\mathrm{e}^{z-y-x}+1)\mathrm{d}y}{x\mathrm{e}^{z-y-x}+1}$,

$$\frac{\partial z}{\partial x}=-\frac{\mathrm{e}^{z-y-x}-x\mathrm{e}^{z-y-x}+1}{x\mathrm{e}^{z-y-x}+1},\quad \frac{\partial z}{\partial y}=-\frac{-x\mathrm{e}^{z-y-x}+1}{x\mathrm{e}^{z-y-x}+1}.$$

6. $\dfrac{\partial x}{\partial y}=\dfrac{x-z}{y}$.

7. $$\frac{\partial^2 z}{\partial x\partial y}=-\frac{4(z-x)(z-y)}{(F_1'+2zF_2')^3}(F_1'^2F_{22}''-F_1'F_2'F_{12}''+F_2'^2F_{11}'')-\frac{2(F_1'+2xF_2')(F_1'+2yF_2')}{(F_1'+2zF_2')^3}F_2'.$$

8. $k=\dfrac{\left|F_{xx}''F_y'^2-2F_x'F_y'F_{xy}''+F_{yy}''F_x'^2\right|}{\left[F_x'^2+F_y'^2\right]^{\frac{3}{2}}}$.

9. (1) $\dfrac{\mathrm{d}y}{\mathrm{d}x}=-\dfrac{x(6z+1)}{2y(3z+1)}$, $\dfrac{\mathrm{d}z}{\mathrm{d}x}=\dfrac{x}{3z+1}$;

(2) $\dfrac{\partial u}{\partial x}=\dfrac{-uf_1'(2yvg_2'-1)-f_2'g_1'}{(xf_1'-1)(2yvg_2'-1)-f_2'g_1'}$, $\dfrac{\partial u}{\partial y}=\dfrac{g_1'(xf_1'+uf_1'-1)}{(xf_1'-1)(2yvg_2'-1)-f_2'g_1'}$;

(3) $\dfrac{\partial u}{\partial x}=\dfrac{\sin v}{\mathrm{e}^u(\sin v-\cos v)+1}$, $\dfrac{\partial u}{\partial y}=\dfrac{\sin v+\mathrm{e}^u}{u[\mathrm{e}^u(\sin v-\cos v)+1]}$.

10. $\dfrac{\mathrm{d}y}{\mathrm{d}x}=\dfrac{f_x'F_t'-f_t'F_x'}{F_t'+f_t'F_y'}$.

11. $\dfrac{\mathrm{d}u}{\mathrm{d}x}=f_x'+f_y'\sec^2 x-\dfrac{2x\varphi_1'+\mathrm{e}^{\tan x}\sec^2 x\varphi_2'}{\varphi_3'}f_z'$.

习题 10.6

1. (1) $\dfrac{x-1}{1}=\dfrac{y-1}{2}=\dfrac{z-1}{3}$, $x+2y+3z=6$;

(2) $\dfrac{x-1}{0}=\dfrac{y-1}{1}=\dfrac{z-1}{0}$, $y=1$;

(3) $\dfrac{x-1}{2}=\dfrac{y-1}{1}=\dfrac{z-1}{4}$, $2x+y+4z=7$;

(4) $\dfrac{x-1}{7}=\dfrac{y-1}{-8}=\dfrac{z-1}{-6}$, $7x-8y-6z=-7$.

2. $(-1,1,-1)$ 和 $\left(\dfrac{1}{3},\dfrac{1}{9},\dfrac{1}{27}\right)$.

3. (1) $x+y+z=3$, $x-1=y-1=z-1$;

(2) $x+y-\sqrt{2}z=0$, $\dfrac{x-1}{\frac{\sqrt{2}}{2}}=\dfrac{y-1}{\frac{\sqrt{2}}{2}}=\dfrac{z-\sqrt{2}}{-1}$.

4. $(-3,-1,3)$, $x+3=\dfrac{y+1}{3}=z-3$.

习题 10.7

1. $\mathrm{e}^{x+y}=1+x+y+o(\rho)$, $\mathrm{e}^{x+y}=1+x+y+\dfrac{1}{2}x^2+xy+\dfrac{1}{2}y^2+o(\rho)$, $\rho=\sqrt{x^2+y^2}$.

2. $\sin x\sin y=\dfrac{1}{2}+\dfrac{1}{2}\left(x-\dfrac{\pi}{4}\right)+\dfrac{1}{2}\left(y-\dfrac{\pi}{4}\right)+o(\rho)$,

$$\begin{aligned}\sin x\sin y=&\frac{1}{2}+\frac{1}{2}\left(x-\frac{\pi}{4}\right)+\frac{1}{2}\left(y-\frac{\pi}{4}\right)-\frac{1}{4}\left(x-\frac{\pi}{4}\right)^2\\&+\frac{1}{2}\left(x-\frac{\pi}{4}\right)\left(y-\frac{\pi}{4}\right)-\frac{1}{4}\left(y-\frac{\pi}{4}\right)^2+o(\rho^2),\\ \rho=&\sqrt{\left(x-\frac{\pi}{4}\right)^2+\left(y-\frac{\pi}{4}\right)^2}.\end{aligned}$$

3. (1) 点 (a,a) 处取极大值 a^3; (2) 点 $\left(\dfrac{1}{2},-1\right)$ 处取极小值 $-\dfrac{\mathrm{e}}{2}$;

(3) 点 $(-1,-1)$ 处取极小值 -2, 点 $(1,1)$ 处取极小值 -2;

(4) 点 $(0,0)$ 处取极小值 0.

4. 最大值为 1, 最小值为 0.

5. 最大值为 4, 最小值为 -64.

6. $\left(-\frac{2}{5},-\frac{1}{5}\right)$.

7. $\left(-\frac{3}{2},-\frac{3}{2}\right)$.

8. $\left(-\frac{2}{\sqrt{6}},\frac{1}{\sqrt{6}},\frac{1}{\sqrt{6}}\right)$, $\left(\frac{2}{\sqrt{6}},-\frac{1}{\sqrt{6}},-\frac{1}{\sqrt{6}}\right)$, $\left(\frac{1}{\sqrt{6}},-\frac{2}{\sqrt{6}},\frac{1}{\sqrt{6}}\right)$,

$\left(-\frac{1}{\sqrt{6}},\frac{2}{\sqrt{6}},-\frac{1}{\sqrt{6}}\right)$, $\left(\frac{1}{\sqrt{6}},\frac{1}{\sqrt{6}},-\frac{2}{\sqrt{6}}\right)$, $\left(-\frac{1}{\sqrt{6}},-\frac{1}{\sqrt{6}},\frac{2}{\sqrt{6}}\right)$.

9. $\left(-\frac{2}{\sqrt{14}},\frac{1}{\sqrt{14}},\frac{6}{\sqrt{14}}\right)$.

10. $\sqrt{\frac{11+\sqrt{13}}{6}}$, $\sqrt{\frac{11-\sqrt{13}}{6}}$.

11. $a=\sqrt{34}$.

16. $x=y=\sqrt[3]{\frac{4V}{3}}$, $z=\frac{3}{4}\sqrt[3]{\frac{4V}{3}}$.

17. 圆周长为$\frac{\pi l}{\pi+4+3\sqrt{3}}$, 正方形周长为$\frac{4\pi l}{\pi+4+3\sqrt{3}}$, 正三角形周长为$\frac{3\sqrt{3}\pi l}{\pi+4+3\sqrt{3}}$, 面积之和最小值为 $\frac{l^2}{4(\pi+4+3\sqrt{3})}$.

18. (1) $x=0.75$(万元), $y=1.25$(万元);

(2) $x=0$(万元), $y=1.5$(万元).

19. $x_1=6\left(\frac{P_2\alpha}{P_1\beta}\right)^{\beta}$, $x_2=6\left(\frac{P_1\beta}{P_2\alpha}\right)^{\alpha}$.

习题 10.8

1. $\mathbf{grad}u|_{(1,2,1)}=(4,13,6)$, $\left.\frac{\partial u}{\partial l}\right|_{(1,2,1)}=\frac{-9\sqrt{2}}{2}$.

2. $\mathbf{grad}z|_{(1,1)}=(2+\cos 1,2\sin 1+\cos 1)$, $\left.\frac{\partial z}{\partial l}\right|_{(1,1)}=\sqrt{2}-\sqrt{2}\sin 1$.

3. (1) $(-2,1,-1)$;　(2) $\mathbf{grad}u|_{(2,0,1)}=(7,0,12)$, $\sqrt{193}$.

5. $\pm 36\sqrt{2}$.

6. $\frac{\sqrt{2(a^2+b^2)}}{ab}$.

7. $\boldsymbol{i}$, 2.

习题 10.9

1. 不一定, 不一定.

2. $\dfrac{\partial u}{\partial x}=\dfrac{\partial(g,h)}{\partial(v,w)}\Big/\dfrac{\partial(f,g,h)}{\partial(u,v,w)}$.

3. $\dfrac{\partial z}{\partial x}=\dfrac{\partial(y,z)}{\partial(u,v)}\Big/\dfrac{\partial(y,x)}{\partial(u,v)}$, $\dfrac{\partial z}{\partial y}=\dfrac{\partial(x,z)}{\partial(u,v)}\Big/\dfrac{\partial(x,y)}{\partial(u,v)}$.

4. $\mathbf{grad}z\big|_{P_0}=(3,3-\sqrt{2})$, $\quad \mathrm{d}z\big|_{P_0}=3\mathrm{d}x+(3-\sqrt{2})\mathrm{d}y$, $\quad \left.\dfrac{\partial z}{\partial l}\right|_{P_0}=\dfrac{15-2\sqrt{2}}{\sqrt{13}}$.

5. 不相邻的两角之和为 π 时, 面积最大.

9. B.

第 11 章

习题 11.1

1. $Q=\displaystyle\iint\limits_{\sigma}(x^2+y^2)\mathrm{d}\sigma$, 其中 σ 是 $x^2+y^2\leqslant 2x$ 和 $x^2+y^2\leqslant 2y$ 的公共部分.

2. $F_z'=\displaystyle\iiint\limits_{V}\frac{k\,(z-h)}{\left[x^2+y^2+(z-h)^2\right]^{\frac{3}{2}}}\mathrm{d}V$, 其中 V 是 $x^2+y^2+z^2\leqslant a^2$,k 为引力常数.

3. $m=\displaystyle\int_L(x^2+y^2+z^2)\mathrm{d}L$, 其中 L 是空间圆周 $\begin{cases}x^2+y^2+z^2=1,\\ x+y+z=0.\end{cases}$

4. $W=\displaystyle\iint\limits_{S}\frac{1}{\sqrt{1+z}}\mathrm{d}S$, 其中 S 是旋转抛物面.

5. (1) $0\leqslant\displaystyle\iint\limits_{\sigma}(x^2+y^2)\mathrm{d}\sigma\leqslant 2$; (2) $\dfrac{4\pi}{3}\leqslant\displaystyle\iiint\limits_{V}\left(1+x^2+y^2+z^2\right)\mathrm{d}V\leqslant\frac{8\pi}{3}$.

7. (1) π; (2) $4\pi R^2 f\left(R^2\right)$.

8. (1) $\displaystyle\iint\limits_{\sigma}(x+y)^2\mathrm{d}\sigma<\iint\limits_{\sigma}(x+y)^3\mathrm{d}\sigma$; (2) $\displaystyle\iint\limits_{\sigma}\ln(x+y)\mathrm{d}\sigma<\iint\limits_{\sigma}xy\mathrm{d}\sigma$.

9. (1) 3 阶; (2) 2 阶; (3) 1 阶.

10. C.

习题 11.2

1. (1) $\dfrac{1}{27}$; (2) $\dfrac{\pi}{12}$; (3) $\dfrac{1}{2}$; (4) $\dfrac{27}{64}$;

(5) -2; (6) $\dfrac{1}{2}-\dfrac{1}{2}\sin 1$; (7) $\dfrac{35}{12}\pi a^4$; (8) 2π.

2. (1) $\dfrac{2}{15}\left(4\sqrt{2}-1\right)$; (2) $\dfrac{1}{4}$; (3) πR^2; (4) $\dfrac{2\sqrt{2}}{5}\left(\sqrt{2}-1\right)$.

3. (1) $\displaystyle\int_0^1\mathrm{d}y\int_{\mathrm{e}^y}^{\mathrm{e}}f(x,y)\,\mathrm{d}x$; (2) $\displaystyle\int_0^1\mathrm{d}y\int_{\frac{y}{2}}^{y}f(x,y)\mathrm{d}x+\int_1^2\mathrm{d}y\int_{\frac{y}{2}}^{1}f(x,y)\,\mathrm{d}x$;

(3) $\int_0^1 \mathrm{d}x \int_{x^3}^{x^2} f(x,y)\,\mathrm{d}y$;　(4) $-\int_{-1}^{1} \mathrm{d}x \int_0^{\sqrt{1-x^2}} f(x,y)\,\mathrm{d}y$;

(5) $\int_0^1 \mathrm{d}y \int_{\arcsin y}^{\pi-\arcsin y} f(x,y)\,\mathrm{d}x$;　(6) $\int_{\frac{1}{2}}^{1} \mathrm{d}y \int_y^{\sqrt{y}} f(x,y)\,\mathrm{d}x$.

4. $\frac{1}{3}\left(\sqrt{2}-1\right)$.

5. $\frac{88}{105}$.

6. $\frac{16}{3}a^3$.

7. (1) $\pi(2\ln 2-1)$;　(2) $\frac{a^3}{6}\left(\pi-\frac{8-5\sqrt{2}}{3}\right)$;　(3) $-6\pi^2$;　(4) $\frac{45}{2}\pi$;

(5) $\frac{2}{15}\left(\pi+\frac{256-147\sqrt{3}}{5}\right)$;　(6) $\frac{3}{16}\pi^2$;　(7) 80π;

(8) $\frac{a^3}{3}\left[\sqrt{2}+\ln\left(1+\sqrt{2}\right)\right]$.

8. (1) $\frac{1}{4}\pi a^2+2a^2$;　(2) $4a^2$.

9. (1) $\sqrt{2}\pi$;　(2) $2\pi a^2$;　(3) $\frac{2}{3}\pi\left(2\sqrt{2}-1\right)$;

(4) $\frac{2}{3}\pi\left(\left(1+a^2\right)^{\frac{3}{2}}-1\right)$;　(5) $2\left(3-\sqrt{3}\right)\pi a^2$.

10. $R=\frac{4}{3}a$.

11. $\frac{a^2}{2}$.

12. (1) $\frac{\pi^4}{3}$;　(2) $\frac{7}{3}\ln 2$;　(3) $\frac{\mathrm{e}-1}{2}$.

习题 11.3

1. (1) $\frac{1}{64}$;　(2) $\frac{1}{2}\left(\frac{\pi^2}{8}-1\right)$;　(3) $\frac{1}{2}\ln\frac{135}{128}$;　(4) $\frac{14}{45}$;

(5) $\frac{1}{60}abc^3$;　(6) $\frac{4}{15}\pi ab^3c$;　(7) $\frac{1}{2}abc(a+b+c)$;　(8) $\frac{80}{117}$.

2. (1) $\frac{256}{3}\pi$;　(2) $\pi\left(\ln 2-2-\frac{\pi}{2}\right)$;　(3) 336π;　(4) $\frac{2}{5}\pi\left(A^5-a^5\right)$;

(5) $\frac{\pi}{8}$;　(6) $\frac{5}{12}\pi$;　(7) $\frac{\pi}{10}$;　(8) $\frac{4\pi}{3}$.

3. (1) $\int_0^{\frac{\pi}{2}} \mathrm{d}\theta \int_0^1 \mathrm{d}r \int_0^{\sqrt{1-r^2}} r^3\,\mathrm{d}z=\frac{1}{15}\pi$;　(2) $\int_0^{\frac{\pi}{2}} \mathrm{d}\theta \int_0^{2\cos\theta} \mathrm{d}r \int_0^a zr^2\,\mathrm{d}z=\frac{8}{9}a^2$.

4. $\frac{1}{12}$.

5. (1) $\frac{\pi}{12}$;　(2) $\frac{2}{3}\pi\left(2-\sqrt{2}\right)$;　(3) $\frac{1}{3}\pi a^3$.

6. $\dfrac{\mathrm{d}F}{\mathrm{d}t}=2\pi t\left[\dfrac{h^3}{3}+hf\left(t^2\right)\right]$.

7. 100 小时.

习题 11.4

1. (1) $2a\sqrt{2a}\pi$; (2) $\dfrac{3}{2}a^{\frac{5}{3}}$; (3) $2a^2$;

(4) $\dfrac{\sqrt{2}}{2}-\dfrac{\sqrt{17}}{8}+\dfrac{1}{2}\ln\left(4+\sqrt{17}\right)-\dfrac{1}{2}\ln\left(1+\sqrt{2}\right)$; (5) 2;

(6) $2\left(\mathrm{e}^a-1\right)+\dfrac{\pi}{4}a\mathrm{e}^a$; (7) $12a$; (8) $\dfrac{1}{3}\left[\left(2+t_0^2\right)^{\frac{3}{2}}-2^{\frac{3}{2}}\right]$;

(9) $\dfrac{8\sqrt{2}}{3}\pi^3a$; (10) $-2\pi a^3$; (11) $\dfrac{4}{3}\pi$; (12) $20\sqrt{2}\pi$.

2. (1) $3\pi R^2$; (2) $4\displaystyle\int_0^{\frac{\pi}{2}}\sqrt{\cos\theta}\mathrm{d}\theta$.

3. $\dfrac{1}{5}\pi\left[\dfrac{7}{2}+\dfrac{1}{2}\ln 2-\ln^2 2\right]$.

习题 11.5

1. (1) $4\sqrt{61}$; (2) $\dfrac{2}{15}\pi$; (3) $\dfrac{5\sqrt{5}}{6}+\dfrac{1}{30}$; (4) 2π;

(5) $\dfrac{64}{15}\sqrt{2}a^4$; (6) 144π.

2. $\dfrac{\pi}{15}\left(12\sqrt{3}+2\right)$.

4. $\dfrac{3}{2}\pi$.

习题 11.6

1. $\left(\dfrac{24}{35},\dfrac{3}{5}\right)$.

2. $\left(0,0,\dfrac{2}{3}\right)$.

3. $\left(0,0,\dfrac{2}{3}\right)$.

4. $\left(\dfrac{18}{7},\dfrac{15\sqrt{6}}{16},\dfrac{12}{7}\right)$.

5. $\left(\dfrac{4R}{3\pi},\dfrac{4R}{3\pi},\dfrac{4R}{3\pi}\right)$.

6. $I=\dfrac{\pi}{2}hr^4$.

7. $I_z=\dfrac{4}{3}\mu\pi R^4$.

8. $I_z = \frac{1}{30}\mu\pi\left(8-5\sqrt{2}\right)$.

9. $2R^{\frac{7}{2}}$.

习题 11.7

1. $\frac{1}{8}\pi a^2$.

2. $\frac{\pi}{2}+\frac{5}{3}$.

3. 6.

4. $-\sqrt{\frac{\pi}{2}}$.

5. $\frac{1}{6}\left(\sqrt{2}-1\right)\pi$.

6. $\frac{3\sqrt{3}}{2}\pi$.

7. $2\pi+4$.

8. $\frac{8-5\sqrt{2}}{6}\pi R^4$.

9. $\frac{\pi}{2}$.

10. $z=2x, V=\frac{\pi}{2}$.

11. 略. (提示: 对累次积分中的定积分作适当变量代换后, 累次积分换序.)

12. 略. (提示: 变为二重积分不等式, 利用积分值与积分变量记号无关性.)

13. $\frac{4}{35}\pi$.

14. $\frac{a^3}{90}$.

15. $\frac{\sqrt{5}}{3}\pi\left(2\sqrt{2}-1\right)$.

16. $I(t)=\frac{2e^3+1}{9}-\frac{e^2+1}{2}t+t^2$, 当 $t=\frac{e^2+1}{4}$ 时, $I_{\min}=\frac{2e^3+1}{9}-\left(\frac{e^2+1}{4}\right)^2$.

17 .$h=\frac{1}{3}H$.

19. $\frac{8}{3}\mu\pi R^4$.

第 12 章

习题 12.1

1. $y^2-z^2=C_1, x=z\sqrt{z^2+C_1^2}-z^2+C_2$.

2. $x^2+y^2=C_1^2, z=C_2$.

3. $\sin 2t\boldsymbol{i} - \sin 2t\boldsymbol{j}$.

4. $\boldsymbol{i} + 2t\boldsymbol{j} + 3t^2\boldsymbol{k}$.

习题 12.2

1. πa^2.

2. $-\dfrac{14}{15}$.

3. 3.

4. 2π.

5. $\dfrac{4}{3}$.

6. 0.

7. 0.

8. $-\pi a^2$.

9. $\dfrac{23}{2}$.

10. 4π.

11. 0.

13. (1) $\displaystyle\int_l \frac{2\sqrt{x}P(x,y)+Q(x,y)}{\sqrt{1+4x}}\mathrm{d}s$; (2) $\displaystyle\int_l \frac{P(x,y)+2xQ(x,y)}{\sqrt{1+4x^2}}\mathrm{d}s$.

14. (1) $\dfrac{1}{2}\left(a^2-b^2\right)$; (2) 0.

习题 12.3

1. $\dfrac{1}{2}\left(1-\mathrm{e}^{-1}\right)$.

2. $\dfrac{1}{5}\left(1-\mathrm{e}^{\pi}\right)$.

3. $-\dfrac{\pi a^4}{2}$.

4. $\dfrac{3}{2}$.

5. 0.

6. $\dfrac{\pi}{8}$.

7. $-\dfrac{12}{5}$.

8. $\dfrac{448}{3} - \cos 4 - 7\mathrm{e}^8$.

9. $\dfrac{\pi}{2} - \sqrt{5} - \dfrac{1}{2}\ln\left(2+\sqrt{5}\right)$.

10. $\frac{3}{8}\pi a^2$.

11. $\pi+1$.

习题 12.4

1. $-\frac{3}{2}$.
2. $\mathrm{e}\cos 1-1$.
3. 0. (**提示: 取路径** $xy=\pi$.)
4. $\frac{3}{2}-\mathrm{e}\sin 1$.
5. $f(x)=\frac{1}{x}\left(\frac{2}{3}x^3-\cos x+\cos 1+\frac{1}{3}\right)$, $\frac{2}{3}\cos 1+\frac{2}{9}+\frac{3}{4}\pi^3$.
6. $\frac{6}{5}\left(\mathrm{e}^3-\mathrm{e}^{-2}\right)+\mathrm{e}^{-1}$.
7. $f(x)=\frac{2}{x}$.
8. 2π.
9. $a=-1$.
11. $\frac{\pi^2}{4}$.
12. $-\frac{1}{2\sqrt{2}}\arctan\frac{3y-x}{2\sqrt{2}x}+C$.
13. $x^2\cos y+y^2\cos x+C, -\frac{\pi}{4}$.
14. 2.
15. $\lambda=-1, u(x,y)=\arctan\frac{y}{x^2}+C$.
16. $f(x,y)=2x+x^3y^3+1$.
17. (1) $x^3+3x^2y^2+\frac{4}{3}y^2=C$;　(2) $\sin\left(x+y^2\right)+3xy=C$;
    (3) $x\sin y+y\sin x=C$.
18. $f(x)=2\cos x+\sin x+x^2-2$.
19. (1) 略;　(2) $u=-x^2\cos y-y^2\cos x+C$;　(3) $\frac{7}{4}\pi^2$.

习题 12.5

1. $\frac{2}{3}\pi a^3$.
2. 0.
3. $\frac{\pi}{12}$.
4. $-\frac{\pi}{2}$.
5. $\frac{2}{15}\pi a^5$.

6. 1.

7. $\frac{2}{3}+\frac{\pi}{8}$.

8. (1) 0; (2) πh^3.

9. $\frac{1}{2}\pi^2 R$.

10. $-2\pi R^2$.

习题 12.6

2. $\frac{4}{5}\pi a^2$.

3. $\frac{\pi}{8}$.

4. 16π.

5. $-\frac{\pi}{10}h^5$.

6. $\frac{46}{3}\pi$.

7. $-\frac{4}{3}(a+b+c)\pi R^3$.

8. $\frac{10}{3}\pi a^3$.

11. $4\pi\left(3-\frac{1}{\ln 2}\right)$.

12. $\frac{2}{3}\pi$.

13. $\frac{3}{20}\pi$.

14. (1) 0; (2) 4π.

15. (1) 6; (2) -10; (3) 36.

16. (1) $f(r)=\frac{C}{r^3}$, C 为任意常数;

(2) $f(r)=\frac{C_1}{r}+C_2$, C_1, C_2 为任意常数.

习题 12.7

1. $-2\pi a(a+h)$.

2. $-2\pi R r^2$.

3. 1.

4. $\frac{h^3}{3}$.

5. $-\frac{\pi}{10}h^5$.

6. 9π.

7. (1) 2π;　(2) -6π.

8. (1) $-(\boldsymbol{i}+\boldsymbol{j}+\boldsymbol{k})$;　(2) 0;　(3) 0;　(4) $\{2(y-z), 2(z-x), 2(x-y)\}$.

9. $v=-\sin xy+\cos z+C$.

10. $a=2, Q=2yz^2, u=x^2z+y^2z^2-z+C$.

习题 12.8

1. $y=\sin x$.

2. $2(\pi-1)$.

3. $-\pi$.

4. $t=-\dfrac{1}{2}, I_{AB}=1-\sqrt{2}$.

6. $-\dfrac{2}{5}\pi R^5$.

7. $\dfrac{37}{6}$.

8. $-2\iiint\limits_V \dfrac{1}{\sqrt{x^2+y^2+z^2}}\mathrm{d}V$.

参 考 文 献

陈纪修, 於崇华, 金路. 2004. 数学分析. 2 版. 北京: 高等教育出版社.

菲赫金哥尔茨 TM. 2013. 数学分析原理. 9 版. 丁寿田, 译. 北京: 高等教育出版社.

哈尔滨工业大学数学系分析教研室. 2013. 工科数学分析. 4 版. 北京: 高等教育出版社.

李忠, 周建莹. 2009. 高等数学. 2 版. 北京：北京大学出版社.

裴礼文. 1993. 数学分析中的典型问题与方法. 北京: 高等教育出版社.

清华大学数学科学系. 2003. 微积分. 北京：清华大学出版社.

同济大学数学系. 2014. 高等数学. 7 版. 北京: 高等教育出版社.

伍胜健. 2010. 数学分析. 北京：北京大学出版社.

徐森林, 薛春华. 2006. 数学分析. 北京：清华大学出版社.

詹姆斯 • 斯图尔特. 2014. 微积分. 6 版. 张乃岳, 编译. 北京：中国人民大学出版社.

张筑生. 1999. 数学分析新讲. 北京：北京大学出版社.

朱自清. 1994. 工科用数学分析. 武汉：华中理工大学出版社.